용접기술사 대비

용접기술 실무

이진희 著

■ 책을 엮으면서...

현업에서 각종 석유 화학 플랜트의 기자재 재료 선정을 담당하면서 선정된 재료의 용접과 열처리에 대해 많은 관심을 가지고 보다 진보된 선진 기술과 이론을 습득하기 위해 노력하였다. 하지만, 업무를 하면서 느낀 가장 큰 아쉬움은 한국의 실정에 맞는 용접에 관한 실무 자료의 빈곤과 이론적인 설명을 해줄 수 있는 기술자료의 부족이었다.

대부분 80년대 제작된 교과서적인 자료이외에는 신기술을 소개하는 자료가 부족하였고, 그나마도 지금의 현실과는 거리가 있는 내용들이 많이 소개되어 정작 보다 이론적이고 실무적인 자료를 얻기 위해서는 해외 자료에 의존해야 했다.

특히, 선진 외국 회사의 까다로운 시방서(Job Specification)를 준수하기 위해 겪어야 하는 현업의 어려움은 매우 큰 것이었고, 이러한 내용을 조금이라도 우리에게 유리하게 돌려놓기 위한 작업(Spec. Deviation)을 하면서 확고한 이론과 실무에 바탕을 둔 기술 자료의 필요성을 절감하게 되었다.

스스로의 아쉬움을 보충하고자 사내에서 용접 관련 세미나를 실시하고, 관련 자료를 모으면서 비슷한 입장에 처한 엔지니어들이 활용할 수 있는 Handbook 형식의 자료집을 만들어야 겠다는 사명감과 욕심이 생기게 되었다. 그러나, 한발씩 앞으로 나아가면서 스스로의 나약함과 무지함을 많이 깨닫게 되었고, 너무나 무모한 일을 준비 없이 시작한 게 아닌가 하는 자책감과 회의로 인해 중도에 포기해 버리고 싶은 망설임도 있었다.

초기에는 지금의 편제 보다 더 방대하고 많은 양을 소개하고자 하였으나, 내용의 미천함에 많은 부분이 다음 기회로 미루어졌다. 그 동안 정리한 기술 자료를 용접 방법(Process) 소개, 강종별 용접성 평가, 현장의 용접 관리, 용접부 검사로 구분하여 크게 4부분으로 나누어 정리하였다. 대부분의 자료는 미국 용접 학회에서 출간한 Welding Handbook 8th Edition을 참조하였으며, 국내에 소개된 각종 용접 자료들과 학회지 및 각 용접봉 제조회사의 기술 자료를 보완하여 정리하였다. 여기에 용접 기술사를 준비하는 사람들을 위한 최근 기출 문제의 해설과 용접관련 참고 자료를 보완하여 현장의 활용도를 높이고자 하였다.

나름대로는 많은 시간과 열정을 투입하여 알찬 결실을 맺고자 노력하였으나, 내용의 양과 질에 부족함과 함께 부끄러움이 가장 먼저 느껴지는 것은 아직은 보완해야 할 일이 더 많이 있음을 지적해 주는 것이라고 생각하며 다음 기회를 기약해 본다.

책을 만들면서 감히 저자의 위치로 남기 보다는 그저 관련 자료를 모아서 정리한 편집자의 위치로 머물고 싶으며, 아무쪼록 부족한 내용이지만 관련 엔지니어에게 조금이라도 도움이 되었으면 하는 강한 바람을 가져본다.

지켜 보면서 격려해준 아내와 식구들에게 가장 먼저 감사의 뜻을 전하고, 언제나 질책과 격려를 아끼지 않는 윤태식 선배, 기꺼이 자료를 제공해 주신 부경대학교 조상명 교수님, 정호신 교수님, 바쁜 업무 중에도 자료 정리를 도와준 곽범환 후배, 그 외에 격려와 희망을 심어 주신 많은 분들께 감사의 말씀을 전하고 싶다.

2000년 새봄에 編著者識

차례

제 1 장

용접의 개요

역사적으로 금속을 접합 시키기 위한 노력은 다양한 형태로 행해져 왔다.

초창기 Rivet을 이용한 단순 접합이나, 산소 용접에서부터 시작하여 최근에는 Laser나 전자빔(Electron Beam)을 이용한 용접 및 냉간 상태에서 마찰력을 이용한 첨단의 용접 까지 금속 접합 기법은 많은 발전을 거듭해 왔다.

우리가 주변의 산업 현장에서 흔히 접할 수 있는 전기적 에너지를 이용한 용융 용접법은 근대 산업 혁명이 이루어 지고, 전기를 에너지로 활용하게 되면서부터 발전되었다고 할 수 있다. 1801년 Davy가 전기 아크(Electric Arc)를 발견하고 1887년에 소련의 과학자 Benardos가 탄소 Arc의 고열을 이용하여 용접 하는 것을 개발하고, 2년 뒤에 Slawjanow가 금속봉을 전극으로 하는 Arc 용접 방법을 개발한 것이 근대 용접의 시초라고 할 수 있다.

용접은 마주한 두 금속에 열 혹은 기타의 에너지를 가하여 강제적으로 구속 접합 시키는 과정을 의미한다. 미국 용접 학회(American Welding Society, AWS)에서 제시하는 용접의 정의는 "금속 또는 비금속 재료를 용접 온도까지 열을 가하여 국부적으로 재료를 접합 시키는 것으로서, 이때 압력을 가하는 방법과 압력을 가하지 않는 방법이 있고, 열을 사용하는 방법과 열을 사용하지 않고 압력만을 가하는 용접 방법도 있으며, 용접봉(Filler Metal)을 사용 또는 사용하지 않는 용접 방법도 있다" 고 되어 있다. 안정적인 용접이 이루어지기 위해서는 사전에 치밀한 용접 설계를 바탕으로 모재의 열 변형, 기계적, 물리적 및 화학적 특성 검토, 효율적인 용접 방법의 선정, 변형과 결함을 최소화 할 수 있는 용접 개선 작업, 적절한 용접 금속의 강도와 기계적 특성, 내식성 및 미려한 외관이 병행되어야 한다.

이를 위해서는 사용 가능한 용접 방법과 용접 재료 및 용접 조건들에 대한 충분한 이해와 적용이 검토 되어야 한다.

1. 용접의 장점

기존의 Riveting등을 이용한 고전적인 강재 접합 방법과 비교한 용접의 장점은 무엇보다도 구조의 간이화, 접합 두께의 무제한, 높은 이음 효율에 의한 구조의 대형화, 및 경량화를 들 수 있다. 또한 주조나 단조에 비해서도 설비비가 적게 들고, 가공에 의한 원재료 손실을 최소화 할 수 있는 장점 등이 있다.

2. 용접의 단점

그러나, 모든 금속은 일단 부분적으로 용융이 된 상태에서 다시 냉각되면 원래 가지고 있던 성질과는 다소 다른 특성들을 나타내게 된다.

그 대표적인 현상이 강의 경화 혹은 연화 현상으로 이러한 문제점을 최소화하면서 안정적인 용접 구조물을 얻기 위한 노력이 계속 진행되고 있다.

이외에도 변형과 수축, 잔류 응력 및 용접 결함의 발생 등이 문제점으로 제시될 수 있다.

3. 용접의 분류

용접을 분류하는 방법에는 다양한 기법들이 적용된다.

각 용접 방법에는 공통점이 있는 데, 이는 만족스러운 용접을 얻기 위해서는 필수적인 공정 요건으로 열에너지 공급원, 액상 금속을 공기와 차단하여 산화를 방지하는 방법, 그리고 용접봉(Filler Metal)이다. 각 용접 방법은 상기 3가지 용접 요건을 제공하는 방법에서 약간씩 다른점이 있다.

용접의 구분을 모재의 용융 여부를 기준으로 간단하게 정리하면 다음과 같은 분류가 이루어질 수 있다.

(1) 압접(Pressure Welding)

접합부를 냉간 상태 또는 적당한 온도로 가열한 상태에서 기계적 압력을 가해 접합하는 것을 말한다. Rivet 접합, Bolt접합, Key 접합 등의 기계적 접합을 포함하여 마찰 용접, 폭발 용접, 초음파 용접등이 여기에 속한다.

(2) 융접(Fusion Welding)

접합부를 용융시키고 여기에 용융된 용가재를 첨가하여 접합하는 것을 말한다. 주로 전기 Arc 열을 이용한 용접방법이 적용되며, 대부분의 상용 용접 방법이 이에 속한다.

(3) 납접(Soldering & Brazing)

접합하고자 하는 금속은 용융시키지 않고 접합하고자 하는 금속보다 융점이 낮은 용가재를 사용하여 이를 용융시켜 접합하고자 하는 금속 사이에 첨가하여 접합하는 것을 말한다.

모재 용융 여부에 따른 이런 분류 방법은 다시 용접에 이용되는 용접 에너지 원에 따라 다음과 같이 구분될 수 있다.

Table 1-1 에너지원에 의한 용접 분류

에너지 원		주요 용접 방법
기계적 에너지	정적 가압력	냉간 압접, 열간 압접, 단접 등
	진동	초음파 용접
	마찰력	마찰 용접
전기적 에너지	저항 발열	Spot용접, Flash Butt 용접 등
	Arc 열	Arc 용접
	고온 Plasma	Plasma용접
	전자 Beam의 운동에너지	전자 Beam용접
결정 에너지		확산 용접, 납접
화학 에너지	충격력	폭발 압접
	연소열	가스 용접, Thermit 용접
광에너지	Laser	Laser Beam 용접

다음 그림 1-1~1-5는 미국 용접 학회(AWS)의 기준에 따른 용접 방법 구분이다. 각각의 용접 방법에 대한 자세한 설명은 6장의 내용을 참조하고 여기에서는 용접의 다양한 분류 만을 소개하기로 한다.

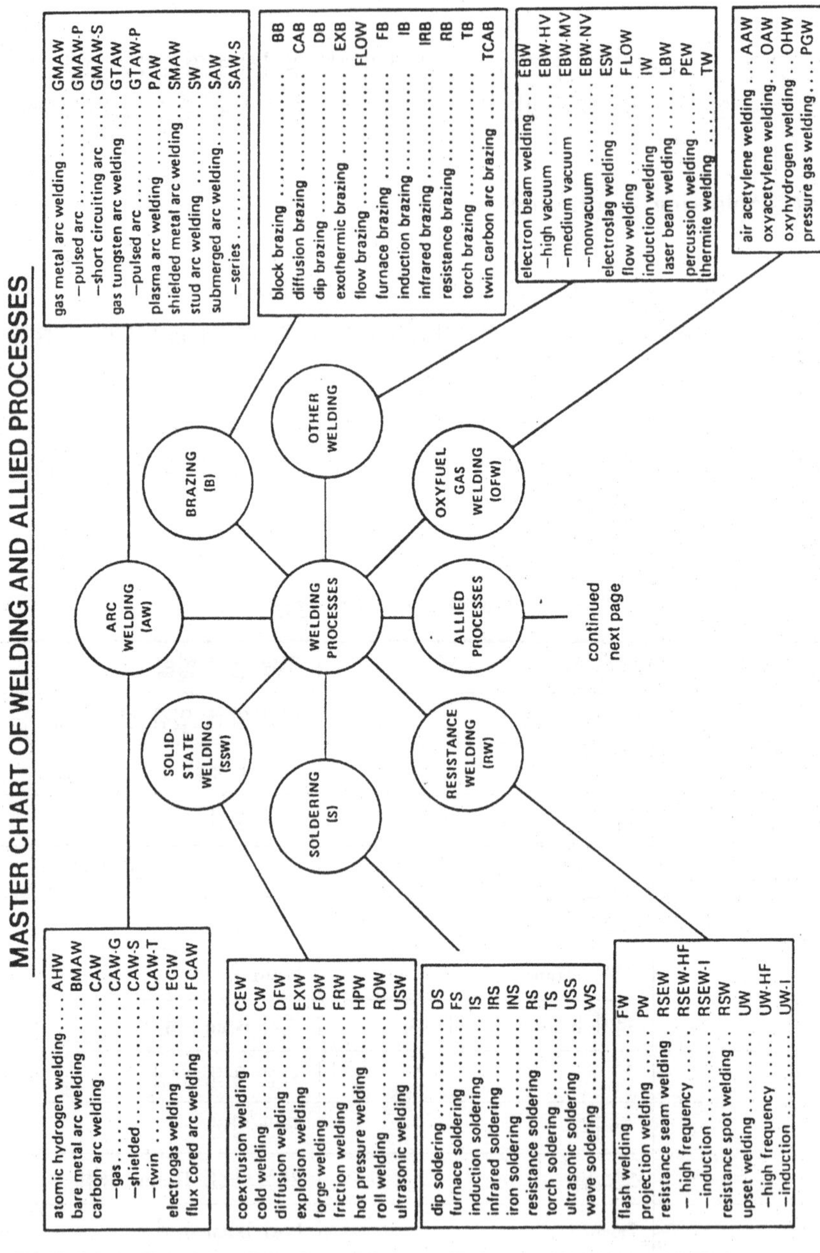

그림 1-1 용접과 기타 금속 접합 방법의 종류 구분 (1/2)

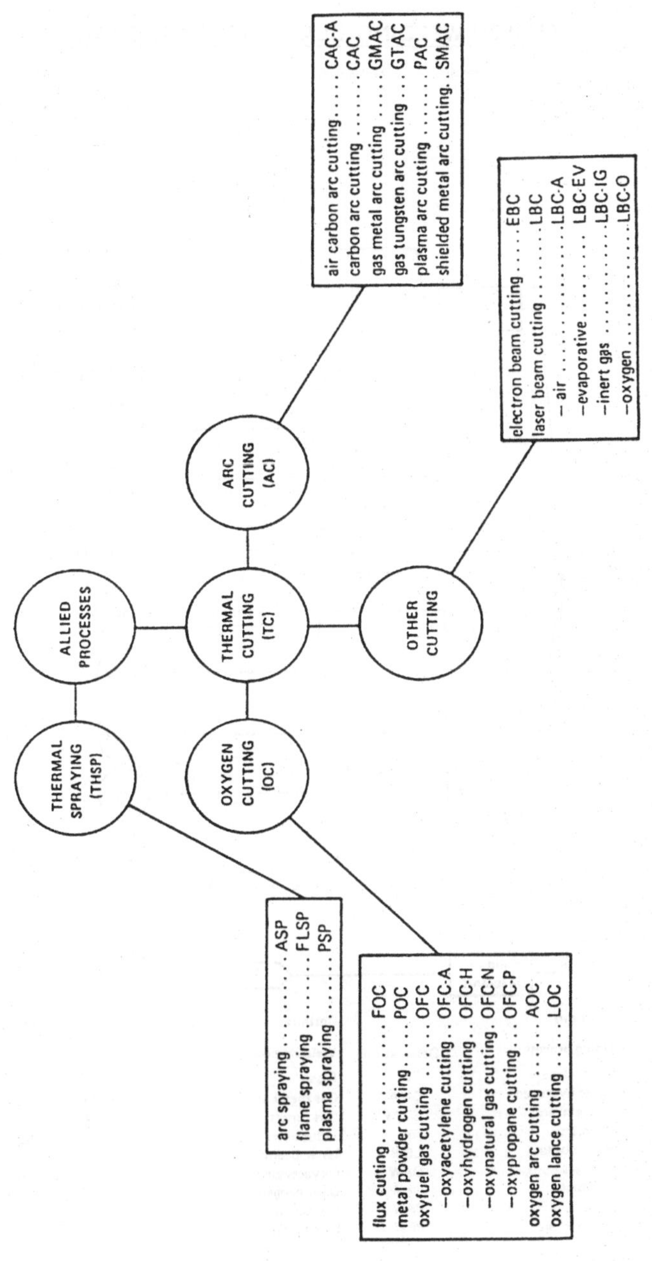

그림 1-2 용접과 기타 금속 접합 방법의 종류 구분 (2/2)

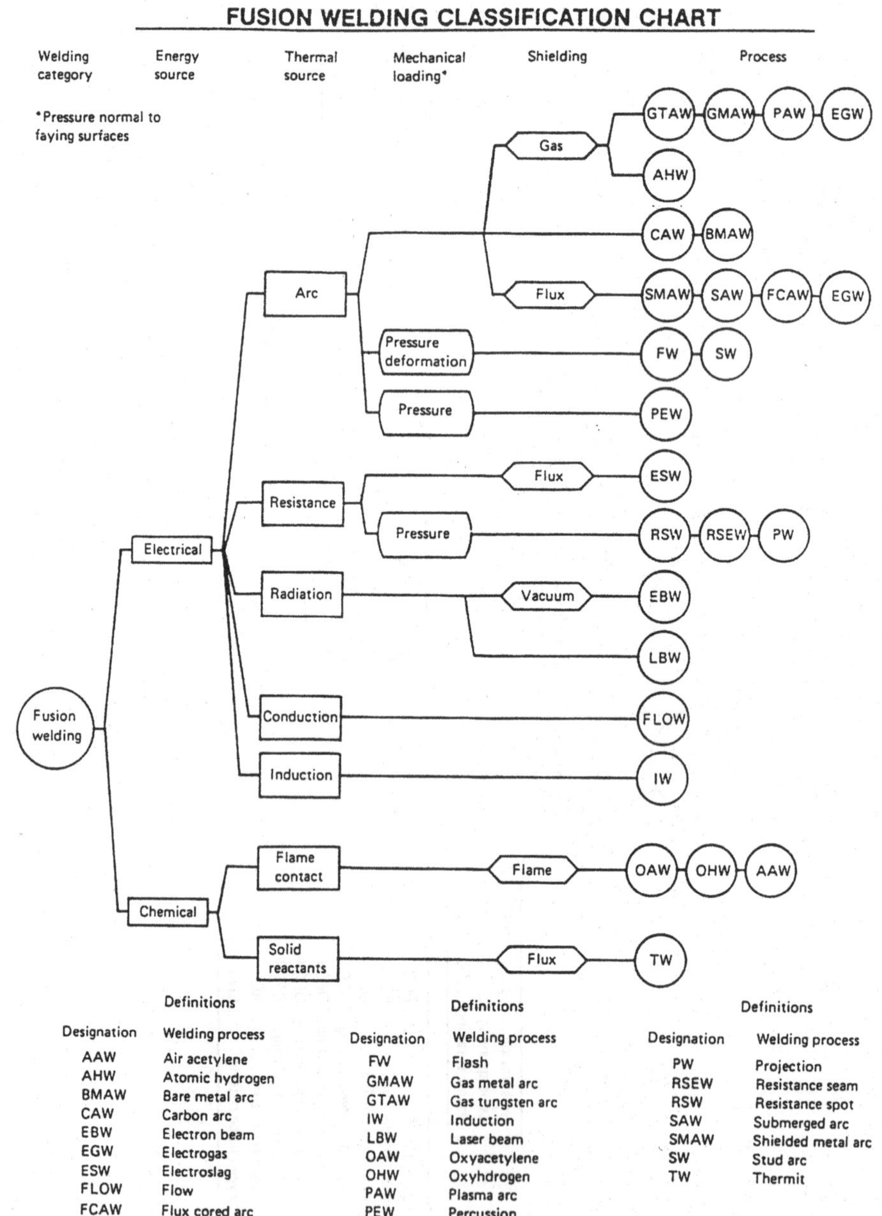

그림 1-3 용융 용접의 종류 구분

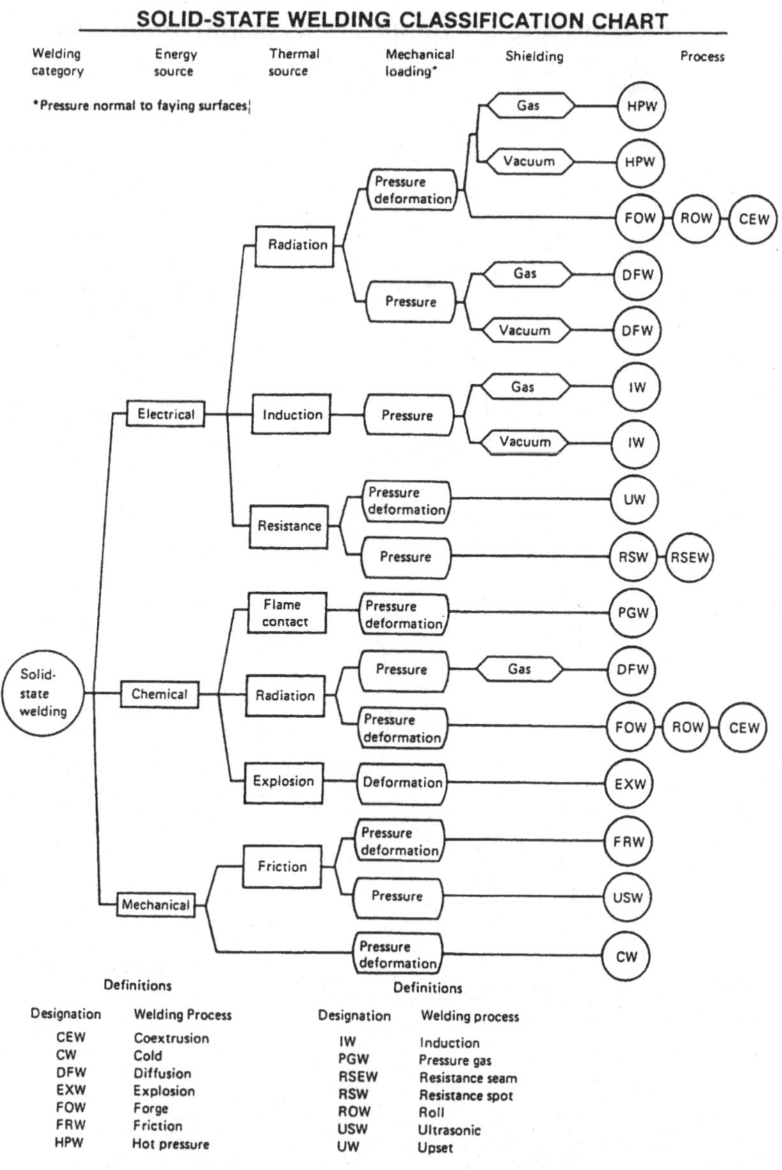

그림 1-4 고상 용접의 종류 구분

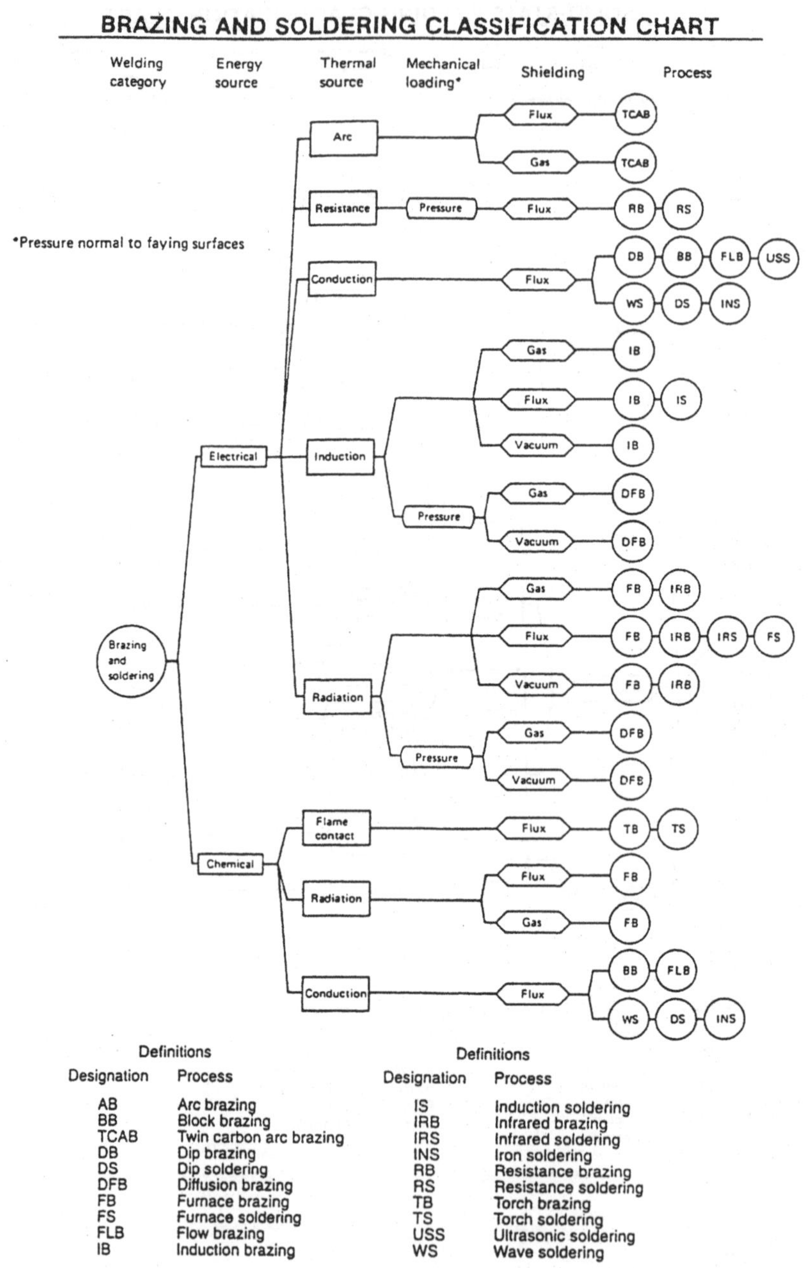

그림 1-5 납땜 용접 방법의 종류 구분

제2장

용접성에 영향을 미치는 기본 요소

모재의 용접성을 평가하기 위한 가장 일반적인 방법은 모재의 화학적 성분과 용접부 개선 상태에 따른 구속도를 기준으로 용접 금속의 품질을 예상하여 평가하는 것이다. 이를 위해 다음과 같은 평가 방법들이 사용된다.

1. 탄소의 역할

강을 구성하는 가장 대표적인 원소는 철(Fe)과 탄소라고 할 수 있으며, 이 탄소는 Fe원자 3개와 Carbon 원자1개가 Fe_3C의 Cementite란 화합물을 만든다. 이것은 매우 좋은 화합물이 되어 강의 강도를 향상시키며, 변형도를 감소 시킨다.

철중의 탄소량이 많아 질수록 Fe_3C의 양이 많아져서 경도와 강도가 높아 지게 된다. 탄소는 강에서 보다 주철 내에 많이 존재 하고 있으며 이 탄소는 Cementite를 만드는 이외에 탄소가 단독으로 존재하여 흑연으로 존재하는 수가 많다. 이 흑연은 강의 이로운 특성을 저하 시키는 취성의 물질로 구별될 수 있으며, 대부분 편상으로 되어 주철 중에 존재하기 때문에 주철은 강보다 탄소량이 많은 데도 일반적으로 사용되는 탄소강보다 취약한 것이다.

강중의 탄소양은 적을수록 용접성이 양호하다.

2. 탄소 당량(Carbon Equivalent)

철강에 있어서 Carbon을 비롯한 합금 원소는 강의 경화능이나 내식성 및 내열성을 증대하기 위해 첨가될 수 있다. 이들은 임계 냉각 속도와 변태 온도를 낮추기 때문에 Martensite로의 변태를 용이하게 하여 경화능을 높이게 된다. 이러한 원소들의 경화능을 – 이것이 높으면 Under Bead Cracking을 일으킨다. – 탄소 함유량의 효과로 환산한 것이 탄소 당량이다. 강재의 용접시 예열 및 층간 온도 조절로서 Under Bead Cracking을 피할 수 있으며, 용접에서의 탄소 당량은 바로 이 예열 및 층간 온도 설정의 기준이 된다.

가장 널리 사용되는 주철과 탄소강의 탄소 당량은 다음의 식에 따르며 통상적으로 용접 구조물에 적용되는 탄소강의 탄소 당량은 0.43~0.45정도를 상한치로 설정하여 관리한다.

1) 주철의 탄소 당량

Ceq = C + (Si + P)/3

2) 탄소강의 탄소 당량

❶ BS 2642 및 IIW(국제 용접 협회) 기준

Ceq = C + Mn/6 + (Cr + Mo + V)/5 + (Ni + Cu)/15

❷ AWS(미국 용접 학회) 기준

Ceq = C + Mn/4 + Ni/20 + Cr/10 + Cu/40 + Mo/50 + V/10

❸ JIS G3106, 3115 & WES (일본 용접 협회 규격) 3001 기준

Ceq = C + Mn/6 + Si/24 + Ni/40 + Cr/5 + Mo/4 + V/14

3. 용접 균열 지수(Pc)와 용접 균열 감수성 지수(Pcm)

탄소 당량은 모재 또는 용접봉의 화학 조성에만 의존하므로 균열의 감수성에 대한 정확한 판단을 하기에는 부족한 점이 있다. 균열은 화학조성뿐만 아니라 대기 또는 용접 부재의 흡습 상태, 부재 크기 등에도 극히 민감하므로 이들까지 고려할 때 더욱 정확한 균열 감수성을 예측할 수 있다.

(1) 용접 균열 감수성 지수(Pcm)

용접 균열 감수성 지수는 Carbon Equivalent와 마찬가지로 단지 화학성분의 조성에 의존하여 용접부의 균열 발생 가능성을 평가하는 방법이다.

Pcm = C + Si/30 + (Mn + Cu + Cr)/20 + Ni/60 + Mo/15 + V/10 + 5/B

(2) 용접 균열 지수(Pc)

단순하게 화학 조성에 따른 균열 발생 가능성을 평가하는 용접 균열 감수성 지수(Pcm)에 용접부의 크기나 구속도 및 용접부재의 흡습 상태에 따른 용접 조건 까지를 고려하여 용접부의 균열 발생 가능성을 평가하는 방법이 용접 균열 지수(Pc)이다. 용접 균열 지수

(Pc)는 특히 용접부에 존재하는 수소에 대하여 고려하고 있으며 예열 온도를 설정하는 중요한 기준이 된다.

Pc = Pcm + H/60 + T/600
= Pcm + H/60 + K/40,000

여기에서 H : 확산성 수소량(cc/100g)
* JIS Z 3113의 Glycerin법에 의한 확산성 수소량
T : 판의 두께 (㎜)
K : 구속도 (kg/㎟)

구속계수로 호칭되는 E/L항에 판 두께를 곱하면 구속도가 되고 이음 구속도의 크기를 표시하는 Parameter로 사용된다. 구속도가 커지면 용접부의 뒤틀림, 응력 상태가 높고, 저온 균열이 생기기 쉽다. 또한 두꺼운 판이면 구속도가 크고, 저온 균열이 생기기 쉽다. 이러한 이유로 구속도가 큰 시험편으로 구한 예열 온도는 안정하다고 판단된다.

구속도 K는 다음의 식으로 평가된다.

$$K = \frac{E}{L} \times T$$

여기에서 E : 종탄성 계수 (kg/㎟)
L : 구속 거리 (㎜)
T : 판의 두께 (㎜)

구속도를 이용한 강재의 균열 방지 예열 온도(To)는 다음과 같은 추정식으로 구한다.

To = 1440 Pc-392℃

다음의 그림은 강재의 용접 균열 지수와 예열 온도와의 관계이다.

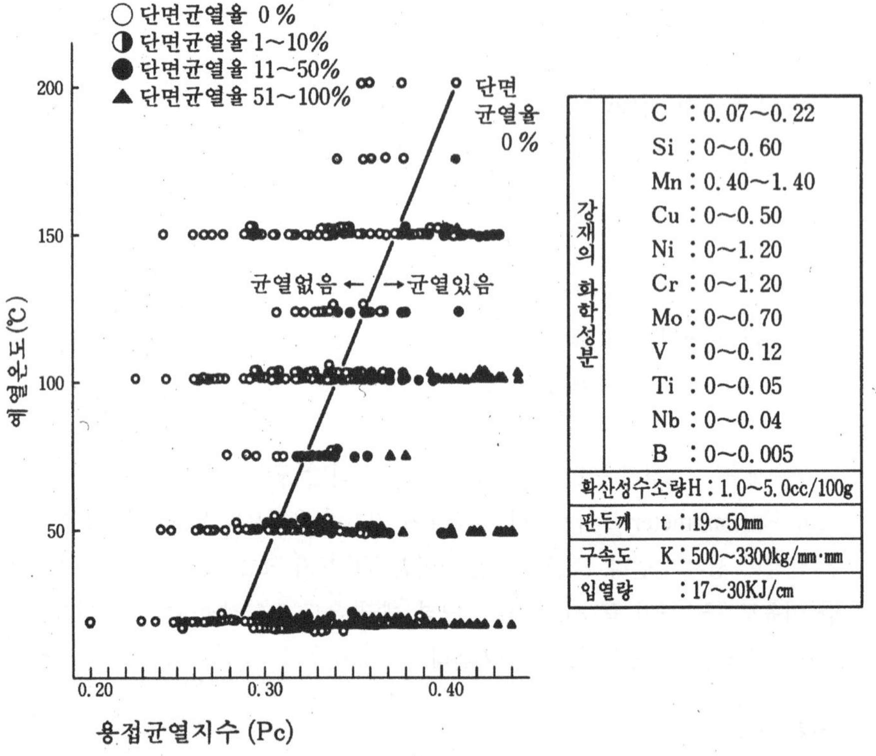

그림 2-1 강재의 용접 균열 지수와 예열 온도와의 관계

4. 예열 (Preheating)

예열은 용접부의 냉각 속도를 지연함으로써, 열영향부와 용접 금속의 경화를 작게 하고 연성을 회복시키고 새로운 용접부의 확산성 수소의 방출을 촉진하여 용접부의 균열을 억제시킨다. 따라서 강종별로 안정된 용접 금속을 얻기 위한 최소 예열 온도의 적용이 필요하다.

다음은 국제 용접 협회(IIW)와 미국 용접 학회(AWS)에서 제시하는 강종별 예열 기준이다.

Table 2-1. 국제 용접 학회(IIW)의 예열 규정표

Process	Thickness (Inches)	IIW Carbon Equivalent, %				
		< 0.35	0.35 - 0.45	0.45 - 0.55	0.55 - 0.65	> 0.65
Non-Low Hydrogen	t ≤1/2	ambient	ambient	Ambient	200 - 350	350 - 450
	1/2 < t ≤ 1	ambient	ambient - 200	200 - 350	350 - 450	450 - 650
	1 < t	ambient - 200	200 - 350	350 - 450	450 - 650	450 - 650
Low Hydrogen	t ≤1/2	ambient	ambient	Ambient	ambient - 200	200 - 350
	1/2 < t ≤ 1	ambient	ambient	ambient - 200	200 - 350	350 - 450
	1 < t	ambient	ambient - 200	200 - 350	350 - 450	450 - 650

Table 2-2. AWS(미국 용접 학회) D 1.1의 예열 온도 규정

구분	예열 온도		적용 용접 방법
Group I	19t 까지	없음	1. SMAW실시 (단 저수소계 용접봉을 사용하지 않는 경우임)
	19t~38t	66℃	
	38t~64t	107℃	
	64t 이상	150℃	
Group II	19t 까지	없음	1. SMAW실시 (단 저수소계 용접봉을 사용하지 않는 경우임) 2. SAW, GMAW, FCAW실시
	19t~38t	10℃	
	38t~64t	66℃	
	64t 이상	107℃	
Group III	19t 까지	10℃	1. SMAW실시 (단 저수소계 용접봉을 사용하지 않는 경우임) 2. Group II와 동일
	19t~38t	66℃	
	38t~64t	107℃	
	64t 이상	150℃	
Group IV	19t 까지	10℃	1. SMAW실시 (단 저수소계 용접봉을 사용하지 않는 경우임) 2. SAW실시 (단, 탄소강 또는 합금강 와이어와 중성 Flux를 사용하는 경우임) 3. GMAW, FCAW실시
	19t~38t	50℃	
	38t~64t	80℃	
	64t 이상	107℃	

※ Legend

Group I 재료 : ASTM A36 Gr.B, A106 Gr.B, A131 Gr.A, B등

Group II재료 : Group I재료 및 A242, A381, A516 Gr.55, 60, 70등

Group III재료 : ASTM A572 Gr.60, 65, A633 Gr.E, API 5LX Gr.X52등

Group IV재료 : ASTM A514, A517, A709 Gr.100 & 100W등

※ Notes

모재가 0℃ 이하인 경우 적어도 21℃로 예열하여야 하며, 용접중에 이 온도는 계속 유지되어야 한다.

1 inch 두께 이상의 A36 또는 A709재료를 교량 용접에 사용해서는 안된다.

5. 층간 온도 (Interpass Temperature)

여러 Pass를 통해 완성되는 용접부는 앞 Pass의 잔존 열원에 대한 영향을 받게 된다. 층간 온도란 Multi-Pass 용접시 Arc를 발생하기 직전 바로 이전 Pass 용접 열원에 의해 데워져 있는 용접부의 온도를 말한다.

Stainless Steel에서는 층간 온도가 200℃가 넘게 되면, 입열량의 과다로 강도 및 충격치가 저하할 수 있고 Weld Decay등을 유발하게 되므로 Pass간 온도는 적정 온도로 지켜져야 한다. 따라서 층간 온도는 최대 온도로 제시되고 있으며, 반드시 최소 예열 온도와 함께 지켜져야 하며, 이는 가접 용접, 보수 용접 및 Gouging할 때도 본 용접의 조건과 동일하게 적용되어야 한다.

- Stainless Steel과 비철의 경우에는 177℃를 원칙으로 적용하고, 예열온도에 따라 높아질 수는 있으나 260℃를 넘지 않아야 한다.
- Carbon & Low Alloy Steel의 경우에는 427℃를 원칙으로 하고 Impact Test가 있는 경우와 Overlay인 경우는 PQ Test의 최대 Pass간 온도보다 56℃(100°F)이상 증가할 수 없다.

ASME Code에는 Pre-Heating 과 Post Heating에 대한 규정은 있으나, Interpass에 대한 명확한 규정은 없다.

6. 용접 입열량 (Heat Input)

용융 용접에서는 우선 용접부가 용융되어야 하고 또 응고 과정에서 모재와 충분한 금속간 화합물을 만들 수 있는 서냉이 필요하다. 이 과정에 필요한 전기적 에너지를 용접 입열량으로 정의한다. 이 에너지는 모두가 용접 열원으로 사용되지는 않으며 대개 다음과 같은 에너지의 분포를 갖는다.

- 용접봉 용융 : 15%
- 용착 금속의 생성 : 20～40%
- 모재의 가열, 피복재의 용해, 대류, 복사, Spatter의 발생 : 60～85%

일반적으로 Arc용접에서 용접 입열량은 다음의 식으로 나타낸다.

$$\text{용접 입열량 } (Q) = \frac{60 \times V \times A}{v} \text{ (Joule/cm)}$$

V : 용접 Arc 전압 (Volt)
A : 용접 Arc 전류 (Ampere)
v: 용접 속도 (cm/min)

이 입열량은 예열이나 층간 온도에 의해 Arc 발생 이전에 모재가 흡수한 에너지는 고려되지 않은 것이다. 용접 입열의 크기는 용접부의 냉각 속도 및 용접 Pass수에 영향을 미친다. 용접선의 단위 길이에 가해지는 용접 입열이 클수록 용접부의 냉각 속도가 늦어지고, Bead가 두껍게 되고 조직이 조대하게 된다.

Arc 길이가 길어져서 전압이 높아지게 되면 용접부에 가해지는 전체 입열량은 증가하게 되지만 동시에 길어진 Arc의 길이 만큼 복사에 의한 에너지 손실이 커지므로 실제로 용접부에 전해지는 유효 열량이 감소하게 된다.

이러한 이유로 Arc 전압의 변화에 의한 입열량의 변화는 거의 무시할 수 있으며 입열에 미치는 영향은 주로 전류와 용접 속도에 의해 지배를 받는다.

용접 금속의 강도 특히 항복점의 저하, 용접 재료와 모재와 경계부 및 용접 금속의 충격치 저하를 방지하기 위해서는 과대 입열을 피해야 한다.

그러나, 용접 입열이 적으면 냉각 속도가 빠르고 모재 열영향부와 용접 금속의 경화로 인해 용접 균열의 발생을 초래하게 된다.

Bead의 개시점과 종착점 및 Arc Strike에서는 입열이 작으므로 냉각 속도가 빨라진다. 따라서, 용접 균열을 방지하고 양호한 용접 금속을 얻기 위해서는 적당한 용접 입열과 예열 조건을 선택할 필요가 있다.

제3장

용접기의 전기적 특성

용접기는 사용되는 용접 방법에 따라 항상 일정한 용접 조건을 유지할 수 있도록 전류 혹은 전압이 조정되어 안정적인 용접이 이루어지도록 조정되어야 한다.

1. 수하 특성 (Drooping Characteristics) / 정전류 특성

피복 Arc용접은 저 전압으로 고 전류를 사용하게 되지만 처음 Arc를 발생시키기 위해서는 어느 정도 높은 무부하 전압을 사용한다. 그리고 일단 Arc가 발생되어서 부하 전류가 증가하게 될 때 단자 전압이 낮아지는데 이러한 현상을 수하 특성이라고 한다.

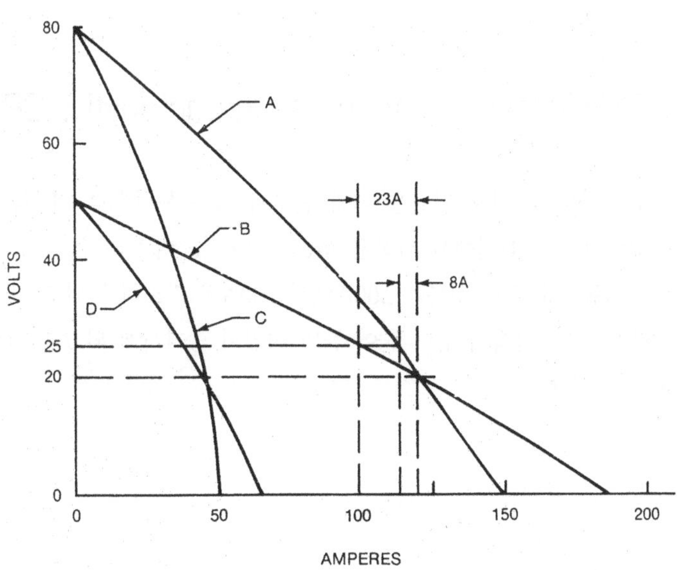

그림 3-1 Typical Volt-Ampere Characteristics of a "Drooping" Power Source with Adjustable Open Circuit Voltage

교류 용접기가 수하 특성을 갖게 되면 Arc전압이 다소 변동하여도 용접 전류의 변화량은 극히 적게 된다. 이러한 현상을 정전류 특성이라고 한다.

정전류 특성을 갖게 되면 어떠한 요인에 의해 전류가 변화하여도 전류는 즉시 다시 원래의 상태로 돌아 오기 대문에 Arc가 안정된다.

즉, 수하 특성은 전압이 변하여 Arc의 길이가 다소 변한다고 해도 이에 따른 전류의 변화폭이 극히 작기 때문에 Arc의 길이를 일정하게 유지시키기 어려운 수동 Arc용접에서는 절대적으로 필요한 특성이다.

위의 그림에서 A 의 곡선은 Open Circuit에서 80V의 전압에 Setting 되어 있다. 이 회로에 20V의 전압에서 25V의 전압으로의 상승은 123A에서 115A로의 전류 감소를 보여준다. 그러나 Open Circuit에서 50V로 설정되어 있는 곡선 B의 경우에는 동일한 조건에서 123A에서 100A로 훨씬 더 큰 전류 강하를 보인다.

곡선 A의 경우에 전압의 변화가 미세한 전류의 변화로만 나타나므로 용접봉의 용융 속도 변화가 극히 미미하고 안정적인 용접이 시행될 수 있다.

그러나, B의 경우에는 훨씬 큰 전류의 변화를 나타내므로 용접봉 용융 속도에 큰 차이가 발생하여 숙련되지 않는 용접사일 경우에는 많은 어려움이 따른다.

물론 숙련된 용접사의 경우에 어려운 용접 자세로 용접하고자 할 경우에는 일부러 Arc의 길이를 조절하면서 용융량을 조절하여 용접하기도 한다.

C, D의 경우에는 미세한 전류의 조절에 의해 커다란 전압의 변화를 가져올 수 있다.

2. 정전압 특성 (Constant Voltage Characteristic, CP 특성)

부하 전압이 변해도 단자 전압은 거의 변하지 않는 특성으로 CP 특성 이라고도 한다.

다음 그림에서 초기 B점에서 시작된 Arc의 길이가(전압) 외적인 요인에 의해서 증가하여 A점으로 이동하게 되면 전류는 200A에서 100A로 감소하게 되고 이는 곧 용융량의 감소로 이어진다. 용융 금속의 양이 줄어 들면 전압이 증가하게 되고 다시금 원래 대로 B점으로 돌아오게 된다.

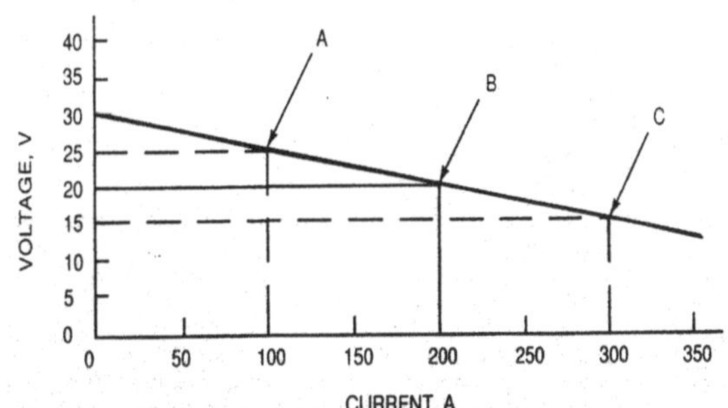

그림 3-2 Volt-Ampere Output Relationship for a Constant Voltage Power Source

이런 현상은 Arc의 길이가 감소할 때도 마찬가지로 확인할 수 있다.

즉, Arc의 길이가 변화하여도 자동으로 일정한 수준의 전압을 유지하도록 하는 것이다.

이러한 정전압 특성은 자동으로 용접 Wire를 Feeding하는 GMAW, SAW, FCAW등에서 매우 중요한 역할을 하여 항상 일정한 Arc의 길이가 유지되도록 한다. 고전류 밀도의 자동 용접에 적합하며 Arc의 기동이 용이하고 Arc 전압의 안정성이 있다.

GMAW의 Short Circuiting의 경우 정전압 회로의 Dynamic 특성이 없다면 용융 금속이 용접부에 닿는 순간 Arc 전압이 "0"이 되고 단지 회로상의 저항만이 과도한 전류의 흐름을 방지하게 된다. 그러나, 곧 과도한 전류의 흐름이 생기게 되고 폭발적인 금속 용융에 의해 과다한 Spatter가 생성 된다.

3. 정전압, 전류 특성

앞에서 거론한 바와 같이 정전류 특성은 수동 용접에 있어서 용접봉의 용융 속도를 조절하고, 정전압 특성은 자동 용접에서의 Arc의 길이를 자동으로 조절하는 중요한 역할을 담당하고 있다. 최근에는 이러한 두 가지 특성을 하나로 묶은 정전압/전류 특성 용접기가 사용되고 있다. 이 용접기의 특성은 다양한 Process에 적용할 수 있다는 장점이 있다.

다음의 그림은 SMAW용접에 사용되는 정전압/전류 용접기의 특성을 나타낸 것이다.

그림에서 일정한 전압 이상까지는 정전류 특성을, 그 이하의 전압에서는 정전압 특성을 나타내고 있다. 이는 SMAW에서 초기 Arc 개시를 쉽게 하고 용접중에 용접봉이 달라 붙는 현상을 억제하여 용접사가 극히 짧은 Arc를 쉽게 사용할 수 있도록 해준다.

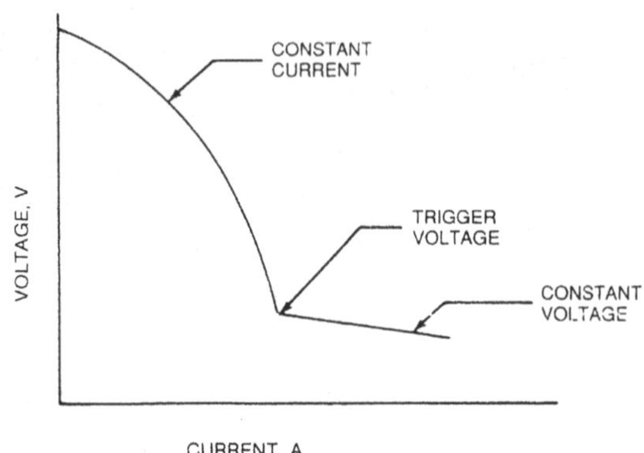

그림 3-3 Combination Volt-Ampere Curve

4. 사용률

수동 용접시에는 용접봉 교환이나 슬래그 제거등이 필요하므로 용접기를 연속해서 사용하지 않는다. 용접기의 사용율이란 10분간을 주기로 하여 다음과 같이 정의한다.

$$\text{사용률} = \frac{Arc\text{발생시간}}{\text{작업시간}} \times 100(\%) = \frac{Arc\text{발생시간}}{Arc\text{발생시간} + Arc\text{중지시간}} \times 100(\%)$$

현장에서 용접시에 용접기의 2차측에 Arc가 나오는 시간은 SMAW의 경우에 대개 40%로서, 나머지 60%는 Arc가 나오지 않는 운휴 시간이다.

$$\text{허용사용률} = \left(\frac{\text{정격}Arc\text{전류}}{\text{실제}Arc\text{전류}}\right)^2 \times \text{정격사용률}$$

따라서 용접기는 어느 정도 운휴 시간이 있는 것을 가상해서 설계되어 있다. KS에서는 정격 2차 전류와 정격 사용률이 (500A 용접기에서 60%, 기타는 40%) 정해져 있다. 예를 들어 정격 전류가 300A의 용접기를 실제에 220A로 사용하는 경우의 허용 사용률은 다음과 같이 계산한다.

$$\text{허용사용률} = (300/220)^2 \times 40 \fallingdotseq 74\%$$

이 경우에 용접기의 온도 상승에 관계 있는 1～1.5 시간에 대해서, 그 74% 이내로 Arc 발생 시간을 제한 시켜야 한다.

5. 역률과 효율

용접기에의 입력을 1차 피상 입력(皮相 入力) 또는 단지 피상 입력이라고 부르며, 이 입력으로 얻어지는 Arc 출력에너지의 비가 역률(Power Factor)이다. 이 값은 직렬 필드 코일의 리액턴스(Reactance)로 인한 개회로(무부하) 전압과 용접 전류사이의 위상차의 정현치(正弦値)를 의미한다.

$$\text{역률}(P.F) = \cos\Phi = \frac{Arc\text{전압}}{\text{개회로전압}} = \frac{Arc\text{전압}\times Arc\text{전류 (kW)}}{\text{개회로전압}\times Arc\text{전류 (kW)}}$$

$$= \frac{Arc\text{출력에너지 (kW)}}{\text{1차입력에너지 (kW)}}$$

또, Arc입력과 내부 손실과의 합에 대하여 Arc입력의 비율을 효율이라고 한다.

$$\text{효율} = \frac{\text{출력 (kW)}}{\text{입력 (kW)}}$$

제4장 용접부에 미치는 가스의 영향

1. 수소의 영향

용접 금속 내에는 일반강재에 비해 수소량이 $10 \sim 10^4$ 배로 존재하고 이들 수소는 여러 가지 문제점들을 만들어 낸다.

(1) 수소 취성

철이 수소를 용해하면 취화하여 연성이 저하하고 단면 수축률의 감소 등을 일으켜, 그 기계적 성질을 저하한다. 그러나, 극저온 혹은 급속 부하의 경우에는 수소의 확산 속도가 늦기 때문에 취성이 나타나지 않는 경우도 있다. 용접 금속중의 수소는 시간이 경과(응고가 진행됨)함에 따라 수소의 고용도가 높고 상대적인 수소 농도가 낮은 쪽으로 확산하여 간다. 이러한 특성으로 인해 용융선상의 HAZ부가 가장 경화도가 높고 수소 취화를 일으키므로 파단 강도는 저하하고 용접부에 가해지는 인장 잔류 응력에 따라 어느 정도의 잠복기간을 거쳐 균열이 일어난다.

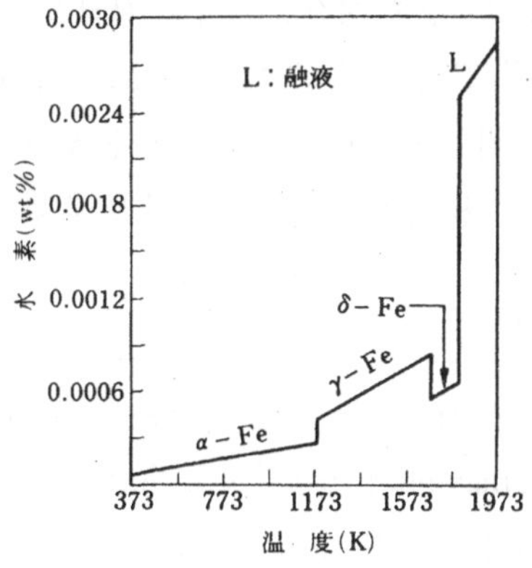

그림 4-1 강중의 수소 용해도 (1 atm, H2)

이 수소 취화는 다음과 같은 특성을 보인다.

- 약 -150℃~150℃사이에서 일어나며, 실온보다 약간 낮은 온도에서 취화의 정도가 제일 현저하다.
- 견고하고 강한 재질일수록 취화의 정도가 현저하다.
- 잠복기간을 거쳐서 용접 균열이 일어난다,

이러한 수소 취성은 전기 도금을 실시한 고장력 강재의 경우에도 심각한 문제를 일으킬 수 있다. 도금 과정에서 피 도금 금속은 전원의 음(-)극에 연결되어 전해액 속에 있는 도금 금속 이온이 피 도금 금속의 표면에 달라 붙도록 유도한다. 그런데 이 과정에서 원하는 금속 이온 외에 전해액속의 수소가 피 도금 금속 표면에 함께 달라 붙게 된다. 도금 과정에서 침입된 수소는 금속에 수소 취성을 유발하게 되고 심한 경우 강재의 파단 강도가 약 1/5정도로 약화되기도 한다. 이러한 이유로 고장력 Bolt등의 구조용 강재에는 부식 방지 목적으로 적용되는 전기 아연 도금을 기피하는 경우가 많이 있다.

다음에 설명될 Under Bead Cracking이나 Root Cracking은 모두 수소 취성의 한 종류로 분류할 수 있으며, 발생양상에 따라 다른 이름으로 불린다.

1) Under Bead Cracking

용접 Bead직하의 열 영향부에서 발생하는 균열로 이것은 용접 금속으로부터 확산된 수소가 주요 원인이다. 급냉 상태의 용접 조직에서 수소가 외부로 방출 되지 못하고 모재 쪽으로 향한 수소는 Bond인접부 까지 확산하여 Bond부분에서 수소가 집중하게 된다. 집중된 수소는 수소 취화를 일으키고 내부 응력과의 상호 작용에 의해 균열을 발생시킨다.

이 균열은 열 영향부가 경화된 경우 쉽게 발생하며, 용접부의 Martensite 변태 시작 온도인 Ms점 근방의 냉각 속도에 영향을 크게 받는다. 이와 같은 수소 취성을 방지 하기 위해서는 기본적으로 수소의 방출 시간을 가능한 길게 하고, 수소의 용해량을 작게 해야한다. 즉, Arc용접에서 입열을 크게 하여 용융금속의 고온 유지 시간을 길게 함으로서 수소의 방출을 촉진시킬 수 있으며, 수소 균열을 일으킬 수 있는 마르텐사이트(Martensite) 조직의 석출을 저지할 수 있다. 또한 용접 전후에 예열과 후열을 실시하여 같은 효과를 기대한다.

2) Fish Eye (銀点)

용접부를 파단한 경우 파단면의 형상에 따른 구분이라고 할 수 있다.

위의 Under Bead Cracking과 마찬가지로 수소가 용접부 내에 집적 되므로 인해 발생하는 취화 파면의 양상이다. 이것은 수소가 용접 금속내의 공공 및 비금속 개재물 주변에 집중되어 취화를 일으켜 시험편을 파단하면 국부적인 취화 파면으로 관찰 된다. 파단면에 고기의 눈과 같이 원형으로 수소가 집적(석출)되어 있기 때문에 Fish Eye라고 불린다.

3) 미소 균열(Micro-fissuring)

수소를 많이 함유한 용접금속 내부에는 0.01~0.1 mm 정도의 미소 균열이 다수 발생하여 용접 금속의 굽힘 강도를 저하시키는 경우가 있다.

이 미소 균열은 비 금속 개재물의 주변 및 결정 입계의 열간 미소 균열등에 수소가 집적되어 발생된다. 이로 인해 용착 금속의 연성이 저하되고 피로 강도 및 굽힘 강도가 저하한다.

4) 선상 조직 (Ice Flow Like Structure)

이것도 수소가 국부적으로 집중하여 존재하는 현상으로 Fish Eye에 비해 가늘고 긴 선상으로 석출하여 용착 금속중의 SiO_2 등의 개재물 및 기포 주변에 많이 집중됨으로써, 앞서 설명한 각 현상과 마찬가지로 용접 금속의 연성을 저하시켜 취성 파괴의 원인이 된다.

(2) 확산성 수소의 발생

용접부의 결함, 특히 Cold Cracking을 일으키는 주요 원인은 용착 금속중에서 확산되어 방출되는 확산성 수소가 아니라 용착 금속내에 잔류하는 비확산성 수소이다. 하지만 이처럼 조직 내에 잔류하게 되어 문제를 야기 시키는 비 확산성 수소의 양은 측정상의 어려움으로 인해 쉽게 수치화 할 수 없다. 이에 대한 대안으로 용접부에서 빠져 나오는 확산성 수소를 측정함으로써 이에 따라 비례 증감하는 비 확산성 수소를 상대적으로 측정한다.

이 확산성 수소의 양을 통해 용접부에서 발생되는 결함을 예측하고, 해당 Process 와 용접재료의 조합의 건전성을 평가하는 방법으로 사용하고 있다.

확산성 수소의 측정과 그에 의한 용접부 건전성 평가에 대해서는 제 13장에 소개된 확산성 수소 시험 항목을 참조한다.

1) 용착 금속 수소 이행(移行) 기구

용착금속 中의 수소는 Arc 용접시 4000 - 6000℃의 고온 Arc열에 의해 용접봉에서의 피복제 결정수, 흡습된 수분, 대기로 부터의 수증기 및 모재 중의 수소를 포함한 물질 등이 분해되어 용융 금속 中에서 수소 Gas가 원자 or 분자 상태로 용해되어 침투하게 된다.

이 과정에서 용융 금속에 대한 수소 Gas의 용해도는 용접 시 발생하는 Gas중의 수소 분압(Hydrogen Partial Pressure)에 비례하게 되고 강중의 수소 용해도에 따라 수소의 고용도가 결정되게 된다.

2) 수소 발생 영향 요인

❶ 피복제 중의 결정수 (Chemically Bonded Water) 요인

피복제는 광물질, 유기물, Binder로 구성되는 데 이들 구성 물질 고유의 결정수 (Crystallized Water)가 용접 시 고온에서 분해하여 용착 금속 중으로 확산되어 침투하게 된다. 日本 Hiral 연구팀의 염기성 용접봉에 대한 아래의 확산성 수소량 (HD, Diffusible Hydrogen) 산출식에 따르면 피복제 중의 결정수 Factor가 확산성 수소량에 가장 큰 영향을 미치는 것을 알 수 있다.

HD = (260 a1 + 30 a2 + 0.9 b - 10)1/2 (ml/용착금속 100g)

HD : 확산성 수소 발생량
a1 : 피복제 중 결정수
a2 : 피복제 흡습 수분
b : 주위 대기의 수증기 분압 (mmHg)

이 결정수(Crystallized Water)는 용접봉 건조시의 온도가 증가함에 따라 감소하므로 건조 온도를 높여 염기성 용접봉의 용착 금속 수소함량을 감소시킬 수 있다.

Table 4-1 용접봉 건조 온도에 따른 확산성 수소량의 변화 (E7016)

용접봉 건조 온도	210℃	250℃	340℃	450℃
확산성수소량 (ml/100g)	9.77	7.52	3.0	1.22

❷ 피복제에 흡습된 수분의 요인

저수소계의 경우 피복제 中의 결정수 (a1)가 0.125%인 반면 피복제 중의 흡습 수분(a2)은 최대 3%정도로, 사실상 a2 가 용착 금속 수소 함량에 가장 큰 Factor로 작용 하게 된다. 피복제 흡습 수분의 량은 노출 대기의 습도와 노출 시간에 의해 직접적 영향을 받게 된다. 흡수된 수분량은 일정한 상대 습도하에서 노출 시 노출 시간의 경과에 따라 포화 흡습도에 이를 때까지 비례적으로 증가하게 된다.

❸ 주위 대기의 수증기 분포압 요인

용착 금속의 수소 함량에 미치는 영향 Factor 중 주위 대기의 수증기 분포압에 의한 영향은 미약하게 작용하는데 이는 염기성 용접봉 피복제 중 상당량 함유된 탄산염이 분해할 때 발생되는 다량의 CO_2 Gas로 인한 Shield 효과 때문이다. 주위 대기의 수증기 분포압에 의한 용착 금속중의 수소 함량에 대한 영향은 하절기와 동절기의 수소 시험 결과로 느낄 수 있는데, 여러 실험 결과에 의하면 주위 대기의 수증기 분포압이 높은 하절기가 동절기보

다 용착 금속 확산성 수소 함량에 있어 약 10 - 15% 정도 높은 것으로 나타나고 있다.

❹ Arc Energy 요인

Arc Energy 의 Metal Transfer Driving Force와 용접부에 가해지는 Heat Input에 의한 용착 금속 수소 함량에 대한 영향 Factor는 용접시 발생하는 Gas의 전체 압력에 좌우하게 된다. Arc Energy 증가에 따라 수소 분압이 상승함으로써 용융 금속에 대한 수소의 용해도가 증가하는데 기인한다. Table 4-2는 용접작업 중 흡수되는 수소의 양을 몇 가지 용접 재료별로 나타낸 것이며, 그림 4-1은 대기압하에서 탄소강의 온도에 따른 금속 조직별 수소의 용해도 (Solubility)를 나타낸 것이다.

Table 4-2 용접 전류와 용착량에 따른 용접부 산소 농도
(Approximate Values for Low-Carbon Steel Weld Metal Hydrogen - mL/100g)

Process	Hydrogen(1) in arc atmosphere % by volume	Present in liquid weld metal	Diffusible hydrogen liberated during first 24 hours	Diffusible hydrogen liberated during subsequent 20 days	Residual hydrogen remaining in as-welded deposit
E6010	40	28	10	3	15
E6012	35	15	6	2	7
E6015	5	8	2	1	5
GTAW, argon	0	4(1)	1	0	3

※ Notes (1) Presumable hydrogen contained in filler and covering (if present).

(3) 수소의 침입 경로와 특성

용접부의 국부 수소 집적은 국부 응력과 냉각 조건에 따라서 다르다.

즉, 동일한 조건에서 구속시킨 맞대기 이음의 다층 용접에서 Root부에 생기는 구속 응력은 평균 구속 응력(구속도)과 Root부의 응력 집중률에 의하여 다르게 나타난다. Root부의 응력 집중률이 높은 홈 형상에서는 그 밖의 조건이 동일하더라도 Root부 부근에 큰 수소 집적이 생기게 한다.

용접 금속의 강도가 모재에 비하여 낮으면 Root부에 집중하는 국부응력이 완화되기 때문에 국부 수소 집적량이 적게 된다.

50~200℃ 정도의 예열 혹은 후열을 하고서 용접부의 냉각 시간을 크게 하면 국부 수소 집적량은 현저하게 적게 된다. 용접 과정에서 수소가 발생하고 용접부로 침투해 들어가는 과정은 다음과 같다.

❶ 수소가 발생되기 쉬운 용접봉으로 용접하거나, 습기가 많은 상태에서 용접하면 용접봉으로 부터 혹은 주변의 습기로부터 Arc 분위기를 통과한 용융 금속 입자가 수소를 흡수하므로 용접 금속은 수소를 다량 함유하게 된다.

❷ 용접 금속이 응고할 때 온도가 저하함에 따라 수소의 용해도가 급속히 감소하므로 남은 수소는 용융 금속으로부터 이탈하고자 하지만 그 일부가 용착 금속중에 남게 되며 또한 일부는 가열에 의하여 Austenite로 된 열영향부 내에 확산한다. 이것은 Austenite가 다른 조직에 비해 수소를 다량으로 흡수하는 능력을 가지고 있기 때문이다(그림 4-1 참조).

❸ 냉각이 이루어 지면서 용착 금속의 수소 용해도는 점차 감소하고 일부는 가스로 되어 표면에서 대기중으로 빠져나가지만 일부는 근접하는 열영향부내로 확산을 계속하여 열영향부의 수소량은 더욱 증가한다.

❹ 한편, 열영향부도 냉각됨에 따라 Austenite 상태로부터 변태가 이루어 지고 이에 따라 수소의 흡수 능력이 감소한다.

❺ 잔류 Austenite는 수소로 과포화되어 있기 때문에 Martensite로 변태할 때에 새로 생긴 조직중에 미세한 균열이 생기는 일이 있다.

(4) 용착 금속 수소 함량과 Cold Crack과의 관계

1) Cold Crack 발생 기구 (Mechanism)

Cold Crack의 직접적인 영향은 앞서 설명한 바와 같이 확산성 수소(Diffusible Hydrogen)가 아니라 용착 금속 내부에 내재하고 있는 비확산성 수소에 기인한다.

아직 확실히 규명되고 있지는 않지만 용착 금속 中에서 외부로 방출되지 않고 잔류하는 수소가 금속 조직의 결정 격자 사이에서 용융, 응고 과정 중 공극을 형성함으로써 Notch Effect를 유발하여 용접부위의 냉각 및 시간 경과에 따른 잔류 수소의 응축 현상과 이 때 생성되는 용접 응력을 용접 금속이 감당하지 못해 발생되는 것으로 설명된다.

따라서 Cold Cracking은 모재의 금속 조직적인 특성, 용착 금속의 수소함량 및 Hardness, 용접 시공상의 변화성 그리고 용접 균열 Index(Pc, Pcm)등의 복합적 요인에 의한 것으로 설명될 수 있다.

재료의 용접성을 평가하는 용접 균열 감수성 지수(Pc, Pcm)에 대해서는 제 2장의 강의 용접성 편을 참조한다.

2) 수소에 기인한 용접부 Crack방지 대책

❶ 용접 재료의 선택 : 일반적으로 고장력강, 저온용강 등 고급 강재는 용착 금속이 수소

에 대해 민감하여 Cold Crack을 유발하기 쉬우므로 용접 재료의 선택에 신중을 기해야 한다. 대개 이런 강은 저수소계 계통이지만 극 저수소계, 고온 다습한 환경에서의 흡습을 저하시킨 비흡습성 저수소계, Fume 발생량을 감소시킨 Low Fume 저수소계 피복 Arc용접봉의 선택이 바람직하다. 따라서 강재의 종류, 형상의 구속도 및 작업 환경에 적합한 용접봉의 선택이 필요하다.

Table 4-3 저수소계 피복 Arc용접봉에 의한 용접금속의 확산성 수소량

강 종	저수소계봉	고온다습/용접관리 불충분시	극저수소계
50 kg/MM2급 고장력강	4.0ml / 100g	6.0ml / 100g	2.0ml / 100g
60 kg/MM2급 고장력강	2.3ml / 100g	4.0 ml / 100g	1.0 ml / 100g
60 kg/MM2이상	1.6ml / 100g	2.5 ml / 100g	1.0 ml / 100g

❷ 용접 재료의 관리 : AWS D1.1 1994년도 판에는 저수소계 용접봉의 구매와 보관에 관하여 다음과 같이 규정하고 있다.

- ANSI/AWS A5.1 : 대기와 차단된 용기속에 밀봉된 상태로 구매되어야 하며, 사용전에 최소한 2시간 이상 260~430℃ 정도의 온도에서 가열하여 사용해야 한다.
- ANSI/AWS A5.5 : 대기와 차단된 용기속에 밀봉된 상태로 구매되어야 하며, 사용전에 최소한 1시간 이상 370~430℃ 정도의 온도에서 가열하여 사용해야 한다.
- 가열 건조로에서 빼낸 용접봉은 최소 120℃ 이상 유지되는 용기속에 보관해야 한다.
- 저수소계 용접봉의 재 건조는 1회를 초과할 수 없다.
- 물에 젖었던 용접봉은 충분하게 건조되어도 절대로 사용할 수 없다.

이상의 AWS D1.1에 제시된 저수소계 용접봉 관리 규정중에 매우 눈길을 끄는 것이 하나 있다.

그것은 저수소계 용접봉의 재건조에 관한 규정으로 AWS D1.1에서는 재건조 회수를 단 1회로 제한하고 있다.

즉, 일단 용접봉 건조로에서 반출된 용접봉의 재건조는 1회만 허용되고 쓰다가 남은 용접봉의 반복 건조 사용은 금지하는 것이다. 현장에서 이를 준수하기는 무척 어려운 사항으로 용접 관리자의 세심하면서도 철저한 용접봉 관리가 요구되는 내용이다.

Table 4-4 피복 Arc 용접봉의 건조 조건

용접봉 TYPE	재건조 조건
연강 비저수소계	70 - 100℃ (30 - 60分)
연강 저수소계 (E70xx)	300 - 350℃ (30 - 60分)
연강 저수소계 (E80xx)	350 - 400℃ (60分)
Austenite. S. S	150 - 200℃ (30 - 60分)
Ferritic S. S	300 - 350℃ (30 - 60分)

Table 4-5 피복 Arc 용접봉의 건조 조건

용접봉의 종류	용접봉의 상태	건 조 조 건
고장력강用 피복Arc	건조후 4Hr 경과후	300-400℃ 1Hr이상 건조
연강用 피복Arc	건조후 12Hr 경과후	100-150℃ 1Hr이상 건조

Table 4-6 저수소계 용접봉의 최대 대기 노출 시간(AWS D1.1-1994 Ed.)

Electrode	Column A (Hours)	Column B (Hours)
A5.1 (SFA 5.1)		
E70XX	4 Max.	Over 4 to 10 Max.
E70XXR	9 Max.	
E70XXHZR	9 Max.	
E7018M	9 Max.	
A5.5 (SFA5.5)		
E70XX-X	4 max.	Over 4 to 10 Max.
E80XX-X	2 max.	Over 2 to 10 Max.
E90XX-X	1 max.	Over 1 to 5 Max.
E100XX-X	1/2 max.	Over 1/2 to 4 Max.
E110XX-X	1/2 max.	Over 1/2 to 4 Max.

Notes :

1. Column A : Electrodes exposed to atmosphere for longer periods than shown shall be redried before use.
2. Column B : Electrodes exposed to atmosphere for longer periods than established by testing shall be redried before use.
3. Entire table : Electrodes shall be issued and held in quivers, or other small open containers. Heated containers are mandatory.

   The optional supplemental designator, R, designates a low hydrogen electrode which has been tested for covering moisture content after exposure to a moist environment for 9 hours and has the maximum level permitted in ANSI/AWS A5.1-91, specification for carbon steel electrodes for Shielded Metal Arc Welding

❶ 용착 금속내의 잔류 수소를 제거하기 위한 방법으로 용접 완료후 100~200℃ 정도의 온도로 1~5 시간 동안 저온 후열 처리를 한다. 일반적으로 후열은 확산성 수소의 발산을 촉진하고 저온 균열의 방지에 유효하다.

❷ 옥외 작업의 경우 우천시에는 수증기의 분압이 상당히 높고 피복제의 막대한 흡습에 의한 용착 금속 수소 함량의 증가를 가져올 수 있으므로 주의가 요구된다.

❸ 특히 수중 용접의 경우에는 많은 주의가 필요하다. 수중 용접에는 Chamber를 이용한 건식법, 용접부만 국부적으로 물을 배제한 국부 건식법 이외에 수중에서 직접 Arc를 발생시켜서 사용하는 간편한 습식법이 있다. 이중에서 습식 수중 용접에는 용접부재가 물에 직접 접해 있기 때문에 급냉 되어 경화되기 쉽고, Arc Energy에 의해 물이 분해되어 확산성 수소량도 많게 되고 저온 균열이 발생하기 쉽다.

❹ 용접부의 수분, Oil, 녹, Paint등을 완전히 제거하여 항상 청결을 유지한다. 용접부에 잔류하는 수분과 녹은 반드시 제거한 상태로 깨끗한 용접부를 확보하여야 한다. 표면에 붙어 있는 녹은 많은 수분을 함유하고 있을 수 있으며, Painting한 상태에서 용접을 하면 용접 과정에서 유기물의 연소 분해에 의해 수소가 발행하고 이 수소에 의해 저온 균열이 발생하는 경우가 있다.

이외에 현장 용접 관리와 관련된 용접봉에 대한 사항은 제 6장의 SMAW 내용과 제 8장의 용접 재료 소개편을 참조한다.

2. 질소와 산소의 영향

(1) 질소의 영향

용접 금속 중에 가스가 침입하거나 기타 가공 또는 열처리에 의해서 용접 금속의 기계적 성질 특히 연성이나 인성이 저하하는 현상을 취화라고 한다.

취화된 강의 특징은 강하고 딱딱하며, 충격에 약하여 안정적인 구조물로 사용하기 어렵게 된다. 강을 취화 시키는 요인들은 많이 있으며, 질소와 산소는 강의 취화를 조장하는 주요 원인 중에 하나이다. 용접 금속 내에 산소는 고용하지 않고 산화물로써 존재 하지만 질소는 질화물로써 존재하는 동시에 고용되어 있어서 이로 인해 다음과 같은 문제점들이 예상될 수 있다.

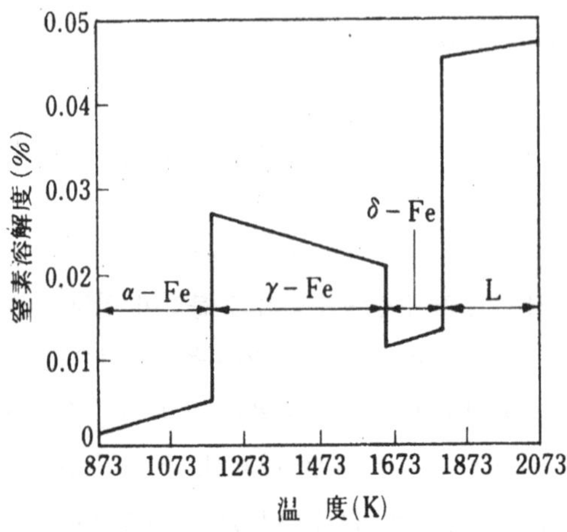

그림 4-2 강중의 질소 용해도

1) 석출 경화

강(Steel)을 저온에서 소려(Tempering)하면 시간의 경과와 더불어 경도가 증가한다. 이것은 소입(Quenching)할 때 과포화 고용된 질소 및 탄소가 각각 질화물 및 탄화물로 석출되어 경화를 일으키기 때문이다.

산소는 고체 상태의 철에 고용되지 않기 때문에 응고부 석출 현상을 일으키지 않지만, 질소의 확산을 조장하여 질화물의 생성을 용이하게 하여 석출 경화를 조장 한다고 보고 되고 있다.

2) 담금질 시효 (Quench Aging)

강중의 산소, 질소 탄소의 용해도는 저온에서 급격히 감소하기 때문에 약 600℃이상에서 급냉하면 이들의 원소가 과포화 상태에서 서서히 석출하는 현상을 일으킨다. 이것이 담금질 시효 (Quench Aging)이다.

3) 변형 시효 (Strain Aging)

냉간 가공된 강을 실온에서 장시간 방치하거나 A1점 이하의 낮은 온도에서 가열(Tempering) 하면 시간의 증가와 함께 경도가 증가하고 신율 및 충격치가 저하하는 현상이다.

냉간 가공의 Slip으로 전위가 증가한 곳에 산소나 질소가 집적되어 전위 이동을 방해한다. 냉간 가공 후 일어나는 시효 현상을 변형 시효 (Strain Aging)라고 한다. 질소의 증가와 더불어 충격값의 저하율은 증가하고 동일한 질소량에서 탄소량의 증가에 따라 충격값의 저하율은 감소한다. 산소도 Strain Aging을 조장하지만 그 영향은 질소 보다 적다

용접 금속이 급냉 되면 내부 응력(변형)이 남게 되고 또한 질소, 산소량이 많으면 용접 금속은 냉간 가공이 없어도 Strain Aging을 일으키는 경우가 많다. 이 현상은 냉간 가공에 의해 격자 결함이 증가되고 질소가 많이 고용되면 이것이 전위 주변에 차차 모여 들어 전위의 이동을 방해하기 때문에 시간의 경과와 더불어 강의 경도는 증가한다.

4) 청열 취성 (Blue Shortness)

200～300℃범위에서 저 탄소강을 인장 시험하면 인장 강도는 증가하지만, 연성이 저하가 심각하게 나타나는 경우를 청열 취성 이라고 한다. 이 현상은 변형 시효와 같은 이유에 의해서 일어난다고 생각된다.

청열 취성의 주요 요인은 질소이며 산소는 이것을 조장하는 작용을 한다. 또 탄소도 다소 영향이 있다. Al, Ti등 질화물을 형성하는 원소를 첨가하면 청열 취성은 나타나지 않는다. Mn, Si등도 효과가 있다.

취화가 일어나기 시작하는 온도도 질소량이 많을 수록 낮아진다.

5) 저온 취성

실온 이하의 저온에서 취약한 성질을 나타내는 현상을 말한다.

저온 취성은 산소 및 질소가 현저한 영향을 미치는 것으로 알려져 있다.

용접 금속은 통상 산소나 질소가 강재 보다 많고 또 주조 조직이 있는 등의 원인으로 일반적으로 Notch 취성이 높다. 이러한 이유로 탈산이 불충분한 Rimmed 강에서는 천이 온도가 일반적으로 높게 나타나고, Killed 강에서는 비교적 낮게 나타난다.

Al, Ti등 강력한 탈산 및 탈 질소 성분을 포함한 강에서 천이 온도는 매우 낮다. 천이 온도는 결정 입도에도 영향을 받아 강력 탈산 및 탈 질소 처리에 의해 결정핵이 증가하며, 미세 화합물이 결정 내부와 입계에 존재하여 조립화를 방지하여 미세한 결정을 만들게 된다. 이러한 이유로 탈산 및 탈 질소 처리된 강의 천이 온도는 일반적으로 낮게 나타난다. 저온 취성을 예방하기 위한 방법으로는 저 수소계 용접봉을 사용하여 수소의 발생 원인을 최소화하고, 용접 금속의 성분이나 용착 방법 조정으로 개선할 수 있다.

6) 뜨임 취성 (Temper Embrittlement)

용접 구조물은 용접후 응력을 제거하기 위하여 변태점 이하에서 Annealing을 하고 있다.

그러나, 어떤 합금 원소를 함유한 용접 금속은 응력 제거를 위한 Annealing 열처리로 경도가 증가하고 신율 및 Notch 인성이 현저히 저하되는 현상이 있다. 이렇게 강을 Annealing

하거나 900℃전후에서 Tempering하는 과정에서 충격 값이 저하되는 현상을 뜨임 취성이라고 한다. 뜨임 취성은 Mn, Cr, Ni V등을 품고 있는 합금계의 용접 금속에서 많이 발생한다. 이 취성의 원인은 결정립의 성장과 결정입계에 석출한 합금 성분 때문이다. 산소, 질소가 많으면 결정립이 성장하기 쉽고, 탄소가 많으면 합금 성분의 석출이 현저하게 되기 때문에 뜨임 취성을 방지하기 위해 이들 원소의 함량을 가능한 저하시키는 것이 좋다.

고강도 합금계의 다층 육성 용접 금속에서 앞의 용접층이 뒷층의 용접으로 뜨임 취화를 받는 경우도 있다.

7) 적열 취성 (Hot shortness)

불순물이 많은 강은 열간 가공 중 900~1200℃온도 범위에서 적열 취성을 나타낸다. 이 취성은 저 융점(Low Melting Temperature)의 FeS의 형성에 기인된다고 볼 수 있지만 산소가 존재하면 강에 대한 FeS의 용해도가 감소하기 때문에 산소도 이 취화의 한 원인으로 볼 수 있다.

Mn을 첨가 하면 MnS 및 MnC를 형성하여 이 취성을 방지하는 효과를 얻을 수 있다.

(2) 산소의 영향

산소는 1500℃ 이상의 고온에서만 용해하고 그 용해도가 다른 원소에 비해 매우 크다. 용융철과의 반응은 피복제의 염기도, 용접봉의 탈산제 함유량 및 합금 원소의 종류에 의해 크게 좌우되며, 용접봉 직경, 용접 조건 등에도 영향을 받는다. 용융철 중에 산소와의 친화력이 Fe보다 큰 원소인 Si, Al, Ti 등을 첨가하면 용강중의 산소와 결합하여 탈산 산화물이 생기는 탈산 작용이 발생한다.

용접시에는 대기중으로 부터 용융 금속으로 산소가 침투하여 각종 원소를 산화하여 소모 시킨다. 또한 응고시에는 CO_2기체로 되어 기공을 생성시킨다. 더욱이 응고시에는 용접 금속의 기계적 성질을 약화시키기 때문에 용접 금속 중에서의 탈산(Killing)은 매우 중요한 문제이다.

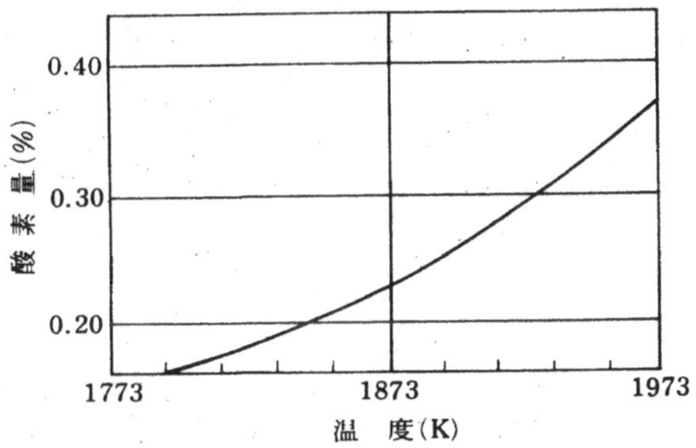

그림 4-3 용융철 중의 산소 용해도

참고로, 가장 널리 사용되는 탈산제는 Si과 Al이다. 이 두 가지 대표적인 탈산제는 각기 서로 다른 특성이 있는 강을 만들어 낸다.

Al은 탈산된 강 조직의 입자 크기를 미세화하고, Si은 상대적으로 조대화하게 한다. 이러한 특성이 가장 쉽게 비교 되는 재료가 ASTM A515와 ASTM A516이다. 두 재료를 단적으로 비교 하면, ASTM A515는 Si으로 탈산 처리되어 고온에 적합한 특성를 나타내고 ASTM A516은 Al 으로 탈산되어 저온에 보다 적합한 특성을 나타낸다.

용강중의 산소 함유량(O_2 %)은 용융Slag 중의 FeO 함유량 (FeO%)에 거의 비례한다. 이론적으로 산소 함유량은 용융강 중의 원소량, 용융 Slag의 염기도, 용융 Slag중의 탈산 생성물의 함유량에 따라 좌우된다.

Titania계와 저수소계를 비교할 때 저수소계의 산소 함유량이 적은 것은 Slag의 염기도가 크기 때문이다.

제5장

용접 금속의 조직

용접은 금속의 용융과 응고를 통해 마주한 두 금속이 서로 접합되는 과정이다.

따라서, 용접을 제대로 이해하기 위해서는 금속의 용융과 응고 과정에서 발생되는 조직의 변화와 각종 합금 원소의 영향에 대해 정확하게 이해할 필요성이 있다. 이장에서는 금속의 특성에 영향을 미치는 합금 원소의 영향과 조직의 변태를 설명해 줄 수 있는 상태도를 소개하여 용접 야금학의 이해를 돕고자 한다.

1. 합금 원소의 영향

금속내에는 조직의 기계적, 화학적 특성을 증대시키기 위해 다양한 합금 원소가 포함된다. 일부 합금 원소는 도리어 강의 특성을 저해하는 단점이 있어서 그 양을 최대한 제한해야 하는 원소들도 있으나, 강의 제조 과정에서 이러한 유해 원소를 적절한 수준까지 제거하는 작업은 많은 경비와 어려움을 수반하게 된다. 이하에서는 대표적인 탄소강의 합금 원소와 그 특징을 간단하게 정리한다. 합금원소의 소개는 편의상 Alpabet 순으로 하고, 주요특성은 탄소강을 기준으로 설명한다.

1) Al M.P. 658℃ Aluminum

가장 강력하고, 널리 사용되는 탈산, 탈질제이다. 따라서, 시효저항 향상에 기여한다. 소량 첨가하면 결정립이 미세한 구조를 얻을 수 있다.

Al은 매우 경도가 큰 질화물을 형성하므로 질화처리강 (Nitriding Steel) 의 합금 원소로 사용된다. 또한, 고온 내식성을 증가시키므로 페라이트(Ferrite)계 합금 내열강에 자주 첨가된다. 일반 탄소강에 첨가하면 Al이 표면으로 확산되는 현상에 의해 고온 내식성이 증가한다. Al은 Austenite 조직인γ상을 크게 억제한다. 보자력 (Coercive Force) 을 향상시키므로 Fe-Ni-Co-Al 영구자석 합금용 합금 원소로 사용된다.

2) As M.P. 817℃ Arsenic

역시 γ상을 제한하며, P와 마찬가지로 강한 편석(Segregation)의 경향을 가지므로 유해원소이다. 그러나, Annealing에 의해 편석을 제거하는 것은 P보다 어렵다. 또한, 소려 취성 (Temper Brittleness) 을 증가시키고, 인성 및 용접성의 감소를 유발한다.

3) B M.P. 2300℃ Boron

B는 중성자 흡수 단면적이 크므로, 원자력 발전소의 Controller나 Shield용 합금강에 사용되고 있다.

오스테나이트(Austenite)계 스테인리스강에 첨가되면 석출 경화 효과(Precipitation Hardening)에 의해 항복점 및 강도를 증가시킨다. 그러나, 내식성은 감소하게 된다.

B에 의해 야기된 석출로 인해 고온 오스테나이트계 강의 고온 강도가 증가한다. 구조용 강에 첨가되면 경화 효과에 의해 강도를 증가시킨다. 그러나, B가 첨가된 합금강은 용접성이 나빠진다.

4) Be M.P. 1280℃ Beryllium

Cu-Be 합금은 시계용 스프링 재료로 사용되고 있으며, 자화가 잘 일어나지 않고 스프링 강보다 하중 싸이클 (Load Cycle) 이 크다.

Ni-Be 합금은 매우 경도가 크고 내식성을 가지므로 의료 기기용 재료로 사용된다. Be은 γ상을 매우 제한한다. Be을 첨가하여 석출 경화를 시킬 수 있으나, 이 석출 경화로 인해 인성이 저하된다. 탈산 효과가 크고, 황과의 친화력도 상당히 크다.

5) C M.P. 3540℃ Carbon

가장 중요한 합금원소로서 강의 성질에 큰 영향을 미친다. C함량에 증가함에 따라 강의 강도와 경화능은 증가한다. 그러나, 연성, 단조성, 용접성 및 가공성 (절삭 도구를 사용한 가공)은 감소한다. 물, 산, 고온 기체에 대한 내식성은 C의 영향을 받지 않는다.

좀더 자세한 탄소의 영향에 대해서는 제 2장의 내용을 참조한다.

6) Ca M.P. 850℃ Calcium

탈산 공정에 Si와 함께 Silico-Calcium의 형태로 사용된다.

열전도체 재료의 고온 내식성을 증가시킨다.

7) Ce M.P. 850℃ Cerrium

탈산 효과 및 탈황을 촉진시키는 효과를 가진다. 고합금강에 첨가되어 고온 성형성을 어느 정도 증가시키고, 내열강의 고온 내식성을 향상시킨다.

Fe-Ce합금 (Ce 70%)은 발화성을 가진다.

Ce은 구상 흑연 주철(Nodular Cast Iron)에 첨가된다.

8) Co M.P. 1492℃ Cobalt

Co는 탄화물을 형성하지 않는다. 고온에서의 결정립 성장을 억제하고 소려유지 및 고온 강도 증가의 효과가 있다. 그러므로, 고속도강, 고온 성형용 공구강, Creep 저항성 고온재료의 합금 원소로 자주 사용된다. 흑연 형성을 촉진시킨다.

다량 첨가되면 열전도도, 보자력, 잔류자화 (Remanence)를 증가시킨다. 따라서, Super High Quality 영구 자석용강의 기본 합금 원소이다.

중성자를 조사하면 방사성 동위원소 Co60이 형성되므로 원자력 발전소의 반응기 재료용 첨가 원소로는 부적당하다.

9) Cr M.P. 1920℃ Chromium

강의 급냉시에 기름, 공기 경화성을 부여한다. 마르텐사이트(Martensite) 형성에 필요한 임계 냉각 속도를 감소시킨다. 경화능을 증가시키므로 경화 및 소려에 대한 민감도를 증가시킨다. 노치 인성 (Notch Toughness) 을 감소시키지만, 연성은 거의 감소시키지 않는다. 순수한 Cr강에서는 Cr 함량이 증가할 수록 용접성이 감소한다.

강의 인장 강도는 Cr 함량이 1% 증가함에 따라 80~100 N/㎟ 증가한다.

Cr은 탄화물 형성 원소이다. Cr 탄화물은 Edge-holding 특성과 내마모성을 증가시킨다. 고온 강도 및 고압 수소화 특성은 Cr첨가에 의해 향상된다. Cr함량이 증가함에 따라 고온 내식성이 향상되며, 약 13% 정도가 강의 내식성 부여를 위한 최소값이다. 이 Cr 탄화물은 기지내에 용해된 상태로 존재해야 한다.

Cr은 γ(Austenite)상을 제한하므로 페라이트(Ferrite) 영역을 확장시킨다. Cr의 첨가로 인해 열전도도 및 전기 전도도는 감소한다. 열팽창률도 감소한다 (Glass Sealing용 합금). C함량 증가와 더불어, Cr은 잔류자화 및 보자력을 3%까지 증가시킨다.

10) Cu M.P. 1084℃ Copper

Cu는 Scale층 아래에 집중되고 입계를 통해 강의 내부로 침투하여 고온 성형시 표면이 매우 민감해지므로 일부 합금강에만 첨가된다.

따라서, 강에 유해한 원소이다. Cu는 항복점 및 항복점/강도비를 증가시킨다. 약 0.30%

까지 첨가되면 석출 경화 효과가 있다. 경화능을 향상시킨다. 용접성은 Cu의 영향을 받지 않는다.

합금강, 저합금강에 첨가되어 Cu는 내후성 (Weathering Resistance) 을 크게 향상시킨다. 내산성 고합금강에 약 1% 이상 첨가되면 염산 및 황산에 대한 내식성을 향상시킨다.

11) H　M.P. -262℃　Hydrogen

연성 감소로 인한 취화 (Embrittlement) 및 항복점 및 인장 강도의 증가없이 Necking을 유발시키므로 강에 유해한 원소이다.

산세(Acid Cleaning) 공정 중에 발생한 수소 원자는 강의 내부로 침투해서 수소 취성을 형성한다. 습기를 함유한 수소는 고온에서 탈탄 효과를 가진다.

12) Mg　M.P. 657℃　Magnesium

주철에서 구상흑연 형성을 촉진시킨다.

13) Mn　M.P. 1221℃　Maganese

탈산 효과를 가진다. 황과 결합하여 황화망간 (Manganese Sulfide) 을 형성한다. 이것은 절삭강에서 특히 중요하다. 또한, 이 황화물은 적열취성 (Red Shortness) 의 위험성을 감소시킨다.

Mn은 임계 냉각속도를 매우 크게 감소시키므로, 경화능을 크게 증가시킨다. Mn을 첨가함으로써 항복점과 강도도 증가한다. 또한, 용접성과 단조성을 증가시키며, Hardness Penetration Depth를 크게 증가시킨다. 4% 이상 첨가되어 서냉시키면 취성이 큰 마르텐사이트(Martensite) 구조를 형성한다.

Mn함량이 12% 이상인 강은 C함량이 역시 큰 경우 Mn은 γ상을 크게 확장시키므로 오스테나이트계에 해당한다. 이 강은 표면이 충격 응력을 받을 경우, 강의 내부는 인성을 유지하면서 표면 부위만 매우 큰 변형 경화를 일으키기 쉽다. 이로 인해 충격의 영향하에서 내마모성이 매우 크다. Mn함량이 18% 이상인 강은 큰 냉간 가공을 거쳐도 쉽게 자화되지 않으며, 0℃ 이하에서 저온 응력에 노출되어도 인성을 유지하며, 특수강으로 사용된다.

Mn의 첨가에 따라 열팽창 계수는 증가하지만 열전도도 및 전기 전도도는 감소한다.

14) Mo　M.P. 2622℃　Molybdenum

Mo는 보통 다른 합금 원소들과 함께 첨가된다. 임계 냉각 속도를 낮춰서 경화능을 향상시킨다. 소려 취성을 크게 감소시킨다. CrNi 및 Mn강의 경우에는 미세 결정립 형성을 촉진시키며, 용접성을 향상시킨다. 항복점 및 강도도 증가시킨다.

Mo 함량이 증가함에 따라 단조성은 감소한다. 탄화물 형성 경향이 매우 크다. 이로 인해 고속도강의 절삭성을 향상시킨다. 내식성을 향상시키는 원소이므로 고합금 Cr강이나 오스테나이트계 스테인레스강에 첨가된다. Mo함량이 크면 Pitting감수성이 감소한다. (Stainless Steel 316)

γ상을 매우 억제한다. 고온 강도를 증가시킬 수록 고온 내식성은 감소한다.

15) N M.P. -210℃ Nitrogen

이 원소는 유해 원소 및 합금 원소의 두 가지 기능을 가지고 있다.

석출과정을 통해 시효 감수성을 증가시키고 청열 취성 (Blue Brittleness: 300~350℃의 청열 영역에서의 변형) 을 유발시키므로 인성의 감소를 초래하며, 연강 및 합금강에서의 입계 응력 균열 발생을 유발시키므로 유해한 원소이다. 반면 합금 원소로서 γ상을 확장시키고 오스테나이트 구조를 안정화시킨다. 오스테나이트계 강에서는 강도를 증가시키고, 가열 상태에서의 항복점 및 기계적 성질을 향상시킨다.

질화처리 중에 질화물 형성의 결과로 N의 첨가로 인해 높은 표면 경도를 얻을 수 있다.

16) Nb/Cb M.P.1950℃ Niobium/Columbium
Ta M.P. 3030℃ Tantalum

이 원소들은 거의 대부분 함께 첨가되며 서로 분리하기가 매우 어렵다. 따라서, 보통 함께 사용된다. 매우 강한 탄화물 형성 경향을 가진다. 두 원소 모두 페라이트(Ferrite) 형성 원소이므로 γ(Austenite)상을 감소시킨다. Nb의 첨가로 인해 고온 강도 및 Creep파단 강도가 증가하므로 고온용 오스테나이트계 보일러용 강에 첨가되는 경우가 많다.

Ta은 중성자 흡수력이 크다. 저 Ta, Nb 강만이 원자력 반응기용 재료로 사용될 수 있다. 용접부에 미세 석출물로 존재하여 용접부의 경화를 심하게 하여 고장력강에서 그 양을 제한 하는 경우가 있다.

17) Ni M.P. 1453℃ Nickel

구조용강에 첨가되어 저온 영역에서도 노치 인성 (Notch Toughness) 을 크게 증가시킨다. 따라서, 저온 인성강의 인성을 증가시킬 목적으로 첨가된다. 모든 변태 온도 (A1~A4)는 Ni첨가로 낮아진다.

Ni은 탄화물 형성 원소가 아니다. γ상 영역을 매우 확장시키므로, Ni이 7% 이상 첨가되면 내식용 강에 상온 이하의 온도에서도 오스테나이트 구조를 가지도록 하는 역할을 한다. Ni만을 첨가하면 그 함량이 높아지더라도 강의 내후성을 향상시키는 역할만을 한다. 그러나, 오스테나이트계 스테인레스강에서는 환원성 분위기에서의 내식성을 향상시키는 역할을 한다. 오스테나이트계 스테인레스강의 산화성 분위기에 대한 내식성을 부여하는 것은 Ni이 아니고 Cr이다. Ni의 첨가로 오스테나이트계 강의 재결정 온도가 높아지기 때문에 600℃이상에서 높은 고온 강도를 가지게 된다. Ni첨가강은 실제적으로 비자성을 나타낸다. 열전도도 및 전기 전도도는 크게 감소한다.

정확하게 규정된 조성 영역을 가지는 고 Ni 함유 합금은 낮은 열팽창 특성과 같은 특별한 물리적 성질을 가지게 된다 (Invar Alloy).

18) O M.P. -218.7℃ Oxygen

대표적인 강의 유해 원소이다. 강중에서의 산소 화합물의 특성, 조성, 형상, 분포 양상이 유해한 정도에 큰 영향을 미친다.

기계적 특성, 특히 횡축 방향의 노치 인성을 감소시킨다. 또한, 시효 취화, 적열 취성, 섬유상 파괴 (Fibrous Fracture) 및 Fishscale Fracture를 증가시킨다.

19) P M.P. 44℃ Phosphorous

응고과정 중의 1차편석 및 γ상 영역을 크게 제한함으로 인한 고상에서의 2차 편석의 가능성이 있으므로 일반적으로 유해원소로 취급된다.

상대적으로 확산 속도가 느리므로 α및 γ상 중에서 발생한 편석을 제거하기가 어렵다.

P는 기지중에 균일하게 분포하기가 어려우므로, P함량을 매우 낮게 유지하고 있으며, High Grade 강에서는 그 함량을 최대 0.03~0.05%로 제한하고 있다. 편석 정도를 명확하게 결정할 수는 없으나, 최소량이 존재한다해도 P는 소려 취성 감수성을 증가시킨다.

P에 의한 취화 현상은 C 함량이 증가할 수록, 경화온도가 증가할 수록, 결정립 크기가 증가할 수록, 단조에 의한 감소비가 줄어들 수록 감수성이 커진다. 취화 현상은 저온 취성 (Cold Shortness), 충격 응력에 대한 민감도 (취성 파괴의 경향) 의 형태로 나타난다.

탄소함량 0.1%의 구조용 저합금강에서 P는 강도를 증가시키고 내후성을 향상시킨다. Cu가 공존하면 내후성의 향상을 돕는다.

오스테나이트계 스테인레스강에 P를 첨가하면 항복점이 증가하고, 석출 경화 효과를 얻을 수 있다.

20) Pb M.P. 327.4℃ Lead

절삭강에 약 0.2~0.5% 첨가된다. 매우 미세한 부유입자 (Suspension)와 같은 분포를 보이므로 절삭 공구의 깨끗한 표면을 얻을 수 있고 표면 손상이 적고 절삭성이 향상된다. 이 정도의 Pb함량은 강의 기계적 성질에 거의 영향을 미치지 않는다.

21) S M.P. 118℃ Sulfur

모든 합금 원소/불순물 중에서 가장 편석 효과가 크다.

저융점의 황화물 공정(Sulfide Eutectic) 이 그물 모양으로 결정립을 둘러싸므로 결정립간의 응집력을 약화시켜서 고온 성형시 결정립이 떨어져 나가게 되므로 황화철 (Iron Sulfide)은 적열 취성 등의 고온 취성을 유발시킨다.

이 현상은 산소가 있을 때 더욱 심하게 나타난다. S는 Mn과 매우 큰 친화력을 가지고 있으므로 황화 망간 (Mn Sulfide)의 형태로 결합한다. 이 황화물은 고융점이며, 강중에 점과 같은 형태 (Point Form)으로 분포하므로 가장 덜 위험한 개재물이다.

횡축 방향의 인성은 S에 의해 크게 감소한다. S의 윤활작용에 의해 절삭공구 절삭면의 저항은 감소하므로 자동 절삭용으로 약 0.4%까지 강에 의도적으로 첨가된다. 또한, 절삭강의 가공시 표면손상이 발생한다. S는 용접균열 감수성을 증가시킨다.

22) Sb M.P. 630℃ Antimony

유해 원소이다. 인성을 크게 감소시키며 γ상을 억제한다.

23) Se M.P. 217℃ Selenium

S와 마찬가지로 절삭강의 합금 원소로 사용되어 보다 효과적으로 절삭성을 향상시킨다. 내식강에서는 S보다 내식성을 덜 감소시킨다.

24) Si M.P. 1414℃ Silicon

철광석의 조성에 따라 상당량의 Si가 수용되므로 Mn과 마찬가지로 모든 강에 함유되어 있다. 제강공정 중에도 내화재의 용융에 의해 강중에 유입된다. Si 함량이 0.40% 이상인 경우에만 Si강 (Silicon Steel)이라고 불린다. Si는 금속이 아니고 P, S와 같은 비금속이다.

Si는 탈산 작용을 한다. 흑연 석출 촉진, γ상 영역 억제, 강도와 내마모성 (Si-Mn Heat Treatable Steel) 증가를 유발하며 탄성 영역을 크게 증가시킨다. 따라서, 스프링강의 합금 원소로 유용하다. 고온 내식성을 크게 증가시키므로 내열성강에 첨가된다.

그러나, 고온 및 저온 성형성을 악화시키므로 그 함량은 제한이 된다. Si를 12% 첨가하면 내산성이 크게 향상된다. 이런 강종은 경도 및 취성이 매우 큰 주강 제품이고, 연마에 의해서만 기계 가공될 수 있다.

전기 전도도, 보자력 을 크게 상당히 감소시키고, 전력 손실이 적으므로 전기용 재료에 사용된다.

25) Sn M.P. 231.8℃ Tin

Cu처럼 표면 스케일층 아래에 농축되고, 입계를 통해 침투해서 균열과 Solder 취성을 유발시키는 유해 원소이다. 편석 및 γ상 영역 제한의 경향이 있다.

26) Ti M.P. 1727℃ Titanium

산소, 질소, 황 및 탄소와의 강한 친화력을 가지므로 강한 탈산, 탈질, 탈황작용 및 탄화물 형성 작용을 한다. 스테인레스강에서 입계 부식(Intergranular Corrosion) 억제를 위한 안정화 원소로 널리 사용된다 (321SS). 또한, 결정립 미세화 효과가 있다.

Ti는 γ상 영역 제한 효과가 매우 크다. 고농도에서는 석출 과정을 유발시키고 강한 보자력을 가지므로 영구자석 합금에 첨가된다.

특정한 질화물을 형성하므로 Creep파단 강도를 증가시킨다.

또한, Ti는 편석과 Banding경향이 크다.

27) V M.P. 1726℃ Vanadium

주조 조직을 미세화시킨다. 강한 탄화물 형성 원소이므로 내마모성, Edge Holding특성 및 고온 강도를 증가시킨다. 주로 고속도강, 고온 가공용강, 耐Creep강의 첨가원소로 사용된다. 소려 유지 개선 및 과열 민감도 (Overheating Sensitivity) 감소의 효과가 있다.

V는 탄화물을 형성하여 결정립을 미세화시키고 공기 경화 (Air Hardening) 를 억제하므로 열처리용 강의 용접성을 증가시킨다. 또한, 탄화물 형성으로 인해 압축 수소에 대한 저항성이 증가한다.

28) W M.P. 3380℃ Tungsten

W는 매우 강한 탄화물 형성 원소이며 (이 탄화물은 매우 경도가 크다.) γ상을 제한한다. W는 고온 강도 및 소려 유지를 증가시키고 고온 (적열 온도)에서의 내마모성을 증가시키며 따라서, 절삭성을 향상시킨다. 그러므로, 주로 고속도강, 고온 성형용 공구강, 耐Creep강, 초경도강 등의 첨가원소로 사용된다.

보자력을 크게 향상시키므로 영구 자석강 합금에 첨가된다. 고온 내식성을 감소시킨다.

29) Zr M.P. 1860℃ Zirconium

탄화물 형성 원소이다. 최소한의 탈산 생성물을 남기므로 탈산, 탈질, 탈황제로 사용된다.

완전 탈산된 S함유 절삭강에 Zr을 첨가하면 황화물 형성을 촉진하므로 적열 취성을 감소시킬 수 있다.

가열 전도체의 수명을 증가시키며 γ상을 제한한다.

2. Fe-C 평형 상태도

강의 변태와 관련된 상태도를 이해하고 적용하는 그리 쉬운 일은 아니다. 그러나, 앞서 언급한 바와 같이 용접이란 결국 강의 용융과 응고 과정으로 해석되어야 하므로 이에 관한 기본적인 고찰과 이해는 필요하다. 철에 소량의 탄소가 합금된 것을 탄소강, 보통강, 또는 단지 강이라고 부른다. 강에는 주로 C, Si, Mn, P, S등 5원소를 함유하나 이중 강의 조직과 성질에 크게 영향을 주는 것은 C 이다. 다음의 그림은 Fe-C계 상태도이다.

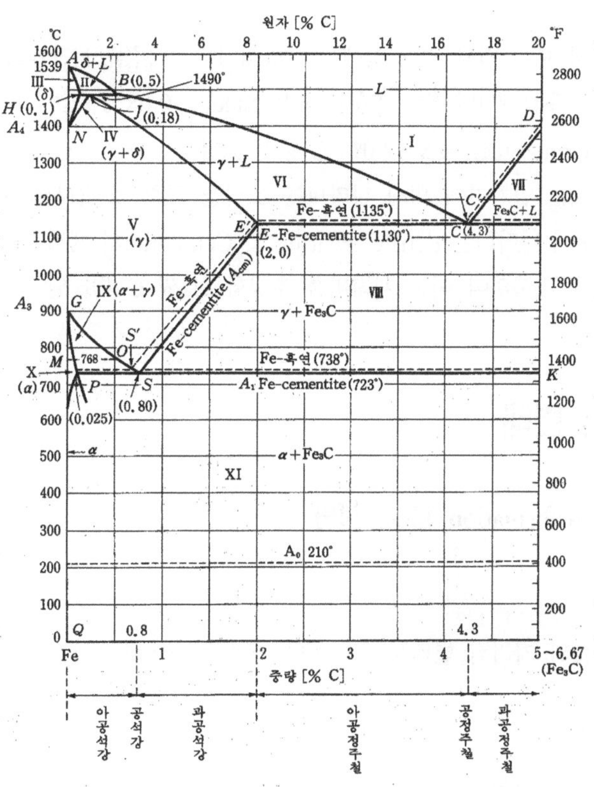

그림 5-1 Fe-C계 상태도

강중의 C 는 보통의 탄화물(Fe_3C)로 존재하고 이것이 분해하여 흑연강이 되는 일은 드믄 일이므로 일반적으로 강을 논할 때는 Fe-Fe_3C의 준안정평형 상태도를 생각하는 편이 편리하고, Fe-C계 평형 상태도는 주철까지를 포함해서 고찰할 때 많이 이용된다.

이 상태도의 각 구역의 조직성분과 그 명칭 및 결정구조는 다음과 같다.

Table 5-1 Fe-C 상태도 각 구역 조직 성분과 명칭

기호	명칭	결정구조
α	α Ferrite	B.C.C
γ	Austenite	F.C.C
δ	δ Ferrite	B.C.C
Fe_3C	Cementite 또는 탄화철	금속간 화합물
α + Fe_3C	Pearlite (공석조직)	α 와 Fe_3C의 기계적 혼합
γ + Fe_3C	Ledeburite (공정조직)	γ 와 Fe_3C의 기계적 혼합

상태도에서 보는 바와 같이 강에는 아공석강(亞共析鋼, Hypo-eutectoid Steel, 0.03~0.8% C), 공석강(共析鋼, Eutectoid Steel, 0.08% C) 및 과공석강(過共析鋼, Hyper-eutectoid Steel, 0.8~2.0% C)등이 있다.

Normalizing 열처리에 의해 나타나는 조직을 표준 조직(Normal Structure)라고 하며 표준 조직 중에 나타나는 Ferrite, Pearlite 및 Cementite의 체적비는 C량에 따라 결정되므로 이 조직을 조사하여 이들 체적비를 추정함으로써 C량을 알 수 있다.

3. 탄소강의 변태

(1) 변태점(Transformation Line) 설명

1) A0 변태

Cementite의 자기적 변태를 의미한다. 순철에서는 존재하지 않는다.

2) A1 변태

강의 Eutectoid Transformation (Austenite Ferrite + Cementite).

강과 주철에만 존재 한다. Ar1변태점에 있어서는 강이 발열하며, 어두운 곳에서 보면 급작스럽게 광휘를 나타내는 수가 있으므로 재휘점이라고 한다. Ac1 점에 있어서는 강은 수축하여 전기저항이 커진다.

3) A2 변태

철의 자기적 변태. 이 변태가 나타나는 점을 Curie Point라고 한다.

4) A3 변태

강의 α Y 변태. Ar3점에서는 강이 현저하게 팽창한다.

5) A4 변태

철의 Y δ 변태. Ac4 변태에 있어서 팽창하며, Ar4 변태시 수축한다.

6) Acm 변태

Austenite Austenite + Cementite 변태. 과공석강에만 존재하는 변태이며, 그 변태점은 탄소량의 증가에 따라 상승한다.

7) Ar' 변태

강을 담금질 할 때 급냉에 의해 생기는 A1변태의 지체 변태의 하나이며, 직접 Austenite로 부터 Troosite (α철과 극히 미세한 Cementite의 기계적 혼합물)가 생기는 변태를 말한다. 이 변태는 약 500~600℃에서 일어난다.

8) Ar" 변태

강을 담금질 할 때 Austenite가 Martensite로 변화하는 변태. 이 변태점은 강의 탄소량을 증가시키면 강하하지만 냉각 속도를 증가한다고 변화하지는 않는다.

Ar" 변태만을 일으키는데 요하는 최소의 담금질 냉각 속도를 상부 임계 냉각 속도라고 하며, Ar'와 Ar" 변태를 같이 일으키는데 요하는 최소의 담금질 냉각 속도를 하부 임계 냉각 속도라 한다. Ar'과 Ar"의 변태를 동시에 일으키는 현상을 분열 현상이라고 한다.

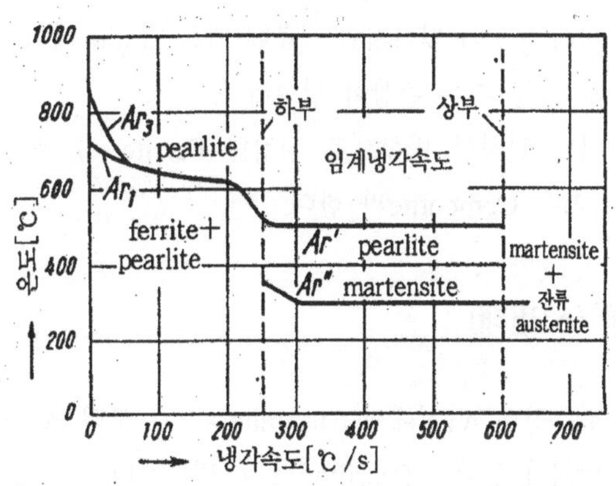

그림 5-2 0.45% C 강에서 변태점 위치에 미치는 냉각속도의 영향

(2) Ferrite 또는 Cementite 석출 변태

아공석강(亞共析鋼)을 Austenite에서 평형 상태에 가까운 느린 속도로 냉각하면 A3점에서 Ferrite를 석출하기 시작하여 그 주위의 Austenite상의 C 농도는 증가하고, 반대로 과공석강(過共析鋼)을 서냉하면 Acm점에서 Cementite를 석출하여 Austenite상의 C 농도는 감소한다.

이들 석출에서는 주로 Austenite상 결정립계에 핵이 발생 성장함에 따라 C 원자가 확산 이동하는 확산 변태가 일어난다.

이러한 확산 변태에서는 냉각 속도가 빨라지면 확산하여 석출할 시간적 여유가 없기 때문에 과냉되며, 과냉도가 클수록 Austenite상의 과포화도는 커지고 석출하기 위한 구동력은 커진다. 그 때문에 석출 핵발생의 활성화 자유에너지는 낮아져서 임계핵의 크기는 작아지고 핵 수는 많아져서 확산 거리는 짧아지므로 급속히 석출이 일어나게 된다.

반면에 온도가 강하할수록 확산 속도는 늦어지므로 급냉하면 확산 변태는 저지당하게 된다.

탄소강을 서냉하면 Ferrite 혹은 Cementite의 핵이 Austenite상의 결정립계에서 먼저 발생하여 이것이 입내 방향 및 입계에 따라서 성장하므로 망상(網狀)의 Ferrite상 또는 Cementite상이 생성한다.

그리고 C의 농도가 증가 또는 감소하여 공석성분에 가까워진 입(粒) 중앙부의 남은 Austenite상 내에는 Pearlite가 생성하여 소위 소준조직(燒準組織)이 된다.

그러나 냉각 속도를 조금 빨리하면 과냉된 온도에서 변태를 일으키면 Austenite상의 결정립계 뿐만 아니라 입내에서도 핵이 생긴다.

또 성장 방향도 우선 방위를 가지게 되어 석출 Ferrite상 또는 Cementite상은 침상(針狀) 또는 판상(板狀)의 형태를 나타낸다.

과냉되어서 변태 온도가 낮아지면 석출에 따른 Strain 에너지가 증가하므로 이 에너지를 줄이는 방향으로 침상 혹은 판상이 형성된다.

이와 같이 어느 일정한 방향으로 성장한 Ferrite 상 또는 Cementite상을 Widmanstatten Ferrite 혹은 Cementite라 한다.

(3) Pearlite 변태 (A1변태)

공석조직의 탄소강은 A1점에서 Austenite상으로 부터 Pearlite로 변태하나 과냉될 때는 공석조성보다 낮거나 높아도 Pearlite상으로 변태한다.

판상의 Ferrite 결정과 Cementite결정이 교대로 배열한 적층조직을 보이며 Austenite 상의 결정립계에서 Pearlite핵이 발생하여 입내를 향하여 성장한 것이다. 이 Austenite상에서 Ferrite와 Cementite와의 2상 층상 조직에 의한 변태를 Pearlite변태라고 한다. 이 변태의 핵생성은 아공석강에서는 Ferrite가 먼저 석출하고 과공석강에서는 Cementite가 먼저 석출한다.

Pearlite 변태가 과냉되어서 저온도에서 일어날수록 Ferrite결정과 Cementite결정의 폭, 즉 층간 거리가 작아진다.

이 특별한 경우가 Sorbite 또는 Troostite등으로 불리는 미세 층상의 부식되기 쉬운 미세 Pearlite조직이다.

이 층간 거리는 변태온도가 낮아질수록 거의 직선적으로 짧아지며 합금원소에 의해서도 영향을 받고 특히 Cr의 첨가로 현저하게 짧아진다.

Pearlite상의 층간 거리가 짧아지면 강도, 경도가 증가한다.

(4) Austenite의 항온 변태

1) 항온 변태 곡선

Austenite상태의 강을 A1변태점 이하의 일정 온도로 급냉하여 그 온도에서 유지하면 Austenite상은 어느 시간 변하지 않고 준 안정상태로 있다가 변태를 시작하여 어느 시간 후에 변태를 끝낸다.

이와 같이 Austenite상을 일정 온도로 유지한 채 변태 시키는 처리를 항온변태(Isothermal Transformation) 또는 등온변태라고 한다.

그리고, 그 온도가 된 후 변태개시까지의 시간을 잠복기(Incubation Period)라고 한다.

공석강에 대하여 항온 변태 시킨 것을 온도와 시간의 관계로 나타내면 다음 그림과 같다. 항온 변태가 A1점보다 낮아짐에 따라서 잠복기는 짧아져서 550℃ 부근에서 가장 온도축에 접근하고 그 이하의 온도에서는 다시 장시간 측으로 이동하여 C형의 곡성이 된다.

그리고, 220℃ 부근에서 잠복기는 없어진다. 이와 같은 선도를 항온 변태 곡선, TTT 곡선 (Time-Temperature Transformation Diagram) 또는 S 곡선이라고 부른다. 그리고 550℃ 부근의 변태가 가장 빠른 곳을 Nose(코)라고 하고 300℃ 부근의 Austenite상이 안정한 변태가 늦은 부분을 Bay(만)이라고 한다.

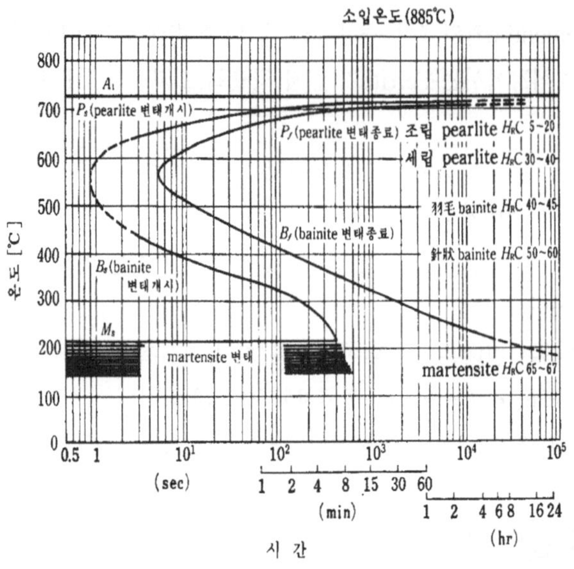

그림 5-3 공석강의 항온 변태 곡선도

Nose이상의 온도에서는 Austenite상이 Pearlite로 분해하나 Nose이하에서는 먼저 C 의 확산이 일어나서 C 농도가 낮은 부분이 생기고 이것이 그대로 C 를 과포화하게 고용한 Ferrite로 변태하여 이것에서 Fe_3C가 석출하는 과정을 거쳐 결국은 Ferrite와 Fe_3C의 혼합 조직인 Bainite가 된다. 이 Bainite조직은 보통의 냉각에 의해 얻을 수 없는 조직이며 변태 온도에 따라서도 달라진다. 즉, Nose이하의 온도에서는 익모상(翼毛狀)의 상부 Bainite가 얻어지고, Ms점 이상의 온도에서는 침상의 하부 Bainite가 얻어진다.

아공석강의 경우에는 Nose이상의 온도에서 먼저 Ferrite가 석출한 다음 Pearlite가 석출하고 과공석강에서는 Fe_3C가 석출한 후 Pearlite로 변태한다.

2) TTT 곡선에 미치는 합금 원소의 영향

TTT 곡선의 형상과 위치는 합금 원소 뿐만 아니라 결정 입도 등에 따라서도 크게 달라진다. 합금 원소 첨가에 따른 TTT 곡선의 변화는 다음 그림과 같다.

❶ Fe-C 2원 합금에 B, Mn, Ni등을 첨가한 경우

❷ Fe-C 2원 합금에 W, Mo, V을 첨가한 경우 : 변태 종료선이 2단이다.

❸ Fe-C 2원 합금에 Cr을 첨가한 경우 : Nose가 2단으로 나뉜다.

❹ Fe-C 2원 합금에 몇 개의 원소를 동시에 첨가한 경우 : Pearlite Nose와 저온측의 Bainite Nose로 확실하게 구분된다.

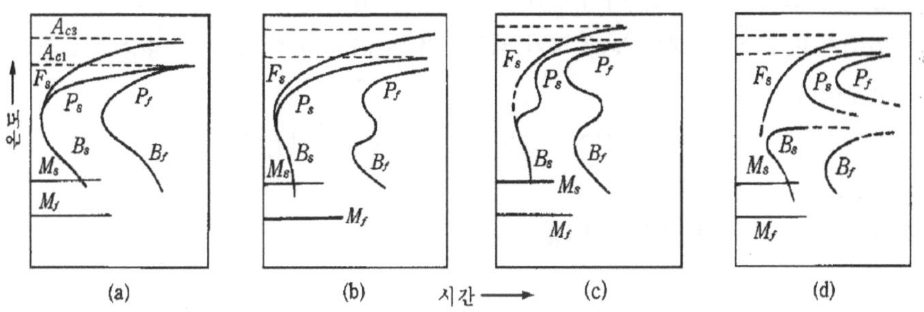

그림 5-4 아공석강의 TTT 곡선에 미치는 합금원소의 영향

B, Mn, Mo, Cr, P, Si, Mi, V, W 등은 TTT 곡선을 장시간 측으로 이동시키므로 소입성이 좋아진다. Co, Ti은 단시간 측으로 이동 시키는 경향을 갖는다. Pearlite Nose는 과공석 < 아공석 < 공석의 단계로 장시간측으로 이동한다. 또, Ferrite의 석출(Fs)에 대해서는 합금 원소는 별로 큰 영향을 주지 않는다.

다음 그림은 0.3% C의 강에 합금 원소를 첨가할 때의 임계 냉각 속도 (이 속도가 크면 Pearlite Nose는 온도축으로 접근)를 나타낸다.

그림에서 보듯이 Co이외의 모든 원소는 임계 냉각 속도를 작게 하여 소입성을 좋게 한다. 그러나, Ti, Zr, V등은 많이 첨가하면 오히려 소입성이 나빠진다.

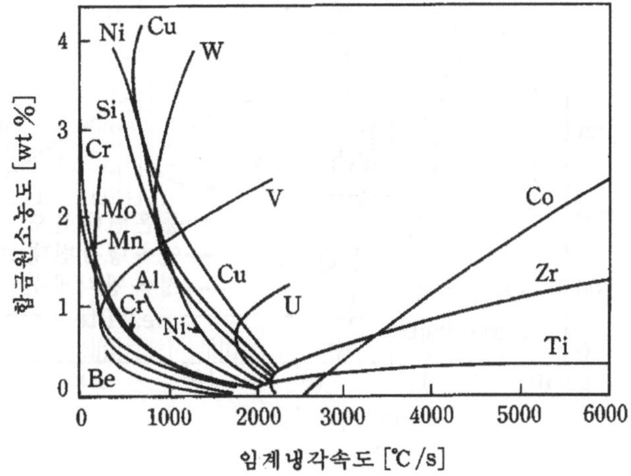

그림 5-5 임계 냉각속도에 미치는 합금원소의 영향

Pearlite의 층간 거리는 과냉되어 변태 온도가 낮아 질수록 작게 된다. 층간 거리에는 합

금 원소도 크게 영향을 미치며 Ni, Mn, Cr Mo의 첨가에 의하여 작게 된다. 이것은 이들 원소가 Pearlite 변태를 늦게 하기 때문이며 Pearlite의 핵생성 및 성장 속도를 지체 시키기 때문이다.

특히 Mo는 핵생성과 성장을 같이 현저하게 지체시킨다.

(5) Austenite의 연속 냉각 변태

Austenite를 일정한 냉각 속도로 연속 냉각하여 변태의 개시점과 종료점을 측정해서 온도와 시간의 관계로 도시한 것을 연속 냉각 변태 선도(Continuous Cooling Transformation Diagram) 또는 CCT곡선이라고 한다.

강의 열처리와 제조 과정 및 용접 과정을 이해하고 조직을 해석하는 데 매우 중요한 그림으로 TTT와 함께 그 기본 이론을 알아둘 필요가 있다.

다음의 그림은 공석강의 경우이며 비교하기 위해서 TTT 곡선도 함께 도시하고 있다.

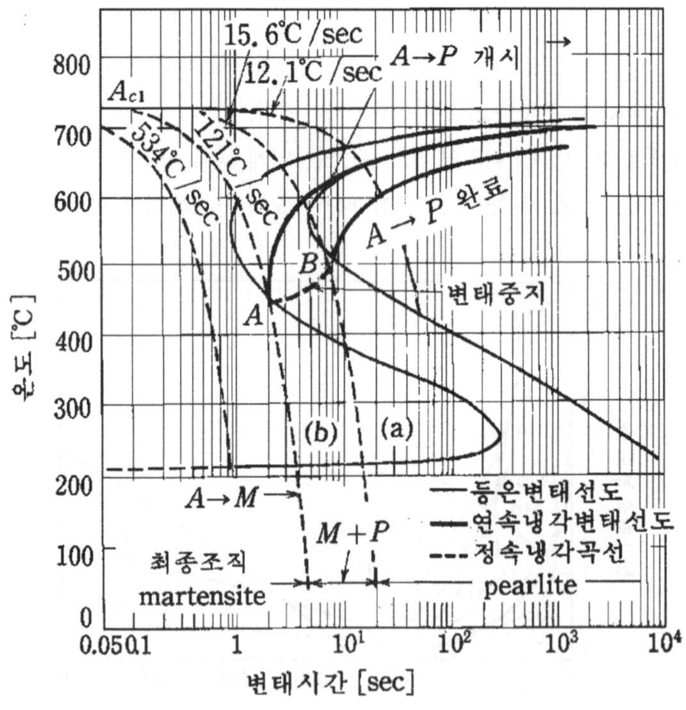

그림 5-6 공석강의 CCT 곡선과 TTT 곡선

이 그림에서 냉각 곡선 (a)보다 늦게 냉각하면 Ps선에서 Pearlite변태를 시작하여 Pf점에서 변태를 끝낸다. 냉각 속도가 빠를수록 미세한 Pearlite가 나타난다. (a)와 (b)사이에서는 Ps선에서 Pearlite 변태를 시작하나 AB 선상에 이르면 변태의 진행은 중지되어 그대로 냉각되고 Ms점에 이르러서 잔류 Austenite와 미세 Pearlite, Troostite의 혼합 조직이 된다.

(a)보다 빨리 냉각하면 Austenite는 Ms점까지 과냉되어 여기에서 Martensite 변태를 시작하고 Mf점에서 끝난다.

따라서, (a)로 표시되는 냉각 속도는 하부 임계 냉각 속도이고 (b)의 속도는 상부 임계 냉각 속도에 해당한다.

CCT 곡선에 미치는 각가지 요인의 영향은 TTT곡선에서와 비슷하며 탄화물 생성 원소를 함유하는 강에서는 Bainite 단계가 명확하게 나타나게 되어 곡선은 복잡하게 된다.

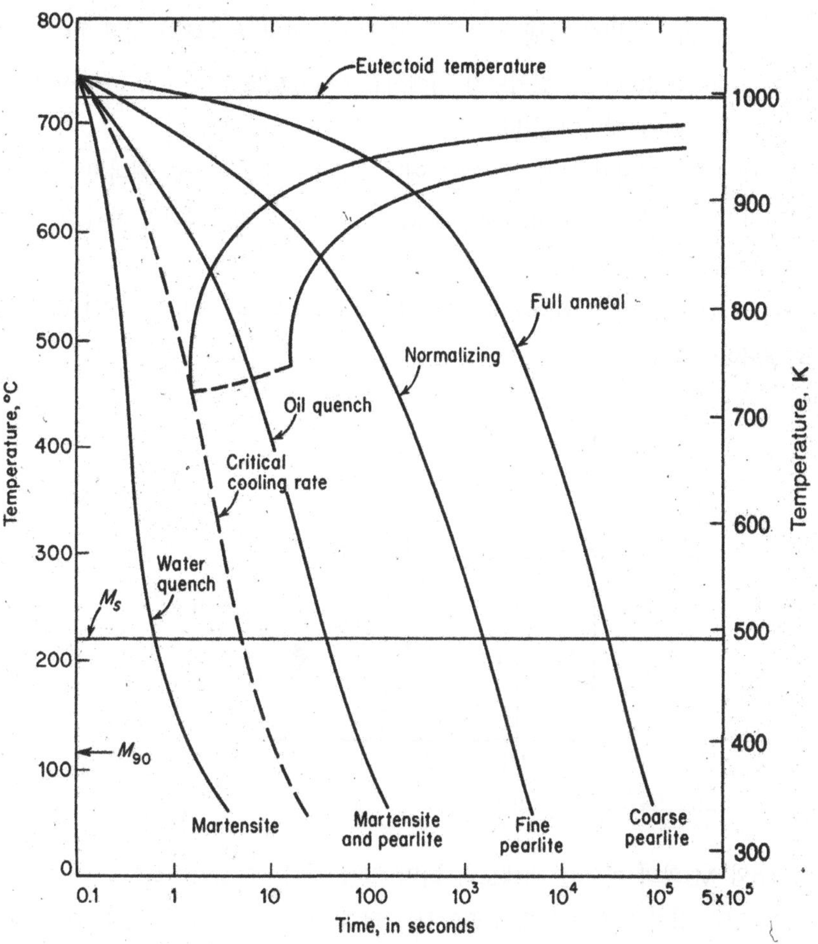

그림 5-7 공석강의 냉각속도에 따른 조직의 변화

(6) Martensite 변태

1) Martensite 변태의 특징

Austenite를 임계 냉각 속도 이상으로 급냉하면 딱딱하고 치밀한 조직을 갖는 Martensite가 얻어진다. 이 치밀한 조직은 판상 또는 Lens상의 작은 결정으로 되어 있고, 그 하나 하나가 원자의 확산 없이 Austenite에서 동소변태(同素變態)한 단일상이다. 이와 같은 무확산 변태는 강 이외에도 많은 금속 및 합금 또는 화합물에도 발견되었으므로 요즘에는 고체 상변태의 한 형식명으로 Martensite형 변태라는 말로 쓰여지고 있다.

2) Ms점에 미치는 각종 요인

Martensite 형 변태는 냉각 속도와 관계없이 일정 온도에서 시작되며 이 온도를 Ms라 한다. Martensite변태가 일어나기 위해서는 Martensite상의 자유 에너지가 Austenite상의 자유에너지 보다 낮아야 한다.

변태가 이루어지기 위해서는 계면 에너지, 변태 변형을 위한 에너지 등의 여분의 비화학 에너지가 필요하므로, Austenite상과 Martensite상의 자유에너지 차이가 그 비화학 에너지를 넘는 것이어야 한다.

즉, 아래 그림에서 Austenite상과 Martensite상이 평형하는 To점보다 낮은 온도 까지 과냉되어야 한다.

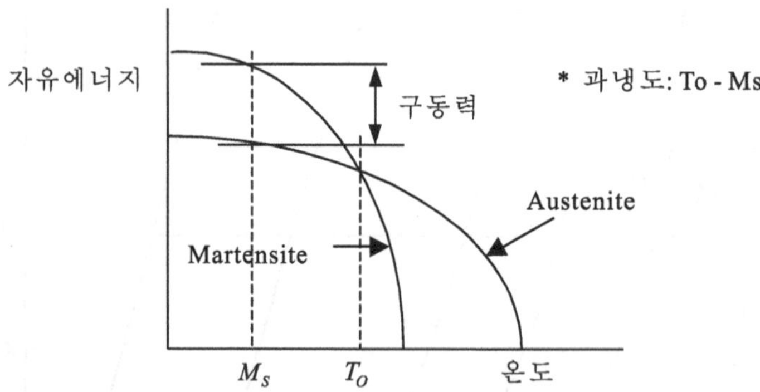

그림 5-8 Austenite Martensite 변태와 자유에너지와의 관계

To와 Ms와의 차이를 과냉도라 하며 철강에서는 이것이 크다.

Ms점은 첨가 원소의 농도에 따라서도 달라지며, 탄소강에서는 Al, Ti, V, Co는 Ms점을 상승시키고 C, N, Mn, Ni, Cr, Cu, Mo등은 저하시킨다.

3) Martensite의 형태

철강의 부식 조직에 나타나는 Martensite 결정은 죽엽상(竹葉狀), 침상(針狀) 또는 Lath 狀인 때가 많으며 이들 Martensite 결정의 실체는 Lens상 또는 판상이다. 이러한 Martensite 결정의 형태는 재료의 강도에도 영향을 미친다.

4) Martensite 결정구조

Fe-Mn 및 Fe-Cr-Ni강에서는 HCP 구조의 Martensite도 생기나 거의 모든 철강은 주로 BCC 또는 BCT 구조의 Martensite를 생성한다.

치환형 원소의 종류에 상관없이 C량이 0 ~0.3%강의 Martensite 결정은 BCC 구조, 0.3% 이상의 것은 BCT 구조이다.

5) 열탄성 Martensite 변태

Martensite 결정은 매우 빠른 속도로 생성하는 데, 이 Martensite 결정은 온도를 낮추거나 시간이 지나도 그 이상으로 성장하지 않는다.

이것은 Martensite 결정이 어느 크기 까지 성장 했을 때는 Austenite와 Martensite 사이의 계면에서 격자 정합성(格子整合性)을 잃기 때문이다. 개개의 Martensite 결정의 생성, 성장에 관한 이러한 변태 양식을 비열탄성형(Non-thermoelastic)이라 한다. 그러나, 열탄성(Thermoelastic) 변태에서는 한번 생성한 Martensite 결정이 온도의 저하와 더불어 냉각속도에 따라 다른 속도로 성장한다. 이것은 Austenite와 Martensite사이의 계면의 격자 정합성이 변태의 전과정을 통하여 유지되기 때문이다.

철강에서의 Martensite형 변태는 규칙화된 Fe-Pt 합금을 제외하고는 모두 비열탄성형이다. 열탄성형 Martensite 변태는 규칙화 한 Fe-Pt 합금이외에 많은 비철 귀금속기의 규칙 β상 합금에서 일어나고 있다.

즉, 모상이 규칙화되어 있고 또 변태할 때의 체적 변화가 0.5%이하인 합금에서 나타나고 있다.

열탄성 Martensite 결정은 곧은 봉을 Ms점 이하의 온도에서 휜 다음 Austenite가 형성되는 완료 온도인 Af점(역변태 종료점) 이상의 온도로 가열하면 원래의 곧은 봉으로 되돌아간다. 이러한 현상을 형상 기억 효과(Shape Memory Effect)라고 한다.

6) 가공 유기 변태

Ms점 직상의 Austenite를 가공하면 Martensite 변태가 유기된다.

가공에 의해서 Martensite 변태가 유기되는 임계 온도를 Md(Deformed Martensite) 점이라 하며 이 온도이하에서 Austenite를 가공하면 Martensite 변태를 일으키면서 강화된다.

Hardfield steel (12% Mn, 1.2% C) 이나 18-8 Stainless Steel을 가공하면 Martensite 변태를 일으켜서 경화하므로 가공이 곤란해진다.

그러나, 반대로 이러한 성질을 이용하여 Stainless Steel 등의 강화나 가공성의 향상을 꾀하기도 한다. 이와 같이 가공에 의해서 Martensite변태가 유기되는 현상을 가공 유기변태 (Deformation induced transformation) 또는 응력-변형 유기변태 (Stress or Strain induced transformation) 라고 하며 적층 결함 에너지가 낮은 Stainless Steel 등에서 일어나기 쉽고 또 Ms와 Md의 차가 커서 이용하기 편리하다.

Stainless Steel을 여러 온도에서 인장 가공하면 가공도가 클수록 또 가공 온도가 낮을수록 유기되는 Martensite의 양은 많아진다.

유기 변태를 일으킨 강은 매우 강화되나 연성, 인성은 저하한다.

그러나 Martensite 변태를 일으키면서 인장하면 그 변태 때문에 매우 큰 연신이 나타난다. 즉, Md점 이하의 준안정 Austenite를 잔류시켜 놓으면 Martensite 변태를 일으키면서 큰 연신을 보이기 때문에 이러한 재료는 연신이 큰 것이 된다. 이와 같이 Martensite 변태를 일으킴으로써 큰 소성을 나타내는 현상을 변태 유기 소성(Transformation Induced Plasticity)이라 하는데 이러한 가공을 한 다음 열처리를 함으로써 강인강(强靭鋼)을 만든다.

4. 열 영향부의 경화

강의 용접 열 영향부는 일반적으로 용접열이 식으면서 발생하는 급냉에 의해 마치 소입(Quenching)을 한 것 처럼 경화된다.

용접 열 영향부의 경화를 지배하는 것은 냉각 조건과 모재의 조성이다.

열 영향부의 조직은 냉각 조건에 따라 다양하게 변화한다.

열 영향부의 조성을 추정하는 데는 다음과 같은 열 영향부의 연속 냉각 변태 곡선(Continuous Cooling Transformation Diagram)이 사용된다.

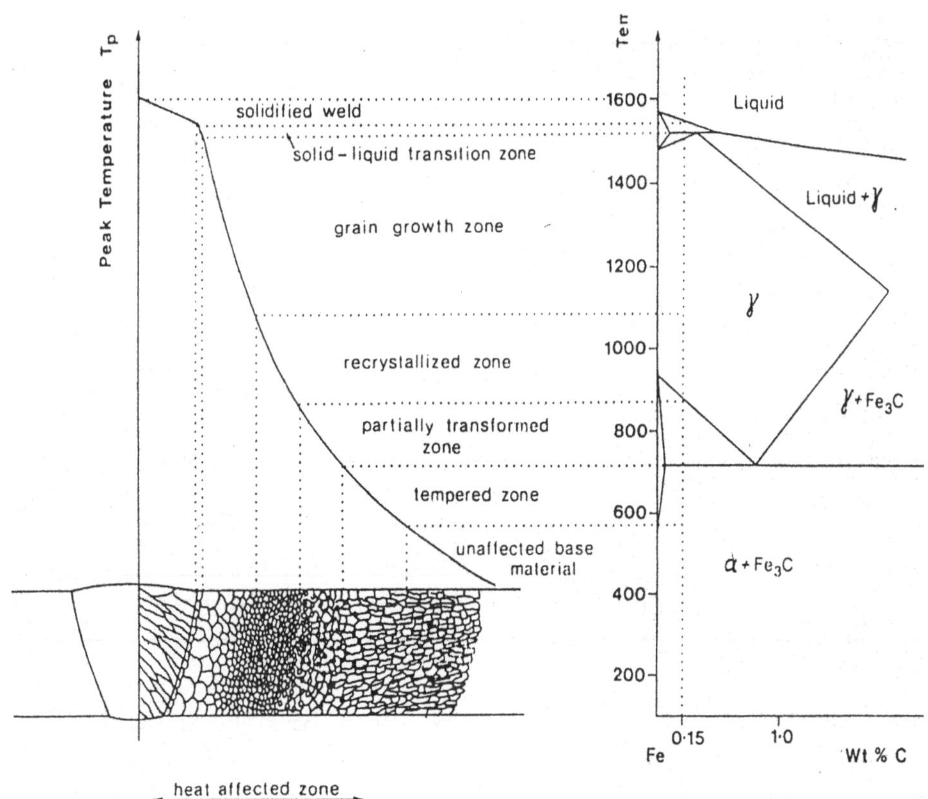

그림 5-9 열영향부 내의 여러 조직과 Fe-Fe_3C 평형 상태도와의 관계

강재 중에 탄소와 합금 원소가 많이 포함된 경우나 냉각 속도가 빠른 경우에는 A3점 이상으로 가열된 열영향부는 경화 정도가 더욱 심하게 된다.

용접 열영향부 중에서 가장 경화한 부분은 Bond부이며 이 부분의 경도가 최고 경도로서 이용된다.

최고 경도는 강의 화학 성분과 540℃ 부근의 냉각 속도 (또는 800℃에서 500℃ 까지의 냉각시간)에 의해 평가할 수 있다.

최고 경도에 미치는 화학 성분의 영향은 탄소 당량으로 표기될 수 있다.

위의 그림 5-9에 표시된 강 용접부 열영향부의 조직은 다음과 같다.

Table 5-2 열영향부의 조직 특성

명칭 (영역)	가열온도 범위(℃)	조직 특성
용착 강 (Solidified Weld)	용융온도 (1500℃) 이상	용융 응고한 영역, Dendrite조직
고액 천이 영역 (Solid-Liquid Transition Zone)		용접 금속과 열영향부와의 경계(Bond)조직, 용착 금속과 열영향부 사이에 원소가 이동 확산하는 부분으로 균열의 발생 등 금속 조직학적으로 문제가 많은 부분이다.
조립 영역 (Grain Growth Zone 상부)	약 1250℃ 이상	조대화한 부분, 경화되기 쉬워 균열 발생이 쉽다.
혼입 영역 (Grain Growth Zone 상부)	1250~1100℃	결정립이 조대화한 부분과 세립의 중간으로 성질도 중간이다.
세립 영역 (Recrystallized Zone)	1100~900℃	재결정으로 결정립이 미세화되어 인성등 기계적 성질이 양호하다.
구상 퍼얼라이트 영역 (Partially Transformed Zone)	900~750℃	Pearlite만 변태하거나 구상화한다. 서냉시는 인성이 양호하나, 급냉시에는 Martensite화하여 인성이 저하한다.
취화 영역 (Tempered Zone)	750~300℃	열응력 및 석출에 의하여 취화되는 경우가 있다. 현미경 조직은 변화가 없다.
모재 영역 (Unaffected Base Metal)	300℃~상온	열영향을 받지 않는 모재 조직

상기 표에서 각 영역의 국문 표기에 대한 영문 표기는 편의상 임의로 구분한 것이며, 실제 영역의 표기와는 다소 차이가 있다.

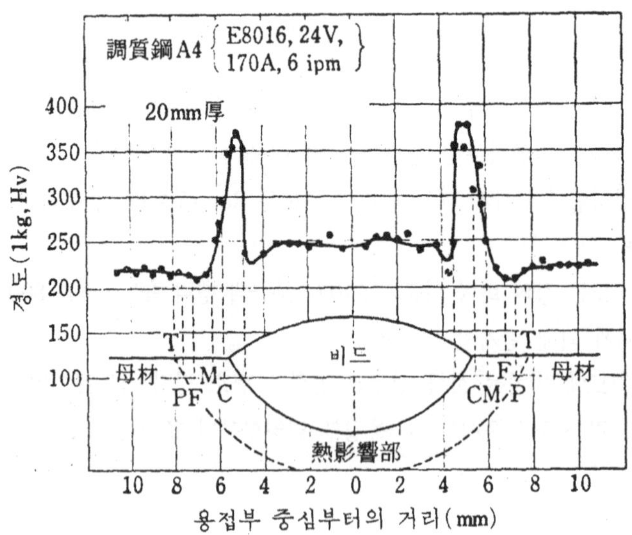

그림 5-10 조질형 HT-60강의 Bead 용접 단면의 경도 분포

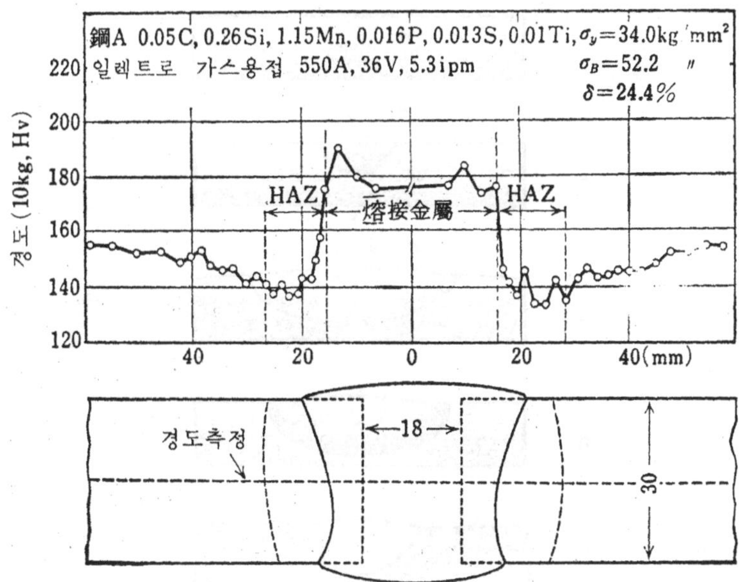

그림 5-11 HT 50Q 강판의 Electrogas용접부의 경도 분포 (판 두께 중심)

5. 잔류 응력의 발생

모든 금속의 용접부에는 용접이 완료된 후에 잔류 응력이 발생하게 된다.

이러한 잔류 응력은 해당 구조물을 변형시키거나 주어진 응력에 견딜 수 없게 만들거나, 과도한 잔류 응력이 용접부에 남아 쉽게 부식 피로 현상을 겪게 되고, 부식 환경에 먼저 노출되어 용접부가 선택적으로 부식되는 위험성을 나타내게 된다.

(1) 잔류 응력의 발생

금속은 응고 상태 보다 용융 상태에 있을 때 부피의 팽창을 가지게 된다. 용접은 금속의 용융과 응고 과정을 거치게 되며, 용융된 금속이 모재와 접하게 되고 냉각되어 응고되는 과정에 부피의 수축으로 인한 용접 금속 자체의 응고 응력이 발생한다.

다음의 그림을 통해 용접 과정에서 발생되는 응력의 발생에 대해 설명한다.

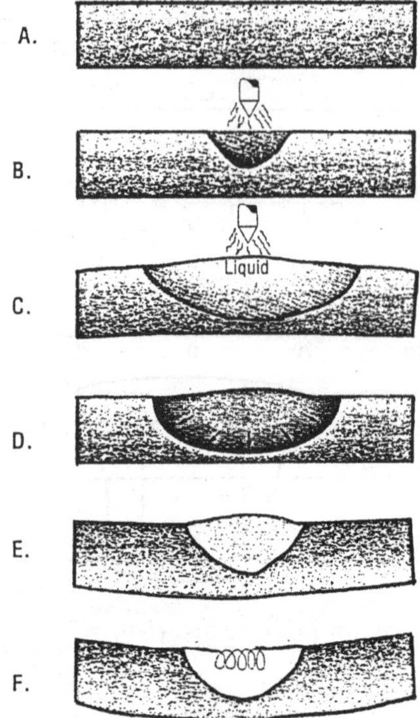

그림 5-12 용접과정의 용융 금속과 모재 사이의 팽창과 수축 모형

1) 용접 개시

위 그림 5-12에서 A와 B에 해당한다. 용접 초기에 Electric Arc 혹은 기타의 열원에 의해 용접부에 열 에너지가 전달된다.

이 열 에너지로 인해 용접부가 약간의 부피 팽창을 가지게 된다.

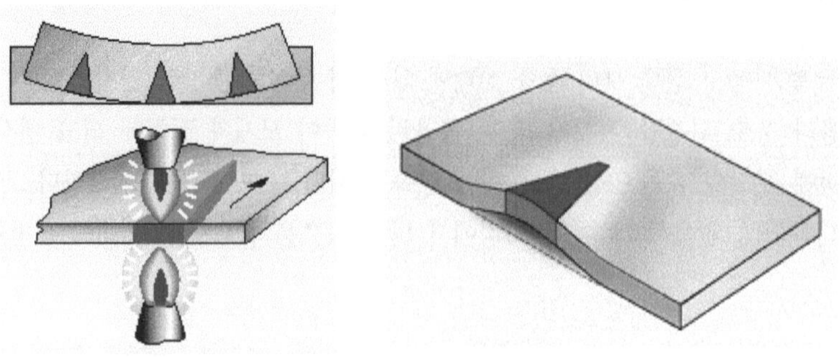

그림 5-13 가열에 의해 발생한 변형

2) 용융 금속의 적층

위 그림 5-12에서 C에 해당한다. 용융된 용접 금속이 용접 Joint를 채워나가면서 용접 Joint 모재와 용접 금속 사이에는 힘이 작용한다.

이때 작용하는 힘은 새로운 용융금속이 비어 있는 용접 Joint를 채우면서 발생하는 압축 응력(Compressive Stress) 이다.

용접 초기에는 위 (1) 단계의 열과 용융 금속의 적층에 의한 압축 응력으로 인해 용접부의 부피 팽창이 일어난다.

3) 응고와 열 전달

위 그림 5-12에서 D에 해당한다. 용융된 용접 금속이 용접 Joint를 채우고 더 이상의 입열이 없는 상황에서 용접 금속은 서서히 냉각하기 시작한다.

냉각이 진행되면서 부피의 수축이 발생하고 모재로의 급속한 열전달이 발생하면서 점차 팽창되었던 용접부가 수축한다. 이러한 수축은 용융 금속이 응고하면서 발생되는 용융 금속 자체의 응고 수축 인장 응력(Tensile Stress)에 의해 더욱 촉진된다.

4) 잔류 응력의 생성

위 그림 5-12의 E와 F에 해당한다. 모재가 용접전의 Position으로 회복되면서 응고는 계속 진행된다. 하지만 용융 금속의 응고 수축 응력이 모재의 복원량을 초과할 정도로 강하게 되면 모재의 변형이 일어나게 된다. 이 모재의 변형량 만큼 용접 금속의 잔류 응력은 감소 된 것이다.

하지만 모재가 고정되어 있거나, 너무 큰 모재에 지나치게 작은 용접 금속이라면 이러한 변형이 자유스럽게 이루어 지지 못하게 된다.

이 경우에는 모든 잔류 응력을 오직 용접 금속이 스스로 감당하게 되며, 그만큼 높은 잔류 응력이 형성되게 된다.

5) 잔류 응력의 측정

현실적으로 직접 강 용접부의 잔류 응력을 측정하는 것은 많은 어려움이 따른다. 강 용접부의 잔류 응력은 용접부의 경도(Hardness)를 통해 간접적으로 측정된다. Aluminum등의 일부 강종을 제외하고는 대부분의 강이 용접부의 경화를 나타내며, 이 크기는 잔류 응력의 크기와 비례하게 된다.

따라서, 잔류 응력의 제거가 충분히 이루어 졌는지를 확인하는 가장 좋은 방법은 용접부 경도를 측정하는 것이다.

잔류 응력을 제거할 수 있는 여러 가지 방법들이 제시되고 있으나, 가장 좋은 방법은 역시 응력 제거를 위한 열처리를 실시하는 것이다.

그러나, 열처리를 통해 변형된 구조물의 변형을 완전하게 회복할 수는 없다.

강의 열처리에 관한 부분은 다음 6장의 내용을 참조하고 현장에서 이루어 지는 응력제거 열처리와 용접부 변형을 방지하기 위한 방안들은 10장과 11장을 참조한다.

6. 강의 열처리

(1) 소둔(燒鈍) 및 소준(燒準)

일정 온도에서 어느 시간 동안 가열한 다음 비교적 늦은 속도로 냉각하는 작업을 소둔(Annealing)이라고 하고, 냉각을 공기 중에서 이보다는 조금 빠른 냉각 속도로 냉각할 때는 소준(Normalizing)이라 한다. 소둔은 그 목적 및 작업 방법에 따라 다음과 같은 종류가 있다.

1) 완전 소둔 (Full Annealing)

단지 소둔이라고 하면 이 완전 소둔을 말한다. 냉간 가공이나 소입(Quenching) 등의 영향을 완전히 없애기 위해서 Austenite로 가열한 다음 서냉하는 처리이다. 가열 온도가 높을 때 성분의 균일화, 잔류 응력의 제거 또는 연화가 이루어 진다. 완전 소둔 하면 아공석강에서는 Ferrite와 층상 Pearlite의 혼합 조직이 되고 과공석강에서는 층상 Pearlite와 초석 Fe_3C가 된다.

2) 확산 소둔 (Homogenizing, Diffusion Annealing)

대형 강괴내의 편석을 (C, P, S 등) 경감하기 위한 작업이며, 단조 압연등의 전처리로 실시된다. 결정립이 조대화하지 않는 정도의 고온 (1050℃~1300℃)에서 장시간 가열한다. 특히 황화물은 철강의 적열 취성의 원인이 되므로 확산 소둔을 하면 효과가 있다. 이 소둔을 안정화 소둔 또는 균질화 소둔이라고 말한다.

3) 구상화 소둔 (Spheroidizing Annealing)

소성 가공을 용이하게 하고 인성, 피로 강도의 향상 등을 목적으로 강 중의 탄화물을 구상화 하는 소둔을 말한다. 과공석강이나 고탄소합금 공구강 등에서는 Fe_3C가 망상으로 석출하여 내 피로, 내 충격성이 나쁘므로 이 처리를 한다. 또 아공석강에서도 Pearlite중의 Fe_3C를 구상화 처리하여 가공성을 개선한다.

구상화 처리 방법에는 여러 가지가 있으나 일반적으로 Ac1직하의 온도로 장시간 가열하거나 또는 Ac1직상과 직하의 온도로 가열과 냉각을 몇 번 되풀이 하여 탄화물을 계면장력의 작용으로 구상화시킨다.

특히 망상 Fe_3C를 완전히 없애고 충분한 구상화를 얻기 위해서는 전처리로서 소준을 하면 좋다. 냉간 가공한 것은 Ac1직하의 단시간 가열로도 비교적 빨리 구상화된다.

4) 중간 소둔 (Process Annealing)

냉간 가공 특히 인발이나 Deep Drawing등의 심한 가공을 하면 강이 경화하고 연성이 낮아져서 그 이상의 가공을 할 수 없게 된다.

이때에는 작업의 중간에서 A1점 이하의 온도로 연화 소둔을 한다.

중간 소둔에서는 회복과 재결정이 일어나고 응력제거 뿐만 아니라 완전히 연화한다.

5) 응력 제거 소둔 (Stress Relief Annealing)

주조, 단조, 소입, 냉간 가공 및 용접등에 의해서 생긴 잔류 응력을 제거 하기 위한 열처리이다. 보통 탄소강의 경우에 500~600℃의 저온에서 적당한 시간 유지한 후에 서냉하는 저온 소둔이다. 재결정온도 이하이므로 회복에 의해서 잔류 응력이 제거된다.

6) 소준 (Normalizing)

강을 Ac3 또는 Acm점 이상 40~60℃까지 가열하여 균일한 γ상으로 한 후에 공냉하는 작업을 말한다. 소준의 목적은 내부응력 감소, 구상화 소둔의 전처리, 망상 Fe_3C의 미세화 및 저탄소강의 피삭성 개선 등이다. Normalizing 조직은 Annealing 조직보다 미세 균질하기 때문에 강인성(强靭性)이 Annealing 강보다 우수하다.

Normalizing 처리하면 미세 Pearlite 또는 탄화물의 균일 분포가 얻어지므로 소입성이 향상된다. 또한, 대형 단조품이나 주강에 나타나기 쉬운 조대결정조직도 Normalizing 처리를 함으로써 미세 Ferrite와 Pearlite의 혼합 조직이 되어 기계적 성질이 개선된다.

(2) 소입(燒入, Quenching)

강을 임계 온도 이상에서 물이나 기름과 같은 소입욕(燒入浴) 중에 넣고 급냉하는 작업을 소입(Quenching) 이라 한다. 칼 및 각종 공구의 제작시에 많이 적용되는 것으로 소입의 주 목적은 경화에 있다.

가열 온도는 아공석강에서는 Ac3점, 과공석강에서는 Ac1점 이상 30~50℃로 균일 가열한 후 소입한다.

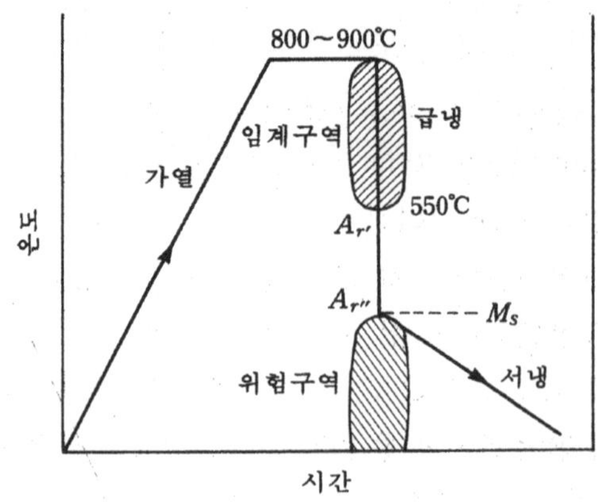

그림 5-14 Quenching 작업

소입에서 얻어지는 최고 경도는 탄소강, 합금강에 관계없이 탄소량에 의하여 결정되며 약 0.6% C 까지는 Carbon양에 비례하여 증가하나 그 이상이 되면 거의 일정치가 되고 특히 합금 원소에는 영향을 받지 않는다.

Quenching에서 이상적인 작업 방법은 위의 그림과 같이 Ar' 변태가 일어나는 구역은 급냉시키고 균열이 생길 위험이 있는 Ar" 변태 구역은 서냉하는 것이다. 이와 같은 냉각 과정을 거치면 균열이나 변형됨이 없이 충분한 경도를 얻을 수 있다.

1) 단계 소입, 중간 소입 (Interrupted Quenching)

강을 S 곡선의 Nose 이하, Ms점 위의 온도로 수냉한 후 공기중에 꺼내어 그대로 공냉하거나 유냉하여 Martensite 생성 구역을 서냉한다.

2) Marquenching or Martempering

이 Quenching방법은 다음과 같은 과정을 거친다.

❶ Ms 점 직상으로 가열된 염욕에 Quenching한다.
❷ Quenching한 재료의 내외부가 같은 온도가 될 때까지 항온 유지한다.
❸ 시편 각부의 온도차가 생기지 않도록 비교적 서냉하여 Ar" 변태를 진행시킨다.

이와 같이 하면 재료 내외가 동시에 서서히 Martensite화하기 때문에 균열이나 비틀림이 생기지 않는다. 얻어지는 조직은 Martensite이므로 목적에 따라 Tempering하여 경도와 강도를 적당히 조절한다.

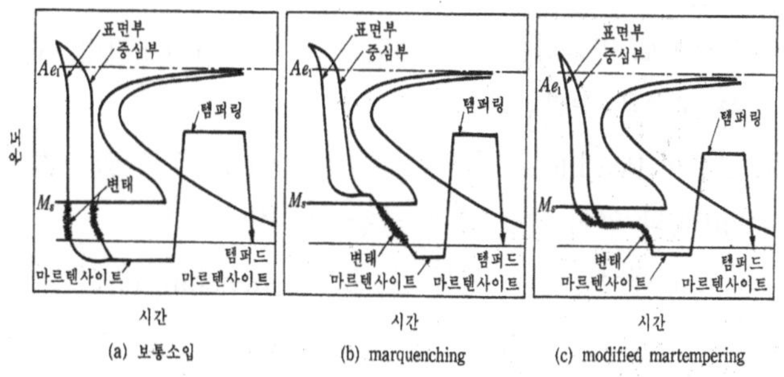

그림 5-15 Quenching & Tempering과 S 곡선

이 방법을 개량한 것이 Modified Martempering이다. 이 방법은 Ms점 이하의 온도로 유지함으로써 Martensite의 Self Tempering 효과를 얻을 수 있어 잔류 응력을 피할 수 있고 경도를 유지하면서 충격치를 높일 수 있다.

3) Austempering

강에 강도와 인성을 주고 또 비틀림이나 균열을 방지하기 위하여 Ar' 와 Ar" 점 사이의 온도로 유지한 열욕에 소입하고 과냉각 Austenite의 변태가 끝날 때까지 항온에 유지하는 방법이며 이때에 Ar' 점에 가까운 온도에서 하면 연한 상부 Bainite, Ar" 점 부근의 온도에서 하면 경한 하부 Bainite를 얻는다. Tempering은 할 필요가 없다.

4) 기타 균열 및 비틀림 방지 대책

❶ Quenching부품의 뾰족한 부분을 둥글게 한다.
❷ 급격한 단면 형상의 변화를 피한다.
❸ 필요 이상으로 고탄소강을 사용하지 않는다.
❹ 표면을 고탄소로 하여 변태의 시차를 작게 한다.
❺ Quenching후에 가능한 한 빨리 Tempering하여 잔류 응력을 제거한다.

5) 소입에 따른 용적 변화

열처리과정에서 나타나는 조직 중에서 용적 변화가 가장 큰 것은 다음에 보듯이 Martensite이다.

Martensite >Fine Pearlite >Medium Pearlite > Rough Pearlite > Austenite

Martensite의 팽창이 가장 큰 것은 고용 Y가 고용 α로 변화하기 때문이며, Austenite가 Pearlite로 변화하는 것은 위의 변화와 함께 고용 탄소가 유리 탄소(Fe_3C)로 변화하는 것까지를 포함한다.

여기에서 Y가 α로 변화하는 것은 대단한 팽창을 나타내지만, 고용 탄소가 유리 탄소로 변화하는 것은 수축을 수반한다.

그러므로 완전한 Pearlite로 되었을 때가 Martensite로 되었을 때보다 수축되어 있는 것이다. 즉, Pearlite의 양이 많을 수록 팽창량이 적어진다.

강을 Quenching해서 균열이 생성되는 것은 Quenching에 의해서 강이 Martensite로 되기 때문이다.

6) Subzero 처리

고 탄소강이나 합금강을 Quenching하면 상당량의 Austenite가 잔류하여 다음과 같은 결점이 생긴다.

경도가 낮아져서 공구와 같은 높은 경도를 요구하는 것에는 경도 부족의 원인이 된다.

잔류 Austenite는 불안정하여 시간이 지나면 차츰 Martensite화해서 팽창하고 변형을 일으킨다. 이 현상을 경년 변화라 하며 정밀 부품에서는 치수 변화가 생겨 문제가 된다.

이러한 잔류 Asutenite를 0℃ 이하의 온도로 냉각하여 Martensite로 변태시키는 조작을 심냉처리 또는 Subzero 처리라고 한다. 실용적인 Subzero 처리 온도는 경비등을 고려하여 -80~-100℃정도로 하고 있다.

잔류 Austenite는 소입 온도가 높을 수록, 또 Ms점을 낮추는 합금 원소 (C, Mn, Cr, W 등)의 함량이 많을수록 많아진다. 잔류 Austenite를 감소시키기 위해서는 100~150℃로 Tempering하거나 250℃ 정도로 가열하여 분해시키면 되나 이렇게 하면 연화되므로 높은 경도를 요구하는 강에서는 -75℃ 이하의 Subzero 처리를 하여 안정강을 얻도록 한다.

현장에서 적용되는 Subzero처리의 사례는 LNG, LPG등을 취급하는 저온용 주조 혹은 단조 밸브이다. 상온에서 아무리 정확한 기계 가공과 조립을 통해 밸브의 성능을 검증 받았어도, 저온 사용중에 Martensite의 출현으로 조직이 팽창하고 부품의 치수 변화가 발생하여 정상적인 밸브의 역할을 담당할 수 없게 된다.

따라서, 이러한 경우에 밸브를 Subzero 처리하여 미리 Martensite로 변화될 수 있는 부분의 조직 변태를 시켜서 안정화를 꾀한 후에 가공과 조립을 실시하면 사용중에 발생하는 문제점을 최소화할 수 있다.

(3) 소려 (燒戾, Tempering)

소입한 강은 매우 경도가 높으나 취약해서 실용할 수 없으므로 변태점 이하의 적당한 온도로 재 가열하여 사용한다. 이 작업을 소려, Tempering이라 한다. 소려의 목적은 다음과 같다.

❶ 조직 및 기계적 성질을 안정화 한다.
❷ 경도는 조금 낮아지나 인성이 좋아진다.
❸ 잔류 응력을 경감 또는 제거하고 탄성한계, 항복 강도를 향상한다.

일반적으로 경도와 내마모성을 요할 때에는 고탄소강을 써서 저온에서 Tempering하고 경도를 조금 희생하더라도 인성을 요할 때에는 저탄소강을 써서 고온에서 Tempering한다.

1) Tempering이 일어나는 단계

Tempering은 무확산 변태로 생긴 Martensite의 분해 석출 과정이다.

즉, Tempering에 의한 성질의 변화는 Carbon을 과포화하게 고용한 Martensite가 Ferrite와 탄화물로 분해하는 과정에서 일어난다.

❶ 제 1단계 : 80~200℃로 가열되면 과포화하게 고용된 조직내의 Carbon이 ε탄화물로 분해하는 과정이다.
❷ 제 2단계 : 200~300℃에서 일어나는 이 단계는 고탄소강에서 잔류 Austenite가 있을 때에만 일어나며 잔류 Austenite가 저탄소 Martensite와 ε탄화물로 분해하는 과정이다.
❸ 제 3단계 : 300~350℃가 되면 ε탄화물은 모상중에 고용함과 동시에 새로 Fe_3C가 석출하고 수축한다. 저 탄소 Martensite는 더욱 저 탄소로 되고 거의 Ferrite 가 되나 전위 밀도는 아직 높은 편이다. 이때 생기는 조직은 Fine Pearlite (Troostite)이며 가장 부식되기 쉽다.

온도가 더욱 높아져서 500~600℃가 되면 Fe_3C는 성장하여 점차 구상화하고 전위 밀도는 급격히 감소한다. 이때의 조직은 Medium Pearlite (Sorbite) 이며 강인성이 좋아 구조용에 사용된다.

2) Tempering에 따른 기계적 성질의 변화

탄소강을 소입한 후 ε탄화물의 석출로 경도가 증가하며 200℃정도의 제 2단계 Tempering에서도 잔류 Austenite의 분해로 경도는 증가한다.

고 탄소강에서는 잔류 Austenite가 많아서 소입한 상태에서는 오히려 경도는 낮으나 300℃부근의 소려에 의해서 경도는 높아진다.

저온 소려의 범위에서 잔류 응력이 완화되고 전위의 고착 작용이 진행하기 때문에 강성한계가 향상되고 인장 강도, 항복점도 높아지나 그 이상 온도가 올라가면 강도는 점차 감소한다.

3) Tempering 취성

Tempering시 주의할 점은 Tempering 취성이다.

❶ 저온 소려 취성 (300℃ 취성)

탄소강을 소입한 후 약 300℃로 소려하면, 충격치가 현저하게 감소한다. 이 현상은 Carbon 의 양과는 관계없이 나타난다.

이 취화의 원인은 잔류 Austenite의 분해에도 있으나 300℃ 부근에서 ε탄화물이 Fe_3C로 변화하는 데에 기인한다. 이 저온 소려 취성은 고순도강 보다는 P, N등의 불순물이 많을 수록 심하게 나타난다.

약 2% 이상의 Si을 함유하는 고 Si강에서는 400℃가 되어야 ε→ Fe_3C의 반응이 일어나므로 취성을 고온측으로 이동시킬 수 있다.

❷ 고온 소려 취성 (500℃ 취성)

500℃ 전후의 소려에서 나타나는 충격치의 감소를 말한다.

이러한 충격치의 감소는 Tempering 온도에서 급냉할 때보다 서냉할 때에 현저하게 취화한다. 이 취성은 결정입계에 탄화물, 질화물 등이 석출하기 때문이다.

❸ 제 2차 소려 취화 (2차 경화)

합금강에서 600℃ 전후의 소려에 의하여 현저하게 경화하는 현상이다. 합금강 Martensite 의 소려 과정은 4단계로 일어나며 1~3 단계까지는 탄소강의 경우와 같으나 4단계에서는 3단계에서 석출한 Fe_3C가 온도 상승에 따라 재 용해하고 그 대신 합금 원소들의 탄화물이 생성된다. 특히 Cr, Mo, W, V, Ti등의 탄화물 형성 원소를 함유하는 Martensite 조직의 강에서 특수 탄화물이 석출하여 석출 경화를 일으킨다.

제6장 용접법의 종류와 특징

1. Shield Metal Arc Welding (SMAW)

(1) Process의 개요

Shield Metal Arc Welding (SMAW)는 가장 일반적인 용접 방법으로서 피복재를 입힌 용접봉에 전류를 가해서 발생하는 Arc열로 용접을 시행하는 방법이다. 용접 장비 구성이 간단하고 조작이 쉬운 장점이 있으며, 피복재의 연소 과정에서 발생하는 Gas를 이용해서 용접부를 보호하면서 용접이 진행된다. 용접기의 기본적인 구성과 용접 과정은 다음의 그림 6-1과 6-2를 참조한다.

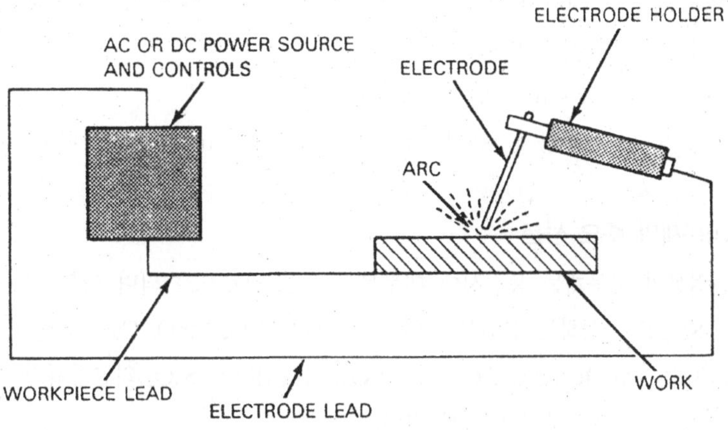

그림 6-1 SMAW 용접기의 구성

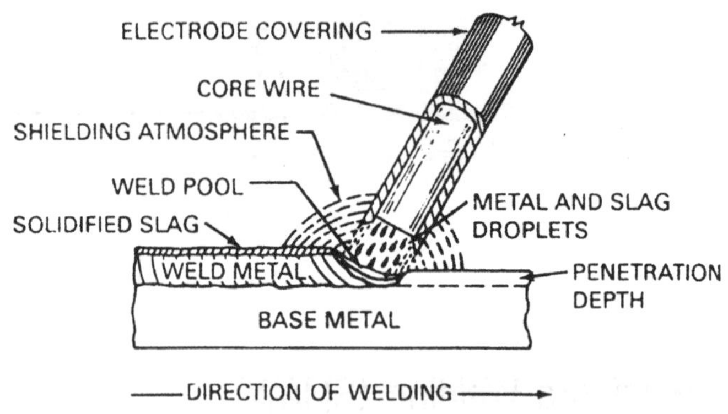

그림 6-2 SMAW 용접 과정 개요

(2) 피복재 (Flux)

1) 피복재의 역할

심선 주위에 피복되어 있는 피복재는 다음과 같은 역할을 한다.

❶ Arc를 발생할 때 피복재가 연소하여 이 연소 Gas가 공기중에서 용융 금속으로의 산소, 질소의 침입을 차단하여 용접 금속을 보호한다.

❷ 용융 금속에 대하여 탈산 작용을 하며, 용착 금속의 기계적 성질을 좋게하는 합금 원소의 첨가 역할을 한다.

❸ Arc의 발생과 Arc의 안정성을 좋게 한다.

❹ Slag를 만들어 용착 금속의 급냉을 방지하고 미려한 용접 Bead를 만든다.

2) 피복재의 주요 성분

용접봉의 피복재는 용접시에 대부분이 용융 Slag으로 되며 대부분은 산화물인 것이다. 이들 Slag를 구성하는 산화물은 염기성(MgO, FeO, MnO, CaO, Na_2O, K_2O), 중성 혹은 양성(TiO_2, Al_2O_3, Fe_2O_3, Cr_3O_3, Ti_2O_3), 산성(P_2O_5, SiO_2)의 3종류가 있으며, 이들의 주요 성분들을 들어 보면 다음과 같다.

❶ 피복 가스 발생 성분 (Gas Forming Materials) : 4~25%

용융된 강이 공기중의 산소와 질소의 영향을 받아 산화철이나 질화철이 되지 않도록 보호 가스를 발생시켜 용융 금속을 공기와 차단한다.

- 유기물 (셀룰로우스, 전분, 펄프 등)
- 무기물 (석회석, 마그네사이트 등)

❷ Arc안정 성분 (Arc Stabilizers) : 4～25%

Arc의 발생과 지속을 쉽게하는 것에는 탄산바륨($BaCO_3$), 산화티탄(TiO_2), 철분 등이 있다.

❸ Slag 생성 성분 (Slag Formers) : 5～50%

용접부 표면을 덮어 산화와 질화를 방지하고 탈산 등의 작용을 하며, 용착 금속의 냉각 속도를 느리게 한다.

❹ 탈산 성분 (Dioxidizers) : 6～25%

용융 금속중에 침입한 산소와 그 밖의 불순 가스를 제거하는 것으로서 페로망간 (FeMn), 페로 실리콘 (FeSi)등이 있다.

❺ 합금 성분 (Alloying Elements) : 6～25%

용융된 강 중에 필요한 원소를 보급하여 좋은 용착 금속을 만들며, 페로크롬 (FeCr), 페로몰리브덴 (FeMo), 페로 실리콘 (FeSi), 페로망간 (FeMn) 등이 있다.

❻ 고착 성분 (Binding Agents) : 16～25%

피복재에 혼합시켜 심선의 주위를 고착시키는 규산나트륨 (Na_2SiO_3), 규산칼륨 (K_2SiO_3) 등이 있다.

❼ 윤활 성분 (Slipping Agents) : 8～12%

(3) 용접봉의 건조

충분하게 건조가 되지 않은 용접봉 Flux에 존재하는 수분은 용접과정에서 저온 균열의 주된 요인이 되는 수소의 공급원이 된다. 따라서 수소의 발생과 역할을 가능한 억제하기 위한 용접봉의 건조는 매우 중요한 의미를 가지게 된다. 용접부내의 수소의 역할은 “용접 균열의 종류와 대책” 편에 자세히 설명하기로 한다.

2) 염기도

용접 Flux의 염기도는 다음의 식과 같이 염기성 물질과 금속 산화물의 일정한 비를 나타내며, 특히 염기도가 낮은 산성 산화물 SiO_2, Al_2O_3 등은 점토류 (Bentonite, Clay)로 구성되어 있다.

$$BI=\frac{CaO+CaF_2+MgO+K_2O+Na_2O+\Box FeO+MnO)}{SiO_2+1/2(TiO_2+Al_2O_3+ZrO_2)}$$

이러한 Flux는 결정수(Crystal Water)를 함유하기 있으며 이 결정수는 600℃이상의 고온에서 분해하여 용접시 수소의 공급원으로 작용한다.

Table 6-1 SFA 5.1의 용접봉 수분 함유량 규정

AWS Classification	Electrode Designation	Limit of Moisture Content, % by Wt., Max. As-Received or Conditioned[a]	Limit of Moisture Content, % by Wt., Max. As-Exposed[b]
E7015	E7015	0.6	Not specified
E7016	E7016 E7016-1		
E7018	E7018 E7018-1		
E7028 E7048	E7028 E7048		
E7015	E7015R	0.3	0.4
E7016	E7016R E7016-1R		
E7018	E7018R E7018-1R		
E7028 E7048	E7028R E7048R		
E7018M	E7018M	0.1	0.4

Notes:

a. As-received or conditioned electrode coverings shall be tested as specified in Section 15, Moisture Test.

b. As-exposed electrode coverings shall have been exposed to a moist environment as specified in 16.2 through 16.6 before being tested as specified in 16.1.

위의 표에서 용접봉 기호 뒤에 붙은 R, M의 의미는 저수소계 용접봉을 의미한다.

따라서 저 수소계(Low Hydrogen), 즉 염기도가 높은 용접봉은 용접 Flux중에 수소 함량을 근원적으로 최소화 시킨 것이다.

AWS에서 규제하는 저수소계 용접봉의 수분 함량은 종류에 따라 약간씩 다르지만 AWS SFA 5.1과 SFA 5.5의 경우 위의 Table 6-1기준에 따른다.

이렇게 용접봉 자체의 수분 함량을 제한하는 것 이외에 용접 금속에 존재하는 수소의 량을 측정하여 제한하기도 한다. E7018M이나 확산성 수소의 측정이 요구되는 경우에는 AWS A4.3에 따라 확산성 수소를 측정하며, 그 합부의 기준은 다음에 따른다.

Table 6-2 SFA 5.5 Appendix A. 저수소계 용접봉의 수분 함유량 규정.

Low hydrogen electrode coating moisture contents

AWS Classification	Recommended maximum moisture content (percent by weight)	
	After atmosphere exposure	As-manufactured[a] or reconditioned
E7015-X	0.6	0.4
E7016-X	0.6	0.4
E7018-X	0.6	0.4
E8015-X	0.4	0.2
E8016-X	0.4	0.2
E8018-X	0.4	0.2
E9015-X	0.4	0.15
E9016-X	0.4	0.15
E9018-X	0.2	0.15
E10015-X	0.2	0.15
E10016-X	0.2	0.15
E10018-X	0.2	0.15
E11015-X	0.2	0.15
E11016-X	0.2	0.15
E11018-X	0.2	0.15
E12015-X	0.2	0.15
E12016-X	0.2	0.15
E12018-X	0.2	0.15
E12018-M1	0.2	0.10

Table 6-3 SFA. 5.1에 따른 확산성 수소량 규정

DIFFUSIBLE HYDROGEN LIMITS FOR WELD METAL

AWS Classification	Diffusible Hydrogen Designator	Diffusible Hydrogen Content, Average mL(H_2)/100g Deposited Metal, Max.[a,b]
E7018M	None	4.0
E7015 E7016 E7018 E7028 E7048	H16	16.0
	H8	8.0
	H4	4.0

Notes:

a. Diffusible hydrogen testing in Section 17, Diffusible Hydrogen Test, is required for E7018M. Diffusible hydrogen testing of other low hydrogen electrodes is only required when diffusible hydrogen designator is added as specified in Figure 16.

b. Some low hydrogen classifications may not meet the H4 and H8 requirements.

2) 재건조 및 관리 조건

❶ 재 건조 : 용접봉의 보관 및 관리는 용접봉 피복재 중의 수분 함량과 밀접한 관계가 있으며, 과도한 수분은 용접중에 분해하여 수소를 공급하는 원인이 되므로 아래의 표와

같이 재건조를 하여 사용하여야 한다.

여기에서 착각하기 쉬운 사항은 용접봉의 재건조 회수이다.

AWS D1.1에 따르면 용접봉은 재건조 회수가 단 1회로 제한되며, 반복해서 재건조하여 사용할 수 없다. 혹시 작업중에 물에 젖은 용접봉이 생긴다면 이는 절대로 재 건조하여 사용할 수 없다.

Table 6-4 용접봉의 재 건조 규정

항목	비 저수소계(AWS SFA 5.1)	저 수소계 (AWS SFA 5.5)
재 건조 온도 X 유지시간	230~260℃ X 2 Hr	370~430℃ X 1 Hr
허용 노출 시간	Max. 4 Hr	E 70XX Max. 4 Hr E 80XX Max. 2 Hr E 90XX Max. 1 Hr E 100XX Max. Hr E 110XX Max. Hr
허용 재건조 회수	1회	1회
재 건조후 유지 온도	120℃	

❷ 상대 습도 : 상대 습도가 높을수록, 방치시간이 길수록, 피복제중의 수분 함유량은 증가한다. 따라서, 습도가 높은 상태에서의 용접이나, 재 가열 후 대기중에 장시간 노출된 용접봉의 사용은 금한다.

(4) 용접 조건

1) 전원의 선택

❶ 직류 (Direct Current) : 직류는 교류(Alternating Current)에 비해 Arc가 안정적(Steady)이고, 부드러운 용접 금속 이행을 만든다. 이러한 이유는 교류에 비해 극성변화가 없기 때문이다. 대부분의 용접봉은 용접봉의 극성이 양극인 역극성 상태에서 용접이 더 잘되도록 설정되어 있다.

역극성으로 용접을 시행하면 좁고, 깊은 용입을 얻을 수 있으며, 정극성으로 용접하면 평활하고 넓은 Bead를 높은 용착 속도로 얻을 수 있는 장점이 있다.

각 극성별 용접부의 특성은 GTAW에서 볼 수 있는 극성별 특성과는 반대의 양상을 보인다. 이러한 현상은 용접봉에 직접 전류가 흐르는 Arc 용접에서는 모두 GTAW와는 반대의 특성을 보인다.

직류 용접은 용탕의 Wetting이 좋아 쉽게 모재와 융착이 되고 낮은 전류로 균일한 용접 Bead를 얻을 수 있어서 얇은 구조물의 용접에 적합하다. 직류는 짧은 Arc로 Vertical, Overhead 자세에 적합하며, 용접 금속의 Globular 이행 과정에서 단락(Short)의 위험성이 작다. 그러나, 직류 용접으로 자성을 가진 Carbon Steel이나 9% Nickel등의 저 합금강을 용접 할 경우에는 Arc Blow가 발생하여 부적절한 용접이 이루어 진다. 이를 극복하는 방법은 교류 용접으로 바꾸는 것이다.

❷ 교류 (Alternating Current) : SMAW용접에 있어서 교류의 장점은 Arc Blow의 피해가 없다는 점과 전력 소모 비용이 작다는 점이다. Arc Blow가 없음으로 인해 용접봉의 크기를 크게 할 수 있고, 높은 전류의 사용이 가능하다.

Flux가 철계(Iron Powder)로 Coating된 용접봉은 높은 전류의 교류 용접에 가장 적합하게 설정되어 일반 용접봉 보다 1.5배 가량 빠른 용접 속도를 얻을 수 있다.

2) 전류 (Amperage)

용착 속도는 전류의 크기에 비례하며, 각 용접봉은 크기와 종류(Classification)에 따라 적절한 전류 영역이 구분된다.

이러한 전류 영역을 벗어난 용접은 용접봉의 과열, 과도한 Spatter, Arc Blow, Undercut, 용접 금속의 Crack 등의 부작용을 일으킨다.

3) Arc의 길이

일정한 Arc 길이에서도 용접봉의 용융과 용접 금속의 이행이 진행되면서 전압이 변화하고 이에 따라서 용융 금속의 이행은 불안정하고 불연속적인 형태를 보이게 된다. 용접 Arc의 길이는 용접봉의 종류, 크기, 피복재의 종류, 전류 및 용접 자세에 따라 변화한다. 용접 Arc의 길이는 전류와 용접봉의 크기가 커짐에 따라 증가한다.

너무 짧은 Arc 길이는 용접 금속의 이행 중에 단락(Short)을 초래하고, 너무 긴 Arc 길이는 Arc의 방향성과 집중성을 유지하기 어려워 과도한 Spatter의 발생을 초래한다. 이는 용착 효율을 저하시키고, 피복재로 부터 발생되는 Shield 효과의 감소로 인해 과다한 기공 발생과 산소, 질소등에 의한 용접 금속의 오염을 초래하게 된다.

Arc Blow가 발생될 때는 가능한 Arc의 길이를 짧게 해야 한다.

4) Travel Speed

용접 속도는 용접 전원, 전류, 극성, 용접 자세, 용착 속도 용접물의 두께, 모재의 표면 상태, Joint형상등에 따라 변화한다.

용접 속도는 Arc가 용접 금속의 용탕을 Lead해 갈 정도의 속도가 적당하다. 용접 속도가 증가 하면 용접 Bead 폭은 좁아 지고, 용입(Penetration)은 처음에는 다소 깊어 지지만 속도가 증가 함에 따라 점차 용입이 얕아 지며, Undercut이 생기기 쉽고, Slag의 제거가 어려워 지며, 기공이 생기기 쉽다. 용접 속도가 느려지면 용접 Bead가 넓어 지며, 볼록하고 용입이 얕은 Bead가 생기게 된다

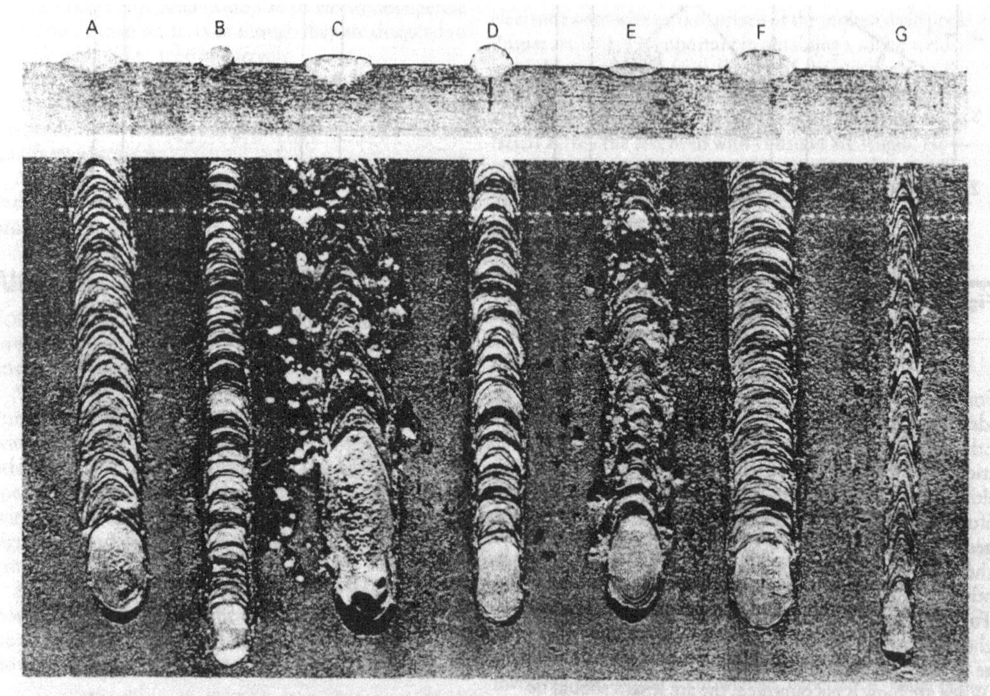

Figure 2.11–The Effect of Welding Amperage, Arc Length, and Travel Speed; (A) Proper Amperage, Arc Length, and Travel Speed; (B) Amperage Too Low; (C) Amperage Too High; (D) Arc Length Too Short; (E) Arc Length Too Long; (F) Travel Speed Too Slow; (G) Travel Speed Too Fast

그림 6-3 용접 전류와 Arc의 길이, 용접 속도에 따른 Bead의 형상 구분

5) Arc Blow (Arc 쏠림)

Arc Blow는 철계 금속을 직류를 사용해서 용접할 때 주로 발생한다.

교류를 사용하는 용접에서도 발생하는 경우가 있으나, 극히 드물다.

이러한 현상은 용접봉과 모재 사이에 형성된 자기장에 의해서 일어나며 용접 Arc의 방향을 굴절시켜서 정상적인 Metal Transfer Flow를 방해한다. Arc Blow는 불완전한 용입이나 용착을 유도하게 되고, 과도한 Spatter의 원인이 된다. 이러한 현상은 특히 용접 부재의 끝부분에서 잘 발생하며 Crater부의 결함 원인을 제공하기도 한다. 아래의 그림은 용접봉의 위치에 따른 Arc의 쏠림 현상을 도식화 한 것이다.

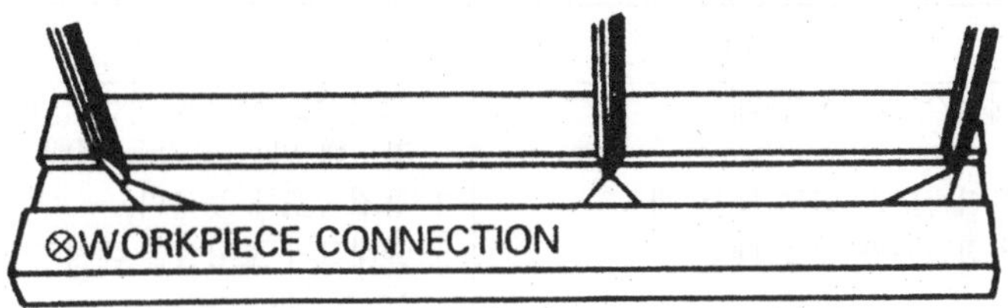

그림 6-4 Magnetic Arc Blow에 의한 SMAW 용접의 Arc Blow

Arc Blow의 피해를 줄이는 방법은 다음과 같다.

❶ 모재에 연결된 접지점을 용접부에서 최대한 멀리 놓는다.
❷ 용접이 끝난 용접부 또는 큰 가용접부(Tag Weld)를 향하여 용접한다.
❸ Arc의 길이를 용접에 지장이 없는 범위에서 최대한 짧게 한다.
❹ 용접 전류를 줄인다.
❺ Runoff Tab을 설치해서 용접을 진행한다.
❻ 긴 용접부는 후진(Back Step) 용접법을 선택한다.
❼ 교류로 바꾸어 용접을 진행한다.
❽ 직류 전원 2개를 연결하여 자기장의 방향이 서로 상쇄되도록 사용한다.
❾ 용접봉 끝을 Arc쏠림 반대 방향으로 기울인다.

(5) SMAW 용접부 결함과 대책

현장에서 가장 널리 사용되는 용접 방법은 SMAW이며, 그 사용되는 빈도 만큼이나 용접부 결함의 양상과 대책에 대한 관심이 증대되고 있다.

적절한 용접 관리는 용접부 결함 발생에 따른 수정 보수 비용과 시간의 절약을 얻을 수 있으며, 안정된 용접 금속으로 전체 구조물의 신뢰도를 추구할 수 있다. 이하에서는 SMAW의 용접부에서 발생되는 용접 결함의 종류와 그 대책에 관하여 간단하게 정리한다. 전반적인 용접부 결함의 양상과 대책에 대해서는 10장의 용접부 변형과 결함 편에서 다시 자세하게 정리한다.

Table 6-5 SMAW 용접부 결함과 대책 (1/2)

결 함	원 인	대 책
용입부족	1. 개선각도가 좁을 때 2. 용접속도가 너무 빠를 때 3. 용접전류가 낮을 때	1. 개선각도를 크게 하든가, Root간격을 넓힌다. 또 각도에 맞는 봉경을 선택 한다. 2. 용접속도를 늦춘다. 3. 슬래그의 포피성을 해치지 않을 정도 까지 전류를 올린다. 용접봉의 유지 각도를 수직에 가깝게 하고 아크길이를 짧게 유지한다.
언 더 컷 (Undercut)	1. 용접전류가 너무 높을 때 2. 용접봉의 유지각도가 부적당할 때 3. 용접속도가 빠를 때 4. 아크길이가 너무 길 때 5. 용접봉의 선택이 부적당할 때	1. 용접전류를 낮춘다. 2. 유지각도가 적절한 운봉을 한다. 3. 용접속도를 늦춘다. 4. 아크길이를 짧게 유지한다. 5. 용접조건에 적합한 용접봉 및 봉경을 사용한다.
오버랩 (Overlap)	1. 용접전류가 과대하거나 낮을 때 2. 용접전류가 과대하거나 느릴 때 3. 부적당한 용접봉을 사용할 때	1. 용접전류를 올린다. 2. 용접속도를 빠르게 한다. 3. 용접조건에 적합한 용접봉 및 봉경을 사용한다.
Bead 외관불량	1. 용접전류가 과대하거나 낮을 때 2. 용접속도가 부적당하여 슬래그의 포피가 나쁠 때 3. 용접부가 과열될 때 4. 용접봉의 선택이 부적당할 때	1. 적정전류로 조정한다. 2. 적당한 용접속도로 일정한 운봉을 행하여 슬래그의 포피성을 좋게 한다. 3. 용접부의 과열을 피한다. 4. 용접조건, 모재와 판 두께에 적당한 용접봉 및 봉경을 사용한다.
슬래그 (Slag) 혼입	1. 전층의 슬래그 제거의 불완전 2. 용접속도가 너무 느려 슬래그가 선행 할 때 3. 개선형상이 불량할 때	1. 전층의 슬래그는 완전히 제거한다. 2. 용접전류를 약간 높게 하고, 용접 속도를 적절히 하여 슬래그의 선행을 피한다. 3. 루트간격을 넓혀서 용접조작이 쉽도록 개선한다.
저온균열	1. 모재의 합금원소가 높을 때 2. 이음부의 구속이 클 때 3. 용접부가 급냉될 때 4. 용접봉이 흡습될 때	1. 예열을 한다. 저수소계 용접봉을 사용 한다. 2. 예열, 저수소계 용접봉의 사용, 용접 순서를 검토한다. 3. 예열 또는 후열을 시행하고, 저수소계 용접봉을 사용한다. 4. 적정한 온도에서 충분히 건조
용 착	1. 개선형상이 부적당할 때 2. 용접전류가 너무 높을 때 3. 용접속도가 너무 느릴 때 4. 모재가 과열될 때 5. 아크길이를 길게 할 때	1. 루트간격을 좁게 하든가,루트면을 크게 한다. 2. 용접전류를 낮게 한다. 3. 용접속도를 빠르게 한다. 4. 용접부의 과열을 피한다. 5. 아크길이를 짧게 한다.
변 형	1. 용접부의 설계가 부적당할 때 2. 이음부가 과열될 때 3. 용접속도가 너무 늦을 때 4. 용접순서가 부적당할 때 5. 구속이 불완전할 때	1. 미리 팽창, 수축력을 고려하여 설계 한다. 2. 낮은 전류를 사용하고, 용입이 적은 용접봉을 사용한다. 3. 용접속도를 빠르게 한다. 4. 용접순서를 검토한다. 5. 치구 등을 이용하여 충분히 구속한다. 단, 균열에 주의한다.

Table 6-5 SMAW 용접부 결함과 대책 (2/2)

결 함	원 인	대 책
피 트 (Pit)	1. 용접봉이 흡습되어 있을 때 2. 이음부에 불순물이 부착되어 있을 때 3. 봉이 가열되었을 때 4. 모재의 유황함량이 높을 때 5. 모재의 탄소, 망간함량이 높을 때	1. 적정한 온도에서 충분히 건조한다. 2. 이음부에 녹, 기름, 페인트 등의 이물질을 제거 한다. 3. 용접전류를 낮추어 봉 가열을 피한다. 4. 저수소계 용접봉을 사용한다. 5. 염기도가 높은 용접봉을 사용한다.
블로우홀 (Blowhole)	1. 과대전류를 사용했을 때 2. 아크길이가 너무 길 때 3. 이음부에 불순물이 부착되어 있을 때 4. 용접봉이 흡습되어 있을 때 5. 용접부의 냉각속도가 빠를 때 6. 모재의 유황함량이 높을 때 7. 용접봉의 선택이 부적당할 때 8. Arc Start가 부적당할 때	1. 적정전류를 사용한다. 2. 아크길이를 짧게 유지한다. 3. 이음부의 녹 기름 페인트 등을 제거 한다. 4. 적정한 온도에서 충분히 건조한다. 5. 위빙, 예열등에 따라 냉각온도를 늦게 한다. 6. 저수소계 용접봉을 사용한다. 7. 블로우홀의 발생이 적은 용접봉을 사용한다. 8. 사금법, Back Step 운봉을 한다.
고온균열	1. 이음부의 구속이 클 때 2. 모재의 유황함량이 높을 때 3. Root간격이 넓을 때	1. 저수소계 용접봉을 사용한다. 2. 저수소계 용접봉이나 망간을 많이 함유하고, 탄소, 규소, 유황, 인이 적은 용접봉을 사용한다. 3. Root간격을 좁게하고 두께가 큰 Bead를 만들어 Crater 처리를 행한다.

이상에서는 SMAW 용접부 결함의 종류와 대책에 대해서 간단하게 정리하였다. 보다 자세한 결함의 종류와 원인 및 대처 방안에 대해서는 제 10장의 용접부 변형과 결함 편에서 다시 자세히 다루기로 한다.

2. Gas Tungsten Arc Welding (GTAW)

(1) Process 개요

Gas Tungsten Arc Welding은 Tungsten Electrode와 모재 혹은 Weld Pool 사이에 발생하는 Arc열을 이용해서 Ar이나 He등과 같은 비활성 기체의 Shielding 분위기에서 용접 Wire(Bare Solid Wire)를 녹이거나 직접 모재만을 녹여서 용접을 진행하는 방법이다.

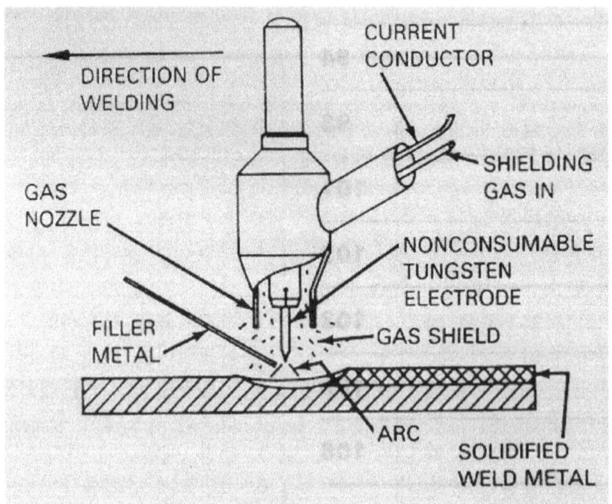

그림 6-5 Gas Tungsten Arc용접기의 용접 과정 개요

고 품질의 용접 금속을 얻고자 하는 곳에 광범위하게 적용되는 Process로서 구조물의 초층(First Pass) 용접이나 박판의 용접 및 Small Size Pipe and Flange의 Inside Overlay 용접등에 적용된다.

용접기의 구성은 Sheilding Gas를 공급하며, 열원을 제공하는 Tungsten Electrode를 지지하고 있는 용접 Torch와 Gas Supply 장치로 이루어져있다. 이 Process는 다른 어떠한 용접 방법 보다도 용접사의 기량에 따라 용접부 품질이 좌우된다. 최근에는 Auto-TIG라는 이름으로 자동 용접법이 많이 개량되어, 특히 Overlay용접부에 고 품질의 용접을 실시하고 있다.

(2) Process의 장, 단점

1) 장점

❶ 양질의 용접물을 얻을 수 있다, 용접 결함이 거의 없다
❷ 다른 Arc 용접시에 발생되는 Spatter의 위험성이 없다
❸ 용접봉 (Filler Metal)이 없이도 용접이 가능하다.
❹ Root Pass의 용입을 확실하게 할 수 있다.
❺ 적은 비용으로 고속의 자동화 용접을 시행할 수 있다.
❻ 전력 소모가 적어 전력 비용이 작다
❼ 용접 변수의 세밀한 조정이 가능하다.
❽ 이종 재료를 포함한 거의 모든 금속 재료의 용접에 적용 가능하다.

⑨ 열원(Heat Source)과 용접봉을 독립적으로 조절할 수 있다.

2) 단점

❶ 다른 Arc 용접 방법에 비해 용착 속도(률)가 낮다.
❷ 다른 Arc 용접 방법에 비해 용접사의 숙련되고 세심한 기량이 요구된다.
❸ 10mm (⅜ in) 이상의 후판에서는 다른 Metallic Arc 용접법에 비해 비 경제적이다.
❹ 바람이 있는 곳에서는 적절한 용접부 Shielding이 어렵다.
❺ 전극이 용탕(Molten Weld Metal Pool)에 접촉하게 되면, Tungsten의 Inclusion이 발생하기 쉽다.
❻ 적절한 용접부 Shielding이 이루어 지지 않으면 용접부의 Contamination이 일어날 수 있다.
❼ 용접부 Contamination에 대한 허용치가 작다.
❽ Water Cooling이 적용되는 Torch의 경우에는 Coolant의 Leakage로 인해 Contamination이나 Porosity의 발생 위험성이 있다.
❾ 다른 Process와 마찬가지로 Arc Blow나 Arc Deflection이 일어날 수 있다.

(3) 용접 변수

GTAW용접에 있어서 가장 기본적인 용접 변수는 전압(Arc 길이), 용접 전류, 용접 속도와 Shielding Gas이다. Shielding Gas로 Helium을 사용할 때는 Argon Gas를 사용하는 경우보다 더 깊은 용입을 얻을 수 있다.

그러나, 이러한 모든 용접 변수는 상호 복합적으로 작용하므로 독립적인 변수로 Control 하는 것이 거의 불가능하다.

1) 용접 장치와 용접 방법

Arc의 전압, 전류 특성이 부저항 특성 또는 정전압 특성을 나타내기 때문에 용접 전류는 교류, 직류 다 함께 수하 특성을 필요로 한다.

전극봉은 교류에서는 순 Tungsten을 사용하고 직류에서는 주로 Thorium이 들어 있는 Tungsten을 이용한다.

전극이 음극이 되는 직류 정극성에서는 전자 방출에 의한 전극의 냉각 작용 때문에 전류 용량은 전극이 양극이 되는 직류 역극성 보다 매우 크다.

Arc의 발생 방법으로는 전극의 오염에 의한 Arc의 불안정을 피하기 위해 비 접촉 상태에서 Arc를 발생시키는 고주파 방전식을 많이 이용한다.

용접 작업시 주의 사항은 Arc와 Shield 효과이다.

Arc의 시동시에는 전극은 냉음극 특성을 나타내어 Arc가 불안정하게 되기 때문에 전극이 고온으로 되어 (열음극) Arc가 안정하기 까지 용접 조작에 주의하여야 한다.

❶ **용접 전류** : 용접 전류의 변화는 용입과 비례하는 경향을 나타낸다. 또한 용접 전류는 전압 즉, Arc의 길이에 비례하게 된다. 이러한 이유로 Arc의 길이를 일정하게 유지하려면 전류의 변화에 따라 전압을 조정해 주어야 한다. 전류는 직류와 교류를 모두 사용하고 재료의 종류에 따라 선택하게 된다.

❷ **직류 정극성** : 가장 널리 사용되는 방법이다. Tungsten 전극은 음극으로, 모재는 양극으로 전원이 연결된 상태로 진행되는 용접이다. Tungsten전극에서 나오는 전자가 모재를 가열시키고 용융되는 Wire의 이송을 원활하게 하여 좁고 용입이 깊은 Bead를 얻을 수 있으며, 용접 속도가 빠른 것이 특징이다. 용접 과정에서 발생하는 열의 30%정도가 Tungsten 전극쪽에서 발생하고 70%의 열만이 모재 쪽에서 발생한다. 용접 속도는 He을 사용하면 더 빨라질 수 있다. 역극성에 비해 보다 높은 전류에 상대적으로 적은 Size의 전극을 사용해도 되는 장점이 있으며, 전극이 과열되지 않아 전극의 선단 변형이 적어서 Arc의 지향성이 좋다. 최근에는 보다 우수한 용입 및 용착 효율을 얻기 위해 직류 정극성으로 용접하면서 직류 전류에 파형을 주는 Pulsed DC 용접 방법을 사용하기도 한다. 이때 사용되는 Pulse는 초당 0.5에서 20회 정도 까지의 Pulse Type이 사용된다.

❸ **직류 역극성** : Tungsten 전극은 양극으로, 모재는 음극으로 하여 용접을 진행한다. 전자가 튀어나오는 모재의 범위가 넓어 열의 집중이 정극성에 비해서 불량하므로 폭이 넓은 Bead에 얕은 용입이 얻어 진다.

Tungsten전극이 과열되기 쉽고 과열된 Tunsten전극이 용탕의 Tungsten Inclusion을 일으킬 수 있다. 따라서 Tungsten전극의 크기가 커지게 되며 전극 효율이 떨어진다.

역극성 용접이 갖는 특징적인 효과는 청정작용이다.

이는 가속된 가스이온이 모재에 충돌하여 모재의 산화물 피막이 파괴, 제거되는 과정으로 알려져 있다. 이 현상은 마치 Sand Blasting으로 산화막을 제거하는 것과 같은 효과를 가져오며, Ar을 사용할 경우에 비해 He을 사용할 때는 가벼워서 효과가 적게된다.

알루미늄은 표면 산화물이 내화성 물질로 모재의 용점(660℃)보다 매우 높은 용융점(2,050℃)을 가지고 있어 가스 용접이나 Arc용접이 곤란하다. TIG의 역극성을 사용하면 용제없이도 용접이 쉽고 Ar이온이 산화막을 제거하므로 용접후 Bead의 주변이 흰색을 띄게 된다. 이 흰색 부분을 Wire Brush로 가볍게 제거하면 알루미늄의 금속 광택이 나타난다.

그러나, 역극성은 전극이 가열되어 녹아서 용착 금속에 혼입되는 경우도 있고, Arc가 불안정해서 용접 조작이 어렵기 때문에 알루미늄이나 마그네슘 및 그 합금의 용접에는 교류 용접을 많이 사용한다.

❹ **교류** : 교류는 직류 역극성의 특징과 정극성의 특징을 함께 얻을 수 있는 장점이 있다. 즉, 깊은 용입과 청정 작용(Cleaning Effect)을 동시에 얻을 수 있으며, 전극의 지름이 작아도 되고 Ar Gas를 사용하면 표면 산화막의 청정 작용이 있다. 그러나, 교류 용접에서는 한가지 불편한 점이 있는데, 이는 텅스텐 전극에 의한 정류 작용이다. 교류 용접의 반파에서는 정극(SP)이고 나머지 반파에서는 역극(RP)으로 된다.

그러나, 실제로는 모재 표면의 수분, 산화물, Scale등이 있기 때문에 Arc발생중 모재가 음극으로 된 때는 전자의 방출이 어렵고 또, 전류가 흐르기 어렵게 된다. 이에 반해서 전극이 음극이 된 때는 전자가 다량으로 방출된다. 따라서 전류가 흐르기 쉽고 이 결과 전류는 부분적으로 정류되어서 전류가 불평형하게 된다. 이 현상을 전극의 정류작용이라고 한다.

교류 용접기에는 Arc를 안정시켜서 불평형 부분을 적게 하기 위해서 용접 전류에 고전압, 고주파수, 저출력의 추력(追加) 전류를 도입한다.

이 고주파 전류가 모재와 전극 사이에 흘러 모재 표면의 산화물을 부수고 용접 전류의 회로를 구성한다. 용접 전류에 이 고주파 전류를 더하면 다음과 같은 이점이 있다.

① Arc는 전극을 모재에 접촉시키지 않아도 발생된다.

② Arc가 대단히 안정되며, Arc가 길어져도 끊어 지지 않는다.

③ 전극을 모재에 접촉 시키지 않고도 Arc가 발생되므로 전극의 수명이 길다.

④ 일정 지름의 전극에 대해서 광범위한 전류의 사용이 가능하다.

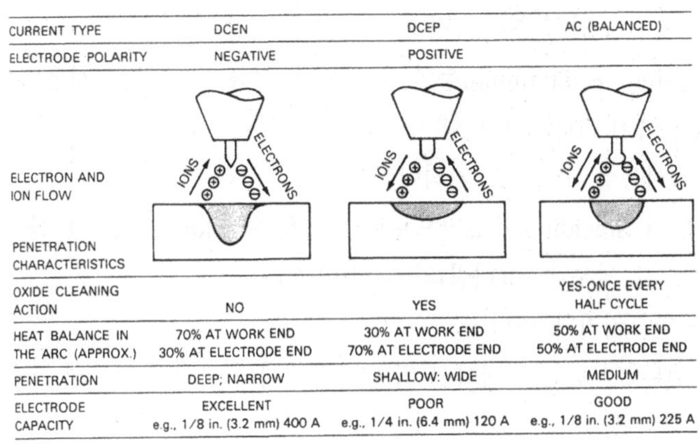

CURRENT TYPE	DCEN	DCEP	AC (BALANCED)
ELECTRODE POLARITY	NEGATIVE	POSITIVE	
ELECTRON AND ION FLOW / PENETRATION CHARACTERISTICS	IONS / ELECTRONS	IONS / ELECTRONS	IONS / ELECTRONS
OXIDE CLEANING ACTION	NO	YES	YES-ONCE EVERY HALF CYCLE
HEAT BALANCE IN THE ARC (APPROX.)	70% AT WORK END 30% AT ELECTRODE END	30% AT WORK END 70% AT ELECTRODE END	50% AT WORK END 50% AT ELECTRODE END
PENETRATION	DEEP; NARROW	SHALLOW: WIDE	MEDIUM
ELECTRODE CAPACITY	EXCELLENT e.g., 1/8 in. (3.2 mm) 400 A	POOR e.g., 1/4 in. (6.4 mm) 120 A	GOOD e.g., 1/8 in. (3.2 mm) 225 A

그림 6-6 GTAW의 전류에 따른 용접부 특성

❺ 용접 전압 : 용접 전압은 Arc의 길이와 비례하게 되고 이는 곧 Shielding Gas의 유량/유속과 관련이 된다. 용접 Wire에 직접 전원이 연결되지 않으므로 다른 Process와는 달리 전압이 용접에 미치는 영향에 대해서는 크게 언급되지 않는다. 자동 용접에서는 전압을 조정하여 Arc의 길이를 조정한다.

2) Hot Wire법

GTAW 용접은 입열의 집중성과 열효율이 낮아 고능률의 용접법 이라고는 볼 수 없으나, 불활성 가스 분위기에서 안정된 용접이 가능하므로 여러 가지 금속 재료에 대하여 고품질이 요구되는 이음부에 적용된다.

용착 속도를 향상시키는 방법으로 Hot Wire법이 사용된다.

이는 별개의 전원으로 용접 Wire를 통전 시켜서 가열하여 Wire의 용착 속도를 증대 시키는 방법이다. 이 방법에 의해 보통의 3배 정도의 용착 속도를 얻을 수 있다. 주로 자동 용접에 적용되는 방법이다.

3) Shielding Gas

GTAW에서 가장 많이 사용되는 Shielding Gas는 Ar, Ar + He이 가장 일반적이다. Ar + H_2도 특별한 용도로 사용하는 경우가 있다.

❶ Argon : Ar은 분자량 40으로 공기를 액화시켜서 얻을 수 있으며, 용접에 사용되는 Ar은 통상 순도 99.95% 이상의 것이 사용된다.

그러나, 활성이 강한 금속을 용접할 경우에는 99.997% 이상의 고순도(High Purity)를 요구한다. Ar이 He에 비해 더 널리 사용되는 이유는 다음과 같다.

① 부드럽고 조용한 Arc의 이행

② 상대적으로 용입이 작다. (박판의 용접에 이점)

③ Magnesium과 aluminum등의 용접시에 직류 역극성을 사용하면 표면 청정 효과(Cleaning Effect)를 기대 할 수 있다.

④ 손쉽게 사용할 수 있고, 가격이 싸다.

⑤ 적은 양의 Shielding Gas만으로도 적절한 Shielding 효과를 볼 수 있다.

⑥ 상대적으로 외부 대기(바람)의 영향이 적다.

⑦ Arc를 일으키기가 쉽다.

⑧ 특히 상대적인 용입이 작아서 박판의 용접시에 모재의 과도한 용융을 방지할 수 있다.

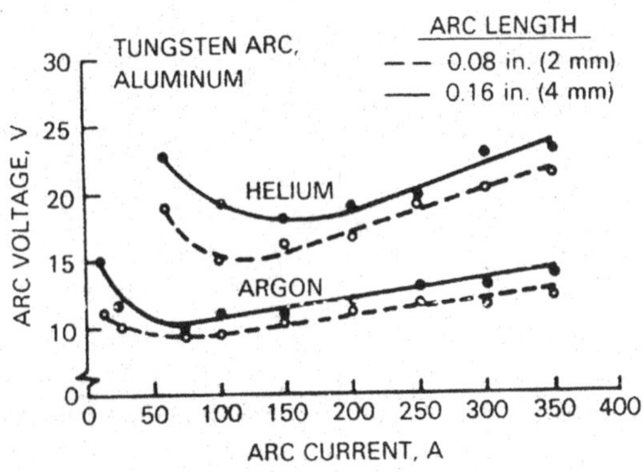

그림 6-7 Ar과 He을 사용할 때의 전류-전압 특성

❷ Helium : He은 가장 가벼운 비활성 기체로 분자량은 4이며 천연 가스로부터 분리한다. 용접에 사용되는 He은 순도 99.99% 이상의 것이 사용된다. 정해진 용접 조건에서 He은 Ar 보다 많은 열을 용접부에 전달 한다. 이러한 특성으로 인해 높은 열전도율을 가진 금속이나, 고속도의 자동화 용접에 적합하며, Ar에 비해 후판의 용접에 많이 적용된다. 또한 He은 Ar보다 가볍고 열전도율이 크기 때문에 동일한 용접 조건을 유지하기 위해서는 Ar의 2~3배 정도의 유량(유속)이 필요하다.

이상의 비교를 통해 다음과 같이 Ar과 He의 특징을 간단하게 비교할 수 있다.

❸ Argon+Helium : Ar은 공기보다 약 1.3배 무거우며, He보다는 10배 무거운 기체이다. Ar은 용접부 주위를 둘러 싸게 되고, 이보다 가벼운 He은 Nozzle 주위로 올라오게 된다. 실험치에 따르면 적절한 용접 조건을 유지하기 위한 Shielding Gas로 사용되는 He의 양은 Ar의 2~3배 정도 라고 한다. 이 혼합 기체의 가장 큰 특징은 그림 6-7과 같은 전류와 전압의 특성으로 구분될 수 있다. He을 사용하면 Ar 보다 높은 전류에서 높은 전압으로 용접을 시행할 수 있기 때문에 더 많은 열을 얻을 수 있고, 이러한 특성으로 인해 후판의 용접이나 열전도도가 큰 재료의 용접에 안정적으로 적용할 수 있다. Ar을 사용하면 보다 낮은 전류에서 높은 전압으로 용접할 수 있다. 이러한 두 Gas의 특징으로 인해 다양한 전류와 전압의 범위에서 용접을 실시할 수 있는 것이다.

동일한 용접 조건을 얻기 위해서는 He을 사용할 경우보다 Ar을 사용하는 경우에 더 높은 전류를 유지해야 한다. 동일한 전류에서 He은 보다 안정적이고 빠른 용접을 시행 할 수 있다.

다른 하나의 특징으로는 Arc의 안정성이다. 두 가지 기체 모두가 안정적으로 Arc를 유지시켜 준다. 교류를 사용하여 Al이나 Mg등의 용접을 시행할 경우, Ar은 뛰어난 Arc안정성과 청정 작용을 나타낸다.

Table 6-6 Ar과 He Gas의 성질 비교

알 곤 (Ar)	헬 륨 (He)
① 낮은 Arc 전압 : 입열이 적으므로 1.6mm이하의 금속의 수동 용접에 적합하다.	① 높은 Arc 전압 : Arc가 뜨겁게 되어 5mm이상의 후판 용접에 적합하다.
② 청정 작용 양호 : 직류 역극성을 사용할 경우 청정 작용이 우수하여 알루미늄과 같은 금속의 재료 용접에 적합	② 적은 열 영향부 : 높은 입열과 용접속도로, 열 영향부는 좁게 될 수 있다. 그러므로 변형이 적고 기계적 성질이 증대 된다.
③ Arc 발생이 용이 : 박판 금속의 용접에 특히 중요하다.	③ 발생 가스가 많음 : He은 공기보다 가벼우므로, Ar보다도 1.5~3배 큰 Gas의 유속이 필요하다.
④ Arc의 안정성 : 두가지 Gas모두 안정성이 크지만 Ar은 He을 사용할 때보다 안정성이 크다.	④ 자동 용접 용이 : 25in/Min이상의 용접 속도로 후판을 용접 할 때, 기공과 Under-Cut이 적은 안정적인 용접금속을 얻을 수 있다.
⑤ 발생 가스가 적다 : 공기 보다 무거우므로 가스 유입 속도를 낮추면서도 Shielding효과를 크게 할 수 있다.	
⑥ 수직 및 윗보기 자세 용접 : 용탕의 조절이 양호하므로 이 자세를 택하나, He보다도 Shielding 효과가 크다.	
⑦ 후판 용접 : 두께 5mm이상의 금속 용접에는 알곤과 헬륨을 섞는 것이 좋다.	
⑧ 이종 금속 용접 : 이종 금속의 용접시 He보다 우수한 성질을 나타낸다.	
⑨ 자동 용접 : 용접 속도가 25in/Min일 경우에 기공과 Under-Cutdmf 일으킬 수 있다.	

❹ Argon+H_2 : Ar과 H_2의 혼합 Gas는 Stainless Steel, Nickel-Copper 그리고 Nickel 합금들에만 적용된다. 이때 수소는 Porosity나 Hydrogen Induced Cracking 등을 일으키지 않으며, 수소량이 증가하는 만큼 Arc 전압이 증가하여 용접 속도를 증가 시킨다. 수소는 최대 35% 정도까지 사용되며, 가장 일반적인 경우는 15%이다. 수동으로 용접을 할 경우에 5% 정도의 수소를 추가하면 깨끗한 용접 금속을 얻을 수 있다.

4) GTAW 용접부 결함과 대책

소형 용접 금속 및 활성이 큰 Aluminum등 대부분의 비철 금속 용접부에 사용되는 GTAW는 높은 품질의 안정성으로 인해 사용 빈도가 증가하고 있다. GTAW용접에 있어서 결함이 발생하는 원인은 크게 Tungsten Inclusion과 Gas Shielding의 부적절이라고 할 수 있다. 이하에서는 GTAW 용접부에서 가장 널리 발생하는 이 두 가지 결함에 관하여 간단하게 정리한다.

보다 자세한 세부 사항에 대해서는 제 10장의 용접부 변형과 결함 편을 참조한다.

❶ Tungsten Inclusion

Tungsten이 혼입되는 경우는 다음과 같은 요소에 기인한다.

① 전극과 용탕의 접촉

② Filler Metal이 전극의 가열된 선단과 접촉할 때.

③ 전극이 용탕의 Spatter로 인해 오염이 되는 경우.

④ 전극의 크기와 종류에 적합하지 않은 과다한 전류의 사용

⑤ 전극의 길이가 과다하게 노출이 되어 과열

⑥ 전극의 불완전한 고정

⑦ 부적절한 Shielding 이나 외부 바람의 영향으로 전극의 산화.

⑧ 전극의 결함 존재 - Crack이나 분리가 일어남.

⑨ GMAW에 사용되는 Ar + O_2 혹은 Ar + CO_2등의 부적절한 Shielding Gas의 사용.

❷ 용접 결함과 대책

Table 6-7 GTAW 용접 결함과 대책

문제점	원인	대책
전극의 과다 소모	1. Shielding Gas의 부족으로 인한 전극 산화 2. 역극성으로 작업 3. 부적절한 전극 크기 4. 전극 Holder의 과열 5. 전극의 오염 6. 냉각 도중에 전극의 산화 7. 산소나 CO_2가 포함된 Gas의 사용	1. Gas의 양을 줄인다. 2. 전극의 크기를 늘이거나 정극성으로 용접 3. 전극의 크기를 키운다. 4. 전극 Collector의 접촉 상태 확인 5. 오염을 제거한다. 6. Arc가 중단된 이후에도 10~15초 정도 Gas를 유지시킨다. 7. 적절한 Gas로 교체
Arc의 불안정	1. 모재의 청결 불량 2. Joint Gap이 너무 좁다 3. 전극의 오염 4. Arc가 너무 길다.	1. wire brush, chemical cleaner등을 이용하여 청소 2. Joint Gap을 크게 하고 전극 Holder를 좀 더 가까이 하고 전압을 높인다. 3. 오염의 제거, 교체 4. Holder를 가까이 하여 Arc길이를 줄인다.
Porosity	1. 가스의 침입 2. Gas Hose의 결함 3. 모재 표면의 기름기	1. 수분을 제거하고 외부 공기의 영향을 차단하며 가스의 순도를 높인다. 2. 점검 후 교체 3. 사전에 청소. 모재 표면에 수분이나 기름이 있을 때는 용접 금지
용접부 Tungsten 혼입	1. 초기에 Arc를 일으키기 위해 모재와 접촉 2. Tungsten 전극의 용락 3. 용탕과 전극의 접촉	1. 고주파 시동 회로를 사용한다. 2. 전류를 줄이고, 전극의 크기를 크게 한다. 3. 용탕과의 거리를 충분히 유지

3. Gas Metal Arc Welding (GMAW)

(1) Process 개요

GMAW Process는 1920년대 초기에 개발이 되었으나, 상용화 된 것은 1940년대 말경이다. 초기에 이 용접 방법은 높은 전류와 작은 구경의 Wire를 사용 하여 불활성 가스 분위기에서 Aluminum을 용접하기 위한 Process로 개발되었다. 이러한 이유로 아직 까지도 MIG (Metal Inert Gas)라는 용어가 사용되는 것이다. 이후에 용접 방법이 개선되면서 낮은 전류에 직류(Pulsed Direct Current)를 사용하고, CO_2와 같은 활성 가스 및 혼합 가스를 사용하면서 보다 다양한 재료의 용접에 적용되기 시작하였다.

흔히 작업 현장에서 CO_2용접이라고 불리는 것은 바로 이 Gas Metallic Arc 용접을 의미하며 가장 대표적인 것이 GMAW이다.

최근에는 단순히 Solid Wire만을 사용하지 않고, Filler Metal을 Tube형태로 만들고 그 안에 Flux를 삽입하여 사용하는 Flux Cored Arc Welding, Electro Gas Welding등의 방법들이 많은 발전을 이루고 있다.

미국 용접 학회에서는 이러한 Metal Cored Electrode를 GMAW의 한 Process로 구분하고 있지만, 다른 곳에서는 전혀 별개의 Process로 구분하여 FCAW라고 구분하기도 한다. GMAW는 자동, 반 자동으로 용접 가능하며, 거의 모든 재료의 용접에 적절하게 적용될 수 있다.

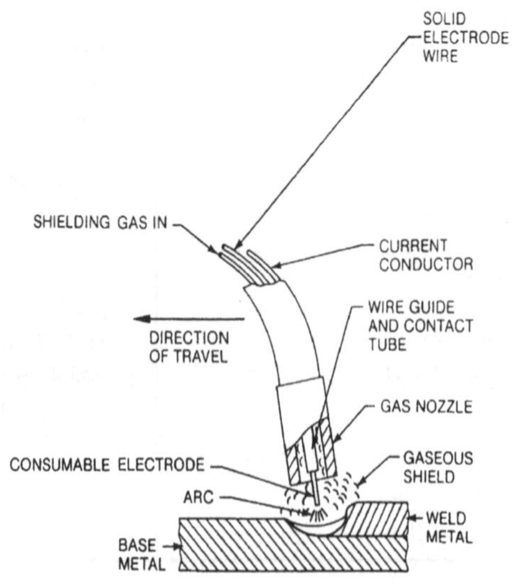

그림 6-8 Gas Metal Arc Welding의 개요

(2) 적용과 장, 단점

1) 장점

❶ 거의 모든 재료의 용접에 적용되는 용접 방법이다.
❷ SMAW의 경우에 발생하는 용접봉 길이의 제한이 없다.
❸ 전자세 용접이 가능하며, SAW에서와 같은 자세 제한이 없다.
❹ SMAW보다 높은 용착율을 가진다.
❺ 용착율이 높고 용접봉의 길이 제한이 없으므로, SMAW보다 용접 속도가 빠르다.
❻ 긴 용접부를 쉼없이 용접 할 수 있다.
❼ Spray Transfer를 사용할 경우 SMAW보다 깊은 용입을 얻을 수 있고, 결과적으로 동일한 강도에서 작은 Size의 Fillet용접이 가능하다.

2) 단점

❶ SMAW에 비해 용접기가 복잡하고, 가격이 비싸며, 이동이 불편.
❷ Welding Gun의 크기가 크고 적절한 Shielding을 위해서는 Welding gun이 용접부에 근접해야 (10~19mm) 하므로 접근이 용이하지 않은 부분은 용접이 어렵다.
❸ 용접중 외부 대기에 의해 Shielding Gas 분위기가 흩어 지지 않도록 하여야 한다. 이러한 이유로 인해 외부에서 작업을 제한한다.
❹ 용접 과정의 높은 발열과 Arc의 집중으로 인해 용접사의 집중이 어렵다.

(3) 용접 금속 이행 형태

용접 금속의 이행 형태는 용접봉의 크기와 전류, 용접봉의 조성, 용접봉의 Extension, Shielding Gas등에 의해서 다음과 같이 세가지로 결정된다.

1) Short Circuiting Transfer

이러한 이행 형태는 낮은 용접 전류와 작은 용접봉 직경의 조합에서 일어난다. 이 이행은 작고 응고 속도가 빠른 용접 금속을 형성하기 때문에 박판의 용접이나, 어려운 자세의 용접, 넓은 용접 Gap을 채울 때에 적용하기 좋다. 그러나, 낮은 입열로 인해 용입 불량이 발생하기 쉬운 결점이 있다. 용접 금속의 이동은 용접봉이 용탕에 접해 있을 때에만 일어나고, Arc를 통해서는 금속의 이동이 없다.

용접 과정에서 용접봉은 용탕에 초당 20~200회 정도 접촉하게 된다. 이러한 용접 금속의 이행과 전류 및 전압과의 관계는 다음 그림 6-9와 같다.

용접시 Shielding Gas는 CO_2, Ar이나 He 단독으로 혹은 CO_2와 Ar이나 He의 혼합기체를 사용한다. CO_2를 사용하면 불활성 기체에 비해 용입은 깊어지지만, Spatter가 많아지는 단점이 있다.

Spatter를 줄이면서 용입을 깊게 하려면 CO_2와 Ar을 섞어서 사용하면 된다. He을 추가하면 비철 금속의 용접시에 보다 깊은 용입을 얻을 수 있다.

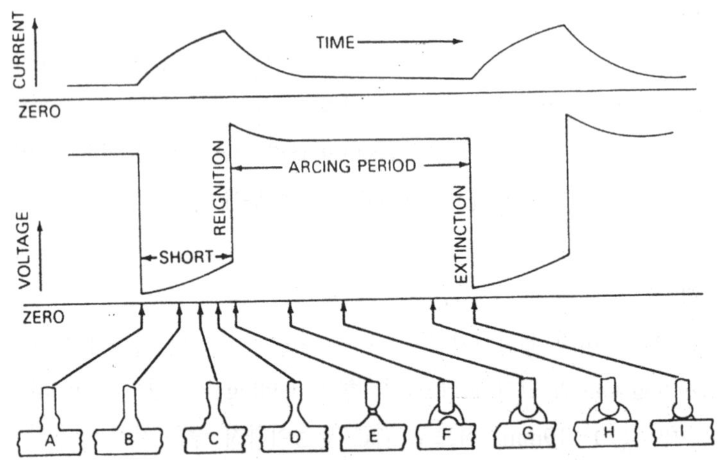

그림 6-9 단락 이행(short Circuiting Metal Transfer)의 개요

2) Globular Transfer

직류 역극성 (DCEP)을 사용하면 Shielding Gas의 조성에 무관하게 낮은 전류 영역에서 Globular Transfer를 얻을 수 있다.

특별히 CO_2와 He을 사용하면 가용한 모든 전류 영역에서 이러한 이행을 얻을 수 있다. Globular Transfer의 특징은 용접봉의 직경 보다 더 큰 용접 금속의 Drop이라고 할 수 있다. Short Circuiting Transfer를 일으키는 전류 보다 조금 더 높은 전류에서 특히 비활성 기체로 Shielding을 하면 Globular Transfer를 쉽게 얻을 수 있다.

너무 낮은 전류에서 용접을 시행하면 Arc의 길이가 너무 짧아 지고 이는 곧 용접물의 단락을(Short) 초래하게 되고 결국 용접부를 과열시켜서 과도한 Spatter를 형성하게 된다.

따라서 Arc의 길이는 늘 충분하게 유지하는 것이 좋다.

전압이 너무 높으면 융합 불량 (Lack of Fusion)이 생기게 되고 충분한 용입이 일어나기 어려우며 (Incomplete Penetration), 용접 Bead가 과도하게 커지는 현상이 발생한다.

전류와 전압이 Short Circuiting Transfer 영역 보다 훨씬 높은 경우에 CO_2를 사용하면 Random Directed Globular Transfer가 일어나게 된다.

용융된 용접 금속은 용접 Tip의 전류에 의한 자장의 영향으로 인해 수직으로 떨어 지지 못하고 아래의 그림 6-10과 같이 방향이 휘게 된다.

아래의 그림에서 가장 중요한 요소는 자기장에 의한 Pinch Force (P)와 양극 반응의 힘 (F)이다. 이 두 힘의 조합에 의해 용접 금속 Drop의 낙하 방향이 결정되게 된다.

Pinch Force (P) 는 용접 전류와 용접봉 직경에 비례하게 되고 용접 금속의 Drop을 분리 시키는 일을 담당한다. 이에 반해 양극 반응의 힘 (F)는 용접 금속 Drop을 지지(Support)하는 역할을 한다.

이러한 이유로 인해 용접 금속의 Drop은 제 위치를 이탈해서 떨어지게 되고 이로 인해 과다한 Spatter의 원인이 된다.

이 현상은 CO_2를 사용하는 대부분의 Process에서 문제가 되고 있다. 그러나 실제로는 가장 널리 사용되는 Shielding Gas는 CO_2이며 그 이유는 CO_2 Gas에 의한 Arc의 묻힘 현상 때문이다.

Arc는 CO_2와 이온화된 Iron Vapor의 혼합 분위기에 존재 하게 되어 거의 Spray Transfer와 같은 이행이 일어나게 되기 때문이다.

이러한 Process는 높은 전류를 요구하게 되고 깊은 용입을 얻을 수 있다. 그러나, 용접 속도를 적절하게 조절하지 못하면 과도한 Overlap이 일어나게 된다.

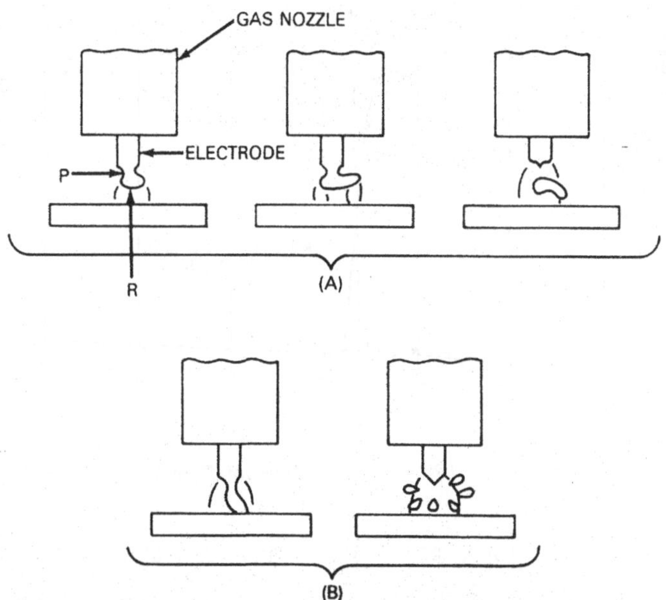

그림 6-10 Nonaxial Globular Transfer의 유형

3) Spray Transfer

Ar의 함량이 높은 Shielding Gas를 사용하면 Spatter를 최소화 할 수 있는 Axial Spray

를 만들 수 있다. 이때에 전류는 DCEP를 사용하며 임계 전류 값 이상의 전류를 필요로 한다. 이 임계 전류 값은 용접 금속의 Drop이 Globular와 Spray로 구분되는 전류 값이다.

이 임계 전류 이상에서는 초당 수백 방울의 용접 금속 Drop이 생성되어 Spray Transfer가 발생하게 된다. 이 용접 금속의 Droplet은 그 크기가 Arc의 길이에 비해 매우 작아서 Short Circuiting이 일어나지 않으며, Arc의 힘에 의해 방향성을 가진 강한 흐름을 가진다. 이러한 특성으로 인해 용접 자세의 제한이 없으며, Spatter의 발생이 거의 없다.

Spray Transfer의 또 다른 특징은 "Finger" Penetration이다.

이 Finger가 깊은 용입을 나타내지만 자기장에 의해 영향을 받으므로 정확한 위치에서 용입이 이루어 지도록 주의하여야 한다.

Spray-Arc Transfer는 Ar에 의한 비활성 Shielding분위기에서 용접이 이루어 지므로 거의 모든 금속에 적용할 수 있다. 그러나, 높은 전류가 필요하기 때문에 박판의 용접에는 적용하기에 어려움이 있다.

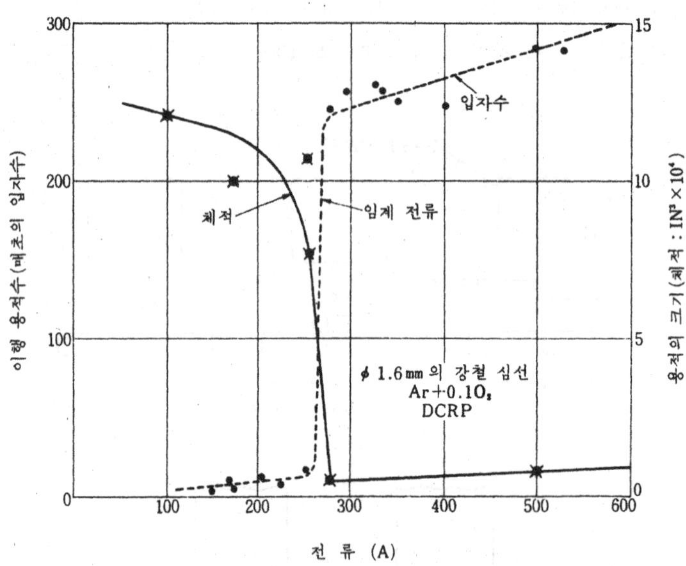

그림 6-11 용접 전류에 따른 용적(Metal Drop)의 크기 변화

이는 강한 Arc의 힘이 모재를 용접하기 보다는 뚫고 나가기 때문이다. 또한 높은 용착률은 표면 장력에 의해 지지 되기 힘들 정도의 매우 큰 용탕을 형성하며 이로 인해 용접물의 두께와 자세가 제한된다.

이러한 문제점을 해결하기 위한 방법이 Pulsed Current의 사용이다.

4) Pulsed Spray Arc Welding

앞서 설명한 Spray Arc Transfer의 단점이 박판의 용접시에 높은 Arc 에너지로 인해 모재에 용접이 일어나지 못하고 구멍이 뚫리는 것이었다.

이 단점을 해결하기 위해서는 전류를 임계값 이하로 낮추어야 하지만, 그렇게 되면 Spray Arc Transfer의 장점을 잃게 된다.

이러한 단점을 해결하면서도 Spray Arc Transfer의 장점을 그대로 살릴 수 있는 방법이 Pulsed Spray Arc Transfer이다.

이 Current는 Back Ground Current와 Pulsed Peak Current의 두 가지로 구분되며, Back Ground Current는 용접 금속 Droplet이 형성되지 않을 정도의 작은 Energy만을 제공하는 Arc를 유지시키고, Pulsed Peak Current에서 다수의 Droplet이 형성되어 Transfer 되는 것이다.

전류의 Amplitude와 Frequency를 조절하여 용접 Arc Energy를 조절하고, 용접부에 투입되는 평균 Arc Energy값을 줄이고, 용접봉의 용융 속도를 줄여서 용접 자세와 모재의 두께에 제한을 받지 않는 Spray Transfer를 만들 수 있다.

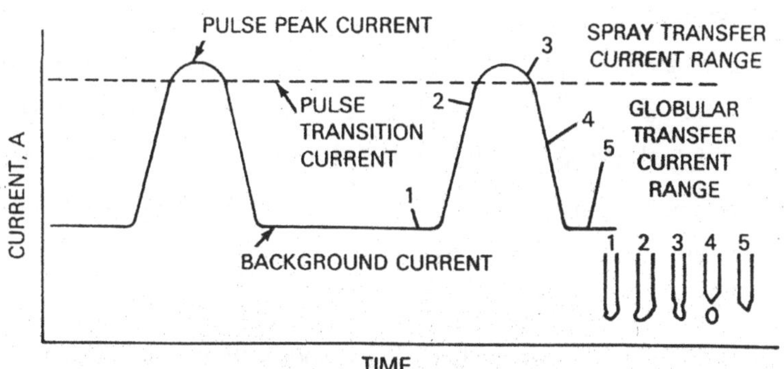

그림 6-12 Pulsed Spray Arc Welding Current의 특징

(4) 극성 (polarity)

극성은 용접봉의 전원에 따라 명명 된다. GMAW에서 가장 널리 사용되는 극성은 DCEP 즉, 용접봉의 전원이 양극인 상태이다.

1) 직류 역극성

Ar Gas의 MIG용접의 용입은 GTAW의 용접시에 전류 극성에 따라 나타나는 용입 상태와는 반대의 현상이 나타난다. 역극성일 경우에 금속 이행은 Spray 형태를 이루고 양전하를 가진 용융 금속의 입자가 음전하를 가진 모재에 격렬하게 충돌하여 깊고 좁은 용입을 이루게 된다.

DCEP로 용접을 진행할 때의 장점은 다음과 같이 요약 할 수 있다.

❶ 안정된 Arc
❷ 부드러운 Metal Transfer
❸ 상대적으로 적은 Spatter
❹ 용접 Bead의 양호성
❺ 폭 넓은 전류 범위에서 얻을 수 있는 깊은 용입이다.

이 용접의 Arc는 대단히 안정되고 그 중심의 원추부는 금속 증기가 발광되고 있는 부분으로 그 속을 Wire의 용적이 고속도로 용융 Pool에 투사되고 있다. 중심의 원추부를 둘러싸고 있는 미광부는 주로 Ar Gas의 발광에 의한 것으로 가스 이온은 양극이 전극에서 모재 표면에 충돌하여 표면 산화막의 청정(Cleaning)작용을 한다.

2) 직류 정극성

이와는 반대로 직류 정극성(DCEN)은 용융된 양전하의 금속 입자가 모재의 양전하와 충돌하여 용적을 들어 올려 낙하를 방해하므로 전극의 선단에 평평한 머리부를 만들게 되며, 이 부분의 온도가 점차로 높아짐에 따라 중력에 의해 큰 용적이 간헐적으로 낙하하게 되는 Globular Type의 Transfer가 일어나게 된다. 직류 정극성으로 용접을 시행하면 얇고 평평한 용입이 얻어 지게 된다. 직류 정극성은 잘 사용되지 않는 극성으로 다음과 같은 단점이 있다.

❶ Axial Spray를 얻을 수 없다. (별도의 Modification장치가 필요.)
❷ Globular의 특성을 나타내는 높은 용융 속도를 보인다.
❸ 5%정도의 산소를 추가하거나 용접봉에 별도의 처리를 하여 열 이온화 (Thermionic) 하여 Transfer형태를 개선할 수 있으나, 두 가지 모두 용착 속도가 저하된다.
❹ 높은 용착률과 낮은 용입으로 인해 박판의 용접에 적합하다.

3) MIG 용접 Arc의 자기 제어

GMAW에서 보호 가스로 Ar을 사용하는 방법을 특별히 구분하여 MIG (Metal Inert Gas Welding)이라고 부른다. 피복 Arc 용접의 용접봉 용융 속도는 Arc의 전류 만으로 결정되고 Arc전압에는 거의 무관하나 MIG 용접에서는 다음과 같이 Arc 전압의 영향을 받는다.

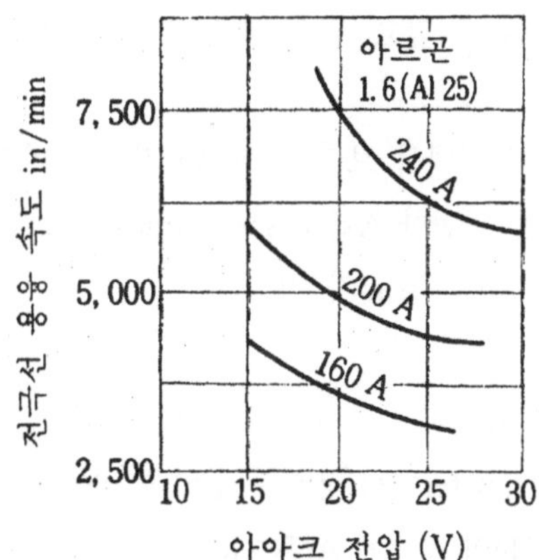

그림 6-13 용융 속도와 Arc 전압 (직류 역극성) 관계

동일 전류 아래에서 Arc 전압이 크게 되면 용융 속도가 감소하기 때문에 심선이 일정한 이송 속도로 공급될 때까지 Arc의 길이가 짧아지고 원래의 길이로 되돌아 간다. 역으로 Arc의 길이가 짧아지면 전압이 작게 되고 심선의 용융 속도가 빨라져 Arc의 길이가 길어져서 원래의 길이로 되돌아 간다. 이 현상을 MIG용접 Arc의 자기제어라고 하며, 이와 같은 특성을 만족하려면 피복 Arc용접과 다른 Arc전압의 특성인 상승 특성을 가져야 한다.

(5) Shielding Gases

Shielding Gas의 가장 큰 역할은 용접부와 용탕을 외부 대기로부터 보호하는 것이다.

1) Ar 과 He

Ar과 He은 불활성 기체로 다양한 금속의 용접에 적용된다.

이 두 기체는 독립적으로 혹은 혼합된 상태로 사용되며 비중, 밀도, 열전도율과 Arc의 특성이 다른 특징으로 인해 상호 보완적으로 사용된다.

Ar은 공기보다 1.4배 무거우며, 아래 보기 자세에서 가장 효과적으로 Arc를 보호한다. Ar Arc는 높은 Energy 밀도를 특징으로 규정할 수 있다. 내부는 Energy 밀도가 높고, 외부는 엷은 Energy를 보이며 Finger Type 의 Penetration을 보인다.

Ar 혹은 Ar혼합(80%이상) 기체로 Shielding을 할 경우에는 임계 전류값 이상에서 Axial Spray Transfer를 만든다.

He은 밀도가 공기의 0.14배로 Ar의 2~3배 정도의 Flow Rate를 가져야 동등한 보호 효과를 가질 수 있다. 그러나, 높은 열전도도와 Ar의 경우와는 다르게 매우 균질한 Arc

Energy를 만든다.

이러한 Arc Energy는 깊고 넓은 용입을 만들고 용접 Bead의 형상을 볼록하게 (Parabolic) 만든다.

He은 동일한 용접 조건에서 보다 높은 Arc전압을 가진다.

He만의 Shielding은 완전한 Axial Spray transfer를 만들지 못하고 Arc가 불안정하며 Spatter량이 많아지고 용접 Bead가 거칠다.

2) Ar과 He의 혼합 기체

Short Circuiting Transfer에서 용접부 입열을 높여서 양호한 용입 특성을 얻기 위해서는 60~90% 정도의 He이 포함된 Ar과 He의 혼합 기체를 사용한다. CO_2 혼합 기체도 많이 사용되지만 용접부의 기계적 특성 저하로 인해 He을 CO_2 대신 주로 사용한다.

50~75% 정도의 He을 섞은 Ar 혼합 Gas는 Arc 전압을 높여서 Ar 만을 사용하는 경우보다 Arc의 길이를 증대 시키고 높은 입열을 제공하여 모재의 열전도도가 좋은 Aluminum, Magnesium, Copper등의 용접에 적용된다.

3) Oxygen and CO_2 Addition to Argon and Helium

순수 Ar 만으로 Shielding해서 비철(Non-Ferrous)을 용접할 경우에는 매우 만족스러운 효과를 얻을 수 있지만 Ferrous 금속을 용접할 때는 Erratic Arc나 과도한 Undercut이 발생할 수 있다.

이러한 경우에 1~5% 정도의 산소나 3~25% 정도의 CO_2를 추가하면 만족스러운 개선 효과를 얻을 수 있다. 첨가되는 산소나 CO_2의 양은 모재의 표면 상태(Mill Scale이나 산화물 등), 개선 형상, 용접 자세, 모재의 종류와 용접사의 기량에 따라 결정되지만 통상 2%의 산소, 8~10%의 CO_2가 적당하다.

Shielding Gas에 따른 용접부 단면 Profile은 다음과 같은 특성을 나타낸다.

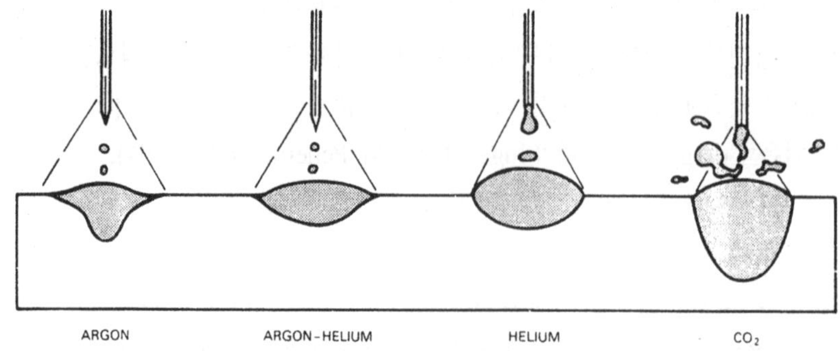

그림 6-14 Shielding Gas에 따른 용입의 차이

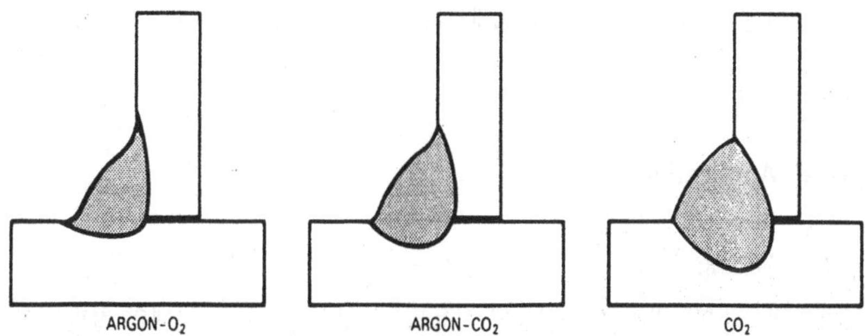

그림 6-15 Ar Shielding할 경우의 산소와 CO_2의 혼입에 따른 용입 차이

Carbon and Low Alloy Steel을 용접할 경우에 Ar에 CO_2를 최고 25% 까지 섞어서 사용하면 임계 전류의 최소값을 높이며, 깊은 용입을 얻을 수 있지만, Arc의 안정성이 떨어지고 Spatter로의 손실이 많아 진다.

이외에도 용도에 따라서 각 기체의 특성을 살리면서 안정적인 용접 작업을 수행하기 위해 세가지 이상의 기체를 혼합하여 사용하는 경우도 있다.

4) Carbon Dioxide (CO_2)

이산화 탄소(CO_2)는 활성 기체로서 GMAW 용접으로 Carbon and Low Alloy Steel용접시에 다른 기체와 혼합되지 않은 순수한 상태로 사용된다.

활성 기체로는 유일하게 다른 기체와 혼합하지 않고 GMAW의 Shielding Gas로 사용될 수 있다.

CO_2 Shielding의 특징은 다음과 같이 요약 된다.

❶ 빠른 용접 속도
❷ 뛰어난 용입률
❸ 저렴한 가격
❹ 매우 건전한 용접 금속 외관이 얻어진다.
❺ 외관은 좋지만 Arc의 산화로 인해 용접부의 기계적 성질은 나빠질 수 있다.
❻ Buried Arc를 사용함으로 인해 용접 Bead의 양쪽의 Wash효과 감소

CO_2 Gas Shielding을 사용하면 Short Circuiting 이나 Globular Transfer가 나타나게 된다. Axial Spray Transfer는 Ar Gas가 필요하며 CO_2만으로는 얻어 지지 않는다.

Globular Transfer를 사용할 경우에는 Arc가 거칠고, Spatter의 양이 많아 지게 된다. 이러한 과다 Spatter를 해결하기 위해 Globular Transfer일 경우에는 매우 짧은 Arc를 사

용하여 Buried Arc방식을 택한다.

이 방법은 용접 Tip 이 거의 모재보다 낮은 위치에 놓여 져서 Spatter를 최소화하는 것이다.

(6) Special Application

1) Spot Welding

이 방법은 얇은 박판의 용접시에 사용되는 방법으로 얇은 두개의 철판을 맞대어 놓고 용입을 깊게 하여 한 쪽 금속을 뚫고 반대쪽까지 용탕이 이루어 지도록 하여 용접하는 방법이다. 후판일 경우에는 한쪽에 구멍을 뚫고 밑에 노여 있는 철판과 용접을 실시 하는 Plug 용접도 시행한다.

GMAW Spot 용접은 저항 용접의 Spot과는 형상이 다르다.

저항 용접은 두 모재의 접합부만 부분적으로 용융되는 것으로, 용접부에 Nugget이라고 하는 특수한 조직이 형성되지만 GMAW의 Spot 용접부는 두 모재중 하나는 완전히 하나는 부분적으로 용융이 되어 접합된다는 차이점이 있는 것이다.

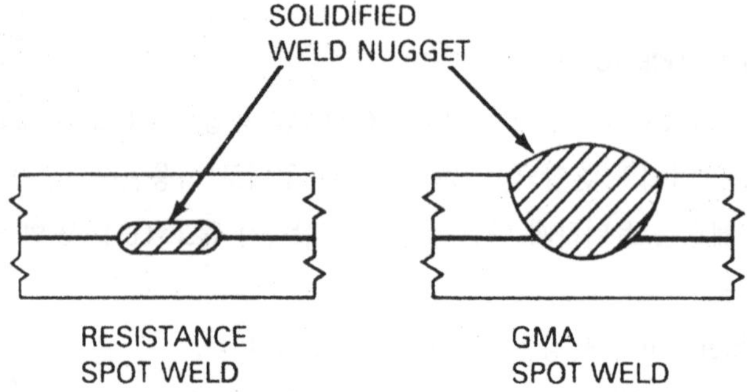

그림 6-16 전기 저항용접과 GMAW의 Spot 형성의 차이

2) Narrow Groove (Gap) Welding

Narrow Groove (Gap) Welding은 후판의 용접을 손쉽게 하기 위해 적용되는 다층 용접 방법이다. Shielding Gas로는 Ar에 20~25%정도의 CO_2를 섞어서 주로 사용한다.

이 용접 방법에는 두개 이상의 용접 Wire가 동시에 사용되며 (Tandem), 용접 효율을 높이기 위해 Wire를 인위적으로 Weaving시키기도 한다.

다음의 그림은 대표적인 Narrow Gap Welding의 Joint Design이다.

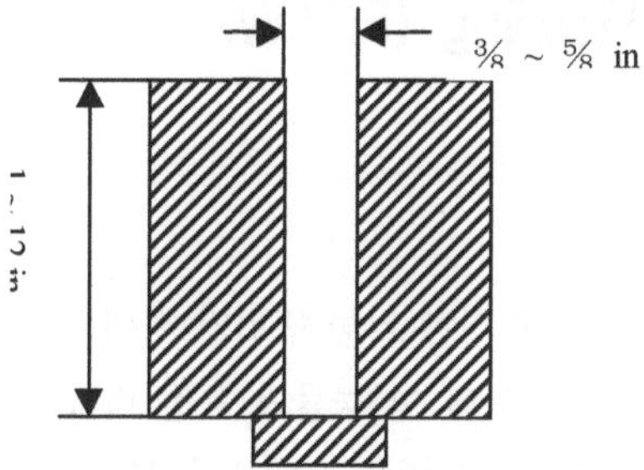

그림 6-17 Narrow Gap Welding의 용접부 개선 유형

여기에서 개선 각도는 통상 5~6°를 유지하고 있으며 Root Gap 은 용접 방법에 따라 12~28mm정도를 유지한다.

Wire의 Feeding 방법은 Feeder에 전동식 Oscillator를 달아 사용하는 방법과 Feeding Roller를 교차하여 wire에 굴곡을 주는 방법, 미리 두개의 Wire를 꼬아서 사용하는 방법등이 있다.

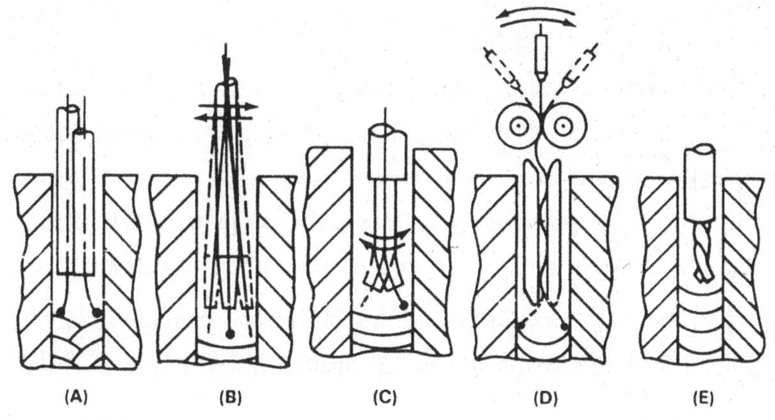

그림 6-18 Narrow Gap 용접의 용접 wire 공급 방법

흔히 알려진 Narrow Gap용접은 주로 Submerged Arc Welding에 의한 것과 Gas Metal Arc Welding, Flux Cored Arc Welding 및 Electrogas Welding에 의한 것이 대부분이며, 이에 관한 자세한 내용은 "제 6 장의 Narrow Gap Welding" 편에 다시 정리한다.

4. Flux Cored Arc Welding (FCAW)

(1) 개요

FCAW는 최근 몇 년 사이에 사용 가능 범위가 확대되고, 용접사 인건비에 대한 부담과 용접부 품질 보증을 확보하기 위해 고 능률의 용접 Process를 선호하게 되는 제작사들의 필요성 증대 및 자동화의 필요성에 따라 국내에서 큰 호평을 받고 있는 새로운 용접 방법이다. 한동안 국내외에서 적용의 기준과 허용 여부를 놓고 여러 가지 의견들이 논란을 빚기도 했다.

Flux cored Arc Welding (FCAW)는 기존의 Gas Metal Arc Welding의 장점을 살리면서 보다 효율적으로 용접을 실시 할 수 있도록 개선된 용접 방법이다.

대부분 GMAW의 한 종류로 구분하지만 미국 용접 학회(AWS)에서는 별개의 Process (용접 방법)로 규정한다.

Flux Cored Arc Welding은 1954년도 미국 용접 학회의 Seminar에서 처음 공개 되었고, 지금과 같은 형태의 용접 방법으로 개선된 것은 그로부터 2~3년 후의 일이다.

FCAW는 Tube 형태의 용접wire에 Flux를 채워넣고 용접 Arc열로 Flux를 태우면서 이때 발생되는 CO_2가 주 성분인 Shielding Gas를 이용해서 용접부를 보호하고 안정된 용접을 실시하는 방법이다.

일반적으로 가장 많이 사용되는 피복 Arc 용접(SMAW)는 외부 피복재에 의해 Spatter 발생량이 적고 Arc가 부드럽고 안정적이며 용접 작업성은 우수하지만, Reel에 감을 수가 없어서 자동화가 불가능하고, GMAW용접에 사용되는 Solid Wire는 자동화는 가능하지만, Flux가 없어서 전자세 용접이 힘들고 Spatter 발생량이 많은 등 용접 작업성이 상대적으로 불량하다.

FCAW는 이러한 단점들을 개선하여 보다 효율적으로 산업 현장에 적용 되고 있으며, 향후 강종의 제한 등 몇 가지 문제점만 보완한다면 가장 안정적이고 효율적인 용접 방법이 될 것으로 기대 한다. 초기에는 주로 조선(Ship Building)을 중심으로 발전해 왔으나 최근에는 산업 기계, 건설기계, 철골, 교량 및 석유화학 압력 용기 등에도 폭 넓게 적용되고 있다.

FCAW는 Gas Shielding방법에 따라 다음과 같이 두 가지로 구분한다.

❶ Self Shielded Type : Flux의 연소에 의해 발생되는 Gas로만 용접부를 보호하는 방법.

❷ Dual Shielded Type : 외부에서 추가로 CO_2 Gas를 공급해 주어 용접부를 보호하는 방법.

(2) FCAW의 장, 단점.

1) 장점

❶ FCAW는 다른 Arc Process에 비해 다음과 같은 많은 장점을 가지고 있다.
❷ 용착 속도가 빠르다. (GMAW보다 10% 이상 향상) : 전류가 외피 금속만을 통해 흐르므로 전류 밀도가 높아지기 때문이다.
❸ 전자세 용접이 가능하다.
❹ Slag의 박리가 쉽다. : 얇은 Slag가 용접 Bead 전면을 고루 덮고 있으며, 가벼운 Chipping Hammer 작업 만으로도 쉽게 Slag 제거가 가능하다.
❺ 부드럽고 균일한 용접 금속을 얻을 수 있다.
❻ 용접 Bead 외관 및 형상이 양호 하다. : Solid Wire에 비해 Bead 표면이 고르고 Undercut, Overlap 등의 결함 발생이 적다.
❼ 용접 대상물 두께의 제한이 거의 없다.
❽ 초보자 라도 쉽게 용접이 가능 하다. : Arc가 부드러워 피로감이 적고 용접 작업성이 좋아 초보자라도 쉽게 용접을 실시 할 수 있다.
❾ 자동화하기 쉽다.
❿ 높은 용착 효율로 용접 속도가 빠르다. (SMAW의 4배, GMAW보다는 낮다.)
⓫ 적용 가능한 전류와 전압의 범위가 넓다. : FCAW는 구경과 자세에 따른 전류의 변화가 심하지 않아 250~300A, 28~30V의 범위에서 다양한 구경의 Wire선택이 가능하다.
⓬ 경제적인 Joint Design을 할 수 있다.
⓭ Arc의 움직임이 눈에 보이므로 Control하기 쉽다.
⓮ GMAW에 비해 Pre-Cleaning의 필요성이 적다.
⓯ SMAW에 비해 변형이 작다.
⓰ Self Shielded Type을 사용할 경우, Shielding Gas나 Flux 관리 부담이 없다.
⓱ Crack을 방지하기 위한 오염의 Tolerance가 크다.
⓲ Underbead Crack에 대한 저항성이 크다.

2) 단점

❶ 현재까지는 철계(Ferrous) 금속과 Nickel Base합금에만 적용 가능하다.

❷ 용접부의 (특히, 열처리 후의) 충격 강도가 낮다.

❸ Slag 층을 생성하기 때문에 이를 항상 제거해야 한다.

❹ 일반적으로 다른 용접봉에 비해 Wire 값이 비싸다.

❺ 용접 장비가 고가 이므로 초기 투자 비용이 크다. (생산성은 월등히 우수)

❻ Wire 공급 장치와 전원 설비가 용접 대상물에 인접해 있어야 한다. (장소의 제한)

❼ Gas Shielded의 경우에는 바람을 비롯한 외부 대기의 제한을 받는다. (Self Shielded 는 훨씬 덜함.)

❽ SMAW등에 비해 용접 장비가 훨씬 복잡하고 정비의 어려움이 있다.

❾ SMAW나 GMAW에 비해 용접 과정에서 연기(Smoke and Fume) 발생이 심하다.

(3) FCAW 용접 기구

FCAW용접은 Semiautomatic으로 운전되며, 연속적인 작업의 특징으로 생산성이 높다. 이 용접 방법은 SMAW (Shield Metal Arc Welding), SAW (Submerged Arc Welding), Gas Metal Arc Welding (GMAW)의 장점을 모두 살린 매우 효과적인 용접 방법이다.

1) Gas Shielded FCAW

Gas Shielded FCAW는 흔히 Dual Shielded FCAW라고 더 많이 알려 져 있다. 아래의 그림 6-19에 개략적인 용접 과정의 모형이 간단하게 표시되어 있다. 이 방법은 Shielding Gas로 사용되는 CO_2 혹은 여기에 Ar을 섞어 사용하는 혼합 기체를 용접기 Tip에 부착된 Nozzle을 통해 공급해 주어 외기의 산소나 질소로 부터 용접부를 보호하는 것이다.

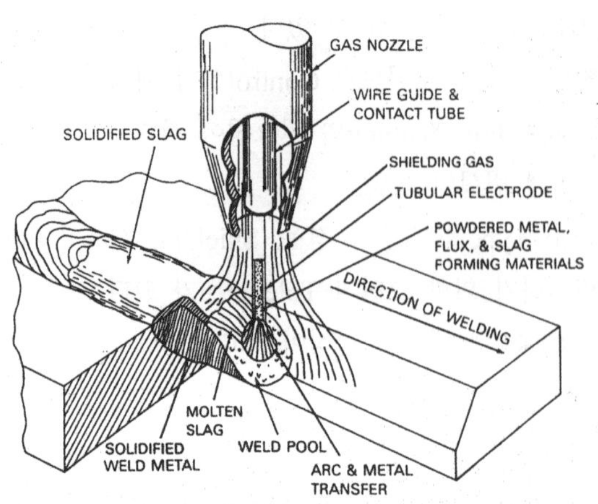

그림 6-19 Gas Shielded Flux Cored Arc Welding 개요

용접 과정에서 해리된 CO_2로 인해 약간의 산소와 CO Gas가 생성되며, 고온에서는 CO가 분리하여 발생되는 산소와 Carbon으로 인해 탈탄이나 침탄의 문제 발생의 소지가 있지만 용접 Wire의 성분에 적당한 양의 탈산제를 첨가하여 이로 인한 문제를 해결한다.

Gas Shielded FCAW는 Self Shielded FCAW에 비해 좁고 깊은 용입을 얻을 수 있다. Wire의 직경에 상관없이 Gas Shielded FCAW는 Wire의 Extension을 작게 하고 높은 전류를 사용한다.

2) Self Shielded FCAW

그림 6-18에 표기된 바와 같이 용접부 Shielding을 위한 별도의 보호 Gas공급은 없고 Flux의 용융 연소 과정에서 발생되는 Gas와 용접 금속을 감싸고 있는 Slag에 의해 용접부가 보호되는 것이다.

용접부 보호를 위한 CO_2의 생성과 산소와 질소를 제거하기 위한 성분들은 용탕 (Weld Pool)의 표면에서 제공되기 때문에 Dual Shield Type보다 더 강력하게 외부 대기로 부터 용접부를 보호한다.

이렇게 뛰어난 용접부 보호 특성으로 인해 아직 국내에서는 대부분 Dual Shield를 선호하지만 해외에서는 특히 Field 공사시에 Self Shielded Type을 선호하고 있다.

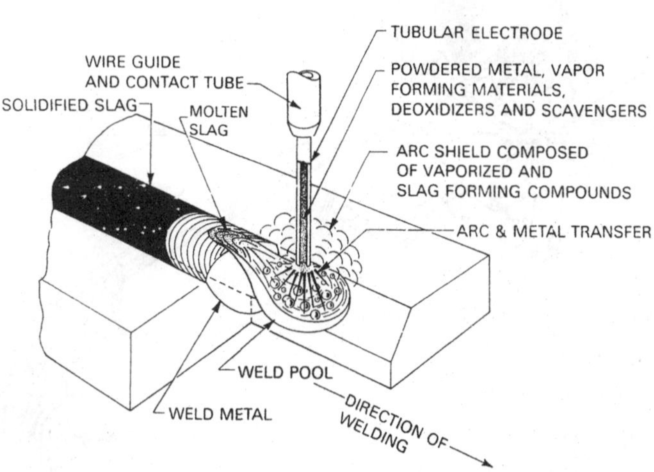

그림 6-20 Self-Shielded Flux Cored Arc Welding 개요

Self Shielded FCAW는 Gas Shield의 경우보다 용접 Wire의 Extension을 길게 한다. 보통 재질과 용도에 따라 통상적으로 19~95mm까지의 범위에서 사용하며 Wire를 길게 함으로서 저항 열(Resistance Heat)을 늘인다. 이 열을 이용해 Wire의 Preheating 효과를 기대하며 Arc를 통한 전압 강하를 작게 하여 Arc의 안정성을 확보할 수 있다.

이때에 전류는 낮아져서 모재를 녹이는 데 필요한 열을 줄일 수 있으며, 결과적으로 좁고 얇은 용접 Bead를 얻을 수 있다.

(4) FCAW의 적용

아직 까지 FCAW 용접은 Ferrous 와 Nickel Base의 합금에만 적용 가능하며 초기 기기 설치 비용의 과다와 관련 업계의 인식 부족에 기인한 거부감으로 인해 주로 조선 업계에서 Main 용접 방법의 하나로 적용하고 있으나, 석유 화학 쪽에서는 일반적인 Carbon Steel 강종에 국한하여 비 압력 부재의 Fillet 용접부 등에만 선별적으로 적용하고 있다.

해외의 경우에는 Pressure Retaining Part의 Main 용접 Seam에서 직접적으로 적용하는 경우가 많으며, Lap Joint의 Spot용접이나 표면 경화 용접(Surface Hardfacing) 및 Cladding 작업에도 적용될 수 있다.

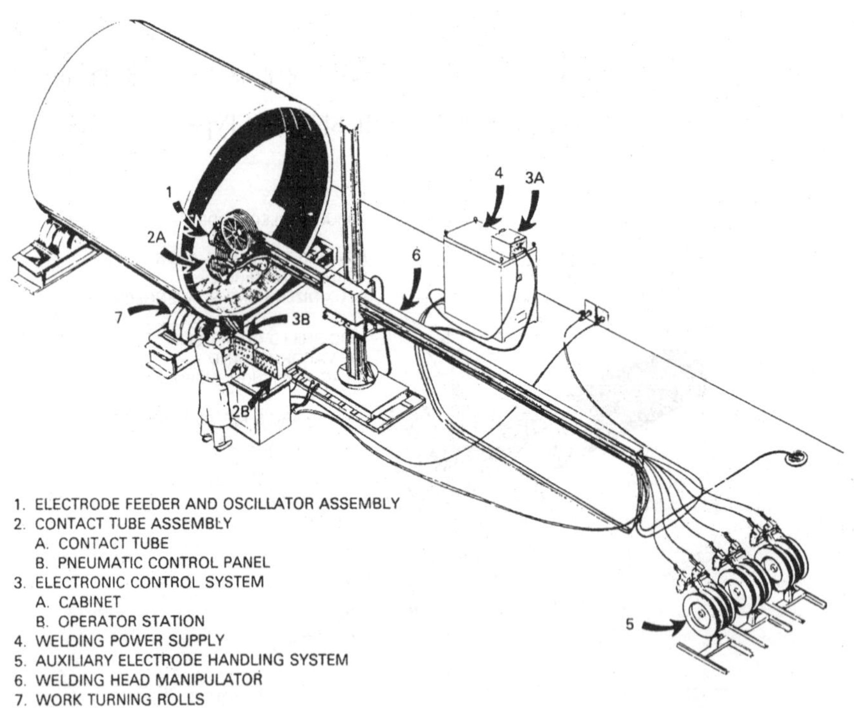

그림 6-21 여러 개의 용접봉을 사용한 FCAW의 표면 육성 용접

그림 6-21은 육성 용접으로 Cladding 작업에 사용되는 FCAW의 설명이다. 여러 개의 용접 Wire를 동시에 사용하여 용접 효율을 높이고 있다.

FCAW 적용상의 여러 가지 장점 중에 하나는 다른 Process에 비해 정밀한 개선(Joint

Preparation) 작업이나 용접부 Cleaning 작업이 필요하지 않다는 것이다.

(5) Shielding Gas의 종류와 특성

1) Carbon Dioxide (CO_2)

FCAW에 사용되는 Shielding Gas는 주로 CO_2가 사용된다.

이 Gas의 장점은 저렴한 가격과 깊은 용입을 얻을 수 있다는 점이다.

CO_2를 사용하면 주로 Globular Transfer가 만들어 지지만 Flux의 조합에 따라서는 Spray Transfer와 유사한 형태의 용융 금속 이행도 얻을 수 있다. 앞에서 언급한 바와 같이 CO_2로 Shielding할 경우에는 일부 CO_2가 분해하여 CO와 산소로 분해한다. 이때 발생된 산소는 용접부를 산화시키기 때문에 적당한 양의 탈산제를 Flux를 통해 공급하여야 한다.

$$2CO_2 \rightarrow 2CO + O_2$$

$$Fe + CO_2 \leftrightarrow FeO + CO$$

또한 적열 구간 (Red Heat Temperature)인 약 800℃~1000℃의 온도 구간에서는 다음과 같이 일산화탄소(CO)가 분해하여 탄소와 산소로 분해한다.

$$2CO \leftrightarrow 2C + O_2$$

이때 발생된 Carbon은 용접봉의 탄소 농도에 따라 용접 금속을 탈탄(Decarburization, Carbon Pick Up) 혹은 침탄(Carburization, Carbon Loss) 시킨다. 용접 Wire의 탄소양이 0.05% 이하이면 침탄 (Carburization, Carbon Pick Up) 현상이 일어나고, 탄소량이 0.10% 이상일 경우에는 탈탄 (Decaburization, Carbon Loss)현상이 일어난다.

이때 용접 금속으로부터 빠져 나간 탄소는 적열 구간에서 일산화 탄소(CO)를 형성하는데 사용된다. 이러한 현상은 고온에서 CO_2의 산화성 분위기 때문이다. 이때 발생된 CO는 용접 금속내에 기공(Porosity)을 만들게 되며 기공을 방지 하기 위해 Core에 탈산제를 넣어야 한다.

2) Gas Mixtures (혼합 가스)

GMAW와 마찬가지로 다양한 혼합가스가 사용될 수 있다.

그러나, 가장 대표적으로 많이 사용되는 것은 Ar을 CO_2에 섞어서 사용하는 것으로서 보통 75% Ar에 25% CO_2를 혼합해서 많이 사용한다.

Ar은 고온에서도 용접 금속을 적절하게 보호하므로, Ar의 함량이 많을수록 Core에 포함된 탈산제의 효과가 커진다.

Ar-CO_2 혼합 기체를 사용하면 CO_2 단독으로 사용할 경우에 비해 다음과 같은 특징을 나타낸다.

❶ 장점으로

① Porosity의 발생이 적어진다.
② 산화로 인한 Metal Loss가 작다.
③ 인장 강도 등 용접부의 기계적 특성이 좋아진다
④ Spray Transfer가 얻어진다.
⑤ 용접 자세의 제한이 자유롭다.
⑥ Arc의 안정성이 좋다.

❷ 단점으로

① Ar의 함량이 높을수록 Mn, Si등의 탈산제가 용접 금속에 쌓인다.
② 이로 인해 용접 금속의 기계적 특성이 변한다.

(6) 충전 Flux의 종류와 특성

Tube형태의 Wire의 내부에 충진되어 있는 Flux는 용접 작업성, Crack방지성, 기계적 성질등의 제반 용접 특성을 향상시키기 위한 주 역할을 맡고 있으며 Slag형성제, Arc안정제, 탈산제, 합금 성분제 및 철분 등으로 구성되어 있다.

이러한 Flux는 Slag의 형성 유무(정확한 표현은 Slag의 형성 양)에 따라 Slag계와 Metal계로 분류한다. Slag 계는 다시 Slag의 염기도 등에 따라 Titania계(산성 Slag), Lime-Titania계(중성 또는 염기성 Slag), Lime계(염기성 Slag)로 분류되고 있다.

다음의 표는 각 Flux별 Slag의 개략적인 성분 분석표이다.

Table 6-8 FCAW 충진 Flux와 slag의 성분 분석표 (1/2)

성분 \ Flux종류	Titania계 (비 염기성)		Lime-Titania계 (염기성 또는 중성)		Lime계 (염기성)	
	Flux	Slag	Flux	Slag	Flux	Slag
SiO_2	21.0	16.8	17.8	16.1	7.5	14.8
$Al2O_3$	2.1	4.2	4.3	4.8	0.5	-
TiO_2	40.5	50.0	9.8	10.8	-	-

Table 6-8 FCAW 충진 Flux와 slag의 성분 분석표 (2/2)

성분 \ Flux종류	Titania계 (비 염기성)		Lime-Titania계 (염기성 또는 중성)		Lime계 (염기성)	
	Flux	Slag	Flux	Slag	Flux	Slag
ZrO_2	-	-	6.2	6.7	-	-
CaO	0.7	-	9.7	10.0	3.2	11.3
Na2O	1.6	2.8	1.9	-	-	-
K2O	1.4	-	1.5	2.7	0.5	-
CO_2	0.5	-	-	-	2.5	-
C	0.6	-	0.3	-	1.1	-
Fe	20.1	-	24.7	-	55.0	-
Mn	15.8	-	13.0	-	7.2	-
CaF2	-	-	18.0	24.0	20.5	43.5
MnO	-	21.3	-	22.8	-	20.4
$Fe2O_3$	-	5.7	-	2.5	-	10.3
Flux %	14	-	14	-	13	-
AWS A5.20에 의한 분류	E70T-1 또는 E70T-2, E71T-1		E70T-1		E70T-5	

일반적으로 Titania계는 Bead 외관이 아름답고 전자세의 용접 작업성이 우수하지만 Lime계와 비교하여 Notch Toughness나 내 Crack성이 열등하다.

반대로 Lime계는 Notch Toughness나 내 Crack성은 우수하지만 Bead 외관이 나쁘고 작업성이 좋지 않기 때문에 국내에서는 별로 사용하지 않고 있으나, 외국에서는 주로 Ar-CO_2의 혼합 가스를 사용하여 아래보기 자세를 중심으로 활용도가 커지고 있다.

Metal계는 Slag 형성제가 거의 포함되어 있지 않아 Bead 외관, 형상 등은 Solid Wire를 사용하는 GMAW와 거의 유사하지만 Arc가 안정되고 Spatter 발생량이 적은 등 용접 작업성은 Titania계와 같이 우수하면서 Solid Wire의 경우 보다 높은 용착 효율을 가지고 있다.

Self Shielded FCAW에 사용되는 Flux는 Arc열에 의해 용융 분해 되어 금속 증기, 가스 및 Slag를 형성하고 용착 금속을 외부 공기로부터 보호하는 Shield재를 포함하며, 용착 금속에 침입하는 산소, 질소를 제거하기 위한 강력한 탈산제 및 질화물 생성제 (Al, Ti, Zr 등)를 포함한다.

Table 6-9 충진 Flux의 종류와 그 일반적 특성

비교 항목		Slag 계			Metal 계	Solid Wire
		Titania계	Lime-Titania계	Lime 계		
작업성	Bead 외관	미려하다	보통	거칠고 열등함	보통	거칠고 열등함
	Bead 형상	양호 (평활함)	보통	볼록하고 열등함	보통	다소 볼록하고 열등함
	Arc안정성	양호	다소 열등함	열등함	양호	열등함
	용적 이행	Spray 이행	Globular이행	Globular 이행	Spray 이행	Globular이행
	Spatter발생	소립자이고 매우 적다	소립자이지만 다소 많다	대립자이고 많음	소립자이고 적음	대립자이고 많음
	Slag 피복성	양호	다소 불량	불량	극소량 피복	극소량 피복
	Slag 박리성	양호	다소 불량	불량	양호	불량
	Fume 발생량	보통	약간 많음	많음	적음	적음
용접성	인성(Toughness)	양호	양호	매우 우수함	양호	양호
	산소량(ppm)	450~900	400~700	350~650	500~700	500~700
	확산성 수소량 (ml/100gr)	2~10	2~6	1~4	1~3	0.5~1
	내 균열성	다소 열등함	양호	매우 양호	양호	양호
	내 기공성	다소 열등함	양호	양호	양호	보통
능률 경제성	용착 효율 (%)	80~90	70~85	70~84	91~96	93~96
	용착 속도 (동일 전류)	빠름	빠름	보통	가장 빠름	보통
	Slag 및 Spatter의 제거	가장 용이	다소 곤란	곤란	용이	곤란

(7) 용접 변수

1) 용접 전류

용접 전류는 용접 Wire의 Feeding Rate와 비례하며 용접 전류의 변화는 다양한 효과를 나타낸다.

❶ 전류가 증가하면 용착률이 증가 한다.

❷ 전류가 증가하면 용입이 깊어진다.

❸ 과도한 전류는 볼록하고 외관이 나쁜 Bead를 만든다.

❹ 전류가 부족하면 용융 금속의 Droplet이 커지고 Spatter가 과다하게 생성된다.

⑤ Self Shielded FCAW로 용접시 전류가 부족하면 용접 금속내의 질소의 양이 많아지고 과다한 Porosity가 발생한다. (Shielding 부족)

이러한 특징과 함께 용접 Wire의 Extension이 커지면 용접 전류는 줄어 든다.

2) Arc 전압

용접 전압은 Arc의 길이와 밀접한 관계가 있다.

Arc 전압이 너무 높으면 – 즉, Arc의 길이가 너무 길면 – Spatter가 과다해 지고, 넓고 거칠며 불균일한 용접부가 얻어진다.

Self Shielded FCAW에서 너무 높은 전압은 Nitrogen에 의한 용접부의 오염을 초래하고, 연강 용접 Wire의 경우에는 과도한 Porosity, Stainless Steel의 경우에는 Ferrite Content의 저하를 초래하여 결국 Crack에까지 이르게 된다.

Arc 전압이 너무 낮으면 – 즉, Arc의 길이가 너무 짧으면 – 좁고 오목한 용접 Bead가 얻어지며, 과도한 Spatter가 발생하고 용입이 얕아진다.

3) Electrode Extension

Electrode(용접 Wire) Extension은 그 길이에 비례하여 저항열로 가열된다. 용접 Wire의 온도는 Arc의 Energy, 용착률, 용입의 깊이와 용접부의 건전성에 영향을 미친다.

모든 조건이 동일할 때, Extension이 과도하면 Arc의 안정성이 떨어지고 Spatter가 많아지게 된다. 너무 짧은 Extension은 주어진 전압에서 Arc의 길이를 필요이상 길게 한다.

Gas Shielded FCAW에서는 Extension이 짧으면 과도한 Spatter의 원인이 되어 Nozzle을 막게 되고, 정상적인 Gas Flow를 할 수 없게 된다.

부적절한 Shielding은 결국 Porosity의 생성이나 과도한 산화의 원인이 된다. 일반적으로 Gas Shielding의 경우에는 19~38 mm정도의 Extension을, Self Shielding의 경우에는 19~95 mm정도의 Extension을 추천한다.

(8) FCAW 용접 결함과 대책

FCAW는 우수한 용접 효율과 손쉬운 용접으로 산업계 전반에 널리 사용되고 있지만, 아직 까지는 많은 결함의 위험성에 노출되어 있는 용접 방법이라고 할 수 있다. 그 대부분의 용접 결함은 기공 등과 같이 용접 중에 발생하는 가스와 관련된 것이 주종이다.

이하에서는 FCAW 용접과정에서 발생하는 용접 결함의 원인과 대책에 관하여 간단하게 정리하고 보다 자세한 용접 결함과 대책에 관한 내용은 제 10장의 용접부 변형과 결함 편에 정리한다.

Table 6-10 FCAW 용접 결함과 대책

결 함	원 인	대 책
피트, 블로우홀 (Pit, Blow Hole)	1. 탄산가스가 공급되지 않을 때 2. 강풍 때문에 용접부 보호 (Shield)효과가 충분하지 않을 때 3. 노즐에 Spatter가 다량 부착되어 가스 의 흐름이 막힐 때 4. 순도가 나쁜 가스를 사용 5. 용접부에 다량의 녹, 기름, 페인트 등이 부착되어 있다. 6. 아크 길이가 길 때 7. Wire가 발청(Rusting)되어 있을 때	1. Cylinder에 가스가 충진되어 있는지, 밸브가 열려 있는지 점검한다. 2. 풍속 2 m/sec이상의 장소에서는 바람을 막아준다. 3. 노즐에 부착된 Spatter를 제거한다. 4. 용접용 가스를 사용한다. 5. 용접부를 깨끗이 손질해준다. 6. 아크 전압을 낮춘다. 7. 정상적인 Wire를 사용한다.
언 더 컷 (Under- Cut)	1. 아크 길이가 길 때 2. 용접속도가 빠를 때 3. Torch 겨냥위치가 나쁠 때 (수평 필렛)	1. 아크 길이를 짧게 한다. 2. 용접속도를 늦춘다. 3. 겨냥위치를 변경한다.
오버랩 (Over-Lap)	1. 용접전류에 대하여 전압이 낮을 때 2. 용접속도가 늦을 때 3. Torch 겨냥위치가 나쁠 때	1. 아크 전압을 올린다. 2. 용접속도를 빨리한다. 3. 겨냥위치를 변경한다.
균 열(Crack)	1. 용접조건이 부적당할 때 (1) 전류가 높고 전압이 낮다. (2) 용접속도가 빠르다. 2. 개선각도가 적을 때 3. 모재의 탄소, 기타 합금원소의 함량이 높을 때 (열영향부의 균열) 4. 순도가 나쁜가스(수분이 많은 가스)를 사용할 때 5. Crater에서 아크를 빨리 끊을 때	1. 적정조건으로 한다. (1) 전압을 높게 한다. (2) 용접속도를 늦춘다. 2. 개선(홈) 각도를 크게 해준다. 3. 예열을 시행한다. 4. 용접용 고순도 가스를 사용한다. 5. Crater부분의 용착량을 증가 시킨다.
Spatter가 많다.	1. 용접조건이 부적당(특히 전압이 높을 때)	1. 적정한 용접조건으로 한다.
Bead의 지그재그 (Zig Zag)	1. Wire 교정이 불충분 2. Wire 돌출길이가 길다 3. Conduct 튜브가 마모되어 있다. 4. 토치조작이 미숙	1. 교정 로울러를 조정한다. 2. 25mm이하로 한다. 3. Conduct 튜브를 교환한다. 4. 훈련하여 숙달시킨다.
아 크 불 안 정	1. Torch경이 Wire경에 비하여 크다. 2. Wire가 연속으로 송급되지 않는다. 3. 송급 로울러의 회전이 원활치 못하다. 4. 송급 로울러와 가이드 튜브가 멀리 떨어져 있다. 5. 용접전원의 1차전압이 과도하게 변경 한다. 6. Wire의 발청(Rusting)	1. 적정한 Torch경으로 교환한다. 2. 송급 로울러를 청소한다. 교정기를 조정 하여 Wire의 굴곡을 교정한다. 3. 원활하게 작동토록 조정한다. 4. 송급 로울러와 가이드 튜브를 짧게 한다. 5. 전원 용량을 크게 한다. 6. 녹이 없는 Wire를 사용한다.
Wire와 Torch 끝단의 융착	1. 팁과 모재와의 거리가 짧다. 2. Wire의 송급이 갑자기 멈출 때	1. 적정한 길이로 한다. 2. 송급이 원활하도록 한다.

5. Submerged Arc Welding (SAW)

(1) Process 개요

SAW는 입상의 Flux로 용접부를 둘러 싸면서 Bare Electrode 와 모재 사이에 Arc를 일으켜서 Arc 열로 용접을 실시하는 방법이다.

용접 Arc가 Flux 속에서 발생되고 외부에서는 직접 Arc를 확인할 수 없기 때문에 잠호 용접이라고 불린다. 통상적으로 자동 용접이라고 하면 대개 SAW를 의미하며, 높은 용접 효율과 결함이 적은 안정된 용접 품질을 얻을 수 있는 것이 특징이다.

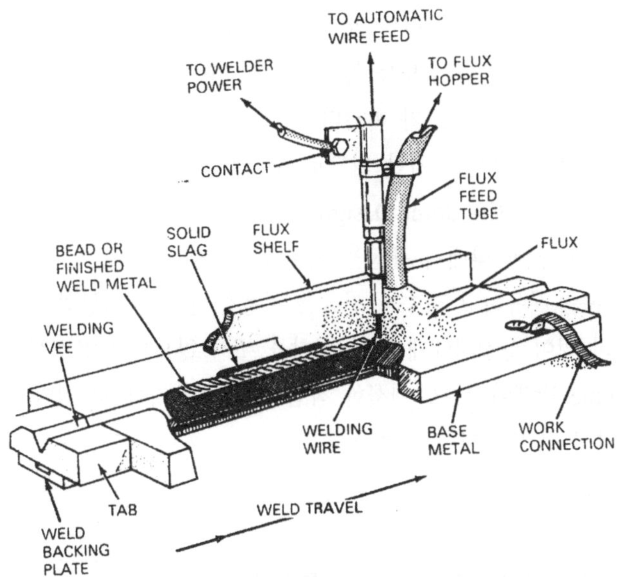

그림 6-22 Submerged Arc Welding 개요

주요 장비의 구성은 다음과 같다.

❶ 용접 Wire를 자동으로 공급해 주는 Wire Feeder
❷ Flux를 연속적으로 자동 공급해주는 Flux Hopper
❸ 용접 과정에서 사용되지 않은 잔류 Flux를 회수하는 Flux Recovery Unit
❹ 전원을 공급해 주는 전원 장치
❺ 연속적인 용접을 가능하게 해주는 Guide Rail등의 이동 장치

위의 그림 6-22는 Submerged Arc Welding의 용접 과정을 설명한 것이다.

(2) SAW의 특징

1) 장점

❶ 미려한 용접 Bead 외관

❷ 양질의 용접 금속

- Flux에 의해 용접부위가 완전하게 차단되므로 대기중의 산소나 질소에 의한 피해가 없다.
- 입열이 크므로 서냉되어 Slag와 기포의 부상이 용이하여 결함이 거의 없는 균질한 용접 금속이 얻어 진다.

❸ 고 능률의 용접 방법

- 일반 피복 Arc 용접봉의 전류 밀도가 9～16A/㎟인데 비해 SAW 용접 Wire는 90A/㎟로 단위 면적 당 전류 밀도를 높게 유지할 수 있다.
- 높은 용착률로 용접 속도가 빠르다.
- Flux에 의해 열 발산이 차단 되므로 Arc열 효율이 높다.
- 용입이 크므로 모재의 Joint Design을 넓게 하지 않아도 된다. (판 두께 14㎜이하에서는 별도의 개선 없이 맞대기 용접을 해도 가능하다.)
- 높은 전류를 사용하고 다수의 전극을 사용한 용접이 가능하다.
- Arc 열과 빛이 용접사에게 직접 영향을 주지 않으므로 용접사의 피로가 적다.
- 용접 Fume 발생이 적고, 깨끗한 작업 환경을 유지할 수 있다.
- 전체적인 용접 비용이 저렴하다.

2) 단점

❶ 설비비가 고가이므로 초기 시설 투자비용이 크다.

❷ 용접선이 짧거나 복잡할 경우에는 기계 장착이 곤란한다.

❸ 피복 Arc 용접에 비해 Joint 의 정밀한 가공이 요구된다.

❹ Arc가 보이지 않으므로 용접 진행중에 용접의 적부 확인 불능

❺ 용접 자세가 아래 보기만 가능하다.

❻ 고 입열로 인해 용접부가 조대화 되어 용접부 Notch 인성이 저하된다.

(3) SAW의 적용

SAW는 주로 그 효율성과 용접부 품질의 우수성으로 인해 후판의 자동 용접에 적용되

고 있으며, 이외에도 Clad 강의 Overlay 용접에 의한 제조와 용접에도 적용되고 있다. 용접 기법상으로는 여러 개의 용접 Wire를 사용하는 Tandem 용접법 및 용접 진행 방향에 미리 Metal Powder를 추가하는 방법등이 적용된다.

Metal Powder를 추가하면 용착률을 최고 70%까지 증대시킬 수 있으며, 부드러운 용입과 향상된 Bead 외관을 얻을 수 있으며, 용입과 Dilution을 줄일 수 있다. 또한 용착 금속의 화학 성분을 조절하는 기능도 담당 할 수 있다. 이 방법을 사용하면 추가의 Energy 소비 없이 용착률을 증대시킬 수 있으며 입열을 작게 하여 Grain 조대화로 인한 인성(Toughness)의 저하를 막고, Dilution을 줄이고 용착 금속의 화학 성분을 조절하여 용접부 Crack 발생의 위험성을 줄일 수 있는 이점이 있다.

다음의 그림 6-23은 Metal Powder를 추가하면서 용접을 진행하는 과정을 도식화 한 것이다.

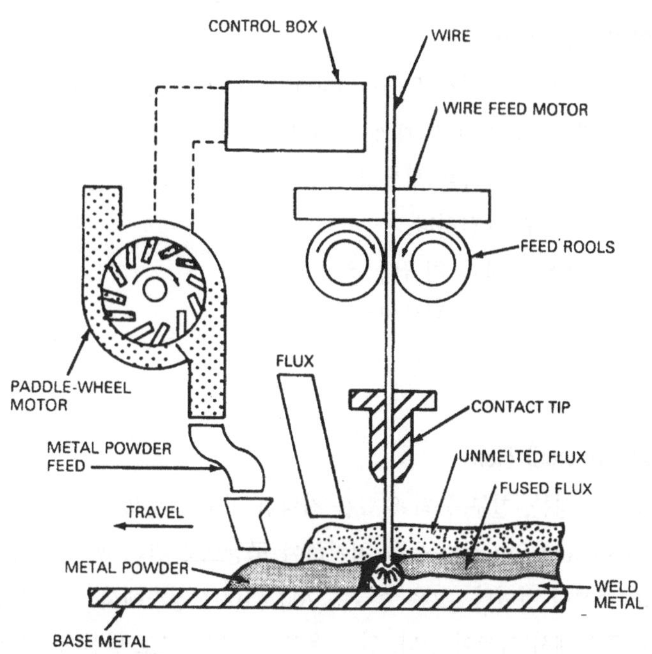

그림 6-23 Metal Powder를 추가한 SAW의 적용

(4) 용접 Flux의 선택

1) Flux의 특성

SAW에 사용되는 Flux는 용접 Arc의 차폐, Arc의 안정성 부여, 용융 금속의 보호 및

합금 성분 제공의 기능을 담당하고 있다. Flux가 가져야 될 기본적인 특성은 다음과 같다.

❶ 알맞은 입도를 가져야 한다.
❷ Arc의 차폐성이 좋아야 한다.
❸ Arc의 발생과 지속성을 유지해야 한다.
❹ 용융 금속의 탈산, 탈황 등의 정련 작용이 있어야 한다.
❺ 용접 금속의 합금 성분을 첨가할 수 있어야 한다.
❻ 적당한 용융 온도와 점성이 있어야 한다.
❼ 용접 후 응고된 Slag의 제거가 용이해야 한다.

Flux는 제조하는 방법의 차이에 따라 크게 용융형 Flux와 소결형 Flux로 나누어 진다.

소결형 Flux는 제조 온도의 차이에 따라 고온 소결형 (Sintered Type Flux)과 저온 소결형 (Bonded Type Flux)로 구분된다. 소결형은 소성형으로 불리기도 한다.

2) 용융형 (Fused) Flux

이 Type은 원료를 전기로 등에서 1300℃ 이상의 고온으로 용융 시키고 응고하여 균일한 입도로 분쇄 시킨 것이다. 대개 유리상으로 기본적으로 산화물 및 불화물로 구성되어 있다. 합금 성분등의 금속은 함유되어 있지 않다. 특징으로는

❶ 화학적으로 매우 균일하다.
❷ 흡습성이 없어 보관과 취급이 용이하다.
❸ 손쉽게 재활용이 가능한 특징이 있다.
❹ 100A이하의 저, 중 전류용접에 적합하다.

3) 소결형 (Sintered) Flux

탈산제, 합금성분, 철분 등의 원료를 적당한 입도로 분쇄하여 혼합하고 여기에 점결제인 규산소다 (Sodium Silicate) 등을 첨가하여 구상으로 만든 후 용융되지 않을 정도의 온도에서 건조 소성한 것이다. 고온 소결은 700~100℃정도에서 이루어지고, 저온 소결은 350~650℃ 정도에서 이루어 진다. 완전 용융되지 않으므로 탈산제, 합금제의 첨가가 가능하고 높은 염기도를 가지며 대전류에 의한 1st Pass용접에 사용된다.

특징으로는

❶ 규산소다를 사용함으로 인해 흡습하기 쉬운 단점이 있다. 고온 소결이 저온 소결보다 흡습성은 낮으나 첨가되는 재료는 제한된다.
❷ Flux의 입도가 일정해서 용접 전류가 일정하다.

❸ 600A이상의 중, 고전류에서 작업성이 양호하다.
❹ 합금성분의 첨가가 가능하여 용접 금속의 화학성분이나 기계적 성질 조절이 가능하다.
❺ Flux중에 Si, Mn이 첨가 되어 있어서 강력한 탈산이 가능하다.
❻ 용접조건 변화에 따라 용접 금속의 성분이 변동하기 쉬워 다층 용접에는 부적합하다.
❼ 용융된 Slag에서 Gas의 방출이 있을 수 있다.
❽ 편석에 의해 성분이 균질하지 않을 수 있다.
❾ Flux의 소비량이 적다.

다음의 표는 소결형과 용융형 Flux의 특성을 비교한 것이다.

Table 6-11 소결형과 용융형 Flux의 비교 (1/2)

항 목	소결형 Flux	용융형 Flux
색상 및 외관	착색이 가능하므로 식별이 가능함.	Glass상의 고온 반응물이므로 착색이 불가하여 식별 불가능
입도	사용 전류에 관계없이 1 종류의 입도로 작업이 가능하여 작업 관리가 용이	전류의 대소에 따라 Flux입도 선택을 달리 해야 한다.
염기도	산성, 중성, 염기성, 고 염기성	산성, 중성
합금제 첨가	첨가하기 쉽다.	첨가가 거의 불가능하다.
흡습성	흡습성이 강하다. 고온 소결형은 점결제의 Glass화로 낮은 흡습성을 보인다.	흡습성이 거의 없다. 사용 중 재건조가 거의 불필요하다.
대상 강재	비교적 넓은 범위의 강재 적용 가능하다.	고장력 강이나 저 합금강등에서 기계적 성질이 요구되는 곳에는 사용 곤란함. 특히 충격치가 요구되는 곳에서는 사용 곤란함.
조합 Wire	연강, 고장력강, 저합금강의 용접에는 거의 저 Mn계 연강 Wire로 용접 가능함.	각 강재에 적합한 Wire를 선택 조합하여 사용해야 한다.
Dust 발생	있음	거의 없음.
전극 극성에 대한 민감성	비교적 둔감함	비교적 민감함
Slag 박리성	좁은 개선에서도 비교적 좋음	비교적 좋지 않음
Gas 발생	많음	적음
Bead 외관	약간 미려함	미려함
대입열 용접 (저속, 고전류 용접)	고전류 용접이 가능	고전류 용접이 곤란함
용입성	약간 얕음	약간 깊음
다층 용접성	용접 금속의 성분 변동이 비교적 크다. (부적합 함)	용접 금속의 성분 변동이 적음.

Table 6-11 소결형과 용융형 Flux의 비교 (2/2)

항 목	소결형 Flux	용융형 Flux
고속 용접성	Bead에 광택이 없고 Blow Hole이나 Slag 혼입이 생기기 쉬움. (부적합 함)	Bead가 균일하여 Blow Hole이나 Slag혼입이 적음.
Tandem 용접성	적합함	그다지 적합하지 않음
용접 조건 변화에 따른 용접 금속 성분 변동성	용접 조건의 변화에 따라 성분의 변동이 심하고 불균일함.	용접 조건의 변화에 의한 성분 변동이 적고 균일함.
인성	높은 인성을 얻을 수 있으나 수치의 기복이 심하다.	Wire의 성분 영향이 크고 염기도가 높은 것이 필요하다. 수치상의 기복은 없는 편이다.
경사 용접성	적합함	약간 부적합
경제성	Wire와 Flux의 조합에 있어서 용융형에 비해 가격이 저렴하고 Flux소비량도 적다.	고Mn Wire를 사용해야 하므로 약간 고가이고 소비량도 많다.

(5) 용접 변수

1) 용접 전류

전류의 변화에 따라 용접 Wire의 용융 속도, 용착률, 용입의 깊이 그리고 모재의 용융량이 결정되기 때문에 전류는 매우 중요한 용접 변수이다.

전류가 크면 동일한 용접 속도에서 용입이 깊어 지고, 용착 속도가 증가하지만 지나치게 과도한 전류는 Arc의 파묻힘 현상이 일어나고, Under-Cut이 발생하기 쉬우며 좁고 높은 Bead가 얻어진다.

반대로 전류가 너무 낮으면 Arc의 안정성이 떨어진다.

2) 용접 전압

전압은 Arc의 길이를 결정한다. 전압이 크면 Arc의 길이가 길어진다.

전압은 용접 Bead의 단면 형상과 외관에 영향을 미친다.

❶ 전압이 높을수록

- 편평하고 폭 넓은 Bead가 생성된다.
- Flux의 소비가 증가된다.
- Steel의 Rust나 Scale로 부터 발생되는 Porosity의 발생을 줄인다.
- 부적절한 Joint형상으로 인해 Root Gap이 넓은 용접Joint의 용접에 적합하다.
- Flux로부터 합금 원소를 Pick-up 하는 능력이 커진다.

❷ 과도한 전압 상승은

• Crack을 일으키기 쉬울 정도로 과도하게 폭이 넓은 Bead를 만든다.
• Groove용접의 Slag를 제거하기 어렵게 한다.
• 오목한(Concave) 용접 Bead를 만들어 Crack의 발생이 쉽게 된다.
• Fillet 용접부의 Edge에 Under-Cut발생이 생기기 쉽다.

전압을 낮추면 Arc Blow에 대한 저항성이 있는 강한 Arc를 만들고 용입이 깊어진다.

그러나 과도한 전압 강하는 높고 좁은 용접 Bead를 만들어 Edge의 Slag 제거가 어려워진다.

3) 용접 속도 (Travel Speed)

용접 속도가 빨라지면 단위 용접 길이 당의 입열량이 줄어들고, 용착되는 용접 Wire의 량이 줄어들고, 결과적으로 작은 용접 Bead가 생성된다.

용접 속도는 전류와 함께 용입을 결정하는 가장 큰 인자의 하나이다.

Arc의 용입력(Penetration Force)은 용탕을 누르게 되는데 용접 속도가 빠르면 이 힘이 강하게 전달되지 못하고 얕은 용입이 이루어진다.

용접 속도가 지나치게 빠르면 Under-Cut, Arc Blow, Porosity와 불균일한 Bead 형상을 만든다. 낮은 용접 속도는 용탕내의 Gas가 빠져나갈 수 있는 충분한 시간을 제공하여 Porosity의 발생을 줄이게 된다.

그러나, 지나치게 낮은 용접 속도는 볼록한 용접 Bead를 만들어 Crack이 쉽게 발생되며, 작업 중에 Arc가 눈에 보일 수 있어서 용접사의 피로를 증가 시키며, Arc주위에 과도한 용탕을 생성하게 되어 거칠고 Slag 가 혼입되어 있는 Bead를 만들게 된다.

4) 용접 Wire의 직경

용접 Wire의 크기는 정해진 전류에서 용접Bead의 형상과 용입에 영향을 미친다. Wire의 직경이 클수록 용입이 얕아지고, 폭 넓은 용접 Bead가 얻어 진다. 동일 전류에서 Wire의 직경이 작을수록 전류 밀도가 높아지고 용융과 용착 속도가 증가하며 용입도 깊어 진다.

큰 직경의 Wire는 폭이 넓은 Joint의 Root를 용접하기에 적합하지만 더 높은 전류를 필요로 한다.

5) 용접봉의 Extension

전류 밀도가 125A/㎟ 이상에서는 전극의 돌출된 양은 매우 중요한 용접 변수의 하나이다. 높은 전류 밀도에서는 용탕과 Contact Tube사이의 저항열에 의해 용융 속도가 증가한다. Extension이 증가할수록 동일 전류를 사용하면서도 Wire에 전해지는 저항열이 커지고, Wire의 용융 속도가 증가하게 된다. 그러나, 전류가 동일한 용접 조건에서 용융 속도의 증가는 용입의 깊이를 얇게 하며, Wire의 선단을 정확한 용접부에 위치하도록 조절하기가 어려운 단점이 있다. 일반적으로 2.0, 2.4, 3.2㎜의 Wire 직경에는 75㎜의 Extension이 적용되고, 4.0, 4.8, 5.6㎜직경의 Wire에는 125㎜의 Extension이 타당한 수준으로 적용된다.

6) Flux의 폭과 두께

Flux의 폭과 두께는 Bead의 형상과 건전성에 영향을 미친다.

입상의 Flux층이 너무 두꺼우면 용접중에 발생되는 Gas의 방출이 어려워지고 Bead표면은 거칠며 불 균일하게 된다.

반대로 너무 얇으면 Flux가 Arc를 충분하게 감싸지 못하게 되어 Spatter가 많아지고 거칠며, 다공성인 Bead가 생성되게 된다.

용접이 진행되면서 용융되지 않은 Flux는 용접부 후단에서 회수하는데, 이때 너무 강제적으로 회수하거나 아직 응고가 진행중인 1000℃이상의 Bead에서 Flux를 제거하게 되면 건전한 용접부를 얻기 어려워 진다.

(6) 용접부의 결함과 대책

SAW는 용융된 Slag의 용탕 보호로 인해 거의 결함이 없는 안정된 용접 금속을 만들어 낸다.

현장 용접 과정에서 실제로 문제시 될 수 있는 결함의 종류는 Porosity와 Crack정도이다. 실제로 현장에서 발생하는 용접결함은 대부분 용접 기량이나 용접 조건과 관련되기 보다는 잘못된 용접 설계에 그 원인이 있다.

이하에서는 SAW 용접 과정에서 제기될 수 있는 용접 결함의 종류와 대책에 관하여 간단하게 정리한다.

Table 6-12 SAW 용접 결함과 대책 (1/2)

결 함	원 인	대 책
포크 마크 (Pork Mark)	1. 플럭스(Flux)의 흡습 2. 용접부에 불순물의 존재 3. 플럭스의 살포높이 과대 4. 플럭스의 살포 Nozzle높이 과소 5. 용접전압의 과소 6. 용접속도의 과대	1. 플럭스를 300℃에서 1시간 재건소 2. 용접부의 청결 3. 적정 플럭스의 살포높이 적정유지 4. 플럭스의 살포 Nozzle높이 적정유지 5. 용접전압을 높인다. 6. 용접속도를 낮춘다.

Table 6-12 SAW 용접 결함과 대책 (2/2)

결 함	원 인	대 책
기 공	1. 플럭스의 흡습 2. 용접부에 불순물 및 수분 3. 플럭스에 불순물의 혼입 4. 플럭스의 살포높이 과소 5. 가접의 불량 6. 용접속도의 과대	1. 플럭스를 300℃에서 1시간 재건조 2. 용접부의 청결 및 예열 3. 플럭스의 불순물 제거 4. 플럭스의 살포높이 적정유지 5. 가접부의 기공 및 슬래그 제거 6. 용접속도를 낮춘다.
균 열	1. 플럭스와 와이어의 선정 부적합 2. 강재의 C 및 S 함량이 높을 때 3. 용접재에 구속이 심할 때 4. 용접장소의 분위기 온도가 낮을 때 5. 비이드의 폭에 비해 용입이 과대 6. 플럭스의 흡습	1. 강재에 적합한 플럭스와 와이어의 선정 2. 용접전류 및 용접속도를 낮춘다. 3. 수축응력에 견디는 적정 용접조건 적용 4. 용접모재의 예열 및 후열 5. 저전류의 저속 용접을 적용 6. 플럭스를 300℃에서 1시간 재건조
슬래그 혼 입	1. 용접방향 선택 불량 2. 용접속도의 과소 3. 와이어의 조준위치 부적당 4. 전층의 비이드형상 불량 5. 다층용접시 슬래그 제거 불충분 6. Tab 취부시 Gap 발생 7. 용접부의 용입불량	1. 경사진 용접재에서는 낮은 곳에서 높은 곳으로 용접 2. 용접속도를 높인다. 3. 와이어의 조준위치를 개선단면의 중앙에 위치. 4. Grinder로 비이드형상 수정후 용접 5. 전층의 슬래그 완전 제거 6. Tab의 취부를 완전하게 한다. 7. 용접전류를 높인다.
오버랩	1. 용접전류의 과대 2. 용접전압의 과소 3. 용접속도의 과소 4. 와이어경의 부적당 5. 와이어의 조준위치 부적당	1. 용접전류를 낮춘다. 2. 용접전압을 높인다. 3. 용접속도를 높인다. 4. 적당한 와이어경의 선정 5. 와이어의 조준위치 조절
언 더 컷	1. 용접전류의 과대 2. 용접전압의 과소 3. 용접속도의 과소 4. 와이어경의 부적당 5. 와이어의 조준위치 부적당 6. 플럭스의 살포높이 과대	1. 용접전류를 낮춘다. 2. 용접전압을 높인다. 3. 용접속도를 높인다. 4. 적당한 와이어경의 선정 5. 와이어의 조준위치 조절 6. 플럭스의 살포높이 적정유지
용 입 부 족	1. 용접전류의 과소 2. 용접극성의 부적당 3. 용접전압의 과대 4. 용접속도의 과대 5. 와이어의 조준위치 부적당 6. 개선형상의 정도 불량	1. 용접전류를 높인다. 2. 용접극성을 DC+로 적용 3. 용접전압을 낮춘다. 4. 용접속도를 낮춘다. 5. 와이어의 조준위치 조절 6. 개선형상의 정도 확인

6. Narrow-Gap Process

(1) Narrow-Gap 용접의 소개

Narrow Gap 용접을 하나의 Welding Process로 구분하여 소개하는 데는 많은 이견의 소지가 있으나, 어느 하나의 Process로 포함하여 설명하기에는 역시 문제점이 있다고 생각되어 부득이 별도의 Process로 구분하여 설명하고자 한다.

화학 공장과 화력 발전 설비 및 원자력 발전에 사용되는 대형 후판의 Butt 용접에는 전통적으로 Submerged Arc Welding이나 Electroslag Welding이 주로 사용되었다. 그러나, 이들 Process의 단점은 넓은 개선 가공으로 인한 재료의 Loss가 크고, 용접양이 많아 짐으로 인해 용접 변형과 결함 발생의 위험성이 증대되고, 많은 양의 용접이 이루어 지기 위해서는 용접 시간과 에너지의 소비가 커지는 단점이 있으며, 넓은 용접부가 생김으로 인해 열영향부(Heat Affected Zone)가 넓어 지는 단점이 지적되었다.

이러한 문제점을 해결하기 위해 보다 고 능률이면서 안정적인 용접 금속을 얻을 수 있는 용접 방법이 필요하게 되었다.

이에 가장 적합한 새로운 용접 방법은 Electron Beam Welding을 거론할 수 있으나, 대형 용접물의 용접부를 완전하게 진공 상태로 유지해야 하는 현실적인 어려움으로 인해 대형 구조물의 현장 적용은 불가능 하였다.

결국 기존의 용접 방법을 변형하여 보다 효율적이 용접 조건을 찾는 방향으로 위의 문제점을 해결하고자 하는 시도가 이루어 지게 되었다.

그 대표적인 대안이 Narrow Gap용접인 것이다.

(2) Narrow Gap 용접의 개요

Narrow Gap용접은 약 30여년 전인 1963년 미국의 Battele 연구소에서 처음 소개 되기 시작하였으며, 국내에서 상용 Process로 널리 사용되기 시작한 것은 약 7년 정도의 이력이 있다.

국내에서는 주로 한국중공업㈜와 현대중공업㈜를 중심으로 원자력과 발전 설비에 사용되는 고압용 Vessel의 용접에 적용되고 있다.

주로 적용되는 Process는 SAW, GMAW 및 FCAW이며 주로 GMAW가 적용된다. SMAW는 상대적으로 용접 효율이 떨어지기 때문에 적용하는 경우가 드물고, FCAW는 Final Pass등에 GMAW를 적용할 경우 예상되는 Spatter의 위험성을 줄이기 위해 사용되곤 한다.

그러나, FCAW는 용접 금속이 열처리 후에 급격하게 기계적 특성이 저하되는 단점으로 인해 사용에 제한이 되고 있다.

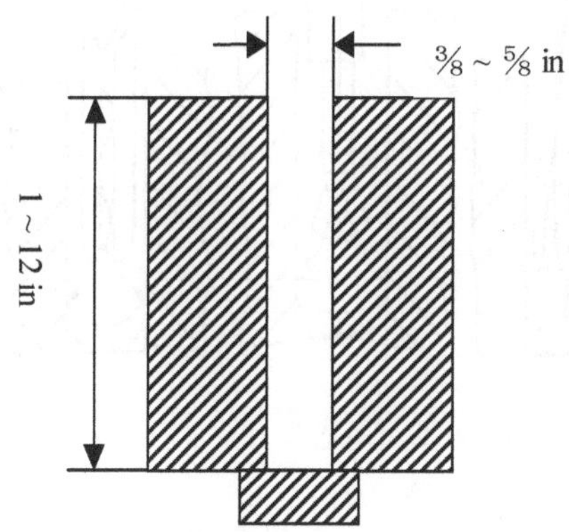

그림 6-24 Narrow Gap Welding의 용접부 개선 유형

여기에서 개선 각도는 통상 5~6°를 유지하고 있으며 Root Gap은 적용되는 용접 방법에 따라 12~28mm정도를 유지한다.

적용되는 용접부 두께는 약 150~300 mm정도이고 Rooot Gap은 GMAW일 경우에는 13mm, SMAW일 경우에는 24mm정도이다.

용접부 개선 각도는 5~6°정도 이하로 유지하며, 7°이상이 되면 Narrow Gap용접의 특성이 반감된다.

이 용접법은 Groove 단면적의 대폭적인 축소가 가능하게 되어 과대한 용접 입열이 필요 없는 능률적인 용접이 가능하게 된다.

따라서, 경제적인 관점에서 우수하며, 기계적 특성이 좋고, 변형이 작은 고품질의 용접금속을 얻을 수 있는 용접법이다.

용접봉은 자체 Weaving이 어려우므로 Oscillator를 사용하기보다는 두개 혹은 그 이상의 Wire를 꼬아서 사용하거나, Wire에 아래 그림과 같이 변형을 주어 Weaving 효과를 가지게 한다. 좁고 깊은 용접부의 Wire Feeding시에는 용접 개선부에서 미리 Arc가 발생하지 않고, 원하는 곳에서 Arc가 발생할 수 있도록 Contact Tip을 사용하기도 한다.

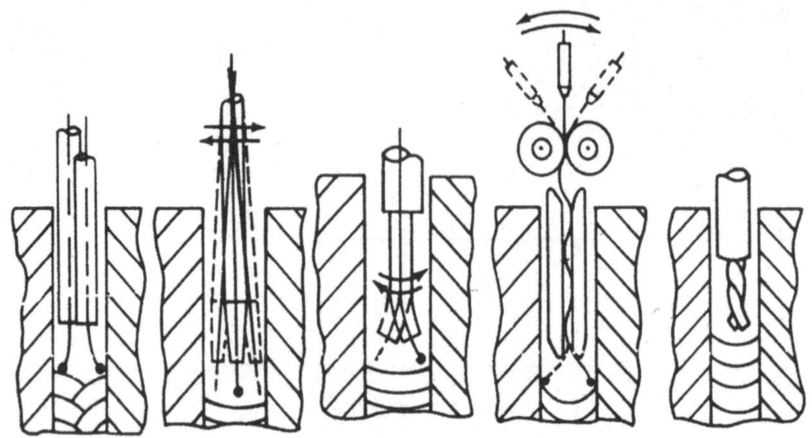

그림 6-25 Narrow Gap용접의 Wire Feeding 방법

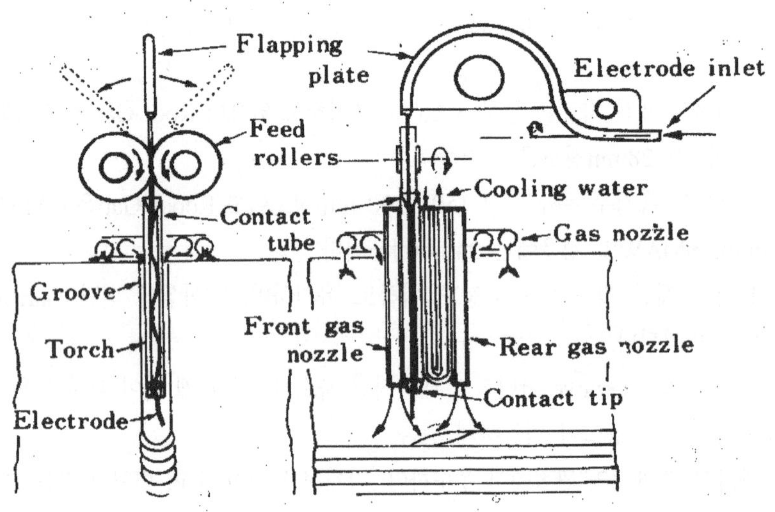

그림 6-26 Narrow Gap용접에서의 용접봉의 운동 방식

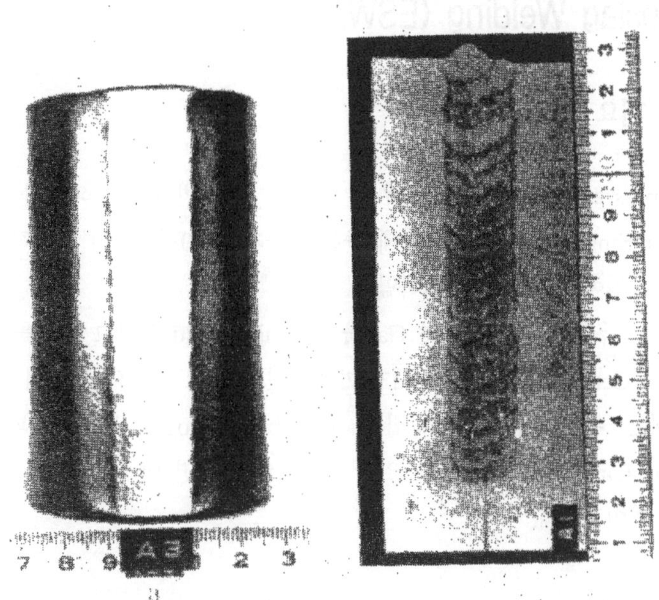

그림 6-27 Narrow Gap 용접부 단면

사용되는 용접 조건은 용접기와 용접 방법에 따라 다양한 차이를 나타내지만, 대략 다음과 같은 조건에서 용접이 이루어 진다.

❶ 전류 : 250～800A

❷ 전압 : 28～32V

❸ 용접 속도 : 230～300 mm/min

❹ Shielding Gas : Ar + 20% CO_2 SAW의 경우에는 무관

❺ Gas Flow Rate : 45～140 ℓ/min SAW의 경우에는 무관

❻ Edge Preparation : Machining U-groove or thickness $\geq$ 120mm

❼ Gas Cutting X, V-groove or thickness $\leq$ 120mm

❽ Wire 공급 : Single or Tandem

Fume, Spatter의 발생이 거의 없고 용접부 결함이 극히 적어 양질의 용접 금속을 얻을 수 있다. 단점으로는 용접 자세가 아래 보기에만 적용되고, 용접부 개선 가공이 비교적 정교하게 이루어 져야 하는 어려움이 있다.

7. Electroslag Welding (ESW)

(1) Process 개요

Multipass로 후판을 용접할 경우에 생길 수 있는 변형이나, 과다한 입열의 문제를 해결하기 위해 Single-pass 용접 방법에 관한 연구가 1900년대부터 본격적으로 시작되면서 실제 현장 용접에 응용되기 시작하였다.

초기에는 두꺼운 후판의 양쪽 Gap을 Graphite Mold로 막고 용접을 실시하였으며, 이후 Copper나 Ceramic으로 된 Mold가 개발되면서 용접 방법의 발전이 가속화되었다.

사용되는 용접기와 용접 방법은 외견상 Electrogas Welding과 거의 유사하지만 Shielding Gas를 사용하지 않고 일단 용접이 시작되면 더 이상의 Arc발생이 없다는 것이 가장 큰 차이점이다.

(2) ESW의 특징

ESW는 수직 혹은 거의 수직에 가까운 용접 Joint에 적용되며, Single Pass로 용접을 실시한다. 경제성이 있다. 이 용접 방법은 특히 후판의 용접을 효율적으로 실시할 수 있으며, 기존의 다른 용접 방법에 비해 경제적이다.

사용되는 용접 Wire는 Solid Electrode나 FCAW와 같은 Flux Cored Electrode이다.

1) 장점

❶ 하나의 용접 Wire가 시간당 35~45 Ibs의 용착 속도를 나타내는 고능률의 용접 방법이다.
❷ 두꺼운 후판을 한 Pass로 용접하기 때문에 층간 Cleaning작업 등이 필요하지 않다.
❸ 열경화성이 큰 재료라고 해도 예열의 필요성이 없다.
❹ 우수한 용접 품질을 얻을 수 있다. : 용탕 유지 시간이 길어서 Gas의 Evolution이나 Slag의 부상이 용이하게 되어 불순물의 제거가 쉽게 이루어 진다.
❺ 자동 용접이 이루어 지고 초기 Arc 발생이외에는 Arc의 발생이 없으므로 소음이 적고 용접사의 피로가 적다.
❻ 용접 자세가 수직이어서 용접물의 위치 제어와 고정을 위한 장비가 간단하다.
❼ 용접 Spatter가 전혀 없어서 용착 효율이 높다.
❽ Flux의 소모가 극히 적다. 20 Pound의 용접 금속에 1 Pound의 Flux가 소모된다.

⑨ 변형이 거의 없다.
⑩ 용접 시간이 매우 짧다.

2) 단점

❶ 현재까지 Carbon Steel과 Low Alloy Steel 및 일부 Stainless Steel에만 적용 가능하다.
❷ 용접 Joint의 정밀한 가공이 필요하다.
❸ 용접 자세가 수직 혹은 거의 수직에 가까운 자세로만 국한된다.
❹ 일단 용접이 시작되면 끝까지 용접을 완료하여야 한다. 그렇지 않으면 결함 발생의 원인이 된다.
❺ 두께 19 mm이하의 박판에서는 적용이 불가능하다.
❻ 용접부 입자의 조대화로 인한 저온 취성이 저하하여 저온 사용에 주의를 요한다.
❼ 복잡한 용접 구조물 형상에는 적용이 어렵거나 불가능하다.

(3) 용접 장비

용접 장치는 Electrogas Welding에 적용되는 용접기와 외견상 유사하다.

다만 Shielding Gas 대신에 용접에 필요한 열을 공급하고 용접부를 보호하는 Flux가 존재하며 용접시 Arc발생이 없는 것이 차이점이다.

용접 초기에 용접물과 전극 사이에서 Arc가 발생되고 이 Arc 열로 인해 Flux가 녹으면서 용탕을 형성하게 된다. 충분한 양의 용탕이 형성되면 본 용접이 시작되는데 이때부터는 더 이상의 Arc 발생은 없고(중단되고) Slag 용탕 (Flux)을 통과하는 전류의 저항열에 의해 용접이 진행되는 것이다.

용융된 Slag 층을 통과하는 전류의 저항열은 용접 Wire와 모재를 녹이기에 충분해서 용탕의 온도는 약 1925℃ (3500°F) 정도가 되고 표면의 온도도 1650℃ (3000°F) 정도가 된다. 용접 초기의 안정적인 조건을 맞추기 위한 Starting Tab과 용접 완료부의 Slag와 과도한 용접 금속의 제거를 위한 Run-off Tab이 필요하다. 이러한 Starting Tab과 Run-off Tab은 용접 완료후 깨끗하게 제거해야 한다.

다음 그림 6-28과 같이 용접 Wire가 Welding Gun을 통하여 그대로 용접부에 공급되는 방식을 Conventional Method 혹은 Nonconsumable Guide방식이라고 하며, 그림 6-29와 같이 Guide Tube가 있는 경우를 Consumable Guide방식이라고 한다.

1) Conventional Method

Conventional Method로 용접할 때는 Curved Guide (Contact) Tube를 사용하며 다수의 용접 Wire를 동시에 사용하기도 한다.

Conventional Method로 용접을 시행하면 13~500mm의 두께를 용접할 수 있으며, 가장 널리 적용되는 두께는 19~460mm의 영역이다.

하나의 Oscillation 용접 Wire로 120mm 두께를 용접할 수 있다.

두개의 용접 Wire로는 230mm, 세 개의 용접 Wire로는 500mm의 두께를 용접할 수 있으며, 각각의 Wire당 용착량은 시간당 11~20kg 정도이다.

용접기와 연결된 Water-Cooled Shoes는 용접이 진행되면서 함께 이동하게 된다. 용접이 진행되면서 용접기는 수직 방향으로 이동하게 되는데, 이때 이동은 자동으로 제어하거나 용접사가 진행 과정을 확인하면서 수동으로 조절하기도 한다. 용접이 진행되면서 Shoes를 통한 Slag의 손실이 발생하게 되어 용접 과정에서 약간의 Flux를 계속 보충해 주어야 한다. 이러한 Flux의 보충은 용접사의 판단에 따라 수동으로 이루어 진다.

수동으로 Flux를 공급하는 것이 어려우면 편의상 Flux Cored Wire를 사용하기도 한다. Flux의 소모량은 통상 용착 금속 20 Ib당 1Ib정도이다.

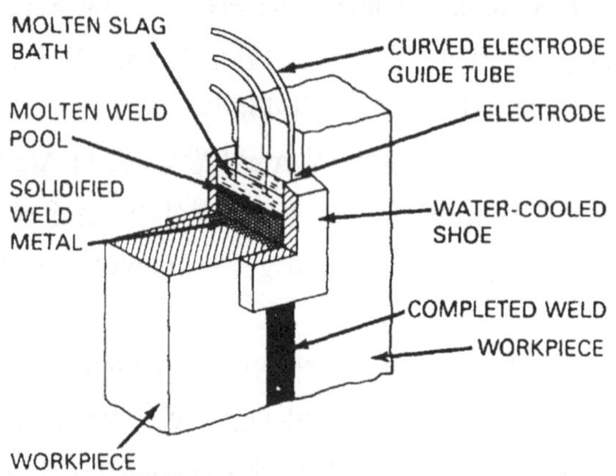

그림6-28 Electroslag Welding의 Nonconsumable Guide 방식

2) Consumable Guide Method

Consumable Guide Tube Method를 사용하면 용접 가능한 두께의 제한이 없고, 깊고 좁은 용접 Joint Gap의 Root부를 용접할 때 용접부에 근접하기 전에 Joint 벽면과 용접 Wire 의 근접에 의해 Arc가 발생하는 문제를 해결할 수 있다. 용접 Wire가 용접부에 도달하기 전에 미리 Arc가 발생하면 용탕의 제어가 힘들어 지고, 정확한 위치에서 용접 Wire의 용융을 일으키기가 어려워진다.

용접 과정에서 Consumable Guide도 녹아서 전체 용탕의 5~15%를 담당하게 된다. Consumable Guide는 Flux로 Coating이 되어 절연의 효과를 주고 용융 Slag Bath에 Flux를 보충하는 역할을 담당한다. 이 방법을 사용할 때는 용접기 전체가 움직이는 것이 아니라 용접기 Head만 움직이며, Retaining Shoe는 고정식으로 적용하기 때문에 계속적인 용접을 진행하기 위해서는 여러 쌍의 Shoes가 필요하다.

다음의 그림 6-29는 Consumable Guide Method의 일반적인 형태를 도식화한 것이다.

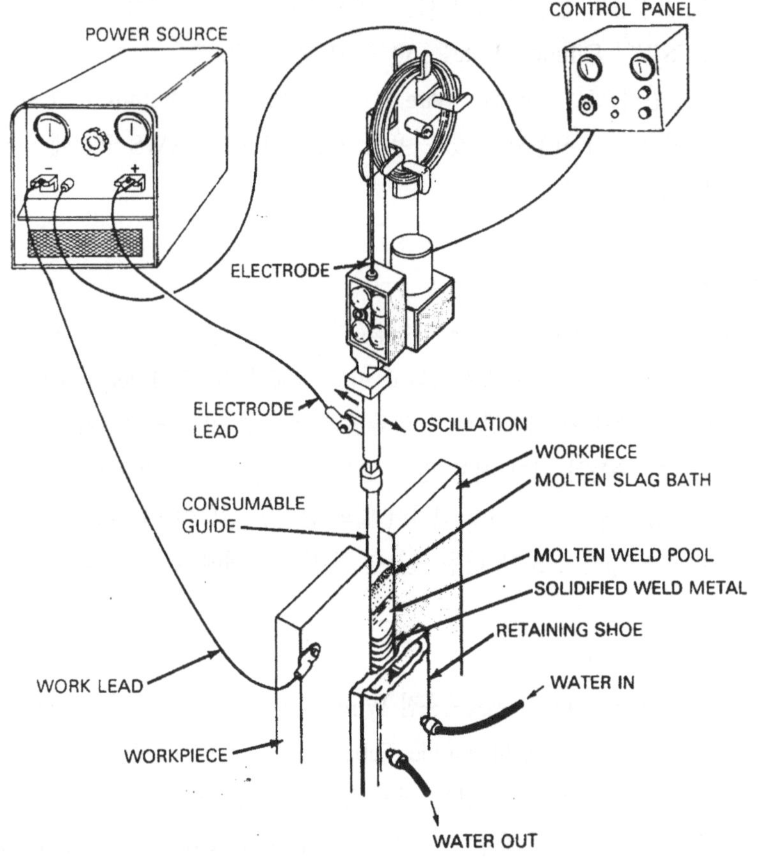

그림 6-29 Electroslag Welding의 Consumable Guide 방식

Conventional Method와 마찬가지로 여러 개의 Wire를 사용하여 용접을 진행시킬 수 있다. 용접 Wire를 고정해서 사용하는 Stationary 방식과 운봉의 효과를 주기위한 Oscillating 방식이 있다. 고정식으로 용접할 경우 하나의 Wire로 두께 63mm 정도의 Plate를 용접할 수 있으며, Oscillating 방식을 사용하면 하나의 Wire로 130mm 두께를 용접할 수 있다.

하나의 Wire일 경우에는 Conventional Method에 비해 적용 가능한 두께가 크지만

Multi-Wire를 사용할 경우에는 Conventional Method에 비해 다소 얇은 두께에 적용된다.

(4) 용접 변수

1) 용접 Wire (Electrodes)

Electroslag Welding에 사용되는 Wire 는 Solid Electrode와 Metal Cored Electrode가 있다. 용접봉의 선정에 있어서는 모재와 Dilution이 우선적으로 검토되어야 한다. 일반적으로 ESW의 Dilution Rate는 30～50%정도이다.

가장 일반적으로 사용되는 Wire의 직경은 2.4 혹은 3.2mm가 있으며, 통상 1.6～4.0 mm정도의 직경이 사용되고 있다. 용접 Wire와 Flux는 AWS 규정에 의해 저온 충격치가 확보되어야 한다.

2) Flux

Flux는 Electroslag Welding이 원활하게 되기 위한 가장 중요한 요소중의 하나이다. 용접 과정에서 Flux는 Slag로 용융되고 이를 통해서 전기적 Energy가 열 Energy로 바뀌어 용접 Wire의 용융에 필요한 열을 공급한다. 충분한 열을 공급하기 위해서는 용융 Slag의 전기 저항이 충분히 커야 하고 만약 용융 Slag의 저항이 작으면 Arc가 발생하게 된다.

또한 적당한 점도를 가지고 있어서 열의 균일한 전달이 이루어 지도록 대류가 발생해야 한다. 용융 Slag의 점도가 너무 높으면 용접 금속내에 Slag가 혼입될 수 있다.

3) Consumable Guide Tube

Consumable Guide Tube는 용접 Wire를 지지하는 기능과 용융 Slag 용탕에 전류를 흐르게 하는 기능을 담당한다. Guide Tube는 용접 금속의 일부를 담당하게 되지만 용접 과정에서 용융되어 소모되는 양은 적은 양이다. 짧은 용접물을 용접할 때는 Bare Guide Tube를 사용하지만, 긴 용접물을 용접할 때는 Flux Coating된 Guide Tube를 사용한다.

이 Flux Coating은 Guide Tube의 절연을 위한 목적과 용융 Slag에 Flux를 보충해주는 역할을 담당한다.

4) Form Factor

용접부의 깊이에 대한 폭의 비를 의미하며, 용접 금속의 형상을 표현한다. Form Factor가 클수록 – 용접부 폭이 넓고, 깊이가 얕을 수록 – 응고 과정에서 저융점 개재물이나 편석, 불순물들을 Slag상태로 부상시켜서 제거하므로 바람직하다.

이와는 반대로 낮은 Form Factor의 용접 금속은 용접부 중심선을 따라 저융점의 개재물이나 불순물들을 포함하게 되므로 응고 과정에서나 응고후 고온에서 Crack을 발생시키기 쉽다.

일반적으로 Root Opening을 크게 하거나 전압을 높이면 Form Factor는 증가하고, 전류를 높이거나 Root Opening을 작게 하면 Form Factor는 작게 된다.

그러나 실제 용접에서는 Procedure에 따라 모든 용접 조건이 고정되므로 이 Form Factor를 측정하거나 기록하지는 않는다.

5) 용접 전류와 용접 Wire 공급 속도

용접 전류와 용접 Wire 공급 속도는 직접적으로 비례하며 하나의 용접 변수로 간주될 수 있다. 용접 전류가 증가하면 Wire의 공급 속도도 증가하게 되고 이에 따라서 용착률로 증가하게 된다. 가장 일반적인 용접 전류는 3.2mm 용접 wire를 사용하였을 때, 500～700A 정도이다.

전류가 증가하게 되면 용접 금속(Weld Metal)의 깊이가 증가하게 되는데 전류에 따라 용접 금속의 깊이와 미세하게 폭이 변하므로 Crack에 민감한 재료일 경우에는 가급적 높은 Form Factor를 유지하는 것이 필요하다.

6) 용접 전압

용접 전압은 용접 금속의 모재로의 용입 깊이에 절대적인 영향을 미친다. 또한 안정적인 용접이 유지되도록 하는 중요한 요인이다.

용접 전압이 증가하면 모재로의 용입이 커지고 용접 금속의 폭도 증가하게 된다. 그러나 용접 전압이 증가함에 따라 나타나는 용접 금속 폭의 확대는 결과적으로 용접부 Form Factor를 크게하여 Crack에 대한 저항성을 증대시킨다. 용접 전압은 늘 일정한 수준을 유지해야 한다.

전압이 너무 낮으면 불안정한 용접 조건이 형성되며 Short Circuiting이나 Arc의 발생등의 문제가 생길 수 있다.

반대로 전압이 너무 높으면 용탕내의 Slag가 Spatter로 나타나고 표면에서 Arc가 발생할 수도 있다.

일반적으로 32～55V 정도의 전압이 많이 사용된다.

7) 용접 Wire의 Extension

용접 Wire의 Extension은 50～75mm 정도가 일반적으로 사용된다.

용접 Wire의 Extension은 Conventional Method일 경우를 Dry Electrode Extension이라고 부른다.

Guide Tube가 있는 방식은 용융 Slag의 열에 의해 Guide Tube가 미리 녹기 때문에 Dry Extension이 적용되지 않는다. 50mm이하의 Extension은 Guide Tube의 과열을 일으키고, 75mm이상의 Extension은 용접 Wire의 저항 증대에 의한 과열을 일으키게 된다.

용접 Wire의 과열은 Wire의 용융이 Slag 용탕 내에서 이루어 지지 않고 용탕 표면에서 용융을 발생시켜 용탕의 불안정성을 갖게 한다.

8) 용융 Slag 용탕의 깊이

용융 Slag 용탕은 용접 Wire 가 용탕에 잠겨서 용탕내에서 용융이 될 수 있도록 적당한 깊이를 가져야 한다.

용탕이 너무 얕으면 Spatter가 튀어 나오거나 표면의 Arc 발생의 원인이 되고, 너무 깊으면 전체적인 용탕의 전열 면적이 크게 되어 용탕의 온도를 낮추게 되고 결과적으로 용접부의 폭을 줄여 Form Factor를 낮춘다.

또한 용탕의 깊이가 너무 크면 Slag 용탕의 Circulation이 어렵게 되어 표면에서부터 응고가 시작되고 결국 Slag의 혼입이 일어나게 된다.

일반적으로 Slag 용탕의 깊이는 38mm가 기준으로 적용되고 있으며, 25~51mm까지의 깊이는 용접 조건에 영향이 없이 적용 가능하다.

(5) 용접 결함과 대책

Table 6-13 Electroslag 용접 결함과 대책 (1/2)

Location	Discontinuity	Causes	Remedies
Weld	1. Porosity	1. 불충분한 Slag 두께 2. 용접부의 습기, 기름, 먼지 3. 용접 Flux의 오염이나 수분 함유	1. Flux의 양을 증가한다. 2. 용접부를 건조하고 청결하게 한다. 3. Flux를 충분히 건조하거나 새것으로 교체한다.
	2. Cracking	1. 과도한 용접 속도 2. 부적절한(작은) Form Factor 3. 용접 Wire혹은 Guide Tube사이의 거리가 너무 멀다.	1. 용접 속도 조절 2. 전류를 낮춘다. 전압을 높인다. Oscillation 속도를 낮춘다. 3. 용접 Wire사이의 거리 혹은 Guide Tube사이의 거리 축소
	3. 비금속 개재물 혼입	1. 용접물의 표면이 너무 거칠다. 2. 용접물의 Lamination부에서 나오는 용융되지 않은 비금속	1. 용접부를 부드럽게 Grind 2. 양질의 용접 금속으로 교체

Table 6-13 Electroslag 용접 결함과 대책 (2/2)

Location	Discontinuity	Causes	Remedies
Fusion Line	1. Lack of Fusion	1. 낮은 전압 2. 너무 빠른 용접 속도 3. Slag용탕의 깊이가 너무 크다. 4. Misaligned electrodes or guide tubes 5, Inadequate dwell time 6. 과도한 Oscillation 속도 7. 전극(Wire)의 돌출 과다 8. 전극(Wire)사이의 거리가 너무 멀다	1. 용접 전압의 상승 2. 용접 Wire송급 속도 저하 3. Flux의 첨가를 줄이고, Slag가 흘러 가도록 한다. 4. Realign electrodes or guide tubes 5. Increase dwell time 6. Oscillation속도를 낮춘다. 7. Oscillation속도를 빠르게 하거나 전극(Wire)를 추가한다. 8. 전극간 간격을 줄인다.
	2. Undercut	1. 너무 느린 용접 속도 2. 과도한 전압 3. Excessive Dwell Time 4. 부적절한 냉각 Shoes 적용 (용량 부족) 5. 냉각 Shoes설계 오류 6. 냉각 Shoes의 부적절한 설치	1. 용접봉 (Wire) 송급 속도를 늘인다. 2. 전압을 낮춘다. 3. Decrease Dwell Time 4. 냉각수의 공급(순환)을 늘이거나 더 큰 냉각 Shoes사용. 5. 냉각 Shoes의 Redesign 6. 용접재와의 Gap을 내화물로 막는 등의 조치를 통해 적절하게 설치되도록 한다.
Heat Affected Zone	1. Cracking	1. 용접부의 과다한 구속 2. 모재의 Crack민감성 3. 모재에 개재물이 과다	1. 용접부 고정장치를 개선 2. Crack의 원인을 파악 3. 보다 양질의 모재를 사용

8. Electrogas Welding (EGW)

(1) Process 개요

Electroslag용접 방법이 개발된 이후 후판의 수직 용접을 One-Pass로 실시할 수 있는 유일한 용접 방법은 Electroslag 용접이었다. 이후에 보다 얇은 철판의 수직 용접을 One-Pass로 할 수 있는 방법에 대한 필요가 증가하면서 Electrogas Welding이 발전되기 시작하였다. 이 Process는 GMAW를 근간으로 하면서 FCAW에 사용되는 Wire를 주로 사용한다. 이러한 이유로 흔히 FCAW나 GMAW의 한 종류로 인식되어 분류되기도 한다.

EGW는 아래 그림 6-30에서 보는 바와 같이 용접부를 수냉 동판(Water Cooled Copper Shoes)으로 감싸고, 여기에 Shielding Gas를 불어 넣어 용접 금속을 보호하면서 자동 용접을 실시하는 것이다.

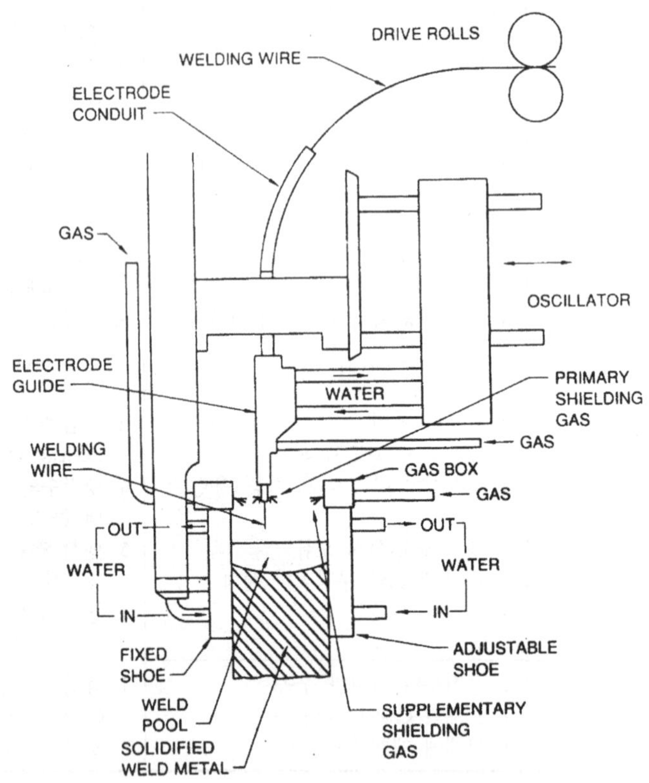

그림 6-30 Solid electrode를 사용하는 EGW 개요

이 용접 방법의 장점은 경제성이며 특히 후판의 용접에 적합하다. 후판의 수직 용접을 기존의 SAW나 FCAW 보다도 저렴한 비용으로 고품질의 용접 금속을 얻으면서 용접할 수 있는 것이 이 Process의 가장 큰 장점이다. 용접 Wire는 Solid Wire 혹은 FCAW Wire를 모두 사용하며, FCAW Wire를 사용할 경우에도 Self Shielded나 Gas Shielded Type 모두를 사용할 수 있다. Shielding Gas는 CO_2 혹은 Ar + CO_2의 혼합 가스가 사용된다. FCAW Wire를 사용하면 용접 금속과 수냉 동판(Copper Shoes)사이에 얇은 Slag층이 형성되고 부드러운 용접 금속 표면을 얻을 수 있다. Self Shielded Type FCAW Wire를 사용하면 Gas Shielded Type FCAW Wire보다 높은 용접 전류를 사용할 수 있고 용착 속도가 빠르다.

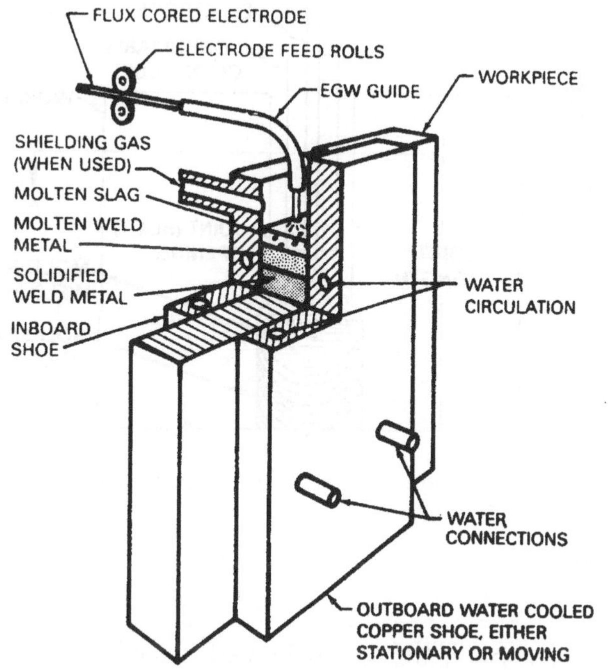

그림 6-31 Self Shielded Flux Cored Electrode를 사용하는 EGW 개요

EGW의 장점은 자동화에 의한 고효율의 용접이라고 할 수 있다, 그러나, 단점으로는 높은 입열에 의해 용접 조직의 조대화 및 거대한 주상(Columnar) 조직이 생성되기 쉽고 이로 인해 저온 충격성이 저하된다는 점이다. EGW용접부는 일반적으로 별도의 열처리를 요구하지 않지만 저온 충격성이 필요한 경우에는 용접 후열처리를(PWHT) 요구하기도 한다. 최근에는 석유화학 공장에 사용되는 대 규모 저장 탱크의 수직(Vertical) 용접부를 높은 용접 효율로 용접하는 데 적용되고 있으며, 일부 기공이 발생하는 문제를 제외하고는 현장 적용에 문제가 없이 양호한 용접 금속을 얻을 수 있다.

위의 그림 6-30과 같이 용접 Wire가 Welding Gun을 통하여 그대로 용접부에 공급되는 방식을 Non-consumable Guide방식이라고 하며, 다음의 그림 6-32, 6-33과 같이 Guide Tube가 있는 경우를 Consumable Guide방식이라고 한다. Consumable Guide Tube Type을 사용하면 깊고 좁은 용접 Joint Gap의 Root부를 용접할 때, 용접부에 근접하기 전에 Joint벽면과 용접 Wire 의 근접에 의해 Arc가 발생하는 문제를 해결할 수 있다. Root부의 정확한 위치가 아닌 다른 곳에서 미리 Arc가 발생하면 용탕의 제어가 힘들어 지고, 정확한 위치에서 용접 Wire의 용융을 일으키기가 어려워진다. Consumable Guide는 용접과정에서 용융되어 Filler Metal의 5～10%를 충당하게 된다.

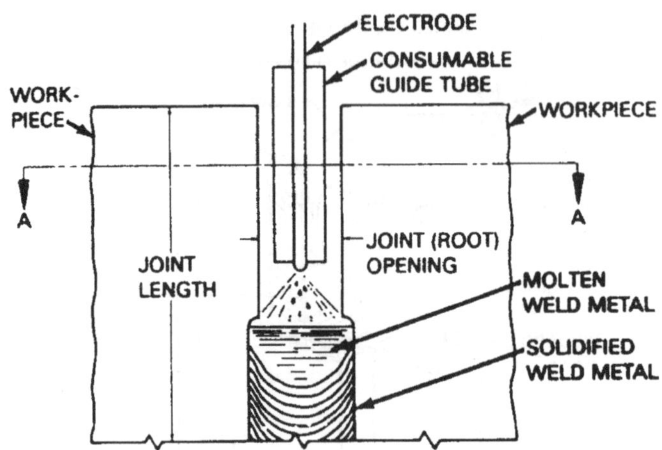

그림 6-32 Consumable Guide 방식의 Electrogas Welding 방법

(2) 용접 장비

용접 장비의 주요 구성은 그림 6-30, 6-31, 6-33에서 보는 바와 같이 전원 장치, 용접 Wire 송급 장치, Gas 공급 장치와 용접부를 냉각하기 위한 수냉 동판으로 구성되어 있다.

1) 전원

EGW에 사용되는 전원은 전류나 전압을 고정 시킨 상태에서 용접봉이 양극인 직류 역극성으로 주로 작업한다. 사용되는 전류의 범위는 750～1000A, 전압은 30～55V 정도로 고 전류 용접을 실시 한다.

2) 용접 재료

EGW에 사용되는 용접 재료는 기본적으로는 FCAW에 사용되는 Flux Cored Wire나 GMAW에 사용되는 Solid Wire가 모두 사용될 수 있다. 그러나, 실제로는 EGW에 사용되는 Flux Cored Wire는 통상의 FCAW Wire보다 Slag의 형성이 적은 것이 사용된다.

AWS A5.26에 의하면 EGW에 사용되는 용접 재료를 별도로 구분하여 정리하였다. 이들 용접 재료의 표기 방법은 첫 글자가 일반적인 용접재료의 "E" 혹은 "ER" 대신에 "EG"로 표기된다.

예) EG XX T XXX : Flux Cored Wire를 사용할 경우의 표기
EG XX S － X : Solid Wire를 사용할 경우의 표기
(각각의 표기법에 따른 기호의 의미는 제 8 장의 내용을 참조)

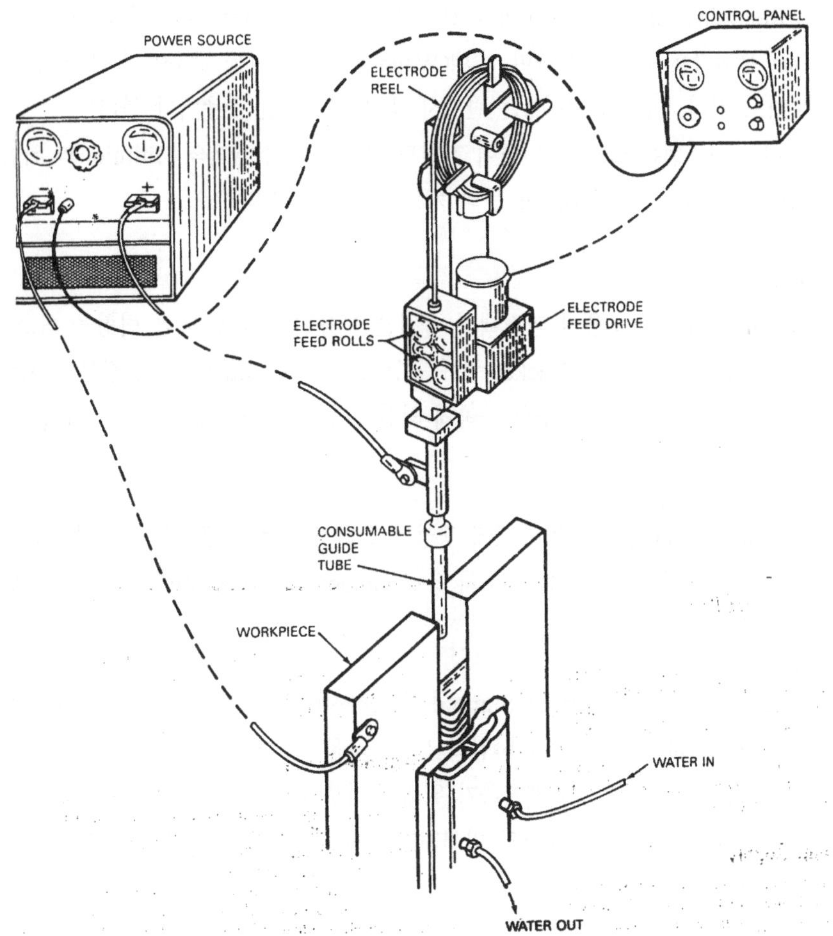

그림 6-33 Consumable Guide 방식의 Electrogas 용접 장비

3) 용접 Wire 공급 장치

Wire 송급 장치는 GMAW나 FCAW에 사용되는 것과 거의 동일하며 송급 속도는 최고 230㎜/s 정도 이다. Wire 송급 장치에는 Reel에서 공급되는 Wire를 반듯하게 해주는 Straightener가 포함되어 있다. 또한 Shielding Gas를 공급해 주고 용접 Wire를 용탕에 근접하도록 안내해 주는 Electrode Guide도 포함되어 있다.

4) Electrode Guide Oscillators

후판의 용접시에 균일하고 결함이 없는 용접 금속을 얻기 위해서는 용접봉의 적절한 운봉(Weaving 등)이 필요하다.

5) Retaining Shoes

Retaining Shoes는 Dam이라고도 불리며 용접 Joint 의 양쪽 Gap을 막아 Shielding Gas 분위기를 유지시켜 주며, 수냉(Water Cool) 장치를 갖추어 용접 금속의 응고를 도와주기도 한다. 이동식 Shoes는 반드시 냉각 시스템을 갖추어야 한다.

냉각 시스템은 Steel로 만들어 지기도 하지만 용착 금속의 Dillution의 위험성을 줄이기 위해 Ceramic 혹은 Copper 등의 재료로 만들어 진다.

6) Others

❶ Strong-Backs : 용접 과정에서 용접물의 용접 수축에 의한 변형을 최소화 하기 위해 설치하는 U자 형의 Bracket 종류를 통칭한다. 이 Bracket은 용접부의 Alignment를 잡아주기도 하지만 용접부의 수축에 의한 변형을 과도하게 억제할 정도로 지나치게 강해서는 안된다.

❷ Starting Sump : 용접 초기에 생성된 불안정한 용접 금속을 제거하고 Arc의 안정성을 도모하기 위해 설치하는 일종의 용탕 Guide이다. 이 Sump는 용접이 완료된 후에 제거한다.

❸ Runoff Tabs : Starting Sump와 비슷하지만 용도와 형상의 구분이 명확하다.

Runoff Tab은 용접 종료 시점에 갑작스러운 급냉으로 인해 발생하기 쉬운 응고 균열이나 Slag나 Gas의 혼입을 제거하기 위해 용접부 끝에 달아서 추가로 더 용접을 진행시키는 보조물이다. Starting Sump와 마찬가지로 용접 완료 후에 반드시 제거해야 한다.

(3) 용접 변수

1) 용접 전압

용접 전압은 용접부 폭(Width)과 모재의 용융속도에 큰 영향을 미친다. 일반적으로 30~35V 정도가 사용된다. 용접 전압이 클수록 용접부 폭이 커지고 모재 Sidewall의 용입량이 (모재의 용융 속도) 커진다. 따라서 두꺼운 후판을 용접하거나 높은 용융 속도가 필요할 때는 용접 전압을 높여야 한다. 그러나, 과도한 전압은 용탕에 이르기 전에 Sidewall쪽에서 미리 Arc를 발생시키므로 불안정한 용접이 이루어진다.

2) 용접 전류와 용접 Wire 공급 속도

용접 전류와 용접 Wire 공급(Feed) 속도는 용접봉의 크기와 Extrusion에 비례한다. 용접 Wire 공급 속도가 증가하면 용착률, 용접 전류, 용접 속도가 증가한다. 정해진 용접 조건에서 용접 전류를 증가시키면 용접부 폭이 작아지고, Sidewall 의 용입이 작아 진다.

3) Form Factor

용접부의 깊이에 대한 폭의 비를 의미하며, 용접 금속의 형상을 표현한다. Form Factor가 클수록 – 용접부 폭이 넓고, 깊이가 얕을 수록 – 응고 과정에서 저융점 개재물이나 편석, 불순물들을 Slag상태로 부상시켜서 제거하므로 바람직하다. 이와는 반대로 낮은 Form Factor의 용접 금속은 용접부 중심선을 따라 저융점의 개재물이나 불순물들을 포함하게 되므로 응고 과정에서나 응고후 고온에서 Crack을 발생시키기 쉽다.

일반적으로 Root Opening을 크게 하거나 전압을 높이면 Form Factor는 증가하고, 전류를 높이거나 Root Opening을 작게 하면 Form Factor는 작게 된다.

그러나 실제 용접에서는 Procedure에 따라 모든 용접 조건이 고정되므로 이 Form Factor를 측정하거나 기록하지는 않는다.

4) 용접봉 Extension

EGW에 적용되는 용접 Wire Extension은 일반적으로 40~75mm 정도가 적용되며, Self Shielded Flux Cored Wire일 경우에는 50~75mm 정도로 긴 Extension이 사용된다. 전원을 고정한 상태에서 용접 Wire Extension을 늘이면 Arc전압이 감소하고 용접 금속의 폭이 감소한다. 용접 Wire의 Feeding 속도를 높여서 Extension을 길게 하면 용접 Wire의 용융량이 증가하게 되고 Sidewall의 용입(Penetration)이 작아지며 결과적으로 용접부의 폭이 작게 된다.

(4) 용접 결함과 대책

1) 기공 (Porosity)

기공의 발생원인은 무척 다양하며, 그 발생 양상에 따라 다음과 같이 구분하여 원인을 정리할 수 있다.

❶ Porosity at Start

- 용접 Wire Feeding속도의 저하, 높은 용접 전압, 짧은 용접봉 Extension
- Sump 혹은 Sump와 모재 사이의 오염
- Shoes 혹은 Shoes와 모재 사이의 수분 응축
- 커다란 Sump를 사용하거나 저온 상태의 용접으로 인한 급냉

- 부적절한 Shoes와 Sump의 사용
- 불충분하거나 오염된 보호 Gas의 사용

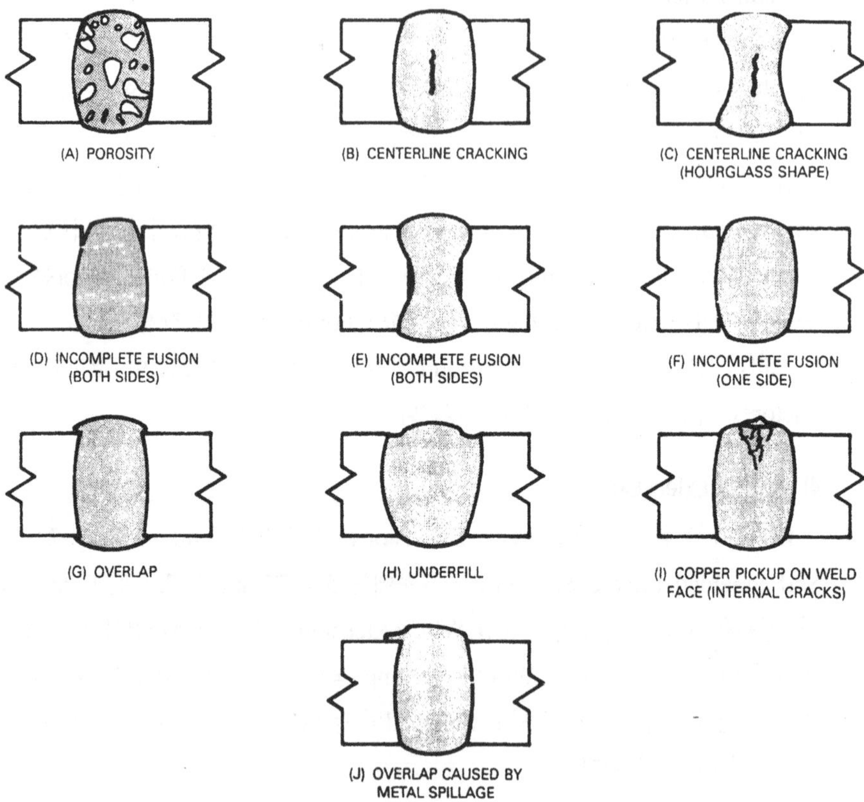

그림 6-34 EGW 용접부에 발생하는 결함의 양상

❷ Porosity in Weld

- 초기 Sump의 Porosity가 Production 용접부까지 연결되는 경우
- 과도한 전압
- 낮은 용접 Wire Feed 속도
- 용접 Wire의 Extension 이 너무 작다
- 용접부의 오염
- 부적절한 Shoes의 설치 및 보호가스로 인한 공기의 유입
- Shoes로 부터의 수분의 Leak

❸ Porosity at Weld Termination

- Runoff Tab이나 고정식 Shoe가 너무 작다(짧다).

- 부적절한 Runoff Tab의 설치로 인해 Slag의 Leak
- 용접물의 위치 선정 잘못으로 인한 Arc Blow의 발생

2) Centerline Weld Cracking

용접부 중심선에 나타나는 Cracking은 용접 응고 과정에서 수축에 의한 Stress 때문이다. 이는 과다한 용탕이 형성되고 급냉이 이루어 질 때 잘 발생되며 그 원인은 대략 다음과 같이 정리해 볼 수 있다.

- 용접 Wire Feed 속도가 너무 빠르거나, 전류가 과다하여 너무 많은 용탕의 생성
- 용접 전압이 낮아 용접 Bead가 좁고 깊게 형성
- Root Gap이 너무 좁아 Form Factor가 작다
- 용접중 휴지 시간이 너무 길어 용접부 과다 냉각을 초래

3) Incomplete Fusion

Incomplete Fusion은 궁극적으로 부적절한 입열 관리에 그 원인이 있다. Sidewall이 용융되어 용접 금속과 융착 되어야 하는데 입열이 부족하여 융착이 이루어 지지 않기 때문이다.

❶ Incomplete Fusion to Both Sidewalls

- 낮은 용접 전류, 낮은 용접 Wire Feed 속도에 의한 Cold Weld
- 지나치게 빠른 용접 Wire Feed 속도 (Fast Fill Rate)
- 용접부 Gap이 너무 작다 (Fast Fill Rate)
- 용접 Wire Oscillation 속도가 너무 빠르다.
- 용탕의 위부분에 지나치게 많은 Slag층.

❷ Incomplete Fusion to One Sidewall

- 용접 Arc의 위치가 용접 중심선에서 편향되어 있다.
- 용접 Wire의 방향이 한쪽으로 치우쳐 있다.
- Arc Blow의 형성으로 Arc의 치우침

4) Overlap

Overlap은 용융 금속이 모재가 녹지 않은 상태에서 과다하게 형성되어 용접 Joint에서 넘쳐 나는 현상이다. 나타나는 현상에 따라 분류하기도 하며, 그 원인은 다음과 같다.

❶ Overlap of front face

- Arc의 위치가 뒤쪽에서 너무 멀다 Wire Straightener, Drag 각도, Guide의 위치 부적절 혹은 Guide Tip의 마모에 그 원인이 있다.

- Bevel 각도의 과다
- Cold Weld : 낮은 전압, 용접 Wire Feed 속도의 지나친 저하

❷ Overlap of back face

- Arc의 위치가 앞쪽에서 너무 멀다 Wire Straightener, Drag 각도, Guide의 위치 부적절 혹은 Guide Tip의 마모에 그 원인이 있다.
- Cold Weld : 낮은 전압, 용접 Wire Feed 속도의 지나친 저하

❸ Overlap of both faces

- Cold Weld : 낮은 전압, 용접 Wire Feed 속도의 지나친 저하
- Copper Shoes의 Groove가 너무 넓다.
- Shoes 인접부의 과도한 냉각
- 너무 빠른 냉각 속도
- Joint opening이 너무 작다.
- Arc Blow에 의한 Arc의 편향
- Oscillation Cycle의 부적절

5) Underfill

용접 Joint가 충분히 채워지지 않은 Underfill은 항상 문제가 되는 부분은 아니다. Design 조건에 따라서는 강도 계산에 의해 부분적으로 채워진 용접부 만으로도 충분한 강도를 유지한다면 문제가 되지는 않는다.

그러나, 과도한 모재의 용융이나 Shoe의 Gap이 너무 작을 경우에 발생하는 인위적인 Underfill은 재 시공을 통해 개선되어야 한다.

6) Melt-Through in Starting Sump

Main 용접부 밖에서 발생되는 Sump의 Melt-Through는 용접 완료후 Sump를 제거할 것이므로 그 자체로는 문제가 되지 않는다.

그러나, Sump의 Melt-Through는 다음에 이어지는 정상적인 용접을 방해 하므로 문제가 될 수 있다. 이러한 현상은 Sump의 두께를 적절하게 조절하거나 Sump를 지지하는 Back-up Plate를 설치하여서 개선할 수 있다.

7) Hot Cracking

EGW에서 발생하는 Hot Crack은 용접 금속 자체의 특성에 의한 경우를 제외하고는 Shoe 재질로 사용되는 Copper의 용융에 의해 발생한다.

Copper의 용융 희석(Dilution)에 의한 문제점을 최소화하기 위해 Steel로 제작된

Cooling Shoes가 사용되기도 하지만 용접 과정에서 발생하는 희석의 문제를 완전하게 제거할 수는 없다.

이러한 Crack은 표면쪽에서 발생하는 특징을 가지고 있다.

9. Electron Beam Welding (EBW)

(1) 개요

Single Electron Beam Welding은 1950년대 후반에 처음 실용화 되기 시작 했다. 초기에는 원자력 분야등 극히 제한적인 용도로만 적용되었으나, 이후 안정적이고 우수한 용접 품질에 대한 인식이 확대 되면서 우주 항공 분야로 적용의 범위를 넓혀 가고 있다.

이 용접 방법은 높은 에너지를 가진 Electron들을 용접하고자 하는 모재에 충돌 시켜서 그때 발생되는 열로 용접을 진행시키는 Process이다.

초창기에는 용접기를 진공 상태로 유지하기 위해 용량이 커지는 단점이 있었으나 이후 Electron Beam Generator만 진공으로 하는 방법이 개발되어 용접기의 크기가 줄어들고 진공 유지를 위한 시간과 에너지 손실이 줄어 들면서 활용도가 더욱 증대되어 가고 있다.

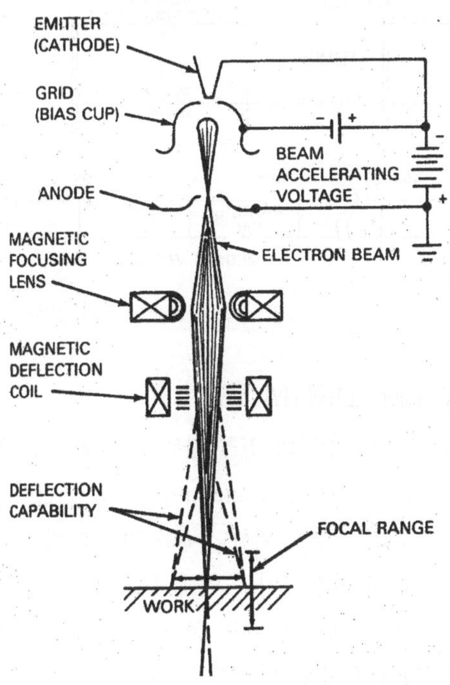

그림 6-35 Electron Beam 용접기의 개요

1960년대부터는 좁고 깊은 용접부를 Single Pass로 열변형을 최소화하면서 용접하는 Process로 널리 적용되고 있다.

(2) EBW의 분류

현재 상용화되고 있는 Electron Beam Welding 장비는 적용되는 진공도에 따라 다음과 같이 크게 세가지 기본 Mode로 나뉘어 진다.

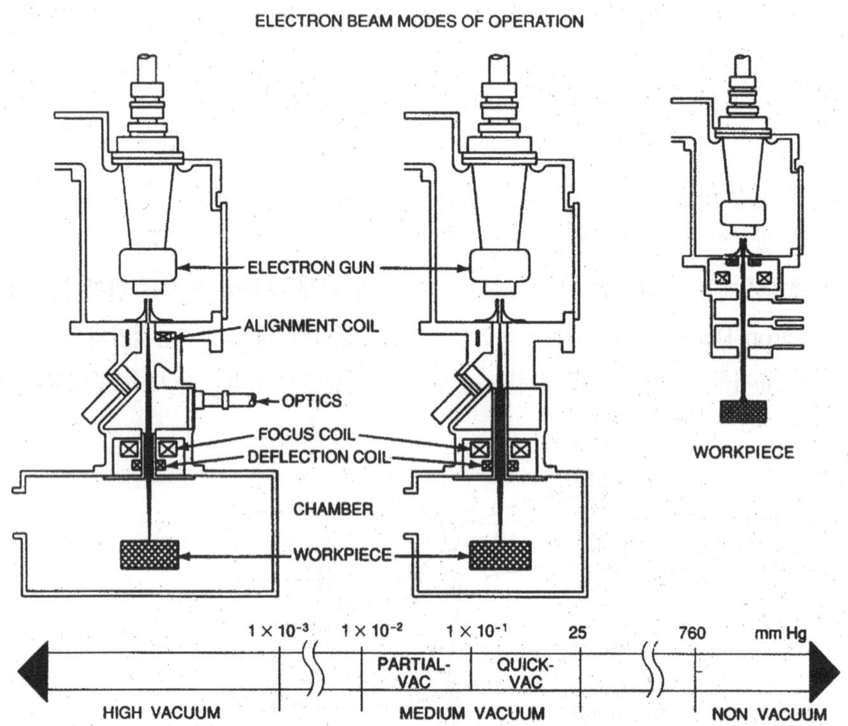

그림 6-36 진공도에 따른 EBW의 분류

1) High Vacuum Welding (EBW-HV)

진공도 10-6~10-3 torr 정도의 진공 분위기 속에서 용접이 이루어 지는 방식이다. 이 방식은 높은 진공도로 인해 Hard Vacuum이라고도 불린다. 진공 Chamber속에서 용접이 이루어지며 진공 분위기를 만들기 위한 시간을 필요로 하는 단점이 있다. 또한 진공 분위기를 만들어야 하는 Chamber의 크기로 인해 용접 가능물의 크기 제한이 있다.

이 방식은 용접 대상물도 반드시 진공 분위기에 있어야 하는 단점이 있다. 10-4 torr이상의 압력에서는 효과적인 용접을 실시할 수 없다.

High Vacuum의 장점은 다음과 같다.

❶ 좁은 용접부로 최대 깊이의 용접을 실시할 수 있다.

❷ 수축등에 의한 용접 변형이 최소화 된다.

❸ 깨끗한 용접 환경으로 인해 용접부의 오염을 최소화 할 수 있다. (순수한 용접 금속을 얻을 수 있다.)

용접물과 Gun사이의 거리를 최대한 둘 수 있어서 용접부를 확인하면서 용접을 실시할 수 있고 직접 용접기의 Access가 불가능한 용접 Joint의 용접이 가능하다.

Electron Beam의 산란을 최소화 하여 에너지 집중이 좋다.

진공에서 용접이 이루어 지므로 용접부의 산화나 질소 등의 오염 위험성이 최소화되어 활성이 좋은 금속의 용접에 적합하다.

용접 과정에서 에너지 원으로 작용하는 Electron은 용접기 내에 잔류하는 Gas 등에 의해 산란하게 되는데 높은 진공도로 용접을 하면 이런 산란을 최소화할 수 있다.

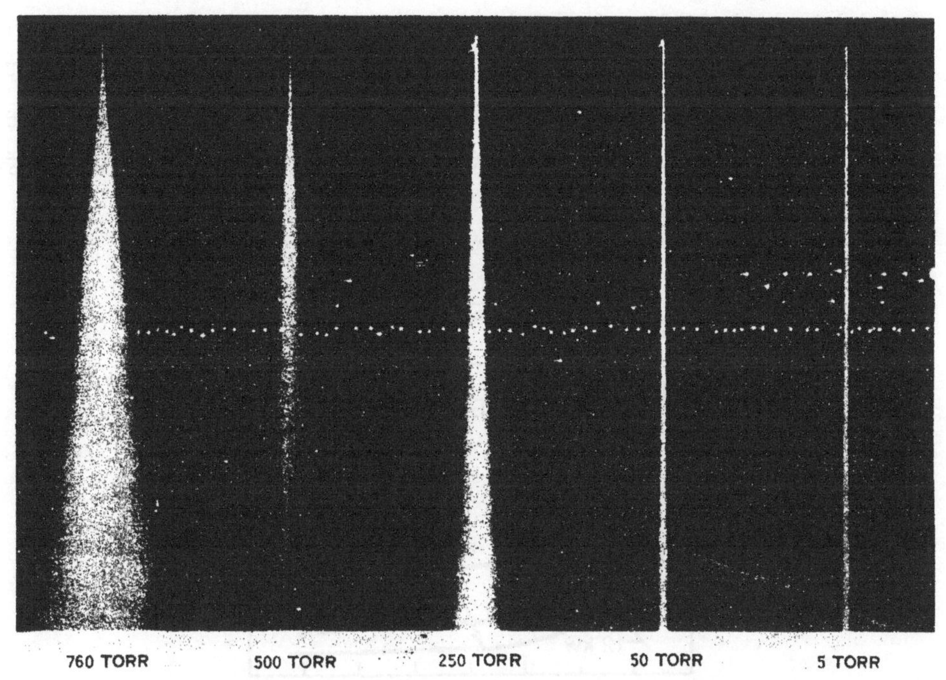

그림 6-37 진공도에 따른 Electron Beam의 산란

2) Medium Vacuum Welding (EBW-MV)

진공도 10^{-3}~25 torr 정도의 진공 분위기 속에서 용접이 이루어 진다. 이방식은 다시 진공도에 따라 Soft Vacuum (10^{-3}~1 torr)과 Quick Vacuum(1~25 torr)으로 구분한다.

EBW-HV와 마찬가지로 진공 분위기를 만들기 위한 시간을 필요로 하는 단점이 있다. 100ppm 정도의 공기가 존재하기 때문에 Electron이 산란하게 되고 EBW-HV에 비해 넓고 얕은 용접부를 얻게 된다.

3) Non-Vacuum Welding (EBW-NV)

대기중에서 용접이 진행되며, 진공 중에서 실시된 용접부 보다 넓고 얕은 용접부가 형성된다. 진공 분위기를 만들기 위한 시간 손실이 없기 때문에 용접 비용이 저렴하고 높은 생산성을 가질 수 있다.

또한 진공 Chamber가 사용되지 않으므로 용접물의 크기 제한이 없다. 용접부 보호를 위해 Shielding Gas를 사용하기도 한다.

용입의 깊이는 Electron Beam의 Power Level, 용접 속도, Gun과 용접물의 거리, Beam이 지나가게 되는 Gas 분위기에 따라 결정된다.

용접 속도가 느릴수록, 용접기의 출력이 클수록, Gun과의 거리가 가까울수록 용입은 깊어진다. Gas의 영향은 He을 사용할 경우가 가장 크고, 공기와 Ar의 순서로 용입이 작아진다. 이러한 영향은 Gas의 중량에 따른 산란 정도의 차이 때문인 것으로 판단된다.

Non-Vacuum Welding의 장점은 다양한 종류의 강종들을 쉽게 용접할 수 있다는 점이다. 적당한 보호 가스 분위기만 유지해 주면 Copper Alloy, Aluminum, Titanium등의 금속 용접을 쉽게 실시할 수 있다.

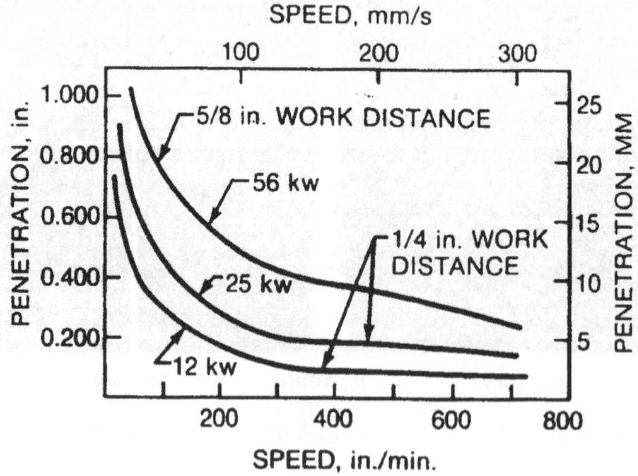

그림 6-38 EBW의 용접 속도에 따른 용접부 용입 깊이 (175kV in Air)

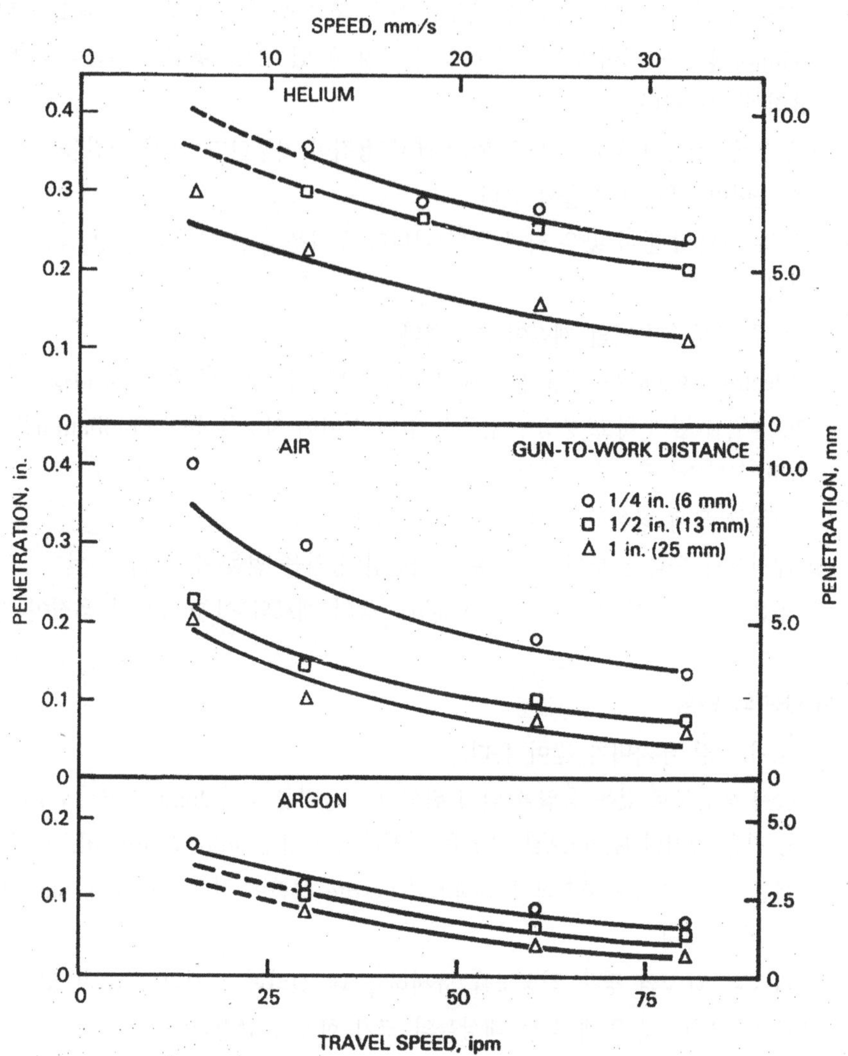

그림 6-39 용접 속도에 따른 보호 가스와 용접물과의 거리가 AISI 4340 강 용접부 용입에 미치는 영향 (175kV, 6.4kW)

(3) EBW의 장점, 단점

1) EBW의 장점

❶ 전기 에너지를 직접 Beam 형태의 에너지로 바꾸므로 에너지 효율이 높다.

❷ 용접부 깊이 대 폭의 비율이 커서 두꺼운 후판을 Single Pass로 용접할 수 있다.

❸ 다른 Arc 용접에 비해 단위 용접당 (깊이 X 길이) 입열이 적어 열 영향부가 작고 용접열에 의한 수축 변형등의 위험이 적다.

❹ 높은 진공도 속에서 용접된 금속은 산소, 질소의 오염 위험성이 최소화 된다.

❺ Gun과 용접물 사이의 거리를 충분히 가질 수 있으므로 용접기 접근이 어려운 부분도 용접이 가능하다.

❻ 높은 열 집중과 용융 속도로 인해 빠른 용접이 가능하다. 용접 시간을 줄이고 생산성을 높이며, 에너지 효율이 높다.

❼ Filler Metal 없이 얇은 박판 뿐만 아니라 두꺼운 후판 까지도 한 Pass로 용접이 가능하다.

❽ 진공 밀폐된 용기의 제작이 가능하다.

❾ Electron Beam 은 자장에 의해 변형되어 다양한 형태의 용접 Bead를 만들 수 있으며, 용입을 깊게 하고 용접부 품질을 높이기 위해 자장을 통한 Oscillation을 실시할 수 있다.

❿ 다양한 모재 형상과 두께의 용접이 가능하다.

⓫ 대칭적인 수축을 보여 주는 깊고 완전한 용입을 얻을 수 있다.

⓬ 높은 열전도도를 가지고 있는 Copper 등의 재료와 이종 재료의 용접이 가능하다.

2) EBW의 단점

❶ 초기 시설 투자비가 많이 든다.

❷ 좁은 용접부로 깊은 용입을 얻기 위해서는 정밀한 용접 Joint 가공과 Fit-up이 필요하다. 작은 크기의 Beam으로 용접을 실시하려면 용접 Joint Gap을 최소화하여야 한다.

❸ 빠른 응고 속도는 구속력이 강하거나 Ferrite 성분이 작은 Stainless Steel에 Crack을 일으키기 쉽다.

❹ H-V와 M-V의 경우 진공도를 유지하는 데 걸리는 시간의 Loss가 있고, Chamber Size의 제한으로 인해 용접 대상물의 크기 한계가 규정된다.

❺ Beam이 자장에 의해 경로가 휘어지므로 Beam Path 주위에서 사용되는 공구는 비자성체 이거나 자성을 충분히 제거한 것이어야 한다.

❻ 용접부 깊이 대 폭의 비가 큰 용접부를 부분 용입으로 용접하면 Root 부에 Void나 Porosity가 생길 수 있다.

❼ Non-Vacuum Mode 일 경우에는 Gun과 용접물 사이의 거리 제한으로 인해 용접물의 크기와 형상에 제한을 받는다.

❽ EBW중에 Electron Beam으로 부터 방사되는 X-Ray로 인한 인명의 피해를 막기 위한 차폐 설비가 필요하다.

❾ EBW중에 발생하는 Ozon과 기타 비 산화성 Gas들을 제거하기 위한 환기 시설이 필요하다.

(4) EBW 용접기 구성

1) Electron Beam Guns

Electron Beam을 발생시키는 장치로 EBW용접기의 핵심 부분이라고 할 수 있다. 주어진 용접 금속이 좁은 용접부를 가지려면 충분한 전자 속도를 가질 수 있도록 출력 에너지가 있어야 하고, 용입이 이루어지도록 Vapor Hole을 생성하고 유지할 수 있는 Beam 에너지가 있어야 한다.

2) 전원 장치

EBW용접기의 각 부분들에 전원을 공급하는 장치들이다.

❶ Electron Gun Power Supplies
❷ Main High-voltage Power Source
❸ Emitter Power Supply
❹ Bias Voltage Supply
❺ Electromagnetic Lens and Deflection Coil Power Supplies

3) Vacuum Pumping Systems

Electron Beam Chamber와 Work Chamber를 진공 상태로 유지하기 위한 Pump이다. 진공 Pump는 Mechanical Piston Type과 Vane Type의 두 종류가 있다.

4) Low / High Voltage Systems

EBW 용접기는 사용되는 전원에 따라 60kV 전압을 기준으로 Low Voltage System과 High Voltage System 으로 나뉜다.

❶ Low Voltage System : Low Voltage System에 사용되는 Chamber는 주로 Carbon Steel로 제작된다. 철판의 두께는 X-Ray의 방사를 막을 정도로 충분히 두꺼워야 하며, 납판을 이용한 차폐막이 있어야 한다.

❷ High Voltage System : 통상 100 kV에서 200 kV정도의 범위에서 사용된다. 200kV 정도의 전압을 사용하면 100 KW정도의 Beam출력을 얻을 수 있다. Work Chamber는 Carbon Steel로 제작되며 외부는 납판(Pb Plate)으로 Clad되어 X-Ray의 방사를 막는다.

(5) EBW 용접의 적용

1) Joint Preparation and Fit-up

EBW용접은 Fillet Joint를 제외한 거의 모든 용접 Joint에 안정적으로 적용될 수 있다. 용접 Joint 는 Groove 없이 Square-Butt Joint로 준비한다. 접합면이 일정 각도로 기울어져 있는 Scarp Joint도 사용되지만 Fit-up과 Alignment의 어려움으로 잘 사용되지 않는다. 용접봉을 사용하지 않을 경우에는 다른 Arc용접에 비해 훨씬 정밀한 용접 Joint Fit-up이 필요하다. 부적절한 Fit-up은 용접 Joint의 Lack of Fill (Incomplete Penetration)이 발생하게 한다.

용접부 Gap은 용접 조건에 따라 조금씩 달라지지만 Aluminum의 경우에는 다소 넓게 Gap을 주어도 좋다. 오염 물질을 완전히 제거하여 표면이 깨끗하다면 표면의 거칠기 정도는 중요한 사항이 되지 않는다.

2) Cleaning

EBW H-V Mode로 용접을 시행할 때 표면의 청결도는 매우 중요한 인자이다.

용접 금속의 오염은 Porosity나 Crack의 원인이 된다. 청결하지 못한 용접 재료를 용접하려고 하면 진공을 만드는 시간이 오래 걸리게 된다. Aceton이나 기타 용제를 사용하여 표면을 닦아낸다.

3) Filler Metal Additions

일반적으로 EBW에는 Filler Metal을 사용하지 않는다.

그러나 좁은 용접 Joint에 한쪽 금속은 개선면이 Taper져 있는 상태에서 낮은 출력의 용접기로 깊은 용입을 원할 경우 Filler Metal 을 사용하기도 한다. 용접봉을 사용함으로 인해 연성, 인장강도, 경도, Crack 저항성 등의 용접 금속 성질을 개선할 수 있다. 일례로 용접부에 Aluminum Shim을 추가하여 용접을 할 경우 Aluminum의 탈산 작용에 의해 용접부의 Porosity를 줄이는 역할을 기대할 수 있다.

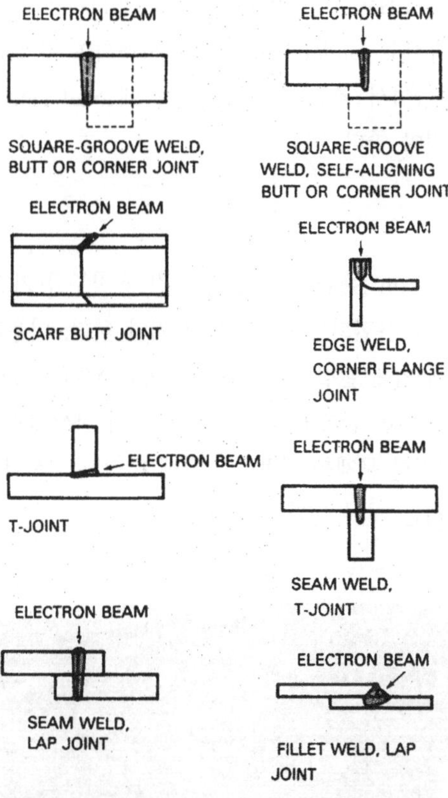

그림 6-40 EBW 적용을 위한 용접부 개선

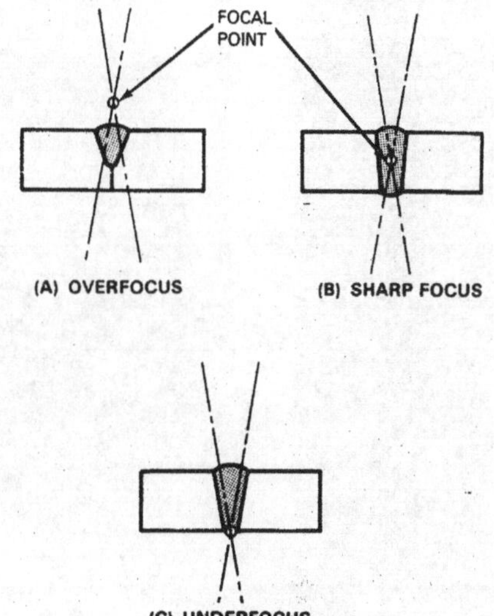

그림 6-41 Electron Beam의 초점과 용접 금속의 형상

위의 그림 6-41은 EBW용접의 BEAM Focusing에 따른 용접부 용입의 차이를 설명한 것이다. 후판일 경우에는 Under Focusing을 사용하여 가용 Beam의 폭을 넓히고 Beam의 Power Density를 줄여서 국부적으로 용접부내에 Nail Head나 Bottle Shape이 나타나지 않도록 용접하는 것이 좋다.

4) Missed Joints

작은 직경의 Electron Beam을 사용하여 긴 용접부를 가진 두꺼운 후판을 용접할 때는 Beam의 각도를 항상 용접되는 면에 일치시켜야 한다. 아무리 잘 조정된 Beam이라고 해도 용접중에 자장에 의해 굴절되어 Beam의 목표 위치를 벗어나기 쉽다. 이러한 예견하기 어려운 굴절 현상은 이종 금속의 용접시에 특히 비 자성체와 자성체 사이의 용접시에 자주 발생될 수 있다. 이러한 문제를 예방하기 위해 미리 용접부를 따라 Witness Line을 평행하게 그려놓고 확인하는 것이 좋다.

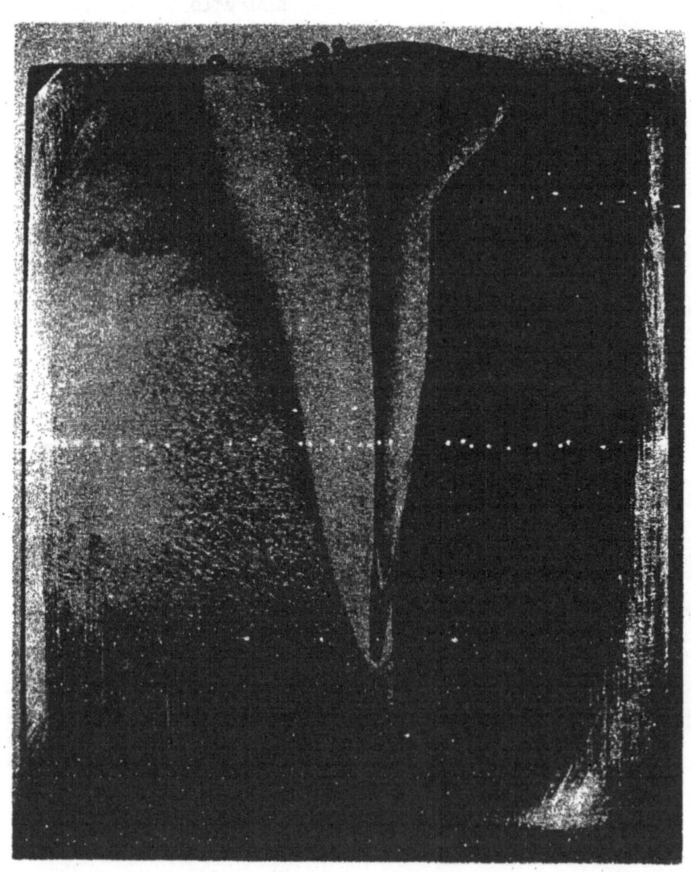

그림 6-42 이종 금속 용접시에 나타나는 Electron Beam 의 구부러짐.

10. PLASMA ARC WELDING (PAW)

(1) 개요

Plasma Arc Welding은 매우 높은 Energy 밀도의 이온화된 Gas를 가지고 용접을 진행하는 방법으로 GTAW와 마찬가지로 비소모성 Tungsten 전극을 사용하는 공통점이 있다.

PAW Torch에는 전극 주위에 Gas Chamber를 형성하기 위한 Nozzle이 장착되어 있고, Arc 열에 의해 Chamber안으로 유입되는 Gas를 가열하게 된다. 고온으로 가열된 Gas는 이온화 되고 전기적 극성을 가지게 된다.

이렇게 이온화 된 Gas를 Plasma라고 부르며, Plasma가 Nozzle로 부터 방출되는 온도는 약 16,700℃ 정도가 된다.

Plasma Arc 용접은 높은 Energy 밀도로 거의 모든 금속을 전자세에서 용접할 수 있는 장점이 있으나, 용접 장비의 가격이 고가이므로 초기 설비비 투자가 많다.

다음의 그림은 PAW용 Torch의 개략적인 단면이다.

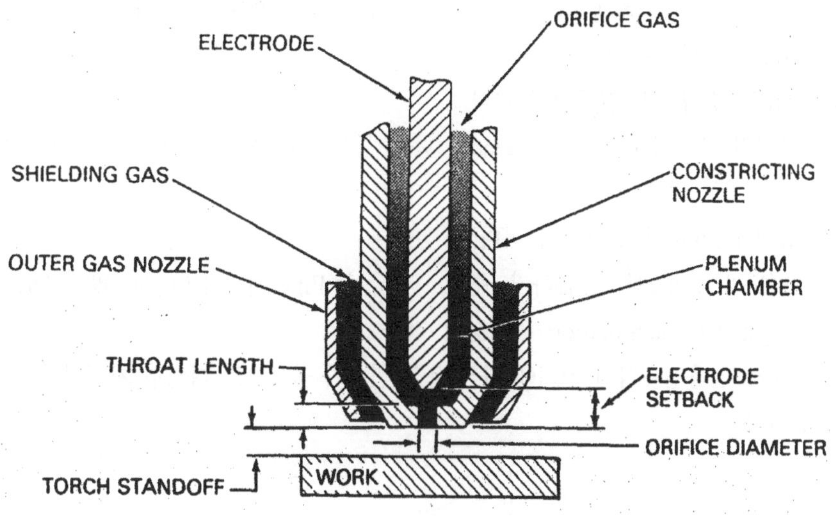

그림 6-43 Plasma Arc Torch의 구성

그림 6-43에서 보는 바와 같이 Shielding Gas를 Outer Gas Nozzle을 통해 공급하고 Constricting Nozzle을 통해 공급된 Orifice Gas가 Plenum Chamber안에서 이온화 되어 전기적 극성을 가지면서 용접 대상물에 고속으로 부딪치게 되는 것이다. 이때 발생된 Energy를 이용하여 용접을 진행시키게 된다. Constricting Nozzle은 고온을 수반하므로

이를 냉각시키기 위한 Water Cooling System이 적용되기도 한다.

GTAW와 비교한 PAW의 개략적인 비교는 다음 그림을 참조한다.

(2) Plasma Arc 용접의 적용

Plasma Arc용접은 우주 항공과 원자력 분야에서 적용되어 왔다.

0.1~50 A의 낮은 전류로도 박판의 용접을 안정적으로 시행할 수 있는 장점이 있다. Turbine Blade, Seal Edge, Bellows, Diaphragm등의 용접에 적용된다. 50～400 A의 높은 전류를 사용할 경우 GTAW용접에서 얻을 수 있는 용융 접합부를 얻을 수 있으며, 용접 시간을 절약할 수 있는 장점이 있다. 이와 같이 폭 넓은 전류 영역에서 사용하기 때문에 다른 용접 방법에 비해 용접 대상 재의 강종과 두께의 제한이 적다.

1) 장점

❶ 높은 Energy 밀도를 얻을 수 있다.
❷ 빠른 용접 속도를 얻을 수 있다.
❸ 낮은 전류를 사용하면 용접 변형을 줄여서 50% 이상의 변형을 줄일 수 있다.
❹ 용접 변수의 조절에 따라 다양한 형태의 용입을 얻을 수 있다.
❺ Arc의 안정성이 좋다.
❻ Arc의 방향성과 집중성이 좋다.
❼ 주어진 용입에 비해 용접 Bead의 폭이 좁고, 결과적으로 작은 용접 변형을 얻을 수 있다.
❽ 용접 Fixture의 필요성이 적다.
❾ 별도의 Filler를 공급하기 쉽고, 전극이 Filler와 접촉하지 않으므로 용접부의 Tungsten Contamination 위험성이 적다.
❿ Torch와 용접재와의 거리에 따른 용접 변수가 작으므로 다양한 자세에서의 용접이 가능하다.

2) 단점

❶ Constriction Nozzle의 구속에 의한 Arc의 집중도가 높아서 용접 Joint의 Misalignment Tolerance가 극히 작다.
❷ 수동 Plasma Arc Torch는 GTAW보다 다루기 어렵다.
❸ 만족스러운 용접부 품질을 얻기 위해서는 Constriction Nozzle 의 세심한 관리가 필요하다.

(3) Plasma Arc 용접의 적용

Plasma Arc용접은 GTAW와 비교하여 구속 Arc라고 구분한다. 이러한 구분은 다음의 그림 6-44에서 보는 바와 같이 GTAW의 경우에는 Arc가 넓게 퍼져서 나오지만, PAW는 Constriction Nozzle을 통해 Arc가 방향성을 가지고 집중되기 때문이다.

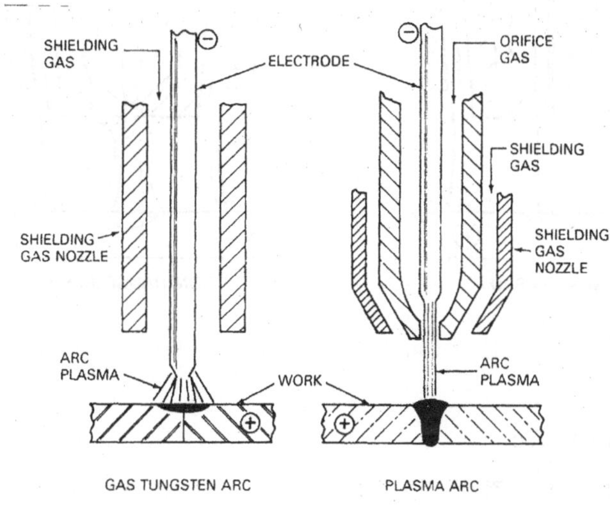

그림 6-44 GTAW와 비교한 PAW의 특징

PAW용접은 Arc의 형태에 따라 Transferred Arc와 Non-transfered Arc의 두 종류로 구분된다.

1) Transferred Arc

가장 일반적인 형태의 Arc 이행이다. 이 Arc이행은 용접 대상물에 직접 전원이 연결되어 전극에서 용접재로 직접 Arc가 이동하는 형태이다. 용접재는 용접을 이루기 위한 전원 Circuit의 한 구성 요소로 작용하고 용접에 필요한 열은 용접재의 양극점과 Plasma Jet에 의해 생성된다. 용접재와 전극 사이에서 직접 Arc가 생성되므로 Energy 집중이 좋다.

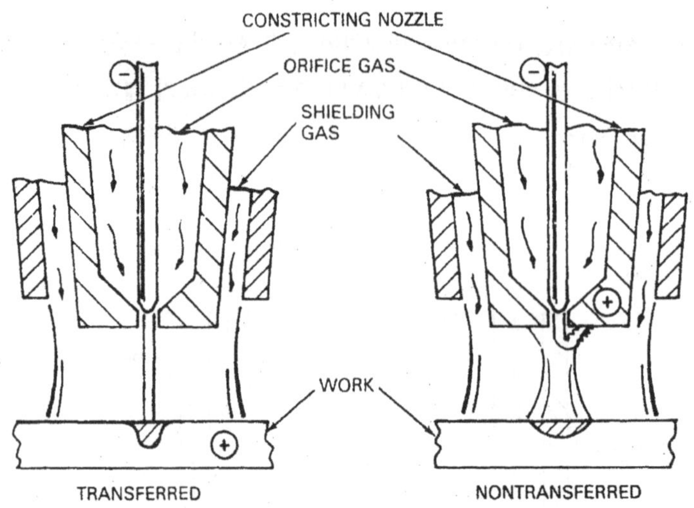

그림 6-45 Transferred and Nontransferred Plasma Arc Modes

2) Non-transferred Arc

주로 Cutting이나 전기 전도도가 약한 재료의 용접에 적용되는 방법이다. Non-transferred Arc Mode에서는 Arc가 전극과 구속 Nozzle 사이에서 발생된다. 용접재에는 전원이 공급되지 않고 용접에 필요한 열은 Plasma Jet에 의해서만 얻어진다. 용접부의 Energy 집중을 피하고 싶을 때 사용되기도 한다.

3) Double Arcing

Orifice Gas가 충분하지 않거나 Arc 전류가 너무 과다하거나, 용접 작업중에 Nozzle이 용접재와 접촉하게 될 때, Nozzle이 손상을 입고 불완전한 용접이 이루어지게 되는 데, 이 현상을 Double Arcing이라고 한다. Double Arcing이 발생하면 첫번째 Arc는 전극과 Nozzle 사이에서 발생하고, 두번째 Arc는 Nozzle과 용접재 사이에서 발생한다. 이때 음극점과 양극점이 교차하게 되는 곳에서 열이 발생하여 Nozzle에 손상을 가져오게 된다.

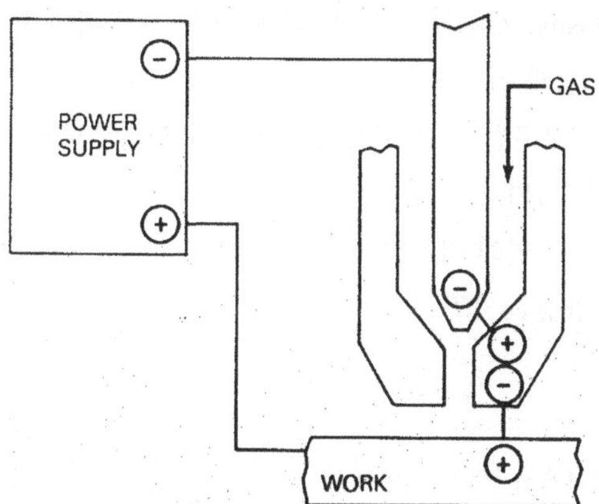

그림 6-46 Double Arcing의 설명

4) Keyhole Welding Technique

두께 1.6~9.5mm정도의 비교적 박판을 PAW로 용접하면 Plasma Arc의 높은 Energy 밀도로 인해 용접 Bead 선단에 용접재를 완전히 관통하게 되는 깊은 용입으로 인해 용융 Hole 이 생기게 되는데 이를 Keyhole이라고 한다. 일반적으로 Keyhole Welding 기법은 아래 보기 자세에서 적용된다. 용접이 진행되면서 Keyhole 앞 부분은 용융이 일어나고 뒷부분은 응고가 일어나게 된다. 이러한 Keyhole Welding Technique의 장점은 용접부를 단 1 Pass로 용접할 수 있다는 것이다.

또한 Lining재를 용접할 경우에는 Keyhole을 통해 불순물과 계면의 Gas가 빠져나갈 수 있는 여건을 조성해준다. 그러나 Orifice Gas 의 유속이 과다하면 용접이 되기 보다는 절단이 이루어지기 때문에 Orifice Gas 유속에 세심한 주의를 요한다.

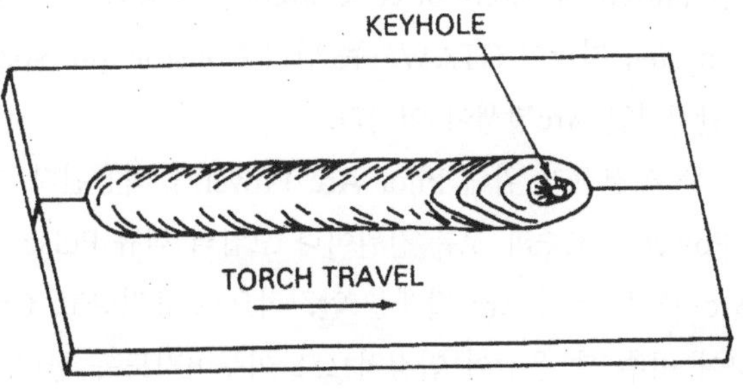

그림 6-47 Keyhole 방법에 의한 PAW의 적용

GTAW와 비교한 Keyhole Technique의 장점과 단점은 다음과 같다.

❶ 장점

- Keyhole과 Plasma Gas의 역할에 의해 용융 금속내에 Porosity로서 잔류할 수 있는 Gas의 방출을 쉽게 해 준다.
- Keyhole을 중심으로한 용융 금속의 대칭적인 형상으로 인해 가로 방향 (Transverse)의 변형을 줄일 수 있다.
- 높은 용입 효과로 인해 대부분의 두께를 1 Pass로 용접할 수 있다.
- 용접 Joint의 Groove가공 없이 맞대기 이음을 할 수 있어서 기계 가공비가 절감된다.

❷ 단점

- 용접 변수가 GTAW보다 다양해서 제어에 어려움이 있다.
- 특히 두꺼운 후판의 경우에는 Operator의 숙련된 기술이 필요하다.
- Aluminum을 제외하고는 대부분의 Keyhole용접 방법은 아래보기 자세로 제한된다.
- 안정된 용접을 실시하기 위해서는 Plasma Torch의 세심한 관리가 필요하다.

(4) Plasma Arc Welding의 용접 장비

1) 전원

가장 일반적으로 사용되는 전원은 직류 정극성(DCEN)이다.

이외에 직류 역극성이나 교류가 사용되는 경우도 있는데, 직류 역극성이나 교류가 사용되는 경우는 GTAW 와 마찬가지로 Aluminum등의 용접시에 적용된다. GTAW의 경우에는 Aluminum등의 용접시에 직류 역극성이나 교류 사용으로 얻어지는 Surface Oxide 제거 효과를 청정효과 (Cleaning Effect)라고 부르지만 Plasma 용접에서는 Cathodic Etching이라고 부른다.

직류 전원은 Pulsed or Non-Pulsed Current를 사용하기도 한다.

PAW는 Tungsten 전극이 GTAW와는 달리 Constriction Nozzle안에 들어가 있으므로 용접 초기에 안정적인 Arc발생이 어렵다.

이러한 문제를 해결하기 위해 Pilot Arc Power가 적용된다.

Pilot Arc Power는 고주파 교류 전원이나 고압의 직류 Pulse 전원을 통해 공급된다. 이러한 Pilot Arc전원은 초기 Arc 발생을 안정적으로 유지하고, Orifice Gas를 이온화 시키는 역할을 하여 이후 본 용접이 안정적으로 이루어지도록 한다.

PAW는 전압의 변화에 따른 용접조건의 변화가 적다.

2) 용접봉

PAW는 용접봉을 사용하여 GTAW처럼 용접을 실시할 수 있다.

이때 사용되는 용접봉은 GTAW에 사용되는 것과 동일하며 별도의 Wire Feeder를 사용하기도 한다.

전극도 GTAW와 동일한 것을 사용한다.

3) 가스

PAW에 사용되는 Gas는 Shielding Gas와 Orifice Gas의 두 종류가 있다.

Gas의 선정은 용접대상물의 재질에 따라 결정되며 Shielding Gas와 Orifice Gas를 동일하게 사용하는 것이 대부분이다.

Orifice Gas는 반드시 불활성 기체를 사용해야 Tungsten 전극을 보호할 수 있다. Shielding Gas는 불활성 기체를 대부분 사용하지만 모재에 해가 없다면 활성기체를 사용할 수도 있다.

가장 일반적인 Orifice Gas 는 Ar이다. Ar은 이온화되기 위한 Energy가 낮아 쉽게 이온화되어 Arc 의 안정성을 확보할 수 있기 때문이다.

11. Electric Resistance Welding (ERW)

(1) 저항 용접의 개요

전기 저항 용접은 두 금속사이에 전류를 흘려 주어 이때 발생되는 전기 저항열을 이용해서 용접을 실시하는 방법이다.

1) 저항 용접의 원리

저항 용접에서는 압력을 가한 상태에서 금속의 고유 저항열과 금속 끼리의 접촉면에서 발생하는 접촉 저항열에 의하여 열을 얻고, 이로 인하여 금속이 가열 또는 용융하게 되면 가해진 압력에 의하여 접합이 되도록 하는 과정을 거친다. 따라서 이 저항 발열의 원리는 모든 저항 용접의 가장 기본이 되는 이론으로서 공정 개발이나 현장에서의 전극 관리 또는 품질 관리를 위해서는 반드시 필요한 개념이라고 할 수 있다.

저항을 가진 금속에 전류가 흐를 때 발생하는 열량 즉 저항열 (또는 Joule열) Q는 다음과 같다.

– (주) 이하의 저항용접에 관한 자료는 부경대학교 조상명 교수님의 용접학회지 기고 내용을 참조한 것임을 밝힙니다. (용접학회지 V.15, N.2, 1997년)

$$Q = I^2Rt \quad \text{(Joule)}$$
$$= 0.24 \quad \text{(Cal)}$$

단, : 전류(A), R : 저항(Ω), t : 통전 시간(Second),
1 Cal = 4.2 J, 1 J = 0.24 Cal

또한 저항 발열량 Q는 다음과 같이 전류 밀도의 항으로 표현될 수 있다.

$$Q = I^2Rt = I^2\rho\frac{L}{As}t \quad \text{(Joule)}$$
$$= \rho\delta^2 LAst \quad \text{(Joule)}$$
$$= \rho\delta^2 Vt \quad \text{(Joule)}$$

단, ρ : 고유저항(Ω-cm), L : 도체의 길이(cm),
As : 도체의 단면적(cm^2)
V : 도체의 체적(cm^3, Las), δ : 전류밀도(A/cm^3, I/As)

따라서, 용접을 위하여 기여하는 저항 발열은 다음과 같을 때 증가함을 의미한다.

- 고유 저항이 클수록
- 전류 밀도가 높을 수록

특히, 두번째의 전류 밀도에 대해서는 점 용접(Spot Welding)과 프로젝션(Projection) 용접시의 여러 현상과 깊은 관계가 있다.

도체의 길이가 일정할 때 같은 크기의 전류가 흐르는 경우라도 그 통전면적을 작게 하면 전류밀도가 증가하여 발열량이 증가하게 된다.

발열량은 단면적에 반 비례하여 증가한다. 즉, 같은 전류가 흐를 때라도 점 용접이나 프로젝션 용접에서와 같이 전류의 통전면적이 작아 지도록 전극을 뾰족하게 하거나 피용접재에 돌기(Projection)를 만들어 주면 그 부분에서는 큰 저항열이 발생하여 용접이 쉬워짐을 알 수 있다.

2) 저항 용접의 특징

저항 용접을 Arc용접과 비교하면 다음과 같은 장점이 있다.

❶ 용접 변형이 작고
❷ 용접 속도가 빠르고 작업자의 숙련이 필요 없으며

❸ 한번 용접 조건을 선정하면 안정된 품질 유지가 비교적 쉽고
❹ Filler Metal이 필요 없어 용접 절차가 간단하며
❺ 자동화가 비교적 간단하다.
❻ 강종에 따른 구분이 거의 없다.

(2) 저항 용접부의 각부 명칭

다음의 그림 6-48은 저항 용접부의 대표적인 형상으로서 점 용접부 단면의 각부 명칭을 나타낸 것이다.

1) Nugget (너겟)

용접 결과로 접합부에 생기는 용융 응고한 부분으로서 일반적으로 접합면을 중심으로 바둑돌 모양으로 형성되어 있다.

2) Corona Bond (코로나 본드)

Nugget주의에 존재하는 링(Ring)형상의 부분으로서 실제 용융하지는 않고, 열을 받은 상태에서 압력을 받아서 고상으로 압접된 부분을 말한다. 이 부분은 접합 강도에는 기여하지 않고 비파괴 검사시에 Nugget 치수를 크게 평가하기 쉽게한 부분이다.

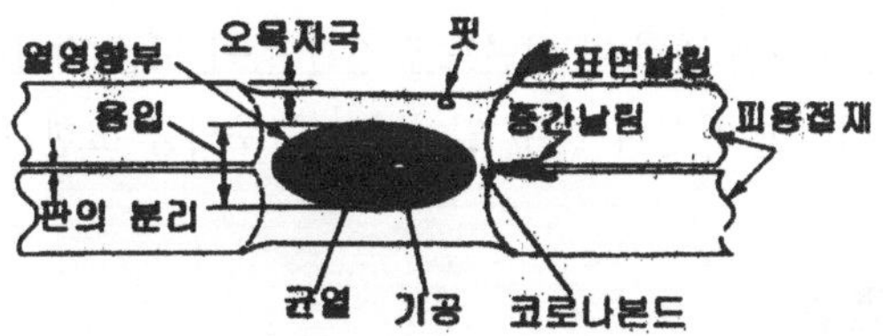

그림 6-48 점 용접부의 단면을 통하여 본 각부의 명칭

3) Indentation (오목 자국)

전극팁이 가압력으로 모재에 파고 들어가서 오목하게 된 부분을 말한다. 이와 같은 깊이를 오목 깊이라고 한다.

4) Penetration (용입)

피용접재가 녹아 들어간 깊이로서 Nugget의 한쪽 두께와 같다.

5) 기공 (Blow Hole)

Nugget 내부에서 용융중에 발생한 기포가 응고시에 이탈하지 못하고 남아있는 공동을 말한다. 일반적으로 Nugget의 중앙부에 발생하며 과대한 전류나 부족한 가압력으로 인하여 용융 금속이 날아간 자리에 형성된다.

6) 중간 날림 (Expulsion)

용융 금속이 Corona Bond를 파괴하고 외부로 튀어나가면서 날리는 것을 말한다. 흔히 Expulsion이라고 하는 것은 이 중간 날림을 의미한다.

이 문제는 점 용접이나 프로젝션 용접에서 가장 해결하기 어려운 문제중의 하나이다.

7) 표면 날림 (Surface Flash)

전극과 피용접재의 접촉면에서 피용접재나 전극이 용융해서 튀어나가는 것을 말한다. 중간 날림보다는 자주 생기지 않지만 주로 점 용접에서 전도율이 나쁜 전극을 사용하거나 냉각 부족 또는 전극팁 직경이 과소한 경우에 자주 생기고 전극팁의 손상에 가장 큰 영향을 미친다,

한편 Splash는 중간 날림과 표면 날림을 포괄하는 일반적인 용어로 사용되고 있다.

8) 오염 (Pick Up)

전극과 모재의 접촉부가 과열되어 전극의 일부분이 모재에 부착하거나 전극과 모재 부분이 오염되는 현상을 말한다. 아연도금 강판 등의 도금 강판을 용접할 경우 도금층이 전극에 부착되어 이러한 현상이 자주 일어나므로 주의를 요한다.

(3) 저항 용접 변수

(1) 용접부 저항의 변화와 온도의 관계

다음의 그림 6-49는 점용접시 각 부위의 저항과 용접시의 온도 변화를 모식적으로 나타낸 것이다. 금속의 용융점 이상으로 온도가 상승한 접촉부 일부에만 용접이 된다.

그림에서 제시된 바와 같이 전극이 접촉된 부분과 두 모재 사이의 계면에서 저항 값이 증가하며, 이 저항 값은 온도값으로 인식해도 무방하다.

즉, Nugget이 형성되는 두 계면사이의 접촉부가 가장 높은 온도로 가열되고 이곳에서부터 두 금속의 부분 용융이 이루어 져서 용접이 진행되는 것이다.

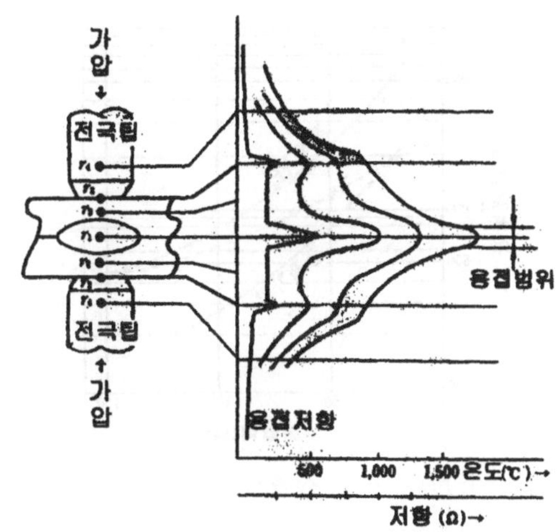

그림 6-49 점 용접부의 저항값과 용접시의 온도분포

2) 가압력과 접촉 저항의 관계

접촉 저항은 두 피용접재 사이의 접촉면에 존재하는 전기저항으로서 용접되면 소멸한다. 접촉 저항은 전기 저항 발열에 비하면 그다지 크다고는 할 수 없지만 용접 과정에 미치는 영향은 매우 복잡하다.

접촉 저항은 접촉면의 미소한 요철과 산화물 등으로 인하여 전류 통로가 제한되기 때문에 생기는 집중 저항이다. 따라서, 가압력이 크게 되면 접촉 면적이 증가하여 접촉 저항은 감소하게 된다.

접촉 저항이 크다고 하는 것은 전류통로 면적이 작다고 하는 것으로서 전류 밀도가 증가하여 그 만큼 발열량이 커짐을 의미한다.

전기 저항 용접에서 전극 팁의 형상을 중요시 하는 것은 전극 팁의 형상은 전기가 통하는 통로가 되고, 동시에 적절한 가압력을 가하는 수단이 되기 때문이다.

아연 도금 강판의 저항 용접시에는 전류를 높이고 가압력을 상대적으로 작게 하여 접촉부에서 발생하는 아연 가스를 배출할 수 있도록 해야 한다. 또한 전류를 높여서 접촉부 발열량을 크게 하여 아연의 기화(Vaporization)를 돕는 것이 좋다.

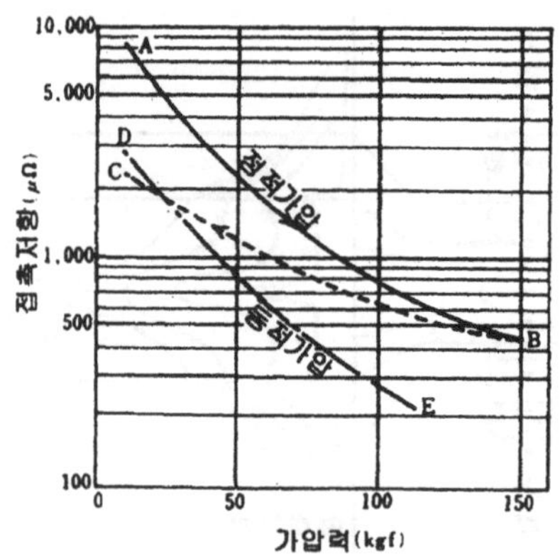

그림 6-50 가압력에 따른 접촉저항의 변화 (아연도금 강판)

3) Nugget의 생성 과정

통전의 초기부터 Nugget이 생성될 때 까지의 과정은 다음의 그림 6-51와 같이 도식될 수 있다.

❶ 전극 팁 주변에 전류밀도가 높은 부분이 생겨서 그 부분에서부터 온도가 상승하기 시작한다.

❷ 먼저 온도가 상승한 부분은 저항이 높게 되므로 그 부분에서 한층 온도가 더 높게 된다. 그러나, 전극과 접촉한 피용접재의 표면은 전극에 의해 냉각이 되기 때문에 온도상승이 크지 않다.

❸ 중심부는 마침내 용융하여 Nugget이 생성한다. Nugget 주위에는 Corona Bond라고 하는 압접부가 생성된다.

❹ 용융부의 저항률은 약 2.5배로 급등하므로 전류는 주변부로 퍼져서 Nugget이 성장하지만, 마침내 평형 상태에 달하여 Nugget은 전극 방향으로의 열전도와 판 폭 방향으로의 열전도의 영향을 받아서 바둑돌 모양을 띄게 된다.

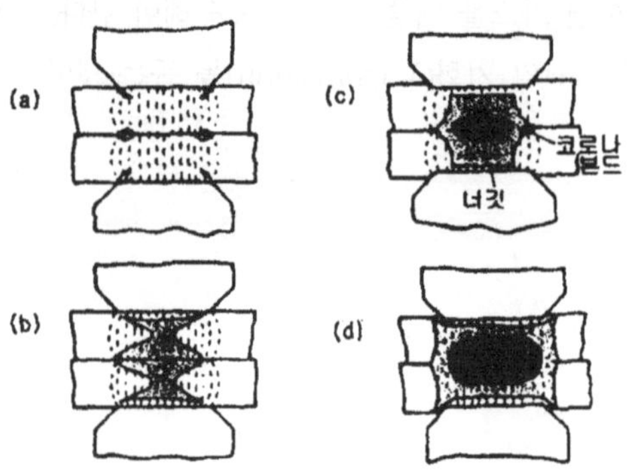

그림 6-51 점(Spot) 용접시의 Nugget 생성과정

4) 용접부의 저항 변화

용접중에 전류의 변화를 거의 없도록 하면 팁간 전압의 변화는 바로 용접부 저항의 변화로 볼 수 있다. 이는 아래의 그림 6-52와 같다.

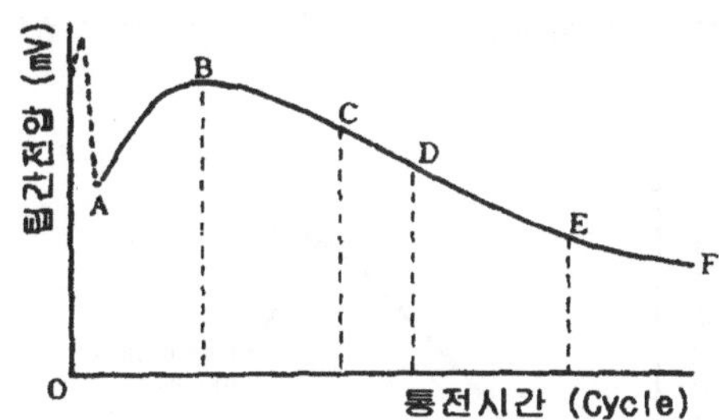

그림 6-52 전극 팁간 전압변화에 의한 점 용접부 저항변화

그림에서 초기의 점선 부분은 통전에 따라 바로 접촉면의 미소요철이 연화 소실하여 접촉 저항이 소멸하는 기간으로서 불안정한 현상이다.

이어서 AB기간에는 통전로의 온도상승과 함께 저항이 증대하게 된다.

B점에 이르면 처음으로 접촉면의 일부가 용융하여 Nugget이 형성되면서 통전로의 면적이 커지기 시작하여 온도 상승에 따른 저항 증가와 서로 상쇄되어 전압은 정점을 나타낸다. 그 후 BC에서는 Nugget이 급속하게 증대되어 온도는 더 이상 상승하지 않기 때문에 저항은 하강한다. CD기간에는 Nugget이 성장하지 않고 평형 상태에 이르며, 다소의 Corona Bond가 성장하므로 저항은 더욱 감소한다.

이렇게 하여 전류 통로가 지나치게 퍼져서 전류 밀도가 낮아지게 되면, 통전 중에도 주위로 부터 냉각되어 응고를 시작하는 수가 있다.

이러한 경우 용접부의 단면에 링 모양이 생기게 되어 용접부의 인장 강도가 현저하게 감소하게 된다. 실제로 용접은 C점 또는 D점 근방에서 통전을 마쳐야 하며, E, F점까지 장시간 전류를 흘리는 경우는 없다.

(4) 저항 용접의 3대 요소

저항 용접의 3대 요소는 용접 전류, 통전 시간, 전극 가압력이라고 할 수 있다. 점 용접에서는 전극의 소재와 형상도 중요하지만 3대 요소에는 포함시키지 않는다. 여기서 용접에 필요한 발열량은 전류의 제곱에 비례하고, 통전 시간에 비례하며, 전극의 가압력에 대략 반비례하는 관계를 가진다.

1) 용접 전류

용접시의 전류가 부족하면 Nugget의 충분한 형성이 곤란해져서 용접부에 대한 인장 전단시험을 실시하면 전단파단(Surface Fracture)이 생기면서 강도가 떨어진다. 전류가 과대해 지면 판 표면에 오목자국이 크게 되거나 끝티가 남고 전극팁 표면의 오염도 현저하게 된다. 또한 중간 날림(Extrusion)이 생겨서 Nugget에 기공이 남기도 한다.

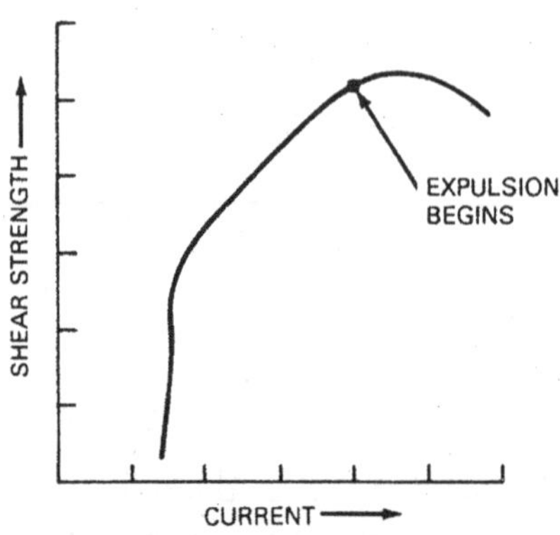

그림 6-53 Effect of Welding Current on Spot Weld Shear Strength

더욱 과대한 전류가 흐르거나 전극과 피용접재 표면에서 과대한 발열이 되면 표면 날림(Surface Flash)까지 생기고 끝티가 심하게 된다.

한편, 피용접재의 접촉면이 평탄하지 않거나 접촉 상태가 불안정하면 초기에 날림이 심해져서 강도가 불균일해지는 수가 있는데, 이러한 경우에는 전류를 서서히 증가 시키는 통전 파형 즉, Up slope 파형을 선택하면 좋다. 저항 용접시에 적용되는 전류는 주로 단상 직류이지만 최근에는 Inverter의 적용으로 교류 용접을 하는 경우도 많아지고 있다.

2) 통전 시간

저항 용접에 필요한 저항 발열은 통전 시간에 비례하기 때문에 대전류 단시간에서도, 소전류 장시간에서도 비슷한 열량은 얻어진다.

그러나, 열전도에 의하여 잃는 열량도 시간에 따라 증가하기 때문에 전류를 작게 하고 시간만 증가한다고 용접이 되는 것이 아니고, 적당한 전류와 통전시간을 선택하여야 한다. 전류를 높여서 통전 시간을 지나치게 짧게 하면 열전도의 여유가 없기 때문에 용접부는 원통형의 Nugget으로 되어 용융 금속의 날림과 기포등이 생기기 쉬우며, 건전한 용접부가 얻어지기 곤란한 경우가 있다.

일반적으로 판 두께가 얇을 수록 통전 시간의 증가에 따라 Nugget 직경 증가가 빨리 포화된다. 그러나, 판 두께가 커지면 상당히 긴 통전 시간 동안에도 Nugget 직경이 증가하는 경향을 보인 후 포화하게 된다.

즉, 같은 전류를 흘리면서 통전 시간만 증가 시킬때는 Nugget 직경의 성장 한계치가 거의 판 두께에 비례해서 증가함을 의미한다.

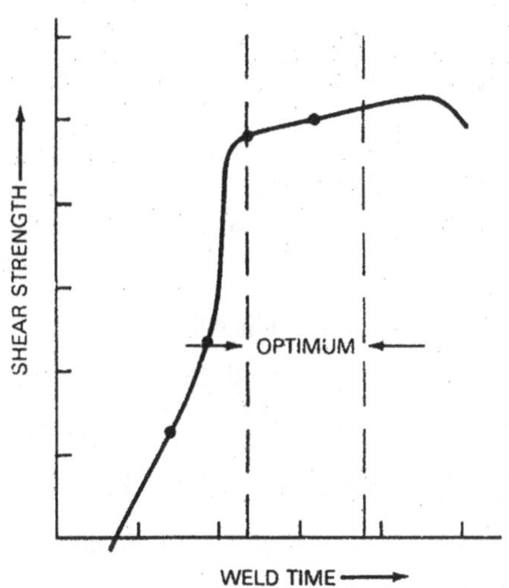

그림 6-54 용접 시간에 따른 용접부 인장 강도의 변화

판 표면에 생기는 오목 자국은 용접 전류에도 크게 의존하지만 통전 시간이 커지면 거의 비례하여 증가하므로 오목 자국을 작게 하기 위해서는 대전류 단시간 통전의 원리를 적용하는 것이 기본적으로 유리하다.

또한 통전시간이 지나치게 커지면 통전 중에도 불구하고 냉각, 응고를 개시하여 Nugget 주변부에는 링 모양이 생기며, 이때는 오히려 인장 전단 강도가 저하하게 된다.

3) 전극 가압력

저항 용접에서는 전술한 바와 같이 강력한 가압력을 가하여 전류의 통전 면적을 작게 하여 전류 밀도를 크게 함으로써 저항 발열을 집중시켜서 Nugget을 얻는다. 따라서 저항 용접에 있어서 전극 가압력은 전류 밀도를 결정하는 중요한 인자이다. 전극 가압력은 저항용접에 있어서 자율 작용의 가장 큰 지배 인자로서, 용접 전류를 크게 하면 그에 따라 가압력도 크게 하여야 한다. 그런데 초기부터 낮은 가압력을 가하거나 통전도중에 가압력이 낮아지는 경우는 가열되어 팽창하는 용융 금속이 외부로 튀어나가는 것을 억제하면서 Nugget의 성장을 촉진하는 작용을 하지 못한다. 이와 같이 가압력이 낮거나 통전 중에 갑자기 가압력이 낮아지는 때에는 용융 금속의 날림이 생기기 쉽고 이로 인하여 과대한 오목 자국 및 기공과 같은 결함이 생긴다.

4) 전극의 특성

전기 저항 용접의 3대 요소는 아니지만 그에 못지 않게 중요한 인자가 전극이다. 올바른 전극의 선정은 저항 용접부 품질에 매우 중요한 영향을 미친다.

저항 용접에서 전극의 역할은 다음의 4가지로 요약될 수 있다.

❶ 전류의 흐름을 유지해 주며, 전류의 밀도가 발생될 수 있도록 한다.

❷ 용접재에 압력을 가한다.

❸ 용접부의 열을 부분적으로 제거하는 역할을 한다.

❹ 용접재의 위치를 고정하는 역할을 한다.

가장 일반적으로 사용되는 전극은 Cu-Alloy들이다.

이들 전극재료는 높은 전기 전도도와 열전달 능력 및 적당한 강도를 가지고 있어서 널리 사용된다. 일반적으로 강한 재료일수록 전기 전도도와 열전달 능력은 떨어진다. Aluminum Alloy 전극은 뛰어난 전기 전도도와 압축 강도로 전극과 모재의 융착을 최소화 하면서 용접을 진행 시킬 수 있는 장점이 있다. Stainless Steel 재료의 전극도 사용되는데 높은 압축 강도는 얻을 수 있으나, 전기와 열 전도도가 떨어지는 단점이 있다.

(5) 저항 용접의 종류

전기 저항 용접은 그 적용 방법에 따라 Spot, Seam, Project용접의 세가지 기본 방법으로 구분되며, 기타의 용접 방법으로 Flash, Upset, Percussion등이 있다. Spot, Seam, Project용접의 형태는 다음의 그림을 참조한다.

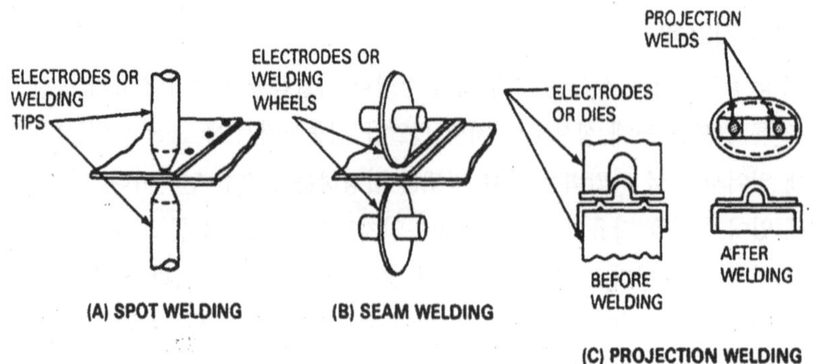

그림 6-55 전기 저항 용접의 구분

1) Spot Welding

Spot용접은 통상 3.2mm 이하의 얇은 박판에 적용하고 있다. 주로 간단한 Lap Joint에 적용이 되고 있으며, Leak가 허용되는 단순 구조물에 적용된다. 간혹 6 mm정도의 두께에 적용되기도 하지만 경제성과 취급의 어려움을 고려해 볼 때 추천하기 어렵다. 이 용접은 보수 정비를 위한 분해의 필요성이 없는 곳에 적용된다. Spot용접은 전류의 회로 구성에 따라 Direct와 Indirect Welding으로 구분한다.

Direct Welding은 용접 전류와 힘을 가하는 전극이 용접 대상물을 사이에 두고 대칭되는 반대의 위치에 놓여 지는 것을 말한다. 이와는 반대로 Indirect Welding은 전류 회로를 구성하는 전극과 압력을 가하는 전극이 어느 정도의 거리를 두고 떨어져 있는 것을 말한다. Spot 용접은 Joint에 어느 정도의 Overlap 되는 여유 공간이 있어야 한다. 그렇지 않으면 다음의 그림에서 보는 바와 같이 표면에 결함이 생기게 된다.

또한 Spot 용접부의 단점으로는 표면에 그림 6-58과 같은 함몰된 용접 자국이 남는다는 것이다. 최근에 이를 보완해서 용접 자국을 줄인 용접기도 개발이 되고 있으나 근본적인 해결은 되지 않고 있다.

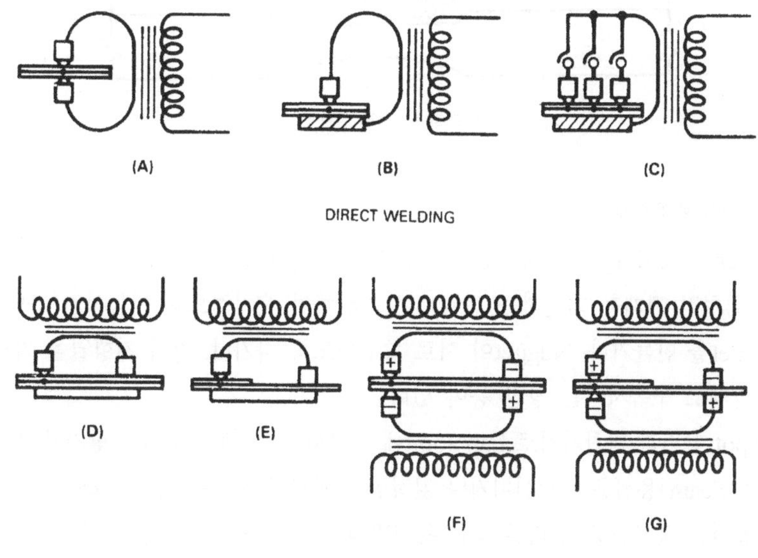

그림 6-56 전기 저항 용접의 전원 연결 유형

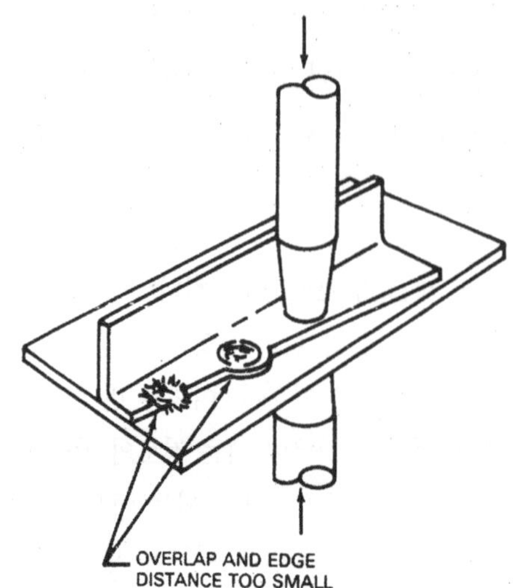

그림 6-57 부적절한 Overlap과 Edge Distance로 인한 결함

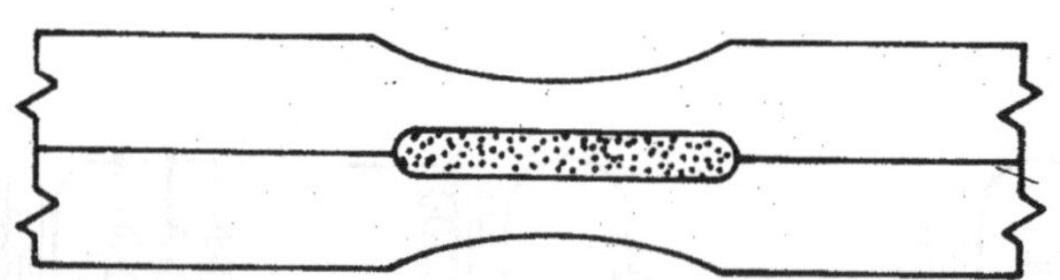

그림6-58 Spot 용접부의 표면 함몰

2) Seam Welding

Seam Welding은 Spot용접과는 달리 연속적인 용접 Seam을 만들어 접합하는 방법이다. 겹쳐진 판재를 회전하는 전극으로 가압하여 순차적으로 이동시켜 가면서 연속적으로 Nugget을 만들거나, Nugget이 서로 중첩되도록 하거나, 전기 저항열을 가하면서 힘을 가해 강제로 구속시키는 방법 등이 있다.

Spot 용접과 마찬가지로 Lap Joint에 적용되며, 유체의 누설을 방지가 필요한 곳에 적용된다. Seam 용접은 일직선이거나 일정한 유형의 곡선 용접이 가능하지만 불규칙한 구조물의 용접은 불가능하다. 다른 용융 용접법에 비해 용접부 강도는 떨어지지만 손쉽게 용접을 완료할 수 있는 장점이 있다.

용접 과정에서 힘을 가하는 방법과 Joint의 형상에 따라 Lap Seam Weld, Mash Seam Weld, Metal Finish Seam Weld의 세 종류로 구분한다.

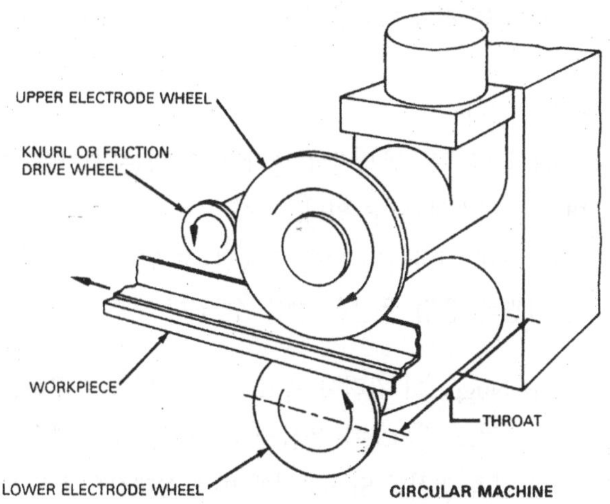

그림 6-59 전기 저항 Seam 용접기

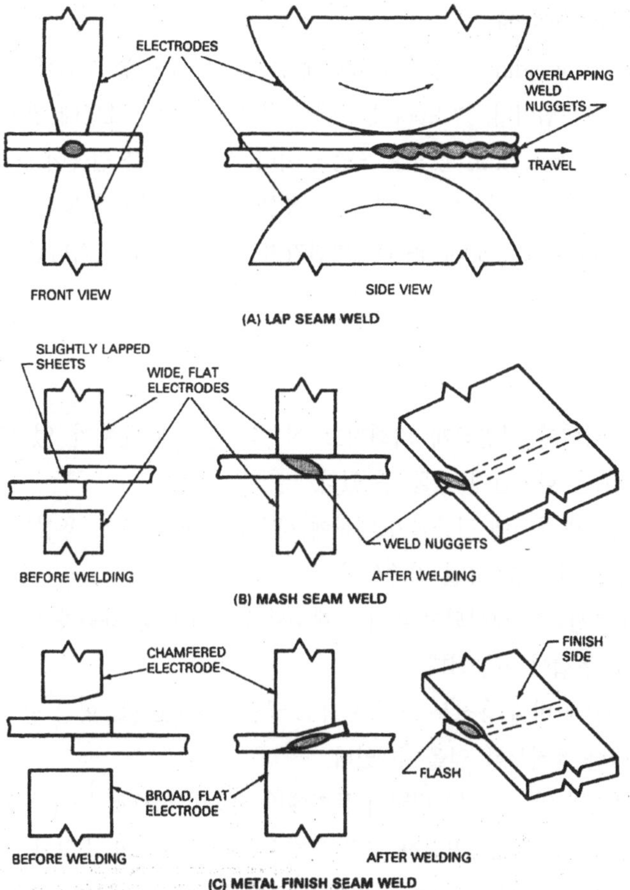

그림 6-60 전기 저항 Seam 용접의 종류

Seam용접에 사용되는 전류는 다음과 같은 이점을 얻기 위해 Pulsed Current를 사용한다.

❶ 저항 열 제어가 쉽다.
❷ 각각의 Nugget이 압력을 받으면서 냉각될 수 있는 시간을 준다.
❸ 용접물의 변형을 최소화할 수 있다.
❹ Expulsion이나 검게 산화되는 것을 조절할 수 있다.
❺ 보다 양호한 외관과 용접 품질을 얻을 수 있다.

이 방법은 인접된 Nugget의 간격이 좁고, 특히 기밀을 요구하는 이음부에 대해서는 인접한 Nugget이 어느 정도 겹치도록 용접을 진행해야 하기 때문에 전류가 많이 필요하고 전극의 모재에 대한 접촉 면적도 Spot용접에 비해 상대적으로 넓게 되어, 결국 같은 판 두께에 대하여 Spot용접의 1.5~2배의 전류, 1.2~1.6배의 가압력을 필요로 한다.

3) Projection Welding

Projection Welding은 용접물 표면에 돌기를 만들어 놓고 전류와 압력을 가하면서 용접을 실시하는 방법이다. 즉 Spot 용접에서 전극의 역할을 표면에 형성된 돌기들이 담당하게 되는 것이다. Projection 용접은 표면에 여러 개의 돌기를 만들어 동시에 다수의 Nugget이 형성되게 하기도 한다. 용접 대상물은 통상 3.2 mm이하의 얇은 박판에 적용된다.

Projection 용접은 Spot 용접과 마찬가지로 작은 부품을 커다란 구조물에 용접할 때 사용하기 좋다.

❶ 장점

- 전극의 압력이 균일하게 가해지고 전류의 공급에 문제가 없다면 여러 개의 용접부(Nugget)를 한꺼번에 만들 수 있다.
- 용접 전류가 돌기에 집중되기 때문에 적은 Overlap만으로 용접물을 더 가까이 근접시켜서 용접할 수 있다. (열 집중성이 좋다.)
- 돌기가 후판쪽에 형성되고 돌기의 개수와 위치가 변동 가능하므로 6배 이상의 두께 차이가 나도 용접이 가능하다.
- Spot 용접에 비해 용접부 크기가 작고 균일한 Nugget을 형성 할 수 있으므로 더 조밀하고 정밀한 용접부를 얻을 수 있다.
- 모든 용접과 열 발생 및 변형이 돌기에만 집중이 되므로 돌기가 없는 쪽의 외관이 좋다.
- Spot 용접보다 크고 평평한 전극을 사용하므로 전극의 소모가 작고 경제적이다.
- 기름, 녹 등에 의한 전극의 오염이 용접부 품질에 별 영향을 미치지 못한다.

❷ 단점 (사용상의 제한)

• 미리 돌기를 만들어야 하는 어려움이 있다.
• 다층 용접을 할 경우에 각 층별로 돌기의 위치를 정확하게 제어해야 하는 어려움이 있다.
• 돌기를 만들기 어려운 후판일 경우에는 Projection 용접을 적용하기 어렵다.
• 다층 용접은 반드시 동시에 실시해야 하고 이를 위한 장비의 용량에 제한이 따른다.

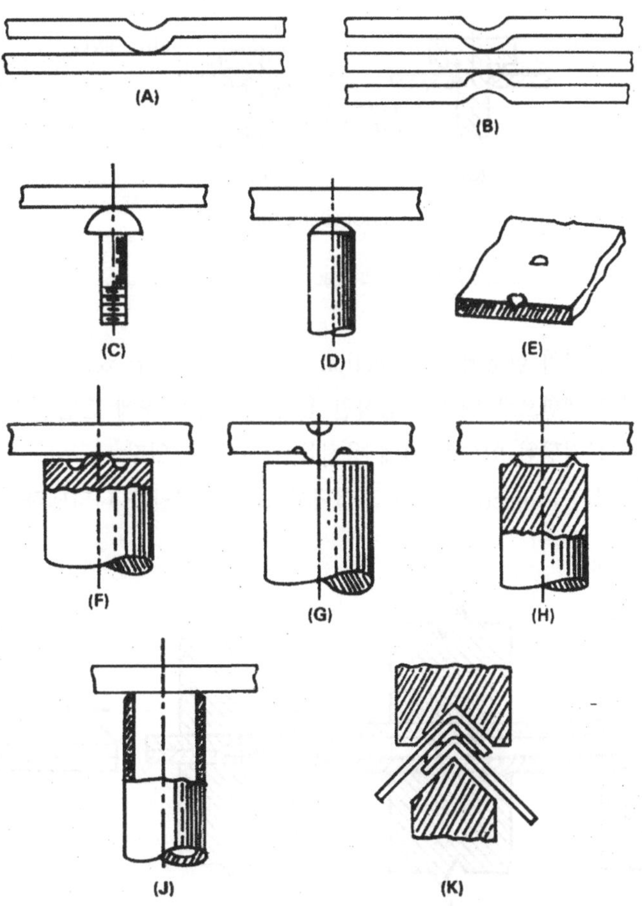

그림 6-61 전기 저항 용접용 Projection 의 종류

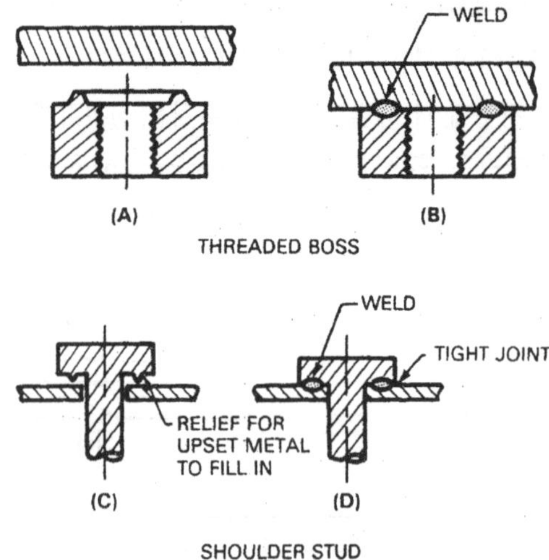

그림 6-62 Projection 용접의 적용

위 그림은 산업 현장에서 Projection 용접이 적용될 수 있는 사례를 보여 주고 있다. 크기와 형상의 제한으로 인해 직접적인 용접이 어려운 곳에 손쉽게 Projection을 형성하고 전기 저항과 적당한 압력을 가해 용접을 실시할 수 있다.

다음 그림은 Projection 용접 과정에서 돌기의 역할을 나타낸다.

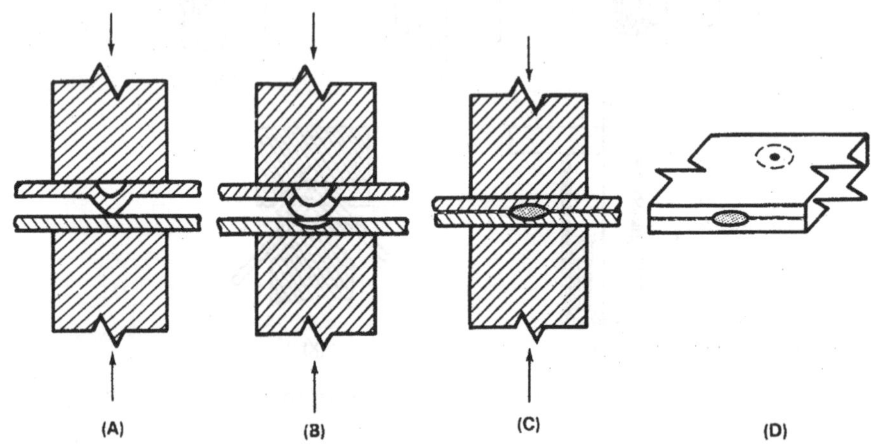

그림 6-63 Projection 용접 과정에서 돌기(Projection)의 역할

4) Flash Welding

Flash 용접은 용접하고자 하는 모재에 Groove를 만들고 여기에 전압을 가하여 서로 가까이 하면 전기 저항열이 발생하고 두 금속이 접촉했을 때 높은 전류를 흘려 주면 순간적으로 맞다은 용접부의 선단이 용융하면서 약간의 Arc가 발생하게 되고 용융 금속의 일부

가 빠른 속도로 용융부로부터 이탈하게 된다. 이러한 용융 금속의 이탈현상을 Flash라고 한다. Flash 용접법은 저항 가열 외에 Arc열도 적극적으로 이용하여 비교적 넓은 단면적을 갖는 부재를 상대적으로 낮은 전류 밀도를 적용하여 용접하는 방법이다. 용접이 진행되는 과정은 그림 6-64와 같고, 다음의 4단계로 진행된다.

① 용접기에 용접 대상물을 설치한다. (전극에 용접물을 고정 시킨다.)
② Flash 전압을 가한다.
③ 계속해서 Flash가 일어나도록 모재를 강하게 반복하여 접촉 시킨다.
④ 정상 전압에서 Flash를 일으킨다.
⑤ Flash를 종료하고 두 금속을 접촉(Upset)시킨다.

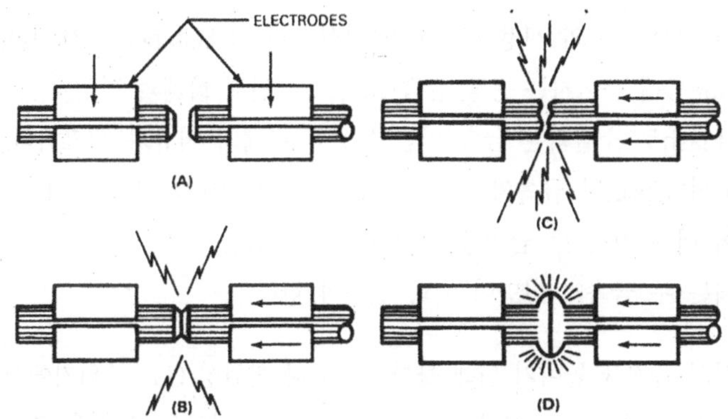

(A) : Position and clamp the parts
(B) : Apply flashing voltage and start platen motion
(C) : Flash
(D) : Upset and terminate current

그림 6-64 Flash 용접 과정

일단 이러한 조건이 성립되면 더 이상의 Flash는 필요 없다.

Flash 용접에 의해 생성된 용접부는 마찰 용접이나 Upset 용접에 의해 생성된 용접부와 유사한 외형을 가진다. 그러나 마찰 용접과의 가장 큰 차이점은 용접에 사용되는 열이 마찰열이 아니라 전기 저항에서 생성되는 열이라는 점이다. Upset 용접은 Flash 용접과 비슷하지만 Flash가 없이 용접이 이루어 진다는 점이 차이점이다.

강하고 균일한 용접부를 얻기 위해서는

① 용접 Joint 주위의 온도분포가 균일해야 하며
② 접합부의 평균 온도가 금속의 용융점 이상이어야 하고
③ Flash중에 접합되는 단면에 균일하게 압력이 가해지도록 단면 접촉이 이루어져야 한다.

❶ Flash용접의 장점

- 단면 형상이 원형이 아닌 어떠한 형상이어도 용접이 가능하다.
- 비슷한 단면을 가진 부재는 어느 정도의 각도를 가진 상태로도 용접이 가능하다.
- 접합면의 용융층과 Upset 동안에 밀려 나온 층으로 인해 계면의 불순물이 제거 된다.
- 초기 Flash를 일으키고 위해 단면을 Bevel 가공해야 하는 대형 부재를 제외하고는 별도의 계면 가공이나 청결 작업이 불 필요하다.
- 다양한 단면의 Ring이 용접 가능하다.
- Upset 용접에 비해 Flash 용접의 HAZ부가 더 좁다.

❷ Flash 용접의 단점

- 급격한 단상 전원의 사용으로 초기 삼상 전원의 Balance가 깨진다.
- Flashing중에 흩어지는 용융 금속 조각으로 인해 화재와 작업자 부상의 위험성이 있다. 또한 Flash로 소실되는 금속 만큼의 용접 부재의 여유가 필요하다.
- Flash 와 Upset된 금속의 제거를 위한 별도의 장비가 필요하다.
- 단면이 너무 작은 두 금속을 용접하기가 어렵다.
- 접합되는 두 금속의 단면이 거의 같아야 한다.

용접부의 품질을 높이기 위해 불활성 Gas나 환원성 Gas 분위기에서 Flash 용접을 하기도 한다. 또한 예열을 실시하기도 하는데 예열의 이점은 다음과 같다.

- 용접 부재의 온도를 높여서 Flash 발생과 유지를 돕는다.
- 용접부 주위의 온도 분포를 고르게 하여 Upset이 보다 넓은 영역에서 잘 일어나도록 한다.
- 예열을 통해 용접기 성능을 초과하는 큰 Size의 용접물도 용접이 가능하다.

Flash가 완료되면 냉각이 이루어 지면서 용접이 완료되게 된다.

이때에 갑자기 전류를 끊어 버리면 용접부가 지나치게 급격히 냉각 되므로 이를 방지하기 위해서 Upset 동안에도 계속적으로 전류를 흘려 준다.

경우에 따라서는 용접 후열처리를 실시 하는 경우도 있다.

용접부에 발생하는 결함들은 Oxide, Voids, Cracking등이 있으며, 용접 변수들이 용접부에 미치는 영향은 다음 표 6-14와 같다.

Table 6-14 Flash와 Upset 용접부 품질에 영향을 주는 요소들

Variables	Excessive	Insufficient
Voltage	Deep craters are formed that cause voids and oxide inclusions in the weld : cast metal in weld	Tendency to freeze : metal not plastic enough for proper upset
Upset Rate	Tendency to freeze	Intermittent flashing, which makes it difficult to develop sufficient heat in the metal for proper upset.
Time	Metal too plastic to upset properly	Not plastic enough for proper upset : cracks in upset.
Current	Molten material entrapped in upset : excessive deformation.	Longitudinal cracking through weld area : inclusions and voids not properly forced out of the weld.
Distance or force	Tendency to upset too much plastic metal : flow lines bent perpendicular to base metal.	Failure to force molten metal and oxides from the weld :voids.

다음의 그림은 Flash Weld의 대표적인 유형들이다.

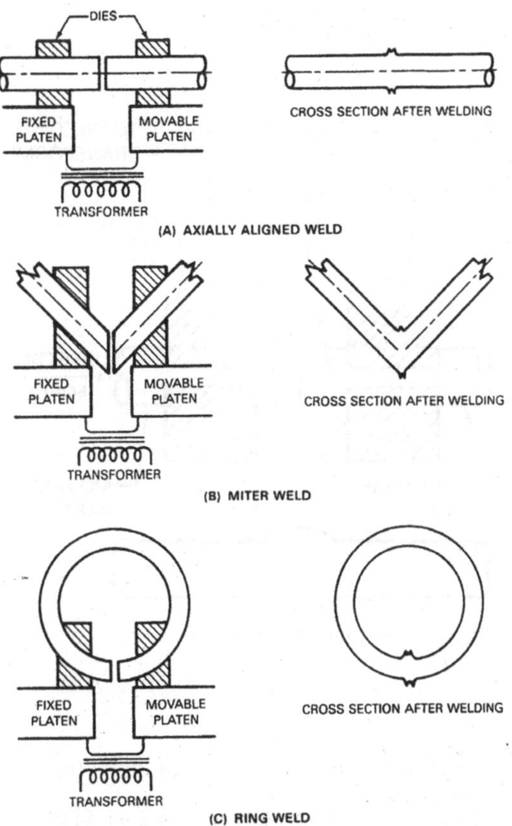

그림 6-65 Flash 용접의 대표적인 유형

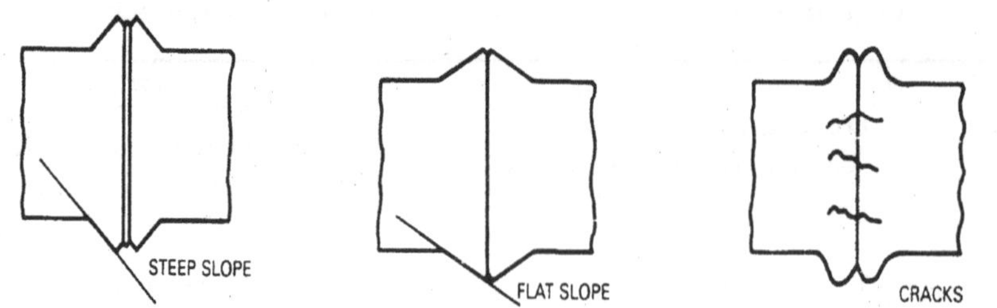

그림 6-66 Flash 용접부의 품질

5) Upset Welding

Upset 용접은 전류에 의한 저항열을 이용하여 가열하면서 압력을 가해 용접하는 방법으로 Solid 상태에서 용접이 이루어 진다.

Flash 용접과 구별되는 가장 큰 차이점은 Flash가 없다는 점과 용융된 금속 조직이 없다는 점이다. 두 모재는 용융되지 않고 단지 재결정 온도 까지 가열된 후 인접된 계면을 따라 압력이 가해지면 Upset이 발생되고 일부 금속이 접합 계면 밖으로 밀려 나오는 현상이 발생하면서 용접이 이루어 진다.

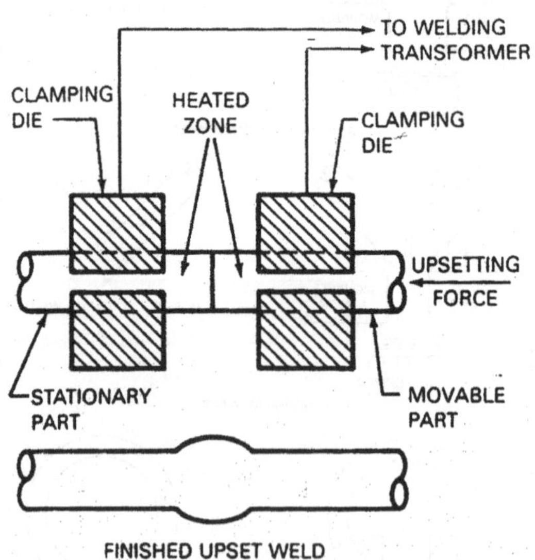

그림 6-67 Upset 용접의 개요

Upset 용접은 주로 Wire형상 제품의 생산에 적용된다.

Wire 생산 공장에서는 연속 생산 공정에 적용하기 위한 Wire의 연결 작업에 이 용접을 이용한다. 통상 1.27～31.75mm정도의 직경을 가진 단면이 원형인 제품의 용접에 적용된다.

용접부에서 발생하기 쉬운 결함의 종류와 용접부의 건전성을 확인하기 위한 품질 검사 방법은 Flash 용접과 거의 동일하다.

6) Percussion Welding

Percussion 용접은 순간적으로 전기 에너지를 발산하여 이때 발생되는 Arc열과 외부에서 가하는 압력을 이용하여 국소적으로 용융 용접을 시행하는 방법이다. Stud용접과 전기 저항 용접법의 중간 형태를 취하며, 주로 반도체나 전자 산업에서 사용되는 방법으로서 Wire나 접점, Lead등과 같은 것을 평면에 용접하는데 적용한다.

다른 이름으로 Capacitor Discharge Stud 용접이라고도 불리지만 적용되는 용도와 사용되는 전원의 종류에서 차이점이 있다.

Percussion 용접은 Stud 용접과는 달리 대전류를 사용하여 주로 유사한 단면의 두 금속을 용접하는데 적용된다.

용접이 진행되는 과정은 다음의 순서에 따른다.

- 인접한 접합 대상물 사이에 전원을 가해 Arc를 발생시킨다.
- 강한 전압을 가해 접촉 계면의 사이의 Gas를 이온화 시키고, 강한 전류로 금속을 용융시킨다.
- 압력을 가해 두 금속을 강하게 접합시킨다.
- 전원을 차단하고 응고가 진행되면 압력을 해지한다.

❶ Percussion 용접기

Percussion 용접은 Capacitor Discharge Percussion 용접과 Magnetic Force Percussion 용접의 두 가지 용접기로 구분된다.

- Capacitor Discharge Percussion Welding : 이 방법은 Capacitor에 전류를 충전해 놓았다가 사용하는 방법이다. Capacitor Stud 용접과 별다른 차이점이 없으나 더 높은 고압의 대 전류를 사용한다는 점이 차이점이다.
- Magnetic Force Percussion Welding : 이 방법은 Transformer를 통하여 전원이 공급되는 방식이다. Transformer를 통해 높은 전류가 전달되면 용접 대상물 표면의 작은 Projection이 Vaporization 되면서 Arc를 형성하게 된다.

❷ Percussion 용접의 장, 단점

① 장점

- 용접시 용융되는 부분이 적으면서도 불순물을 충분히 제거할 수 있다. 따라서 약간의 표

면 오염이 있어도 용접이 가능하다.

- 용융되는 부분이 작으므로 Upset이나 Flash 발생이 매우 작다.
- 열처리되었거나 냉각 가공된 금속을 별도의 열처리 없이 용접할 수 있다.
- Brazing 용접부보다 더 강한 용접 금속을 얻을 수 있으며 Filler Metal이나 Flux의 사용이 없다.
- 동종 금속보다는 이종 금속의 용접에 더 경제적으로 적용된다.
- Arc Stud용접에 비해 Metal Loss가 적다.

② 단점

- 단면의 형상이 유사한 소형 부품들 끼리의 용접이나 평면 접합은 가능하지만 넓은 표면적의 금속을 접합하기는 Arc Control의 문제 때문에 어렵다.
- 유사한 단면의 동종 금속은 다른 Process로 더 경제적인 용접을 실시할 수 있다. 따라서 이종 금속 용접에 주로 적용된다.
- 용접하고자 하는 접합면이 반드시 분리 되어 있어야 한다. 즉, 하나의 Wire를 가지고 Ring을 만들 수 없다.

(6) 저항 용접기

저항 용접기는 구조적인 특성에 따라 고정형과 이동이 가능한 Portable형으로 나누어 지며, Portable형은 Gun과 변압기가 일체형으로 된 것과 분리된 방식으로 나누어진다. 또한 전원 방식에 따라 다음과 같이 나누어 진다.

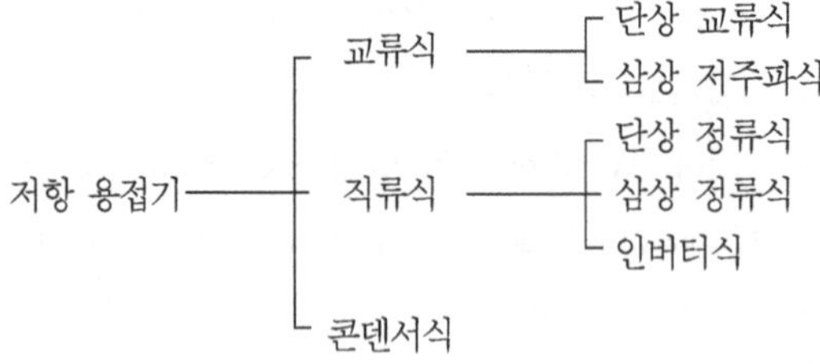

1) 교류식 저항 용접기

❶ 단상 교류식 저항 용접기 : 단상 교류식은 가장 많이 쓰이고 있는 용접기로, 현재 저항 용접기의 90% 이상이 이 방식을 쓰고 있으며, 자동차 생산 현장이나 가전 등 박판 조립 공장에서 주역을 차지하는 전원 방식이다. 일반 공장에서 동력으로 쓰고 있는 상용 주파수 (60㎐)의 전원을 용접 변압기에 의해 저전압, 대전류로 변환하기만 하면 되므로 구조가 간단하여 값이 저렴한 것이 특징이다. 다만, 60㎐의 상용 전원을 그대로 사용하

면 Reactance (유도저항)가 크게 되어, 입력(kVA)이 크게 걸리고, 삼상 전원 중에서 단상 만에 부하가 걸리므로 불평형 부하로 되는 것과 대출력화가 어려운 결점이 있다.

❷ 삼상 저주파식 저항 용접기 : 단상 교류 용접기로는 Reactance (유도저항)가 크게 되어 알루미늄 합금의 저항 용접과 같이 대전류를 필요로 하는 것에서는 입력(kVA)이 크게 되어 전원 설비상 여러 가지 폐해가 나타난다.

이러한 결점을 해소하기 위해 삼상 저주파 저항 용접기가 개발되었다. 용접 변압기의 1차 측에서 정류하는 방식으로 실제로는 정방향과 역방향 전류의 절환점에서 일시 전압을 가하지 않는 시간(Cool Time)을 둠으로, 용접 전류는 통전과 휴전을 반복하는 Pulse 통전으로 된다.

대전류를 쉽게 얻을 수 있고, 역률이 좋으며(85% 이상), 삼상 평형 부하로 된다. 용접 변압기가 소형이고, 통전시간을 길게 할 수 있다.

항공기와 전차등 대형 차량 제조에는 현재에도 이용되고 있지만, 자동차 제조업에서는 거의 이용하지 않고 있다.

2) 직류식 저항 용접기

❶ 정류식 저항 용접기 : 삼상 저주파식은 용접 변압기의 1차 측에서 정류하는 방식으로 하는 것이라면, 삼상 정류식 저항 용접기는 용접 변압기의 2차 회로에서 용접 전류를 직접 정류하는 방식이다. 용접 변압기의 2차 코일에 정류기를 넣어 2차 전류를 직접 정류하여 직류의 높은 용접 전류를 얻는다. 삼상 저주파 방식과 삼상 정류 방식은 다음과 같은 공통적인 장점을 가지고 있다.

- 수만~수십만 A와 같은 대전류가 비교적 용이하게 얻어진다.
- 용접기의 Arm 부분에 강판 등의 자성 재료를 넣어도, 용접 전류는 거의 영향을 받지 않는다.
- 전기 입력을 높이지 않고, 용접기의 Arm을 크게 할 수 있다.
- 삼상 평형 부하로 된다.
- 역률이 좋다.(85% 이상)

한편, 결점으로는 장치가 복잡하고 고가이다.
중용량 이하의 것으로는 단상 정류식이 이용되고 있는 것도 있다,

❷ 인버터(Inverter)식 저항 용접기 : 안정된 저항 용접을 하기 위해서는, 용접 전원 전압(AC 220V/440V)의 변동과, 용접할 금속 재료의 성형 산포 등이 있더라도 항상 일정한 용접 전류를 흘리는 것을 필요로 한다. 이 때문에 용접 전류를 Feed Back 하여 항

상 일정 용접 전류를 흘리는 제어가 필요하다.

인버터식 직류 저항 용접기는 삼상 평형 부하로 되고, 전원 설비적으로도 유리하다. 뿐만 아니라 1차 회로에 대용량의 콘덴서가 존재 하고, 2차 회로도 정류 방식으로 되어 있기 때문에 1차 측에서 본 역률(소비전력/전류*전압)은 현저하게 높은 값으로 된다.

❸ 콘덴서(Condenser)식 저항 용접기 : 콘덴서(Condenser)식 저항 용접기는 대용량의 전해 콘덴서에 축적된 전기 에너지를 수ms~수천ms 정도로 단시간에 방출하여 용접하는 방법이다. 단상 혹은 삼상의 교류 전압을, 정류 회로에 의해 직류 전압으로 바꿔, 콘덴서(Condenser)를 소요의 전압까지 충전한다.

용접 전류는 보통 충전 전압을 변화하여 조정한다.

이 방식의 특징은 무엇보다도, 주전원의 전기 용량을 대폭 줄일 수 있는 장점을 가진다. 그 외에, 전원 전압의 변동에 의해 용접 전류가 변화하지 않고, 단시간 통전이 가능한 등의 장점이 있지만, 통전 시간의 조정이 간단하지 않고, 후판 강판과 같이 긴 통전 시간이 필요한 것에 사용할 수 없다. 또한 가격이 고가이고, 충전 시간을 필요로 하는 관계상 타점 속도(용접 속도)에 제한을 받는 결점이 있다.

주로, 프로젝션 용접으로 적용되고 있지만, 저항 용접에도 이용되고 있다.

12. Stud Welding

(1) 개요

Stud Welding이란 Bolt 등과 같은 Stud 형상의 물체를 용접 대상물에 Arc를 발생시켜서 용접하는 방법을 말한다. Arc를 발생시켜서 용접을 시행하는 점에 있어서는 일반적인 SMAW와 유사한 점이 있으나 연속적인 용접 Bead를 형성하지 않는 차이점이 있다.

외형상으로는 전기 저항 용접인 Spot, Seam, Projection, Flash, Upset, Percussion등의 용접 방법과 혼돈하기 쉽지만, Arc의 발생 유무를 기준으로 정리하면 된다. Spot, Seam, Projection, Flash, Upset, Percussion 용접은 앞장의 저항 용접편을 참조한다.

Stud 용접은 사용되는 전원의 종류에 따라 직류 전원을 이용하는 Arc Stud 용접 방식과 Condenser를 이용한 Condenser 방전 방식으로 구분한다.

(2) Stud 용접의 종류

1) Arc Stud Welding

직류 전원을 사용하고 Arc 열에 의해 용접 대상물을 용융시켜서 용접을 시행하는 점에서 기존의 SMAW와 유사하다. 다만 전류가 지속적으로 통전되지 않고 일단 용융되어 용접이 이루어 지면 더 이상의 전류가 흐르지 않으며 용접 대상물의 위치를 고정하기 위해 사용되는 Gun이 있다.

전원은 직류 발전기나 직류 정류기를 통해 공급되고 용접은 1초 이내의 짧은 시간 안에 이루어 지며 용접시 발생되는 Arc를 보호하기 위한 Ceramic으로 된 Ferrule이라는 기구가 사용된다.

2) Capacitor Discharge Stud Welding

이 용접 방법은 Arc Stud Welding과 유사하나 전원의 공급 방법에 차이가 있다. 전기 Energy를 충전기(Capacitor)에 담아 두었다가 순간적으로 방전을 시키면서 용융된 용접재에 압력을 가해서 용접하는 방법이다. Arc Stud Welding과 마찬가지로 순간적인 제어에 의해 용접이 이루어진다. Arc가 발생하는 과정은 용접부의 과열에 따른 저항의 증가에 의해 발생하는 경우와 용접부로부터 용접물을 멀리하면서 Arc가 발생되는 두가지의 경우가 있다. Arc가 발생하는 시간은 0.03초에서 0.06초 정도로 매우 짧고 용융되어 밀려 나오는 금속의 양이 매우 작기 때문에 용접부와 Arc를 보호하기 위한 Ferrule을 사용하지 않는다.

(3) Stud 용접의 특징

용접 과정에서 발생되는 Arc의 유지 시간이 매우 짧고 입열량이 매우 작아 변형을 최소화 할 수 있으며 용접 금속과 열영향부가 최소화 된다.

그러나 짧은 시간 동안에 국부적으로만 가열하므로 일반적인 Carbon Steel의 경우에 주변의 모재에 의해 용접부가 급속도로 냉각되고 경화되는 단점이 있다. 이러한 현상은 Carbon Steel에서는 단점이 될 수 있으나 Aluminum 합금의 경우와 같은 석출 경화나 시효 경화성(Aging Hardening)성이 있는 합금의 경우에는 과도한 시효나 연화의 부작용을 방지할 수 있는 장점이 있다.

또한 용접부를 사전에 기계 가공을 하거나 Joint 형상을 만드는 별도의 작업이 불필요하다. Arc Stud 용접에 비해 Capacitor Arc 용접은 탄소강 뿐만 아니라 Copper, Aluminum 합금등 보다 다양한 재료에 적용이 가능하다.

용접에 소요되는 시간은 Stud의 단면적에 따라 변화한다,

단점으로는 용접하고자 하는 Stud를 물어줄 수 있는 Gun (Chuck)의 크기 만큼의 간격이 필요하므로 매우 조밀한 용접을 시행하기는 어렵다.

(4) Stud 용접의 적용

일반적인 Stud 용접기의 기본 구성은 다음의 그림 6-68와 같이 전기를 공급하는 장치와 용접하고자 하는 Stud를 고정시켜주는 Gun (Chuck)으로 이루어져 있다. 전원은 Carbon Steel일 경우에는 직류 정극성, Aluminum이나 Magnesium일 경우에는 직류 역극성을 적용한다.

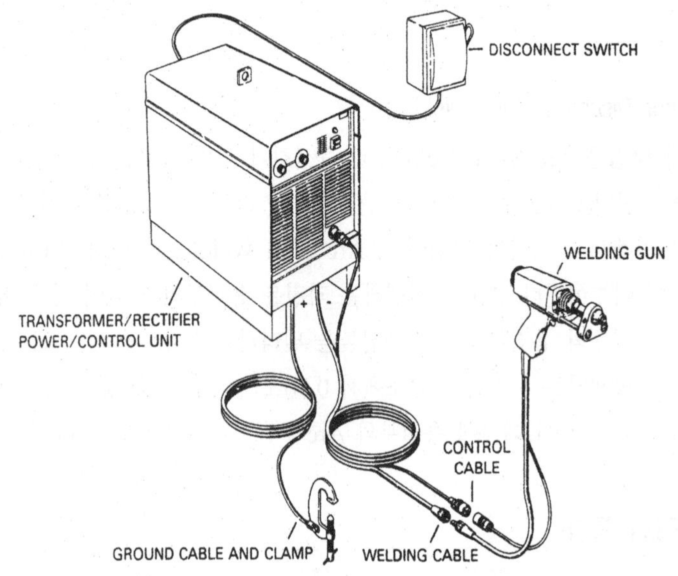

그림 6-68 Stud 용접기의 구성

1) Arc Stud Welding

Arc Stud용접이 진행되는 과정은 다음의 그림 6-69와 같이 진행된다.

용접 대상물이 제 위치에 고정되면 전류가 공급되기 시작하고 이때 Gun에 장치된 Solenoid Coil이 Energy를 받게 되면서 Stud를 용접 모재로 부터 멀어지게 한다. 이때 용접 대상물 사이에서 Arc가 발생하게 되고, 두 용접 대상물은 Arc열에 의해 용융되고 Arc 발생이 종료되면 전원이 차단되면서 Solenoid Coil의 Energy가 소멸되어 Stud를 모재쪽으로 밀어 가압력하에서 모재와 접촉하면서 용융부가 응고하여 용접이 완료되는 것이다.

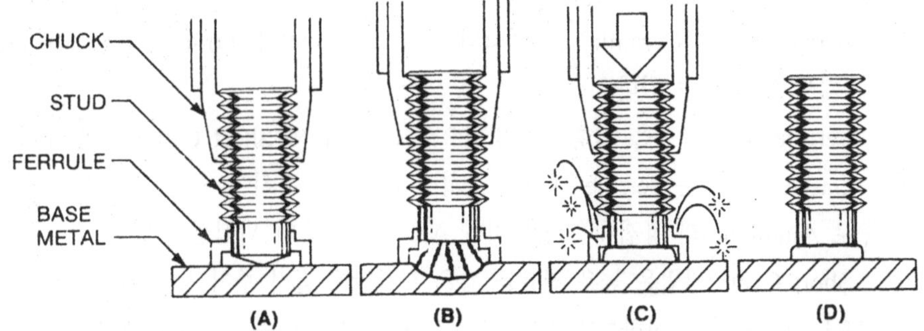

(A) Gun is Properly Positioned, (B) Trigger is Depressed and Stud is Lifted, Creating an Arc, (C) Arcing Period is Completed and Stud is Plunged Into Molten Pool of Metal on Base Metal, (D) Gun is Withdrawn From the Welded Stud and Ferrule is Removed

그림 6-69 Arc Stud용접이 진행되는 과정

Stud 용접에 적용되는 Carbon Steel 과 Low Alloy Steel은 용접 금속의 산화 방지와 용접중 Arc의 안정성을 확보하기 위해 Flux를 필요로 한다. Aluminum의 경우에는 Flux 대신에 Ar이나 He과 같은 불활성 Gas를 사용한다.

다음의 그림 6-70은 Stud에 적용되는 Flux의 형상에 따른 구분이다.

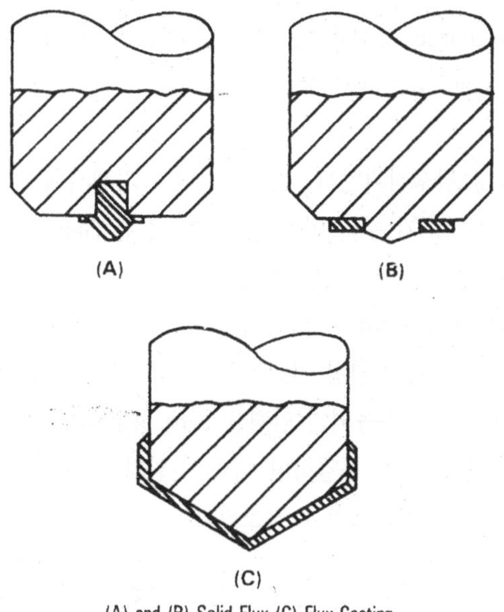

(A) and (B) Solid Flux (C) Flux Coating

그림 6-70 Welding Stud 끝에 Flux를 도포하는 방법

Ferrule은 Arc Stud 용접에만 적용되는 것으로 Arc 열을 집중시켜주고, 주위의 공기를 차단시켜 용접부를 보호하고, 용융 금속의 영역을 제한하는 역할을 담당한다.

Ferrule 재질은 Ceramic으로 제작되며 위 그림 6-69의 (D)와 같이 용접 완료후에 손쉽게 깨서 제거할 수 있다.

Ferrule 없이 용접을 진행하는 방법으로 Gas-Arc와 Short Cycle 방법 두가지가 있다.

Gas-Arc 방법은 Ferrule 대신에 불활성 Gas를 사용하여 용접부를 보호하는 방법으로 주로 Aluminum의 용접에 적용되지만 Arc Blow 등의 위험성이 있다.

Short Cycle 방법은 높은 전류를 짧은 시간안에 흘려 주어 용융 금속의 산화와 질화를 막으면서 용접을 실시하는 방법이다. 그러나 이 방법은 용접부 뒷면에 Arc 자국이 발생하는 부작용이 있다.

2) Capacitor Discharge Stud Welding

이 방법은 앞에서 간단히 설명한 바와 같이 축전지를 이용하여 Arc를 발생시키고 여기에 압력을 가하면서 용접을 시행하는 용접이다.

Ferrule이나 Flux를 사용하지 않는 것이 특징이다.

압력을 가하는 방법은 Arc Stud 용접과 마찬가지고 Solenoid Coil을 사용하거나 Air Cylinder를 사용한다.

Capacitor Discharge 용접은 초기 Arc를 생성 시키는 과정에 따라 Initial Contact Method, Initial Gap Method, Drawn Arc Method 로 구분한다.

Initial Contact Method와 Initial Gap Method는 초기에 용접 대상물을 모재와 접촉시키고 여기에 Arc를 발생시키면서 동시에 압력을 가해서 용접을 진행시키는 방법으로 Arc의 발생 시점이 접촉 초기 부터 인지 아니면 일정한 Gap을 가지고 Arc발생이 시작되는가에 따라 구분한다.

Drawn Arc Method는 Arc Stud 용접과 거의 유사한 Arc 생성과정을 가진다. 즉, 초기에 접촉되있던 두 용접재가 일정 거리를 두고 다시 멀어지면서 여기에 Arc가 발생하게 되고 Arc의 열로 용접부가 용융되면 압력을 가해 용접을 완료하는 것이다. 실제로 용접기의 구성이나 용접 과정도 거의 동일하며 다만 전원의 차이가 있을 뿐이다.

개략적인 차이점은 다음 그림을 참조한다.

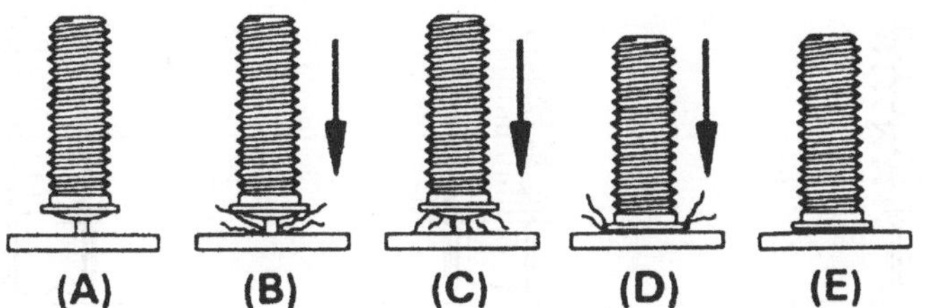

그림 6-71 Initial Contact Capacitor Discharge Stud 용접 과정

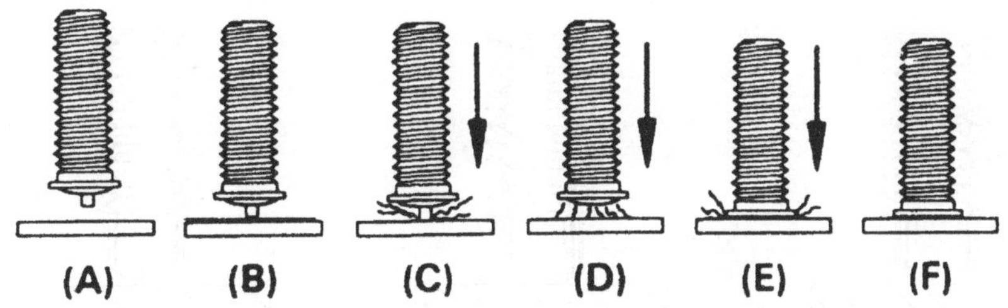

그림 6-72 Initial Gap Capacitor Discharge Stud 용접 과정

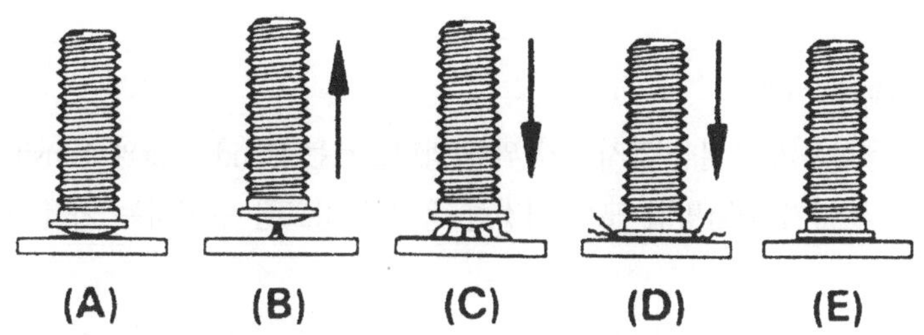

그림 6-73 Drawn Arc Capacitor Discharge Stud 용접 과정

(5) Stud 용접부의 결함 및 품질 검사

1) 용접부 결함

Stud 용접부의 결함은 특별한 비파괴 검사의 방법을 적용하기 힘들고 육안에 의한 검사에 의존해야 한다. Stud 용접부의 결함은 대략 다음과 같은 유형을 보인다.

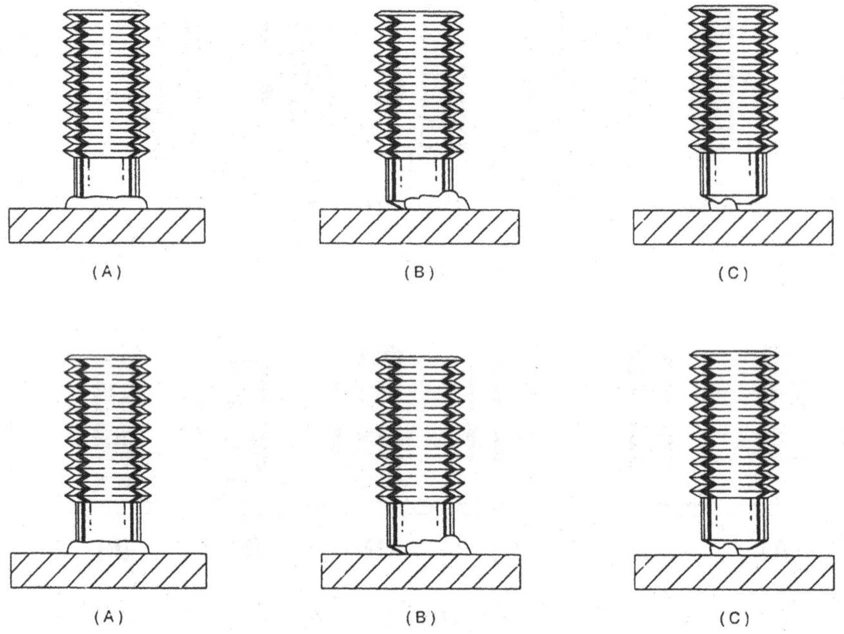

그림 6-74 Arc Stud 용접의 합부 판정

2) Mechanical Test

Stud 용접부의 품질을 검사하기 위한 방법으로는 Bend Test와 Tensile Load Test가 적용된다. 두 가지 Test방법 모두 적정한 용접부 강도를 유지하는 가를 평가하는 방법으로 사용된다.

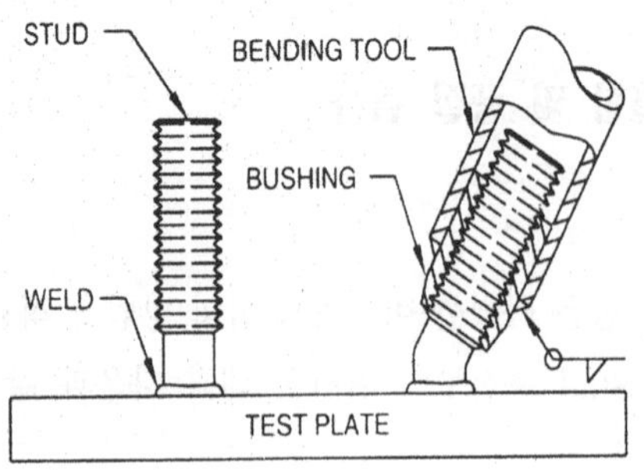

그림 6-75 Stud 용접부의 Bend Test

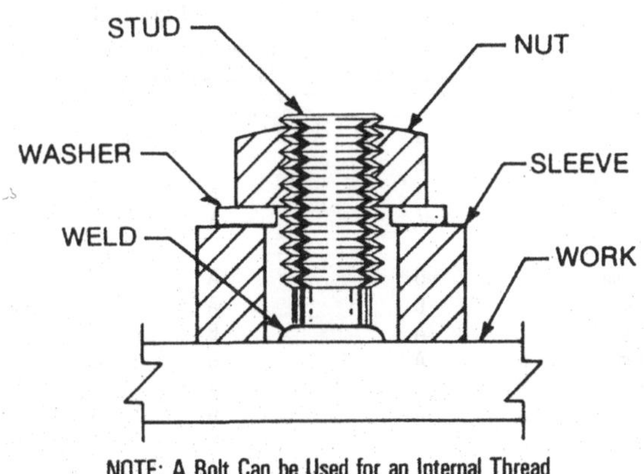

그림 6-76 Stud 용접부의 인장 시험

위의 그림 6-75는 Bending Test를 설명하고 있다. Bending Test 는 용접된 Stud를 망치등으로 치거나 Tube나 Pipe 등의 Bending 기구를 활용해서 구부리는 Test이다. 이때 Crack 등의 결함이 발생하지 않고 구부러지는 최대의 각도는 각 재질과 용도에 따라 별도로 정한다.

그림 6-76은 인장 강도를 측정하기 위한 것으로 Nut의 Proof Load Test와 유사하다. 이때 적용되는 Torque는 T와 인장 응력 F의 관계는 다음의 계산에 의해 정해진다.

$$T = kFd$$

여기에서 d=the nominal Thread diameter, k=a constant related thread.

k값은 Thread의 각도, 나사선의 각도, Thread의 직경과 Nut & Washer 등과의 마찰 계수에 의한 변수로 지정된다. 연강의 경우 k값은 0.2 정도이다.

(6) Stud의 선택과 적용

Stud 용접은 Stud의 형상과 재질, 모재의 종류 및 크기에 따라 다양한 선택이 있을 수 있다. 다음의 표는 이러한 구분에 따라 용접 방법의 선택 예시를 정리한 것이다.

Table 6-15 Stud Welding 방법 적용 기준 표

Factors to be Considered	Arc Stud Welding	Capacitor Discharge Stud Welding: Initial Gap and Initial Contact	Capacitor Discharge Stud Welding: Drawn Arc
Stud Shape			
Round	A	A	A
Square	A	A	A
Retangular	A	A	A
Irregular	A	A	A
Stud Diameter or Area			
1/16 to 1/8 in. (1.6 to 3.2 mm) diam	D	A	A
1/8 to 1/4 in. (3.2 to 6.4 mm) diam	C	A	A
1/4 to 1/2 in. (6.4 to 12.7 mm) diam	A	B	B
1/2 to 1 in. (12.7 to 25.4 mm) diam	A	D	D
up to 0.05 $in.^2$ (32.3 mm^2)	C	A	A
over 0.05 $in.^2$ (32.3 mm^2)	A	D	D
Stud Metal			
Carbon Steel	A	A	A
Stainless Steel	A	A	A
Alloy Steel	B	C	C
Aluminum	B	A	B
Brass	C	A	A
Base Metal			
Carbon Steel	A	A	A
Stainless Steel	A	A	A
Alloy Steel	B	A	C
Aluminum	B	A	B
Brass	C	A	A
Base Metal Thickness			
under 0.015 in. (0.4 mm)	D	A	B
0.015 to 0.062 in. (0.4 to 1.6 mm)	C	A	A
0.062 to 0.125 in. (1.6 to 3.2 mm)	B	A	A
over 0.125 in. (3.2 mm)	A	A	A
Strength Criteria			
Heat Effect on Exposed Surfaces	B	A	A
Weld Fillet Clearance	B	A	A
Strength of Stud Governs	A	A	A
Strength of Base Metal Governs	A	A	A

Legend

A -- Applicable without special procedures, equipment, etc.

B -- Applicable with special techniques or on specific applications which justify preliminary trials or testing to develop welding procedure and technique.

C -- Limited application.

D -- Not recommended.

13. Brazing & Soldering (납땜)

(1) 개요

흔히 납땜이라고 불리우는 Brazing & Soldering은 두 금속을 용융 시키지 않고 이들 금속 사이에 융점이 낮은 별개의 금속인 땜납을 용융 첨가하여 접합하는 방법이다.

Filler Metal의 용입은 가까이 인접한 두 모재 사이에서 발생하게 되는 모세관 현상을 통해 이루어 진다. Brazing과 Soldering은 Filler Metal 의 용점에 의해 450℃를 기준으로 구분하여 450℃보다 높은 것은 Brazing(경납), 450℃이하는 Soldering(연납)으로 구분한다.

이와 구분되는 것으로 Brazing Welding이 있다.

Brazing Welding은 Brazing에는 포함되지 않는 것으로 직접 Groove나 Fillet Joint에 Brazing Filler Metal을 녹여서 용접하는 방법이다.

따라서 모세관 현상에 의한 용융 금속의 이행은 일어나지 않는다.

Brazing과 Soldering은 다음과 같이 구분될 수 있다.

❶ 접합되는 두 모재의 용융이 없다.
❷ 용접에 사용되는 Filler Metal의 용융점 온도 450℃를 기준으로 구분된다.
❸ 용융된 Filler Metal 의 용접 Joint로의 이동이 모세관 현상에 의해 발생한다.

(2) 적용과 장, 단점

Brazing과 Soldering은 적절한 Joint 형상 가공을 통해 이종 금속을 접합하는데 폭 넓게 사용된다. 그러나, 만족할 만한 용접부를 얻기 위해서는 알맞은 Joint가공이 선행되어야 하는 어려움이 있다.

1) 장점

❶ 복잡한 구조물의 용접이 용이
❷ 넓은 용접 Joint를 간단하게 접합
❸ 응력과 열의 분산이 탁월하다.
❹ Coating이나 Cladding을 보호할 수 있다.
❺ 이종 금속의 용접이 가능하다.
❻ 비금속의 용접이 가능하다.
❼ 두께 차이가 현저한 재료의 용접이 가능하다.
❽ 정밀한 용접이 가능하다.
❾ 용접부의 최종 가공이 거의 필요 없다.
❿ 여러 개의 용접 Joint를 한꺼번에 용접할 수 있다. 경제적이다.
⓫ 접합된 부재를 다시 분리할 수 있다.

2) 단점

다른 용접 방법들과 마찬가지로 Manual Brazing & Soldering에는 작업자의 숙련도가 필요하다. 특히 Gas Torch로 실시하는 Brazing & Soldering의 경우에는 작업자의 숙련도가 매우 중요하다.

(3) Soldering

Soldering 의 대표적인 것은 땜납으로 납(Pb)과 주석(Sn)의 합금이며, 합금 성분에 따라 Table 6-16과 같이 구분한다. Soldering 은 보통 기계적 강도가 크지 못하기 때문에 강도를 필요로 하는 부분에는 부적당하다.

그러나 융점이 낮고 거의 모든 금속을 접합시킬 수 있어 작업이 용이하다.

납땜의 열원은 땜인두를 주로 사용하며 대규모일 경우에는 Torch Lamp나 Gas Torch 등을 사용하기도 한다.

Table 6-16 Soldering 재의 성질과 용도

성분(%)		온도(℃)		용 도
Sn	Pb	고상선	액상선	
62	38	183	183	공정 땜납
60	40	183	188	정밀 작업용
50	50	183	215	황동판용
40	60	183	238	전기용, 일반용, 황동판용
30	70	183	260	일반 저주석 땜납, 건축
20	80	183	275	가스 납땜에 적합
15	85	183	288	두꺼운 물건용
5	95	300	313	고온 땜납
3	92 Sb 5	240	285	고온용
1	97.5 Ag 1.5	310	310	고온용
Ag 3.5	96.5	310	317	고온용

(4) Brazing

Brazing재는 은 납, 황동 납, 인동 납, 알루미늄 납, 니켈 납 등이 있으며 형상에는 선 모양, 판 모양, 분말 형태, 페이스트(Paste) 형태 등이 있다.

다음은 원재료에 따른 Brazing재의 구분이다.

1) 은 납 (Silver Brazing)

은 납은 은(Ag), 구리, 아연을 주성분으로 한 합금이며, 경우에 따라 Cd, Ni, Zn을 첨가하여 만든다. 특징은 융점이 비교적 낮고 유동성이 좋으며 인장 강도, 전연성 등의 성질이 우수하고 은백색을 띠기 때문에 아름다우며, 철강, 스테인레스강, 구리 및 그 합금 등의 납땜에 널리 사용되고 있다. 결점으로는 은(Ag)을 주성분으로 하기 때문에 가격이 비싸다.

2) 동 납과 황동 납

보통 동 납이라고 부르는 것은 구리 86.5% 이상의 납을 말한다.

동 납은 철강, Ni 및 Cu-Ni합금의 납땜에 쓰인다.

Cu 와 Zn을 주성분으로 한 합금이어서 아연 60% 부근까지의 여러 가지가 있으며 아연의 증가에 따라 인장 강도가 증가 된다.

활용도가 다양하지만 융점이 820～930℃정도여서 과열되면 아연이 증발하여 다공성의 이음이 되기 쉬우므로 가열에 주의하여야 한다.

전도성이나 내 진동성이 나쁘며 용도에 따라 전해 작용을 받아 약해 지기 쉽고 250℃ 이상에서는 인장강도가 대단히 약한 결점이 있으나 가격이 싸기 때문에 널리 사용되고 있다.

3) 인동 납

구리를 주성분으로 소량의 은(Ag), 인(P)을 포함한 땜납재이다.

유동성이 좋고 전기나 열의 전도성, 내식성 등이 우수하나 황을 함유한 고온 가스 중에서의 사용은 좋지 못하다. 구리와 그 합금의 납땜에는 적합하지만 철이나 니켈을 함유한 금속의 납땜에는 적당하지 않다.

4) 알루미늄 납

Al을 주성분으로 규소(Si), 구리(Cu)등을 첨가한 것으로 용융점이 600℃ 전후가 되어 모재의 융점에 가깝기 때문에 작업성은 대단히 나쁘다.

5) 기타 납땜 재

금납은 융점이 높고 가격이 비싸기 때문에 금, 은, 구리를 주성분으로 하여 아연, 카드뮴을 첨가한 것을 사용한다. 치과용, 장식용 등으로 사용하며, 융점은 983～1,020℃로 금 함유량이 많을수록 융점이 높다.

내열 합금용 납은 Ag-Mn계, Ag-Cu계, Ni-Cr계의 땜납재가 있다.

Brazing은 가해지는 열원에 따라 다음과 같이 다양한 형태로 구분된다.

가해지는 열원의 종류는 다양하지만 Brazing에 적용되는 열원은 450℃이상이고 모재의 용융점 이하이다.

다음은 열원에 따른 Brazing의 구분이다.

1) Torch Brazing

가장 일반적으로 사용되는 Brazing 방법이다. 필요로 하는 온도에 따라 Acetylene, Propane, City Gas등의 Gas를 공기(산소)와 혼합하여 사용한다.

공기와 천연가스를 섞어서 사용할 경우 화염의 온도가 가장 낮고 결과적으로 낮은 열을 공급하게 된다. 공기와 Acetylene, 공기와 천연가스의 혼합은 낮은 열로 인해 작고 얇은 모재의 용접에 적합하다.

산소와 천연가스 혹은 기타 Propane, Butane등의 Gas를 섞어서 사용하면 높은 화염 온도를 얻을 수 있으며 중성이나 약간의 환원성 화염을 얻게 되면 Brazing에 적합하다.

Oxy-hydrogen Torch는 Aluminum이나 기타 비금속 재료의 Brazing에 적합하다. 낮은 화염 온도로 인해 용접부의 과열을 막을 수 있고 수소의 작용에 의해 표면을 깨끗이 하고 보호하는 기능이 있다.

Torch는 한 개 혹은 여러 개의 Torch를 Multi로 한꺼번에 묶어서 사용하기도 한다. 그러나 Torch로 Brazing을 하는 Filler는 Flux를 사용하거나 Self-fluxing 되는 Filler 를 사용해야 한다. Torch로 Brazing할 경우에는 화염의 중심부가 Brazing 부에 접촉하지 않도록 해야 한다.

예열할 경우를 제외하고 모재가 화염의 중심부와 접촉하게 되면 과열의 원인이 되어 과열된 용융 Filler는 모세관 현상을 일으키기 어려워 지고 저융점의 Filler일 경우에는 Vaporization되는 부작용이 있다.

2) Furnace Brazing

Furnace Brazing은 다음의 그림과 같이 노(Furnace)에 Brazing재를 Filler와 함께 넣고 전기, Gas혹은 Oil을 태워 열을 가하여 Brazing 을 실시 하는 방법이다. 노내의 온도는 일정하게 유지되어야 하며 땜납과 용제는 미리 접합면에 삽입하여 노내에 넣는다.

Furnace Brazing 과정과 장점은 다음과 같이 구분될 수 있다.

❶ Brazing재를 미리 고정 시켜놓을 수 있어야 한다.

❷ Filler재를 미리 Brazing부에 놓아야 한다.

❸ 여러 개의 Brazing Joint와 모재를 한꺼번에 Brazing 할 수 있는 장점이 있다.

❹ 복잡한 형상의 Brazing 재는 미리 균일한 온도로 예열을 시킨 후에 노에 장입을 해야 한다. 그렇지 않으면 국부적인 과열로 인해 변형의 원인이 된다.

❺ 노내에 수소, 질소, 일산화탄소, Ar Gas등을 불어 넣어 보호 가스 분위기를 만들거나 진공 상태를 유지하면 용제가 없이도 작업할 수 있다.

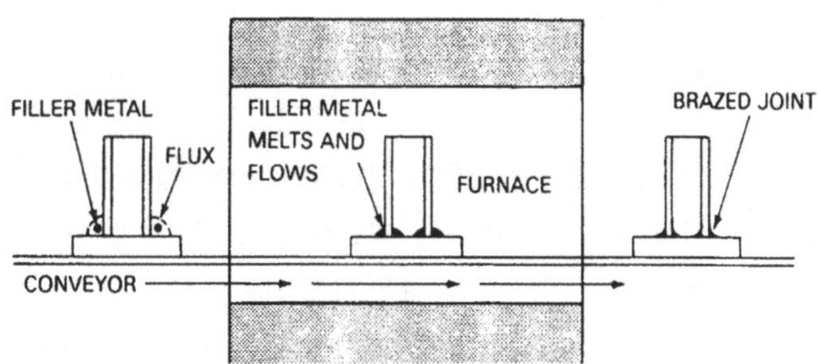

그림 6-77 Furnace Brazing 개요

Furnace Brazing에 사용되는 노는 대기중에서 혹은 특정한 환경 내에서 실시하는 Batch Type, Continuous Type과 환경을 조절하여 실시하는 Retort Type 및 Vacuum Type으로 구분된다.

3) Induction Brazing

Induction Brazing은 Brazing에 필요한 열을 유도전류에 의해 발생시키는 방법이다. Brazing 대상물에 유도 Coil을 감고 여기에 전류를 흘려 유도되는 전류에 의해 열을 발생시키는 방법이다.

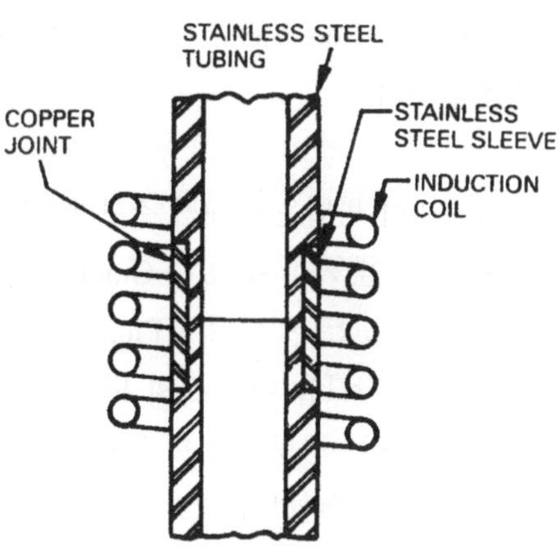

그림 6-78 대기중에서 시행하는 Stainless Steel Tube의 Induction Brazing

접합되는 모재는 집적적으로 전류가 흐르는 회로의 역할을 담당하지는 않고 단지 외부의 유도 Coil에 의해 유도 전류만을 받게 된다. Induction Brazing은 신속한 가열을 필요로 하는 곳에 적용된다.

이 Induction Brazing은 목적에 따라 대기중 혹은 진공 중에서 실시한다.

4) Resistance Brazing

이 방법은 앞에 설명한 유도 전류 방법과 유사하지만 직접적으로 접합되는 모재에 전류가 흐른다는 점이 다르다.

모재와 전극 사이에 흐르는 전류의 직접적인 저항열에 의해 Filler Metal 의 용융이 일어나게 된다. 이때 사용되는 Flux는 적당한 전기 전도도를 필요로 하기 때문에 건조한 Flux를 사용하지 않고 습기가 있는 것을 사용한다. 전극은 접합하고자 하는 두 모재의 반대쪽에 대칭이 되도록 설치되어 접합 과정에 충분한 압력을 가할 수 있어야 한다.

이때 가해지는 압력으로 모재에 변형이 일어나지 않도록 주의하여야 하며 외형이 복잡한 물체는 균일한 전류 흐름이 어려우므로 국부적인 가열이 일어나지 않도록 모재의 형상을 제어하여야 한다.

전류는 균일하고 신속하게 모재를 가열할 수 있도록 정확하게 조절 되어야 한다. 과도한 전류로 과열되면 Brazing부의 산화나 모재의 용융 발생 및 전극의 오염이 발생 될 수도 있다. 반면에 너무 낮은 전류는 Brazing시간을 길게 한다.

전극의 재료는 전기 전도도가 좋은 Carbon이나 Graphite Block, Tungsten, Molybdenum Rod등이 사용된다.

5) Dip Brazing

Dip Brazing 은 접합하고자 하는 모재를 용탕에 넣고 용탕내에서 Brazing 을 실시 하는 방법이다. Dip Brazing에는 Molten Metal Brazing 과 Molten Chemical (Flux) Bath Dip Brazing의 두 종류가 있다.

❶ Molten Metal Brazing : 이 방법은 비교적 소형의 Wire나 Strip 형태의 모재를 접합할 때 사용된다. 외부에서 열을 가할 수 있는 Graphite로 제작된 용기에 Filler Metal을 넣고 가열하여 용융 상태로 만든다. 여기에 Flux가 용탕의 표면을 덮고 있다. 용기의 크기나 가열 방법은 모재를 담갔을 때 온도의 변화가 심하지 않도록 안정적이어야 한다. 접합하고자 하는 두 모재는 용탕에서 꺼낼 때 Filler의 용융이 완전히 이루어져서 Brazing이 잘 이루어 지도록 단단하게 고정되어야 한다.

❷ Molten Chemical (Flux) Bath Method : 기본적인 방법은 Molten Metal Brazing과 별 차이가 없으며, 다만 열을 가하는 방법의 차이와 용기의 재질 차이가 있다. 용탕을 담아두는 용기의 재질은 금속 혹은 Ceramic으로 제작되고 열원은 외부의 가열 방식이나 용기 내에 설치된 전극의 전기 저항 Heating Unit에 의한 가열, Flux의 전기 저항에 의한 발열에 의한다. 용탕에 장입시에 Filler의 응고와 모재 표면의 청결을 위해 예열을 하는 것이 좋다. 예열은 Flux의 용융 온도 정도로 한다. Brazing 이 완료된 후 접합부에 남아 있는 Flux는 물이나 화학 약품으로 제거해야 한다.

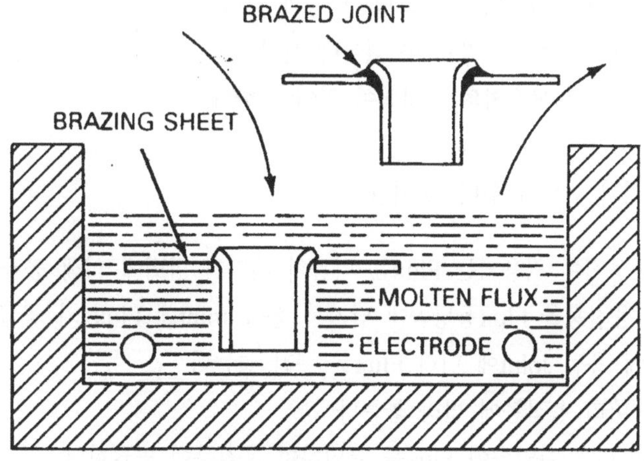

그림 6-79 Chemical Bath Dip Brazing 개요

6) Infrared Brazing

Infrared Brazing 은 Furnace Brazing 의 한 종류로 인식되기도 하지만 열원으로 긴 파장의 적외선을 사용하는 점이 차이점이다.

보통 5,000 Watt 정도의 적외선 Lamp를 사용하며 온도 조절은 Lamp와 모재 사이의 거리에 의해 조절한다. 열원의 집중을 위해 Concentration Reflector 등을 사용하기도 한다.

7) 기타

기타의 방법으로 전기 저항 발열 Blanket을 이용하는 Blanket Brazing, 화학적인 발열 반응에 의한 Exothermic Brazing등이 있다.

(5) 용제 (Flux)

납땜에는 용융납과 모재와의 결합을 좋게 하기 위해 이음 부분에 용제(Flux)를 뿌리기도 하고, 납땜용 가열로 내의 분위기를 조절하기도 한다.

용제의 작용은 대단히 복잡하여 땜납재와 모재 표면의 산화물을 제거함과 동시에 이음 부분을 둘러싸 다시 산화하는 것을 방지하는 등의 역할을 하고 있다. 보통 용제는 액상일 때에 산화물을 녹이는 능력이 크기 때문에 용제는 땜납재 보다도 저온도에서 녹으며 가볍게 유동하기 쉬운 것이 좋다.

납땜용 용제가 가져야 될 조건은 다음과 같다.

- 모재의 산화피막을 제거할 수 있어나 한다.
- 유동성이 있고 모재와의 친화력이 있어야 한다.
- 인체에 해가 없어야 한다.
- Slag제거가 쉬워야 한다. 등이다.

Brazing용접에 적용되는 Flux는 다음의 네가지 방법에 의해 공급될 수 있다.

- 가열된 용접봉을 Flux용탕속에 담가서 용접 Joint에 Flux 가 공급되도록 한다.
- 용접전에 용접 Joint에 미리 Flux를 뿌려 놓는다.
- Flux를 미리 용접봉에 발라 놓는다.
- Oxyfuel Gas 화염속에 Flux를 투입하여 용접부에 공급한다.

1) Soldering용 용제

여기에는 붕사, 붕산, 불화물, 염화물 등이 쓰이고 있으며, 단독 혹은 혼합 형태로 사용되고 있다.

❶ 붕사 : 가장 일반적인 경납용 용제로서 산화를 방지하고 융점은 760℃전후이며 식염, 붕산, 탄산소오다, 가성칼리 등을 혼합해서 사용하기도 한다.

❷ 붕산 : 산화물의 제거 작용이 우수하며, 고온에서의 유동성, Slag의 박리성도 양호하다. 단독으로는 거의 사용하지 않고 붕사와 혼합하여 우수한 용제로서 널리 사용한다.

❸ 빙정석(氷晶石, 3NaF-AlF3) : 알루미늄, 나트륨의 불소 화합물로서 불순물의 용해력이 강해서 구리 납땜용제로 우수하다.

❹ 산화 제일구리 (Cu2O) : 탈산제로서의 작용이 있어 보통 붕사와 혼합시켜 주철의 Soldering 용으로 사용된다.

❺ 소금 (NaCl) : 용융이 우수하고 부식성이 강하며 단독으로는 사용되지 못하고 혼합제로 소량 사용된다.

2) Brazing용 용제

알루미늄, 마그네슘이나 이들 합금을 납땜할 때에는 모재 표면의 산화막이 대단히 견고하므로 이것에 사용되는 용제는 산화물을 녹여서 Slag로 제거해야 하기 때문에 강력한 산화물 제거 작용이 필요하다.

대표적인 성분으로는 염화리튬(LiCl), 염화나트륨(NaCl), 염화칼륨(KCl), 불화리튬(LiF), 염화아연($ZnCl_2$) 등을 배합하여 사용한다.

Table 6-17 Brazing용 용제와 모재와의 조합

AWS No	모재	납땜 재료	Flux 사용 온도	Flux 성분	Flux type	Flux 적용
1.	Al and Al Alloy	BAlSi	371~642 ℃	불화물 염화물	Powder	1,2,3,4
2.	Mg and Mg Alloy	BMg	482~648 ℃	불화물 염화물	Powder	3,4
3.	Cu and Cu Alloy Ni and Ni Alloy Stainless Steel Carbon & Low Alloy Steel Cast Iron and Other Ferrous Alloy 귀금속 (Au, Ag)	BCu, BCuP, BAg, BagMn, BAu, BcuZn, BNi	371~1093 ℃	붕산 붕사 불화물 불화붕산염	Powder Paste Liquid	1,2,4
4.	Aluminum Bronze Aluminum Brass	BAg, BCuZn, BcuP	565~981 ℃	붕산염 불화물 염화물	Powder Paste	1,2,3
5.	AWS No.3과 같은 것 (Ag, Au 제외)	Bcu BcuP Bag BagMn Bau BCuZn Bni	538~1204 ℃	붕산 붕사 붕산염	Powder Paste Liquid	1,2,3
6.	Ti and Ti Alloy Zr and Zr Alloy	Bag BagMn	371~871 ℃	불화물 염화물	Powder Paste	1,2,3

Note : 1. 이음부에 Flux 분말을 뿌린다.
2. Flux속에 가열한 용접 재료를 넣는다.
3. Flux를 물, 알코올 등과 혼합하여 사용한다.
4. 침투 납땜법으로 Flux를 공급한다.

(6) Brazing & Soldering부 품질 검사

Brazing & Soldering부의 품질 검사는 기존의 Tension & Shear Test등의 Sample 파괴검사와, R.T, M.T등의 비파괴 검사 방법이 대부분 그대로 적용된다. 그리고 기존 방법에

추가하여 Peel Test와 Torsion Test를 실시한다.

Peel Test는 나란하게 접합된 Plate의 한쪽 면에 힘을 가하여 벗겨내면서 그때의 접합 강도와 계면의 결함 존재 여부를 평가하는 것이다.

Torsion Test는 Stud, Bolt등의 접합부에 Torsion응력을 가해서 접합부의 건전성을 Test하는 것이다.

Brazing의 성공 여부는 기본적으로 모재와 용융된 Filler Metal의 Wetting 각에 의한 모세관 현상이 우선적으로 전제 되어야 한다.

Wetting각은 다음의 그림과 같이 용융 금속의 표면 장력에 의해 발생되는 모재와의 접촉 각도를 의미한다. Wetting 각도가 90°이하이어야 용접이 이루어 질 수 있다. Filler Metal의 용융이 과도하게 되면 과도한 Wetting이 일어나게 된다.

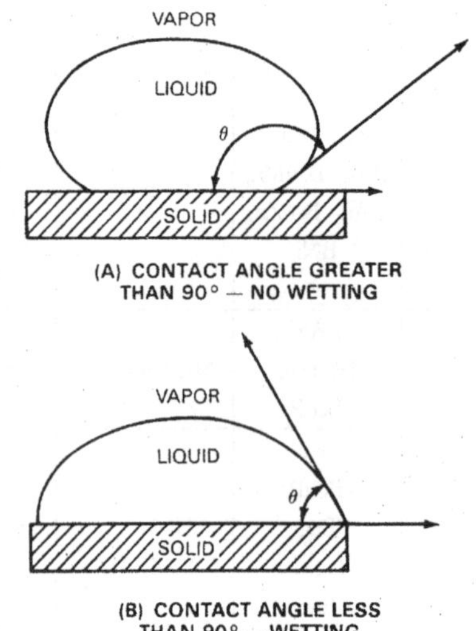

그림 6-80 Wetting Angle of Brazing Filler Metals

기타 Brazing부에 나타나는 결함의 원인과 대책은 다음과 같다.

Table 6-18 Brazing 부의 결함과 대책 (1/2)

결함의 양상	결함의 원인과 대책
No Flow, No Wetting	Braze Filler 선정이 잘못되었다. 온도가 조정이 안되어 용탕의 온도가 너무 낮다. 너무 짧은 시간에 Brazing을 완료하려고 했다. 접합부의 청결이 확보되지 않았다. Flux의 선정 잘못 혹은 양의 부족이거나, Gas가 오염되었거나 진공 유지가 실패 했다. Joint Gap이 너무 넓다.

Table 6-18 Brazing 부의 결함과 대책 (2/2)

결함의 양상	결함의 원인과 대책
Excessive Flow or Wetting	용탕의 온도가 너무 높다. Brazing시간이 너무 길다. Filler Metal의 양이 너무 많다. Filler Metal의 선정이 잘못되었다. Stopoff를 사용하여 용탕의 범위를 조절한다.
Erosion (용융된 Filler Metal에 의해 모재가 일부 녹아드는 현상)	온도가 너무 높다. Brazing시간이 너무 길다. Filler의 양이 너무 많다. 냉간 가공된 부품의 응력제거 미비하다. Filler Metal 의 용융 온도가 너무 높다.

(7) 각종 금속의 땜납

1) 탄소강, 합금강의 납땜

강의 합금의 납땜에는 구리-아연계의 황동 납 B CuZn-3이 보통 사용된다. 동 납이나 황동 납은 전단 강도와 인장 강도가 크므로 맞대기, 겹치기, T이음에 쓰인다. 납땜의 온도를 낮게 할 경우에는 은 납이 좋으며 특히 융점이 낮은 B Ag-1 에서 B Ag-7이 좋다.

고탄소강이나 합금강으로 된 공구를 납땜할 경우에 열처리가 요구되면 열처리 온도에 견디는 납땜이 필요하다.

2) 주철의 납땜

주철의 경우에 백주철을 납땜하는 일은 거의 없다. 회주철은 흑연이 흡착을 방해하는 관계로 납땜이 어려우나, 가단 주철이나 구상화 흑연 주철은 납땜에 문제가 없다. 땜납은 Ni을 포함한 은납 B Ag-3,4가 좋다.

동 납, 황동 납도 사용되지만 융점이 높다. 강이나 주철의 납땜에 인(P)이 들어있는 인동납을 사용하면 철의 취약한 화합물을 만들어 이음이 부스러지게 된다.

3) 스테인레스강의 납땜

보통 은 납이나 황동 납이 사용된다. 내식성이 요구되는 곳에서는 Ni을 포함한 은 납을 사용하고 고온 강도가 요구되는 곳에서는 Ni-Cr계나 Ag-Mn계 납땜 재와 동 납이 적당하다.

Austenite Stainless Steel은 가급적 빨리 가열, 냉각시켜서 500~800℃에서 생성되는 내식성이나 기계적 성질의 저하를 막는다.

Ferrite or Martensite Stainless Steel 은 변태점이상의 온도에서 냉각하면 모재가 경화

하므로 저 융점의 땜납재를 사용하며, 급냉과 급열을 피한다.

이외에 스테인레스강은 보통 강재에 비해 열 팽창계수가 크고 변형되기 쉬우므로 납땜시 팽창과 변형에 따른 내부응력이나 부식의 문제점을 고려하여야 한다.

4) 구리 및 그 합금의 납땜

구리에는 산화물을 함유한 것과 함유하지 않은 것이 있다.

산화물을 함유하지 않은 것은 전기 전도율은 떨어지지만 납땜은 만족할 수 있다. 땜납재는 은납, 황동납, 인동납이 쓰인다.

인동납을 사용한 납땜은 열이나 전기 전도율이 좋고 납땜시에 용제를 사용하지 않아서 좋으나 황을 함유한 분위기에서 사용하는 제품에는 적합하지 않다.

5) 알루미늄과 그 합금의 납땜

Al-Si계의 땜납을 사용한다. 납땜은 먼저 접합부를 충분히 깨끗이 청정한뒤 강하게 작용하는 용제를 써서 납땜을 한다. 이때 용제의 주성분으로서 각종 염화물(LiCl 등)이 사용된다.

6) 그 외 금속의 납땜

Ni 및 그 합금, W이나 Mo의 납땜에는 주로 은 납이 사용된다.

동 납도 사용되지만 인을 함유한 땜납은 이음을 취약하게 하므로 부적당하다.

(8) Brazing Welding

Brazing Welding은 Filler Metal의 용입이 모세관 현상에 의해 일어나지 않는다는 점이 Brazing과는 다른 차이점이다. Brazing Welding은 Filler Metal을 용접봉이나 Arc 용접 Wire처럼 용융 시켜서 Joint를 채워 넣는 것이다.

이 용접은 주로 주물 제품의 균열, 파손된 부분을 보수하는 용접법으로 개발되었다.

일반적인 방법으로 주물을 용접하고자 할 때는 충분한 예열과 서냉을 통해 Hard Cementite조직과 Crack의 형성을 막아야 하는 어려움이 있다.

그러나 Brazing용접을 사용하면 이들 Crack과 Hard Cementite조직의 생성을 막고 용접시의 열팽창과 수축의 문제를 줄일 수 있다.

대개 산소 Torch를 사용하여 Copper Alloy Brazing Rod 와 적당한 Flux 를 조합하여 용접을 실시한다. Brazing Welding은 기존의 용융 용접법에 비해 다음과 같은 특징을 가진다.

1) Brazing Welding의 장점

❶ 용접에 소요되는 열이 작으므로 적은 에너지 만으로 빠르고 쉽게 용접을 시행할 수 있고, 용접에 수반되는 열이 작으므로 열 팽창과 수축의 문제점이 작다.

❷ 용접 금속이 비교적 연성이 있고, 연한 재질로 기계가공이 용이하며 잔류 응력이 적다.

❸ 적당한 용접부 강도를 가지고 있어서 다양한 용도별 적용이 가능하다.

❹ 용접기가 간단하고 취급이 용이하다.

❺ 잘 깨지고 취성이 있는 주철제품의 용접을 충분한 예열 없이 시행할 수 있다.

❻ 이종 금속의 용접이 용이하다.

2) Brazing Welding의 단점

❶ 용접부의 강도가 단지 Filler Metal에 의해 결정되므로 강도의 한계가 있다.

❷ Filler Metal의 낮은 용점으로 인해 고온 사용이 불가능하다. Copper 합금의 Filler일 경우에 통상 260℃ 정도로 제한된다.

❸ 이종 금속의 접합으로 인해 Galvanic Corrosion의 피해를 입을 수 있다.

❹ Filler Metal의 색깔로 인해 용접부 색이 모재와 확연하게 차이가 날 수 있다.

14. 확산 용접 (DIFFUSION WELDING and BRAZING)

(1) 개요

1) Diffusion Welding

Diffusion 용접은 용접과정에서 금속 용융이 없이 용접을 시행하는 고상 용접의 한 종류로서 확산 용접이라고 불리기도 한다.

이하에서는 편의상 확산 용접으로 명명 하여 설명한다.

이 용접 방법의 기본은 고온에서 두 금속을 맞대어 놓고 높은 압력을 가했을 때, 계면의 용융이나 Macro적인 변형, 두 금속의 외형적인 움직임이 없이 계면의 접합이 일어나는 접합 방법이다.

이 접합 방법은 Diffusion Bonding, Solid State Bonding, Pressure bonding, Hot Press Bonding등의 여러 가지 이름으로 불리고 있다.

확산 용접을 시행하는 과정에서 접합되는 두 계면 사이에 Filler Metal을 삽입하기도 한다.

확산 용접에 의해 접합되는 용접방법은 다음의 두가지로 구분된다.

❶ 동종 혹은 이종 금속을 Filler Metal 층 삽입 없이 시간과 압력, 온도를 조절하여 접합하는 방법. 시간과 온도, 압력은 모재의 종류와 표면 상태에 따라 조절된다.

❷ 동종 혹은 이종 금속 사이에 얇은 Filler metal 층을 삽입하여 접합하는 방법. 이때 Filler Metal은 두 금속의 확산 속도를 빠르게 하고 계면의 Micro-deformation을 도와서 보다 완전한 접합이 이루어 지도록 돕는 역할을 수행하며, 이 Filler Metal 층은 적절한 열처리에 의해 모재로 확산된다.

Filler Metal은 확산을 돕는 역할 외에도 두 금속 표면에 있는 Void를 메꾸어 주는 역할을 담당한다.

Diffusion 용접이 잘 이루어 지기 위해서는 다음의 두 조건이 반드시 성립되어야 한다.

❶ 접촉되는 면이 기계적으로 친화도가 있어야 한다.

❷ 접촉되는 면의 불순물의 분해가 Metallic Bonding을 방해하지 않을 정도이어야 한다.

Diffusion Welding 대상물은 접합전에 준비 단계에서 약간의 표면 처리를 거쳐야 한다.

이는 단순한 세척 과정 이상으로 다음의 처리들을 포함한다.

❶ 표면의 매끄러운 가공 : 이 과정은 선반 가공이나 단순한 Grinding등의 작업을 통해 이루어 진다.

❷ 화학적으로 달라 붙어 있는 표면의 산화 피막 등의 제거 : Chemical Etching , Degreasing등의 작업을 통해 표면의 이 물질을 제거한다.

❸ 가스, 수화물 혹은 유기물 상태의 표면 Film등의 제거

❹ 진공 상태에서 열을 가하면 깨끗한 표면을 얻을 수 있다. : 표면에 있는 가스, 수화물, 유기물 상태의 이물질 층을 고온에서 제거하는 것이다.

이렇게 처리한 부품은 Cleaning후에 역시 진공 혹은 불활성 가스 분위기에서 보관하여야 한다.

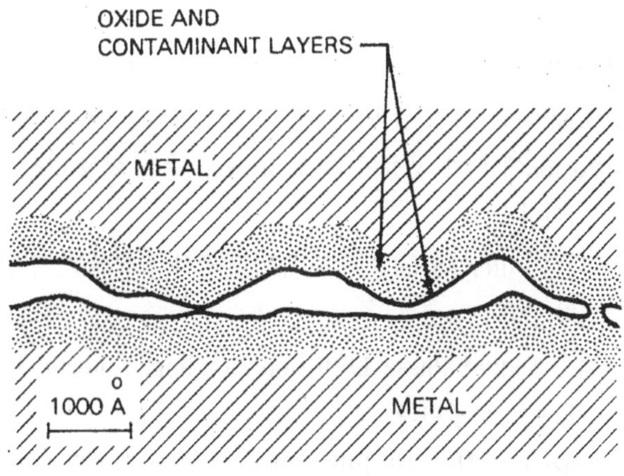

그림 6-81 확산 용접 계면의 요철과 산소 화합물(불순물) 생성

Filler Metal 없이 효과적으로 확산 접합이 이루어지는 과정은 다음의 세 단계로 구분될 수 있다.

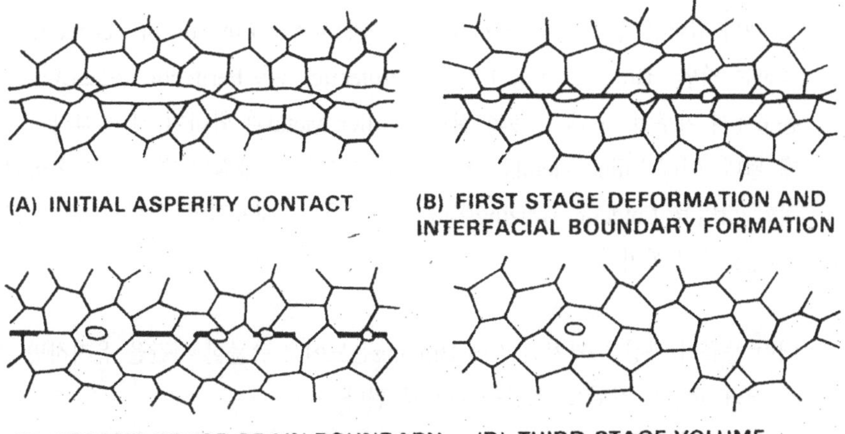

그림 6-82 확산 용접 과정의 개요

초기에 (A) 단계에서 서로 마주한 두 금속은 (B) 단계에서 주어진 온도와 압력을 받으면서 항복(Yield)과 Creep변형에 의해 계면의 변형을 일으키게 된다.

(B) 단계가 종료되는 시점이 되면 두 금속은 약간의 Void를 가지면서 Grain Boundary 간에 접촉이 일어나게 되는 (C) 단계를 거치게 된다.

(C)와 (D) 단계에서는 접촉에 의한 변형보다는 계면 확산이 매우 중요한 역할을 담당하게 되고 확산이 지속되면서 많은 Void들이 사라지게 되어 두 금속은 완전한 접합을 이루

게 된다.

2) Diffusion Brazing

Diffusion Brazing은 이종 금속사이에 혹은 접합되는 모재와 미리 삽입한 Filler metal 층 사이에 Diffusion에 의해 용융 상태의 Brazing 층을 형성하면서 압력을 가해 두 금속을 접합시키는 방법이다.

접합이 완료되면 Filler Metal층은 모재로 완전히 확산하고, 접합된 계면은 모재와 동등한 성질을 가진다.

이 접합 방법은 Liquid Phase Diffusion Bonding, Eutectic Bonding 혹은 Activated Diffusion Bonding으로 불린다.

Diffusion Brazing은 사용되는 Filler Metal의 특성에 따라 다음과 같이 두 종류로 구분한다.

❶ 모재와 거의 같은 화학 성분 조성을 가지지만 융점이 낮은 Filler Metal 을 사용하는 방법 : 고온용으로 사용되는 Ni-Alloy의 융점은 매우 높지만, 여기에 약간의 Silicon이나 Boron을 첨가하면 낮은 융점의 Ni합금 Filler Metal을 만들 수 있다.

❷ 모재와 합금을 형성하여 하나 혹은 다수의 저융점 Eutectic or Peritectic 화합물을 형성하는 방법 : Brazing 온도가 모재의 Eutectic 혹은 Peritectic 온도보다 조금 더 높은 온도에서 이루어 질 때 모재의 일부가 Filler Metal과 합하여 저 융점의 합금을 형성하게 된다. 이때 Filler Metal은 용융하지 않지만 저 융점의 화합물이 형성된다. 이러한 접합 방법을 Eutectic Brazing이라고도 부른다. 대표적인 접합의 예는 Titanium 과 Copper의 접합이다.

어떤 종류의 과정을 거치던 간에 Brazing온도에서 충분한 시간을 유지하면 접합 계면을 따라 거의 균일한 화합물 조성을 가지게 된다.

온도는 충분히 확산이 일어 날 수 있을 정도의 온도이어야 하지만 Brazing온도가 너무 높거나 Filler Metal의 양이 너무 많으면 용융 금속이 Joint밖으로 밀려나와 접합이 제대로 되지않는다.

따라서 두꺼운 후판을 Diffusion Brazing으로 접합하고자 할 때는 충분한 시간을 주어 서서히 확산에 의한 접합이 일어나도록 해야 한다.

Diffusion Welding과 Diffusion Brazing은 Filler Metal을 사용할 수 있다는 유사점이 있지만 만약 Filler Metal이 용융되지 않거나, 모재 성분과 결합하여 용융상태의 합금을 이루면 이는 Diffusion Welding으로 구분되어야 한다.

(2) Insert재의 적용과 TLP법

Diffusion Brazing의 한 종류로 볼 수 있다. 모재의 직접적인 확산 용접이 곤란할 경우에는 Insert 재가 이용된다. 일반적으로 Insert 금속의 효용은 다음과 같다.

❶ 확산의 촉진에 의해 저온에서 단시간의 용접이 이루어 진다.
❷ 이종재의 용접시 발생될 수 있는 취약한 금속간 화합물의 방지 또는 억제
❸ 모재와의 합금화에 의한 이음부의 성능 향상
❹ 모재와의 공정 반응에 의해 용접 온도를 낮춘다.
❺ 팽창계수가 다른 이종재의 용접에 있어서, 냉각 중에 생기는 응력을 완화 하여 균열을 방지한다.
❻ 접합면 끼리의 밀착성을 촉진한다.

Insert재는 접합부에 잔존하지 않을 정도로 얇게 (두께 20～200μ) 할 필요가 있으며 보통 도금, 융착, 용사, Spattering, 분말 등의 형태로 이용된다.

TLP (Transient Liquid Phase Bonding)법은 최근 개발된 Insert 금속의 이용법이다. 두께 0.1mm이하의 저 융점 Insert금속을 이용하여 용접 초기에 용융하여 접합을 용이하게 한다. 그 후 모재 금속과 상호 확산하여 성분 변화를 일으켜, 결국은 등온 응고하여 일체화 한다.

(3) Diffusion Welding / Brazing의 장, 단점

1) 장점

❶ 모재와 기계적, 조직학적인 특성이 거의 유사한 접합 조직을 만든다.
❷ 접합 이후의 별도 가공이나 처리 없이도 변형이 거의 없이 접합할 수 있다. (열 변형, 열 응력이 작다)
❸ 용융 용접으로 접합하지 못하는 이종 재질의 접합을 실시할 수 있다. 형상의 대칭적인 구조가 필요 없다.
❹ 치수 정밀도가 높다.
❺ 한 구조물의 여러 개의 접합 Joint를 동시에 접합할 수 있다.
❻ 접근이 어려운 Joint 도 쉽게 용접할 수 있다.
❼ 충분한 예열이 필요한 두꺼운 Copper와 같은 후판도 쉽게 접합할 수 있다. (면 접촉이기 때문에 용접성은 모재의 판 두께에 의존하지 않는다.)
❽ 응고 조직이 없으며, 일반적인 용융 용접에서 나타나는 균열, 기공, 취화부 등의 용접 결함이 나타나지 않는다.

⑨ 재 결정 온도 이하에서의 용접 가능성이 있다.
⑩ 접합과 열처리를 동시에 실시할 수 있다.
⑪ 이종 금속은 물론이고, 금속과 세라믹과의 용접도 가능하다.

2) 단점

❶ 기존의 용융 용접이나 Brazing 보다 Thermal Cycle이 길다.
❷ 기자재 비용이 비싸고, 경제적으로 접합할 수 있는 크기의 제한이 있다.
❸ 여러 개의 Joint를 한꺼번에 용접할 수는 있지만 생산성이 높지는 않다.
❹ Joint의 특성을 확인할 수 있는 적당한 비파괴 검사방법이 없다.
❺ Filler Metal 과 Procedure의 미비로 모든 강종에 적용 못하고 있다.
❻ 접합하는 두 계면의 가공에 많은 주위가 필요하며 특히 표면 거칠기가 매우 중요하다.
❼ 기존의 용접법으로 용접할 때 진공이나 적절한 용접부 보호 분위기가 필요한 용접 재료일 경우에는 열과 압력을 동시에 가하는 것이 중요하다.

(4) 용접 변수

1) Diffusion Welding의 변수

Diffusion Welding의 주요 변수는 온도, 시간, 압력, 모재의 금속 조직학적인 특성이다.

❶ 온도 : 온도는 다음과 같은 이유로 가장 중요한 제어 변수 중의 하나이다. 확산 속도는 온도에 의해 가장 큰 영향을 받게 된다. 약간의 온도 차이에도 거의 모든 용접 변수가 온도에 영향을 받게 되어 용접 조건(Thermal Kinetics)이 크게 변화하므로 쉽게 측정되고 정확하게 제어되어야 한다. 용접이 가능한 온도 범위는 접합 시간 및 가압력에 따라 변화하지만 이들의 실용적인 조건 범위에서의 적정 접합 온도는 약 0.5~0.8 Tm정도 이다. 여기에서 Tm은 모재의 융점을 Kelvin 온도로 계산한 것이다.

❷ 시간 : 접합 시간은 온도와 밀접한 관계를 가지고 있다. 확산량은 온도 다음으로 시간에 비례한다.

❸ 압력 : 압력이 접합 과정에 미치는 영향은 다른 변수들에 비해 정량적으로 표현하기 매우 어렵다. 초기 Metallic Bond가 형성되는 단계에서는 가해지는 압력에 의한 변형이 주된 역할을 담당하게 된다. 용접시에는 다른 변수들이 고정되어 있을 때 높은 압력을 가할 수록 더 양호한 접합부가 얻어 진다. 이러한 이유는 압력에 의한 표면의 변형이 주된 요인으로 인식된다. 또한 과도한 변형은 재결정 온도를 낮추고 용접 온도에서 재결정을 촉진하는 역할을 담당한다. 용접시 모재에 가해지는 압력은 모재의 항복 강도를 넘지 않아야 한다.

❹ 금속학적 요소 : 위의 변수들 뿐만 아니라 확산 속도에 영향을 주는 상변태와 조직학적인 요소들에 대해서도 주의해야 한다. 상변태 중에 금속은 매우 경화되고 작은 힘에도 쉽게 변형이 일어나서 접합이 쉽게 일어난다. 상변태와 재결정 과정에서 확산 속도는 매우 높다. 확산을 돕기 위해 Filler Metal을 사용하기도 하며 그 역할은

- 용접 온도를 낮춘다.
- 용접 압력을 낮춘다.
- 용접 시간을 줄인다.
- 확산 속도를 증대시킨다.
- 불순물을 제거한다.

등으로 구분할 수 있다.

Filler Metal의 적용은 전기 도금의 형태, 응결(Condensed) 형태, 접합면에 뿌려진 상태, 얇은 Foil이나 Sheet 상태 등 다양한 형태로 적용되지만 두께는 0.25mm를 넘지 않아야 한다. 대개의 경우 Filler Metal은 합금 성분을 제외시킨 모재의 순수재로 적용한다.

Titanium 합금에는 순수한 Ti이 Filler Metal로 적용된다.

Aluminum의 경우에는 표면에 쉽게 형성되는 산화층으로 인해 Diffusion Welding이 매우 어려운 대표적인 강종이다.

이를 방지하기 위해 미리 표면에 은(Ag)을 Coating하여 접합한다.

2) Diffusion Brazing Variables

❶ 온도와 Heating Rate : 용접의 경우와 마찬가지로 온도는 매우 중요한 역할을 한다. 단위 시간당 온도 증가율인 Heating Rate도 무척 중요한 역할을 하는데, Heating Rate는 용융층의 형성 여부를 결정한다. Heating Rate가 너무 늦으면 고상 확산에 의해 공정 용융층 형성을 방해하여 접합면에 있는 Void를 Brazing Filler Metal이 채우지 못한다. Brazing이 완료된 후에는 높은 온도에서 일정시간 이상 유지하여 고상 확산이 일어나도록 해야 한다.

❷ 시간 : Brazing시간은 다음의 요소에 의해 영향을 받는다.

- Brazing온도
- Brazing 온도에서 Filler Metal과 모재의 Diffusion Rate
- 접합 Joint에 침투해 들어 갈 수 있는 Filler Metal의 최대량

❸ 압력 : Brazing의 경우에 압력은 거의 없거나 약간의 압력만이 주어진다. 과도한 압력은 모세관 현상에 의해서 Filler Metal이 Joint에 들어가는 것을 방해하고 용융된 Filler Metal을 Joint 밖으로 밀어내기 때문이다.

❹ 금속학적 요소 : 금속학적 요소는 Welding의 경우와 거의 마찬가지이다. 다만 추가되는 것은 접합부를 중심으로 양쪽 성분상의 안정성이다. 확산에 의한 화학 성분 차이에 의해 변태 온도가 영향을 받고 변태 속도에 차이가 나타나게 된다. 즉, 변태가 촉진되기도 하지만 방해 되기도 하기 때문이다. Titanium에서 Copper는 β상을 안정시키고 β에서 α로의 상변태를 억제시킨다.

❺ Filler Metal : Filler Metal은 모재 성분과 결합하여 저 용점의 합금을 만든다. Filler Metal의 형상은 분말, Foil, Wire 혹은 모재위에 도금되는 형태로 적용된다. Nickel합금이나 Cobalt합금의 경우에 Filler Metal은 Brazing의 온도를 낮추고 경도를 증가 시키며 취성을 증가시키는 역할을 한다.

(5) 확산 용접 장비

확산 용접은 보통 진공 또는 불활성 가스 중에서 행하여 진다.

주로 진공 방식으로 행해지지만 재료에 따라서는 환원성 가스 분위기가 적용된다. 탄소강은 대기중에서도 용접이 가능하다고 발표되고 있다.

용접 장비로는 유도 코일로 가열하는 장치 또는 저항 가열에 의한 장치가 있으며, 가압에는 유압 또는 공기압이 채용되고 있다.

15. 고주파 용접 (High Frequency Welding)

(1) 개요

고주파 용접은 높은 주파수의 전류를 용접 대상물에 흘려서 이때 발생되는 열로 용접을 실시하는 방법이다. 용접 조건에 따라 별도의 Upsetting Force를 가하기도 한다. 국내에서는 주로 Bending 등의 성형 과정에 고주파가 많이 이용되고 있다. 산업계에 폭 넓게 상용 Process로 개발되기 시작한 것은 1940~1950년대 부터 이다.

고주파 용접은 직접 용접 대상물에 전류를 흐르게 하여 용접열을 얻는 High Frequency Resistance Welding (HFRW)와 용접물에 직접 전류를 흐르지 않고 Induction Coil에 의해 모재에 유도된 전류의 열을 이용하여 용접을 실시하는 High Frequency Induction Welding (HFIW)으로 구분된다.

HFIW는 종종 Induction Resistance Welding이라고도 불린다.

두 가지 방법 모두 전류가 공급되는 방식의 차이만 있지 고주파 전류에서 발생되는 저항

열로 용접을 실시하는 점에서는 기본원리는 같다.

일반적인 용접기에 사용되는 저주파의 경우 용접을 실시하기 위해서는 높은 전류가 필요하지만 고주파 용접에서는 전류가 표면에 집중되고 전류가 집중되기 때문에 상대적으로 낮은 전류만으로도 용접을 실시할 수 있다.

즉, 그만큼 용접열이 집중되는 위치를 조절하기 쉽고, 에너지의 집중이 좋아서 용접속도가 빠르다.

(2) 적용과 장, 단점

1) 장점

❶ 매우 좁은 열 영향부(HAZ)를 만든다.

❷ 용접부의 성능 개선을 위한 열처리가 거의 필요 없다.

❸ 에너지 효율이 좋아서, 낮은 전력 소모로 빠른 용접을 실시한다.

❹ 0.13mm 이하의 매우 얇은 두께와 25mm 정도의 두께도 용접이 가능하다.

❺ 강종 제한이 거의 없다.(Carbon steel, Stainless Steel, Alloy steel, Aluminum, Copper, Titanium, Nickel등)

❻ 용접 시간이 짧고, 국부적인 가열로 인해 용접부의 산화나 변형의 위험성이 작다.

2) 단점

❶ 열 집중이 심하고 자동으로 선형 (Line Operation)의 용접을 실시하므로 용접 Joint의 정확한 Fit-up 작업이 필요하다.

❷ 높은 고주파를 사용하므로 주변 공장 기기에 영향을 줄 수 있다. 설치와 운전중에 이에 대해 신경을 써야 한다. 또한 작업자의 안전 관리에도 주의하여야 한다.

❸ HFIW의 경우에는 반드시 유도 전류 Coil을 장착할 수 있는 Tube, Pipe 등의 형상이어야만 하는 용접물 형상의 제한이 있다.

(3) 고주파 용접 원리

1) 기본 원리

❶ Skin Effect : 일반적으로 강에 전류가 흐르면 전도되는 부분에 균일하게 열이 발생하지만, 고주파 용접은 전류가 용접재의 표면에 집중되므로 열의 집중이 발생하고 이에 따른 전류의 침투 깊이도 표면에 국한되게 된다. 이러한 현상을 Skin Effect라고 부른다. 다음에 소개되는 Proximity Effect와 함께 고주파 용접을 가능하게 만드는 기본 원

리이다. 강종별로 전류 침투 깊이는 온도와도 밀접한 관계를 가지고 있다.

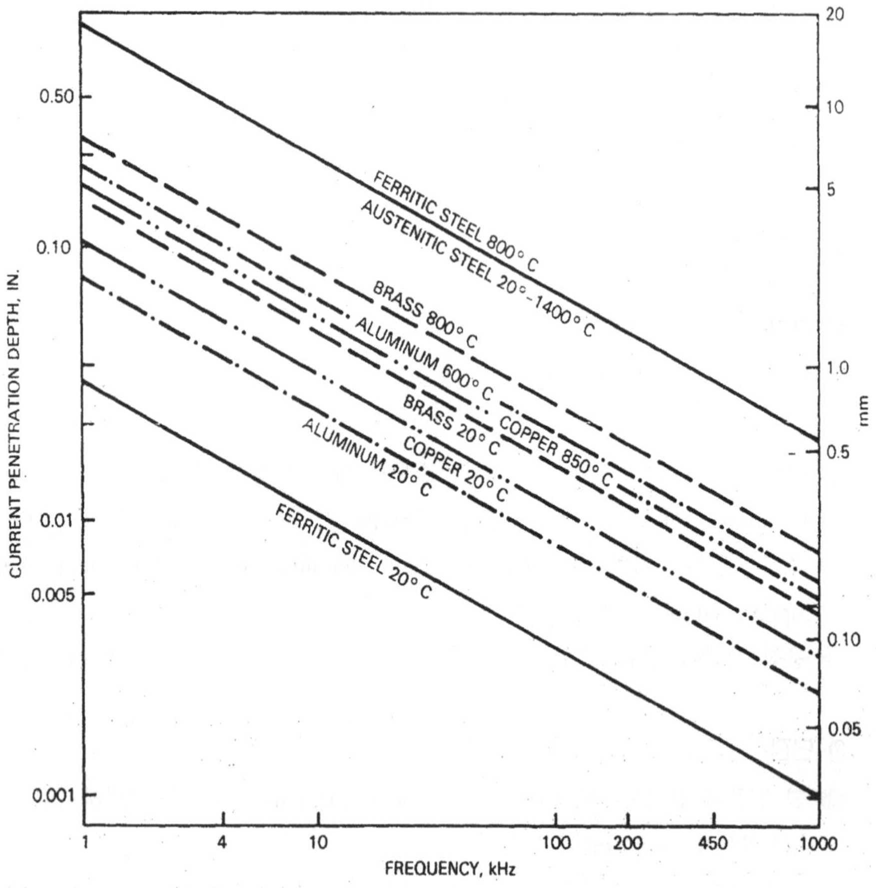

그림 6-83 특정 온도에서 강종별 용접 주파수와 전류의 침투 깊이의 관계

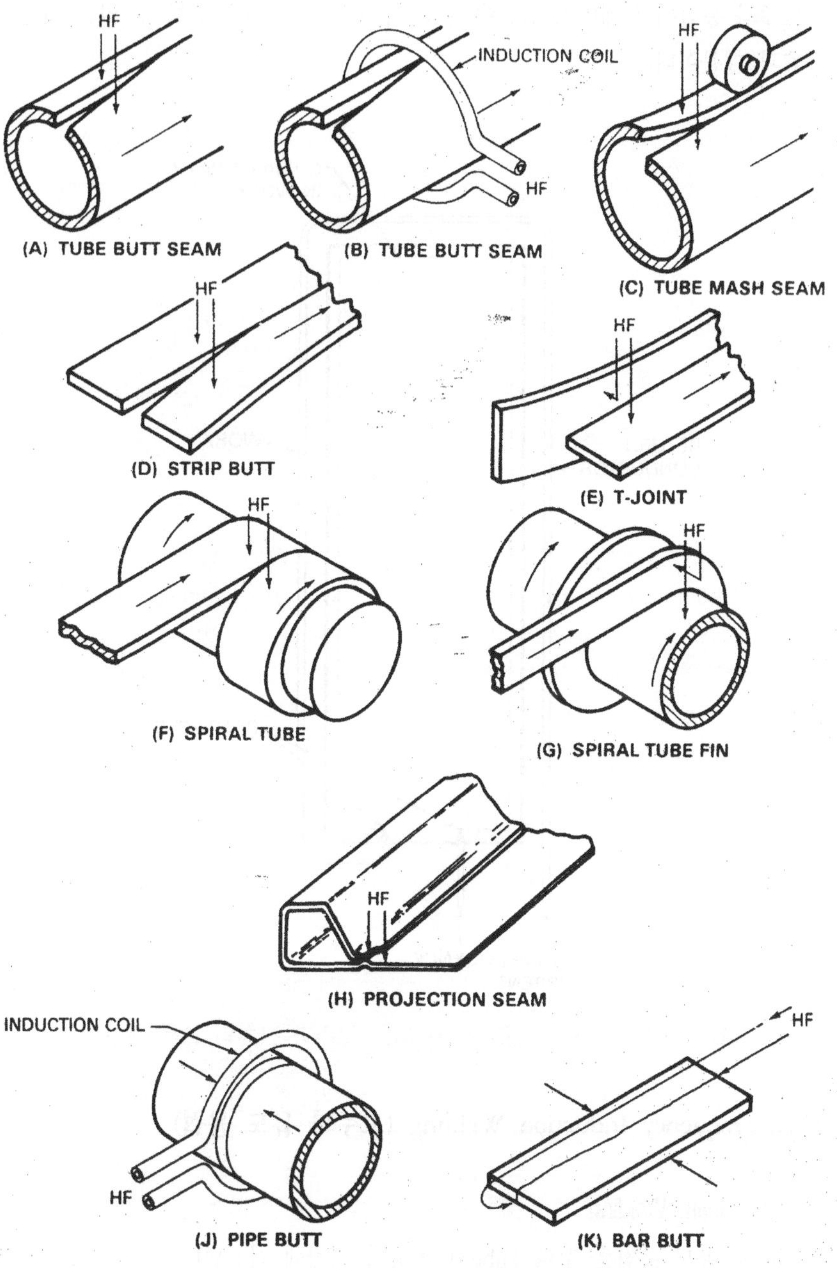

그림 6-84 일반적인 고주파 용접의 적용

❷ Proximity Effect : 고주파 용접 전류는 용접부 따라 표면의 가장 가까운 회귀 회로를 구성하면서 흐르게 된다. 즉, 인접한 두 금속의 표면을 따라 고주파가 흐르게 되고, 이 부분에 열이 발생하여 용접을 가능하게 하는 것이다. 이러한 현상을 Proximity Effect 라고 부른다. Skin Effect와 Proximity Effect는 주파수가 커질수록 강하게 나타난다.

고주파 용접에서 에너지 집중이 좋고 좁은 열 영향부를 만들 수 있는 것은 이 두 가지 효과 때문이다.

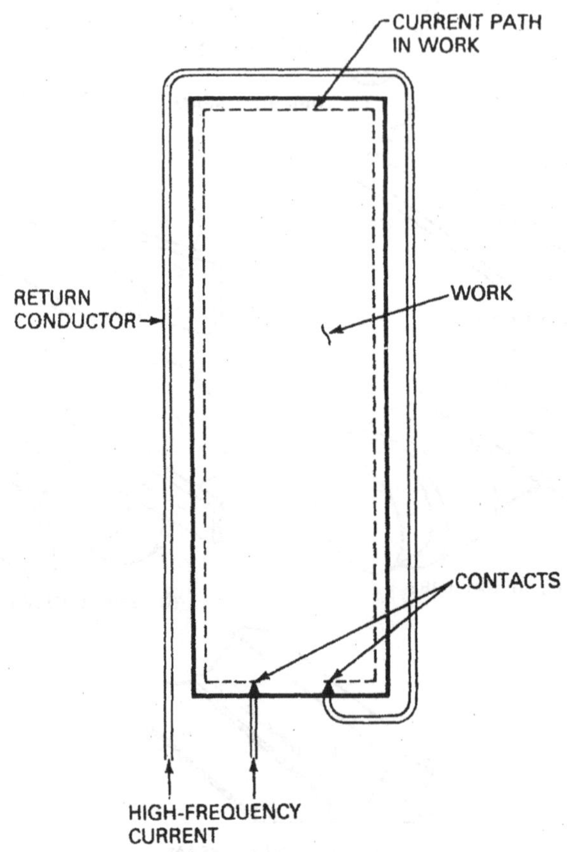

그림 6-85 Proximity Effect에 의한 고주파 전류의 흐름 제한

(4) High-Frequency Induction Welding (고주파 유도 용접)

1) Tube Seam Welding

고주파 유도 용접은 주로 Tube와 Pipe의 제작에 적용된다.

Strip을 미리 Roll Forming 하고 다음과 같이 용접기에 장착한다.

유도 Coil에 의해 유도된 전류 저항열로 모재가 가열되면 성형 Roller 사이로 통과시키면서 압력을 가하면 Vee 부분이 용접부가 되어 용접을 완료시키는 것이다. 용접 과정에서 불순물을 포함하게 되는 용융 금속은 용접부 양쪽 방향으로 밀려나오게 된다. 이 Upset 금속은 용접이 완료된 후 모재를 기준으로 깨끗이 제거되어야 한다.

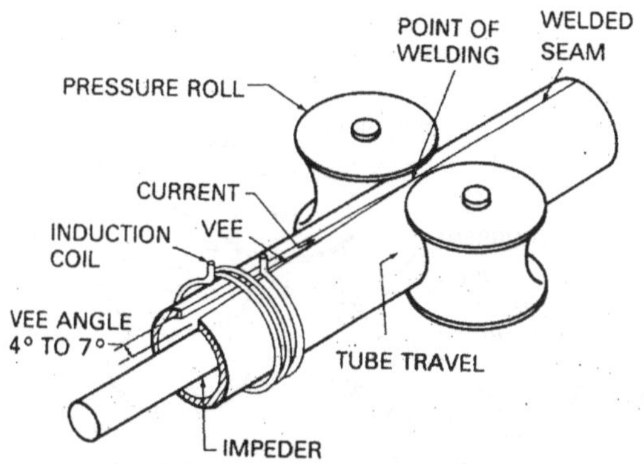

그림 6-86 High-Frequency Induction 용접에 의한 Pipe의 생산

용접 과정에서 모재 전체를 가열하게 되므로 경제적이지 못하여 박판의 용접에 주로 적용한다. 후판의 경우에는 High-Frequency Resistance Welding이 경제적으로 더 유리하다. Impeder는 Ferrous 금속으로 만들어 지며 박판의 용접을 시행할 때 Inside에 전류를 공급하는 역할을 담당한다. Inside에 흐르는 전류는 용접 Vee를 가열하는 데 필요한 전류로부터 생성되므로 결과적으로 용접 효율이 저하한다. 용접과정에서 Impeder는 자성을 유지하기 위해 늘 냉각되어 있어야 한다.

2) Butt Welding of Hollow Pieces

Boiler Tube등을 연결할 때 주로 적용된다. 작은 유도 Coil을 용접 Joint에 설치하고 고주파를 흘려 용접을 실시하는 방법이다.

그림 6-84의 (J)형태가 대표적인 용접 Joint 형상이다. Pipe 두께 10mm 정도 까지의 용접에 적용되고 있으며, 용접은 Joint당 10～60초 정도의 매우 짧은 시간 동안에 이루어 진다.

(5) High-Frequency Resistance Welding (고주파 저항 용접)

1) Continuous Seam Welding

기본적인 용접 과정은 HFIW와 거의 유사하지만 전류가 공급되는 방식에서 차이가 있다. 유도 전류에 의해 가열되는 HFIW와는 달리 직접 Sliding Contact에 의해 전류가 공급되는 것이 차이점이다.

Tube Diameter나 Wall Thickness에 따른 용접 효율의 차이가 거의 없고 Pipe나 Tube뿐만 아니라 어떠한 형상의 용접물도 용접이 가능하다.

또한 원하는 Vee부분만 전류가 흘러 부분적인 가열이 가능하므로 용접(에너지) 효율이 좋다.

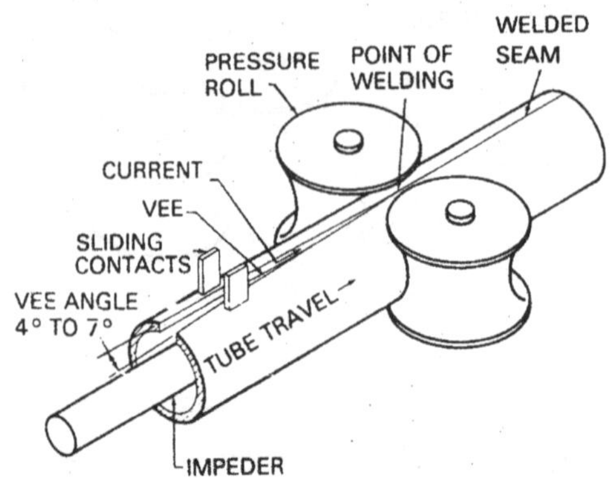

그림 6-87 High-Frequency Resistance 용접에 의한 Pipe의 생산

2) Finite Length Welding

고주파 저항 용접은 Pipe나 Round Bar의 용접 뿐만 아니라 마주한 두 철판을 용접하는데 적용될 수 있다. 다음 그림 6-88은 철판 용접에 사용되는 고주파 용접 원리를 설명하고 있다.

Finite Length 용접은 마주한 두 철판 위에 고주파 전류를 흘려서 이때 발생되는 열과 외부 압력을 통해 용접을 이루는 방법이다.

충분히 가열된 상태에서 압력을 가하면 Upset이 일어나게 된다.

적절한 주파수의 전류를 선택하여 표면에 흐르는 전류의 깊이를 제어할 수 있다. 시간당 1000 Joint까지 용접을 실시 할 수 있다.

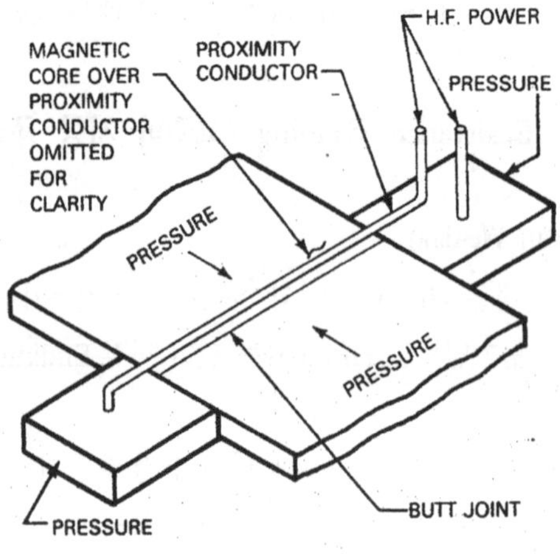

그림 6-88 High-Frequency 용접에 의한 철판의 용접

3) Consumables

상용화되는 고주파 용접에는 기본적으로 Filler Metal의 사용이 없다. Flux나 용접부 보호용 Inert Gas는 Aluminum, Titanium등의 용접시에 적용되기도 하지만 특별한 경우에 국한한다.

4) 용접부 검사

용접부 품질을 확인하기 위한 검사는 다른 여타 Process의 경우와 유사하다. 다만, 형상이 주로 Pipe & Tube이므로 Eddy Current를 이용한 비파괴 검사 방법이 폭넓게 적용되고 있다.

5) 기타

용접이 이루어지기 위해서는 용접부는 반드시 용접 진행 방향에 수직하고 두 접촉면이 평행하게 노여져야 한다. 이렇게 해야 균일한 가열이 이루어 질 수 있다. 접합면에 수직하게 압력이 가해져야 하고 용접 중에 Shearing Force가 있으면 Void, 오염, Hot Tearing 등의 결함이 발생할 수 있다.

비금속 개재물이 많거나 Grain Size가 너무 큰 재료의 용접은 매우 힘들거나 불가능한 것들이 많다. 이종 금속의 용접도 가능하지만 용융점의 차이가 큰 금속일 경우 용접 온도의 제한이 있어 적용상의 주의를 요한다. 열 경화성이 있는 재료는 열 영향부 열처리가 필요하다.

가공 경화된 재료는 용접에 의해 좁은 열 영향부가 연화된다.

석출 경화형 재료는 부분적으로 Annealing되어 용접부가 약해지거나, 과시효(Over-aged) 되어 지나치게 경화될 수 있다.

16. THERMIT WELDING (TW)

(1) 개요

Thermit 용접은 Aluminum 분말과 산화 금속사이에서 발생하는 발열 반응(Exothermic Reaction)으로 과열되어 용융된 금속으로 용접을 진행하는 방법이다. 19세기말에 독일에서부터 상용화 되기 시작한 이 Process는 Filler Metal로 발열 반응에서 생성된 용융 금속을 사용한다.

용접을 시행하기 위해서는 초기에 외부에서 열을 가해야 하지만 일단 Aluminum과 산화 금속 사이에 반응이 개시되면 스스로 반응을 유지하는 자발적인 반응이다.

용접에 적용되는 발열 반응을 간단히 요약하면 다음과 같다.

산화 금속+Aluminum (분말) ⇒ Aluminum Oxide+금속+열

이 반응은 금속과 산소와의 친화력 보다 Aluminum과 산소의 친화력이 더 커질 때까지 계속된다. 용기 안에서 이 반응을 진행시키면 반응의 생성물로는 금속과 통상 2000℃ 이상의 열이 발생되며 Aluminum Oxide는 가벼워서 위로 부상하게 된다.

즉, Aluminum Oxide는 Slag로 떠오르고 금속은 용융 상태로 용접에 사용되는 Filler Metal이 되는 것이다. 용접 과정에서 발생되는 열 손실은 한꺼번에 만들어 지는 Thermit이 많을 수록 적어 진다.

다음은 대표적인 몇 가지 Thermit 용접에 적용되는 금속과 그들의 발열 반응식이다.

$3Fe_3O_4+8Al \rightarrow 9Fe+4Al_2O_3+Heat$ (3350KJ)
$3FeO+2Al \rightarrow 3Fe+Al_2O_3+Heat$ (880KJ)
$Fe_2O_3+2Al \rightarrow 2Fe+Al_2O_3+Heat$ (850KJ)
$3CuO+2Al \rightarrow 3Cu+Al_2O_3+Heat$ (1210KJ)
$3Cu_2O+2Al \rightarrow 6Cu+Al_2O_3+Heat$ (1060KJ)

Thermit 용접은 합금 원소를 첨가하기 쉽다. 첨가 원소는 Slag 용융성을 증가 시키지만 응고 온도를 낮추는 단점이 있다. Thermit은 용접으로 구분되기는 하지만 거의 Casting에 가까운 특성을 가지고 있어서 Riser와 Gate가 반드시 설치되어야 한다.

Riser와 Gate의 용도는 다음과 같다.

❶ 응고 수축에 의한 용접 금속의 부족분을 보충해 준다.
❷ 주조에서 발생될 수 있는 결함의 발생을 제거한다.
❸ 용탕의 흐름을 원활하게 한다.
❹ 용탕이 용접 Joint내로 들어갈 때 와류의 생성을 방지한다.

(2) Thermit 용접의 장, 단점

1) 장점

❶ 용접 시간이 빠르다.
❷ 합금 원소의 조정이 쉽다.
❸ 별도의 용접기나 커다란 장비가 필요 없다.

❹ 용접 개시를 위한 점화 방법이 간단하다. 단지 Igniter에 성냥불만으로도 점화가 가능하다.

2) 단점

❶ 적절한 용접부 Gap과 Alignment가 필요하다. 용접부가 넓을수록 Gap도 넓어 져야 한다.

❷ Butt Joint용접을 실시할 때는 완전한 용착을 위해 예열을 반드시 실시해야 한다.

❸ 초기 점화를 위한 Ignition Rod나 Powder가 필요하다.

❹ 주물의 형태로 용접이 이루어 지므로 Riser와 Gate의 설치가 필요하다.

❺ 적용되는 용도별로 별도의 Mold를 설계하고 시공해야 하는 어려움이 있다.

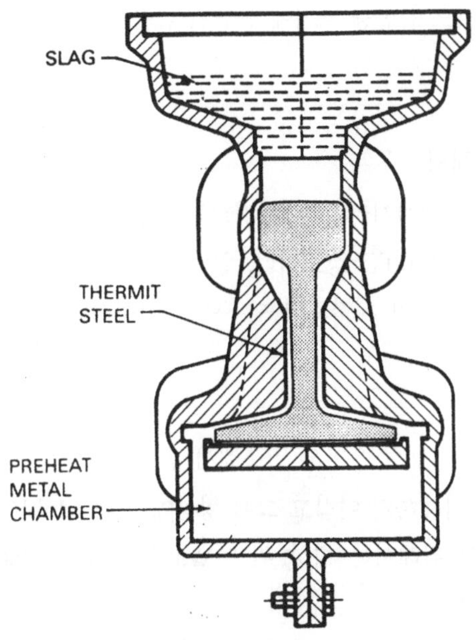

그림 6-89 Preheat Metal Chamber를 가지고 있는 Thermit 용접용 Mold

(3) Thermit 용접의 적용

1) 용도

가장 흔하게 적용되는 Thermit 용접은 각종 철로(Rail)의 연결 작업과 Concrete용 철근의 연결 작업이다. 특히 Crane등의 Rail은 정비를 쉽게 하고 진동의 문제를 해결하기 위해 Rail을 용접하여 중간의 Gap을 없앤다. 현재 국내 고속 철도용 Rail의 용접은 전기 저항 용접과 이 Thermit 용접이 병행되어 사용되고 있다. 전기 저항용접은 초기 공장에서 Rail

을 연결하기 위해 사용하고, Thermit 용접은 보수 용접용으로 제한적인 경우에 사용한다. Thermit 용접과 비슷한 것으로 CAD 용접이라는 것이 있다. 이는 주로 전기 배선 기구내의 용접에 적용되는 것으로 Al과 Cu의 합금을 사용하여 전기 기구 배선의 연결 부위를 주위로부터 차단시키고 확고한 용접부를 구성한다.

2) 예열

통상적으로 현장에서 Gas Torch를 사용하여 예열을 실시한다.

Thermit 용접은 주조에 가까운 Process이다 보니 적절한 예열이 없으면 용융 금속의 급격한 냉각으로 인해 Shrinkage에 의한 Void나 Crack의 위험성도 있다.

Torch로 예열하는 어려움을 덜기 위해 Thermit 용접 과정에서 발생하는 용융 금속의 열을 이용해서 예열하는 Self-Preheating 설비도 적용된다. 이 경우에는 Crucible과 Mold가 일체형으로 되어 있으며 반응 초기에 용융된 금속이 Mold 하부로 내려가서 예열을 담당하게 된다.

3) 점화 및 용접 개시

초기 발열 반응을 개시시키기 위한 점화는 Ignition Powder나 Rod를 이용해서 한다. 이때 점화제의 온도는 1200℃ 정도이다. 일단 점화에 의해 열이 발생하고 Aluminum과 금속 산화물의 발열 반응이 시작되면 이후에는 안정적인 상태에서 용융 금속이 얻어 진다.

4) 보수 용접

Thermit 용접에서 보수 용접은 반복해서 실시하지 않는 것이 일반적이다. 따라서 미리 만들어진 Mold를 사용하기 어렵고 그때 형상에 맞는 Mold를 새로이 만들어야 한다. 정확한 Mold를 만들기 위해서는 형상 위에 Wax를 바르고 Sand Mold를 이용하여 용접용 Mold를 만든다.

Thermit 용접은 강도상의 목적보다는 Smooth한 연속적인 표면과 전기회로의 연결 목적을 달성하기 위해 주로 사용된다. Thermit 용접이 없다면 연결 부위를 일일이 Bolting해야 할 것이고, 전기적 흐름의 연속성을 위해서는 별도의 Electric Jump Cable을 설치해야 할 것이다.

5) 용접부의 열처리

특수한 용도로 단순히 열처리를 위한 열만을 공급하는 Thermit 용접도 있다. 이Process에서는 어떠한 용융 금속도 나오지 않고 단지 발열 반응에 의해 원하는 용접부를 열처리하는 기능만을 담당하게 된다.

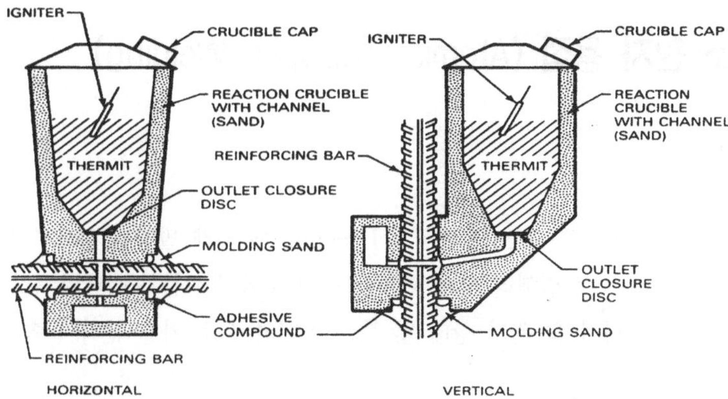

그림 6-90 Concrete Reinforcing Steel Bar의 Thermit 용접

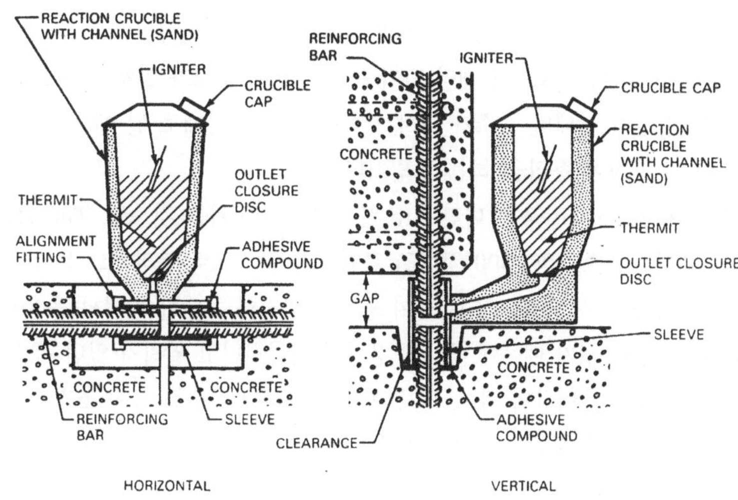

그림 6-91 Thermit Sleeve를 이용한 Reinforcing Bars의 용접

6) 용접시 주의점

Thermit 용접은 발열 반응의 높은 열을 이용하여 용융 상태의 금속을 얻는 방법이다. 준비과정에서 Thermit 혼합물, Crucible 혹은 용접 부재에 습기가 있으면 발열 반응 중에 고온의 Steam이 생성되며 이는 용융 금속을 Crucible로부터 분출 시키는 역할을 하게 된다.

따라서 Termit용접에 적용되는 부재들은 모두 충분히 건조된 상태에서 유지 관리 되어야 한다. 또한 점화 Powder나 Rod들은 순간적인 실수에 의한 발화되는 일이 없도록 주의하여야 한다.

17. 수소 원자 용접 (Atomic Hydrogen Welding)

(1) 개요

수소 원자 용접은 1926년 미국의 Langmuir에 의해 발명된 것으로 분자 상태의 수소를 원자상태의 수소로 열해리 시켜, 이것이 다시 결합해서 분자 상태의 수소로 될 때에 발생하는 열을 이용하여 순 원자 상태 및 분자 상태의 수소 가스 분위기 속에서 시공하는 용접 방법이다.

H_2(분자 상태) → (흡열) → 2H(원자 상태) → (발열) → H_2(분자 상태)

수소 가스 분위기 속에 있는 2개의 Tungsten 전극봉 사이에서 Arc를 발생시키면 Arc의 고열을 흡수하여 수소는 열해리 되어 분자 상태의 수소가 원자 상태로 되며, 모재 표면에서 냉각되어 원자 상태의 수소가 다시 결합해서 분자 상태로 될 때 방출되는 열(3,000~4,000℃)을 이용하여 용접을 하는 방법이다.

따라서 Tungsten 봉은 다만 Arc 불꽃만 발생시키는 것으로, Tungsten 전극은 그 용융점이 대단히 높아 (약3,000℃정도) 용융되지 않으므로 봉의 소모는 대단히 작다. 이 용접에서 피 용접물은 수소 가스로 싸여 공기를 완전히 차단한 속에서 용접이 진행되므로 산화, 질화의 작용이 없기 때문에 종래에 용접이 곤란하다고 알려져 있던 특수 합금이나 얇은 금속판의 용접이 용이하게 되고, 또 연성이 풍부하고 우수한 금속 조직을 가진 용접이 되므로 표면이 매끈하며 다듬질이 필요 없는 등의 여러가지 특징이 있다.

18. 폭발 용접 (Explosive Welding)

(1) 폭발 용접의 개요

폭발 용접은 화약의 폭발에 의한 충격 에너지를 이용하여 금속을 접합 시키는 방법이다. 판재의 cladding을 포함하여 종래의 용접 법으로는 용접이 곤란하거나 불가능한 한 것으로 생각되던 이종 금속에 대해서도 적용이 가능하고, 용접에 의한 열 영향을 받지 않으며 용접 속도가 대단히 빠르다는 이점이 있다. 또한 융점의 차이가 너무 커서 접합이 곤란한 금속을 폭발 용접하면 이음부는 충분한 강도를 가지면서 용이하게 접합 할 수 있다.

대부분의 금속은 폭발 용접이 가능하지만 폭발의 충격에 의하여 균열이 발생되기 쉽고

주철과 같이 취약한 금속 및 Mg을 함유한 알루미늄 합금 (순 알루미늄과는 접합 가능) 등은 이 용접법을 사용하기 곤란하다는 단점도 있다. 시공상의 특징은 특별한 기계 장치가 필요 없고 형상과 두께에 제한을 받지 않으며, 다품종 소량 생산이 가능하다.

(2) 폭발 용접의 원리와 기구

1) 예비 처리

폭발 용접 접합부의 표면 처리는 매우 중요하다. 산화 피막과 같은 오염 물질이 이음부에 존재하면 접합을 방해할 뿐만 아니라 이음부의 물성이 저하되기 때문이다. 일반적으로 폭발 용접을 하기 전에 이음부는 연마지로 연마한 후 탈지하여야 하며 연속적이고 건전한 접합부를 얻기 위해서는 150㎛ 정도의 표면 거칠기로 가공하여야 한다.

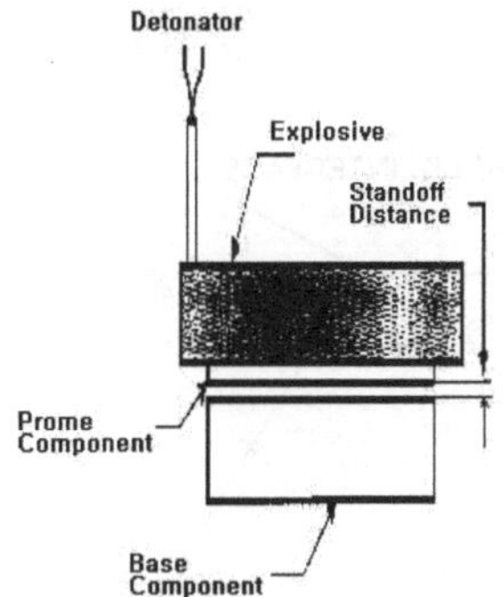

그림 6-92 폭발용접의 개요

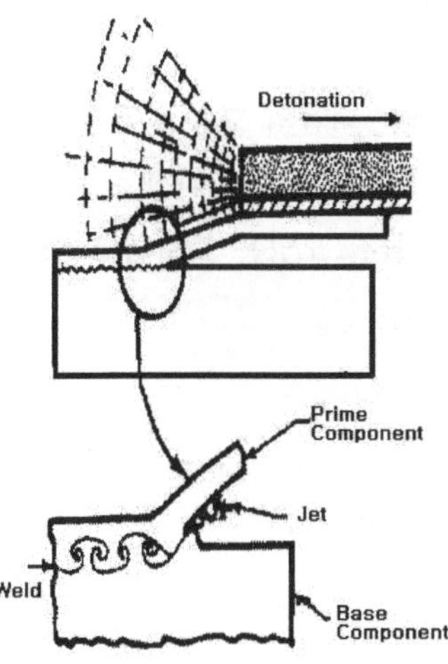

그림 6-93 폭발 용접중에 발생하는 두 금속 사이의 변화

2) 원리

위 그림 6-92와 같이 모재와 용접하고자 하는 상대재를 적당한 간격으로 평행하게 배치한다. 이 상대재 위에 완충재 (Explosive Buffer)를 넣고 적당한 양의 폭약을 배열한 후 그 일단을 뇌관에 의해서 기폭 시키면 폭발이 생기고 화약의 폭발 방향성은 두 금속간 간격에서 Jet를 발생시켜 준다. 이 Jet (폭발력)에 의해서 상대재는 특정한 각도 (5~30°정도)로 모재와 충돌한다. 충돌 점에서는 양방의 금속이 매우 큰 변형 속도와 고압에 의해서 금속 표면의 산화 피막과 흡착된 가스가 제거된다.

이와 같이 생성된 청정한 표면은 고압에 의해서 밀착하고, 모재와 상대재는 완전하게 야금학적으로 결합한다.

폭발 용접중에 발생되는 두 금속 사이의 접합 기구는 그림 6-93, 6-94를 참조한다.

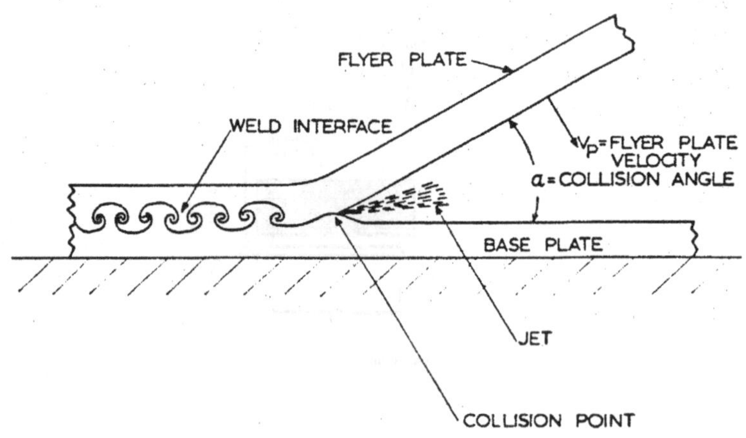

그림 6-94 폭발 용접중 두 금속 계면의 변화

폭발 용접의 접합 계면에는 다음의 그림 6-95와 같은 특유의 물결 모양이 관찰되며 파의 크기는 붕괴 조건에 따라서 다르고 파의 파장은 충돌 각도 이상으로 되면 길어지게 되지만 어떤 각도 이상으로 되면 물결 모양은 소실하고 직선상의 계면으로 변한다,

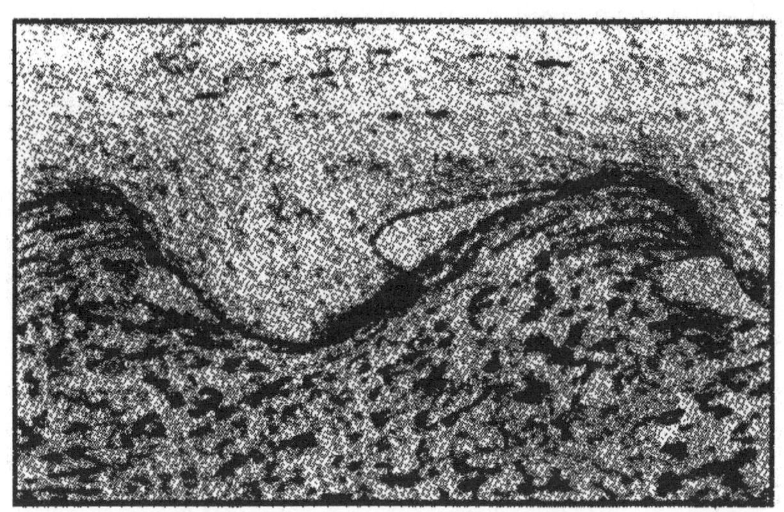

그림 6-95 폭발 용접으로 인해 발생된 두 금속 계면의 파도 형상의 변형
(Stainless Steel to Mild Steel)

3) 용접 인자

폭발 용접시의 적정 용접 조건을 설정하기 위해서 많은 연구가 행해지고 학자 마다 폭발 용접의 Mechanism을 이해하는 방법의 차이가 있다.

특히 계면에서의 금속간 역학 관계를 규명하는 요인들은 화약의 양에서 비롯되는 폭속(Explosion Velocity)이나 폭압 외에도 각 금속의 경도나 연신률, 심지어 용접 되는 환경의 온도 등도 용접 결과에 영향을 미치기도 한다. 여러가지 인자들이 거론 될 수 있겠으나 가장 중요한 것은 Jet의 발생이다.

다음의 인자 들은 이 Jet가 알맞게 발생되기 위한 것으로서 비록 폭발 용접 인자가 완전하게 정의되지는 않았지만 기본적인 인자는 다음과 같다.

❶ 용접 속도 : 용접 속도는 음속 이하이어야 한다. (통상 음속의 ½~¾ 정도)

❷ 동적 경사각 : 그림 6-94의 α(용접재와 모재와의 각도)는 표면의 상태와 재료의 물성에 따라 다르지만 상부 혹은 하부 경계 사이의 값을 가져야 하며, 일반적으로 α의 값은 5~25°정도이다.

❸ 폭발 용접시에 폭발점이 이동하는 속도는 가장 최소로 하면서 만족스런 용접을 할 수 있는 경우가 최적의 상태이며, 이것은 유체와 유사한 거동을 일으키는데 필요한 어떤 한계 접촉 압력과 관련이 있다.

❹ 용접이 가능한 최소의 폭발점 이동 속도외에 운동 에너지의 최소값이 존재한다. 이것은 표면의 청정화에 기여하는 Jet의 최소 두께와 간접적으로 관련되어 있다. 최대 운동

에너지 이상에서는 용접이 되지 않는 경우가 있다. 왜냐하면 과도한 용융과 그 결과로서 계면에 취약한 금속간 화합물이 형성되기 때문이다. 이상적인 조건하에서 폭발 용접하면 경계면에서 어떤 용융도 없으며 고상상태에서 용접이 된다.

❺ 상대재와 모재(Base Plate)는 평탄한 상태로 배치된 경우 그 사이의 간격이 상대재 두께의 반 이상일 경우 상대적으로 폭발 속도가 빠른 폭약(Trimonite등)을 사용한다. 통상 사용되는 폭약의 폭발 속도는 2~3 Km/sec (TNT의 경우) 정도이다.

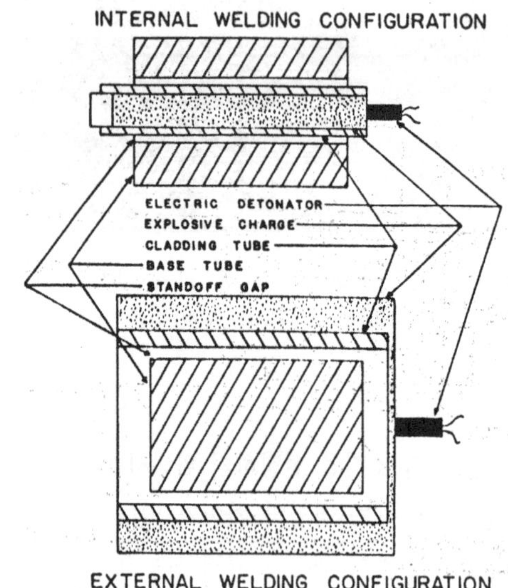

그림 6-96 Tube 형태의 Clad를 위한 폭발 용접

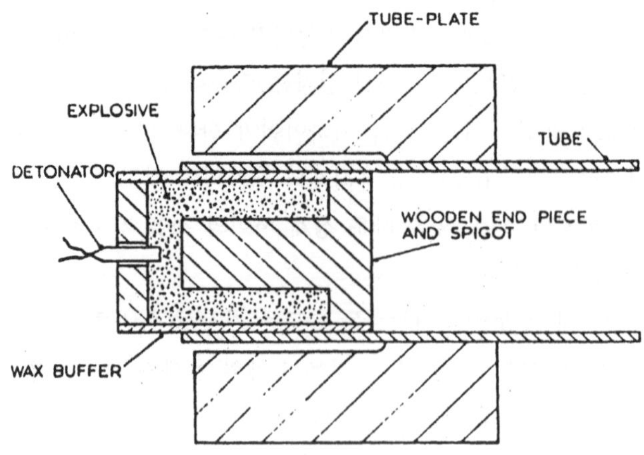

그림 6-97 Tube의 어느 한 부분 접합 만을 위한 폭발 용접의 적용

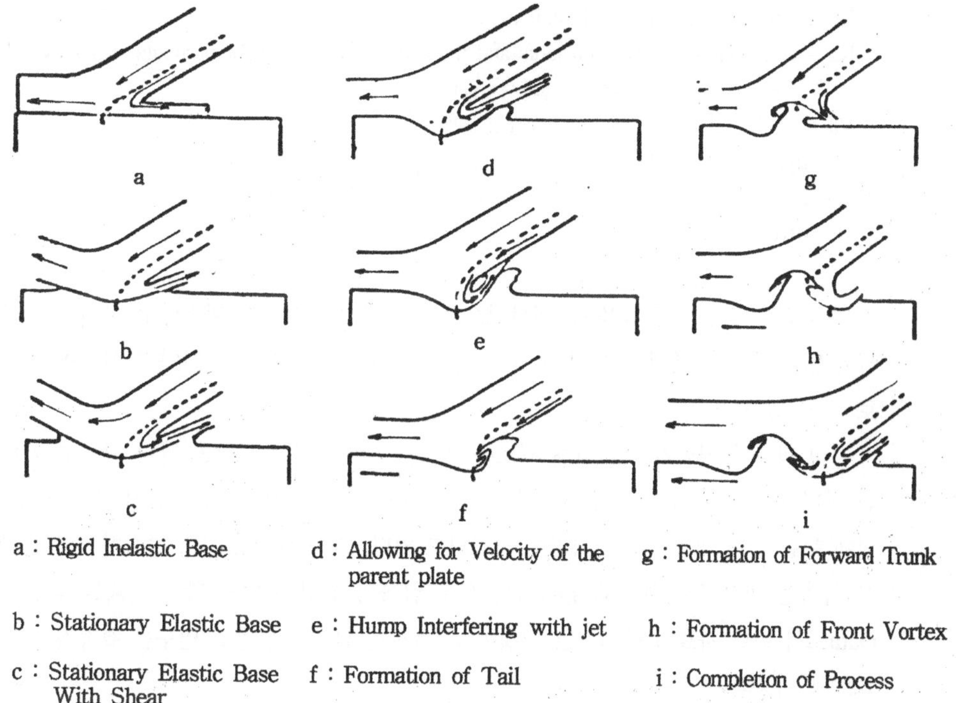

그림 6-98 용접 과정에서 금속 계면상에 보이는 Wave 형성 진행과정

4) 화학량의 선정

폭발 용접과정에서 두 금속의 충돌점 속도가 충돌되는 금속을 통과하는 음속의 1/2 에서 3/4 정도일 때 가장 적절한 용접 결과를 얻는다고 한다.

또한 금속 계면사이에서는 금속이 유체적 거동을 하는 것처럼 되어야 하므로 폭압은 금속의 항복 강도를 충분히 상회하는 정도로 주어져야 한다.

특정 합금의 탄성 한계수치를 모를 경우에는 유동 스트레스나 압력은 경험적으로 정지 상태의 항복강도의 다섯배 정도로 계산한다.

현장의 경험치에 따르면 폭발 용접이 잘 진행되기 위한 정도의 원만한 JET 발생을 일으키기 위해서는 항복 강도의 10~12배 정도의 압력이 필요하다는 결과를 보인다. 참고로 이 때의 압력은 충돌점 부근에서의 압력을 나타낸 것이며 금속 유체 현상이 진행되는 지역에서의 최대 압력은 이를 상회한다. 이와 같이 폭약의 압력과 속도는 폭발 용접에서 매우 중요한 요인이 되고 이를 충분하게 확보하기 위해서는 적절한 화약량이 결정되어야 한다.

폭발 용접 공정상 고려 되어야 할 화약량, 화약의 종류, 판재간 간격 등 변수들을 감안한 경험적인 화약량 선정 공식은 다음과 같이 정리된다.

$$L = K2\rho t\ Va2\gamma 2$$

L = explosive load in weight/unit area

K2 = combination of two constants and the heat of detonation for particular explosive (특정 화약의 폭발열과 두 상수의 조합된 값)

Va = sonic velocity of flyer plate (상부판재의 음속)

ρ = flyer plate density

ɣ = collision angle

t = flyer plate thickness

위의 식은 경험에 근간을 둔 계산식으로, K2에 관한 보다 객관적이고 구체적인 내용 언급이 없어 다소 부족한 식이긴 하지만, 상부 판재에 관한 물성을 화약량 설정의 기준 요소로 잡고 있다.

여러 학자나 기술자들에 의해 새로운 변수를 대입시키는 노력을 많이 해오고 있는 중이긴 하나 경험적인 사실로 미루어 볼 때 화약선정의 기본적인 바탕을 용접 계면의 운동에너지에 두는 것이 바람직한 것이라고 정리되고 있다. 화약 선정의 가장 중요한 요인은 폭속과 그 폭속을 받으면서 하부로 떨어지는 상부 금속의 질량 사이의 함수 관계를 통한 경험적 Data로서 이들 자료가 축적되면 그것이 곧 유사한 금속간의 용접 변수를 결정짓는 기본 자료로서 이용되는 것이다.

따라서 폭발 용접의 화약량 조절등의 변수는 실무적인 경험치가 있어야 한다.

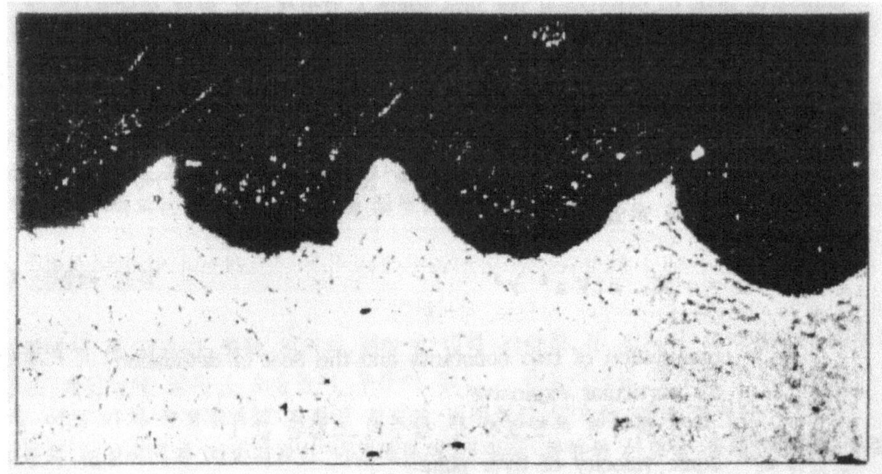

그림 6-99 Lead (top) explosion welded to mild steel

그림 6-100 Stainless steel (top) explosion welded to columbium

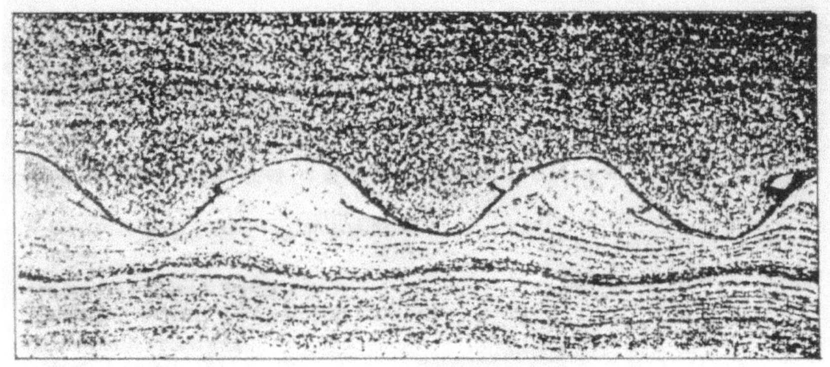

그림 6-101 4130 Steel explosion welded to 4130 steel

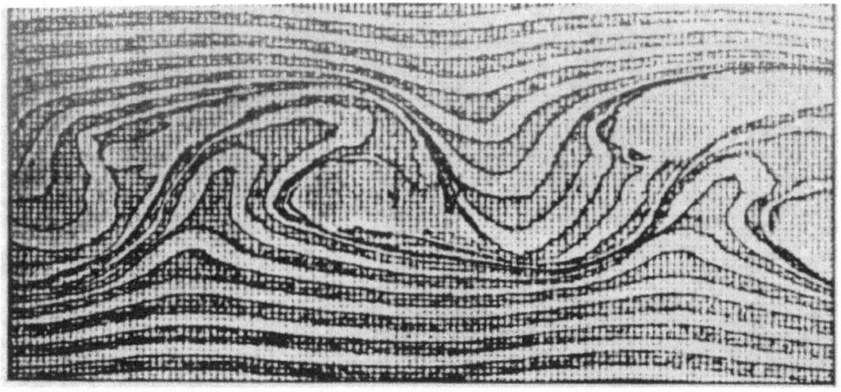

그림 6-102 Explosion weld interface of smable made of alternate layers of Cu and Ni electroplate. Each square 0.0005n X 0.0005n

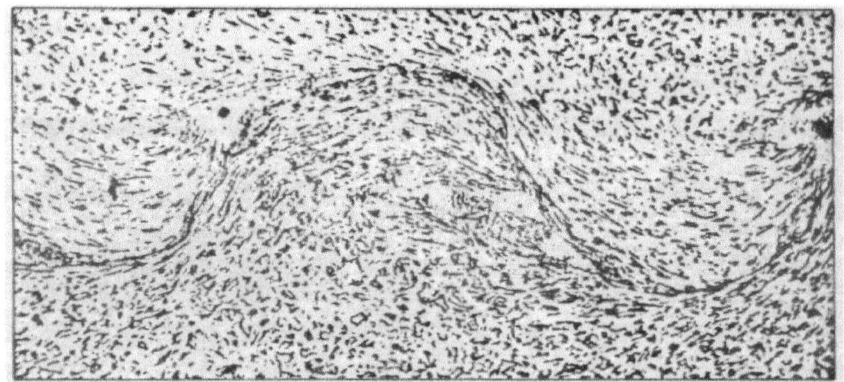

그림 6-103 Explosion weld of 1018 steel to 1018 steel

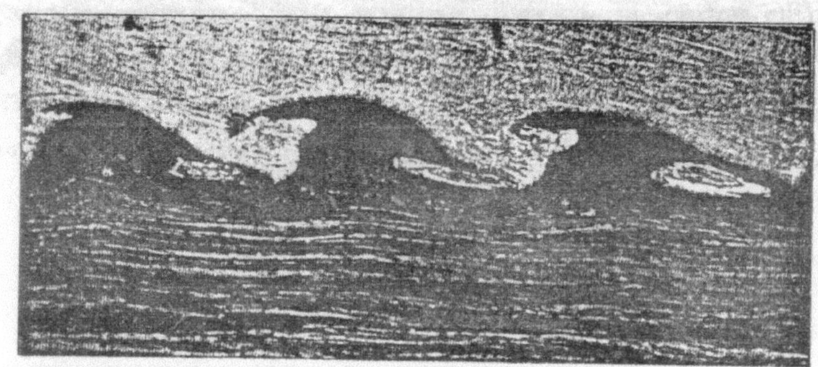

그림 6-104 Explosion weld of Ni to Co

그림 6-105 Explosion weld of 4130 steel to 4130 steel bonded using too much explosive

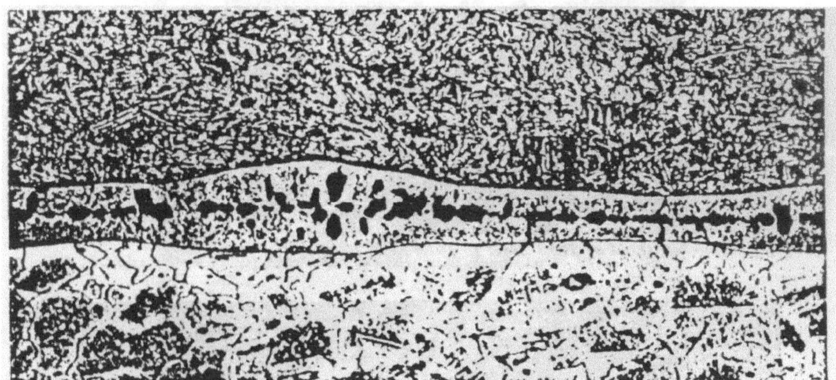

그림 6-106 Explosion weld of Inconel to stainless steel bonded using too much explosive

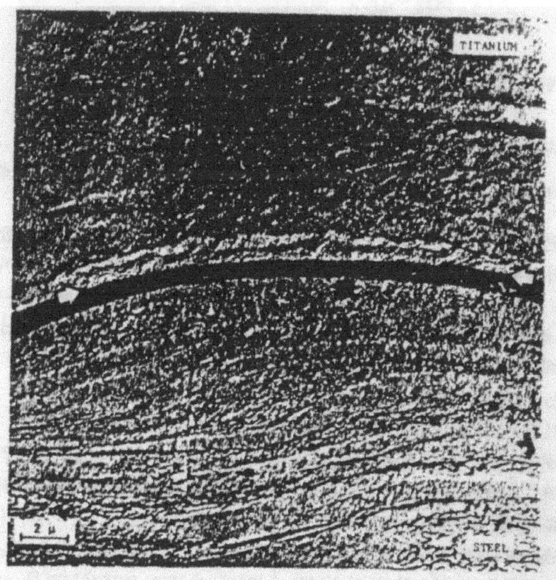

그림 6-107 Electron micorscope replica of the bond zone of a Ti to Steel explosion clad. The boundary between the two metals is indicated by arrows

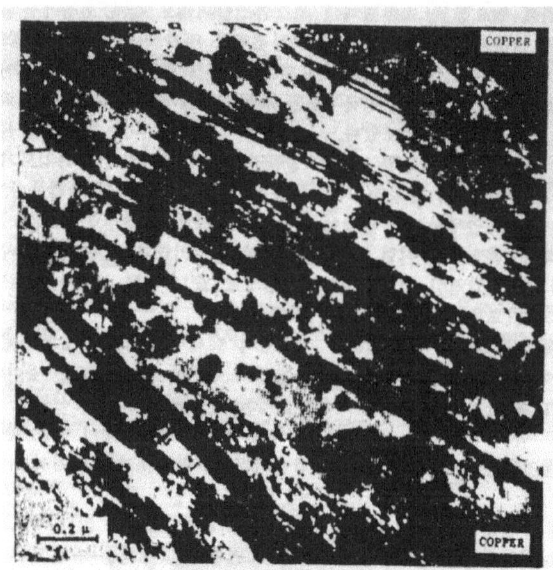

그림 6-108 Transmission micrograph of the bond area in a copper to copper explosion clad. the interface is indicated by arrows

(3) 폭발 용접부의 특징

1) 용접부의 품질

폭발 용접 계면의 가장 일반적인 형상은 파형(wave pattern)이다.

이 파형의 형성을 위해서는 접합 계면에 밀접한 전단 변형량을 초과해야 하며 계면에서부터 거리가 증가함에 따라 변형량은 현저하게 감소한다.

불행하게도, 용접 구역의 본질에 대한 직접적으로 반영된 기계적인 성질에 대한 자료는 별로 조사된 것이 없다.

폭발 용접부의 품질은 계면의 상태에 따라서 다르고, 물성은 주로 강도, 인성, 연성으로 평가된다. 폭발 용접부의 물성은 용접부와 모재의 인장, 충격, 굽힘, 피로 특성 등을 비교함으로써 알 수 있다.

2) 비파괴 검사

폭발 용접의 비파괴 검사에는 주로 초음파 검사가 채용되고 있다.

방사선 검사는 두 재료의 밀도차가 아주 다른 경우에 사용된다.

이와 같은 검사로는 용접부의 강도를 측정할 수는 없지만 용접부의 건전성을 판단하는 것은 가능하다.

❶ 경도 시험 : 계면에서의 변형 정도는 접합 계면을 가로질러 미세 경도 측정을 함으로써 가장 잘 설명될 수 있다. 그림 6-109, 6-110은 탄소강에 비철합금을 용접 시킬 때 생기는 변형 경화를 설명한다. 이 시험에서 비철 합금의 경도는 100% 또는 그 이상 증가했으며, 탄소강은 단지 약간만 증가했다. 계면에서 경도가 증가하는 경우 연성은 감소한다. 이 경우에 만약 계면에서 소성적으로 응력을 받아 Ductility Layer(연한 층)이 감소하여 연성의 한계를 넘어서면 접합면을 따라 파단이 일어난다. 이는 대부분의 탄소강에서 소성적으로 응력을 받은 구역이 충격 강도 면에서 상당히 저하한다는 것을 증명해 준다. 그래서 상부 판재를 사용하기 전에 탄소강의 응력을 제거한다.

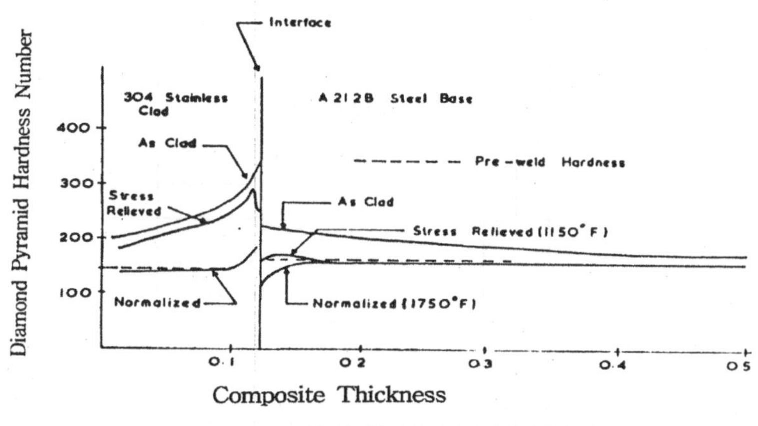

그림 6-109 304L stainless와 A212 B steel의 폭발 용접후 경화 풀림 열처리를 거친 후의 미세 경도(Micro-Hardness) 종단면도

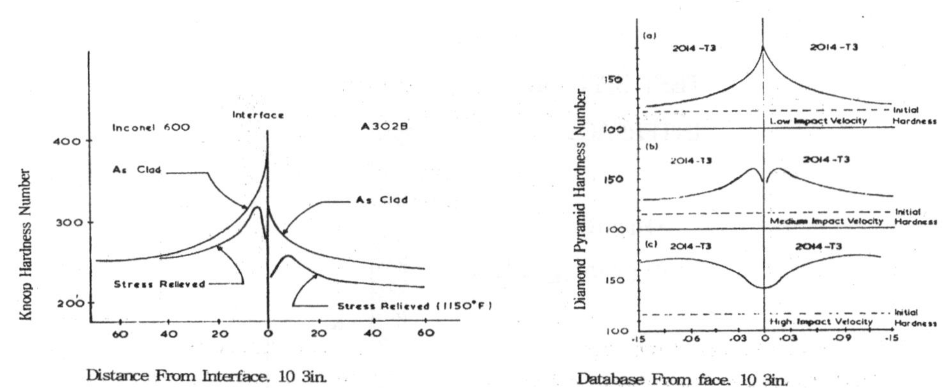

그림 6-110 Inconel 600과 A302B 철강의 미세경도 종단면도와 각기 다른 충돌 속도를 가진 2014T3알루미늄 합금의 미세경도 중단면도

❷ 전단 시험 (Shear Test) : 전단 시험은 접합 강도 값을 구하는데 사용된다.

전단 하중의 적용 방법은 일반적으로 두 가지 방법이 있는데 그림 6-111에서는

Tension-Shear 기법을 설명하고 있고 그림 6-112에서는 Lug-Shear(ASTM A264-44T) 방법을 설명하고 있다.

전단 시험 중 파괴는 일반적으로 접합 계면보다 두 재료 중 더 약한 곳에서 일어난다. 금속 조합의 종류에 따라 얻을 수 있는 특유의 전단 강도 값을 Table 6-19에 나열하였다. 폭발 용접의 특성인 계면에서 파형 변형은 충돌점의 전달 방향으로 반복되면서 형성된다.

이는 만약 파형 구조에 수직, 수평으로 시험하면 전단 강도 값이 다르지 않을까 하는 의문이 제기되기도 하지만 실험을 여러 통해 전단 강도 값은 계면의 파형 변형 방향에 수직, 그리고 수평의 값이 궁극적으로 같다는 결론이 수립되었다.

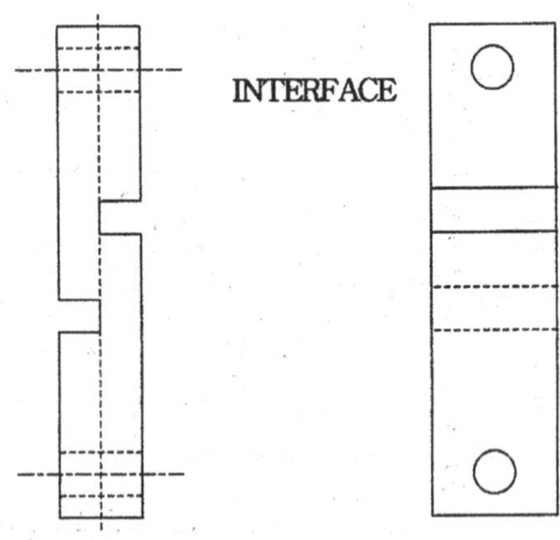

그림 6-111 Schematic of a tension shear specimen for explosion welded composites

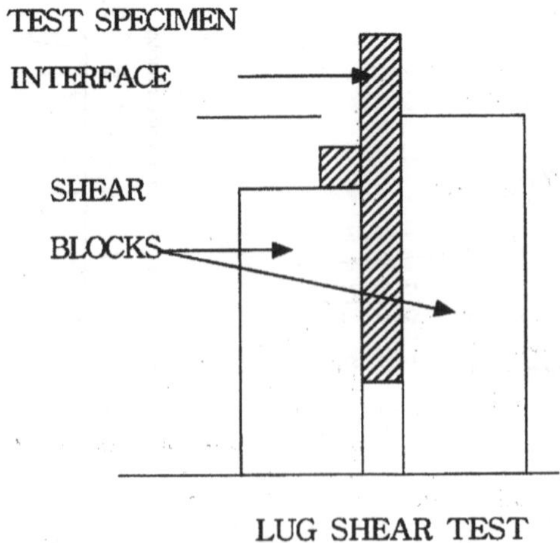

그림 6-112 Schematic of a lug shear test for explosion welded composites.

Table 6-19 전단 강도(Shear Strength) 값

Composite Materials	Tensile Strength lb/in²	Yield Strength lb/in²	Elongation in 8 inches %
⅛ inch 304 Stainless steel to 1 inch ASTM A-212-B Steel (1)	88 600	62 600	22.8
0.078 inch TMCA 35A titanium to 1 ⅛ inch ASTM A-212-B steel (1) (2)	74 400	50 300	27
⅛ inch Hastelloy "C" to 1 inch ASTM A-212-B steel (3)	79 100	57 000	22
⅛ inch 1100-H14 Aluminium to 1 inch ASTM A-212-B steel (4)	73 200	54 800	21
¼ inch DHP copper to 1 inch ASTM A-212-B steel (4)	74 100	57 500	20

Table 6-20 Typical test values of data clad composites

Composite Materials	Tensile Strength lb/in²	Yield Strength lb/in²	Elongation in 8 inches %
⅛ inch 304 Stainless steel to 1 inch ASTM A-212-B Steel (1)	88 600	62 600	22.8
0.078 inch TMCA 35A titanium to 1 ⅛ inch ASTM A-212-B steel (1) (2)	74 400	50 300	27
⅛ inch Hastelloy "C" to 1 inch ASTM A-212-B steel (3)	79 100	57 000	22
⅛ inch 1100-H14 Aluminium to 1 inch ASTM A-212-B steel (4)	73 200	54 800	21
¼ inch DHP copper to 1 inch ASTM A-212-B steel (4)	74 100	57 500	20

(1) Properties of the backing steel before welding were σt = 87 000 lb/in², σy = 56 000 lb/in² and elongation in 8 inches = 28%.
(2) The composite was tested after stress relieving.
(3) Properties of the backing steel before welding were σt = 68 000 lb/in², σy = 40 000 lb/in² and elongation in 8 inches = 28.8%.
(4) Properties of the backing steel before welding were σt = 77 200 lb/in², σy = 40 000 lb/in² and elongation in 8 inches = 26.3%.
In each example the cladding metal was initally inthe annealed condition.

❸ 인장 시험 (Tensile Test) : 평판의 인장 시험은 접합 구역의 효과와 두 재료의 결합된 반응을 평가하기 위해 사용된다. 그림 6-111은 미국의 Du Pont사에서 사용하는 시편의 형상이고, Table 6-20에 몇 가지 clad 재료의 특성을 보여주고 있다. 이 시험 결과에서 알 수 있듯이 폭발 용접의 영향은 원재료들의 강도는 증가 시키고 연성은 감소하게 한다.

이러한 작용은 용접되는 동안의 충격 흡수효과에 기인한다.

폭발 용접된 제품이 비록 기계 강도적 요건을 만족할 경우 그것으로 품질을 인정하고 유용한 소재로 사용 되기는 하지만 충격이나 열발생 같은 물리력이 금속 재질에 미치는 영향은 차후에도 계속 연구되어야 한다.

Table 6-21 폭발 용접Clad와 Weld Overlay의 전단 항복 비교결과

	폭발 용접 Clad (2) Inconel 606 to A302B Steel		폭발용접 Clad (2) Inconel 82 to A302B Steel		폭발 용접 Clad Inconel 600 to A302B Steel	
Peak Tensile Stress	20,000 Ib/in2	24,000 Ib/in2	20,000 Ib/in2	24,000 Ib/in2	20,000 Ib/in2	24,000 Ib/in2
Cycles at Failure	2500(1)	2447	2688	924	2500(1)	2085
Cycle first crack noted	-	2090	2501	916	-	303

(1) Did not fail test suspended

(2) Stress relieved at 1150°F

❹ 기타의 시험 방법으로 위에 열거된 Test 이외의 여러 가지 파괴 시험이 행해 지고 있으며 그 중에는 Chisel Test, Ram Tensile Test등이 있다.

19. 마찰 용접 (Friction Welding)

(1) 개요

마찰 용접은 재료를 맞대어 가압한 상태에서 상대(회전) 운동시켜 접촉부에 발생하는 마찰열을 이용하여 압력을 가하면서 접합하는 방법이다.

광범위한 동종 재료 및 이종 재료(금속, 금속기 복합 재료, 세라믹, 플라스틱 등)의 접합에 적용될 수 있다. 이 방법은 접합부 표면만을 국부적으로 가열하기 때문에 Arc를 이용한 용접법에 비해 에너지 효율이 좋아 10~20%의 적은 에너지로도 접합이 가능하다.

또한 마찰 용접은 주조 조직을 만들지 않기 때문에 기계적 성질이 우수하고, 공정 변수가 축 하중, 회전 속도, Upset 량 등으로 비교적 관리가 용이하고 자동화가 가능하다.

장비가격이 저렴하고 Arc 용접에 비해 금속 소모량이 상대적으로 작다.

정상적인 조건하에서는 모재의 접합면은 용융되지 않으며, 접합시에 용가재나 플럭스, 차폐 가스등이 필요하지 않는다.

(주) 이하의 마찰용접에 관한 자료는 천두희님의 용접학회지 기고 내용을 참조한 것임을 밝힙니다. (용접학회지, V.5, N.1, 1987년)

(2) 마찰 용접법의 장, 단점

1) 마찰 용접법의 장점

❶ 높은 에너지 효율 : 접합하고자 하는 부분만 가열하며, 전기 저항 용접의 1/5~1/10정도의 에너지만이 소모된다.

❷ 용접 변수 제어 용이 : 용접 조건으로 설정되는 인자가 작아 기계화, 자동화가 용이하다.

❸ 용접법에 따른 제어 인자는 다음과 같다.

- 브레이크 식 : 회전수, 마찰 압력, 마찰 시간, Upset 압력, Upset 시간
- 플라이휠 식 : 회전수, 플라이휠의 회전 에너지, 마찰 압력

❹ 높은 작업 능률 : 에너지 효율이 좋고, 자동화가 가능하다.

❺ 높은 용접 정밀도 : 용접 조건의 인자 제어가 용이하여 정밀도 높게 제어 가능하다.

❻ 용접 조건의 제어에 따라 용접재의 치수 정밀도가 0.1mm가지 가능하다.

❼ 이종 재료의 용접이 가능 : 동종 뿐만 아니라 다양한 이종 재료의 용접이 가능하고 용융을 동반하지 않으므로, 용융과정에서 발생되는 취약한 화합물의 생성이 방지된다.

❽ 기타 : 용접중에 Arc, Flame, Flash, Fume 등이 발생하지 않기 때문에 작업 환경이 양호하다.

2) 마찰 용접의 단점

❶ 모재 형상의 제한 : 일반적으로 한쪽 모재를 회전시키기 때문에 형상의 제한이 있다.

❷ 정위상 용접이 곤란 : 양쪽 모재 사이의 상대적 위치(위상)를 일정하게 하는 것이 곤란하다. 최근에 Computer에 의한 제어의 발달로 많은 개선이 이루어 지고 있다.

❸ 용접부의 인성 : 마찰 용접부의 인장 강도와 피로 강도는 일반적으로 모재와 동등하거나 그 이상이지만 충격 인성은 낮은 경우가 많다. 특히 용접 입열향부의 비틀림, 압축 변형에 의한 플래쉬(Flash)가 생기기 때문에 그 배출 방향, 즉 축에 수직 방향으로 모재의 섬유 조직이 유동되어 인성이 낮다. 일반적으로 304SS의 경우 모재의 1/3~1/4 수준이다. 그러나, 실제로 이 Notch 인성의 저하가 실용적인 측면에서 문제를 일으키는 경우는 거의 없고 실제 시험에서도 충분한 내구성이 있음이 입증되고 있다.

(3) 마찰 용접 방법 및 각 구동 방식의 특징

1) 용접 방법

가장 많이 상용되는 용접기는 일본에서 주로 사용되는 Brake 방식과 미국에서 주로 사

용되는 Fly Wheel 방식이 있으며 용접 원리는 다음의 기본적인 과정에 따른다.

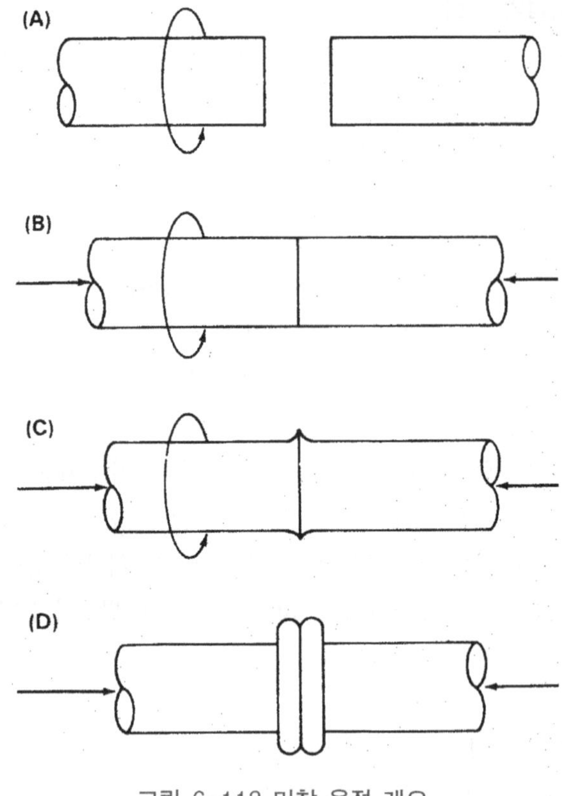

그림 6-113 마찰 용접 개요

❶ 한쪽 모재를 고정시키고 다른 쪽 모재를 회전시키면서 적당한 회전수에 도달하면 축 방향으로 힘을 가한다.

❷ 계면의 마찰에 의해 국부적으로 온도가 상승하고, Upsetting이 시작되면서 접합이 이루어진다.

❸ 최종적으로 회전이 정지하고 Upsetting이 종료되면서 접합이 완료된다. 이 접합부는 좁은 열영향부를 가지며, 플래쉬(Flash) 주변에 소성 변형의 흔적이 남게 되고, 용융역이 없는 것이 특징이다.

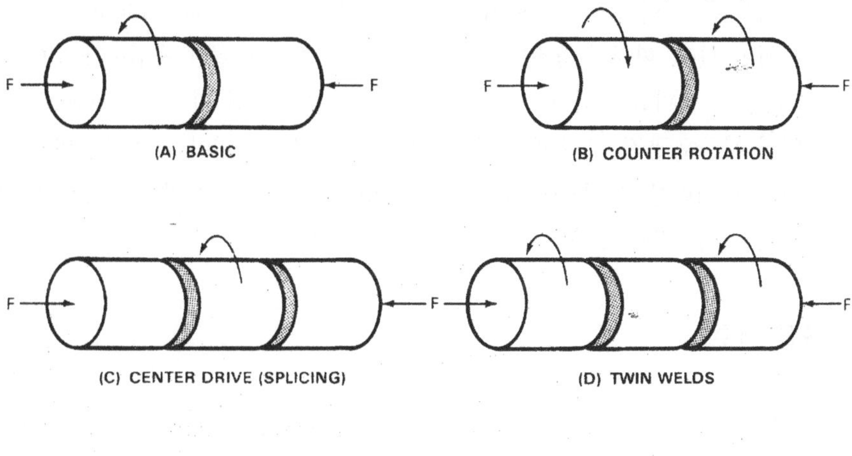

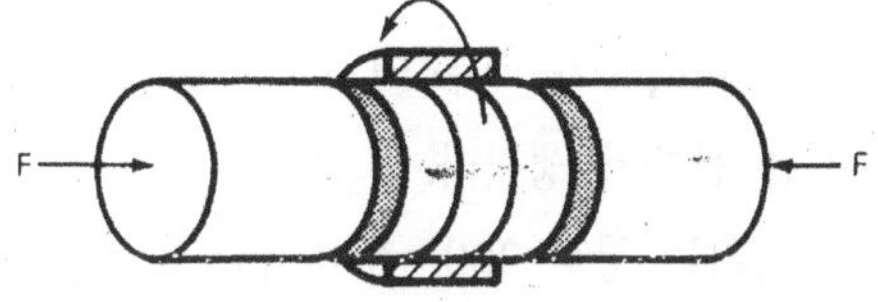

그림 6-114 마찰 용접의 적용 방법

2) 마찰 용접 장치

❶ 제동식 마찰 용접기 : Direct Drive Friction Welding, Conventional Friction Welding, Brake Type Welding 등으로 불린다. 모재의 일단을 고정하고 다른쪽을 구동축에 결합된 축에 부착한다. 일정한 회전수로 회전을 계속하고 축 방향으로 가압하면서 마찰 시킨다. 마찰부가 적당한 온도로 가열되었을 때 Brake에 의해 회전축을 급정지 시켜 접합을 완료한다. 회전축을 정지 시킨후 압력을 일정하게 유지하는 일정 가압 방식과 더 높은 Upset 압력을 가하는 가변 가압 방식이 있다.

❷ 플라이휠(Flywheel Type, Inertia Drive Type)식 마찰 용접기 : Flywheel에 회전 에너지가 축적되어 자유 회전하고 있는 축에 부착된 모재의 단면을 정지된 모재면쪽으로 가압하면 Flywheel의 관성에 의한 회전 에너지는 마찰면에서 열을 발생시킨다. 발생된 열은 두 모재를 국부적으로 용융시키며 소모되고 급속히 회전 운동이 감소되어 자연히 정지되어 압접이 완료된다.

❸ 2축 회전식 용접기 : 고정축도 회전하고 이 축에 관성판을 붙여서 최종적으로 두 축이 회전하도록 한 것이 이 방식의 특징이다. 적당한 회전 질량을 갖는 종동축에 부착된 모재를 구동축의 회전 모재쪽으로 밀게 되면 접촉면의 마찰력 때문에 종동축은 회전하게 되고 또 가속되어 구동축의 회전수가 상승되면 모재 사이의 마찰 발열 과정이 끝나고

용접이 된다. 이 방식은 앞에서 설명한 두 방식과 달리 플래쉬(Flash)를 제거할 수 있는 이점이 있다. 따라서 용접이 끝났을 때 기계 가공이 끝난 용접부가 얻어진다.

❹ 위상 제어 마찰 용접기 : 종래의 용접기에서는 일정한 위치에서 회전을 정지 시킬 수 없기 때문에 용접 후 소재 사이의 상대적 위치가 정해져야 되는 제품의 용접이 불가능하였다. 이러한 문제를 해결하기 위해 Computer를 이용한 위상 제어가 가능한 마찰 용접기도 개발되어 있다.

(4) 용접 변수

1) 회전 속도

용접 품질 측면에서 회전 속도는 일반적으로 중용한 인자는 아니다.

속도가 너무 낮으면 torque가 매우 커지기 때문에 재료의 고정, 불 균일 Upsetting 및 소재의 파손등과 같은 문제가 생긴다.

실제 사용되는 용접기는 통상 300～650 rpm정도이다.

경화능이 높은 재료에는 높은 회전 속도와 낮은 입열량이 요구된다.

가열 시간이 길어지면 예열 효과 때문에 냉각 속도가 늦어지며 담금질 균열을 방지할 수 있다.

이와 반대로 이종 재료의 용접 시에는 저속 (즉, 짧은 가열 시간) 회전 함으로써 취약한 금속간 화합물의 형성을 방지 할 수 있다.

그러나, 실제로는 마찰 용접기의 가압력을 변화 시킴으로써 가열 시간을 조절할 수 있다. 아래에 설명한 바와 같이 가열 시간이 길어지면 부작용이 발생하게 되므로 가열 시간의 조절 보다는 가압력의 변화를 통한 용접 조건의 조절이 좋다.

2) 압력

압력은 용접부의 온도 기울기, 소요의 구동력 및 축 방향의 길이 감소량을 지배하게 된다. 이때의 압력은 용접대상 재료와 이음부의 형상에 따라 달라진다. 가열시의 압력은 산화를 방지하기 위해 마주한 면을 충분히 밀착시킬 수 있을 정도로 높아야 한다.

일정한 회전속도에서 압력이 낮으면 충분한 발열이 생기지 않게 된다.

압력이 높으면 국부적으로 고온으로 가열되어 급속히 재료의 축 방향 길이가 짧아지게 된다.

3) 가열 시간

가열 시간이 너무 길면 생산성이 떨어지고 재료의 손실이 많아진다.

또 가열 시간이 너무 짧으면 불 균일하게 가열됨과 동시에 산화물이 잔류하며, 계면상 접합되지 않는 부분이 생기게 된다.

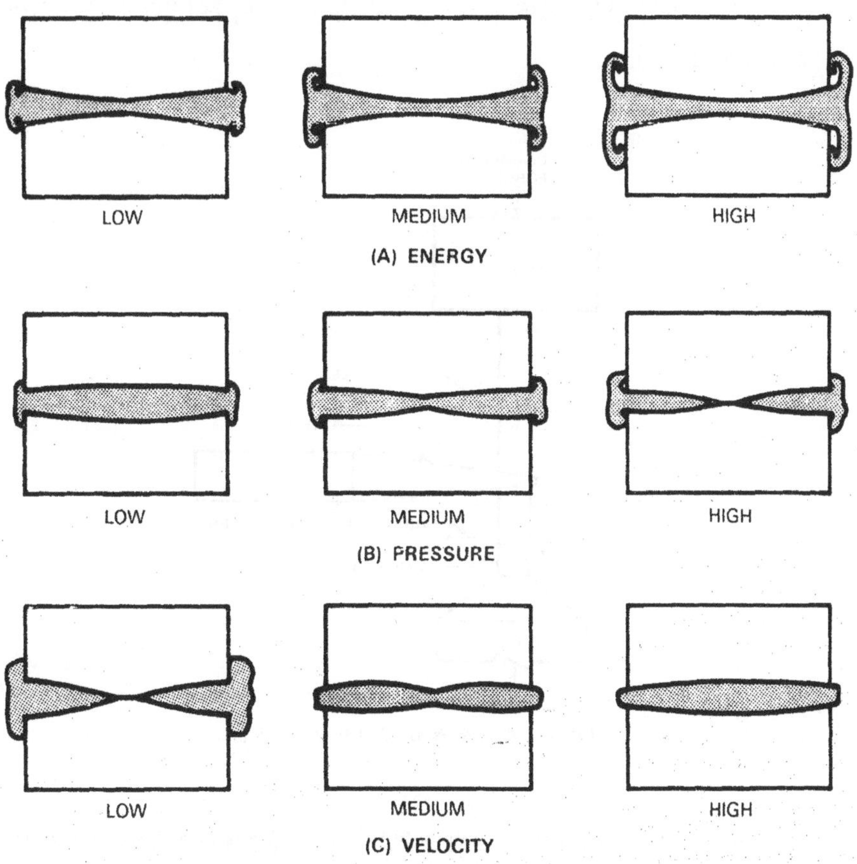

그림 6-115 마찰 용접 조건 변화와 용접 품질의 관계

20. 초음파 용접 (Ultrasonic Welding)

(1) 초음파 용접의 개요

2매의 금속을 맞대어 그 한쪽에 접촉면과 평행하게 고주파 진동을 가하면 단시간에 접합된다. 이 공정을 초음파 용접이라고 하며 그 물리적인 본질은 아직 불분명하지만, 첫째로는 강한 마찰에 의해 금속 자유면의 산화물 층이 제거되기 때문이라는 점과 둘째로는 마찰에 의해 금속 표면이 강하게 가열되어 이에 따른 연화에 의해 접합된다고 하는 점이다. 그

러나 이와 같이 가열은 표면부에만 국한되고 다른 부분은 가열되지 않는다. 따라서 초음파 용접은 냉간 접합(Cold Weld)이라고도 한다.

또한 가압력과 진동에 의한 힘이 동시에 작용하기 때문에 용접할 면을 미리 청정하게 할 필요는 없고 용접전의 단계에서 자연적으로 청정화가 이루어진다고 하는 사실이 간접적으로 증명되고 있다.

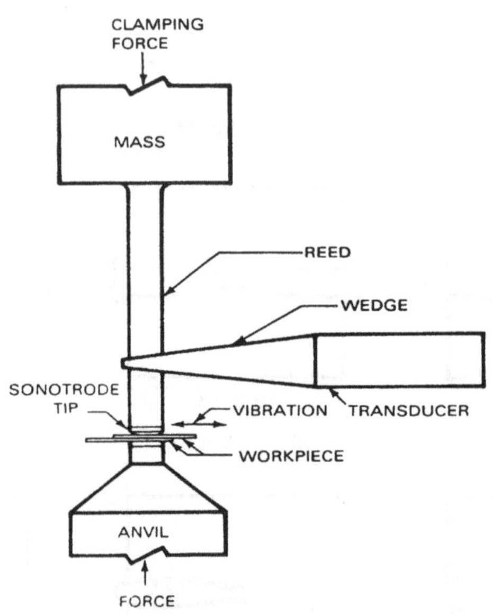

Fig 2. 초음파 용접 장치의 기본 구성도

그림 6-116 초음파 용접 장치의 기본 구성도

(주) 이하의 내용은 부경대학교 정호신 교수님의 초음파 용접에 관한 용접학회지 기고를 참고한 것 임을 밝힙니다. (용접학회지, V.15, N.6, 1997년)

(2) 초음파 용접의 특징

초음파 용접은 고상 용접의 일종으로서 용접중에 국부적으로 고주파 진동 에너지와 압력을 가하여 용융 시키지 않고 건전한 야금학적 결합부를 얻는다는 것이다.

초음파 용접은 다른 용접법에 비해 매우 경제적이다.

초음파 용접은 Arc용접에 필요한 전원의 5∼10% 정도의 적은 전기 출력만 가지고도 충분한 용접이 이루어진다.

초음파 용접의 기본적인 모식도는 위의 그림 6-116과 같다.

(3) 용접법과 용접 야금의 기초

1) 용접법의 구분

용접법은 얻어지는 용접부의 형태에 따라 크게 4종류로 분류할 수 있다.

❶ 점 용접 : 음향극과 Anvil 사이에 가압하여 용접재에 순간적으로 진동 에너지를 부여함으로써 점 용접부가 얻어진다. 점 용접부의 형상은 대략 타원이다.

❷ 환형 용접 (Ring Welding) : 이 방법은 폐쇄 Loop를 형성하는 용접법으로서 통상 원형이지만 정사각형, 타원형등의 용접부도 얻을 수 있다.

❸ 선 용접 : 선 용접은 점 용접이 변형된 것으로 용접 대상재를 Anvil과 음향극 사이에 고정하여 용접한다. 음향극은 용접부가 존재하는 면에 평행 되게 진동하며, 그 결과 폭이 좁고 직선적인 용접부가 얻어지는데 한 용접 싸이클 당 길이 6 inch의 용접부가 얻어진다.

❹ 연속 Seam용접 : 연속 Seam용접에서는 회전하는 디스크형의 음향극과 Roller혹은 평면 Anvil사이에서 용접부가 얻어진다. 음향극이 연속적으로 이동하는 형식과 용접 대상재가 연속적으로 이동하는 형식이 있다.

2) 용접 야금의 기초

용접의 기구는 금속판 표면을 미시적으로 평활하지 않고 서로 겹치면 돌출부가 있는 부분이 접촉하지만 정지 가압과 진동에 의해 슬립을 이동시켜서 접촉부의 흡착물이나 산화피막이 파괴되어 제거된다.

초음파 용접의 접합과정은 크게 다음의 3가지 단계로 구분할 수 있다.

❶ 제 1 단계 : 초음파 진동에 의해 두 면이 마찰되어 산화물이나 흡착물이 파괴되어 기계적으로 Cleaning됨과 동시에 평활화되어 융착핵이 발생되는 과정이다.

❷ 제 2 단계 : Tip과 용접물 사이에서 상대 운동이 일어나 급격한 소송 유동에 의해 접합 면적이 확대된다.

❸ 제 3 단계 : 청정한 면이 서로 접촉함과 동시에 탄성 변형이나 소성 변형 또는 마찰력에 의하여 온도가 높아지므로 접합면 사이에 원자간의 인력이 작용하여 용접된다. X선 회절에 의해 접합면을 조사해 보면 완전한 연속 결정의 조직이 형성되어 있음을 확인할 수도 있다. 그러나, 이종 재료 사이에서도 이음 효율 저하를 초래하는 취화층의 형성은 없으며, 결국 접합 기구는 마찰에 의한 표면 청정과 가열, 경계 확산에 의한 합금화, 또 금속의 마찰 계수, 열전도율등 물리적 성질 또는 접합면에 인접한 상의 소성 변

형에 의한 발열등과 관련되며 온도가 용접을 지배하는 가장 큰 인자라고 할 수 있다. 또 용접시의 온도 상승은 적어도 재료의 재 결정 온도 이상임이 확인되고 있다.

(4) 초음파 용접의 장점과 단점

1) 장점

❶ 냉간 압접에 비해 정지 가압력이 작기 때문에 용접물의 변형이 작다.
❷ 용접물의 표면 처리가 간단하며 As-Rolled 재료의 용접이 용이하다.
❸ 경도 차이가 크지 않는 한 이종 금속의 용접이 가능하다.
❹ 박판과 Foil의 용접이 가능하다.
❺ 판의 크기에 따라 용접 강도가 매우 달라진다.

2) 단점

❶ 대형 구조물에 적용하기 어렵다.
❷ 형상과 크기에 제한이 있다.

(5) 초음파 용접의 주요 인자.

1) Tip 의 형상과 마찰 계수

Tip의 선단은 구면으로 하고 그 반경 R은 상부 시료 판 두께t의 50~100배가 적당하다, 판의 두께가 두꺼워지면 Tip의 표면을 줄(file)로 그어 주어 마찰 계수를 크게 함으로써 접합 강도를 높일 수 있다.

2) 주파수의 영향

가는 선이나 매우 얇은 판의 접합에서는 주파수를 크게 하면 진동 진폭이 작아지므로 변형을 작게 하여 접합 강도를 높일 수 있다.

3) 시료 크기의 영향

길이가 긴 시료나 폭이 넓은 시료를 초음파 접합할 경우, 특정한 부위에서 접합이 곤란한 경우가 있다. 이에 대한 대책으로 접합점 근방을 Clamping하거나 시료의 방향을 바꾸어 주는 것이 효과적이다.

4) 시료의 거칠기와 오염도

시료의 표면 거칠기나 오염도는 변형과 접합 강도에 큰 영향을 미친다. 일반적으로 평활하고 청정한 면일수록 용접에 필요한 변형량이 적고 접합 강도가 커진다.

5) Anvil

초음파 접합에서는 시료사이의 상대 운동이 필요하기 때문에 하부 시료(Anvil측)는 충분히 고정되어 움직이지 않아야 한다.

하부 시료를 고정하기 위해서는 Anvil의 질량을 크게 하며, 표면에 줄질을 하여 Anvil 위에 고정되도록 한다.

6) 시료의 겹침량

시료의 단부를 겹쳐서 접합할 경우, 겹침량 또는 겹치는 방식이 중요하며 이것이 변하면 소성 변형 저항이 달라지기 때문에 부하 변동이 생기게 된다.

21. 산소 용접

(1) 산소 용접의 개요

산소 용접은 주로 아세틸렌 가스를 연료로 하여 고온의 불꽃을 만들어 용접에 사용한다. 산소 용접은 산소의 연소 과정에서 발생하는 화학 반응의 열을 활용하는 용접으로서 화학 용접 방법(Chemical Welding)으로 구분된다.

산소 용접에서 용접열은 화학 반응으로, 용융 금속의 보호는 산소 용접 불꽃(Flame)으로 해결하며, Flux 또는 외부의 차폐 가스 등은 요구되지 않는다.

(2) 산소 용접 장비

산소 용접 장비는 비교적 간단하다. 다음 그림 6-117은 산소 용접의 제반 장치를 소개하고 있다. 산소 탱크(고압용, 2200psi), 아세틸렌(Acetylene) 탱크(저압, 15psi 이하), 감압 밸브(Pressure Regulator), Torch및 연결 호스(Horse)로 구성된다.

아세틸렌 탱크는 시멘트처럼 내부에 구멍이 많은 물질로 채워져 있다.

아세틸렌은 탱크 안에서 액상 아세톤(Liquid Acetone)으로 녹아 있다가 사용할 때는 기체로 분출되어 사용되며, 아세틸렌 가스는 15psi 이상의 압력에서 충격을 받으면 산소가 없어도 폭발되기 때문에 취급에 매우 조심해야 한다. 또한 아세틸렌 가스는 액체속에 저장되어 있기 때문에 아세틸렌 탱크는 항상 세워진(Upright) 상태로 사용되어야 한다.

산소 및 아세틸렌 탱크의 입구에는 감압 밸브(Pressure Regulator)가 설치되어 가스를 사용 압력으로 감압한 후 연결 호스를 통하여 Torch에 공급한다.

산소와 아세틸렌 가스는 Torch 내부의 혼합 부위에서 섞인 후 연소되며, 각 가스의 혼합 비율은 Torch의 조정 밸브를 사용하여 조정된다.

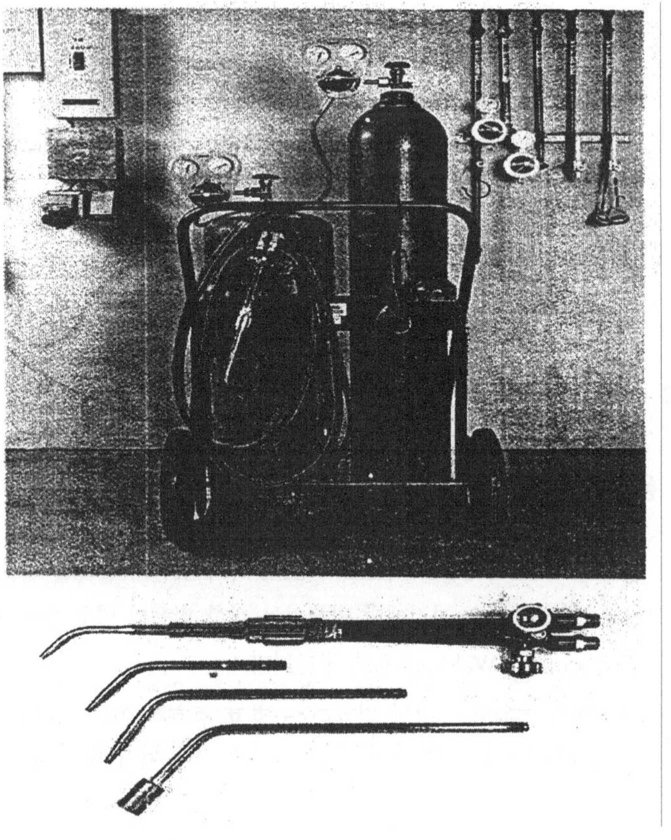

그림 6-117 산소 용접의 제반 장비

일반 탄소강의 용접에는 중성 불꽃(Neutral Flame)을 사용하며, 산소가 많은 경우에는 산화 불꽃 (Oxidizing Flame)이 되고, 아세틸렌 가스가 많을 경우에는 환원 불꽃(Carburizing Flame)이 된다.

각 불꽃의 종류에 따른 화염의 특징은 다음 그림 6-118를 참조한다.

현재에도 산소 용접은 얇은 강관, 소구경 강관의 용접과 보수 용접에 많이 사용되고 있다. 산소 용접에 사용되는 용접봉은 간단한 표기 방법을 쓰고 있다. 예로서 RG-45 및 RG-60 등으로 표기되는데, 여기에서 "R"은 Rod, "G"는 Gas, 45는 45Ksi, 60은 60Ksi급 용착 금속의 인장 강도를 나타낸다.

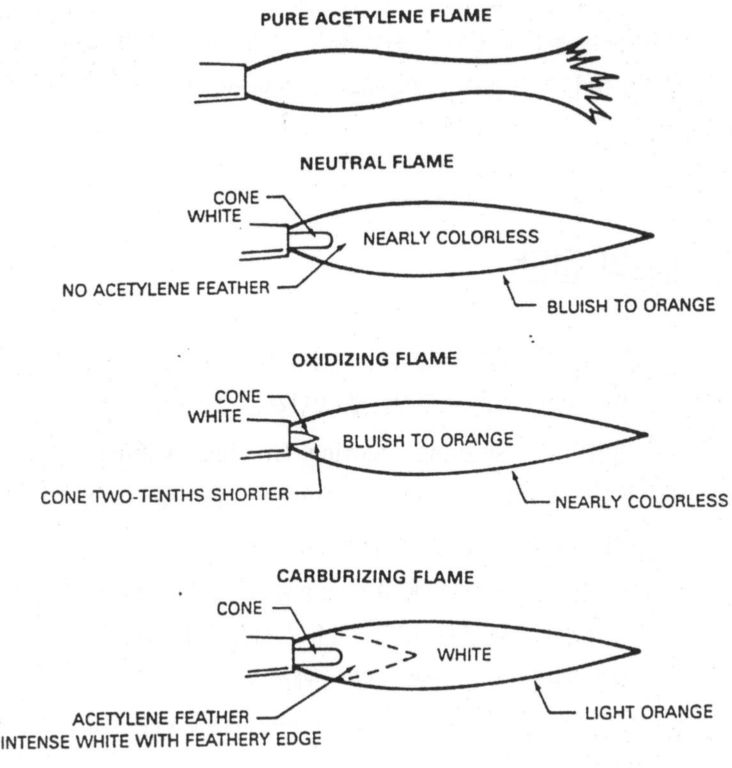

그림 6-118 산소 용접과 절단에 사용되는 불꽃의 종류

(3) 산소 용접의 특징

1) 산소 용접의 장점

산소 용접의 가장 큰 장점은 장비 가격이 저렴하고, 이동 사용에 적합하다는 점이다. 그러나, 고압 산소통의 운반 시 감압 밸브의 보호에 유의하여야 한다. 고압 산소통 등을 취급할 때는 항상 밸브 보호캡을 사용하여 안전하게 취급하여야 한다.

2) 산소 용접의 단점

산소 용접의 단점은 산소 불꽃이 전기 Arc 용접 처럼 집중되지 않기 때문에 홈 용접의 개선 Root 부위는 매우 얇게 가공하여야 Root 부위의 용접이 완전 용융된 용접을 얻을 수 있다. 또한 산소 용접의 열이 집중되지 않기 때문에 용접 속도가 매우 느리며, 얇은 강판 용접에 유리하며, 용접사의 적절한 숙련이 요구된다.

산소 용접에서 산화 불꽃 또는 환원 불꽃을 사용하면, 용착 금속의 질이 저하될 우려가 있다. 따라서 산소 용접에 있어서 중성 불꽃을 사용하여 일정한 가스의 흐름을 확보하는 것이 매우 중요하며, 적절한 산소 Torch의 운용(Manipulation)을 통하여 용융 부족을 방지하여야 한다.

22. 금속 재료의 절단

용접이나 각종 가공의 준비 과정에서 가장 중요한 요소중의 하나는 모재의 기계적, 화학적 성질의 손상이 없이 원하는 형상으로 절단하는 것이다.

기계 절단 방법으로는 Shearing , Sawing, Grinding, Milling, Drilling, Chipping등의 방법이 적용된다. 기계 절단은 주로 용접 개선면의 가공, 용접 표면 가공, 부품 가공, 용접 표면 청소, 용접 결함의 제거 등에 이용된다.

이러한 기계 가공 방법이 용접에 잘못 적용될 경우, 용접의 품질을 저하시킬 수도 있다. 예를 들어 기계 가공에는 냉각수 또는 냉각유가 사용되며, 이러한 냉각 매체를 제대로 제거하지 않고 용접을 하면 기공, 균열 등을 초래한다.

이하에서는 쇠톱을 사용한 기계적인 절단 방법이외에 현업에서 사용되는 각종 절단 방법을 소개한다.

(1) 산소 절단

1) 개요

쇠톱을 이용한 물리적인 절단 이외의 모든 절단 방법은 철재를 일정 온도 이상으로 가열하여야 한다. 가장 전통적인 절단 방법의 하나인 산소 절단으로 강철을 절단하고자 할 때는 1700°F(925℃) 이상 가열하여야 절단이 가능하다. 이러한 온도를 발화 온도(Kindling Temperature)라고 한다.

산소 절단에서는 강철의 온도를 925℃ 이상으로 가열하고, 높은 압력의 산소를 급속히 공급하면 산소가 강철을 산화 시키는 화학 반응을 일으키면서 높은 열이 발생된다. 이 열을 이용하여 강철을 절단할 수 있다.

따라서, 산소 절단은 화학적 절단 방법이라고 할 수 있다.

산소 절단시 절단 폭은 Kerf라고 부르고, 절단 단면적은 Drag라고 부른다.

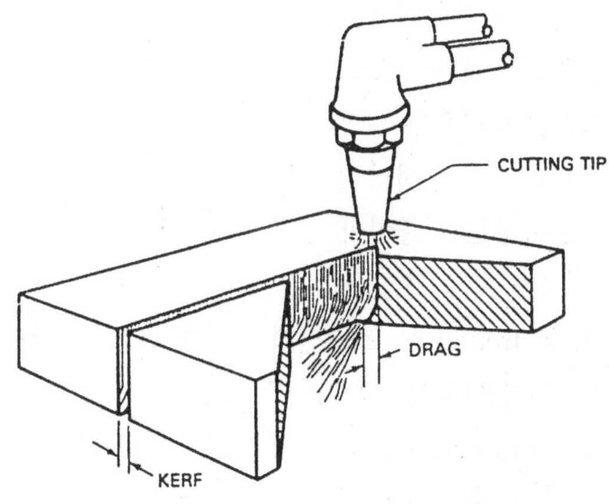

그림 6-119 산소 절단 과정

2) 합금 원소의 영향

산소 절단은 탄소강 및 저합금강의 절단만을 수행할 수 있고, 합금 성분이 증가함에 따라 산소 절단이 어려워 지거나 절단 면의 경도가 증가하는 악영향이 발생한다. 다음 표 6-22에 각종 합금 원소의 영향을 나타낸다.

Table 6-22 강의 산소 절단에 미치는 합금 원소의 영향

합금 성분	산소 절단에 미치는 영향
탄소 (C)	0.25%까지는 비교적 절단이 용이하다. 그 이상의 탄소강은 경도 변화 및 균열을 예방하기 위해 예열을 요구한다.
망간 (Mn)	14% 망간 및 1.5% 탄소강의 경우 산소 절단이 어렵고, 예열을 요한다.
실리콘 (Si)	합금강에 포함된 실리콘은 산소 절단에 큰 영향을 주지 않는다.
크롬 (Cr)	5% 까지는 표면이 깨끗한 경우 산소 절단에 어려움이 없다. 10% 이상은 산소 절단이 불가하다.
니켈 (Ni)	7% 까지는 산소 절단이 가능하다, 18-8 스텐레스 강은 Flux Injection 혹은 Iron Powder Cutting 방법을 적용하면 좋다.
몰리브덴 (Mo)	항공용 Cr-Mo강은 산소 절단이 용이하다.
텅스텐 (W)	14% 까지는 산소 절단이 용이하다.
구리 (Cu)	2% 까지는 산소 절단이 용이하다.
알루미늄 (Al)	10% 이하에서는 산소 절단이 용이하다.
인(P), 유황 (S)	강철에 포함된 범위 내에서는 산소 절단이 용이하다.
바나듐 (V)	강철에 포함된 범위 내에서는 산소 절단이 용이하다.

3) 산소 절단의 조건

산소 절단이 이루어 지기 위해서는 다음과 같은 조건들이 성립되어야 한다.

❶ 강재가 산소 가스의 흐름에서 산화되어야 한다.
❷ 강재의 발화 온도가 용융 온도보다 낮아야 한다.
❸ 열전도가 어려울수록 좋다.
❹ 산화물의 용융 온도가 강재의 용융 온도 보다 낮아야 한다.
❺ 생성된 Slag는 유동성이 좋아야 한다.

따라서, 주철(Cast Iron) 또는 스테인레스 강을 산소 절단하기 위해서는 특별한 장비를 포함한 특수 기법이 적용되어야 한다.

특수 기법으로는 Oscillation, Water Plate의 사용, Wire Feeding, Powder Cutting, Flux Cutting등이 요구된다.

4) 산소 절단의 장점과 단점

❶ 장점

- 장비 값이 저렴하다.
- 가볍고 간단해서 쉽게 다룰 수 있다.
- 얇은 강재도, 두꺼운 강재도 절단할 수 있다.
- 적절한 장비를 채용하면, 정밀 절단도 가능하다.
- 절단 단가가 저렴하다.

❷ 단점

- 절단 후 연삭 등의 후처리 작업이 필요하다.
- 절단 부위의 경도가 증가 한다.
- 산소 불꽃 및 Slag는 고온이어서 안전 사고의 위험이 있다.

(2) Arc Cutting

Arc Cutting은 Arc열을 이용하는 절단법으로 금속을 녹여서 자르는 물리적 방법이다. 이 방법은 Gas 절단에 비해 절단면이 곱지 못하지만, Gas 절단이 곤란한 금속에도 사용할 수 있는 장점이 있다.

현재 실용화되고 있는 Arc 절단 방법은 다음과 같다.

1) Carbon Arc Cutting

Carbon Arc Cutting은 탄소 또는 흑연 전극봉과 금속 사이에서 Arc를 일으켜서 금속의 일부를 용융 제거하는 절단법이다.

전원으로는 직류 정극성이 주로 쓰이며, 교류는 널리 사용되지 않는다.

절단은 용접과 달리 대전류를 사용하고 있으므로 산화를 방지하기 위해 전극봉 표면에 구리 도금을 한 것도 있으며, 흑연 전극봉은 탄소 전극봉 보다 전기 저항이 적기 때문에 많이 사용된다.

2) Metal Arc Cutting

Metal Arc Cutting은 탄소 전극봉 대신에 절단 전용의 특수 피복제를 씌운 전극봉을 써서 절단하는 방법이다.

피복봉은 절단중에 3～5mm 정도 보호통을 만들어 모재와의 단락을 방지함과 동시에 Arc의 집중을 좋게 한다.

또, 피복제에서 다량의 가스를 발생시켜 절단을 촉진한다.

전원에는 직류 정극성이 적당하며 교류도 쓸수 있다.

3) Oxygen Arc Cutting

이 방법은 가운데가 빈 전극봉과 모재 사이에서 Arc를 발생시켜 모재를 가열하고, 가운데 구멍에서 절단 산소를 불어내어 가스 절단을 하는 방법이다. 절단시 직류를 사용하지만 교류를 사용할 때도 있다.

4) Inert Arc Cutting

불활성 가스 Arc 절단은 MIG 절단과 TIG 절단의 2종류가 있으며, 어느 것이나 MIG Arc 용접과 TIG Arc 용접 장치를 높은 전류 밀도로 전용하여 상당히 깊은 용입이 되도록 하면 된다.

5) Plasma Arc Cutting

기체를 가열하여 온도가 상승하면 기체 원자의 운동은 대단히 활발하게 되어 마침내 기체의 원자가 원자핵과 전자로 분리되어 이온 상태로 되며 이것을 Plasma라고 부른다. Arc 방전에 있어서 양극 사이에서 강한 빛을 발하는 부분을 Arc Plasma라고 하는데, 이는 10,000～30,000℃ 정도의 높은 열 에너지를 가진다.

Tungsten 전극과 모재 사이에서 Arc를 발생시켜 절단하는 것을 Tungsten Arc 절단법이라고 하고, Tungsten 전극과 수냉 Nozzle과의 사이에서 Arc를 발생시켜 절단하는

Plasma Jet 절단법이 있다.

자동화된 Plasma Arc Cutting 장비는 소음과 먼지를 제거하기 위해 물속에서 절단 작업을 수행한다.

❶ Plasma Arc 절단의 장점과 단점

① 장점

- 산소 절단으로 절단할 수 없는 금속도 절단이 가능하다.
- 절단면이 깨끗하다.
- 절단 속도가 빠르다.

② 단점

- 일반적으로 절단 폭인 Kerf가 크다.
- 절단면이 직각을 이루지 못하고 약간 경사진다.
- 산소 절단기에 비해 장비가 비싸다.

6) Air Carbon Arc Cutting

Arc Air Gouging은 탄소 Arc 절단에 압축 공기를 같이 사용하는 방법이다.

사용되는 장비는 정전류형 전원 장치와 압축 공기 및 탄소봉을 잡을 수 있는 특수 Holder로 구성된다. 특수 Holder는 정전류형 전원 장치와 압축 공기를 연결한다. 탄소 전극에 구리 도금을 한 것을 전극으로 사용하고, 주철의 경우에는 직류 역극성으로 Arc를 발생시켜 용융 금속을 만들고 Holder의 압축 공기를 불어 절단하는 방법이다.

다음의 표는 각종 금속에 사용되는 탄소봉의 전기적 특성을 정리한 것이다.

Table 6-23 Air Carbon Arc Cutting 탄소봉의 전기 특성

절단 금속	전원	탄소봉 전원
알루미늄	직류 (DC)	Positive (+)
구리 합금	교류 (AC)	
주철	직류 (DC)	Negative (−)
마그네슘	직류 (DC)	Positive (+)
니켈 합금	교류 (AC)	
탄소강	직류 (DC)	Positive (+)
스텐레스강	직류 (DC)	Positive (+)

구리 도금을 한 탄소봉은 절단 뿐만 아니라 용접부의 결함을 제거하거나 강재에 용접 개선면을 가공하는 데도 유효하게 사용된다.

❶ Air Carbon Arc Cutting의 장점과 단점

① 장점

- 작업 효율이 매우 높다.
- 모든 금속을 가공할 수 있다.
- 정전류형 용접기를 공용으로 사용할 수 있다.

② 단점

- 절단 작업시 소음이 크다.
- 탄소봉의 연소와 절단된 강의 비산으로 먼지가 많이 생긴다.
- 화재의 위험성이 있다.
- 절단면에 추가 후속작업이 필요하다.

7) 주철의 절단 (Cast Iron Cutting)

주철은 가스 절단이 잘 되지 않는다, 그 이유는 주철의 용융점이 연소 온도 및 Slag의 용융점 보다도 낮고, 주철 중의 흑연 성분이 철의 연속적인 연소를 방해하므로 철이나 탄소강처럼 절단이 될 수 없다.

또한 주철의 절단은 균열을 동반하는 것이 보통이므로 충분한 예열과 후열이 필요하다.

따라서, 내화성 산화물을 용해 시켜 제거하기 위하여 적당한 분말의 용제를 산소 기류중에 혼합하거나 미리 철분을 살포하여 불꽃의 온도를 높여 절단하는 분말 절단의 방법이 사용된다.

분말 절단을 사용하지 않고 절단하는 방법으로는 보조 예열용 팁을 사용하는 주철 절단기를 사용하고 있으며 일반 절단기도 사용하고 있다.

일반 연강용 절단기를 사용하여 절단을 행할 때는 예열 불꽃의 길이를 모재와 거의 같게 조절하여 충분히 예열 시킨 후에 산소 압력을 연강의 절단때 보다는 25～100% 증가 시켜 Torch의 Tip을 작은 반달형으로 서서히 절단하는 방법이 사용된다.

8) 분말 절단 (Powder Cutting)

주철, Stainless Steel, Cu, Al 및 비금속등은 보통의 가스 절단이 곤란하나 철분이나 용제의 미세한 분말을 압축 공기 Torch를 통해 분출 시키고 예열 불꽃중에서 연소 반응시켜 산화물을 용해 제거하여 연속적으로 절단을 행한다.

단점으로는 절단면이 깨끗하지 못하다.

❶ 철분 절단 (Iron Powder Cutting) : 200 Mesh정도의 철분 혹은 철분과 Al 분말의 혼합 미세 분말을 공급하고 철분의 연소열로 절단부의 온도를 높여 산화물을 용융 제거하는 방법이다. 주철, Cu등에 적합하지만 Austenite Stainless Steel은 철분의 혼입 염려로 사용하지 않는다.

❷ 용제 절단 (Flux Cutting) : 탄산염(탄산소오다) 혹은 중탄산염을 주성분으로 한 용제 분말을 이용한 절단법으로 Stainless Steel절단에 주로 사용된다. 절단면이 철분 절단보다는 다소 깨끗하다.

제7장

금속별 용접 특성과 용접 재료

1. 주철 (Cast Iron)

(1) 주철의 종류와 특성

주철은 Fe를 주 성분으로 하는 합금이라고 구분할 수 있다.

주요 합금 원소는 2% 이하의 탄소 (C), 1 ~ 3% 정도의 Silicon (Si) 그리고 1% 이하의 Manganese (Mn)를 포함한다.

주철은 강에 비하여 많은 탄소를 함유하며 가격이 저렴하고 형상 제한이 거의 없으며 조직내의 탄소가 흑연으로 존재하면 주조성, 절삭성이 좋아 주물 제품으로 많이 이용되고 그 흑연의 형상에 따라서도 그 성질은 크게 변화한다.

주철은 기계적 특성과 용접성에 영향을 미치는 조직의 구조에 따라 많은 종류로 구분되며 각각 다양한 특성들을 보이고 있다.

많이 사용되는 주철의 특성에 따라 크게 다음과 같이 구분한다.

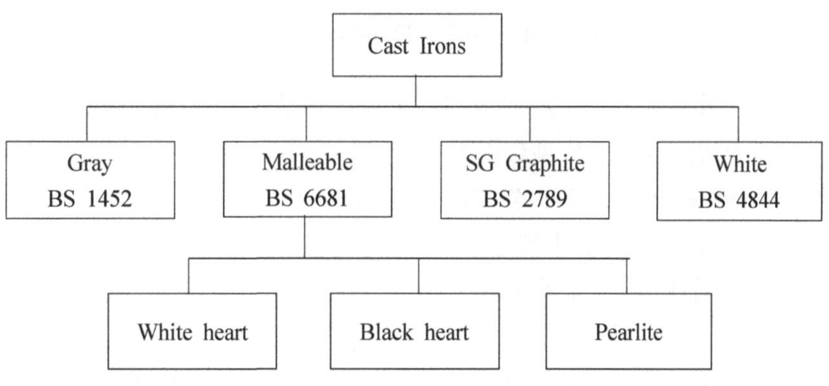

1) 회주철 (Grey Cast Irons)

회주철은 2.0 ~ 4.5%의 탄소와 1 ~ 3%의 Si을 함유한다.

회주철은 옆의 그림과 같이 편상(片狀) 흑연과 기지(基地)로 구성되나 이것이 급냉되면 Fe_3C와 Pearlite 및 공정(共晶)조직이 된다. C, Si 성분이 많고 Mn이 적어 C가 흑연 상태로 유리하여 파단면이 회색이다.

주조성과 절삭성이 좋아 주로 주물용으로 사용된다.

회주철의 흑연 조직과 양은 합금 화학 성분, 용해 및 용탕 처리, 냉각 속도 등에 따라 변화한다.

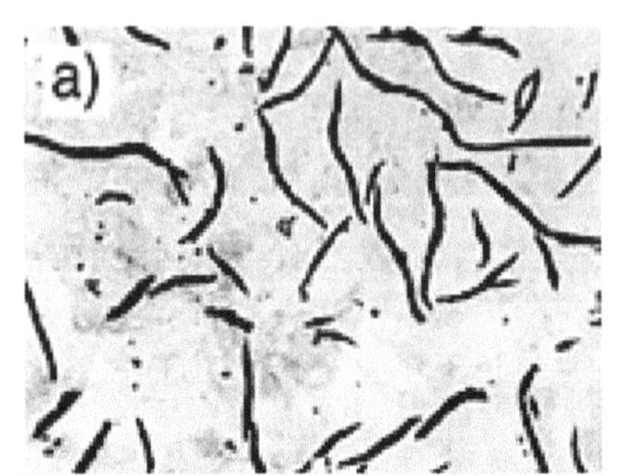

그림 7-1 Grey cast iron

대략적인 회주철의 특성은 다음과 같다.

❶ 강도 : 회주철의 인장 강도를 비롯한 기계적 특성은 편상의 흑연에 의해 많이 저하된다. 주철의 인장 강도는 용해, 냉각 조건이 같은 경우에 C, Si, P의 량으로 거의 결정되는데, 탄소 포화도(Sc)가 클수록 인장 강도는 떨어진다. 통계적으로 30㎜ 사형 주조봉의 강도에 대하여 다음식이 인정 되고 있다.

인장 강도 (kgf/㎟) = 102−82.5×Sc

압축 강도는 인장 강도의 3 ~ 4 배이고, 강도가 낮으면 이 배율이 커진다. 강과 같이 소성 변형하는 연신 재료와 회주철은 달리 최대 압축 하중에서 파단한다. 압축에서의 탄성계수는 인장 강도의 경우와 거의 같다.

회주철은 연신이 적어서 굽힘 강도를 측정하기 어려우므로 그 인성을 알기 위한 수단으로 파단 시험에서 파단 최대 하중과 그때의 휨을 측정한다. Sc가 낮고 강도가 클수록 하중과 휨이 증가한다.

피로 한도는 5 ~ 20 kgf/㎟이고, 흑연량이 적고, 강도가 높을 수록 높아진다.

❷ 경도 : 흑연이 있으므로 넓게 평균적 경도를 얻기 위해서 Brinell 경도를 사용하여 경도를 측정한다. 30㎜ 주조봉에 대한 Sc와 Brinell 경도의 관계는 HB = 530 - 344 X

Sc로 표시되고, 인장 강도와의 관계는 HB = 100+4.3×인장 강도 (kgf/㎟)로 표시된다. C와 Si는 경도를 낮추고 P, Mn, S는 경도를 높이는 경향을 보인다.

❸ Charpy 충격치 : 보통 0.2~0.8 kgfm/㎠ 정도로 매우 작다. Sc가 크고 강도가 작고 흑연량이 많을 수록 그 Notch 감성 때문에 충격치는 감소한다.

❹ 고온 특성 : 인장 강도, 경도, 탄성 계수는 400℃ 이상에서 급격히 낮아지고 연신은 증가하기 시작한다. Creep 강도 시험에 의하면 약 400℃에서 장시간의 하중에 견딘다.

❺ 진동 흡수능 (감쇠능) : 제지, 인쇄, 섬유 기계 부품, 공작 기계 등에는 회주철이 많이 쓰이는데 회주철은 진동을 흡수하는 감쇠능이 커서 소음을 억제하고 진동을 흡수하는 효과가 있다.

❻ 피삭성 : 흑연이 들어 있어서 윤활성이 있고 내 마모성이 좋으며, 피삭성도 좋다.

❼ 내식성 : 흑연은 전기 화학적으로 안정하고 표면의 부식 생성물이 흑연과 함께 보호 피막의 역할을 하므로 내부로의 부식 진행을 방지한다.

2) 구상 흑연 주철 (Nodular Cast Irons)

구상 흑연 주철은 주철 용탕에 3.2 ~ 4.5%의 탄소와 1.8 ~ 2.8%의 Silicon이 포함되게 하고 주조 전에 Mg, Ca, Si등을 접종하여 내 마모성을 주고 내부는 회주철로 하여 인성을 준 것이다.

강인성이 좋고 강도와 연신율도 좋은 편이다.

흑연의 형상이 옆의 그림과 같이 구상으로 되면 기계적 특성이 현저하게 향상한다.

주철 조직은 합금 성분과 냉각 속도에 따라 달라지며, 열처리 방법에 따라 달라진다.

KS D4302에 제시된 구상화 흑연 주철품의 종류와 조직, 경도의 관계를 다음의 Table 7-1 에 제시한다.

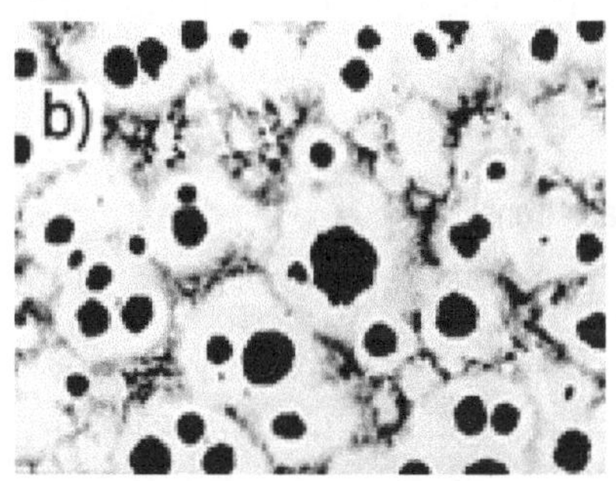

그림 7-2 Nodular cast iron

Table 7-1 KS규정의 구상화 흑연 주철품의 종류와 조직, 경도

종류	기지 조직	경도 (HB)
GCD 40	Ferrite	201이하
GCD 45	Ferrite + Pearlite	143 + 217
GCD 50	Ferrite + Pearlite	170 + 241
GCD 60	Pearlite	192 ~ 269
GCD 70	미세 Pearlite	229 ~ 302
GCD 80	미세 Pearlite	248 ~ 352

구상화 흑연은 다음과 같은 특징을 가진다.

❶ 인장 특성 : 구상화 흑연 주철은 인장시험에서 명백한 항복점이 나타나지 않는 점이 회주철과 비슷하나 저응력에서 직선부를 갖는다. 또 연신을 갖는 점은 강과 비슷하며 탄성 계수는 강의 약 80%이나 흑연량이 많아지면 저하한다.

❷ 내 충격성 : 조직내의 Pearlite 증가에 따라 충격치는 낮아지고 50% 연성 천이 온도는 상승하며 저온도에서의 충격치는 매우 낮은 값이 된다.

❸ 피로 강도 : 피로 한도는 인장 강도가 커짐에 따라 증가하나 피로 한도비 (피로 한도/인장 강도)는 인장 강도 증가에 따라 감소하고 0.35 ~ 0.50정도가 된다. 피로 한도는 회주철의 1.5 ~ 2.0배로 높다.

❹ 고온 성질 : 주철 조직에 따라 차이는 있으나 Pearlite는 약 450℃, Ferrite는 약 430℃까지는 저탄소강과 동등한 강도를 유지한다.

전체적으로 회주철보다는 큰 Creep강도를 나타낸다.

❺ 내 마모성, 피삭성 : 구상 흑연의 크기가 클수록 내 마모성이 좋아진다. Ferrite량이 증가하면 피삭성은 좋아진다. 회주철에 비해 경도가 크면서도 양호한 피삭성을 가진다.

❻ 내식성 : 같은 기지의 강에 비하여 흑연이 보호 피막의 역할을 하므로 우수한 내식성을 보인다. 회주철과는 별다른 차이점이 없는 유사한 내식성을 보인다.

3) 백주철 (White Cast Irons)

Si이 적고 Mn이 많아 C가 Fe_3C로 존재하므로 파면이 백색이다.

주철을 급냉시켜 이 조직을 얻는다. 경도가 높고 취약하므로 경도와 내식성을 요하는 기계 부품에 쓰인다. 그다지 널리 사용되지는 않으며, 용접 구조용으로는 적용하지 않는다.

4) 가단 주철 (Malleable Irons)

가단 주철 (Malleable Cast Irons)은 회주철과 주강의 중간 정도의 강도를 가지고 있으며, 구상 흑연 주철과 비슷한 수준의 강도를 나타낸다.

열처리를 통해 조직내의 탄소가 Ferrite 혹은 Pearlite 기지위에 고르게 분산되도록 하면 가단 주철이 얻어진다.

가장 큰 특징은 탄소가 작은 Size로 고르게 분산되어 조직의 연성을 해치지 않아 연성이 좋다는 점이다.

가단 주철의 일반적인 특징은 다음과 같다.

- 주조성이 우수하여 복잡한 주물을 만들 수 있다.
- 내식성, 내 충격성, 내열성이 우수하고 절삭성이 좋다.
- 강도, 내력이 높은 편이며, 경도는 Si의 함량이 많을수록 좋다.
- 소입(Quenching) 경화성이 있다.
- 500℃ 까지 강도가 유지되고 저온에서도 강하다.

가단 주철은 일반적으로 백심 가단 주철(White heart malleable cast iron, WMC), 흑심 가단 주철 (Black heart malleable cast iron, BMC), Pearlite 가단 주철 (Pearlite malleable cast irons, PMC)의 3 종류로 구분한다.

❶ 백심 가단 주철 (Whiteheart Malleable Cast Irons)

이것은 백주철 (White cast irons)을 탈탄 (Decarburization) 열처리하여 순철에 가까운 Ferrite 기지로 만들어 연성을 갖게 한 것이다.

조직을 탈탄(Decarburization) 시켜서 연성을 얻게 되므로 두께가 3 ~ 5mm정도의 얇은 것이면 내부 까지 균일한 Ferrite조직을 가지게 되지만 두께가 두꺼우면 중심부의 Cementite 및 Pearlite가 남으므로 두께가 12mm이하의 소형물에 이용된다. 이 재질은 용접 및 납땜이 용이하므로 강과 접합하여 사용하기도 한다.

❷ 흑심 가단 주철 (Blackheart Malleable Irons)

흑심 가단 주철은 탈탄의 과정 없이 2.2 ~ 2.9%의 탄소를 함유한 백주철을 Annealing 하여 얻는다. 이 조직은 소려 탄소(Temper carbon) 라고 부르는 괴상(塊狀)의 흑연과 Ferrite로 되어 있어서 강도는 비교적 낮으나 연성, 인성이 좋아 구상 흑연과 비슷한 수준이다.

특히 저온 인성은 Ferrite중의 Si의 고용량이 적으므로 구상 흑연 주철보다 우수하다.

❸ Pearlite 가단 주철 (Pearlite Malleable Irons)

이것은 흑연화 열처리 후에 조직을 Pearlite 혹은 구상 Pearlite로 하여 높은 강도와 피로 강도 및 내 마모성을 향상시킨 것이다.

Table 7-2 각종 가단 주철의 성질

항목	백심 가단 주철	흑심 가단 주철	Pearlite가단 주철
비중	7.3 ~ 7.7	7.2 ~ 7.4	7.2 ~ 7.4
비열 (cal/g ℃)	0.11 (0 ~ 100℃)	0.122 (20 ~ 100℃) ~ 0.160 (20 ~ 700℃)	0.122 ~ 0.165
용융 잠열 (cal/g)	23	23	23
열전도도 (kcal/cm s ℃)	0.144	0.151	-
열팽창계수 (X 10-6)	10 ~ 13	10 ~ 13	10 ~ 14
비저항 (μΩ cm)	24 ~ 26	24 ~ 37	24 ~ 37
인장강도 (kgf/㎟)	32 ~ 40	30 ~ 40	40 ~ 70
연신 (%)	5 ~ 15	8 ~ 20	3 ~ 12
경도 (HB)	109 ~ 248	109 ~ 145	163 ~ 269
내열성	우수, 합금 첨가로 향상	좌동	좌동
내 마모성	불량	저압중에 양호	매우 우수
내식성	우수, Cu첨가로 향상	좌동	좌동

(2) 주철의 용접성

주철의 용접성은 조직과 그에 따른 기계적 특성에 의해 다양한 특징을 보인다. 예를 들어 Grey cast irons은 조직의 특성상 취약 (Brittle)하고 용접 과정에서 발생되는 응력을 견디기 어려운 특성을 가지고 있다.

편상으로 늘어선 Grey cast iron의 Graphite flake에 의한 효과가 없는 가단 주철 (Malleable cast iron)이나 구상 흑연 주철 (Nodular cast iron)은 연성이 좋아 용접성이 좋다.

용접성은 용접 열영향부에 발생하는 경(Hard)하고 취약한 미세 조직의 형성에 의해 영향을 받는다. 백주철은 매우 경(Hard)하고 탄화물 (Fe_3C)을 함유하고 있어서 일반적으로 용접이 불가능한 것으로 평가된다.

1) 용접 방법

용접 균열을 예방하기 위해 Braze Welding이 주로 사용된다.

산화물 및 불순물등은 용융에 의해 제거되지 않는다.

용접 과정에서 발생되는 표면의 Graphite는 기계적인 방법 혹은 Salt Bath등에 장입하여 제거한다.

용접 방법으로는 산소-아세틸렌, SMAW, MIG/FCAW등 대부분의 용융 용접 방법이 모두 적용 가능하다. 용접 입열을 작게 하고, 폭넓게 예열을 실시하며 급냉을 피해서 HAZ부의 균열을 방지한다.

❶ 산소-아세틸렌 용접은 낮은 용접 입열로 인해 SMAW에 비해 더 큰 예열을 필요로 한다. 용입(Penetration)과 확산(Dillution)이 작으면서도 열전달이 빨라 열영향부가 커지게 된다. 서냉을 하면 강도가 낮은 조직이 얻어진다.

❷ SMAW는 열 집중과 빠른 용접 속도 그리고 낮은 용접 입열로 인해 주조물의 제작과 보수 용접에 많이 사용된다. 하지만 큰 용탕(Melting Pool)이 형성되고 모재의 확산(Dillution)이 큰 단점이 있다.

❸ MIG/FCAW는 용입을 제한 하면서도 빠른 용착 속도가 장점이다.

2) 용접 재료

탄소의 함유량이 높은 주철의 용접과정에서 발생되는 문제점은 대부분 Nickel 혹은 Nickel 합금의 용접 재료를 사용하면 줄일 수 있다.

Nickel 혹은 Nickel 합금의 용접 재료는 Graphite를 미세하게 분산하고 기공의 발생을 최소화하면서 기계 가공성을 가지도록 한다.

❶ 산소-아세틸렌 용접에 사용되는 용접봉은 용접 금속의 기계적 특성 향상을 위해 약간 높은 수준의 탄소와 Silicon을 함유한다.

❷ 주철의 SMAW 용접에 적용되는 용접봉은 Nickel, Nickel-iron, Nickel-Copper 합금이 사용된다. 이들 용접 재료는 모재로 부터의 높은 수준의 탄소 확산을 고용하여 연성이 좋은 용접 금속을 만들게 된다.

❸ MIG 용접에 적용되는 용접 재료는 Nickel, Monel 및 Copper 합금이 적용된다. FCAW용으로는 Nickel-iron-manganese 합금의 용접재료가 사용된다.

3) 용접 결함

전술한 바와 같이 주철의 용접에는 Nickel 혹은 Nickel 합금의 용접 재료가 우수한 용접 금속의 특성으로 인해 널리 사용된다.

하지만, 용접 과정에서 모재로 부터 확산되어 오는 많은 양의 황(Sulfur)과 인(Phosphorus)은 Nickel 용접 금속의 응고 과정에 응고 균열을 발생시킬 수 있는 위험성이 있다.

주철의 용접시에는 딱딱하고 취약한 열영향부 조직의 생성 때문에 용접후 냉각과정에서 균열이 발생하는 경향이 많다. 이를 해결하기 위해서는 적절한 예열과 냉각속도의 지연이 유효하다.

예열을 통해 냉각 속도를 지연시킬 수 있으며 열영향부의 Martensite 조직 생성을 줄일 수 있다.

주철의 조직에 따른 예열 조건은 다음의 추천 사항을 따른다.

Table. 7-3 주철의 용접시 적용되는 예열 조건

Cast iron type	Preheat Temperature Degreea (℃)			
	SMAW	MIG	Gas (fusion)	Gas (powder)
Ferritic flake	300	300	600	300
Ferritic nodular	RT ~ 150	RT ~ 150	600	200
Ferritic whiteheart malleable	RT*	RT*	600	200
Pearlite flake	300 ~ 330	300 ~ 330	600	350
Pearlite nodular	200 ~ 330	200 ~ 330	600	300
Pearlite malleable	300 ~ 330	300 ~ 330	600	300

RT : Room Temperature, * 200℃ if high C core involved.

균열은 불균일한 용접부 팽창에서 그 원인이 있다.

특히 복잡한 형상의 구조물이나 커다란 구조물에 연결되어 있는 작은 용접 대상물을 예열할 경우에는 점진적이고, 균일한 예열과 용접 후 냉각이 이루어 지도록 주의하여 작업해야 한다.

국부적인 과도한 열구배(Thermal Gradient)는 피해야 한다.

적절한 예열과 냉각 관리가 어려울 경우에는 용접부를 급냉하는 것도 한가지 방법이다. 이때에는 아직 용접부에 열이 남아 있을 때, 용접부를 두들겨서 (Hammer Peening) 용접 금속의 갑작스런 응고 과정에서 발생하는 응고 수축에 의한 응력을 최소화 한다.

4) 주철의 보수 용접

주철은 주조 과정의 결함 발생과 취성이 큰 조직의 특성으로 인해 결함 보수 작업이 자주 필요하게 된다. 작은 크기의 결함은 기존의 SMAW, 산소-아세틸렌 용접, Bronze 용접 등의 방법으로 수정이 가능하다.

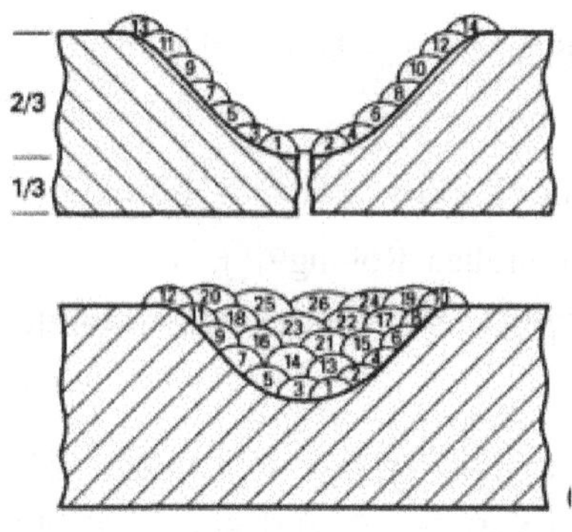

그림 7-3 Repair of Castings

결함 부위를 Grinder 혹은 Gouging 등의 방법으로 깨끗하게 한다. Gouging으로 결함 부위를 제거할 때는 300℃ 정도로 예열을 하는 것이 좋다.

Gouging 후에는 용접 작업 전에 경화된 표면을 제거하기 위해 Grind 작업을 실시하는 것을 추천한다.

용접은 Nickel이나 Monel로 Buttering 용접을 하여 연성이 있는 층을 형성한 후에 Nickel 혹은 Nickel-iron으로 본 용접을 실시하는 것이 좋다.

용접 완료 후에는 Slag를 완전히 제거하고, 용접 금속이 식기전에 Peening을 실시하여 응고 과정에서 발생하는 잔류 응력을 최소화 하는 작업이 필요하다. 또한 응고 과정중의 잔류 응력에 의한 균열 발생을 최소화 하기 위해 용접부를 보온재로 덮어 냉각이 서서히 일어나도록 주의 하여야 한다.

2. TMCP강

조질강이라고 하면 소입(Quenching) 을 통해 강을 경화 시키고, 여기에 약간의 인성을 회복하기 위해 소려(Termpering) 처리한 강종을 말한다.

최근에는 이와 비슷한 방법으로 보다 강한 강도를 가지면서도 합금 원소의 함량이 적은 강종의 제법들이 개발되고 있다. 그 대표적인 것이 TMCP강이다. 이하에서는 TMCP강의 제법과 특징을 중심으로 조질강과 TMCP강의 용접성을 평가한다.

(1) TMCP강의 제조

고장력 강은 높은 강도와 인성 및 우수한 용접성을 확보하기 위해 탄소량을 줄이는 대신 합금 원소를 첨가하여 고강도를 도모하고, 인성을 증가시키기 위해서는 열간 압연으로 생산된 강재를 Normalizing 처리를 하여 조직을 미세화 함으로서 필요한 강도와 인성을 얻고 있다.

이러한 Normalizing 열처리를 생략 하면서도 그 보다 더 좋은 재질을 압연 상태에서 얻고자 개발된 것이 Controlled Rolling이다.

이 방법은 연속된 압연을 통한 강의 제조가 이루어지는 Continuous Process로서 다음과 같은 특성을 얻는다.

❶ Ferrite, Pearlite 조직의 미세화에 의해 인성을 개선하여 As-Rolled 상태의 열처리재에 상응하거나 보다 나은 특성을 얻게 하고, 압연 과정을 엄밀히 제어하여 Nb, V, Ti등의 탄화물 형성 원소를 미량 첨가한 저탄소강 보다 적은 합금원소의 첨가만으로 요구되는 수준의 기계적 성질을 얻고, 석출 경화를 이용하여 강도 향상을 도모한다.

❷ 적은 합금원소로 인해 용접성이 향상된다.

따라서, TMCP강재의 이점은 다음과 같이 요약할 수 있다.

- Maker측에게 Production Cost의 절감.
- Fabricator에게는 용접성 향상을 따른 Fabrication Cost 절감
- Owner에게는 재질 향상으로 인한 Reliability 증대.

TMCP강재는 제어 압연 방식(Thermo Mechanical Control Process? Controlled Rolled) 과 가속 냉각 방식(Thermo Mechanical Control Process－Accelerated Cooling Process)의 두가지 방법이 있으며 이에 대한 이해를 돕기 위해 기존의 Hot Rolling 및 Normalizing 방법으로 제조된 강재의 특징을 함께 설명한다.

(주) 이하의 TMCP강에 대한 내용은 한국해양대학교 김영식 교수님의 저서 「최신용접공학」의 내용을 참조한 것임을 밝힙니다. (「최신용접공학」, 형설출판사)

(2) Hot Rolling & Normalizing Process

TMCP강의 특성을 이해 하기 위해 기존의 As-Rolled & Normalizing처리에 대해서 먼

저 언급한다.

Continuous Casting으로 생산된 Slab를 1100 ~ 1200℃정도로 재가열하여 최종 제품의 두께에 이를 때까지 압연을 행하여 대기중에 냉각시킨 판재를 As-Rolled Plate라고 한다. 여기에서 행해지는 Rolling (압연)은 Hot Rolling (열간 압연)이라고 하여 Austenite의 고온 영역(Recrystallized Region)에서 행해지는 데 이때 조직은 Rolling후 바로 재결정 되고 재결정된 Austenite Grain은 다음 Pass가 진행될 때 까지 성장(Recrystallization and Growth)하게 된다. 그러므로 여러 번의 Rolling이 가해져도 각 압연 공정 사이에 재결정된 Grain이 성장할 수 있는 시간이 있어서 이 방법으로는 미세한 조직을 얻기가 어렵다. 따라서 이러한 As-Rolled 상태의 강재는 조직의 조대화로 인하여 Strength 및 Toughness가 낮게 된다.

As-Rolled 강의 이러한 단점을 해결하고 고강도, 고인성의 강재를 만들기 위한 작업이 필요하다. 강도 향상을 위해 합금 원소를 첨가하고 인성 향상을 위해 Normalizing 처리를 하여 조직을 미세화 함으로써 필요한 강도와 인성을 얻고 있다. Normalizing 처리는 최종 제품의 두께 까지 Hot Rolling으로 압연한 강판을 냉각한 후 다시 Ac3 온도(900 ~ 950℃) 이상으로 가열한 후 공냉한 것이다.

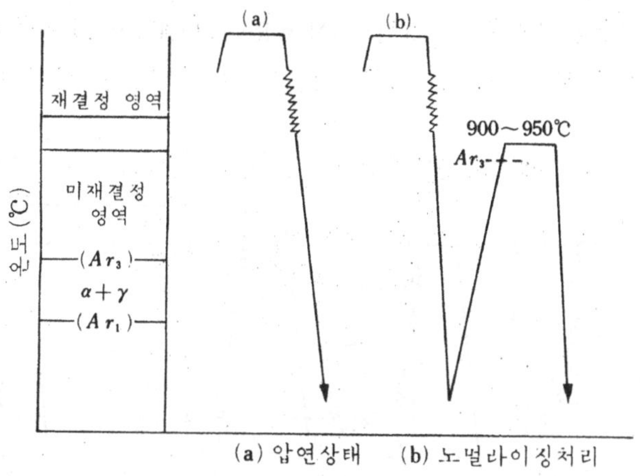

그림 7-4 강재의 압연 공정

Normalizing 처리를 하면 As-Rolled 조직이 미세화하게 되는데 조직의 미세화 정도에서만 차이가 있으며, 조직상(Phase)에는 차이는 없다.

즉, 압연 및 Normalizing처리후 냉각은 모두 공냉이므로 상온 조직은 Ferrite와 Pearlite

의 혼합조직을 보여 준다.

이때 Pearlite는 Band를 따라 집중적으로 형성되어 지고 있다.

이와 같은 Well Defined Band Structure는 As-Rolled & Normalized 강재에서 가장 잘 나타나는 특징이다.

(3) TMCP-CR강 (Thermo Mechanical Control Process—Controlled Rolled)

Normalizing 처리를 생략하면서도 그에 상응하는 또는 그보다 좋은 재질을 As-Rolled 상태에서 얻고자 하여 개발된 방법이 제어 압연 방식이다.

이 방식은 1969년에 Trans-Alaska Piping System에서 최초로 적용하여 1970년대 말기부터는 선박, Tank등 다양한 용도로 사용되고 있다.

Controlled Rolling은 압연이 Austenite가 재결정되는 온도 영역내에서 2단계에 걸쳐서 행해지고 있는 데, 각각의 압연에 대하여 Austenite가 재결정되는 온도 영역과 비교하여 구분하면 Austenite 온도 영역은 압연 후 재결정이 일어나는 상태에 따라 온도가 높은 순서로 3가지 영역으로 나눠진다.

- 완전한 재결정이 일어나는 온도 영역 (Complete Recrystallization)
- 재결정이 부분적으로 일어나는 온도 영역 (Partial Recrystallization)
- 재결정이 일어나지 않는 온도 영역 (Non-Recrystallization)

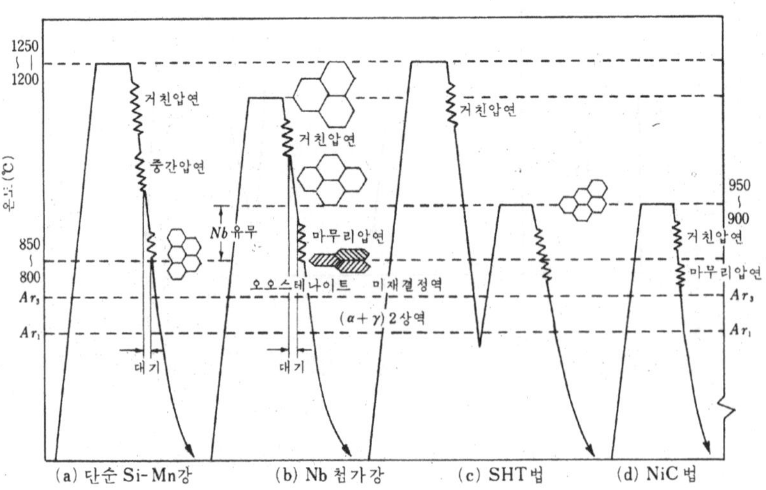

그림 7-5 제어 압연 공정

이와 같은 구분에 의해 첫번째 압연은 Austenite가 압연후 바로 재결정되는 재결정 온도 영역에서 행하고, 두번째 압연은 강재가 어느 정도 냉각된 이후에 재결정이 일어나지 않는 온도에서 행하게 된다.

처음 실시하는 압연은 Hot Rolling으로 압연 후 결정이 성장한 Austenite Grain을 얻게 되는 데, 이를 재결정이 일어나지 않는 온도 영역(약900℃ 이하)에서 2차로 압연하면 Austenite Grain이 압연 방향으로 길게 늘어나서 단위 부피당 Grain Boundary의 면적이 증가하게 된다.

이때, Grain Boundary의 면적은 압연의 양에 비례한다.

이와 같이 Elongated된 Austenite Grain에서 변태 생성되는 Ferrite는 극히 미세하게 되는데 이는 Austenite Grain Boundary가 Ferrite변태시 가장 Preferential한 Nucleation Site가 되기 때문이다.

따라서 Austenite Grain이 길어 질수록 즉, Non-Recrystallization 영역에서 압연량(2차 압연량)이 많을수록 미세한 Ferrite 조직을 얻을 수 있다.

Ferrite와 Pearlite계 제어 압연강에서 미량 첨가 되어 있는 Nb, V, Ti 등의 원소가 열간 압연 중에 Austenite 미세 결정의 경계 온도를 약 100℃ 높이는 효과를 가져오게 되어 비교적 높은 온도에서 압연을 행하더라도 Austenite로 재 결정 되지 않고 바로 변태되어 변태 후의 Ferrite 결정을 미세하게 함으로서 압연 강재의 강도와 인성을 높인다.

뿐만 아니라 이런 미량의 합금 원소는 변태 후의 Ferrite상에서 격자 Strain을 갖는 미세한 Nb(C, N)과 같은 석출물을 석출시켜서 압연재의 강도를 높이는 효과를 가져 온다.

(4) TMCP-Acc강(Thermo Mechanical Contorl Process－Accelerated Cooling Process)

이 방법은 단순히 압연 혹은 제어 압연 후에 공냉하는 것이 아니라 최종 압연후 가속 냉각하여 기계적 특성을 향상 시킨 강종이다.

일반적으로 가속 냉각(Accelerated Cooling Process)은 제어 압연이 끝난 직후 Ar3온도 바로 위에서부터 Water Spray 장치를 이용하여 변태가 끝나는 온도 즉, Ar1에 도달할 때까지 (보통 800℃ ~ 500℃) 적용되고 있으며, 그 이하의 온도에서는 Air Cooling을 하게 된다. 이러한 제어 압연 과정을 좀더 개량한 것이 TMCP (Thermo-Machanical Controlled Process) 공정이다.

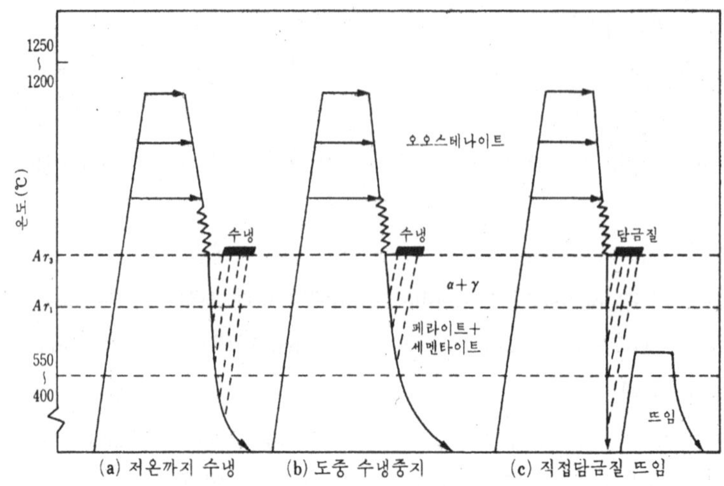

그림 7-6 가속 냉각형 TMCP강의 제조

제어 압연 후 가속 냉각을 시키면 냉각 속도가 빨라져서 Austenite가 회복될 시간적 여유가 없게 된다. 따라서 핵 발생점이 많아져서 압연 후 공냉(Normalizing) 했을 때보다 더욱 미세한 조직을 얻게 된다.

또한, 냉각 속도의 증가에 따라 Pearlite의 생성이 억제 되는 대신에 Bainite가 생성되어 결국 Ferrite와 Bainite의 혼합 조직으로 되어 강도 향상의 효과를 가져온다.

이와 같이 제어 압연 후 가속 냉각을 하면 제어 압연에 비하여 다음과 같은 특징을 얻을 수 있다.

1) 금속 조직의 특성

제어 압연을 통해 단위 부피 당 Grain Boundary 면적을 증가 시키고, Grain내부에는 Deformation Band를 형성시켜서 Ferrite의 Nucleation Site를 증대 시키는 방법이다. 이 제어 압연을 거친 강을 가속 냉각(Accelerated Cooling)시키면 냉각 속도가 빨라져서 Deformed Austenite가 회복할 시간이 없게 된다.

이로 인하여 기존 핵 생성 Site의 Potential이 더욱 높아질 뿐만 아니라 Air Cooling시에 핵 생성 Site로 되지 못했던 Substructure에서도 핵 생성이 가능하여 Air Cooling했을 때 보다 더욱 미세한 조직을 얻게 된다.

조직의 미세화 외에도 냉각 속도가 빨라짐에 따라 상(Phase)의 변화를 가져 온다.

기존의 강 제조 공정에 따라 Air Cooling을 하면 Austenite가 Ferrite와 Pearlite로 변태되고 이때 Pearlite는 압연 방향으로 Band 형상을 보여서 Band Structure가 된다. 이러한 제어 압연 조직이 가속 냉각 과정을 거치면 Pearlite의 Band Structure가 없어지면서 Ferrite내에 Pearlite가 분산되어 존재하게 되는데 이 냉각 속도가 더욱 증가하면 조직은 더욱 미세화되고 Pearlite의 생성이 억제되면서 대신에 Bainite가 생성되게 되어 결국 Ferrite와 Bainite의 복합 조직으로 나타나게 된다.

따라서, 가속 냉각은 금속학적인 측면에서

- 강재의 조직을 미세화 시켜주고
- Pearlite의 Band Structure를 없애주고
- Ferrite와 Bainite의 복합 조직을 얻게 해준다.

2) 기계적 특성

일반적으로 재료의 강도가 증가하면 인성이 저하하게 되는 데 가속 냉각 공정을 거친 강재는 인성의 저하 없이도 강도를 향상하게 된다.

다른 강종에서 볼 수 없는 이와 같은 특징은 가속 냉각에 의한 조직의 변화로 설명할 수 있다. 가속 냉각에 의한 강도의 향상은 입자의 미세화, Bainite의 생성, Solid Solution Hardening등에 의해 설명이 가능하다. 그러나, 인성의 향상은 입자 미세화 이외의 다른 요인들로서는 설명이 되지 않는다. 다만 이들의 영향이 합하여 서로 상쇄되는 결과로 추정된다. 따라서 냉각속도는 인성의 저하만 없다면 최대 강도를 내기 위해 증가 시킬 수 있지만 실제에 있어서는 한계가 있는데, 이는 냉각 속도를 증가시킴에 따라 강재를 균일하게 냉각시키기 어렵기 때문이다.

일반적으로 사용되는 냉각 속도는 합금 원소에 따라 달라지지만 대략 10℃/sec정도이다.

기계적 성질을 좌우하는 인자로서 냉각 속도 이외에도 Ts(가속 냉각이 시작하는 온도) 및 Tf(가속 냉각이 끝나는 온도) 등이 있다.

Ts는 가속 냉각의 효과를 충분히 얻기 위하여 Ar3온도 이상이어야 한다.

Tf는 낮을수록 강도의 향상을 가져 오지만 너무 낮으면 다량의 Low Temperature Product가 생성되어 인성의 저하를 가져 오므로 일반적으로 500℃정도로 규정하고 있다. Tf는 균일한 냉각 속도를 얻기 위하여도 필수적인 것이다.

(5) TMCP 강재의 용접성

TMCP 강재는 종래의 압연 강재에 비해 탄소량이 작고, 인성이 풍부해서 용접시 균열발생 감수성이 작아 용접성이 우수하며 특히 대입열 용접시 Normalizing 강재에 비해 취화

가 심하지 않기 때문에 대입열 용접용으로 적합한 재료라고 할 수 있다. 가속 냉각법에 의한 탄소 및 탄소 당량의 저하는

- 용접부에서의 Cold Crack에 대한 민감성을 감소시키고
- 필요 예열 온도를 낮추거나 생략할 수 있게 해주는 등
- 강재의 용접성을 향상시켜서 Fabrication Cost를 절감시킨다.
  - Cold Crack에 대한 저항성 증가로 Short Bead에 대한 제한이나 용접봉의 수소 함유량에 대한 제한 등을 크게 완화시킨다.
  - 대입열 용접이 가능해지며, Second Phase의 분산으로 Hydrogen Induced Cracking에 대한 민감성을 감소 시켜준다. 그러나 열영향부의 연화와 강판의 절단시에 수반되는 변형 문제에 유의해야 한다.

1) 열영향부의 연화

TMCP 강재는 가속 냉각 과정으로 직접 담금질의 효과를 가미시켜 제조된 강재로 불안정한 상 (Bainite 및 경화 Ferrite조직) 상태를 유지 하나, 용접 과정에서 용접 열에 의한 영향으로 이러한 불안정한 조직이 Normalizing 효과에 의해 안정된 상으로 바뀌게 된다.

따라서 용접 열영향부에서 연화 현상이 일어나게 된다.

또한, 연화된 용접부에 후열처리를 하게 되면 모재의 강도도 저하되므로 전체 용접부의 강도는 더욱 저하된다.

2) 강판의 절단시 변형

강판의 절단시 수반되는 변형은 강재의 가속 냉각 TMCP강 제조 과정에서 냉각의 불균일로 인해 생기는 잔류 응력 때문이다.

불균일 냉각으로 인해 강재의 Flatness를 나빠지게 되고, 이를 교정하기 위해 가속 냉각 System에는 Hot Leveler를 설치하여 변형을 교정하고 있다. 이러한 불균일 냉각과 교정의 과정을 거치면서 강재 내에는 잔류 응력이 남게 되는 데 이로 인해 강재를 압연 방향으로 절단하면 Longitudinal Member가 잔류 응력 방향으로 휘게 된다.

이와 같은 변형은 Cutting부분에 존재하던 잔류 응력이 이완되면서 응력의 차이로 인해 생기게 된다. 냉각의 불균일이 클수록, 잔류응력이 커지고 이에 따라서 절단시의 변형도 커지게 된다.

강재 변형의 문제는 TMCP강의 개발 초기에는 문제시 되었으나, 최근의 강재 공정 기술의 발달로 크게 문제시 되지 않는다.

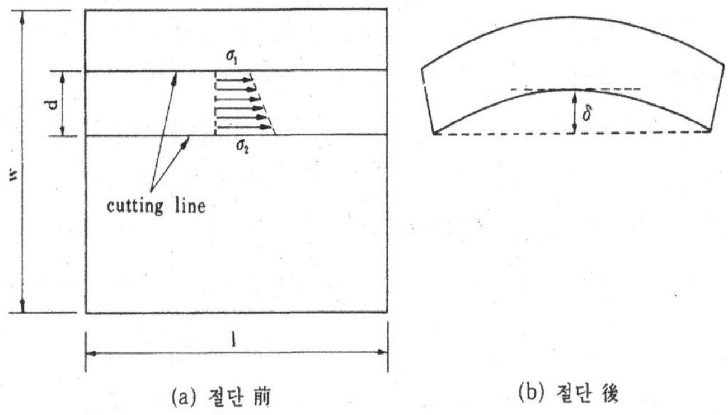

그림 7-7 TMCP강재의 불균일 냉각에 기인한 잔류 응력과 절단후의 변형과정

3) Hot Forming이 불가능

가속 냉각에 의한 TMCP 강의 경우에 강도의 증가가 불안정한 Bainite 및 Hardened Ferrite 생성에 기인하므로 가속 냉각된 강재를 가열하게 되면 조직이 안정상으로 바뀌면서 기계적 성질의 변화를 초래한다.

Hot Forming시에 Ar3점 이상의 온도로 가열한 후 공기중에서 냉각되면 이는 바로 Normalizing이 되므로 강도는 전적으로 합금 원소의 양에 의존하고 상(Phase)변태에 의하여 안정된 만큼 강도의 감소가 일어난다.

이러한 강도의 저하로 Hot Forming후에 재료의 강도를 맞추기가 불가능하므로 Hot Forming Process는 절대로 사용할 수 없다.

4) Softening after Heat Treatment

가속 냉각에 의해 제조된 TMCP는 조직이 불안정한 상태이므로 Stress Relief Heat Treatment 또는 Post Weld Heat Treatment와 같은 열처리를 행하면 모재의 조직이 안정화 되면서 강도가 감소하게 된다. Normalizing강재나 제어 압연 방법으로 제조된 TMCP도 강도의 감소가 조금은 있지만 감소폭이 작아서 특별한 문제가 되지 않는다.

이러한 문제를 해결하기 위해 열처리가 예상되는 가속 냉각법으로 제조된 TMCP강의 경우에는 강도 감소를 줄이기 위해 Steel Maker에서는 합금원소를 증가 시키면서 Tf (Cooling Stop Temperature)를 높게 조정하는 등의 조치를 취한다.

(6) TMCP강 용접 재료

TMCP강은 다양한 제조 조건에 따라 Maker마다 약간씩 다르기 때문에 다양한 TMCP 강에 잘 적용될 수 있는 용접 재료와 용접 방법이 필요하다.

즉, Nb 또는 V등의 미량 원소가 첨가되어 있는 강종에 적용하여도 양호한 인성을 얻을 수 있고, 대입열의 용접에서도 규정된 인성을 보장해 줄 수 있는 용접 재료가 필요하다. TMCP강은 대입열이 가능하기 때문에 기존 강재 보다도 높은 대입열 용접에서 만족할 만한 기계적 성질을 주는 용접 재료의 선정이 중요하며, 대입열 용접에서는 희석률이 크기 때문에 이러한 강재에 적합한 용접 재료의 적용이 필요하다.

이를 위해 개발된 것이 Ti-B을 첨가한 용접 재료이다.

Ti-B를 함유한 용접 금속의 탄소 당량과 인성의 관계를 보면 Ceq가 0.34 ~ 0.40일 경우에 최대 인성을 확보할 수 있다.

따라서 이러한 인성 확보를 위해서 Mn, Si, Mo등이 첨가되어야 하며, 특히 Mn의 첨가 방법에 있어서는 다음과 같은 사항이 중요하다.

종래의 SAW등의 대입열 용접에서는 Low Mn Wire가 일반적으로 사용되고, 용착 금속에 필요한 M의 약 50%정도를 Flux로 부여하는 방법이 사용되어 왔다. 그러나, Ceq가 낮은 TMCP강의 경우에는 용착 금속의 Ceq를 0.34 정도로 유지하기 어려워 Flux 중에 합금 원소를 보다 많이 첨가 해야 한다.

이는 Flux의 소모율이 용접 조건에 따라 크게 변화하는 SAW등에서는 용착 금속의 성질이 용접 조건에 따라 변화하게 되므로 바람직 하지 않다.

따라서, TMCP강을 포함하는 모든 HT 강재의 용접시에는 High Mn Wire를 사용하는 것이 바람직하다. High Mn Wire의 이용은 다층 용접을 행하는 경우 용착 금속의 화학성분을 균일하게 하는 목적으로도 바람직하다.

3. 스테인레스강 (Stainless Steel)

(1) Stainless Steel의 종류

Stainless Steel 이라고 하면 흔히 304, 316등을 연상하게 되고, 실제로 이러한 재질들이 현업에서 가장 많이 사용되는 재질 들이다. 그러나, 이러한 표기는 사실은 정확한 공식적인 재료명의 표기법은 아니다. 하지만 여기에서는 자세한 재료의 표기법과 구분을 장황하게 설명하기 보다는 이해를 돕기 위해 그저 많은 사람들이 알고 있는 그대로 304, 316이라고 재료명을 구분하여 설명을 전개하고자 한다.

Stainless Steel은 그 재료의 성분과 조직에 따라 다섯 가지로 크게 구분된다. 각 강종의 조직 구분은 주로 Chromium의 함량과 Nickel 의 유무 및 기타 원소의 함량에 따라 결정이 된다. 각 강종이 보여 주는 물리적, 기계적, 화학적 특성은 조직에 따라 구분이 되며, 이들 조직을 기준으로 다음과 같이 Stainless Steel을 구분한다.

Table 7-4 Stainless Steel의 일반적인 구분과 특성

조직 분류	대표 강종	기본 조성	일반적인 주요 특성
Martensite	410 SS	13 Cr	1. 자성이 있고, 녹이 발생 할 수 있다. 2. 충격에 약하고 연신률이 작다. 3. 뛰어난 강도와 내 마모성이 있다. 4. 열처리에 의해 경화된다.
Ferrite	430 SS	18 Cr	1. 자성이 있다. 2. 충격에 약하고 연신률이 작다. 3. 용접구조물로 사용이 제한된다. 4. 열처리에 의해 경화되지 않는다.
Austenite	304 SS 316 SS	18 Cr - 8 Ni	1. 자성이 없고, 뛰어난 내식성이 있다. 2. 충격에 강하고, 연신률이 크다. 3. 열처리에 의해 경화되지 않는다. 4. Cr탄화물이 형성되는 예민화에 의해 고온 사용이 제한된다.
Precipitation Hardening	631 SS	16 Cr - 7 Ni - 1 Al	1. 자성이 없고, 양호한 내식성을 가진다. 2. 열처리후 높은 강도와 경도를 가진다.
Dulpex	SAF 2205 SAF 2507	18 ~ 30 Cr - 4 ~ 6 Ni - 2 ~ 3 Mo	1. Austenite Stainless Steel 의 단점을 보완한 강종, Ferrite 기지위에 Austenite가 50 %정도 공존하는 조직이다. 2. Ferrite보다 양호한 인성, Austenite보다 월등한 기계적 강도가 있다. 3. 열팽창계수가 작고, 열전도도가 높다.

(2) Stainless 강의 특성

1) Stainless 강의 종류별 특성

Stainless Steel은 그 합금 성분과 조직의 특성에 따라서 다양한 성질을 나타낸다. 개략적인 사용상의 특성을 다음 표에 정리한다.

Table 7-5 Stainless Steel의 종류별 특성

강 종	AISI	조 성	특 성							
			자성	가공성	내식내산화	고온강도	저온강성	소입성	용 접	열처리
Martensite 계	410	13Cr-0.1C	유	○	○	○	△	유	△	예열후열
Ferrite 계	430	18Cr-0.1C	유	◎	◎	△	△	무	△	예열후열
Austenite계	304	18Cr-8Ni	무	◉	◉	◉	◉	무	◉	

◎ : 우수, ◉ : 양호, ○ : 보통, △ : 저하

2) Stainless 강의 성질 및 용도

각 Stainless Steel 강종별로 적용되는 용도와 특성은 다음과 같이 정리될 수 있다.

Table 7-6 Stainless Steel의 성질 및 용도

종류	AISI	조 성	성질 및 용도
Martensite 계	410	13Cr – 0.1C	내식, 내열 일반용
Ferrite 계	430	18Cr – 0.1C	내식성 우수로 질산 Tank, 싱크대
Austenite 계	301	7Cr – 7Ni – 0.1C	철도 차량
	302	18Cr – 8Ni – 0.1C	항공기 Engine Cover 주방용품
	304	18Cr – 8Ni	일반용, 화학제품, 식품제품
	304L	18Cr – 8Ni – 0.04C	입계 탄화물 석출방지 원자력용
	308	19Cr – 10Ni	용접봉용
	309	22Cr – 12Ni – 0.2C	열처리 설비, 소둔노 Cover
	310	25Cr – 20Ni – 0.2C	내열성 우수 열교환기
	316	18Cr – 12Ni – 2.5Mo – 0.08C	내식성 우수, 고 Creep 저항, 화학 및 제지 공업
	317	18Cr – 12Ni – 3.5Mo – 0.08C	316보다 내식성 우수
	347	18Cr – 10Ni – Nb – 0.08C	304에 Nb 첨가 용접을 요하는 설비

3) Stainless 강의 성질

❶ 물리적 성질

일반적으로 사용되는 Austenite Stainless Steel 을 기준으로 한 대략적인 탄소강과의 비교 하면 다음과 같다. 우선 Stianless Steel 은 높은 전기 비저항으로 용접시 발열이 심하고(탄소강의 약 3배), 저항이 큰 만큼 열전도율도 떨어지고 따라서 냉각 속도가 느려진다(탄소강의 1/3정도). 또한, 열팽창 계수가 커서 변형이 심하게 된다.

변형을 최소화 하기 위해서는 가급적 낮은 전류를 사용하는 것이 좋다. 통상적으로 일반 연강 용접시 보다 10% 전류를 낮추어 용접하는 것을 추천한다.

❷ 기계적 성질

Table 7-7 Stainless Steel의 기계적 성질

종 류	AISI	열 처 리	기계적 성질		
			TS(kgf/㎟)	EL(%)	IV IZOD(ft.lbs)
Martensite 계	410	소둔	46~53	30	90
	410	소입	141	15	20~45
Ferrite 계	430	소둔	53	30	15~50
Austenite 계	304	고용화	60	60	100~120
	309	고용화	67	45	-
	316	고용화	56	55	95~120
	347	고용화	63	50	95~120
탄 소 강	6013	AW	50	25	70 (J)

❸ 고온 특성

① Martensite계

- 가공성 용이 : 일반 탄소강과 비슷한 양상의 기계적 특성을 나타내므로 고온 가공이 용이하다.
- 소입 경화 : 급냉에 의해 경화될 수 있으므로 용접과 열처리시에 주의를 요한다.

② Ferrite 계

- C, N, Ni의 양을 낮추고, Al, Ti 첨가하면, 약간의 Cr 양으로도 Ferrite계가 될 수 있음.
- Martensite계보다 내식성 우수
- 500~600℃ 이상에서 기계적 성질이 급격히 저하(σ상 석출 취하)
- 900℃이상 장기간 가열하면 결정립 조대화로 인성, 연성이 떨어짐
- 고 Cr Ferrite계 Stainless 강은 고온으로 가열하면 475℃ 취화, σ상취화, 고온 취화등의 현상이 나타남.

③ Austenite계

- 600℃이상 고온에서 Stainless 강중 가장 우수한 강도를 가짐
- 그러나, 고온에서 탄화물 형성에 의한 예민화 현상으로 사용에 주의를 요한다.
- SUS304에 Mo, Nb, Ti을 첨가시킨 SUS316, SUS321등은 SUS304보다 고온 인장 강

도를 가짐.

❹ 저온 특성

Martensite Stainless과 Ferritic Stainless Steel은 저온 취성을 일으키므로 저온 재료에 사용되지 않는다.

Austenite계는 저온 취성을 일으키지 않으며, 저온 인성이 좋아 저온용 용접 구조물용 재료로 널리 사용된다.

❺ 야금학적 성질

Table 7-8 Stainless Steel 야금학적 성질

강 종	AISI	475℃취화(400~500℃)	입계 탄화물석출(500~800℃)	σ상석출(600~1,000℃)	결정립 조대화(1,150℃이상)
Ferrite계	430	○	-	-	○
Austenite계	304	-	○	○	-
	316	-	○	○	-
	321	-	- *	○	-
	347	-	- *	○	-

○ : 취화함, - : 취화하지 않음. * : 열처리조건에 따라 취화함.

① 475℃ 취화

Cr 16% 이상의 고 Cr강을 400~600℃ 범위에서 장기간 가열하던가 이 온도 구역 내에서 서냉할 경우 나타나는 현상이다. 이 취화에 의해 인장 강도와 경도는 높아지고 연성과 인성은 낮아지며 내식성은 떨어진다. 한번 취화된 것을 600℃이상 단기간 재가열하여 공냉 시키면 일종의 소둔 처리로 회복된다. 단, Ti, Nb의 첨가는 475℃ 취화를 촉진시킨다.

② 입계 탄화물 석출

Austenite계 Stainless 강은 500~800℃로 장기간 가열하던가 이 온도 범위내에서 서냉하면 결정입계에 Cr탄화물 ($Cr_{23}C_6$)이 석출하여 이 부근의 Cr의 농도가 낮아져 Stainless의 특성을 잃게 되어 300계열의 강종에서 흔히 언급되는 입계 부식이 발생하기 쉽다. 이를 방지하기 위해 C을 0.03%이하로 낮추던가 Nb나 Ti을 첨가시켜 Cr 탄화물 대신 Nb 탄화물이나 Ti 탄화물을 석출시켜 C를 안정화시킨다.

③ σ상석출

고 Cr (20%이상) Ferrite계 Stainless 강은 540~900℃, Austenite계 Stainless 강은

600~800℃ 장기간 가열하면 σ상인 Fe-Cr 화합물이 석출하게 되는데 이 조직은 극히 단단하고 취성을 나타낸다.

Si, Al, Nb, Ti 혹은 Mo의 첨가로 σ상 석출을 촉진시킨다. 한번 형성된 σ상은 930~980℃로 가열한 후 급냉하면 소실된다.

④ 고온 취성 (결정립 조대화)

고 Ferrite계 Stainless 강을 1,150℃이상으로 가열시켜 급냉될 때 생기는 취성이다. 즉 고온에서 결정입의 조대화가 일어나기 때문에 상온에서 극히 취화하게 된다.

800℃ 전후에서 소둔(Annealing)하면 얼마간 회복된다.

(3) Stainless Steel의 강종별 용접 특성

이하에서는 위에 열거한 Stainless Steel의 강종중 Precipitation hardening Stainless Steel을 제외한 4종류의 강종 구분에 따른 개략적인 특성과 용접봉의 선택 및 용접시 주의점에 대해 정리한다. Precipitation hardening Stainless Steel은 열처리상의 문제점과 용접의 어려움으로 인해 용접구조물로는 거의 사용되지 않는다.

1) Ferritic Stainless Steel

Ferritic Stainless Steel은 앞서 간단히 거론한 바와 같이 자성이 있고, 실외에서는 약간의 녹이 발생하는 문제점이 있다.

일반 부식에 강하고, 고온에서의 산화가 적으며, S부식과 H_2S및 Chloride 분위기에서의 저항성이 크고, 열처리에 의해 경화되지 않는 특성이 있다.

반응기(Reactor)의 Strip Lining 재료등으로 일부 이용되기도 하며, 용접시에 경화성이 없으므로 예열 및 후열 처리가 불 필요하다.

최대 사용 온도는 475℃(885°F)에서의 Embrittlement로 인해 343℃(650°F) 정도로 제한된다.

용접시 HAZ(열영향부)의 조직이 조대화되고, 인성이 급격히 저하하며, 550 ~ 850℃ 사이에서 Fe-Cr의 금속간 화합물이 생겨 취성이 발생하므로 용접 구조물로는 사용이 제한된다. 주로 사용되는 용접봉은 E309 계열의 용접봉이 사용되고 열처리가 요구될 때는 E430 or Ni-Cr-Fe계의 용접봉을 사용한다. E309로 용접한 구조물은 260℃(500°F)이상에서 사용하면 모재와의 Thermal Expansion 차이로 인해 높은 Stress가 발생하므로 E309의 최대 사용온도는 이보다 하향으로 제한된다.

현업에서 자주 사용되는 410S SS는 Martensitic Stainless Steel인 410 SS에서 Carbon이 0.08% 이하로 규제되고, Ni이 최대 0.60%로 제한된 강종이다. Carbon 함량이 작아서

양호한 용접성을 가지고 있다.

ASME Code에서는 410S SS를 Ferritic Stainless Steel로 구분하여 P No.7으로 관리하지만, 실제로는 P No. 6번인 Martenisitic Steel로 구분하는 것이 타당한 재료이다.

2) Martensitic Stainless Steel

Martensitic Stainless Steel은 Ferritic Stainless Steel과 매우 유사한 특성을 보이지만 가장 큰 차이점은 열처리에 의해 경화된다는 점이다. Stainless 강종중에 유일하게 열에 의해 경화되는 특징이 있다.

410 / 410S로 대표되는 이 재질은 Ferritic Stainless Steel과 마찬가지로 고온에서의 산화가 적으며, S부식과 H_2S및 Chloride분위기에서의 저항성이 커서 VCM, PVC등의 Process에 많이 사용된다.

Solid상태 보다는 반응기(Reactor)의 Strip Lining or Cladding 재료로 주로 사용되며, Low Carbon Grade로 용접성이 좋은 410S SS가 주로 사용된다.

높은 강도와 내 마모성을 가지고 있어서, Valve의 Disk나 Seat Ring의 본 재료 혹은 Weld Overlay용으로 사용되기도 한다.

인성이 작고, 강한 인장 응력이 있으나, Elongation이 작아서 충격에 쉽게 파단된다. 이러한 이유로 '95년도 ASME Code에서는 Stainless Steel중 유일하게 Impact Test 를 요구하였으나, 이후 Addenda에서는 이 규정이 삭제 되었다.

440 ~ 450℃에서는 탄화물이 석출하여 충격치가 급격히 감소하므로 사용이 제한된다. 통상 상용 온도는 -29 ~ 440℃정도 이다.

용접 조건이 부적절하면 경화가 극심하고, HAZ(열영향부)가 조대화되며, 조직과 내부응력의 불균일화(잔류 응력)로 인해 Operation중에 Stress Corrosion Cracking이나 Delayed Hydrogen Cracking이 발생하기 쉽다. 용접은 주로 E309 or Ni-Cr-Fe계와 E410의 용접봉으로 실시한다.

E309 or Ni-Cr-Fe로 용접하면 ASME Sec.VIII UHA-32에 따라 열처리를 면제 받을 수 있는 방법이 있으나, E410으로 용접하면 두께에 무관하게 용접 후 열처리를 실시해야 한다.

Martensitic Stainless Steel은 Chloride분위기에 강하지만 E309와 같은 Austenitic Stainless Steel용접봉으로 용접할 경우에는 Chloride에 약한 Austenitic Stainless Steel의 특성으로 인해 통상적으로 1000ppm 이상의 강한 Chloride 분위기에 적용될 경우에는 E410 용접봉의 사용이 요구된다. 용접시에는 예열이 반드시 필요하고, 후열은 모재의 두께와 사용되는 용접봉의 종류 및 예열 조건에 따라 결정된다. 자세한 사항은 ASME Sec.VIII UHA-32에 따라 시행한다.

사용되는 용접 재료 마다 예열, 후열 조건과 적용되는 특성이 다소 다르다. 일본 Kobe용접봉을 기준으로 분류한 개략적인 Chemical Composition과 용접 적용 방법은 다음의 Table 7-9와 같다.

표기에 나타난 용접봉 종류의 309 SS, 410 SS, Ni-Cr-Fe는 편의상 재료의 분류를 한 것으로, 정확한 표기는 ASME Sec II Part C에 따라 SFA No.와 함께 E / ER 309등으로 표기하여야 하지만 여러분의 이해를 돕기 위해 편의상 용접봉의 호칭으로 구분하였다.

위에서 제기한 용접부의 Stress Corrosion Cracking이나 Delayed Hydrogen Cracking의 위험성을 방지하기 위해 Carbon을 0.1%이하로 줄이고, Nickel 4%와 Molybdenum 0.5%를 추가한 F6NM, CA6NM등의 대체 사용도 추천된다.

다음의 내용은 410 / 410S SS를 기준으로 적용되는 용접봉의 종류와 사용 기준을 제시한 것이다.

적용되는 용접 조건은 용접봉 Maker마다 조금씩 다를 수 있으나, 큰 차이는 없으므로 Kobe 용접봉을 기준으로 한 다음의 분류를 그대로 수용해도 무방하다.

Table 7-9 용접봉의 Chemical Composition (Kobe용접봉 기준)

용접봉 종류		C	Si	Mn	P	S	Ni	Cr	Nb	others	AWS No.
309 SS	NC-39	0.08	0.45	1.61	0.021	0.003	12.51	23.87	-	-	A5.4 E309-16
	NCA-309	0.06	0.23	1.45	0.023	0.004	13.09	24.01	-	-	
	HIMELT-309	0.07	0.26	1.09	0.018	0.004	12.41	23.91	-	-	
410 SS	CR-40	0.08	0.37	0.29	0.020	0.003	-	13.37	-	-	A5.4 E410-16
	CR-40Cb	0.08	0.37	0.43	0.018	0.003	-	13.37	0.77	Al,Ti	
Ni-Cr-Fe	Nic-70A	0.05	0.25	3.14	0.006	0.005	70.66	14.46	2.17	Fe:9.24 Co: 0.03	A5.11 ENiCrFe-1 * 1
	NIC-703D	0.06	0.34	6.55	0.004	0.003	69.40	13.90	1.80	Fe:7.90 Ti:0.01 Co:0.03	A5.11 ENiCrFe-3 * 2

* 1 : Inconel Welding Electrode 132 * 2 : Inconel Welding Electrode 182

* 가장 널리 상용되는 Inco Alloy사의 NiCrFe-x계의 용접봉은 다음과 같다.

SMAW : Inconel Welding Electrode 112 / 132 / 152 /182

SMAW : Inconweld A / B Electrode

GTAW / GMAW : Inconel Filler Metal 52 / 62 / 82 / 92

SAW : Inconel Filler Metal 82

Table 7-10 용접 조건 비교 (용접봉의 특성 기준)

용접봉 종류		예열 조건(℃)	층간 온도(℃)	후열 조건(℃)	용접 전류 (3.2 ϕ, F,HF기준)
309 SS	NC-39	-	-	-	70 ~ 115 A (AC or DC-EP)
	NCA-309	-	-	-	70 ~ 115 A (AC or DC-EP)
	HIMELT-309	-	-	-	80 ~ 140 A (AC or DC-EP)
410 SS	CR-40	200 ~ 400℃	200 ~ 400℃	700 ~ 760℃	70 ~ 115 A (AC or DC-EP)
	CR-40Cb	100 ~ 250℃	100 ~ 250℃	700 ~ 760℃	70 ~ 115 A (AC or DC-EP)
Ni-Cr-Fe	NIC-70A	-	-	-	70 ~ 115 A (AC)
	NIC-703D	-	-	-	80 ~ 110 A (DC-EP)

Table 7-11 용접봉의 용도별 적용 기준 (1/2)

용접봉 종류		적용 용도 및 특성
309 SS	NC-39 NCA-309	- 22%Cr-12%Ni의 309S SS의 용접에 적용되며, Carbon Steel이나 Low Alloy 등의 이종 금속의 용접에 주로 사용된다.
	HIMELT-309	- Lime-titania계 용접봉으로 고(高)전류에서 고(高)능률의 용접을 시행할 수 있다. - Ferrite를 포함한 Austenitic Structure의 용접금속으로 좋은 용접성과 내 부식성, 고온 특성을 나타낸다. - 합금원소의 양이 많고 안정된 Austenitic Structure를 만들기 때문에, 이종 용접시 Carbon Steel이나 Low Alloy Steel의 dilution이 우려되는 용접 조건에 적용하기 알맞다. - 다른 Stainless Steel과 마찬가지로 Chloride에 약한 단점을 보이므로 Chloride 분위기에서 내식성이 요구되는 곳에는 사용이 제한 된다. - 38t 미만의 410SS 모재에서 232℃ 이상으로 예열하고 용접중 이 온도의 예열 상태로 층간 온도를(Interpass Temperature) 유지하면 용접시 후열처리(PWHT) 조항이 면제된다. (ASME SEC. VIII UHA -32.)
410 SS	CR-40	- 403, 410, 420J1/J2 SS의 용접과 부식 분위기에서의 Hard Surfacing용으로 사용된다. - Self-hardening 특성을 가진 Ferrite를 포함한 Martensitic Structure로 Cavitation에 좋은 특성을 보인다. - 후열처리 (PWHT) 가 반드시 요구된다. (ASME SEC. VIII UHA -32.)
	CR-40Cb	- 403, 405, 410 SS와 405 SS Clad 용접에 적용된다. - Al,Ti, Nb를 적당히 포함하고 있어서 Ferrite Structure를 Fine Grain으로 만든다. - 비교적 양호한 Ductility, Notch Toughness와 뛰어난 용접성을 나타낸다. - Self-hardening특성이 없고 내마모성은 작다. - 후열처리가(PWHT) 반드시 요구된다. (ASME SEC. VIII UHA -32.)

Table 7-11 용접봉의 용도별 적용 기준 (2/2)

용접봉 종류		적용 용도 및 특성
Ni-Cr-Fe	NIC-70A	- Lime계의 교류 용접봉으로, Inconel용접과 Inconel to Low Alloy, Stainless Steel to Low Alloy의 이종금속간의 용접에 사용된다. - 용접성이 좋고, 우수한 기계적 특성, 내 부식성 및 고온 특성을 나타낸다. - 38t 미만의 410SS 모재에서 232℃ 이상으로 예열 하고 용접중 이 온도의 예열 상태로 층간 온도를(Interpass Temperature) 유지하면 용접시 후열처리 (PWHT) 조항이 면제된다. (ASME SEC. VIII UHA -32.)
	NIC-703D	- Lime계의 직류 용접봉으로 Inconel용접과 Inconel to Low Alloy, Stainless Steel to Low Alloy의 이종 금속간의 용접에 사용된다. - 용접성이 좋고, 우수한 기계적 특성, 내 부식성 및 고온 특성을 나타낸다. - 38t 미만의 410SS 모재에서 232℃ 이상으로 예열 하고 용접중 이 온도의 예열 상태로 층간 온도를(Interpass Temperature) 유지하면 용접시 후열처리 (PWHT) 조항이 면제된다. (ASME SEC. VIII UHA -32.)

3) Austenitic Stainless Steel

Austenitic Stainless Steel은 가장 널리 사용되는 Stainless Steel 재료로 304 / 316 SS가 대표적인 강종이다.

고온 산화성이 적고, 뛰어난 내식성으로 인해 산, 알카리등의 광범위한 부식 환경에 적절하게 사용이 가능하다. 전반적으로 양호한 내식성을 보이지만 Chloride 성분이 있는 곳에서의 사용은 Chloride Stress Corrosion Cracking의 위험성으로 인해 제한된다. 적절한 강도를 가지면서도 연신이 크고, 충격에 강하며 성형성이 좋아 가공하기 쉽다.

대부분의 경우에 저온 충격시험(Impact Test)은 요구되지 않는다.

425 ~ 870℃ 영역에서 장시간 유지시에는 입계에 Cr 탄화물이 형성되어 내식성이 저하되고 기계적 강도도 감소한다. 따라서 이 온도 영역에서의 사용은 극히 제한된다. Cr탄화물에 의한 예민화 현상을 억제하기 위해 Carbon의 함량을 0.03%이하로 줄인 304L / 316L등의 Low Grade를 사용하거나, Chromium보다 Carbon과의 친화력이 좋은 Ti이나 Nb(Cb)를 첨가하여 Cr 탄화물의 생성을 억제한 321 SS, 347 SS를 사용한다.

용접성이 매우 양호한 재료로서, 용접으로 인해 경화되지 않으므로 예열과 후열의 필요성이 없다. 열팽창이 크고, 용접시에 변형이 크므로 주의를 요한다. 사용되는 용접봉은 모재와 동일 강종인 Austenite계열의 용접봉과 Ni-Cr-Fe / Ni-Cr-Mo계열의 용접봉이 사용될 수 있다.

Ni계 용접봉이 사용되는 경우는 주로 이종 금속과의 용접이나 특별히 용접부의 부식성이 우려될 경우 및 고온용으로 사용할 경우에 사용되며, 용접성은 매우 좋지만 가격이 비싸기 때문에 널리 사용되기 에는 무리가 따른다. 용접시에 특별히 주의할 조건은 거의 없지만, 용접중 발생할 수 있는 예민화 현상을 방지 하기 위해서 층간 온도를 Max. 180 ~ 20

0℃정도로 제한하는 것이 좋다.

용접부는 Hot Crack을 방지하기 위해 3 ~ 11 Ferrite Number를 함유해야 한다. Ferrite Number는 Ferrite함량을 지수화 한 것으로 용접부의 건전성을 Chemical Component로 예측해 볼 수 있는 손쉬운 방법이다. Ferrite함량 측정은 여러가지 방법이 있으나, 가장 널리 사용되는 세가지 방법에 대해 다음과 같이 설명한다.

❶ Shaeffler Diagram에 의한 방법

Shaeffler의 Cr & Ni 당량 공식에 따라 용접부의 성분 분석치를 기준으로 계산하여 다음의 그림 7-8의 Diagram에서 Ferrite Content를 구하는 방법이다.

❷ Ferrite Detector로 측정하는 방법

Ferrite Detector에는 Magnetic Type과 Eddy-Current Type의 두 종류가 있으며, 두가지 모두 자성을 가지는 Ferrite의 특성을 이용하여 특정하는 방법이다. 측정이 손쉽고 장비가 간단해 가장 널리 쓰인다.

❸ 현미경에 의한 조직 분석법

조직 시편을 만들어 광학 현미경을 통해 Ferrite와 Austenite의 조직분률(Area %)을 직접 측정하는 방법이다.

Ti이 함유된 321 SS의 용접시에는 용접봉의 Ti 성분이 Welding Arc에 의해서 용접부로 Transfer되지 않으므로 Nb(Cb)가 함유된 347 SS용접봉을 사용한다. ASME Sec. II Part C의 용접봉 구분에도 SFA 5.9의 ER 321 SS가 Ti이 함유된 321 SS의 용접봉으로는 유일하게 규정되어 있을 뿐이다.

347 SS는 321 SS보다 용접성이 좋으며, 예민화 현상에 대한 저항성이 더 크다.

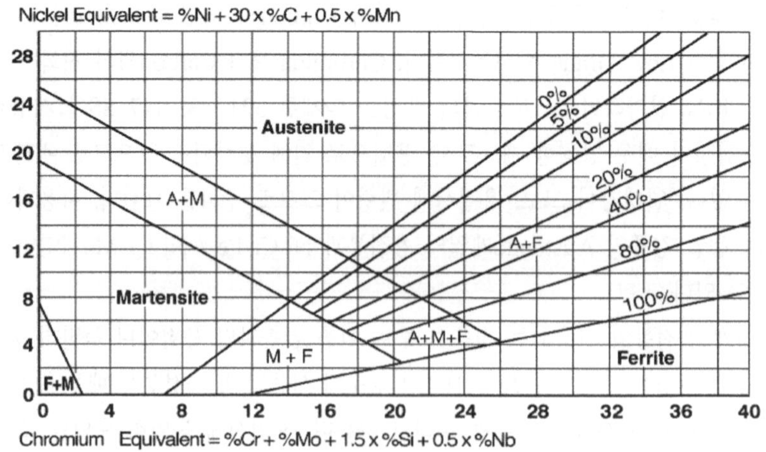

그림 7-8 Schaeffler Diagram 과 Cr & Ni당량 계산식

4) Duplex Stainless Steel

Duplex Stainless Steel은 가장 최근에 개발된 강종으로 점차 그 사용 영역이 확대되어 가고 있는 강종이다. 이 강종은 기존의 Austenitic Stainless Steel에 Cr의 함량을 더 높이고 약간의 Mo를 추가한 강종으로 보통 25% 정도의 Cr에 2 ~ 3% Mo를 포함하는 강종이다.

대표적인 재질로는 SAF 2205, SAF 2507이다.

이 강종의 특징은 기존 Austenitic Stainless Steel이 입계 부식(Intergranular Corrosion) 및 응력 부식 균열(Stress Corrosion Cracking)에 민감한 단점을 보완하기 위해 개발된 강종으로 Ferrite 기지위에 50% 정도의 Austenite 조직이 공존하는 Dual Phase의 조직이다.

Austenite 조직이 존재 함으로 인해 Ferrite Stainless Steel보다 양호한 인성을 가지고 있다. 또한, Ferrite 조직이 존재 함으로 인해 Austenite Stainless Steel보다 약 2배 이상의 강도를 가지고 있어서 기계 가공 및 성형이 어렵다. Austenitic Stainless Steel보다 열팽창계수가 낮고, 열전도도는 높아서 열 교환기 등의 Tube재질로 적합하다.

Chloride등에 대한 저항성이 커서 VCM(Vinyl Chloride Monomer) Project등의 열 교환기용 재료로 사용되고 있다.

Ni 함량이 적어서 경제적이고 열처리에 의해 경화될 수 있다.

-60℃이하에서는 충격치가 급속히 감소하며, 300℃ 이상에서는 Ferrite 조직의 분해가 일어나서 취성이 발생하므로 통상적인 사용 온도는 -50 ~ 250℃정도로 제한된다.

Duplex Stainless Steel은 Austenite 조직과 Ferrite 조직의 상분률(狀分率)이 매우 중요하다. 상분률이 깨어지면 원하는 특성을 얻을 수 없고 취성이 발생하여 적절하게 사용할 수 없다.

전반적으로 용접성은 매우 양호한 재질로 평가되지만, 입열 조절이 무척 중요하다. 따라서 다층 용접시 각 Pass사이의 Interpass Temperature와 Travel Speed의 조절이 매우 중요한 조절 인자로 작용한다.

용접시 입열이 부적절하면 Dual Phase의 상분률(狀分率)이 깨어지므로 통상 0.5 ~ 1.5KJ/mm 정도로 엄격히 제한한다. Interpass Temperature는 Max. 150℃ 정도로 규제한다.

용접봉은 모재보다 2 ~ 3% 정도 Ni 함량이 많은 재료를 선정하고, 지나친 급냉이나 서냉이 되지 않도록 한다. 용접시 800 ~ 1000℃ 범위에서 장시간 유지되면 해로운 Secondary Phase가 생겨서 기계적 성질 및 내식성의 저하를 가져오므로 피해야 한다. 대개 용접후 열처리(PWHT)는 실시 하지 않으나, 해로운 Secondary Phase를 피하기 위해 1100℃정도의 온도에서 5 ~ 30분간 후열처리를 한다.

Code상 규정은 없지만 용접부에 대한 충격시험(Impact Test)을 요구하는 경우가 많으며, 별도의 비파괴 검사(NDT)를 실시 하지 않고 용접부의 건전성을 평가하는 가장 손쉬운 방법은 경도(Hardness) 측정과 Ferrite량 측정이다. Ferrite량을 측정하고 Hardness 측정하면 대략적인 용접부의 건전성을 평가 할 수 있다. 경도 측정은 Code상 반드시 적용해야 하는 규정은 아니다. Ferrite 함량은 Austenitic Stainless Steel의 용접부 검사에 적용한 것과 동일한 방법을 적용하면 된다.

Ferrite 함량 37 ~ 52% 정도에서 통상적인 Hardness는 Brinell 경도로 238 ~ 265 정도가 나오면 적정선이다. 이 경도 값에 관해서는 사전에 기준치를 정하는 협의가 필요하다.

다음에 첨부하는 4장의 Table은 Stainless steel 의 종류 별로 개략적인 특징과 용접시의 주의점을 정리한 것으로 지금까지 언급된 내용과 중복되는 내용이 많지만 각 각종의 특징을 쉽게 파악하는데 도움이 될 것이다.

1) Ferritic Stainless Steel

Table 7-12 Ferritic Stainless Steel의 재료 특성 및 용접성

Type	대표 강종	재료 특성 및 용접성
Ferritic (12~30% Cr)	405 SS (13 % Cr) 430 SS (17% Cr)	- 최대 사용온도는 475℃(885°F)에서의 Embrittlement로 인해 343℃(650°F)정도로 제한된다.
		- 용접시 HAZ(열영향부)의 인성이 급격하게 저하하여 용접 구조물로는 사용이 제한 된다.
		- 용접시 HAZ의 Grain Growth가 급속하게 이루어 지고, 550 ~ 850℃ 사이에서 Fe-Cr의 금속간 화합물이 생겨 취성이 발생하므로 용접 구조물로의 사용이 제한된다.
		- 반응기의 Strip Lining등으로 일부 이용되기도 하며, 용접시에 경화성이 없으므로, 예열 및 후열처리가 필요없다.
		- 일반 부식에 강하고, 고온 산화가 적으며, S부식과 H_2, H_2S및 Chloride 분위기에서의 저항성이 강하다.
		- 주로 사용되는 용접봉은 E309가 사용되고, 열처리가 요구될 경우에는 E430 or Nickel-Chromium-Iron계 용접봉을 사용한다.
		- E309로 용접한 구조물은 260℃(500°F)이상에서 사용하면, 모재와의 Thermal Expansion의 차이로 인해 높은 Stress가 발생하므로 최대 사용온도가 이보다 하향으로 제한된다.
		- 410S SS는 Martensitic Stainless Steel인 410 SS에서 Carbon이 0.08% 이하로 규제되고, Nickel이 Max.0.60%로 미량의 차이가 나며, 양호한 용접성을 가진 재료이다.
		- 410S SS는 용접시에 410 SS와는 달리 P No. : 7의 Ferritic Stainless Steel 로 분류된다. (410 SS는 Carbon : 0.15%, Nickel 0.75%로 P No. : 6인 Martensitic Stainless Steel 이다.)

2) Martensitic Stainless Steel

Table 7-13 Martensitic Stainless Steel의 재료 특성 및 용접성

Type	대표 강종	재료 특성 및 용접성
Martensitic (12 ~ 18% Cr)	410 SS (12 % Cr) 410S SS CA6NM F6NM	- 용접시에 쉽게 경화되며, 전반적으로 매우 취약한 용접성을 가지고 있다. Stainless Steel 강종중에 유일하게 용접으로 인해 경화되는 재료이다.
		- 고온 S 부식과 H_2, H_2S및 Chloride분위기에서의 부식 저항성이 매우 강하다.
		- 440 ~ 450℃에서는 탄화물이 석출하여 충격치가 급격히 감소하므로 사용이 제한된다. 상용 온도는 -29 ~ 440℃이다.
		- 주로 반응기의 Strip Lining or Cladding 재료 사용되며, 용접성이 좋은 Low Carbon Grade인 410S SS를 널리 사용한다.
		- 인성이 작고, 강한 인장 응력이 있으나, Elongation이 작아서 충격에 쉽게 파단된다. 이러한 이유로 '95년도 ASME Code에서는 Stainless Steel중 유일하게 Impact Test를 요구하였으나, 이후 Addenda에서는 이 규정이 삭제되었다.
		- 용접조건이 부적절하면 경화가 극심하고, HAZ가 조대화 되며, 조직과 내부 응력의 불균일화로 인해 Operation 중에 Stress Corrosion Cracking이 발생하기 쉽다.
		- 용접부의 경화로 인해, Delayed Hydrogen Cracking이 일어나기 쉽다.
		- 용접부의 Delayed Hydrogen Cracking위험성을 방지하기 위해 Carbon을 0.1 %이하로 줄이고, Nickel 4%와 Molybdenum 0.5%를 추가한 F6NM, CA6NM재질로의 대체 사용도 추천된다.
		- 용접은 주로 E309 or Nickel-Chromium-Iron계 용접봉으로 실시하며, Process의 특성에 따라 E410으로 용접을 요구할 경우도 있다. 열처리 조건은 ASME Sec.VIII UHA-32에 따른다.
		- Chloride 분위기에서는 강하지만, Austenitic Stainless Steel 용접봉으로 용접할 경우에는 Chloride에 약한 ASS의 특성으로 인해 E410용접봉의 사용이 요구된다.

3) Dulpex Stainless Steel

Table 7-14 Duplex Stainless Steel의 재료 특성 및 용접성

Type	대표 강종	재료 특성 및 용접성
Duplex (18~30% Cr, 4~6% Ni, 2~3% Mo)	SAF 2204 (S32304) SAF 2205 (S31803) SAF 2507 (S32750)	- Austenitic Stainless Steel의 입계 부식 및 응력 부식 균열에 민감한 단점을 보완하기 위해 개발된 강종으로 Ferrite 조직 기지위에 50%정도의 Austenite조직이 공존하는 Dual Phase의 조직이다.
		- Austenitic 조직이 존재함으로 인해 Ferrite Stainless Steel보다 양호한 인성을 가지고 있다.
		- Ferritic 조직이 존재함으로 인해 Austenitic Stainless Steel보다 우수한 Mechanical Strength(약 2배)를 가지고 있으며, 기계 가공 및 성형이 어렵다.
		- Austenitic Stainless Steel보다 열팽창 계수가 낮고 열전도도는 높아서 열교환기의 Tube 재질등으로 적합하다.
		- Ni 함량이 작아서 가격이 경제적이다.
		- 충격치가 -60℃ 이하에서는 급속히 감소하며, 300℃이상에서는 Ferrite 조직의 분해가 일어나서 취성이 발생하므로 통상적인 사용온도는 -50℃ ~ 250℃정도이다.
		- 300 ~ 550℃의 열처리에 의해 경화될 수 있다.
		- 용접시에 예열은 하지 않으며, 입열이 부적절하면 Dual Phase의 상분율(狀分率)이 깨어지므로, 0.5 ~ 1.5KJ/mm 정도로 엄격하게 제한된다.
		- 용접봉은 모재보다 2 ~ 3%정도 Ni이 많은 재료를 선정하고, 지나친 급냉이나 서냉이 되지 않도록 한다.
		- 용접시 800 ~ 1000℃범위에서 장시간 유지되면, 해로운 Secondary Phase가 생겨서 기계적 성질 및 내식성의 저하를 가져온다.
		- 대개 용접후 열처리(PWHT)는 하지 않으나, 해로운 Secondary Phase를 피하기 위해 1100℃정도의 온도에서 5 ~ 30분간 후열처리를 한다.

4) Austenitic Stainless Steel

Table 7-15 Austenitic Stainless Steel의 재료 특성 및 용접성

Type	대표 강종	재료 특성 및 용접성
Austenitic	304 SS 316 SS 321 SS 347 SS	- 용접성이 매우 양호한 재료로서, 용접으로 인해 경화되지 않으므로 예열과 후열의 필요성이 없다.
		- 열팽창이 크고, 용접시에 변형이 크므로 주의를 요한다.
		- 425 ~ 870℃ 용역에서 장시간 유지시에는 입계에 Cr탄화물이 발생해서 내식성이 저하되고, 기계적 강도도 감소한다.
		- Cr탄화물에 의한 예민화 현상을 방지하기 위해, Carbon함량을 0.03%이하로 줄인 Low Grade를 사용하거나, Carbon과 친화력이 좋은 Ti이나 Nb(Cb)를 첨가한 321 SS, 347 SS가 사용된다.
		- 321 SS, 347 SS, 348 SS 와 316Ti는 예민화 현상이 일어나지 않는 것으로 평가된다. "H" Grade는 내식성이 요구되지 않고 고온에서의 기계적 강도만 요구되는 경우에 사용된다.
		- 예민화가 일어날 수 있는 304 SS, 316 SS등은 용접하지 않고 사용할 경우의 최대 사용온도는 425℃이며, 냉간가공을 할 경우에는 370℃로 제한된다.
		- 용접 구조물에 사용되는 Low Carbon Grade인 304L, 316L의 경우에는 위의 경우와 같은 온도 제한을 받는다.
		- 316 Ti, 321 SS, 347 SS는 모두 용접이 가능하며, 최대 480℃까지 사용된다. 347 SS는 321 SS보다 용접성이 좋으며, 예민화 현상에 대한 저항성이 더 크다.
		- 용접중 발생할 수 있는 예민화 현상을 방지하기 위해 층간 온도(Interpass Temperature)는 Max. 180 ~ 200℃정도로 제한한다.
		- 용접부는 Hot Crack을 방지하기 위해 3 ~ 11 Ferrite Number정도의 Ferrite를 함유해야 한다.
		- Ti이 함유된 321 SS의 용접시에는 용접봉의 Ti성분이 Welding Arc에 의해서 용접부로 Transfer되지 않으므로 Nb(Cb)이 함유된 347 SS용접봉을 사용한다.

4. 알루미늄 합금 (Aluminum & Aluminum Based-Alloy)

(1) 종류 및 성질

1) 종류

Aluminum 합금은 그 합금 원소의 성분에 따라 Table 7-16, 7-17에서 제시된 바와 같이 1000 시리즈부터 7000 시리즈까지 4행의 숫자로 표시되어 있다.

각각의 첫 번째 숫자가 의미하는 내용은 다음과 같이 구분된다.

Al 순도 99.0% 또는 그 이상의 순 Al	1XXX
Al-Cu계 합금	2XXX
Al-Mn계 합금	3XXX
Al-Si계 합금	4XXX
Al-Mg계 합금	5XXX
Al-Mg-Si계 합금	6XXX
Al-Zn-(Mg, Cu)계 합금	7XXX
기타 합금 원소	8XXX
사용되지 않는 강종 (예비 번호)	9XXX

Table 7-16 Aluminum 합금의 구분

Alloy Group	Material 특성
1000 시리즈	순 Al로서, 내식성이 좋고, 광의 반사성, 열의 도전성이 뛰어나다. 강도는 낮지만 용접 및 성형가공이 쉽다.
2000 시리즈	Cu를 주첨가 성분으로 한 것에 Mg등을 함유한 열처리 합금이다. 열처리에 따라 강도는 높지만 내식성 및 용접성이 떨어지는 것이 많다. (단 2219 합금의 용접성은 우월하다.) Rivet접합에 의한 구조물, 특히 항공기재로서 이용된다.
3000 시리즈	Mn을 주첨가 성분으로 한 냉각가공에 의해 각종 성질을 갖는 비열처리 합금이다. 순 Al에 비해 강도는 약간 높고, 용접성, 내식성, 성형 가공성 등도 좋다.
4000 시리즈	Si를 주첨가 성분으로 한 비열처리 합금이다. 용접 재료로서 이용된다.
5000 시리즈	Mg를 주첨가 성분으로 한 강도가 높은 비열처리 합금이다. 용접성이 양호하고 해수 분위기에서도 내식성이 좋다.
6000 시리즈	Mg와 Si를 주첨가 성분으로 한 열처리 합금이다. 용접성, 내식성이 양호하며 형재 및 관 등 구조물에 널리 이용되고 있다.
7000 시리즈	Zn을 주첨가 성분으로 하지만, 여기에 Mg을 첨가한 고강도 열처리 합금이다.

Table 7-17 대표적인 Al 합금재의 종류와 화학 성분 (1/2)

명 칭	화 학 성 분 (%)									
	Si	Fe	Cu	Mn	Mg	Zn	Cr	Ti	기 타	Al
1060	0.25	0.35	0.05	0.03	0.03	0.05	-	0.03		≥99.6
1100	1.0		0.05~0.20	0.05	-	0.10	-	-		≥99.0
2011	0.40	0.7	5.0~6.0	-	-	0.30	-	-	Pb:0.20~0.6 Bi:0.20~0.6	잔부
2014	0.50~1.2	0.7	3.9~25.0	0.40~1.2	0.20~0.8	0.25	0.10	-	Zr+Ti:0.20	잔부
2024	0.5	0.5	3.8~4.9	0.30~0.9	1.2~1.8	0.25	0.10	-	Zr+Ti:0.20	잔부

Table 7-17 대표적인 Al 합금재의 종류와 화학 성분 (2/2)

명 칭	화 학 성 분(%)									
	Si	Fe	Cu	Mn	Mg	Zn	Cr	Ti	기 타	Al
2219	0.20	0.30	5.8~6.8	0.20~0.4	0.02	0.10	-	0.02~0.10	V:0.05~0.15 Zr:0.10~0.25	잔부
3003	0.6	0.7	0.05~0.20	1.0~1.5	-	0.10	-	-		잔부
3004	0.30	0.7	0.25	1.0~1.5	0.8~1.3	0.25	-	-		잔부
3005	0.6	0.7	0.30	1.0~1.5	0.20~0.6	0.25	0.10	0.10		잔부
4032	11.0~13.5	1.0	0.50~1.3	-	0.8~1.3	0.25	0.10	-	Ni : 0.5~1.3	잔부
4043	4.5~6.0	0.8	0.03	0.05	0.05	0.10	-	0.20		잔부
5005	0.30	0.70	0.20	0.20	0.5~1.1	0.25	0.10	-		잔부
5052	0.25	0.40	0.10	0.10	2.2~2.8	0.10	0.15~0.35	-		잔부
5083	0.40	0.40	0.10	0.40~1.0	4.0~4.9	0.25	0.05~0.25	0.15		잔부
5082	0.20	0.35	0.15	0.15	4.0~5.0	0.25	0.15	0.10		잔부
6061	0.40~0.8	0.7	0.15~0.40	0.15	0.8~1.2	0.25	0.04~0.35	0.15		잔부
6063	0.20~0.6	0.35	0.10	0.10	0.45~0.9	0.10	0.10	0.10		잔부
6N01	0.40~0.9	0.35	0.35	0.50	0.40~0.8	0.25	0.30	0.10		잔부
6951	0.20~0.50	0.8	0.15~0.40	0.10	0.40~0.8	0.20	-	-		잔부
7003	0.30	0.35	0.20	0.30	0.50~1.0	5.0~6.5	0.20	0.20	Zr:0.05~0.25	잔부
7072	0.7		0.10	0.10	0.10	0.8~1.3	-	-		잔부
7075	0.40	0.5	1.2~2.0	0.30	2.1~2.9	5.1~6.1	0.18~0.35	-	Zr+Ti:0.25	잔부
7N01	0.30	0.35	0.20	0.20~0.7	1.0~2.0	4.0~5.0	0.30	0.20	Zr:0.25V:0.10	잔부

2) Aluminum 합금의 특성

알루미늄과 그 합금은 항공 우주 산업이나 가정용 기물 외에 일반 공업용 차량, 토목, 건축, 조선, 화학 및 식품 등 많은 공업 분야에 널리 사용된다. 알루미늄은 pH 4.5 ~ 8.5의 환경에서 산화 피막이 모재를 보호하기 때문에 내식성은 우수하나 이온화 경향이 커서 부식 환경하에서 Fe, Cu, Pb 등과 접촉하면 심하게 부식되고 수은은 ppm 단위만 있어도 심하게 부식된다.

순수 알루미늄은 강도가 낮으므로 각종 원소 (Mn, Si, Mg, Cu, Zn, Cr등)를 첨가하여 주로 석출 경화에 의한 강도 향상을 도모하여 사용한다.

자성이 없으며 일반 탄소강에 비해 열 및 전기 전도도는 약 4배 정도로 크고, 선팽 창계수는 약 2배 정도 커서 용접성은 많이 떨어지는 재료이다.

❶ 가공 경화 : Al 합금은 순 Al에 합금 원소가 첨가되어, 여기에 가공 경화 및 열처리에 의해 강도가 향상된다. 비열처리 합금에는 각각 Mn, Si, Mg등이 첨가되어 H 시리즈의 특별 기호가 붙은 가공 경화의 정도에 따라 일정한 강도가 얻어진다.

❷ 열 전도도, 전기 전도도 : Al 합금의 열 전도도는 Cu 보다 낮지만, 강의 4~5배가 되기 때문에 국부 가열이 곤란하다.

❸ 열 팽창, 응고 수축률 : Al 합금의 선팽창 계수는 강의 약 2배이다. 따라서 용접 변형이 발생하기 쉽고, 더욱이 응고 수축율이 강의 약 1.5배이기 때문에 합금에 따라서는 응고 균열이 발생하기 쉽다.

❹ 산화성 : Al 합금은 상당히 산화하기 쉽고, 실온에서도 공기중의 산소와 반응하여 50~100Å 두께의 산화 알루미늄을 그 표면에 생성한다. 이 산화 Al의 융점은 2270~3070K의 고온으로 알려져 있고, 용접시에는 용융되지 않은 산화 피막에 의해 Al 합금 상호의 융합이 방해를 받는다. 또 이 산화물의 비중이 3.75~4.0으로 Al 합금에 비해 크기 때문에 용융금속의 아래 부분에 깔리게 되고, 더욱이 이 산화물의 결정수가 분해하여 수소를 방출하기 때문에 용접 금속에 기공이 형성되고, 건전한 용접부가 얻어지지 않는다. 따라서 Al 합금의 용접에서는 이들 산화물을 미리 제거하여 용접에 임하여야 한다.

(2) 알루미늄 합금의 용접

1) 용접 재료

❶ 용접 재료의 종류 : 용접 재료는 JIS Z 3232에 용접봉 (BY) 및 전극 Wire (WY)로 규정되어 있고 ASME Sec. II Part C 에는 SFA 5.10에 제시되어 있다. 다음장에 제시되는 Table 7-18에서는 ASME Sec. II Part C에 규정된 SFA 5.10 알루미늄 및 알루미늄 합금의 용접 재료와 그 화학성분을 소개한다.

2) 용접 재료 선정 방법

용도와 모재 특성에 적합한 용접 재료를 선정하기 위해서는 다음과 같은 사항들에 대한 세심한 주의가 반드시 필요하다.

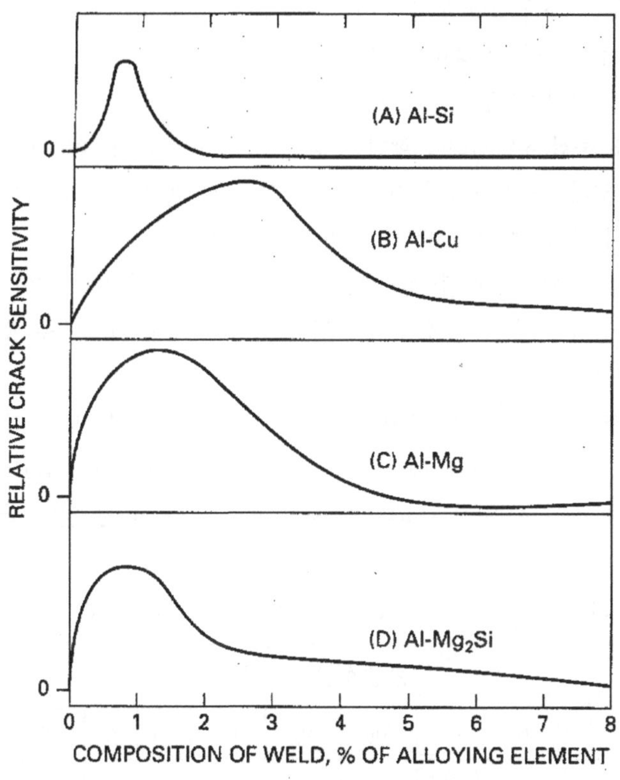

그림 7-9 알루미늄 합금의 균열 발생 감도 비교

❶ 균열 : 균열 예방은 모든 금속의 용접과 열처리 및 기계 가공에 있어서 매우 중요한 항목이고 반드시 이루어져야 하는 필수 사항이다. 열처리가 가능하지 않는 알루미늄의 합금은 모재와 동일한 재료로 용접을 시행하면 된다. 그러나, 열처리가 가능한 합금의 경우에는 매우 복잡한 조직 변화가 수반되고, 그에 따라서 고온 균열(Hot short)의 발생 가능성이 높다. 열처리가 가능한 것과 열처리가 불가능한 이종 금속의 용접일 경우에는 열처리가 가능한 금속 보다 더 낮은 융점을 가지고 있으면서 강도가 비슷하거나 더 낮은 용접 재료를 선택하여 용접에 임해야 한다. 위 그림 7-9에는 일반적으로 Al-Si (4XXX 계열), Al-Mg (5XXX 계열), Al-Cu (2XXX 계열), 그리고 Al-Mg_2Si (6XXX 계열) 합금은 균열에 매우 민감성을 비교 설명하고 있다. 그림에서 보는 바와 같이 Silicon과 Manganese의 양이 많은 합금은 용접 균열 발생 가능성이 적기 때문에 쉽게 용접할 수 있다.

❷ 내식성 : 부식 환경에서 사용되는 구조물에는 고순도 합금 또는 특정의 합금성분이 엄격히 제한되는 합금이 이용되기 때문에 이들 모재에 대한 용접 재료의 화학 성분에도

충분히 주의하여야 한다. 또 모재와 용접 금속 사이의 이종 금속의 접촉에 따른 Galvanic 작용에 의한 부식을 최소화 하는 것도 중요하다. 여기에는, 모재와 가까운 성분의 용접 재료를 사용하는 것이 중요하다.

❸ 강도 및 연성 : 용접 이음부의 강도 및 연성은 용접 금속의 합금 성분에 따라 영향을 받고, 또 용접 후열처리를 행하는 경우 그 성분에 따라 충분한 강도가 얻어지지 않는 경우가 있다. 특히 모재와 다른 합금계의 용접 재료를 이용하는 경우는, 이러한 점을 고려하여 용접 재료를 선정하는 것이 중요하다.

❹ 내고온성 : Al-Mg계 합금중 3%이상의 Mg을 함유하는 합금은 약 340K 이상의 고온에서 사용하는 경우, 응력 부식 균열의 위험이 있다. 이 경우는 Mg량이 낮은 용접 재료를 사용한다.

❺ 전기 전도성 : 용접 이음부에 높은 전도성이 필요한 경우도 용접 재료의 합금 성분에 주의하지 않으면 안된다. 예를 들면 합금 성분으로서 Si보다 Mg의 도전성이 현저히 떨어지기 때문에 Al-Si계의 4043의 용접 재료를 사용하는 편이 좋다.

Table 7-18 알루미늄 합금의 용접 재료 (SFA-5.10) (1/2)

용접 재료	UNS No.	합금 성분 (wt%)									Others		Aluminum
		Si	Fe	Cu	Mn	Mg	Cr	Ni	Zn	Ti	Each	Total	
ER1100 R1100	A91100	Si+Fe<0.95		0.05~0.20					0.10		0.05 [A]	0.15	99.0% Min.
ER1188 [B] R1188 [B]	A91188	0.06	0.06	0.005	0.01	0.01			0.03	0.01	0.01 [A]		99.88% Min.
ER2319 [C] R2319 [C]	A92319	0.20	0.30	5.8~6.8	0.20~0.40	0.02			0.10	0.10~0.20	0.05 [A]	0.15	Remainder
ER4009 R4009	A94009	4.5~5.5	0.20	1.0~1.5	0.10	0.45~0.6			0.10	0.20	0.05 [A]	0.15	Remainder
ER4010 R4010	A94010	6.5~7.5	0.20	0.20	0.10	0.30~0.45			0.10	0.20	0.05 [A]	0.15	Remainder
R4011	A94011	6.5~7.5	0.20	0.20	0.10	0.45~0.7			0.10	0.04~0.20	0.05 [A]	0.15	Remainder
ER4043 R4043	A94011	4.5~6.0	0.8	0.30	0.05	0.05			0.10	0.20	0.05 [A]	0.15	Remainder
ER4047 R4047	A94047	11.0~13.0	0.8	0.30	0.05	0.05			0.20		0.05 [A]	0.15	Remainder
ER4145 R4145	A94515	9.3~10.7	0.8	3.3~4.7	0.15	0.15	0.15		0.20		0.05 [A]	0.15	Remainder
ER4643 R4643	A94643	3.6~4.6	0.8	0.10	0.05	0.10~0.30			0.10	0.15	0.05 [A]	0.15	Remainder
ER5183 R5183	A95183	0.40	0.40	0.10	0.50~1.0	4.3~5.2	0.05~0.25		0.25	0.15	0.05 [A]	0.15	Remainder

Table 7-18 알루미늄 합금의 용접 재료 (SFA-5.10) (2/2)

용접 재료	UNS No.	합금 성분 (wt%)									Others		Aluminum
		Si	Fe	Cu	Mn	Mg	Cr	Ni	Zn	Ti	Each	Total	
ER5356 R5356	A95356	0.25	0.40	0.10	0.05~ 0.20	4.5~ 5.5	0.05~ 0.20		0.10	0.06~ 0.20	0.05 [A]	0.15	Remainder
ER5554 R5554	A95554	0.25	0.40	0.10	0.50~ 1.0	2.4~ 3.0	0.05~ 0.20		0.25	0.05~ 0.20	0.05 [A]	0.15	Remainder
ER5556 R5556	A95556	0.25	0.40	0.10	0.50~ 0.10	4.7~ 5.5	0.05~ 0.20		0.25	0.05~ 0.20	0.05 [A]	0.15	Remainder
ER5654 R5654	A95654	Si + Fe<0.45		0.05	0.01	3.1~ 3.9	0.15~ 0.35		0.20	0.05~ 0.15	0.05 [A]	0.15	Remainder
R-206.0 [D]	A902060	0.10	0.15	4.2~ 5.0	0.20~ 0.50	0.15~ 0.35		0.05	0.10	0.15~ 0.330	0.05	0.15	Remainder
R-C355.0	A33550	4.5~5.5	0.20	1.0~ 1.5	0.10	0.40~ 0.6			0.10	0.20	0.05	0.15	Remainder
R-A356.0	A13560	6.5~7.5	0.20	0.20	0.10	0.25~ 0.45			0.10	0.20	0.05	0.15	Remainder
R-357.0	A03570	6.5~7.5	0.15	0.05	0.03	0.45~ 0.6			0.05	0.20	0.05	0.15	Remainder
R-A357.0 [E]	A13570	6.5~7.5	0.20	0.20	0.10	0.40~ 0.7			0.10	0.04~ 0.20	0.05	0.15	Remainder

Note :

A : Beryllium content shall be 0.0008% maximum.

B : Vanadium content shall be 0.05% maximum. Gallium content shall be 0.03% maximum.

C : Vanadium content shall be 0.5 ~ 0.15%. Zirconium content shall be 0.10 ~ 0.25%.

D : Tin content shall not exceed 0.05%

E : Berylium content shall be 0.04 ~ 0.07%

3) 용접 방법

이하에서는 Aluminum 용접에 적용 가능한 용접 방법을 간단하게 소개하고 각각의 용접 방법에 대한 세부 사항은 제6장의 내용을 참조한다.

❶ Gas Tungsten Arc Welding

Al 합금의 교류 GTAW 용접에서는, Cleaning 작용에 의해 모재의 산화 피막이 제거되기 때문에 Ar 가스에 의한 보호 기능과 높은 집중열에 의해 외관이 우수한 건전한 용접부가 얻어진다.

❷ Gas Metal Arc Welding

① Short Circuit Arc 용접 : 주로 박판의 구조물을 용접할 때 적용되는 용접 방식이다.

용융 금속의 이행(Metal Transfer)가 단락시에만 이행하는 것이다. 전극 Wire 직경 0.6~1.2mm, 용접전류 20~150A의 범위에서 3mm 이하의 박판에 적용된다.

② Pulsed Arc 용접 : MIG 용접에서는 사용하는 전극 Wire 직경에 따라 임계 전류가 결정된다. 이 전류 이상에서는 안정한 스프레이상(Spray)의 용적 이행이 되지만, 그 이하에서는 Drop 또는 Globular 이행이 되어 안정한 이행 및 Arc가 얻어지지 않는다. 펄스 Arc 용접은 용접 전류가 임계 전류 이하에서도 주기적으로 그 전류보다는 높은 피크(Peak) 전류를 주는 것에 의해 인공적으로 안정한 Arc를 얻기 때문에 박판 및 중후판에 적용된다. 전극 Wire 직경으로서는 1.2, 1.6ø, 2.4ø의 것이 사용된다.

③ Spray Arc 용접 : 보통 GMAW라면 이것을 지칭하며 사용 Wire 직경은 1.0~2.4ø로서, 임계 전류 이상의 전류를 사용한다. 용접 전류는 100~500A의 넓은 범위가 이용된다.

❸ 가스 용접 : 가스 용접은 장치가 간단하고, 가격이 저렴하며, 박판의 용접이 용이한 장점이 있지만, Al 표면의 강고한 산화 피막을 제거하기 위해서는, 부식성이 강한 염화물 등의 Flux를 사용하여야 한다. 또 열집중이 떨어지기 때문에 변형이 발생하기 쉽고, 균열, 강도면에서 적용 가능한 합금의 종류가 제한된다. 열원으로서는 산소-아세틸렌, 산소-수소가스 등이 이용된다.

❹ 기타 : 전자빔(Electron Beam) 용접, Plasma Arc 용접, 레이저 용접 등이 있다.

4) 용접 시공에 관한 일반적인 사항

❶ 용접 준비

① 절단 및 개선 가공 : Al 합금에 이용되는 주된 절단법은 기계적인 방법과 GTAW, MIG의 Arc에 의한 절단, 고품질을 위한 Air-plasma 절단 등이 있다. 단, Air plasma 절단의 품질은 그대로 용접부 개선 가공으로 사용할 수 없고, 다시 기계 가공할 필요가 있다.

② 전처리 : 건전한 용접부를 얻기 위해서는 모재 표면의 산화 피막, 수분, 유지, 기타 이물질을 사전에 제거해 둘 필요가 있다. 이와 같은 전처리는 가능한 한 용접직전에 하는 것이 바람직하다. 전처리 방법으로서는 주로 화학적인 부식 방법이 많이 사용되며 Grind와 같은 기계적인 방법들이 병행되기도 한다.

Table 7-19 알루미늄 합금의 화학적 전처리 방법

화학 약품	농도	온도	적용 방법	목적
Sodium Hydroxide (Caustic Soda)와 Nitric Acid 를 함께 사용 한다.	NaOH 50 grams with 1 ℓ Water HNO_3 (68%)와 동등의 물	140 ~ 160°F (60 ~ 71℃) 상온	10 ~ 60초간 담갔다가 차고 맑은 물로 헹군다. 30초간 담근 후에, 찬 물로 씻어내고 더운 물로 헹구어 건조 시킨다.	표면의 두꺼운 산화 피막을 제거한다.
Sulfuric-Chromic	H_2SO_4 1 gal (3.79 ℓ) CrO_3 45oz (1.28kg) Water 9 gal (34.1 ℓ)	160 ~ 180°F (60 ~ 82℃)	2 ~ 3분간 담근 후에, 찬물로 씻어내고 더운 물로 헹구어 건조 시킨다.	열처리 과정에서 발생한 산화 층 제거
Phosphoric-Chromic	H_3PO_4 (75%) 3.5gal (13,3 ℓ) CrO_3 1.75Ib (79.4 grams) Water 100gal (379 ℓ)	200°F(93℃)	5 ~ 10 분간 담근 후에, 찬물로 씻어내고 더운 물로 헹구어 건조 시킨다.	열처리 과정에서 발생한 산화 층 제거
Sulfuric Acid	H_2SO_4 5.81 oz (165 grams) Water 0.26 gal (1 ℓ)	165°F(73℃)	5 ~ 10 분간 담근 후에, 찬물로 씻어내고 더운 물로 헹구어 건조 시킨다.	약간의 부식, 표면의 산화 피막 제거
Ferrous Sulfate	$Fe_2SO_4H_2$ 10% by Volume	80°F(26.8℃)	5 ~ 10 분간 담근 후에 찬물로 씻어내고 더운 물로 헹구어 건조 시킨다.	산화 피막의 제거

❶ 용접시공

① 가접 (Tack Weld) : Al 합금은 용접 변형이 발생하기 쉽기 때문에 구속 치구나 고정구(JIG)에 의한 구속도 중요하다. 단, 직류를 이용하는 경우는 자기 흡입 방지를 위해 비자성재를 이용한다.

Table 7-20 가접(Tack Weld)를 위한 용접 예

용접 방법	두께 (mm)	비이드 길이	피치 간격
GTAW	5 ~ 8	20 ~30mm	50 ~ 150mm
MIG	5 ~ 8	30 ~ 50mm	100 ~ 200mm

② 조립 : 구조물의 용접 조립 과정에서 여러 개의 용접 이음부가 인접되어 조립되는 경우, 열영향부의 중복을 피하기 위해 판 두께의 3배이상, 경우에 따라서 100mm이상 떨어져 용접하는 것이 바람직하다. 이음부 용접이 어렵기 때문에 가능한 용접 이음매의 수를 줄여야 한다.

5) 용접 결함 및 방지 대책

❶ 용접 균열

① 종류와 원인 : Al 합금에 발생하는 균열은 응고 균열과 용해 균열로 크게 구분된다. 용

접 금속내의 균열은 거의 응고 균열이고, 다층 용접시 용접 금속의 재가열 구역 및 열 영향부에서의 미세 균열은 용해 균열에 해당된다. 균열의 대부분은 고온 균열이고, 주로 결정입계에 있어서 합금 원소의 편석 또는 저융점 물질의 존재에 기인한다. 응고 균열은 용접 금속이 응고할 때, 응고시의 수축 응력 또는 외력이 작용할 때 발생하고, 용해 균열은 고온에서 가열된 입계가 국부적으로 용융하여 팽창 할 때 발생한다.

② 모재, 용접 재료와 용접 균열 : 1000, 3000, 4000, 5000 시리즈는 모두 균열 발생에 대한 저항성이 있고, 용접성도 양호하다. 5000 시리즈의 Al-Mg계 합금에서는 Mg량이 증가함에 따라 용접 균열이 발생하기 어렵기 때문에 가능한 한 Mg 함유량이 많은 재료를 선정하는 것이 좋다. 단 Mg량이 너무 많으면 가공성 또는 고온에서의 내식성 등이 떨어지기 때문에 이러한 점을 고려할 필요가 있다.

6000 시리즈의 Al-Mg-Si계 합금에서는 같은 조성의 용접 재료로 용접하면 용접 균열이 발생하기 쉽기 때문에 Al-Mg계 또는 Al-Si계의 용접 재료를 이용하여 균열 발생을 억제시킨다.

6000 시리즈의 모재는 Mg과 Si이 주요 원소로서 과대한 입열을 주는 경우에는 모재에 미세한 균열이 발생할 수도 있기 때문에 용접 조건의 관리에 주의할 필요가 있다.

③ 용접 시공과 용접 균열 : 용접 조건 중에서, 용접 속도의 영향이 가장 현저하고, 용접 속도가 증가하는데 따라 균열 감수성이 크게 된다. 개선내 Butt 용접 초층, Fillet 용접 시에는 용착량을 어느 정도 많이 하는 편이 좋다.

용접 전류를 너무 세게 하면 변형이 커지고, 너무 낮게 하면 급속한 응고를 초래하기 때문에 적정한 전류를 선정하는 것이 중요하다. Arc 전압은 거의 균열에 영향을 미치지 않는다.

Bead의 처음과 끝나는 부위 및 이음부에는 균열 발생이 쉽다.

이러한 것을 방지하기 위해 End Tab을 설치하는 방법이 안전하고 이것이 여의치 않을 경우 Crater 처리를 하는 것이 좋다.

다층 용접시에는 다음 층의 용접열에 의해 전층의 입계가 국부적으로 용융하여 미소 균열이 발생하는 경우가 있다.

이와 같은 균열은 용접 입열이 클수록 또 층간 온도가 높을수록 발생하기 쉽다.

❷ 기공

Al 합금의 용접에는 기공이 발생하기 쉽다. 용접 금속에 균일하게 분산된 기공은 이음부의 강도에는 큰 영향을 주지 않지만, 국부적으로 집중하거나, 크기가 큰 기공 등은 영향을 미친다.

기공의 발생은 주로 수소에 의한 것으로, 이것은 Al 합금의 용융 응고시 수소의 용해도 변화가 현저하기 때문이다.

수소 발생원으로서는 모재, 용접 재료중의 용해 수소, 표면에 부착한 수분, 유기물, 산화막에 부착한 수분, 보호 가스중의 수소, 분위기중에 침입하는 공기중의 수분 등이다. 이중에서 가장 문제가 되는 것은 공기중의 수분 침입이고 다음이 용접 재료 표면의 수소 발생원이다.

기공의 방지 대책은 아래 Table 7-21과 같다.

Table 7-21 종합적인 관점에서 본 기공방지 대책

요 인	방 지 대 책
설 계	1. 기공이 발생하기 쉬운 용접부를 설계 단계에서 제외 ① 횡향, 상향 용접부의 감소 ② 어려운 자세 또는 복잡한 형상의 용접개소를 적게 한다. 2. 용접선을 감소시킨다. ① 폭이 넓은 판재의 사용 ② 형재 (形材)의 사용
시공 및시공관리	1. 적정한 용접조건을 선정한다. ① 판두께, 용접자세, 용접법, 적정전류, 전압, 용접속도의 선정 ② 보호가스 유량의 선정 2. 적정한 전처리법을 채용한다. ① 판표면의 이물질 제거, 개선면의 아세톤 탈지 ② 산화피막의 제거 3. 모재, 용접 재료 관리 ① 모재, 개선면의 보호 ② 용접 재료를 건조로 또는 청정한 장소에 보관 4. 용접기기를 점검한다. ① Torch의 수냉 유무 확인 ② Torch 선단에서의 보호 가스 이슬점의 계측 (233K 이하) ③ 작업 개시 전 Arc 상태의 확인
시공 및시공관리	5. 적정한 Start 처리를 한다. ① 가스흐름 확인 ② End-Tab 사용 ③ Bead 이음부 처리 (전층의 Start부 제거) 6. 환경관리를 행한다. ① 고습도하에서 방습조치 (습도 85~90% 이상에서는 특히 주의) ② 용접시의 방풍조치 (풍속 1m/sec 이상에서는 특히 주의)
검 사	1. 실제 시공전에 시험판으로 검사를 실시 시공법이 적정한가 확인 한다. 2. 구조물 건조의 초기단계에서 검사를 도입한다. 3. 검사 결과를 용접 감독관에게 신속히 Feedback 시킨다.

❸ 기타 결함

Al 합금에서는 개선부 부근의 산화 피막 제거 및 층간의 청소가 불충분한 경우에, 산화 피막에 기인하는 융합 불량이 발생하기 쉽기 때문에 주의가 필요하다.

GTAW 용접에서는 과대전류에 의한 텅스텐 전극의 선단이 용융하여 용융지에 혼입하여 개재물로 된다.

Wire brush 사용시 미세한 강선이 혼입되어 개재물로 된다.

5. Nickel 합금 (Nickel & Nickel Based-Alloy)

(1) 종류와 성질

대표적인 Nickel, Nickel 합금의 화학 성분 및 물리적 성질을 Table 7-22, 7-23에 표시하였다.

Nickel은 알카리에 충분한 내식성을 나타내고, 실온에서 가공성이 우수하다.

Nickel 합금은 여기에 Fe, Cu, Mo, Cu 등을 첨가하여 각종 환경에 대한 내식성, 내열성 등을 개선한 것으로서, 화학 공업, 원자력, 화력 발전 등의 분야의 저장 탑조, 가열 설비, 가스 터빈, Jet 엔진 등에 이용되고 있다.

Nickel은 상온 및 고온 가공성이 우수한 재료이고 알카리와 염산에 대해 우수한 내식성을 가지고 있다. Nickel에 Cu를 약 30% 첨가한 MONEL계 합금은 황산과 가성소다 등에 대해 매우 우수한 내식성을 나타내고, Nickel에 Mo와 Fe를 첨가한 것을 Base로 하여 W, Cu, Cr, Co등을 첨가한 HASTELLOY계는 일반적으로 염산에 대해 우수한 내식성을 나타내는 재료이다. Nickel 에 Cr을 가한 것을 Base로 하여 Al, Ti을 첨가하면 내열성이 향상된 재료가 된다.

Table 7-22 대표적인 NICKEL합금과 그 화학조성 (1/2)

합 금 명	Ni	C	Mn	Si	S	Fe	Cu	Cr	Al	Ti	Mo	Co	기타성분
NICKEL 200	99.5	0.08	0.18	0.18	0.005	0.20	0.13	-	-	-	-	-	-
NICKEL 201	99.5	0.01	0.18	0.18	0.005	0.20	0.13	-	-	-	-	-	-
MONEL 400	66.5	0.15	1.00	0.25	0.012	1.25	31.5	-	-	-	-	-	-
MONEL K500	66.5	0.13	0.75	0.25	0.005	1.00	29.5	-	2.73	0.60	-	-	-
INCONEL 600	76.0	0.08	0.50	0.25	0.008	8.00	0.25	15.5	-	-	-	-	-

Table 7-22 대표적인 NICKEL합금과 그 화학조성 (2/2)

합 금 명	Ni	C	Mn	Si	S	Fe	Cu	Cr	Al	Ti	Mo	Co	기타성분
INCOLOY 600	32.5	0.05	0.75	0.50	0.008	46.0	0.38	21.0	0.38	0.38	-	-	-
INCOLOY 825	42.0	0.03	0.50	0.25	0.015	30.0	2.25	21.5	0.10	0.90	3.0	-	-
HASTELLOY-B	61.0	0.05	1.00	1.00	0.03	5.0	-	1.0	-	-	28.0	2.5	-
HASTELLOY-C	54.0	0.08	1.00	1.00	0.03	5.0	-	15.5	-	-	16.0	2.5	W4.0
HASTELLOY-W	60.0	0.12	1.00	1.00	0.03	5.0	-	5.0	-	-	24.5	2.5	-

Table 7-23 대표적인 Nickel합금과 그 특성

합 금 명	밀도(g/㎤) (at 292K)	융 점(K)	열팽창 계수(μm/m K) (293~373K)	열전도도(cal/㎝ s K)(273~373K)	전기저항(μΩ ㎝)(293K)
NICKEL 200	8.89	1708~1718	13.3	0.145	9.5
MONEL 400	8.83	1573~1623	13.8	0.052	51.0
INCONEL 600	8.43	1627~1686	13.3	0.037	103.0
HASTELLOY-B	9.24	1575~1641	(273~373K)10.0	-	135.0
HASTELLOY-C	8.94	1538~1616	(273~373K)11.3	-	130.0
INCOLOY 800	8.02	1630~1658	(273~373K)14.2	0.026	99.0
INCOLOY 800	7.87	1809	13.0	0.142	13.0

또 이들 Ni 합금은 강도의 강화 기구에 따라 아래와 같이 분류한다.

1) Nickel 합금의 종류

❶ 고용체 강화형 합금

Nickel상을 Cr, Mo, W 등으로 강화하는 것으로, 일반적으로 Cr을 많이 함유시켜 내산화성이 뛰어나고 용접성도 좋다. HASTELLOY- X, INCONEL 600, INCONEL 625 등이 여기에 해당된다.

① HASTELLOY B-2 (Ni-28% Mo-2% Fe)

각종 산중에서 가장 부식성이 강한 염산(鹽酸)에 대하여 내식성이 있고, 가공성과 용접

성을 겸비한 합금이다.

그러나 이 합금은 용접 열영향부의 입계 부근에 탄화물의 석출에 의한 Mo 결핍층을 생성하여 입계 부식 (knife line attack)을 일으킬 수 있다. 이 합금은 Fe량을 낮추고 (2.0% 이하) C량 및 Si량도 낮춤으로써 (C 0.025% 이하, Si 0.10%이하) 용접한 그대로 사용할 수 있는 개량 합금이다. 또 순도(純度)가 높아진 결과 耐전면 부식성, 성형성이 향상되고 용접시의 고온 응고 균열 감수성이 낮은 특징이 있다.

황산, 인산, 초산, 개미산 등의 환원성 산에 견디며 특히 염산에 대하여 강하다. 또한 비산화성의 염(鹽)이나 할로겐 화합물에 대해서도 내식성이 좋고 耐공식성, 내응력부식 균열성 (耐SCC성)도 우수하다. 따라서 고온 고압의 산(酸)이나 할로겐 화합물의 촉매를 쓰고 있는 부식성이 강한 화학공장에 사용되고 있다.

또 이 합금은 비자성, 고강도, 작은 열팽창률, 고온에서의 낮은 증기압 등의 특징이 있으므로 전자 기구용 부품으로서도 사용되고 있다. 다만 사용할 때의 주의점은 Cr이 함유되지 않아서 산화성 환경에서는 내식성이 없는 것이며 산화제가 소량 혼입해도 내식성에 영향을 받는다.

② HASTELLOY C-276 (Ni-16% Mo-15.5 Cr-5.5% Fe-4%W)

HASTELLOY C는 Cr을 첨가함으로써 환원성 뿐 아니라 산화성 환경에 대해서도 우수한 내식성을 갖고 있어 부식성이 강한 화학공장에 많이 쓰여져 왔다. 그러나 이 합금도 용접 열영향부에서의 입계 부식을 일으키는 결점이 있다.

이 결점을 개선한 것이 HASTELLOY C-276이며 현재 HASTELLOY C는 주조재로만 쓰이고 있다.

HASTELLOY C-276은 염화물(鹽化物) 중에서의 SCC에 강하고 공식, 입계 부식의 염려가 없는 것이 특징이며 거의 모든 장치의 중요기기에 쓰이고 있다. 이 합금은 부식환경이 변할 때 또는 2종류의 다른 환경에 노출될 때에 유리하다.

예컨대 해수를 쓰는 고농도 황산 Cooler나 고농도 황산을 쓰는 염소 가스의 건조장치 등과 같이 해수와 병용 또는 염소 가스와의 복합 환경에서 이 합금이 가장 좋은 재료이다.

이 밖에 특수한 용도로서 냉간 가공과 저온 시효를 함으로써 HRC 40-50까지 경화 시켜서 내식성과 내마모성의 쌍방이 요구되는 부재, 예컨대 부식성이 강한 Engineering Plastic의 사출 성형기용 Cylinder, Screw나 해산물 가공용의 칼날 등에 사용되고 있다.

③ HESTELLOY C-4

앞의 HASTELLOY C-276은 용접 열영향부의 예민화는 일어나지 않으나, 650-1090℃의 온도 범위에서 장시간 시효를 받으면 입계에 금속간 화합물이 석출하여 내식성 및 기계적 성질이 악화된다.

이러한 단점을 해결하여 장시간 시효성을 개선한 것이 HASTELLOY C-4이며 장시간 시효 후에도 높은 연성 및 우수한 내식성을 나타내어 고온 안정성이 우수하다.

HASTELLOY C-4는 장시간의 시효에 의해서도 열 영향을 받지 않는 특징이 있어서 후판(厚板)의 용접, Clad재의 응력 제거 소둔 및 장치의 고온 운전 등이 필요한 경우에 특히 유효하므로 HASTELLOY C-276보다 응용 범위가 더 넓은 내식 합금이며 내식성도 거의 동등하다.

④ HASTELLOY C-22

이 합금은 HASTELLOY 합금 중 가장 새로운 합금이며 고강도, 고내식성 (H_2S, CO_2를 포함한 고온 고압, 고염(高鹽) 농도 환경)을 목적으로 개발되었다.

이 합금은 Cr 함량을 높여 산화성 환경, 환원성이나 중성염류, 알카리 등을 포함하는 모든 환경에 대하여 내식성을 좋게 한 합금이다. 또 Mo은 적으나 Cr이 많아서 부동태 피막이 강화되어 耐국부 부식성도 좋다. 또 Mo 함량이 적어서 고온의 조직 안정성이 좋아져 시효에 의한 내식성의 저하에 대해서도 큰 저항성을 보이는 등 우수한 특성을 가지므로 앞으로의 이용이 기대되고 있다.

⑤ HASTELLOY G-3

이 합금은 HASTELLOY C-276보다 고 Cr(약 22%)이어서 산화성이 부식 환경에 강하나 Mo 함량이 낮아서 환원성 환경에서의 내식성이나 耐국부 부식성은 떨어진다. 그러나 2% Cu를 함유시켜 황산이나 인산에 대한 내식성을 향상시켜 화학 공장, 공해 방지 장치, 배연탈황(排煙脫黃) 장치 등에 이용되고 있다.

이 합금의 내식성은 HASTELLOY G와 동등하나 G에 비하여 Mo, W량을 증가시키고 C, Nb량을 낮추므로써 용접부의 건전성, 성형성 및 내국부 부식성을 향상시켰다. 이 합금은 다른 HASTELLOY 합금에 비하여 값이 싸므로 앞으로의 사용량이 증가할 것으로 기대된다.

⑥ 기타의 Ni내식합금

INCONEL 600은 염화물 Stress Corrosion Cracking 감수성이 매우 낮고 가공성 기계적 성질이 좋으므로 원자력용 배관이나 압력 용기에 많이 사용되고 있다. 또 이 합금은 INCOLOY 800과 같이 내열성도 우수하므로 내열성과 내식성이 함께 요구되는 석유 화학 장치, 약품 및 식품 공업에 쓰이고 있다. 그러나 이들 합금은 고온의 염수(鹽水) 중에서 공식을 일으키는 등 耐국부 부식성이 떨어진다. 이러한 단점을 극복한 INCONEL 625는 고 Cr이어서 내산화성이 좋고 Mo 함량이 높아서 耐SCC性, 耐국부 부식성이 우수하고 기계적 강도도 크므로 최근에는 원자력 플랜트의 폐액(廢液) 농축 장치용 재료로 쓰이는 등 용도가 넓어져가고 있다.

INCOLOY 825는 고급 Stainless Steel과 Ni基 합금의 접점이 되는 합금이며 연신성이 좋아서 이음매 없는 관으로 많이 제조되어 공해 방지, 油井, 인산 제조 등에 사용되고 있다.

❷ 석출 강화형 합금

Al, Ti을 함유한 γ상 (Ni_3Al)등을 석출시켜 강도를 증가시킨 것으로 Co, Mo을 첨가하여 Al, Ti의 고용도를 넓혀 고용체 강화를 시도한 것이다. INCONEL X-750 등이 있으며 용접성은 떨어진다.

2) Nickel 합금의 특성

❶ 장점

- 육상, 해상의 일반적인 환경에 매우 강하다.
  - 중성, 알카리성, 비산화성의 염용액 (Nonoxidizing Acid Salt Solution)에는 쉽게 부식되지 않는다.
- Dry Gas에 대한 내식성이 높다.
- 특히 알카리성에 강하다, 고온의 Caustic Service에 많이 사용.

❷ 단점

- 대부분의 산(Acid)에 대하여 내식성이 약하다.
- 특히 산화성 산의 염이나, 용존 산소가 있을 경우 심하게 부식이 발생한다.
- 230℃ 이상의 황화물 환경 (Sulfide Environment)에 대한 내식성이 약하다.

Nickel 합금의 종류와 대략적인 특성은 다음의 Table 7-24와 같다.

Table 7-24 주요 Nickel 합금의 종류별 기계적 성질과 유사 재료 Code No. (1/3)

합금명	주요 합금 성분	기계적 성질(상온)					관련 규격
		밀도 (g/㎤)	열처리	인장강도 1000psi (MPa)	항복강도 1000psi (MPa)	경 도 Brinell (Rockwell)	
MONEL 400 (N04400)	Ni 66.5 Cu 31.5	8.83	Annealed	70-90 (480-620)	25-90 (170-340)	110-149	BS 3072-3076 (NA13). ASTM B (ASME SB-) 127, 163-165, 564 AMS 4544, 4574, 4575, 4730, 4731, 7233 DIN 17743, 17750-17754 / W. Nr, 2.4360, 2.4361 / QQ-N-218 / AFNOR NU30
MONEL R-405 (N04405)	Ni 66.5 Cu 31.5 S 0.04	8.83	Annealed	70-85 (480-590)	25-40 (170-280)	110-140	ASTM B(ASME SB-) 164 AMS 4674, 7234 / QQ-N-281
MONEL 450 (C71500)	Cu 68 , Bu 30 Ne 0.7		Annealed	56 (385)	24 (165)	90	ASTM B(ASME SB-)111, 112, 151, 171, 359, 395, 402, 466, 467, 543
MONEL K-500 (N05500)	Ni 65.5, Cu 29.5, Al 2.7, Ti 0.6	8.46	Aged	140-190 (970-1310)	110-150 (760-1030)	265-346	BS 3072-3076(NA18) AMS 4676 / DIN 17743, 17752, 17754 W. Nr.2.4375 / QQ-N-281
INCONEL 600 (N06600)	Ni 76.0 Cr 15.5 Fe 8.0	8.42	Annealed	80-100 (550-690)	30-50 (210-340)	120-170	BS 3072-3076(NA14) ASTM B (ASME SB-) 163, 166-168, 564 AMS 5540, 5580, 5665, 5687, 7232 DIN 17742,17750-17754 / W. NR. 2.4851
INCONEL 601 (N06601)	Ni 60.5 Cr 23.0 Fe 14.0 Al 1.4	8.06	Annealed	80-115 (550-790)	30-60 (210-340)	110-150	AMS 5715, 5870 / DIN 17742, 17750-17752 / W. NR. 2.4851
INCONEL 617 (N06617)	Ni 52, Mo 9 Cr 22, Al 1.2 Co 12.5	8.36	Annealed	110 (760)	51 (350)	173	
INCONEL 625 (N06625)	Ni 61 Cr 21.5 Mo 9 Nb + Ta 3.6	8.44	Annealed	135 (930)	75 (520)	180	BS 3072, 3074, 3076(NA21) ASTM B(ASME SB-) 443, 444, 446, 564 AMS 5581, 5599, 5666, 5837 DIN 17744,17750-17752, 17754 W. Nr 2.4856 / AFNOR 22 D Nb
INCONEL 690 (N06690)	Ni 60, Cr 30 Fe 9.5	8.19	Annealed	100 (690)	55 (379)	184	ASME CODE CASE N-20 (1484)

Table 7-24 주요 Nickel 합금의 종류별 기계적 성질과 유사 재료 Code No. (2/3)

합금명	주요 합금 성분	기계적 성질(상온)					관련 규격
		밀도 (g/㎤)	열처리	인장강도 1000psi (MPa)	항복강도 1000psi (MPa)	경 도 Brinell (Rockwell)	
INCONEL 718 (N07718)	Ni 52.5 Mo 3 Cr 19 Fe 18.5 Nb + Ta 5.1	8.19	Aged	196 (1350)	171 (1180)	382	ASTM B 637, B 670 AMS 5589, 5590, 5596, 5597, 5662-5664, 5832 / W.Nr. 2.4668 AECMA Pr EN 2404, 2407, 2408
INCONEL X-750 (N07750)	Ni 73 Ti 2.5 Cr 15.5 Al 0.7 Fe 7 Nb + Ta 1.0	8.25	Aged	162-193 (1120-1330)	115-142 (790-980)	300-390	BA HR505 / ASTM B 637 AMS 5542, 5582, 5583, 5598, 5667-5671, 5698, 5699, 5747, 5749, 7246 AFNOR NC 15 Fe T
INCOLOY 800 (N08800)	Ni 32.5 Fe 46.0 Cr 21.0	7.95	Annealed	75-100 (520-690)	30-60 (210-410)	120-184	BS 3072-3076(NA15) ASTM B (ASME SB-) 163, 407-409, 564 AMS 5766, 5871 S. E. W. 470 / W. Nr. 1.4876
INCOLOY 800HT (NO8811)	Ni 32.5 C 0.08 Fe 46.0 Cr 21. Al + Ti 1.0	7.95	Annealed	65-95 (450-660)	20-50 (140-340)	100-184	ASTM B(ASME SB-) 163, 407-409, 564/ W. Nr. 1.4876 / BS 3072, 3074, 3076(NA15H) / S. E. W 470
INCOLOY 825 (N08825)	Ni 42 Cu 2.2 Fe 30 Cr 21.5 Mo 3	8.14	Annealed	85-105 (590-720)	35-65 (240-450)	120-180	BS 3072-3074, 3076(NA 14) ASTM B (ASME SB-) 163, 423-425 DIN 17744, 17750-17752, 17754 W. Nr. 2.4858
INVAR (K93600)	Ni 36 Fe 64	8.13	Annealed	72 (490)	36 (250)	139	ASTM B 388 / DIN 1715 / S. E. W. 385 W. NR.1.3912 / AFNOR A54-301
ALLOY 42 (K94100)	Ni 42 Fe 58	8.13	Annealed	72 (490)	37 (255)	139	ASTM F 30 / DIN 17745 / S. E. W. 385 W. Nr. 1.3922. 1.3926. 1.3927 AFNOR A54-301
KOVAR (k94610)	Ni 29.5 Fe 53 Co 17	8.16	Annealed	76 (525)	49 (340)	158	ASTM F 15 / AMS 7726-7728 DIN 17745 / S. E. W 385 AFNOR A54-301
HASTELLOY B-2 (N10665)	Ni BAL Cr 1.0, Mo 28 Mn1.0, Fe 2.0Si 0.10 Co 1.0 C 0.01	9.22	Annealed	132.5 (914)	57.5 (396)	228 (B-95)	ASTM B (ASME SB-) 333, 335, 619, 622, 626 AWS A 5.14, A 5.11
HASTELLOY C-276 (N10276)	Ni BAL W 4, Mo 16 ,Co 2.5, Cr 15.5 Mn1.0, Fe 5.5 C 0.01	8.89	Annealed	114.9 (792)	51.6 (356)	184 (B-90)	ASTM B(ASME SB-) 574, 575, 619, 622, 626. DIN 17744, 17750, 17751, 17752. W Nr. 2.4819

Table 7-24 주요 Nickel 합금의 종류별 기계적 성질과 유사 재료 Code No. (3/3)

합금명	주요 합금 성분	기계적 성질(상온)					관련 규격
		밀도 (g/㎤)	열처리	인장강도 1000psi (MPa)	항복강도 1000psi (MPa)	경 도 Brinell (Rockwell)	
HASTELLOY C-4 (N06455)	Ni BAL Co 2.0, Cr 16 Mn 1.0Mo 15.5 Ti 0.7, Fe 3.0 C 0.01	8.64	Annealed	116.2 (801)	61.0 (421)	194 (B-92)	ASTM B(ASME SB-) 574, 575, 619, 622, 626 AWS A 5.14, A 5.11
HASTELLOY C-22 (N06022)	Ni BalCr 20-22.5 W 2.5-3.5 Co 2.5, C 0.01	8.69	Annealed	116.3 (802)	58.5 (403)	184 (B-90)	ASTM B(ASME SB-) 574, 575, 619, 622, 626 AWS A 5.14, A 5.11
HASTELLOY G (N06007)	Ni BAL Co 2.5, Cr 22 Cb + Ta 2 Fe 19.5, Cu 2,Mo 6.5,Mn 1.5, W 1 Si 1	8.30	Annealed	102.0 (703)	46.2 (319)	161 (B-84)	ASTM B(ASME SB-) 581, 582, 619, 622, 626 AWS A 5.14, A 5.11
HASTELLOY G-3 (N06985)	Ni BAL, Co 5 Cr 21-23.5 Cu 1.5-2.5Ne 18-21 W 1.5,Mo 6-8 Si 1, Mn 1 C 0.015	8.30	Annealed	99.0 (683)	44.0 (303)	158 (B-83)	ASTM B(ASME SB-) 581, 582, 619, 622, 626 AWS A 5.14, A 5.11
HASTELLOY G-30 (N06030)	Ni BAL Mo 5.0Cr 29.5 W 2.5Fe 15.0 Mn 2.0, Cu 1.7 Co 5.0, Si 1.0	8.22	Annealed	100 (690)	47 (324)	176 (B-88)	ASTM B(ASME SB-) CODE CASE 1979
HASTELLOY X (N06002)	Ni BAL Co 1.5 Cr 22, Si 1 Fe 18.5 Mn 1, Mo 9 W 0.6, C 0.1 Al 0.5,Ti 0.15	8.22	Annealed	109.5 (755)	55.9 (385)	194 (B-92)	ASTM B (ASME SB-) 435, 572, 619, 622, 626, AMS 5390, 5536, 5798, 7237 AWS A 5.14, A 5.11
ALLOY 20 (N08020)	Ni 35, Mo 2.5 Fe 37, Cr 20 Cu 3.5	8.0	Annealed	90 (620)	45 (310)	183 (B-90)	ASTM B (ASME SB-) 462, 463, 464, 468, 472-474
NICKEL 200 (N02200)	Ni 99.6 C 0.15 MAX	8.89	Annealed	55-80 (380-550)	15-30 (100-210)	90-120	ASME SB 160, 161, 162, 163 ASTM B 160, 161, 162, 163, 366
NICKEL 201 (N02201)	Ni 99.6 C 0.02 MAX	8.89	Annealed	55-80 (380-550)	15-30 (100-210)	90-120	ASME SB 160, 161, 162, 163 ASTM B 160, 161, 162, 163, 366 AMS 5553

※ HASTELLOY는 Haynes사의 Trademark이고 MONEL, Inconel, Incoloy는 INCO상의 Trademark이다. ASTM, UNS 등에 따른 공식 표기가 있지만 워낙 유명하게 사용되어, 지금은 공용의

규격 재료명과 동일하게 사용되고 있다.

(2) 니켈 합금의 용접성

Nickel 합금은 면심 입방 구조 (FCC)를 나타내고, 용접 금속은 고온 균열을 발생하기 쉽다. 또 기공이 발생하기 쉽기 때문 용접시 주의하여야 한다.

1) 고온 균열

Nickel 합금의 용접시에는 응고 균열이 문제가 된다.

이것은 용접 과정에 형성되는 저융점의 액상 Film이 입계부에 형성되어, 응고 수축함에 따라 균열이 발생되는 것으로 S, P, Pb 등의 저융점 금속이 원인이다.

2) 기공

개선부의 유지, 산화물, 도료 등의 이물질이 존재하면 고온 균열의 원인으로 될 뿐만 아니라, 기공의 원인으로도 된다.

보호가스 유량이 부족할 경우 혹은 과대한 경우도 기공이 발생하기 때문에 주의를 요한다.

(3) 니켈 합금의 용접

1) 시공 방법

대부분의 비철 금속의 용접에 적용되는 용접 방법들이 Ni 및 Nickel 합금의 용접에서도 그대로 적용된다.

다음의 Table 7-25에 각종 Nickel 합금의 용접법에 대해서 정리하였다.

Table 7-25 Nickel 및 Nickel합금과 적용 용접법 (1/2)

합 금 명	SMAW	GTAW	GMAW	SAW	EBW	가스용접
NICKEL 200	○	○	○	○	○	○
NICKEL 201	○	○	○	○	○	○
MONEL 400	○	○	○	○	○	○
MONEL K500	○	○	○	○	○	○
INCONEL 600	○	○	○	○	○	○
INCONEL 601	○	○	○	○	○	○

Table 7-25 Nickel 및 Nickel합금과 적용 용접법 (2/2)

합 금 명	SMAW	GTAW	GMAW	SAW	EBW	가스용접
INCONEL 800	○	○	○	○	○	○
INCONEL 825	○	○	○	○	○	○
INCONEL 901	○	○	○	○	○	○
HASTELLOY- B	○	○	○	○	○	○
HASTELLOY- C	○	○	○	○	○	○
HASTELLOY- F	○	○	○	○	○	○
HASTELLOY- G	○	○	○	○	○	○
HASTELLOY- N	○	○	○	○	○	○

○ : 양호

❶ 불활성 가스 Arc 용접

GTAW 및 MIG (Metallic Inert Gas Welding) 용접에서는 보통 보호 가스로서 불활성의 Ar (또는 Ar + He)이 이용되기 때문에 Wire 성분이 그대로 용착 금속으로 된다. 특히 Al, Ti 등 산소와 결합하기 쉬운 원소를 많이 함유한 합금에서 주로 GTAW 용접이 행해진다. GTAW는 용접성, 용접부 성능 면에서 가장 신뢰성이 높고, 각종 Nickel 합금에 널리 이용되는 용접 방법이다.

❷ 피복 Arc 용접

비교적 용이하게 적용할 수 있는 방법이지만 산소와 결합하기 쉬운 원소를 다량 함유한 경우에는 용접재료의 소모가 격심하여 잘 사용되지 않는다. INCONEL, MONEL, HASTELLOY-합금 등의 용접, 육성 용접 등에 사용된다.

❸ SAW

용접시에는 용접 입열을 억제하기 위해 예열 및 용접 패스간 온도를 낮게 유지하여 고온 균열을 방지할 필요가 있다. INCONEL 및 MONEL 금속의 자동 용접 및 Band Arc 육성 용접 등이 행해진다.

❹ 전자빔 용접

열집중성이 좋고 변형 발생이 적고, 고능률 용접이 가능하기 때문에 항공기 엔진 등 내열 합금의 용접에 적용된다. 그러나, 진공도를 유지해야 하는 어려움으로 인해 대형 구조물에 적용하기에는 부적합 하다.

Gas Shield Arc 용접 재료 및 피복 Arc 용접봉이 규격화되고 있고, 기본적으로 모재와 같은 성분의 것이 용접되고 있다. 그러나 석출 경화형 재료에는 용접성이 떨어지는 것이 많다. 용접시에는 고온 균열 방지를 위해 일반적으로 예열은 행하지 않으며, 용접 입열을 억제할 필요가 있다.

2) 이종 금속의 용접

Stainless Steel과 탄소강 또는 저합금강과의 용접에 거의 INCONEL 용접 재료가 사용되고 있다. 이것은 Ni이 다량 포함되어 있는 용접 금속 조직이 조성이 다른 두 모재의 희석을 받아도 결함이 적고 기계적으로 안정되며 용접이 용이하기 때문이다.

❶ Inconel은 탄소의 고용도가 낮아 고온에서 장시간 사용 및 열처리하여도 침탄, 탈탄 반응이 생기기 힘들다.

❷ Inconel의 열팽창 계수가 Austenite계 Stainless Steel과 탄소강의 중간 정도이고, 반복 가열에 강하다.

이종 금속 용접의 대표적인 조합 및 사용 용접 재료 예를 다음의 Table 7-26에 표시한다.

Table 7-26 이종 금속 용접재료 적용 예

조 합 재 료		적용 용접재료
MONEL 400	탄소강	Ni, NiCu
	SUS 304	Ni, NiCr, NiCrFe
	70/30 Cupro-NICKEL	NiCu, CuNi
	HASTELLOY- B	Ni
NICKEL 200	탄소강	Ni, NiCu
	SUS 304	Ni, NiCr, NiCrFe
	MONEL 400	NiCu, Ni
	70/30 Cupro-NICKEL	Ni, CuNi
	HASTELLOY- B	NiCr, NiCrFe
INCONEL 600(INCOLOY800)	탄소강	NiCr, NiCrFe
	SUS 304	NiCr, NiCrFe
	MONEL 400	NiCr, NiCrFe
	NICKEL 200	Ni, NiCr
	70/30 Cupro-NICKEL	Ni
	HASTELLOY- B	NiCr, NiCrFe

6. 구리 합금 (Copper & Copper Based-Alloy)

(1) 종류 및 성질

구리 및 구리 합금은 옛날부터 인류가 사용하여 온 금속으로서, 현재에도 그 물리적, 화학적 특성을 이용하여 여러 공업 분야에 이용되고 있다. 특히, 구리는 전기 및 열전도성이 양호하고, 중성 및 알카리성 약품, 식품등에 내식성이 우월하기 때문에 전기 재료로서 잘 이용되고, 또 화학 공업 재료로서 널리 이용되고 있다.

구리 합금은 여러가지 합금 원소를 첨가하여 내식성, 강도, 내마모성, 연성을 개선하여 사용되고 있으며, 동 합금의 용접 설계와 시공에 앞서 이들의 성질을 알아둘 필요가 있다.

1) 종류

❶ 순동

순동은 산소의 함유량에 따라 성질이 다르게 된다.

소량의 산소 (0.01~0.07%)를 함유하는 동은 동중의 유해한 불순물이 산화물로 되기 때문에 전기 전도성은 극히 우수하나 수소 취성이 발생하기 쉽다. 산소를 거의 함유하지 않은 (0.08% 이하) 동에는 탈산동과 무(無)산소동이 있다. 탈산동은 Si, P 등으로 탈산한 것이고, 이들 원소가 잔류하는 정도에 따라 전기 전도성이 약간 저하한다.

무산소동은 수소 환원 또는 진공 용해에 의해 제조되는 것으로 동의 전기 전도성을 저하시키지 않은 상태에서 산소를 억제한 것이다.

Table 7-27 주요 Copper합금의 종류와 특성

특성 / 재료(구성)	특 성	단 점	주사용처	비 고
Admiralty Brass (71Cu-28Zn-1Sn)	일반 용수나 해수에 대하여 내식성이 뛰어남	SCC 발생	열교환기 Tube	비소(As), 안티몬(Sb) 등을 첨가 Dezincification 현상 방지
Aluminum Brass (76Cu-22Zn-2Al)	Al을 첨가하여 질긴 산화피막 형성으로 빠른 유속에 의한 Erosion방지	SCC 발생	열교환기 Tube	비소(As), 안티몬(Sb)등을 첨가 Dezincification 현상 방지
Naval Brass (69Cu- 30Zn-1Sn)	Admiralty Brass와 비슷하나 Plate로만 공급됨	SCC 발생	열교환기 Tubesheet, Baffle.	비소(As), 안티몬(Sb)등을 첨가 Dezincification 현상 방지
Cupro- Nickel (70Cu-30Ni)	ACC, Erosion에 강하여 내식성이 뛰어남. (Erosion은 Al-Brass보다 좋음)		열교환기 Tube	80% Cu-20% Ni 또는 90% Cu-10% Ni의 조성도 있음

❷ 황동

구리와 아연의 합금으로서 순동에 비해 강도가 높고, 연신이 우수하다.

아연을 약 30% 함유한 7/3 황동은 실온 가공성이 뛰어난 α 고용체 합금이다. 아연을 40% 함유한 6/4 황동은 α+β2 합금으로 열간 가공성이 좋지만, 균열이 발생하기 쉽다.

❸ 청동

여러가지 구리 합금이 청동으로 분류되지만, 일반적으로 구리와 주석 합금의 통칭으로서 주로 미술, 공예용으로 이용되고 있다.

- 인 청동 : 구리과 주석 합금에 P를 첨가하여 강도와 연성이 뛰어나고 내마모성이 양호하다.
- 알루미늄 청동 : Al과 구리의 합금이고 기계적 성질, 내식성, 내마모성 등이 극히 우수하기 때문에 선박용품 및 각종 화학용 부재에 이용되고 있다.
- 백동 (Cupro-Nickel) : Ni과 Cu의 합금이고, Ni을 10~30% 함유한 것으로 연성이 뛰어나고 내식성, 특히 고온 해수에 양호하기 때문에 해수 기기로 널리 사용되고 있다.

2) 성질

구리 및 구리 합금의 용접시에는 물리적, 야금적 특성을 잘 이해해 둘 필요가 있다.

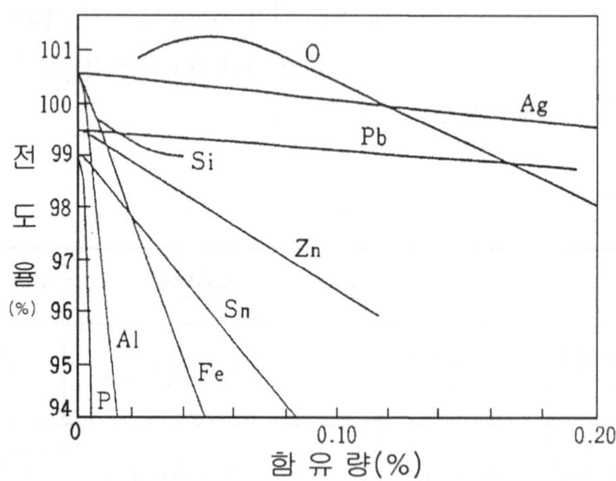

그림 7-10 동에 대한 각종 원소 함유량과 전도율과의 관계

❶ 전기 전도도

순동은 전기 전도도가 높지만, 각종 원소를 첨가함에 따라 그 특성이 저하한다. 구리 합금 중에는 구리와 같은 정도의 값을 나타내는 것도 있다.

❷ 열전도도

순동은 열전도성이 좋아 용접열은 급속히 모재로 비산하여, 용접 금속의 퍼짐성이 나쁘게 되고, 용접 결함이 발생되기 쉽다.

구리 합금은 순동에 비해 열전도성이 아주 낮아 상대적으로 용접 결함 발생이 적어 진다.

❸ 열팽창 계수

구리, 구리 합금은 강의 1.4~1.8배의 선팽창 계수를 가진다. 선팽창 계수가 클수록 용접 변형이 크게 되고, 구속이 강하면 균열 발생이 쉽게 된다. 피닝(Peening)을 행해주면 잔류 응력이 해소되어 균열을 방지하는 것이 가능하다.

Table 7-28 UNS No.를 기준으로 구분한 동 및 동 합금의 종류 (1/2)

구분	성분 구성	UNS No.
	Wrought Alloys	
Copper	Copper 99.3% Min.	C10100 ~ C15760
High-Copper Alloys	Copper 96 ~ 99.2%	C16200 ~ C19750
Brasses	Copper-Zinc Alloys	C20500 ~ C28580
Leaded Brasses	Copper-Zinc-Lead Alloys	C31200 ~ C38590
Tin Brasses	Cooper-Zinc-Tin Alloys	C40400 ~ C49080
Phosphor Bronzes	Copper-Tin Alloys	C50100 ~ C52400
Leaded Phosphor Bronzes	Copper-Tin-Lead Alloys	C53200 ~ C54800
Aluminum Bronzes	Copper-Aluminum Alloys	C60600 ~ C64400
Silicon Bronzes	Copper-Silicon Alloys	C64700 ~ C66100
Miscellaneous Brasses	Copper-Zinc Alloys	C66400 ~ C69950
Copper-Nickels	Nickel 3 ~ 30%	C70100 ~ C72950
Nickel-Silvers	Copper-Nickel-Zinc Alloys	C73150 ~ C79900
	Cast Alloys	
Coppers	Copper 99.3% Min.	C80100 ~ C81200
High-Copper Alloys	Copper 94 ~ 99.2%	C81300 ~ C82800
Red Brasses Semi-red Brasses Yellow Brasses	Copper-Tin-Zinc and Copper-Tin-Zinc-Lead Alloys	C83300 ~ C83810 C84200 ~ C84800 C85200 ~ C85800
Manganese Bronze	Copper-Zinc-Iron Alloys	C86100 ~ C86800
Silicon Bronze Silicon Brasses	Copper-Zinc-Silicon Alloys	C87300 ~ C87900

Table 7-28 UNS No.를 기준으로 구분한 동 및 동 합금의 종류 (2/2)

구분	성분 구성	UNS No.
Tin Bronze	Copper-Tin Alloys	C90200 ~ C91700
Leaded Tin Bronzes	Copper-Tin-Leaded Alloys	C92200 ~ C94500
Nickel-Tin Bronzes	Copper-Tin-Nickel Alloys	C94700 ~ C94900
Aluminum Bronzes	Copper-Aluminum-Iron and Copper-Aluminum-Iron-Nickel Alloys	C95200 ~ C95900
Copper-Nickels	Copper-Nickel-Iron Alloys	C96200 ~ C96900
Nickel-Silvers	Copper-Nickel-Zinc Alloys	C97300 ~ C97800
Leaded Coppers	Copper-Leaded Alloys	C98200 ~ C98840
Special Alloys		C99300 ~ C99750

Note :
UNS : Unified Numbering Sustem의 약자로 ASTM과 SAW에서 제정한 재료 규정이다.

(2) 구리 합금의 용접성

구리 및 구리 합금의 물리적 특성을 고려하여 용접시에는 일반적으로 다음과 같은 사항을 준수한다.

- 개선각을 크게 한다.
- 가접 (Tack) 용접을 비교적 많이 한다.
- 열전달이 좋으므로 균일한 온도가 되도록 예열을 충분하게 한다.
- 피이닝(Peening)을 행한다.

용접시 주로 문제가 되는 점을 아래에 설명한다.

1) 용접 균열

용접시에 발생하는 균열의 원인으로서는 응고 균열 및 연성 저하 균열이 있으며, 응고 균열은 Pb, As 등의 저용점 개재물이 존재하는 경우 및 응고 온도 범위가 넓은 경우 특히 잘 발생된다.

연성 저하 균열은 고온에서 취화 구역이 존재하는 합금에서 볼 수 있다.

이 연성 저하 균열을 방지하기 위해서는 과대 입열 방지, 피이닝(Peening)을 행하는 것이 유효하다.

2) 기공

구리 및 구리 합금 중의 수소 고용도는 그림 7-11에 표시한 것처럼 고상/액상 사이에 큰 차이가 있기 때문에 용접 과정에서 용융 Pool에 고용된 수소가 응고 과정에서 수소 단독 또는 수증기(H_2O)를 발생하여 기공의 원인이 된다.

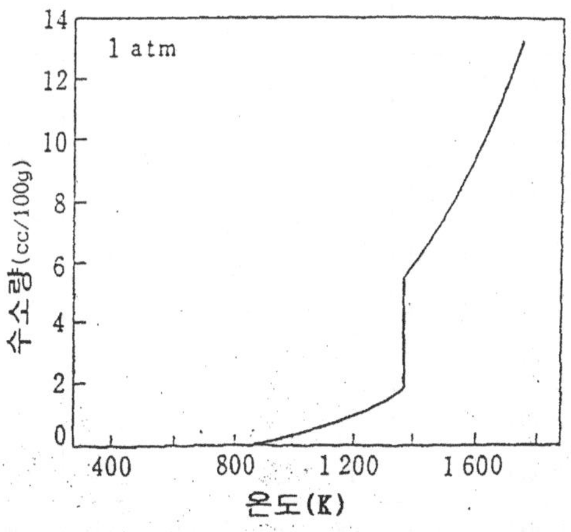

그림 7-11 구리 및 구리 합금의 수소 고용도와 온도의 관계

3) 아연의 기화

아연이 포함되어 있는 황동의 경우에 많이 발생하는 결함이다.

아연의 용융점은 약 400℃정도이고, 기화점이 약 900℃ 정도이다.

용접 과정에서 용접부에 전해지는 열은 쉽게 이 온도를 상회하게 되고 결국 용접부에 포함된 아연의 용융과 기화를 피할 수 없게 된다.

이를 피하기 위해서는 가능한 전류를 낮추어 용접부 입열을 작게하면서 용접하는 방법을 추천하고 있지만, 현실적으로 적용하기는 곤란한 대안이다. 아연으로 인한 문제점은 해수를 사용하는 열교환기의 Tube to Tubesheet용접 등에서 많이 발생하는 문제점이다.

아연으로 인해 안정적인 용접 진행이 어려울 경우에는 차라리 확관 작업만으로 Tube to Tubesheet의 결합을 확보하거나 용접을 피하고 Brazing 등으로 처리하는 것이 좋다.

4) 열 변형

현장에서 많이 사용되는 열교환기용 구리 합금의 용접시 가장 문제가 되는 부분은 용접열에 의한 변형이다. 구리 합금은 열 전도도가 좋고 열 팽창도 커서 쉽게 열 변형이 발생할 수 있다.

Table 7-29 구리 및 구리 합금의 용접 방법 비교표

합금 종류	UNS No.	산소 용접	SMAW	GMAW	GTAW	저항 용접	냉간 접합(3)	BRAZING	SOLDERING	EBW
ETP Copper(1)	C11000~C11900	NR	NR	F	F	NR	G	E	G	NR
Oxygen-Free Copper	C10200	F	NR	G	G	NR	E	E	E	G
Deoxidized Copper	C12000~C12300	G	NR	E	E	NR	E	E	E	G
Beryllium-Copper	C17000~C17500	NR	F	G	G	F	F	G	G	F
Cadmium/Chromium Copper	C16200~C18200	NR	NR	G	G	NR	F	G	G	F
Red Brass 85%	C23000	F	NR	G	G	F	G	E	E	-
Low Brass 80%	C24000	F	NR	G	G	G	G	E	E	-
Cartridge Brass 70%	C26000	F	NR	G	G	G	G	E	E	-
Leaded Brasses	C31400~C38590	NR	NR	NR	NR	NR	NR	E	G	-
Phosphor Bronzes	C50100~C52400	F	F	G	G	G	G	E	E	-
Copper-Nickel 30%	C71500	F	F	G	G	G	G	E	E	F
Copper-Nickel 10%	C70600	F	G	E	E	G	G	E	E	G
Nickel-Silvers	C75200	G	NR	G	G	F	G	E	E	-
Aluminum Bronze	C61300~C61400	NR	G	E	E	G	G	F	NR	G
Silicon Bronzes	C65100~C65500	G	F	E	E	G	G	E	G	G

Note
1. E = Excellent, G = Good F = Fair, NR = Not recommended
2. ETP : Electrolytic tough pitch anneal resistant
3. 냉간 접합은 마찰 용접, 초음파 용접, 폭발 용접등을 포함한다.

(3) 구리 합금의 용접

1) 용접 방법

구리 및 구리 합금의 접합에는 각종 Arc 용접, 가스용접 등이 이용되고 있다. 열 집중성이 좋은 전자빔 용접 및 확산 용접, 전기 저항 용접 등이 적용하기 용이하다.

❶ Inert Gas Arc 용접

열 집중성이 우월하고, 비교적 용이하게 용접이 행해지기 때문에 가장 일반적으로 적용

되는 용접 방법이다. GTAW 용접은 보호 가스로서 불활성 가스 (Ar, He)를 이용하기 때문에 대기중의 산소 등과의 반응을 고려할 필요가 없고, Leaded Brasses을 제외하곤 거의 용접이 가능하다. 특히 판 두께 6mm 이하의 동 및 동 합금 용접에 적용된다.

MIG 용접에서는 일반적으로 Ar 또는 He를 보호가스로 이용한다. GTAW 용접에 비해 용착 속도가 크고 판 두께 6mm 이상의 구리, 구리 합금 용접외에 육성 용접에도 사용된다.

❷ 피복 Arc 용접

불활성 가스 Arc 용접에 비해 열집중성이 나쁘고, 슬래그 혼입 및 기공이 발생하기 쉽기 때문에 용접의 신뢰성이 약간 떨어진다.

그러나, 용접이 간편하기 때문에 종종 이용되고 있다.

❸ 가스 용접

순동 및 황동의 용접시에 잘 이용된다. 순수 구리의 경우 산소-아세틸렌을 이용하고 용접시에는 붕사/염화물계 Flux를 산포하고 충분한 예열을 필요로 한다. 황동의 용접에서는 아연이 증발하기 쉬어 기공 발생이 쉽기 때문, 플럭스를 이용하고 산화염으로 용접한다.

2) 각종 구리 및 구리 합금의 용접성

구리 및 구리 합금은 각각 물리적 특성에 차이가 있고, 시공상의 주의점, 용재의 선정, 용접 방법 등도 다르다. 이하에서는 대표적인 구리 및 구리 합금의 용접에 대해서 간단하게 설명한다.

❶ 구리 (Pure Copper)

구리는 열전도성이 양호하기 때문 고온 예열을 행하고, 비교적 고전류로 용접한다. 용접 재료는 같은 조성의 구리 또는 구리 합금이 이용되지만, 순수 구리는 열 및 전기 전도성이 필요한 경우, 구리 합금은 용접시의 예열, 패스(Weld Pass)간 온도를 내리고 싶은 경우 사용되고 있다. 불활성 가스 용접시에는 Ar, He, N_2 또는 이들의 혼합 가스를 보호가스로서 사용하고 있다.

❷ 황동 (Brasses)

용접을 행하면 아연이 증발하여 용접성, 작업성 둘 다 문제가 되고, 특히 아연 함유량이 많을수록 그 경향은 현저하다. 또, 아연의 증발시 현저한 모재 열영향부의 강도 저하가 발생한다. 용접 방법으로서는 불활성 가스 및 가스 용접이 이용된다.

- 불활성 가스 용접 : Al 청동, 규소 청동
- 가스 용접 : 산화염을 이용 아연의 산화를 억제하여 용접하는 것이 가능

Table 7-30 동 및 동합금의 용접 재료 선정 (SFA A5.6)

UNS No.	SMAW	GTAW or GMAW
C61300 C61400 C61899 C62300	EcuAl-A2	ERCuAl-A2
C61900 C62400	ECuAl-B	ERCuAl-A2
C62200 C62500	ECuAl-B	ERCuAl-A3
C63000 C63200	EcuNiAl	ERCuNiAl
C63300	EcuMnNiAl	ERCuMnNiAl

❷ Al 청동 (Al-Bronze)

용접을 행하면 공기중의 산소와 반응하여 고융점의 산화 알루미늄을 생성하여 용접성을 저해하기 때문에 용접부 보호 성능이 좋은 불활성 가스 Arc 용접이 적용되고 있다.

특히 MIG 용접은 일반적으로 역극성으로 행하기 때문에 산화 알루미늄이 분해하는 Cleaning 작용이 수반되어 융점이 높은 산화 알루미늄의 영향을 거의 받지 않기 때문에 다층 용접에 적당하다.

GTAW 용접은 일반적으로 정극성을 이용하기 때문에 Cleaning 작용이 되지 않아 용접 결함이 발생하기 쉽다.

❸ 백동 (Cupro-Nickel)

백동의 열전도도는 강과 같지만, 용접시에 예열을 할 필요는 없다. 반대로 고온 취성을 나타내기 때문에 예열, 패스간 온도를 낮게 억제할 필요가 있다.

Table 7- 31 구리합금의 GTAW 조건 (1/2)

모 재	용접 재료	전류	용접 개선	자세	예열	Backing	Flux	기타
Deoxidized Copper Electrolytic tough Pitch Copper (ETP)	RCu	DCSP	얇은 부재 : square groove 두꺼운 부재 : single or double-vee groove	1G (F)	후판의 경우 필요	대부분 필요	거의 불필요	
Deoxidized Copper Cu-Zn Alloys Cu-Si Alloys Copper to Steel (이종 용접)	RCuSi	DCSP	상동	All 1G (F)가 선호		얇은 쪽에 실시	불필요	용탕을 작게 하여 Hot Short 방지

Table 7- 31 구리합금의 GTAW 조건 (2/2)

모 재	용접 재료	전류	용접 개선	자세	예열	Backing	Flux	기타
Copper, Cu-Zn Alloys	RCuSn	DCSP	Single-vee groove	1G (F)	추천	필요	불필요	용탕을 작게 하여 Hot Short 방지 기공 발생
Cu-Ni Alloys	RCuNi	DCSP AC	얇은 부재 : square groove 두꺼운 부재 : single-vee groove	All	불필요	추천	불필요	빠른 용접 속도, 짧은 Arc 길이
Cu- Al Alloys Cu-Al to Steel, Cast iron	RCuA1	AC DCSP	상동	1G (F)	필요	추천	불필요	

Table 7-32 구리 합금의 산소-아세틸렌 용접

모재	용접 재료	화염 종류	용접 개선	용접 자세	예열	Backing	Flux	기타
Deoxidized Copper	RCu	중성 혹은 약 산화성	얇은 부재 : square groove 두꺼운 부재 : single or double-vee groove	All	후판의 경우 필요	대부분 필요	추천	
Cu-Si Alloys	RCuSi	약 산화성	상동	All	불필요	불필요	필요	용탕을 작게 하여 Hot Short 방지
Cu-Ni Alloys	RCuNi	약 환원성	상동	All	불필요	불필요	필요	용접 재료를 불꽃에 의해 보호
Copper, Cu-Zn Alloys Steel to cast iron	RCuZn	중성 혹은 약 산화성	상동	All	필요	필요	필요	Leaded Brass의 경우는 제외

Specifications:

RCu - Deoxidized copper welding rod with max phosphor of 0.15%.
RCuSi - (Silicon bronze) Copper base alloy with approximately 3.0% silicon.
RCuNi - Copper-nickel alloy (29.0 to 33.0% nickel).
RCuZn - Various 60-40 copper-zinc alloys.
RCuZn-A - (Naval brass) above with about 1.0% tin.
RCuZn-B - (Low-fuming bronze, nickel) contains 0.15% silicon, 0.2 to 0.8 % nickel.
RCuZn-C - (Low-fuming bronze) above without nickel.
RCuZn-D - (Nickel bronze) 9.0 to 11% nickel; 57 to 61% copper, remainder zinc.

3) 이종 금속의 용접

구리 및 구리 합금은 여러가지 공업 분야에서 내식성 및 물리적 특성이 이용되고 있고, 각종 부재, clad 강으로 내식 육성 용접이 행해진다.

❶ 이종 금속의 조합

구리, 구리 합금, 탄소강의 이종 금속 경우의 용접 재료 선정의 예를 다음의 Table 7-33에 표시하였다.

Table 7-33 구리, 구리 합금, 이종 금속 용접시 용접 재료 선정의 예

조합	탄소강	백동	Al-청동	인청동	황동	순동
순동	CuSn, CuSi	CuNi, CuSn	CuAl, CuSi	CuSn, CuSi	CuSn, CuSi	Cu, CuSn, CuSi
황동	CuAl, CuSn, CuSi	CuNi	CuAl CuSn	CuSn CuSi	CuAl, CuSn, CuSi	
인청동	CuSn	CuSn, CuNi	CuSn, CuAl	CuSn		
Al-청동	CuAl	CuNi, CuAl	CuAl			
백동	CuNi, NiCu	CuNi				

이종 금속의 용접, 특히 강과 결합하는데 있어서는 균열이 발생하기 쉽다. 이종 금속의 용접에는 특히 용입을 억제하는 동시에 융합 부족이 되지 않도록 노력해야 한다. 불활성 가스 용접이 가장 적절하다.

❷ 육성 용접

Al 청동 등의 육성 용접이 잘 행해지며, 탄소강에 육성한 경우 용접 금속으로 철이 혼입하는 한편 용접 금속이 모재 열영향부 입계에 침입한다.

용접 금속 중에 혼입한 철은 응고와 더불어 석출하여 기계적성질, 내식성을 떨어뜨린다. 이 때문에 육성 용접에서는 모재 희석을 가능한 억제하고, 내식성 확보를 위해 다층 육성하는 것이 필요하다.

용접 방법으로서는 GTAW 또는 MIG 용접이 바람직하다.

❸ Clad 강

Clad 강은 구리 및 구리 합금을 Clad재로 주로 탄소강을 보강 부재(Base Metal)로 한 복합 재료이다. 보통 두께 2~4mm 정도로 Clad 층을 도포하기 때문에 육성 용접 조정이 용이한 GTAW 용접 및 희석을 비교적 낮게 억제할 수 있는 Pulse-Arc MIG 용접법이 적당하다.

7. 티타늄 합금 (Titanium & Titanium Based-Alloy)

(1) Titanium의 특성

Titanium 은 다음과 같은 특성으로 인해 그 활용도가 점차 증대되어 가고 있는 소재이다.

- 비중이 작아 가볍다.
- 우수한 내식성을 나타낸다.
- 고온에서 기계적 특성이 좋다.

Titanium은 우수한 내식성과 함께, 철의 절반 정도의 무게만으로도 철과 유사한 수준의 강도를 나타내는 특성이 있다.

Titanium은 매우 활성이 커서 고온 산화가 문제시 되고 있지만, 상온 부근의 물 또는 공기 중에서는 부동태 피막이 형성되어 금이나 백금 다음가는 우수한 내식성을 가진다. 이러한 이유로 과거에는 우주 항공 분야와 화학 공장 등 특정한 용도로만 사용되었으나, 최근에는 산업 전반에 걸쳐서 그 활용도가 증대되고 있다.

Titanium의 융점이 약 1670℃ 정도로 매우 높아서 완전한 Ingot의 제작이 곤란하고 특히 고온에서는 급격히 산화되어 본래 요구되는 성질이 없어지기 때문에 열간 가공과 용접이 곤란하며 높은 항복 응력 때문에 냉간 가공 또한 어렵다는 단점이 있다. 이와 같은 특성 때문에 Titanium을 생산하는 Mill Maker측에서는 어려움을 겪지만, 실제로 구조물을 제작하는 Fabricator측의 어려움도 그에 못지않다. 그 중에서도 용접이 가장 큰 문제점으로 지적 되는데 이는 Titanium이 상온에서 안정한 산화 피막이 생겨서 부식을 방지하지만 600℃ 이상의 고온에서는 반응성이 아주 좋아서 O_2, N_2, H_2 등의 원소로 오염되어 내식성을 저하시키거나 용착 금속 내부에 Porosity 등의 결함을 발생시키게 되어 내식성 뿐만 아니라 기계적 성질 까지 모두 저하시키기 때문이다.

Table 7-34 티타늄의 물리적 성질

밀도 (20℃)	4.54g/㎤ (α형)
α→β변태에 의한 용적 변화	5.5%
융점	약 1668℃
α→β변태점	약 882℃
열팽창 계수 (20℃)	8.5 X 10-6/℃
열전도도	0.035 cal/㎝/㎠/℃/sec
비열 (25℃)	0.126 cal/g
도전율 (Cu에 대하여)	2.2%
고유 저항 (0℃)	80μΩ-cm
결정구조 α형 (상온)	조밀6방형
결정구조 β형 (882℃ 이상)	체심입방형

Titanium은 다른 금속과 비교하여 보면 융점이 높고 Carbon Steel, Stainless Steel 에 비해 밀도, 열팽창 계수 및 탄성 계수 등이 작은 특징이 있다.

순수 Titanium 의 인장 강도는 주로 산소의 함량에 따라 결정되는데 여러 불순물에 따른 순수 Titanium의 Grade와 화학 성분 및 인장 강도를 Table 7-35, 7-36에 나타내었다. 특히 순수 Titanium은 산소, 질소, 수소등 불순물의 함량이 증가함에 따라 강도는 증가하나 연신률이 감소하는 특징을 가지고 있으며, 온도에 따른 강도 및 Creep 특성이 300℃까지는 안정되어 있으나 온도 증가에 따라 급격한 강도의 저하가 나타난다.

Table 7-35 Titanium Grade별 화학 성분

Grade	Ti	N	C	H	Fe	O	Pd
1	Rem	0.03	0.10	0.015	0.20	0.18	
2	Rem	0.03	0.10	0.015	0.30	0.25	
3	Rem	0.05	0.10	0.015	0.30	0.35	
7	Rem	0.03	0.10	0.015	0.30	0.25	0.12 ~ 0.25

Table 7-36 순수 Titanium의 인장 강도

Grade	인장 강도 (Kg/㎟)	항복 강도 (Kg/㎟)	연신율 Min. (%)
1	25	18 ~ 32	24
2	35	28 ~ 46	20
3	46	39 ~ 56	18
7	35	28 ~ 46	20

(2) Titanium의 종류

순수 Titanium은 불순물 원소량에 따라 ASTM에서 4종류로 구분하고 있다.

산소, 질소, 수소, Fe등의 불순물 원소량이 증가함에 따라 강도는 증가하고 연신율은 저하하는데, 실제 공업적인 제조 관리는 주로 산소와 Fe량의 조절에 의해서만 행해지고 있다. 그리고 Titanium 합금은 실온에서의 조직에 따라 α , α + β , β 의 세가지 Group으로 구분된다.

Titanium 합금은 순수 Titanium에 비해 내식성은 일반적으로 악화되며, 이것을 개선하는 합금 원소로는 Mo, Ta, Zr, V이 있다.

특히 Mo는 15 ~ 20% 첨가로 내산성이 현저하게 개선되지만, 가공은 곤란해 진다. Pt, Pd 등을 첨가하면 내산성이 향상된다.

1) (순수) Titanium

98 ~ 99%의 순도를 가진 거의 순수한 Titanium을 말한다.

강도 향상을 위해 약간의 산소, 질소, 탄소, 철(Fe)을 포함 하기도 한다. 이 합금은 우수한 내식성과 함께 쉽게 용접할 수 있는 특징이 있다.

2) α 합금

이 합금은 다른 합금보다 상온 강도가 낮으나 저온 안정상이므로 수백도의 고온이 되어도 취약한 상을 석출할 염려가 없어서 내열 티탄 합금의 기본이 되며 용접성도 좋다. Al, Sn, Zr등을 첨가하여 α상을 고용 강화한 단일상이며 β합금에 비해 가공성은 떨어진다.

대표적인 합금으로는 Ti-5Al-2.5Sn이 있으며 고온 강도가 요구되는 항공기용 부품 등에 이용되고 있다. 저온 재료로서도 α형 합금이 적합하다.

3) α-β 합금

α형과 β형의 특징을 겸비하도록 열처리 조건에 의해서 재료 특성을 조절할 수 있다. Ti-6Al-4V 합금이 대표적인 합금이다.

강도는 122 ~ 97kgf/㎟ 정도이고 높은 인성을 가지며, 소성 가공성, 용접성, 주조성도 좋아서 사용하기 쉽고 신뢰성이 큰 합금이다.

가장 널리 사용되는 합금이다.

4) β 합금

β형 합금은 V, Mo등의 β안정화 원소가 다량으로 첨가되는 합금으로 용체화 처리와 시효에 의해 130 kgf/㎟을 넘는 고강도를 얻을 수 있는 특징이 있다. 용접은 가능하지만 용접시에는 모재와 동등한 강도를 얻을 수는 없다.

Table 7-37 Titanium의 종류와 기계적 특성

종 류	조직구분	인장 강도(kgf/㎟)	항복 강도(kgf/㎟)	연신율 (%)	Remark
순수 Ti 1종	α	28 ~ 42	≥ 17	≥ 27	
순수 Ti 2종	α	35 ~ 52	≥ 22	≥ 23	
순수 Ti 3종	α	49 ~ 61.3	≥ 35	≥ 18	
순수 Ti 4종	α	≥ 56	49 ~ 66	≥ 15	
Ti - 0.15 Pd	α	≥ 35	28 ~ 46	≥ 20	
Ti - 5 Ta	α	35 ~ 52	≥ 22	≥ 23	
Ti - 0.8 Ni - 0.3 Mo	α	≥ 49	≥ 35	≥ 18	
Ti - 5 Al - 2.5 Sn	α	≥ 84	≥ 81	≥ 10	
Ti - 6 Al - 4	α-β	≥ 91	≥ 84	≥ 10	소둔재
〃	α-β	102 ~ 127	95 ~ 123	5 ~ 10	시효재
Ti - 8 Al - 1 Mo - 1 V	α-β	102 ~ 113	99 ~ 102	10 ~ 20	소둔재
〃	α-β	116 ~ 130	102 ~ 206	8 ~ 12	시효재
Ti - 6 Al - 4 V - 2 Sn	α-β	106 ~ 120	91 ~ 106	10 ~ 15	소둔재
〃	α-β	134 ~ 155	123 ~ 144	1 ~ 6	시효재
Ti - 13 V - 11 Cr - 3 Al	β	91 ~ 102	88 ~ 99	10 ~ 20	소둔재
〃	β	134 ~ 169	120 ~ 155	5 ~ 10	시효재
Ti - 11.5 Mo - 6 Zr - 4.5 Sn	β	≥ 70	≥ 63	≥ 10	

(3) Titanium 용접

Titanium의 용접시에는 용탕의 대기 가스에 대한 고용도가 매우 크기 때문에 산화나 용

접 금속 내부에 발생하는 기공(Porosity)이 큰 문제점으로 지적된다. 이러한 용접부의 기공은 용접 중심부에 발생하는 Centerline Porosity와 Weld Bead Edge에서 생기는 기공이 있고, 이러한 기공의 발생 원인은 전자의 경우 용입이 불충분해서 생기는 것으로써 입열량을 증가 시키면 해결할 수 있으나 후자의 경우는 정확히 밝혀져 있지는 않으나 응고 수축에 의한 기공 (Shrinkage Cavities), 확산성 수소, 알곤, 질소에 의한 용접 금속의 오염 및 산화 등으로 인해 발생된다. 따라서 Titanium 용접은 Torch로 부터의 가스 유량, 용접 속도, Arc의 길이, Backing Gas, 절단 및 개선 가공 방법 등을 잘 고려해야 한다.

1) 용접 방법

Titanium을 용접하는 방법에는 GTAW, GMAW, PAW, EBW 등 여러 종류가 사용된다.

❶ GTAW는 낮은 전류 영역에서 Arc가 안정되고 Welding Carriage, Wire 송급 장치, Gas 제어 장치등이 일체화된 전 자동 용접 장치와 Tube to Tubesheet 자동 용접 장치 등이 개발되어 화학 Plant와 발전 설비등에 널리 사용되고 있다.

❷ GMAW는 GTAW에 비해 용착 속도가 빠르고 용입이 깊은 장점이 있지만 Spatter 발생이 많아서 일반 구조물의 제작에 적용되는 예는 그리 많지 않다.

❸ PAW는 GTAW보다 용입이 깊고 특히, 두께 10mm 정도까지는 1 Pass 용접이 가능하고 고능률이어서 화학 Plant등의 제작에 적용되기도 한다.

❹ EBW의 경우는 열 집중이 매우 높기 때문에 GTAW, PBW에 비해 용입이 깊고, 용입 폭이 대단히 좁아서 제품의 크기에 제한은 있지만 변형을 줄일 수 있기 때문에 항공기 및 잠수정 등의 두께 70mm를 넘는 Ti-6Al-4V 합금이 적용되는 곳에 주로 이용된다.

❺ 그외 특수 용접법으로 고상 확산 접합, 마찰 접합, Brazing 등이 있다.

이상과 같이 Titanium에 적용되는 용접 Process는 그 종류가 다양하지만, 경제성 그리고 작업성 등을 고려하여 가장 많이 사용되는 것은 GTAW Process이다. 이하의 내용에서는 주로 GTAW에 근간을 둔 Titanium의 용접에 대해 논하고자 한다.

2) 용접 Bead 표면

Titanium은 대기중에서 고온으로 가열되게 되면 표면이 대기로부터 오염되어 여러가지 색으로 변하게 된다. 300℃ 정도까지는 대기의 영향을 거의 받지 않으며 상온에서와 같이 은백색으로 나타나고 그 이상의 온도로 가열하게 되면 가열 온도의 상승과 동시에 금색, 주홍색, 청색 등의 순서로 변함을 알 수 있다. 그리고, 그 이상의 고온으로 가열되면 회색 또는 황백색 등으로 되는데 이 경우 금속 광택이 없어 지게 된다.

순수한 Titanium의 경우 850℃ 이하 까지는 대기에 의한 산화가 그다지 크지 않으나 850 ~ 900℃의 범위에서는 산화속도가 급격히 증가되고 그 이상의 온도가 되면 국부적으로 산화되어 입상의 산화피막을 형성하게 되어 Titanium의 내식성이나 기계적 성질에 크게 손상을 주게 된다.

그 이유는 Titanium이 대기중의 산소, 질소, 수소 등의 대기가스와 반응하기가 매우 쉽고 고온에서는 여러 종류의 산화물과 기름 및 수분, 금속 (Fe등) 등의 물질과 반응해서 취약한 화합물을 만들어서 용접부가 취화하는 동시에 내식성을 저하시키기 때문이다.

그러나, 갈색이나 청색이 나타나는 범위까지는 Titanium의 내식성이나 기계적 성질에 크게 영향을 주지 않기 때문에 용접시 Stainless Wire Brush를 사용하거나 Pickling 처리를 통해 산화 피막을 완전히 벗긴 다음에 다시 용접을 해야 한다.

위에 설명한 바와 같은 특성을 이용하면 용접 Bead의 색깔을 통해 용접 금속의 품질을 추정할 수 있다.

Table 7-38 용접 금속의 색깔별 품질 평가

용접 금속의 색깔	용접부 품질 평가	수정 방법
은색	매우 양호	
밝은 청색	양호	표면의 변색 부분을 Stainless Steel Brush등으로 완전히 제거한 후에 다음 용접을 시행한다.
청색 혹은 보라색	불량	변색된 용접 금속과 인접한 모재를 모두 완전히 제거하고, Gas Shielding을 보다 철저하게 하면서 재 용접을 실시한다.
회색 혹은 노란색 (황백색)	매우 불량	변색된 용접 금속과 열 영향부를 모두 완전히 제거하고 재 용접을 실시한다.

3) 용접부 특성

Titanium은 산소, 질소, 탄소와 Fe등의 불순물의 양에 따라 현저하게 경도가 증가한다. 수소의 경우에는 강도 및 경도의 변화는 별로 없으나, 충격치에서 아주 큰 영향을 미친다. 그 이유는 Titanium내 대기 가스의 용해도는 14.5 내지 9% 정도 이지만 고용 강화 때문에 0.5% 정도만 있어도 연성이 95% 정도 감소되기 때문이며, 수소는 250℃ 이상에서 Titanium내에 8% 정도의 용해도를 갖지만 상온에서는 용해도가 아주 낮기 때문에 Hydride Phase가 Grain과 Grain Boundary 주위에 석출되어 Notch Sensitivity를 증가시키기 때문이다.

4) 용접부 Shielding

Titanium을 대기로부터 보호하기 위한 방법으로는 진공이나 불활성 분위기하의 용기속에서 용접하는 등 여러가지 Process가 있으나 가장 보편적으로 사용하는 것은 Shielding Gas분위기 하에서 용접하는 것이다.

Shielding Gas는 대기에 의한 용접 금속의 오염을 방지할 뿐만 아니라 용착부와 열영향부가 상온 까지 냉각되는 동안에 대기로부터 차단시키는 역할을 한다. 일반적으로 Shielding Gas는 Argon이 주로 사용되며, 역할에 따라 다음의 3가지로 구별한다.

❶ Primary Shielding

용융 금속의 Weld Puddle과 그 근처 모재 주위를 Shielding하는 것으로 Torch나 Gun Nozzle을 사용한다. 사용 Nozzle의 크기는 0.5 ~ 0.75 inch 사이로 해당 Joint에 사용하기 쉬운 최대의 것을 사용한다. 이때 Gas의 압력은 5 kg/㎠ 이상으로 하는 것이 좋다.

❷ Secondary Shielding

용융후 냉각되는 용접부와 열영향부에 산화 문제가 생기지 않을 정도의 온도 (약 200℃)로 냉각될 때 까지 대기로부터 Shielding 하는 것이다. Titanium의 경우 열전도도가 낮기 때문에 열영향부가 넓게 되고 용접하고 있는 바로 앞은 Shielding할 필요가 없는 반면 용접부 바로 뒤에 냉각되는 용착 금속은 일정 온도로 냉각될 때까지 Shielding을 해야 하는 단점이 있다.

❸ Back up Shielding

Torch 반대쪽의 Hot Weld Metal Root부를 보호하기 위해 행한다.

특히 Pipe 용접시에는 Pipe 내부에 불활성 Gas를 불어 넣어서 Purging 해야 한다. 이때 Pipe 내부의 압력이 너무 크면 Root Pass에서 Bead의 외관이 좋지 않게 된다. 용접중에 계속 Purging을 하고 Purge Dam 출구에서 나오는 유량을 감지해 조절하도록 해야 한다.

Table 7-39 상용 티타늄 합금과 용접봉

ASTM Grade	Composition	UTS (min) Mpa	Filler	Comments
1	Ti-0.15O2	240	ERTi-1	Commercially pure
2	Ti-0.20O2	340	ERTi-2	,,
4	Ti-0.35O2	550	ERTi-4	,,
7	Ti-0.20O2-0.2Pd	340	ERTi-7	,,
9	Ti-3Al-2.5V	615	ERTi-9	Tube components
5	Ti-6Al-4V	900	ERTi-5ELI	Aircraft alloy
23	Ti-6Al-4V ELI	900	ERTi-5ELI	Low interstitials
25	Ti-6Al-4V-0.06Pd	900	Matching	Corrosion grade Filler alloys

8. 저온용 강

(1) 저온용 강의 구분

산업의 발전에 따라 각종 에너지원으로서 에틸렌, 메탄, 액화 산소 등의 Gas 이용이 비약적으로 증가되고 있으며, GAS의 종류도 다양해지고 사용 온도도 점차 저온역으로 확대되는 추세이다. 이들 GAS는 저온 액화시켜 취급하면 편리하기 때문에 GAS 이용 증가에 따라 저온용 TANK의 제조도 증가되고 있다.

LPG, LNG등의 저장과 수송용 용기와 같은 저온용 기기의 재료는 저온에서도 충분한 인성을 가지고 있어야 한다.

기계적 특성만으로는 Al 합금이나 Austenite계 Stainless Steel강이 추천될 수 있고 사용되는 경우도 있으나, 경제적인 관점에서 값이 싼 Ferrite계 강재가 이용되는 경우도 많다.

LBP (액화 부탄) 및 LPG에는 Al-Killed가, 액화 프로판에는 Al-Killed강 또는 1.5~2.5% Ni강, 액화 에틸렌은 3.5% Ni강이 선택되고 있다.

-162℃의 LNG로 부터 -196℃의 액체 질소용으로서는 Al 합금 및 9%Ni 강이 널리 이용되고 있다. 더욱이 액체 He (-269℃) 액체수소 (-253℃) 및 초전도 마그네트 등의 초저온용 재료로서는 Austenite계 Stainless Steel, Al합금, Ti합금 등이 사용되고 있다.

액화 GAS의 종류에 따라 저장용 TANK 제작에 사용될 수 있는 강재를 살펴보면 다음과 같다.

Table 7-40 액화 Gas 온도별 사용 강재 기준

GAS	액화온도 (℃)	사용 강재
Ammonia	-33.4	Al-Killed 강
Propane	-42.1	
Propylene	-47.7	2.5% Ni강
	-60.0	
	-78.5	3.5% Ni강
Carbon Acid Gas	-84.0	
Acetylene	-100.0	
	-104.0	9% Ni강
Ethylene	-161.5	
Natural Gas (Methane)	-182.9	
Oxygen	-185.9	
Argon	-196.0	
Nitrogen	-252.8	• Austenite계 Stainless Steel • 36% Ni강 (INVAR) • Al합금
Hydrogen Helium	-268.9	

이 중에서 Al Killed Carbon Steel 및 2.5 ~ 9%의 Ni을 함유한 강종은 저온 용도를 위한 것이며, 보통 이들을 총칭해서 저온용 강이라 부르고 있다.

(2) 저온용 강재의 특성

1) Al Killed Carbon Steel

Al Killed Carbon Steel은 Si이나 Mn으로 탈산 시키고 난 후 다시 Al으로 강제 탈산 시킨 탄소강이며, Rimmed강에 비해 뛰어난 저온 인성을 가진다.

특히 저온 용도에 사용되는 Al Killed Carbon Steel은 Normalizing 또는 Quenching and Tempering 열처리에 의해 결정립을 미세화 하여 한층 저온 인성이 향상되어 있다. 여기에 1% 이하 정도의 Ni을 첨가하여 더욱 뛰어난 인성 증대를 도모하기도 한다.

Al Killed Carbon Steel 은 합금 원소가 작은 저 탄소강이기 때문에 용접성이 우수하고 예열이 필요치 않다. 다양한 용접 방법이 적용 가능하며 용접시 주의 사항은 이음매의 저온 인성 확보이다.

용접 금속의 인성은 그 화학 조성 외에 용접 방법이나 입열에 따라서도 크게 좌우된다.

피복 Arc 용접봉으로서는 Si-Mn계, 1.5% Ni계 혹은 2.5% Ni계 (모두 저수소계 철분계의 피복제)의 것이 잘 이용되고 있는데, 이들 용접 금속의 인성은 입열량이 커짐에 따라 저하한다. 용접 금속의 Notch 인성은 용접 입열량의 증가와 더불어 저하하는데, 저하의 경향은 Si-Mn계 용접봉 쪽이 Ni계 용접봉보다도 현저하며 어느 것이든 입열량을 제어하는 것이 필요하다.

용접 후 변형 제거의 목적으로 가열하는 경우, 조질 강재에 대해서는 600℃ 이하의 온도에서 행하는 것이 바람직하다.

Normalizing재에서는 이 온도를 600℃ 이하로 하는 것이 바람직하며, 가열 후 수냉하면 인성이 크게 떨어지기 때문에 주의해야 한다.

용접후 이음매의 가열은 약 600℃ 정도로 하고, 냉각은 공냉하는 것이 적절하다.

2) 2.5% & 3.5% Ni 강

2.5% Ni강 및 3.5% Ni강의 최저 사용온도는 각각 -60℃ 및 -101℃이며, 모두 우수한 인성을 가지고 있다. 일반적으로 Ni을 포함하는 강은 소입(Quenching)되어 경화하는 자경성(Self Hardening)을 나타내지만, 시판되고 있는 것들은 탄소량이 적기 때문에 자경성이 적고 용접성이 우수하다.

그러나 Arc strike 등의 급열 급냉을 받으면 미세한 균열이 발생되기 쉬워 취성 파괴의 원인이 되기 때문에 적극 피하여야 한다.

5% Ni강 및 3.5% Ni강은 조질 처리에 의하여 결정립을 미세화 하여 Notch 인성을 향상시킨 것으로, 용접 열영향부에서는 조질 효과가 상실되어 인성이 저하한다. 통상적으로 32mm를 넘는 후판에 있어서는 100℃ 정도의 예열이 행해진다.

3) 9% Ni 강

9% Ni 강은 -176℃ 까지의 저온에서 사용된다. Al 합금과 Stainless 강과 더불어 LNG 탱크용 재료로서 널리 이용되고 있으며, Ferrite계 강이기 때문에 원자재비가 싸서 경제적인 재료이다.

9% Ni강은 강도가 70 Kg/㎟ ~ 80 Kg/㎟ 급인 HT-70 ~ 80에 상당하나, 용접성은 이들 보통의 고장력 강보다 우수하다. 용접 시공에 있어서도 예열은 필요치 않다.

그러나, 이 강에 적합한 용접 재료가 아직 충분하게 실용화 되어 있지 않은 것이 용접상 최대 결함이라고 할 수 있다.

9% Ni 강은 Quenching & Tempering 혹은 2회의 Normalizing & Tempering 열처리에 의해 인성을 최대치로 만들고 있으나, 용접 종료 후 용접 금속에 대해서 똑같은 열처리를 가한다고 하는 것은 불가능에 가깝기 때문에, 모재에 필적하는 저온 인성을 부여하는 것은 사실상 어렵다.

지금까지 주로 이용되고 있는 용접 재료는 고 Ni계의 Inconel이다.

용접 금속은 완전 Austenitie 조직으로 되기 때문에 취성 파괴의 문제는 없으나, 용착 금속의 강도가 모재에 비해 낮고, 고온 균열이 발생하기 쉬운 단점 및 용접 재료비가 고가라는 결점이 있다.

이러한 단점을 해결하기 위해 모재와 유사한 기계적 특성 및 조성을 가지고 있는 공금계(共金系, Metal of similar composition)의 용접 재료 개발이 활발히 이루어 지고 있으며, 실용화도 가까워 오고 있다.

Table 7-41 9% Ni강용 용접재료의 성분과 용착금속의 기계적 성질

용접법	용접재료	화학성분의 일례 (%)									용착 금속 특성 일례			
		C	Si	Mn	Ni	Cr	Mo	Nb	W	Fe	YP Mpa	TS Mpa	EL(%)	충격치 vE-195
SMAW	A	0.08	0.34	2.02	Bal.	14.3	4.0	1.7	0.6	9.8	421	686	45	6.8
	B	0.09	0.22	1.47	Bal.	12.3	2.4	1.4	-	6.5	431	686	40	5.7
	C	0.03	0.50	0.35	Bal.	1.9	18.3	-	2.8	7.4	451	725	46	8.1
자동 TIG		0.02	0.01	0.01	Bal.	2.0	19.1	-	2.9	5.5	470	764	49	15.0
SAW	B	0.03	0.12	1.70	Bal.	1.6	16.6	-	2.5	14.7	382	666	48	13.0
	C	0.03	0.74	0.58	Bal.	1.7	17.2	-	2.7	14.9	402	686	42	8.5

Table 7-42 9% Ni강의 용접 이음부의 기계적 성질의 일례

재료	용접법	이음 현상	자세	인장강도 Mpa(kgf/㎟)	절곡 시험	충격치 vE-196		
						Weld	Bond	HAZ
9% Ni강 용접재료	SMAW	Butt	하향	749.7(76.5) 746.8(76.2)	양호	10.8	11.0	16.4
	자동 TIG	Butt	입향	744.8(76.0) 735.0(75.0)	양호	11.2	15.2	11.2
	SAW	Butt	횡향	731.1(74.6) 732.1(74.7)	양호	11.4	9.8	11.6

❶ 9% Ni강의 용접 재료

9% Ni강의 용접 재료는 JIS Z3225 『피복 아아크 용접봉』 JIS Z3332 『TIG 용접봉 및 Wire』 JIS Z3333 『SAQ 와이어 및 Flux』 로 규격화 되어 있다.

피복 Arc 용접은 70Ni-Cr계 (Inconel계)가 일반적이고, 자동 용접은 전류를 높게 하기 때문에 Mo를 첨가하여 내고온 균열성을 개선한 70Ni-Mo (Hastelloy계)가 사용되고 있다.

용접시에 강도와 인성을 확보하기 위해 모재와의 희석이 크게 되지 않도록 주의를 기울여야 한다. 또, 이 종류의 용접 재료를 사용하는 경우는 Crater에 균열 발생이 쉽기 때문에 균열이 남지 않도록 Crater부를 Grinder로 제거할 필요가 있다.

❷ 9% Ni강 요구 품질 특성

최근 LNG 저장 탱크는 효율을 증대시키기 위해 대형화되고 있는 추세이다. LNG 저장 탱크의 내벽에 적용되는 9% Ni강은 강도와 인성을 동시에 보유해야 하며, 특히 -162℃의 액화 천연 가스와 직접 접촉하기 때문에 극저온에서 인성이 요구된다.

일반적으로 적용되고 있는 ASTM과 JIS의 해당 규격 내용은 다음과 같다.

Table 7-43 9% Ni강의 ASTM & JIS 규격 (1/2)

Specification		ASTM		JIS
		A553 Type I	A353	SL9N590
Chemical composition * Product analysis	C	≤0.13		≤0.12
	Mn	≤0.90		≤0.90
	Si	0.15~0.40		≤0.30
	P	0.13~0.45*		≤0.025
	S	≤0.0035		≤0.025
	Ni	8.50~9.508.40~9.60*		8.50~9.50

Table 7-43 9% Ni강의 ASTM & JIS 규격 (2/2)

Specification			ASTM		JIS
			A553 Type I	A353	SL9N590
Tensile Properties (Ksi)	0.2% Proof strength		≥85.0(59.8kgf/㎟)	≥75.0(52.8kgf/㎟)	≥85.6(60.0kgf/㎟)
	Tensile strength		100~120(70.4~84.3kgf/㎟)	100~120(70.4~84.3 kgf/㎟)	-
	Elongation (%)		≥20.0	≥20.0	≥20.0
Impact Properties at -196.℃	Charpy Impact Energy (Joule)		L dir	T dir	
		Avg.	34	27	41
		Min.	27	20	34
	Lateral Expansion		minimum 0.38mm		-
Maximum plate thickness			50.8mm (2inch)		50.0 mm
Heat treatment			QT	NNT	QT

9% Ni강이 주로 사용되는 LNG 저장 탱크의 건설에 있어 관련 회사들은 탱크의 안정성 확보를 위해 규격보다 더 엄격한 요구를 하고 있다.

최근 발주된 탱크 공사에 적용된 설계사들의 요구 내용을 살펴보면 다음과 같다.

Table 7-44 현장 저온 Tank 공사시 요구 사항 (일례)

Classification	P, S (%)	YP (kgf/㎟)	TS (kgf/㎟)	vE-196(Joule)	Residual magnetism(Gauss)
KGCTKK	≤0.005	≥58	70~84	≥70	≥50
EEMUA		-	-	>100 for Base metal <35 for Weldment	

* KGC : Korea Gas Corporation
TKK:Toyo Kanetsu K.K.
EEMUA:The engineering Equipment and Materials Users Association

또한 9% Ni강은 탱크 가동 기간 동안 대형 사고를 방지하기 위하여 -164℃에서 Crack 전파 정지 특성 및 초기 취성 파괴에 대한 저항성이 우수해야 한다.

저장 탱크가 안전하게 운영되기 위하여 일반적으로 요구되는 값은 다음과 같다.

Table 7-45 저온 저장 Tank 운영 재료 기준

Properties	Required Value
CTOD (mm)	≥0.066 at -164℃
Kc (kgf mm/㎟)	≥324 at -164℃
Kca (kgf mm/㎟)	≥410 at -164℃, t=40mm

* CTOD : Crack Tip Opening Displacement
Kc : 재료가 취성 파괴를 일으키는 임계 파괴 인성 값
Kca : 전파 Crack를 정지시키는 데 요구되는 임계 파괴 인성 값

일반적으로 이용되고 있는 고 Ni계 용접 재료는 고가이고 또 용접 금속의 0.2% 내력이 모재에 비해 낮기 때문 9% Ni강의 성능이 충분히 발휘되지 않는다. 이를 위해 모재와 동등의 강도와 인성을 갖는 공금 용접 재료의 개발이 행해지고 있고 기술적으로 실용화가 가능한 상태이다.

9% Ni강의 고 Ni계 이음부에서는 용접 금속의 내력 (강도)이 낮기 때문에 열영향부의 정확한 인성 평가가 힘들다.

9% Ni강은 600℃ 이상의 온도에서 가열 가공하면 모재의 인성이 저하되기 때문에 다시 조질(Quenching & Tempering) 처리가 필요하다.

용접 후 응력 제거를 위해 점 가열 또는 선상 가열을 행하면 인성은 저하된다. 선상 가열에 의한 인성 변화의 일례를 보면, 600℃ 이상으로 가열되면 그 영향이 현저하게 된다.

(3) 극저온용 강의 용접

액체 He, 액체 수소 등의 극저온 탱크는 앞서 말한 LPG 및 LNG 탱크에 비해 소형이고, 저장 온도가 -269℃, -253℃로 낮다.

또 완전 이중 구조 방식이 요구되고 내외 구조 사이의 진공도를 유지하기 위해 외조는 높은 기밀성과 진공압에 견딜 수 있는 강도가 필요하다.

따라서 재질은 SUS 304L 또는 고인성 및 비자성의 특성을 가지고 있는 재료들이 사용되고 있다.

액체 He, 액체 수소 등을 저장하는 극저온 탱크 재료는 용접성이 뛰어나고, 저온에서도 조직이 안정, 취화되지 않고 더욱이 고강도로서 경제성도 뛰어난 것이 요구된다.

• INVAR : INVAR는 36% Ni 강으로서 열팽창 계수가 9% Ni 강의 약 1/6로 아주 뛰어난 특성을 갖고 있다. 내력은 SUS 304LN과 거의 같은 정도이지만, 조직은 Austenite로서 보

다 안정되고, 자성 및 열적 변형이 문제되는 개소에 특히 기대되는 재료이다. 용접시 완전 Austenite계이기 때문 고온 균열이 발생하기 쉽고, 특히 다층 용접중 재열 또는 보수 용접에서 균열이 발생하기 쉽다. INVAR의 용접 금속 재열부의 균열 감수성은 S, P의 증가에 따라 현저히 증가하기 때문 SUS 304 정도로 개선하기 위해서는 S는 0.002% 이하로 제한하여야 한다. 특히 재열 균열의 방지를 위해 용접중 O_2 pick up을 가능한 억제하여야 한다.

제8장

용접 재료 선정과 관리

1. P No., Group No., F No., SFA No.의 소개

(1) P-No (ASME SEC, IX QW 420.1참조)

모재(Parent Material)의 종류는 아주 다양하여 이들의 가장 적합한 용접 조건의 선정 또한 다양해 질 수 밖에 없다. 그러나 용접중 모재의 화학 조성, 용접성, 기계적 성질에 별로 영향을 주지 않는 재료끼리 Grouping을 하여 표준화된 모재 번호를 부여한 것이 P-No이다.

ASME Sec. IX에는 ASTM/ASME 재료를 Grouping하여 P No.를 구분해 놓았다. 한편 각종 재료 관련 물성치표에서 P-No가 제시되지 않은 것이 있는데 이는 Bolt & Nut와 같이 용접 구조용 재료가 아닌 경우가 해당된다. 비철 (Nonferrous)의 경우 Brazing으로 용접할 경우가 많은데 이때 사용되는 용접봉은 Brazing용 P No.로 새로이 구분된다.

동일한 모재라도 용접을 할 경우와 Brazing할 경우의 P No.가 다르게 부여 된다.

Table 8-1 주요 ASTM 재료에 대한 P No. 표 (1/5)

MATERIAL	P No.	PLATE	PIPE	EFW PIPE	TUBES	CASTINGS	FORGINGS	FITTINGS
Cast Iron						A126, A148, A159, A278		
Ductile Iron						A395, A536		
Carbon Steel	1	A285 Gr. A, B, &C	A53 Gr. A&B	A671 Gr CA55, A672 Gr. CA45-CA55, A135 Gr. A & B	A214 (Welded) A179 (Seamless)	A216 Gr. WCA, WCB & WCC	A105 A181 CL. 60 or 70 A266 CL. Ⅰ, Ⅱ, orⅢ	A105 (under 2") A234 Gr. WPB
Carbon Steel (Low Temp.)	1	A516 with Normalizing	A333 Gr.1&6	A333 Gr.1&6	A334 Gr. 1&6	A352-Gr. LCB	A350-Gr. LF1 & LF2	
Killed Carbon Steel	1	A515 Gr. 55-70 A516 Gr. 55-70	A106 Gr.A & B A381 API 5L	A672 Gr. B55-B70 A672 Gr. C55-C70	A179 A210 A192 (Seamless)	A216 Gr. WCA, WCB, & WCC	A105, A181 CL. 60 or 70 A266 CL. Ⅰ, Ⅱ, or Ⅲ A350 Gr.LF1 & 2	A234 Gr. WPB

Table 8-1 주요 ASTM 재료에 대한 P No. 표 (2/5)

MATERIAL	P No.	PLATE	PIPE	EFW PIPE	TUBES	CASTINGS	FORGINGS	FITTINGS
Quenched & Tempered Carbon Steel	1-3	A537-Cl.2						
C-½ Mo	3	A204 Gr. A, B, &C	A335 Gr. P1	A691 Gr. CM 65-CM 75	A209 Gr. T1	A217 Gr. WC1	A182 Gr. F1 A336 CL. F1	A234 Gr. WP1
Mn-½ Mo	3	A302 Gr. B					A350 Gr. LF5 CL.1&2	
Mn-½ Mo-½ Ni	3	A302 Gr. B						
Mn-½ Mo -¾ Ni	3	A533 Gr.C CL.1						
1 Cr-½ Mo	4	A387 Gr.12	A335 Gr. P12	A691 Gr.1Cr	A213 Gr. T12	A356-6	A182 Gr. F12 A336 CL. F12	A234 Gr. WP 12
1¼ Cr-½ Mo	4	A387 Gr.11	A335 Gr. P11	A691Gr.1-¼ Gr	A199 Gr.T11 A213 Gr.T11	A217 Gr. WC6	A182 Gr. F11 A336 CL. F11	A234 Gr. WP 11
2¼ Cr-1 Mo	5	A387 Gr.22	A335 Gr. P22	A691Gr.2-¼ Cr	A199 Gr.T22 A213 Gr.T22	A217 Gr. MC9	A182 Gr. F22 A336 CL. F22	A234 Gr. WP 22
3 Cr-1 Mo	5	A387 Gr.21	A335 Gr. P21		A199 Gr.T21 A213 Gr.T21		A182 Gr. WP21 A336 CL. F21	
5 Cr-½ Mo	5	A387Gr.5	A335 Gr. P5	A691 Gr. 5Cr	A199 Gr. T5 A213 Gr. T5	A217 Gr. C5	A182 Gr. F5 A336 CL. F5	A234 Gr.WP5
9 Cr-1 Mo	5	A387 Gr.9	A335 Gr. P9		A199 Gr.T9 A213 Gr. T9	A217 Gr. C12	A182 Gr. F9 A336 CL. F9	A234 Gr.WP9
2.5 Ni	9	A203 Gr.A & B	A333 Gr. 7	A333 Gr. 7	A334 Gr. 7	A352 Gr LC2	A350 Gr. LF9	A234 Gr.WPR
3.5 Ni	9	A203 Gr.D, E&F	A333 Gr. 3	A333 Gr. 3	A334 Gr. 3	A352 Gr LC3	A350 Gr. LF3	
12Cr-Type405	7	A240 Type 405			A268 Gr.TP405			
13 Cr-Type410	6	A240 Type 410			A268 Gr.TP410	A717 Gr..CA15	A182 Gr. F6 A336 CL. F6	
13Cr-Type410S	7	A240 Type 410S						
17Cr-Type 430	7	A240 Type 430			A268 Gr.TP430			
18Cr-8Ni Type304	8	A240 Type 304	A312 Gr. TP304 A376 Gr. TP304	A358 Gr.304	A213 Gr.TP304 A249 Gr.TP304	A351 Gr.CF8 A744 Gr.CF8	A182 Gr.F304 A336 CL.F304	A403 Gr. WP304
18Cr-8 Ni Type 304L	8	A240 Type 304L	A312 Gr. TP304L	A358 Gr. 304L	A213 Gr. TP304L A249 Gr. TP304L	A351 Gr. CF3 A744 Gr. CF3	A182 Gr. F304L A336 CL.F304L	A403 Gr. WP304L

Table 8-1 주요 ASTM 재료에 대한 P No. 표 (3/5)

MATERIAL	P No.	PLATE	PIPE	EFW PIPE	TUBES	CASTINGS	FORGINGS	FITTINGS
18Cr-8 Ni Type 304H	8	A240 Type 304H	A312 Gr. TP304H A376 Gr. TP304H	A358 Gr. 304H	A213 Gr. TP304H A249 Gr. TP304H		A182 Gr. F304H A336 CL. F304H	A403 Gr. WP304H
16 Cr-12 Ni-2 Mo Type 316	8	A240 Type 316	A312 Gr. TP316 A376 Gr. TP316	A358 Gr. 316	A213 Gr. TP316 A249 Gr. TP316	A351 Gr. CF8M A744 Gr. CF8M	A182 Gr. F316 A336 CL. F316	A403 Gr. WP316
16 Cr-12 Ni-2 Mo Type 316L	8	A240 Type 316L	A312 Gr. TP316L	A358 Gr. 316L	A213 Gr. TP316L A249 Gr. TP316L	A351 Gr. CF3M A744 Gr. CF3M	A182 Gr. F316L A336 CL. F316L	A403 Gr. WP316L
16 Cr-12 Ni-2 Mo Type 316H	8	A240 Type 316H	A312 Gr. TP316H A376 Gr. TP316H	A358 Gr. 316H	A213 Gr. TP316H A249 Gr. TP316H		A182 Gr. F316H A336 CL. F316H	A403 Gr. WP316H
18 Cr-13 Ni-3 Mo Type 317	8	A240 Type 317	A312 Gr. TP317	A249 Gr. TP317	A351 Gr. CG-8M A744 Gr. CG-8M	A276 TP317 (Bar Stock)		
18 Cr-13 Ni-3 Mo Type 317L	8	A240 Type 317L	A312 Gr. TP317L					A403 Gr. WP317L
18 Cr-10 Ni-Ti Type 321	8	A240 Type 321	A312 Gr. TP321 A376 Gr. TP321	A358 Gr. 321	A213 Gr. TP321 A249 Gr. TP321		A182 Gr. F321 A336 CL.F321	A403 Gr. WP321
18 Cr-10 Ni-Ti Type 321H	8	A240 Type 321H	A312 Gr. TP321H A376 Gr. TP321H		A213 Gr. TP321H A249 Gr. TP321H		A182 Gr. F321H A336 CL. F321H	A403 Gr. WP321H
18 Cr-10 Ni-Cb Type 347	8	A240 Type 347	A312 Gr. TP347 A376 Gr. TP347	A358 Gr. 347	A213 Gr. TP347 A249 Gr.TP347	A351 Gr. CF8C A744 Gr. CF8C	A182 Gr. F347 A336 CL. F347	A403 Gr. WP347
18 Cr-10 Ni-Cb Type 347H	8	A240 Type 347H	A312 Gr. TP347H A376 Gr. TP347H		A213 Gr. TP347H A249 Gr. TP347H		A182 Gr. F347H A336 CL.F347H	A403 Gr. WP347H
23 Cr-12 Ni Type 309	8	A240 Type 309	A312 Gr. TP309	A358 Gr. 309	A213 Gr. TP309	A351 Gr. CH-20		A403 Gr. WP309

Table 8-1 주요 ASTM 재료에 대한 P No. 표 (4/5)

MATERIAL	P No.	PLATE	PIPE	EFW PIPE	TUBES	CASTINGS	FORGINGS	FITTINGS
25 Cr-20 Ni Type 310	8	A240 Type 310	A312 Gr. TP310	A358 Gr. 310	A213 Gr. TP310, A249 Gr. TP310	A351 Gr. CK-20	A182 Gr. F310 A336 CL.F310	A403 Gr. WP310
17-4 PH (S17400)		A564, A693 Type 630					A705 Type 630	
17-7 PH (S17700)		A564, A693 Type 631					A705 Type631 A579 Type 62	
22Cr-3Mo-5.5Ni Type 2205	10H	A240 -S31803	A790-S318 03		A789- S31803		A182- S31803	A815- S31803
23Cr-4Ni-2.5Mn SAF 2304	10H	A240-S32304	A790-S323 04		A789- S32304		A182-F44	
20Cr-18Ni-6Mo 254 SMo	8	A240-S31254	A312, A409, A813, A814- S31254	A358- S31254	A249- S31254		A182- S31254	A403- S31254
14.5Si-4Cr Duriron						A518 CL.1~3		
Inconel 600 (Ni-Cr-Fe) (N06600)	43	B166	B167 B517		B163 Alloy Ni-Cr-Fe B516	A494 Gr. CY-40	B564 Alloy Ni-Cr-Fe B166 (Bar Stock)	B366 Gr. WPNCI
Inconel 625 (Ni-Cr-Fe) (N06625)	43	B166	B167 B517		B163 Alloy Ni-Cr-Fe B516	A494 Gr. CY-40	B564 Alloy Ni-Cr-Fe B166 (Bar Stock)	B366 Gr. WPNCMC
Incoloy 800/800H (Ni-Fe-Cr) (N08800, N08810)	45	B409	B407 B514		B163 Alloy Ni-Fe-Cr B515		B564 Alloy Ni-Fe-Cr B408 (Bar Stock)	B366 Gr. WPNIC
Alloy 20 (Cr-Ni-Fe-Mo-Cu -Cb) (N08020, N08026)	45	B463	B464	B474	B468	A351 Gr. CK-7M A296-CN-7M	B462	B366 Gr. WP20Cb
Ni-Resist (F41000, F41010)						A439		
Monel 400 (Ni-Cu)	42	B127	B165		B163 Alloy Ni-Cu	A494 Gr. M-35-1 A296-M35	B564 Alloy Ni-Cu B164 (Bar Stock)	B366 Gr. WPNC

Table 8-1 주요 ASTM 재료에 대한 P No. 표 (5/5)

MATERIAL	P No.	PLATE	PIPE	EFW PIPE	TUBES	CASTINGS	FORGINGS	FITTINGS
Monel K5000 (Ni-Cu)	42							
Hastelloy B (NI-Mo)	44	B333	B619 Alloy Ni-Mo B622 Alloy Ni-Mo		B627 Alloy Ni-Mo B676 Alloy Ni-Mo	A494 Gr. N-12MV A296-N-12 M-1	B335 (Alloy Rod)	B366 Gr. WPHB
Hastelloy C (Ni-Mo-Cr)	44	B575	B619 Alloy Low C Ni-Mo-Cr B622 Alloy Low C Ni-Mo-Cr		B622 Alloy Low C Ni-Mo-Cr B626 Alloy Low C Ni-Mo-Cr	A494 Gr. CW-12MW	B574 (Alloy Rod)	B366 Gr. WPHC
Nickel						A296-CZ-10 0		
Admiralty (C44300) (C44400) (C44500)	32	B171			B111 B395			
Naval Brass (C46400)	32	B171						
Al. Brass Incl As (C68700)	32				B111, B359 B395, B543			
Al. Bronze (C61300) (C61400)	35	B169, B171		B608	B111 B395	B61, B62		
90-10 Cu-Ni (C70600)	34	B171 No.	B466		B111			
80-20 Cu-Ni (C71000)	34		B466		B111			
70-30 Cu-Ni (C71500)	34	B 1 7 1 No.	B466	B111				
Aluminum 3003	21	B209 Alloy 3003	B241 Alloy 3003 B210 Alloy 3003		B234 Alloy 3003	B26 Alloy 3003	B247 Alloy 3003	A361 Alloy WP3003
Titanium	51/52	B265	B337		B338	B367	B381	B363

(2) Group No.

Group No.는 P No.로 구분된 강종을 다시 한번 세분하는 구분이다.

동일한 P No.의 재료라 해도 기계적 특성과 용접성의 차이가 있으므로, 이에 대한 최소한의 구분은 필요하게 된다. Group No.는 이러한 필요성에 의해 제시된 것으로 각 강종별로 획일적인 기준은 명확하지 않다.

예를 들어 P No. 1의 경우에 Tensile Strength 값이 70,000 Psi를 기준으로 하여 다음과 같이 70Ksi이하면 Group No. 1 혹은 3이고 이상이면 Group No. 2 혹은 4를 부여한다.

Table 8-2 P No.1 재료의 Group No.구분(예)

Heat Treatment	Group No.	Tensile Strength
As Rolled Condition	1	Below 70 Ksi
	2	And Over 70 Ksi
Quenching and Tempered Condition	3	Below 70 Ksi
	4	And Over 70 Ksi

(3) F-No (ASME SEC IX QW-432참조)

P No.와 Group No.가 모재의 화학적 특성과 용접성을 기준으로 Grouping하여 구분한 것이라면, F No.는 각종 용접 재료 자체의 화학 성분과 용접성을 고려하여 용접봉 (Filler Metal)에 부여한 번호이다.

F No.는 용접 Process에 의해 다수의 SFA No.로 구분된다.

단, P No.와는 달리 모재와 용접재료 사이의 야금학적인 문제까지를 고려한 것은 아니므로 특히 주의가 요망된다.

Table 8-3 ASME/AWS에 따른 F No.와 SFA No.의 구분 (1/4)

Materials Group	F No.	ASME Specification No.	AWS Classification No.
Steel and Steel Alloys			
	1	SFA-5.1 & 5.5	EXX20, EXX 22, EXX 24, EXX 27, EXX 28
	1	SFA-5.4	EXX 25, EXX 26
	2	SFA-5.1 & 5.5	EXX 12, EXX 13, EXX 14, EXX 19
	3	SFA-5.1 & 5.5	EXX 10, EXX 11
	4	SFA-5.1 & 5.5	EXX 15, EXX 16, EXX 18, EXX 48

Table 8-3 ASME/AWS에 따른 F No.와 SFA No.의 구분 (2/4)

Materials Group	F No.	ASME Specification No.	AWS Classification No.
	4	SFA-5.4 othelr than austenitic and duplex	EXX 15, EXX 16, EXX 17,
	5	SFA-5.4 (austenitic and duplex)	EXX 15, EXX 16, EXX 17
	6	SFA-5.2	RX
	6	SFA-5.17	FXX-EXX
	6	SFA-5.9	ERXX
	6	SFA-5.18	ERXXS-X, EXXC-X, EXXC-XX
	6	SFA-5.20	EXXT-X
	6	SFA-5.22	EXXXT-X
	6	SFA-5.23	FXX-EXXX-X, FXX-ECXXX-X, and FXX-EXXX-XN, FXX-ECXXX-XN
	6	SFA-5.25	FESXX-EXXXXX-EW
	6	SFA-5.26	EGXXS-X and EGXXT-X
	6	SFA-5.28	ERXXS-X and EXXC-X
	6	SFA-5.29	EXXTX-X
	6	SFA-5.30	IN XXXX
Aluminum and Aluminum-Base Alloys			
	21	SFA-5.10	ER 1100
	22	SFA-5.10	ER 5554, ER 5346, ER 5556, ER 5183, ER 5654
	23	SFA-5.10	ER 4009, ER 4010, ER 4043, ER 4047, ER 4145, R4009, R 4010, R4011
	24	SFA-5.10	R-A356.0
Copper and Copper-Base Alloys			
	31	SFA-5.6	ECu
	31	SFA-5.7	ER Cu
	31	SFA-5.27	ER Cu
	32	SFA-5.6	ECuSi
	32	SFA-5.7	ER CuSi-A
	32	SFA-5.27	ER CuSi-A
	33	SFA-5.6	ECuSn-A, ECuSn-C
	33	SFA-5.7	ER SuSn-A
	34	SFA-5.6	ECuNi
	34	SFA-5.7	ER CuNi
Copper and Copper-Base Alloys (continued)			
	34	SFA-5.30	IN 67
	35	SFA-5.27	RB CuZn-A
	35		RB CuZn-B
	35		RB CuZn-C
	35		RB CuZn-D

Table 8-3 ASME/AWS에 따른 F No.와 SFA No.의 구분 (3/4)

Materials Group	F No.	ASME Specification No.	AWS Classification No.
	36	SFA-5.6	ECuAl-A2
	36		ECuAl-B
	36	SFA-5.7	ER CuAl-A1
	36		ER CuAl-A2
	36		ER CuAl-A3
	37	SFA-5.6	ECuNiAl
	37		ECuMnNiAl
	37	SFA-5.7	ER CuNiAl
	37		ER CuMnNiAl
Nickel and Nickel-Base Alloys			
	41	SFA-5.11	E Ni-1
	41	SFA-5.14	ER Ni-1
	41	SFA-5.30	IN 61
	42	SFA-5.11	E NiCu-7
	42	SFA-5.14	ER NiCu-7
	42	SFA-5.30	IN 60
	43	SFA-5.11	E NiCrFe-1
	43	SFA-5.11	E NiCrFe-2
	43	SFA-5.11	E NiCrFe-3
	43	SFA-5.11	E NiCrFe-4
	43	SFA-5.11	E NiCrCoMo-1
	43	SFA-5.11	E NiCrMo-2
	43	SFA-5.11	E NiCrMo-3
	43	SFA-5.11	E NiCrMo-6
	43	SFA-5.14	ER NiCr-3
	43	SFA-5.14	ER NiCrFe-5
	43	SFA-5.14	ER NiCrFe-6
	43	SFA-5.14	ER NiCrCoMo-1
	43	SFA-5.14	ER NiCrMo-2
	43	SFA-5.14	ER NiCrMo-3
	43	SFA-5.30	IN 82
	43	SFA-5.30	IN 62
	43	SFA-5.30	IN 6A
	44	SFA-5.11	E MiMo-1
	44	SFA-5.11	E MiMo-3
	44	SFA-5.11	E NiMo-7
	44	SFA-5.11	E NiCrMo-4
	44	SFA-5.11	E NiCrMo-5
Nickel and Nickel-Base Alloys (continued)			
	44	SFA-5.11	E NiCrMo-7
	44	SFA-5.11	E NiCrMo-10
	44	SFA-5.14	ER NiMo-1
	44	SFA-5.14	ER NiMo-2

Table 8-3 ASME/AWS에 따른 F No.와 SFA No.의 구분 (4/4)

Materials Group	F No.	ASME Specification No.	AWS Classification No.
	44	SFA-5.14	ER NiMo-7 (Alloy B-2)
	44	SFA-5.14	ER NiCrMo-4
	44	SFA-5.14	ER NiCrMo-5
	44	SFA-5.14	ER NiCrMo-7 (Alloy C-4)
	44	SFA-5.14	ER NiCrMo-10
	45	SFA-5.11	E NiCrMo-1
	45	SFA-5.11	E NiCrMo-9
	45	SFA-5.11	ER NiCrMo-11
	45	SFA-5.14	ER NiCrMo-1
	45	SFA-5.14	ER NiFeCr-1
	45	SFA-5.14	ER NiCrMo-8
	45	SFA-5.14	ER NiCrMo-9
	45	SFA-5.14	ER NiCrMo-11
Titanium and Titanium Alloys			
	51	SFA-5.16	ERTi-1, ERTi-2, ERTi-3, ERTi-4
	52	SFA-5.16	ERTi-7
	53	SFA-5.16	ERTi-9, ERTi-9ELI
	54	SFA-5.16	ERTi-12
Zirconium and Zirconium Alloys			
	61	SFA-5.24	ER Zr2
			ER Zr3
			ER Zr4
Hard-Facing Weld Metal Overlay			
	71	SFA-5.13	RXXX-X, EXXX-X
	72	SFA-5.21	RXXX-X

(4) A-No (ASME SEC IX QW-442참조)

용접 금속의 화학 조성을 분석 (Analysis)한 뒤 유사한 조성의 Material별로 Grouping 하여 구분한 번호를 A-No라고 한다.

특히 내식 또는 내열강 등의 PQ(Procedure or Product Qualification)시는 이 No.가 중요한 역할을 하기도 한다.

Table 8-4 A Numbers - Classification of Ferrous Weld Metal Analysis for Procedure Qualification (1/2)

A No.	Types of Weld Deposit	Chemical Analysis, % [Note (1)]					
		C	Cr	Mo	Ni	Mn	Si
1	Mid Steel	0.15	...	...	...	1.60	1.00
2	Carbon-Molybdenum	0.15	0.50	0.40-0.65		1.60	1.00

Table 8-4 A Numbers - Classification of Ferrous Weld Metal Analysis for Procedure Qualification (2/2)

A No.	Types of Weld Deposit	Chemical Analysis, % [Note (1)]					
		C	Cr	Mo	Ni	Mn	Si
3	Chrome (0.4% to 2%)-Molybdenum	0.15	0.40-2.00	0.40-0.65		1.60	1.00
4	Chrome (2% to 6%)-Molybdenum	0.15	2.00-6.00	0.40-1.50		1.60	2.00
5	Chrome (6% yo 10.5)-Molybdenum	0.15	6.00-10.50	0.40-1.50		1.20	2.00
6	Chrome-Martensitic	0.15	11.00-15.00	0.70		2.00	1.00
7	Chrome-Ferritic	0.15	11.00-30.00	1.00		1.00	3.00
8	Chromium-Nickel	0.15	14.50-30.00	4.00	7.50-15.00	2.50	1.00
9	Chromium-Nickel	0.30	25.00-30.00	4.00	15.00-37.00	2.50	1.00
10	Nickel to 4%	0.15	...	0.55	0.80-37.00	1.70	1.00
11	Manganese-Molybdenum	0.17	...	0.25-0.75	0.85	1.25-2.25	1.00
12	Nickel-Chrome-Molybdenum	0.15	1.50	0.25-0.80	1.25-2.80	0.75-2.25	1.00

Note :
(1) Single values shown above are maximum.

(5) SFA No. (ASEM SEC II Part C)

SFA No.는 ASME에서 용접 재료의 재질별, 용접 Process별로 구분하여 No.를 부여한 것이다. 동일한 용접 방법에 사용되는 유사한 재료들을 Grouping하여 부여한 번호이다. 이 SFA No.는 각종 용접 재료 자체의 화학 성분과 용접성을 고려하여 구분한 용접 재료의 F No.를 기준으로 용접 방법에 대한 조건을 추가하여 구분한 것이다.

ASME Sec. II Part C에 수록된 각종 용접 재료에 관한 사항은 이 SFA No.를 기준으로 구분되어 있다. AWS에서 SFA대신에 단순하게 A No.로 표기하며, SFA와 동일한 의미를 가진다. 앞서 설명한 QW-442의 A No.와 혼동하지 않도록 주의한다.

Table 8-5 SFA No. System (1/2)

SFA No.	DESCRIPTION
SFA-5.1	Carbon Steel Covered Arc Welding Electrodes
SFA-5.2	Iron and Steel Oxyfuel Gas Welding Rods
SFA-5.4	Corrosion ?
SFA-5.5	Low Alloy Steel Covered Arc Welding Electrodes
SFA-5.6	Copper and Copper Alloy Covered Electrodes

Table 8-5 SFA No. System (2/2)

SFA No.	DESCRIPTION
SFA-5.7	Copper and Copper Alloy Bare Welding Rods and Electrodes
SFA-5.8	Brazing Filler Metal
SFA-5.9	Corrosion-Resisting Chromium and Chromium-Nickel Steel Bare and Composite Metal Cored and Standard Arc Welding Electrodes and Welding Rods
SFA-5.10	Aluminum and Aluminum Alloy Bare Welding Rods and Electrodes
SFA-5.11	Nickel and Nickel Alloy Covered Welding Electrodes
SFA-5.12	Tungsten Arc Welding Electrodes
SFA-5.13	Solid Surfacing Welding Rods and Electrodes
SFA-5.14	Nickel and Nickel Alloy Bare Welding Rods and Electrodes
SFA-5.16	Titanium and Titanium Alloy Bare Welding Rods and Electrodes
SFA-5.17	Carbon Steel Electrodes and Fluxes for Submerged Arc Welding
SFA-5.18	Carbon Steel Filler Metals for Gas Shielded Arc Welding
SFA-5.20	Carbon Steel Electrodes for Flux Cored Arc Welding
SFA-5.21	Composite Surfacing Welding Rods and Electrodes
SFA-5.22	Flux Cored Corrosion-Resisting Chromium and Chromium-Nickel Steel Electrodes
SFA-5.23	Low Alloy Steel Electrodes and Fluxes for Submerged Arc Welding
SFA-5.24	Zirconium and Zirconium Alloy Bare Welding Rods and Electrodes
SFA-5.25	Consumables Used for Electroslag Welding of Carbon and High Strength Low Alloy Steels
SFA-5.26	Consumables Used for Electrogas Welding of Carbon and High Strength Low Alloy Steels
SFA-5.27	Copper and Copper Alloy Gas Welding Rods
SFA-5.28	Low Alloy Steel Filler Metals
SFA-5.29	Low Alloy Steel Electrodes for Flux Cored Arc Welding
SFA-5.30	Consumable Inserts

현장에서 용접 관리를 하는 과정에서 SFA 5.1 E7016-X와 SFA 5.5 E7016-X 의 경우에서 볼 수 있는 바와 같이 서로 다른 SFA No.로 구분된 용접 재료라도 유사한 용접봉 표기 방법에 의해 표시되는 경우도 있어서 단순히 용접봉 표기만 보고 용접봉을 구분해서는 안되며, 용접봉의 구분은 반드시 SFA No.와 용접봉 표기를 함께 구분해 주어야 한다.

2. 효율적인 용접 설계

용접 설계(Welding Design)란 기계 또는 구조물 기타 각종 설비를 용접을 이용하여 제작하는 경우 그 제품이 사용 목적에 적합한 기능을 충분히 발휘하고, 또한 가장 경제적으로 될 수 있도록 재료, 모양, 크기 및 기타의 모든 것을 결정하는 것이다.

이것은 용접 시공서의 일부로서 용접 재료, 이음 현상의 선정, 용접법과 용접 순서의 결정, 그리고 용접 후의 검사 등을 포함하는 것으로 선박, 기계, 차량, 건축, 교량, 보일러와 같이 커다란 구조물에서부터 작은 일용 부품의 제작에 까지 사용되는 것이다. 용접은 금속 접합법의 가장 보편화된 방법이지만 용접성이 나쁜 재료를 선정했다면 결국 그 용접 구조물의 성능이 나쁠 수 밖에 없으며, 용접 구조물은 열을 수반한 야금적 변화를 조직내부에 가져와 잔류 응력이 발생하기 때문에 노치(Notch)부에 취성 파괴가 발생할 염려가 많다.

이러한 결점을 보완하기 위하여 이음의 형상이나 용접 홈(개선)의 형상이 결정되어야 하며, 용접 구조물의 특성에 따른 용접법의 채택과 열의 집중 및 열변형을 감소하기 위한 용접 순서 등이 선정되어야 한다.

특히 복잡한 구조물에서는 이음의 형상 및 용점 홈이 작업의 조립 순서를 고려하여 선택되어져야 하므로 극히 주의가 요구된다.

이 밖에도 용접봉의 종류와 용접 자세, 용접부의 검사 방법 등을 표기하여 완전한 용접 구조물이 되도록 설계해야 한다. 아무리 좋은 재료와 좋은 기술자가 동원된다고 해도 용접 설계가 잘못된 경우에는 용접 시공이 어려워지며 작업 공정수가 늘어나서 필요 이상의 경비가 초과 지출됨은 물론, 용접부의 기계적 성질이 나빠지게 된다.

따라서 정확한 용접 설계를 하기 위해서는 용접에 관한 정확한 지식과 경험을 바탕으로 용접 구조물의 목적, 형상, 이음 설계 및 작업 순서 등이 충분히 고려되어야 하며 경제적인 관점에서 용접 제품의 표준화를 기하고, 생산 능력을 향상시키도록 용접 설계하는 것도 중요한 일이다.

이상을 종합하여 Welding Engineer가 용접 설계에 있어서 필히 고려해야 할 사항은 다음과 같다.

(1) 모재의 특성 파악

용접 대상물 모재의 야금학적인 특성을 고려하여 용접성을 평가해야 한다.

강종에 따라서는 용접 과정중 발생하는 열에 의해 많은 조직의 변화를 거치게 되고, 결함의 발생 가능성이 있는 경우도 있다.

이러한 조건들을 종합적으로 평가하기 위하여 아래의 사항들을 평가한다.

1) 조직의 변태

용접 금속과 용접 열 영향부는 용접 과정에서 발생하는 열로 인해 응고 과정을 거치면서 조직의 변태를 겪게 된다. 이 과정에서 입계 혹은 입내에 해로운 2nd Phase가 형성되거나 석출에 의해 국부적인 경화 혹은 취화가 발생할 수 있다. 용접 구조물의 용접 적합성을 평가하기 위해서는 이러한 조직의 응고 과정에서 발생하는 변태 특성을 충분하게 이해하고 고려하여야 한다.

2) 열 전도도

열 전도도가 큰 재료는 급냉되기 쉬어 안정된 용접 금속을 얻기 어렵고, 많은 잔류 응력이 남게 된다. 따라서 열 전도도가 큰 재료는 균일하고 충분한 예열을 통해 국부적인 급냉이 이루어 지지 않도록 주의하여야 한다.

3) 기계적 특성

고 장력강의 용접시에 가장 문제가 되는 부분 중에 하나는 높은 잔류 응력이다. 용접부가 충분한 강도를 가지면서 안정된 용접 금속을 형성하기 위해서는 용접 대상 모재와 용접 재료의 기계적 특성을 충분하게 고려해야 한다.

4) 열처리 등의 조건

모재의 특성에 따라 열처리가 필요한 재료라면 초기 용접 설계시부터 이에 대한 고려가 이루어져야 한다.

(2) 기기의 특성 파악

모재의 특성에 대한 파악이 기본적으로 이루어진 후에 기기의 용도와 사용 조건에 대한 고려가 이루어져야 한다.

1) 기기의 용도

기기의 용도에 따른 용접 조건 설계가 이루어져야 한다.

단순한 Storage Tank라면 굳이 고품질의 용접 방법과 용접 재료를 사용할 필요는 없다. 그러나, 위험성이 큰 고순도의 유체를 취급하는 고압 용기를 제작하는 경우에는 용접부의 품질이 매우 중요하다.

또한 용접후 용접 열에 의해 용접부와 모재의 일부가 색이 변색이 되거나 반사도가 떨어지는 부분이 문제가 되지 않는지 확인해야 한다.

2) 기기의 운전 조건

기기가 극심한 부식 환경에 노출되거나 고온 고압의 분위기에서 운전이 된다면 그에 적합한 높은 강도와 내식성을 가지고 있는 용접 재료의 선정이 필요하다. 또한 용접 후 잔류 응력을 최소화 할 수 있도록 용접 조건을 선정하는 작업이 필요하다.

3) 기기의 형상

기기의 형상은 곧 용접량과 관련이 있으며, 용접 Joint의 형상과도 관계된다. 양면 개선일 경우에 어느 쪽을 먼저 용접하고, Gouging은 어떤 방법으로 실시할 것인지 등이 결정되어야 한다.

용접량이 많은 구조물의 변형을 줄이기 위해서는 가능한 용접 Pass를 줄이는 것이 좋고, 잔류 응력을 최소화 하기 위해서는 다층으로 용접하는 것이 좋다. 후판의 변형을 최소화하면서도 충분한 강도를 가진 안정적인 용접 구조물을 얻기 위해 Narrow Gap등의 용접 방법이 사용되기도 한다.

4) 용접 검사

가장 중요한 항목의 하나라고 할 수 있다. 해당 기기를 제작하고 검사하는 기준을 확실하게 알아야 한다. 용접부 결함 합부 기준, 용접 검사의 방법과 적용 기준 및 적용 가능성에 대한 검토가 선행되어야 한다.

(3) 작업 조건 분석

상기와 같이 모재의 특성 및 사용 환경에 근간을 둔 환경적인 기기의 특성을 파악하는 작업 이외에 용접 작업이 이루어 지는 작업장의 여건에 따른 조건들도 고려하여야 한다.

1) 작업장 여건

작업이 용접 조건이 안정되어 있는 공장내에서 이루어 지는 지 아니면 바람이 부는 등 여러 작업 조건의 변수가 큰 공사 현장에서 실시되는지에 따라 적절한 용접 시공 순서와 설계가 이루어 져야 한다.

특히, 설계된 부재의 용접을 위한 이음 가공이 가능한지, 대형 용접 대상물의 용접 위치를 고정할 수 있는 장비(Positioner)등이 준비되는 지의 여부를 확인해야 한다.

2) 용접기 특성

SAW를 사용할 것인지, SMAW를 사용할 것인지 등의 기본적인 Process 선정이 이루어 지면 해당 용접기의 특성에 대한 고려가 필요하다.

즉, 용접 전류/전압, 용접 속도, 용접봉의 수 (Tandem or Single) 등에 대한 검토가 필요하다.

이러한 모든 조건들에 대한 검토가 이루어진 후에 사용 가능한 용접 방법과 용접 재료를 선정하고 가장 변형과 결함을 줄일 수 있는 용접 Joint 형상을 선정하여 용접 설계를 해야 한다.

(4) 이종 용접 재료의 선정

현장에서 용접 설계를 하는 Engineer들이 가장 크게 고민하는 것 중의 하나는 이종 재료의 용접이다. 이종 재료의 용접이 제대로 이루어 지기 위해서는 올바른 용접 재료의 선택이 가장 중요하다.

이하의 내용은 비단 이종 재료 뿐만 아니라 동종 재료에도 동일하게 적용되는 사항으로, 용접 재료와 최적의 용접 조건을 선정하기 위해서는 반드시 고려해야 한다.

1) Defect Free Welds

용접 금속이 구조적으로 안정해야 한다. 용접 금속내에 결함이 발생할 수 있는 용접 재료와 용접 조건은 피해야 한다.

2) Physical Properties

용접 금속의 물리적 특성이 용접 대상의 두 모재의 그것과 유사한 수준이어야 한다. 열팽창과 국부적인 응력 집중이 매우 중요한 인자이다. 국부적인 응력 집중을 막기 위해서는 용접 금속의 열팽창이 두 금속의 중간 수준이어야 한다.

3) Mechanical Properties

용접 금속의 기계적 강도는 사용되어지는 모든 온도 범위에서 모재의 강도보다 높은 수준이어야 한다. 그렇지 않으면 용접 금속을 관통하는 파단이 일어날 수 있다. 그러나, 강도가 다른 두 금속을 용접할 경우에는 두 금속중 낮은 강도의 강에 적합한 용접재료를 선정해야 한다.

4) Corrosion Resistance

용접 금속의 부식 저항성은 두 이종 금속 모재 보다 높은 수준이어야 한다. 용접 금속은 모재에 비해 높은 잔류 응력과 급냉에 의한 경화 조직으로 쉽게 부식 환경에 노출되어 피해를 입게 된다.

따라서, 용접 금속은 모재의 내식성 보다는 우수한 내식성을 가져야 한다. 이 부식 저항성은 습식 상태의 Wet Corrosion 뿐만 아니라 고온 상태의 부식에도 동일한 저항성을 가져야 됨을 의미한다.

그러나, 실제로 현장에 사용되는 이종 금속의 용접 재료 선정에 있어서는 이 모든 조건을 만족시키기는 매우 어려우며 사용하는 용도에 적합한 가장 우수한 재질 특성을 가진 재료를 선정하는 작업이 필요하다.

3. 용접 Process에 따른 용접 재료의 특성

이하에서는 각 용접 Process에 적용되는 용접 재료의 표기법과 특성에 대하여 간략하게 논한다. 각 Process별로 보다 자세한 사항은 해당 Process를 설명한 앞의 6장을 참조한다.

(1) 피복 Arc 용접 (SMAW)

1) 피복 Arc 용접봉의 소개

피복 Arc 용접봉은 아래의 그림 8-1과 같이 심선(wire)의 주위에 피복제 (Flux)를 균일하게 도장하여 건조시킨 것이며, 그 한쪽 끝을 용접기와 연결된 용접봉 Holder에 물려서 전류를 통할 수 있도록 심선의 길이를 20 ~ 30mm 노출시키고 다른 쪽은 Arc 발생이 쉽도록 약간 (3mm이하) 노출되어 있다.

또한 저수소계 용접봉, 철분 산화철계 용접봉 등에는 Arc발생을 용이하게하고, 초기 Arc 발생시의 결함 (Blow hole 등)을 방지할 수 있도록 특수 약제로 도포되어 있다.

일반적으로 심선의 직경은 2.0 ~ 8.0mm, 길이는 300 ~ 900mm 이다.

피복 Arc 용접봉에는 피용접재의 재질에 따라 연강, 고장력강, 저합금강, 스테인레스강, 비철 금속, 주철, 표면 경화용 등이 있고, 모재의 재질, 구조물의 사용 목적, 이음 형상, 용접 자세, 전류의 종류 등에 따라 구분되고 있다.

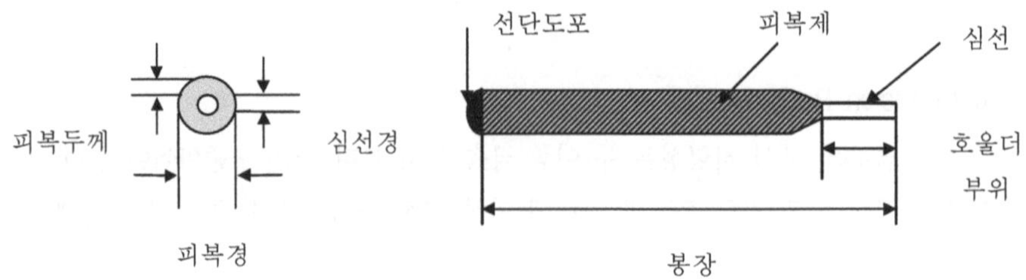

그림 8-1 피복 Arc 용접봉의 구성요소

2) 피복 Arc 용접재료의 종류

피복 Arc 용접봉은 종류가 다양하나 피용접물의 재질에 따라서 연강 (탄소강), 고장력강, 저합금강, 스테인레스강, 표면 경화용, 동합금, 니켈합금, 알루미늄 등으로 분류하고 있다. 또한 이들 용접봉은 모재의 재질, 용접물의 사용 목적, 용접 자세, 사용 전류의 극성, 이음 형상 등에 따라 분류하여 사용된다.

❶ 연강용 피복 Arc 용접재료

연강용 피복 Arc 용접봉 (Coated electrode for mild steel)은 현재 가장 많이 사용되고 있으므로, 여기에 대해서는 폭 넓은 지식을 가지고 있어야 한다.

우리나라에서는 KS D7004에 연강용 피복 Arc 용접 재료에 대해 자세히 규정되어 있다.

용접봉의 종류는 피복제의 종류에 따라 Table 8-6과 같이 분류하며, 전체 용착 금속 (All Weld Metal)의 기계적 성질은 Table 8-7의 값을 갖는다.

KS 기준에 의한 피복 Arc 용접봉의 표시 기호는 다음과 같은 의미를 가진다. 이 기준은 고장력강을 포함한 모든 피복Arc 용접봉 표기방법에 공통으로 적용된다.

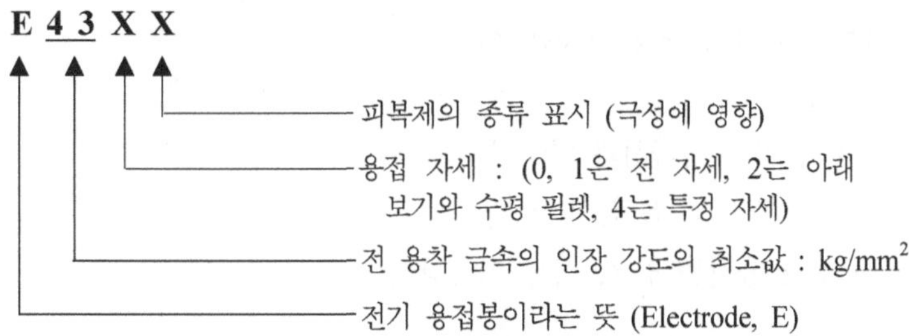

Table 8-6 연강용 피복 Arc 용접봉의 종류 (KS D7004) (1/2)

종 류	피복제 계통	용 접 자 세	사용전류의 종류
E4301	일미나이트 계	F, V, OH, H	AC 또는 DC (±)
E4303	라임티타니아 계	F, V, OH, H	AC 또는 DC (±)
E4311	고셀룰로우즈 계	F, V, OH, H	AC 또는 DC (±)
E4313	고산화티탄 계	F, V, OH, H	AC 또는 DC (−)
E4316	저 수 소 계	F, V, OH, H	AC 또는 DC (+)
E4324	철분 산화티탄 계	F, H-Fil	AC 또는 DC (±)
E4326	철분 저수소 계	F, H-Fil	AC 또는 DC (+)

Table 8-6 연강용 피복 Arc 용접봉의 종류 (KS D7004) (2/2)

종 류	피복제 계통	용 접 자 세	사용전류의 종류
E4327	철분 산화철 계	F, H-Fil	F 용접시는 AC 또는 DC (+) H-Fil 용접시는 AC 또는 DC (−)
E4340	특 수 계	F, V, OH, H, H-Fil	AC 또는 DC (±)

위 Table 8-6에서 사용된 각 기호의 의미는 다음과 같다.

① 용접 자세에 사용된 기호

F : 아래 보기 자세 (Flat Position)

V : 수직 자세 (Vertical Position)

OH : 위보기 자세 (Overhead Position)

H : 수평 자세 (Horizontal Position)

H-Fil : 수평 필렛 (Horizontal Fillet)

* 여기에 사용되는 기호 이외에 ASME/AWS에 기준한 용접 자세를 구분하는 방법은 숫자와 문자를 조합하여 1G, 2F등으로 표기한다. 이에 대한 설명은 ASMW Sec. IX QW-461.7항을 참조하며 관련 그림 설명은 제12장을 참조한다.

② 사용 전류의 종류에 이용한 기호

AC : 교류

DC(±) : 직류 정극성과 역극성

DC(−) : 용접봉 음극, 직류 정극성

DC(+) : 용접봉 양극, 직류 역극성

Table 8-7 용착 금속의 기계적 성질 (KS D7004) ※ 모든 값은 최소치임

종 류	인장 강도 (kg/mm^2)	항복점 (kg/mm^2)	연 신 율 (%)	충격치 (0℃ V-Notch Charpy) (kg-m/cm^2)
E4301	43	35	22	4.8
E4303	43	35	22	2.8
E4311	43	35	22	2.8
E4313	43	35	17	-
E4316	43	35	25	4.8
E4324	43	35	17	-
E4326	43	35	25	4.8
E4327	43	35	25	2.8
E4340	43	35	25	2.8

※ Notes 1. E4327에 대해서는 연신율이 2%증가할때는 항복점과 인장 강도는 1kg/mm2 낮아져도 지장은 없다. 단 항복점은 33 kg/mm2, 인장 강도는 41kg/mm2 이상이어야 한다.
2. KS 규격은 미국용접학회 (AWS, American Welding Society) 규격과 일본의 JIS 규격을 참고로 하여 우리나라 실정에 맞도록 제정되어 있으며, KS E4313은 AWS E6013, JIS D4313와 서로 연관되어 있고 기호는 다음과 같다.

KS	AWS	JIS
E4313	E6013	D 4313
43 (kg/mm^2)	60,000(lb/in^2)	43 (kg/mm^2)

1) KS, JIS 인장 강도 : kg/mm^2
2) AWS 인장 강도 : lb/in^2 (pound per square inch) : psi
3) 1 kg/mm^2 = 1,421 lb/in^2
4) 60,000 lb/in^2 (psi) = 42.2 kg/mm^2 ≒ 43 kg/mm^2

② 연강용 피복 Arc 용접봉의 특성

용접봉은 KS 규격의 종류에 따라 각각 특성을 가지고 있으므로 그 사용 목적에 따라서 잘 선택하여 사용하여야 한다.

• E4301 (Ilmenite Type) : 일미나이트 (Ilmenite)광석, 사철 등을 주성분으로 한 피복재를 도포한 용접봉으로서 전자세의 용접에 사용된다. 원료인 양질의 일미나이트가 우리 나라와 일본 및 동남 아시아에서 많이 생산 되므로 우리 나라에서는 가장 많이 사용 되고 있다. Slag는 비교적 유동성이 좋고, 용입 및 기계적 성질도 양호하다. 특히 내부 결함이 적고 X-선 시험 성적도 양호하다. 용도는 일반 공사용에는 물론, 각종 압력 용기, 조선, 건축등에도 널리 사용되고 있다.

• E4303 (Lime Titania Type) : 산화티탄 (TiO_2)과 석회석 ($CaCO_3$)이 주성분이고 일반적으로 피복의 두께가 두껍다. 용접 Bead 표면은 평면적이고, Bead 외관은 고우며, Under-Cut의 발생이 적다. Slag는 유동성이 크고 가벼우며 다공성이므로 박리성이 좋다. 작업성이 양호하며 모든 용접 자세에서 사용할 수 있다. 용접 작업때는 용착 금속위에 뜬 Slag가 뒤로 잘 밀려나므로 굵은 용접봉으로서 아래 보기 자세나 수평 Fillet 용접에도 유효하며 기계적 성질도 양호하다.

• E4311 (High Cellulose Type) : 피복제 중에 유기물 (주로 Cellulose)을 약 30%정도 포함하고 있으며, 용접중에 이 유기물이 연소하여 많은 환원 가스 (CO, H_2)가 발생된다. 이 가스는 대기중의 산소나 질소의 악영향으로 부터 용착 금속을 보호한다. 이 용접봉은 피복의 두께가 얇으며 Slag의 양이 극히 적어서, 수직, 위 보기 자세 또는 좁은 틈의 용접에 작업성이 좋다. Arc는 스프레이 (Spray)상태이고, 용입도 양호하다 Spatter가 많고 Bead 표면의 파형이 거칠다.

• E4313 (High Titania Type) : 고산화티탄 (금홍석, Tio_2)이 주성분인 피복제를 사용한 것

으로서 다른 여러 나라에서 많이 사용되는 용접봉이다. Arc는 안정되고 Spatter가 적으며, Slag의 박리성은 대단히 좋고 Bead의 외관이 고울 뿐 아니라 Under-Cut도 잘 발생하지 않는다. 작업성도 극히 좋으며, 모든 용접 자세에 사용되고 수직 하진(Vertical Down) 용접도 가능하다. 용접 작업중에는 Slag가 뒤로 잘 밀려 나가므로 굵은 용접봉을 사용해도 작업성이 좋다. 용입이 얕으므로 박판 용접에는 좋으나, 기계적 성질이 약간 떨어지므로 중요 부분의 용접에는 잘 사용되지 않는다.

- E4316 (Low Hydrogen Type) : 석회석 ($CaCO_3$) 등의 염기성 탄산염을 주성분으로 하고, 여기에 형석 (CaF_2), 페로 시리콘등을 배합한 용접봉이다. 때로는 사용 전류 폭을 넓게 하기 위해 철분을 첨가할 때도 있다. 피복제중에는 수소를 발생시킬 성분이 적다. 용접중에 탄산염이 분해되어 발생한 탄산 가스가 Arc를 둘러싸서 용착 금속 중에 녹아 들어가는 수소량을 적게 한다. 따라서 용착 금속중의 수소 함량은 다른 종류의 피복 Arc 용접봉에 비해서 현저하게 적다 (약 1/10정도). 또 강력한 탈산 작용 때문에 산소량도 적어서 용착 금속의 인성 (Toughness)이 좋고 기계적 성질도 양호 하다.
- E4327 (Iron Powder Iron Oxide Type) : 이 용접봉은 산화철을 주성분으로 하고 여기에 철분을 첨가한 것이다. 일반적으로 규산염을 많이 포함하고 있으며 산성 Slag를 만든다. 아래 보기 및 수평 Fillet 용접에 많이 사용되나, 특히 수평 Fillet 용접에 더 많이 사용된다. Arc는 스프레이 상태이고 Spatter가 적으며 용입은 양호하다. Slag는 무겁고 Bead 표면을 완전히 덮는다. 또 Slag의 박리성은 좋으며 Bead 표면은 곱다. 용착 금속의 기계적 성질도 좋다.

③ 연강용 피복 Arc 용접봉의 내균열성의 비교

용착 금속의 내균열성(Crack Resistance)은 용접봉을 선택하는 데 있어 대단히 중요한 요소가 된다. 피복제의 염기도 (Basicity)에 대한 내균열성을 비교하면 다음의 그림 8-2와 같다.

이에 대한 좀더 자세한 사항은 제6장의 SMAW의 설명을 참조한다. 내균열성은 저수소계가 가장 우수하고, 다음이 일미나이트계, 고산화철계, 고셀룰로우즈, 고산화티탄계의 순서로 떨어지고 있음을 알 수 있다. 즉 피복제가 산성계로 갈수록 작업성은 향상되지만 반대로 용착 금속의 내균열성은 저하됨을 알 수 있다. 또 일미나이트계는 내균열 특성의 폭이 커서 내균열성이 우수한 것과 그렇치 못한 것이 있음을 알 수 있다.

저탄소강용 용접봉과 저합금강용 용접봉은 일반적으로 동일한 선재(Low Carbon, Rimmed Steel)로 제작되며, 용착 금속의 기계적, 화학적 특성을 좌우하는 합금 성분은 피복재의 성분을 조절함으로써 얻어진다.

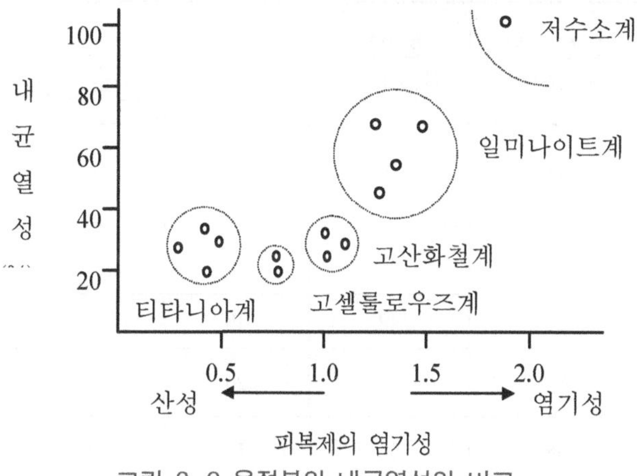

그림 8-2 용접봉의 내균열성의 비교

❶ 고장력강용 피복 Arc 용접 재료

고장력강은 연강의 강도를 높일 목적으로 연강에 적당한 합금 원소를 약간 첨가한 저합금강 (Low alloy steel)을 말한다.

고장력강은 강도, 경량, 내식성, 내충격성, 내마모성등을 요구하는 구조물에 특히 적합하다.

우리나라에서는 공업 규격 KS D7006에 규정되어 있고, 또한 용접봉의 종류는 용착 금속의 인장 강도, 피복제 계통, 용접 자세 및 전류의 종류에 따라 Table 8-8과 같이 분류되며, 용착 금속의 기계적 성질은 Table 8-9와 같다.

Table 8-8 고장력강용 피복Arc 용접봉의 종류 (KS D7006)

용접봉의 종류	피복제의 계통	용 접 자 세	사용전류의 종류
E5001 E5003	일미나이트 계 라임티타니아 계	F, V, OH, H F, V, OH, H	AC 또는 DC ( ) AC 또는 DC ( )
E5016 E5316 E5816	저 수 소 계	F, V, OH, H	AC 또는 DC ( )
E5026 E5326 E5826	철분 저수소계	F, H-Fil	AC 또는 DC ( )
E5000 E5300	특 수 계	F, V, OH, H H-Fil중 어느 자세	AC 또는 DC ( )

※ Notes : 1. 용접 자세 및 사용 전류의 기호 뜻은 연강용 피복 Arc 용접 재료 참조요.
2. 사용 전류의 기호의 뜻은 다음과 같다.
AC : 교류, DC (±) : 직류 정극성 및 역극성

Table 8-9 용착 금속의 기계적 성질 (KS D7006) ※ 모든 값은 최소치임.

종 류	인장 강도 (kg/mm^2)	항복점 (kg/mm^2)	연 신 율 (%)	충 격 시 험	
				시험온도(℃)	충격치 (V-Notch Charpy) ($kg\text{-}m/cm^2$)
E5000 E5001 E5003	50	40	20	0	4.8
E5016 E5026	50	40	23	0	4.8
E5300	53	42	18	0	4.8
E5316 E5326	53	42	20	0	4.8
E5816 E5826	58	50	18	-5	4.8

Table 8-10 AWS에 의한 피복 용접봉 분류 체제

용접봉 등급		전류 특성	Arc	용입 깊이	피복재 성분	철분함유량
F-3	EXX10	DCEP	Digging	Deep	Cellulose-sodium	0 ~ 10%
F-3	EXXX1	AC & DCEP	Digging	Deep	Cellulose-potassium	0%
F-2	EXXX2	AC & DCEN	Medium	Medium	Rutile-sodium	0 ~ 10%
F-2	EXXX3	AC & DC	Light	Light	Rutile-potasium	0 ~ 10%
F-2	EXXX4	AC & DC	Light	Light	Rutile-iron powder	25 ~ 40%
F-4	EXXX5	DCEP	Medium	Medium	Low hydrogen-sodium	0%
F-4	EXXX6	AC or DCEP	Medium	Medium	Low hydrogen-potasium	0%
F-4	EXXX8	AC or DCEP	Medium	Medium	Low hydrogen-iron powder	25 ~ 45%
F-1	EXX20	AC or DC	Medium	Medium	Iron oxide-sodium	0%
F-1	EXX24	AC or DC	Light	Light	Rutile-iron powder	50%
F-1	EXX27	AC or DC	Medium	Medium	Iron oxide-iron powder	50%
F-1	EXX28	AC or DCEP	Medium	Medium	Low hydrogen-iron powder	50%

위 Table 8-10에 소개된 용접봉 중에서 마지막 숫자가 "5", "6", "8" 인 것은 저수소계 용접봉을 의미한다. 이들 저수소계 용접봉은 피복에 함유되어 있는 수분의 함량을 낮은 수준으로 유지하기 위해 공장에서 포장한 상태로 수분이 없는 곳에 보관하고 적합한

용접봉 건조용 오븐(Dry Oven)속에 보관하여야 한다.

저수소계 용접봉 보관용 오븐은 150 ~ 350°F(66 ~ 177℃)의 온도 조절 능력을 갖는 전기 오븐이어야 하며, 용접봉 피복의 수분 함량을 0.2% 이하로 관리하기 위해 적절한 환기 장치가 부착되어야 한다.

모든 저수소계 용접봉은 기밀성 포장을 뜯은 직후에는 용접봉 보관 오븐에 넣어 습기가 흡수되는 것을 방지하여야 하며, 대부분의 용접 관련 규정에는 저수소계 용접봉을 250°F (120℃) 이상의 온도가 유지되는 용접봉 보관 오븐에 보관하도록 규정되고 있다.

그러나 저수소계 용접봉을 제외한 나머지 용접봉들은 120℃ 이상의 온도로 오븐에 넣어 보관하면 피복재의 변질을 가져와 오히려 나쁜 영향을 가져올 수 있다. 특정 용접봉은 피복재에 일정량의 수분이 포함되도록 제작된 것도 있으며, 이러한 용접봉의 피복재에서 수분을 제거하면 용접봉의 용접 전기 특성이 완전히 나빠져서 건전한 용접 금속을 얻을 수 없다.

저합금강(Low Alloy Steel, P No.3 이상)을 용접할 때 사용되는 피복 Arc 용접봉의 표기에는 알파벳과 숫자로 된 문자가 첨가 되는 데, 이러한 문자의 의미는 다음 Table 8-11에 제시되어 있다. (SFA 5.5참조)

Table 8-11 저합금강 피복 용접재료 표기 보조 기호

보조 기호	주요 합금 성분
A1	0.5% Molybdenum
B1	0.5% Molybdenum - 0.5% Chromium
B2	0.5% Molybdenum - 1.25% Chromium
B3	1.0% Molybdenum - 2.25% Chromium
B4	0.5% Molybdenum - 2.0% Chromium
C1	2.5% Nickel
C2	3.5% Nickel
C3	1.0% Nickel
D1	0.3% Molybdenum - 1.5% Manganese
D2	0.3% Molybdenum - 1.75% Manganese
G1	0.2% Molybdenum ; 0.3% Chromium ; 0.5% Nickel ; 1.0% Manganese ; 0.1% Vanadium

Note : 1 : Need to have a minimum content of one element only

❸ 기타 피복 Arc 용접재료

① Stainless 강용 피복 Arc 용접봉

Stainless 피복 Arc 용접봉은 Cr-Ni Stainless 강 피복 Arc 용접봉과 Cr Stainless 강

피복 Arc 용접봉을 조합한 것이다.

전자는 Austenite계 Stainless 강 용접봉이고, 후자는 Martensite 혹은 Ferrite계 Stainless 강의 용접봉이다.

이 두 종류의 용접 재료는 화학 성분에 의하여 다시 여러 종류로 분류되며, 자세한 내용은 AWS A5.4 및 JIS Z3321에 수록되어 있는 것을 참고한다.

② 주철용 피복 Arc 용접봉

주철 (Casting)은 보통 C = 1.7 - 3.5%, Si = 0.6 - 2.5%, Mn = 0.2 = 1.2%, P ≤ 0.5%, S≤0.1%의 화학 성분을 가지고, 이외에도 Ni, Cr, Mo등을 포함하고 있다. KS D7008에는 주철용 피복 Arc 용접봉이 규정되어 있으며 내용 일부를 다음 표 8-12에 소개한다.

Table 8-12 주철용 피복 Arc 용접봉의 종류 및 용착금속의 화학성분

종 류	화 학 성 분 (%)							
	C	Mn	Si	P	S	Mi	Fe	Cu
EGC Ni	≤1.8	≤1.0	≤2.5	≤0.04	≤0.04	≤92	-	-
EGC NiFe	≤2.0	≤2.5	≤2.5	≤0.04	≤0.04	40-60	나머지	-
EGC NiCu	≤1.7	≤2.0	≤1.0	≤0.04	≤0.04	≥60	≤25	25 - 35
EGC CI	1.0 ~ 5.0	≤1.0	2.5 ~ 9.5	≤0.20	≤0.04	-	나머지	-
EGC Fe	≤0.15	≤0.8	≤1.0	≤0.03	≤0.04	-	나머지	-

③ 기타 피복 Arc 용접봉

피복 Arc 용접봉은 가장 많이, 또 일반적으로 사용할 수 있는 용접봉이다. 또한 앞서 소개한 용접봉외에도 우리나라 및 선진각국에서 여러가지 피복 Arc 용접봉이 개발되고 있다.

이들을 열거하면, 고장력강 외의 각종 저합금강용, 청동 (Bronze)용, 알루미늄용 및 표면 경화용 등이 있다.

(2) Sub-Merged Arc 용접 (SAW, 잠호용접)

SAW용접 재료는 용접용 Solid Wire와 Flux로 이루어진다.

1) 용접 Wire의 특성

Sub-Merged Arc 용접에 있어서는 Manual Shield Metal Arc용접의 경우와는 달리,

Wire와 Flux를 조합하여 사용하고 있다.

이때 Wire는 단독으로 결정될 수 없고, Flux의 종류에 따라 달라진다.

Wire와 Flux의 조합은 용착 금속의 제반 성질, Bead 외관, 작업성에 큰 영향을 미치므로 모재의 표면 상태, 개선 형상, 용접 조건등을 충분히 고려하여 결정할 필요가 있다.

일반적으로 Low-Mn Wire에는 소결형 Flux, High-Mn Wire에는 용융형 Flux를 사용하고 있다. Wire 표면에는 전기 전도도를 향상하고, 사용 및 보관시에 산화(녹)를 방지하기 위해서 동 도금(Copper coating) 되어 있다.

2) Flux의 특성

Sub-Merged Arc 용접에 사용되어지는 Flux는 제조 방법에 따라 용융형 (Fused Flux)과 소결형 (Agglomerated, 또는 Bonded flux)으로 크게 분류된다. (Flux의 종류와 특성에 대한 사항은 6장을 참조한다.)

그러나 Flux의 분류는 수동 피복 Arc 용접봉의 피복제 분류 체계에 비하여 조합하는 Wire의 결정 및 용접 특성상 현재까지 성능에 대한 체계적인 분류는 아직 일치되어 있지 않고 있다.

Flux는 일반적으로 Hopper에 저장하고, 중력에 의해 공급관을 통하여 용접 Arc 주변 또는 용접 Arc바로 앞 부분에 공급된다.

반자동 용접기의 경우에는 압축 공기를 사용하여 Flux 분말을 용접 Torch로 공급하던가 도는 수동 용접 Torch 바로 위에 Hopper가 연결된 경우도 있다.

SAW는 용접이 진행되면서 용착된 금속과 Slag가 형성되며, 용융되지 않은 Flux 가 남아 있게 된다. 따라서 용접후에는 용융되지 않은 Flux는 붓 또는 진공 펌프를 이용하여 회수하여 용접에 다시 사용하고 있다.

회수된 Flux는 회수 직후 그대로 바로 사용되기도 하지만, 재처리를 통해 필요한 합금 원소를 보충한 후에 다시 사용하는 방법도 있다.

그러나 일반적으로 합금 원소를 보충하는 기능을 가진 Flux는 재활용을 금하는 것이 좋다.

용접 과정에 사용되어지는 Flux의 역할은 크게 다음의 4가지로 분류할 수 있다. 이 Flux의 역할은 SAW뿐만 아니라 SMAW의 피복재의 경우에도 동일하게 적용되는 사항이다.

❶ 용접 Arc의 안정

용접 Arc 발생이 용이하게 이루어지고 일단 발생된 Arc는 지속적으로 안정된 상태의 용접이 행해질 수 있도록 Flux 내에 적당한 화합물이나 원소를 포함하고 있어야 한다. 또한 용접용 Flux는 용접 작업시 모든 사용 전류 범위에서 화학적으로 안정될 수 있도록 배합,

제조 되어져야 한다.

❷ 용접중 보호 Slag층의 형성

Flux의 용융 범위와 생성 Slag의 점도가 고려되어야 한다.

Flux는 용접부재가 용접되기 전에 완전히 용융되어 용융지(Weld Pool)를 보호하여야 하며, 용접 Arc의 통과 후 용융 금속으로 부터 반응 생성물의 분리 및 대기 오염 방지를 확실히 하도록 용융지보다 더 낮은 온도 까지 용융 상태로 남아 있어야 한다.

고속 Fillet 용접 같은 특정한 경우에는 Slag가 가능한 빨리 응고되고 자연 박리되어 용접 시공자가 용접 Arc의 통과후 용착 부위를 조사하고 계속적인 용접 작업을 조정할 수 있어야 한다.

응고 과정 또는 응고후 Slag의 수축력은 용착 Bead의 수축력과 달라야 좋은 Slag 박리성을 가지게 된다. 용융 Slag의 점도는 충분히 높아 용융지에 흘러 내리지 않아야 하는 반면에 용융지로 부터 가스 방출 및 반응 생성물을 분리시킬 수 있어야 한다.

용접 Bead의 형태는 Slag 점도에 크게 좌우된다.

❸ 용착 금속의 탈산 및 불순물 조정

용융된 Flux로 부터 생성되는 Slag는 용접시 짧은 반응 시간 중에 용융지의 탈산을 완전하게 하기 위하여 적정의 열역학적 성질을 갖추어야 한다.

또한 Flux의 성분은 유황(S)과 같은 불순 원소가 용착 금속으로 부터 제거되어 계속되는 용접 작업에 해로운 영향을 끼치지 않도록 해야 한다.

❹ 합금 원소의 첨가

합금 원소의 첨가는 환원성 분위기에 의해 Slag로 부터 용착 금속 속에 필요한 성분이 열역학적으로 환원되어 이루어지거나 단순히 철 합금류와 같이 Flux에 직접 첨가하여 얻을 수 있다.

3) 용접 재료 표기법

SAW 용접 재료의 표기 방법은 Wire와 Flux를 조합해서 표기한다.

다른 용접 방법에 비해 용접 재료의 표기가 복잡하고 다양한 정보를 포함하고 있다. 다음에 몇 가지 강종별 용접 재료를 미국 용접학회(AWS)의 기준에 의거하여 예로 들어 설명한다.

❶ Specification for carbon steel electrodes and fluxes for submerged arc welding (SAW) (AWS A5.17)

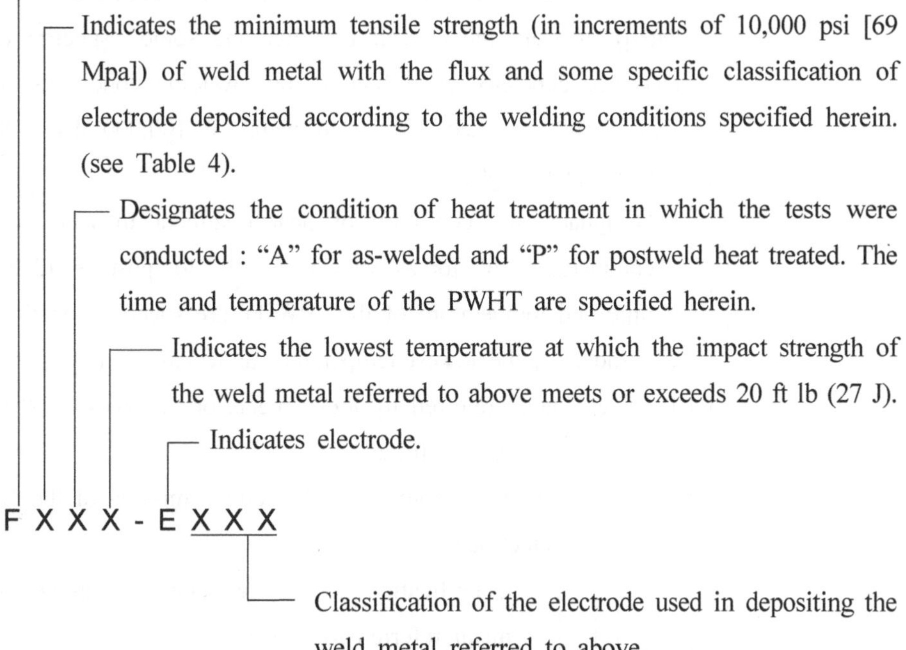

위 표기에서 E는 Solid Wire를 의미하고, 간혹 E 대신에 사용되는 EC는 Composite Wire를 의미한다.

Example
F7A6-EM12K is a complete designation. It refers to a flux that will produce weld metal which, in the as-welded condition, will have tensile sterngth no lower than 70,000 psi and Charpy V-notch impact strength of at least 20 ft Ib at -60 F when deposite with an EM12K electrode under the conditions called for in this specification.

❶ Specification for <u>low alloy steel</u> electrodes and fluxes for submerged arc welding (SAW) (AWS A5.23-80)

Indicates flux.

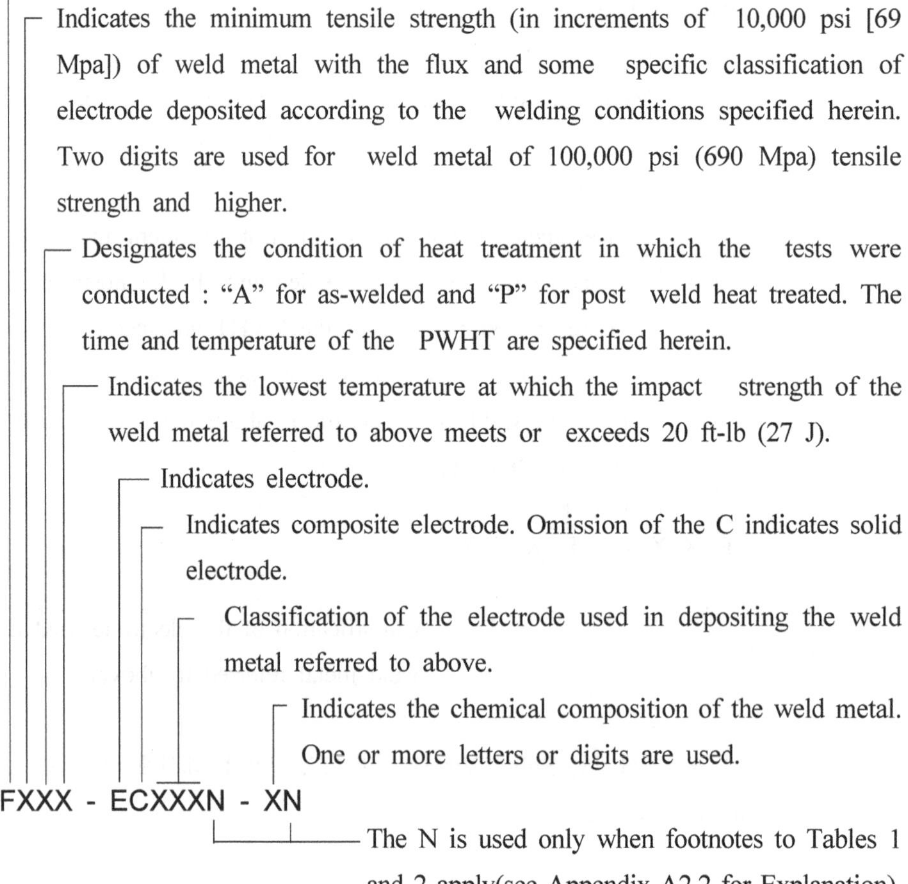

> Example
>
> F9P0-EB3-B3 is a complete designation. It refers to a flux that will produce weld metal which, in the postweld heat treated condition, will have a tensile strength no lower than 90,000 psi and Charpy V-notch impact strength of at least 20 ft-lb at 0 F when deposited with an EB3 electrode under the conditions called for in this specification. The composition of the weld metal will be B3

(3) Gas Arc 용접

Gas Arc 용접은 GTAW, GMAW, FCAW, EGW등을 통칭하는 용어로 공식적인 표현은 아니다.

이들 용접 방법들은 자동화를 거치면서 높은 용접 효율을 장점으로 한다. 특히 Flux Cored Wire를 사용하는 FCAW 혹은 EGW의 발전으로 더욱 높은 용착 속도와 효율을 가진 용접 방법들이 산업 현장에 적용되고 있다.

각 용접 방법과 용접 재료에 관한 사항은 6장의 용접 방법 소개란을 참조하고 여기에서는 간단하게 각 용접 재료의 표기법만을 구분하여 소개한다.

1) 연강 및 50kg/mm2 급 고장력강 Self shielded Arc 용접용 Flux cored Wire의 이름 표시 기호의 의미

EXXTX - X

- E — Designates an electrode.
- XX — Indicates the minimum tensile strength of the deposited weld metal in a test weld made with the electrode and in accordance with specified welding conditions.
- X (after T) — Indicates the primary welding position for which the electrode is designed :
  0 - flat and horizontal positions
  1 - all positions
- X (after -) — Designates the chemical composition of the deposited weld metal Specific chemical compositions are not always identified with specific mechanical properties in the specification. A supplier is required by the specification to include the mechanical properties appropriate for a particular electrode in classification of that electrode. Thus, for example, a complete designation is E80T5-Ni3; EXXT5-Ni3 is not a complete classification.
- X (after T) — Indicates usability and performance capabilities.
- T — Indicates a flux cored electrode.

Note : The letter "X" as used in this figure and in electrode classification designations in this specification substitutes for specific designations indicated by this figure.

2) 연강 및 50 kg/mm2 급 고장력강 Electroslag 용접용 Solid Wire와 Flux의 이름 표시 기호의 의미

Designates an Electroslag Welding Flux.

Indicates, in 10,000 psi (69 Mpa) *, the minimum tensile strength of Weld metal made using the flux in combination with a specific electrode classification and in accordance with specified welding conditions.

Indicates the impact stenght of weld made using the flux in combination with a specifif electrode.

FESXX - EXXXXX - EW

Indicates solid electrode for electroslag welding. Omission indicates metal cored electrode.

Indicates the chemical composition of the deposited weld metal from a metal cored electrode or the chemical composition of solid electrode. May be three, four or five digits.

Designates an electrode.

3) 연강 및 50 kg/mm2 급 고장력강 가스 차폐 Electrogas 용접봉 Solid Wire 이름 표시 기호의 의미

Designates and electrode for Electrogas Welding.

Indicates, in 10,000 psi (69 MPa)*, the minimum tensile strength of weld metal made using a specific electrode classification and in accordance with specified welding conditions.

Indicates the impact strength of weld metal made with a specific electrode.

Indicates a flux-cored electrode. The letter S indicates a solid electrode.

EGXXTXXX

Indicates the chemical composition of the deposited weld metal from a flux-cored electrode or the chemical. Composition of solid electrode. May be two, three, or four digits.

* When using SI Units the tensile strength designation remains Customary U. S. Units.

(4) Brazing (경납)과 Soldering (연납) 용접 재료

Brazing 과 Soldering의 특징은 모재의 용융 없이 단지 용접 재료만을 용융하여 접합부에 확산하거나 계면에 얇은 합금층을 구성하여 용접이 이루어지게 된다. 이때, 고온 산화를 방지하기 위해 환원성이나 중성의 분위기에서 용접하다가 공기중에서 행할 때는 산화물을 용해 제거하기 위하여 Flux를 사용해야 한다.

Brazing과 Soldering에 사용되는 용접 재료인 땜납과 용제의 구비 조건은 다음과 같다.

1) 땜납의 구비조건

❶ 모재보다 용융점이 낮아야 한다.
❷ 표면 장력이 적어 모재 표면에 잘 퍼져야 한다.
❸ 유동성이 좋아서 틈이 잘 메워질 수 있어야 한다.
❹ 모재와 친화력이 있고 접합이 튼튼해야 한다.
❺ 사용 목적에 적합해야 한다. (강인성, 내식성, 내마멸성, 전기 전도도, 색채 조화, 화학적 성질 등)

2) Flux의 구비 조건

❶ 모재의 산화 피막등 불순물을 제거할 수 있을 것
❷ 깨끗한 금속면의 산화를 방지 할 수 있을 것
❸ 모재와의 친화력을 높일 수 있으며 유동성이 좋을 것
❹ 용제의 유효 온도 범위와 납땜 온도가 일치 할 것
❺ 납땜 후의 Slag 제거가 용이할 것
❻ 모재나 땝납에 대한 부식 작용이 최소한 일 것
❼ 전기 저항 납땜에 사용되는 것은 전도체일 것
❽ 인체에 해가 없을 것
❾ 용제와 반응해 탄화가 일어나기 어려울 것

3) 경납의 종류 (용가봉 재질別)

납땜 재료는 제6장의 Brazing & Soldering 편에 자세히 설명하였다.
이하에서는 간단하게 납땜 재료의 종류와 특징만을 소개한다.

❶ 은납 (Silver Solder) : Ag과 Cu를 주성분으로 하고 이외에 Zn, Cd, Sn, Ni, Mn 등을 첨가한 것이다. 이것은 용융점이 낮고 유동성이 양호하여 강도와 연신율이 우수하며 Al, Mg등 저융점 금속을 제외한 철, Cu및 그 합금에 Torch Brazing, Induction Brazing 등 모든 방법으로 쓰인다.

❷ 황동납 (Brass hard Solder) : 진유납(신주)이라고도 하며 Cu와 Zn의 합금이다. 이것은 Zn 60% 이하가 많이 쓰이며 그 융점은 800 ~ 1000℃이다. 은납에 비교하여 값이 싸므로 공업용으로 많이 쓰이나, 전기 전도도가 낮고 진동에 대한 저항이 적다.

❸ 인동납 : P-Cu, P-Ag-Cu 합금으로 전기 전도가 좋으며 기계적 성질도 우수하다.

❹ Al납 : Si or Al을 주성분으로 하고 Cu or Zn을 소량 첨가한 것이다. Al과 친화력을 얻기 위해 Si, Cu, Zn, Sin, Bi, Ag등을 첨가한다.

❺ Mn납 : Cu-Mn, Cu-Mn-Zn의 합금이 쓰이며 810 ~ 890℃의 융점을 가지고 있다. 철강의 납땜에 쓰인다.

❻ 양은 납 : Cu-Zn-Ni의 3원 합금으로서 47-42-11과 38-12-50의 조성도 있다. Cu, 황동, 백동, 모빌의 납땜에 쓰인다.

제9장
용접 기호와 표기법

용접 이음과 용접 방법 및 용접 재료의 선정에 관한 사항은 앞의 8장에서 소개 하였고, 이장에서는 모재의 특성, 기기의 특성, 작업 조건 분석 등의 복합적인 고려에 의해 선정된 용접 이음, 용접 방법, 용접부 크기 및 용접부 검사에 관한 사항을 도면 표기하는 방법에 대해 소개한다.

1. 용접 이음의 종류와 표기법

용접 구조물을 설계하는 설계자와 현장에서 실제 시공을 담당하는 용접 관리자 및 용접사와의 올바른 정보 전달을 위해 가장 필요한 것은 명확한 작업 지시와 작업 지시서에 따른 정확한 구조물의 제작이라고 할 수 있다

용접 구조물의 제작 과정 중에 순수 용접에 관한 부분은 제12장의 용접 절차 지시서(Welding Procedure Specification, WPS) 및 용접 절차 인증서(Welding Procedure Qualification Record)와 제13장의 용접사 인증서(Welder Qualification Record) 부분에서 자세히 언급하기로 하고, 이장에서는 도면에 표시되는 각종 용접 기호의 의미와 표기 방법에 대해 소개한다.

소개되는 용접 기호와 의미는 미국 용접 학회(American Welding Society, AWS)에서 제시하는 기준에 의하여 표기하였다.

우리말로 상용화되어 있는 단순 용어 이외에는 대부분 원어의 표기를 그대로 소개하고자 하며, 대부분 그림으로 표기되므로 자세한 설명은 생략한다.

(1) 용접 이음의 종류

용접 이음부는 해당 기기와 구조물의 특성과 형상 및 적용되는 용접 방법에 따라 다양한 형태를 가지게 된다.

1) 용접 이음의 구성 요소

용접 이음의 기본 형태는 다음의 그림 9-1에 나타낸 바와 같이 Butt, Corner, Tee, Lap, Edge의 5가지로 기본 이음 형태로 구분된다.

적용되는 용접 방법과 대상 기기의 특성을 고려하여 가장 경제적이고 안정적인 용접 금속을 얻을 수 있는 이음 형태가 선정되어야 한다.

작업 시방서상에 특별한 비파괴 검사나 열처리 조건 등이 명기되어 있으면 용접 이음 선정시에 이에 관한 검토가 반드시 이루어 져야 한다.

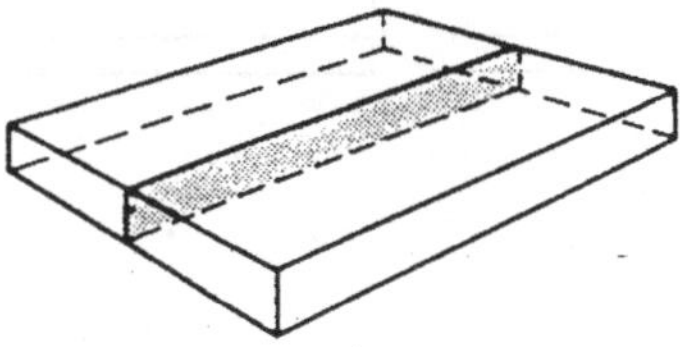

APPLICABLE WELDS

BEVEL-GROOVE	U-GROOVE
FLARE-BEVEL-GROOVE	V-GROOVE
FLARE-V-GROOVE	EDGE-FLANGI
J-GROOVE	BRAZE
SQUARE-GROOVE	

(A) BUTT JOINT

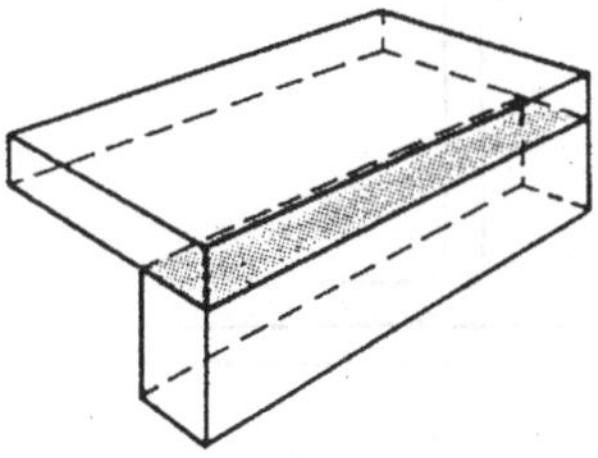

APPLICABLE WELDS

FILLET	V-GROOVE
BEVEL-GROOVE	PLUG
FLARE-BEVEL-GROOVE	SLOT
FLARE-V-GROOVE	SPOT
J-GROOVE	SEAM
SQUARE-GROOVE	PROJECTION
U-GROOVE	BRAZE

(B) CORNER JOINT

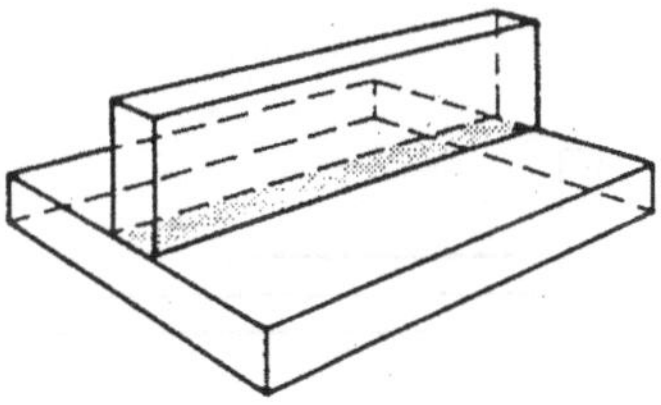

APPLICABLE WELDS

FILLET	SLOT
BEVEL-GROOVE	SPOT
FLARE-BEVEL-GROOVE	SEAM
J-GROOVE	PROJECTION
SQUARE-GROOVE	BRAZE
PLUG	

(C) T-JOINT

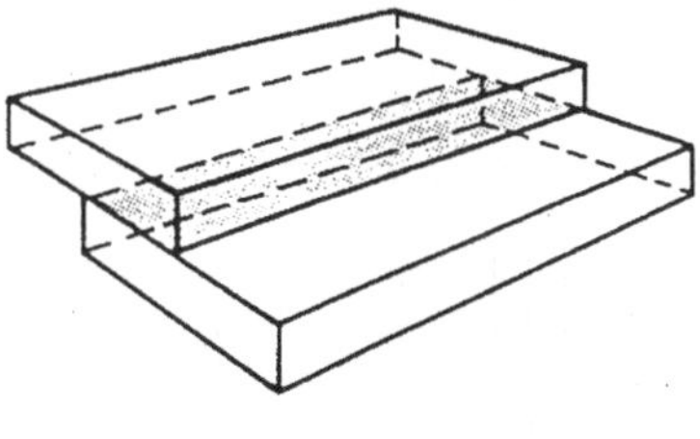

APPLICABLE WELDS

FILLET	SLOT
BEVEL-GROOVE	SPOT
FLARE-BEVEL-GROOVE	SEAM
J-GROOVE	PROJECTION
PLUG	BRAZE

(D) LAP JOINT

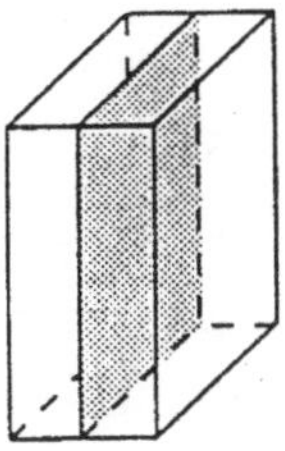

APPLICABLE WELDS

BEVEL-GROOVE	U-GROOVE
FLARE-BEVEL-GROOVE	V-GROOVE
FLARE-V-GROOVE	EDGE
J-GROOVE	SEAM
SQUARE-GROOVE	

(E) EDGE JOINT

그림 9-1 Joint Types

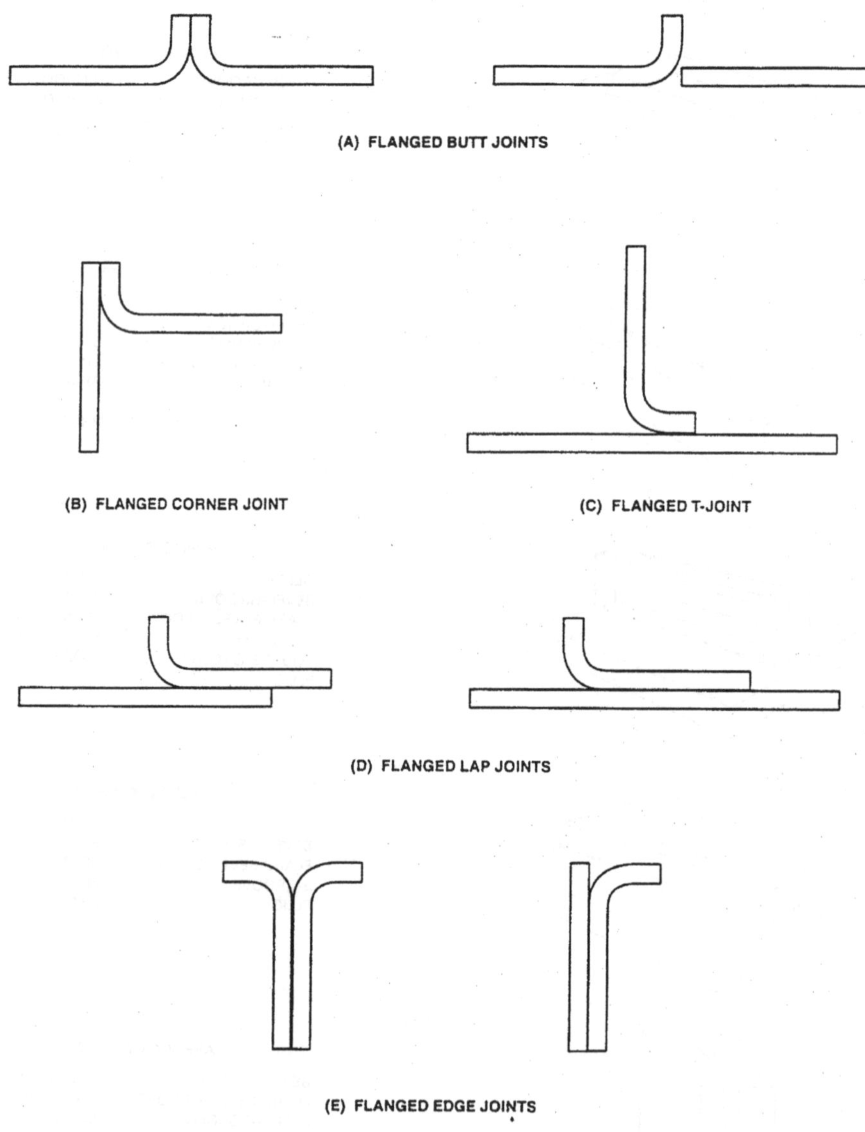

그림 9-2 Flanged Joints

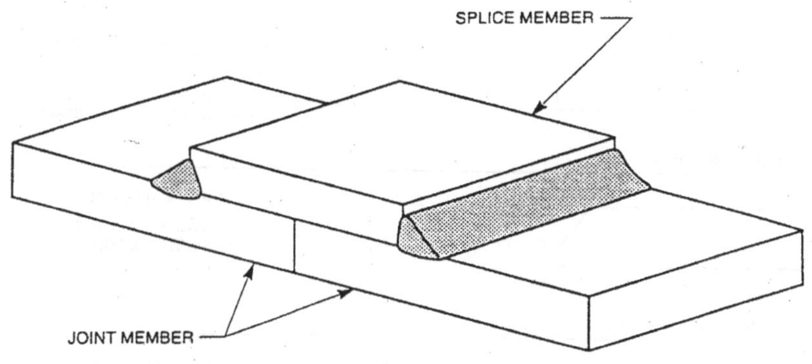

(A) SINGLE-SPLICED BUTT JOINT

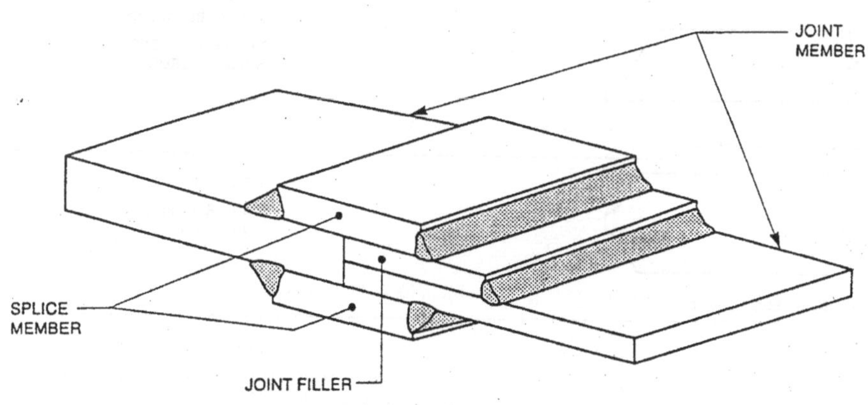

(B) DOUBLE-SPLICED EDGE JOINT WITH JOINT FILLER

그림 9-3 Spliced Butt Joints

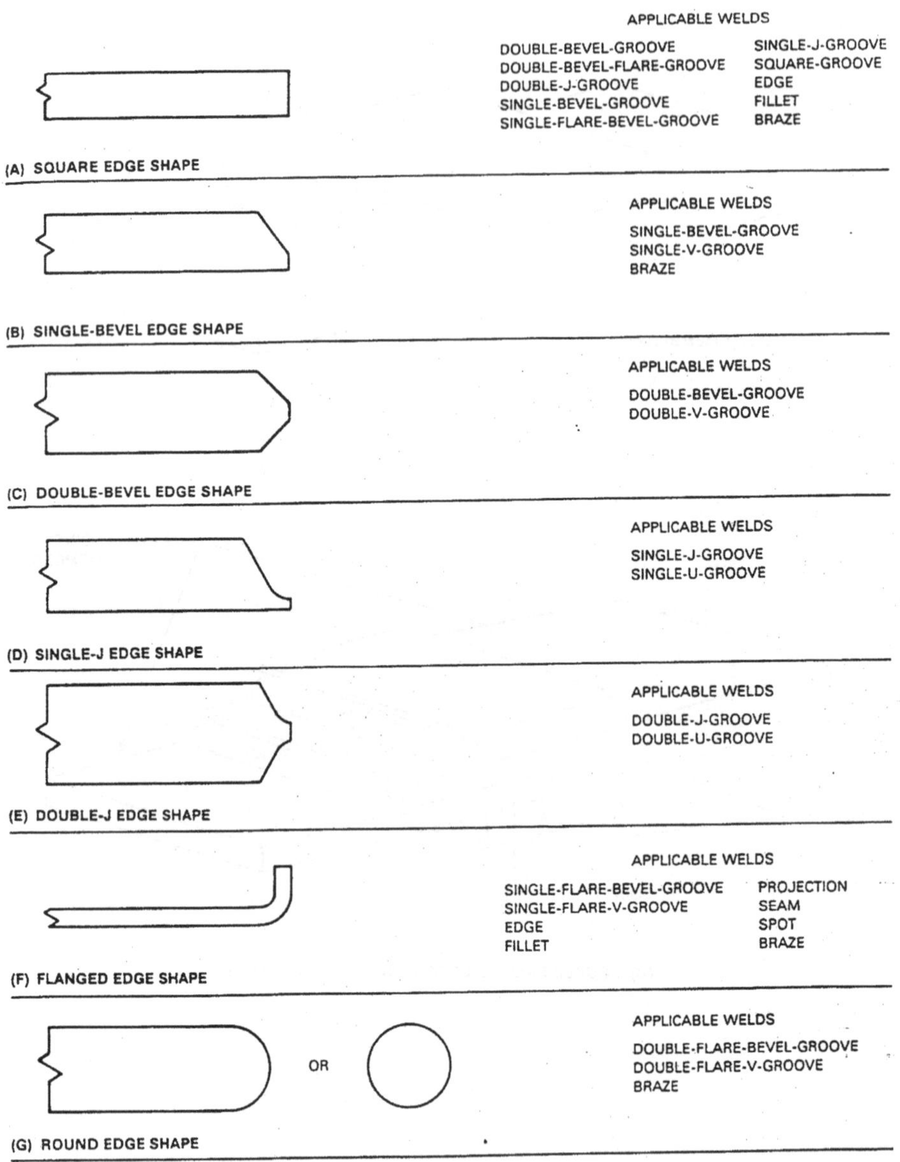

그림 9-4 Edge Shapes of Members

❶ Joint Root : 마주한 두 용접 대상 금속의 실제 용접이 발생되는 곳 중에 가장 가까이 인접한 부분이다. 이 Joint Root는 구조물의 형상과 적용되는 용접 방법과 선(Line), 점(Point) 혹은 면(Area)으로 나타나게 된다.

❷ Groove Face : Groove Face는 용접되는 Groove의 면이다. 이 Groove Face에는

Root Face와 Root Edge가 모두 포함된다.

❸ Root Face : 흔히 Land라고도 불리는 부분으로 Groove Face중에 Joint Root 에 해당하는 곳을 지칭한다.

❹ Root Edge : 앞서 설명한 바와 같이 Groove Face의 한 부분으로 Root Face중에 폭이 영(Zero)인 부분을 말한다. (a root face with zero width)

❺ Root Opening : 인접된 두 용접 대상물의 용접부를 사이에 둔 가장 가까운 거리를 말한다.

❻ Bevel : 용접 대상물의 마주한 용접부의 Root Opening만큼 근접된 부분을 각도를 주어 가공한 것을 말한다.

❼ Bevel Angle : Bevel의 각도를 말하며, 모재 표면과 수직인 선을 기준으로 측정한다.

❽ Groove Angle : Groove Angle 은 두 용접 대상 모재의 가공된 각각의 Bevel Angle을 합한 것이다.

❾ Groove Radius : Groove Radius는 오직 "J" or "U" Groove에만 적용되는 내용이다. "J" 혹은 "U" Groove의 경우에는 Groove Angle과 Groove Radius를 모두 표기하는 경우가 일반적이다.

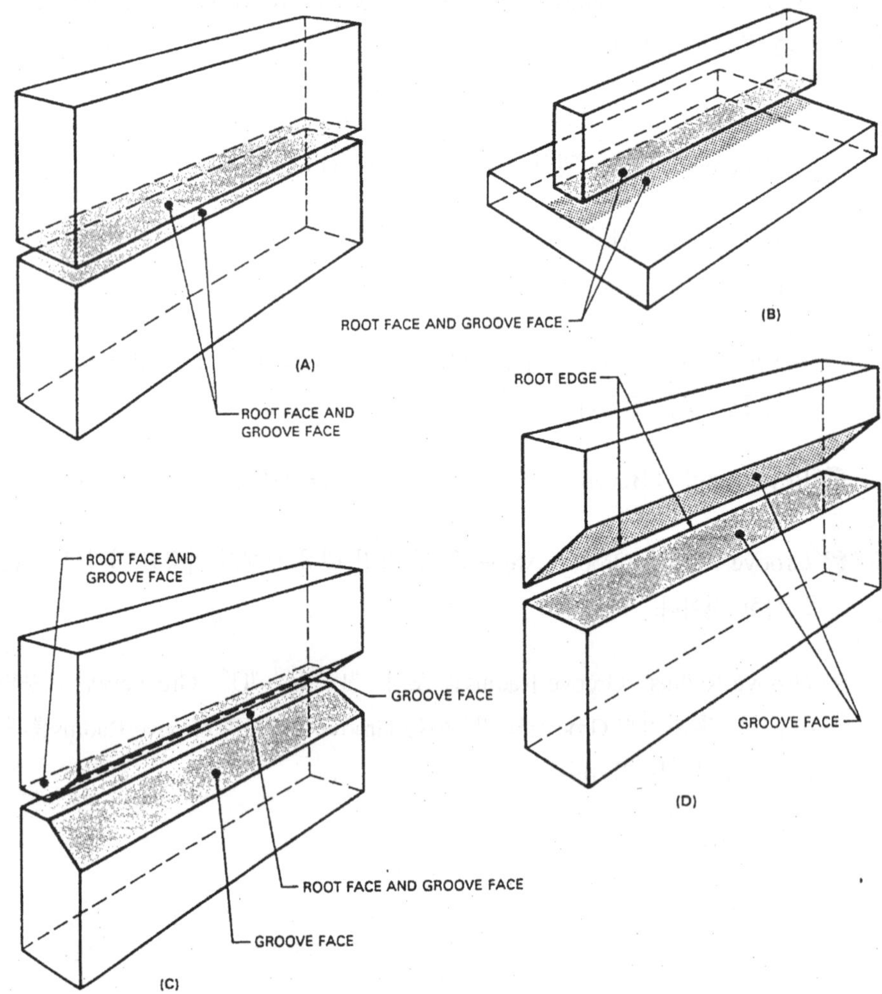

그림 9-5 Groove Face, Root Edge, and Root Face

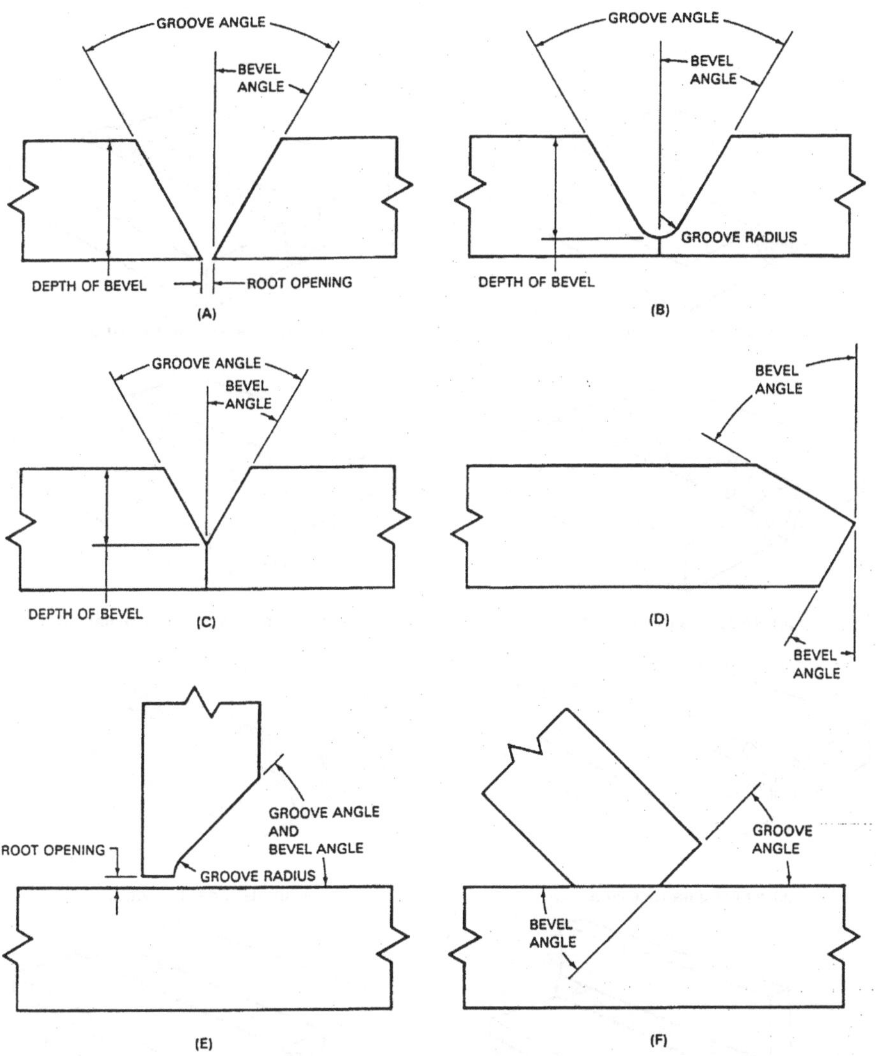

그림 9-6 Bevel Angle, Depth of Bevel, Groove Angle, Groove Radius, and Root Opening

2) 용접 개선의 종류

❶ Groove Welds

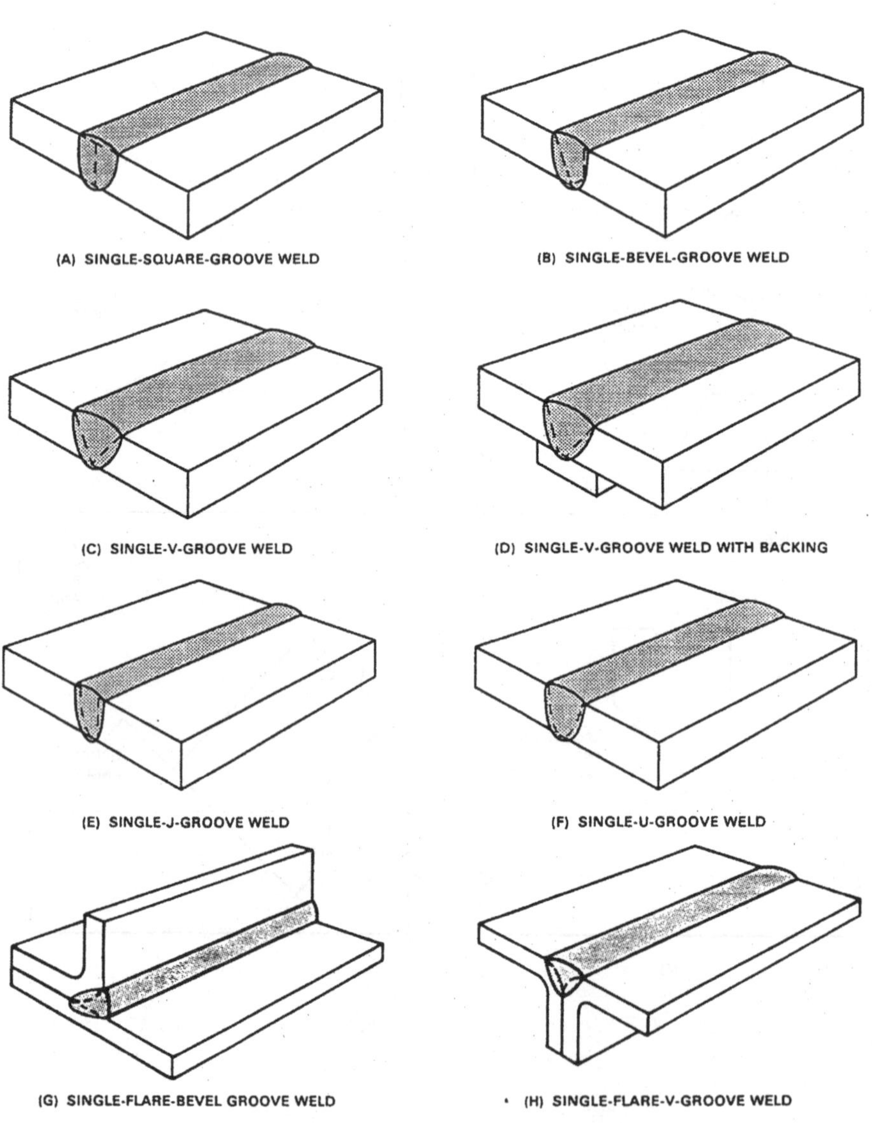

그림 9-7 Single Groove Weld Joints

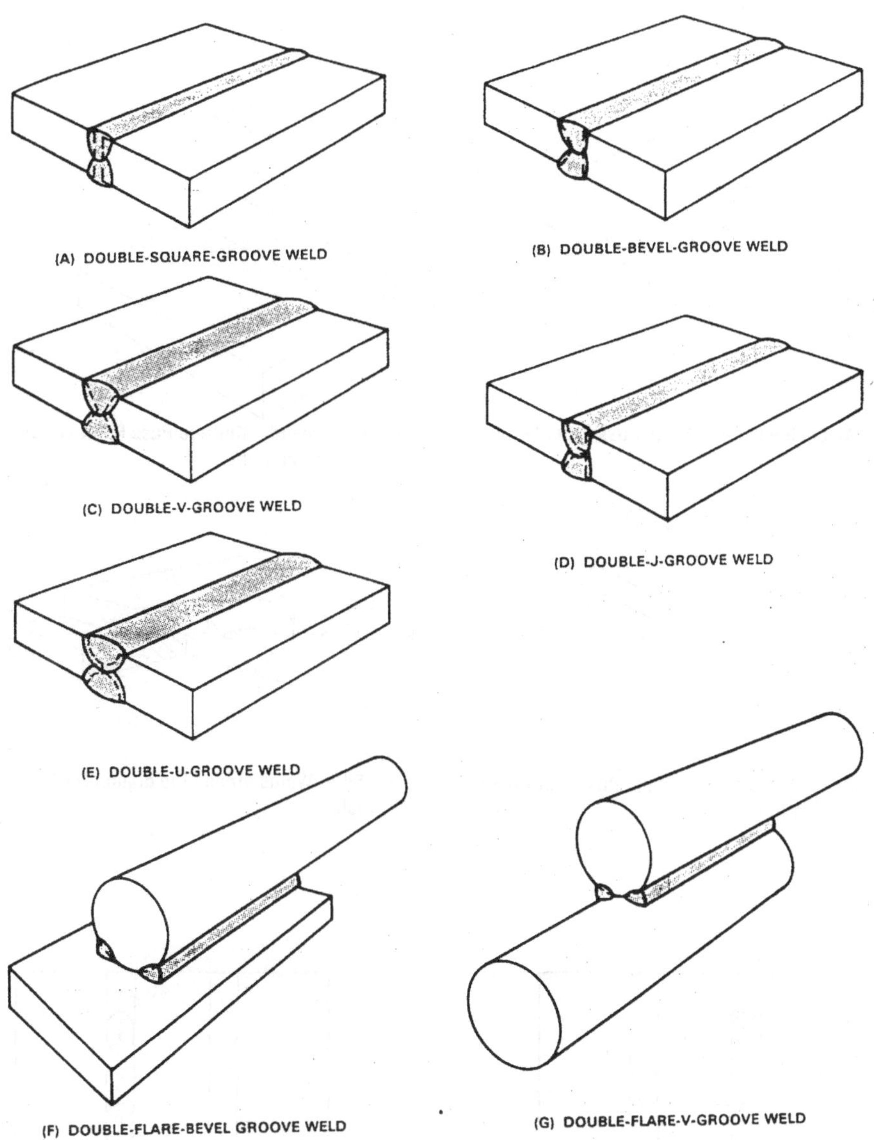

그림 9-8 Double Groove Weld Joints

❷ Fillet Welds

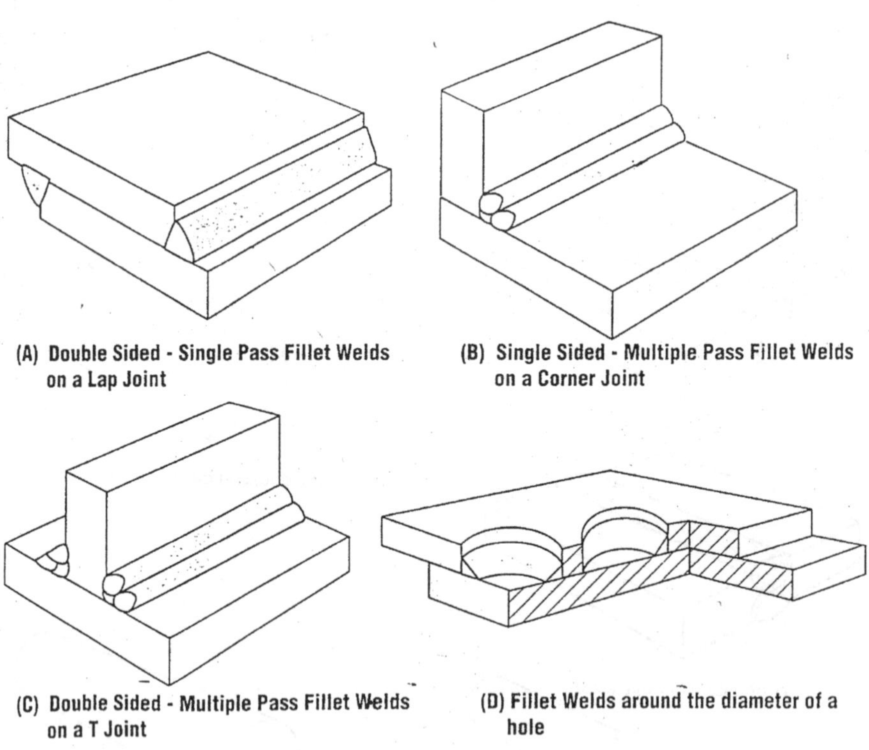

그림 9-9 Fillet Weld Application

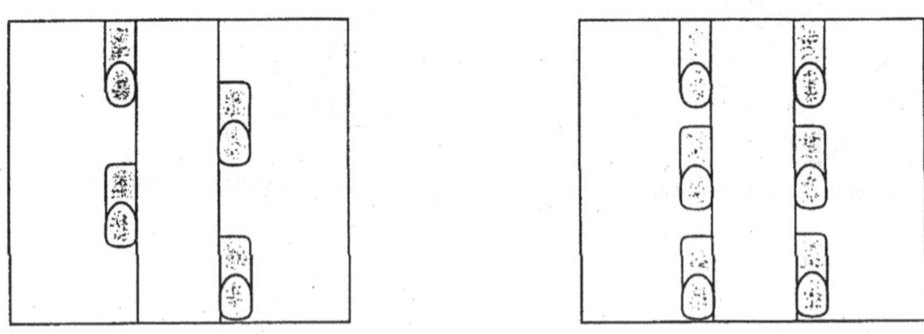

그림 9-10 Staggered Intermittent Fillet Welds Top View (Left) and Chain Intermittent Fillet Welds Top View (Right)

❸ Flanged Welds

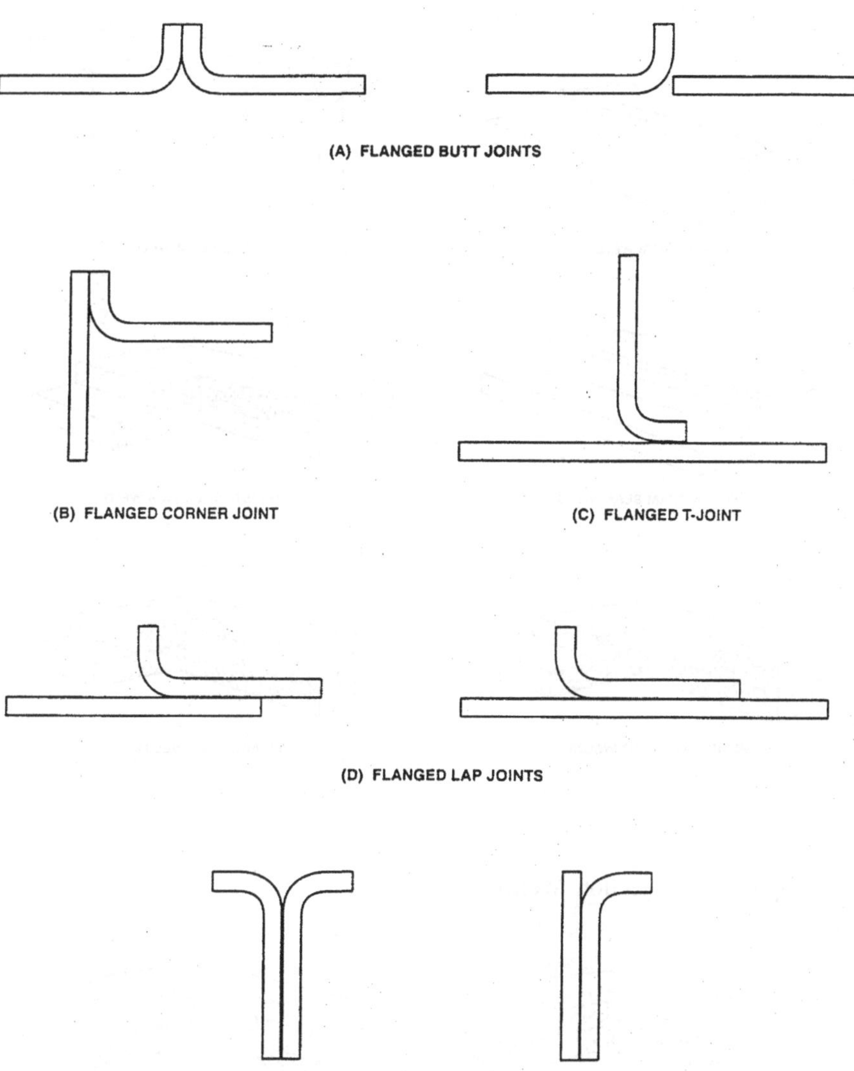

그림 9-11 Welds in Flanged Joints

❹ Seam Welds and Spot Welds

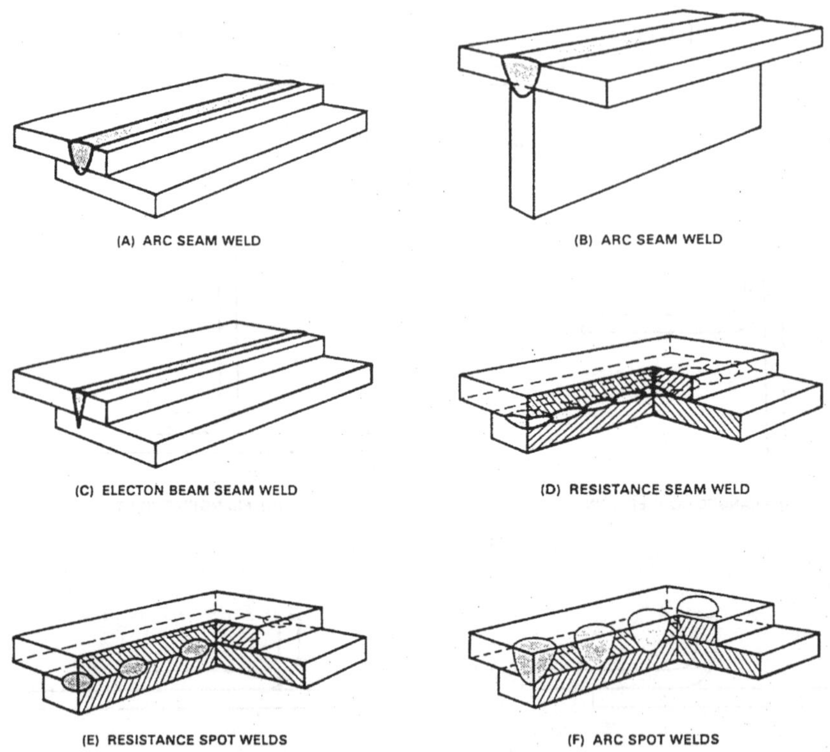

그림 9-12 Seam Welds and Spot Welds

❺ Spot and Projection Welds

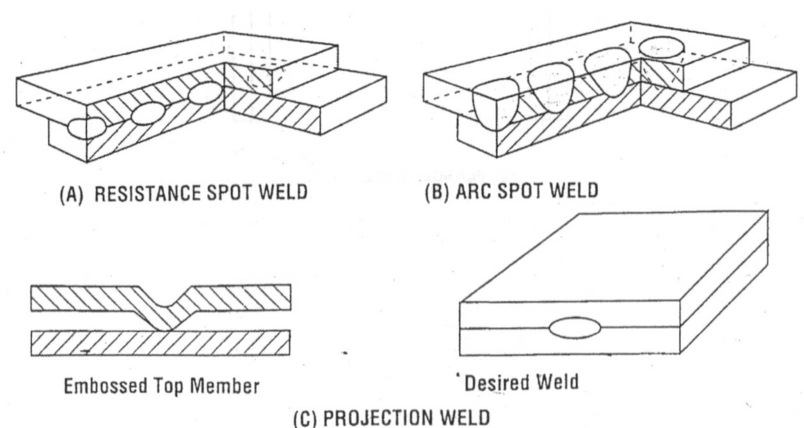

그림 9-13 Spot and Projection Welds

❻ Plug, Slot and Stud Welds

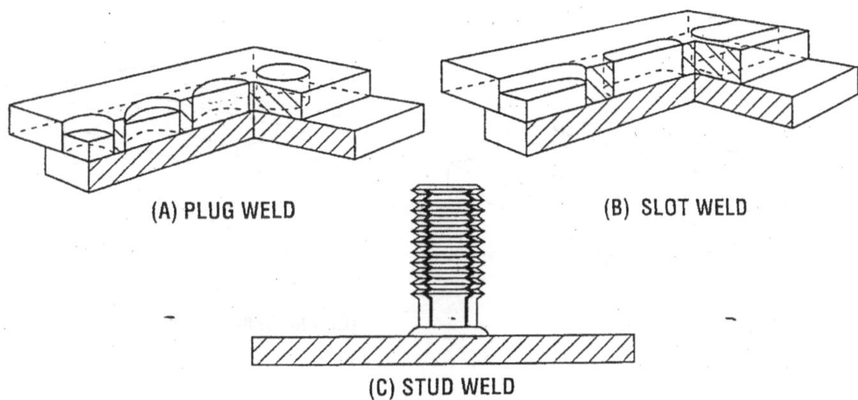

그림 9-14 Plug, Slot and Stud Welds

❼ Seam, Back, Backing and Surfacing Welds

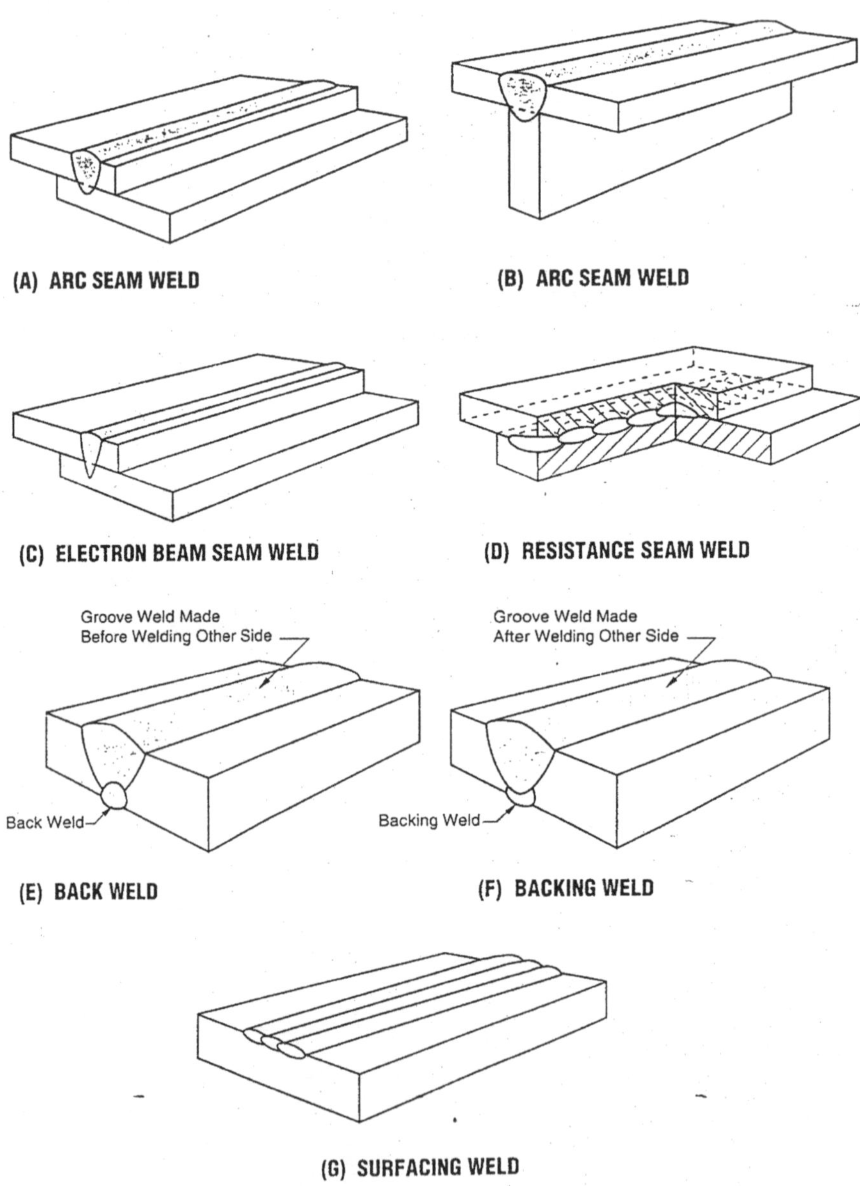

그림 9-15 Seam. Back, Backing and Surfacing Welds

❽ Other Welds

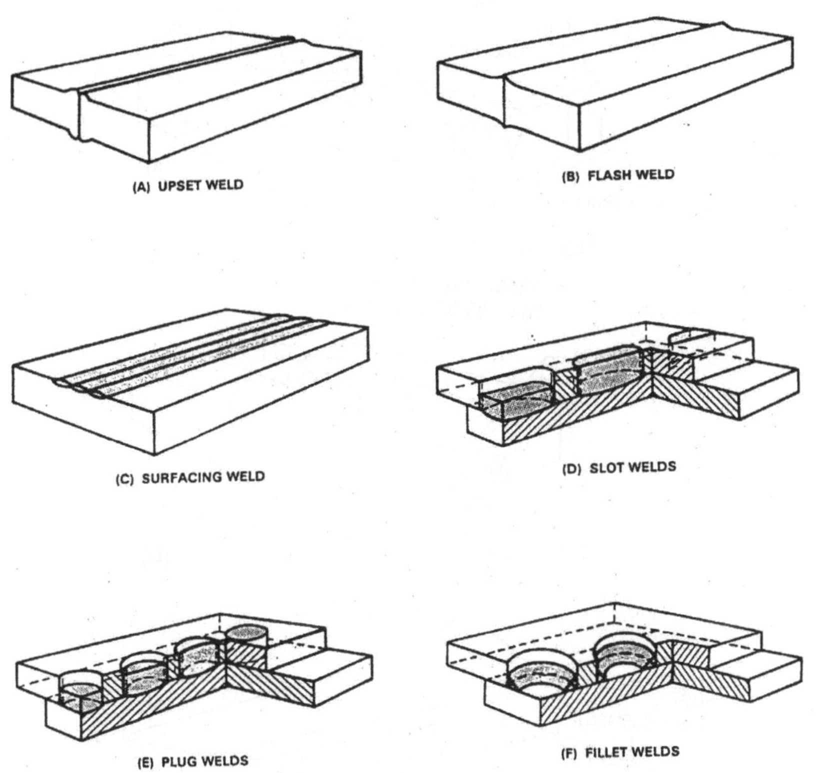

그림 9-16 Various Weld Types

3) 용접 금속의 명칭

❶ Weld Face : 용접이 실시된 방향에서 볼 때, 용접이 완료된 표면을 지칭한다.

❷ Weld Toe : Weld Face와 용접 대상 모재가 만나는 면이다.

❸ Weld Root : Weld Face의 반대 되는 개념으로 Root Surface가 모재와 만나는 부분이다.

❹ Root Surface : Weld Face의 반대 되는 개념으로 용접이 처음 시작된 면에 노출된 용접완료 표면이다.

❺ Face Reinforcement : Weld Face의 보강 용접부를 지칭한다.

❻ Root Reinforcement : Root Face의 보강 용접부를 지칭한다.

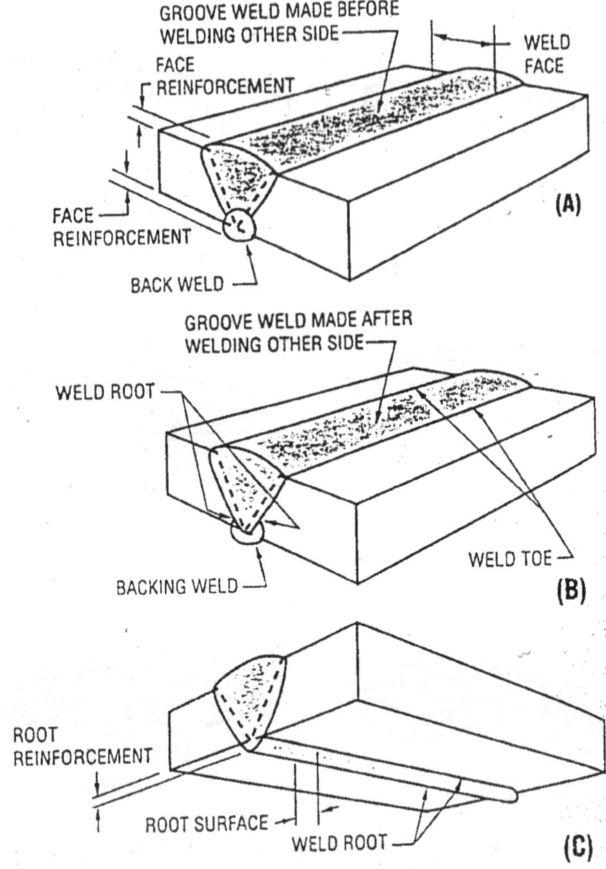

그림 9-17 Groove 용접 금속의 명칭

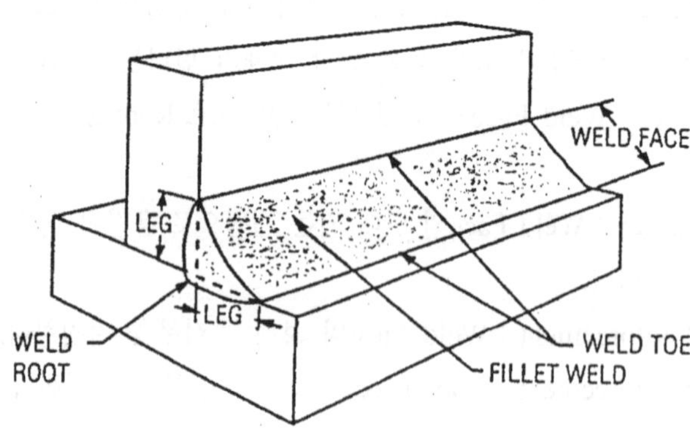

그림 9-18 용접 금속의 명칭

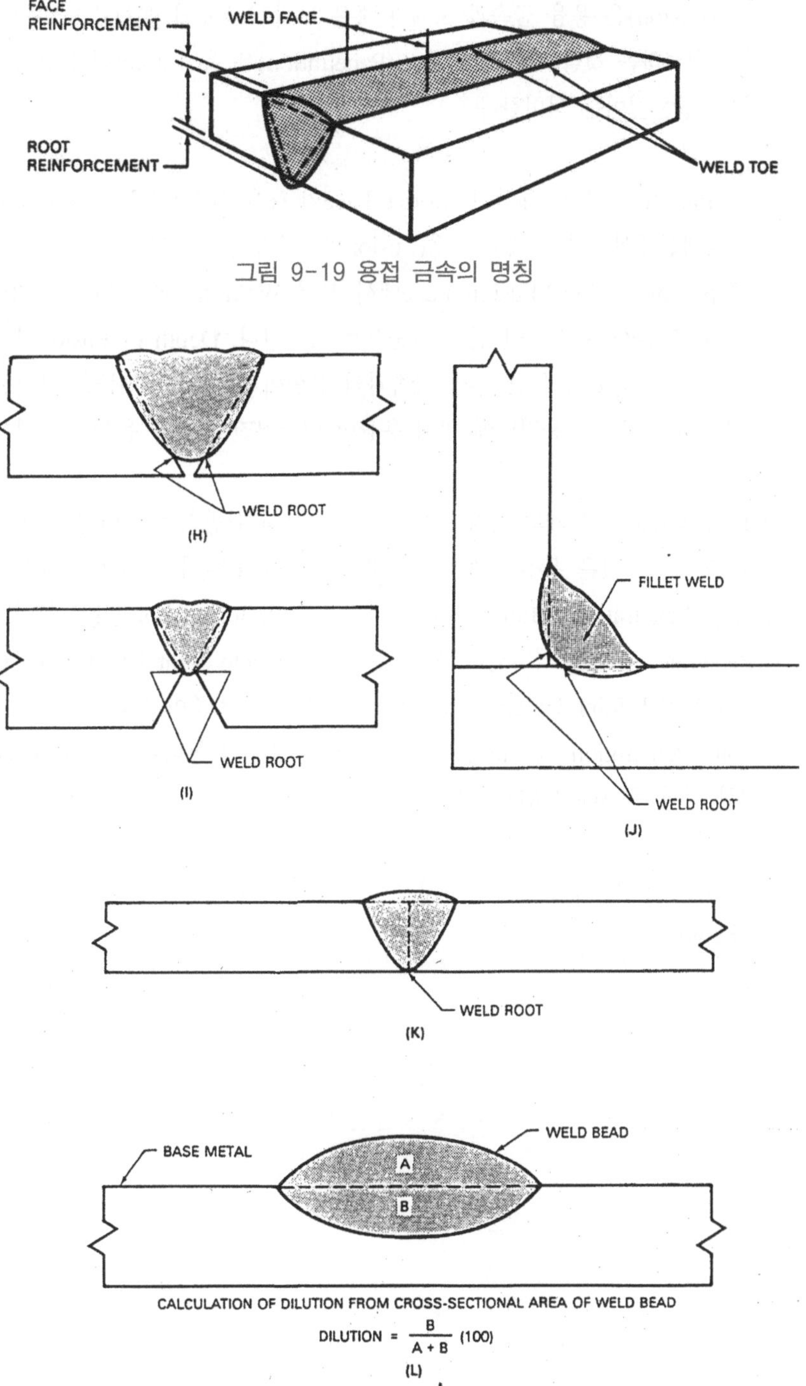

그림 9-19 용접 금속의 명칭

그림 9-20 용접 금속의 명칭 (Continued)

4) 용입 금속과 융착부 명칭

융착(Fusion)은 용융 금속과 모재가 혹은 모재 스스로가 실제로 녹아서 완전히 하나의 조직을 형성하는 것을 의미하며, 용입(Penetration)은 용접 Joint내로 용융 금속이 얼마나 들어가 있는 깊이를 의미한다.

❶ Fusion Face : 용접 개선의 Groove Face가 용융 금속에서는 Fusion Face가 된다. 즉, 이 경계선에서부터 모재의 용융(Fusion)이 시작된다는 의미이다.

❷ Depth of Fusion : Fusion Face에서 부터 Weld Interface까지의 거리를 의미하며, Fusion Face에서 수직인 선을 기준으로 측정한다. Depth of Fusion의 의미는 모재의 용융이 발생하고 용융된 용접 금속과의 융합이 이루어진 부분을 의미한다.

❸ Weld Interface : 용접열에 의해 용융이 이루어진 모재와 용융되지 않은 모재의 경계선을 지칭한다.

❹ Fusion Zone : 모재의 용융이 이루어진 부분의 단면적을 의미한다. 이 단면적이 크게 나타난 다는 것은 용접과정에서 모재에 가해진 입열이 크게 이루어졌음을 의미한다.

❺ Root Penetration : Butt Joint에서 용융 금속이 Joint Root아래로 녹아서 흘러 들어간(Penetrate) 깊이를 의미한다. 완전 용입(Compelete Joint Penetration, CJP)과 불완전 용입(Partial Joint Penetration, PJP)를 구분하는 기준이 된다.

❻ Joint Penetration : Weld Reinforcement를 제외한 상태에서 Weld Face에서 부터 측정한 가장 큰 Weld Metal의 깊이를 의미한다.

Groove와 Fillet 용접부에 적용되는 용입 금속과 융착부의 명칭은 다음 그림 9-21, 9-22를 참조한다.

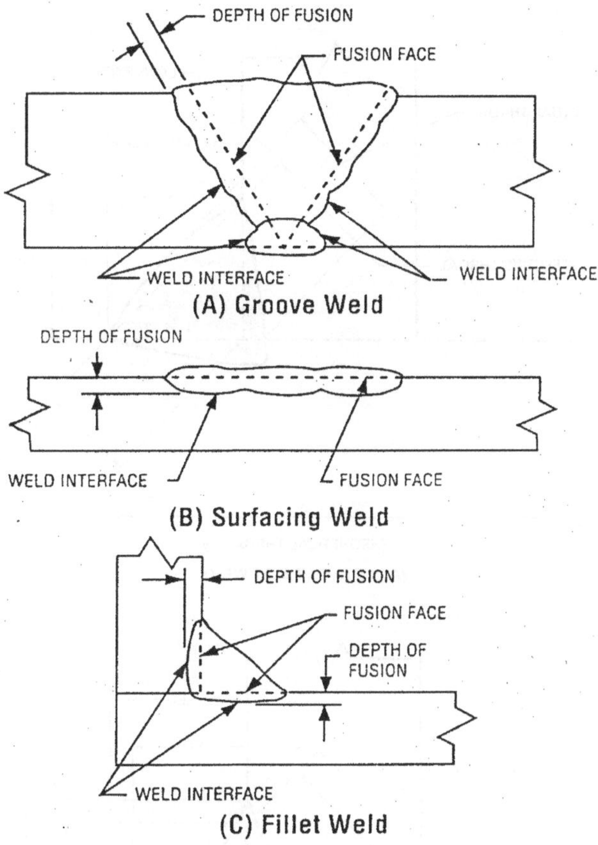

그림 9-21 용접 용융부의 명칭

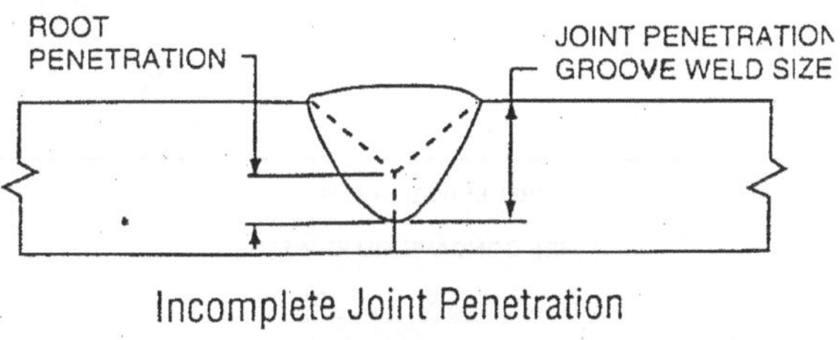

그림 9-22 용입의 깊이

5) 용접 금속의 크기

❶ Theoretical Throat : 설계 과정에서 강도 계산에 적용되는 이론적인 Fillet 용접부의 두께를 의미한다.

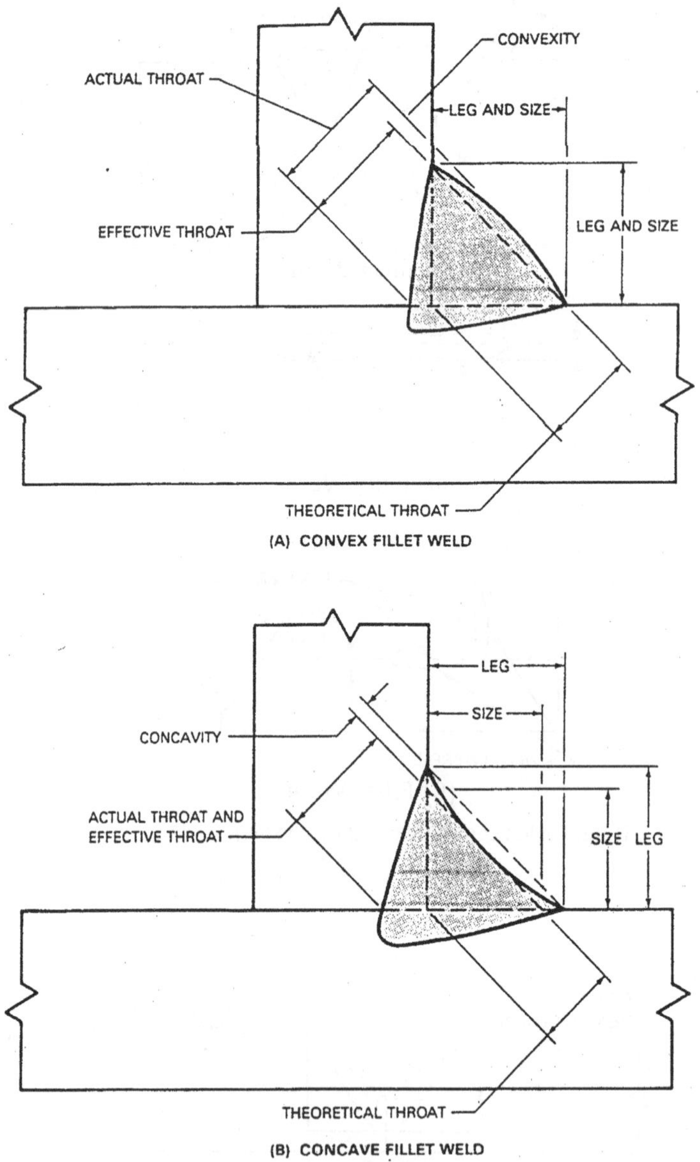

그림 9-23 용접 금속의 크기

❷ Effective Throat : Fillet 용접부에서 Weld Root와 Weld Face사이의 길이에서 Convexity를 제외한 최소 길이를 의미한다. Actual Throat와 구별하기 어려운 개념으로 그림 9-23을 참조한다.

❸ Actual Throat : Fillet 용접부에서 Weld Root와 Weld Face사이의 최소 길이를 의미한다. Concave Fillet용접부에서는 Effective와 Actual Throat가 같다.

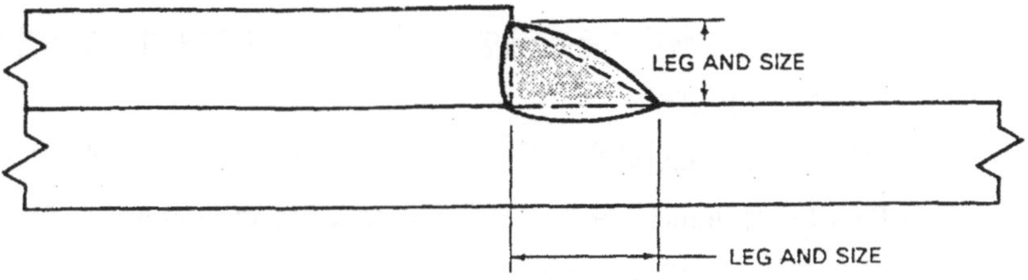

(E) UNEQUAL LEG FILLET WELD

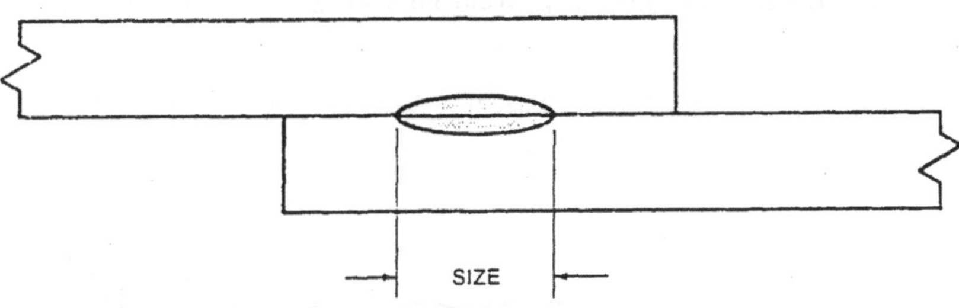

(F) SIZE OF SEAM OR SPOT WELD

그림 9-24 용접 방법에 따른 Weld Size 계산

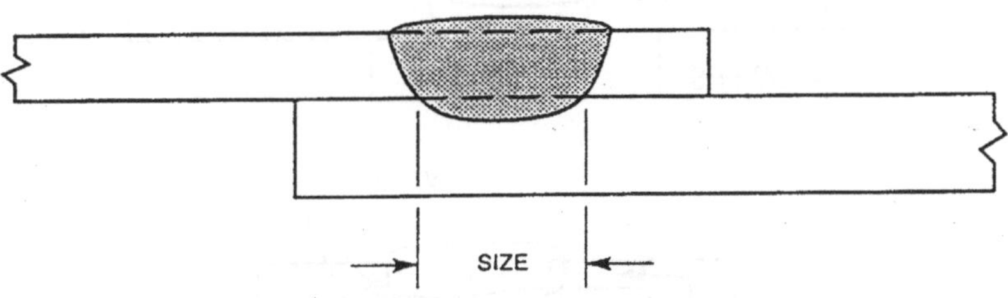

(G) ARC SEAM OR ARC SPOT WELD SIZE

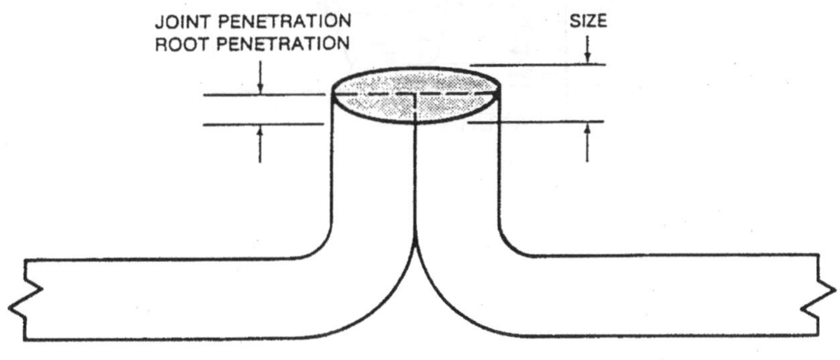

(H) EDGE WELD SIZE

그림 9-25 용접 방법에 따른 Weld Size 계산

6) 용접 순서와 용접 기법의 종류

용접 순서의 적절한 선택과 적용은 해당 용접 구조물의 변형 방지와 경제적인 용접 설계에 반드시 필요한 사항이다.

용접순서를 설명하고 표현하기 위한 기본적인 용어의 구분은 다음과 같다.

❶ Weld Pass : 용접 Joint를 따라 실시된 Single Weld Progression을 의미한다. 이 용어는 특정한 용접 금속의 층을 의미하는 것이 아니라 용접이 진행되어 가는 작업 자체를 지칭한다.

❷ Weld Layer : 여러 개의 용접 Weld Pass 가 중복되어 이루어진 하나의 층을 의미한다.

❸ Weld Bead : 하나의 Weld Pass가 만들어 내는 용접 금속의 층을 의미한다.

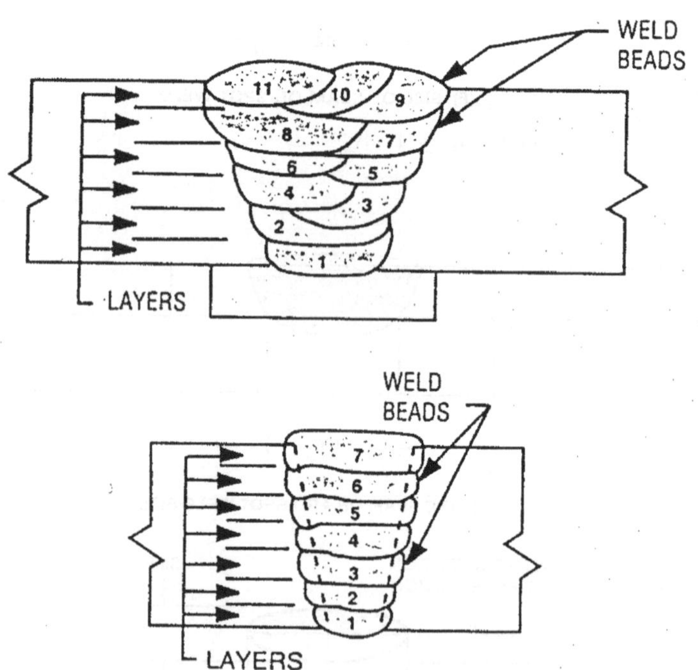

그림 9-26 Weld Pass, Bead and Layer의 구분

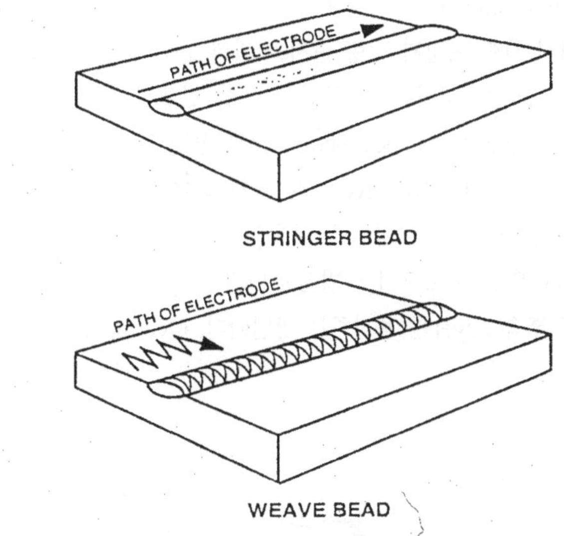

그림 9-27 Stringer and Weave Beads의 용접 기법

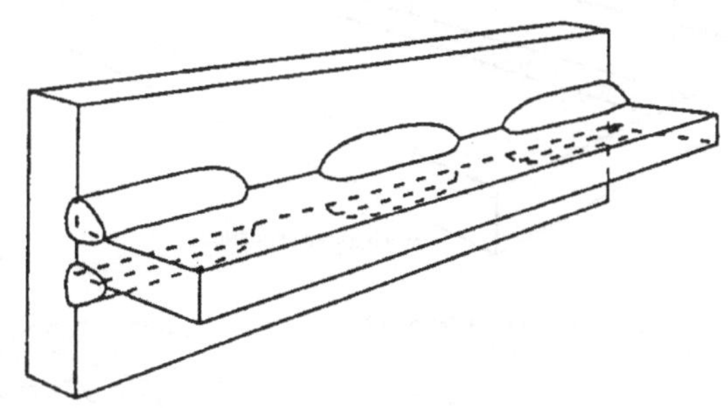

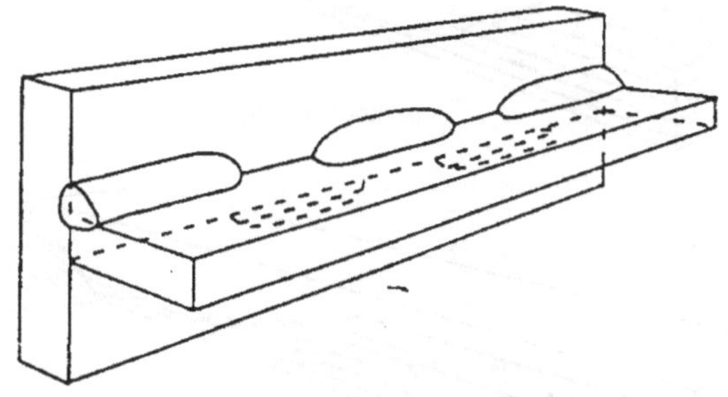

그림 9-28 Intermittent Fillet Welds의 도식

변형방지와 결함예방을 위한 용접기법은 다음과 같다. 각기법의 설명은 그림 9-29를 참조한다.

❶ Backstep Sequence : 수직 용접부를 상향으로 용접 진행하는 Uphill과 함께 가장 널리 알려진 결함 예방과 변형 방지를 위한 용접 방법중의 하나이다. 용접의 진행 방향으로 일정 구간씩 끊어서 각 구간을 용접 진행의 반대 방향으로 용접을 진행한다.

❷ Block Sequence : Block Sequence로 용접할 경우 가장 중요한 것은 후속되는 용접 Layer가 바로 전 용접 Layer보다 짧게 하여, 용접 금속의 선단이 자연스럽게 경사 지도록 하는 것이다. 이 방법을 사용하면 충분한 용입을 얻을 수 있는 장점이 있다.

❸ Cascade Sequence : 이 방법은 Block Sequence와는 다르게 바로 전 용접 Layer 보다 길게 후속 Layer를 용접하는 방법이다. Overlapping이 반복적으로 이루어지는 용접 방법이다.

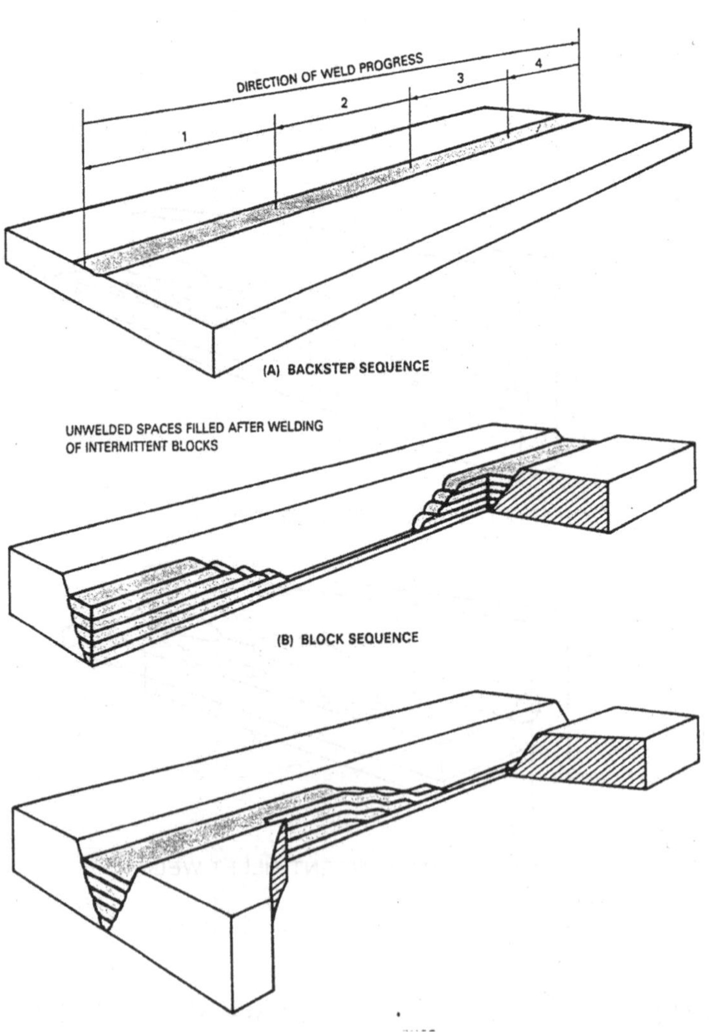

그림 9-29 Backstep, Block and Cascade Welding Sequences

2. 용접 기호 표기법

(1) 용접 기호

1) Weld Symbol과 Welding Symbol

미국 용접 학회(AWS)에서는 Weld Symbol과 Welding Symbol을 분명하게 구분하고 있다. Weld Symbol은 특정한 용접 형태로 얻어지는 용접 금속(Specific Type of Welds)을 의미하며, Welding Symbol을 구성하는 요소이다.

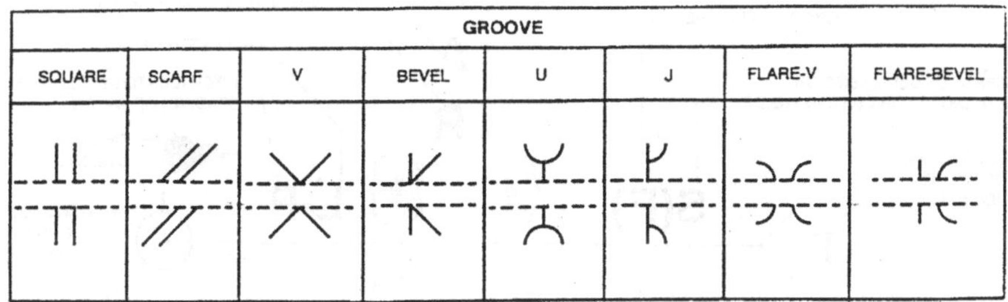

FILLET	PLUG OR SLOT	STUD	SPOT OR PROJECTION	SEAM	BACK OR BACKING	SURFACING	FLANGE	
							EDGE	CORNER

NOTE: THE REFERENCE LINE IS SHOWN DASHED FOR ILLUSTRATIVE PURPOSES.

그림 9-30 Weld Symbols의 종류

2) Welding Symbol의 구성 요소

용접 이음과 용접에 관한 정보를 알려 주는 가장 기본 되는 구성 요소는 Reference Line이다, 이 Reference Line을 기준으로 모든 용접 정보가 배열된다. Reference Line은 반드시 수평으로 표시된다. 용접 Symbol을 각종 구성하는 요소는 다음과 같다.

❶ Reference Line (필수 요소)

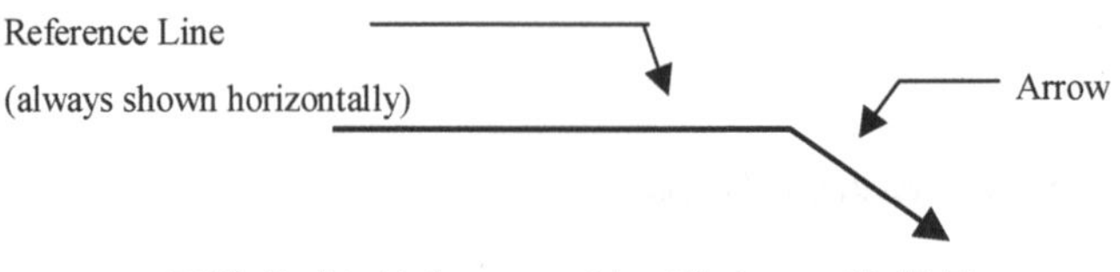

그림 9-31 Reference Line과 Arrow의 구분

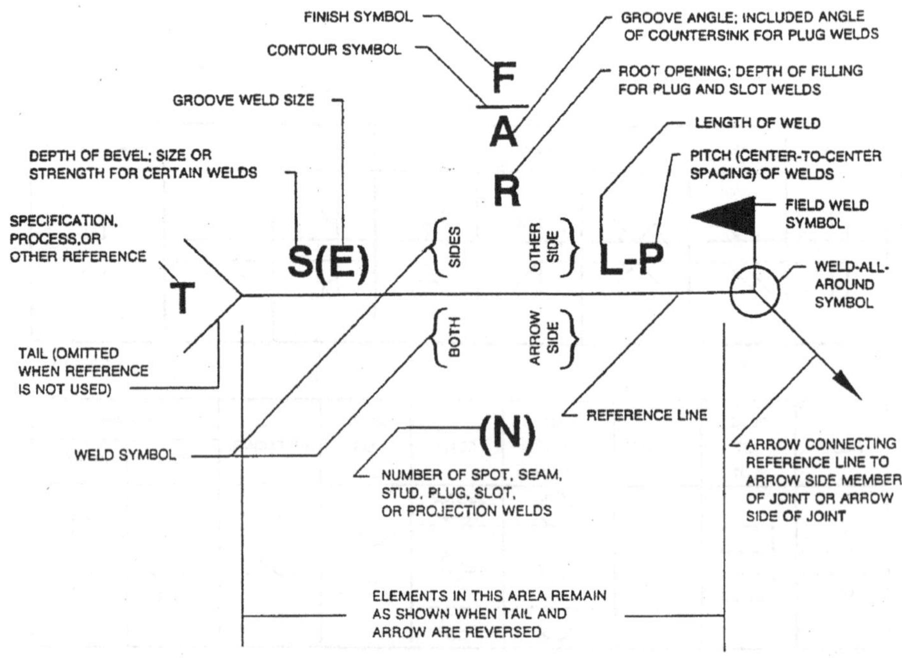

그림 9-32 Welding Symbol의 표기 방법

❷ Arrow (필수 요소) : Reference Line의 위쪽에 기록되는 내용은 Arrow 반대쪽인 Other Side에 해당하는 내용이고, Reference Line 아래쪽에 기록되는 내용은 Arrow Side에 해당하는 내용이다. Broken Arrow가 사용될 경우에는 Arrow는 항상 용접부 개선 가공이 필요한 방향을 가리키도록 표기한다.

❸ Tail : 용접 방법(Welding Process) 이나 절단 방법 및 기타의 용접 관련 보조 정보들이 표기된다.

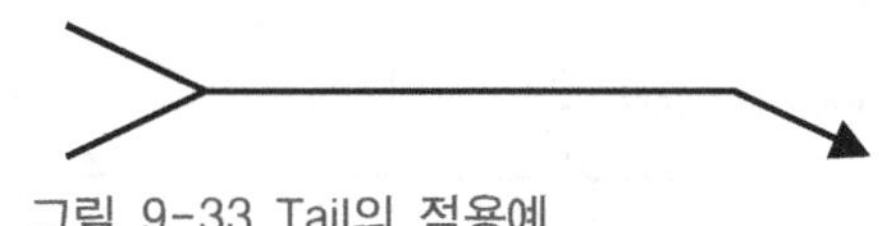

그림 9-33 Tail의 적용예

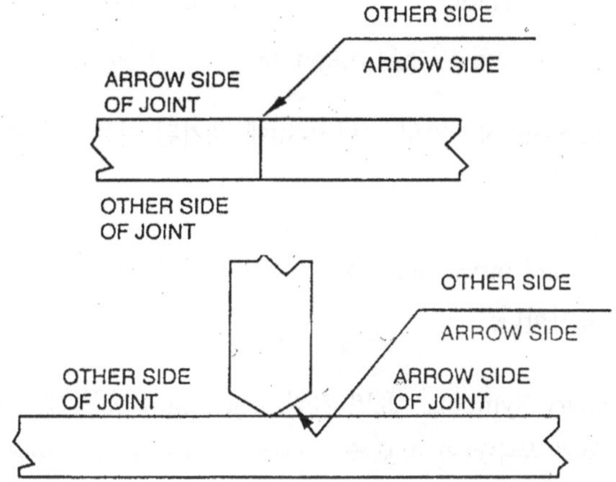

Note: Break in the arrow pointing to member to be prepared.

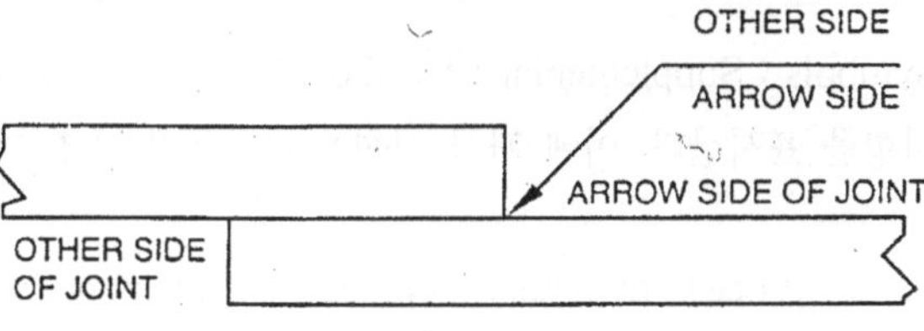

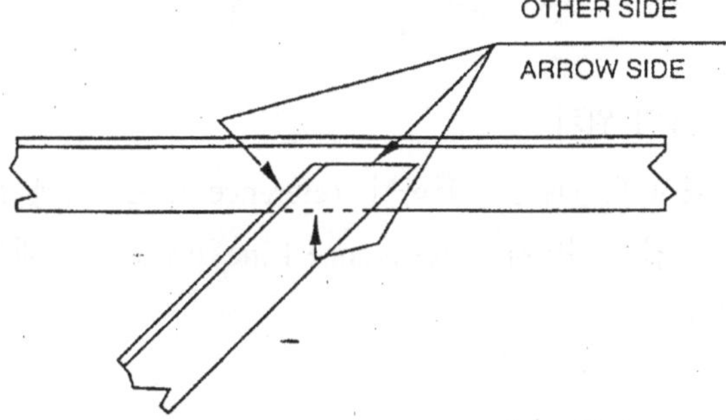

Note: Mulitiple arrows pointing to areas to be welded.

그림 9-34 Arrow의 적용예

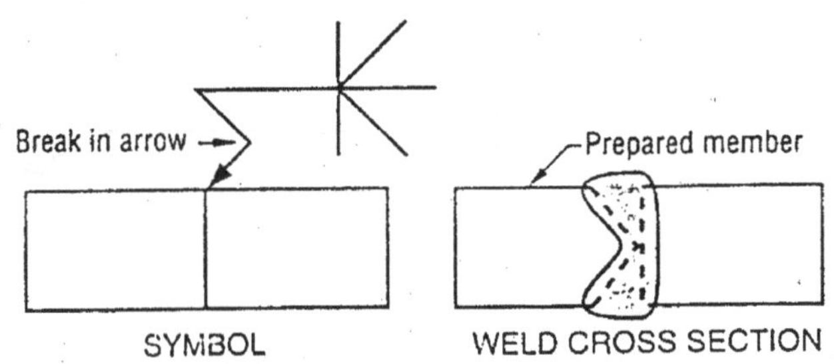

그림 9-35 Broken Arrow의 적용예

❹ Basic Weld Symbol : 앞의 그림 9-30에 표기된 기본적인 용접에 관한 도형으로 표시된 정보를 의미한다.

❺ Dimensions and other data : 용접 금속의 크기 와 Pitch등 용접 금속의 Size와 관련된 내용을 표기한다.

❻ Supplementary Symbols : 표면 가공, Backing의 유무 및 용접이 이루어 지는 장소에 대한 표기 등의 부수적인 정보를 표시한다. 이에 관한 사항은 다음에 소개되는 (2) 용접 보조 기호편에 자세히 설명한다.

❼ Finish Symbols : Supplementary Symbol의 구성 요소 중에서 용접 금속의 표면 상태 요구 사항을 표시한다. 이에 관한 사항은 (2) 용접 보조 기호편에 자세히 설명한다.

❽ Specification, Process or other reference : Supplementary Symbol의 구성 요소 중에서 용접 방법과 Backing의 유무 등의 내용이 표시된다.

3) Weld Symbol의 위치

Arrow의 표시 방향과는 무관하게 Reference Line아래에 표기된 용접 기호는 Arrow Side의 용접 작업을 의미하고, Reference Line위에 표기된 내용은 Other Side의 작업 지시를 표시한다.

Basic Welding Symbols and Their Location Significance									
Location Significance	Fillet	Plug or Slot	Spot or Projection	Stud	Seam	Back or Backing	Surfacing	Flange Corner	Flange Edge
Arrow Side									
Other Side				Not Used			Not Used		
Both Sides		Not Used	Not Used	Not Used	Not Used	Not Used	Not Used	Not Used	Not Used
No Arrow Side or Other Side Significance	Not Used	Not Used	(Spot Only)	Not Used		Not Used	Not Used	Not Used	Not Used

Location Significance	Groove							Scarf for Brazed Joint
	Square	V	Bevel	U	J	Flave-V	Flare-Bevel	
Arrow Side								
Other Side								
Both Sides								
No Arrow Side or Other Side Significance		Not Used	Not Used	Not Used	Not Used	Not Used	Not Used	Not Used

그림 9-36 일반적인 Weld Symbols에서 Reference line의 적용

4) 복합적인 Weld symbols

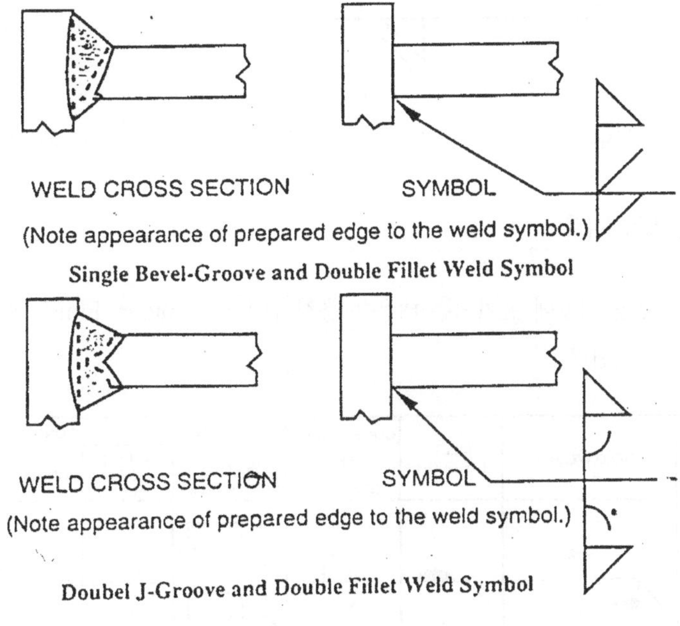

그림 9-37 복합 Weld Symbols의 표기법

5) 여러 개의 Reference Lines

여러 개의 Reference Line이 표기될 경우에는 Arrow에서 부터 가장 가까운 작업부터 시작한다.

3rd OPERATION
2nd OPERATION
1st OPERATION
1st
2nd
3rd

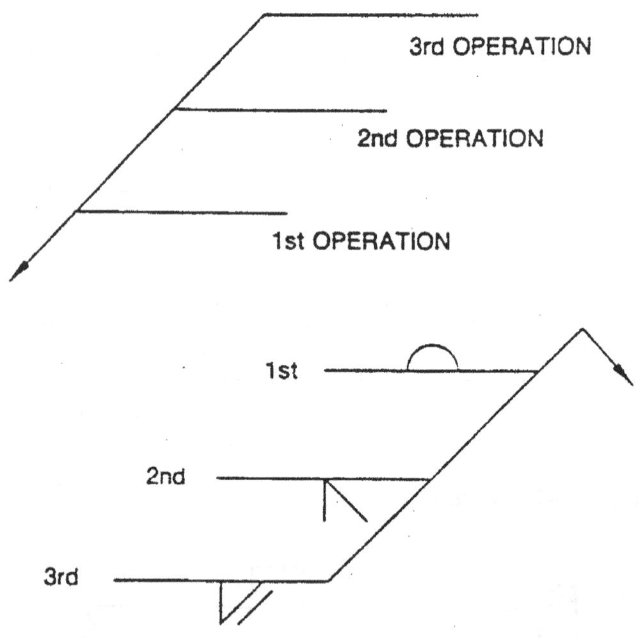

그림 9-38 용접순서에 따른 여러개의 Reference Line 표기법

(2) 용접 보조 기호

용접 보조 기호에 표기되는 내용은 용접 금속의 Contour, Finish 조건, Field Weld 조건등이 표기된다.

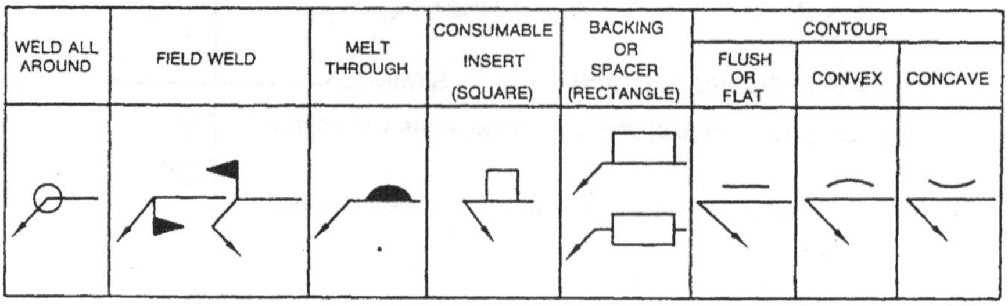

WELD ALL AROUND
FIELD WELD
MELT THROUGH
CONSUMABLE INSERT (SQUARE)
BACKING OR SPACER (RECTANGLE)
CONTOUR
FLUSH OR FLAT
CONVEX
CONCAVE

그림 9-39 용접 보조 기호

1) Weld Metal Contour

용접 금속의 마무리 형상을 표시한다.

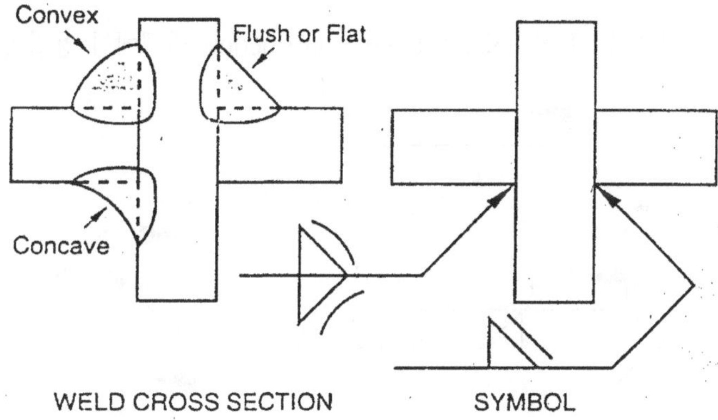

그림 9-40 용접 금속 마무리 형상 표기법

2) Finish Methods

용접부를 마무리하는 표면 처리 기호는 다음과 같은 약자로 표기된다.

Table 9-1 Finish Methods

Symbol	Finish Method	Remark
C	Chipping	
G	Grinding	
H	Hammering	
M	Machining	
R	Rolling	
U	Unspecified	Finish가공이 필요하지만 가공 방법이 미정인 상태

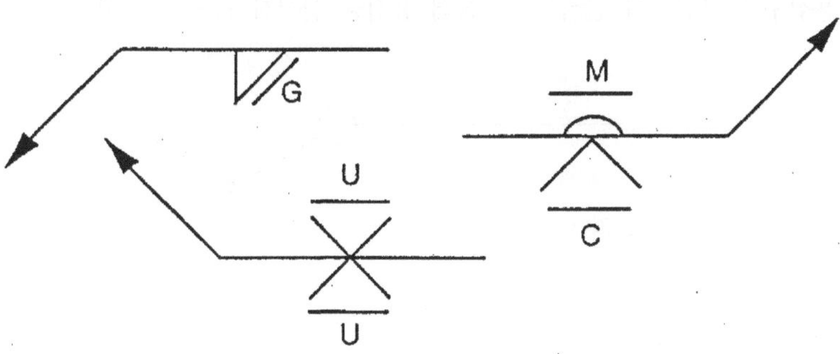

그림 9-41 Finish Methods Specified and Unspecified

3) Field Weld(현장 용접) Symbols

Field Weld Symbol은 건설 현장에서의 용접을 의미하며, 검은색의 삼각 깃발로 표시된다.

이 표시가 있는 용접 Joint는 Field Construction 단계에서 용접이 이루어 진다.

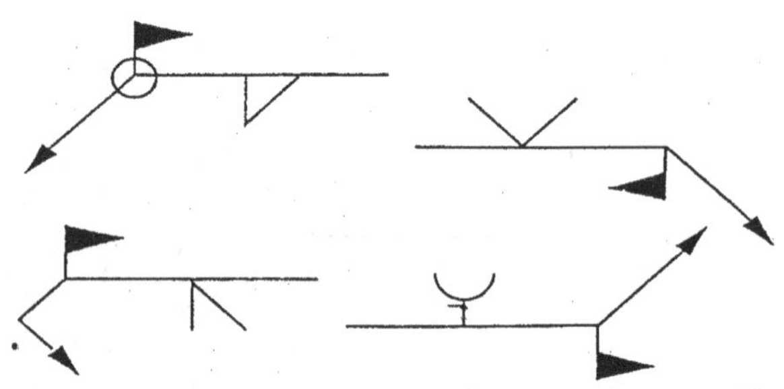

그림 9-42 현장 용접 기호 표기법

4) Melt Through Symbols

Melt Through란 말은 완전 용입이 이루어 지면서 Root부에 가시적으로 충분하게 확인할 수 있을 정도의 Reinforcement가 형성된 용접부를 지칭한다.

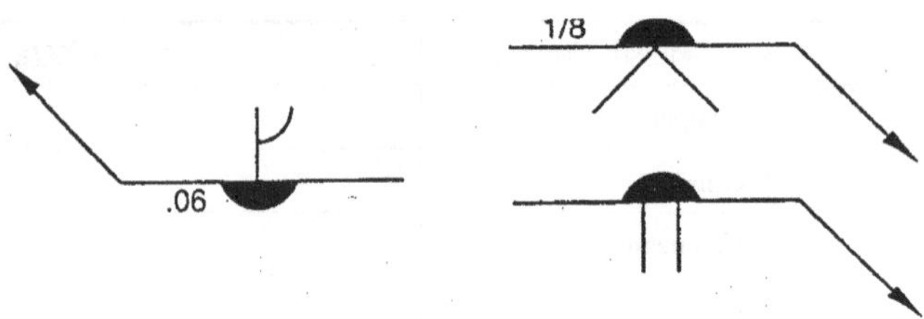

그림 9-43 Melt Through Weld Symbol의 적용

5) Weld All-Around Symbol

용접부를 완전하게 감싸는 전 둘레 용접을 실시하라는 요구 사항이다.

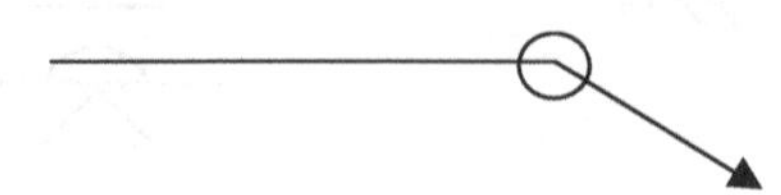

그림 9-44 Weld All-Around Symbol

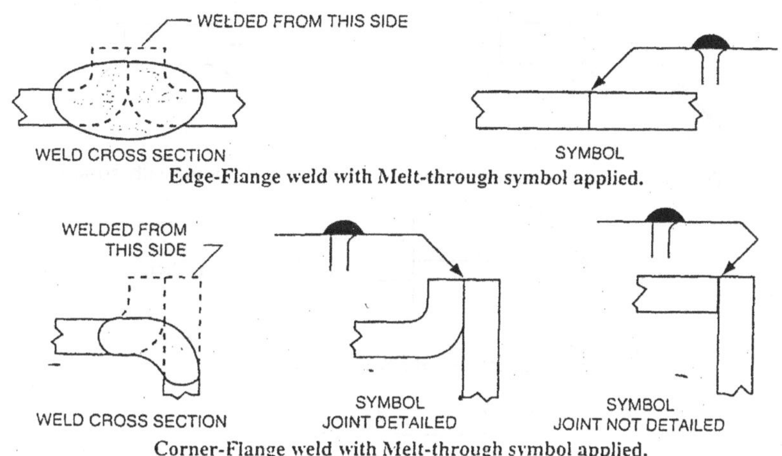

그림 9-45 Corner Flange Weld with Melt Through Symbol

6) Backing and Spacer Symbols

❶ Backing Weld Symbol

Back Welding 과 Backing Welding은 혼동하기 쉬운 개념이다.

Back Welding 은 Double Groove 등의 용접부에서 Back Gouging등의 작업과 함께 실시되는 반대 쪽 용접을 의미하고, Backing Welding은 용접 과정에서 용접 Root를 Cover해주는 별도의 Backing Device를 대고 용접하는 것을 의미한다.

Backing symbol은 그 모양이 Plug나 Slot과 유사하므로 주의하여야 한다.

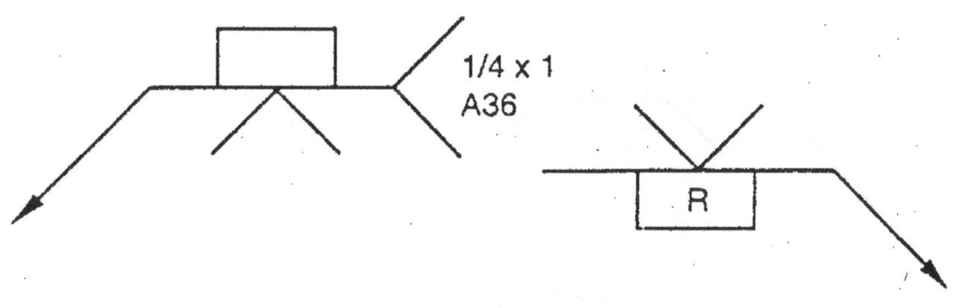

그림 9-46 Backing Weld Symbol의 적용

❷ Spacer Symbol

용접 개선부의 Root Gap 을 일정 부분 확보하기 위하여 Spacer를 삽입하는 경우가 있다.

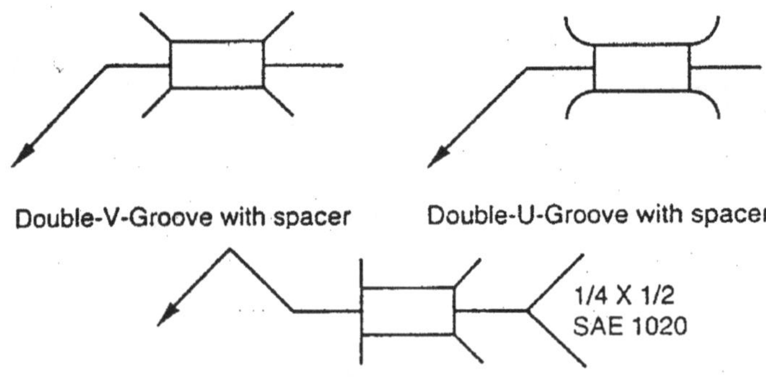

Double-V-Groove with spacer

Double-U-Groove with spacer

Double-Bevel-Groove with spacer

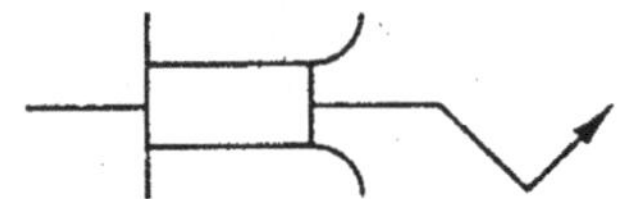

Double-J-Groove with spacer

그림 9-47 Groove Weld Symbol with Spacer

7) Consumable Insert Symbols

대개의 경우에는 금지시 되지만 Full Penetration을 추구하기 위해 일부 Groove Weld Joint에 Filler Metal을 Strip혹은 Ring 형태로 삽입하는 경우가 있다. 이 경우에 삽입되는 Filler Metal은 Porosity등의 결합이 발생하지 않도록 특별한 Chemical 조성을 가지고 있다.

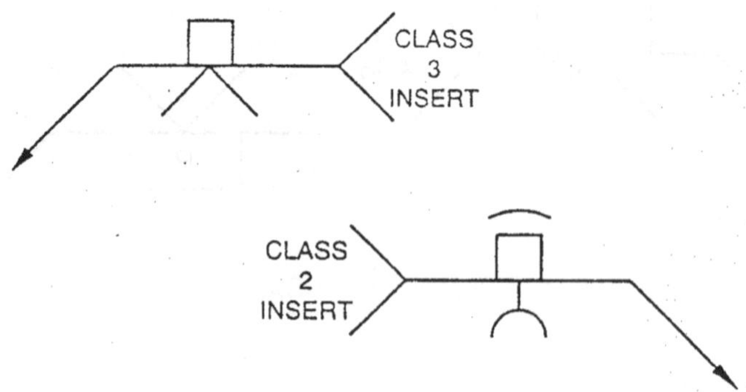

그림 9-48 Consumable Inserts Symbol

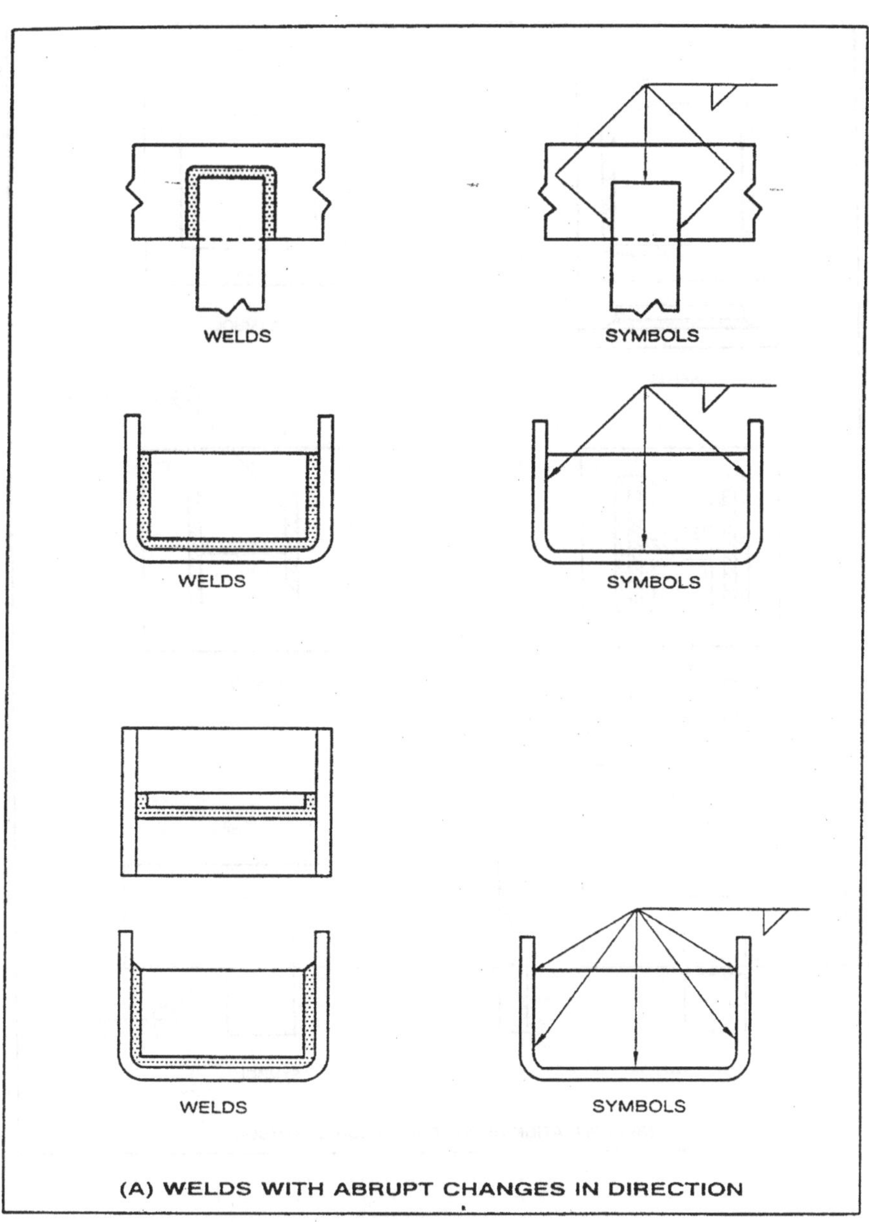

그림 9-49 용접 구간의 표시

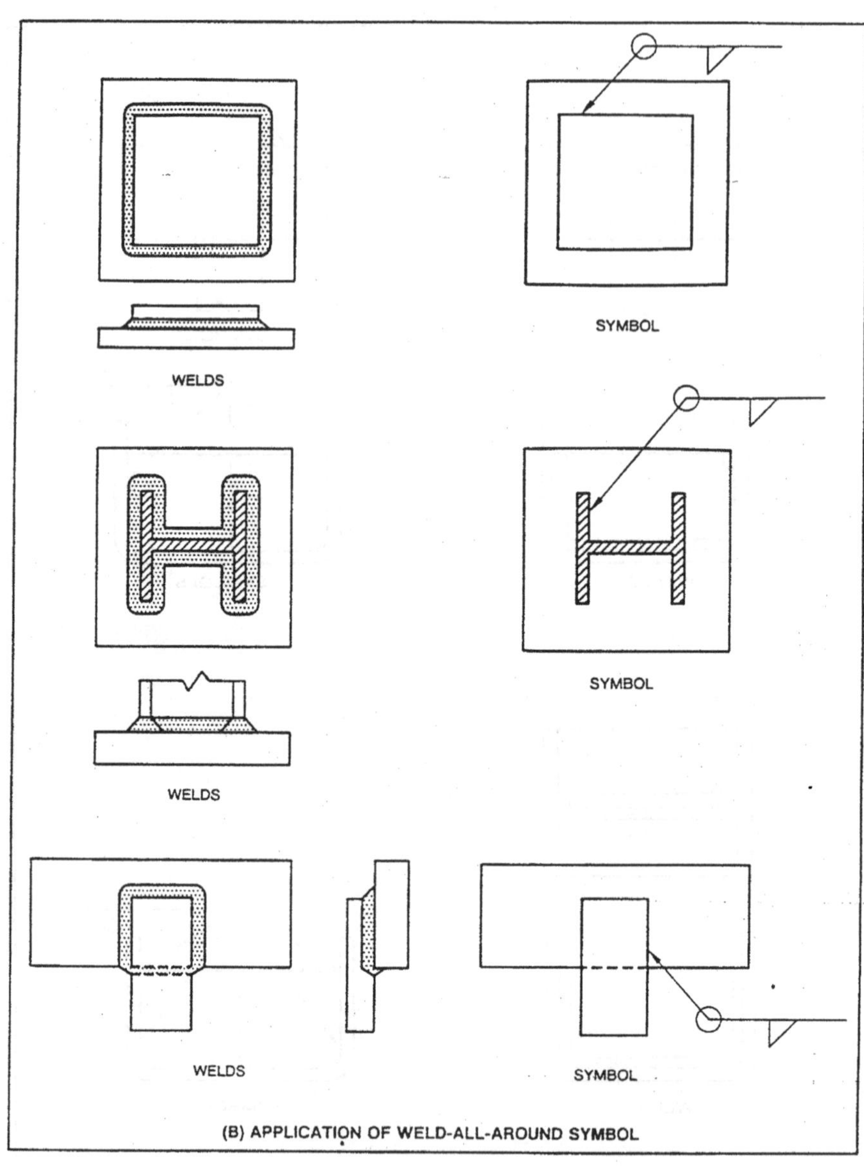

그림 9-50 용접구간의 표시

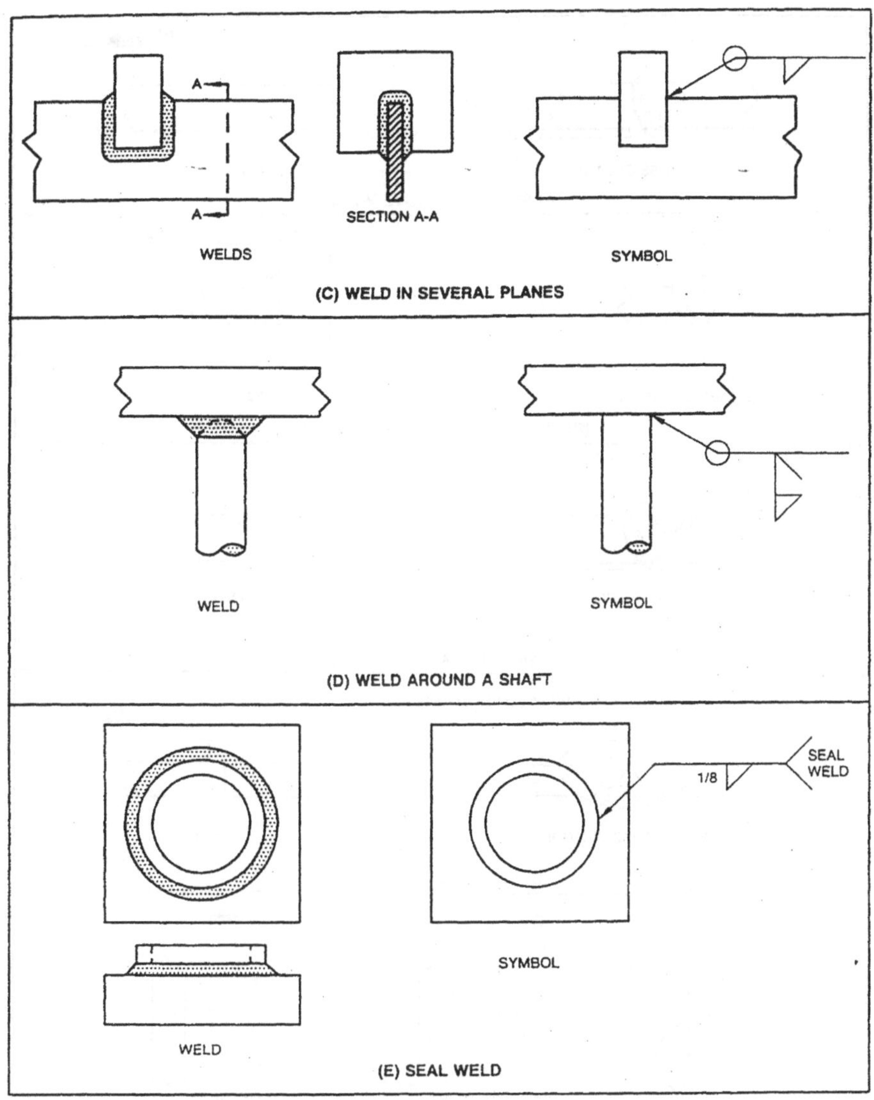

그림 9-51 용접구간의 표시

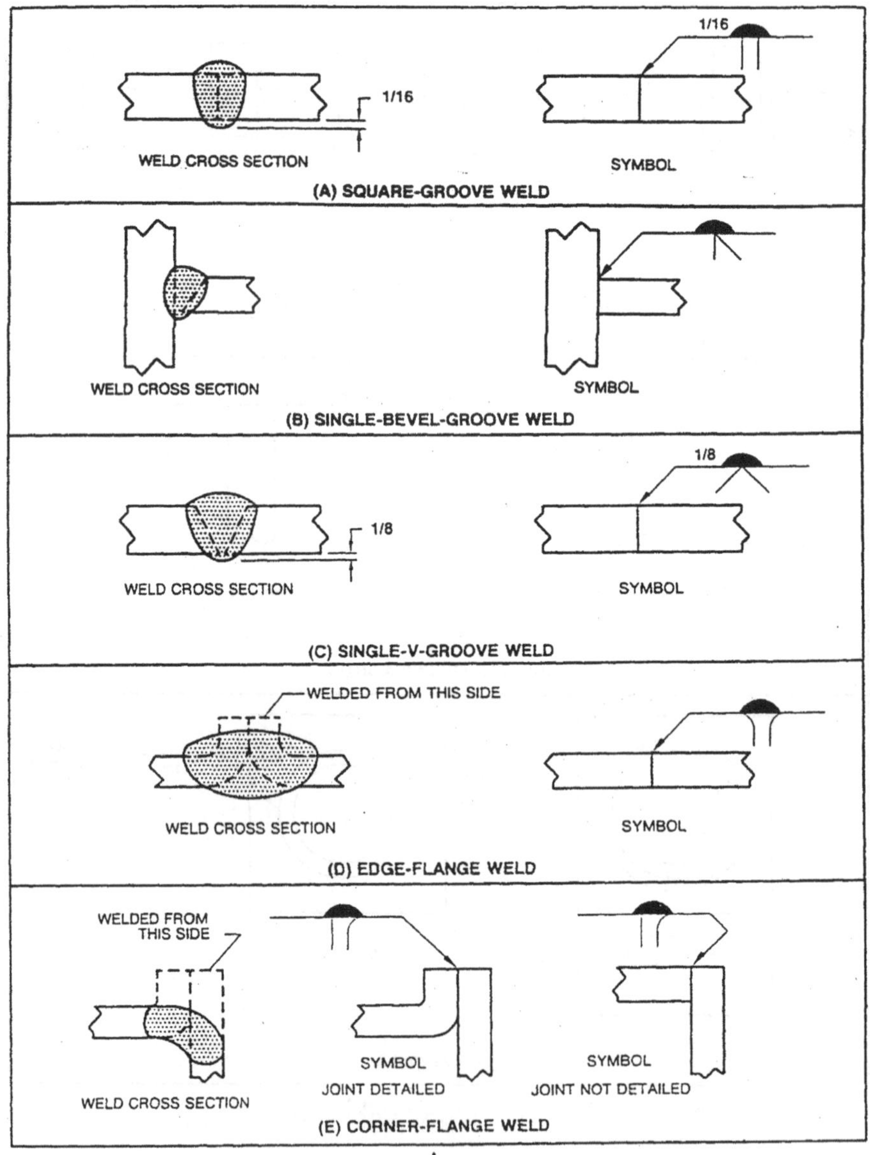

그림 9-52 Melt-Through Symbol의 표기법

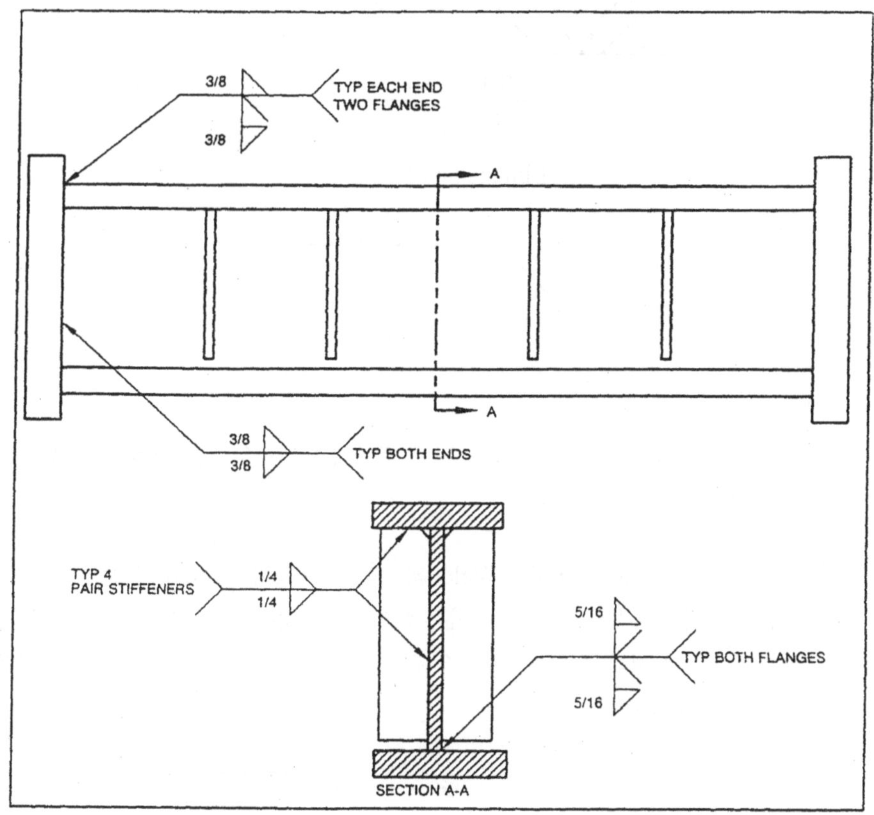

그림 9-53 "Typical" Welding Symbols의 적용예

(3) 용접부의 크기 표기

1) Fillet Welds

Fillet Weld의 크기는 Size, Length, Pitch로 구분될 수 있다.

❶ Fillet Weld Size : Fillet Size는 Weld Symbol의 왼쪽에 표기된다. Groove Weld의 경우에는 용접 금속의 크기를 괄호안에 표기하였으나, Fillet Weld 의 용접 금속 크기는 괄호 없이 그대로 표기한다.

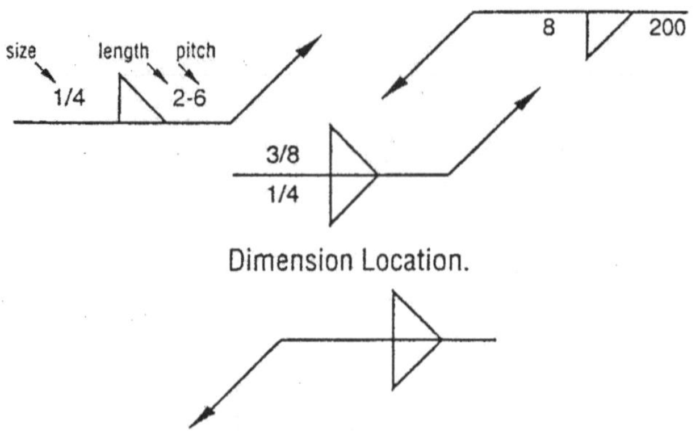

그림 9-54 Fillet 용접부의 크기 표기법

Fillet Welds 의 양쪽 Leg Size가 다른 경우에는 다음의 그림 9-55에서 보는 바와 같이 1/4 X 3/8 로 표기한다.

❷ Fillet Weld Length : Fillet Weld 의 길이는 Weld Symbol의 오른쪽에 표기된다.

전 길이 용접이 이루어 지는 경우에는 이와 같은 Fillet 용접 길이 표시는 적용하지 않으며, 부분적으로 용접이 이루어 질 경우에는 해당 용접부를 Hatching하여 표시한다. 다음 그림 9-54를 참조한다.

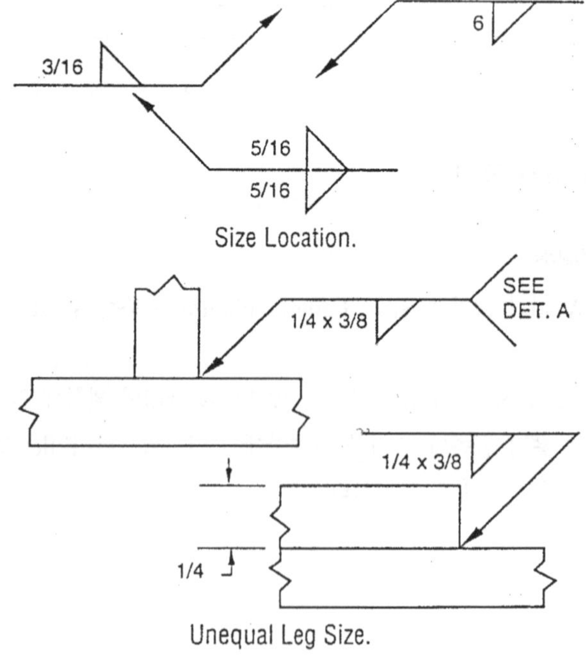

그림 9-55 Leg 크기가 서로 다른 용접부 크기 표기법

❸ Fillet Weld Pitch : 연속적으로 전체 용접부를 모두 용접하지 않고 일정한 간격으로 Chain Intermittent Fillet 혹은 Staggered Intermittent Fillet 용접을 실시할 경우에는 Fillet Weld의 간격을 표시해 주어야 한다. Fillet Weld Pitch는 용접 금속의 중심에서부터 다음 용접 금속의 중심까지의 거리로 표기한다. 도면상에 표시할 때는 길이 표시 오른쪽에 Hyphen(－)으로 연결하여 나타낸다. 다음 그림 9-57을 참조한다.

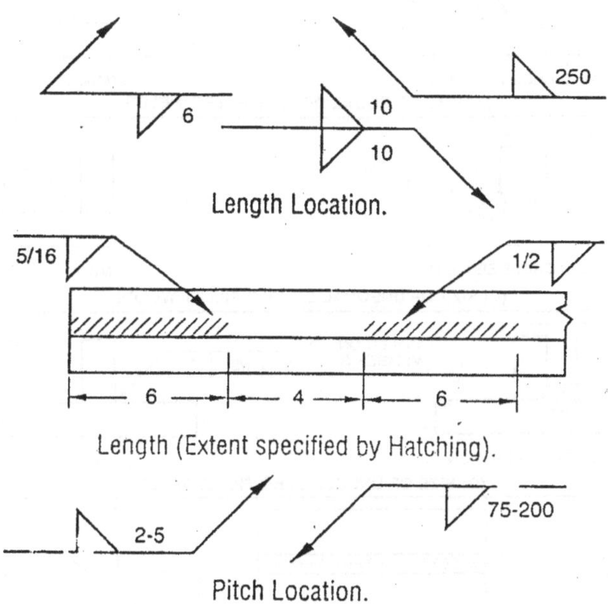

그림 9-56 Length and Pitch of Fillet Welds

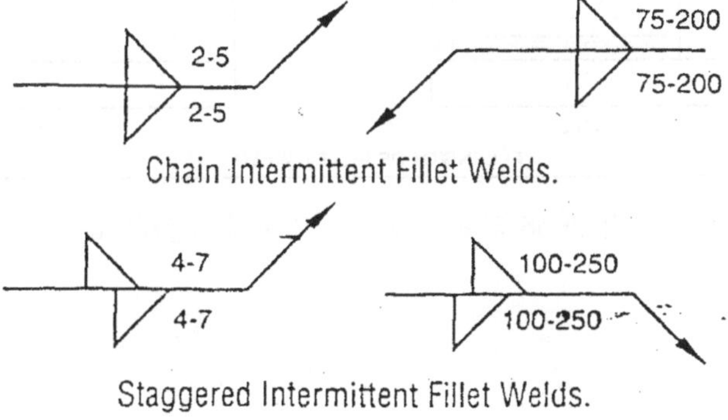

그림 9-57 Intermittent Fillet Welds

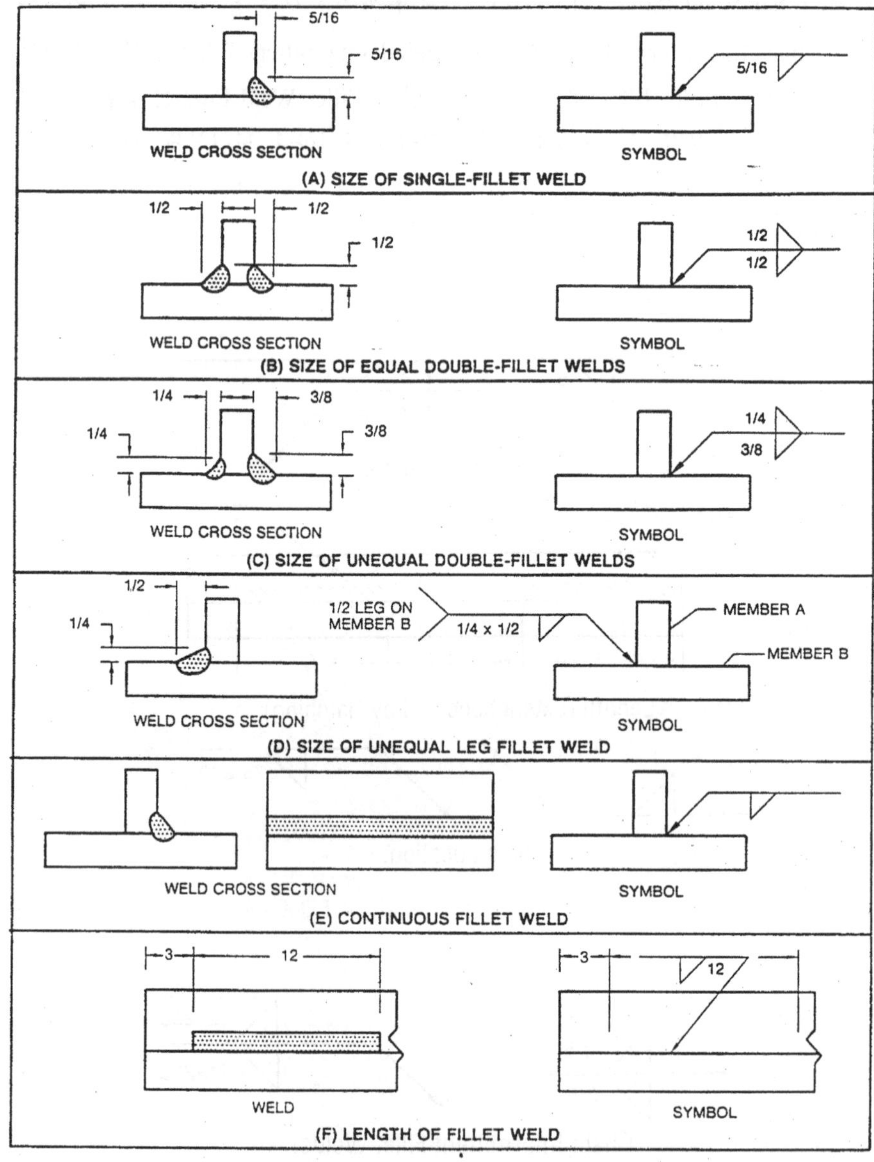

그림 9-58 Fillet 용접부 크기와 길이 표기법

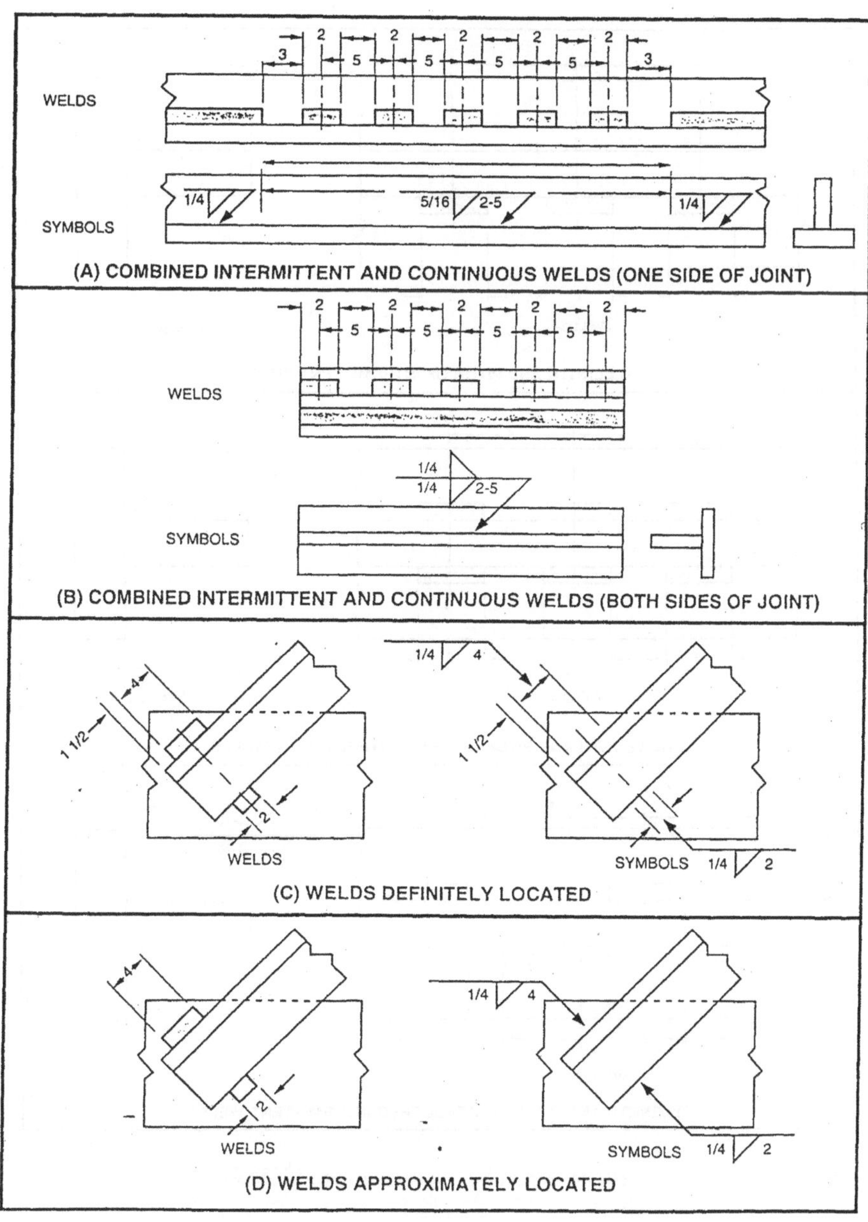

그림 9-59 Fillet 용접부 적용 구간 표기법

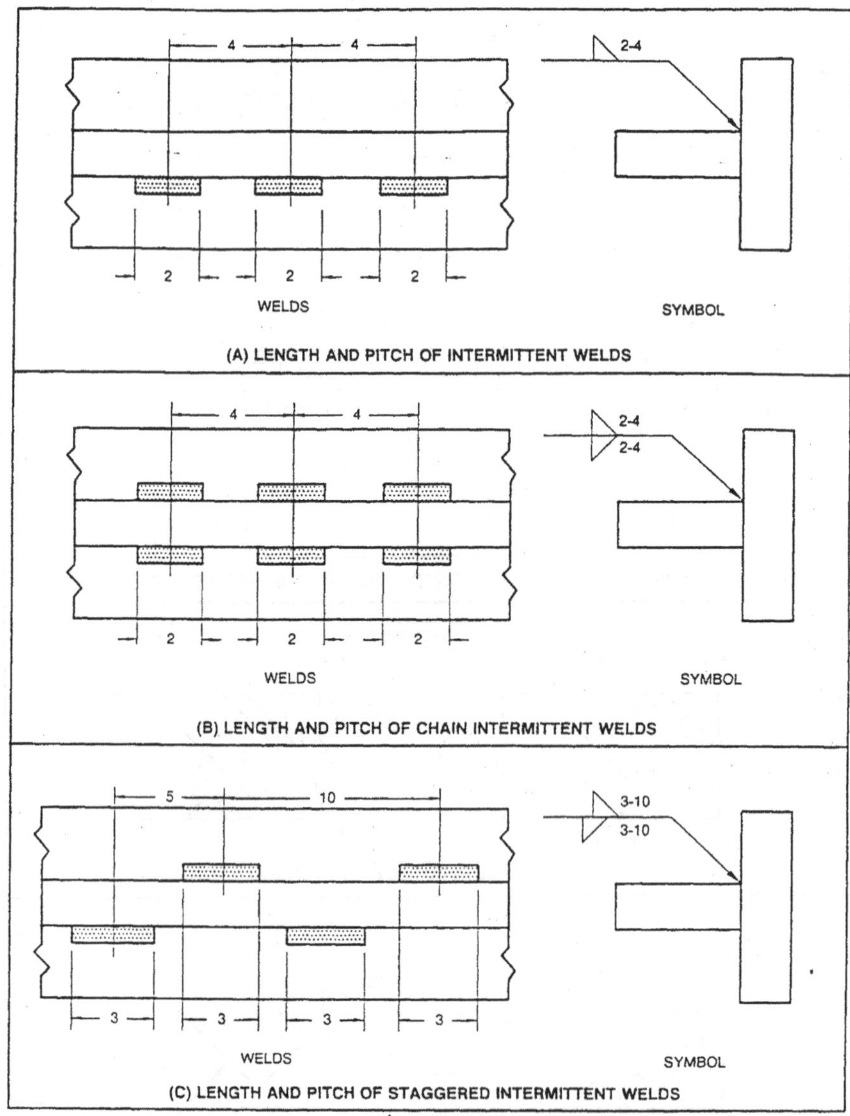

그림 9-60 Fillet Weld Symbols의 적용

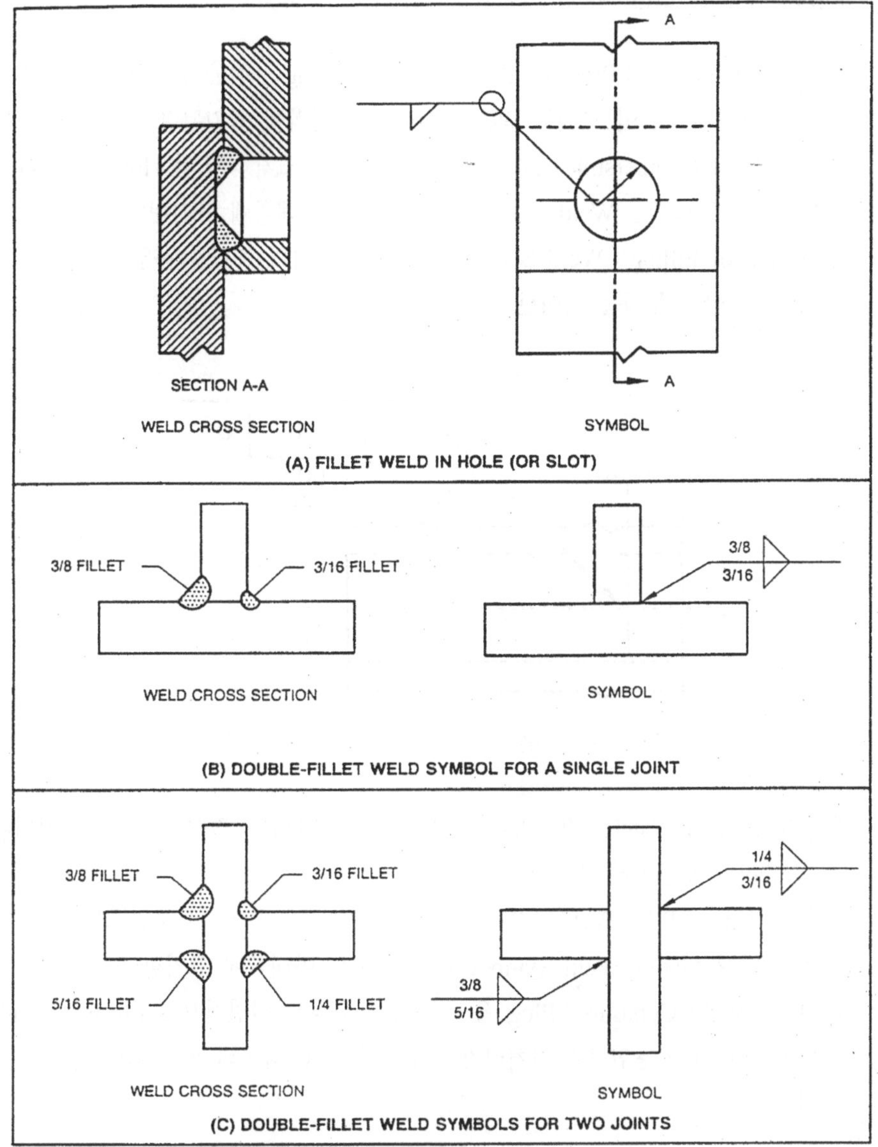

그림 9-61 Fillet Weld Symbol의 적용

2) Plug Welds

Plug 용접과 Slot 용접은 똑같은 Weld Symbol을 사용하므로 외관상 구별하기가 어렵다. 그러나, 용접 금속의 크기를 표기하는 방법에서 차이가 난다. Plug 용접의 경우에는 용접 금속의 크기를 사용하여 표기하고 Slot 용접의 경우에는 용접 금속의 크기를 길이로서 표기한다.

Plug 용접의 크기를 표기하는 요소는 Weld Size, Angle of Countersink, Depth of

Filling, Pitch 그리고 용접 금속의 수량이다. 그림 9-64 참조.

❶ Plug Weld Size : Plug Weld의 크기는 초기 Plug 용접을 실시하기 위해 가공한 Hole의 크기와 같다. 이 수치는 Weld Symbol의 왼쪽에 표기된다.

❷ Angle of Countersink : Countersink의 각도는 초기 가공된 Hole의 Taper각도를 의미한다. 이 각도는 Weld Symbol의 위쪽이나 아래쪽에 표기된다.

❸ Depth of Filling : Weld Symbol 안쪽에 표기되며 불완전 용입이 이루어 졌을 경우의 용접 금속 두께를 의미한다.

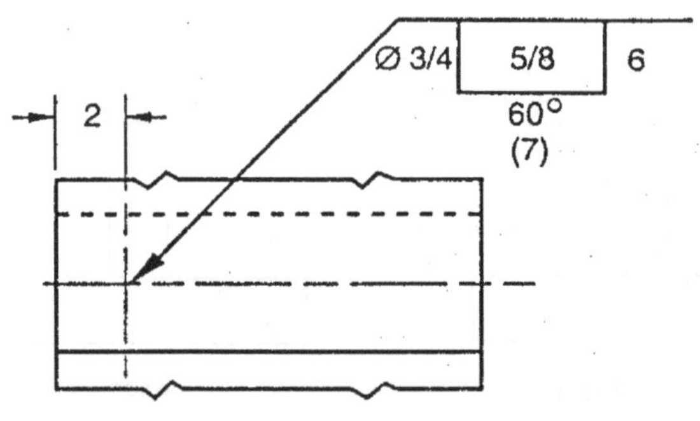

그림 9-62 Plug Weld 크기 표기법

❹ Spacing or Pitch : 각 Plug 용접 금속의 Pitch는 직선 거리로 측정되며, Weld Symbol의 오른쪽에 표기된다.

❺ Number of Plug Welds : 일정한 수량의 Plug 용접만이 요구될 경우에는 그 수량을 괄호 안에 넣어서 Weld Symbol의 위쪽 혹은 아래쪽에 표기한다.

❻ Plug Weld Contours : Plug 용접 금속의 형상은 일반적으로 Flush 혹은 Convex로 나타난다. 해당 용접부가 열처리가 요구되면, 용접 금속의 형상 위에 열처리 조건을 표기한다.

3) Slot Welds

Slot 용접 금속의 크기는 용접 금속의 폭, 길이, Angle of Countersink, Depth of Filling 그리고 용접 금속의 개수로 표기된다. 그림 9-65 참조.

용접 금속의 폭과 길이를 제외한 각 요소의 의미와 표기 방법은 Plug 용접과 동일하다.

❶ Slot 용접 금속(Weld Metal)의 폭 : Arrow의 방향에 따른 의미는 없고, Weld Symbol의 왼쪽에 표기된다. 용접하기 위해 가공한 Slot의 폭과 동일하다.

❷ Slot 용접 금속(Weld Metal)의 길이 : Arrow의 방향에 따른 의미는 없고, Weld

Symbol의 오른쪽에 표기된다. 용접 금속의 길이는 Slot의 길이와 동일하다.

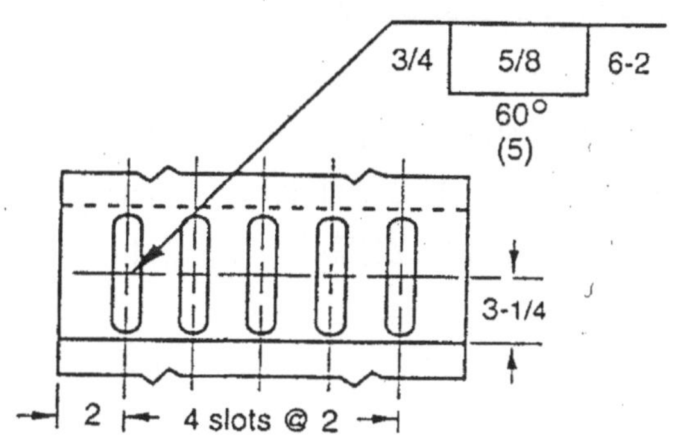

그림 9-63 Slot Weld 크기 표기법

4) Spot and Projection Welds

Spot 용접과 Projection용접은 동일한 Weld Symbol을 사용하고 있다.

이 두 가지 용접의 구별은 용접 방법, Joint Design 그리고 Tail에 표기된 내용에 의한다. 그림 9-66, 67, 68, 69 참조.

❶ Spot Welds : Spot 용접은 저항 용접(ERW), Gas Tungsten Arc Welding(GTAW), Electron Beam Welding(EBW)및 초음파 용접에 의해 시행될 수 있다. 그러나, Gas Metal Arc Welding(GMAW) 이나 Shield Metal Are Welding(SMAW)등으로는 적용할 수 없다. 정해진 용접 방법에 대하여 Spot Weld Symbol은 Reference Line의 위, 아래 혹은 중앙에 위치할 수 있다. Spot 용접에서 용접 금속의 크기를 표기하는 요소는 Weld Size, Weld Strength, Spacing 그리고 Spot의 개수이다.

- Spot Weld Size and Strength : 용접 금속의 크기는 마주한 용접 대상물 사이에 형성된 Nugget의 직경으로 측정되며, Weld Symbol과 나란하게 표시된다. 용접 금속의 크기와 강도는 한꺼번에 모두 표기되는 경우는 없으며 둘 중에 하나만 나타내면 된다.
- Spacing or Pitch : 인접한 Spot의 최단 직선 거리를 나타내며, Weld Symbol의 오른쪽에 표기된다.
- Spot의 개수 : 괄호 안에 전체 개수로 표기되며, Weld Symbol의 위치에 따라서 위 혹은 아래에 표기된다.

❷ Projection Welds : Projection Weld Symbol은 Joint의 형상과 적용되는 용접 방법에 따라 Reference Line의 위쪽 혹은 아래쪽에 표기된다. Projection Weld 옆에 표기되는 내용은 어느쪽이 Projection으로 가공되는가 하는 것을 나타낸다.

5) Seam Welds

Seam 용접은 전기 저항 용접으로 Seam을 형성하여 용접을 진행하는 방법이다. 이 용접 기호는 Reference Line 위 혹은 아래에 원형으로 표시되는 Weld Symbol 을 관통하는 두 개의 직선으로 나타낸다.

Seam 용접의 기호 표시는 Spot이나 Projection과 기본적으로 동일하다.

연속적인 Seam을 형성하지 않고 간헐적인 (Intermittent) 용접 Seam 을 형성할 때는 그 Seam 사이의 간격을 길이 표시 오른쪽에 (−)을 넣어서 나타낸다. 그림 9-70, 71, 72 참조.

6) Stud Welds

Stud 용접의 기호는 항상 Reference Line의 아래 쪽에 표시되어 직접 용접이 이루어 지는 표면을 지칭하도록 나타낸다.

Stud 용접의 크기는 용접되는 Stud의 크기와 동일하며, 각 Stud사이의 거리와 총 Stud의 개수로 표시된다. 그림 9-73 참조.

7) Surfacing Welds

흔히 Clad, Build up 등에 적용되는 Surfacing 용접은 두께를 정확하게 표시해 주어야 한다. 최소 두께는 Weld Symbol의 왼쪽에 나타낸다. 그림 9-74 참조.

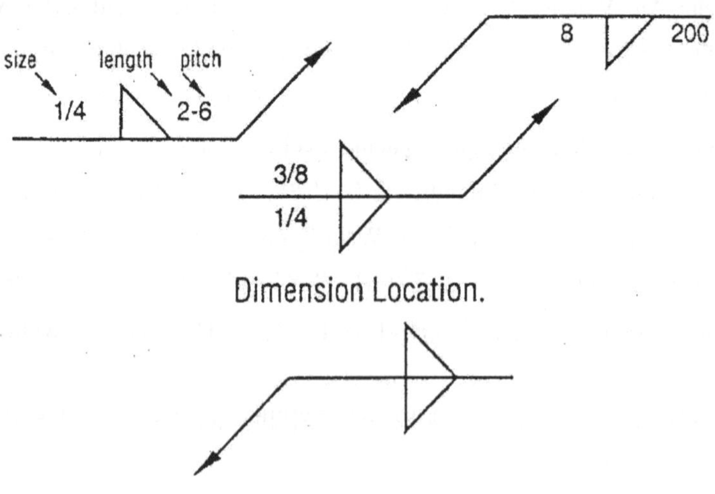

그림 9-64 Plug Weld 크기 표기법

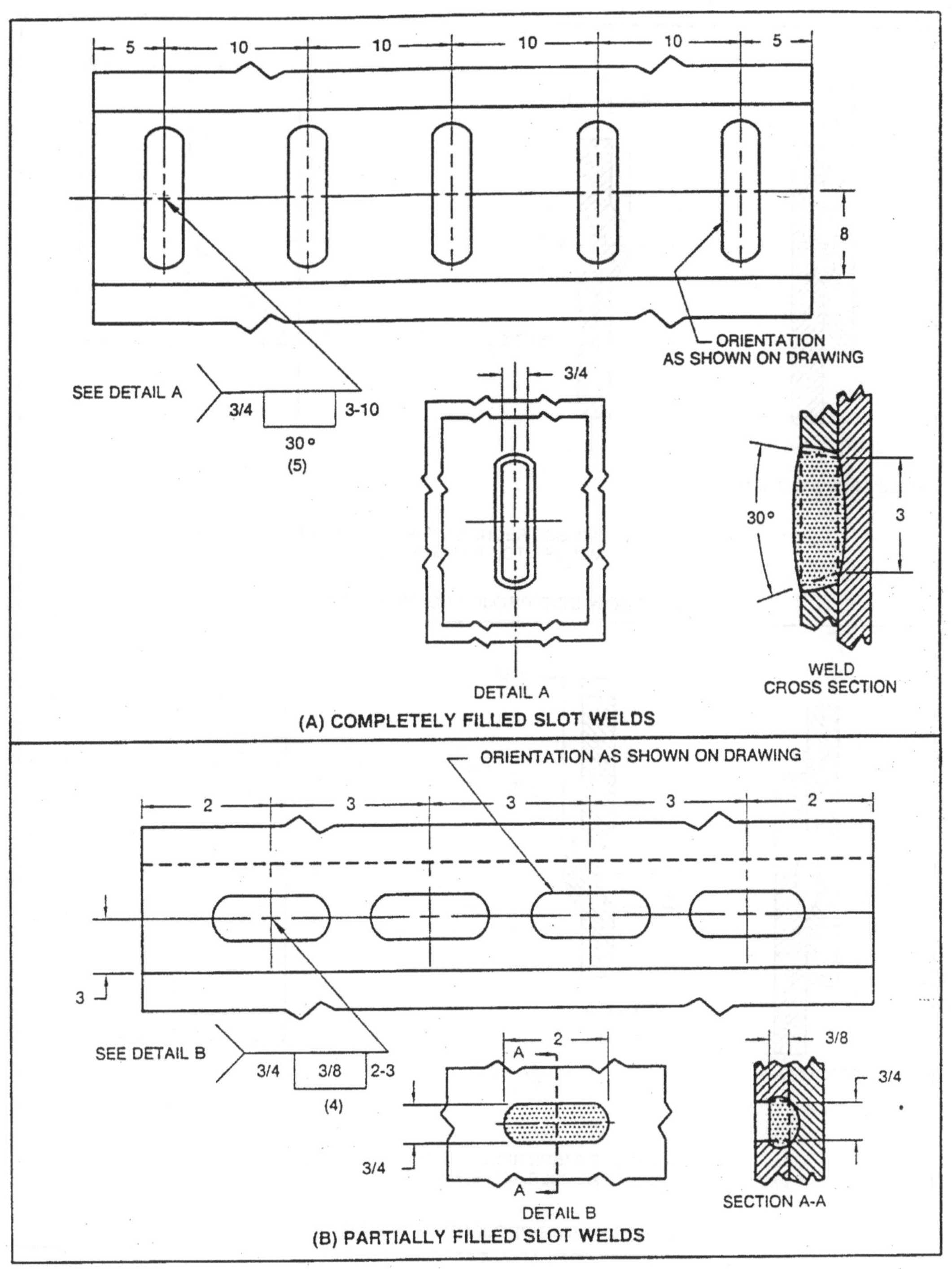

그림 9-65 Slot Weld 크기 표기법

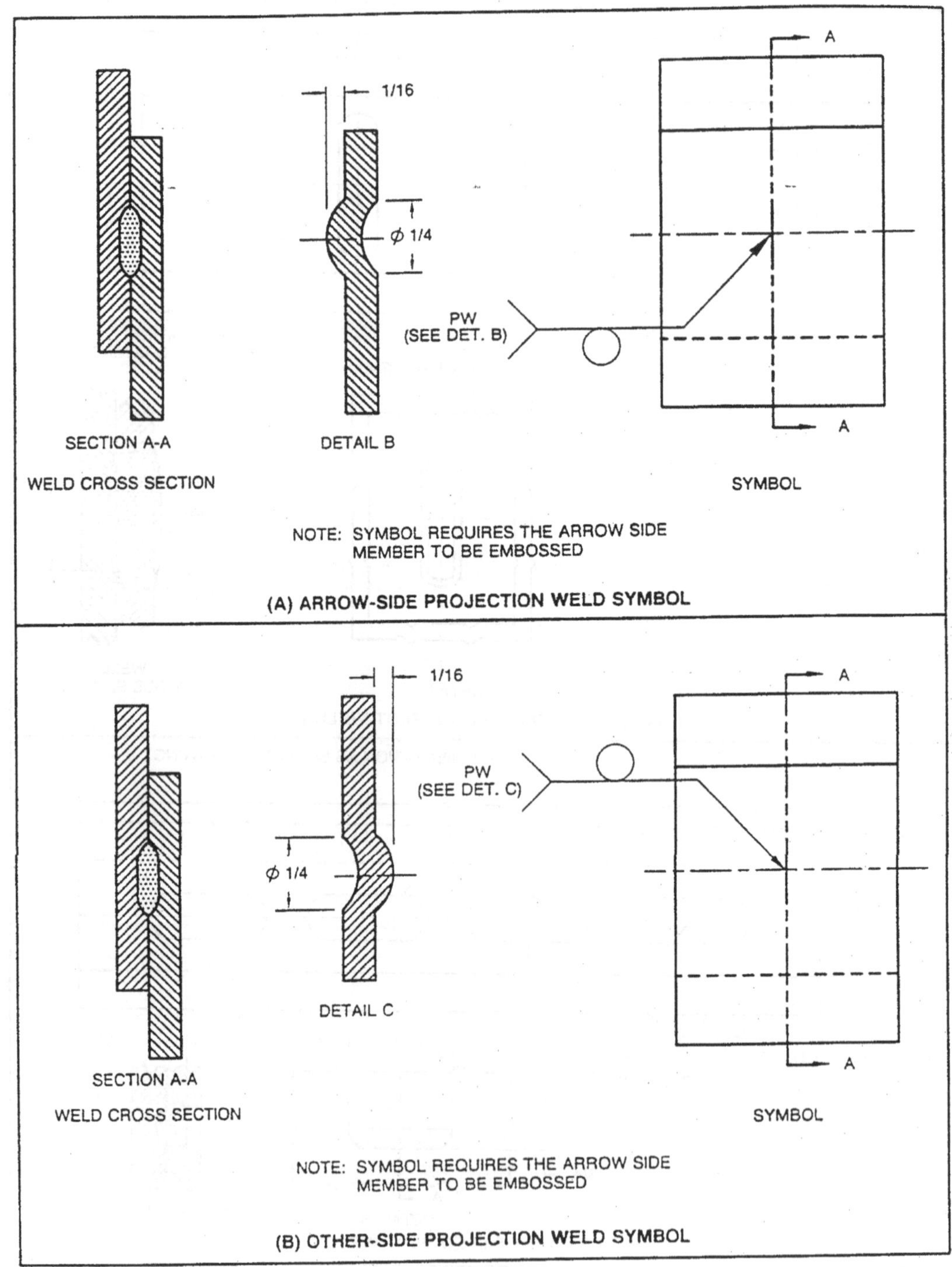

그림 9-66 Projection Weld 표기법

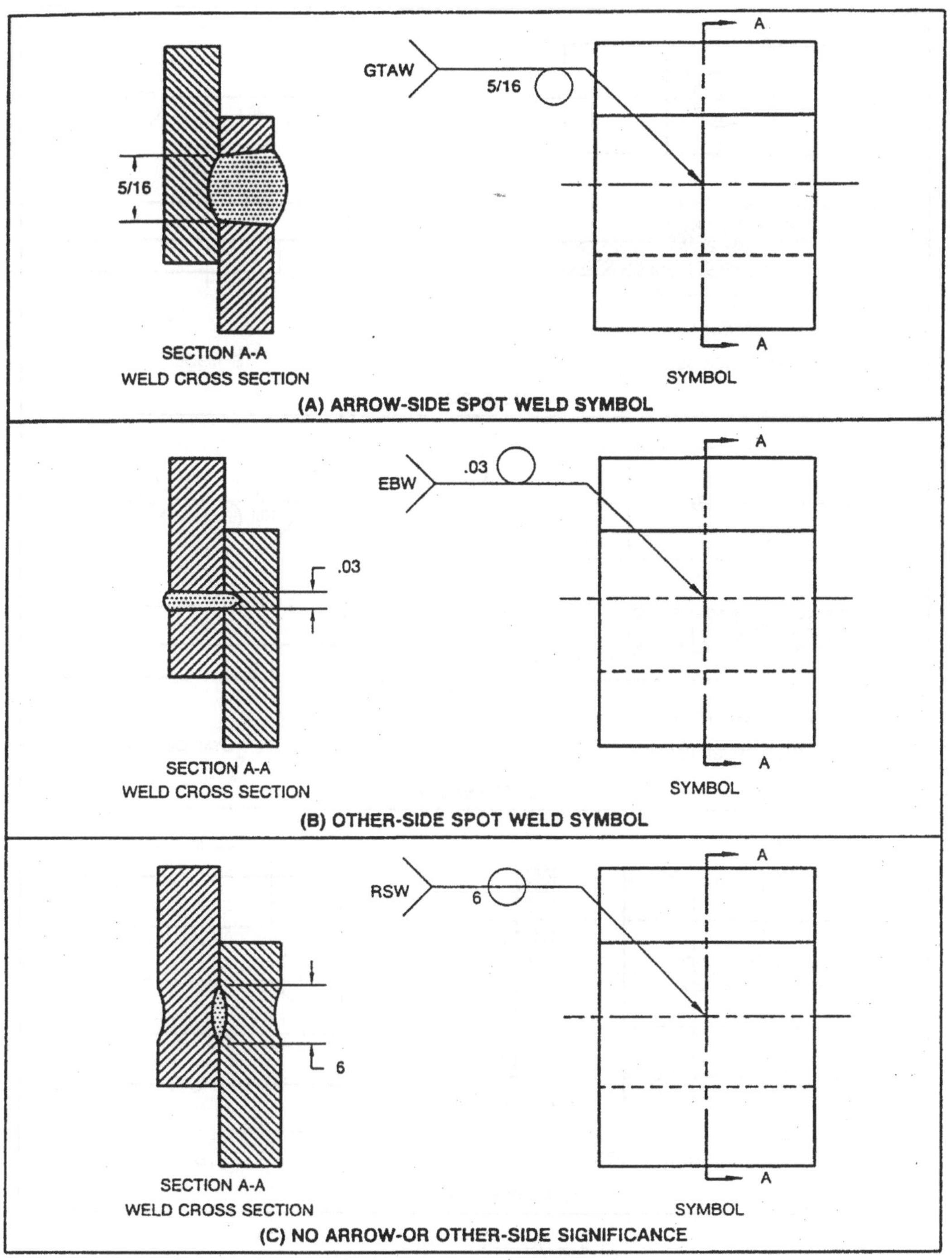

그림 9-67 Spot 용접 기호 표기법

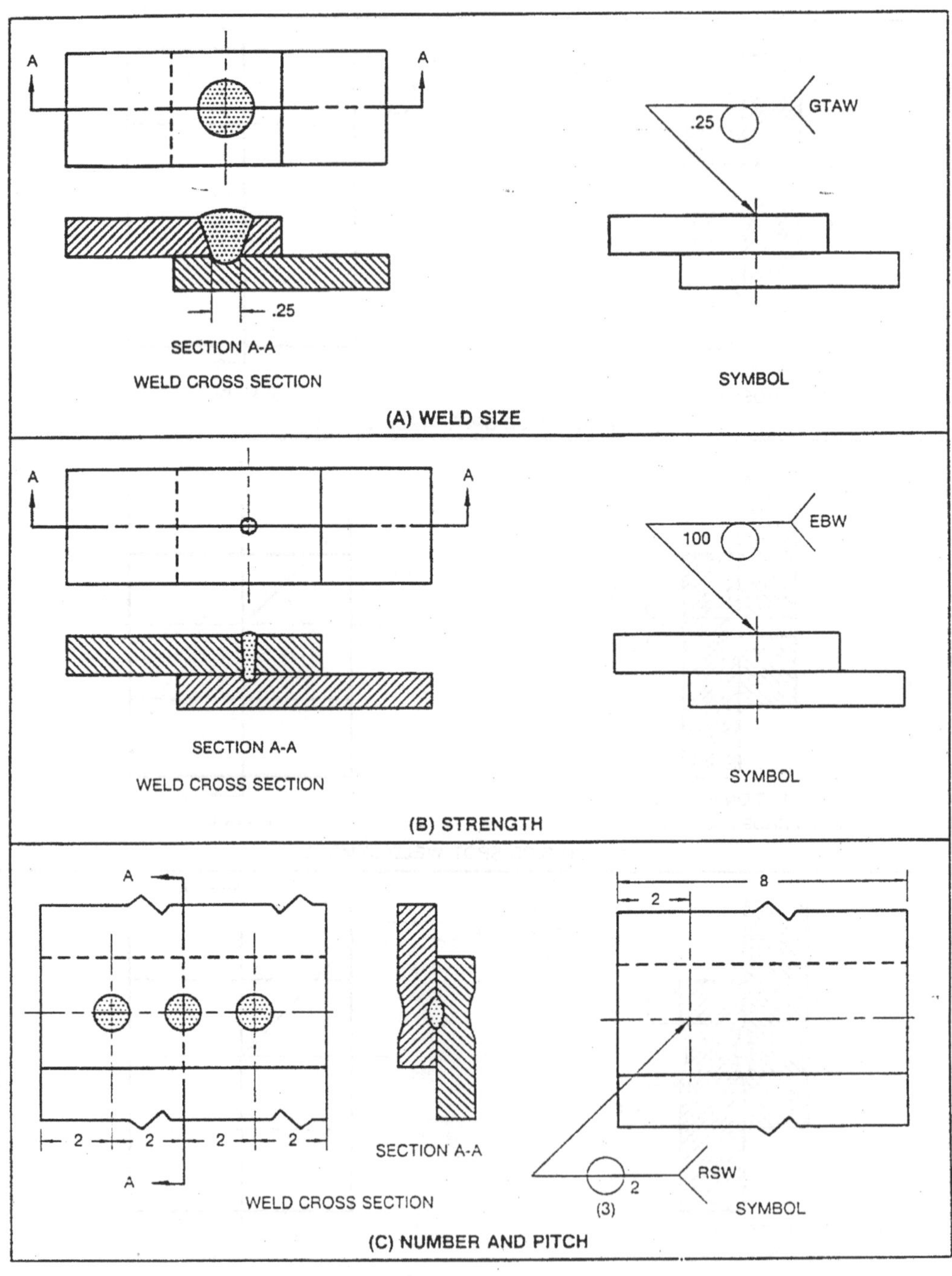

그림 9-68 Spot Weld 표기법

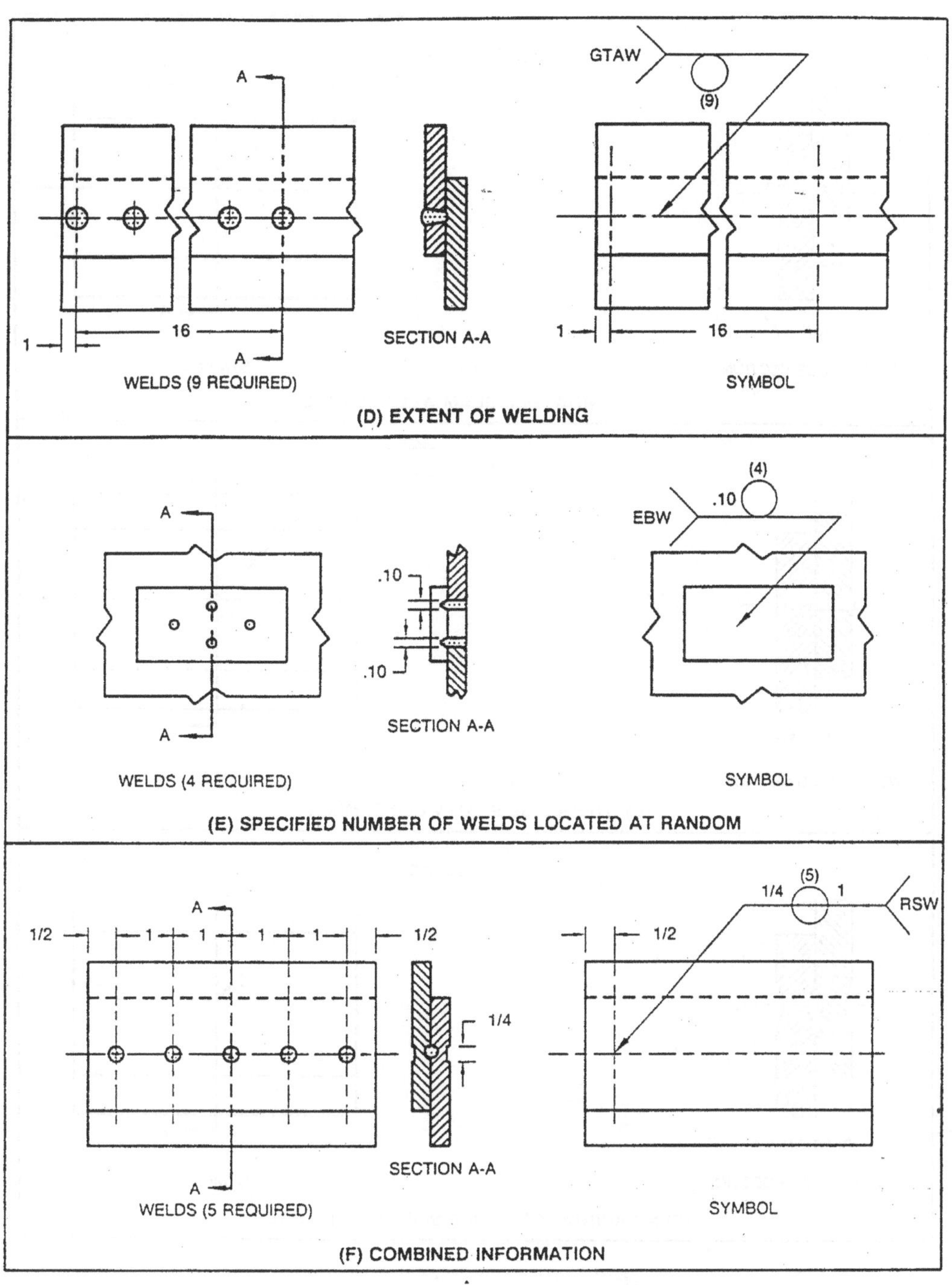

그림 9-69 Spot Weld 표기법 (Continued)

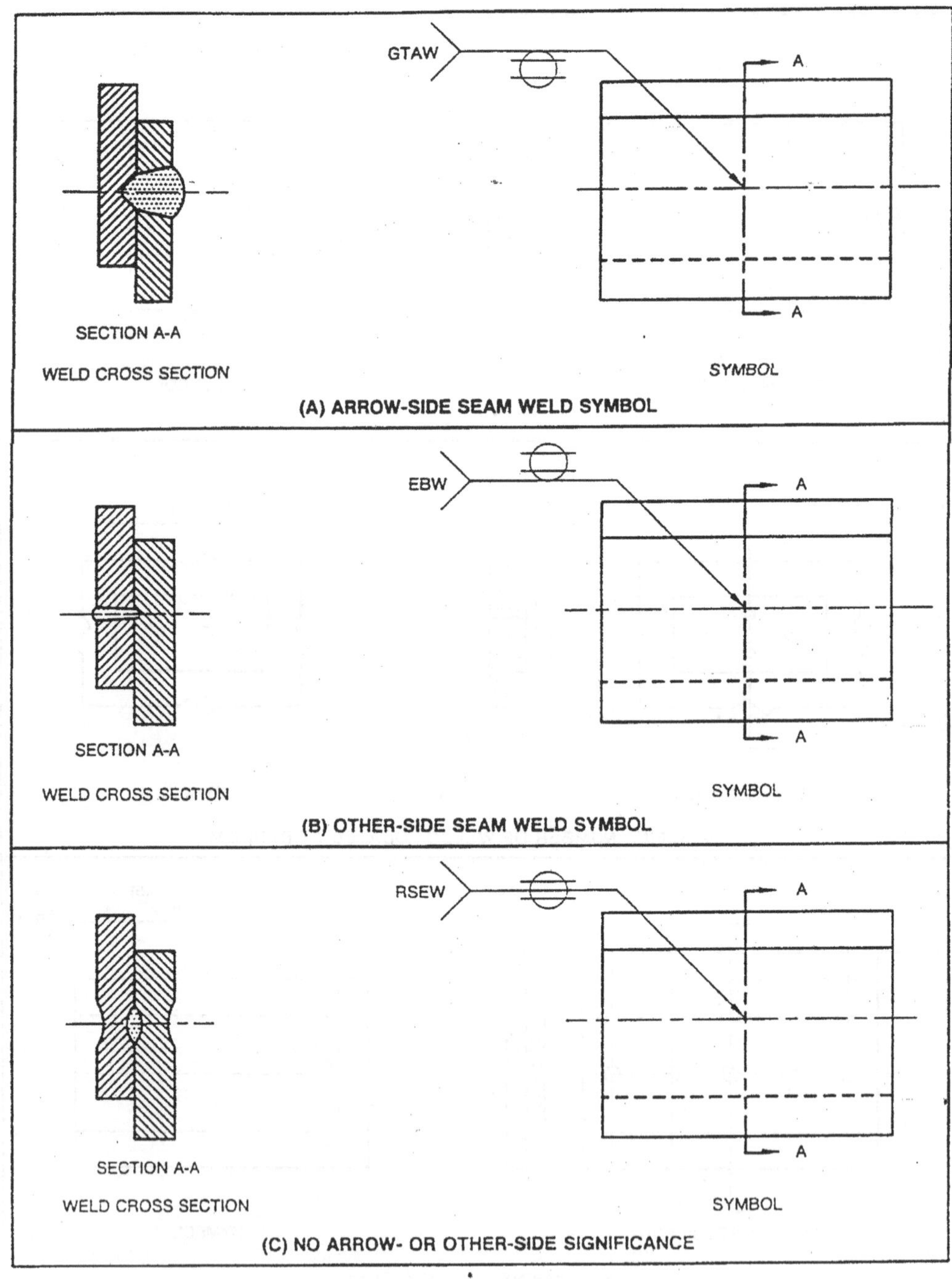

그림 9-70 Seam 용접기호 표기법

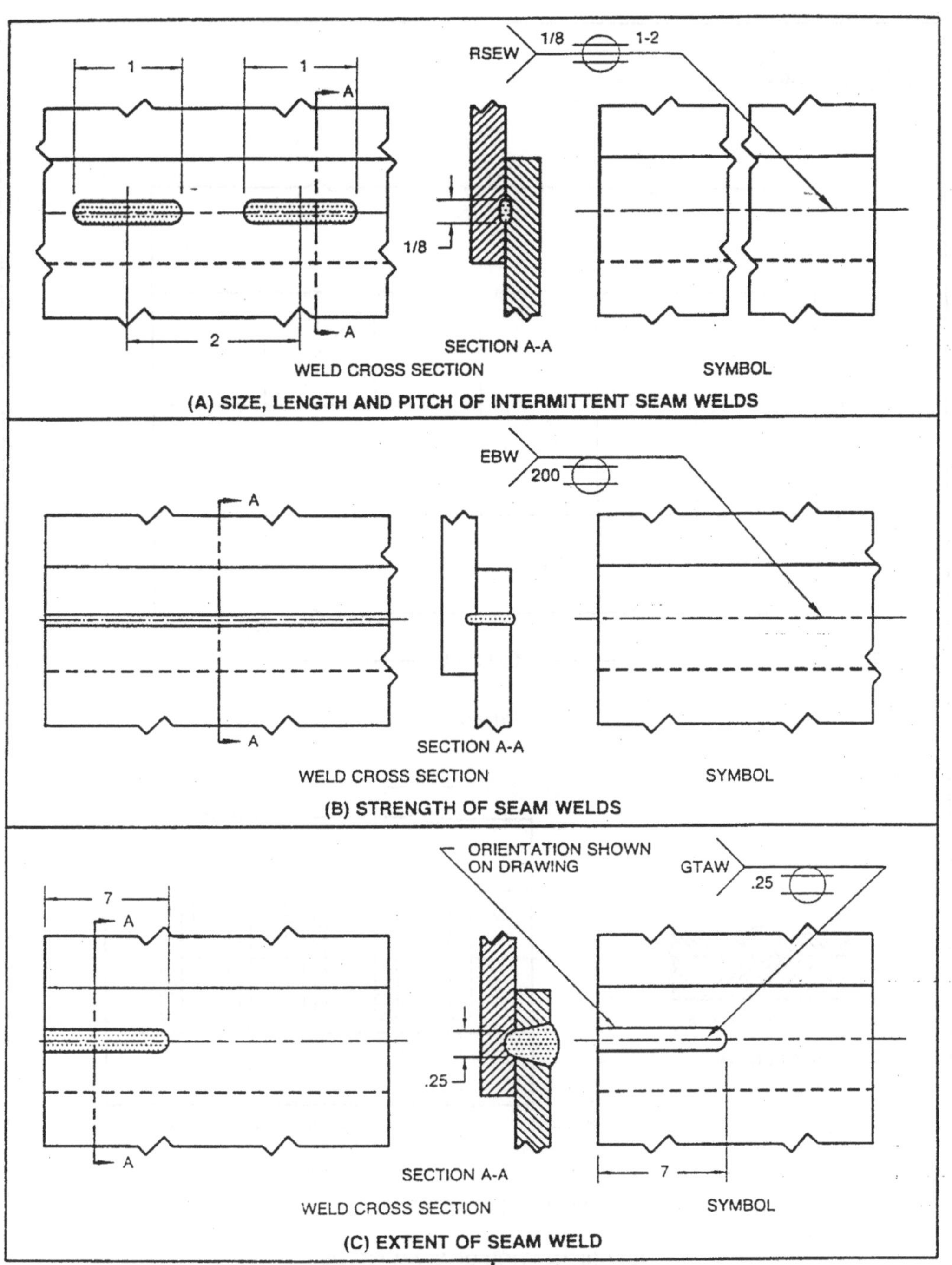

그림 9-71 Seam Weld 표기법

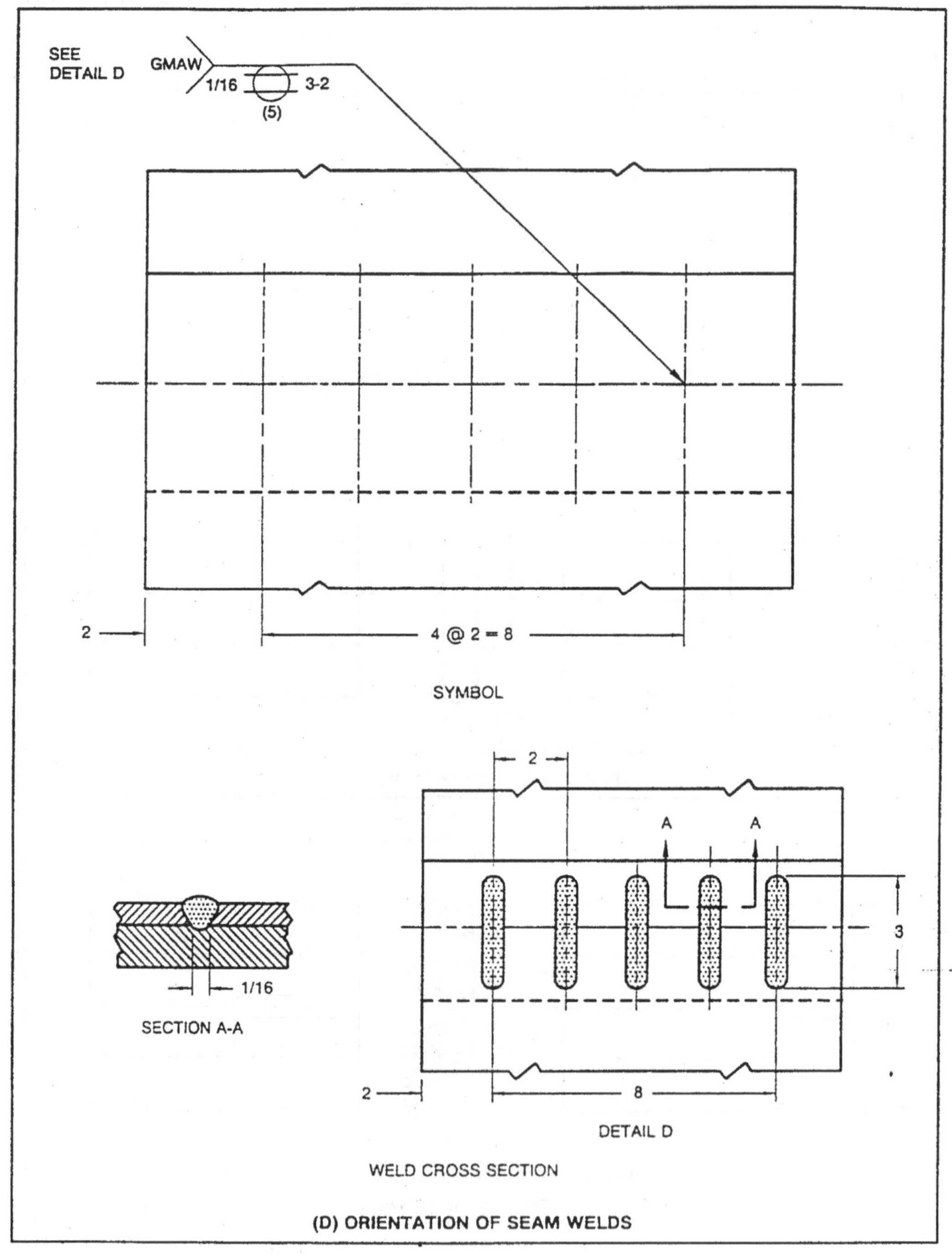

그림 9-72 Seam Weld 표기법 (Continued)

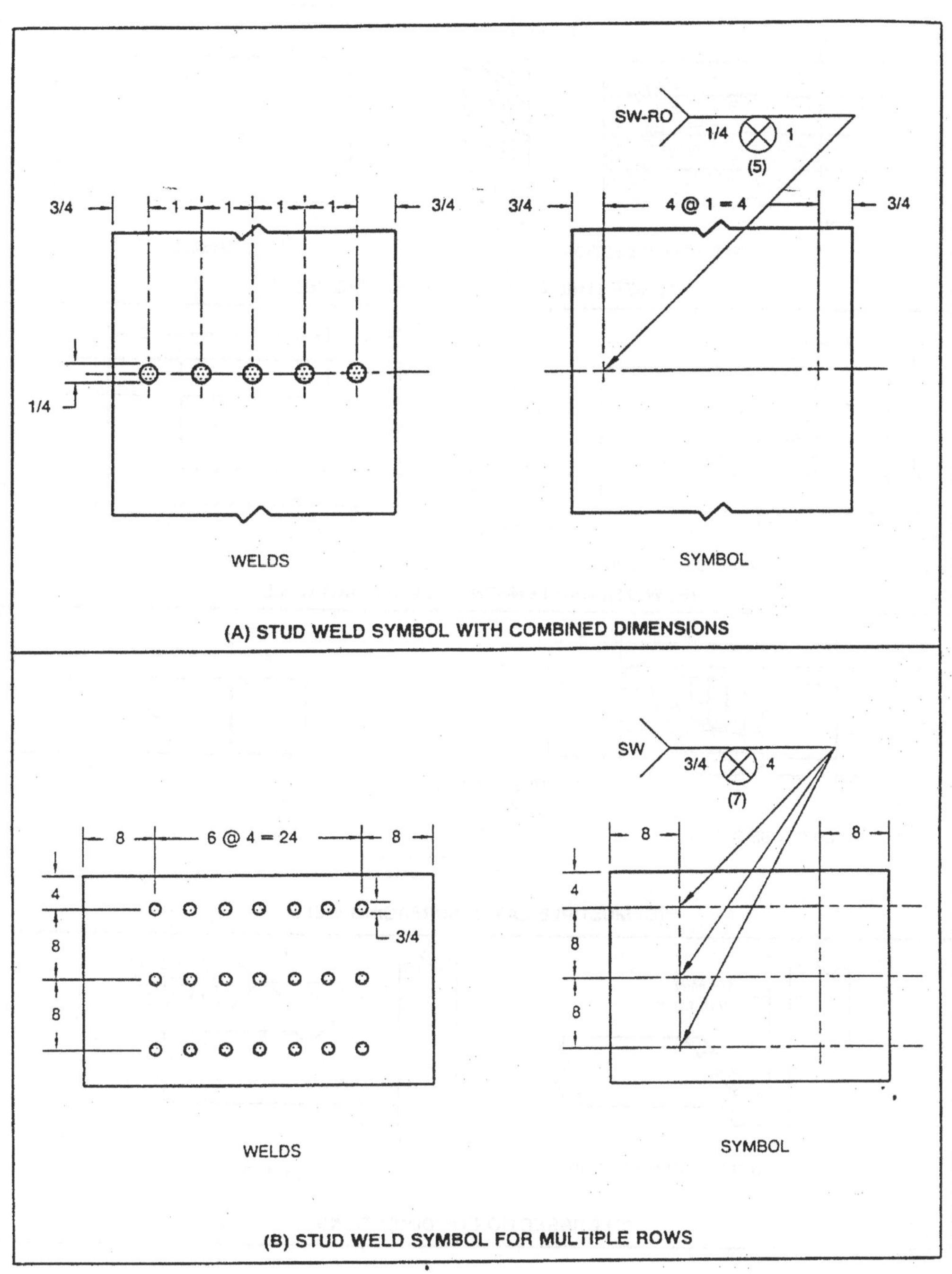

그림 9-73 Stud 용접 기호 표기법

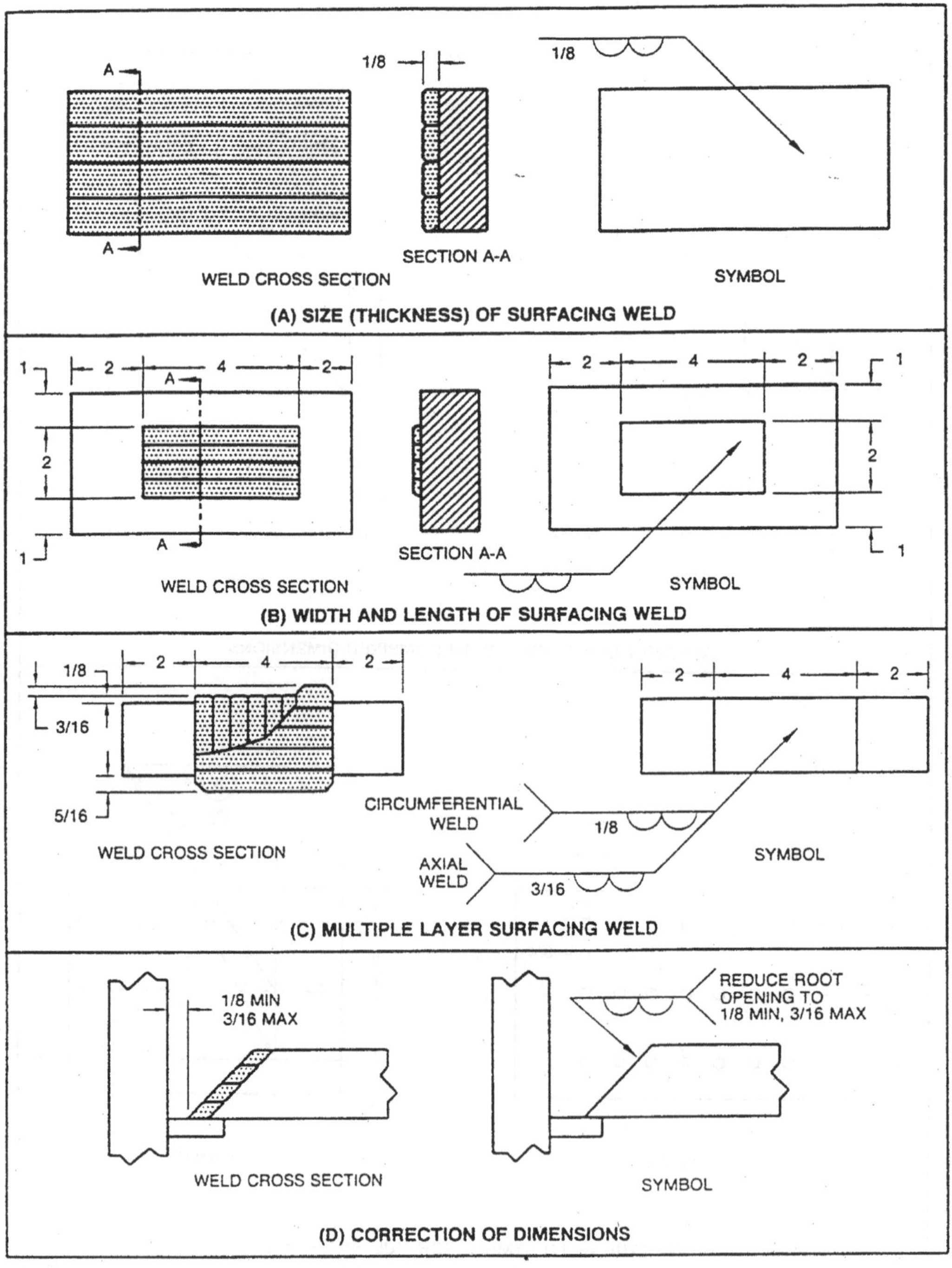

그림 9-74 Surfacing Weld 표기법

8) Back or Backing Welds

Back Weld와 Backing Weld는 자칫 혼돈하기 쉬운 개념이다. 용접순서를 생각하면서 다음 그림을 참조한다.

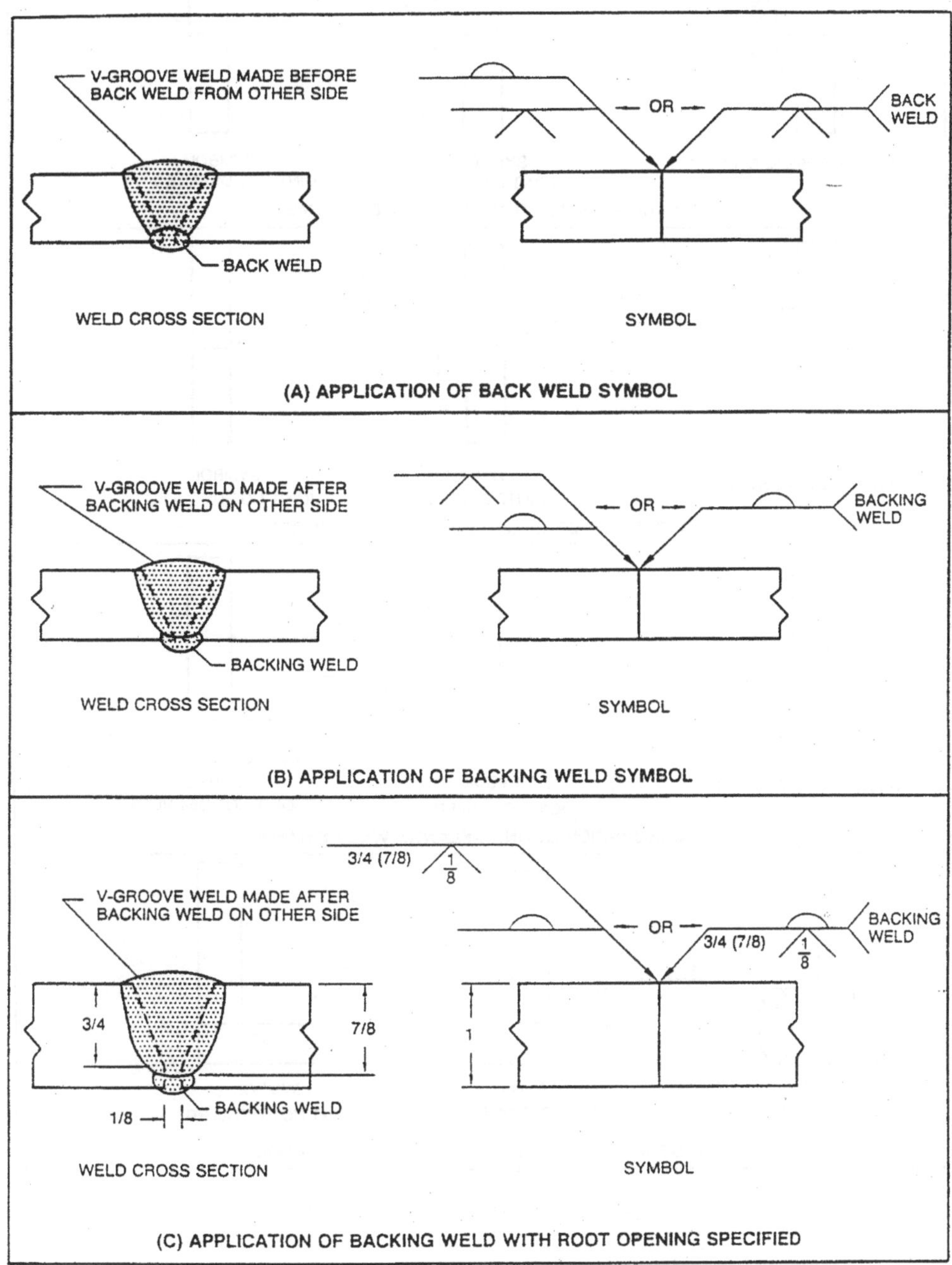

그림 9-75 Back and Backing Weld Symbols 표기법

9) Flange Welds

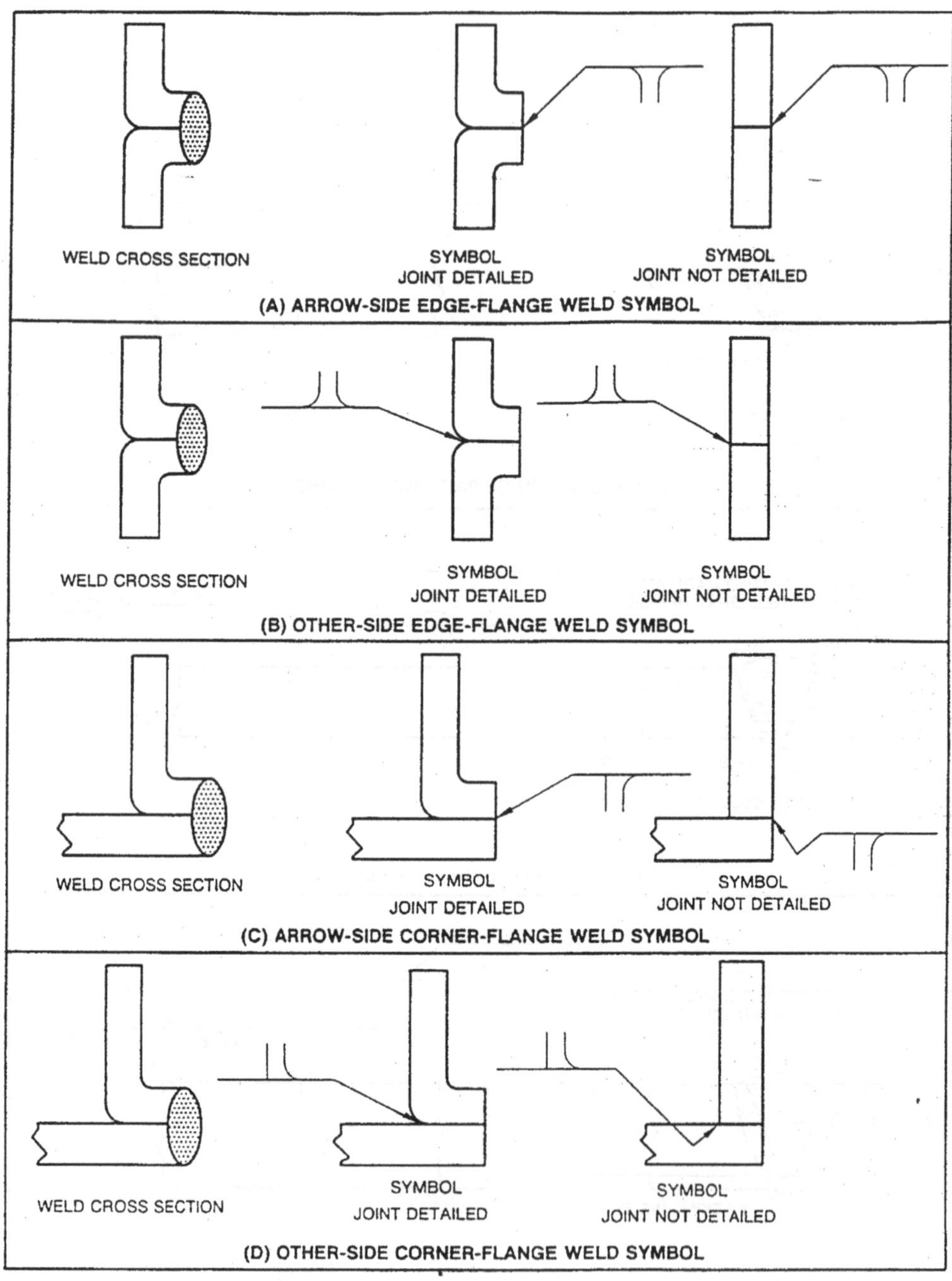

그림 9-76 Flange 용접기호 표기법

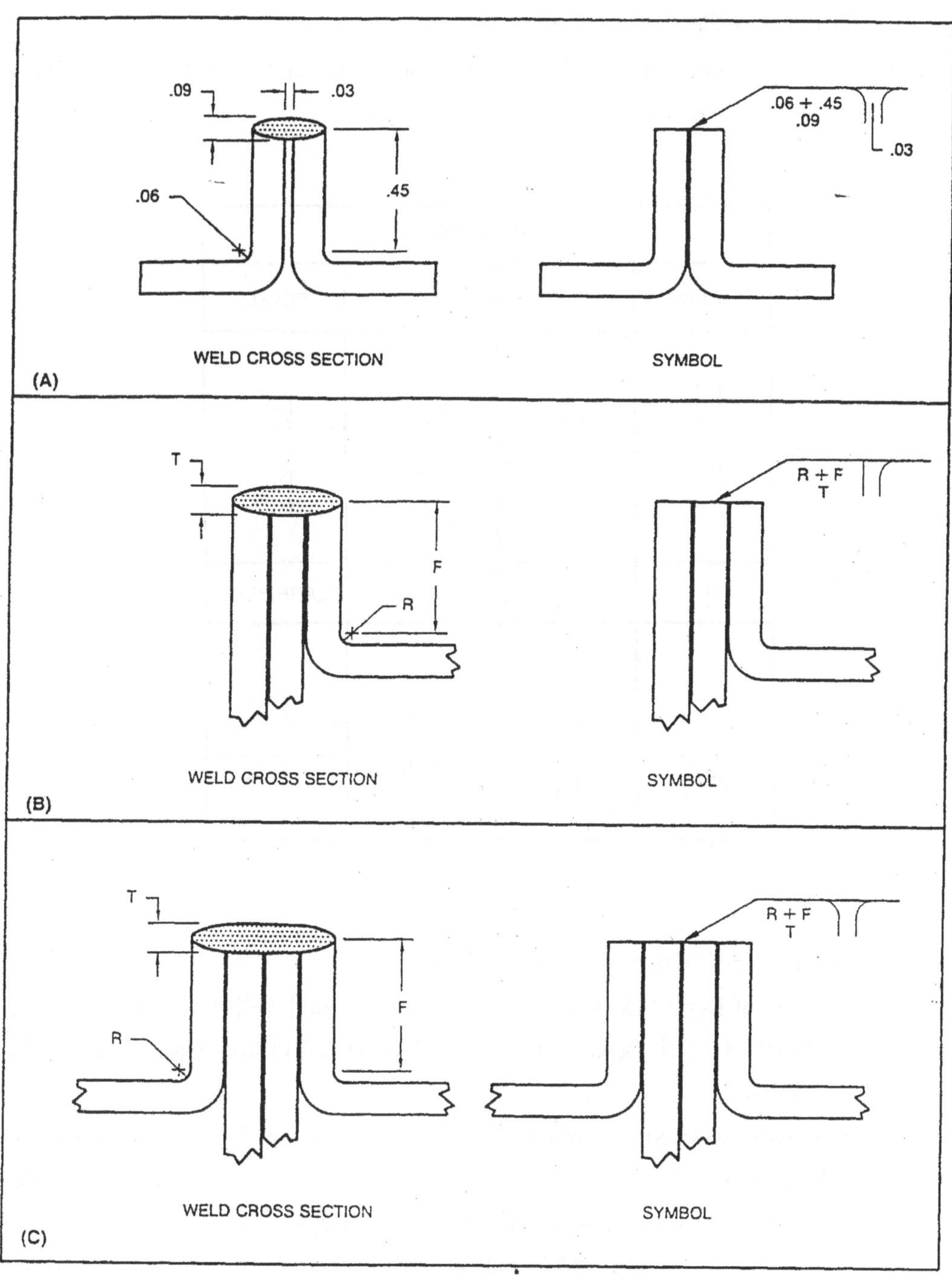

그림 9-77 Flange Weld 표기법

10) Groove Welds

Groove Welds symbol은 앞서 설명한 Fillet Weld Joint의 symbol과 그 기본이 같으며, 단지 Groove가 존재 한다는 점이 차이점이다.

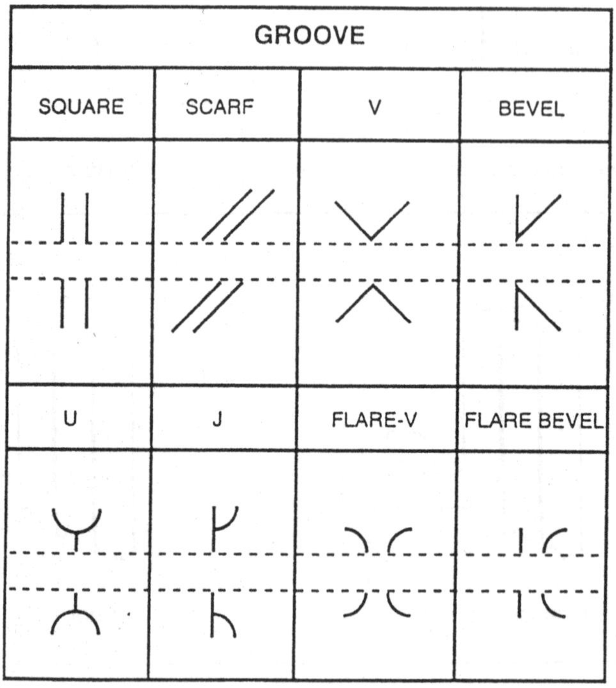

GROOVE			
SQUARE	SCARF	V	BEVEL
U	J	FLARE-V	FLARE BEVEL

그림 9-78 Groove Weld Symbols

Groove 용접 기호는 다음의 요소들을 포함한다.

❶ Depth of Bevel : Depth of Bevel은 Weld Symbol의 왼쪽에 위치하며, 다음 그림의 "S" 에 해당한다. Depth of Bevel은 모재 표면으로부터 Root Opening까지의 거리를 의미한다.

❷ Groove Weld Size : Groove Weld Size는 Groove에 침투(Penetration)해 들어간 Weld Metal의 크기를 의미한다. 다음 그림의 "E" 에 해당한다. Groove Weld의 크기는 Depth of Bevel과 Weld Symbol사이에 괄호안에 넣어 표기한다. 별도의 Groove weld Size 표기가 없을 경우는 Full Penetration을 의미하며, CJP라는 말로 표기되기도 한다. 이 말의 의미는 Complete Joint Penetration이라는 뜻이다.

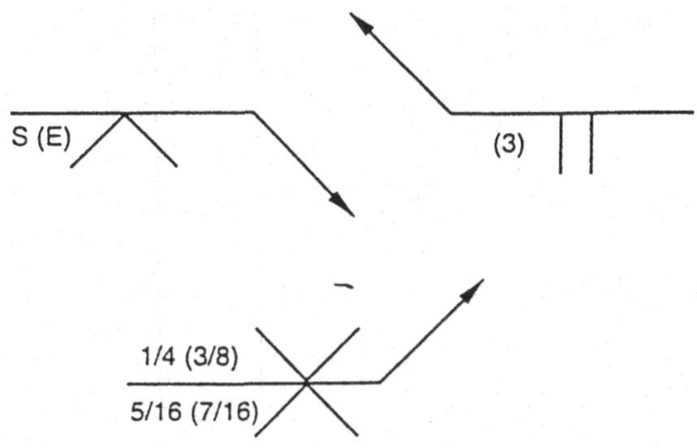

그림 79 Depth of Bevel 과 Groove Weld Size 표기

❸ Root Opening : 용접 대상물이 Joint Root를 경계로 마주하여 벌어진 간격을 의미한다. 도면에 Root Opening을 표기할 경우에는 반드시 허용되는 공차도 함께 표기해 주어야 한다.

❹ Groove Angle : Groove의 각도는 Weld Symbol의 바깥쪽에 위치하며, Weld Symbol의 위쪽 혹은 아래쪽에 표기한다. 이때 크기는 각도로 표기된다. Groove Angle이 60°인 경우에는 각각의 부재가 30°로 가공되어야 한다. 그러나 Double J-Groove의 경우에는 이 각도가 두개로 표기되어야 한다. 예를 들어 화살표 방향이 15°이고, 반대 방향이 20°등인 경우다. 따라서, 이러한 경우에는 사전에 용접 대상물 가공에 주의하여야 한다.

❺ Radius and Root Face : U 혹은 J-Groove인 경우에만 적용이 되며, 이 치수는 Weld Symbol과 연계하여 기록되지는 않는다.

11) Flare Groove Welds

Flare Groove 용접의 경우에는 전통적인 Groove 용접 관련 기호와 그 표기법이 그대로 적용되기 어려운 특별한 경우로 구분될 수 있다.

여기에는 Depth of Bevel과 Groove Angle이라고 하는 Edge 형상에 관련된 새로운 개념이 존재하며, 완전 용입(CJP)이라는 의미는 존재하지 않는다. Flare Groove 용접에서 Depth of Bevel은 Radius라는 용어로 정의된다. 다음 그림에서 "S" 는 Depth of Bevel을 의미하고, Groove Weld Size는 "E" 로 표기된다.

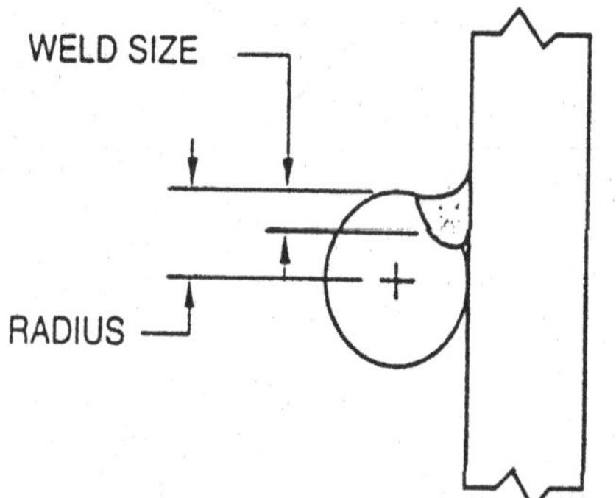

그림 9-80 Flare Groove 크기와 각도

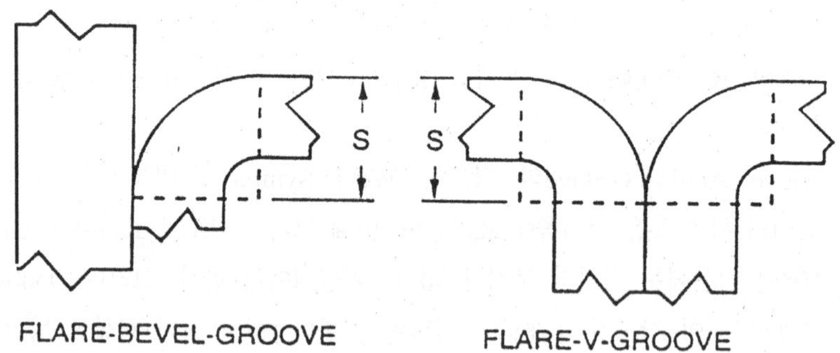

그림 9-81 Flare Groove Depth of Bevel

12) Supplementary Symbols for Groove Welds

기타의 경우로 Backing이 적용되거나 Fillet 용접과 마찬가지로 용접부 형상에 대한 표현등을 하는 경우가 있다.

Backing이 적용되는 용접의 경우에는 Backing Symbol이 Reference Line의 반대쪽에 표시된다. 만약 용접 완료후에 Backing을 제거한다면, "R" 을 표기하여 제거 여부를 명확하게 알린다.

그 외의 보충 Symbol에 대해서는 다음의 그림들을 참조한다.

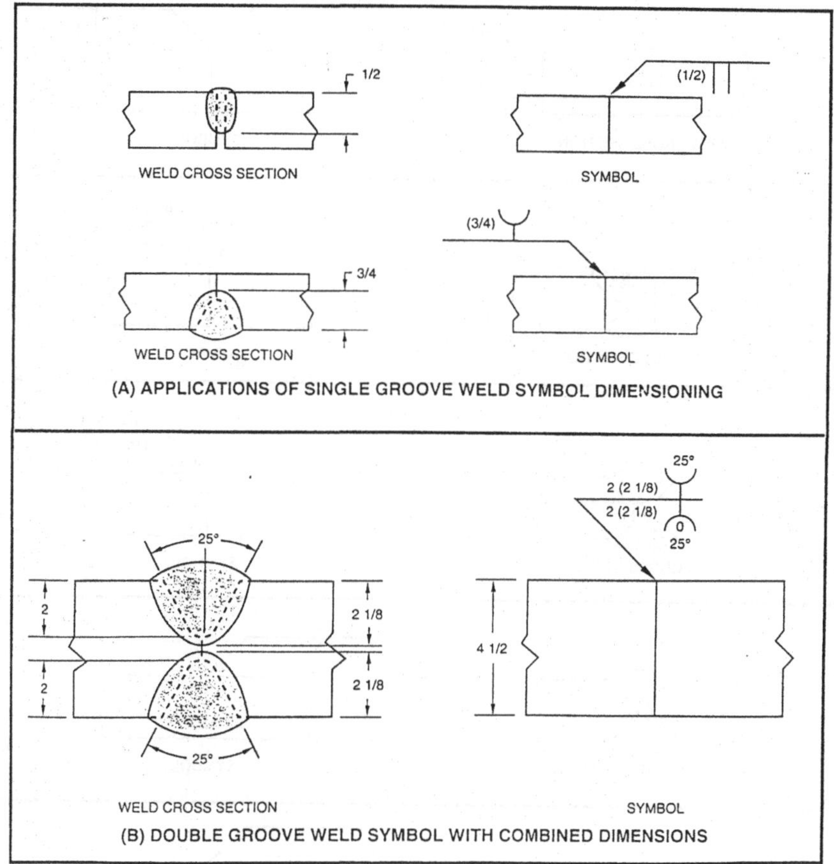

그림 9-82 Applications of Dimensions to Groove Weld Symbols

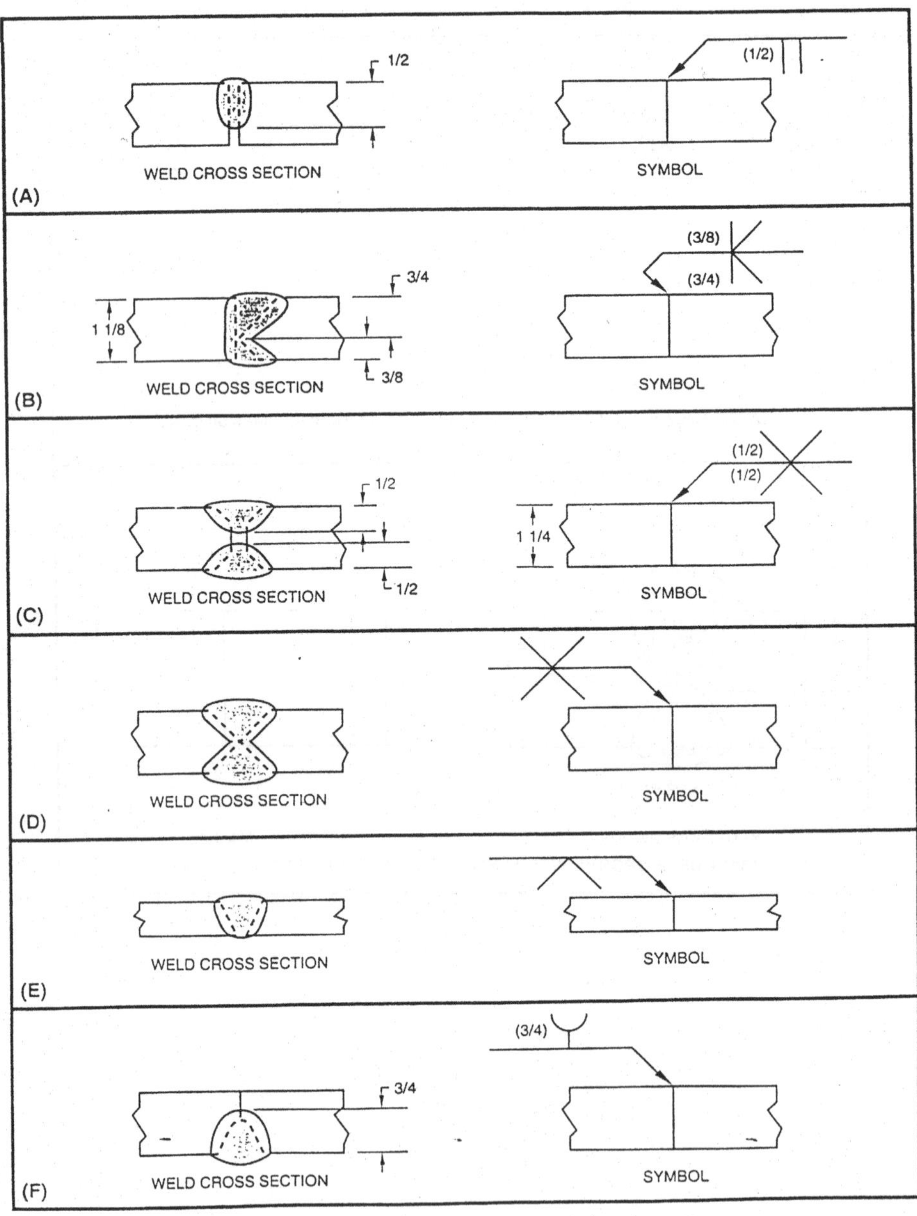

그림 9-83 Groove 용접 기호 표기법

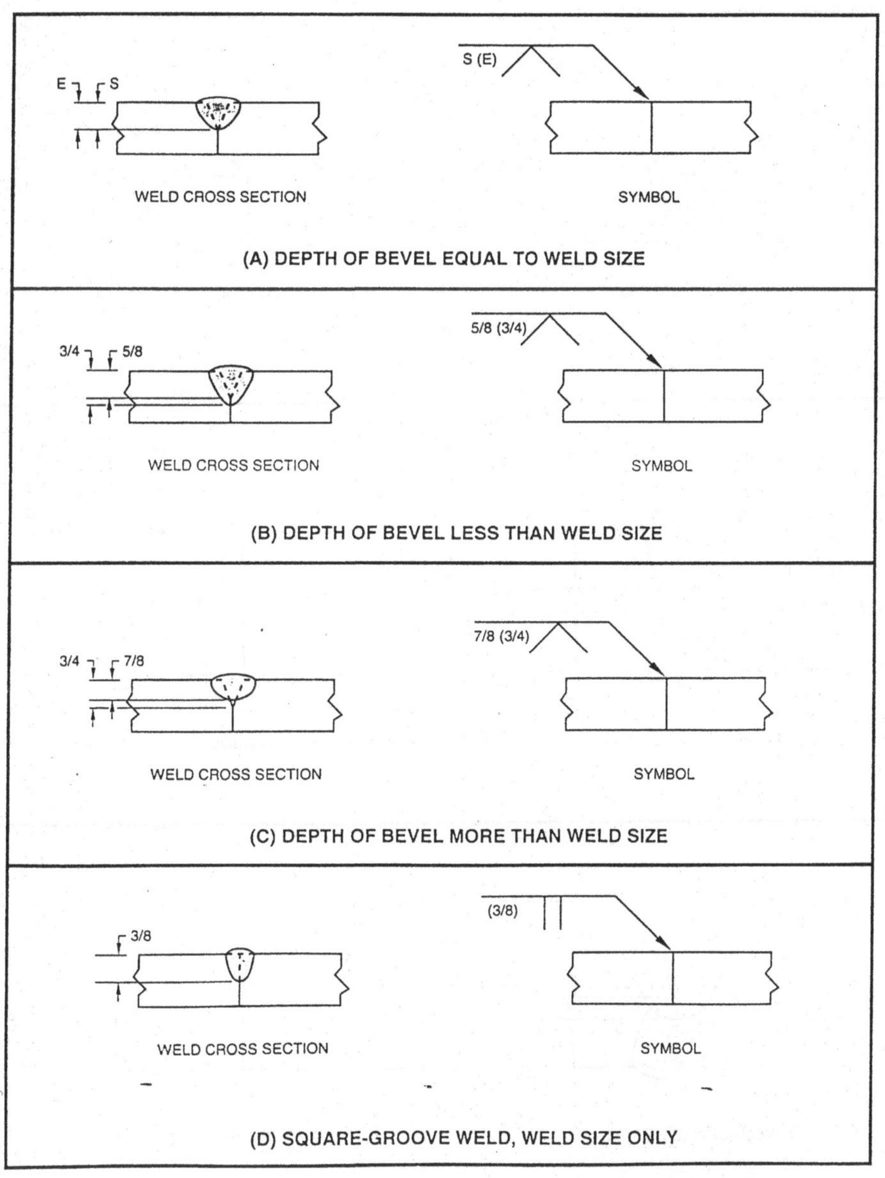

그림 9-84 Bevel의 크기가 명기되지 않은 Groove 용접 표기법

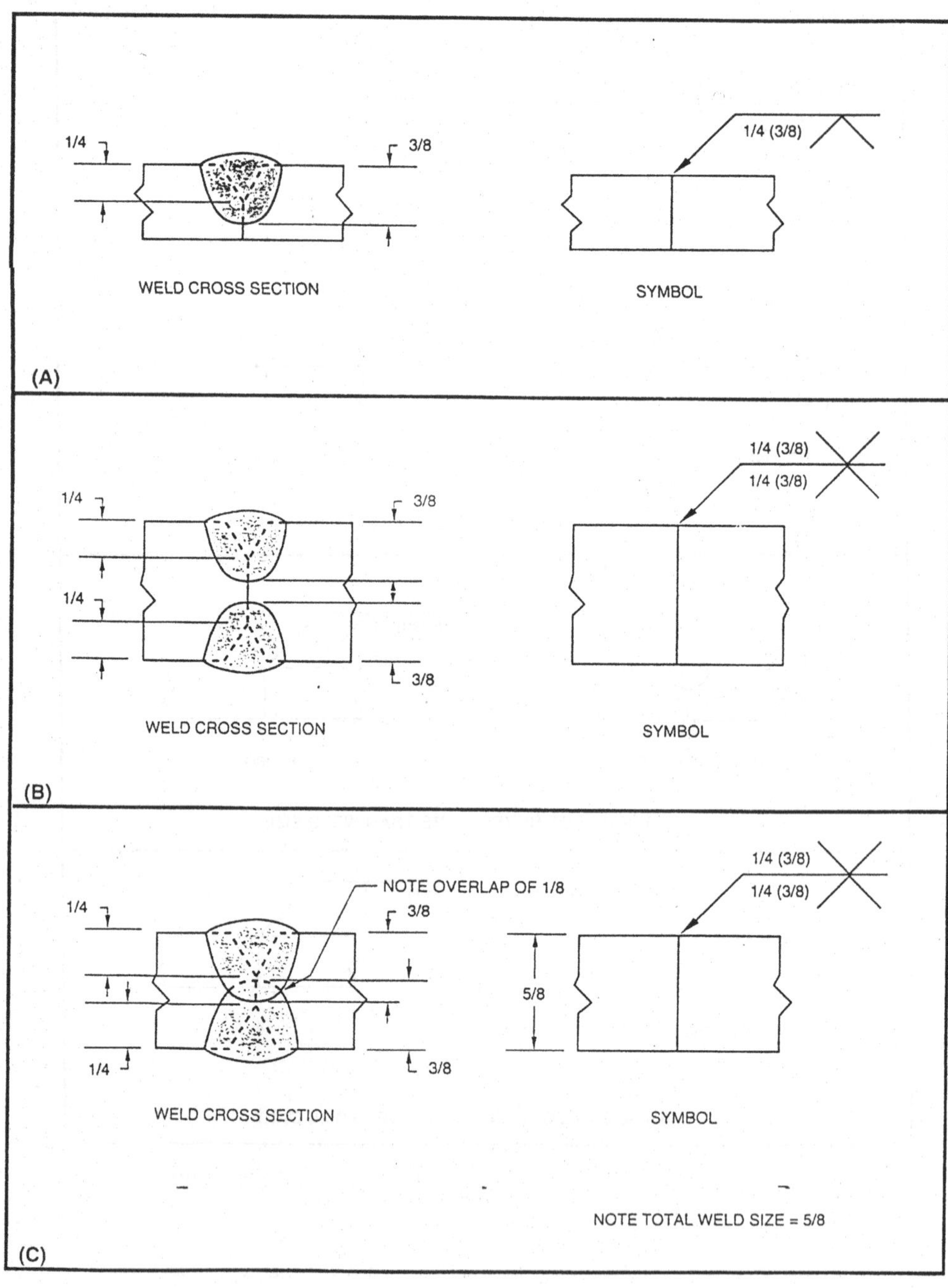

그림 9-85 Groove 용접의 크기와 Bevel 크기 표기법

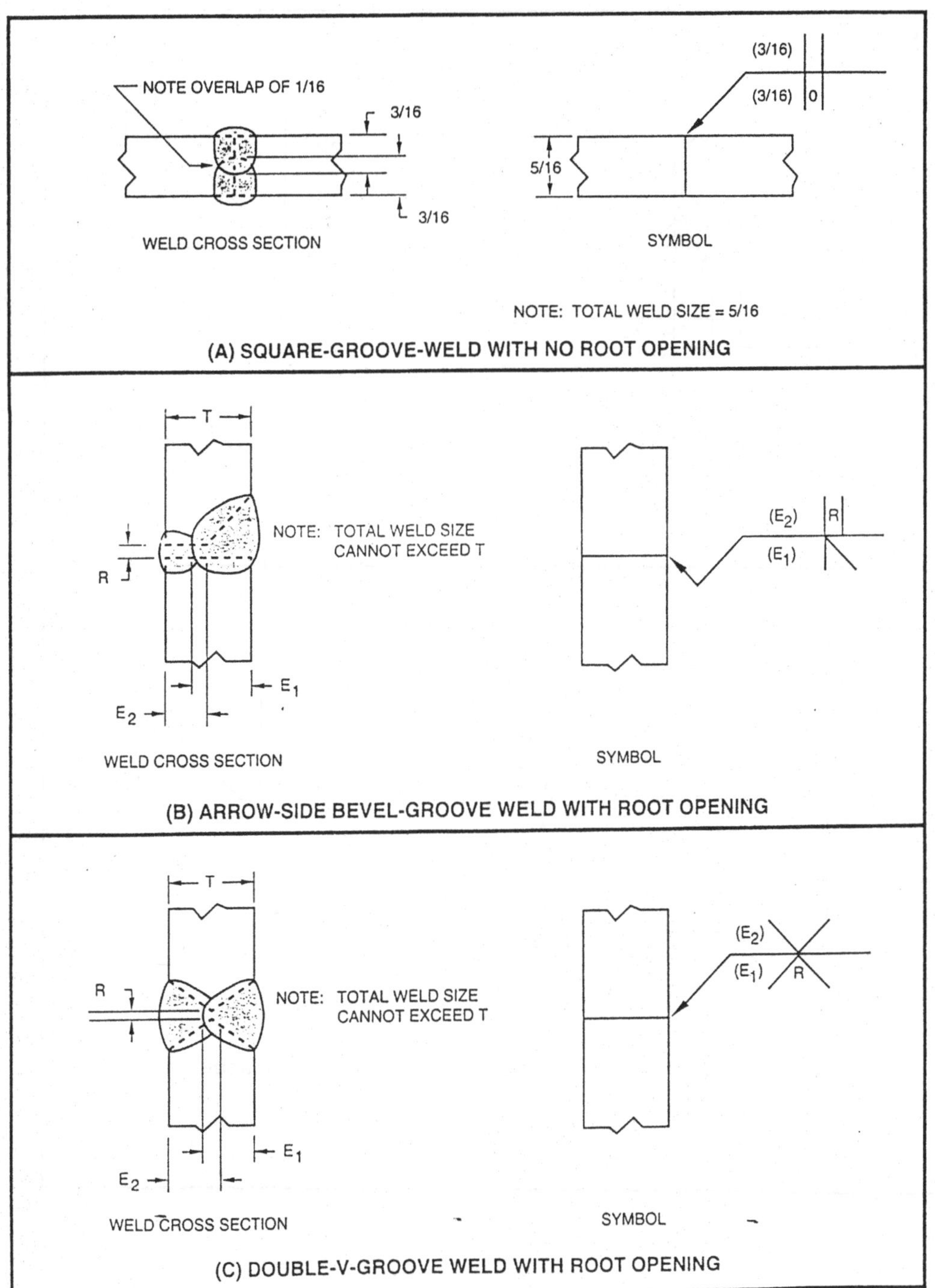

그림 9-86 Groove 용접부 크기 표기법

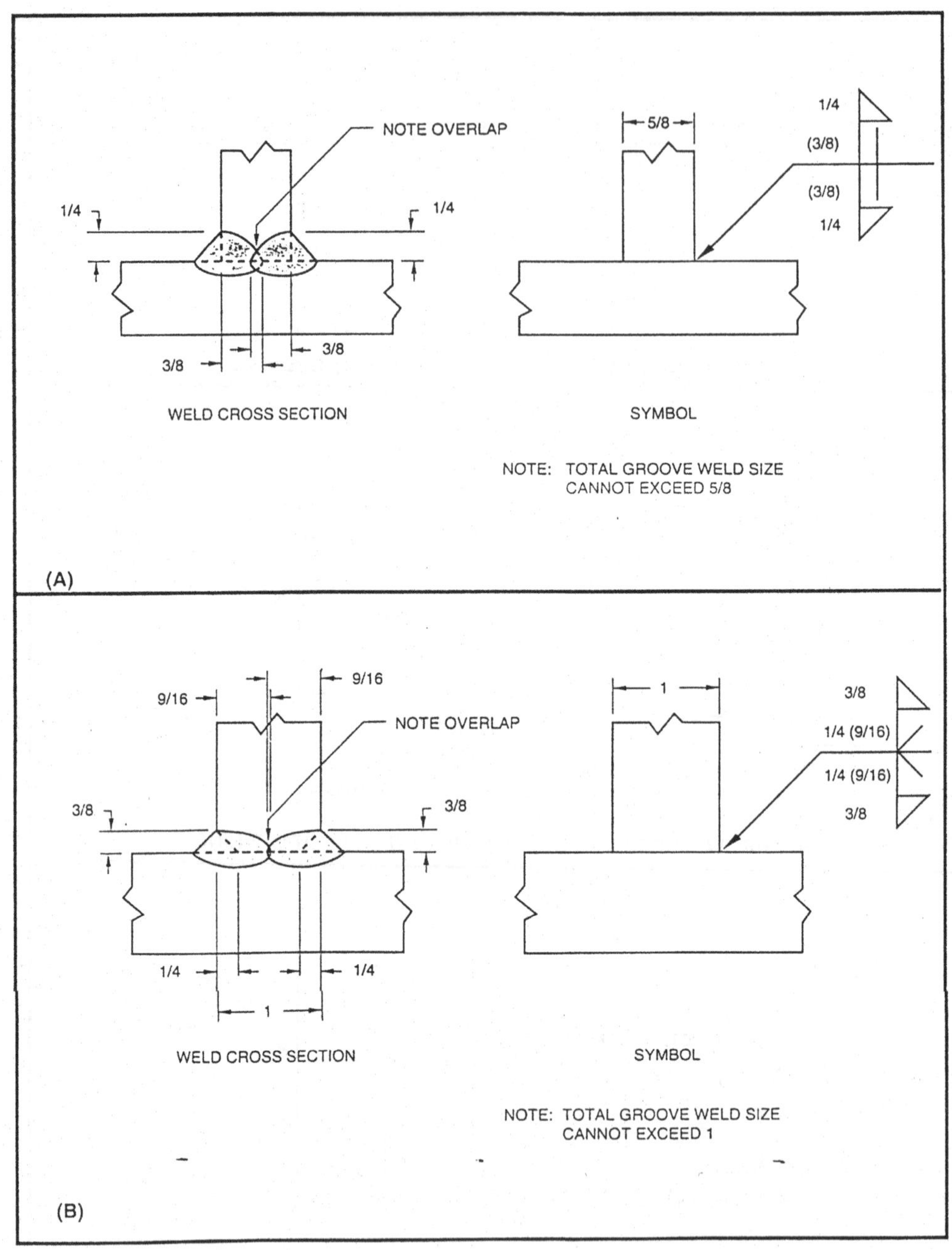

그림 9-87 Groove 와 Fillet 의 복합 용접 표기법

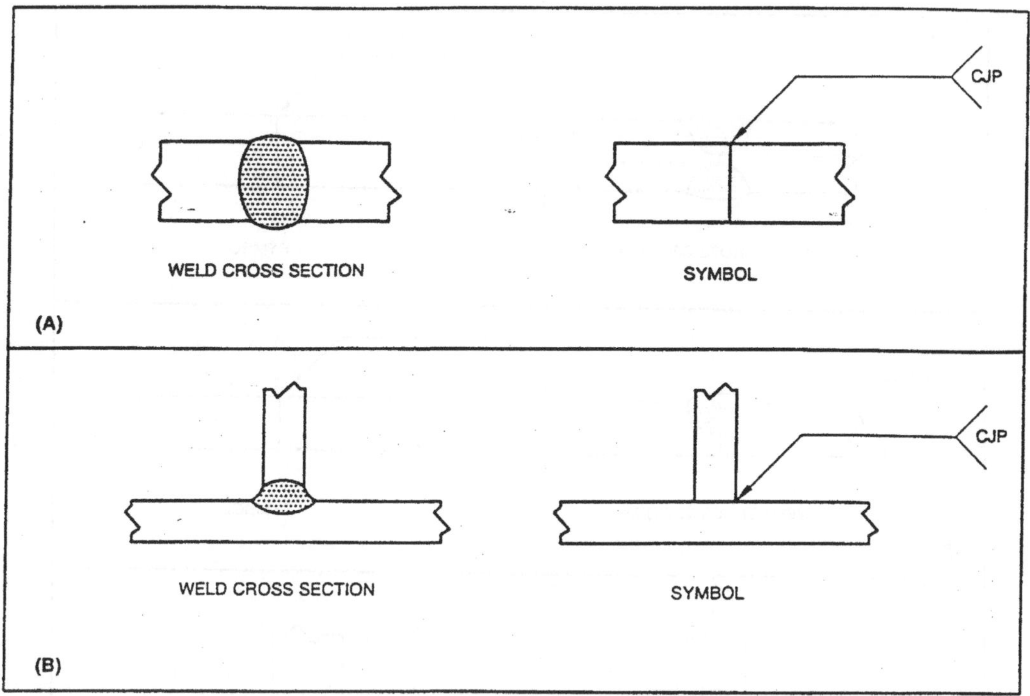

그림 9-88 완전 용입(CJP) 용접부 표기법

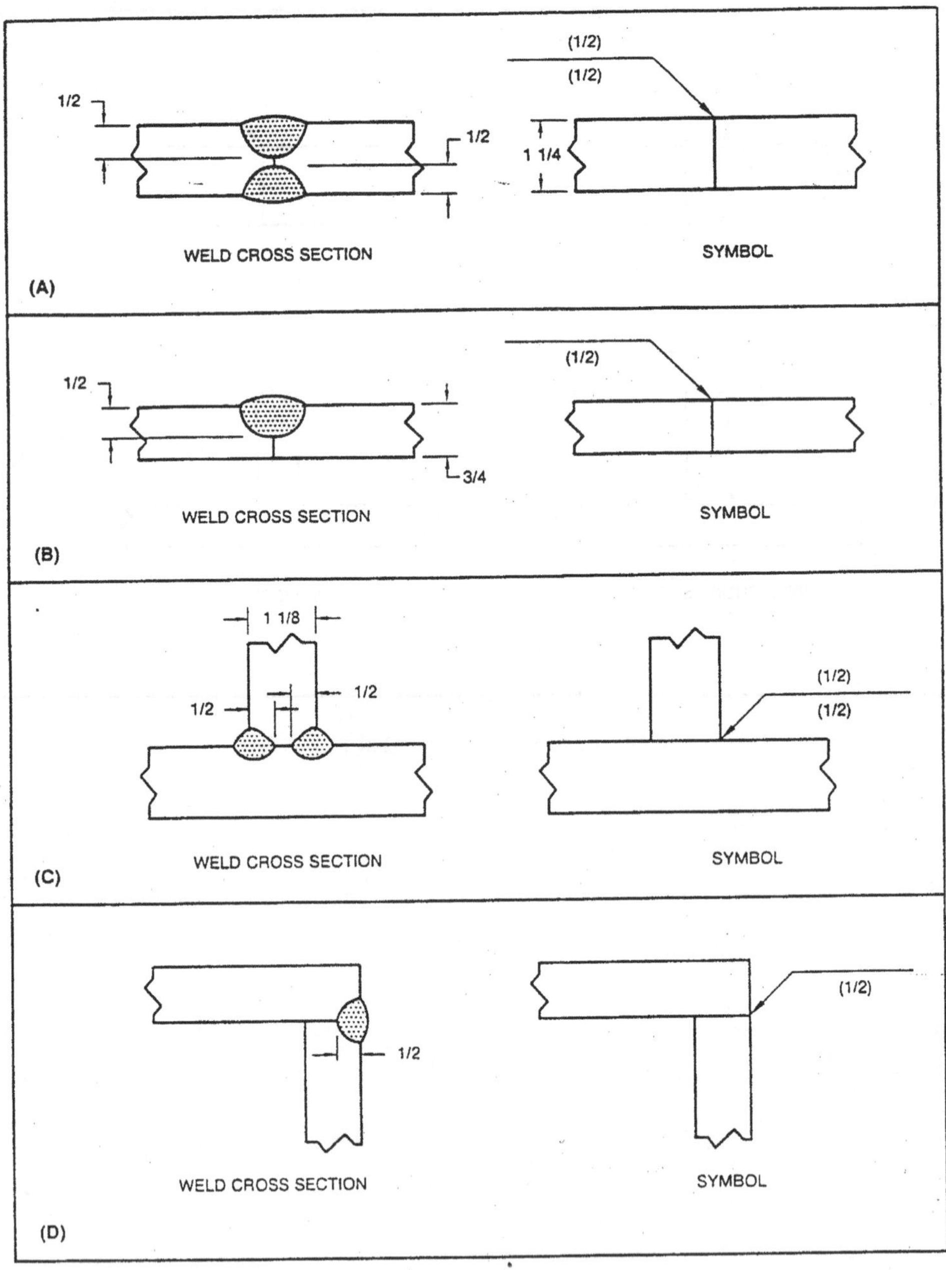

그림 9-89 불완전 용입(PJP) 용접부 표기법

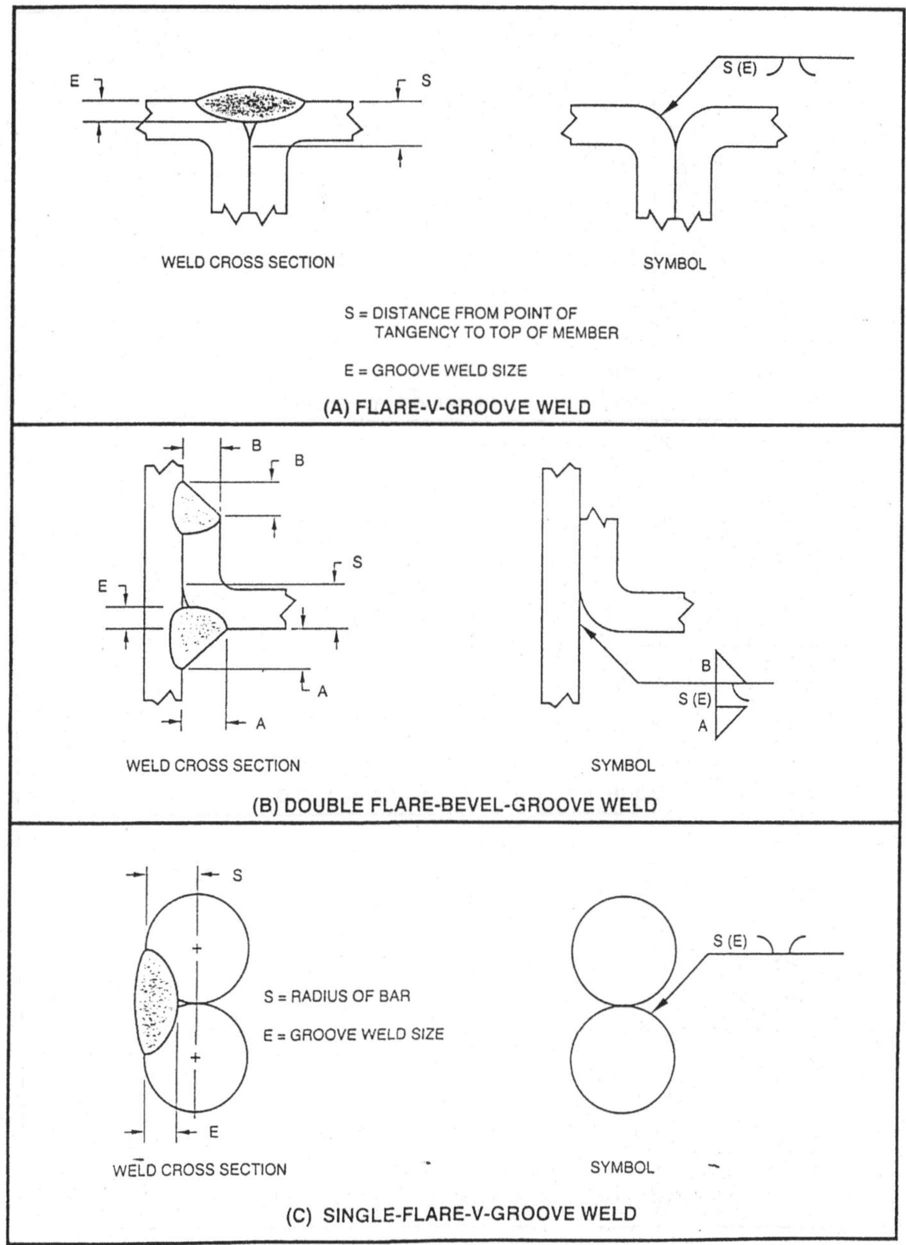

그림 9-90 Flare-Bevel과 Flare V-Groove 용접부 표기법

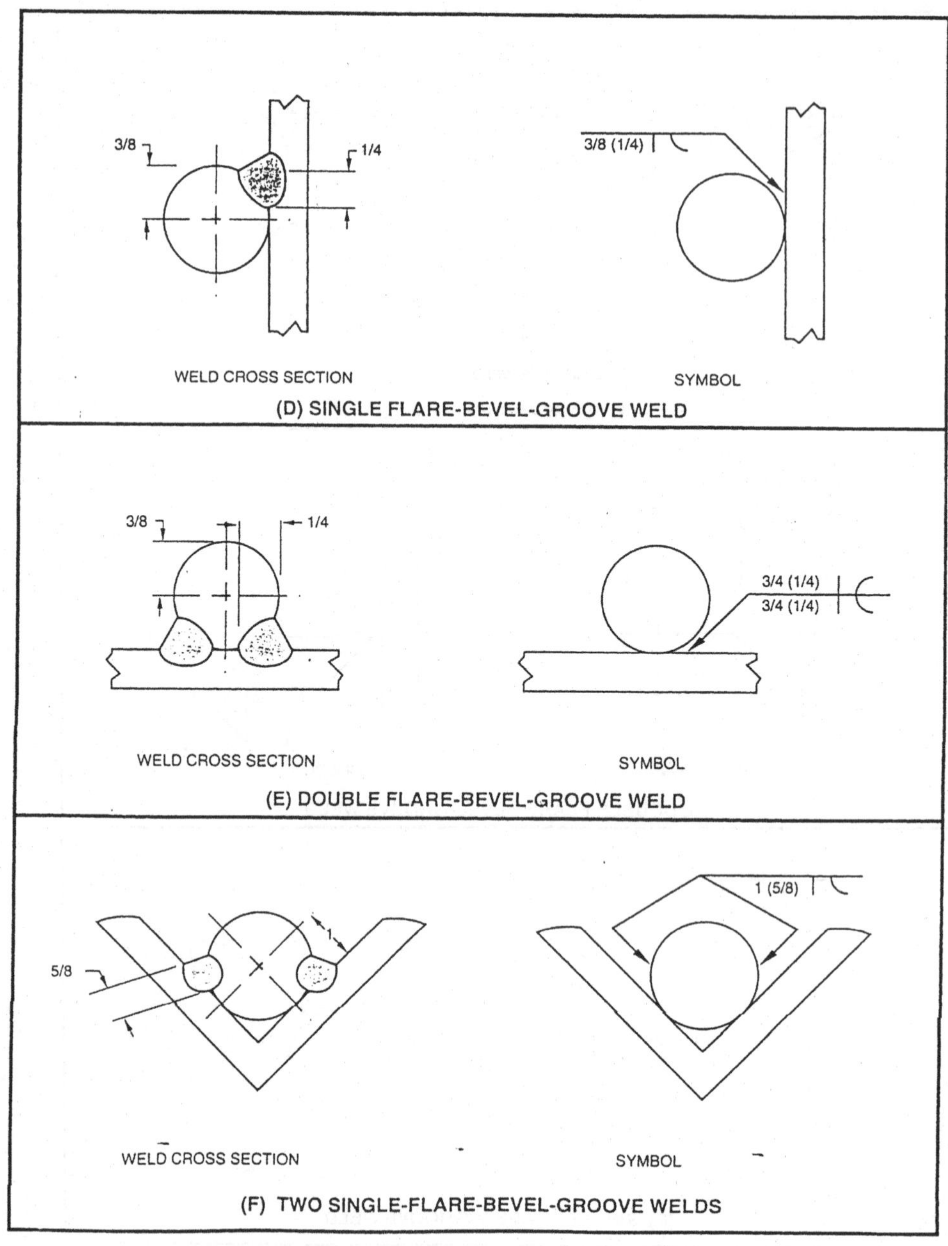

그림 9-91 Flare-Bevel과 Flare V-Groove 용접부 표기법

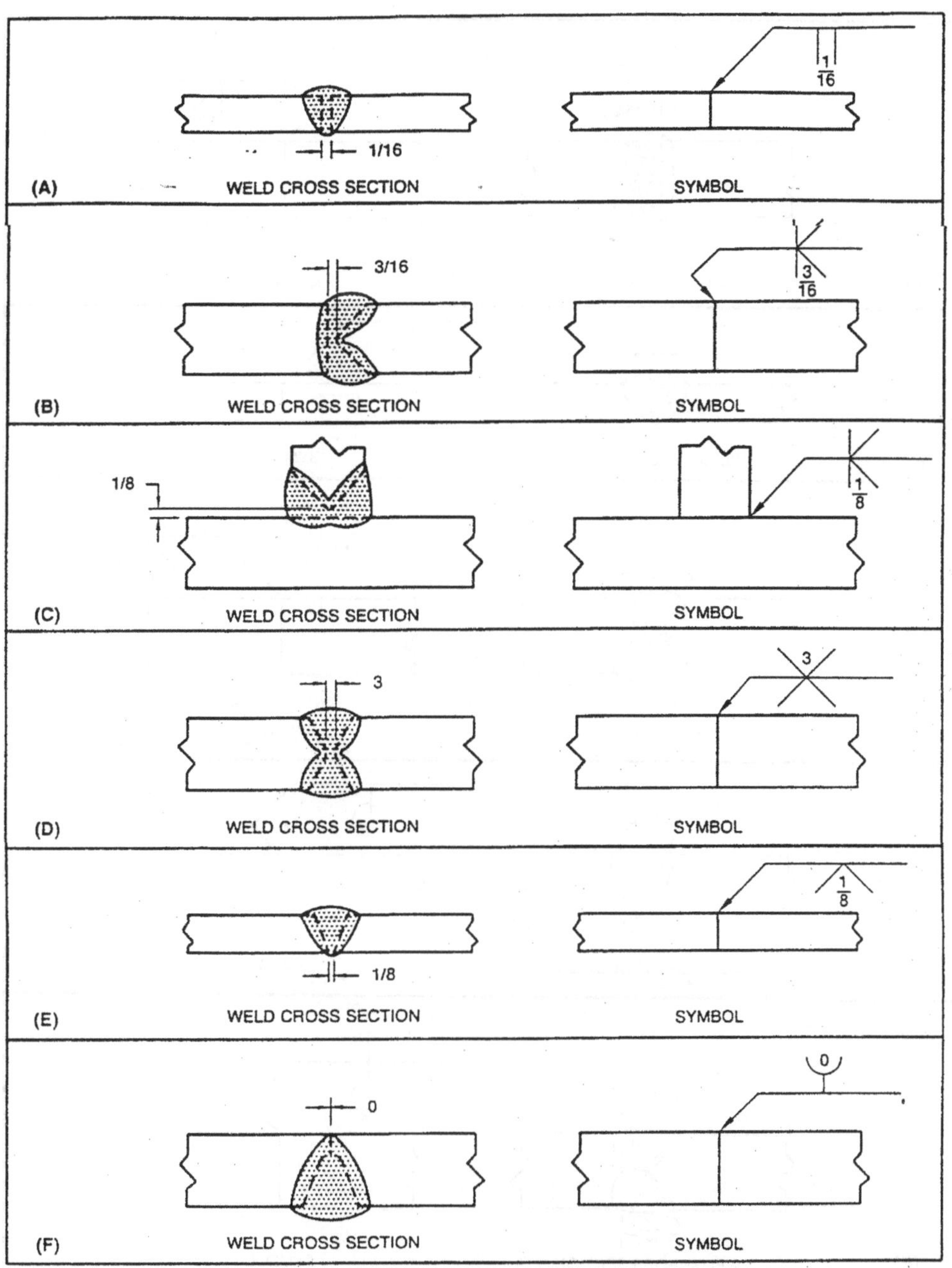

그림 9-92 Groove 용접의 Root Opening 표기법

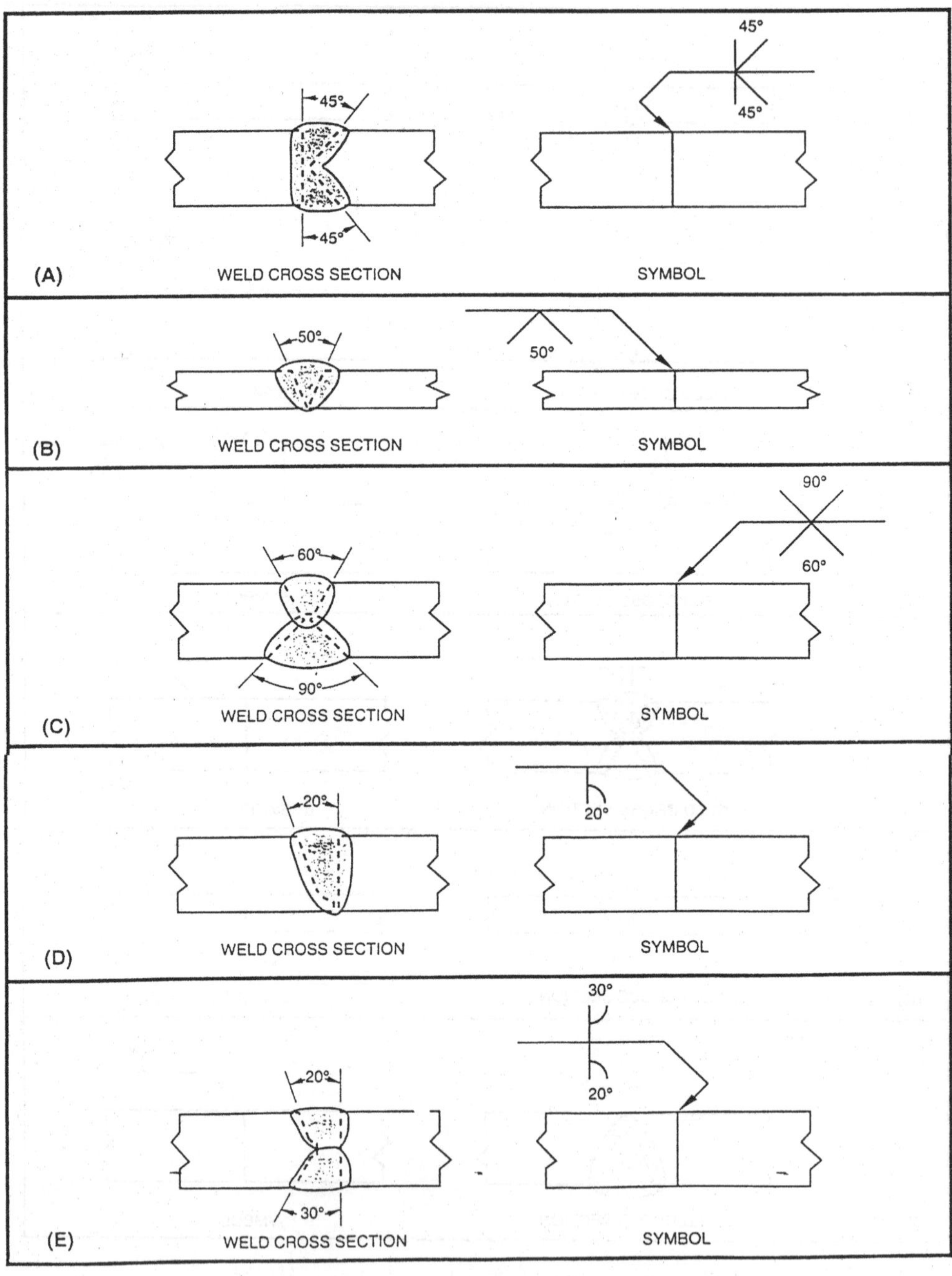

그림 9-93 Groove 용접의 Groove Angle 표기법

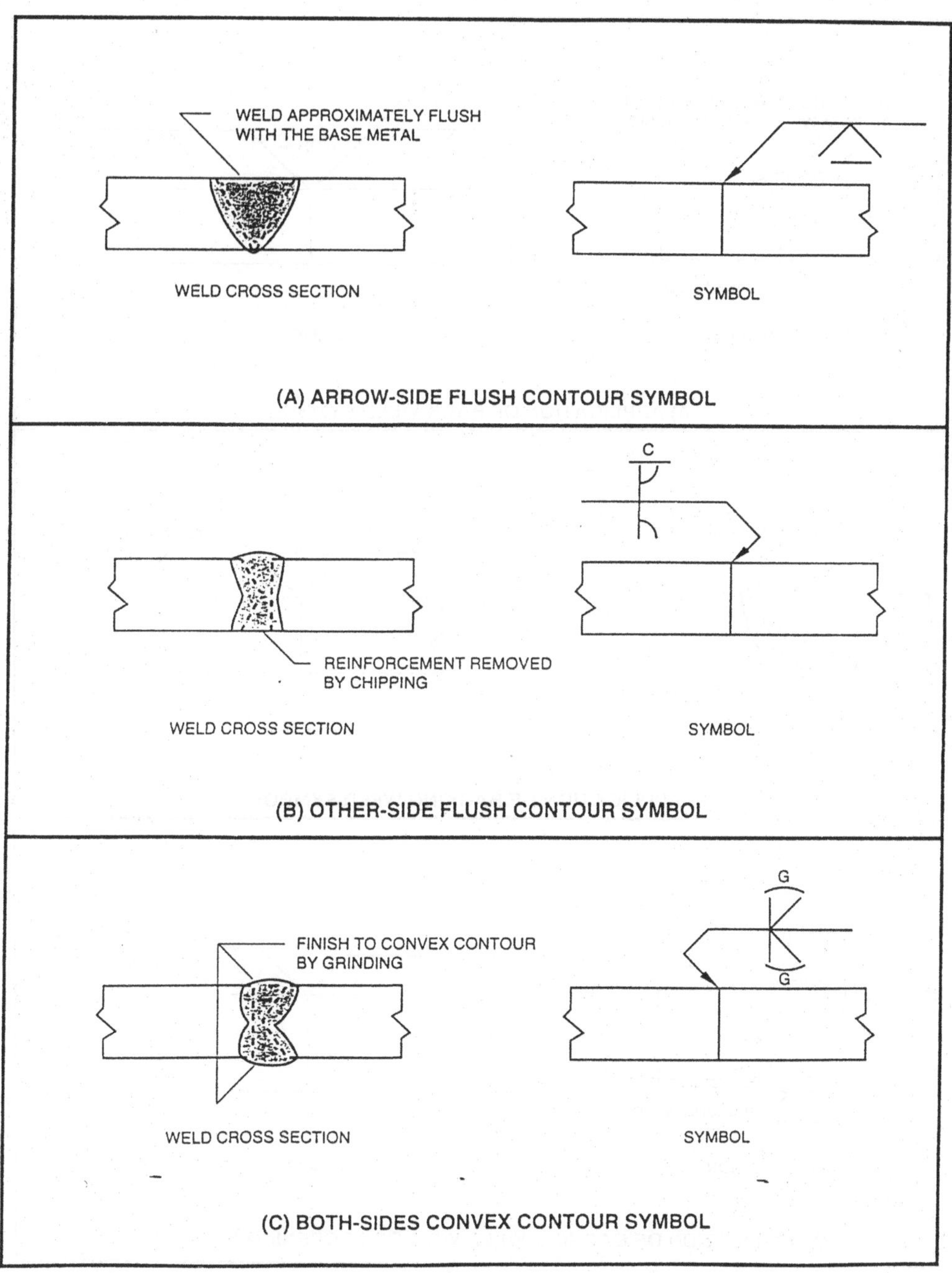

그림 9-94 용접 금속의 마무리 형상 표기법

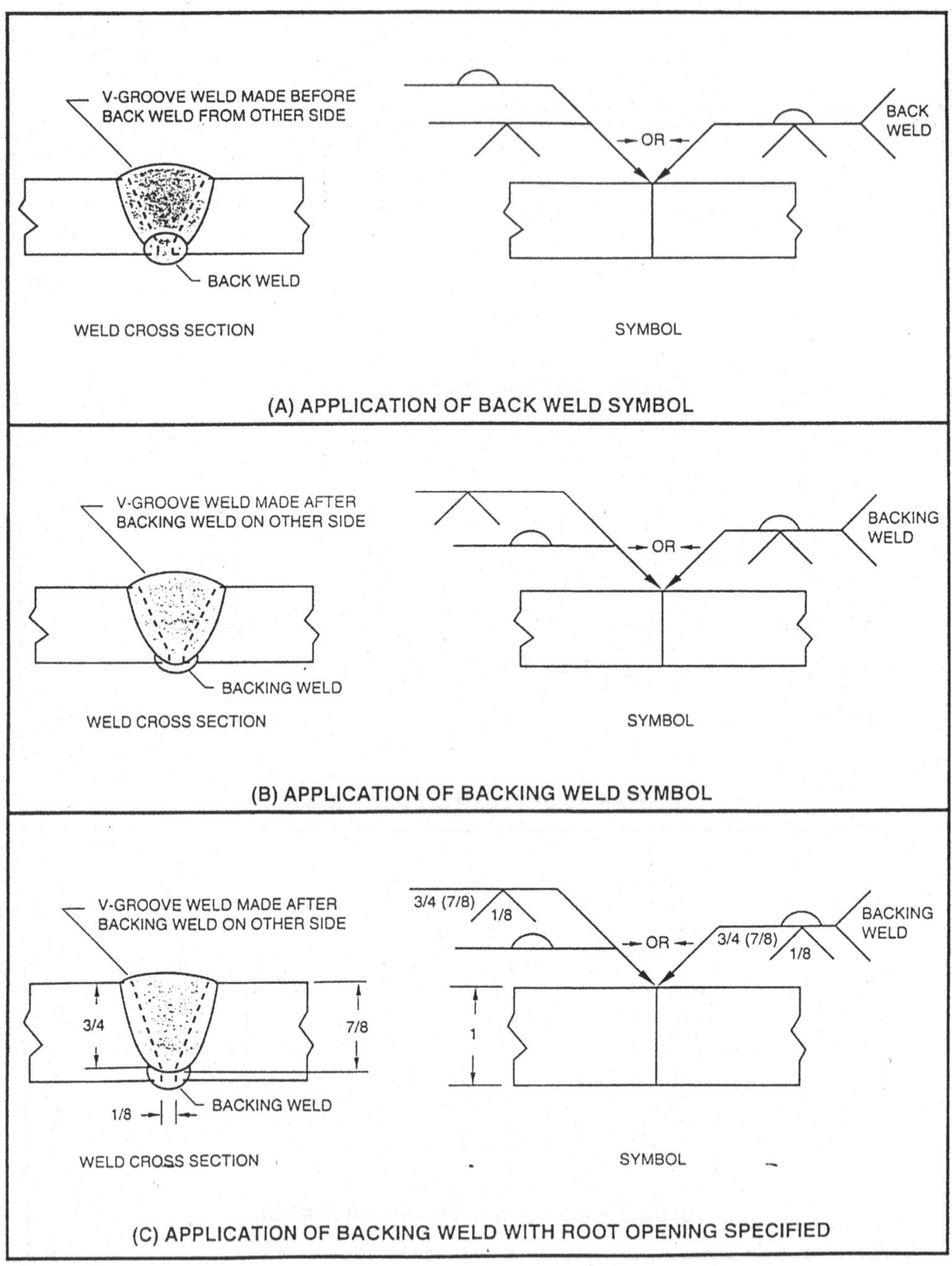

그림 9-95 Back & Backing 용접의 표기법

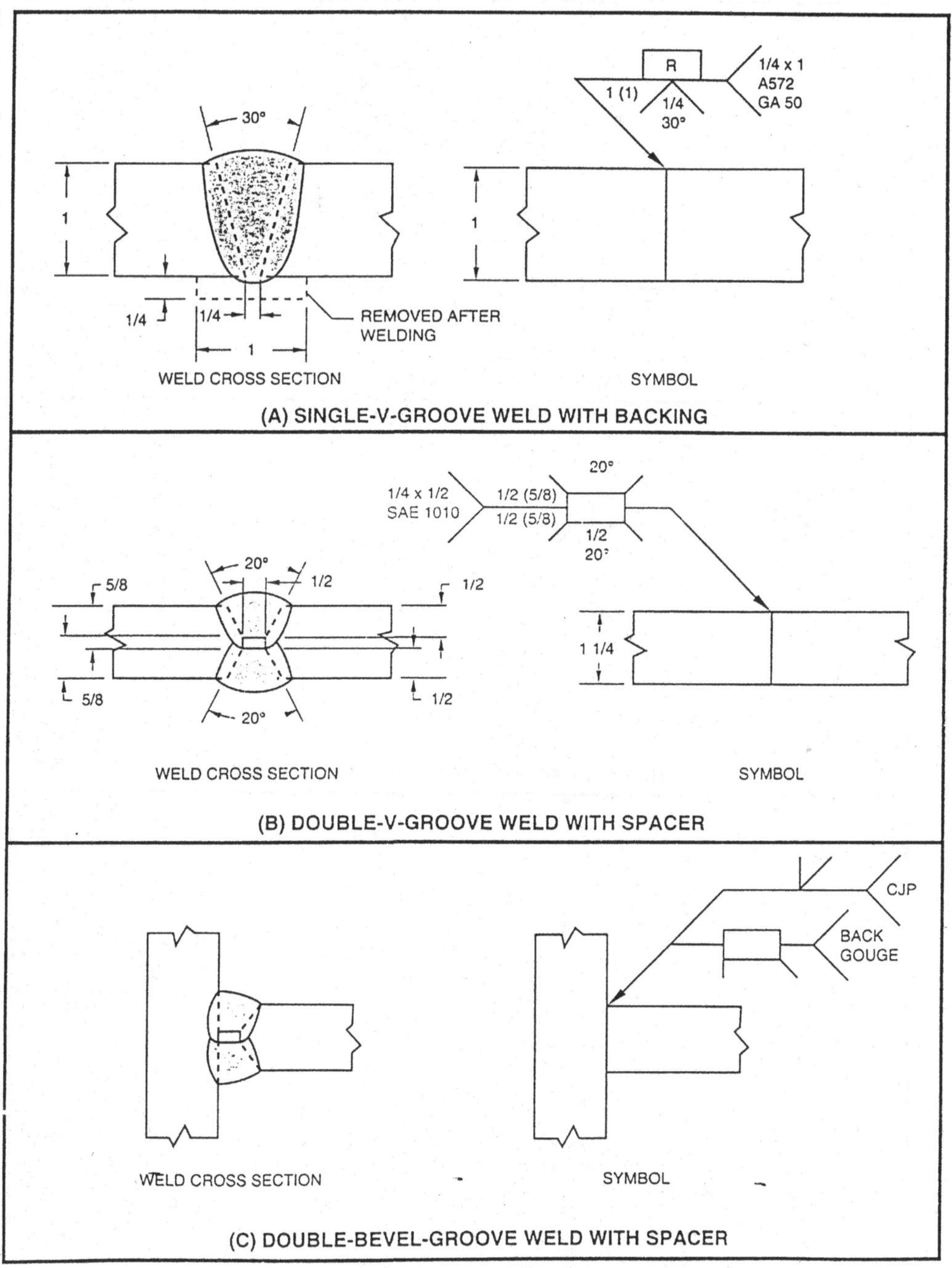

그림 9-96 Backing과 Spacers 를 포함한 용접부 표기법

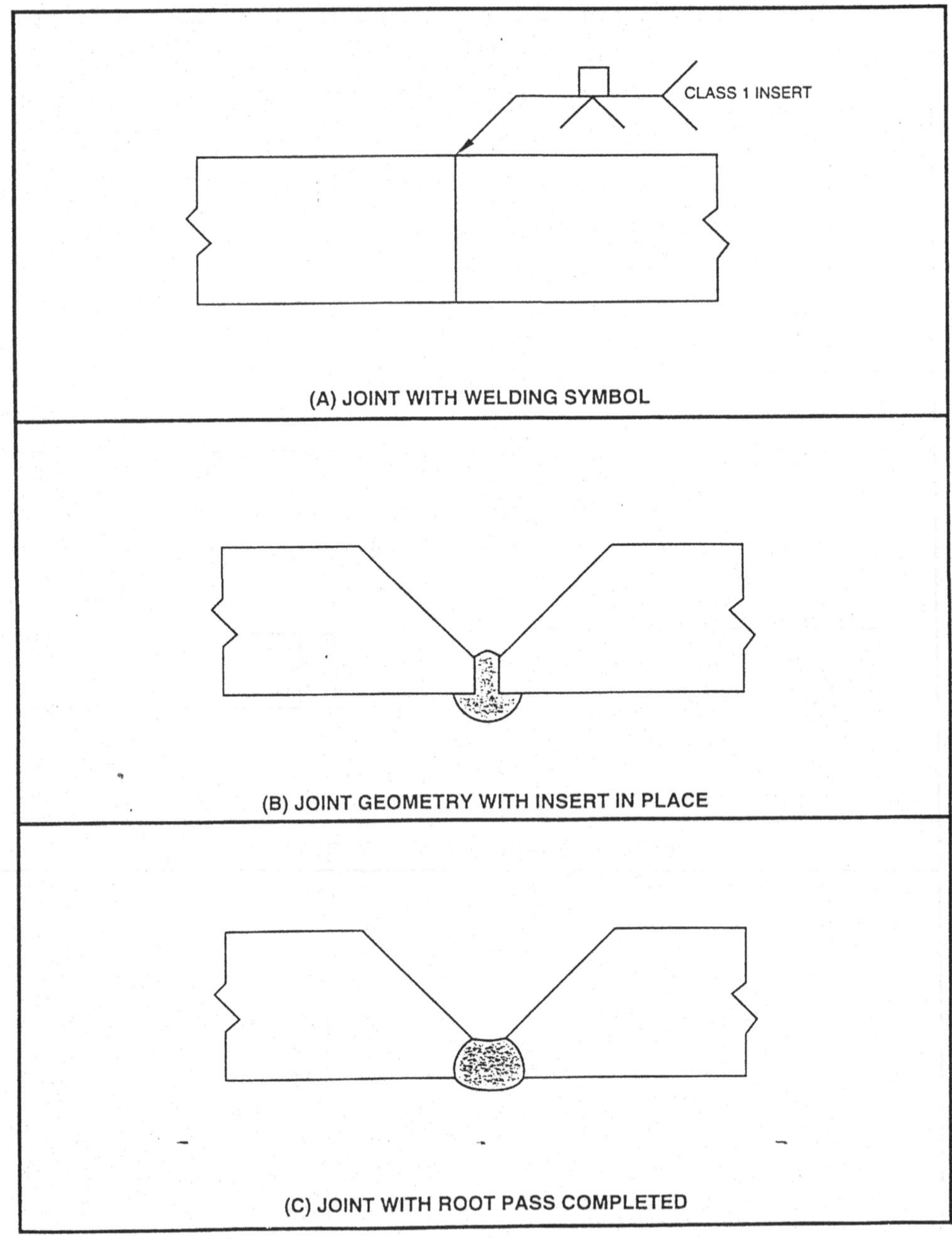

그림 9-97 Consumable Insert 용접부 표기법

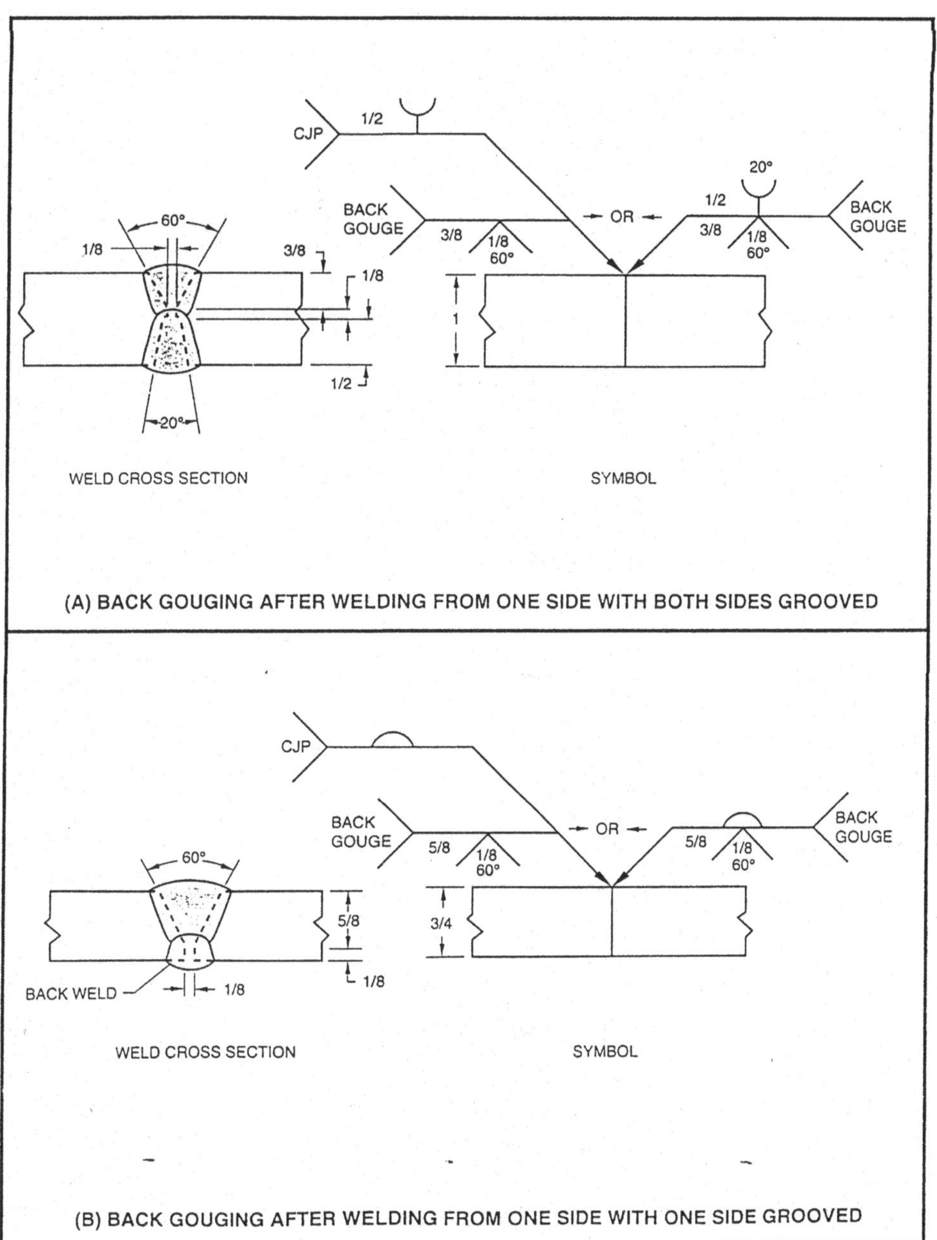

그림 9-98 Back Gouging 용접부 표기법

제10장
용접부 변형과 결함

1. 용접부 변형

용접부의 변형은 근본적으로 용접 과정에서 발생하는 용융 금속의 수축에 의한 인장 응력에 기인한다. 이 인장 응력은 용착량, 용접 방법, 용접 속도 등의 용접 조건에 따라 큰 차이를 보인다.

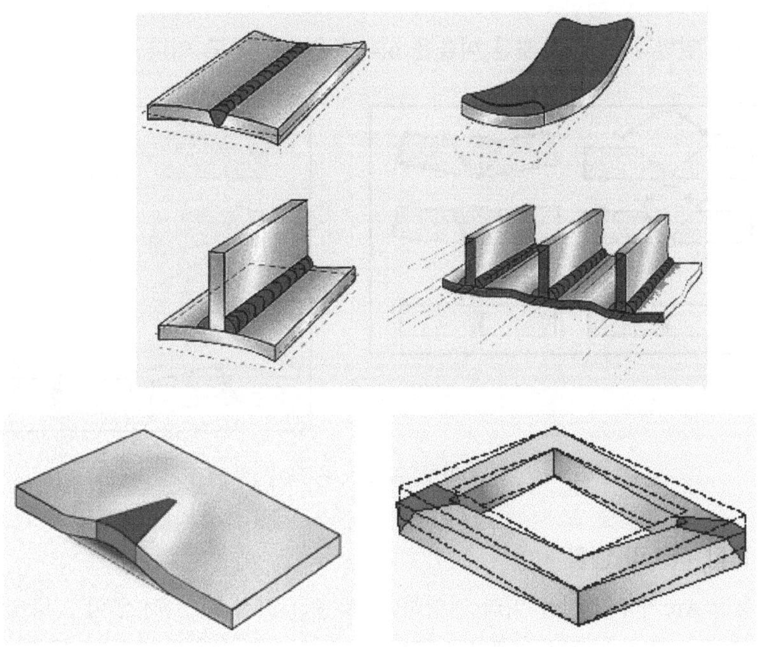

그림 10-1 용접부 변형의 대표적인 예

(1) 용접부 변형의 원인

1) 모재의 영향

모재의 열팽창 계수가 크고, 열 전달이 잘되는 재료 일수록 용접부 변형이 발생하기 쉬운 경향이 있다. 이러한 차이점은 Carbon Steel과 Stainless Steel의 용접부에서 쉽게 발견할 수 있는 현상으로, 열 팽창이 큰 Stainless Steel 용접부는 Carbon Steel에 비해 더 큰 용접부 변형을 나타낸다.

2) 용접 형상의 영향

V형 이음에서는 각 변화가 한 방향에서만 일어나지만 X형 이음부에서는 뒷면 용접시 발생하는 각 변화가 반대 방향이므로 앞면 용접의 각 변화와 상쇄되어 전체적인 각 변형이 작게 된다. V형 이음의 경우에 대구경 용접봉을 쓰는 것이 각 변형이 오히려 적으며 X형의 경우에는 양면의 상하 개선 비율(대칭도)을 적절하게 조절하면 각 변형을 거의 없게 할 수 있다.

가장 일반적인 상하 개선 비율은 6:4 혹은 7:3 정도 이다.

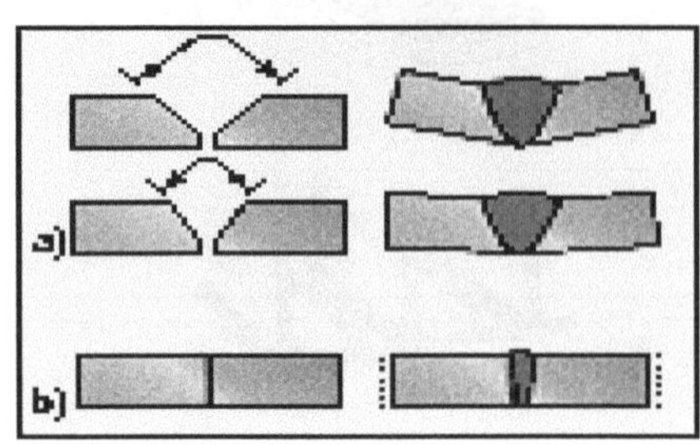

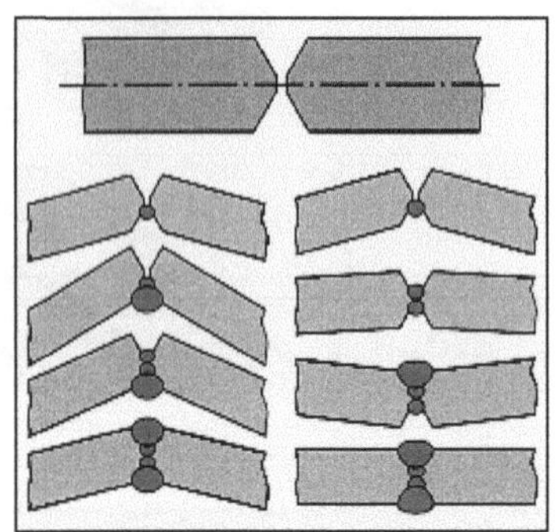

그림 10-2 용접부 형상에 따른 변형 차이점

3) 용접 속도의 영향

용접 Arc가 이음선을 따라 진행하면 그 용접 지점으로부터 열이 사방으로 확산하게 되고 용접 지점보다 앞서 진행하게 되는 열은 아직 용접이 이루어 지지 않은 부분에 변형을 초래하게 된다. 따라서, 용접 속도를 빠르게 하는 것이 각 변형 방지 유효하다. 용접 진행 속도가 느릴수록 앞서 전파되는 용접열이 많아지고, 속도가 빠를수록 적어지니까 진행이 빠를수록 변형이 적어진다.

또한 용접 Pass수가 적을수록 각 변형 및 세로 방향 뒤틀림이 적어진다.

4) 용접 방법의 영향

고능률의 대입열 용접일수록 많은 용융 금속이 발생하게 되면서 응고 수축에 의한 응력이 크게 작용한다. 따라서, 용접부 변형을 최소화 하기 위해서는 가능한 저 입열의 용접 방법으로 용접하는 것이 좋다.

(2) 용접부 변형 방지책

용접부 변형을 방지하기 위한 방법은 변형의 원인을 정확하게 파악하고 있다면 쉽게 여러 가지 대안이 제시될 수 있다.

❶ 이음의 모양이 가능한 한 용접부 단면이 대칭이 되도록 한다.

앞에서 설명한 바와 같이 V보다는 X-Groove를 사용하는 것이 용접부 변형 방지에 유리하다.

❷ 이음의 크기가 요구되는 강도 이상이 되지 않도록 하여 용착량이 과다하지 않도록 설계한다. 용융 금속이 많다는 것은 그만큼 많은 응고 응력이 발생한다는 것을 의미한다.

❸ 가능한 용접 Pass수를 적게 한다.

앞의 2)번 얘기와 상반되는 의미로 해석될 수도 있다. 용접 금속이 Multi-Layer로 깔릴수록 용접부 변형은 심해진다.

❹ 용접 속도를 빠르게 한다.

용접 속도가 느리면 그만큼 용융 금속의 응고가 늦어지고, 많은 용융 금속이 발생한다는 것을 의미한다. 용착량을 적게 하는 것이 변형 방지에 유리하다.

❺ 미리 용접 이음부에 예상 변형의 반대로 변형각을 주어준다.

용접부에 미리 예상되는 용접 변형을 상쇄할 만큼의 변형을 주어 용접시 발생하는 변형을 흡수한다. 다음 그림은 용접 이음에 미리 각변형을 주어 용접을 실시한 예이다.

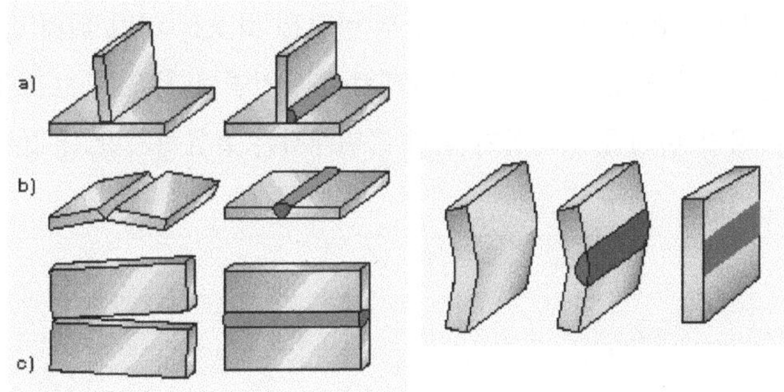

그림 10-3 미리 각 변형을 준 용접 Joint의 형상

❻ 튼튼한 JIG로 견고하게 고정한다.

예상되는 변형의 반대 방향으로 미리 Jig를 설치하여 변형을 억지로 방지한다. 변형 방지에는 효과가 있지만, 용접부 잔류 응력 측면에서는 매우 불리한 용접 시공 방법이다.

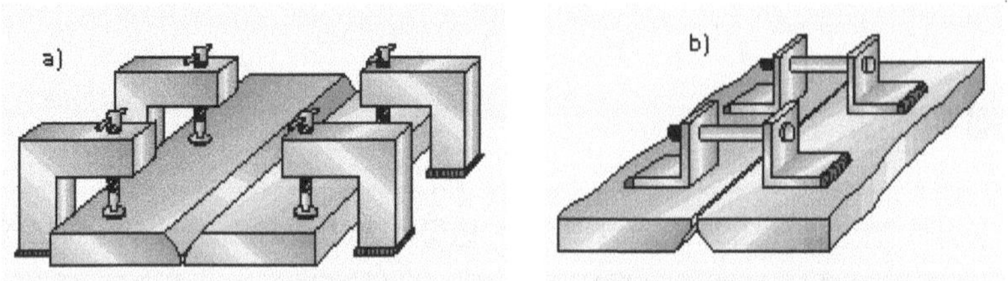

그림 10-4 변형 방지 JIG를 사용한 용접부의 강제 구속

❼ Water / Copper Cooling방법

용접선을 따라 용접부 이면에 물로써 강제 냉각시켜 변형을 최소화 하는 방법이다. EGW등에 적용되는 Cu-Cooling 방법과 마찬가지 이다.

❽ Peening 유, 무

Peening은 Hammer등으로 용접 부위를 타격하는 방법으로 일종의 Plastic Deformation (소성 변형)을 부여하여 잔류 응력을 완화하는 방법이다. 용접 금속은 응고하면서 내부적으로 수축에 따른 Tensile Strength가 걸리는데 외부에서 인위적인 Compressive Deformation으로 이를 상쇄해 주면 그만큼 잔류 응력 (변형)은 감소하게 된다. 이때, 초층 및 최종 층의 Bead는 가공 경화를 받아 균열의 위험성이 있으므로 Peening을 피하여야 한다. Slag 제거를 위한 Chipping은 Peening으로 간주하지 않는다.

❾ 열 분포를 고르게 하기 위해 용접 순서를 조절한다. (후퇴법, 대칭법 등)

용접 과정에서 발생하는 열로 인한 용접부 변형을 최소화 하기 위해 용접을 일률적으로 한 방향에서 실시하지 않고 부분적으로 실시하여 용접열의 분포를 고르게 하도록 용접 순서를 조절한다. 용접 변형을 방지하기 위한 측면에서는 유효하지만, 용접부의 품질로 볼 때는 불리하다.

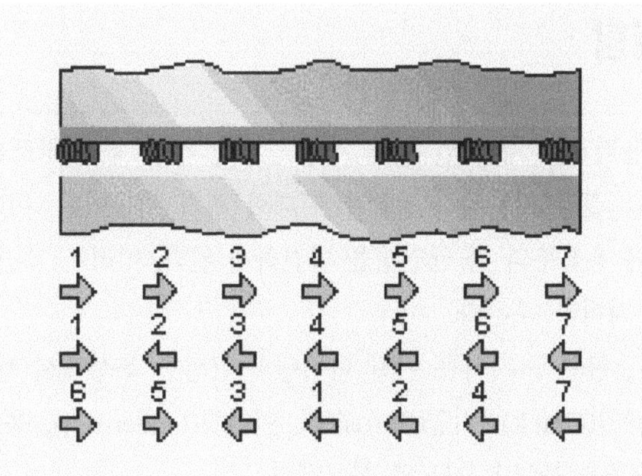

그림 10-5 용접부 변형 방지를 위한 용접 순서

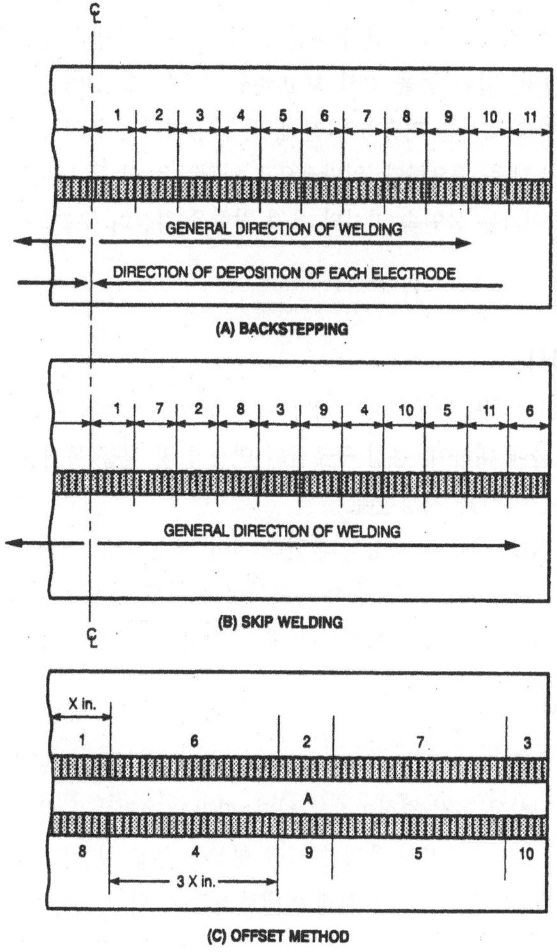

그림 10-6 열 분포를 고르게 하고 변형 방지를 이한 용접 순서

2. 용접부 결함

현장에서 용접 감리자의 업무 중 가장 중요한 것은 용접 구조물이 현장 사용 목적에 적합한지 여부를 결정하기 위한 용접부에 대한 평가 업무이다. 이러한 평가 검사를 통하여, 용접 감리자는 용접부의 불 균일성을 발견하게 된다. 이러한 용접부의 불 균일성을 일반적으로 불연속 지시라 부른다.

일반적으로, 불연속 지시는 어떤 아이템의 균일한 특성에서 돌출된 특성으로 묘사된다. 용접에서는 균열(Crack), 기공(Porosity), 언더컷(Under-cut), 용융 부족(Lack of Fusion) 등과 같은 것들을 불연속 지시로 분류한다.

이러한 불연속 지시에 대한 지식은 용접 감리자에게는 여러가지 이유 때문에 중요하다. 우선, 이러한 불연속 지시들이 용접부에 있는지를 판정하기 위해 용접 감리자는 육안 검사를 수행하여야 한다. 만약 육안 검사를 통해 불연속 지시가 발견되면, 용접 감리자는 그것들의 종류, 위치, 범위 등을 검사 보고서에 기록할 수 있어야 한다.

이러한 불연속 지시를 기술하기 전에, 용접 감리자는 불연속 지시와 용접 결함의 차이를 이해하는 것이 매우 중요하다. 일반적으로 사람들은 이 두 단어를 구분하지 않고 사용하고 있다. 용접 감리자는 불연속 지시와 용접 결함을 확실히 구분하여 사용하도록 노력해야 한다.

1) 불연속 지시

불연속 지시는 균일한 형상에서 불균일한 형상이 생성된 특성인 반면, 용접 결함은 설계된 용접 구조물에 대하여, 용접 구조물의 안정성 및 사용 목적을 손상시킬 수 있는 특정한 형태의 불연속 지시를 지칭한다.

즉, 용접 결함은 특정한 형상의 불연속 지시, 또는 관련 기술 규정(Code)에 규정된 판정 기준에 의거, 해당 부품 또는 용접 구조물이 설계된 현장 사용 목적에 부적합 할 정도로, 판정 기준을 초가하는 불연속 지시를 용접 결함이라 한다.

2) 용접 결함

불연속 지시의 크기 또는 불연속 지시들의 밀도가 어떤 기준값을 초과할 때, 우리는 이러한 불연속 지시를 용접 결함이라고 한다. 따라서 우리는 용접 결함을 불합격 불연속 지시라고 말 할 수 있다. 따라서 우리가 어떤 형상을 용접 결함으로 판정하면, 그 용접부는 불합격이 되고, 관련 규정의 허용 한계 이내로 만들기 위해서는 추가 작업이 요구됨을 의미한다.

3) 불연속 지시의 합부 판정

해당 부품의 설계된 사용 목적에 따라, 부품에 있는 불연속 지시는 결함으로, 또는 결함이 아닌 것으로 판정될 수 있다. 이러한 판단의 기준을 제시하기 위하여 여러 가지 부품의 성공적인 현장 사용에 영향을 미칠 수 있는 이러한 불연속 지시들의 합격 기준을 규정하는 특정한 기술 규정(Codes) 또는 기술 기준(Standards)을 제정하여 사용하고 있다.

4) 불연속 지시의 구분

불연속 지시들의 형상은 일반적으로 선형과 비선형 두가지로 나눌 수 있다.

선형 불연속 지시는 폭에 비해 길이가 훨씬 큰 것 (3배 이상)으로 정의된다.

한편 비선형 불연속 지시는 폭과 길이가 대체적으로 비슷한 것 (3배 미만)으로 정의된다. 가해지는 응력에 수직되게 위치하는 선형 불연속 지시는 비선형 형태보다 훨씬 더 위험한 상황을 의미한다. 왜냐하면, 이러한 선형 지시들은 비선형 지시들 보다 가해진 응력에 의거 매우 쉽게 파손되며, 일단 파손이 발생되면, 이러한 파손(균열)은 계속하여 성장 진행되며 구조물의 붕괴로 연결되기 때문이다.

불연속 지시의 모양이 구조의 건전성에 미치는 효과 및 치명성과 관련하여 또 다른 요인으로는, 불연속 지시들의 끝단부의 형상이다. 여기서 불연속 지시의 끝단부의 형상이라 함은 끝단부가 날카로운 형상을 가진 것을 말한다. 일반적으로 불연속 지시의 끝이 날카로울수록 응력이 가해진 상태에서 쉽게 강재 또는 용접부가 계속하여 파손되며, 불연속 지시의 크기가 계속적으로 성장되기 때문이다. 또한 이것은 구조물에 가해진 응력과 관련하여 응력의 방향과 불연속 지시의 성장에 미치는 영향이 달라진다.

만약에 적용되는 응력에 수직인 방향으로 위치한 선형 불연속 지시가 날카로운 끝단부의 형상을 가지고 있다면, 이것은 부재에 적용되는 하중의 지지 능력의 관점에서 보면, 가장 유해한 상황을 의미한다.

5) 불연속 지시의 위험성

불연속 지시 끝단부의 날카로움을 기준으로, 불연속 지시들의 등급을 분류해 보면, 가장 날카로운 것은 균열(Crack), 용융 부족, 용입 부족(Lack of Fusion), 슬래그(Slag) 개재물, 기공(Porosity)의 순서로 나눌 수 있다.

이러한 순서는 대부분의 규정에서 사용하는 불연속 지시에 대한 판정 기준과 일치한다. 거의 모든 용접 관련 규정에서는 균열은 허용하지 않고 있다. 용융 부족도 허용되지 않으며, 기공(Porosity)은 작은 양만을 허용하고 있다. 다만 용입 부족(Incomplete Penetration)은 설계 단계에서 고려되는 경우도 있다. 산업계에 따라, 사용 용도에 따라, 이러한 불연속 지시들에 대한 허용 기준(판정기준)은 변화된다.

일반적으로, 이러한 불연속 지시들의 끝단부가 날카로워 질수록 그것의 존재는 제한된다.

불연속 지시의 위험성(치명성)을 판정하는 마지막 방법은 부재 또는 구조물이 사용 중에 받는 하중을 받게 되는 방법과 연관된다.

피로 하중(반복 하중)을 감당하는 용접 구조물의 경우, 용접 구조물의 표면 노치는 노치점에 응력들을 집중시키고, 증폭시키는 응력 집중점(Stress Riser)으로 작용한다. 응력 집중점(Stress Riser)은 날카로운 표면 균열의 경우에 주어진 응력의 10배 정도로 응력을 증폭 시킬 수 있다. 그래서 피로 하중을 견뎌야만 될 구조물의 경우, 구조물의 모든 표면들은 날카로운 노치를 생성할 수 있는 불연속 부위가 없어야 한다.

사용 중에 피로 하중을 받는 부분들은 아주 매끄러운 마무리로 표면을 가공하도록 요구된다.

기하학적 모양 또는 외형의 갑작스런 변화는 가능한 한 피해야 한다.

용접부에 발생하는 결함은 그 원인과 형상에 따라 다양하게 구분된다. 단순히 용접 금속 내부에 존재하는 불균질 혹은 이 물질이 포함된 부분을 언급하기도 하고, 용접 완료 이후에 조직의 변태에 의해 발생하는 취성까지 포함하기도 한다.

이하에서는 주로 Carbon & low Alloy Steel 용접부에서 발생하는 용접 결함에 대해 논하기로 하고 각 강종별 용접 결함에 대한 세부 사항은 7장의 강종별 용접 특성을 참조한다.

(1) 용접부 균열

용접부에서 발생하는 균열의 양상은 수직, 횡, Under Bead 균열 등으로 구분되는 형태적인 분류가 대부분이다. 그러나, 이러한 외형적인 분류만으로는 보다 총괄적인 균열 발생의 원인과 대책에 대한 이해가 부족한 느낌이 있어서 균열의 원인에 따른 분류를 나름대로 정리하였다. 균열의 발생과 원인에 대해서는 많은 분류가 있을 수 있지만 실제 현장 작업 여건들을 비교 검토해 보면 어느 한 두 가지 요인에 의해 균열이 발생되는 것 보다는 많은 요인들이 복합적으로 작용하여 균열에 이르게 된다. 다음의 분류는 주변에서 흔히 볼 수 있는 용접 균열의 양상을 온도에 기준을 두어 구분하여 설명하면서 구조적인 특징을 가지고 있는 Lamellar Tearing을 포함하여 간단하게 소개하고자 한다.

1) 균열 발생 특성에 따른 분류

❶ 저온 균열

저온 균열이란 일반적으로 300℃이하의 온도에서 일어나고, 용접 금속의 응고 후 48시간 이내에 발생하기 때문에 Delayed Crack이라고 부르기도 한다.

❷ 고온 균열

고온 균열은 금속이 고온에 있을 때 발생하는 균열로서 주로 결정립의 입계에서 발생하고, 균열면은 산화가 격심한 것이 있다.

고온 균열은 고상선(Solidification) 온도 이상에서 발생하는 것과, 고상선 온도 이하에서 발생하는 것으로 크게 2가지로 분류할 수 있다.

전자는 고상선 주변의 온도에서 입계에 잔류하는 액체의 거동에 따른 것이고, 후자는 입계에 있어서 고상의 성분 편석, 석출물 및 이와 관련된 전위(Dislocation)의 거동에 따른 것이다.

❸ Lamellar Tearing

Lamellar 혹은 Lamina Tearing으로 불린다. 주로 후판의 용접 과정에서 발생하는 용접부 수축 응력 집중과 모재의 근본적인 결함 요인이 복합되어 일어나는 균열이다. 응력을 최소화 할 수 있는 Joint 설계와 용접봉 선정 및 모재의 성분을 조절하여 극복할 수 있는 균열이다.

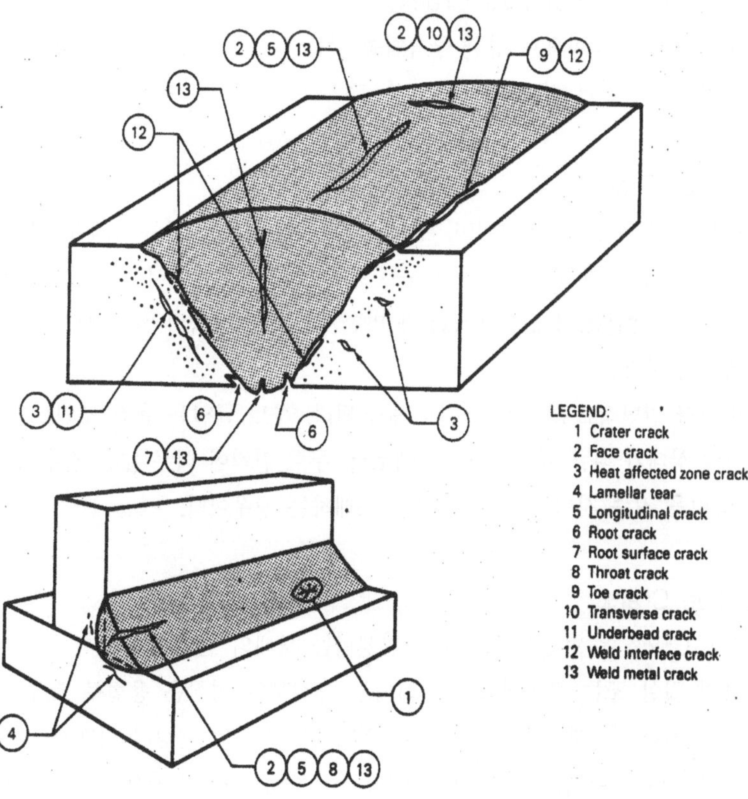

그림 10-7 발생 양상에 따른 여러가지 용접 균열의 종류

2) 균열 발생 양상에 따른 분류

❶ 횡 균열(Longitudinal Crack)

횡 균열은 일반적으로 연성이 나쁜 용착 금속과 모재에서 발생되며, 용접의 종 방향 수축 응력에 기인된다.

❷ Throat Crack

Throat Crack은 필렛(Fillet) 용접부의 Weld Throat를 따라 또는 용접부의 단면을 통한 최단 거리를 따라 진행하기 때문에 이름 붙여졌다. 이것들은 종균열 (Transverse Crack)이고 일반적으로 고온 균열로 분류된다. Throat Crack은 용접 표면을 육안으로 관찰하면 볼 수 있으며, 중심선 균열로 불려지기도 하는데 이는 Fillet 용접부의 중앙부위에서 잘 발생되기 때문에 붙여진 이름이다. 얇은 Root Pass와 오목한 Fillet 용접과 같은 것들은 목균열이 잘 발생된다. 왜냐하면 이러한 형태의 단면은 용접부의 횡 방향 수축응력을 지탱하는데 충분하지 않기 때문이다

❸ 종 균열 (Transverse Crack)

용접축의 횡 방향으로 강한 구속력을 갖는 용접 조인트, 특히 용접 단면이 작은 용접부의 경우 종 균열이 잘 발생된다.

❹ Root Crack

루트 균열 또한 종 방향이며, 루트 균열은 용착 금속 또는 모재부 위에서 발생될 수 있다. 루트 균열은 균열이 용접부의 루트 부위 또는 루트면에서 시작되기 때문에 붙여진 이름이다. 루트 균열은, Throat Crack과 마찬가지로, 용접축의 횡 방향으로 발생되는 수축 응력에 기인한다.

따라서 일반적으로 고온 균열로 분류된다. 루트 균열은 용접 조인트의 취부 상태 또는 공면의 상태가 나쁠 때 발생된다. 예로서, 루트 간격이 너무 넓은 경우, Root 용접부에 용접 응력을 집중 시켜서 루트 균열을 초래하는 경우이다.

❺ Toe Crack

Toe Crack 은 용접부 Toe에서 발생되는 모재의 균열이다.

용접 덧살 또는 볼록형으로 나타나는 용접부의 형상은 용접부 토우에서 응력 집중점(Stress Riser)을 제공하기도 한다. 이것이 열영향부의 연성이 나빠진 금속 조직과 연계되어 Toe Crack 이 쉽게 발생되게 된다. Toe Crack 은 일반적으로 저온 균열로 분류된다. Toe Crack 을 발생시키는 응력은 용접부의 횡 방향 수축 응력, 또는 사용중의 응력, 또는

이 두 가지 응력이 복합적으로 작용한 결과일 수도 있다.

사용 중에 발생되는 Toe Crack 은 간혹, 용접된 기기에 작용하는 피로 하중에 원인이 있는 경우도 있다.

❻ Crater Crack

Crater Crack 은 개별적인 용접 패스(Pass)가 끝나는 지점에서 발생된다.

만약 용접사가 Arc를 마무리 할 때, 용접 용탕(molten weld puddle)을 완전히 채우지 않으면, 그 결과 그 부위에 얇은 용착 부위를 형성하던가, 또는 Crater를 만들게 된다. 이러한 얇은 영역의 용접 부위는 용접 수축 응력에 의해 개별적인 Crater 균열 또는 Crater의 중심으로부터 방사형으로 뻗은 그물 조직의 복합 균열을 만들기도 한다.

Crater 균열이 방사형인 경우를 별 균열(star crack)이라고 부른다. Crater 균열은 용해된 용접 용탕이 응고하는 동안에 발생되기 때문에 고온 균열로 분류된다. Crater 균열의 주요 원인은 용접 패스(Pass)를 마무리하는 용접사의 용접 기술에 있지만, 이러한 균열들은 응고될 때 오목한 형태를 만들 수 있는 흐름 특징을 갖는 용접 재료의 사용에 기인할 수도 있다.

이러한 현상의 한 예는 -16 으로 끝나는 표시를 갖는 피복 Stainless Steel 용접봉(E308-16, E309-16, E316-16 등)의 사용에서 잘 나타난다. 이런 용접봉들은 다소 평평하거나 조금 오목한 형태의 용접부를 만들어내는 티타니아 계통의 코팅을 나타낸다. 결론적으로 이러한 용접봉을 사용할 때, 용접사는 Crater 균열을 방지하기 위해서 Crater를 충분히 채우고 더 많은 주의를 기울여야 한다.

❼ Under Bead Crack

균열의 다음 범주는 Under Bead 균열이다. 용접 공정에 관련되지만 Under Bead 균열은 용착 금속이 아닌 열영향부에서 발생한다.

그 이름이 암시하듯이 이것의 특징은 열영향부에 있는 용접 용융선 바로 밑에서 발생된다. 단면으로 절단했을 때 Under Bead 균열은 때때로 Under Bead의 용융선과 평행한 방향으로 나타난다.

일반적으로 금속 내부에서 발견될지라도 이것은 육안 검사시 발견될 정도로 표면까지 진행되기도 한다. Under Bead 균열은 용접이 완료된 후 많은 시간이 지나도록 진행하지 않을 수도 있기 때문에 특별히 위험한 균열이다. 이렇게 일정 시간이 지난 이후에 발견되는 경향이 많으므로 Under Bead 균열은 때때로 지연 균열로 불려진다.

이러한 이유로, 지연 균열에 민감한 강재의 용접에 대한 최종 육안 검사 및 비파괴 검사는 용접 부위가 대기 온도까지 냉각된 후 48-72시간이 경과한 후에 수행되야 한다. 고강도의 강재는 특히 이러한 균열에 매우 민감하다.

Under Bead 균열에 대한 좀더 자세한 설명은 균열의 원인별 설명에 다시 거론한다.

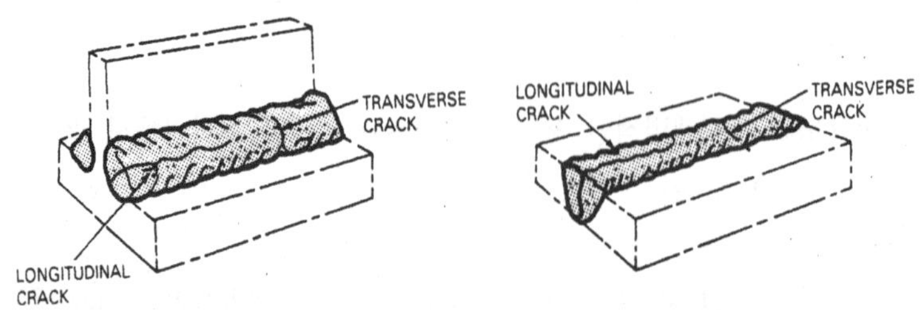

그림 10-8 Longitudinal and Transverse Crack

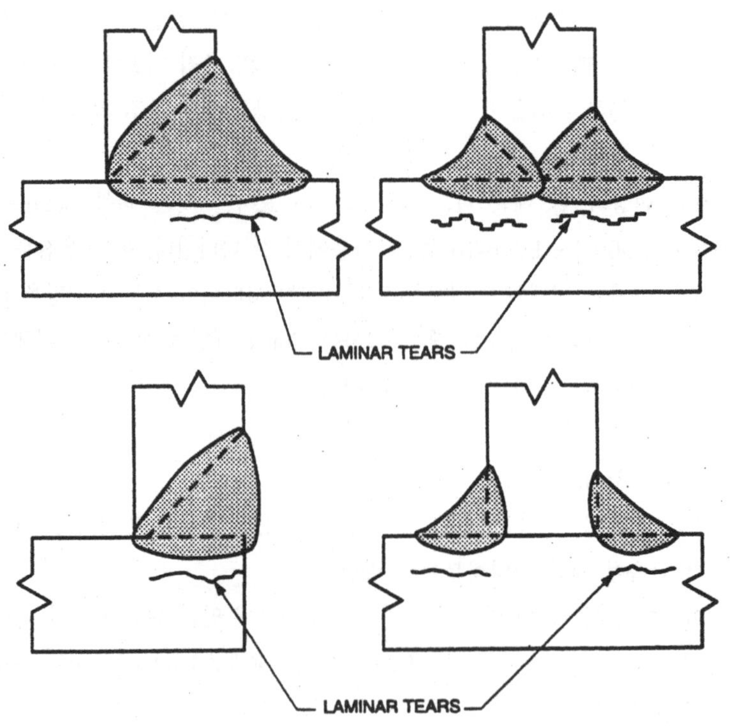

그림 10-9 대표적인 Lamellar Tearing의 발생

⑧ 재열 균열

고장력 강과 저합금강 (Cr-Mo강) Austenite Stainless Steel의 후열 처리시 550 ~ 600 ℃의 온도에서 결정 입계를 따라 발생한다.

원인은 결정립계에 응집한 탄화물의 석출에 의해 경화가 되고, 여기에 MO_2C, TiC, TiN

등 탄화물, 질화물의 석출에 의한 2차 경화로 인해 심하게 경화된 용접부에서 열처리 후의 냉각시 응력 집중에 의해 발생한다.

⑨ 응력 부식 균열

Stainless Steel과 고장력 강에서 발견되는 운전중에 발생하는 응력 부식 균열 이다. 결정 입계를 따라 균열이 발생하며, 잔류 응력이 많이 존재하는 강 조직이 부식 환경에 노출되면서 우선적으로 부식되어 나타나는 현상이다. 이에 관한 내용은 Stainless Steel 용접편을 참조한다.

3) 균열 발생 기구

❶ 저온 균열 발생 기구

용접 과정에서 용융된 용접 금속과 이웃의 모재인 열 영향부 (HAZ)는 고온 조직인 Austenite 조직이 되어 버린다.

용접 금속이 냉각됨에 따라 Pearlite 혹은 Bainite 변태가 진행되면 용접 금속의 수소 고용도가 급격히 떨어지게 된다. 응고는 모재와의 인접부 및 대기중에 노출된 용접 금속의 표면에서 부터 시작되므로 용접 금속에 남아 있던 수소는 아직 응고가 진행되지 않은 부분으로 이동하거나 표면에서 분자상의 기체로 날아가게 된다. 용접부 내에서 응집된 수소는 아직까지 고온의 Austenite 조직이 남아 있는 모재와 용접 금속의 Bond부로 수소가 이동하게 된다.

모재는 일반적으로 용접 금속 보다 Ceq가 높고, 또한 후판이라고 가정하면 급냉이 되기 때문에 HAZ 부위에서 Martensite 변태가 발생하게 되고 조직이 경화된 곳에 수소가 집적되어 균열이 발생하게 되는 데 이를 지연 균열(Delayed Crack) 이라고 부르기도 한다. 이러한 저온 균열의 발생은 형태에 따라 다시 Root Crack, under Bead Crack, Toe Crack 등 여러 가지로 구분된다.

이처럼 저온 균열의 발생 인자는 조직 경화 잔류 응력 수소 집중으로 집약 되고 이 3가지 인자가 상호 복합적으로 관계 될 때 균열이 발생하게 된다.

❷ 고온 균열 (응고 균열) 발생 기구

고온 균열의 발생 기구에는 여러 가지 학설이 많지만, 공통적인 것은 응고중에 발생하는 균열은 어느 것이나 고상선 주변에서 액상이 소량으로 된 상태에서 발생되고 있는 점이다. Ms변태점 이상에서 결정입계를 따라 균열이 발생한다.

순 금속일 때는 응고점이 한 점이지만, 합금 성분이 첨가 되면 액체와 고체가 혼재하는 구역이 존재하게 되고 액체 상태가 많을 때는 균열이 발생하여도 다시 채워 지지만 응고가 거의 진행된 후기 액막 단계에서는 엷은 액체막에 의해 고체가 분리되고 있는 상태이고, 또한 융점이 낮은 저 융점의 편석물이 밀집되어 있고 파단까지의 변형 능력이 떨어지기 때문에 조그만 응력하에서도 균열이 발생하게 된다.

❸ Lamellar Tearing 발생 기구

Lamellar Tearing은 두꺼운 후판의 용접시 주로 발생하며, 두 모재가 T-Joint로 연결되는 Fillet Joint의 모재 HAZ부에서 특히 잘 일어난다.

균열 양상은 모재와 수평 혹은 수직 방향의 균열이 발생되는 것이 Lamellar Tearing의 특징이다. 이 균열은 근본적으로 모재의 압연 과정에서 발생하는 판 두께 방향의 연성의 차이와 불순물로 존재하는 개재물들의 역할에 기인한다. 모재는 길이 방향의 압연 과정을 거치면서 두께와 폭이 증가하고 그 과정에서 MnFeS와 같은 불순물이 길이 방향으로 길게 늘어서게 되어 상대적으로 폭과 두께 방향의 연신이 작아지게 된다. 이러한 후판의 모재를 용접하게 되면, 용접시 두께 방향으로 집중되는 수축 응력을 감당하기 어려워지며 결국 균열로 발전하게 된다.

4) 균열 방지 대책

❶ 저온 균열 방지 대책

㉠ 용접부의 조직 경화

용접은 순간적으로 급열, 급냉되기 때문에 일반 주조 조직과는 다른 취약한 조직을 얻기 쉬우며, 용접부의 조직 경화가 심할수록 균열 발생 지수가 늘게 된다. 용접부의 조직 경화의 주된 요인은 모재의 탄소 당량과 냉각 속도로 대별된다.

냉각 속도가 빠를수록 Martensite 조직이 되어 경화하고, 서냉 할수록 Ferrite + Pearlite 조직이 되어 경화를 방지한다.

㉡ 강재선정

균열을 방지하기 위해서는 모재의 적절한 선정이 매우 중요하다.

강의 제조 과정과 주요 합금 원소에 따라 용접 금속의 균열 감수성이 틀려지게 된다.

ⓐ 강재의 화학 성분 (탄소 당량)

모재의 탄소 당량이 높게 되면 같은 용접 조건 냉각 속도에서 경화능이 크기 때문에 조직 경화가 심하게 발생하며 균열 발생율이 증가 하게 된다. 따라서 용접부의 탄소 당량을 낮추는 것이 용접부의 균열 발생을 줄이는 방법이다.

ⓑ 제조 방법

강의 제조시 일정 강도를 확보하기 위해서 합금 성분이 필연적으로 첨가되고, 인장 강도가 높은 고 장력강(High Strength Steel) 일수록 합금 성분 (Mn, Ni, Mo)이 많아져 용접성이 저하하게 된다.

이를 보완하기 위해 강의 제조 방법을 개선하여 동일 인장 강도 수준을 유지하면서 탄소 당량을 대폭 감소해 용접성이 뛰어난 강재의 제조가 가능하게 되었다. 이러한 강을 TMCP(Thermo Mechanical Control Process) 강이라고 부른다.

이 강재는 일반 압연 강재 보다 탄소 당량이 훨씬 적어 용접부의 경화가 적게되어 균열의 방지를 꾀할 수 있게 되었다.

ⓒ 냉각 속도

동일한 모재라도 용접 금속의 냉각 과정에서 남게 되는 잔류 응력과 조직의 변태에 의해 균열 감수성이 틀려지게 된다. 여기에는 모재의 두께와 용접 조건의 변수들이 작용하게 된다.

• 모재 두께

동일 용접 조건, 동일 입열하에서 후판쪽이 모재로의 열의 이동이 빠르기 때문에 급냉이 된다. 또한 열이 두 방향으로 이동하는 수평 Fillet 용접이 맞대기 용접보다 급냉되어 조직 경화가 심하게 되며 균열의 발생이 많게 된다.

• 예열 온도

예열은 용접시 최대 냉각 속도를 감소 시켜서, 용접 열열향부의 조직 경화를 완화 시키고, 확산성 수소의 부유 속도를 촉진시켜 수소 취성 현상을 억제하는 역할을 한다.

ⓓ 용접부의 잔류 응력

용접부는 순간적으로 급열, 급냉 되기 대문에 팽창, 수축이 일어나고 냉각시 상변태에 따른 조직 팽창 등에 의한 내부 응력이 존재 하게 된다. 이러한 내부 응력은 변형으로 변화되지 않으면 잔류 응력으로 잔재하게 된다. 잔류 응력이 많을수록 균열 발생이 용이하게 되기 때문에 가능한 잔류 응력 및 변형량을 적게 하는 시공 방법을 선택하여야 한다.

ⓔ 용접 시공

• 용접봉의 Tensile Strength

용착 금속의 인장 강도가 높을수록 용접 금속의 응고에 의한 용접부 수축(shrinkage) 작용으로 용접 잔류 응력은 커지게 된다.

• Groove Design

채워 주어야 할 용착 금속량이 많을 수록 즉, 많은 양의 용접 금속이 용융 응고 될 수록 용접부 수축에 의한 잔류 응력은 커지게 된다.

• Pass 수

용접 Pass수가 많을 수록 잔류 응력은 감소하게 된다. 먼저 용접한 Pass는 다음 Pass의 용접 열에 의해 열처리 효과를 가지게 되므로 자연스럽게 잔류 응력이 감소된다. 따라서 동일한 용접부를 용접할 경우에 가급적 Multi-Pass로 용접하는 것이 좋다.

• Root 간격

Root 간격이 크게 되면 맞대기 및 수평 Fillet용접의 초층 (First Pass) 용접 금속은 넓게 벌어진 간격을 지탱하는 구속 응력이 증대하여 균열의 발생이 쉽다.

ⓒ 열처리

용접 잔류 응력을 제거하기 위한 가장 일반적이고, 안정적이고 손쉬운 방법은 열처리이다. 응력 제거를 위한 열처리는 강의 종류와 두께, 예열의 적용 여부 등에 따라 다양한 형태로 실시되며, 이에 관한 내용은 ASME Sec. VIII Div. 1 UCS-56, UHA-32, UHT-56 등에 자세하게 제시되어 있다.

이들 Requirements를 강종에 따라 요약하면 대략 다음과 같은 기준선이 제시될 수 있다.

Table 10-1 강종별 열처리 온도 규정 (1/2)

Typical Stress Relief Heat Treatments for Weldments		
Material	Soaking Temperature	
	℃	°F
Carbon Steel	595 ~ 680	1100 ~ 1250
Carbon -½ Mo Steel	595 ~ 720	1100 ~ 1325
1 Cr - ½ Mo Steel	620 ~ 730	1150 ~ 1350
2¼ Cr - 1 Mo Steel	705 ~ 770	1300 ~ 1425
5 Cr - ½ Mo Steel	705 ~ 770	1300 ~ 1425
7 Cr - ½ Mo Steel	705 ~ 760	1300 ~ 1400

Table 10-1 강종별 열처리 온도 규정 (2/2)

Typical Stress Relief Heat Treatments for Weldments		
Material	Soaking Temperature	
	℃	℉
9 Cr - 1 Mo Steel	705 ~ 760	1300 ~ 1400
12 Cr (Type 410) Steel	760 ~ 815	1400 ~ 1500
16 Cr (Type 430) Steel	760 ~ 815	1400 ~ 1500
Low Alloy Cr - Ni - Mo Steel	595 ~ 680	1100 ~ 1250
2 ~ 5% Ni Steels	595 ~ 560	1100 ~ 1200
9 % Ni Steels	550 ~ 585	1025 ~ 1085
Quench and Tempered Steels	540 ~ 550	1000 ~ 1025

㉣ 수소의 공급원

용접시 저온 균열에 영향을 미치는 수소는 앞서 설명한 바와 같이 조직을 경화시키고, 잔류 응력과 함께 매우 중요한 역할을 하고 있다. 현장에서 발생하는 대부분의 저온 균열은 수소가 주 원인으로 작용하고 있다. 용접 Arc열에 의해 분해한 원자상의 수소는 상변태시 고용도가 급격히 감소하여 응고시 확산성 수소가 다시 분자상으로 결합할 때 굉장한 고압을 발생하게 된다. 따라서 용접시 이러한 수소의 발생을 가능한 억제하는 조치를 취하여야 한다.

ⓐ 염기도

용접 Flux의 염기도는 다음의 식과 같이 염기성 물질과 금속 산화물의 일정한 비를 나타내며, 특히 염기도가 낮은 산성 산화물 SiO_2, Al_2O_3등은 점토류 (Bentonite, Clay)로 구성 되어 있다.

$$BI=\frac{CaO+CaF_2+MgO+K_2+O+Na_2O+(FeO+MnO)}{SiO_{2+}\frac{1}{2}(TiO_2+Al_2O_3+ZrO_2)}$$

이러한 Flux는 결정수(Crystal Water)를 함유하고 있으며 이 결정수는 600℃이상의 고온에서 분해하여 용접시 수소의 공급원으로 작용한다. 따라서 저 수소계(Low Hydrogen), 즉 염기도가 높은 용접봉은 용접 Flux중에 수소 함량을 근원적으로 최소화 시킨 것이다. AWS에는 각 저수소계 용접봉의 수분 함량을 대기중에 개봉한 상태에서 0.4 wt%로 규정하고 있다. AWS에 표기된 용접봉 기호 뒤에 붙은 R, M의 의미는 저수소계 용접봉을 의미한다.

Table 10-2 SFA 5.5 Appendix A. 저수소계 용접봉의 수분함유량 규정.

Low hydrogen electrode coating moisture contents

AWS Classification	Recommended maximum moisture content (percent by weight)	
	After atmosphere exposure	As-manufactured[a] or reconditioned
E7015-X	0.6	0.4
E7016-X	0.6	0.4
E7018-X	0.6	0.4
E8015-X	0.4	0.2
E8016-X	0.4	0.2
E8018-X	0.4	0.2
E9015-X	0.4	0.15
E9016-X	0.4	0.15
E9018-X	0.2	0.15
E10015-X	0.2	0.15
E10016-X	0.2	0.15
E10018-X	0.2	0.15
E11015-X	0.2	0.15
E11016-X	0.2	0.15
E11018-X	0.2	0.15
E12015-X	0.2	0.15
E12016-X	0.2	0.15
E12018-X	0.2	0.15
E12018-M1	0.2	0.10

이렇게 용접봉 자체의 수분 함량을 제한하는 것 이외에 용접 금속에 존재하는 수소의 량을 측정하여 제한하기도 한다.

확산성 수소의 측정이 요구되는 경우에는 AWS A4.3에 따라 확산성 수소를 측정하며, 그 합부의 기준은 SFA. 5.1에 따른 확산성 수소량 규정에 준한다. 확산성 수소의 측정에 관한 내용은 이 책의 후반부 수소 시험 항목에 설명한다.

ⓑ 재건조 및 관리 조건

• 재 건조

용접봉의 보관 및 관리는 용접봉 피복재 중의 수분 함량과 밀접한 관계가 있다. 과도한 수분은 용접중에 분해하여 수소를 공급하는 원인이 되므로 아래의 표와 같이 반드시 재건조를 하여 사용하여야 한다. 그러나, AWS D1.1에 따르면 아예 재건조 자체가 단 1회로 금지되어 있으므로 적용 규정에 따라 주의를 하여야 한다.

Table 10-3 용접봉의 재 건조 규정

항목	비 저수소계(AWS SFA 5.1)	저 수소계 (AWS SFA 5.5)
재 건조 온도 X 유지시간	230 ~ 260℃ × 2 Hr	370 ~ 430℃ × 1 Hr
허용 노출 시간	Max. 4 Hr	E 70XX Max. 4 Hr E 80XX Max. 2 Hr E 90XX Max. 1 Hr E 100XX Max. ½ Hr E 110XX Max. ½ Hr
허용 재건조 회수	1회	1회
재 건조 후 유지 온도	120℃	

- 상대 습도

  상대 습도가 높을 수록, 방치 시간이 길수록, 피복제중의 수분 함유량은 증가한다. 따라서, 습도가 높은 상태에서의 용접 시공이나, 재 가열 후 대기중에 장시간 노출된 용접봉의 사용은 금한다.

5) 고온 균열 방지 대책

용접 부위가 냉각시에 발생하는 균열은 용접 금속이 대부분 응고하고 일부가 액상으로 남아 있을 때, 응력이 존재하거나 심하면 용접 금속 자체의 응고중에 발생하는 수축 응력(Shrinkage Stress)에 의해 용접 중앙선 결정립 사이에서 발생하게 된다. 이러한 균열의 대표적인 예가 Crater Cracking이다. 고온 균열의 발생을 크게 좌우하는 인자는 아래와 같이 크게 3종류로 구분할 수 있다.

- 특정 원소의 편석 정도
- 응고 조직 형태
- 이음부의 형상

❶ 특정 원소의 편석

용접 조직내의 각 원소들은 응고점이 다르기 때문에 합금의 응고시 편석은 불가피하게 된다. 편석 정도는 분리 계수(Partitioning Coefficient) K로 표기되며 철 합금에 대한 K 값은 다음과 같다.

Table 10-4. 철에서 원소의 분리계수(K)

Al	B	C	Cr	Co	Cu	H	Mn	Mo	Ni	N	O	P	Si	S	Ti	W	V
0.92	0.05	0.13	0.95	0.90	0.56	0.32	0.84	0.80	0.80	0.28	0.02	0.13	0.66	0.02	0.14	0.95	0.90

($K = \frac{XS}{XL}$ XS, XL : 주어진 온도에서 고상(S)과 액상(L) 에서의 용질의 Mole Fraction.)

고온 균열 현상은 낮은 분리 계수(K)를 갖는 원소 즉, S, O, B, C, Ti, N등이 편석의 위험이 많다. 그러므로 용접봉의 제원 설계 및 용접 시공시에 아래 사항을 주의하여야 한다.

- 낮은 분리 계수(K)를 갖는 원소의 배제
- 금속과 친화력이 강해서 저 융점 화합물을 석출하는 원소(P, S)의 배제
- 금속에 대해서 낮은 Wetting각도 를 형성해 결정립을 따라 잘 분포하는 원소의 배제. (MnS가 FeS보다 Wetting 각도가 커서 입계에 Thin Film 으로 존재하기 보다는 입내에 개재물로 존재한다.)

❷ 응고 조직의 형태

대 입열 용접인 ESW, SAW로 용접하게 되면, 응고 조직의 성장이 과대하게 되어 입계에 저 융점 개재물이 분산되지 않고, 집중적으로 Film상으로 분포되기 때문에 주상정 사이에서 균열이 발생하게 된다.

❸ 이음부 형상 및 잔류 응력

이음부 형상에 따라 모재와의 희석 정도가 차이가 나고, 또한 Root Gap의 차이에 따라 구속의 정도가 차이가 난다. 그리고 이들 응력은 용접 후반부 (Crater부)에서 최대가 되기 때문에 이 부위에 저융점 개재물이 존재할 때 균열이 잘 발생하게 된다.

6) Lamellar Tearing 방지 대책

Lamellar 균열은 용접 과정에서 발생되는 두께 방향의 응력으로 인해 용접 Bead와 인접된 모재의 HAZ부에서 발생되는 결함이다.

모재의 수평과 수직 방향으로 균열이 발생되는 것이 Lamellar Tearing의 특징이다. Lamellar Tearing의 발생은 MnFeS와 같은 개재물이 길쭉한 상태로(길이 방향의 압연) 존재 할 때 생기는데, 그 이유는 두께 방향이나 너비 방향으로의 연성이 길이 방향의 압연의 결과로 인해 상대적으로 작아 지기 때문이다. 대형 용접 구조물에서는 모재의 판 두께 방향으로 강한 구속력이 걸리는 경우가 많고, Lamellar Tearing의 발생이 많게 된다. 이러한 현상은 두꺼운 판의 T형 이음부나 모서리의 접합부에 주로 발생한다. 이 균열은 용접 시공이 상당히 진전된 단계에서 발견되는 경우가 많고 또한 보수에 따른 상당한 피해가 예상되기 때문에 용접 설계, 시공, 소재 선택을 종합적으로 검토하여 시공하여야 한다.

이러한 Lamellar Tearing의 발생 원인은 아래와 같이 크게 3가지로 나누어 분류할 수 있다.

• 판 두께 방향의 수축 응력
• 용접부의 경화 및 취화 요인
• 강재의 청정도 (개재물 제거)

❶ 수축 응력의 최소화

㉠ 용접 설계

용접 설계시 응력의 집중이 발생되지 않도록 하여야 하며 특히 판 두께 방향의 구속 응력을 최소화 시켜야 한다.

ⓐ 용접성의 집중을 피하는 이음 설계

용접 Bead가 서로 중첩 되지 않도록 하여 용접 Bead 응고 과정에서 발생되는 응력의 집중을 막는다.

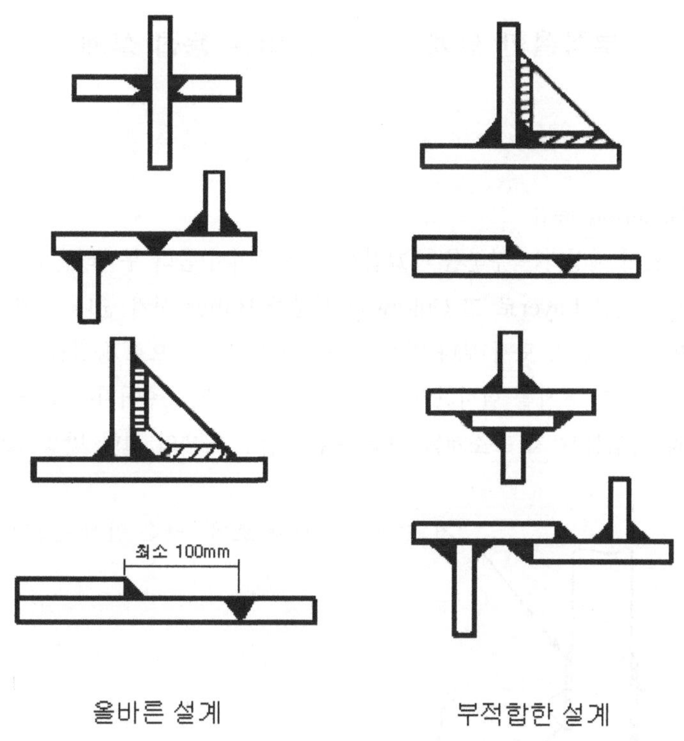

올바른 설계　　부적합한 설계

그림 10-10 용접선 집중을 피하는 이음 설계

ⓑ 응력 집중을 피하는 이음 설계

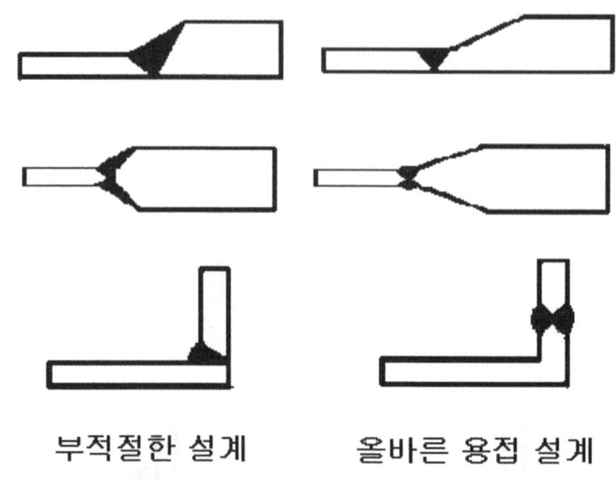

그림 10-11 응력 집중을 피하는 이음 설계

ⓛ Buttering 용접

Tearing이 예상되는 부분을 매끄럽게 갈아 주어서 좀더 부드러운 (인장 강도가 낮은) 용착 금속의 얇은 Layer로 그 Cut-away 부분을 Buffer 시켜 준다. 아래와 같은 그림도 그 한 예가 될 수 있다. 모재 보다 인장 강도가 낮은 용접봉으로 용접을 시행하고 결함 유무를 확인한 후에 본 용접을 실시하면 모재의 두께 방향으로 주어지는 응력을 감소 시킬 수 있다. 이때 용접봉은 저 수소계를 사용하여 용접부 자체의 결함 발생 요인을 최소화 한다.

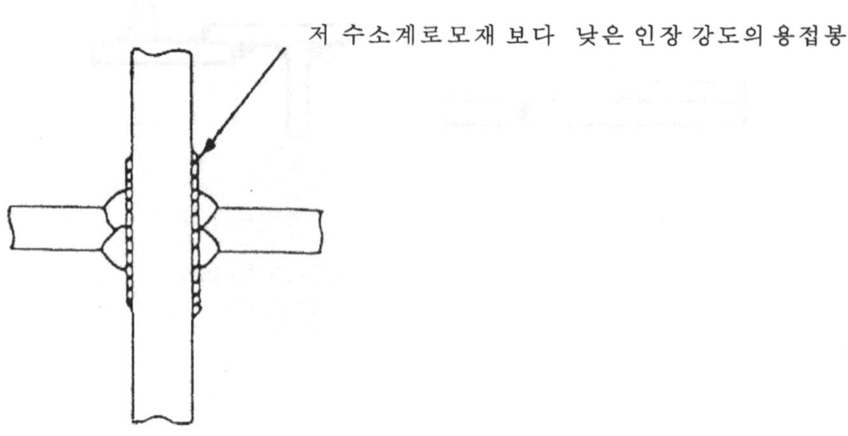

그림 10-12 Buttering 용접 사용의 예

❷ 취화 요인 제거

㉠ 저 수소계 용접 재료 선택

저 수소계 용접봉을 사용하여 용접 금속에 침투하는 수소로 인한 경화와 이에 수반되는 취화의 요인을 최소화 한다.

㉡ 예열, 후열의 실시

충분한 예열과 후열을 실시하여 용접부의 경화와 초층의 급냉으로 인한 결함 (Crack, Incomplete Penetration, Lack of Fusion 등)을 예방하고 용접부내에 있을 수 있는 수소가 외부로 빠져 나갈 수 있는 여건을 마련해 준다.

❸ 개재물 감소

㉠ S 양의 감소

강재에 유화물이 많이 함유하게 되면 이것이 압연시 압연 방향으로 길게 편상으로 연신이 되어 판 두께 방향으로의 기계적 성질이 극히 나빠지게 된다. 따라서 정련 과정에서 S 함량을 최소화 해야한다.

㉡ 진공 탈 Gas 처리

강재의 Lamellar Tear에 대한 저항성을 개선하기 위해서는 Sulfur 함량뿐만 아니라, SiO_2 및 Al_2O_3 산화 개재물의 영향도 크기 때문에 Si이나, Al등의 원소를 사용해서 시행하는 탈산보다는 진공 탈산 처리를 하게 되면 보다 양호한 강재를 얻을 수 있다.

㉢ Ca, Mg, Ce등의 사용

MnS 개재물은 융점이 낮고 연신이 쉽게 되어 압연시 잘 퍼지게 된다. Ca, Mg, Ce등을 첨가하게 되면 MnS는 Ca와 복합계로 되어 높은 융점을 형성하고 강도가 강해 연신이 어렵게 되는 효과가 있기 때문에 유화물의 형태 변화를 일으켜, 판 두께 방향의 기계적 성질이 양호한 강재를 얻을 수 있다.

(2) 기타 용접 결함

이하에서는 각종 용접 결함에 대한 간단한 설명과 대표적인 발생 원인을 설명한다. 용접부에서 발생하는 결함은 다양한 원인들이 복합되어 나타나지만 간단하게 SMAW용접 위주로 가장 일반적인 원인들을 소개한다.

1) 융융(융착) 불량 (Incomplete Fusion)

정의에 의하면 융융(융착) 불량은 용착 금속과 주위의 용접 Bead 또는 융합면 사이에 융합이 되지 않은 용접 불연속 지시로 설명되어진다.

즉 융합량이 특정한 용접부에 대해 지정된 양보다 적은 것이다.

이것의 선형성과 상대적으로 날카로운 끝단의 모양 때문에 용입 부족은 위험한 용접 불연속 지시로서 균열과 비슷하게 다뤄진다.

이것은 용접 부위 내 여러곳에서 발생될 수 있으며, 간혹, 융융 불량은 슬래그(Slag) 개재물과 함께 나타날 때도 있다.

용접 부위에서 완전히 제거 되지 않은 슬래그는 후속 용접에서 완전한 융합을 방해 할 수도 있다. 대부분의 경우, 융융 불량을 내부에 있는 용접 결함으로 생각하고 있다.

그러나 융융 불량은 용접 표면에서도 발생될 수 있다.

융융 불량의 다른 용어는 저온 겹침(Cold Lap)이다.

❶ 융융 불량의 원인

융융 불량은 여러 가지 요인과 문제점으로 인하여 발생되어지나 대략 다음과 같은 원인을 제시할 수 있다.

㉠ 부적절한 용접봉 운봉(Weaving)

제일 큰 원인은 용접사의 용접봉 운봉 기술이 부적절한 경우이다.

일부 용접 방법들은 용접 열을 집중시키기 어렵기 때문에 용접할 모재를 충분히 녹이지 못하여 용융 부족을 발생시키는 경향이 있다. 예를 들면, GMAW의 단락전류(short circuiting transfer mode)를 사용할 때, 용접사는 모든 용접 부위에 용접 Arc를 집중해서 용접을 수행하여야 한다. 이때 용접할 부위에 충분한 용접 Arc를 집중시키지 못하면, 이 부위에서는 금속이 충분히 녹지 않아서 융합이 불충분하게 생기고, 용입 부족이 발생된다.

㉡ 부적절한 용접 Joint

용접 Joint의 개선 각도가 너무 좁거나 Root Gap이 너무 좁아도 용입 부족이 발생되는 경우도 있다.

㉢ 너무 큰 용접봉의 사용

좁은 용접 개선부에 너무 큰 용접봉을 사용하면 Root 부 까지 완전한 용융 접합을 보증하기 어렵게 된다.

㉣ 용접부 표면의 오염물

마지막으로 밀 스케일과 같은 잘 떨어지지 않는 산화철을 포함한 용접 표면에서 오염물이 과다한 경우에는 완전한 융합 용접을 방해할 수도 있다.

㉤ 너무 빠른 용접 속도

용접 속도가 너무 빨라 충분한 입열이 가해지지 않고 용탕이 Root까지 가기 전에 미리 응고 하여 버리면 불완전한 용입이 이루어 지게 된다.

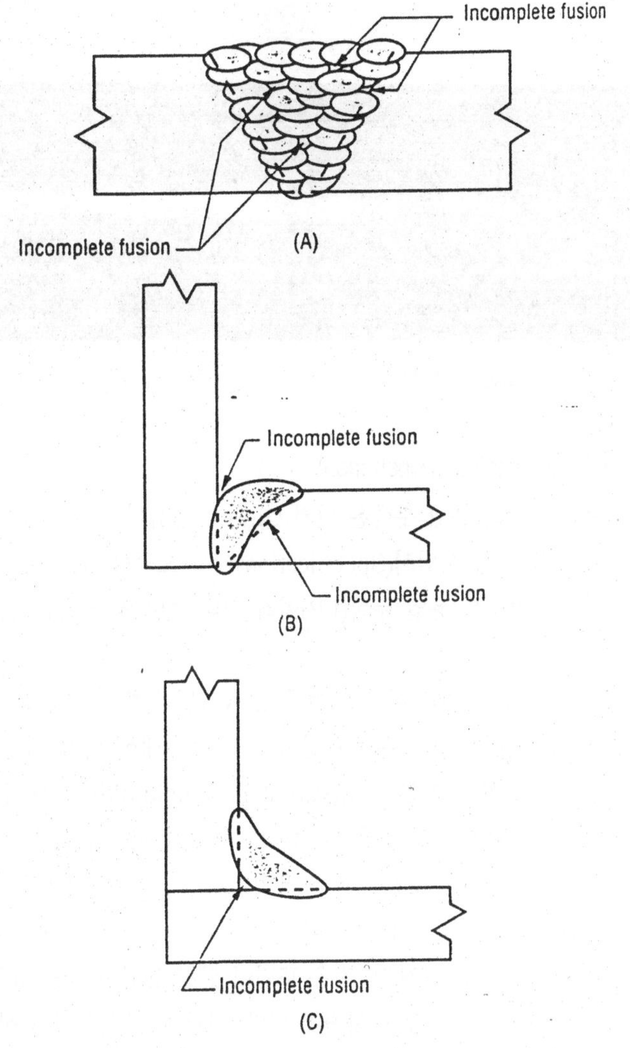

그림 10-13 Lack of Fusion

❷ 융융 불량의 검출

융융 불량은 촬영각도가 용접 개선면과 일치하지 않는 경우 방사선투과시험을 사용해도 검출하기가 쉽지 않다. 일반적으로 융융 불량은 용접 개선면에 근접해 있고 매우 작은 폭과 체적을 갖기 때문에, 방사선의 경로가 융융 부족과 일치하여 평행을 이루지 않으면 방사선투과 사진에 잘 나타나지 않는다. 만약 융융 불량이 방사선투과 사진에서 보인다면, 융융 부족은 균열 또는 선형 슬래그의 영상보다 일반적으로 더 직선적이며, 더 검게 필름상에 나타난다.

필름에서 융융 불량이 측면의 위치에 나타나는 것은 융융 불량이 위치한 깊이를 암시해

주기도 한다.

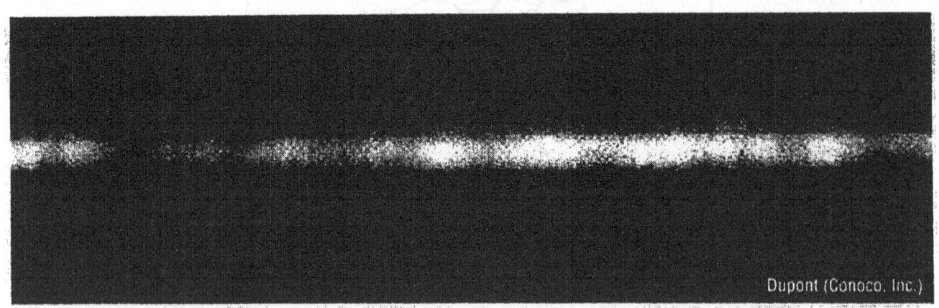

그림 10-14 용접 개선부에 나타나는 용융 불량의 방사선 투과 사진

2) 용입 부족 (Incomplete Penetration)

용융 불량과는 달리 용입 부족은 단지 Groove 용접에서만 볼 수 있는 불연속 지시이다. 완전 용입 용접을 용접 사양서(Specification)에서 요구할 때, 용착 금속이 조인트 두께를 관통하지 못하는 경우를 용입 부족(I.P)이라 한다. 이것의 위치는 언제나 용접 루트(Root) 부근이다.

다음 그림은 용입 부족의 예를 보여준다. API등의 대부분의 용접 규정은 어느 정도의 용입 불량을 허용하며, 용입 부족의 길이와 정도에 대한 합격 기준을 정해 놓고 있다.

실제로 설계 단계부터 부분 용입(Partial Penetration)만을 고려한 설계가 이루어 지고 있다. 그것을 부분 용입 조인트 라고 부른다. 즉 완전 용입 용접부를 요구하지 않는 경우가 있다. 예를 들면 설계 요구 조건이 부분 용입 용접을 요구하며, 시공된 용접부의 크기(깊이)가 도면의 요구 규격을 충족시키면, 비록 부분 용입 용접일 지라도, 이 용접은 합격이다. 그러나 만약에 관련 용접 규격 및 적용 도면이 완전 용입 용접을 요구할 경우에는 다음 그림의 부분 용입 용접부는 모두 불합격이 된다. 이렇게 부분 용입 용접으로 불리는 용접부가 과거 몇 가지 다른 용어로도 불렸었다. 이러한 용어의 대표적인 것들이 IP-Inadequate Penetration, LP-Lack of Penetration 이다. 그러나, 현재 미국 용접 협회(AWS)에서 인정하는 Groove 용접에 적절한 용어는 용입 부족(Incomplete Joint Penetration)이며, 다른 용어는 사용하지 말아야 한다.

❶ 용입 부족의 원인

용입 부족은 용융 부족을 유발하는 것과 같은 조건에서 발생될 수 있다. 즉 부적절한 용접 기술, 용접 개선면의 형상 또는 오염 물질 등이 용입 부족의 원인이 된다. 실제로 현장 용접에서 용입 부족은 용융 부족과 함께 나타나는 경우가 많다.

- 용접부 개선 Root Gap이 너무 좁거나 개선 형상이 부적당하다.

• 용접 전류가 너무 낮다.
• 용접 속도가 너무 빠르고 용접부가 급냉된다.

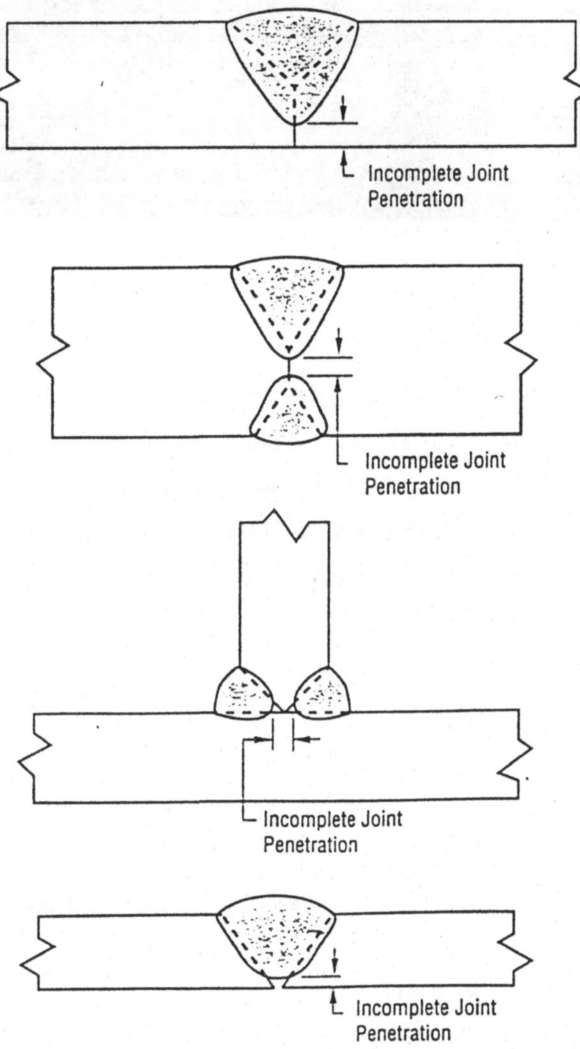

그림 10-15 용입 부족의 다양한 유형

❷ 용입 부족의 검출

방사선 투과 사진에서 용입 부족은 전형적으로 검고, 바른 직선으로 나타난다. 사진 상의 직선은 용융(융착) 부족보다 더 직선적이다.

이것은 Root 부위에서의 용접 준비와 연관되어있기 때문이다. 용입 부족은 두개의 용접 대상물이 준비되어진 Groove 용접에서는 용접 폭의 중심부에 위치한다.

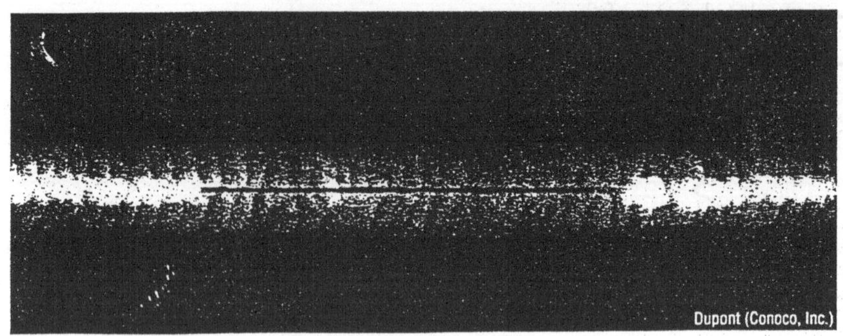

그림 10-16 용입 불량의 방사선 투과 사진

3) Under Cut

Under Cut은 용접부 주위의 모재에서 발생되는 표면 결함이다.

이것은 용접 과정 중 모재가 녹아서 초래된 함몰이 생기고, 이 함몰을 용접 시공 중 용접봉을 충분히 녹여 되 채우지 못하였기 때문에 발생된다. 그 결과는 상대적으로 날카로운 형상을 갖는 모재 부위에서의 선형 홈 형상이다. 이것은 표면에 있기 때문에 피로 하중을 받는 구조에서는 특히 위험하다. Groove 용접에서는 Under Cut이 용접부의 표면과 Root면 어느 곳에서도 발생될 수 있다는 사실에 유의하여야 한다.

❶ Under Cut의 원인

Under Cut은 일반적으로 용접사의 기능 부족 또는 조심하지 않은 결과이다. 용접 시공 시 용접 이송 속도가 빠르게 진행되면, 용접부 주위의 모재가 녹아서 발생되는 함몰이 적절히 채워지지 못하고 그대로 남게 된다. 또한, 용접 입열량이 너무 많아 모재가 과도하게 녹아 내릴 때, 또는 용접봉의 운봉 방법이 잘못된 경우에도 Under Cut은 발생된다.

- 용접 전류가 너무 높다.
- 용접봉의 유지 각도가 부적당 하다.
- 용접 속도가 빠르다.
- 용접 Arc의 길이가 너무 길다.

❷ Under Cut의 검출

Under Cut 은 육안 검사에 의해 쉽게 확인할 수 있다. 즉, 빛을 적절하게 모재 쪽에서 비춰주면 Under Cut 에 의해 생성되는 그림자가 명확히 보인다. 경험이 많은 용접 검사원은 이러한 현상을 이용하여, Under Cut이 있을 만한 모재 부위에 전등을 비춰서 Under Cut의 그림자를 찾는다.

또 다른 기술은 특별히 흰색 또는 노란색과 같은 밝은 색으로 페인트를 얇게 도색하고,

용접 부위에 대한 최종 육안 검사를 수행하는 것이다. 자연광 아래에서 볼 때 Under Cut에 의해 비쳐지는 그림자들은 선명하게 나타난다. 이 검사 방법의 유일한 문제점은 Under Cut을 보수할 때 기공과 같은 다른 용접 결함의 발생을 방지하기 위해 Under Cut 부위의 페인트를 제거해야 한다는 것이다.

방사선 투과 사진에서도 Under Cut이 발견되지만, Under Cut을 검사하는 방법으로서 방사선 투과 시험을 사용하지는 않는다.

표면 Under Cut은 주의 깊은 육안 검사로도 쉽게 발견된다. 일단 발견될 경우, 그 크기를 Under Cut Gauge등을 이용하여 측정하고, 필요하면 방사선 투과 시험 전에 보수해야 한다.

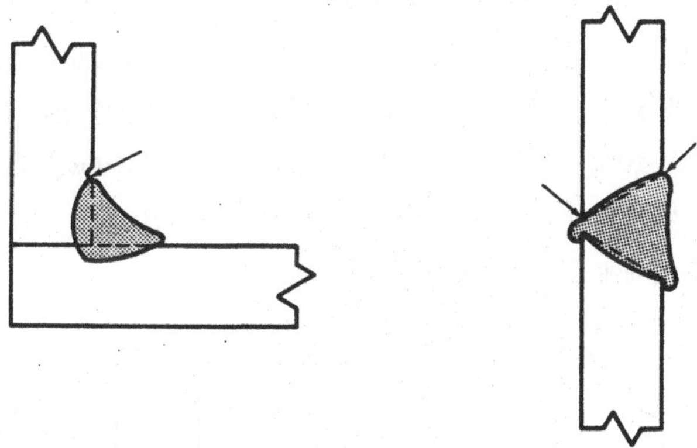

그림 10-17 Under Cut의 발생 유형

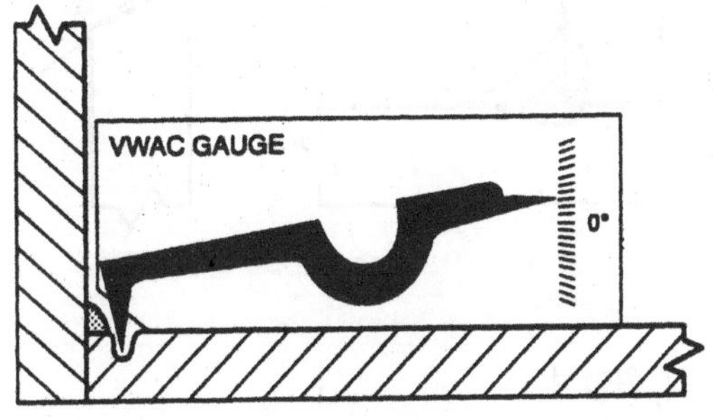

그림 10-18 Under Cut Gauge를 이용한 Under Cut 크기 측정

4) Overlap

용접사의 용접 기량 부족으로 발생될 수 있는 또 다른 표면 결함은 Overlap 이다. Overlap은 용접 Toe 또는 용접 Root 위로 용착 금속이 돌출된 형상으로 묘사된다. 이것은

용착 금속이 용접 Groove를 넘쳐 흘러서, 주위 모재 위에 놓여 있음을 보여준다. 이러한 특이한 형상 때문에 Overlap을 롤 오버(rollover) 라고 부른다. 그러나 롤 오버는 AWS등에서 인정하는 공식 표현 용어가 아니므로 사용해서는 안된다.

그림 10-19는 Fillet과 Groove용접에서 Over Lap이 어떻게 나타나는 지를 보여 준다. Under Cut, Under Fill과 마찬 가지로 Over Lap은 Groove용접의 용접 표면과 Root 용접부 어느 곳에서도 발생될 수 있다.

이것 또한 빛을 적절하게 비춰주면 명확한 그림자를 볼 수 있다.

❶ Over Lap의 원인

Over Lap의 발생은 일반적으로 용접사의 부적절한 용접 기술에 기인된다. 즉 용접 이송속도가 너무 느리면, 용착 금속의 양이 용접 Groove를 채우도록 요구된 양을 초과하며, 이렇게 초과된 용착 금속이 흘러 넘쳐, 모재와 융합되지 않은 상태로 모재위에 놓이게 된다. 일부 용접봉 종류는 용착 금속을 감당하지 못하여 이러한 Over Lap을 발생시키는 경향이 있다. 따라서 이러한 용접봉은 용접 조인트에서 용해된 용착 금속이 중력을 견딜 수 있는 아래 보기 자세에 한하여 사용되어야 한다.

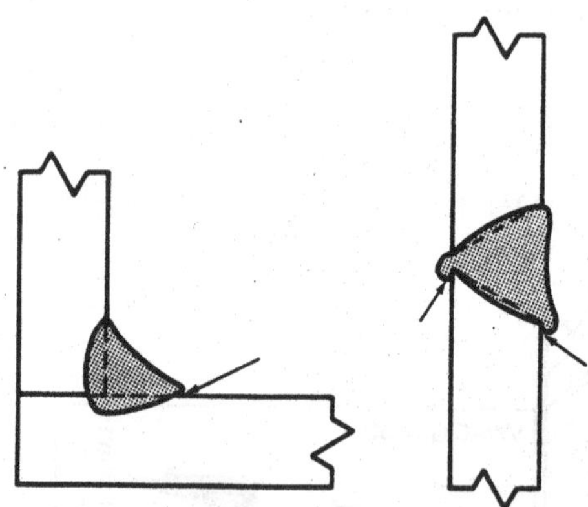

그림 10-19 Over Lap의 발생 유형

❷ Over Lap의 위험성

Over Lap은 용접부의 표면에 날카로운 노치를 형성하기 때문에, 매우 위험한 용접 결함으로 분류된다. 또한 Over Lap의 크기가 아주 크면, 응력 집중점(Stress Riser)에 의해 발생된 균열이 Over Lap 내부에 숨어 있을 수도 있다.

5) Porosity, Blowhole

AWS A3.0은 기공을 용착 금속의 응고 과정에서 가스의 포집에 의해 생성되는 공동 형상의 불연속 지시로 정의하고 있다. 따라서 우리는 기공을 응고된 용접 금속 안의 보이드(Void) 또는 가스 포켓(Pocket)으로 생각할 수 있다. 이것의 특성은 구형이므로 기공은 정상적으로 가장 덜 해로운 불연속으로 간주된다. 그러나 용접부가 가스 또는 액체를 담는 압력 경계를 형성하는 경우에는 기공은 더 위험한 것으로 고려될 수 있다. 그 이유는 기공이 가스의 누출 경로를 제공할 수 있는 가능성 때문이다.

균열과 마찬가지로, 기공의 특정한 형상에 따라 몇 개의 다른 명칭이 존재한다. 일반적으로 이것들은 상대적 위치 또는 개별적인 기공 포켓의 특정한 형상을 기준하여 명칭이 주어진다. 그래서, 분산된 기공, 클러스터(Cluster) 기공, 선형 기공, 파이핑(Piping) 기공과 같은 명칭들이 기공의 형상을 나타내는데 사용된다.

❶ 기공의 유형

분산된 기공은 특별한 형태가 없는 용접부 전체에 발생된 수많은 공동을 말한다. 클러스터(Cluster) 기공과 선형(Linear) 기공은 몇 개의 공동이 특정한 형태를 구성하고 있음을 표시한다.

선형 기공이 직선적으로 몰려있는 일정량의 공동들을 언급하는 반면, 클러스터 기공은 함께 몰려있는 일정량의 공동들을 말한다.

이러한 형상의 기공들, 또는 가스 포켓은 주로 구형이다.

그러나 파이핑 기공과 같은 개별적인 가스 포켓은 구형이 아니라 늘어져 있다. 이러한 이유로 이것들은 늘어진 또는 벌레구멍 기공(Wormhole Poroisty)이라고 언급되기도 한다.

파이핑 타입의 기공은 주로 액체 또는 가스 내용물을 담는 용기의 용접부에서는 가장 유해한 용접 결함으로 관리된다. 왜냐하면 이러한 기공들은 매우 위험한 누출 경로의 가능성을 보유하기 때문이다.

❷ 기공의 원인

기공은 용접 부위의 오염물 또는 습기가 용접열에 의해 분리되어 가스를 형성함으로서 발생 된다. 이러한 오염물 또는 습기는 용접봉, 모재, Shielding 가스 또는 주위 대기로부터 온다. 용접 시공 기술의 변경도 기공의 원인이 될 수 있다. 그 예로서 저수소계 용접봉을 사용할 때 너무 긴 아크(Arc)를 사용하면 용착 금속에 파이핑(Piping) 기공을 발생시킨다. 따라서 용착 금속에 기공이 발생되면, 용접 공정에서 이상이 있다는 신호이며, 이러한 용접 결함에 대하여 관련 요인들을 조사해서 용접 결함이 발생되지 않도록 어떤 조치를 취해야 한다.

기공의 발생 원인을 간략하게 정리하면 다음과 같다.

- 용접봉이 젖어 있다. : 용접봉 건조 불량
- 과대한 전류를 사용했다.
- Arc의 길이가 너무 길다.
- 용접부의 냉각 속도가 너무 빠르다.
- 용접봉이 너무 과열되어 있다.
- 이음부에 불순물이 부착되어 있다.
- 모재의 유황 함량이 너무 많다.

❸ 기공의 검출

기공은 방사선 투과 사진에서 어둡게 나타난다. 이것은 기공이 용접의 밀도를 낮아지게 (용착 금속의 부분 손실을 초래)하기 때문이다.

파이핑(Piping) 기공을 제외하고는, 일반적으로 기공의 형상은 둥근(원형) 모양의 지시로 나타난다. 파이핑(Piping) 기공은 둥근 지시에 꼬리가 연결된 형상으로 보인다.

6) 개재물(Inclusion)

개재물의 정의는 슬래그(Slag), 플럭스(Flux), 텅스텐 산화물과 같은 용접부 내에 들어 있는 이물질을 말한다. 즉 개재물이란 말은 금속적인 것 과 비금속적인 것 둘 다를 포함하고 있다.

❶ 슬래그 개재물

슬래그 개재물은 그 이름이 암시하듯이 용해된 금속을 보호하기 위해 사용되는 용해된 플럭스가 응고된 용착 금속의 내부 또는 용접 표면에 박혀 있는 것을 말한다. 이렇게 고형화된 플럭스 또는 슬래그는 용착 금속의 융합되지 않은 용접단면의 부분들을 대표한다.

이러한 슬래그 개재물들은 약화된 부분을 초래하여 기기의 사용 능력에 손상을 줄 수 있다. 슬래그 개재물은 전체적으로 용접 단면 안에 있는 것으로 생각되지만, 때로는 용접의 표면에서도 볼 수 있다. 용융 부족과 마찬가지로 슬래그 개재물은 용접부와 모재 사이 또는 용접 Bead 사이에 발생된다. 슬래그 개재물은 용융 부족과 함께 연관되어 나타나기도 한다. 슬래그 개재물은 용접 공정에서 플럭스를 용접 차폐물로 사용할 때 발생된다.

㉠ 슬래그 개재물 발생 원인

슬래그 개재물은 용접사가 용접봉의 운봉을 잘못할 경우와 매 용접 패스마다 슬래그를 완전히 청소하지 않고 용접을 할 때에 발생된다. 때로는 용접사가 용접봉을 제대로 운봉하지 않고 용접을 하던가 또는 용접 변수의 선택이 나쁜 경우, 용착된 용접 Bead의 형상이 너무 볼록해져서 용접 Bead 사이에 있는 슬래그를 청소할 수 없는 경우도 생긴다. 이때 Bead 사이에 끼어 있는 슬래그를 그라인더(Grinder)등으로 제거하지 않고 후속 용접을 진행시키면, 슬래그는 제거되지 않고 후속 용착 금속에 의해 용접 금속 내에 남게 된다. 슬래그 개재물의 발생 원인은 다음과 같이 정리될 수 있다.

- 다층 용접시에 전층의 Slag 제거 미비
- 용접 속도가 너무 빨라 Slag의 표면 부상이 어렵다.
- 용접봉 운봉 (Weaving) 이 나쁘다.
- 개선 형상이 불량하다.
- 용접 전류가 너무 높아 과대한 용융 금속이 형성될 경우, 용접 전류가 너무 낮아 용접 금속의 급냉을 초래할 경우

㉡ 슬래그의 검출

슬래그의 밀도는 금속보다 작아서, 슬래그 개재물은 일반적으로 방사선 투과 사진에서 그림 10-20, 10-21에 나타난 것처럼 다소 일정치 않은 모양을 가지는 상대적으로 어두운 지시로 나타난다.

그러나 금속과 비슷한 밀도를 갖는 슬래그의 용접봉을 사용할 경우, 이 슬래그 개재물을 방사선 투과 사진으로 판독하는 것은 매우 어렵게 된다.

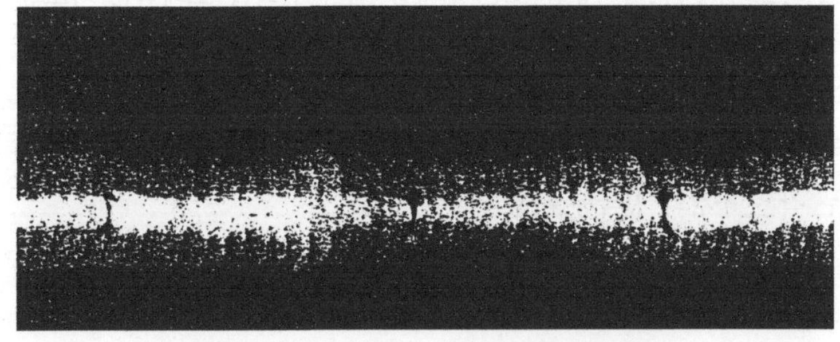

그림 10-20 분리되어 있는 슬래그 개재물

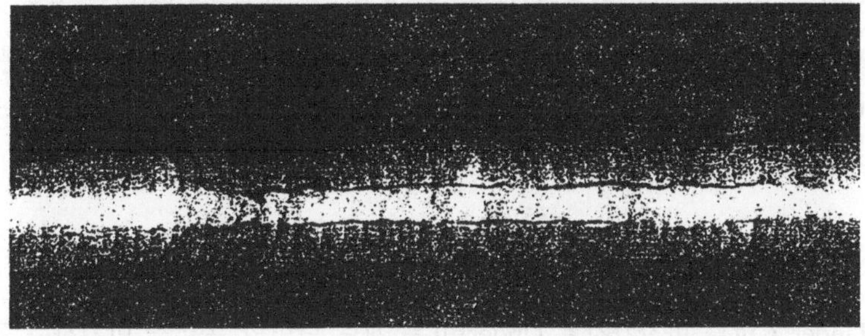

그림 10-21 선형으로 길게 늘어선 슬래그 개재물

❷ 텅스텐 개재물

텅스텐 개재물은 아크(Arc) 발생을 위해 텅스텐 전극봉을 사용하는 GTAW 공정과 연관되어 있다. 용접중에 텅스텐 전극봉이 녹은 용접부와 접촉하게 되면, 용접 아크(Arc)는 꺼지며, 녹은 용착 금속이 전극 끝 주위로 응고된다. 이 때 굳어 있는 용착 금속에 박힌 텅스텐 전극을 분리시키면 텅스텐 전극봉은 부서지며, 부서진 전극봉 끝 부위는 용착 금속에 남게 되어 텅스텐 개재물이 된다.

㉠ 텅스텐 개재물 발생 원인

텅스텐 개재물은 GTAW에서 사용되는 용접 전류가 사용중인 전극봉 지름에 대하여 권고된 전류량을 초과할 때에도 발생된다.

이러한 경우는, 용접 전류 밀도가 너무 커서 전극봉 끝 부위가 녹으면서, 녹은 텅스텐 전극봉 조각을 분리시키고, 그 조각들이 용착 금속 안으로 들어가게 되는 경우이다. 이것은 용접사가 텅스텐 전극봉의 끝점을 적절히 그라인딩(Grinding) 하지 않으므로써 또한 발생될 수 있다. 텅스텐 개재물의 발생에 대한 요인으로는 아래와 같은 사항이 포함된다.

- 뜨거운 텅스텐 전극봉 텁과 용접봉의 접촉
- 스패터에 의한 텅스텐 전극봉 텁의 오염
  - 전극봉을 Holder로부터 정상적인 거리를 초과하여 길게 사용하여 전극봉의 과열을 초래한 경우, 전극봉 Holder를 부적절하게 조일 경우
- 보호 가스의 부적절한 유량 또는 전극봉 텁의 산화를 초래하는 과도한 바람의 영향
- 부적절한 보호 가스의 사용 : 보호 가스의 오염 등
- 전극봉의 갈라짐 또는 균열
- 전극봉 규격보다 과도한 전류 사용, 전극봉의 부적절한 그라인딩 방법
- 너무 작은 구경의 전극봉 사용

㉡ 텅스텐 개재물의 검출

텅스텐이 투입된 용접층을 각 층의 용접이 완료된 시점에서 곧바로 용접 검사원이 육안검사를 하지 않는다면, 텅스텐 개재물을 용접 표면에서 발견한다는 것은 거의 불가능하다. 텅스텐 개재물을 발견하는 방법은 방사선 투과 사진을 이용하는 방법 뿐이다.

텅스텐은 강 또는 알루미늄보다 밀도가 훨씬 크기 때문에 방사선 투과 사진에서는 밝은 영역(하얀 색)으로 나타난다.

7) Underfill

Under Cut과 마찬가지로 Underfill은 재료 단면의 손실을 야기하는 표면 불연속이다.

그러나 Underfill은 Under Cut이 용접부 주위의 모재에서 발견되는 것과는 달리, Groove 용접의 용접부에서 발생한다. 간단히 말해서 Underfill은 용접부 조인트를 용착 금속으로 충분히 채우지 못한 때에 발생된다. Underfill은 주로 용접사가 용접을 마무리하지 않았거나, 용접 요구 사항을 제대로 이해하지 못했다는 것을 의미한다.

그림 10-22는 Groove 용접에서의 Underfill의 모양을 보여준다.

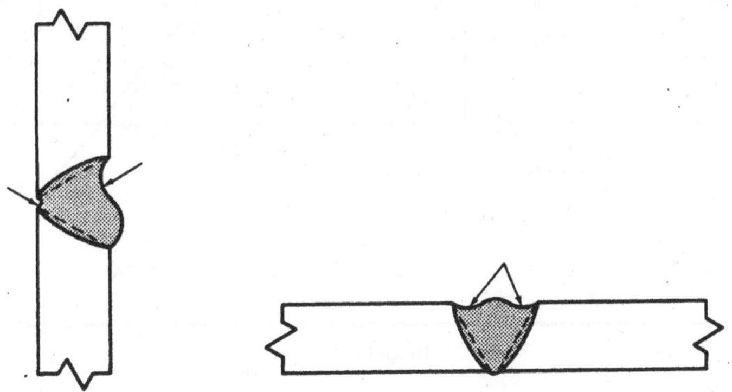

그림 10-22 Groove 용접부에서 발생되는Underfill의 유형

파이프 용접부의 Root Pass에서의 Underfill을 때때로 Suckback 이라고 부르는데, 이것의 원인은 두번째 패스를 용접할 때 지나친 입열량을 사용함으로서 Root Pass가 완전히 녹아서 발생된다.

언더컷과 마찬가지로 빛을 적당히 모재쪽에서 비춰주면 표면 함몰로 생기는 그림자가 보인다. Underfill의 주요 원인은 용접사가 사용한 용접 기술에 기인된다. 지나치게 빠른 용접봉 이송 속도는 용접봉이 충분하게 용해될 시간을 주지 않고, 따라서 용착 금속을 모재 표면 높이까지 채워주지 못하게 된다.

8) Convexity

Convexity는 필렛 용접에만 적용되며, Convexity는 이론적인 필렛 용접의 표면 위로 과도한 양의 용접 금속이 육성된 볼록한 형상을 말한다.

정의에 따르면 용접 토우를 연결하는 선에 수직되는 볼록한 필렛 용접부의 표면까지의 최대 거리를 의미한다. 그림 10-23과 10-24는 어떤 치수가 이러한 Convexity를 표시하는지를 설명해 주고, AWS D 1.1에 따른 허용 기준선을 제시한다.

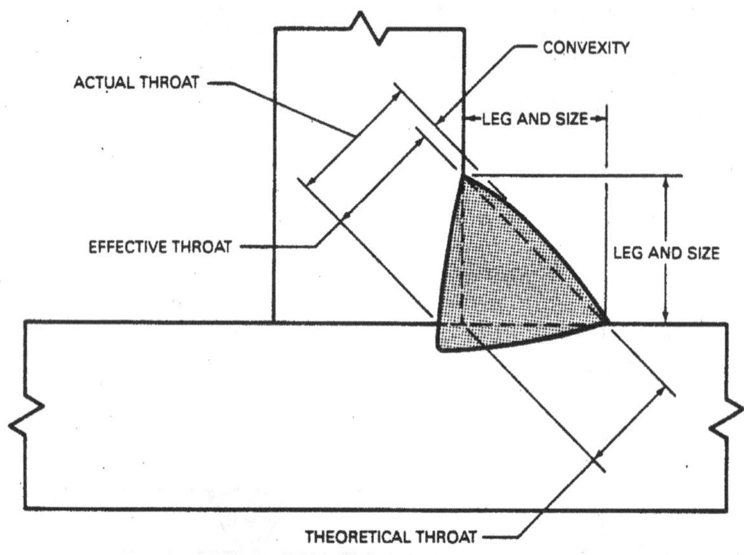

그림 10-23 Convexity 의 측정과 의미

Fillet 용접 표면 폭 또는 용접 Bead 폭 : W	최대 허용 볼록 높이C (convexity)
W	1.6 mm
8mm < W ≤25mm	3 mm
W > 25mm	5 mm

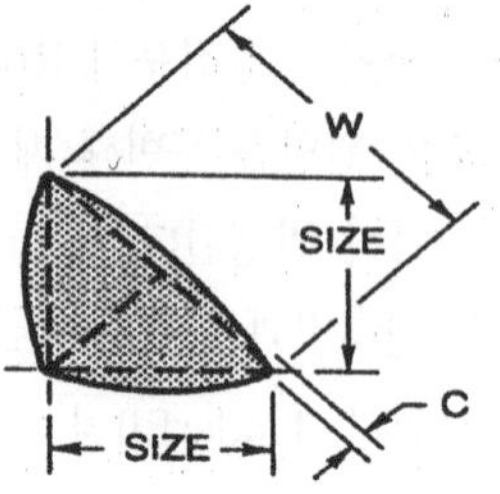

그림 10-24 Fillet 용접의 Convexity(볼록 높이) AWS D1.1 참조

일정한 범위내에서는 Convexity는 위험하지 않다. 사실 작은 Convexity는 Fillet 용접의 강도를 줄이는 오목 용접부(Concavity)가 존재하지 않음을 보증하므로 바람직하다. 그러나 Convexity의 양이 일정량의 한계치를 초과하면 이러한 불연속은 중요한 결함이 된다. 사실 덧붙어진 용접 금속 자체는 용접봉의 경제성을 제외하면 실제적으로 문제가 되지 않는다. 지나친 Convexity의 실제적인 문제는 용접 Toe에서 날카로운 노치를 만드는 Fillet 용접의 형태를 만드는 위험성이다.

이러한 노치들은 특히 용접 구조물이 피로 하중을 담당할 때 구조를 약화시킬 수 있는 응력 집중점(Stress Riser)을 만들기 때문이다.

따라서 지나친 Convexity는 용접 시공시 피해야 하며, 용접부와 모재의 부드러운 전이를 제공하기 위해 용접 Toe에 추가로 용접을 시공함으로써 교정되어야 한다.

Convexity는 용접 이송 속도가 너무 느리거나 또는 용접봉의 운봉 기술이 적절치 못할 때 발생된다. 이렇게 용접을 너무 느린 속도로 시공하면, 지나치게 용착된 용접 금속은 모재와 융합되지 않고 볼록 튀어 나오게 된다. 또한 모재의 표면에 오염물이 있을 때와 사용하는 차폐 가스의 성능이 불량하여 이러한 오염물을 적절히 제거하지 못할 경우에도 볼록한 형태의 필렛 용접을 만들게 된다.

9) 용접 덧살(Weld Reinforcement)

용접 덧살은 Groove 용접에서만 나타날 수 있다는 것을 제외하면 Convexity와 비슷하다. 용접 덧살은 조인트를 채우는데 요구되는 양보다 초과되는 용접 금속으로 설명된다. 덧살이 나타나는 장소에 따라 표면 덧살(Surface Reinforcement)과 루트 덧살(Root Reinforcement)로 구분한다.

이름이 의미하는 바와 같이 표면 덧살은 용접이 수행된 용접 조인트의 표면에 발생되며, 조인트의 반대면에 Root 덧살이 발생된다.

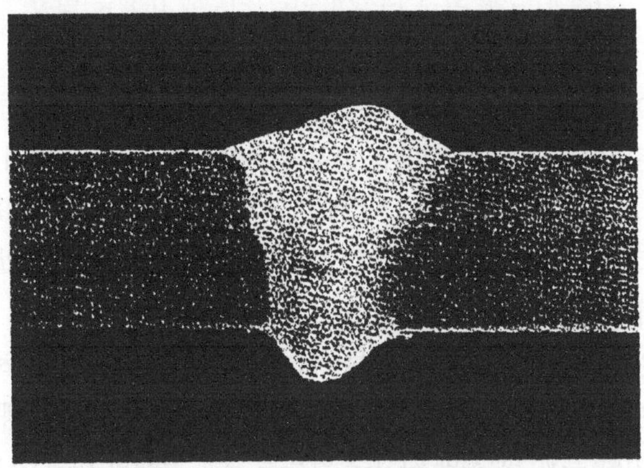

그림 10-25 표면 덧살과 Root 덧살

Convexity와 마찬가지로 지나친 덧살과 연관되는 문제는 필요 이상의 용접 금속의 존재 외에 각 용접 토우에서 발생되는 날카로운 노치가 함께 있다는 것이다. 용접 덧살의 양이 많을 수록 노치는 더 날카로워진다.

다음 그림10-26은 피로 강도에 미치는 덧살의 영향을 평가한 것이다.

이 그래프를 살펴보면 덧살 각도가 줄어듦 (용접 덧살의 높이가 증가됨)에 따라 용접 조인트의 피로 저항은 급격하게 감소되는 것을 볼 수 있다. 대부분의 규정들은 허용되는 용접 덧살의 양에 대한 최대 제한값을 규정하고 있다. 단순히 덧살 높이를 낮추는 것은 효과가 없고, 덧살과 모재가 이루는 각도가 커지고 노치 반경이 커지도록, 매끈한 연삭 가공(Blend Grinding)만이 피로 저항의 감소를 개선시킨다. 과도한 용접 덧살의 원인은 Convexity에서와 동일한 이유로, 부적절한 용접사의 용접봉 운봉 방법과 용접 이송 속도가 너무 느리게 진행될 때 발생된다.

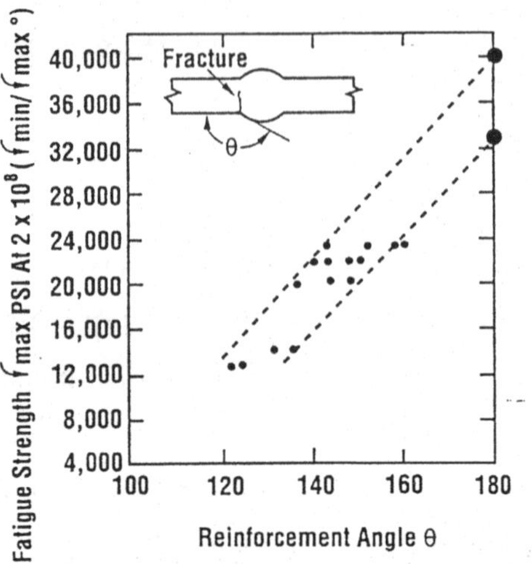

그림 10-26 용접 덧살이 피로 강도에 미치는 영향

10) 아크 스트라이크 (Arc Strikes)

아크 스트라이크는 특히 저합금, 고장력강에서 치명적인 모재의 결함이다. 아크 스트라이크는 의도적이건, 돌발적이건, 용접부로부터 떨어져 있는 모재 표면에 아크가 발생될 때 생긴다. 아크 스트라이크가 발생되면 모재 표면의 국소 부위가 녹았다가, 주위의 모재로 인하여 급격하게 냉각(Massive Heat Sink)된다. 이러한 경우, 특히 고장력강에서는 이러한 급냉 과정은 마르텐사이트를 포함하는 국소화된 열영향부를 형성하게 된다. 마르텐사이트 금속 조직은 딱딱하고 취약한 미세 조직이며, 균열이 매우 잘 발생된다. 용접 구조물과 대형 압력 용기의 붕괴 및 폭발 사고중 일부는 모재 부위의 아크 스트라이크에 기인된 매우 작은 표면의 균열에서 비롯되었다고 밝혀지고 있다.

보일러 튜브의 표면에 발생된 아크 스트라이크는 보일러 튜브의 치명적인 파손을 초래하는 초기 균열을 제공한다. 아크 스트라이크는 일반적으로 부적절한 용접 기술 및 용접 관리에 의해 발생된다. 아크 스트라이크가 초래할 수 있는 위험에 대하여 용접사에게 충분한 교육이 필요하다. 이와 같은 초기 균열의 위험성 때문에 아크 스트라이크는 결코 허용되서는 안된다.

또 다른 주의 사항은 Prod Type의 자분 검사를 수행할 때이다.

이 방법은 자장을 발생시키기 위해 강한 전류를 강재 또는 용접부에 통전 시키는 방법이기 때문에, 자분 검사 중에 아크 스트라이크가 발생될 가능성이 아주 많다. 용접 아크 스트라이크처럼 심하지는 않지만 이러한 아크의 흔적도 또한 강재의 표면에 미세한 균열을 발생시킬 수 있다.

따라서, Prod Type의 자분 검사 부위는 육안 검사를 통하여 모든 아크 자국을 그라인더로 갈아내고, 육안 검사를 통해 균열의 잔류 여부를 반드시 확인하여야 한다.

11) 스패터 (Spatter)

AWS A3.0은 스패터를 용융 용접 동안에 방출된 용접부의 부분을 형성하지 않는 금속 입자로써 설명한다. 우리는 상식적으로 스패터를 용접부 주위의 모재에 실제적으로 달라붙은 그러한 조그만 용융 금속의 입자로 생각한다.

그러나 용접부와 모재에서 떨어져 나온 입자들도 스패터라고 볼 수 있다.

이러한 이유로 또 다른 정의는 용해된 금속의 양과 용접 조인트에 실질적으로 시공된 용착 금속의 양과의 차이를 보상해 주는 금속 입자라고 할 수 있다.

❶ 스패터의 위험성

엄밀하게 말하면 스패터는 대부분의 경우 큰 문제는 되지 않는다. 그러나 커다란 스패터는 아크 스트라이크와 비슷하게 매우 큰 열을 보유하며, 모재 표면 위에 달라 붙을 경우, 국소화된 열영향 부위를 발생 시킬 수도 있다. 또한 모재 표면에 달라 붙은 스패터들은 용접 구조물의 사용중에 균열을 발생시킬 수 있는 국소 응력 집중점(Stress Riser)을 형성할 수도 있다.

부식 환경과 이러한 응력 집중점(Stress Riser)의 존재는 부식 환경하에서 응력 부식 균열(Stress Corrosion Cracking)을 일으킨다. 또한 스패터가 용접 표면에 남아 있으면 말끔한 외관의 용접부를 형성하기 어렵다.

스패터의 또 다른 특징은 스패터가 형성하는 불규칙한 표면 상태이다. 용접 검사를 수행할 때 스패터의 존재는 육안 검사 및 각종 비파괴 검사의 유효한 수행을 방해하거나, 용접 결함을 은폐 시킬 수 있는 유사 지시를 만들 수도 있다. 예를 들면, 용접부 위에 있는 스패터는 UT 검사시 탐촉자의 적절한 운용과 강재와의 접촉을 방해할 수 있다. 또한 스패터는 MT, PT 검사의 수행과 판독 작업에서 문제점을 야기 시킬 수도 있다.

❷ 스패터의 생성 원인

용접 스패터는 용접부위에 과도한 와류를 발생시키는 과도한 용접 전류를 사용할 때 많이 발생된다. 특히 단락형 이행(Short Circuiting Transfer)과 구상 전이형(Globular Transfer)의 GMAW 용접 방식은 스프레이형(Spray Transfer)의 GMAW 용접보다도 스패터를 많이 생성한다. 또한 GMAW 및 FCAW 용접에 사용되는 차폐 가스의 종류에 따라서 스패터의 발생량이 변화된다. 아르곤과 탄산가스의 혼합 가스를 사용하면, 탄산 가스

만을 100% 사용할 때 보다 스패터의 발생량은 엄격하게 줄어든다.

3. 용접 결함의 보수

용접 구조물에 적용되는 규정(Code, Spec.)에서 요구하는 방법으로 검출된 모재 및 용접부 결함은 제거되거나 보수되어야 한다.

(1) 용접 보수가 필요 없는 경우

결함 내용이 덧살 과다, 0.8mm 이하의 언더컷 등 경미한 경우에 해당한다. 결함의 유형에 따른 위험성 분석과 평가는 해당 Code와 Spec.에 의거하여 판정하면 된다.

❶ 이러한 결함은 모재의 규정 최소 두께 이상을 유지하면서 결함을 제거할 수 있는 표면 결함부에 적용한다.
❷ 결함은 Grinding이나 기계 가공으로 완전히 제거한다.
❸ 결함이 제거된 함몰 부위는 주위 표면과 평활하게 한다.
❹ 결함 제거 부위는 결함이 제거되었는지 또는 지시 결함이 허용 범위 내에 있는지 확인하기 위하여 자분 탐상 검사(MT) 혹은 액체 침투 탐상 검사(PT)를 실시한다.

(2) 용접 보수가 필요한 경우.

결함 내용이 Crack, Porosity, Lack of Fusion, Incomplete Penetration, Slag, Root Concavity, Pin Hole 등으로 구조물의 강도 유지와 수명에 직접적인 영향을 미칠 수 있는 중대 결함의 경우가 발생할 때는 반드시 결함을 정해진 규정에 따라 수정하여야 한다.

❶ 이러한 경우는 결함이 제거된 함몰 부위가 모재의 규정 최소 두께 이하인 경우에 적용한다.
❷ 결함 부위에 Marking 후 적절한 기계적 또는 Gouging 등의 방법으로 급경사가 지지 않도록 제거한다. 그리고 MT 또는 PT로 결함이 완전히 제거되었는지를 검사한다.
❸ 승인된 용접 사양서 및 용접 작업 절차서에 따라 자격 부여된 용접사에 의해 용접 보수를 한다.
❹ 용접 보수 후의 비파괴 시험 또는 후열처리는 계약서, 적용 규격 및 용접 절차 사양서에 따른다.

❺ 용접 보수에 사용되는 용접 재료는 직경이 4mm를 넘지 않도록 한다.

❻ 보수 용접은 최초에 용접부에 사용된 동일한 절차서나 또는 기타 적용할 수 있는 용접법으로 수행되어야 한다. 검사 형태, 범위, 방법과 결함 허용 한계는 최초 용접부와 같아야 한다.

❼ 보수 용접 후에 용접부 표면은 주위 표면과 균일하게 혼합되어야 한다.

❽ 주요 보수 용접은 문서화된 절차서에 따라 수행되어야 한다.

제11장

용접부 열처리

강 구조물 용접부 열처리는 응력 제거, 수소 확산을 위한 Annealing 개념의 열처리와 강도 강화를 위한 급냉(Quenching) 처리등 여러가지로 구분될 수 있다.

이하에서는 응력제거와 수소 확산 제거를 위한 용접 후열처리(Post Weld Heat Treatment, PWHT)에 관한 내용을 ASME 규정을 기준으로 설명하고자 한다.

1. 용접 후열처리의 목적

(1) 열처리 목적과 효과

용접부 열처리의 목적은 용접 과정에서 발생하는 응고 수축 응력을 제거하고 용접부에 포함된 수소를 배출하는 데 그 주 목적이 있다고 할 수 있다.

용접 과정에서 경화된 용접 조직은 다양한 형태의 취성에 노출되기 쉽고, 모재에 비해 상대적으로 불순물이 많고 급냉된 조직의 높은 에너지 영역을 형성하여 부식 환경에 노출되었을 때 우선적으로 부식되어 구조물의 안정적인 사용에 문제를 일을 킬 수 있다.

용접 후열처리를 통해 이러한 용접부 조직에 잔존하는 높은 응력을 낮추고, 안정적인 구조물로 사용할 수 있도록 한다. 용접 후열처리의 목적과 효과는 다음과 같이 요약될 수 있다.

1) 용접 잔류 응력의 완화

용접 금속을 변태점 이상으로 가열하여 조직의 회복을 꾀하고, 이를 통해 응고 과정에서 발생한 잔류 응력을 완화한다.

2) 용접부 균열 방지

용접부에 잔존하는 수소를 방출하여 수소 취성 등으로 인한 Under Bead Crack등 용접 후 발생되는 갑작스런 균열을 방지한다.

3) 변형 제어

용접부의 잔류 응력을 완화하고, 조직의 안정성을 추구하여 용접과정에서 발생하는 변형을 최소화 한다.

4) 용접 금속의 연성 증가

급속한 냉각으로 경화된 조직의 응력을 낮추고, 연화시켜 용접부의 연성을 증가시킨다.

5) 파괴 인성의 향상

열처리를 통해 한층 연화된 용접 조직을 얻게 되면 연성이 증가하고, 파괴 인성이 향상되어 특히 저온에서 구조물의 안정성이 향상된다.

6) 부식에 대한 저항성 증가

용접 금속의 잔류 응력에 의한 높은 에너지는 쉽게 부식 분위기에 노출되어 먼저 부식되기 쉽다. 잔류 응력을 낮추어 용접 금속의 에너지를 모재와 가까운 수준으로 하여 부식 저항성을 증대한다.

(2) 후열처리시의 문제점

그러나, 용접후에 실시하는 열처리는 위에 열거한 장점들만을 가지고 있는 것은 아니다. 특히 높은 강도를 가지게 하기 위해 강의 제조 과정에서 불안정한 상을 인위적으로 형성한 조질 고장력강(TMCP, QT강)등에서는 오히려 열처리로 인한 피해가 나타나기도 한다.

1) 모재 성능 저하

❶ 조질 고장력강 : Tempering 온도 이상의 고온에서 PWHT시에는 조질의 효과가 상실되어 강도와 인성의 저하가 발생한다.

❷ 극 후판재 : 두꺼운 모재의 두께를 충분하게 열처리 효과를 주기위해 장시간 열처리를 하면 부분적으로 조직의 성장이 발생하여 기계적 성질, 파괴인성, Creep 특성이 저하할 수 있다.

❸ 저합금강 ($2\frac{1}{4}$Cr-1Mo강) : 고온 장시간 열처리에 의해 용접 금속내에 조립 Ferrite 형성되어 강도가 저하할 수 있다.

❹ 저온용 Ni강 : PWHT에 의해 석출 경화형 원소 (V, Nb) 혹은 Sb, P, As, B등에 의해 편석이 생겨 파괴 인성이 저하될 수 있다.

2) 재열 균열 발생

저합금강의 열처리시에 가장 문제가 되는 부분은 열처리이후에 발생하는 재열 균열이다. 이에 관한 부분은 다음 장에 소개되는 강의 취성 편에서 다루기로 한다.

2. 강의 열화 (취성)

강은 용접 과정에서 발생하는 열로 인해 응고와 변태의 과정을 통해 다양한 조직의 변화를 겪게 되고, 조직의 변태 과정에서 여러가지 취성을 나타낼 수 있다.

이하에서는 각 온도별로 강이 가질수 있는 취성에 설명한다.

(1) 저온 취성

실온 이하의 저온에서 취약한 성질을 나타내는 현상을 말한다.

저온 취성은 산소 및 질소가 현저한 영향을 미치는 것으로 알려져 있다.

용접 금속은 통상 산소나 질소가 강재 보다 많고 또 주조 조직이 있는 등의 원인으로 인해 모재에 비해 일반적으로 Notch 취성이 높다. 이러한 이유로 탈산이 불충분한 Rimmed 강에서 천이 온도가 일반적으로 높고 Killed강은 비교적 낮다.

Al, Ti등 강력한 탈산 및 탈 질소 성분을 포함한 강에서 천이 온도는 매우 낮다. 천이 온도는 결정 입도에도 영향을 받아 강력 탈산 및 탈 질소 처리에 의해 결정핵이 증가하며, 미세 화합물이 결정 내부와 입계에 존재하여 조립화를 방지하기 때문에 천이 온도는 일반적으로 낮다.

저온 취성을 예방하기 위한 방법으로는 저 수소계 용접봉을 사용하여 수소의 발생 원인을 최소화 하고, 용접 금속의 성분이나 용착 방법 조정으로 개선할 수 있다.

(2) 청열 취성(Blue Shortness)

200 ~ 300℃범위에서 저 탄소강을 인장 시험하면 인장 강도는 증가하지만 연성이 저하하는 경우를 청열 취성 이라고 한다. 이 현상은 변형 시효와 같은 이유에 의해서 일어난다고 알려져 있다. 즉, 산소 질소 등이 입내에 석출하면서 인장 강도가 향상되고 반대로 인성은 저하되는 특징을 나타낸다.

청열 취성의 주요 요인은 질소이며 산소는 이것을 조장하는 작용을 한다.

또 탄소도 청열 취성을 조장하는 원소로 다소 영향을 준다.

Al, Ti등 탈산의 효과와 질화물을 형성하는 원소를 첨가하면 청열 취성은 나타나지 않는다. Mn, Si 등도 효과가 있다. 취화가 일어나기 시작하는 온도도 질소량이 많으면 저하한다.

(3) 뜨임 취성 (Temper Embrittlement)

용접 구조물은 용접후 응력을 제거하기 위하여 변태점 이하에서 Annealing을 하고 있다. 그러나, 어떤 합금 원소를 함유한 용접 금속은 응력 제거를 위한 Annealing 열처리로 경도가 증가하고 신율 및 Notch 인성이 현저히 저하되는 현상이 있다.

이렇게 강을 Annealing 하거나 900℃전후에서 Tempering하는 과정에서 충격 값이 저하되는 현상을 뜨임 취성이라고 한다.

뜨임 취성은 Mn, Cr, Ni, V등을 품고 있는 합금계의 용접 금속에서 많이 발생한다.

이 취성의 원인은 결정입의 성장과 결정입계에 석출한 합금 성분 때문이다.

산소, 질소가 많으면 결정입이 성장하기 쉽고, 탄소가 많으면 합금 성분의 석출이 현저하게 되기 때문에 뜨임 취성을 방지하기 위해 이들 원소의 함량을 가능한 저하시키는 것이 좋다. 고강도 합금계의 다층 육성 용접 금속에서 이미 용접 응고가 완료된 앞의 용접층이 계속해서 용접이 진행되는 뒷층의 용접과정에서 발생하는 열로 인해 뜨임 취성을 받는 경우도 있다.

(4) 적열 취성 (Hot shortness) & 백열 취성

불순물이 많은 강은 열간 가공 중 900 ~ 1200℃온도 범위에서 균열을 일으키는 취성을 나타낸다. 950℃부근의 적열 구역에서 발생하는 균열을 적열 취성이라 하고 1100℃부근의 백열 구간에서 발생하는 균열을 백열 취성이라고 한다.

이 취성의 주요 원인으로는 저 융점의 FeS의 형성에 기인된다고 볼 수 있지만 산소가 존재하면 강에 대한 FeS의 용해도가 감소하기 때문에 산소도 이들 취성의 한 원인으로 볼 수 있다.

적열 취성의 원인은 저융점의 FeS가 결정입계에 개재하기 때문이며, 백열 취성은 이 FeS가 융해하기 시작하기 때문이다. S가 적으면 백열 취성만 나타나고 S가 많으면 백열과 청열 취성이 함께 나타난다.

Mn을 첨가 하면 고 융점의 MnS 및 MnC를 형성하여 이 취성을 방지하는 효과를 얻을 수 있다.

(5) 재열 균열

용접이 완료된 구조물이 응력 제거 혹은 수소 확산을 목적으로 하는 용접 후열처리 과정에서 균열이 발생되는 경우이다.

Cr-Mo가 들어있는 저합금강(Low Alloy Steel)의 경우에 용접 후열 처리중에 용접 금속의 강도 향상을 위해 첨가되어 있는 V, Nb, Ti등의 합금 원소가 미세 석출물로 입계에 석출하여 결정립내와 결정립계에 비틀림이 발생하여 균열을 발생하는 현상이다. 결정립이 조대화 될 수록 입계 면적율이 감소하고 비틀림 양이 커지면서 입계에 균열이 생기게 된다. 이 균열은 500 ~ 600℃정도의 영역에서 주로 발생하며, 응력 집중부나 Notch가 있는 후판 용접부의 Toe에서 주로 발생한다.

재열 균열을 방지하기 위한 대책은 다음과 같다.

❶ 균열 촉진 원소는 배제한다.
❷ 용접부 구속을 줄인다.
❸ Al, N등을 첨가하여 HAZ의 조대화를 억제한다.
❹ Temper Bead법을 사용하고 입열을 최소화하여 결정립 조대화를 억제한다.
❺ PWHT시 최고 가열 온도를 모재의 Tempering 온도 이하로 한다.

3. 용접 후열처리(PWHT) 조건별 검토 항목

안정적인 열처리를 실시하기 위해서는 무엇보다도 구조물 재료의 금속적인 특성을 충분하게 이해해야 한다. 열처리 과정에서 금속의 특성을 저해할 만한 요소가 없는 지, 구조물을 고온에서 지지하고 형상을 유지할 수 있는 버팀재(Support)의 선정은 올바른지, 고온에서 구조물의 변형은 고려되었는지 등에 대한 폭 넓은 검토가 반드시 이루어 져야 한다. 또한 용접 구조물의 제작 과정에서 구조물의 크기와 열처리 노의 크기 등을 고려한 작업 순서의 조정과 결정이 합리적으로 이루어 져야 한다. 경우에 따라서는 전체 구조물을 통째로 노에 넣고 열처리 하는 것 보다 필요한 부분만을 국부적으로 열처리 하는 것이 구조물의 안정성과 경제적인 면에서 유리할 수 있다.

열처리 과정에서 고려해야 할 사항들은 다음과 같다.

(1) 가열 온도 (Heating Temperature)

❶ 가열 온도는 상위 변태점 이하로 유지해야 한다.
❷ 특히 조질강의 경우에는 Tempering 온도 이하로 유지해야 한다.
❸ 용접 금속에 잔존하는 수소의 충분한 방출이 이루어 질 수 있는 온도 이상이어야 한다.
❹ 경화된 용접부의 연화가 충분히 일어날 수 있는 온도 이상이어야 한다.
❺ 응력 완화가 이루어 질 수 있는 온도 이상이어야 한다.
❻ 기타 모재 및 용접 금속의 사용상 필요한 성능이 실용적으로 열화하지 않는 범위에서 실시해야 한다.

(2) 가열 속도 (Heating Rate)

❶ 균일한 가열을 실시하여 국부적인 온도 불균일로 인한 형상, 치수 변화등이 발생하지 않도록 가열 속도를 제한해야 한다.
❷ 특히 두꺼운 후판의 경우에는 균일한 온도가 이루어 지면서 가열되도록 노내 환경을 조절해야 한다.
❸ 가열 속도가 너무 느리면 균일한 가열은 되지만 에너지 소비가 많아 비용이 크고, 전체적인 열처리 시간이 너무 오래 걸린다.

(3) 유지 시간 (Holding Time)

❶ 적절한 온도 까지 가열하여도 조직의 연화가 알맞게 일어나기까지 시간을 유지해야 한다.
❷ 모재 및 용접부의 사용상 필요한 성능이 실용적으로 열화하지 않는 범위내에서 열처리가 이루어 져야 한다.
❸ 수소의 방출이 일어날 수 있도록 시간을 유지해야 한다.
❹ 응력 완화가 이루어 질 수 있는 최소 시간을 유지해야 한다.
❺ 너무 오래 열처리를 하면 에너지 소비가 크고 제조 시간이 오래 걸린다.

(4) 냉각 속도 (Cooling Rate)

❶ 냉각 속도가 너무 빠르면 불균일한 온도로 인해 형상, 치수의 변화가 발생할 수 있다.

❷ 너무 빠른 냉각 속도는 도리어 강의 경화를 유발 할 수 있다.

❸ 너무 느린 냉각 속도는 지나친 용접부 연화를 유발하고, 해로운 상의 출현으로 인해 열처리후 균열을 야기할 수 있다.

❹ 너무 느리면 에너지의 소비가 많고 시간이 많이 걸린다.

(5) 열처리 노(Furnace)내 출입 온도 상한

❶ 노내 장입 온도가 너무 높으면 모재의 갑작스러운 가열이 발생하여 형상과 치수의 급격한 변형을 유발할 수 있다.

❷ 노에서 용접물을 꺼내는 온도가 너무 높으면 급격한 냉각으로 오히려 잔류 응력을 증가 시킬 수 있다.

4. 금속 재료별 열처리 기준

강은 각 강종 별로 금속적인 특성에 따라 잔류 응력 제거를 위한 열처리 기준이 다르게 적용된다. 각종 용접 관련 규정에서는 이에 관하여 많은 기준을 제시하고 있다.

Table 11-1 탄소강(Carbon Steel)과 저합금강(Low Alloy Steel)의 열처리 기준표 (UCS-56) (1/2)

<table>
<tr><th rowspan="2">Material</th><th rowspan="2">Normal Holding Temperature, (°F) Minimum</th><th colspan="3">Minimum Holding Time at Normal Temperature for Nominal Thickness (see UW-40(f))</th></tr>
<tr><th>Up to 2 in</th><th>Over 2 in. to 5 inOver 5 in.</th><th></th></tr>
<tr><td>P-No. 1
Gr. Nos. 1, 2, 3</td><td>1100</td><td>1 hr/in, 15 min. minimum</td><td colspan="2">2 hr plus 15 min for each additional inch over 2 in.</td></tr>
<tr><td>Gr. No. 4</td><td>NA</td><td>None</td><td>None</td><td>None</td></tr>
<tr><td>P-No. 3
Gr. No2. 1, 2, 3</td><td>1100</td><td rowspan="5">1 hr/in,
15 min. minimum</td><td colspan="2">2 hr plus 15 min for each additional inch over 2 in.</td></tr>
<tr><td>P-No. 4
Gr. Nos. 1, 2</td><td>1100</td><td rowspan="4">1 hr/in.</td><td rowspan="4">5 hr plus 15 min for each additional inch over 5 in.</td></tr>
<tr><td>P-No. 5A, 5B
Gr. No. 1</td><td>1250</td></tr>
<tr><td>P-No. 5C
Gr. No. 1</td><td>1250</td></tr>
<tr><td>P-No. 5B
Gr. No. 2</td><td>1300</td></tr>
</table>

Table 11-1 탄소강(Carbon Steel)과 저합금강(Low Alloy Steel)의 열처리 기준표 (UCS-56) (2/2)

<table>
<tr><th rowspan="2">Material</th><th rowspan="2">Normal Holding Temperature, (°F) Minimum</th><th colspan="3">Minimum Holding Time at Normal Temperature for Nominal Thickness (see UW-40(f))</th></tr>
<tr><th>Up to 2 in</th><th>Over 2 in. to 5 inOver 5 in.</th><th></th></tr>
<tr><td>P-No. 9A Gr. No. 1</td><td>1100</td><td rowspan="6">1 hr/in, 15 min. minimum</td><td rowspan="6">1 hr/in.</td><td rowspan="6">5 hr plus 15 min for each additional inch over 5 in.</td></tr>
<tr><td>P-No. 9B Gr. No. 1</td><td></td></tr>
<tr><td>P-No. 10A Gr. No. 1</td><td></td></tr>
<tr><td>P-No. 10B Gr. No. 1</td><td></td></tr>
<tr><td>P-No. 10C Gr. No. 1</td><td>1000</td></tr>
<tr><td>P-No. 10F Gr. No. 1</td><td></td></tr>
</table>

Note : 상기 표에 제시된 기준은 Supplementary Note사항을 제외한 상태에서 간략하게 정리한 것으로 참고용으로만 사용한다.

ASME Sec. VIII에서는 UCS-56, UHA-32, UHT-56 등에 강종별 열처리 기준을 제시하고 있다. 위 Table 11-1은 세부 조건들에 대한 구체적인 명시를 생략하고 간단하게 정리한 강종별 열처리 기준표이다. (UCS-56, UHA32, UHT-56에서 발췌)

Table 11-2 고합금강(High Alloy Steel)의 열처리 기준표 (UHA-32) (1/2)

<table>
<tr><th rowspan="2">Material</th><th rowspan="2">Normal Holding Temperature, (°F) Minimum</th><th colspan="3">Minimum holding Time at Normal Temperature for Nominal Thickness(see UW-40(f))</th></tr>
<tr><th>Up to 2 in</th><th>Over 2 in. to 5 in</th><th>Over 5 in.</th></tr>
<tr><td>P-No. 6 Gr. Nos. 1, 2, 3</td><td>1250</td><td>1 hr/in, 15 min. minimum</td><td colspan="2">2 hr plus 15 min for each additional inch over 2 in.</td></tr>
<tr><td>P-No. 7 Gr. Nos 1, 2</td><td>1350</td><td>1 hr/in, 15 min. minimum</td><td colspan="2">2 hr plus 15 min for each additional inch over 2 in.</td></tr>
<tr><td>P-No. 8 Gr Nos. 1, 2, 3, 4</td><td colspan="4">Postweld heat treatment is neither required nor prohibited for joints between austenitic stainless steel of the P-No.8 group.</td></tr>
<tr><td>P-No. 10E Gr. No. 1</td><td>1250</td><td>1 hr/in, 15 min. minimum</td><td>1 hr/in</td><td>1 hr/in</td></tr>
<tr><td>P-No. 10G Gr. No. 1</td><td colspan="4">Postweld heat treatment is neither required nor prohibited.</td></tr>
</table>

Table 11-2 고합금강(High Alloy Steel)의 열처리 기준표 (UHA-32) (2/2)

<table>
<tr><th rowspan="2">Material</th><th rowspan="2">Normal Holding Temperature, (°F) Minimum</th><th colspan="3">Minimum holding Time at Normal Temperature for Nominal Thickness(see UW-40(f))</th></tr>
<tr><th>Up to 2 in</th><th>Over 2 in. to 5 in</th><th>Over 5 in.</th></tr>
<tr><td>P-No. 10H
Gr. No. 1</td><td colspan="4">For austenitic-ferritic wrought or cast duplex stainless steels listed below, postweld heat treatment is neither required nor prohibited, but any heat treatment applied shall be performed as listed below and followed by liquid quenching or rapid cooling by other means

Allow — Postweld Heat Treatment Temperature, °F
S32550 — 1900～2050
S31260 and S31803 — 1870～2010
S32900(0.08% max. C) — 1725～1750
S31200 — 1900～2000
S31500 — 1785～1875
S32304 — 1740～1920
J93345 — 2050 Minimum
S32750 — 1800～2060
S32950 — 1825～1875</td></tr>
<tr><td>P-No. 10I
Gr. No. 1</td><td>1350</td><td>1 hr/in, 15 min. minimum</td><td>1 hr/in</td><td>1 hr/in</td></tr>
<tr><td>P-No. 10K
Gr. No. 1</td><td colspan="4">Postweld heat treatment is neither required nor prohibited.</td></tr>
</table>

Note : 상기 표에 제시된 기준은 Supplementary Note사항을 제외한 상태에서 간략하게 정리한 것으로 참고용으로만 사용한다. 이들 고합금강(High Alloy Steel)의 경우에는 일반 Carbon Steel이나 저합금강(Low Alloy Steel)의 경우 보다, 세부적인 주의 사항들이 더 많이 적용된다.

Table 11-3 ASME Sec. VIII Div. 1의 UHT-56에 제시된 열처리 기준 (1/2)

Spec. No.	Grade or Type	P-No. / Gr. No	Nominal Thickness Requiring PWHT,in.	Notes	PWHT Temperature, °F	Holding Time	
						hr/in.	Minimum
Plate Steels							
SA-353	9 Ni	11A/1	Over 2	-	1025 ～ 1085	1	2
SA-517	Grade A	11B/1	Over 0.58	(2)	1000 ～ 1100	1	$\frac{1}{4}$
SA-517	Grade B	11B/4	Over 0.58	(2)	1000 ～ 1100	1	$\frac{1}{4}$
SA-517	Grade E	11B/2	Over 0.58	(2)	1000 ～ 1100	1	$\frac{1}{4}$
SA-517	Grade F	11B/3	Over 0.58	(2)	1000 ～ 1100	1	$\frac{1}{4}$
SA-517	Grade J	11B/6	Over 0.58	(2)	1000 ～ 1100	1	$\frac{1}{4}$
SA-517	Grade P	11B/1	Over 0.58	(2)	1000 ～ 1100	1	$\frac{1}{4}$
SA-533	Type B, D, Cl.3	11A/4	Over 0.58	-	1000 ～ 1050	$\frac{1}{2}$	$\frac{1}{4}$

Table 11-3 ASME Sec. VIII Div. 1의 UHT-56에 제시된 열처리 기준 (2/2)

Spec. No.	Grade or Type	P-No. / Gr. No	Nominal Thickness Requiring PWHT,in.	Notes	PWHT Temperature, °F	Holding Time	
						hr/in.	Minimum
SA-543	Type B, C, Cl.1	11B/5	-	(1)	1000 ~ 1050	1	1
SA-543	Type B, C, Cl.2	11B/10	-	(1)	1000 ~ 1050	1	1
SA-543	Type B, C, Cl.3	11A/5	-	(1)	1000 ~ 1050	1	1
SA-553	Type I, II	11A/1	Over 2	-	1025 ~ 1085	1	2
SA-645	5 Ni-¼ Mo	11A/2	Over 2	-	1025 ~ 1085	1	2
SA-724	Grade A, B	1/4	None	-	NA	NA	NA
SA-724	Grade C	1/4	Over 1½	-	1050 ~ 1150	1	½
Castings							
SA-487	Class 4B	11A/3	Over 0.58	-	1000 ~ 1050	1	¼
SA-487	Class 4E	11A/3	Over 0.58	-	1000 ~ 1050	1	¼
SA-487	Class CA 6NM	6/4	Over 0.58	-	1025 ~ 1110	1	¼
Pipe and Tubes							
SA-333	Grade 8	11A/1	Over 2	-	1025 ~ 1085	1	2
SA-334	Grade 8	11A/1	Over 2	-	1025 ~ 1085	1	2
Forgings							
SA-508	Grade 4N Cl. 1	11A/5	-	(1)	1000 ~ 1050	1	1
SA-508	Grade 4N Cl. 2	11A/5	-	(1)	1000 ~ 1050	1	1
SA-522	Type I	11A/1	Over 2	-	1025 ~ 1085	1	2
SA-592	Grade A	11B/1	Over 0.58	(2)	1000 ~ 1100	1	¼
SA-592	Grade E	11B/2	Over 0.58	(2)	1000 ~ 1100	1	¼
SA-592	Grade F	11B/3	Over 0.58	(2)	1000 ~ 1100	1	¼

Note :

(1) PWHT is neither required nor prohibited. Consideration should given to the possibility of temper embrittlement. The cooling rate from PWHT, when used, shall not be slower than that obtained by cooling in still air.

(2) See UHT-82(f)

상기에 소개된 ASME Code에 따른 열처리 기준에 따라 방사선 투과 검사(X-Ray)의 기준이 적용될 수 있다.

방사선 투과 검사의 기준은 용접부재의 Joint Efficient에 의해 적용되지만, 일반적인 기준으로는 다음표에 제시된 사항에 따라 적용하면 무리가 없다.

P No.	Gr. No.	Material Description	PWHT	Temperature F	100% R.T.
1	1	Carbon steel : SA-36, SA-285-C SA-515/-516 Grades 55, 60, 65	>1.5 inch	1100	>1.25 inch
	2	Carbon steel : SA-515/-516 Grade 70, SA-455-1 or II	>1.5 inch	1100	>1.25 inch
3	1	Low alloy : C- Mo/(SA-204-B)	> .625 inch	1100	> .75 inch
	2	Low alloy : Cr- Mo (SA-387-2-2)	> .625 inch	1100	> .75 inch
	3	Low alloy : Mn-Mo (SA-302-B)	All	1100	> .75 inch
4	1	Low alloy : 1Cr- Mo (SA-387-12-2) 1 Cr- Mo (SA-387-21-2)	(1)	1100	> .625 inch
5	1	Low alloy : 2 Cr-1Mo (SA-387-22-2) 3Cr-1Mo (SA-387-21-2)	All	1250	All
	2	Low alloy : 5, 7, 9Cr- Mo	All	1250	All
6	1	13Cr (410) Martensitic SST	(2)	1250	(2)
7	1	13Cr (405, 410S) Martensitic SS	(2)	1350	(2)
	2	17Cr (430) Ferritic SS	All	1350	(2)
8	1	(304, 316, 321, 347) Austenitic SS	-	1950	> 1.5 inch
	2	(309, 310) Austenitic SS	-	1950	> 1.5 inch
9A	1	Low alloy : 2 Ni (SA-203-A, B)	> .625 inch	1100	> .625 inch
9B	1	Low alloy : 3 Ni (SA-203-D, E)	> .625 inch	1100	> .625 inch
41	-	Nickel 200	-	-	> 1.5 inch
42	-	Monel 400	-	-	> 1.5 inch
43	-	Inconel 600, 625	-	-	> .375 inch
45	-	Incoloy 800, 825	-	-	> .375 inch

* Per ASME Code, Section Ⅷ Div. 1 for commonly used materials.

※ Notes :

(1) See ASME Code, Section Ⅷ, Div, 1 Table UCS-56, for concessions/restrictions.

(2) PWHT or radiography depends upon carbon content, grade of material, type of welding, thickness, preheat and interpass temperature, and types of electrodes. See ASME Code, Section Ⅷ, Div. 1, Table UHA-32, and paragraphs UHA 32 and 33 for concessions/restrictions.

(3) Radiography shall be performed after PWHT when required. 100% R. T. is required for all vessels in lethal service (ASME Code UW-2(a)). Materials requiring impact testing for low temperature service shall be PWHT (ASME Code, UCS-67(c)).

(4) Radiography applies to category A and B, type 1 or 2 joints only. Thickness' refer to thinner of two materials being jointed.

Table 11-5 ASME/ASNI B 31.3에 따른 열처리 조건표 (1993 Ed.)

Base Metal P-Number [Note(1)]	Weld Metal Analysis A-Number [Note(2)]	Base Metal Group	Nominal Wall Thickness		Specified Min, Tensile Strength, Base Metal		Metal Temperature Range		Holding Time		Brinell Hardness [Note(4)] Max.
			in.	mm	Ksl	MPa	°F	℃	hr/in. Nominal Wall(Note(3))	Min. Time, hr	
1	1	Carbon steel	≤	≤19	All	All	None	None	-	-	-
			>	>19	All	All	1100-1200	593-649	1	1	-
3	2.11	Alloy steels, Cr ≤ %	≤	≤19	≤71	≤490	None	None	-	-	-
			>	>19	All	All	1100-1325	593-718	1	1	225
			All	All	>71	>490	1100-1325	593-718	1	1	225
4	3	Alloy steels, %<Cr≤2%	≤	≤12.7	≤71	≤490	None	None	-	-	-
			>	>12.7	All	All	1300-1375	704-746	1	2	225
			All	All	>71	>490	1300-1375	704-746	1	2	225
5	4.5	Alloy steels (2 % ≤ Cr ≤10%) ≤3% Cr, and	≤½	≤12.7	All	All	None	None	-	-	-
		≤0.15% C, and >3% Cr, or >0.15% C	>½	>12.7	All	All	1300-1400	704-760	1	2	241
6	6	High alloy steels martensitic A240 Gr. 429	All	All	All	All	1350-1450	732-783	1	2	241
			All	All	All	All	1150-1225	621-663	1	2	241
7	7	High alloy steels ferritic	All	All	All	All	None	None	-	-	-
8	8, 9	High alloy steels austentic	All	All	All	All	None	None	-	-	-
9A,9B	10	Nickel alloy steels	≤	≤19	All	All	None	None	-	-	-
	---		>	>19	All	All	1100-1175	593-635		1	-
10	---	Cr-Cu steel	All	All	All	All	1400-1500	760-816			-
10A	---	Mn-V steel	≤	≤19	≤71	≤490	None	None	-	-	-
			>	>19	All	All	1100-1300	593-704	1	1	225
			All	All	>71	>490	1100-1300	593-704	1	1	225
10E	---	27 Cr steel	All	All	All	All	1225-1300	663-704	1	1	-
10R	---	Duplex stainless steel	All	All	All	All	Note (7)	Nonte (7)			-
11A SG 1	---	8Ni, 9Ni steel	≤2	≤51	All	All	None	None	-	-	-
			>2	>51	All	All	1025-1085	552-585	1	1	-
11A SG 2	---	5Ni steel	>2	>51	All	All	1025-1085	552-585	1	1	-
62	---	Zr R60705	All	All	All	All	1000-1100	530-593	Note (9)	1	-

NOTES :

(1) P-Number from BPV Code, Section 1X, Table QW-422, Special P-Numbers(SP-1, SP-2, SP-3, SP-4, and SP-5) require special consideration. The required thermal treatment for Special P-Numbers shall be established by the engineering design and demonstraled by the welding procedure qualification.

(2) A-Number from BPV Code, Section 1X, Table QW-442.

(3) For SI equivalent, h/mm, divide hr/in. by 25.

(4) See para. 331.1.7

(5) Cool as rapidly as possible after the hold period.

(6) Cooling rate to 1200°F(649℃) shall be less than 100°F(56℃)/hr; thereafter, the cooling rate shall be fast enough to prevent embrittlement.

(7) Postweld heat treatment is neigher required nor prohibited, but any heat treatment applied shall be as required in the material specification.

(8) Cooling rate shall be >300°F(167℃)/hr to 600°F(316℃)

(9) Heat treat within 14 days after welding. Hold time shall be increased by hr for each inch over 1 in. thickness. Cool to 800°F(427℃) at a rate ≤500°F(278℃)/hr, in nominal thickness, 500°F/hr max. Cool in still air from 800°F

제 12 장
용접 절차서와 검증서

현장 용접에 적용되는 용접 관리 문서의 가장 대표적인 것이 용접 절차서(Welding Procedure Specification, WPS)와 용접 절차 검증서(Procedure Qualification Record, PQR)이다. 이하에서는 용접 절차서와 그 검증서에 관한 내용을 소개하고 그 작성 방법을 자세하게 설명한다.

1. WPS & PQR의 정의

(1) 용접 절차서(WPS)

용접 절차서(WPS, Welding Procedure Specification)란 Code의 기본 요건에 따라 현장의 용접을 최소한의 결함으로 안정적인 용접 금속을 얻기 위한 각종 용접 조건들의 변수를 기록하여 만든 작업 절차 지시가 담겨 있는 사양서이다. 이 WPS는 공사 발주처 혹은 공사 발주처에서 인정하는 용접 검사 자격 감독관의 승인을 얻어 본 용접에 임할 수 있게 된다.

(2) 용접 절차 검증서(PQR)

용접 절차 검증서(PQR, Production Qualification Record)이란 용접 절차서(WPS)에 따라 시험편을 용접하는 데 사용된 용접 변수의 기록서이다.

PQR은 용접 절차서에 따라 용접된 시편의 Mechanical, Chemical 특성을 시험한 결과를 포함한다. 이 시험 기록을 통해 기록된 용접 변수의 실무 적용의 합부를 평가하게 된다.

2. WPS & PQR의 목적

WPS & PQR의 목적은 구조물의 제작에 사용하고자 하는 용접부가 적용하고자 하는 용도에 필요한 기계적 성질을 갖추고 있는 가를 결정하는 것이다.

WPS는 용접사를 위한 작업 지침의 제공을 목적으로 하며, PQR은 WPS의 적합성을 평가하고 검증 하는데 사용된 변수와 시험 결과를 나열한다.

그리고, PQ Test를 수행하는 용접사는 숙련된 작업자 이어야 한다는 것이 전제 조건이다. 즉, PQ Test는 용접사의 기능을 검증하는 것이 아니라 제시된 용접 조건에 따른 용접부의 기계적 성질을 알아 보는 데 그 목적이 있다.

3. WPS & PQR의 작성 순서

많은 현업의 엔지니어들이 착각하기 쉬운 부분이 WPS와 PQR의 작성 순서이다. 과연 WPS가 먼저 만들어 지는가 아니면 PQR이 먼저 만들어 지는 가 하는 문제에 봉착하면 다들 나름대로의 이론으로 설명하고자 하지만 닭과 계란의 관계처럼 명쾌한 답을 내기는 쉽지 않다.

WPS와 PQR의 작성은 다음의 과정을 통해 얻어진다.

(1) 도면 및 관련 Code와 사양서(Specification) 검토

시공사로 부터 발주된 기기의 특성과 사용되는 재료의 용접성을 완전하게 이해하고 도면과 관련되는 Code의 중요 Check 사항 등 다음과 같은 내용을 충분하게 검토한다.

1) 재료의 용접성

재료의 용접성을 평가하는 일은 가장 중요한 부분이다.

해당 재료가 용접 과정에서 취성이 생길 수 있는 지, 용접부의 극심한 경화 혹은 연화가 일어날 수 있는 지에 대한 평가가 필요하다. 이에 따라서 용접 입열이 적은 용접 방법을 선택하거나 용접부 결함을 최소화 할 수 있는 용접 재료와 방법의 조합을 선택해야 한다.

2) 기자재의 용도

기자재의 용도에 따라 용접 방법과 제작 과정의 고려가 이루어 져야 한다. 분체를 다루는 용기라면 내부의 용접 Bead를 최소화 하고 매끈한 표면을 이루는 것이 중요하다. 또한 단순한 지지대 역할의 구조물이라면 매끄러운 표면의 용접 Bead가 그리 큰 문제가 되지는 않으므로 굳이 GTAW와 같은 용접 방법을 적용할 이유는 없다.

이처럼 용접 구조물의 용도에 따른 평가가 이루어 져야 한다.

3) 관련 Code와 Specification의 중요 Requirement

관련 Code와 작업 시방서 (Job Specification)의 요구 사항에 충실해야 한다. 어떤 경우에는 작업 시방서에 반드시 Metallic Arc Welding만을 요구하는 경우가 있으며, 이럴 때는 초음파 용접이나 마찰 용접 등을 사용할 수 없다. 또한 열처리에 대한 요구 사항들이 Code에 의해 요구될 경우에는 열처리 이후의 저온 충격치가 저하되는 경향이 강한 FCAW를 적용하기에 앞서 많은 주의가 필요하다.

(2) WPS 초안 작성 (Pre-WPS)

위와 같은 기초적인 내용에 대한 검토가 이루어 지면 구체적인 용접 Data의 초안을 작성한다. 이러한 초안은 단순히 용접 조건만을 명기하는 단계가 아니라 구체적으로 해당 기기의 제작 과정을 어떻게 이끌어 갈 것인가 하는 문제 까지 포함되어야 한다.

1) 용접 이음매 형상의 선정

가장 작업이 용이하면서도 안정적인 용접을 이루고, 요구되는 비파괴 검사 사항을 충실하게 적용할 수 있는 용접 이음매를 선정한다.

Narrow Gap 을 적용할 것인지, Single V-Groove혹은 X-Groove를 적용할 것이지 판단해야 한다. 예를 들어 방사선 투과 검사가 요구되는 곳에 Lap Joint를 적용해서는 곤란하다.

2) 용접 방법의 선정

기기의 형상과 작업의 용이성, 가능한 용접 자세등에 따라 용접 방법을 선정한다. 원통형으로 구조가 간단하고 단순하여 아래보기 만으로 자동 용접이 가능하다면 SAW나 FCAW등의 자동 용접 방법을 채용하여 용접 효율을 높일 수 있으며, 작고 세밀한 부품으로 빠른 용접성 보다는 결함이 없는 안정적인 용접부를 원한다면 GTAW를 권할 수도 있다.

3) 용접봉의 선정

선정된 용접 방법과 재질의 특성에 따라 적절한 용접 재료를 (복수로) 선정한다. 이때 복수로 선정하는 것은 각각의 용접 재료에 따라 용접 금속의 특징이 다르게 나타나므로 몇가지 적용 가능한 용접 재료를 선정하여 PQ를 실시하고 이중에 가장 만족스러운 용접 금속의 특징을 나타내는 재료를 선정하는 것이 좋다.

4) 용접 변수 선정

용접 전류, 전압 및 용접 속도와 입열량, 예열 및 후열등에 관한 제반 용접 변수는 용접 재료 제조사의 권고를 참고하는 것이 좋다.

5) 용접 작업장의 선정

Shop에서 모든 공정을 끝낼 것인지 Field Erection단계에서 마무리 용접을 시행할 것인지를 결정한다. 기기의 형상과 제작의 편리성에 따라 작업장의 선정이 결정되어야 하고 이에 따라서 적용 가능한 용접 방법이 구분되어야 한다.

(3) PQ Test 실시

PQ Test는 초안으로 완성된 WPS의 적합성을 평가하는 단계이다.

시편을 준비하고 선정된 용접 조건에 따라 용접을 실시하여 용접 금속이 가지는 기계적 특성을 평가하는 작업이다.

1) 시험편 준비

해당 용접 Joint와 동일한 형태의 용접 시편을 준비한다.

이때 시험편의 두께는 가급적 실제 사용하는 재료의 두께를 그대로 사용하는 것이 좋지만, 그렇지 못할 경우라면 해당 두께가 Qualify될 수 있는 두께의 시편을 사용하면 된다. Qualify되는 두께는 ASME Sec IX QW 451.1등 관련 Code에 따라 적용하면 된다.

2) 시험편 용접

미리 선정된 용접 변수에 따라 실제 용접을 실시한다.

이때 복수의 시편을 가지고 여러 가지 조건에 따라 용접을 실시하여 가장 안정적인 용접 금속을 얻을 수 있는 조건을 얻을 수 있도록 수행한다.

3) 시편 가공 및 기계적 시험

완성된 용접 시편은 간단한 육안 검사를 통해 결함 유무를 판정 받고, 양호한 외관이 확보 되었다고 판단되면, 시편 가공을 통해 기계적 시험을 실시한다. 이때 사용되는 기계적 시험은 통상 인장(Tensile)과 굽힘 (Bending) 시험을 실시하고 적용되는 구조물과 모재의 특성에 따라 충격 시험(Impact)과 경도(Hardness) 시험을 병행한다.

일반적인 경우에는 이와 같은 기계적 시험만으로 합부 판정을 내리지만 경우에 따라서는 발주자의 요구 사항에 의해 비파괴 검사와 화학 성분 검사를 필수 사항으로 병행하는 경우도 있다.

4) 공인 검사자의 입회

이와 같은 일련의 PQ Test 과정은 공인 검사원의 입회아래 실시되어야 하며, 그 결과가 반드시 기록으로 남아야 한다.

5) PQR 작성

PQ Test를 통해 얻어진 용접 Data 중에서 가장 안정적인 용접 금속을 얻을 수 있는 용접 Data를 기록하여 PQR을 작성한다.

6) WPS 완성과 승인

완성된 PQR을 토대로 적용 가능한 용접 변수를 모두 기록한 WPS가 작성된다. 이 WPS는 반드시 Supporting PQR이 첨부되어야 하며, 실제 용접 작업 지침서로 활용되기 위해서는 해당 공인 검사자 혹은 발주처의 승인이 있어야 한다.

4. WPS 작성법

(1) WPS 양식

WPS 양식은 Code에서 요구하는 모든 필수 변수(Essential Variable), 비필수 변수(Non-Essential Variable), 그리고 추가 필수 변수(필요시)가 포함되거나 언급이 되는 한 제조 업자 또는 계약자의 필요성에만 부합된다면 어떤 유형의 문서나 양식이라도 가능하다.

다음장에 소개되는 WPS에는 현장 용접에 사용하기 위해 작성된 Sample WPS의 하나이다. 일반적으로 다음 그림 12-1과 같은 양식의 WPS가 사용되며, WPS 내에 해당 용접부의 비파괴 검사 내역까지를 포함하는 경우도 있다.

WPS의 세부 내용을 설명하기에 앞서 WPS & PQR을 이해하기 위해 P-No., Group No., S-No., F-No., A-No., SFA-No.등을 알아야 한다. 이에 대한 자세한 설명은 제 8장의 용접 재료 부분의 해설을 참조한다.

(2) WPS 세부 내용

이하에서는 WPS의 세부 내용을 AWS, ASEM를 기준으로 Sample과 함께 설명한다.

각각의 설명이 절대적인 것은 될 수 없고, 현재 업계에서 진행되는 용접 방법에 근거한 일반적인 사항을 설명한다.

1) WPS No.

WPS No.는 제조자의 편의에 의해 부여하면 되지만, 많은 양의 WPS를 편리하게 관리하기 위해서는 일정한 기준을 두는 것이 좋다.

예를 들면 Process - P No. - Serial No.로 하는 것이 편리하다.

2) Date & Rev. No.

WPS의 유효 날짜, 즉, 최종 승인자의 결재일을 기록하는 것이 원칙이고, Supporting PQR의 날짜와 같거나 늦어야 한다.

3) Supporting PQR No.

Supporting PQR No.관련 PQR No.를 모두 기록한다.

4) 용접 방법

용접 방법은 약어로 기록하고, 복합 Process인 경우는 + 로 연결한다.
(예: GTAW + SMAW)

5)Type

용접이 이루어 지는 형태를 의미한다. Manual, Semi-Auto, Machine, Auto중에서 복합 Process인 경우는 + 로 연결하고 동일 Process에서 두개 이상 사용 가능한 것은 or XX로 기록한다. 복합 Process일 경우에도 Type이 하나이면 하나만 기록한다.
(예: Semi-Auto (or Machine))

6) 이음 설계 (Joint Design)

Groove, Fillet, Overlay등으로 기록하며, 2개 이상을 기록할 경우는 Comma(,)로 구분한다. Backing 혹은 Retainer의 사용 여부를 표기한다. 초층 Process에 따라 모재가 Backing의 역할을 담당하는 지 아니면 별도의 Backing 재료를 사용하는 지를 명기한다.

WELDING PROCEDURE SPECIFICATION (WPS)

COMPANY NAME LG Engineering & Construction Corp.
WELDING PROCEDURE SPECIFICATION NO. LG-GT.SM-1.1-01 DATE : April 6, 1999
SUPPORTING PQR NO.(S) QLG-GT.SM-1.1-06 REVISION NO. 0 DATE : March 10, 1995
WELDING PROCESS(ES) GTAW + SMAW TYPE(S) Manual

JOINTS(QW-402)
GROOVE DESIGN Single V
BACKING : YES ___ NO V
BACKING MATERIAL(TYPE) ___
OTHER ___

BASE METALS (QW-403)
P.NO. 1 TO P.NO. 1
THICKNESS RANGE 1.6mm ~ 18.0mm
PIPE DIA. RANGE All
OTHER ___

FILLER METALS (QW-404)
F. NO. 6 / 4 OTHER ___
A. NO. 1 / 1 OTHER ___
SPEC. NO.(SFA) 5.18 / 5.1
AWS NO. (CLASS) ER 70S-G / E 7016
SIZE OF ELECTRODE Φ3.2 OR Φ4.0
SIZE OF FILLER Φ2.4
ELECTRODE-FLUX(CLASS) N.A
CONSUMABLE INSERT -
OTHER ___

POSITION (QW-405)
POSITION OF GROOVE All
WELDING PROGRESSION : UP V DOWN OTHER ___

PREHEAT (QW-406)
PREHEAT TEMP. Min. 10 oC
INTERPASS TEMP. Max. 427 oC
PREHEAT MAINTENANCE by touch flame
OTHER ___

POSTWELD HEAT TREATMENT (QW-407)
TEMPERATURE N.A
TIME RANGE N.A
OTHER ___

GAS (QW-408)
SHIELDING GAS(ES) Ar
PERCENT COMPOSITION(MIXTURES)
99.9%
FLOW RATE 8 ~ 15 ℓ/min
GAS BACKING none
TRAILING SHIELDING GAS COMPOSITION -
OTHER ___

ELECTRICAL CHARACTERISTIC (QW-409)
CURRENT AC OR DC DC / AC POLARITY SP / -
AMPS(RANGE) 90 ~ 180A VOLTS(RANGE) 10 ~ 28V
OTHERS ___

TECHNIQUE (QW-410)
STRING OR WEAVE BEAD Both
ORIFICE OR GAS CUP SIZE 10 ~ 12 mm Φ
Initial & Interpass Cleaning (Brushing, Grinding, etc.)
Grinding or Wire brushing
METHOD OF BACK GOUGING N.A
OSCILLATION N.A
CONTACT TUBE TO WORK DISTANCE -
MULTIPLE OR SINGLE PASS(PER SIDE)
Multiple
MULTIPLE OR SINGLE ELECTRODES Single
TRAVEL SPEED(RANGE) 1.0 ~ 3.5 mm/sec
OTHER ___

WELD LAYER (S)	PROCESS	FILLER METAL		CURRENT		VOLT RANGE	TRAVEL SPEED RANGE(mm/sec)	OTHER
		CLASS	DIAMETER	POLARITY	A-RANGE(A)			
1	GTAW	ER 70S-G	Φ2.4	DC - SP	90 ~ 150	10 ~ 12	1.0 ~ 3.0	
2	SMAW	E 7016	Φ3.2	AC	90 ~ 130	20 ~ 25	~ 2.5	
Rest	SMAW	E 7016	Φ4.0	AC	130 ~ 180	23 ~ 28	1.0 ~ 3.5	

그림 12-1 용접 절차서(WPS) 양식

WELDING PROCEDURE SPECIFICATION (WPS)

COMPANY NAME LG Engineering & Construction Corp.
WELDING PROCEDURE SPECIFICATION NO. LG-GT.SM-1.1-04 DATE : April 6, 1999
SUPPORTING PQR NO.(S) QLG-GT.SM-1.1-06 REVISION NO. 0 DATE : March 10, 1995
WELDING PROCESS(ES) SMAW TYPE(S) Manual

JOINTS(QW-402)
GROOVE DESIGN Single V
BACKING : YES NO V
BACKING MATERIAL(TYPE)
OTHER

BASE METALS (QW-403)
P.NO. 1 TO P.NO. 1
THICKNESS RANGE 4.8mm ~ 38mm
PIPE DIA. RANGE All
OTHER

FILLER METALS (QW-404)
F. NO. 3 / 4 OTHER
A. NO. 1 OTHER
SPEC. NO.(SFA) 5.1
AWS NO. (CLASS) ER 70S-G / E 7016
SIZE OF ELECTRODE Φ3.2, Φ4.0 OR Φ5.0
SIZE OF FILLER -
ELECTRODE-FLUX(CLASS) -
CONSUMABLE INSERT -
OTHER

POSITION (QW-405)
POSITION OF GROOVE All
WELDING PROGRESSION : UP V DOWN OTHER

PREHEAT (QW-406)
PREHEAT TEMP. Min. 10 oC(≤19t), Min...95℃(>19t)
INTERPASS TEMP. Max. 427 oC
PREHEAT MAINTENANCE by touch flame
OTHER

POSTWELD HEAT TREATMENT (QW-407)
TEMPERATURE N.A
TIME RANGE N.A
OTHER

GAS (QW-408)
SHIELDING GAS(ES) Ar
PERCENT COMPOSITION(MIXTURES)
99.9%
FLOW RATE 8 ~ 15 ℓ/min
GAS BACKING none
TRAILING SHIELDING GAS COMPOSITION -
OTHER

ELECTRICAL CHARACTERISTIC (QW-409)
CURRENT AC OR DC AC POLARITY / -
AMPS(RANGE) 90 ~ 180A VOLTS(RANGE) 20 ~ 30V
OTHERS

TECHNIQUE (QW-410)
STRING OR WEAVE BEAD Both
ORIFICE OR GAS CUP SIZE 10 ~ 12 mm Φ
Initial & Interpass Cleaning (Brushing, Grinding, etc.)
Grinding or Wire brushing
METHOD OF BACK GOUGING Grinding
OSCILLATION N.A
CONTACT TUBE TO WORK DISTANCE -
MULTIPLE OR SINGLE PASS(PER SIDE)
Multiple
MULTIPLE OR SINGLE ELECTRODES Single
TRAVEL SPEED(RANGE) 1.0 ~ 3.5 mm/sec
OTHER

WELD LAYER (S)	PROCESS	FILLER METAL		CURRENT		VOLT RANGE	TRAVEL SPEED RANGE(mm/sec)	OTHER
		CLASS	DIAMETER	POLARITY	A-RANGE(A)			
1	SMAW	E6010	Φ3.2	AC	90 ~ 150	10 ~ 12	1.0 ~ 3.0	
2	SMAW	E7016	Φ4.0	AC	130 ~ 180	20 ~ 25	1.0 ~ 2.5	
Rest	SMAW	E7016	Φ5.0	AC	180 ~ 240	23 ~ 28	1.0 ~ 3.5	

그림 12-2 용접 절차서(WPS) 양식

7) 모재

P No.가 있는 경우에는 ASME Sec. IX QW-422에 규정한 P No., Gr. No.를 기록하고 Spec. and Grade난에 N/A로 표기한다. P No.가 없는 경우 P No., Gr. No.난에 N/A를 기록하고, Spec. and Grade난에 해당 재료의 관련 Spec. 및 Grade를 기록한다.

Clad인 경우에는 Clad재 P No.를 앞에 적고 Slash(/)하고, 모재 P No.를 뒤에 적는다. (예: 8/1(Clad)) Gr. No.도 동일한 방법으로 적용한다. 적용 될 수 있는 모재 두께 혹은 Pipe의 직경을 표기하며, Clad인 경우는 모재의 두께만 기록한다.

8) 용가재(Welding Material)

사용되는 용접 재료에 관한 제반 사항을 기록한다.

ASME Code에 따라 용접 재료의 F No., A No., SFA No., AWS Class, 용접 재료의 크기를 기록한다. 해당이 안되는 경우는 N/A로 기록한다.

AWS Class가 없는 용가재와 E(R) XX-G Class인 경우는 Brand와 Maker를 기입한다.

별도로 Flux를 사용하는 SAW의 경우는 Flux의 사양과 Brand를 표기한다.

9) 용접 자세

PQ를 통해 검증된 용접 자세와 용접 진행 방법을 표기한다.

표기는 PQ의 내용을 따른다.

10) 이음 상세

대개의 경우 이음 상세는 별지에 표시하고, 특별히 1개 Joint만 국한 시킬 경우는 본란에 나타낸다.

별지에 나타낼 경우는 이 사실을 해당 난에 기록으로 남긴다.

11) 예열

❶ 최저 예열 온도

ASME Sec. VIII Div.1 Appendix R과 Sec. I Appendix A-100을 기준으로 모재의 P No.와 두께 범위에 따라 결정되며, PQ Test의 예열 온도 보다 56℃ (100°F) 이상 감소할 수 없다.

❷ 최대 Pass 간 온도

P No.와 용접봉 재질에 따라 결정되며, 예열 온도 보다는 높아야 한다.

㉠ Austenite Stainless Steel과 비철의 경우

177℃를 원칙으로 하고, 예열 온도에 따라 높아질 수 있으나 260℃를 넘지 않아야 한다.

㉡ 기타 재질

그 외의 재질은 427℃를 원칙으로 하고, Impact가 있는 경우와 Overlay인 경우는 PQ Test의 최대 Pass간 온도 보다 56℃ (100°F) 이상 증가할 수 없다.

❸ 예열 유지

후열처리 전까지 용접부에 대한 예열 유지 또는 감소의 변화가 필요한 경우 기록을 하고, 필요 없는 경우에는 None으로 기록한다.

12) 후열처리

❶ 후열처리 온도

ASME Sec. VIII UCS-56과 UHA-32, UHT-56 및 Sec. I PW-39등에 따라야 하며 기준은 아래와 같다.

P1 ~ P4 : 600 ~ 650℃, P5 : 680 ~ 720℃

후열처리가 필요 없는 경우는 None으로 기록한다.

❷ 후열처리 시간

㉠ ASME Sec. VIII UCS-56과 UHA-32 및 Sec. I Pw-39에 따라서 ②항이 아닌 경우는 Min. 1Hr/in. (Min. 15 Min.)로 기록한다.

㉡ Impact 가 있는 경우는 Sec. IX QW 407.2에 따라서, Overlay인 경우는 Sec.IX QW281.2(f)와 QW282.2(f)에 따라서 Min.과 Max. Holding Time 을 기록하여야 한다. ((예: 1Hr/in (Min. 15 Min.),(Max. 3Hrs and 30 Min.))

㉢ 후열처리가 필요 없는 경우는 None으로 기록한다.

13) 가스

GTAW, GMAW, FCAW만 해당되며, 나머지 Process는 모든 난에 N/A로 기록한다. 가스 종류와 가스 조성 비율을 기록하며, 혼합 가스인 경우는 성분별로 조성 비율을 (+)로 연결하여 기록한다. 사용한 유량을 단위로 기록한다. 보통 (ℓ/Min.) 단위를 사용한다.

Backing Gas를 사용한 경우 가스 종류와 유량을 기록하며, 사용하지 않을 경우는 None으로 기록하고, Fillet이나 Overlay인 경우는 N/A로 기록한다. PQR의 내용에 따라 작성하면 된다.

14) 전기 특성

실제 사용된 용접 전류 조건을 표시한다. DC나 AC로 기록하며, Current가 DC인 경우는 SP나 RP로 기록하며, AC인 경우는 극성에 N/A로 기록한다. GTAW와 PAW인 경우에는 Tungsten Electrode Type 과 해당 AWS Class를 기록하고, 다른 Process는 N/A로 기록한다. GMAW와 FCAW인 경우 용융 금속 전이 형태를 기록한다.

(예: Mode of Metal Transfer : Spray)

15) 용접 기법

용접봉의 운봉 형태와 용접봉의 숫자를 기록한다.

16) 초층 및 층간 청결 방법

모든 Process에 Grinding and/or Brushing으로 기록하는 것을 원칙으로 하고, 특별한 경우는 예외로 한다.

17) Contact Tube와 용접물 간의 거리

SAW, GMAW, FCAW에 해당되며, 해당되지 않는 Process는 N/A로 기록한다.

18) Gouging 방법

Gouging이 필요 없는 경우는 None으로 기록하고, Gouging이 필요한 경우는 (Arc Air Gouging and/or Grinding)으로 기록한다.

19) 단층 혹은 다층 용접

단층만 있는 경우 Single로 다층만 있는 경우 Multipass로 표기한다.

단층과 다층이 모두 해당되는 경우는 Both로 기록한다.

20) 진동

Type난에 Machine 과 Auto인 경우만 해당되며, 해당되지 않는 경우는 N/A로 기록한다. Machine과 Auto이면서 진동 장치를 사용하지 않는 경우는 None으로 기록한다. 진동 장치를 사용하는 경우는 (*)로 하고, 특기 사항 난에 폭, 횟수, 정지 시간 등을 기록한다.

21) 단극 혹은 다극

용접봉이 하나인 단극인 경우는 Single로 기록하고, 2 Pole 이상이 경우는 X Pole로 기록한다.

22) Peening

Peening을 하여야 할 경우는 방법을 기록하고, 할 필요가 없을 경우는 None으로 기록한다.

23) 용접 조건

㉠ Impact가 있는 경우와 Overlay인 경우는 PQR의 전류, 전압은 Max. Speed는 Min.이 되게 기록하는 것을 원칙으로 하고, Max. Heat Input을 비고란에 기록한다.

② 상기 1)의 사항이 아닌 경우는 사용 가능한 범위를 적고, 특별한 경우는 예외로 한다.

24) 특기 사항

앞의 내용중에 (*)로 표기했던 내용들을 차례대로 Serial No.를 부여하면서 기록하고, 기타 특별히 기록해야 할 사항들을 기록한다.

5. PQR 작성법

(1) PQR 양식

PQR 양식은 Code에서 요구하는 모든 필수 변수(Essential Variable), 비필수 변수(Non-Essential Variable), 그리고 추가 필수 변수(필요시)가 포함되거나 언급이 되는 한 제조 업자 또는 계약자의 필요성에만 부합된다면 어떤 양식이라도 가능하다.

또한 시험의 형태, 시험 숫자, 시험 결과가 PQR내에 나열되어야 한다.

일반적으로 다음 그림 12-3, 12-4와 같은 양식의 PQR이 사용된다.

(2) PQR 세부 내용

이하에서는 PQR의 세부 내용을 AWS, ASEM의 기준에 따라 Sample과 함께 설명한다.

각각의 설명이 절대적인 것은 될 수 없고, 현재 업계에서 진행되는 용접 방법에 근거한 일반적인 사항을 설명한다. 대부분의 내용이 WPS 작성 방법과 중첩이 되므로 중복되는 내용에 대한 자세한 설명은 생략한다.

1) PQR No. , Date

PQR No.는 제조자의 편의에 의해 부여하면 된다.

날짜는 PQR의 유효 날짜. 즉, 최종 승인자의 결재일을 기록한다.

시편 시험 성적서 등의 첨부 문서의 발행 일자와 같거나 늦어야 한다.

2) WPS No.

PQ Test를 실시할 때 사용된 WPS No.를 기록한다.

3) 용접 방법, Type

WPS와 동일

4) 이음 설계

PQ Test시의 Joint 형상과 Bead를 순서대로 그린다.

5) 용접 조건

실제 용접이 이루어진 조건을 기록한다.

이음 형상에 나와 있는 Bead No.를 순서대로 기록하고, Bead No.에 맞추어 WPS와 같은 방법으로 기록한다.

사용된 용접 재료는 AWS Calss가 있는 것은 AWS Class를 기록하고, AWS Class가 없는 것은 Brand를 기록한다.

사용된 용접봉의 Size를 기록하고, 실제 사용된 전류, 전압, 속도를
Bead No.에 맞추어 실제 사용한 조건을 기록한다.

6) 모재

실제 용접에 사용된 모재를 기록한다. ASME나 ASTM 재료는 자재 Spec.을 (재료 A to 재료 B의 형식으로)기록하고, ASME나 ASTM이 아닌 재료는 자체 재료 Spec.을 기록하고, 뒤에 괄호안에 Code를 기록한다. Type이나 Grade가 있는 경우는 기록을 하고, 없는 경우는 N/A로 기록한다. Test한 자재의 P No.와 Gr. No.가 있는 경우 기록하고, 없는 경우는 N/A로 기록한다. 사용된 모재의 두께를 표시한다.

용융 금속의 적층 두께를 기록하고, 복합 Process인 경우는 Process의 약어를 기록하고 용융 금속의 두께를 기록한다.

모재의 두께가 1/2"를 초과 하는 경우는 Pass단 최대 두께 제한(Max. Pass Thickness)을 기록한다.

7) Filler Metals

Sec. II Part C에 따라서 용접 재료의 SFA Spec.을 기록하며 해당이 안되는 경우는 N/A로 기록한다. 용접 재료의 AWS Class가 있는 경우는 기록하고, 없는 경우는 N/A로 기록한다

F No.가 해당되는 경우 기록하며, 크기를 Ø로 기록한다.

해당 안되는 경우 N/A로 기록한다. 참고로, 실제 사용된 용접봉의 Brand와 Maker를 기록하며, 복합 Process인 경우는 Process별로 구분하여 기록한다.

8) Position

실제 이루어진 용접 자세와 용접 진행 방법을 Forehand, Backhand, Upward, Downward 등으로 기록하며, SAW와 같이 해당이 안되는 경우는 N/A로 기록한다.

9) Preheat

예열 온도를 기록하고, Pass간 온도를 최소 온도와 최대 온도를 기록하며, Single Pass인 경우는 N/A로 기록한다.

10) Postweld Heat Treatment

열처리를 실시한 경우만 해당하며, 실시하지 않을 경우는 N/A로 기록한다. 열처리 Chart에 나타난 온도와 시간을 기록한다.

11) Gas

GTAW, GMAW, FCAW만 해당되며, 나머지 Process는 모든 난에 N/A로 기록한다. 가스 종류와 가스 조성 비율을 기록하며, 혼합 가스인 경우는 성분별로 조성 비율을 (+)로 연결하여 기록한다.

사용한 유량을 단위로 기록한다. 보통 (ℓ/Min.) 단위를 사용.

Backing Gas를 사용한 경우, 가스 종류와 유량을 기록하며 사용하지 않을 경우는 None으로 기록하고, Fillet이나 Overlay인 경우는 N/A로 기록한다.

12) Electric Characteristics

실제 사용된 용접 전류 조건을 표시한다. DC나 Ac로 기록하며, Current가 DC인 경우는 SP나 RP로 기록하며, AC인 경우는 극성에 N/A로 기록한다. GTAW와 PAW인 경우에는 Tungsten Electrode Type 과 해당 AWS Class를 기록하고, 다른 Process는 N/A로 기록한다.

GMAW와 FCAW인 경우 용융 금속 전이 형태를 기록한다.
(예: Mode of Metal Transfer : Spray)

13) Technique

용접봉의 운봉 형태와 용접봉의 숫자를 기록한다.
사용한 용접봉이 하나인 경우는 Single로 기록하고, 2 Pole이상인 경우는 X Pole로 기록한다.

14) Tensile Test

Groove인 경우 2개의 시험을 실시하여야 하며, 기계 시험 Report를 보고 폭과 두께 및 인장 응력을 기록하고, 단면적과 Total Load는 계산하여 기록한다. 파단 형태 및 위치는 시험편을 보고 기록한다.
Groove가 아닌 경우는 N/A로 기록한다.

15) Guide Bend Test

Groove와 Overlay인 경우에 해당되며, 적용 규정에 따라 2 ~ 4개의 시험을 실시하여야 하고, 9.5t 미만은 Face, Root Bend를 실시하며, 9.5t이상은 Side Bending을 실시하여 시험 형태 및 결과를 기록한다.

16) Toughness Test

충격 시험을 실시한 경우는 Notch의 위치와 형태, 시험 온도, 시험편의 크기를 기록한다. 충격치를 순서대로 3개 기록하고, 3개의 평균을 기록한다. 실시하지 않은 경우는 None으로 기록한다.

17) Fillet Weld Test

시험 결과에 따라 Macro Test의 결과를 기록한다.

18) Other Test

기타 관련 규정에서 요구하는 Test의 결과를 자세한 시험 조건과 함께 기록한다. 여기에는 방사선 투과 검사, 화학 성분 분석 시험, 경도 측정, 및 기타 비파괴 검사들이 포함될 수 있다.

19) Welder 이름과 감독자 이름

마지막으로 시험 용접을 실시한 용접사의 이름과 각종 Test를 시행한 검사자의 이름 등을 기록한다.

PROCEDURE QUALIFICATION RECORD (PQR)

COMPANY NAME LG Engineering & Construction Corp. PROCEDURE QUALIFICATION RECORD NO. QLG-GT.SM-1.1-06 DATE March 10, 1995 WPS NO. LG-GT.SM-1.1-01 WELDING PROCESS(ES) GTAW + SMAW TYPE(MANUAL AUTOMATIC, SEMI-AUTO) Manual	
JOINT (QW-402)	
BASE METALS (QW-403) MATERIAL SPEC. SA 516 TYPE OR GRADE 70 P NO. 1 TO P NO. 1 THICKNESS 9.0 mm DIAMETER N.A OTHER	GAS (QW-408) TYPE OF GAS (ES) Ar COMPOSITION OF GAS. MIXTURE 99.9 % OTHER
FILLER METALS (QW-404) WELD METAL ANALYSIS A NO. 1 / 1	
SIZE OF ELECTRODE Φ 2.4 / Φ3.2, Φ4.0 FILTER METAL F NO. 6 / 4 SFA SPECIFICATION 5.18 / 5.1 AWS CLASSIFICATION ER 70S-G / E 7016 OTHER	ELECTRICAL CHARACTERISTICS (QW-409) CURRENT DC / AC POLARITY SP / - AMPS 110 ~ 160A VOLTS 12 ~ 25V OTHER
POSITION (QW-405) POSITION OF GROOVE 1G	
WELD PROGRESSION (UPHILL, DOWNHILL) -	TECHNIQUE(QW-410)
OTHER	TRAVEL SPEED 1.7 ~ 3.0 mm/sec. STRING OR WEAVE BEAD Both
PREHEAT (QW-406) PREHEAT TEMP. 16 oC INTERPASS TEMP. 390 ~ 425 oC OTHER	OSCILLATION - MULTIPASS OR SINGLE PASS(PER SIDE) Multiple MULTIPLE OR SINGLE ELECTRODES Single OTHER
NOTE :	

그림 12-3 PQR Sample 양식 (1/2)

PROCEDURE QUALIFICATION RECORD (PQR)

JOB NO.____ PQR NO. QLG-GT.SM1.1-06

TENSILE TEST (QW-150)

SPECIMEN NO	WIDTH mm	THICKNESS mm	AREA mm^2	ULTIMATE TOTAL LOAD kg	ULTIMATE UNIT STRESS kg/mm^2	CHARACTER OF FAILURE & LOCATION
1	19.1	8.6	164.3	8,985	54.7	Ductile / B.M
2	19.2	8.8	169.0	9,343	55.3	ditto

GUIDED BENDED TESTS (QW-160)

TYPE AND FIGURE NO.	RESULT
Root Bend (QW 462.3(a))	Accept
Root Bend (QW 462.3(a))	Accept
Face Bend (QW 462.3(a))	Accept
Face Bend (QW 462.3(a))	Accept

TOUGHNESS TESTS (QW-170)

SPECIMEN	NOTCH LOCATION	NOTCH TYPE	TEST. TEMP.	IMPACT VALUES	LATERAL EXP.		DROP WEIGHT	
					% SHEAR	MILS	BREAK	NO BREAK
				N.A				

FILLET WELD TEST (QW-180)

RESULT-SATISFACTORY: YES___NO___PENETRATION INTO PARENT METAL: YES_____NO________

TYPE AND CHARACTER OF FAILURE___MACRO-RESULTS________________________

OTHER TESTS

TYPE OF TEST Radiographic Test : OK

DEPOSIT ANALYSIS ____________________

OTHER Macro Test : Good

CERTIFICATE OF COMPLIANCE

WELDER'S NAME M. S. Jang CLOCK NO.___STAMP NO.____

TESTS CONDUCTED BY M. N. Lee LABORATORY TEST NO.____

WE CERTIFY THAT THE STATEMENTS IN THIS RECORD ARE CORRECT AND THAT THE TEST WELDS WERE PREPARED WELDED AND TESTED IN ACCORDANCE WITH THE REQUIREMENTS OF SECTION IX OF THE ASME CODE.

CONTRACTOR LG Engineering & Construction Corp.

DATE March 6, 1995 BY C. Choi

그림 12-4 PQR Sample 양식 (2/2)

제13장 현장 용접 관리

1. 현장 용접 관리의 중요성

현장에서의 용접 품질 향상을 위하여 용접 품질 관리자(감독자)는 승인된 용접 절차서(WPS)와 용접봉 관리 규정에 따른 용접 기술 관리 사항 외에도 적절한 현장 용접사 인증을 통해 용접 구조물의 품질을 향상하고 현장 작업의 안정성을 추구해야 한다. 아무리 좋은 용접 절차서(WPS)에 따라 용접을 실시하여도 현장에서 용접 재료 관리와 용접사 관리가 제대로 이루어 지지 않는 다면, 관련 규정과 설계자의 의도를 충분하게 반영한 용접 구조물을 얻을 수 없다.

그러나, 현장 용접 관리의 핵심은 역시 안전이라고 할 수 있다.

양질의 용접 구조물은 작업자의 안전이 확보된 상태에서 제작할 수 있도록 관리하는 것이 용접 관리자의 책무라고 할 수 있다.

이하에서 제시되는 내용은 절대적인 것이라기 보다는 효율적이고 신뢰도 있는 현장 용접 관리를 위한 일련의 예시로서 활용되어야 한다.

2. 현장 용접 관리 일반

(1) 용접사 자격 검정 실시

모든 Welder는 용접사 기량 검정 절차서 (Welder Qualification Test Procedure, WPQT)에 따라서 업무 배치 전에 필히 용접 품질 관리자(감독자)의 입회하에 용접 기량 시험을 받아야 하며, 합격한 용접사 만이 자격이 부여되고 Job Assign되어야 한다. 용접 품질 관리자(감독자)는 자격 부여된 용접사에게 Certificate Badge를 발급하고, 그 용접사로 하여금 작업 중에는 항상 Badge를 가슴에 달도록 함으로서 무자격 용접사가 용접작업을 하는 경우를 사전에 차단해야 한다.

ASME Sec. IX과 AWS D1.1에 따른 용접사 기량 시험에 사용되는 시편의 형상과 자세의 예는 다음의 그림 13-1 ~ 13-4와 같다.

각 현장에서 발생될 수 있는 용접 자세별로 Test를 실시하는 것이 바람직하다. 일반적으로는 현장에서 실시하는 용접사 기량 시험용으로는 Plate의 경우에는 3G와 4G를 복합한 T자형 시편이 사용되고 Pipe의 경우에는 6G의 자세가 사용된다.

대개의 경우 Groove 자세에서 합격하면 Fillet용접은 자동으로 합격한 것으로 간주한다.

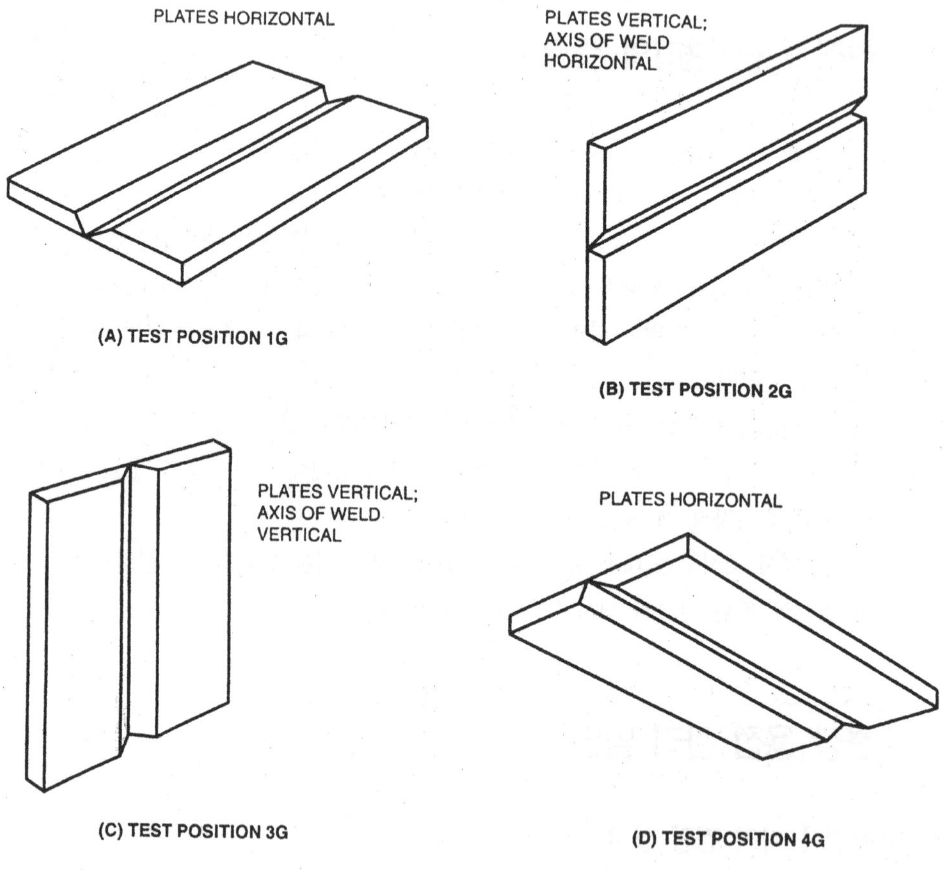

그림 13-1 Groove Welds in Plate - Test Positions

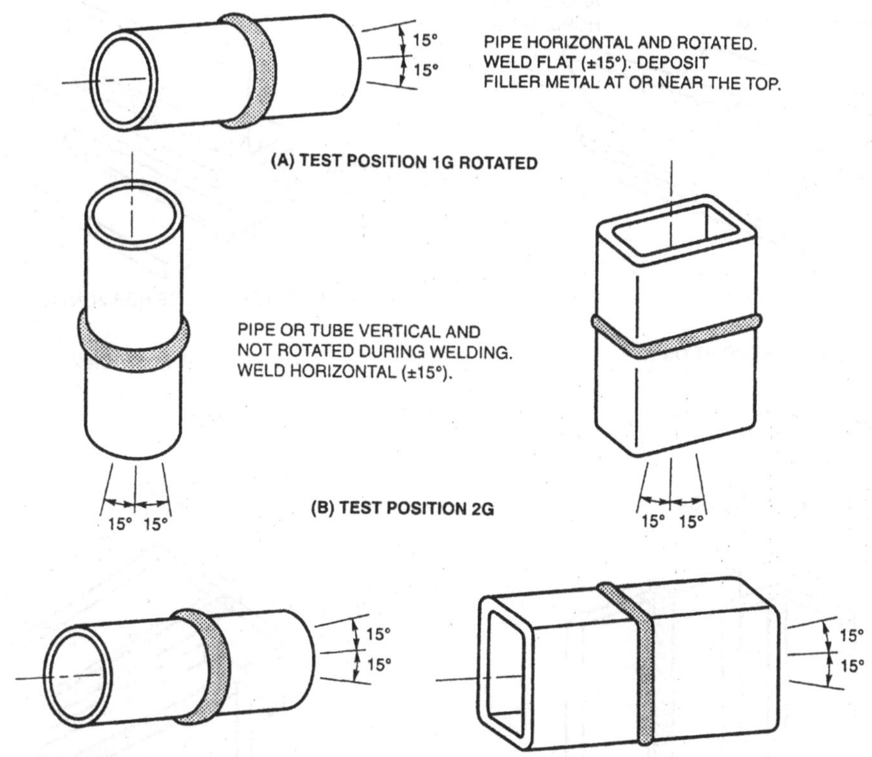

PIPE OR TUBE HORIZONTAL FIXED (±15°) AND NOT ROTATED DURING WELDING. WELD FLAT, VERTICAL, OVERHEAD.

(C) TEST POSITION 5G

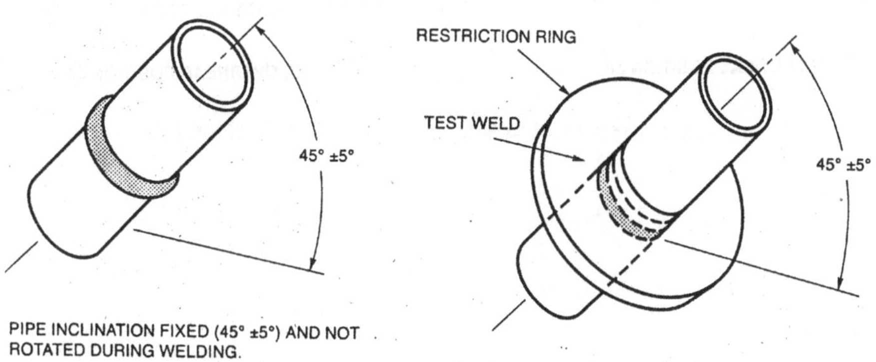

(D) TEST POSITION 6G

(E) TEST POSITION 6GR (T-, Y- OR K-CONNECTIONS)

그림 13-2 Groove Welds in Pipe -Test Positions

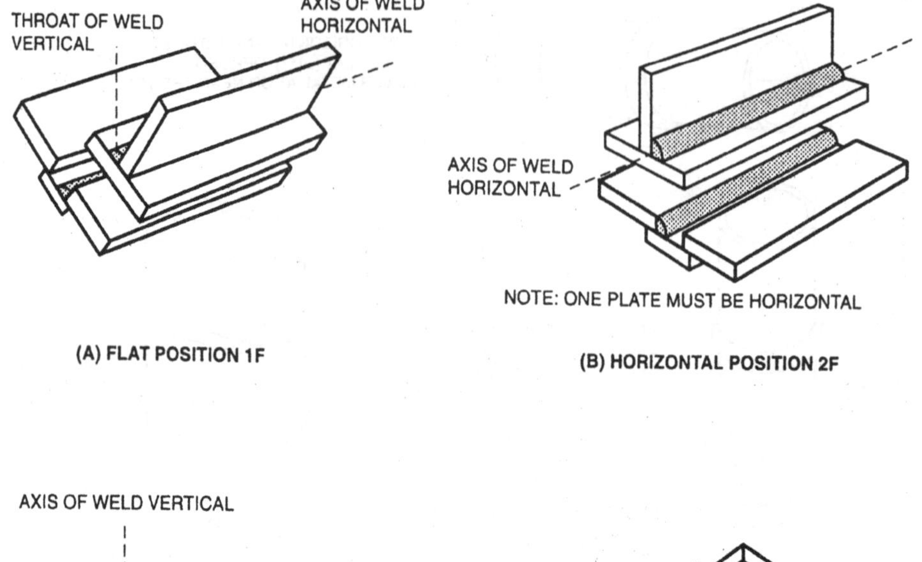

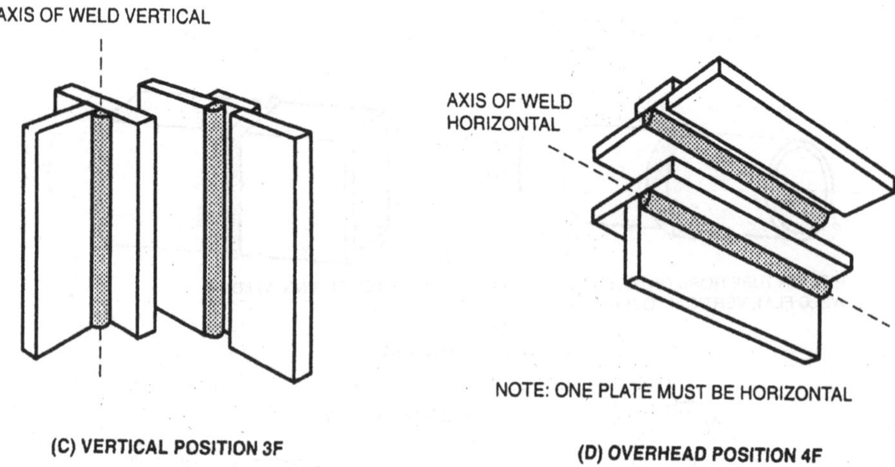

그림 13-3 Fillet Welds in Plate - Test Positions

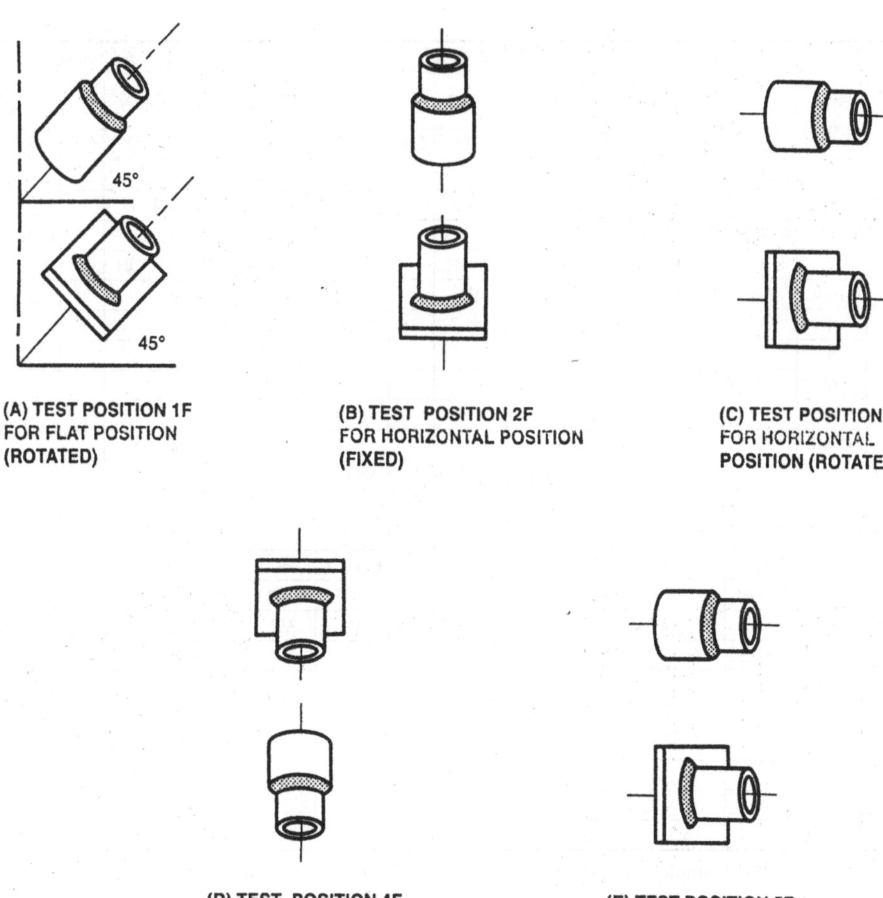

그림 13-4 Fillet Welds in Pipe - Test Positions

Table 13-1 용접사 자격 인증 용접 자세(AWS D1.1 기준)

인증 시험			인증된 용접 자세(강판)			인증된 용접 자세(강관)					인증된 용접 자세(사각강관)				
시편	용접 종류	용접 자세(2)	홈		필렛 용접	맞대기 홈이음		T-,Y-,K-홈 이음		필렛 용접	맞대기 홈이음		T-,Y-,K-홈 이음		필렛 용접
			CJP	PJP		CJP	PJP	CJP	PJP		CJP	PJP	CJP	PJP	
강판	홈 용접 (3)	1G	F	F	F	F	F		F	F	F	F		F	F
		2G	F, H	F, H	F, H	F, H	F, H		F, H	F, H	F, H	F, H		F, H	F, H
		3G	F, H, V	F, H, V	F, H, V	F, H, V	F, H, V		F, H, V	F, H, V	F, H, V	F, H, V		F, H, V	F, H, V
		4G	F, OH	F, OH	F, OH	F, OH	F, OH		F, OH	F, OH	F, OH	F, OH		F, OH	F, OH
		3G+4G	ALL	ALL	ALL	ALL	ALL		ALL	ALL	ALL	ALL		ALL	ALL
	필렛 용접	1F			F										
		2F			F, H										
		3F			F, H, V										
		4F			F, OH										
		3F+4F			ALL										
	플러그		시편을 용접한 용접 자세에 대하여만 자격 인증됨												
강관	홈 용접 (3)	1G회전	F	F	F	F, H	F		F	F, H	F	F		F	F
		2G	F, H	F, H	F, H	F, H	F, H		F, H	F, H	F, H	F, H		F, H	F, H
		5G	F, H, V	F, H, V	F, H, V	F, H, V	F, H, V		F, H, V	F, H, V	F, H, V	F, H, V		F, H, V	F, H, V
		6G	F, OH	F, OH	F, OH	F, OH	F, OH		F, OH	F, OH	F, OH	F, OH		F, OH	F, OH
		2G+5G	ALL	ALL	ALL	ALL	ALL		ALL	ALL	ALL	ALL		ALL	ALL
		6GR(9)	ALL	ALL	ALL	ALL	ALL	ALL	ALL	ALL	ALL	ALL		ALL	ALL
		6GR(10)	ALL	ALL	ALL	ALL	ALL	ALL	ALL	ALL	ALL	ALL	ALL	ALL	ALL
	필렛 용접	1F회전													ALL
		2F													
		2F회전													
		4F													
		5F													

Note : 1. CJP : 완전 용입(Complete Joint Penetration), PJP : 부분 용입(Partial Joint Penetration)
2. 이표는 자동 용접사 자격 인증에는 적용되지 않는다.
3. 홈 용접에 대한 자격 인증은 동시에 동일한 용접 자세의 플러그(Plug)/슬롯(Slot) 용접에도 자격이 인정된다.
4. 받침 철판(Backing) 또는 Back Gouging을 적용하는 직경24인치 이상인 강관 용접에도 자격이 인정된다.
5. 받침 철판(Backing) 없이 한쪽면만 실시하는 용접, Backing Gouging 없이 양쪽면에서 실시하는 용접에는 자격 불인정
6. 개선 각도가 30°이하인 용접에는 자격이 인정되지 않는다.
7. 사각 강관을 사용한 자격 인증은 직경이 24인치 이상인 강관 용접에도 자격이 인정된다.
8. 6GR 자격인정에는 강관 또는 사각 강관이 사용된다. 사각 강관을 그림 13-5의 경우에 사용할 때는 그림 13-6과 같이 4개 모서리에 대한 부식 시험을 실시해야 한다.
9. 그림 13-5에 따른 용접 이음
10. 그림 13-6에 따른 용접 이음

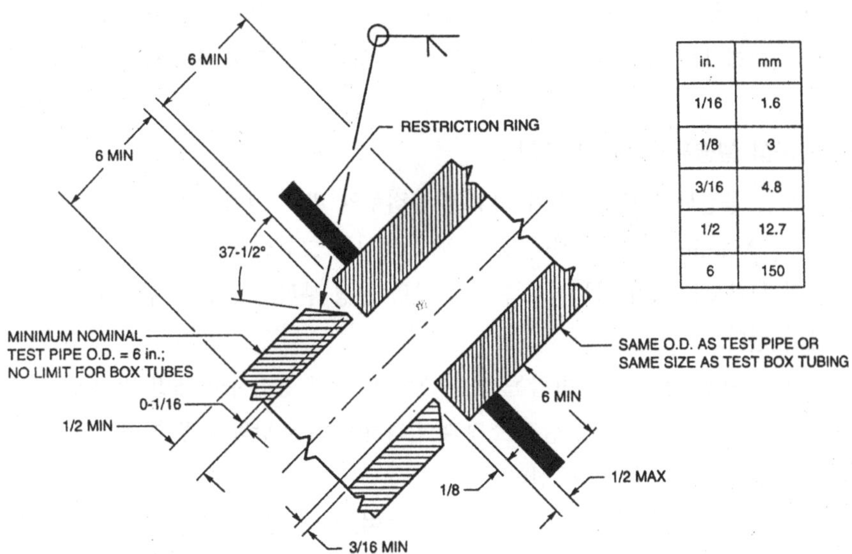

in.	mm
1/16	1.6
1/8	3
3/16	4.8
1/2	12.7
6	150

그림 13-5 Backing 없이 적용하는 Pipe나 Box Tube의 T-, Y-, K- 이음의 용접사 인증 시험 자세

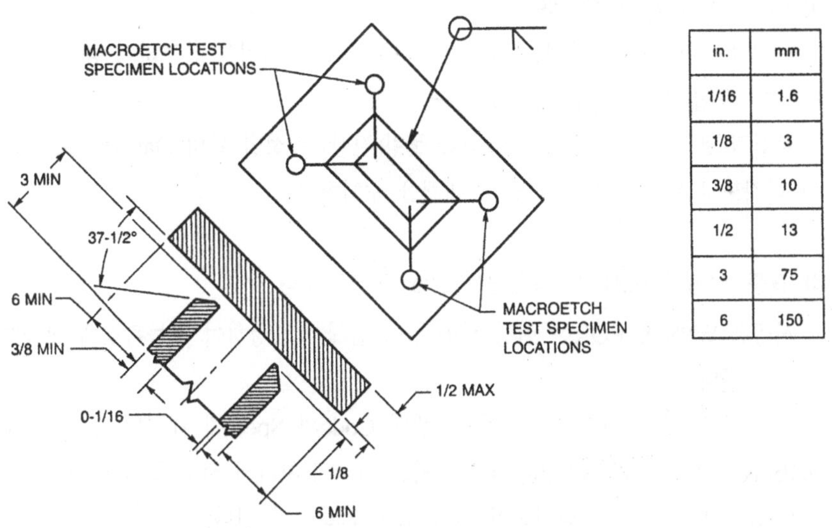

in.	mm
1/16	1.6
1/8	3
3/8	10
1/2	13
3	75
6	150

그림 13-6 Backing 없이 적용하는 Pipe나 Box Tube의 완전 용입이 요구되는 T-, Y-, K- 이음의 용접사 인증 시험 자세

1) 현장 용접 훈련소 운영

소속 Welder가 수행한 용접에 대하여 책임을 져야 하는 각 시공 협력 업체가 일정의 불합격률 이상의 용접 불량을 내는 Welder에 대해서 교체를 검토하거나 또는 수시로(일과 후 등) 기량 향상 용접 훈련을 시킬 수 있는 현장 통합 용접 훈련소를 운영토록 용접 품질

관리자(감독자)는 시공 협력 업체를 관리·감독하여야 한다. 용접 훈련소의 규모, 위치, 장비 등에 대해서는 현장 여건, 용접 작업 성격 등을 고려하여 적절히 결정한다.

2) 용접 실명제 실시 및 포상

모든 용접사에게는 자신이 작업한 용접부의 바로 옆에 식별 가능한 개별 Welder ID No.를 Marking 하도록 하여 품질 책임 의식을 고취시키고, 필요시에는 언제라도 개인별 용접 현황 Check가 가능하도록 하여 불량 발생 부위의 용접사 추적과 관리가 가능하도록 해야 한다.

또한, 용접 품질 관리자(감독자)는 매월 전 현장 용접사의 개별 및 시공 협력 업체별 용접 불합격률을 공개하고, 현장 소장과 협의하여 매달 당월의 우수 용접사에게 포상을 내리는 포상 제도를 실시토록 한다.

그리고 이런 포상제가 용접사의 동기 부여, 사기 앙양, 품질 의욕 고취 등과 연결될 수 있도록 부단한 활동을 해야 한다.

3) 다각도의 불량 원인 관리

용접 품질 관리자(감독자)는 현장 용접 품질 관리 지침을 참조하여 용접 현황을 유지, 관리하고, 용접 결과를 Monitoring한다.

불합격 용접에 대해서는 용접사별, 불량(결함) 속성별 등의 Data를, QC 기법을 이용하여 다각도로 원인 분석해보고 그 대책을 수립한다.

4) 표준 WPS & PQR 및 용접공사 Checklist의 활용

시공용 WPS & PQR은 현장 시공 협력 업체가 작성하여 감독관청에 제출하는 것을 원칙으로 한다.

현장 용접 품질 관리자(감독자)는 관련 Code와 Spec.에 제시된 바와 같이 현장 표준 WPS & PQR 및 WPS/PQR 검토의 최소 지침에 따라서 시공 협력 업체의 용접 절차서를 검토·승인하고, 그것에 의거하여 시공 감독을 하여야 한다.

기존 PQR이 너무 오래되었거나, 용접 변수 관리가 까다롭거나, 기존 PQR의 Data 신빙성이 떨어질 때 등의 사유로 재 PQ Test가 필요하다고 판단되는 경우에 용접 품질 관리자(감독자)는 PQ Test의 재실시 및 시험 입회를 하여야 한다. 각 WPS & PQR은 ASME Section IX 및 관련 Code와 Spec.의 요구 사항에 부합되게 검토 및 승인되어야 한다.

5) 용접 재료의 저장 및 건조 불량 관리

용접 품질 관리자(감독자)는 Welding Material Control Procedure에 따라서 용접 재료

의 저장, 불출, 재고 관리뿐만 아니라, 특히 용접봉의 흡습 방지 및 건조 관리가 잘 이루어지고 있는지를 수시로 확인해야 한다.

의외로 많은 결함들이 건조 상태가 불량한 용접봉의 사용으로부터 파생된다는 점을 유의 한다.

(2) 용접 비용 분석

1) 개요

주어진 장비와 인원, 공장 생산 여건으로 최대한의 생산성 향상을 추구하는 것은 용접 관리를 담당하고 있는 관리자에게는 가장 중요하고 현실적인 어려움이다. 대부분의 현장에서 노동 즉 인건비를 줄이는 데는 열심히 노력하는데, 재료비는 등한시하는 경우가 많고 설비 투자비용도 심각하게 생각지 않는 것 같다. 능력있는 관리자라면 생산성은 올리되 Total 비용을 낮추면서 능률을 올릴 수 있는 방법을 제시할 줄 알아야 한다.

어느 정도 가격이면 신공법으로서 전환이 가능한가 판단할 수 있기 위해서는 용접 비용 계산과 평가를 할 수 있어야 한다.

2) 용접 비용의 구성

총 용접 비용이라고 구분할 수 있는 비용은 다음의 항목들의 합계라고 할 수 있다. 관리자는 개개의 항목의 의미와 중요도를 정확하게 인식하고 최소의 비용으로 안정된 구조물을 능률적으로 생산할 수 있는 방안을 강구해야 한다.

다음 Table 13-2는 용접 비용을 담당하는 각 요소들을 정리한 것이다.

Table 13-2 용접 비용의 구성 요소

비용 구성 요소	세부 내역
재료비	와이어(용접봉) 비용
	가스 비용
	플럭스 비용
	Metal Powder 비용
	백킹재 비용
	가우징봉 비용
인건비	용접 공임
	가우징 공임
	이면재 취부 공임
기타	전력비
	감가상각비
	보수비

3) 용접 비용 계산에 필요한 Data

총 용접 비용을 계산하기 위해 필요한 세부 Data는 다음과 같다.

Table 13-3 용접 비용 계산을 위한 세부 Data

항목	세부 Data
재료비	각종 재료의 단가
	용착 효율
	개선 단면적 + 용접 덧살
	비중
	플럭스 소모비
	가스 유량
인건비	용착 속도
	아크 발생률
	가우징 시간
	이면재 취부 시간
	시간당 공임
기 타	용접기 가격
	전력 단가
	용접기 전력 효율
	감각 상각률
	보수율

4) 용착 효율

용착 효율은 전체 사용된 용접 금속에 대한 실제 용접부에 용착된 용접 금속의 무게 비를 의미한다.

$$용착효율 = \frac{용착\ 금속\ 무게}{사용된\ 용접\ 와이어(봉)의\ 무게} \times 100\%$$

용착 효율은 다음의 사항들에 의해 영향을 받게 된다.

- 용접 기법
- 재료 Maker
- 전류, 전압, 속도
- 용접 기기
- 용접 자재

5) 용착 속도

용척 속도는 단위 시간(분)에 용착되는 용착 금속의 중량 (g/분)으로 표시된다. 이는 용착 효율과 함께 용접의 효율성을 평가하는 중요한 요소이다. 용착 속도는 다음의 요소에 의해 영향을 받는다.

- 용접 기법
- 용접 재료 (Wire Size, 철분함유량 …)
- 용접 전류
- 용접 자세

6) 아크(Arc) 발생율

Arc 발생율은 기본적으로 용접기의 효율에 좌우되지만, 부수적으로 작업장의 여건에 따라 많이 영향을 받게 된다.

다음 Table 13-4, 13-5에 각종 용접 재료의 용착 효율과 용착 속도를 제시한다.

Table 13-4 Carbon Steel 용접 재료 (1/2)

용접방법	용접재료	직경 (mm¢)	용접자세	적정 용접 조건		용착효율(%)	용착속도 (g/mm)
				전 류	전 압		
SMAW	E7016	3.2	아래보기	120	23	70.2	16.1
			수 평	110	23	70.8	15.8
			수 직	95	22	71.0	15.5
			위보기	95	22	70.1	14.9
		4.0	아래보기	170	25	71.0	23.9
			수 평	145	23	17.3	22.3
			수 직	140	23	71.8	21.7
			위보기	140	23	71.6	20.7
		5.0	아래보기	220	28	71.5	34.6
			수 평	190	27	73.8	31.4
SMAW (GRAVITY)	E7028	5.0	수평-필렛	230		64.3	45.4
		5.5	수평-필렛	250		67.6	49.5
		6.0	수평-필렛	280		67.8	53.7
		6.4	수평-필렛	300		69.0	57.8
GMAW	ER70S-6	1.2	아래보기	280	30	94.7	86.9
			수 평	200	24	94.1	43.1
			수 직	130	20	96.5	27.7

Table 13-4 Carbon Steel 용접 재료 (2/2)

용접방법	용접재료	직경 (mm∅)	용접자세	적정 용접 조건		용착효율(%)	용착속도 (g/mm)
				전 류	전 압		
FCAW	E71T-1	1.2	아래보기	300	32	85.1	93.5
			수 평	250	28	85.1	72.5
			수 직	200	26	84.5	55.2
		1.4	아래보기	350	38	86.0	108.0
			수 평	320	30	86.0	88.0
			수 직	230	24	85.0	50.0
SAW	F7A4-EL8	4.0	아래보기	600	36	101.7	124.8
		4.8	아래보기	800	38	103.5	165.0
		6.4	아래보기	1000	41	102.8	200.7
EGW	EG70T-2	1.6	수 직	340	36	95.3	134.3

Table 13-5 Stainless Steel 용접 재료

용접방법	용접재료	직경 (mm∅)	용접자세	적정 용접 조건		용착효율 (%)	용착속도 (g/mm)
				전 류	전 압		
SMAW	E308	3.2	아래보기	110	23	63.4	19.6
			수 평	100	23	63.5	17.6
			수 직	95	22	65.4	15.2
			위보기	95	22	64.3	15.6
		4.0	아래보기	140	23	61.1	25.7
			수 평	130	23	61.3	22.6
			수 직	110	23	19.3	19.3
	E309	3.2	아래보기	110	23	66.6	20.2
			수 평	100	23	65.9	17.5
			수 직	90	22	67.3	15.7
			위보기	90	22	67.3	15.6
		4.0	아래보기	140	24	65.3	25.7
			수 평	130	23	65.8	23.2
			수 직	110	23	67.5	20.6
FCAW	E309LT-1	1.2	아래보기	220	30	89.6	90.1
			수 평	200	27	89.6	69.4
			수 직	150	25	89.5	46.5
	E316LT-1	1.2	아래보기	220	30	85.3	91.0
			수 평	200	27	88.8	77.2
			수 직	150	25	88.7	48.4

7) 필요 용접 재료량 계산

용접에 필요한 전체 용접 재료의 양은 다음의 식에 의해 구해진다.

용접 재료량 = (개선 단면적 + 용접 덧살) × 1000 비중 × 1/1000

8) 용접 재료비 계산(1M)

다음의 표는 용접 방법에 따른 용접 재료비 계산의 예이다.

Table 13-6 용접 재료비 계산

	재 료 비			
	Wire(봉) 비	Flux 비	Gas 비	기 타
수동용접(SMAW)	봉소비량×단가(g/M)×(원/Kg)	-	-	가우징 봉비
반자동용접(CO2 FCAW)	Wire 소비량× 단가	-	유량×아크시간×단가[(ℓ/분)×(분/M)]×(원/ℓ)	Backing재 가우징비
자동용접(SAW)	Wire 소비량× 단가	Wire 소비량× 프럭스 소모비× 프럭스 단가	-	Metal Powder비Backing재 가우징봉 비
계산식	봉(Wire) 소비량 = $\frac{\text{필요용접재료량}}{\text{용착효율}}$ ×100	프럭스 소모비=1.2 (프럭스 종류마다 다름)	Gas단가(원/ℓ) $\frac{20(kg)\times1000}{44(CO_2 \text{경우})}$ ×22.4 ℓ 20Kg의 CO_2 병에서 나오는 총가스 부피(ℓ)	-

9) 인건비의 계산

인건비는 용접 작업 시간과 공임 단가의 곱으로 계산되는 비교적 간단한 계산식이지만, 용접 작업 시간을 산출하기 위해서는 필요 용접 재료량, 용착 속도, 아크 발생률 등의 자료가 필요하다.

10) 기타 경비

$$\text{전력비} = \frac{\text{전류}\times\text{전압}\times\text{작업시간}}{60(\text{분})\times1000\times\text{전력효율}}\times\text{전력단가}(\text{원}/KW)$$

$$\text{감가 상각비} = \frac{\text{용접기 가격}\times\text{작업 시간}}{6(\text{년})\times290(\text{일})\times8(\text{시간})\times60(\text{분})}$$

$$\text{보수비} = \frac{\text{용접기 가격}\times0.1\times\text{작업 시간}}{290(\text{일})\times8(\text{시간})\times60(\text{분})}$$

11) 용접 비용 절약 방안

위와 같은 계산에 의해 산출된 총 용접 비용을 절감하고 보다 효율적인 용접 관리가 이루어 지기 위해서는 설계와 시공 각 단계별로 세심한 주의와 관리가 필요한다.

Table 13-7 용접 비용 절약 방안

항 목	세부 내역
설계	용접선 감소
	개선 단면적 감소
	적정 모재의 선정
	최적 조립 순서 선정
기법 및 재료	고능률 기법
	대용입 기법
	고용착 속도 재료
시공	올바른 용접기기의 선정
	아래보기 자세의 극대화
	백 가우징 감소
	자동화 확대

Table 13-8 용접 Cost 분석표 (1/2)

용접장 1M ______t기준

용 접 방 법						비 고
개 선 형 상						
		전 면	이 면	전 면	이 면	
용접조건	용접와이어(봉) 구경(mm)					
	전류 (A)					
	전압 (V)					
	가스유량 (ℓ/분)					
용접재료 비의계산	필요금속량 (g/M)					
	용착효율 (%)					
	와이어(봉) 소비량 (g/M)					
	와이어(봉) 비 (원/M)					
	플럭스 비 (원/M)					
	이면 Backing 재료비 (원/M)					
	가우징 비(원/M)					
	Metal Powder 비(원/M)					
	용착속도 (g/분)					
	아크시간 (분/M)					
	가스단자 (원/ℓ)					
	가스비 (원/M)					
	용접재료비 소계 (원)					

Table 13-8 용접 Cost 분석표 (2/2)

용 접 방 법						비 고
개 선 형 상						
		전 면	이 면	전 면	이 면	
공임의 계산	아크 발생율 (%)					
	용접작업 시간 (min/M)					
	용접공임 단가 (원/시간)					
	용접공임 (원/M)					
	이면재 취부 공임 (원/M)					
	가우징 공임 (원/M)					
	공임 소계 (원)					
기타	용접기 가격 (원)					
	전력단가 (원/KWH)					
	용접기 전력효율 (%)					
	전력비 (원/M)					
	감가상각비 (원/M)					
	보수비 (원/M)					
	기타 소계 (원)					
총 계						

(3) 작업장의 안전규칙

용접 작업은 전기를 사용하고 밝은 불꽃이 생성되며, 인체에 유해한 가스가 발생하는 등 많은 위험 요소가 산재해 있다. 이장에서는 용접 작업장의 유해 환경에 대하여 알아 보고 작업장의 안전을 유지하기 위한 방안을 소개한다.

1) 보안경

눈과 얼굴을 보호하는 장비로는 용접 헬멧과 색안경이 있으며, ANSI Z87.1, Practice for Occupational and Educational Eye and Face Protection 을 참조하면 된다.

용접 작업장 내에서는 눈의 손상을 방지하기 위하여 필터 유리와 측면 차광 장치가 된 보안경을 착용하고 작업을 수행하여야 한다.

용접 작업장에서 사용되는 필터 유리(filter plate)의 종류는 아래와 같다.

Table 13-9 용접 작업장에 사용되는 필터 유리

용접 작업 종류	필터 유리 번호 (Filter Plate No.)
일반 작업장	2. (자외선 차단 착색 안경)
피복아크용접 (SMAW)	10, 12, 14
서브머지드아크용접 (SAW)	2, 3. (자외선 차단 착색 안경)
가스금속아크 용접 (GMAW, FCAW)	11, 12, 14.
가스텅스텐아크용접 (GTAW)	12, 14.
카본아크절단 (Air Carbon Arc Cutting)	12, 14.
플라스마절단 (Plasma Arc Cutting)	12, 14.
토치 경납땜 (Torch Brazing)	3, 4.
가스 용접 (Gas Welding)	4, 5, 6.
산소절단 (Oxygen Cutting)	3, 4, 5.

2) 작업복

용접 작업장에서는 날아 다니는 불똥, 스패터, 먼지 등과 용접 아크에서 발생되는 강렬한 자외선 등으로부터 작업자의 몸을 보호하기 위해서는 튼튼한 작업화 또는 부츠를 착용하고, 두툼한 작업복을 착용하여야 한다.

제일 좋은 작업복은 모직으로 만든 옷이며, 이는 모직천은 쉽게 타지 않으며 불똥에 접촉되어도 그 부위만 약간 손상될 뿐, 면 등과 같이 불이 번지지 않기 때문이다. 다음으로 많이 사용되는 재질로는 면직물이 있으나, 면직물은 불똥에 접촉되었을 때 계속적으로 불이 번지기 때문에 면 작업복은 반드시 방염처리를 하여 착용하여야 한다.

작업복은 기름, 그리스 등에 오염되지 않도록 하여야 하며, 특히 산소의 농도가 높은 작업장에서는 매우 위험하다.

용접작업에 착용하는 장갑은 화상 등으로부터 손을 보호하며, 또한 전기 쇼크 등을 방지해 준다. 용접 중 스파크(Spark) 또는 용접 불똥이 귀에 들어가는 경우도 있으며, 이러한 사고를 방지하기 위해서는 방염 처리된 재질로 된 귀마개를 착용하면 좋다.

3) 소 음

카본 아크 절단 (Air Carbon Arc Cutting)또는 플라스마 아크 절단(Plasma Arc Cutting)은 굉장히 큰 소음을 동반하는 절단 작업이다.

이러한 절단 작업시에는 귀마개를 착용하여야 한다.

4) 회전 기계의 보호 덮개

현장에서 사용중인 회전 기계 및 벨트류는 신체의 접촉을 방지하기 위하여 보호 덮개를 설치 하여 회전체에 의한 사고를 방지하여야 한다.

5) 용접 연기(Hume) 및 먼지

납이 함유된 페인트 또는 카드늄이 도금된 강재의 경우, 이들에 대한 용접 또는 절단 작업시 매우 유독한 먼지 및 연기가 발생된다.

아연 도금된 강재의 경우에도 용접 및 절단시 유해한 먼지 및 연기를 발생시킨다.

6) 밀폐된 공간에서의 용접작업

밀폐된 공간에서 용접 등의 작업을 수행할 경우, 가스 용기로부터 누출 되는 가스의 위험을 예방하기 위하여, 가스 용기를 밀폐된 공간의 외부에 배치하여야 한다.

밀폐된 공간에서 용접 등의 작업을 할 경우에는 적절한 환기 장치를 설치하여 밀폐된 공간의 공기가

❶ 산소의 함유량이 19.5% 이상 유지시키며,
❷ 산소의 함유량이 23.5% 이상 초과되지 않도록 하며,
❸ 인화성 가스가 축적되지 않도록 충분한 환기를 유지 시켜야 한다.

7) 독극물 금속 (Toxic Metals)

인체에 매우 위험한 독극물 금속은 안티몬(Antimony), 비소(Arsenic), 카드늄(Cadmium), 크롬(Chromium) 등이 있으며, 우리가 사용하는 강재, 용접봉 및 소모품 등에 포함된 이들의 함유량에 주의하여야 한다.

이러한 독극물들은 강재, 페인트, 기타의 물품에 함유 되어 작업장에 있을 수도 있다. 만일 우리가 사용하는 강재, 용접봉, 플럭스, 연마제 등에 이러한 독극물이 미량 함유되어 있을 경우에는 용접, 절단 등의 작업 시 특별한 환기 설비를 설치 운영하여야 한다.

Table 13-10 용접과 절단 작업에서 발생하는 유독성 물질

모재 혹은 용접 재료	유독성 물질
Carbon And Low Alloy Steel	Chromium, Manganese, Vanadium
Stainless Steels	Chromium, Manganese, Nickel
Manganese Steels and Hardfacing Materials	Chromium, Cobalt, Manganese, Nickel, Vanadium
High Copper Alloys	Beryium, Chroumium, Copper, Lead, Nickel
Coated or Plated Steel or Copper	Cadmium(1), Chromium, Copper, Lead, Nickel, Silver

Note : (1) Cadmium이 용접 재료 속에 포함되어 있으면 반드시 경고문이 부착되어야 한다. (ANSI/ASC Z49.1 Safety in Welding and Cutting)

8) 압축 가스의 취급 요령

압축 가스의 용기에는 절대로 용접을 하면 안되며, 용접 아크로 손상된 가스 용기는 폭발 되어 인명의 손상을 초래할 수도 있다.

아세틸렌 가스와 액화 가스 용기는 항상 바른 자세로 세워서 보관 및 사용 하여야 한다. 압축 가스를 사용하기 전에 항상 내용물을 확인하여야 하며, 내용물의 확인을 식별표식(label)을 사용하여 가스를 구분하고, 용기의 색깔 표기 방법은 신뢰성이 없다.

특히 고압 산소가스를 취급하는 밸브를 열때는 천천히 조작하여서, 고압 가스의 단열 재압축 현상에 의한 온도의 급격한 상승을 방지하여야 한다.

이러한 단열 재압축 현상은 고압가스의 밸브를 급격하게 열 때 발생된다. 고압 산소 가스를 조작할 경우, 이러한 현상에 의해 고열이 발생되면 밸브의 시트(Seat), 가스켓(Gasket) 등이 발화되고 화재가 발생되어 밸브의 금속이 녹는 사고가 발생될 수 있다. 따라서 고압 산소 가스에 연결된 밸브를 열때는 항상 천천히 조작하여야 한다. 또한 고압 가스 용기에 부착된 개폐 밸브를 열때는 항상 작업자가 밸브 출구쪽에서 있지 않도록 주의하여야만, 고압 가스의 급격한 분출, 화재사고 등으로부터 인명의 사고를 방지할 수 있다.

그리고 나서 순간적으로 고압 용기 밸브를 살짝 열었다가 잠금으로서 밸브 내에 있던 이물질들을 털어 낸 다음 감압 밸브 등을 연결한다.

9) 전기에 의한 감전 사고

전기에 의한 감전 사고는 신체를 통하여 충분한 전류가 흐를 때 발생된다. 즉 전기 감전의 충격은 신체를 통하여 흐르는 전류의 양, 전류가 흐르는 기간, 전류가 흐르는 통로(심장을 관통 할 때가 제일 위험), 감전된 사람의 건강 상태 등에 따라, 감전의 후유증은 변화된다. 신체를 관통하는 전류량이 6mA를 초과할 때 신체에 생리적인 손상(Physiological Harm)을 준다.

0.5mA의 전류량은 사람이 전류를 감지할 수 있는 감지 한계량 (Perception Threshold)라 한다.

현장에서 용접 검사를 수행할 때, 특히 무릎을 꿇은 자세, 앉은 자세 또는 누운 자세로 검사를 수행할 때는 전류가 통하는 전기선의 표면에 신체가 접촉되지 않도록 주의하여야 한다.

제14장 용접부의 파괴시험

1. 기계적 시험법

(1) 인장 시험 (Tensile Test, ASTM E 8 / 8M)

1) 인장 시험 방법

인장 시험은 금속이 가진 성질 중에서 인장 응력(Tensile Stresss)에 대한 저항성을 평가하는 것이다. 즉, 당기는 힘에 얼마나 잘 저항할 수 있는 가를 확인하는 것이다. 인장 시험에 사용되는 시편은 일정한 단면적과 거리를 측정할 수 있는 형상의 시편이면, 그 모양이 환봉(Round Bar), Plate, Pipe등 어느 형태라도 제한이 없다.

표면에 요철이나, 결함이 없는 시편을 제작하고, 이를 인장 시험기 혹은 만능 시험기를 사용하여 잡아당기면서 시험을 진행한다.

시험을 통해 측정할 수 있는 내용은 재료의 인장 강도(Tensile Strength), 항복점(Yield Stress), 단면 수축률(Area Reduction Ratio), 연신률(Elongation)등이다. 다음 그림은 AWS에서 추천하는 환봉 형태의 인장 시편의 표준 크기이다.

Nominal Diameter	Standard Specimen	Small-size Specimens proportional to Standard	
	12.5㎜ round	9㎜ round	6㎜ round
G Gauge Length	62.5 ± 0.1	45.0 ± 0.1	30.0 ± 0.1
D Diameter	12.5 ± 0.2	9.0 ± 0.1	6.0 ± 0.1
R Radius of fillet. Min.	10	8	6
A Length of reduced section. Min.	75	54	36

그림 14-1 인장 시험편의 표준 크기(ASTM E8M의 기준)

2) 인장 시험 곡선

인장 시험은 시편에 인장 응력을 가하면서 실시된다.

힘을 가해서 당기게 되면 시험편은 늘어나게 되고, 이때 하중과 변형과의 관계를 나타낸 곡선이 얻어지는데 이것을 응력-변형 선도(Stress-Strain Curve)라 한다. 다음 그림은 인장 응력과 변형과의 관계를 도식으로 표시한 것이다.

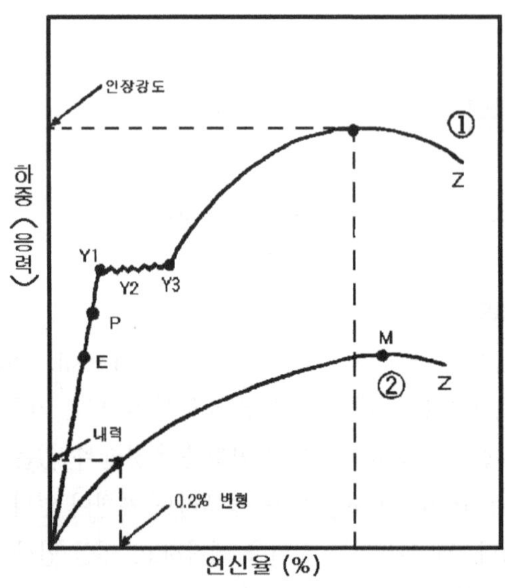

그림 14-2 인장 시험으로 얻어지는 응력과 변형의 관계

위 그림에서 ①번 곡선은 일반적인 탄소강에서 볼 수 있는 응력과 변형의 관계이고, ②의 경우는 낮은 힘만으로도 쉽게 변형이 발생되는 구리, 알루미늄등의 강종에서 볼 수 있는 응력과 변형의 특징이다.

인장 시험 곡선으로 통해 강종의 다양한 특성이 손쉽게 평가될 수 있다.

❶ 탄성 한도 및 비례 한도

강에 힘을 가하여 당기게 되면 어느 정도의 변형까지는 힘을 제거하면 다시 원래의 위치로 돌아가는 탄성의 성질을 가지게 된다.

위 그림에서 점 E는 탄성 한도 점이며 점 E의 하중을 시험편의 원 단면적으로 나눈 값이 탄성한도 이다.

$$E(\text{세로 탄성율}) = \frac{\text{응력}(\sigma)}{\text{연신율}(\varepsilon)}$$

E를 영률(Youngs modulus)이라 한다.

또한 점 P까지는 가해지는 하중과 시편이 변화하는 변형률이 비례하면서 나타나므로 이를 비례 한도점이라고 한다.

❷ 항복점 (Yielding Point)

그러나, 점 P를 초과한 하중이 작용하면 하중과 연신율 관계는 비례 관계로 존재하지 않는다. Y1에서 돌연 하중이 증가 없이 급격한 변형이 발생하여 Y3점까지 변형이 진행된다. 이렇게 맨처음 하중의 변화와 비례하지 않고, 급격한 변형의 증가가 나타나는 점 Y1을 상항복점(Upper Yield Point)라고 하고, 이러한 하중과 변형과의 관계가 그림 상에서 종료되는 Y3를 하항복점(Lower Yield Point)라고 한다.

그러나, 위 그림에서 아래 쪽에 위치한 곡선처럼 항복점의 위치가 불분명한 강종에 대해서는 0.2%의 영구 변형이 생기는 부분의 응력을 내력이라 하여 항복점과 동등하게 취급한다.

❸ 인장 강도 (Tensile Strengh)

인장 강도 (tensile strengh)란 시험 재료가 견디어낸 최대의 인장 응력을 시편의 원단면적 (A0)으로 나눈값을 말한다.

이 최대 인장 응력점 이상에서 시험을 지속하면 시험편의 단면적이 국부적으로 줄어 들면서 마침내 파단 (rupture)에 이르게 된다.

$$\text{인장 강도}(\sigma) = \frac{P}{A_0}(\text{kg/mm}^2)$$

σ : 인장 강도 (kg/㎟)
P : 하중 (kg)
A0 : 원단면적 (㎟)

❹ 연신율 (Elongation)

인장 시험편에서 파단후의 표점 거리와 처음 표점 거리간의 늘어남을 연신 또는 신장(Elongation)이라 하는데 이는 다음식에 의한다.

$$\text{연신율}(\varepsilon) = \frac{L_1 - L}{L} \times 100(\%)$$

ε : 연신율(%)
L : 초기 표점 거리
L1 : 파단후 늘어난 표점 거리

❺ 단면 수축률 (Reduction of Area)

시험 재료가 인장 응력에 의하여 늘어나면서 파단에 이르게 되면 시험편의 단면이 수축하는 과정을 겪게 된다.

파단후의 시험편의 최소 단면적을 처음 단면적에 대하여 비교한 것을 단면 수축률 (Reduction of Area)이라 한다.

$$\text{단면 수축률}(\Phi) = \frac{A_0 - A_1}{A_0} \times 100(\%)$$

Φ :단면수축율 (%)
A0 :원단면적 (㎟)
A1 :수축한 최소단면적 (㎟)

❻ 시편이 흡수한 에너지

이 개념은 별로 흔하게 적용하지는 않는 개념이다.

충격 시험을 통해 재료가 흡수하는 에너지를 알아 볼 수 있는 것과 마찬가지로, 강종이 파괴되는 과정에서 흡수하는 에너지를 인장 시험 곡선을 통해 알수 있다. 그림에서 인장 강도점 까지의 곡선을 적분하여 면적을 계산하면 그 값은 재료가 흡수하는 에너지 값이 되는 것이다. 실제 사용되는 빈도는 거의 없지만, 인장 시험 곡선을 해석하는 개념적으로 중요한 사항이다.

(2) 굽힘 시험 (Bending Test, ASTM E 855)

용접부에 내재되어 있는 결함의 유무를 조사하기 위하여 굽힘 시험을 한다.

굽힘 시험은 시험편을 적당한 크기로 절취하여서 자유 굽힘이나 형 굽힘에 의하여 용접부를 구부리는 것이다. 굽힘에 의하여 용접부 표면에 나타나는 균열의 유무와 크기에 의하여 용접부의 건전성을 평가하는 것이며, 시험편 굽힘 방법에는 표면 굽힘, 뒷면(이면)굽힘, 및 측면 굽힘(두꺼운 판의 경우)의 3종류가 있다.

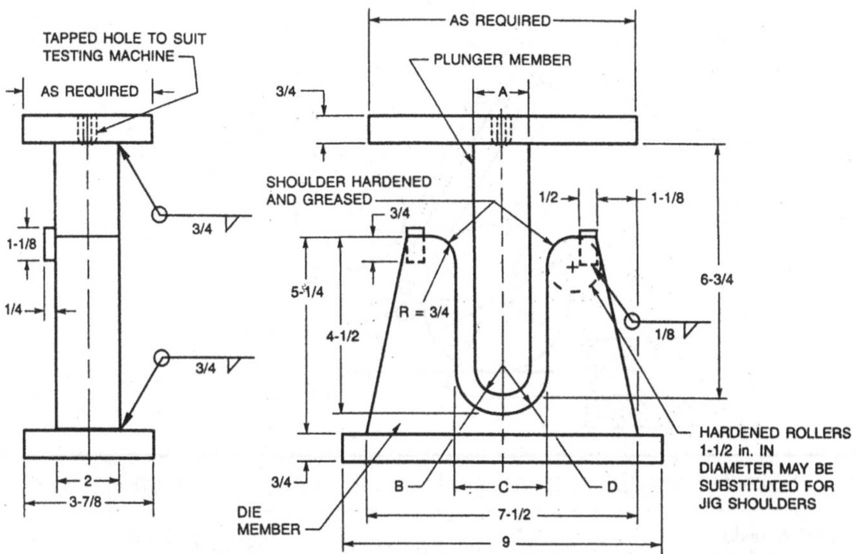

Specified or Actual base metal yield strength, psi	A (in.)	B (in.)	C (In.)	D (in.)
50,000 & Under	1-1/2	3/4	2-3/8	1-3/16
over 50,000 to 90,000	2	1	2-7/8	1-7/16
90,000 & over	2-1/2	1-1/4	3-3/8	1-11/16

Note : Plunger and interior die surface shall be machined-finished

그림 14-3 Guide Bend 시험 장비

굽힘 시험은 일반적으로 위 그림에서 보는 바와 같이 일정한 틀(Guide)을 사용하여 굽힘의 방향과 크기를 규정하는 방법과 자유스럽게 굽히는 방법 그리고 그림 14-4와 같이 시편의 한쪽 만을 원통형 시험 장비에 고정하고 원주 방향으로 굽히는 Wrap Around 방식의 세가지가 있다.

굽혀진 시험편의 결함 판독은 육안으로 혹은 10배 정도의 확대경을 사용한 마크로 시험을 통해 판단한다.

결함의 합부 판정은 AWS, API등 해당되는 규정에 따라 실시하며, 각 규정별로 결함의 종류에 따른 합부 기준을 제시하고 있으며, 일부에서는 용접 방법에 따른 판정 기준까지도 제시하고 있다.

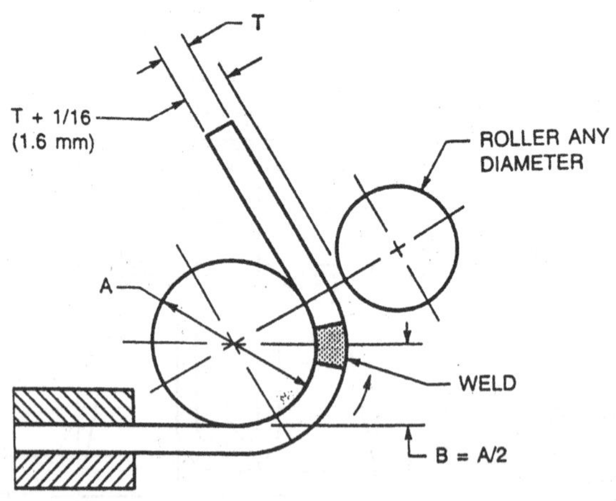

Specified or actual base metal yield strength, psi.	A (in.)	B (in.)
50,000 & under	1-1/2	3/4
Over 50,000 to 90,000	2	1
90,000 & over	1-1/2	1-1/4

그림 14-4 Wrap Around Bend Test 장비

Discard		this piece
Reduced-section		tensile specimen
Root-bend		specimen
Face-bend		specimen
Root-bend		specimen
Face-bend		specimen
Reduced-section		tensile specimen
Discard		this piece

QW-463.1(a) PLATES — 1/16 TO 3/4 IN.
PROCEDURE QUALIFICATION

Discard		this piece
Side-bend		specimen
Reduced-section		tensile specimen
Side-bend		specimen
Side-bend		specimen
Reduced-section		tensile specimen
Side-bend		specimen
Discard		this piece

QW-463.1(b) PLATES — OVER 3/4 AND
ALTERNATE 3/8 TO 3/4 IN.
PROCEDURE QUALIFICATION

그림 14-5 WPS 승인을 위한 Bend Test 시편

(3) 경도 시험 (Hardness Test)

금속의 경도는 기계적 성질을 결정하는 중요한 것으로서 인장 시험과 더불어 널리 사용되고 있다. 경도란 물체의 견고한 정도를 나타내는 수치로서 경도 측정 방법에 따라 다음과 같은 것들이 있다.

1) 브리넬 경도 (Brinel Hardness, ASTM E 10))

현장에서 간이로 경도를 측정하기 위해 가장 널리 사용되는 경도 측정 방법이다. 일정한 지름의 강철 보올(10mm, 5mm)을 일정한 하중 (3,000, 1,000, 750, 500kg)으로 시험 표면에 압입한 후에, 이때 생긴 오목 자국의 표면적으로서 하중을 나눈 값을 브리넬 경도 H_B라 한다.

$$\text{즉, } H_B = \frac{2P}{\pi(D-\sqrt{D^2-d^2})} = \frac{P}{\pi Dt}$$

자국의 지름은 브리넬 경도계에 부속되어 있는 계측 확대경으로 읽고 경도 값은 비치된 환산표를 사용한다.

현장에서 사용되는 간이 측정 방법은 Tele-Brinel이라는 이름으로 불리며, 검사 대상 강재와 기준 시편을 포개어 놓고 한꺼번에 망치로 쳐서 각각의 표면에 나타나는 압입 자국의 크기를 비교하여 경도를 측정한다. 그러나, 이 방법은 망치의 타격 각도와 기준 시편의 정밀도에 따라 약간의 오차를 보이고, 늘 기준 시편이 준비되어야 하는 불편이 있다.

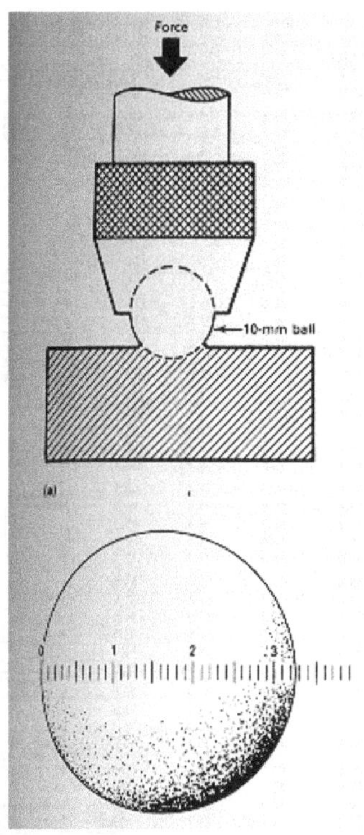

그림 14-6
Brinel 경도 측정

최근에는 이러한 불편을 해소하고 보다 간편하게 경도를 측정하기 위해 스프링의 힘으로 직접 재료 표면에 하중을 가하는 Balman Type의 경도계가 사용되고 있다. 그러나, 이 경도계는 스프링의 힘을 늘 일정한 수준으로 교정해야 하는 어려움이 있다.

브리넬 경도는 시험편이 적은 것이나 얇은 두께의 재료, 침탄강, 질화강의 표면 경도 측정에는 적당치 않다. 우측의 그림은 브리넬 경도 시험기의 압입 자국에 대한 것을 나타낸 것이다.

2) 로크웰 경도 (Rockwell Hardness, ASTM E 18))

로크웰 경도는 시험편의 표면에 지름이 $1.5875mm$ ($\frac{1}{16}$ inch)인 강구(Steel Ball) 압자(B 스케일)나 꼭지각이 120°인 원뿔형(C스케일)의 다이아몬드 압자를 사용하여 경도를 측정한다. 초기 기준 하중(대개 10kg)을 을 주어 시편을 고정하고, 다시 각 검사 스케일에 따라 본 하중을 부가적으로 가한다.

하중을 제거한 후에 오목 자국의 깊이가 지시계 (dial indicator)에 나타나서 경도를 나타낼 있는 것으로 그 표시법은 HR이다.

연한 재료에는 (연강, 황동) B 스케일과 C스케일, 담금질강, 단단한 재료의 경도 측정에는 C스케일이 사용된다.

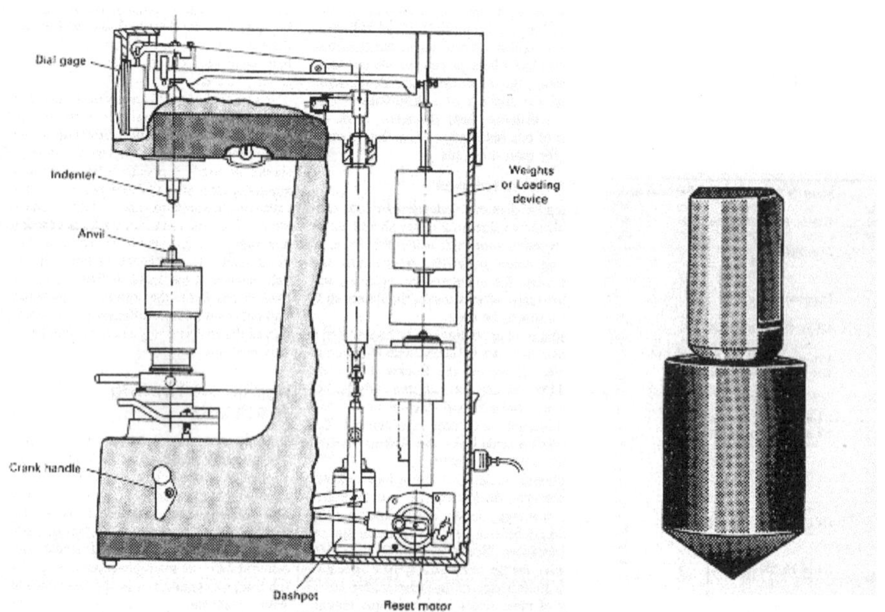

그림 14-7 Rockwell 경도 측정기와 원추형 압자

Rockwell 경도는 실험실 등에서 널리 사용되고 있지만, 반드시 시편을 제작하여 경도를 측정해야 하는 어려움이 있다. 즉, 현장에서 손쉽게 적용할 수 없는 단점이 있다.

Table 14-1 Rockwell 경도 측정에 사용되는 압자의 종류와 스케일

스케일(Scale)	압자	하중	적 용 재 료
H	1/8 강구	60 (kg)	대단히 연한 재료
E	1/8 강구	100	대단히 연한 재료
K	1/8 강구	150	연한 재료
F	1/16 강구	60	백색 합금등의 연한재료
B	1/16 강구	100	강등의 비교적 경한 재료
G	1/16 강구	150	강등의 비교적 경한 재료
A	다이아몬드 원추	60	초경합금등의 경한 재료
D	다이아몬드 원추	100	초경합금등의 경한 재료
C	다이아몬드 원추	150	극히 경한 재료

3) 비커어스 경도 (Vickers Hardness, ASTM E 92)

비커어스 경도는 꼭지각이 136°인 다이아몬드 제 4각 추의 압자를 1~120kg의 하중으로 시험 표면에 압입한 후에, 이때 생긴 오목 자국의 대각선을 측정하여서 미리 계산되어진 환산표에 의하여 경도를 표시한다.

비커어스 경도 (Hv)는 하중 (P)을 오목 자국의 표면적 (A)으로 나눈값이며 아래 식으로 표시되고, 단단한 강이나 정밀 가공품, 박판등의 시험에 쓰인다.

$$H_V = \frac{\text{하중(Kg)}}{\text{오목자국의 표면적}(mm^2)} = \frac{1.8544P}{D_2}(Kg/mm^2)$$

4) 쇼어 경도 (Shore Hardness, ASTM E 448))

쇼어 경도는 Hs로 표시하며, 작은 강구나 다이아몬드를 붙인 소형의 추 (2.5g)를 일정높이 (25cm)에서 시험표면에 낙하시켜서, 그 튀어 오르는 높이에 의하여 경도를 측정하는 것으로서 오목 자국이 남지 않기 때문에 정밀 제품이나 완성 제품등의 경도 시험에 널리 쓰인다.

경도 시험할 때 주의할 점은 낙하체의 통로인 유리관을 수직으로 해야 하며 반복하여 시험할 때는 위치를 바꾸어야 한다.

최근에는 경도치가 다이얼 지시식에 의하여 측정되고 정밀도가 향상되고 있어 연질 재료의 경도라도 안정적인 경도치를 읽을수 있다.

쇼어 경도 계산식

$$H_S = \frac{10000}{65} \times \frac{h}{h_0}$$

h0 : 낙하물체의 높이(25cm)
h : 낙하물체의 튀어오른 높이

최근에 현장에서 많이 사용되는 EQUOTIP 경도계의 원리가 바로 이 쇼어 경도계이다. 크기가 작고 휴대하기 좋아 널리 사용되고 있다.

그러나, 이 경도계의 단점은 표면 거칠기 상태에 따라서 측정값의 오차가 크게 나올 수 있다는 점이다.

지금까지 여러가지 경도 시험에 대해서 설명하였으며 정확한 경도를 측정하려면 측정 조건을 갖춘 후에 측정부의 3곳 이상을 측정하여 산술 평균치를 경도 값으로 정해야 한다.

(4) 충격 시험 (Impact Test, ASTM E23, ASME SEC.VIII UCS-66, UG-84)

재료가 충격에 견디는 저항을 인성 (靭性 : Toughness)이라고 하며, 인성을 알아보는 방법으로는 샤르피식 (Charpy type)과 아이조드식 (Izod type)이 있으며 이들은 다음 그림 14-8과 같은 U 또는 V 노치 충격 시험편을 이용하고 있다. 시험편이 파단할 때 까지 흡수하는 충격에너지가 클수록 인성이 큰 것이며 동일한 재료일 때는 인장 시험에서 연신율이 큰 것이 일반적으로 크게 나타나고 있다.

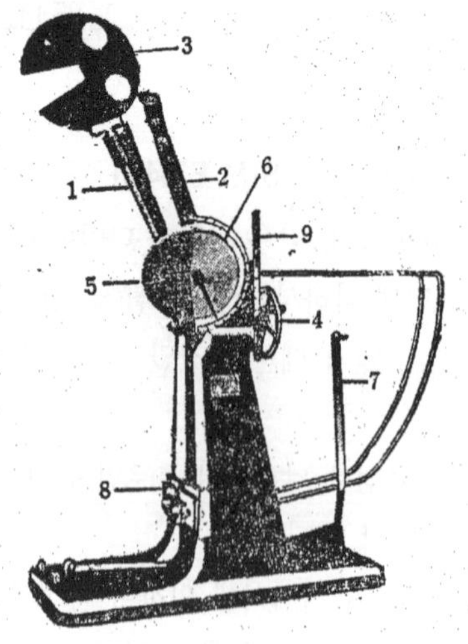

그림 14-8 Charpy Impact 시험 장비

Charpy Type과 Izod Type의 차이점은 시편을 고정시키는 방식의 차이이다. Charpy

Type은 시편의 양쪽 끝단을 고정시키지만, Izod Type은 시편의 한쪽만을 고정하여 충격을 가한다.

Charpy Type의 충격 시험기는 오른쪽 그림의 형태를 유지하고 있으며, 가장 널리 사용되는 방식이다.

자유 낙하하는 Pendulum의 위치 에너지가 시험기 하부에 고정되어 있는 시편에 충격을 가하게 된다.

시편은 충격 에너지를 흡수하여 파단에 이르게 되고, Pendulum의 남은 에너지 만큼의 힘이 6번의 지시계에 나타나게 된다.

충격치는 흡수 에너지에 대한 시험편의 유효 단면적으로 나타내는데 다음식에 의한다.

흡수 에너지 (E) = Wh = Wl (cosa2 - cosa1) (kg-m)

충격치 = E/A (kg-m/㎠)

W = 진자의 무게 (kg)

l : 진자 회전 중심에서 중심까지의 거리 (cm)

A = 시험전의 유효 단면적 (㎠)

A1 : 처음 진자(Pendulum) 위치에서 충격 위치까지의 이동각도

A2 : 충격 위치로부터 튀어 오른 진자 높이까지의 강도

정확한 실험 결과를 얻기 위해서는 시편의 정밀한 가공이 필수적이다.

시편에 형성된 Notch의 각도와 대칭성이 정확하게 이루어 져야 시편에 가해지는 충격에너지를 시편의 전면에서 고르게 흡수할 수 있게 된다.

또한 시편 표면에는 가공된 Notch이외의 어떠한 결함도 존재하지 않도록 하여야 한다. 예전에는 Milling Machine등을 사용하여 기계적으로 홈(Notch) 가공을 하였으나, 최근에는 가공의 정밀도를 확보하기 위해 방전 Wire 가공 등을 사용한다.

다음의 그림은 충격 시험을 위한 시편의 Notch 가공의 형태이다.

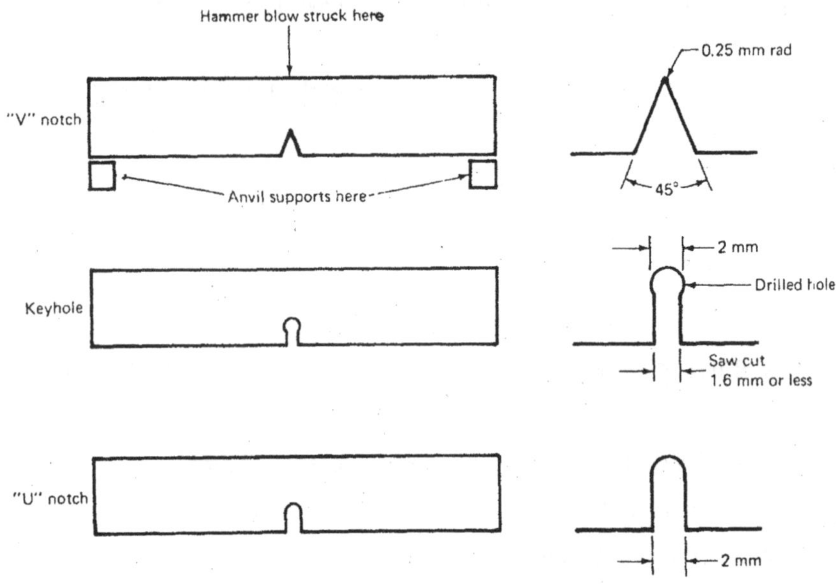

그림 14-9 충격 시험을 위한 시편의 Notch 가공

(5) 피로 시험 (ASTM E 1049, E466, E606등)

재료가 인장 강도나 항복점으로 부터 계산한 안전 하중 상태에서도 작은 힘이 계속적으로 반복하여 작용하면 파괴를 일으키는 일이 있다.

이와 같은 파괴를 피로(Fatigue) 파괴라 한다.

그러나 하중이 어떤 값보다 작을 때에는 무수히 많은 반복 하중이 작용하여도 재료가 파단하지 않는다. 영구히 재료가 파단하지 않는 응력 중에서 가장 큰 것을 피로 한도(Fatigue Limit)라 한다.

용접이음 시험편에서는 명확한 평단부가 나타나기 어려우므로 2×10^6회 ~ 2×10^7회 정도가 견디어 내는 최고의 하중을 구하는 경우가 많다.

피로 시험에 영향을 주는 것은 시편의 형상, 다듬질 정도, 가공법, 열처리 상태등에 따라 결정된다.

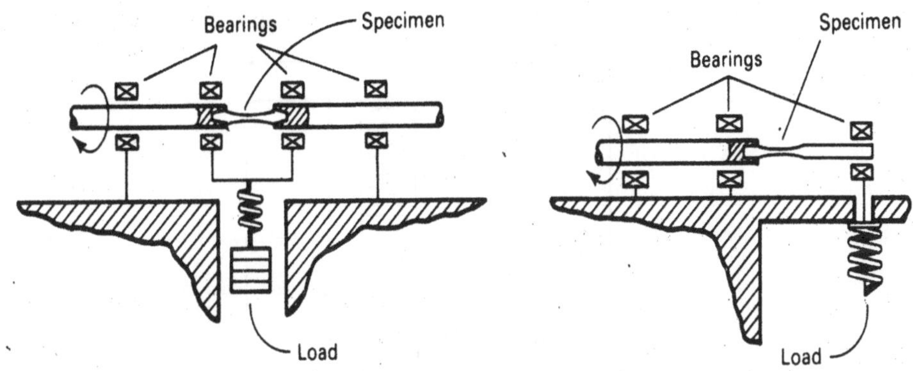

그림 14-10 회전형 피로 시험기의 원리

2. 용접 균열 시험법

용접 균열은 용접시 용접부에서 발생하는 구속 응력이 경화 조직과 확산성 수소와 같은 요인들의 상관 관계에 의해 결정되는 균열 발생에 대한 재료의 저항력 (균열 발생 한계 응력) 보다 클 때에 발생한다고 볼 수 있다.

그러므로 이러한 용접 균열을 방지하기 위해서는 실제 구조물의 용접 시공시 발생되는 구속 상태하에서 용접을 실시하여 균열 발생 한계 조건을 평가 하는 시험법이 필요하다. 이러한 목적으로 널리 사용되고 있는 것이 다음과 같은 시험법이다.

(1) Slit 형 용접 균열 시험

이 방법은 일반 구조용 압연 강재 혹은 이에 준하는 재료의 용접 균열 상태를 조사하는 것으로 데켄(Teckken) 방식이라고도 불린다.

다음의 그림 14-11에 표시하는 바와 같이 Y형 홈 이음부에 1층 용접을 행하여 균열 발생 상황을 조사 하는 것이다.

Slit의 가공은 가스 절단 또는 기계 가공으로 행하고, 용접은 하향 용접을 행한다.

좌측의 Slit을 먼저 용접 하고 새로운 용접봉으로 우측의 Slit을 용접한다.

용접이 완료된 이후에 균열의 유무와 균열 길이를 측정하고, 다음 식을 이용하여 균열율을 산출한다.

$$C = \frac{\Sigma \ell}{160} \times 100(\%)$$

C : 균열율
$\Sigma \ell$: 균열의 전체길이(mm)

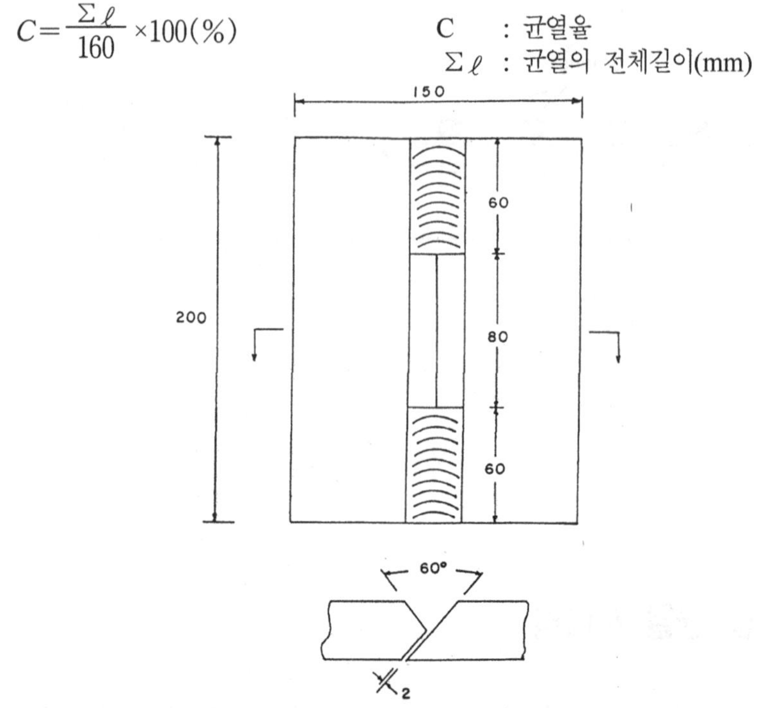

그림 14-11 Slit형 구속 균열 시험편

(2) Stout (Lehigh) Slot형 용접 균열 시험

이 시험은 탄소강 및 저합금강, 보일러용 압연강의 균열 시험에 이용되는 것으로, 연강용 피복 Arc 용접봉 또는 고장력 강용 Arc 용접봉을 이용하여 용접 시험편이 소정의 온도가 되었을 때 표준 조건으로 용접을 행한다.

$$C = \frac{\Sigma \ell f}{L} \times 100(\%)$$

Cf : 균열율 L : 길이(mm)
$\Sigma \ell f$: 균열의 길이(mm)

시험 결과는 48시간 후 육안으로 균열의 유무 및 길이를 측정하여 다음식으로 균열율을 산출한다.

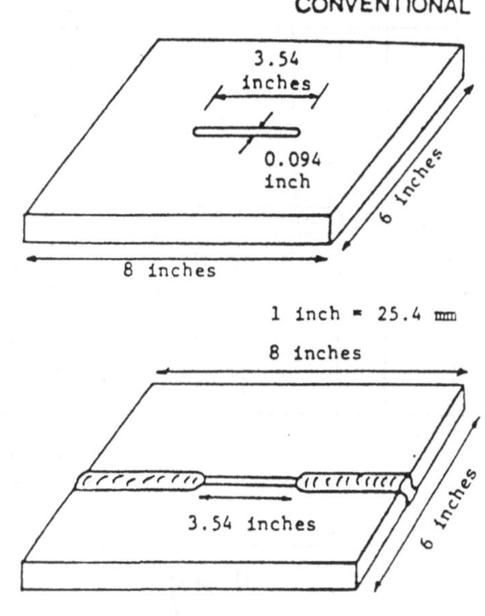

그림 14-12 Stout (Lehigh) Slot형 용접 균열 시험편

(3) 리하이 구속형 (Lehigh Restraint Type) 용접 균열 시험

구속형 맞대기 용접 균열 시험으로, 시편 주위에 Slit을 만들고 Slit 길이를 변화 시키면 구속도가 변하게 된다. 즉, Slit의 길이를 짧게 하면 구속도가 커진다. 따라서 균열이 발생되기 쉽게 된다.

시험편의 용접은 표면측에 1층 용접한다.

균열의 측정은 용접 절단면의 부식시험(Etching)에 의해 육안으로 관찰한다.

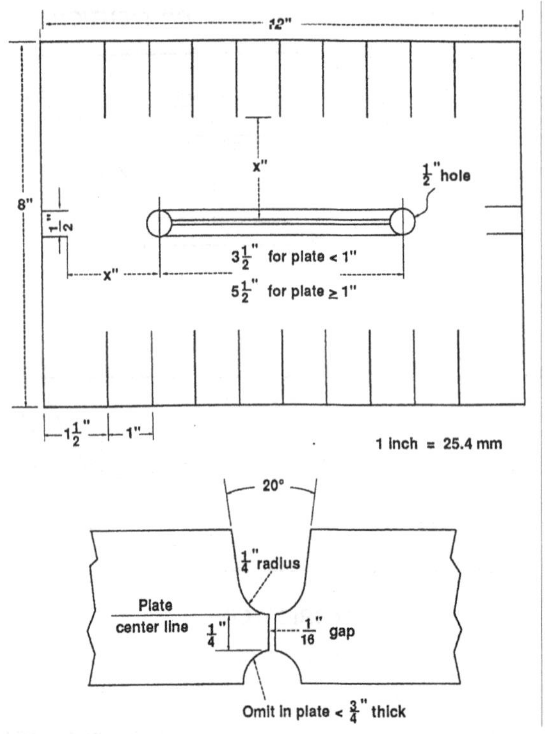

그림 14-13 Lehigh Restraint 균열 시험편

(4) Implant 시험

Implant 형 용접 균열 시험은 H. Granjon에 의해 제안되어 국제 용접 학회(IIW)에서 강재의 용접 균열 감수성 평가 시험법으로 채택되고부터 세계적인 용접 균열 시험법으로 그 지위를 확보하게 되었다.

원형 Notch를 갖는 원형 시험편을 Backing Plate에 미리 가공해 둔 구멍에 삽입한 후 시험편 상단부에 용접 Bead가 통과하도록 Bead on Plate 용접을 실시한다. 이때 용접에 수반되는 용접 열 사이클로 인해 시험편 상단부에 용접 본드부 및 열 영향부가 형성된다.

시험편에 하중을 부가하는 방법으로서는 용접부가 150℃로 냉각되었을 때를 부가 하중 시점으로 하여 파단 까지의 시간을 조사한다.

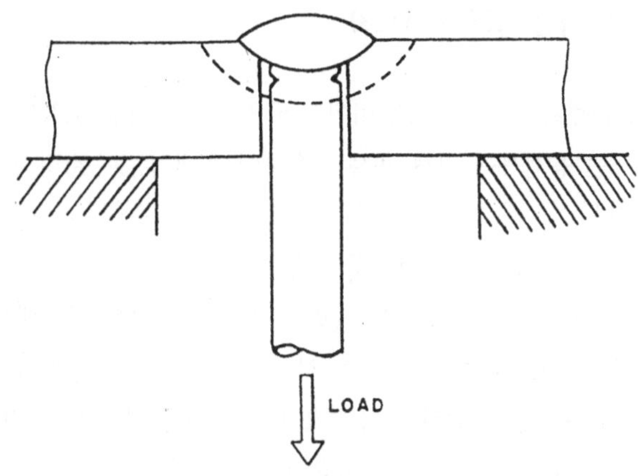

그림 14-13 Implant 시험법

3. 화학적 시험법

(1) 화학 분석

화학 분석은 글자 그대로 용접부에 포함되어 있는 각 합금 성분을 알기 위한 금속 분석을 하는 것이다. 분석 방법에는 습식과 건식의 두 가지로 구분할 수 있으며, 신뢰도 면에서는 습식이 우세하다.

건식은 흔히 Electric Arc를 사용하여 금속 표면에서 발생하는 합금 원소의 Spectrum을 분석하는 방법이 가장 일반적이다.

그러나, 이 건식 방법은 탄소를 정확하게 측정하기 어려우며, 특히 질소, 산소 등의 각종 가스 성분의 정확한 검출이 어려운 단점이 있다.

화학 분석을 통해 금속 성분은 물론, 함유 불순물, 가스 조성의 종류와 양(습식의 경우), 슬래그의 성분까지도 알 수 있으나 분포 상태(편석 등)는 알 수 없다. 현장에서 쉽게 사용되는 간이 건식 장비의 대표적인 것은 영국에서 생산되는 Metascope라는 장비로서, 장비의 크기가 작고 휴대가 편리해서 100V 전원만 있으면 어디에서든지 사용할 수 있는 장점이 있다.

그러나, 이 장비는 비록 Spectrum 분광 사진을 통해 시험 결과를 보고서에 첨부할 수는 있으나, 판독자 이외에는 Spectrum의 상태를 현장에서 직접 확인할 수 없고, 무엇보다 객관적인 증빙의 어려움이 있다.

(2) 확산성 수소 시험 (JIS Z 3118)

용접부에 용해된 수소는 가공, 비이드 균열, 은점, 선상 조직등 결함의 큰 요인이 되므로, 용접 방법 또는 용접봉에 의해 용접 금속중에 용해되는 수소량의 측정은 중요한 용접 시험법의 하나이다.

따라서, 새로운 Process를 적용하거나, 용접 재료의 품질에 의심이 가는 경우에 많이 요구되고 있다. 국내에서는 초기 FCAW 용접을 적용하는 과정에서 용접 방법과 용접 재료에 대한 신뢰 부족으로 확산성 수소 시험을 요구하는 발주처가 많았었다.

확산성 수소는 용접 조건과 용접 후열처리 상태에 따라 많은 차이를 보이므로 정확한 시험을 하기 위해서는 많은 주의가 필요하다.

1) 45℃ 글리세린 치환법

이 방법은 아래 그림 14-15와 같이 시편(130 x 25 x 12)을 준비하고 시편의 중앙부에 길이 115mm의 용접을 실시한다.

용접이 끝난 다음 즉시 얼음물에 담가 급냉 시켜 (용접후 90초이내) 물기를 제거한 후에 3 등분하여 준비된 45℃의 글리세린 속에 넣고 48 시간 수소 포집기로 포집한다.

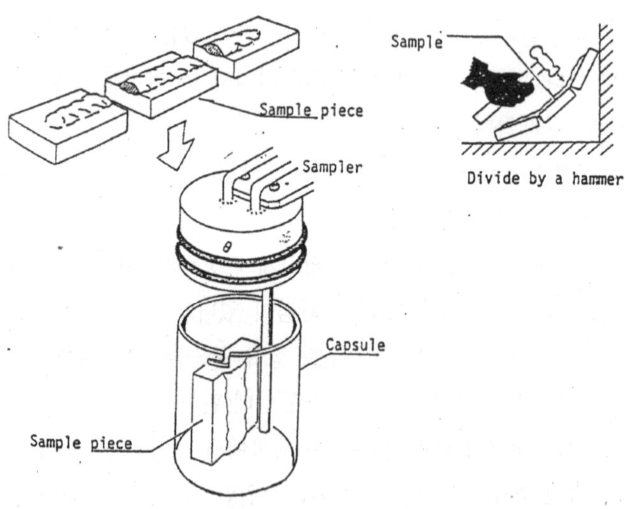

그림 14-15 수은에 의한 확산성 수소 시험 방법

2) 수은에 의한 법

글리세린 대신 수은 중에서 수소를 포집하는 방법이다.

이외에도 Ar Gas를 충진한 상태에서 수소를 포집하는 방법도 있다.

3) 진공 가열법

그러나, 널리 사용되는 위와 같은 시험 방법에 한가지 문제점이 있다.

위의 (1), (2)의 방법으로 포집된 수소는 용접 중에 용해한 전체 수소량이 아니라 보통 확산성 수소라는 것이다. 용접 중에 용해한 전체 수소량을 알기 위해선 용접 전에 모재에 함유된 수소량을 알아야 한다.

모재의 용접전 수소량을 알기 위해 진공중에서 800℃로 가열하여 수소를 포집하는 방법이 있으며 이것이 진공 가열법이다.

일반적으로 저수소계 용접봉의 용접 금속중 수소량은 0.1cc/g 이하로 제한되고 있다.(JIS Z 3221)

4. 야금적 시험법

(1) 육안 검사 (파면 시험)

용접 금속이나 모재를 깨뜨려 보아 파단된 면의 결정의 미세정도, 균열, 슬래그 섞임, 기공, 선상조직, 은점 등을 육안 (눈이나 돋보기) 관찰로서 검사하는 방법이다. 이 방법은 결함이 큰 것이나 대략적인 판별만으로 충분한 경우에 쓰이며 파면중에 은백색으로 빛나는 파면은 취성 파면이고, 쥐색의 치밀한 파면은 연성 파면이다. 가장 흔하게 볼 수 있는 파면의 양상은 충격 시험편의 단면에서 확인할 수 있다. 구조용으로 사용되는 0.2% 정도의 탄소를 함유한 탄소강의 경우에는 충격 시험의 단면에 연성 파괴면과 취성 파괴면이 공존하여 나타나는 경우를 확인할 수 있다.

(2) 현미경 시험 (ASTM E 407)

재료의 조직이나 미소 결함등을 수십 또는 수백배로 확대할 수 있는 현미경으로 정밀 관찰할 수 있는 것이 현미경 시험이다. 요즈음은 전자 현미경의 발달로 4,000배 이상 확대가 가능하며 부속된 장치에서 조직을 확대한 화면을 바로 볼 수 있는 장치와 사진 자동 촬영 장치등으로 더욱 정밀 관찰이 가능하다. 이 현미경 시험을 통해 시편의 조직 뿐만 아니라 합금 성분의 분포와 편석 유무 등도 확인이 가능하다.

Table 14-2 광학 현미경과 전자 현미경의 비교

항 목	전자 현미경	광학 현미경
광원 (빛)	전자빔	가시광선
파장	0.0859Å (20kv) ~ 0.0251Å (200kv)	7,500Å (가시광선) ~ 2,000Å (자외선)
전파 매질	진공	공기
렌즈 (방법)	전자기 렌즈 (전기장 혹은 자기장)	유리 렌즈 (유리)
조리개 각도	~ 35	~ 70。
분해능	점 분해능 : 3.5Å 격자 분해능 : 1.4Å	가시광선 : 2,000Å 자외선 : 1,000Å
사용 배율	100 X ~ 450,000X 연속적으로 변화	10 X ~ 2,000X 렌즈 교환
초점 조절	전기적	기계적
콘트라스트 기구	산란, 흡수, 회절, 위상차	흡수, 반사

예전의 광학 현미경을 사용한 조직 검사에서 최근에는 전자빔을 이용한 TEM (Transmission Electron Microscope), SEM (Scanning Electron Microsope) 등의 전자 현미경 까지 사용되고 있다. 물체로부터 반사(발산)되는 빛(광원)을 렌즈의 작용에 의해 확대 영상을 만드는 기본 원리는 전자 현미경과 광학 현미경이 동일하지만 광원의 차이와 상 분해 성능과 그 원리에 있어서 위 Table 14-2와 같은 차이점 들이 있다.

(3) 표면 복제법(Replica) 시험법

1) 개 요

이 검사 기법은 대상 설비나 재료에 대해 금속 조직 검사를 하고자 할 때 대상물을 파괴하지 않고 선정된 부위의 조직을 복제용 필름으로 복제하여 조직 검사를 할 수 있는 방법으로 일종의 조직 샘플 채취 방법으로 볼 수 있다.

2) 용 도

표면 복제 조직 검사 기법은 세밀한 주의력, 집중력과 훈련된 기술을 필요로 하며, 주로 일반적인 비파괴 검사로는 발견할 수 없는 다음과 같은 경우의 조직상의 이상 상태를 검사하는데 사용된다.

❶ 석유화학 플랜트 설비 중에서 고온에 장시간 노출되어 있는 설비의 안정성 평가

❷ 균열, 파열로 인한 사고시 원인 규명

❸ 재료의 열처리후 적정성 평가

❹ 설비의 수명 평가
❺ 균열 발생 가능성이 큰 설비의 이상 조짐 확인
❻ 기타 현장에서 필요시

3) 필요 장비

이 검사 기법은 현장에서 직접 검사를 수행하므로, 사전에 검사에 필요 장비를 빠지지 않고 준비해야 한다.

❶ Grinder, 사포(Sand Paper), 이동식 연마기(Portable Polisher)
❷ 연마지(Polishing Paper) 및 Diamond Paste
❸ 세척액(증류수, 알콜), 윤활용액(Lubricant), 아세톤, 에칭액(Etching Solution)
❹ 복제용 필름
❺ 핀셋, 솜, 비닐백, 슬라이드 등

4) 방법 및 절차

표면 복제의 의한 조직 검사 방법 및 절차는 다음과 같다.

❶ 검사대상 부위 선정
❷ 필요 장비 준비
❸ 대상 부위의 이물질 제거

Grinding Macro-Polishing(Sand Paper 사용)을 실시한다. Sand Paper는 단계별로 #120~#1200를 사용하고, 단계 개수는 적절히 정한다.

단계 상승시에는 전단계의 스크래치를 완전히 없앤 후 조정한다.

Polishing과정 중 접촉면에 열이 발생하므로 증류수를 중간중간에 뿌려 냉각시킨다.

❹ Micro-Polishing(연마지와 Diamond Paste 사용) : 6㎛~1㎛까지의 Diamond Paste와 그에 합당한 연마지를 사용한다. Polishing 과정중 윤활 용액을 적절히 뿌리면서 계속한다. 연마 결과는 연마 표면에 미세한 스크래치(Scractch)가 없고, 거울과 동등한 상태면 완료한 것으로 한다.
❺ Etching(표면 부식) 실시 : 에칭액은 재질에 적합한 것을 사용하고, 솜에 에칭액을 충분히 적셔 핀셋으로 잡아 대상 표면에 접촉시켜 시행한다.
❻ 필름 부착 : 복제용 필름은 적절한 크기로 절단하여 필름의 부착면에 아세톤을 뿌린 다음 대상 표면에 접착시킨다. 이때 필름면에 기포가 있어서는 안된다.
❼ 필름 채취 : 필름 접착후 일정시간(약 10분, 손으로 필름을 떼어봐서 살며시 떨어지면 적당)이 경과후 필름을 떼어내고 비닐백에 보관한다. 검사부위에 대한 정보를 견출지에 기록하여 필름에 부착함으로 식별이 가능하게 한다.

❽ 필름 Coating : 광학 현미경을 통한 조직의 검사를 위해서는 Film의 반사가 이루어 져야 한다. 이를 위해 조직이 복제된 면은 Gold Coating한다.(필름 자체에 Coating된 것은 제외)

5) 필름 관찰 및 평가

❶ 필름 관찰은 주로 금속 현미경을 통해 시행한다.

❷ 일반적인 금속조직의 열화상태는 표준 조직 사진과 비교하거나, 조직 검사에 지식과 경험이 풍부한 전문가에 의뢰하여 평가를 실시할 수 있도록 한다.

❸ Creep 손상을 목적으로 조직 검사를 한 경우의 평가는 보통 A-Parameter법, 면밀도법 등을 이용하나 그 해석이 난해하고, 결과의 변동이 많다.

❹ 일반적인 Microcrack은 누구나 현미경상에서 쉽게 식별이 가능하고, 일단 Crack을 발견하면 보수 및 교체를 고려해야 한다.

제15장 용접부 비파괴 검사

현재 현장에서 사용중인 용접 품질 관리 체제에 있어, 용접 구조물 및 부품의 제작 검사에 육안 검사가 가장 많이 사용되고 있으며, 용접 검사의 근간을 이루고 있다. 모든 용접관련 기술 규정(code and standards)도 용접의 품질을 보증하기 위한 최소한의 방법으로서, 제작시 용접부에 대한 육안 검사를 수행하도록 규정하고 있다. 비록 용접 관련 기술 규정에서 육안 검사에 추가하여 비파괴 검사와 파괴 시험을 요구하는 경향이 있지만, 이는 육안 검사를 보완 또는 보강하는 의미가 있다.

이 책에서는 모든 산업 분야에서 사용되는 육안 검사 방법과 비파괴 검사 방법들을 모두 다룰 수는 없지만, 용접 품질 관리 체제의 기본요소로서 적용되는 육안 검사와 육안 검사를 보완하는 비파괴 검사 방법들에 대하여 다루고자 한다. 또한, 일반적으로 용접 검사원들이 수행하여야 하는 용접 검사의 업무 내역에 대하여서도 검토하고자 한다.

1. 용접 검사원의 임무

현장 용접 검사원의 임무 중 많은 부분은 용접 검사를 담당하는 검사 조직이 담당하여야 하는 것으로서, 이들 임무들은 주로 용접 관련 규정에 익숙해지는 것과 용접 검사의 수행 시점을 결정하는 일, 용접 검사 보고서의 작성 및 보관 체제의 개발 업무, 용접 검사와 관련된 모든 정보의 수집, 관리 및 유지 업무 등을 들 수 있다.

Table 15-1 용접 검사 점검 사항 (1/2)

검사 시점	검사 항목
용접전 검사 항목	- 관련 제작 사양, Code, Specification및 도면 검토
	- 용접 사양서(WPS), 용접 사양 인증서(PQR) 검토
	- 용접사 자격 인증기록 검토
	- 제작 공정표 및 검사 계획서 검토
	- 검사 Witness Point및 Hold Point 선정
	- 용접 검사원의 검사 계획서 작성
	- 용접 검사 기록에 대한 체제 확립

Table 15-1 용접 검사 점검 사항 (2/2)

검사 시점	검사 항목
용접전 검사 항목	- 용접 불량의 표시 방법을 확립
	- 용접 장비 및 관련 치공구의 상태 점검
	- 사용될 강재 및 용접봉의 품질 등급 점검
	- 용접 개선 형상 검사
	- 용접 취부 검사
	- 용접 취부 치공구의 상태 점검
	- 용접 개선면의 청결 검사
	- 예열 온도 점검 (WPS 요구시)
용접중 검사 항목	- 용접 변수를 용접 사양(WPS)과 비교 점검
	- 매 용접Bead의 용접 순서 및 위치 확인
	- 매 용접Bead에 대한 용접 검사 수행
	- 매 용접Bead에 대한 Slag 청소 확인
	- 중간 용접에 대한 층간 온도 확인
	- Back Gouging된 부위의 표면 검사
	- 필요시, 용접중 비파괴 검사의 확인 검사
최종 용접 검사 항목	- 최종 용접 표면 및 형상 확인
	- 용접 두께 또는 용접 각장 확인
	- 용접 길이 확인
	- 용접 구조물에 대한 치수 확인
	- 필요시, 최종 비파괴 검사의 확인 검사
	- 필요시, 용접후 열처리의 확인 검사
	- 용접 검사 보고서 작성

용접 검사원의 임무는 광범위하고, 용접 구조물의 전 제작과정에 걸쳐 검사업무를 수행하여야 하기 때문에 검사 점검표(Inspection Checklist)를 활용하면 매우 유용하다. 이러한 검사 점검표를 사용하면 검사 업무를 조직적으로 수행할 수 있으며, 주어진 검사업무를 빠짐없이 수행할 수가 있다.

Table 15-1은 육안 검사 뿐만 아니라 전반적인 용접 검사에 사용되는 대표적인 점검 사항을 보여주는 사례이다.

비록 육안 검사는 검사 장비를 필요로 하지는 않지만, 용접 검사를 수행할 때 많은 도움을 주는 몇 가지 검사용 도구들을 사용하기도 한다.

2. 육안 검사(Visual Inspection - VT)

(1) 육안 검사원의 자격

비록 육안 용접 검사 방법이 비교적 손쉬운 검사 방법이라 해도, 누구나 육안 용접 검사를 수행할 수 있다고 생각해서는 안된다.

미국 용접 학회(AWS)는 육안 용접 검사를 수행하는 용접 검사원의 중요성을 인지하여, 용접 검사원에 대한 최소한의 용접 지식과 관련 용접 검사 경험 등에 대한 자격 기준을 작성하였다.

미국 용접 학회에서 제정한 용접 검사원의 자격기준은 AWS QC-1-88, Standard for AWS Certification of Welding Inspectors로 운영되고 있다.

이 자격 기준에 의거하여 용접 검사 관련 경험을 충분히 쌓은 사람이 요구된 일련의 자격 시험을 통과 할 때, 비로서 용접부를 육안 검사 할 수 있는 용접 검사원의 자격을 부여받게 된다.

(2) 육안 검사의 한계

육안 용접 검사의 한계는 표면에 명확히 나타나는 결함만을 검출할 수 있다는 점이다. 따라서 용접 검사원은 용접 공정 중 용접 전에 용접 개선 및 취부(Fit-Up) 검사, 초층(Root) 용접부와 용접 도중에 수시로 중간층 용접부의 표면에 대한 육안 검사를 수행하여야만 효과적인 용접 검사를 수행하게 된다. 육안 용접 검사는 별다른 특수 검사 장비가 필요 없기 때문에, 비용 측면에서 매우 효율적인 용접 품질 관리 방법이다.

또한 용접이 진행되는 동안에도 곧바로 용접 표면을 검사할 수 있기 때문에 즉각적으로 용접 결함을 찾아내어 용접 결함에 대한 수정 용접을 실시할 수 있어 매우 경제적이다.

용접 현장에서 용접 결함이 발생된 즉시 이를 발견하게 되면, 용접 결함을 수정하는데 소요되는 시간이 가장 짧게 되고, 전체 공사의 공기에 미치는 영향을 가장 최소로 만들 수 있게 된다.

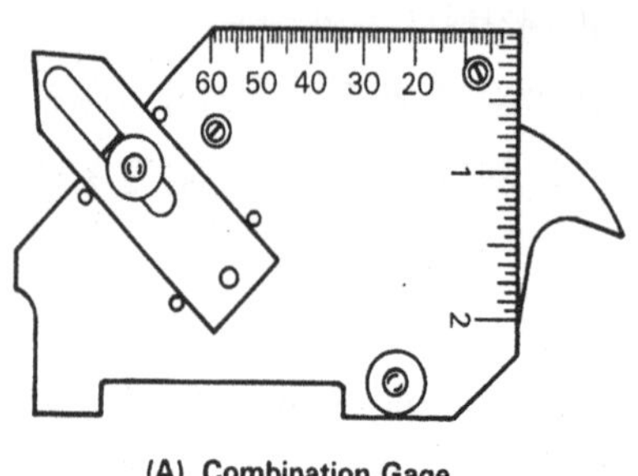

(A) Combination Gage

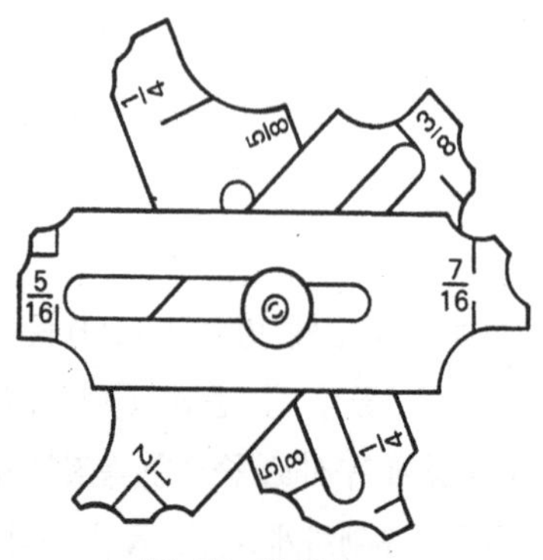

(B) Fillet Weld Gage

그림 15-1 육안 검사용 용접 Gauge들

3. 비파괴 검사 (Nondestructive Testing - NDT)

용접부 및 강재의 현장 사용에 대한 적절성을 판단하는 방법으로서, 용접부 및 강재에 대한 파괴 시험을 통한 용접부 및 강재의 각종 기계적 특성을 평가하는 방법이 있다. 그러나, 이러한 파괴 시험은 시편을 상대로한 특정 조건에서만 가능하고 실제 용접 구조물에 이를 적용할 수는 없다.

이러한 단점을 극복하기 위하여, 시험 대상물의 손상 없이 시험 대상물의 적정성을 판단할 수 있는 몇 가지 시험 방법이 개발되었다.

이러한 시험 방법들을 비파괴 검사 (Nondestructive Testing)라고 부르며, 이러한 비파괴 검사 방법들은 시험 대상물인 강재 또는 용접부의 손상 없이 대상물의 건전성을 평가해 준다.

공장에서 제작된 부품의 일부 샘플에 대한 파괴 시험을 통하여, 나머지 부품에 대한 건전성을 평가할 수는 있다. 그러나, 이러한 파괴 시험에 의한 비용은 결코 작지 않으며, 시험되지 않은 부품에 대하여도 완벽한 건전성을 보장할 수는 없는 일이다. 반면에, 비파괴검사 방법은 비록 간접적인 평가 방법이지만, 확실하게 부품 또는 제품에 대한 건전성을 입증해 줄 수 있다.

이장에서는 현장에서 많이 사용되는 비파괴 검사 방법들의 장점과 단점, 이들의 적용 방법들에 대하여 알아보겠다. 이러한 비파괴 검사 방법들은 몇 가지 공통점을 갖고 있는데, 이들은 아래와 같다.

❶ 검사에 사용되는 에너지 또는 매체의 공급원을 사용한다.
❷ 결함은 검사에 사용되는 에너지 또는 매체에 변화를 준다.
❸ 이러한 에너지 또는 매체의 변화를 감지하는 방법이 있다.
❹ 변화된 에너지를 지시하는 방법이 있다.
❺ 이러한 지시를 관측, 기록하는 방법이 있고, 판독 할 수가 있다.

특정 비파괴 검사 방법의 사용 여부에 대한 판정은 위에 열거된 사항들을 검토하여 결정된다. 비파괴 검사에 사용되는 에너지 또는 매체는 검사 대상물에 적합하여야 하며, 결함을 검출 할 수 있어야 한다.

검사 대상물에 결함이 있는 경우, 그 결함은 비파괴 검사에 사용되는 에너지 또는 매체에 영향을 주어 에너지 또는 검사 매체에 변화를 일으키게 된다.

이러한 결함에 의한 에너지 또는 매체의 변화는 사람이 식별 또는 기록되어 나중에 판정 작업을 할 수 있어야 한다.

과거 수 십년 간에 걸쳐 여러 종류의 비파괴 검사 방법이 개발되었으며, 각각의 비파괴 검사 방법은 검사 대상물에 대하여, 결함의 탐지능력에 관해서 장점과 한계점을 갖고 있다. 따라서 현장에서 검사 대상물과 찾고자 하는 결함에 따라, 사용할 비파괴 검사 방법의 선택은 매우 중요하다.

경우에 따라서는 부품 또는 강재의 건전성을 확인하기 위하여 2, 3 가지의 비파괴 검사 방법을 사용하여 검사 대상물의 건전성을 평가할 때도 있다.

비파괴 검사 방법에는 많은 종류의 검사방법이 있으나, 여기에서는 강재 및 용접부의 검사에 많이 사용되는 다음의 6가지 대표적인 비파괴 검사 방법만을 검토하겠다.

❶ 염색 침투 탐상 검사 방법 (PT)
❷ 자분탐상 방법 (MT)
❸ 방사선투과시험 방법 (RT)
❹ 초음파탐상시험 방법 (UT)
❺ 와류탐상시험 방법 (ET)

❻ 음향 탐상 시험 방법 (AET)

(1) 염색 침투 탐상 (Dye Penetration Test, PT)

1) 염색 침투 탐상 검사의 개요

염색 침투 탐상 검사는 금속 표면의 노출되어 있는 결함에 침투되었던 염료가 표면으로 새어 나오면서 표면의 주변 색깔과 선명히 대비되어 표면에 노출되어 있는 결함을 쉽게 찾아내는 검사 방법이다.

이러한 검사는 깨끗하게 청소된 검사 대상물의 표면에 붉은 색의 침투 액체를 도포(Spray)함으로서 이루어진다.

침투액(Liquid Penetrant)이 도포된 침투액이 검사 대상물 표면에 정해진 시간동안 (약 15~30분) 마르지 않은 상태에서 표면에 열려있는 결함(미세한 틈)속으로 모세관 현상에 의해 빨려 들어가게 한다. 그런 다음 표면에 남아있는 침투액을 마른 걸래 또는 Paper Towel로 깨끗하게 닦아낸 후 흰색의 현상액을 얇게 도포하면, 현상액은 검사 대상물의 표면에 노출되어 있는 결함으로부터 침투액을 다시 흡착해 낸다.

이러한 방법으로 검사 대상물의 표면에 노출되어있는 결함을 침투액과 색깔이 대비되는 현상액(Dry Developer)을 사용하여 육안으로 쉽게 보고 검사를 수행할 수 있게 하는 검사 방법을 염색 침투 탐상 검사 방법이라 한다.

2) 염색 침투 탐상 검사 시약

염색 침투 탐상 검사에 사용되는 침투액을 분류하는 방법은 크게 2가지로 분류되며, 결함의 지시를 보는 방법과 침투액을 닦아내는 방법으로 분류된다.

❶ 결함 지시에 따른 분류

결함의 지시를 보는 방법에 따른 분류는 육안 검사용 침투액과 자외선(Black Light)용 침투액으로 분류된다.

㉠ 육안 검사용 침투액은 선명한 색깔 즉, 빨간색이 주로 사용되며, 현상액의 색깔은 흰색깔을 사용한다.

㉡ 자외선용 침투액은 육안에는 보이지 않으나, 자외선을 쪼이면 녹색의 형광이 발생되는 특수 침투액을 사용한다. 이는 육안 검사용 침투액보다는 형광 침투액이 쉽게 눈에 띄기 때문에, 주로 정밀 기계 가공품을 검사할 때 사용하며, 암실 내에서 자외선 불빛을 사용하여 검사를 수행한다.

❷ 침투액에 따른 구분

두번째 침투액의 분류방법은 검사용 침투액을 닦아내는 방법에 의한 분류 방법이다. 이러한 분류에 의하면 수세식(Water Soluble) 침투액, 솔벤트(Solvent) 세척용 침투액 및 에멀션 세척용(post-emulsifiable) 침투액으로 구분된다.

㉠ 수세식 침투액에는 에멀션 용액이 함유되어, 침투액에 함유된 기름 성분도 쉽게 약한 압력의 물 세척으로 씻을 수 있다.

㉡ 솔벤트 세척용 침투액은 검사 대상물 표면에 있는 침투액을 제거하기 위해서는 솔벤트를 사용해야만 된다.

㉢ 에멀션(Emulsion) 세척용 침투액의 경우는 침투액을 검사 대상물에 도포한 후, 침투액이 침투하도록 정해진 시간동안 기다렸다가 에멀션 용액을 검사 대상물 표면에 추가로 도포한 후, 약한 압력의 물을 검사 대상물 표면에 뿌리면 침투액은 쉽게 세척된다.

이와 같은 염색 침투 탐상 검사용 침투액을 종합해 보면, 아래의 6가지 염색 침투 탐상 검사용 침투액 조합이 나온다.

- 육안/수세식 침투액
- 육안/솔벤트 세척용 침투액
- 육안/에멀션 세척용 침투액
- 형광/수세식 침투액
- 형광/솔벤트 세척용 침투액
- 형광/에멀션 세척용 침투액

위에 열거된 6가지의 염색 침투 탐상 검사용 침투액의 사용 방법은 기본적으로 모두 동일하다. 단, 에멀션 세척용 침투액은 침투액의 세척을 위해 에멀션 용액을 도포하는 과정이 추가된다.

염색 침투 탐상 검사는 다음에 설명한 바와 같이 4가지 검사 과정을 수행하면 되는 매우 간단한 검사 방법이다. 비록 검사 방법이 간단하지만, 4가지 검사 단계를 순서대로 정확하게 수행하여야만 신뢰할 수 있는 검사 결과를 얻을 수 있다.

3) 염색 침투 탐상 검사 순서

❶ 검사 대상물의 세척

염색 침투 탐상 검사의 첫번째 검사 단계는 검사 대상물의 표면을 깨끗하게 세척하는 과정이다. 염색 침투 탐상 검사는 검사 대상물의 표면에 노출되어있는 결함을 찾아내기 때문에, 이 표면 세척 단계는 매우 중요한 과정이다. 따라서 검사 대상물의 표면에는 기름, 먼지, 녹, 페인트 등의 이물질이 없어야 한다. 구리 합금 및 알루미늄과 같은 재질이 연한 검사 대상물를 세척할 때에는 Wire Brush 또는 Shot Blast등의 방법으로 표면을 세척할 경우에는 표면의 금속이 변형되어 결함의 표면 노출 결함부 막히는 일이 없도록 조심하여야 한다.

❷ 침투액의 도포

두번째 단계는 검사 대상물의 표면을 깨끗하게 세척한 후 표면의 물기 또는 세척액이 마르게 적정한 시간을 기다렸다가 검사 대상물 표면에 골고루 염색 침투 탐상 검사용 침투액을 도포한다.

침투액의 도포 방법은 검사 대상물이 작은 부품인 경우에는 침투액 속에 담그는 방법과 붓 또는 스프레이 등으로 검사 대상물 표면에 침투액을 도포하는 방법이 있다.

침투액이 결함 내부로 충분히 침투할 수 있도록 5분 내지 20분 동안 침투 시간을 준다. 특히 침투시간 동안은 침투액이 검사 대상물 표면에서 마르지 않고 유동성을 유지한 액체 상태를 유지하도록, 필요한 경우에는 추가로 침투액을 검사 대상물 표면에 2, 3회 도포해 준다. 이렇게 침투액을 검사 대상물 표면에 도포해 주면, 침투액은 모세관 현상에 의해 표면의 열린 결함 속으로 빨려 들어가게 된다.

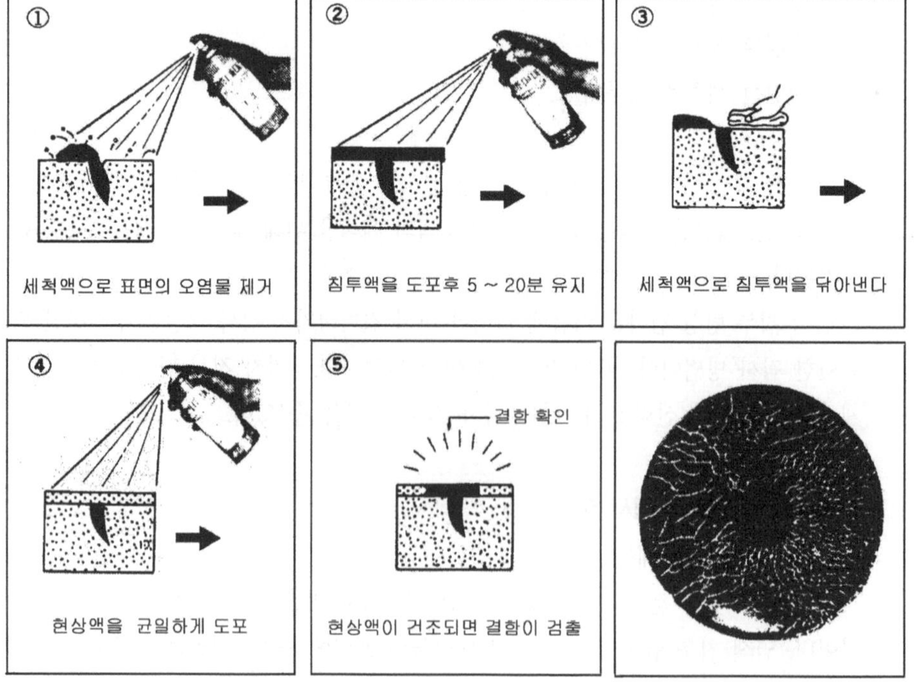

그림 15-2 염색 침투 탐상 검사의 방법

❸ 침투액의 세척

세번째 단계는 일정한 침투시간이 경과되면 충분한 양의 침투액이 결함 속으로 침투된다. 이때에 검사 대상물의 표면에 남아있는 침투액을 완전히 세척한다. 이때, 검사 대상물 표면에 침투액이 조금이라도 남아 있게 되면, 나중에 현상액을 도포할 경우, 표면에 남아 있던 침투액과 미세한 결함에서 나온 침투액과 구분할 수가 없기 때문에 가능한 한 표면에 남아 있는 침투액을 철저히 닦아내야 한다.

❹ 현상액의 도포

네번째 단계는 검사 대상물의 표면에 골고루 현상제를 얇게 도포한다.

현상액은 Dry Powder 또는 Dry Powder가 휘발성이 강한 용제에 혼합된 것으로서 대기 중에서 용제는 즉각 증발되고 검사 대상물 표면에는 Dry Powder가 도포(Spray Coat)된다. 이 Dry Powder는 결함의 내부에 침투한 침투액을 빨아 내어 표면으로 부상 시켜주는 성능을 갖고 있다. 따라서 미세한 결함속에 들어 있던 침투액이 Dry Powder에 의해 표면으로 흘러나오면서 선명한 색깔과 폭이 넓어진 상태로 검사 대상물의 표면에 열려있던 결함의 위치, 형상과 크기를 표시하여 준다.

현상액이 너무 두껍게 도포되면 미세한 작은 결함은 찾아낼 수 없게 된다. 염색 침투 탐상 검사의 예민성(Sensitivity)은 사용하는 현상액 Dry Powder의 입도와 도포된 현상액의 두께에 따라 결정된다. 육안용 침투액을 사용할 때에는 햇빛 또는 일반 전등의 조명 아래에서 검사를 수행하며, 형광 침투액을 사용할 때에는 어두운 장소에서 자외선 특수 전등(Black Light)의 조명을 사용하여 검사를 수행한다.

4) 염색 침투 탐상 검사의 장점, 단점

염색 침투 탐상 검사의 장점과 단점은 아래와 같다.

❶ 장점

㉠ 검사 대상물은 금속뿐만 아니라, 모든 물체(세라믹도 가능)에 대해 적용된다.
㉡ 이종 금속간의 용접 또는 납땜도 검사를 할 수 있다.
㉢ 비자성 금속에 대하여도 검사를 수행할 수 있다.
㉣ 검사 장비가 매우 간편하고, 이동성이 편리하다.
㉤ 장비의 가격이 매우 저렴하다.

❷ 단점

㉠ 표면에 노출되어 있지 않은 결함 (Subsurface Discontinuities)은 검출할 수 없다.
㉡ 자분 탐상 검사에 비하여 검사 기간이 장시간 소요된다. (매 검사마다 30분 내지 1시

간 소요)

㉢ 검사 대상물 표면의 검사준비가 까다롭다.

㉣ 검사후 검사 대상물의 표면을 청소하여야 한다.

㉤ 용접 등 검사 대상물 표면이 거칠은 경우, 검사 판독이 어렵다.

염색 침투 탐상 검사을 끝낸 후 다시 용접을 할 때에는 표면에 남아있는 모든 침투액, 세척액, 현상액을 검사 대상물로부터 완전히 제거하여야 한다. 이러한 물질을 완전히 제거하지 않고 용접을 하게 되면 용접열과 용접 아크에 의해 유독성의 가스가 발생되어 작업자 및 주변 사람의 건강을 해칠 수 있다.

(2) 자분 탐상 (Magmetic Partivle Test, MT)

1) 자분 탐상의 개요

자분 탐상은 강자성체 (Ferromagnetic Materials)의 표면 결함을 검사하는데 주로 사용된다. 비록 표면 밑에 있는 결함(Subsurface Discontinuities)도 탐지할 수 있다고는 하지만, 실제에 있어서는 판정하기가 매우 어렵고, 많은 경우에 이러한 지시는 무시되고 있다.

자화된 강자성체의 표면에 결함이 있는 경우, 강자성체 내부에 있는 자장은 표면 결함의 양쪽 면에 자장의 양극을 구성하여 이곳에서 표면으로 강한 자속을 분출 시키면서 자분(Iron Particles)을 잡아 당기게 된다. 따라서 이러한 부위에 자분을 뿌려주면, 결함의 표면에서 분출되는 강한 자장의 영향으로 표면 결함 부위로 자분이 결집되어 쉽게 표면 결함을 육안으로 인식할 수 있게 된다.

2) 자분 탐상 검사의 종류

자분 탐상의 기법에는 몇 가지 종류가 있으나, 검사의 원리는 위에 설명한 것과 동일하며, 단지 강자성체 내부에 자장을 만드는 방법에서 차이가 난다. 자분 탐상을 수행하기 위해서는 피 검사 대상물 내에 자장을 만들어 주는 방법이 필요하다. 일단 피 검사 대상물이 자화되면, 그 표면에 자분을 뿌려주면 된다. 자분은 표면의 결함 주변으로 달라붙고 따라서 모여든 자분으로 인하여 육안 검사가 쉬워진다.

이러한 현상을 사용하여, 자분 탐상을 수행할 때 자장의 방향을 검사 대상물의 축 방향으로, 또는 축 방향에 직각인 원주 방향으로 형성시켜 검사를 수행하는 2가지의 자분 탐상 방법이 있다.

즉 자장의 방향을 기준으로 검사 방법을 분류하며, 자장의 방향이 검사 대상물의 축과 일치하는 검사 방법을 축 방향 자분 검사 (Longitudinal Magnetism)라 하고, 자장의 방향이 검사 대상물의 축과 직각을 이루는 원주 방향인 경우를 원주 방향 자분 검사 (Circular Magnetism)라 한다.

❶ 축 방향 자분(Longitudinal Magnetism) 탐상 검사

그림 15-3 은 피 검사 대상물를 전기선으로 감아서 피 검사 대상물에 축 방향의 자장을 만들어 자분 탐상 검사를 수행하는 방법을 보여주고 있다. 현장의 용접 제작 공장에서 고정된 검사 장비를 사용할 때는 이러한 자분 검사 방법을 코일(Coil Shot) 자분 검사라 부른다.

축 방향의 자장을 사용하여 자분 검사를 수행할 때는 자분이 축 방향에 수직으로 늘어서게 되므로, 축 방향에 수직인 표면 결함은 아주 쉽게 검출되며, 축 방향에 45°인 표면 결함도 검출된다. 그러나, 축 방향과 평행한 표면 결함은 축 방향의 자장으로는 검출할 수가 없다.

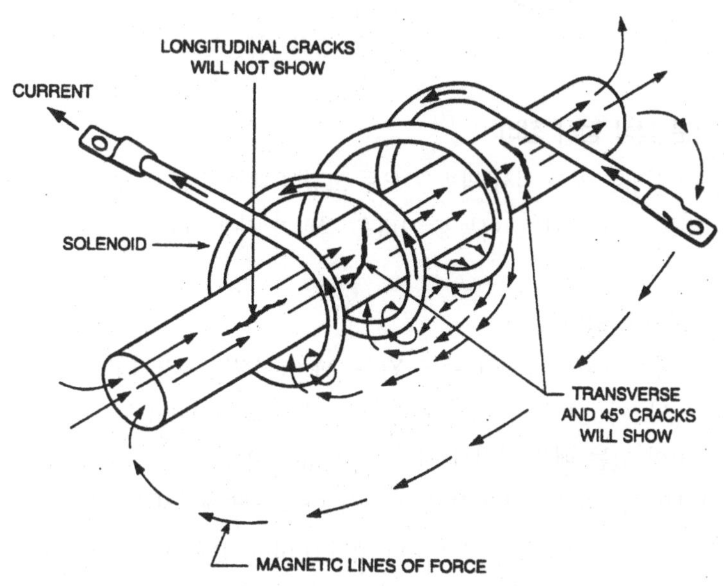

그림 15-3 축 방향 자분 탐상 검사

❷ 원주 방향 자분(Circular Magnetism) 탐상 검사

또 다른 검사 방법은 원주 방향의 자장을 이용하여 피검사 대상물을 자분 검사하는 방법으로서 그림 15-4에 명시되어 있다. 원주 방향의 자장을 만들기 위해서는 전류를 피검사 대상물의 축방향으로 통전 시키면 된다. 원주 방향의 자장에서는 축과 평행한 표면 결함이 쉽게 검출되며, 축과 45°인 표면 결함도 검출될 수 있다.

그러나 축과 직각을 이루는 결함은 검출되지 않는다.

제조 공장에서 고정식 장비를 사용하여 자분 검사를 할 때, 이러한 검사 방법을 헤드 샷(Head Shot) 자분 검사라 부른다.

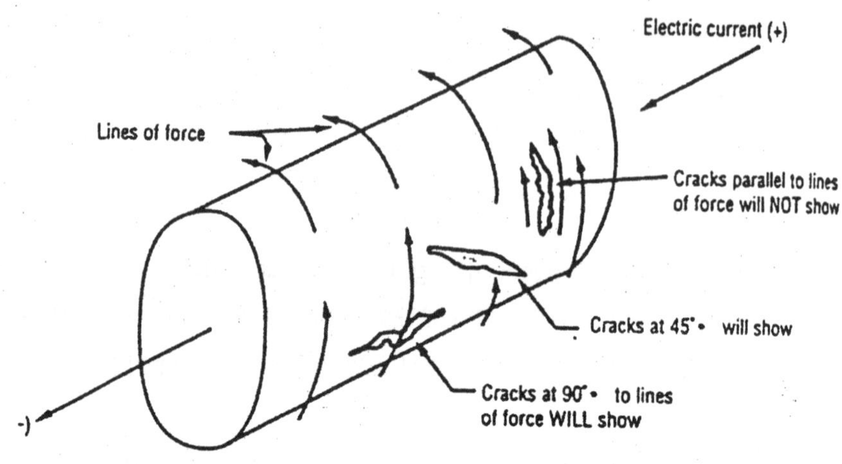

그림 15-4 원주 방향 자분 검사

3) 자분 탐상 검사 장비

위에 설명된 자분 검사 방법은 모두 고정식 대형 자분 검사 장비를 사용하지만 현장에서 용접부를 검사할 때는, 이동용 가벼운 장비가 사용된다.

❶ Yoke Method

다음에 설명되는 그림 15-5는 Yoke Method장비로 용접부를 자분 검사하는 것을 보여주고 있다. 이 장비는 손잡이 부위가 전자석으로 구성되어 있으며, 엄지 손가락 밑에 스위치가 붙어 있는 매우 간편한 자분 검사 장비이다.

장점으로는 휴대가 편리하고, 검사시 아크가 발생되지 않는다.

단점으로는 사용 전, 후에 자장의 세기 (Lifting Power)를 확인하여야 한다. 검사 대상물에 Yoke의 방향을 직각으로 교차시켜면서 중첩되게 검사하면 어느 방향으로 존재하는 결함이라도 검출이 가능하다. 현재 산업 현장에서 사용하는 자분 탐상 장비는 거의 대부분 Yoke Type이 적용되고 있다.

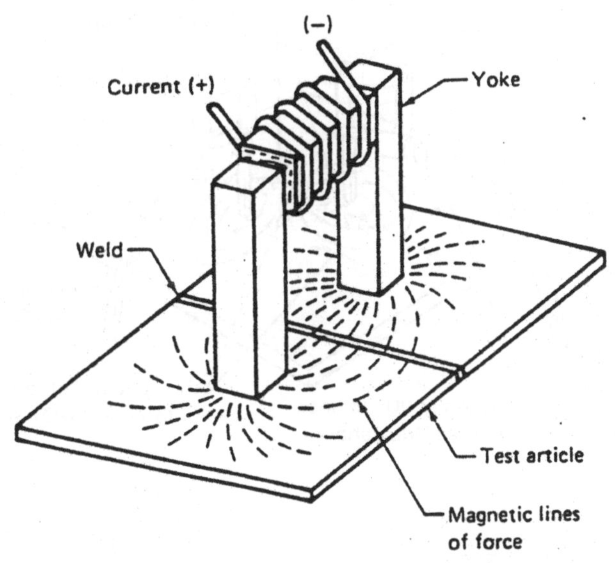

그림 15-5 Yoke Method의 자분 탐상 검사

❷ Prod Method

그림 15-6은 Prod Method 장비로서 검사 대상물에 직접 많은 량의 전류를 관통 시킴으로써 헤드 셧(Heat Shot)과 같이 Prod 전극간의 방향에 수직인 자장을 검사 대상물 표면에 형성하며 표면 결함을 검사하는 자분 검사 방법이다. Prod 자분 검사에는 교류 또는 직류 전원을 사용할 수 있으며, 교류 전원에서 검사 대상물의 표면에 강한 자장을 형성할 수 있다. 또한 교류 전원을 사용할 때 자분이 쉽게 움직여서 결함의 주변에 모이기 때문에, 검사 대상물의 표면이 약간 거칠어도 표면 결함을 보다 쉽게 검출할 수 있다. 그러나, Prod Type의 자분 탐상 검사는 다음의 그림에서 보는 바와 같이 자력선 방향으로 늘어선 결함은 판독이 어려운 단점이 있다.

또한 검사 대상물의 표면에 Prod로 부터 발생될 수 있는 Arc Strike 등의 표면 결함이 생길 수 있으므로 사용 전후에 많은 주의를 요한다.

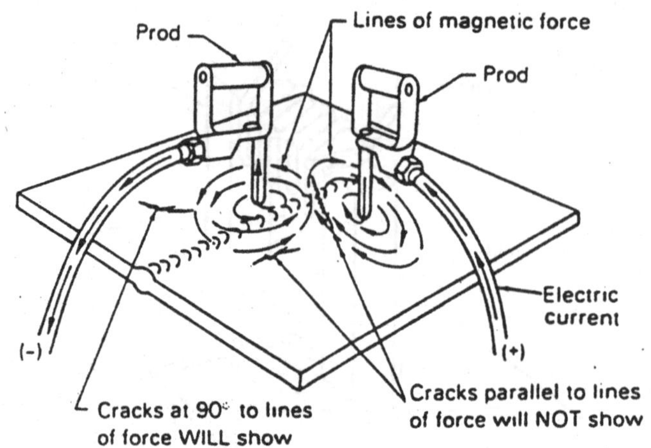

그림 15-6 Prod Method의 자분 탐상 검사

4) 자분 탐상 검사 전원

직류 전원을 사용하면 자장이 피검사 대상물 내부까지 침투함으로써 표면 바로 밑의 결함도 탐지할 수 있다. 그러나, 실제에 있어서 내부 결함의 자분 지시를 판독하기는 쉽지 않다. 또한 교류 전원을 정류기를 사용하여 맥류(반파장)로 변환한 전원을 사용한다. 이러한 전원은 교류 및 직류의 장점을 고루 갖춰서 현장검사에 많이 사용된다.

5) 결함의 검출

이미 앞에서 표면 결함의 축과 자장의 방향에 대하여 언급하였듯이 결함이 잘 검출될 수 있는 자장의 방향은 결함의 축과 직각인 경우가 가장 좋고, 45°방향까지는 그런대로 검출이 용이하다.

그러나 45°이하의 예각을 형성할 때는 자분의 지시가 잘 나타나지 않는다. 따라서 표면 결함을 제대로 검사하기 위해서는 자분 검사를 90°방향으로 엇갈리면서 두번씩 자분 검사를 수행하여야 한다.

또한 자분 검사는 검사를 수행할 때의 피 검사 대상물이 강자성을 나타내야 검사가 가능하다. 따라서 자분 검사는 주로 강철, 주철, 니켈 합금 및 Ferrite Stainless Steel 등에 적용된다.

강자성체가 아닌 재질 즉, 알루미늄, 구리 합금, Austenite Stainless Steel 등에는 자분 검사를 적용할 수 없다. 자분 검사를 제대로 수행하면 매우 미세한 표면 결함도 찾아낼 수 있으며, 표면 내부의 큰 결함은 흐릿한 형태로 나타난다.

6) 자분의 종류

자분 검사에 사용되는 자분은 매우 고운 가루의 형태로 사용된다.

건식 자분의 경우 빨간색, 노란색, 청색, 희색, 회색, 또는 검정색의 자분이 사용된다. 공장 등에서는 형광 자분을 사용하며, 자외선 전등불 밑에서 검사 장소를 어둡게 만든 후 검사를 수행한다. 형광 자분은 주로 습식 자분의 형태로 사용되며, 형광 자분의 감도는 매우 높아, 기계 가공된 제품의 미세한 표면 균열 등을 검사할 때 사용된다. 이러한 자분은 검사 때 약한 공기압으로 검사 대상물 위에 뿌려주던가, 물 또는 경유등에 섞어서 검사 대상물 표면에 골고루 부어주면서 검사를 수행한다.

마른 자분을 사용하는 검사를 건식 자분 검사법이라 하고, 물 또는 경유에 섞은 자분을 사용할 때 습식 자분 검사법이라 한다.

7) 자분 검사의 장점, 단점

❶ 장점

자분 탐상 검사의 장점은 검사의 속도가 매우 빠르며, 검사 비용이 저렴하다는 점이다. 또한 검사 장비가 간편하며, 이동성이 좋다.

표면 결함의 검출 능력이 매우 뛰어나며, 또한 표면에 얇은 페인트 등의 코팅이 있어도 검사를 수행할 수 있다는 장점이 있다.

❷ 단점

자분 검사의 단점은 검사 대상물이 강자성체로 한정된다는 것이다.

또한 대부분의 경우, 자분 검사 후 검사 대상물을 탈자(Demagnetization) 해서 자성을 제거해야 한다는 점이며, 두꺼운 페인트 등이 코팅된 경우에는 자분 검사의 지시 판독이 쉽지 않다는 점이다. 즉, 결함을 인식할 수 없을 정도의 두꺼운 페인트 등은 자분 검사를 위해 제거해야 한다.

검사 대상물의 탈자(Demagnetization) 방법은 교류 코일내로 제품을 천천히 통과시키면서 자장의 세기를 낮추는 방법이 있다.

자분 검사를 수행할 때 용접부의 표면과 같이 거칠은 표면은 자분 지시를 판정하는데 어려움이 있어 검사자의 많은 경험을 필요로 한다.

8) 자분 검사의 기록

자분 검사의 검사 기록은 Sketch, 사진 또는 스캇치 테이프로 자분 지시를 그대로 본을 떠서 기록할 수 있다.

(3) 방사선 투과 시험 (Radiographic Test, RT)

1) 방사선 투과시험의 개요

방사선 투과 시험은 방사선이 검사 대상물을 통과할 때 방사선의 흡수 또는 투과량의 변화 현상을 이용하는 비파괴 검사 방법이다.

얇은 재질 또는 밀도가 낮은 재질은 방사선의 투과량이 많고, 두꺼운 재질 또는 밀도가 큰 재질은 방사선의 투과량이 적어진다.

따라서 검사 대상물을 방사선원(Radiographic Source)으로 쪼여주면, 검사 대상물을 통과한 방사선량은 검사 대상물의 두께 변화 및 재질의 밀도 변화 등에 의하여 차이가 나게 된다. 이러한 검사 대상물을 통과한 방사선량의 차이를 사진 필름 등으로 기록하여 금속 조직 내부의 상태를 추정할 수 있게 된다.

2) 방사선원(Radiographic Source)

방사선 투과 시험에 사용되는 방사선원은 X-선 장비와 방사선 동위 원소가 사용된다. 주로 이리듐 (Iridium 192), 세슘 (Cesium 137), 코발트 (Cobalt 60) 등이 사용된다. 방사선 동위 원소는 계속적으로 방사선을 방출하며, 따라서 이들 동위원소를 안전하게 사용하기 위해서는 방사선 차폐 장치 속에 저장하며, 검사시에는 케이블 등을 사용하여 방사선원을 검사 위치로 이동하여 검사에 활용한다.

X-선 장비는 사용할 때만 전원을 넣어 사용하기 때문에 방사선원 보다는 비교적 안전하게 사용할 수 있다. X-선은 진공에서 가열된 필라멘트에서 방출된 전자가 높은 전위차 (150-450kv)로 가속되어 텅스텐 전극에 부딪치면서 발생되는 방사선의 일종이다.

이때 사용되는 전류량은 3-10mA 단위이다.

또한 X-선에서 발생되는 방사선은 연속 스펙트럼의 형태를 갖기 때문에 RT Film에 나타나는 성질의 감도가 매우 훌륭하다.

반면에 방사선 동위 원소에서 방출되는 방사선은 특정 주파수 및 몇 개만 방출되는 단색 광선의 성질을 갖는다.

Table 15-2 방사선 동위원소의 특성

동 위 원 소	방사선 에너지 (Mev)	반감기
코발트 (Cobalt) 60	1.33, 1.17	5.3년
이리듐 (Iridium) 192	0.31, 0.47, 0.60	70일
세슘 (Cesium) 137	0.66	33년
툴리움 (Thulium) 170	0.084, 0.052	127일

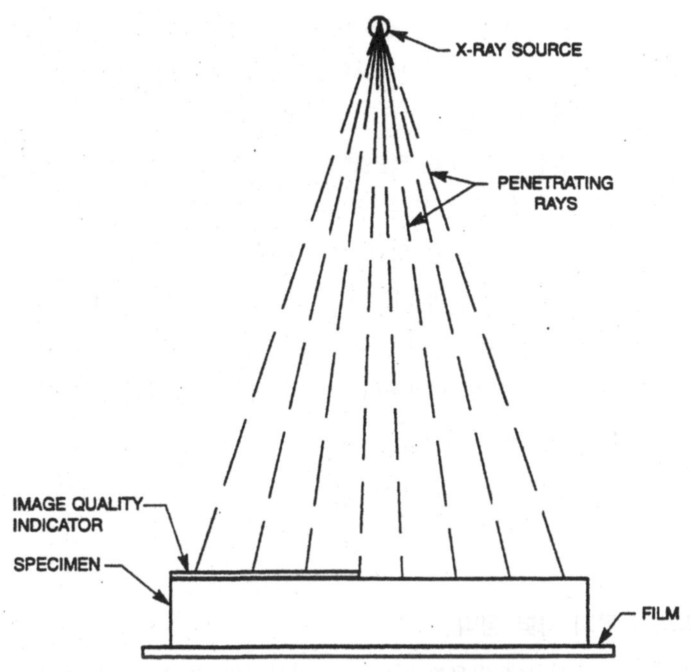

그림 15-7 방사선 투과 시험 방법

Table 15-3 X-ray에 의한 방사선 투과 시험 두께 기준

Max. Voltage, kV	적용 가능한 두께 기준	
	in.	mm
100	0.33	8
150	0.75	19
200	1	25
250	2	50
400	3	75
1000	5	125
2000	8	200

Table 15-4 방사선 동위원소에 의한 투과 시험 두께 기준

동위원소	동등한 X-Ray kV	적용 가능한 두께 기준 (mm)
Iridium-192	800	12 ~ 65
Cesium-137	1000	12 ~ 90
Cobalt-60	2000	50 ~ 230

3) 결함 판독

우리가 방사선 투과시험으로 검사하는 내부 결함들은 검사 대상물의 밀도와는 다른 밀도를 갖기 때문에 이들을 통과한 방사선의 양은 주변의 건전한 검사 대상물을 통과한 방사선의 양과 차이가 나게 된다.

이러한 내부 결함들은 기공, 텅스텐 또는 슬래그 혼입, 융융 부족, 용입 부족 및 균열 등이다. 기공, 융융 부족, 용입 부족, 균열 등은 RT Film상에 검게 나타나며, 텅스텐 혼입은 텡스텐의 밀도가 19.3 g/cc로 철보다 매우 높기 때문에 RT Film상에 희게 나타난다.

슬래그 혼입은 비중이 철의 비중과 비슷하여 약간 검게 나타나나, RT Film에서 식별이 쉽지 않다. 용접부의 표면 상태와 표면 결함도 RT Film에 나타나지만, RT Film의 영상 판독 보다 육안 검사를 통한 판정이 보다 정확하기 때문에 표면 결함에 대한 판정은 육안 검사를 기준하는 것이 바람직하다.

이러한 표면 결함으로는 언더 컷, 과도한 덧살 높이, 융융 부족, 용락(melt through) 등이 있다.

4) 방사선 투과 시험 장비

방사선 투과 시험에 필요한 장비로는 방사선원 즉, X 선 장비 또는 방사선 동위 원소를 들 수 있다. 방사선 동위 원소가 보다 쉽게 이동할 수 있어 현장 검사에 많이 사용된다.

필름은, 광선이 차단되는 플라스틱 주머니 안에 넣어 촬영한다. 이때 촬영된 필름의 선명도를 확인하기 위해 투과도계와 용접 관련 번호와 검사 구간을 표시하는 납 숫자가 필요하다.

그림 15-8은 미국에서 많이 사용하는 ASME 유공형(Hole Type) 투과도(Penetrameter)계 이다. 유공형 투과도계에 있는 1T, 2T, 4T 구멍은 위치가 정해져 있으며, 유공형(Hole Type) 구멍의 지름을 투과도계의 두께 T 와의 관계를 표시한 것이다. 일반적으로 투과도계의 두께 T 는 검사 대상물 두께의 2%와 같다.

RT Film이 촬영되면 이를 현상할 필름 현장 장비가 필요하며, 수동식 현상 장비와 자동식 현상 장비가 있다. 현상된 필름은 필름 판독기위에 놓고, 밝은 백열전등의 조명을 사용하여 필름을 판독한다.

이때 현상된 필름이 판독이 용이한 필름 농도(Exposure Density)인가를 확인하기 위해 필름 농도 측정기가 필요하다. ASME Code는 X선 필름의 경우 1.8~4.0의 농도를, 방사선 동위 원소를 이용한 감마선 필름은 2.0~4.0의 필름 농도를 요구한다.

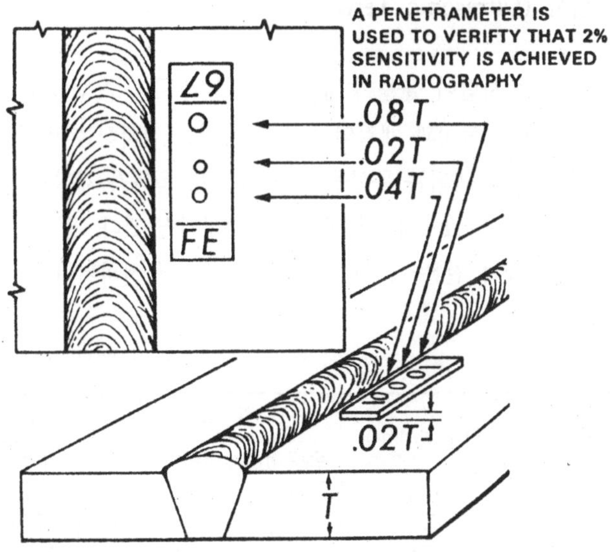

그림 15-8 방사선 투과도 계 (유공형)

또한 방사선 투과시험은 항상 방사선의 피폭 위험이 상존하기 때문에, 방사선 투과시험 장소에는 항상 방사선 측정기구와 방사선 구역내 작업 시간을 알려주는 Surveymeter를 비치하여, 방사선의 과다한 피폭을 방지하여야 한다.

5) 방사선 투과 검사의 장점, 단점

❶ 장점

방사선 투과 시험의 장점은 육안 검사로 검사할 수 없는, 내부에 들어있는 결함들을 검사할 수 있다는 점이다. 또한 현상된 필름을 건조하고 신선한 곳에 적절히 보관하면, 영구적으로 검사 기록을 보존할 수 있다는 점이다.

❷ 단점

㉠ 방사선을 사용하므로 인체에 유해한 환경을 조성 한다.

㉡ 방사선 피폭량에 대한 관리와 교육이 필요 하다.

㉢ 방사선 투과 시험 장비가 고가이다.

㉣ 별도의 판독자가 필요하다. (ASNT TC1A의 Level II 이상)

㉤ 검사 대상물 양쪽 면 모두 접근과 작업 수행이 가능 해야 한다.

㉥ 방사선의 조사방향과 피 검사체가 잘 일치하지 않을 경우에는 일부 균열과 융융 부족의 중요 결함은 잘 검출되지 않는다.

(4) 초음파 검사 (Ultrasonic Test, UT)

초음파 검사는 사람이 들을 수 없는 매우 높은 주파수(MHz)의 초음파를 사용하여 검사 대상물의 기하학적 특성과 재질의 물리적 특성을 검사하는 방법이다. 음파는 특정 재질에서 일정한 속도로 전파되는 특성을 갖고 있으며, 음파가 재질을 통과하여 전파되는 방법에는 몇 가지의 종류가 있으나, 이 책에서는 다루지 않겠다. 음파의 한 종류인 종파와 횡파는 아래에 표시된 것과 같은 속도로 각각의 재질에서 전파된다.

Table 15-6 종파와 횡파의 재질별 특성

재 질	밀도(g/cm^3)	종 파		횡 파	
		속도 m/s	파장 mm^2	속도 m/s	파장 mm^2
강 철	7.85,900	1.2	3,200	0.64	
알미늄	2.69	6,300	1.3	3,130	0.63
아크릴	1.18	2,700	0.54	1,120	0.22
글리세린	1.26	1,900	0.38	-	-
공 기	0.0012	340	0.07	-	-

파장은 음파의 주파수를 5 MHz로 기준하여 작성함.

1) 초음파 검사 개요

초음파 검사 장비는 정밀한 전기 충격파(pulses)를 발생시켜 이를 동축케이블을 통하여 탐촉자에 전달한다. 이때 탐촉자의 내장된 결정체는 전기 충격파를 진동 충격파(에너지)로 전환하고, 발생된 진동 충격파(초음파)는 검사 대상물 내부로 전파돼 나아가면서 결함이 있을 경우, 결함으로부터 반사되어 다시 탐촉자로 되돌아오게 된다.

탐촉자는 되돌아온 초음파의 진동 충격파를 전기 충격파로 전환하고, 이렇게 전환된 전기 충격파는 동축 케이블을 통하여 초음파 검사 장비의 전자회로에 신호를 전달하는 방법으로 초음파 검사가 수행된다.

초음파 검사 장비는 처음 발생된 전기 충격과 시간이 경과되어 되돌아온 전기 신호를 내장된 CRT에 시간은 수평축에, 전기 신호의 강도(전압)는 수직축으로 표시한다. 이렇게 표시되는 CRT 화면의 신호에 따라 금속 내부 결함의 위치와 크기를 확인할 수 있다.

2) 초음파 검사 방법

초음파 검사는 접촉 검사 방법과 물속에서 비접촉으로 실시하는 수침 검사 방법 2가지 방법으로 수행된다. 접촉 검사방법은 탐촉자를 직접 피 검사 대상물의 표면에 접촉시켜 검사를 수행하는 방법을 말하며, 이때 탐촉자와 피 검사 대상물 간의 공기 간극이 있으면 초음파가 잘 전달되지 않기 때문에 글리세린, 풀 또는 그리스를 접촉 매질(Couplant)로 사용한다. 접촉 검사 방법은 현장의 용접 검사에서 많이 사용된다.

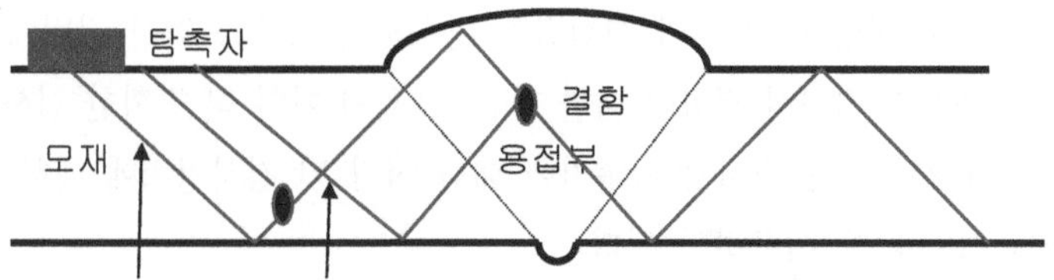

그림 15-9 금속 내부에서 초음파의 이동

수침 검사 방법은 피 검사 대상물를 물속에 담가놓고 물을 접촉 매질로 사용하며, 탐촉자도 물속에 넣어 검사를 수행하는 방법으로서 특수 자동화된 초음파 검사 장비를 사용할 때 사용된다. 최근에서 이 수침 검사 기법을 발전시켜서 금속의 특정 부위 단면을 마치 사람의 몸을 컴퓨터 단층 촬영하듯이 검사하기도 한다.

탐촉자를 떠난 초음파는 금속 내부를 통과하며 일정한 간격으로 반사파를 표면에 내보내게 된다. 금속 내부에 결함 등의 불연속점(면)이 존재하게 되면 이 부분에서 반사파가 생기게 된다. 이 반사파를 탐촉자에서 검출하여 CRT 화면에 표시하고, 이 표시에 따라 결함의 입체적인 크기와 위치를 확인할 수 있다.

3) 초음파 검사의 용도

초음파 검사는 표면 결함과 내부 결함 모두를 검사할 수 있다.

특히 평면형(Planar Type)의 결함이 초음파가 진행하는 방향과 수직으로 위치한 경우에는 매우 예민하다.

초음파 검사 방법을 사용하면 Lamination, 균열, 융융 부족, 용입 부족 등은 매우 쉽게 검출되며, 슬래그 혼입(slag inclusions) 및 기공 등도 검출된다. 또한, 초음파 검사 장비는 재료의 두께 측정에도 많이 사용된다.

결함의 검출에는 사각 탐상법이 적용되고, 두께 측정에는 수직 탐상법이 적용된다.

4) 초음파 검사 장비

초음파 검사에 사용되는 탐촉자는 여러 종류가 있으며, 탐촉자의 모양, 크기도 각양 각색으로 많아, 현장 검사시 관련 검사 절차서 및 규정을 참조하여 선택하여야 한다.

경사각 횡파용 탐촉자는 일반적으로 여러 종류의 각도로 경사진 플랙시글라스(Plexiglass)의 경사면에 종파용 탐촉자를 조립하여 사용하며, 플랙시글라스의 경사 각도는 검사 대상물 내부로 횡파가 굴절한 각도가 45, 60, 70 또는 특정 시험 각도가 되도록 선택하여 사용한다.

초음파 검사에 필요한 마지막 장비는 표준 시험편 또는 대비 시험편으로서 검사 대상물의 재질과 동일한 강재를 사용하여 만들어진다.

이러한 표준 시험편 및 대비 시험편을 활용하여 초음파 검사 장비에 대한 검사 보정을 하여야만, 초음파 검사시 결함에 대한 판정 및 위치 확인 및 정확한 검사를 수행할 수 있다. 용접 검사에 사용되는 경사각 탐촉자에 대한 점검 및 검사장비에 대한 보정 등은 표준 시험편(IIW Block)을 사용하면 된다.

5) 초음파 검사 장점, 단점

❶ 장점

㉠ 검사 대상물에 대한 3차원적인 검사(Volumetric Test)를 수행할 수 있다. 초음파 검사를 통하여 검사 대상물 내부에 있는 결함의 위치와 길이를 알 수 있고, 표면으로 부터의 깊이도 측정할 수 있다.

㉡ 초음파 검사는 방사선 투과시험과는 달리 한쪽 접촉면을 통하여 검사 대상물의 내부를 검사할 수 있다는 점이다. 이러한 장점은 압력 용기, 탱크 또는 압력 배관을 검사할 때 매우 유리하다.

㉢ 재료 또는 용접부의 가장 치명적인 결함 즉, 균열, 융융 부족 등의 평면형 결함을 찾는데 매우 예민하다.

㉣ 경량 검사 장비는 12파운드로 매우 가볍게 만들어지고 있어 현장 휴대 검사에 아주 적합하다.

❷ 단점

㉠ 검사 표면을 평평하게 기계 가공 또는 연삭 가공 해야 한다.

㉡ 많은 훈련과 높은 기량의 풍부한 검사 경험을 보유한 검사원이 필요하다.

㉢ 최소한 검사 대상물 혹은 용접 두께는 6.4 mm(1/4“) 이상이어야 한다.

(5) 와전류 탐상 (Eddy Current Test, ECT)

1) 와전류 검사의 개요

교류가 흐르는 코일을 금속면 가까이에 가져가면, 유도 전자장에 의해 금속 내부에는 와전류(Eddy Current)가 흐르게 된다.

이렇게 생긴 와전류의 크기는 여러 가지 요인에 의거 변화되는데, 와전류의 크기와 전류의 흐름 방향에 따라서 코일도 영향을 받게 된다.

위와 같이 와전류를 발생시키는 코일을 일정한 기준을 사용하여 보정한 후, 검사 대상물에 생긴 와전류에 의한 코일의 영향을 측정하면, 검사 대상물에 대한 여러 가지의 특성을 관측할 수 있다.

그림 15-10은 코일을 검사 대상물의 표면 가까이 가져갔을 때, 발생되는 와전류를 그림으로 표시했다.

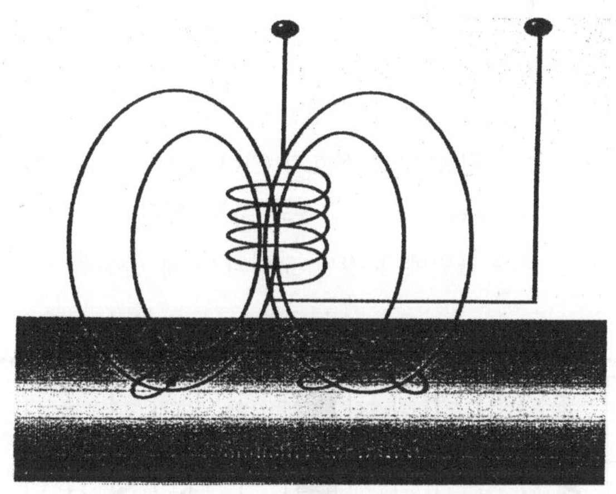

그림 15-10 검사 대상물 내의 유도 와전류

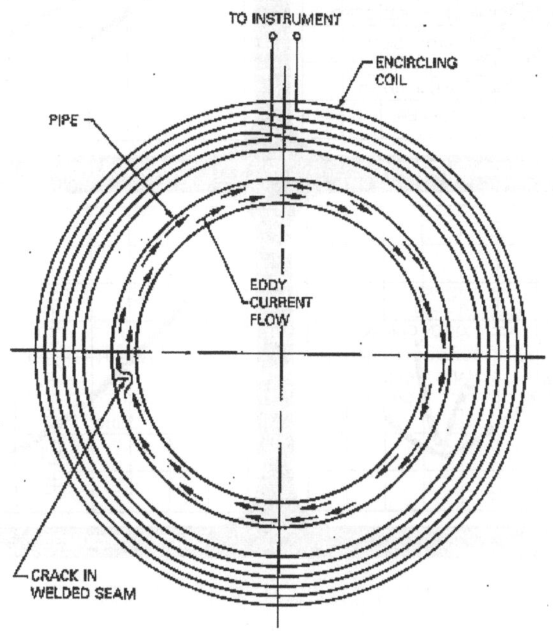

그림 15-11 Pipe내의 용접부 균열을 검사하는 와류

2) 와전류 검사의 용도

와전류 탐상은 적용 용도가 매우 많은 검사 방법이다.

얇은 금속의 두께 측정, 전기 전도도, 자장의 도자율, 경도 및 금속의 열처리 여부등을 측정하는데 사용될 수 있다. 또한 와전류의 검측을 통하여 이종 금속을 분류할 수 있으며, 전도체 표면에 도장된 비전도체의 두께도 측정할 수 있다. 와전류 검사 장비는 검사 대상물 표면에 있는 균열, 용접심, 기공 및 혼입물 등을 검사하는데 사용된다.

와전류 탐상이 가장 많이 적용되는 분야는 Tube 혹은 Pipe의 검사 분야이다. Tube 혹은 Pipe 외부로 코일 Probe를 통과시키며 검사를 수행하여 Tube 혹은 Pipe의 균열, 부식 상태, 피팅(Pitting)등에 대한 검사를 수행할 수 있다.

다음 그림 15-12는 와전류 탐상 신호가 CRT 상에 나타난 예를 보여주고 있다. 그림에서 보듯이 와류 탐상을 통해서 각종 금속의 분류, 얇은 금속의 두께 변화를 확인, 각종 결함의 종류를 분류, 금속 표면에 도장된 코팅의 두께 측정을 할 수 있다.

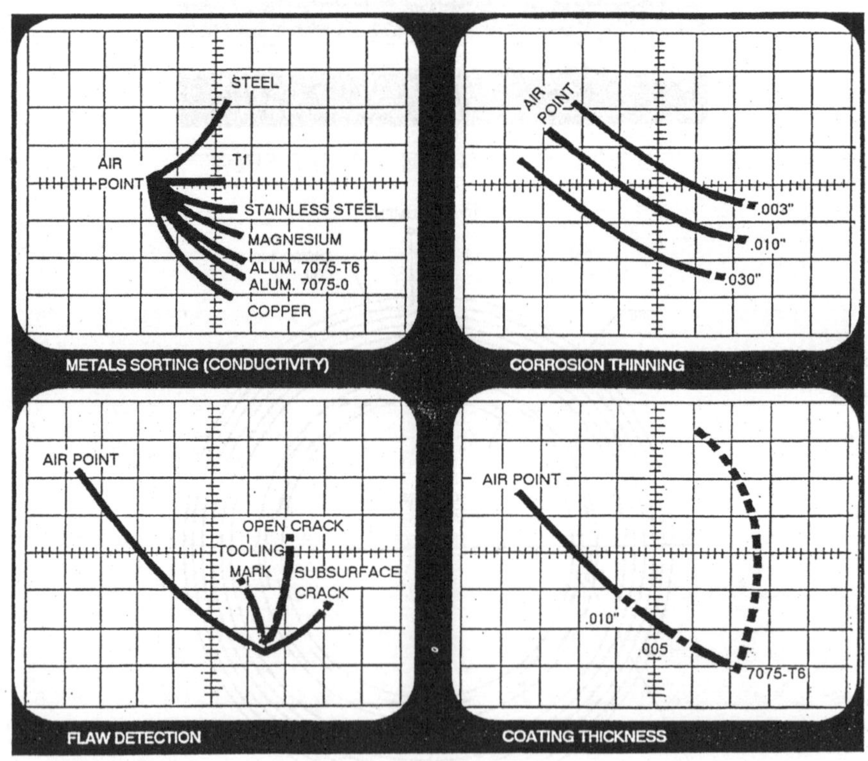

그림 15-12 와전류 탐상 검사 결과를 나타내는 CRT 화면

3) 와전류 검사 장비

와전류 탐상에 사용되는 장비에는 CRT를 내장한 전자 계측 장치, 전기 코일을 갖춘 코일 프로브(Coil Probe)로 구성된다.

와전류 탐상용 코일은 금속 표면을 검사하는 Probe 형, 검사 대상물을 감싸는 코일형,

또는 튜브 내에 들어가는 코일형의 Probe 등 여러가지 형태가 있다. 와전류 탐사에 사용되는 표준 시험편 (Calibration Standards)은 검측 하고자 하는 목적에 따라 설계된다.

예로서, 금속의 두께를 측정하는데 사용할 표준 시험편은 검사할 재질과 동일한 재질로서 정확한 두께를 갖는 재료로 만들어 사용한다.

열처리작업의 이행 여부를 확인할 때는 표준 시험편도 동일 재질로 만든 시험편을 동일한 열처리 조건하에서 열처리한 후 와전류 탐상 장비의 검사 보정에 사용한다.

4) 와전류 탐상의 장점, 단점

❶ 장점

㉠ 와전류 탐상의 장점은 검사 장비를 쉽게 자동화 할 수 있다는 점이다. 특히, 검사 Probe는 검사 대상물과 접촉하지도 않고 검사를 수행할 수 있으며, 접촉 매질도 필요하지 않다. 검사 방법도 쉬워서, 제품의 생산 라인에 고정 상태로 설치하여 검사를 가능하게 한다.

㉡ 와전류 탐상 Probe는 검사 대상물과 접촉을 하지 않기 때문에 두꺼운 제품도 검사를 할 수가 있다.

㉢ 검사 대상물이 전기적 도체이면 검사를 할 수 있기 때문에 자성체, 비자성체 모두를 검사할 수 있다.

❷ 단점

㉠ 와전류 탐상의 한계점으로는 검사 대상물이 전기 전도체이어야 하며, 검사 가능 깊이는 4.76mm (3/16")이하의 범위라는 점이다.

㉡ 와전류 탐상에 사용되는 대비 시험편은 매우 정밀하게 만들어야 하며, 검사에 필요한 대비 시험편(Standard Specimen)도 여러 가지의 종류로 만들어야 한다.

㉢ 검사 대상물 표면에 자성체 또는 전기 전도체의 먼지가 오염되면 와전류 탐상에 큰 영향을 미치게 된다. 이러한 경우에는 검사 대상물 표면의 오염 물질을 모두 제거한 후 재검사를 수행하여야 한다.

㉣ 자성을 갖는 금속을 검사할 때에는 특수 Coil Probe와 특수 검사 기술을 사용하여야 한다.

(6) 음향 탐상 검사 (Acoustic Emission, AE)

1) Acoustic Emission의 이론

Acoustic Emission이란 고체가 파괴 또는 소성 변형할 때에 변형 상태로 축적되어 있던 에너지를 탄성파의 형태로 방출하는 현상이다.

이러한 탄성파의 가장 대표적인 것은 어느 재료가 파괴되면서 발생하는 소리들이다. 물체가 파괴된다고 하는 것은 초기에 그 내부에 미세한 균열이 발생하고 외적인 요건에 의해 균열이 성장하여 결국에는 재료가 파괴되는 것이다. 또한, 미시적인 현상으로는 균열이 발생하기 전에 응력에 의해 재료가 소성 구역에 들어가면 결정의 전위가 이동하는데, 이때에도 탄성파가 발생한다. 충격 시험에서 금속이 절단되면서 발생하는 소리도 이런 탄성파의 대표적인 예가 될 수 있다. 구조물에 하중이 증가하면 미세한 균열의 끝부분은 어느 응력 한계를 넘을 때 마다 균열이 커지게 되고, 이때의 탄성파는 갑작스럽고 큰 파형을 일으킨다. 음향 탐상 검사는 이와 같은 현상을 이용하여 재료 및 구조물의 건전성을 진단하는 방법이다.

2) Acoustic Emission 검사 방법의 특징

거의 모든 검사 방법이 이미 발생되어 버린 결함을 검출하는 것이지만, AE는 재료가 불안정한 상태에서 결함의 발생 초기에 생기는 소리를 검출하는 방법이다. 즉, 과거에 발생된 결함이 아니고, 현재 발생중에 있는 결함의 양상을 평가할 수 있는 기술이다.

전통적인 검사 방법들이 대개 검사해야 하는 부분에 사람이 접근해야만 하고 한번에 검사할 수 있는 시험 범위가 좁으나, AE는 대형 구조물의 검사를 원거리에서 한꺼번에 실시할 수 있는 장점이 있다.

국내에서는 사용중인 압력 용기의 내구성과 안전성을 평가하는 수단으로 일부 사용되고 있다. 여러 개의 음향 센서를 사용하여 컴퓨터로 분석하면 결함의 위치와 균열의 발생 양상을 평가할 수 있다.

3) 카이저(Kaiser) 효과

재료의 특성을 평가하기 위해 시편에 응력을 가하여 AE를 발생시킨 다음에 응력을 제거하고 다시 응력을 가하면 먼저 가해진 응력 범위까지는 AE를 발생하지 않으나, 그 응력치를 넘으면 다시 AE가 발생한다.

이러한 비가역적인 성질을 카이저 효과라고 한다.

제16장

용접 용어 정리

이하의 내용은 미국 용접 학회(American Welding Society)에서 제시하는 용접 관련 용어들의 정의와 해설이다. 국제적으로 가장 통용되는 기본 용어들이고, 해석상의 차이로 인한 오해를 없애기 위해 별도의 해설 없이 원문을 그대로 소개한다.

여기에 정리된 것은 ANSI/AWS A3.0의 내용중 일부만을 정리한 것으로 여기에 소개되지 않은 내용은 ANSI/AWS A3.0을 참조한다.

KEY TERMS	DEFINITIONS
Activated rosin flux	A rosin base flux containing an additive that increases wetting by the solder
Actual throat	The shortest distance between the weld root and the face of a fillet weld.
Adhesive bonding (ABD)	A materials joining process in which an adhesive is placed between the faying surfaces. The adhesive solidifies to produce an adhesive bond
Adiabatic Recompression	The term given to the temperature rise that can occur when some gases at high pressures are released suddenly. (Normal pressure gas releases usually result in a cooling of the gas by the decompression).
AGGIH	American Conference of Governmental and Industrial Hygienists. This group is concerned with the proper, safe levels of exposure to hazardous materials.
Air Carbon Arc Cutting (AAC)	An arc cutting process that melts base metals by the heat of a carbon arc and removes the molten metal by a blast of air
Alloy	A mixture of elements creating a metal. Steel is an alloy or iron and carbon
Alpha Iron	A BCC solid solution of carbon in iron, and stable at room temperature. Also named ferrite.
Alphanumeric Code	a short combination of letters and numbers used to identify a material type, grade, etc.
Ampere	Standard unit for measuring the strength of an electric current.
Annealing	A heat treatment designed to place the metal in its softest, lowest strength condition.

KEY TERMS	DEFINITIONS
ANSI	American National Standard Institute. An organization promoting technical and safety standards.
API	American Petroleum Institute. The technical society which provides technical guidance for the petroleum industry.
Arc blow	The deflection of a welding arc from its normal path because of magnetic forces.
Arc Brazing (AB)	A brazing process that uses an electric arc to provide the heat.
Arc Cutting (AC)	A group of cutting process that melt the base metal with the heat of an arc between an electrode and the base metal.
Arc Force	The axial force developed by an arc plasma
Arc Gouging	An Arc cutting process variation used to form a bevel or groove
Arc length	The distance from the tip of the welding electrode to the adjacent surface of the weld pool.
Arc seam weld	A seam weld made by an arc welding process
Arc strike	A discontinuity resulting from an arc, consisting of any localized remitted metal, heat-affected metal, or change in the surface profile of any metal object.
Arc Welding (AW)	A group of welding processes that produces coalescence of metals by heating them with an arc, with or without the application of pressure, and with or without the use of filler metal
ASME	American Society of Mechanical Engineers. The technical society that provides technical guidance for pressure containing vessels and equipment.
ASNT	American Society of Nondestructive Testing. The technical society which provides technical guidance for NDE.
asphyxiation	Loss of consciousness as a result of too little oxygen and too much carbon dioxide in the blood.
ASTM	American Society for Testing and Materials
atomic hydrogen	The ionic form of hydrogen, denoted as H+ as opposed to molecular hydrogen which contains two atoms of hydrogen and is denoted as H2.
austenite	A FCC solid solution of carbon in iron which forms upon heating above the A1 transformation line. Also, the room temperature stable phase of the 300 series of stainless steels. Also called gamma iron.
autogenous	in welding, a weld made without filler metal, melting portions of the base metal for filler
AWS	American welding Society. The technical society which provides technical guidance and leadership in all phase of welding.
Back Bead	A weld bead resulting from a back weld pass
Back Fire	The momentary recession of the flame into the welding tip or cutting tip followed by immediate reappearance or complete extinction of the flame.

KEY TERMS	DEFINITIONS
Back ring	Backing in the form of ring. Generally used in the welding of pipe
Backhand welding	A welding technique in which the welding torch or gun is directed opposite to the progress of welding
back weld	A weld made at the back of a single groove welded joint.
backing	A material or device placed against the back side of the joint, or at both sides of a weld in electroslag and electrogas welding, to support and retain molten weld metal. The material may be partially fused or remain unfused during welding and may be either metal or nonmetal.
Backing shoe	A nonconsumable backing device used in electroslag and electrogas welding
backing weld	Backing in the form of a weld.
backstep sequence	In welding, a technique where the direction of travel for individual passes is opposite that for the general progression of welding along the weld axis.
bainite	A phase of iron, as contrasted with forms on cooling. A very fine particle sized structure difficult to resolve on the optical microscope.
Balling up	The formation of globules of molten brazing metal or flux due to lack of wetting of the base metal
BCC	Body centered cubic
BCT	Body centered tetragonal
bevel	An angular edge shape.
bevel angle	The angle between the bevel of a joint member and a plane perpendicular to the surface of the member. This dimension equals one-half of the groove or included angle when the edges of both members are prepared at an angle. When only one member is prepared at an angle, this dimension is still indicated in the same position on the welding symbol for groove angle, but equals the total degree of preparation for the groove.
bevel groove weld	A type of groove weld in which the mating members of the joint have one single-bevel or double-bevel edge and one square edge preparation.
Bit	That part of soldering iron, usually made of copper, that actually transfers heat (and solder) tot he joint
Blacksmith welding	A nonstandard term for forge welding
bleedout	in penetrant testing, the wicking action of the developer to draw the penetrant out of a discontinuity to the surface of the part being tested ; the surface indication caused by the penetrant after application of the developer.
block sequence	A combined longitudinal and cross sectional sequence for a continuous multiple-pass weld in which separated increments are completely or partially welded before intervening increments are welded.
Blowhole	A nonstandard term for porosity

KEY TERMS	DEFINITIONS
Bond coat (thermal spray)	A preliminary (or prime) coat of material that improves adherence of the subsequent spray deposit
Bonding force	The force that holds two atoms together; it results from a decrease in energy as two atoms are brought closer to one another
Bond line	The cross section of the interface between thermal spray deposits and substrate, or between adhesive and adherend in an adhesive bonded joint
boxing	The continuation of a fillet weld around a corner of a member as an extension of the principle weld.
Braze	A weld produced by heating an assembly to the brazing temperature using a filler metal having a liquidus above 840°F (450℃) and below the solidus of the base metal. The filler metal is distributed between the closely fitted faying surface of the joint by capillary action
Braze welding	A welding process variation in which a filler metal having a liquidus above 840°F (450℃) and below the solidus of the base metal is used.
brazing (B)	joining materials without melting the base metal using a filler metal with a melting point above 840°F(450℃). See soldering
Brinell	a type of macrohardness test
brittle	the behavior of metals that break without deformation ; materials with little or no ductility.
buildup	A surfacing variation in which surfacing material is deposited to achieve the required dimensions
Burn through	A nonstandard term for excessive melt through or a hole
butt joint	A joint between two members aligned approximately in the same plant.
buttering	A surfacing variation that deposits surfacing metal on one or more surfaces to provide metallurgically compatible weld metal for the subsequent completion of the weld.
butting member	A joint member that is prevented, by the other member, from movement in one direction perpendicular to its thickness dimension.
Camber	the permissible variation from straightness, as in girders or beams
capillary action	the effect of the surface tension of liquids causing them to be drawn into tight clearances. in welding, the force by which a liquid, in contact with a solid, is distributed between closely fitted faying surfaces of the joint to be brazed or soldered.
carbide former	an element which promotes the formation of its metallic or nonmetallic carbides.
Carbon arc brazing (CAB)	A brazing process that produces coalescence of metals by heating them with an electric arc between two carbon electrodes. The filler metal is distributed in the joint by capillary action
Carbon arc cutting (CAC)	An arc cutting process that severs base metals by melting them with the heat of an arc between a carbon electrode and the base metal

KEY TERMS	DEFINITIONS
Carbon arc welding (CAW)	An arc welding process that produces coalescence of metals by heating them with an arc between a carbon electrode and the base metal. No shielding is used. Pressure and filler metal may or may not be used.
Carbon Equivalent	a number calculated by one of several different formulas which aids in determining the required preheat.
carbon steel	a mixture of iron and small amounts of carbon.
Carbonizing flame	A nonstandard term for reducing flame
Caulk weld	A nonstandard term for seal weld
carburizing	A case hardening process that diffuses carbon into a solid ferrous alloy by heating the metal in contact with a carbonaceous material (one containing carbon) in welding, a term denoting the addition of carbon into the surfaces of hot metals through a solid solution mechanism. May occur during Air Carbon Arc Cutting, CAC-A.
Cascade sequence	A combined longitudinal and cross sectional sequence in which weld passes are made in overlapping layers.
CAWI	Certified Associate Welding Inspector
Cementite	Iron carbide, Fe23C. There are two types of carburizing ; pack carburizing and gaseous carburizing.
Chain intermittent fillet weld	An intermittent weld on both sides of a joint in which the weld increments (lengths) on one side are approximately opposite those on the other side.
Chamfer	A nonstandard term for bevel
Charpy	A type of impact test
Chemical flux cutting (FOC)	An oxygen cutting process that severs base metals using a chemical flux to facilitate cutting
Chilling ring	A nonstandard term for backing ring
Clad brazing sheet	A metal sheet on which one or both sides are clad with brazing filler metal
Cladding	A surfacing variation that deposits or applies surfacing material usually to improve corrosion or heat resistance.
Coalescence	Joining together of two or more materials.
Code	A document adopted by a city, municipality, state or nation, and having legal status.
Coextrusion welding (CEW)	A solid-state welding process that produces coalescence of the faying surfaces by heating and forcing base metals through a extrusion die.
Cold crack	A crack which develops after solidification is complete.
Cold welding (CW)	A solid-state welding process in which pressure is used at room temperature to produce coalescence of metals with substantial deformation at the weld. See also diffusion welding, forge welding and hot pressure welding
Cold work	Permanent deformation of a metal below is transformation temperature

KEY TERMS	DEFINITIONS
Collet	In welding terms, a part of a welding torch forming a shroud
Combustibles	Any material that can easily catch fire.
Complete fusion	Fusion which has occurred over the entire base metal surface intended for welding and between all adjoining weld beads
Complete joint penetration	A joint root condition in a groove weld in which weld metal extends through the joint thickness.
Complete penetration	A nonstandard term for complete joint penetration
Concave fillet weld	A fillet weld having a concave face.
Concavity	The maximum distance from the face of a concave fillet weld perpendicular to a line joining the weld toe.
Conduction	In heat transfer, the transmission of heat from particle to particle.
Constriction arc (plasma arc welding and cutting)	A plasma arc column that is shaped by a constricting nozzle orifice.
Convection	In heat transfer, the transmission of heat by the mass movement of the heated particles.
Convex fillet weld	A fillet weld having a convex face.
Convexity	The maximum distance from the face of convex fillet weld perpendicular to a line joining the weld toe.
Cored solder	A solder wire or bar containing flux as a core
Corner joint	A joint between two members located approximately at right angles to each other in form of an L.
Couplant	In ultrasonic testing, the liquid applied to a test object to improve transducer contact.
CO2 wedling	A nonstandard term for gas metal arc welding
Crack	A fracture type discontinuity characterized by a sharp tip and high ratio of length width to opening displacement.
Crater crack	A crack forming at the termination of a weld.
Cryogenic	Very cold service, usually well below zero degrees F.
Crystals	In metals, the very small, individual zones which form on solidification from the liquid. Also referred to as grains
CWI	Certified Welding Inspector
DCEN	Direct current, electrode negative. Referred to as straight polarity.
DCEP	Direct current, electrode positive. Referred to as reverse polarity.
Defect	A discontinuity which exceeds the permissible limit of a code ; a rejectable discontinuity requiring repair or replacement.
Delamination	The separation of a lamination under stress.
Delta Ferrite	A phase of stainless steel alloys which resists cracking at high temperature.
Deoxidizers	Elements or compounds which preferentially combine with oxygen to keep it from reacting with heated base or weld metal.
Depth of bevel	The perpendicular distance from the base metal surface to the root edge or the beginning of the root face.

KEY TERMS	DEFINITIONS
Developer	In penetrant testing, a dry powder or a solution of fine absorbent particles to be applied to a surface, usually by spraying, to absorb penetrant contained within a discontinuity and magnify its presence.
Diffusion	Movement of atoms within a solution, be it a solid, liquid or a gas.
Diffusion brazing (DFB)	A brazing process that produces coalescence of metals by heating them to brazing temperature and by using a filler metal or and in situ liquid phase. The metal may be distributed by capillary action or may be placed or formed at the faying surfaces. The filler metal is diffused with the base metal to the extent that the joint properties have been changed to approach those of the base metal. Pressure may or may not be applied.
Diffusion welding (DFW)	A solid-state welding process that produces coalescence of the faying surfaces by the application of pressure at elevated temperature. The process does not involve macroscopic deformation, melting, or relative motion of the workpieces. A solid filler metal may or may not be inserted between the faying surfaces. See also cold welding, forge welding, and hot pressure welding
Dillution	The change in chemical composition of a welding filler metal caused by the admixture of the base metal or previous weld metal in the weld bead. It is measured by the percentage of base metal or previous weld metal in the weld bead.
Dip brazing (DB)	A brazing process using the heat furnished by a molten chemical or metal bath. When a molten chemical bath is used, the bath may act as a flux. When a molten metal bath is used, the bath provides the filler metal
Dip soldering (DS)	A soldering process using the heat furnished by a molten metal bath which provides the solder filler metal
Directional properties	The differences in a metals mechanical properties depending on rolling direction during manufacture.
Discontinuity	Any interruption of the normal pattern of a metal ; examples are porosity, incomplete fusion and slag inclusions. A rejectable discontinuity is also referred to as a defect.
Drag	In OFC and PAC, the amount of the offset between the cut entry and exit points, measured along the cut edge.
Drawing	A graphic detail of a component, showing its geometry and size, with tolerances.
Drop	In fabrication welding, the remaining piece of a material when a portion has been removed for use.
Ductility	The ability of a metal to deform under load without breaking.
Duplex	In metals, a type of stainless steel containing 50% ferrite and 50% austenite. A term referring to a group of stainless steels having two stable phases at room temperature.
Dwell time	In penetrant testing, the time the penetrant is permitted to remain on the test surface to permit its being drawin into any surface discontinuities.

KEY TERMS	DEFINITIONS
Eddy currents	Small induced currents in conductive materials caused by the proximity of a current carrying coil.
Edge joint	A joint between the edges of two or more parallel or nearly parallel members.
Edge preparation	The preparation of the edges of the joint members, by cutting, cleaning plating, or other means.
Edge shape	The shape of the edge of the joint member.
Edge weld	A weld in an edge joint, a flanged butt joint or a flanged corner joint in which the full thickness of the members are fused.
Effective throat	The minimum distance minus any convexity between the weld root and the face of a fillet weld.
Elastic behavior	Deformation of a metal under load without permanent deformation. As the load is removed, the metal returns to its original shape.
Elastic limit	See Proportional Limit
Electrode	A component of the electrical circuit that terminates at the arc, molten conductive slag, or base metal.
Electrogas welding (EGW)	An arc welding process that produces coalescence if metal by heating them with an arc between a continuous filler metal electrode and the work. Molten shoes are used to confine the weld metal for vertical position welding. The electrodes may be obtained from an externally supplied gas or mixture.
Electron beam cutting (EBC)	A cutting process that uses the heat obtained from a concentrated beam composed primarily of high velocity electrons which impinge upon the workpieces; it may or may not use an externally supplied gas.
Elongation	The stretching of a material, either elastic or plastic. Percent elongation is a measure of a metals ductility.
Endurance limit	In metals, the applied stress at which the metal will not fail, regardless of the number of fatigue cycles.
Essential Variables	Those variables, if changed beyond certain limits, required a new welding procedure to be prepared and qualified.
Eutectoid	In steel, the alloy with a carbon content of exactly 0.8%
Excess penetrant	In penetrant testing, the penetrant remaining on the surface after a portion of it has been drawn into the discontinuity by capillary action.
Explosion welding (EXW)	A solid-state welding process that affects coalescence by high velocity movement together with the workpieces produced by a controlled detonation
Face reinforcement	Weld reinforcement on the side of the joint from which welding was done.
Fatigue	In reference to design, an applied cyclic stress ; a mode of failure when metals are subject to cyclic loading
fatigue strength	the relative ability of a metal to withstand cyclic loading, as in stress reversal.
faying surface	the mating surface of a member that is in contact with or in close proximity to another member to which it is to be joined.

KEY TERMS	DEFINITIONS
FCC	face centered cubic
ferrite	a BCC solid solution of carbon in gamma iron ; also named alpha iron.
ferritic	a term referring to a group of stainless steels whose room temperature stable phase is ferrite.
ferromagnetic	referring to ferrous metals, iron based, which can be magnetized.
ferrous	a term referring to metals that are primarily iron-based, such as steels.
filler metal	the metal or alloy added in making a weld, brazed or soldered joint.
fillet weld	A weld of approximately triangular cross section joining two surfaces approximately at right angles to each other in a lap-, T-or corner- joint.
fillet weld leg	The distance from the joint root to the toe of the fillet weld.
filter Lens	in welding, a shaded lens, usually glass, that protects the eyes from radiation from the welding arc and other heat sources. Welding lens are numbered, with the higher numbers offering the greatest protection.
Fire Watch	a person whose primary responsibility is to observe the work operation for the possibility of fires, and to alert the workers if a fire occurs.
Firecracker welding	A variation of the shielded metal arc welding process in which a length of covered electrode is placed along the joint in contact with the workpieces. During the welding operation, the stationary electrode is consumed as the arc travels the length of the electrode.
Fisheye	A discontinuity found on the fracture surface af a weld in steel that consists of a small pore or inclusion surrounded by an approximately round, bright area
flammable	anything that will burn easily or quickly. (inflammable has the same meaning).
flange weld	A nonstandard term for a weld in a flanged joint. In the case of flanged weld symbol representation, the symbol identifies a flanged joint rather than a specific type of weld.
flanged butt joint	A form of a butt joint in which at least one of the members has a flanged edge shape at the joint.
flanged corner joint	A form of a corner joint in which the butting member has a flanged edge shape at the joint.
flanged edge joint	A form of a edge joint in which at least one of the members has a flanged edge shape at the joint.
flanged joint	A form of one of the five basic joint types in which at least one of the joint members has a flanged edge shape at the weld joint.
flanged lap joint	A form of a lap joint in which at least one of the members has a flanged edge shape at the joint, and edge weld is not applicable.
flanged T-joint	A form of a T-joint in which the butting member has a flanged edge shape at the joint, and an edge weld is not applicable.
flare-bevel-groove weld	A type of groove weld in which the mating members of the joint can consist of one half-round, round or flanged edge shape, combined with one square edge shape.

KEY TERMS	DEFINITIONS
flare-v-groove weld	A type of groove weld in which the mating members of the joint can consist of two half-round, two round or two flanged edge shapes.
Flash	Material that is expelled from a flash weld prior to the upset portion of the welding cycle
Flash welding (FW)	A resistance welding process that produces coalescence at the faying surfaces of a butt joint by a flashing action and by the application of pressure after heating is substantially completed. The flashing action, caused by the very high current densities at small contacts between the parts, forcibly expels the material from the joint as the parts are slowly moved together. The weld is completed by a rapid upsetting of the workpieces.
flaw	in NDT, a synonym for a discontinuity. A flow must be evaluated per a code to determine its acceptance or rejection.
fluorescence	the property of a substance to produce light when acted upon by radiant energy, such as ultraviolet light.
flux	a material used to hinder the formation of oxides and other undesirable substances in molten metal and on solid metal surfaces, and to dissolve or otherwise facilitate the removal of such substances. in magnetism, the term referring to the magnetic field or force.
Flux oxygen cutting	A nonstandard term for chemical flux cutting
Forge welding (FOW)	A solid-state welding process that produces coalescence of metals by heating them in air in forge and by applying pressure or blows sufficient to cause permanent deformation at the interface.
Friction welding (FRW)	A solid-state welding process that produces coalescence of materials under compressive force contact of workpieces rotating or moving relative to one another to produce heat and plastically displace material from the faying surfaces.
Furnace brazing (FB)	A brazing process in which the workpieces are placed in a furnace and heated to the brazing temperature
Furnace soldering (FS)	A soldering process in which the workpieces are placed in a furnace and heated to the soldering temperature
fume plume	in welding, a smoke-like cloud containing minute solid particles arising directly from molten metal.
fume release	a general term given to the unexpected) and undesired release of materials.
fuse plug	a material, usually a metal, that has a very low melting point. Often used as a heat and/or pressure relief device.
fusion	The melting together of filler metal and base metal, or of base metal only, to produce a weld.
fusion face	The area of base metal melted as determined on the cross section of a weld.
gage length	in tensile testing, the distance between two small marks placed on the sample prior to applying the load. Usually a distance of 2 or 8 inches.
galvanized material	any material having a zinc coating on its surface. Commonly galvanized items are sheet metal and fasteners.
galvanizing	adding a thin coating of zinc to the surfaces of a carbon or low alloy steel for corrosion protection.

KEY TERMS	DEFINITIONS
Gamma Iron	a FCC solid solution of carbon in iron ; also named austenite.
gamma rays	radiation emitted from a radioactive isotope such as Iridium 1992.
Gas brazing	A nonstandard term for torch brazing
Gas cutting	A nonstandard term for oxygen cutting
Gas metal arc cutting (GMAC)	An arc cutting process in which metals are servered by melting them with the heat of an arc between a continuous filler metal electrode and the workpiece. Shielding is obtained entirely from an externally supplied gas.
Gas metal arc welding (GMAW)	An arc welding process that produces coalescence of metals by heating them with an arc between a continuous filler metal electrode and the workpieces. Shielding is obtained entirely from an externally supplied gas.
Gas tungsten arc cutting (GTAC)	An arc cutting process in which metals are severed by melting them with an arc between a single tungsten electrode and the workpiece. Shielding is obtained from a gas
Gas tungsten arc welding (GTAW)	An arc welding process that produces coalescence of metals by heating them with an arc between a tungsten electrode (nonconsumable) and the workpieces. Shielding is obtained from a gas. Pressure may or may not be used, and filler metal may or may not be used.
Globular transfer (arc welding)	The transformation of molten metal in large drops from a consumable electrode across the arc.
Gouging	The formation of a bevel or groove by material removal
grain	in metals, the individual crystal formed on solidification ; see crystal
groove angle	The total included angle of the groove between workpieces. In joints where both edges of the workpieces are prepared at an angle this dimension is the total of both (shown as a degree dimension, placed directly above the weld symbol on other side designations, and directly below the symbol on arrow side designations).
groove face	The surface of a joint member included in the groove. The angular distance between the surface of the base metal to the root edge, including any root face.
groove radius	The radius used to form the shape of a J or U groove weld.
groove weld	A weld made in a groove between the workpieces.
Hammer welding	A nonstandard term for cold welding and forge welding
Hard solder	A nonstandard term for silver-base brazing filler metals
hardenability	the relative ability of a metal to be hardened, usually by rapid quenching.
hardfacing	A surfacing variation in which surfacing material is deposited to reduce wear.
Hardness	The ability to resist indentation or penetration
HAZ	Heat-affected zone ; the metal adjacent to a weld that does not melt but is affected by the heat of welding.
HCP	Hexagonal close packed

KEY TERMS	DEFINITIONS
Heat Number	A number assigned to each heat of steel by the manufacturing source.
High frequency resistance welding	A group of resistance welding process variations that uses high frequency welding current to concentrate the welding heat at the desired location
Hold Point	A specific, prearranged step in the fabrication process where fabrication is stopped to permit an interim inspection. Fabrication can begin again only when the inspection shows the part meets the quality requirements.
Hot pressure welding (HPW)	A solid-state welding process that produces coalescence of metals with heat and application of pressure suficient to produce macrodeformation of the base metal. Vacuum or other shielding media may be used.
Hot short	The formation of intergranular hot cracks as a result of iron sulfide contained in the grain boundaries at elevated temperatures (1800°F)
Hot Work Permit	A form designed to insure that all safety precautions have been considered prior to any operation having open flames or high heat.
Hydrogen brazing	A nonstandard term for any brazing process that takes place in a hydrogen atmosphere
Hypereutectoid	A steel alloy with more than 0.8% carbon
IGA	Intergranular corrosion attack ; caused by sensitization of stainless steels.
Impact strength	The relative ability of a metal to absorb an impact load.
Impact testing	A group of tests that rapidly apply a load, an impact, to a metal sample. Examples are Charpy, explosion bulge, and drop-weight nil-ductility tests.
Inclusion	Entrapped foreign solid material, such as slag, tungsten or oxides.
Incomplete fusion	A weld discontinuity in which fusion did not occur between weld metal and fusion faces or adjoining weld beads.
Incomplete joint penetration	A joint root condition in a groove weld in which weld metal does not extend through the joint thickness.
Induction brazing (IB)	A brazing process in which the heat required s obtained from the resistance of the workpieces to induced electric current.
Induction welding (IW)	A welding process that produces coalescence of metals by the heat obtained from the resistance of the workpieces to the flow of induced high frequency welding current with or without the application of pressure. The effect of the high frequency welding current is to concentrate the welding heat at the desired location.
Inert gas	A gas that does not combine chemically with other materials. Argon and helium are most commonly used in welding.
Infrared brazing (IRB)	A brazing process in which the heat required is furnished by infrared radiation.
Infrared soldering (IRS)	A soldering process in which the heat required is furnished by infrared radiation.
Iron soldering (INS)	A soldering process in which the heat required is obtained from a soldering iron
IN-House Specification	A specification written by a company primarily for internal use.
Intergranular	Referring to conditions which occur at or follow the grain boundaries of a metal. An intergranular crack would initiate and propagate along a metals grain boundaries.

KEY TERMS	DEFINITIONS
Interpass temperature	In a multipass weld, the temperature of the weld metal before the next pass is started.
IQI	Image Quality Indicator, a device used to determine test resolution sensitivity for RT testing, also called a penetrameter, or penny.
ISO	International Organization for Standardization.
J-groove weld	A type of groove weld in which the mating members of the joint have one single-J or double-J and one square edge preparation.
Joint	The junction of members or the edges of members that are to be joined or have been joined.
Joint design	The shape, dimensions and configuration of the joint.
Joint filler	A metal plate inserted between the splice member and thinner joint member to accommodate joint members of dissimilar thickness in a spliced butt joint.
Joint geometry	The shape and dimension of a joint in cross section prior to welding
Joint penetration	The distance the weld metal extends from the weld face into a joint, exclusive of weld reinforcement.
Joint root	That portion of a joint where the members approach closest to each other. When viewed in cross section the joint root may be either a point, a line, or an area.
Joint type	A weld joint classification based of five basic joint configurations such as a butt joint, corner joint, edge joint, lap joint and T-joint.
KASH	An acronym for Knowledge, Attitude, Skills and Habits, the basic tools of a welding inspector.
Kerf	The width of the cut produced during a cutting process.
Keyhole welding	A procedure that produces a hole completely through the workpiece. As the weld progresses, molten metal flows in behind the keyhole to form this weld.
Knoop	A type of microhardness test.
Lamellar tear	A subsurface terrace and step-like crack in the base metal with a basic orientation parallel to the wrought surface caused by tensile stresses in the through-thickness direction of the base metals weakened by the presence of small dispersed, planar shaped, nonmetallic inclusions parallel to the metal surfaces.
Lamination	A type of discontinuity with separation or weakness generally aligned parallel to the worked surface of a metal.
Lap joint	A joint between two overlapping members in parallel planes.
Laser beam cutting (LBC)	A thermal cutting process that severs materials by melting or vaporizing them with the heat obtained from a laser beam, with or without the application of gas jets to augument the removal of material
Laser beam welding (LBW)	A welding process that produces coalescence of materials with the heat obtained from the application of a concentrated coherent light beam impinging upon the joint
Lateral expansion	A measurement of the deformation of a Charpy sample on breaking.

KEY TERMS	DEFINITIONS
Lock, Tag, and Try	The phrase noting the physical locking-out of equipment, tagging it for identification, and trying the equipment to make sure it is not operable prior to beginning any repair work.
Locked-up stress	A nonstandard term for residual stress
Low alloy steel	An alloy of iron and carbon, with other elements added for increased strength.
Main bang	In UT, the term referring to the signal on the CRT generated by the transducer in contact with air.
Martensite	An unstable constituent of iron, formed without diffusion by rapid quenching from the austenite phase above the transformation line, A1.
Material Call Out	A list of materials required for fabrication of a component. This list will specify all required alloy types, grades, sizes, etc. for both base and filler metals.
Metal arc cutting (MAC)	Any of a group of arc cutting processes that serves metals by melting them with the metal.
Metallurgical bond	The special type of atomic bonding holding metal atoms together.
Metal powder cutting (POC)	An oxygen cutting process severs metals through the use of powder, such as iron, to facilitate cutting
Modulus of elasticity	The ratio between the stress applied and the resulting elastic strain ; the slops of a metals elastic limit curve ; a relative measure of a materials stiffness. Also called Youngs Modulus.
MTC	Material (or Mill) Test Certificate
MTR	Material (or Mill) Test Report
NACE	National Association of Corrosion Engineers
Nascent	A single atoms, as in single (nascent) hydrogen atom as opposed to molecular hydrogen which is composed of two hydrogen atoms as H2 ; all gases are molecular.
NDE	Nondestructive Examination. The act of determining the suitability of some material or component for its intended purpose using techniques that do not affect its serviceability.
NDI	Nondestructive Inspection. A nonstandard term for nondestructive examination (see NDE)
NDT	Nondestructive Testing. A nonstandard term for nondestructive examination. (See NDE)
Neck-down	A reduction of cross sectional area of a ductile metal at the fracture point when a tensile load causes failure.
Nitriding	A case hardening process that introduces nitrogen into the surface of a ferrous material at elevated temperatures in the presence of ammonia or nitrogen
Nonbutting member	A joint member that is free to move in any direction perpendicular to its thickness dimension. For example, both members of a lap joint or one member of a T-joint or corner joint.
Nonferrous	Refers to alloys other than the iron-based alloys. Copper, nickel and aluminum alloys are nonferrous.

KEY TERMS	DEFINITIONS
Normalizing	A heat treatment whereby a steel is heated into the austenite range and cooled in still air.
Notch sensitive	Referring to a metal which has low notch toughness.
Notch toughness	The ability of a metal to absorb energy without failure when surface notches are present.
Nugget	The weld metal joining the workpieces in spot, roll, seam, or projection welds.
Orifice gas (plasma arc welding and cutting)	The gas that is directed into the torch to surround the electrode. It becomes ionized in the arc to form the plasma and issues from the orifice in the total nozzle as the plasma jet.
Oven soldering	A nonstandard term for furnace soldering
Overlap	If fusion welding, the protrusion of weld metal beyond the weld toe or weld root.
Oxyacetylene welding (OAW)	An oxyfuel gas welding process that produces coalescence of metals by heating them with a gas flames obtained from the combustion of acetylene with oxygen, The process may be used with or without the application of pressure and with or without the use of filler metal.
Oxyfuel gas cutting (OFC)	A group of cutting processes used to sever metals by means of the chemical reaction of oxygen with the base metal at elevated temperatures. The necessary temperature is maintained by means of gas flames obtained from the combustion of a specified fuel gas and oxygen.
Oxyfuel gas wedling (OFW)	A group of welding processes that produces coalescence by heating materials with an oxyfuel gas flames, with or without the application of pressure, and with or without the use of filler metal
Oxygen arc cutting (AOC)	An oxygen cutting process used to server metals by means of the chemical reaction of oxygen with the base metal at elevated temperature. The necessary temperature is maintained by an arc between a consumable tubular electrode and the base metal
Oxygen cutting (OC)	A group of cutting processes used to server or remoce metals by means of the chemical reaction between oxygen and base metal at elevated temperatures. In the case of oxidation-resistant metals, the reaction is facilitated by the use of a chemical flux or metal powder.
Oxyhydrogen welding (OHW)	An oxyfuel gas welding process that produces coalescence of materials by heating them with a flame or flames obtained from the combustion of hydrogen with oxygen, without the application of pressure and with or without the use of filler metal.
Parallel welding	A resistance welding secondary circuit variation in which the secondary current is divided and conducted through the workpieces and electrodes in parallel electrical paths to simultaneously form multiple resistance spot, seam, or projection welds.
Partial joint penetration weld	A joint root condition in a groove weld in which incomplete joint penetration exists.
Pearlite	A layered, or lamellar, structure composed of ferrite and cementite (iron carbide)
Peening	Severe mechanical deformation of a metal.

KEY TERMS	DEFINITIONS
Penetration	A nonstandard term for joint penetration and root penetration.
Penny	See IQI
Percussion welding (PEW)	A welding process that produces coalescence at the faying surface using the heat from an arc produced by a rapid discharge of electrical energy. Pressure is applied percussively during or immediately following the electrical discharge.
Phase transformation	In metals, a change in the atomic structure.
Piezoelectric	A property of some materials to convent mechanical energy to electrical energy and vice versa.
Pilot arc (plasma arc welding)	A low current continuous arc between the electrode and the constricting nozzle to ionize the gas and facilitate the start of the welding arc.
Pipe	In metal ingot casting, the severe shrinkage occurring at the top center portion of the ingot, and usually containing oxides.
Planar	Of or pertaining to a plane ; lying in a plane.
Plasma	In welding, an ionized gas stream.
Plasma arc cutting (PAC)	An arc cutting process that severs metal by melting a localized area with a constricted arc and removing the molten material with a high velocity jet of hot, ionized gas issuing from the constricting orifice
Plasma arc welding (PAW)	An arc welding process that produces coalescence of metals by heating them with a constricted arc between an electrode and the workpiece (transferred arc) or the electrode and the constricting nozzle (nontransferred arc). Shielding is obtained from the hot, ionized gas issuing from the torch which may be supplemented by an auxiliary source of shielding gases. Pressure may or may not be used, and filler metal may or may not be supplied.
Plastic behavior	Permanent deformation of a metal under applied load. The metal does not return to its original shape after the load is removed.
Plug weld	A weld made in a circular hole in one member of a joint fusing that member to another member. A fillet-welded hole is not to be construed as conforming to this definition.
Pole	In magnetism, the term referring to the polarity of the two ends of a magnet ; a magnet has a north and a south pole.
Porosity	Cavity-type discontinuities formed by gas entrapment during solidification or in a thermal spray deposit.
Position	In welding, the relationship between the weld pool, joint, joint members, and welding heat source during welding. Examples are flat, horizontal, vertical, and overhead.
Postheat	A thermal treatment given to a weldment after welding is completed.
Powder Cutting	A nonstandard term for chemical flux cutting and metal powder cutting
Procedure qualification record (PQR)	A document providing the actual welding variable used to produce an acceptable test weld and the results of tests conducted on the weld to qualify a welding process specification
Precipitation hardening	A hardening mechanism, different from quenching and tempering, which relies on the formation of a precipitate during the heat treating cycle for increasing strength and hardness.

KEY TERMS	DEFINITIONS
Precoating	Coating the base metal in the joint by dipping, electroplating, or other applicable means prior to soldering or brazing
Preform	Brazing or soldering filler metal fabricated in a shape or form for a specific application
Preheat	A thermal treatment given to a joint prior to welding.
Preheat current (resistance welding)	An impulse or series of impulses that occur prior to and are separated from the welding current
Pressure-controlled welding	A resistance welding process variation in which a number of spot or projection welds are made with several electrodes functioning progressively under the control of a pressure-sequencing device.
Pressure gas welding (PGW)	An oxyfuel gas welding process that produces coalescence simultaneously over the entire area of faying
Prod	In magnetic particle testing, the conductive test electrodes used to induce magnetism in a part.
Progression	In welding, the term applied to the direction of vertical welding, uphill or downhill.
Project weld	A type of weld associated with a resistance welding process that produces a weld by the heat obtained from the resistance to the flow of the welding current. The resulting welds are localized at predetermined points by projections, embossments, or intersections.
Propagate	Growth, or continuation of growth; to get larger.
Proportional limit	The elastic limit of a metal, beyond which yield or plastic deformation occurs.
Process	A grouping of basic operational elements used in welding, cutting, adhesive bonding, or thermal spraying.
Protruction	A projection outward ; a jutting out.
psi	Pounds per square inch. The units of measurement used for strength and pressure.
Puddle	A nonstandard term for weld pool
Purging	The secondary application of an inert or unreactive gas to protect the back side of weldments during welding.
Quenching	Cooling very rapidly from an elevated temperature. A method of increasing the hardness of heat treatable steels.
Radiograph	A film made by passing gamma radiation through an object to determine the quality of its internal structure.
Reaction flux (soldering)	A flux composition in which one or more of the ingredients reacts with a base metal upon heating to deposit one or more metal
Reactive gas	A gas that will combine chemically with other materials.
Residual stress	Stress remaining immediately after a welding or forming operation.
Resistance brazing (RB)	A brazing process in which the heat required is obtained from the resistance to electric current flow in a circuit of which the workpiece is a part

KEY TERMS	DEFINITIONS
Resistance seam welding (RSEW)	A resistance welding process that produces coalescence at the faying surfaces of overlapped parts progressively along a length of a joint. The weld may be made with overlapping weld nuggets, a continuous weld nugget, or by faying the joint as it is heated to the welding temperature by resistance to the flow of the welding current,
Resistance soldering (RS)	A soldering process in which the heat required is obtained from the resistance to electric current flow in a circuit if which the workpiece is a part.
Resistance spot welding (RSW)	A resistance welding process that produces coalescence at the faying surfaces of a joint by the heat obtained from resistance to the flow of welding current through the workpieces from electrodes that serve to concentrate the welding current and pressure at the weld area.
Resistance welding (RW)	A group of welding processes that produces coalescence of the faying surfaces with the heat obtained from the resistance of the work to the flow of the welding current in a circuit of which the work is a part, and by the application of pressure.
Right triangle	Designating a triangle with one angle equal to 90 degrees.
Rimmed steel	A steel having a rim, or surface zone having a shallow depth, of extremely low carbon content. Occurs during the steel making practice.
Rockwell	A type of macrohardness test
Rolling direction	In metal manufacture, the longitudinal direction of rolling ; in the same direction as the rolling
Roll welding (ROW)	A solid-state welding process that produces coalescence of metals by heating and by applying sufficient pressure with rolls to cause deformation at the faying surfaces.
Roof surface	The exposed surface of a weld opposite the side from which welding was done.
Root edge	Is a root face of zero width.
Root face	that portion of the groove face within the joint root, (also know as nose, or landing). Although not shown by dimension on the weld symbol, when the depth of preparation for groove welds is subtracted from the thickness of the workpiece, the difference is equals the root face of the joint.
Root opening	A separation at the joint root between the workpieces.
Root penetration	The distance the weld metal extends into the joint root.
Root reinforcement	Weld reinforcement opposite the side from which welding was done.
Rounding	In mathematics, the practice of adjusting the size of the last digit retained in a number based on the next digits size relationship to 5.
Safe-ending	The practice of drilling a small hole at each end of a crack to increase the crack end radius and stop further crack propagation.
Safety factor	A multiplier used in design making the structure stronger than actually required, typically 3 or 4 for pressure vessels and 5 or more for bridges.

KEY TERMS	DEFINITIONS
Scarf weld	A type of groove weld associated with brazing in which the mating members of the joint have single-bevel edge shapes. The groove faces of the joint are parallel (face the same way or same hand).
Scientific Notation	The numbering system which uses the powers of ten, the exponential system, to simplify the handling of very large or very small numbers.
Seam weld	A continuous weld made between or upon overlapping members, in which coalescence may start and occur on the faying surfaces, or may have proceeded from the outer surface of one member. The continuous weld may consist of a single weld bead or a series of overlapping spot welds.
Seam/lap	Longitudinal base metal surface discontinuities on wrought products.
Segregation	In alloying, the separation, or non-homogeneity, of two or more elements or phases.
Sensitization	Or carbide precipitation; the formation of chromium carbides resulting in depletion of the chromium from the individual grains and reducing the metals corrosion resistance to intergranular corrosion (IGA)
Shear	In metal fractures, a ductile mode of failure
Shielding	Primary protection from atmospheric gases during the welding operation ; obtained from fluxes, electrode coating or inert or unreactive gases.
Shielding gas	Protective gas used to prevent or reduce atmospheric contamination, as of a molten weld metal.
Shim IQI	An IQI consisting of a thin piece of material of specified thickness in mils, containing hole diameters based on shim thickness. See IQI.
Sheild metal arc cutting (SMAC)	A metal arc cutting process in which metals are severed by melting them with the heat of an arc between a covered metal electrode and base metal
Shield metal arc welding (SMAW)	An arc welding process that produces coalescence of metals by heating them with an arc between a covered metal electrode and the workpieces. Shielding is obtained from decomposition of the electrode covering. Pressure is not used, and filler metal is obtained from the electrode.
SI	Le System Internationalized Unites (the abbreviation used to denote the metric system).
Significant Figure	A term referring to the convening which considers the accuracy of numbers regarding rounding, and establishes rules for treating calculated numbers to that accuracy.
Slag	A nonmetallic product resulting from the mutual dissolution of flux and nonmetallic impurities in some welding and brazing processes.
Slag inclusion	A discontinuity in metals, usually non-metallic as an oxide sulfide.
Slot weld	A weld made in an elongated hole in one member of a joint fusing that member to another member. The hole may be open at one end. A fillet welded slot is not to be construed as conforming to this definition.
SN	The abbreviation used for scientific notation.
S-N curve	A curve generated from data relating the number of cycles and the applied stress levels to cause failure of metal samples.
SNT-TC-1A	This ASNT recommended practice, Personnel Qualification and Certification in Nondestructive Testing, outlines the certification program for NDT technicians.

KEY TERMS	DEFINITIONS
Soldering	Joining materials without melting the base metal, using a filler metal having a melting point below 840°F(450℃). See brazing.
Solid solubility	The ability of metals to dissolve within each other when in a solid form through diffusion mechanisms.
Solid solution	For metals, one solid dissolving into another solid.
Soundness	In metal testing, reference to freedom from imperfections. Soundness tests include bend, nick-break and fillet break.
spatter	The metal particles expelled during fusion welding that do not form a part of the weld.
Specification	A detailed description of the parts of a whole ; statement or enumeration of particulars, as to actual or required size, quality, performance, terms, etc.
Spectrographic testing	A testing technique for determining a metals chemistry
Splice member	The workpiece that spans the joint in a spliced joint.
Spliced joint	A joint in which an additional workpiece spans the joint and is welded to each member.
Spot weld	A weld made between or upon overlapping members in which coalescence may stat and occur on the faying surfaces or may proceed from the outer surface of one member. The weld cross section (plan view) is approximately circular.
Square groove weld	A type of groove weld in which the mating members of the joint have square edge shapes.
Staggered intermittent fillet weld	An intermittent weld on both sides of a joint in which the weld increments (lengths) on one side are alternated with respect to those on the other side.
Stainless steels	Alloys containing a minimum of 12% chromium selected for their corrosion resistance.
Standard	Something established for use as a rule or basis of comparison in measuring or judging capacity, quantity, content, extent, value, quality, etc.
Strain hardening	An increase in metal hardness and strength due to the application of a strain (permanent deformation or cold work) to a metal.
Stress raiser	Any surface blemish or geometry that increases the applied stress at a particular point on a component. Examples are weld ripples, shaft keyways, surface scratches.
stress relief	A controlled heat treatment which relieves residual stress in metals.
stress relieving	A heat treatment which relieve a metals residual stress by heating holding at temperature, and cooling per a prescribed cycle.
Stress Riser	Or stress raiser, a surface notch or geometry which multiplies the applied stress to increase the actual stress in a component.

KEY TERMS	DEFINITIONS
Stringer	In metallurgy, an elongated oxide or nonmetallic inclusion within the metal.
Stringer bead	A type of weld bead made without appreciable weaving motion.
Stud weld	A type of weld associated with a general term for joining a metal stud or similar part to a workpiece. The weld can be made using arc, resistance, friction or other welding processes with or without an external gas shielding.
Suffix	An alpha/numeric following an item which usually changes or modifies its meaning.
Submerged arc welding (SAW)	An arc welding process that produces coalescence of metals by heating them with an arc or arcs between a bare metal electrode or electrodes and the workpieces. The arc and molten metal are shielded by a blanket of granular, fusible material on the workpieces. Pressure is not used, and filler metal is obtained from electrode and sometimes from a supplemental source.
Surface preparation	The operations necessary to produce a desired or specified surface condition. For example the holes or slots cut into one member of a lap joint to accommodate a spot or slot weld.
Surfacing weld	A weld applied to a surface, as opposed to making a joint, to obtain desired properties or dimensions.
Sweat soldering	A soldering process variation in which two or more parts that have been precoated with solder are reheated and assembled into a joint without the use of additional solder.
Tank weld	A weld made to hold parts of a weldment in proper alignment until the final welds are made
Tempering	A heat treatment which reduces the strength and hardness of as-quenched steels and restores ductility and toughness.
Tensile strength	Usually stated in pounds per square inch (psi) ; calculated by dividing the maximum load by the cross sectional area.
Theoretical throat	The distance from the beginning of the joint root perpendicular to the hypotenuse of the largest right triangle that can be inscribed within the cross section of a fillet weld. The dimension is based o the assumption that the root opening is equal to zero.
Thermal cutting (TC)	A group of cutting processes that melts the base metal.
Thermal Expansion	The expansion, or growth, of a material upon being heated.
Thermal spraying (THSP)	A group of processes in which finely divided metallic or nonmetaillic surfacing materials are deposited in a molten or semimolten condition on a substrate to form a spray deposit. The surfacing material may be in the form of powder, rod, or wire.
Thermal stress	Stress resulting from nonuniform temperature distribution
Thermit welding (TW)	A welding process that produces coalescence of metals by heating them with superheated liquid metal from a chemical reaction between a metal oxide and aluminum, with or without the application of pressure. Filler metal is obtained from liquid metal

KEY TERMS	DEFINITIONS
Titania	A titanium oxide ; a coating type for covered electrodes in welding.
T-joint	A joint between two members located approximately at right angles to each other in the form of a T.
Tolerance	The amount of variation permitted from the design size of a part.
Torch brazing (TB)	A brazing process in which the heat required is furnished by a fuel gas flame
Torch soldering (TS)	A soldering process in which the heat required is furnished by a fuel gas flame
Torsion	A twisting or rotational force.
Toughness	Ability of a metal to absorb slowly applied energy., See Notch Toughness and Impact Strength.
Tractability	An attribute of a materials control system which permits tracing any part or material used in fabrication back to the source and certifying documents.
Transgranular	Referring to conditions which cross or pass through the metals grains. A transgranular crack has a path across the grains as opposed to intergranular cracking which follows a path along the grain boundaries.
Transition temperature	In impact testing, the temperature at which the metal fracture changes from ductile to brittle.
Transverse	Laying across, as side to side when compared to the rolling direction of metal.
Tungsten inclusion	An inclusion of tungsten.
U-groove weld	A type of groove weld in which the mating members of the joint both have single-j or double-j edge shapes.
Ultimate tensile strength	Maximum load carrying capacity of a material. Abbreviated as UTS.
Ultrasonic	Sound frequencies greater than the range of normal hearing ; usually 1 to 10 megahertz.
Undercut	A groove melted into the base metal adjacent to the weld toe or weld root and left unfilled by weld metal.
Underfill	A condition in which the weld face or root surface extends below the adjacent surface of the base metal.
Unit Cell	A symmetrical shape with the smallest number of atoms that completely describes a unique structure of a metal or phase.
UNS	Unified Numbering System
Vacuum brazing	A nonstandard term for various brazing processes that take place in a chamber or retort below atmospheric pressure
V-groove weld	A type of groove weld in which the mating members of the joint have single-bevel or double-bevel edge shapes. The groove faces of the joint are opposed to each other (face the opposite way or opposite hand).
Vickers	a type of microhardness test.
Voltage	electromotive force, or difference in electric potential, expressed in volts.
Waster plate	The carbon steel plate placed over austenitic stainless steel plate to permit cutting by the OFC method. CAC-A or PAC are more efficient for cutting these stainless steels.

KEY TERMS	DEFINITIONS
Weave bead	A type of weld bead made with transverse oscillation.
Weld	A localized coalescence of metals or nonmetals produced either by heating the materials to the welding temperature, with or without the application of pressure, or by the application of pressure alone, and with or without the use of filler material.
Weld bead	A weld resulting from a pass.
Weld face	The exposed surface of a weld on the side from which welding was done.
Weld groove	the channel in the surface of a workpiece or an opening between two joint members that provides space to contain a weld.
Weld interface	The interface between weld metal and base metal in a fusion weld, between base metals in a solid-state weld without filler metal, or between filler metal and base metal in a solid-state weld with filler metal.
Weld layer	A single level of weld within a multiple-pass weld. A weld layer may consist of a single bead or multiple beads.
Weld pass	A single progression of welding along a joint. The result of a pass is a weld bead or layer.
Weld reinforcement	Weld metal in excess of the quantity required to fill a joint ; at the face or root.
Weld root	The points, shown in cross section, at which the root surface intersects the base metal surfaces.
Weld throat	See actual throat, effective throat and theoretical throat.
Weld toe	The junction of the weld face and the base metal.
Weldability	The capacity of a material to be welded under the imposed fabrication conditions into a specific, suitably designed structure, and to perform satisfactorily in the intended service.
Welding sequence	The order of making welds in a weldment.
Wire IQI	An IQI consisting of several wires of varying diameters. See IQI.
Welding procedure specification (WPS)	A document providing in detail the required variables for a specific application to assure repeatability by properly trained welders and welding operators.
Wrought	The term applied to the working or forming of metal while it is solid to form shapes, a opposed to a cast product which forms directly from the molten state.
X-ray fluorescence	A nondestructive testing technique for determination of a metals chemistry.
X-rays	Radiation emitted from an electrical device.
Yield strength	The load at which a material will begin to yield, or permanently deform. Also referred to as the Yield Point.
Youngs Modulus	See modulus of elasticity

제17장

용접 관련 참고 자료

(1) KS 규격의 용접 관련 규정 목록

(2) 산업용 가스 특성 (Industrial Gas Data)

(3) 산업용 가스의 밀도 (Standard Density of Atmospheric and Hydrogen)

(4) 액상과 가스상의 변환 표 (Liquid to Gas Equivalents)

(5) 주요 원소의 물성 표

(6) 금속 화합물의 융점 (Meting Point of Metallic Compound)

(7) 표면 거칠기 환산표 (Surface Roughness Conversion Table)

(8) Wire 및 박판 Gage 환산 표

(9) 온도 환산 표 (Temperature Conversion Table)

(10) 용접봉의 건조와 보관

(11) 표면 경화 방법 조견 표 (Hardsurfacing Process Selection Chart)

(12) 화염에 의한 강의 구분 (Identification of Metals by Flame Testing)

(13) 단위 환산 표 (Weight and Measures)

(14) 중량 환산 표 (Long tons sq. in. to Pounds per sq. in.)

(15) 중량 환산 표 (Kilograms per sq. millimeter to Pounds per sq. in.)

(16) 단위 환산 표 (Equivalent Values of Electrical, Mechanical, and Heat Units)

(17) 경도 환산 표 (Hardness Conversion Table)

Table 17-1 KS 규격의 용접 관련 규정 목록

규격 번호	규격 제목
A 4918	공업용 투과사진 관찰기
A 4919	X선,γ선 개인 선량계 통칙
A 4921	공업용 ?선 장치
B 0052	용접 기호
B 0056	용접부 비파괴 시험 기호
B 0106	용접 용어
B 0519	용접시공방법의 확인시험방법
B 0521	Al 관 용접부 초음파 경사각 탐상시험 방법 및 등급분류
B 0522	Al T용접부의 초음파탐상 시험방법 및 결과 등급분류방법
B 0532	초음파 펄스반사법에 의한 고체의 초음파 감쇠계수의 측정방법
B 0533	초음파 펄스반사법에 의한 고체의 음속측정방법
B 0534	초음파 탐촉자의 성능측정방법
B 0535	초음파 탐상장치의 성능측정방법
B 0536	초음파 펄스반사법에 의한 두께측정방법
B 0537	초음파 탐상기의 전기식 성능측정 방법
B 0544	Al 및 Al합금 용접부의 초음파 탐상시험 기술검정에서의 시험방법 및 판정기준
B 0816	침투탐상 시험방법 및 지시 모양의 분류
B 0817	금속재료의 펄스 반사법에 따른 초음파 탐상 시험방법
B 0819	금속재료의 방사선 시험방법
B 0821	용착금속의 인장 및 충격시험 방법
B 0823	용착금속의 수소량 측정방법
B 0825	아크 용접이음의 한쪽 인장 피로시험 방법
B 0826	용착금속의 경도시험 방법
B 0827	초음파 탐상용 G형 감도 표준시험편
B 0828	강판 초음파 탐상용 N1형 감도 표준시험편
B 0829	초음파 탐상용 A1형 표준시험편
B 0830	초음파 경사각 탐상용 A2형 감도표준시험편
B 0831	초음파 탐상용 표준시험편
B 0832	맞대기 용접이음의 굽힘시험 방법
B 0833	맞대기 용접이음의 인장시험 방법
B 0834	맞대기 용접이음의 자유굽힘 시험 방법
B 0835	맞대기 용접이음의 롤러 굽힘시험 방법
B 0836	맞대기 용접이음의 노치 파단면 시험 방법
B 0837	맞대기 용접이음의 반복 굽힘시험 방법
B 0841	앞면 필렛 용접이음의 인장 시험 방법

규격 번호	규격 제목
B 0842	측면 필렛 용접이음의 전단 시험 방법
B 0843	필렛 용접부의 파단면 시험 방법
B 0844	T형 필렛 용접이음의 굽힘 시험 방법
B 0845	강 용접부의 방사선 투과시험 방법 및 투과 사진의 등급분류 방법
B 0850	점용접부의 검사 방법
B 0851	점용접 이음의 인장 전단 시험 방법
B 0852	점용접 이음의 인장 시험 방법
B 0853	점용접 이음의 겉모양 시험 방법
B 0854	점용접 이음의 단면 시험 방법
B 0855	심 용접의 검사 방법
B 0857	플레시 용접부의 검사방법(강)
B 0858	슬릿형 용접 터짐 시험 방법
B 0859	전개식 필렛 용접 터짐 시험 방법
B 0860	둥근 봉형 용접 터짐 시험 방법
B 0861	용접 비드의 굽힘 시험 방법
B 0862	용접 비드의 노치 굽힘 시험 방법
B 0864	용접 구조물의 노치 인장 시험 방법
B 0865	용접 구조물의 노치 충격 시험 방법
B 0866	용접 재료의 노치 굽힘 시험 방법
B 0867	겹치기 이음 용접 터짐 시험 방법
B 0869	U형 용접 터짐 시험 방법
B 0870	경사 Y형 용접 터짐 시험 방법
B 0872	C형 지그 구속 맞대기 용접균열 시험방법
B 0873	경납의 퍼짐 시험 방법
B 0874	경납땜 이음의 인장 및 전단 시험 방법
B 0875	경납땜 이음의 인장 및 전단 시험법
B 0876	아크 손 용접 작업 표준(박강판)
B 0877	가로놓기식 맞대기 용접 작업 표준
B 0878	서브머지 아크용접 작업 표준(박강판)
B 0879	불활성 가스 아크용접 작업표준(알루미늄)
B 0880	점용접 작업표준(연강)
B 0881	경납땜 이음의 인장시험 방법
B 0882	점용접 작업표준(알루미늄)
B 0883	용접부의 노내 응력 제거 방법
B 0884	용접부의 국부가열 응력 제거 방법
B 0885	용접 기술검정에 있어서의시험방법 및 판정기준

규격 번호	규격 제목
B 0886	알루미늄 용접기술 검정에 있어서의 시험 방법 및 판정기준
B 0887	경납땜 작업표준
B 0888	배관 용접부의 비파괴 검사 방법
B 0891	피복 아크 용접봉의 필렛 용접 시험 방법
B 0892	피복 아크 용접봉의 용착 속도 시험 방법
B 0893	용접 열 영향부의 최고 경도 시험 방법
B 0895	연강용 피복 아크 용접봉의 작업성
B 0896	강용접부의 초음파 탐상 시험방법 및 시험결과의 등급 분류 방법
B 0897	알루미늄 맞대기 용접부의 초음파 경사각 탐상시험방법 및 등급분류 방법
B 0903	용접 자세의 정의
C 3321	용접용 케이블
C 9606	저항 용접 통칙
C 9602	교류 아크 용접기
C 9604	단상 교류식 정치형 점 용접기
C 9605	정류기식 직류 아크 용접기
C 9606	점 용접용 전극의 모양 및 치수
C 9607	용접봉 홀더
C 9610	용접기용 전기 회로도
C 9611	프로젝션 용접기
C 9612	용접기용 전기 기호
C 9617	용접기용 전자 접촉기
C 9618	용접기용 솔레노이드 밸브
C 9620	용접기용 이그나이트론
C 9622	겹치기 저항 용접기용 제어 장치
C 9623	교류 아크 용접용 전격 방지 장치
C 9624	소형 교류 아크 용접기
C 9625	휴대용 스폿 용접기용 용접 변압기
C 9626	용접기용 사이리스터 스택
C 9629	케패시터식 스폿 용접기
C 9632	저항 용접기용 로터리 스위치
D 0040	건축용 강판의 초음파 탐상시험에 따른 등급분류와 판정기준
D 0061	용접흄 농도의 측정 방법
D 0062	피복 아크 용접봉의 전체 흄량 측정 방법
D 0063	용접 작업 환경에서의 용접흄의 평균농도 결정방법
D 0064	강 용접부의 수소량 측정 방법
D 0074	티타늄관의 와전류탐상 시험방법

규격 번호	규격 제목
D 0075	티타늄관의 초음파탐상 시험방법
D 0213	철강재료의 자분탐상 시험방법 및 자분 모양의 분류
D 0214	Cu 및 Cu합금관의 와전류탐상 시험방법
D 0217	금속재료의 방사선투과 시험방법
D 0227	주강품의 방사선투과 시험방법 및 투과사진의 등급분류방법
D 0232	강의 와전류탐상 시험방법
D 0233	압력용기의 강판의 초음파탐상 시험방법
D 0237	스텐레스강 용접부의 방사선투과 시험방법 및 투과사진의 등급 분류방법
D 0239	티탄 용접부의 방사선 투과시험 및 투과사진의 등급분류방법
D 0241	Al주물의 방사선투과 시험방법 및 투과사진의 등급분류방법
D 0242	알루미늄 용접부의 방사선 투과시험 및 투과 사진의 등급분류 방법
D 0243	알루미늄관의 원둘레 용접부의 방사선 투과시험 방법
D 0244	철근 콘크리트용 봉강의 가스 압접이음의 검사방법
D 0245	알루미늄의 T형 용접부 방사선 투과시험 방법
D 0248	탄소강 및 저합금강 단강품의 초음파탐상 시험방법 및 시험결과의 등급분류방법
D 0250	강관의 초음파탐상 시험방법
D 0251	강관의 와전류탐상 시험방법
D 0252	아크 용접강관의 초음파 탐상검사
D 0253	용사제품의 두께시험 방법
D 0271	스텐레스 클레드강 용접 시공방법의 확인 시험 방법
D 0272	용접부의 방사선 투과 시험을 위한 시험 방법 및 판정기준
D 0273	철근 콘크리트용 이형 봉강 가스 압접부의 초음파탐상 시험 방법
D 1980	땜납의 분석방법
D 2000	은땜납의 분석방법
D 2005	황동 땜납의 분석방법
D 2006	니켈 땜납의 분석방법
D 2007	인동 땜납의 분석 방법
D 3508	피복 아크 용접용 심선재
D 3515	용접구조용 압연 강재
D 3529	용접구조용 내후성 열간 압연 강재
D 3550	피복아크 용접봉 심선
D 3696	용접용 스텐레스강 선재
D 4106	용접 구조용 주강품
D 4108	용접 구조용 원심력 주강관
D 5545	동 및 동합금 용접관
D 5579	저항 용접용 동합금 전극재료

규격 번호	규격 제목
D 6713	알루미늄 및 알루미늄합금 용접관
D 6722	알루미늄용 땜납
D 7004	연강용 피복 아크 용접봉
D 7005	연강용 가스 용접봉
D 7006	고장력강용 피복아크 용접봉
D 7008	주철용 피복아크 용접봉
D 7011	박강판용 피복 아크 용접봉
D 7012	동 및 동합금 피복아크 용접봉
D 7014	스텐레스강 피복아크 용접봉
D 7021	니켈 및 니켈 합금 피복아크 용접봉
D 7022	몰리브덴강 및 크롬 몰리브덴강 피복 아크 용접봉
D 7023	저온용 강용 피복아크 용접봉
D 7024	서브머지 아크 용접용 강선 및 용제
D 7025	연강 및 고장력강 마그 용접용 솔리드 와이어
D 7026	용접용 스텐레스 강봉 및 강선
D 7027	스텐레스강 대상전극 덧살 붙임 용접재료
D 7028	알루미늄 및 알루미늄합금 용접봉과 와이어
D 7029	티그 용접용 텅스텐 용접봉
D 7030	용접용 티탄선
D 7035	경화 덧살 붙임용 피복아크 용접봉
D 7044	동 및 동합금 불활성 가스 아크 용접용 봉 및 와이어
D 7045	니켈 및 니켈합금 용접봉 및 솔리드 와이어
D 7102	탄소강 및 저합금강용 서브머지 아크용접 플럭스
D 7103	탄소강 및 저합금강용 서브머지 아크용접 와이어
D 7104	연강 및 고장력강 아크 용접용 플럭스 코어선
D 7105	일렉트로 가스 아크 용접용 플럭스 코어선
D 7106	내후성 강용 탄산가스 아크 용접 솔리드 와이어
D 7107	9% 니켈강용 피복 아크 용접봉
D 7108	9% 니켈강용 티그 용접봉 및 와이어
D 7109	내후성 강용 탄산가스 아크 용접 플럭스 충전 와이어
D 7110	9% 니켈강용 서브머지 아크용접용 와이어 및 플럭스
D 7120	몰리브덴강 및 크롬 몰리브덴강 마그용접 솔리드 와이어
D 7121	몰리브덴강 및 크롬 몰리브덴강 마그용접 플럭스 충전 와이어
D 7131	스텐레스강 서브머지 아크 용접 솔리드 와이어 및 플럭스
D 7140	연강 및 저합금강용 티그 용접봉 및 와이어
D 7141	저온용강에 사용하는 마그용접 솔리드 와이어

규격 번호	규격 제목
D 7201	용접용 강 와이어의 감기 모양,감기 치수 및 무게
D 8048	진공용 귀금속 땜납
D 8049	동 및 황동 땜납
D 8050	인동 땜납
D 8051	니켈 땜납
D 8300	금 땜납
D 8319	은 땜납
D 8320	알루미늄 용사
D 8321	알루미늄 용사제품 시험 방법
D 8322	아연 용사
D 8323	아연 용사제품 시험 방법
D 8324	자용합금 용사
D 8325	자용합금 용사제품시험 방법
D 8326	강재의 용사
D 8327	강재의 용사 시험 방법
D 8332	세라믹 용사
D 8333	세라믹 용사 시험 방법
D 9501	동 및 동합금 가스 용접봉
W 0913	항공우주용 재료의 방사선투과시험
W 0914	항공우주용 기기의 침투탐상 시험방법
W 4041	항공우주용 자분탐상 시험방법

* 자료 제공 : 종합 기술 정보망 Technonet. (www.thychnonet.co.kr)

Table 17-2 산업용 가스 특성 (Industrial Gas Data)

	Acetylene	Argon	Carbon Dioxide	Helium	Hydrogen	Nitrogen	Oxygen	Propane
Chemical symbol	C_2H_2	Ar	CO_2	He	H_2	N_2	O_2	C_3H_8
Atomic number	-	18	-	2	1	7	8	-
Atomic weight	-	39.94	-	4.003	1.0080	14.008	16.00	-
Molecular weight	26.04	39.99	44.01	4.00	2.062	28.066	32.00	44.094
Specific Gravity	0.9056	1.378	1.101	0.1368	0.0695	0.9673	1.1023	1.558
Density gravity	0.069	0.1049	0.11412	0.01035	0.005205	0.07245	0.08279	0.1164
Melting point (°F)	-	-308.5	-69.9	-457.6	-434.4	-345.6	-361.1	-310
Boiling point (°F)	-121	-302.2	-109.3	-450.4	-422.9	-320.6	-297.4	-48.1
Critical temper (°F)	98.6	-85.6	88.4	-450.2	-398.0	-147.2	-181.8	206.6
Critical pressure	906	706	1057	188	294	493	725	648
Latenet heat of vaporization	-	72	-	10.3	194.2	86	92	184
B.T.U/cu ft	1556	-	-	-	344	-	-	2667
Cu ft/lb	14.5	9.67	8.73	96.71	192	13.8	12.08	8.55
Cu ft/gal liqid	-	113.2	-	100.6	103.7	93.2	115	42

위에 제시된 내용은 산업용으로 사용되는 각종 가스의 특성을 간략하게 정리한 것이다. 이 자료는 Welding Engineers Engineering Data Sheet 8th Edition에서 발췌한 것이다.

Table 17-3 산업용 가스의 밀도 (Standard density data atmospheric gases and hydrogen)

Gases	Normal Boiling Temperature		DENSITY(lb/cu fl)		Conversion Values from Liquid to Gas
	°K	°F	Liquid at Normal Boiling Point	Gas at 70 °F and 1 atm. (1)	
Air	79.8	-317.8	54.56	0.07493	728.1
Argon	87.27	-302.6	86.98	0.1034	841.2
Helium	4.214	-452.1	7.798	0.01034	754.2
Hydrogen(2) (equilibrium ortho-para	20.268	-423.2	4.418	0.005209	848.1
Hydrogen(2) (normal)	20.38	-423.0	4.428	0.005209	850.1
Krypton	119.8	-244.0	150.6	0.2172	693.4
Neon	27.07	-410.9	75.35	0.05215	1445.
Nitrogen	77.364	-320.4	50.46	0.07245	696.5
Oxygen	90.17	-297.4	71.27	0.08281	860.6
Xenon	165.05	-162.6	190.8	0.3416	558.5

※ Notes :

(1) 1 atm. = 760 mm mercury at 0℃ = 14.6960 psia.

(2) Equilibrium hydrogen is commonly referred to as para-hydrogen and in 0.2% ortho-hydrogen.

(3) Normal hydrogen is 75% ortho-hydrogen and 25% para-hydrogen

Table 17-4 액상과 가스상의 변환 표 (Liquid to Gas Equivalents)

Gallons of Liquid at Sea Level Pressure	Approximate Number of 244 SCF Oxygen Cylinders	Standard Cubic Feet OF Gas at 70 °F, Sea Level Pressure		
		Oxygen	Nitrogen	Argon
1	½	115.6	92.9	113.2
10	5	1,156	929	1,132
20	9	2,312	1,858	2,264
30	14	3,468	2,787	3,396
40	19	4,624	3,716	4,528
50	24	5,780	4,645	5,660
60	28	6,936	5,574	6,792
70	33	8,092	6,503	7,924
80	38	9,248	7,432	9,056
90	43	10,404	8,361	10,188
100	47	11,560	9,290	11,320
150	71	17,340	13,935	16,980
200	95	23,120	18,580	22,640
300	142	34,680	27,870	33,960
400	190	46,240	37,160	45,280
500	237	57,800	46,450	56,600
600	284	69,360	55,740	67,920
700	332	80,920	65,030	79,240
800	379	92,480	71,320	90,560
900	426	104,040	83,610	101,880
1000	474	115,600	92,900	113,200
1200	569	138,720	111,400	135,840
1500	711	173,400	139,350	169,800
2000	948	231,200	185,800	226,400
2500	1184	289,000	232,250	283,000
3000	1421	346,800	278,700	339,600
5000	2369	578,000	464,500	566,000

Table 17-5 주요 원소의 물성표 (1/2)

원 소 명	기호	원자번호	원자량	표준 상태	밀도 (gr/㎤)	녹는온도 (℃)	끓는 온도 (℃)
수 소	H	1	1.008	기체	0.000083 (25℃)	-262	-262
헬 륨	He	2	4.003	기체	0.000166 (25℃)	-272.2 (26기압)	-288.9
리 듐	Li	3	6.94	고체	0.5243 (20℃)	186	1336
베 릴 륨	Be	4	9.012	고체	1.857 (20℃)	1280	1500 (5cm Hg)
붕 소	B	5	10.82	고체	3.33 (20℃)	2300	2550 (승화)
탄 소	C	6	12.01	고체	2.258	3540	4200
질 소	N	7	14.008	기체	0.001165 (20℃)	-210	-195.80
산 소	O	8	15.994	기체	0.001591 (20℃)	-218.7	-183.0
불 소	F	9	18.998	기체	0.00159 (20℃)	-223	-188.1
네 온	Ne	10	20.183	기체	0.000838 (20℃)	-248.7	-245.6
나 트 륨	Na	11	22.991	고체	0.971 (20℃)	97.8	877.5
마그네슘	Mg	12	24.312	고체	1.737 (25℃)	657	1110
알루미늄	Al	13	24.982	고체	2.69 (20℃)	658	1800
규 소	Si	14	28.086	고체	2.33 (20℃)	1414	2600
인(백색)	P	15	30.974	고체	1.83 (20℃)	44	280
황	S	16	32.064	고체	2.056 (18℃)	118	444.6
염 소	Cl	17	35.453	기체	0.003 (20℃)	-101.6	-34.6
아 르 곤	Ar	18	39.948	기체	0.001662 (20℃)	-189.4	-185.8
칼 륨	K	19	39.102	고체	0.8621 (20℃)	62.3	759.9
칼 슘	Ca	20	40.08	고체	1.5540 (18℃)	850	1170
티 타 늄	Ti	22	47.09	고체	4.526 (20℃)	1727	3000이상
바 나 듐	V	23	50.942	고체	5.98 (18℃)	1726	3400
크 롬	Cr	24	51.996	고체	7.138 (15℃)	1920	2200
망 간	Mn	25	54.94	고체	7.3 (20℃)	1221	1900
철	Fe	26	55.847	고체	7.866 (20℃)	1535	3000
코 발 트	Co	27	58.93	고체	8.83 (25℃)	1492	3000
니 켈	Ni	28	58.71	고체	8.90 (25℃)	1453	2900
구 리	Cu	29	63.54	고체	8.93 (25℃)	1084	2300
아 연	Zn	30	65.37	고체	7.140 (16℃)	419.5	907

Table 17-5 주요 원소의 물성표 (2/2)

원 소 명	기 호	원자번호	원자량	표준상태	밀도 (gr/㎤)	녹는온도 (℃)	끓는 온도 (℃)
게르마늄	Ge	32	72.59	고체	5.459 (20℃)	958.5	2700
비 소	As	33	74.92	고체	5.73 (15℃)	814 (36기압)	615
셀 레 늄	Se	34	78.96	고체	4.82 (20℃)	217	688
지르코늄	Zr	40	91.22	고체	6.52 (25℃)	1860	2900이상
니 오 븀	Nb	10	92.91	고체	8.4 (20℃)	1950	3300
몰리브덴	Mo	12	95.94	고체	1.23 (17℃)	2622	3700
은	Ag	47	107.807	고체	1.50 (20℃)	960.8	1950
카 드 뮴	Cd	48	112.40	고체	8.648 (20℃)	320.9	767
주 석	Sn	50	118.69	고체	7.284 (20℃)	231.8	2362
안 티 몬	Sb	51	121.75	고체	6.69 (17℃)	630	1330
요 오 드	I	53	126.90	고체	4.942 (20℃)	113.7	134.9
바 륨	Ba	56	137.34	고체	3.74 (17℃)	850	1140
탄 탈 륨	Ta	73	180.95	고체	16.65 (20℃)	3030	4100이상
텅 스 텐	W	74	183.85	고체	19.24 (20℃)	3380	5900
백 금	Pt	78	195.09	고체	21.45 (20℃)	1769	4300
금	Au	79	196.967	고체	19.29 (20℃)	1063.0	2600
수 은	Hg	80	200.59	고체	13.546 (20℃)	-38.9	356.6
납	Pb	82	207.19	고체	11.34 (20℃)	327.4	1620
비스머스	Bi	83	208.98	고체	9.8 (25℃)	271.3	1450
라 듐	Ra	88	226.06	고체	5.0 (0℃)	960	1140
토 륨	Th	90	232.38	고체	11.71 (21℃)	1845	3000이상
우 라 늄	U	92	238.03	고체	18.68 (20℃)	1150	-

Table 17-6 금속 화합물의 융점 (Melting Points of Metallic Compound)

Material	Melting Point (°F)	Material	Melting Point (°F)
Niobium carbide (NbC)	6800	Spinel ($MgAl_2O_4$)	3874
Graphite (C)	6700	Titanium dioxide (TiO_2)	3866
Zirconium carbide (ZrC)	6400	Calcium silicate ($2CaO\ SiO_2$)	3866
Titanium nitride (TiN)	5800	Titanium silicide (Ti_5Si_3)	3848
Barium phosphide (Ba_3P_2)	5790	Beryllium carbide (Be_2C)	3812
Titanium carbide (TiC)	5700	Calcium chromate ($CaO\ Cr_2O_3$)	3812
Zirconium nitride (ZrN)	5400	Aluminum oxide (Al_2O_3)	3722
Vanadium carbide (VC)	5090	Niobium nitride (NbN)	3722
Strontium zirconate ($SrO\ ZrO_2$)	5070	Molybdenum disilicide ($MoSi_2$)	3686
Magnesium oxide (MgO)	5070	Nickel oxide—aluminum oxide ($NiO\ Al_2O_3$)	3668
Zirconium oxide (ZrO_2)	4900	Beryllium silicate ($2BeO,\ SiO_2$)	3630
Molybdenum (Mo)	4760	Barium oxide—aluminum oxide ($BaO,\ Al_2O_3$)	3630
Barium zirconate ($BaO\ ZrO_2$)	4748	Magnesium sulphide—strontium sulphide	
Cerium oxide (CeO_2)	4712	($MgS,\ SrS$)	3600
Calcium oxide (CaO)	4660	Nickel oxide (NiO)	3560
Molybdenum carbide (Mo_2C)	4650	Niobium disilicide ($NbSi_2$)	3542
Zircon ($ZrSiO_4$)	4622	Barium oxide (BaO)	3490
Beryllium oxide (BeO)	4568	Beryllium oxide—aluminum oxide	3470
Cerium sulphide (CeS)	4440	($BeO\ Al_2O_3$)	
Strontium oxide (SrO)	4406	Silicon-nitride (Si_3N_4)	3452
Silicon oxide (SiO)	4406	Chromium carbide (Cr_3C_2)	3440
Yttrium oxide (Y_2O_3)	4380	Chromium (Cr)	3430
Niobium (Nb)	4380	Zirconium (Zr)	3350
Vanadium nitride (VN)	4280	Molybdenum beryllide ($MoBe_2$)	3344
Calcium zirconate ($CaO\ ZrO_2$)	4230	Mullite ($3Al_2O_3\ 2SiO_2$)	3290
Chromium oxide (Cr_2O_3)	4127	Zirconium beryllide ($ZoBe_3$)	3180
Zirconium silicides (Zr_3Si_2, Zr_4Si_3, Zr_6Si_5)	4010-4080	Vanadium (V)	3150
Aluminum nitride (AIN)	4060	Silicon dioxide (SiO_2)	3110
Silicon carbide (SiC)	4000	Zirconium disilicide ($ZrSi_2$)	3092
Barium sulphide (BaS)	4000	Vanadium disilicide (VSi_2)	3020-3180
Beryllium nitride (Be_3N_4)	4000	Molybdenum aluminide ($MoAl$)	3090
Barium nitride (Ba_3N_2)	3990	Titanium (Ti)	3074
Chromium aluminide ($CrAl$)	3920	Nickel aluminide ($NiAl$)	3000
Molybdenum aluminide (Mo_3Al)	3900	Zirconium aluminide ($ZrAl_2$)	3000

Table 17-7 표면 거칠기 환산표 (Surface Roughness Conversion Table)

Standard Units	KS B0432/ JIS B-0601	거칠기크기 등급	Metric표준	Military	SAE J911/ ANSI B46.1	KS/JIS 표준면적	KS/JIS 표시 삼각 기호
	표준 거칠기	H	H x 1/4	RMS	AARH		
	µmax.	µ	µm	micro inch			
RANGE OF SURFACE ROUGH-NES		1000				10 mm sq.	~
		800					
		630					
		500					
	400 S	400	100				
		315					
		250					
	200 S	200	50	2000			
		160					
		125					
	100 S	100	25	1000	1000		
		80			800	5 mm sq.	100S이하 ▽
		60			600		
	50 S	50	12.5	500	500		
		40			400		
		32.6			320		
	25 S	25	6.3	250	250		
		20			200	3 mm sq.	25S이하 ▽▽
		16			160		
		12.7	3.2	125	125		
		10			100		
		8			80		
	6.3 S	6.3	1.6	63	63	1 mm sq.	6.3S이하 ▽▽▽
		5			50		
		4			40		
		3.2	0.8	32	32		
		2.5			25		
		2			20		
		1.6	0.4	16	16		
		1.32			13		
		1			10		
	0.8 S	0.8	0.2	8	8		
		0.63			6	3 mm sq.	0.8S이하 ▽▽▽▽
		0.5			5		
	0.4 S	0.4	0.1	4	4		
		0.3	0.8		3		
		0.25					
	0.2 S	0.2	0.05		2		

Standard Units	KS B0432/ JIS B-0601	거칠기크기 등급	Metric표준	Military	SAE J911/ ANSI B46.1	KS/JIS 표준면적	KS/JIS 표시 삼각 기호
RANGE OF SURFACE ROUGH-NES		0.16				3 mm sq.	0.8S이하 ▽▽▽▽
		0.125					
	0.1 S	0.1	0.025	1	1		
		0.08					
		0.063					
		0.05	0.012	0.5			
		0.04					
		0.032					
		0.025	0.006	0.025			

S = Symbol of surface roughness　　μ = 0.001 mm　　H = Mean of max. height

RMS = Root - Mean - Square (μinch) ;독일, 스페인, 헝가리　　1 μm = 40μ inch

Ra (=AARH) ; Arithmetic Average Roughness (μinch) ; 미국, 영국, 프랑스 ~ ; 특별한 규정이 없다.

Table 17-8 Wire 및 박판 Gage 환산표

Gage No.	S. W. G. mm	B. W. G. mm	B. & S. mm	A. S. W. G. mm	A. S. W. G. inch	J. de P. mm	W. G. mm	B. G. mm	U. S. S. mm
0000000	12.699			12.45	0.4900				
000000	11.785		14.73	11.72	0.4615				12.700
00000	10.972		13.12	10.93	0.4305				11.906
0000	10.159	12.70	11.68	10.00	0.3938				11.113
000	9.448		10.40	9.208	0.3625				10.319
00	8.839	11.532	9.266	8.407	0.3310			12.700	9.525
0	8.229	10.495	8.255	7.785	0.3065			11.303	8.732
1	7.620	9.652	7.348	7.188	0.2830			10.069	7.938
2	7.010	8.636	6.543	6.688	0.2625			8.971	7.144
3	6.401	7.620	5.827	6.190	0.2437			7.993	6.747
4	5.873	7.213	5.189	5.723	0.2253	(PD) 100		7.122	6.350
5	5.385	6.579	4.620	5.258	0.2070	(P) 500		6.350	5.953
6	4.877	6.045	4.115	4.877	0.1920	600	.60	5.652	5.556
7	4.470	5.588	3.665	4.496	0.1770	700	.68	5.032	5.159
8	4.064	5.156	3.264	4.115	0.1620	800	.76	4.481	4.763
9	3.658	4.572	2.906	3.767	0.1483	900	.80	3.988	4.366
10	3.251	4.191	2.588	3.429	0.1350	1.000	.88	3.551	3.969
11	2.946	4.759	2.304	3.061	0.1205	1.100	1.00	3.175	3.572
12	2.632	3.404	2.052	2.680	0.1055	1.200	1.12	2.827	2.175
13	2.337	3.048	1.826	2.324	0.0915	1.300	1.20	2.517	2.778
14	2.032	2.769	1.628	2.032	0.0800	1.400	1.30	2.240	2.381
15	1.829	2.413	1.450	1.829	0.0720	1.500	1.40	1.994	1.984
16	1.626	2.108	1.290	1.583	0.0625	1.600	1.56	1.775	1.786
17	1.422	1.829	1.151	1.372	0.0540	1.800	1.66	1.588	1.588
18	1.219	1.651	1.024	1.207	0.0475	2.000	1.84	1.412	1.429
19	1.016	1.473	.9116	1.041	0.0410	2.200	2.04	1.257	1.270
20	.9144	1.245	.8128	.8839	0.0348	2.400	2.20	1.118	1.111
21	.8128	1.067	.7239	.8052	0.0318	2.700	2.40	.9956	.9525
22	.7112	.8886	.6426	.7264	0.0286	3.000	2.60	.8865	.8731
23	.6096	.8128	.5740	.6553	0.0258	3.400	2.92	.7938	.7938
24	.5588	.7109	.5105	.5842	0.0230	3.900	3.40	.7077	.7114
25	.5080	.6347	.4547	.5182	0.0204	4.400	3.84	.6289	.6350
26	.4572	.5585	.4039	.4597	0.0181	4.900	4.20	.5598	.5556
27	.4166	.5078	.3607	.4394	0.0173	5.400	4.65	.4981	4763
28	.3759	.4570	.3200	.4115	0.0162	5.900	5.45	.4432	.4366
29	.3454	.4062	.2875	.3810	0.0150	6.400	5.96	.3969	.3969
30	.3150	.3555	.2540	.3556	0.0140	7.000	7.00	.3531	.3572
31	.2946	.3300	.2268	.3353	0.0132	7.600	7.60	.3124	.3175
32	.2743	.3046	.2019	.3251	0.0122	8.200	8.80	.2794	.2778
33	.2540	.2539	.1798	.2997	0.0118	8.800	9.40	.2489	.2580
34	.2337	.2286	.1600	.2642	0.0104	9.400	10.00	.2210	.2381
35	.2134	.2031	.1425	.2413	0.0095	10.000		.1956	.2183
36	.1930	.1777	.1270	.2286	0.0090			.1753	.1984
37	.1727	.1269	.1112	.2159	0.0085			.1579	.1786
38	.1524	.1016	.1006	.2032	0.0080			.1372	.1687
39	.1321		.0897	.1905	0.0075			.1219	.1588
40	.1219		.0897	.1778	0.0070				

※ Notes :

S. W. G. British Imperial Standard Wire Gage.

B. W. G. Birmingham Wire Gage.

B. & S. Brown and Sharpe Wire Gage.

A. S. W. G. American Standard Wire Gage : W. & M.

J. de P. Paris Wire Gage.

W. G. Westphalia Wire Gage.

B.G. Standard Birmingham Sheet and Hoop.

U. S. S. U. S. Standard for Sheet and Plate Iron and Steel

Table 17-9 온도 환산표 (1/4)

$°F = 9/5 \times ℃ + 32$ $℃ = 5 \times (°F - 32)/9$

°F	℃	°F	℃	°F	℃	°F	℃	°F	℃
-459.4	-273	-125	-87.2	20	-6.7	90	32.2	160	71.1
-440	-262	-120	-84.4	22	-5.6	92	33.3	162	72.2
-430	-257	-115	-81.7	24	-4.4	94	34.4	164	73.3
-420	-251	-110	-78.8	26	-3.3	96	35.6	166	74.4
-410	-246	-105	-76.1	28	-2.2	98	36.7	168	75.6
-400	-240	-100	-73.3	30	-1.1	100	37.8	170	76.7
-390	-234	-95	-70.6	32	0	102	38.9	172	77.8
-380	-229	-90	-67.8	34	1.1	104	40.0	174	78.9
-370	-223	-85	-65.0	36	2.2	106	41.1	176	80.0
-360	-218	-80	-62.2	38	3.3	103	42.2	178	81.1
-350	-212	-75	-59.4	40	4.4	110	43.3	180	82.2
-340	-207	-70	-56.7	42	5.6	102	44.4	182	83.3
-330	-201	-65	-53.9	44	6.7	104	45.6	184	84.4
-320	-196	-60	-51.1	46	7.8	106	46.7	186	85.6
-310	-190	-55	-48.3	48	8.9	103	47.8	188	86.7
-300	-184	-50	-45.6	50	10.0	120	48.9	190	87.8
-290	-179	-45	-42.8	52	11.1	122	50.0	192	88.9
-280	-173	-40	-40.0	54	12.2	124	51.1	194	90.0
-270	-168	-35	-37.2	56	13.3	126	52.2	196	91.1
-260	-162	-30	-34.4	58	14.4	128	53.3	198	92.2
-250	-157	-25	-31.7	60	15.6	130	54.4	200	93.3
-240	-151	-20	-28.9	62	16.7	132	55.6	202	94.4
-230	-146	-15	-26.1	64	17.8	134	56.7	204	95.6
-220	-140	-10	-23.3	66	18.9	136	57.8	206	96.7
-210	-134	-5	-20.6	68	20.0	138	58.9	208	97.8
-200	-129	0	-17.8	70	21.1	140	60.0	210	98.9
-190	-123	2	-16.7	72	22.2	142	61.1	212	100.0
-180	-118	4	-15.6	74	23.3	144	62.2	214	101.1
-170	-112	6	-14.4	76	24.4	146	63.3	216	102.2
-160	-107	8	-13.3	78	25.6	148	64.4	218	103.3
-150	-101.1	10	-12.2	80	26.7	150	65.6	220	104.4
-145	-98.3	12	-11.1	82	27.8	152	66.7	225	107.7
-140	-95.6	14	-10.0	84	28.9	154	67.8	230	110.0
-135	-92.8	16	-8.9	86	30.0	156	68.9	235	112.8
-130	-90.0	18	-7.8	88	31.1	158	70.0	240	115.6

Table 17-9 온도 환산표 (2/4)

°F = 9/5 × ℃+32 ℃=5×(°F-32)/9

°F	℃	°F	℃	°F	℃	°F	℃	°F	℃
245	118.3	420	215.8	595	312.8	770	410.0	1120	604
250	121.1	425	218.3	600	315.6	780	415.6	1130	610
255	123.9	430	221.1	605	318.3	790	421.1	1140	616
260	126.7	435	223.9	610	321.1	800	426.7	1150	621
163	129.4	440	226.7	615	323.9	810	432.2	1160	627
270	132.2	445	229.4	620	326.7	820	437.8	1170	632
275	135.0	450	232.2	625	329.7	830	443.3	1180	638
280	137.8	455	235.0	630	332.2	840	448.9	1190	643
285	140.6	460	237.8	635	335.0	850	454.4	1200	649
290	143.3	465	240.6	640	337.8	860	460.0	1210	654
295	146.1	470	243.3	645	340.6	870	465.6	1220	660
300	148.9	475	246.1	650	343.3	880	471.1	1230	666
305	151.7	480	248.9	655	346.1	890	476.7	1240	671
310	154.4	485	251.7	660	348.9	900	482.2	1250	677
315	157.2	490	254.4	665	351.7	910	487.8	1260	682
320	160.0	495	257.2	670	354.4	920	493.3	1270	688
325	162.8	500	260.0	675	357.2	930	498.9	1370	693
330	165.6	505	262.8	680	360.0	940	504.4	1280	699
335	168.3	510	265.6	685	362.8	950	510.0	1380	704
340	171.1	515	268.3	690	365.6	960	515.6	1290	710
345	173.9	520	271.1	695	368.3	970	521	1390	716
350	176.7	525	273.9	700	371.1	980	527	1300	721
355	179.4	530	276.7	705	373.9	990	532	1400	727
360	182.2	535	279.4	710	376.7	1000	538	1310	732
365	185.0	540	282.2	715	379.4	1010	543	1410	738
370	187.8	545	285.0	720	382.2	1020	549	1320	743
375	190.6	550	287.8	725	385.0	1030	554	1420	749
380	193.3	555	290.6	730	387.8	1040	560	1330	754
385	196.1	560	293.3	735	390.6	1050	566	1430	760
390	198.9	565	296.1	740	393.3	1060	571	1340	766
395	201.7	570	298.9	745	396.1	1070	577	1440	771
400	204.4	575	301.7	750	398.9	1080	582	1350	777
405	207.2	580	304.4	755	401.7	1090	588	1450	782
410	210.2	585	307.2	760	404.4	1100	593	1360	788
415	212.8	590	310.0	765	407.2	1110	599	1460	793

Table 17-9 온도 환산표 (3/4)

°F = 9/5 × ℃+32 ℃=5×(°F-32)/9

°F	℃	°F	℃	°F	℃	°F	℃	°F	℃
1470	799	1870	1021	2220	1216	2770	1521	3420	1882
1480	804	1880	1027	2230	1221	2780	1527	3440	1893
1490	810	1890	1032	2240	1227	2790	1532	3460	1904
1500	816	1900	1038	2250	1232	2800	1538	3480	1916
1510	821	1910	1043	2260	1238	2810	1543	3500	1927
1520	827	1920	1049	2270	1243	2820	1549	3520	1938
1530	832	1930	1054	2280	1249	2830	1554	3540	1949
1540	838	1940	1060	2290	1254	2840	1560	3560	1960
1550	843	1950	1066	2300	1260	2850	1566	3580	1971
1560	849	1960	1071	2310	1266	2860	1571	3600	1982
1570	854	1970	1077	2320	1271	2870	1577	3620	1993
1580	860	1980	1082	2330	1277	2880	1582	3640	2004
1590	866	1990	1088	2340	1282	2890	1588	3660	2016
1600	871	2000	1093	2350	1288	2900	1593	3680	2027
1610	877	2010	1099	2360	1293	2910	1599	3700	2038
1670	910	2020	1104	2370	1299	2920	1604	3720	2049
1680	916	2030	1110	2380	1304	2930	1610	3740	2060
1690	921	2040	1116	2390	1310	2940	1616	3760	2071
1700	927	2050	1121	2400	1316	2950	1621	3780	2082
1710	932	2060	1127	2410	1321	2960	1627	3800	2093
1720	938	2070	1132	2420	1327	3170	1743	3820	2104
1730	943	2080	1138	2430	1332	3180	1749	3840	2116
1740	949	2090	1143	2440	1338	3190	1754	3860	2127
1750	954	2100	1149	2450	1343	3200	1760	3880	2138
1760	960	2110	1154	2460	1349	3210	1766	3900	2149
1770	966	2120	1160	2670	1466	3220	1771	3920	2160
1780	971	2130	1166	2680	1471	3240	1782	3940	2171
1790	977	2140	1171	2690	1477	3260	1793	3960	2182
1800	982	2150	1177	2700	1482	3280	1804	3980	2193
1810	988	2160	1182	2710	1488	3300	1816	4000	2204
1820	993	2170	1188	2720	1493	3320	1827	4020	2216
1830	999	2180	1193	2730	1499	3340	1838	4040	2227
1840	1001	2190	1199	2740	1504	3360	1849	4060	2238
1850	1010	2200	1204	2750	1510	3380	1860	4080	2249
1860	1016	2210	1210	2760	1516	3400	1871	4010	2260

Table 17-9 온도 환산표 (4/4)

°F = 9/5 × ℃+32　　℃=5×(°F-32)/9

°F	℃	°F	℃	°F	℃	°F	℃	°F	℃	°F	°F
4150	2288	4400	2427	4650	2566	4900	2705	5150	2843	5400	2982
4200	2316	4450	2454	4700	2593	4950	2732	5200	2871	5450	5450
4250	2343	4500	2482	4750	2621	5000	2760	5250	2899	5500	5500
4300	2371	4550	2510	4800	2649	5050	2788	5300	2927	5550	5550
4350	2399	4600	2538	4850	2677	5100	2816	5350	2954	5600	5600

Table 17-10 용접봉의 건조와 보관 (1/2)

AWSType	Air ConditionedStorageBefore Opening	,Dry RodOven HoldingAfter Opening	After Exposure to Moisture aSufficient Time to Effect Weld Quality	
			ReconditionStep #1	RebakeStep #2
Standard				
EXX10				
EXX11				
EXX12	80 °F 20	140 °F 30	180 °F 25	240 °F 25
EXX13	60% 10% RH		two hours	one hour
EXX20				
EXX30			Three hour total	
Iron Powder				
EXX14	90 °F 20	140 °F 30	180 °F 25	325 °F 25
EXX24	50% RH		two hours	one hour
EXX27			Three hour total	
Iron Powder-Low Hydrogen				
EXX18	90 °F 20	400 °F 50	180 °F 25	700 °F 100*
EXX28	50% RH		two hours	one-half hour
			Two & one-half hour total	
Low Hydrogen				
EXX15	90 °F 20	400 °F 50	180 °F 25	600 °F 100*
EXX16	50% RH		two hours	one-half hour
			Two & one-half hour total	
Low Hydrogen-High Tensile				
EXX15	90 °F 20	400 °F 50	180 °F 25	700 °F 100*
EXX16	50% RH		two hours	one-half hour
			Two & one-half hour total	

Table 17-10 용접봉의 건조와 보관 (2/2)

AWSType	Air ConditionedStorage Before Opening	Dry RodOven HoldingAfter Opening	After Exposure to Moisture aSufficient Time to Effect Weld Quality	
			ReconditionStep #1	RebakeStep #2
Stainless				
Inconel				
Monel				
Nickel				
Brasses	90 °F 20	225 °F 50	180 °F 25	350 °F 50
Bronzes	50% RH		two hour	one hour
Hard Surfacing				
Special Alloys			Two hour total	
Granulated				
Submerged Arc Flux	90 °F 20	350 °F 50+	Not Required	700 °F 100*
	50% RH			one hour
			Two & one-half hour total	

Note : In the HTS, Stainless electrode groups, and 15 & 16 type coatings, there can be a greater difference in the maximum temperature requirements for rebaking than those shown. This can be handled by special request to the particular manufacturer involved.

* Requires use of High Temperature Oven, Type 700 or 1006. These ovens may also be used for low temperature holding.

\+ Use Type 950FX Oven.

RH = Relative Humidity.

Table 17-11 표면 경화법 조건 표 (Hardfacing Process Selection Chart) (1/2)

Basic Process	Process Variations	Mode ofApplication	Hardfacing Alloy Form	Weld Dilution%	Deposition (lbs./hr)	Minimum Practical Deposit (t), in.	Applicable Hardfacing Alloy
Weld Fusion Processes							
Combustible gas	Oxy-fuelgas (rod)	Manual	Bare cast or tube rod	1 to 10	1 to 6	1/32	Co, Ni and Fe base alloys; tungsten-carbide composites (WC)
		Automatic	Extra-long bare castrod or tube, wire				
	Oxy-fuel gas (powder)	Manual	Powder	1 to 10	1 to 3	1/64	Co, Ni, Fe base alloys; tungsten-carbide composites
Shieldedmetal arc	Coveredelectrode	Manual	Flux-covered cast rod/tube rod	15 to 25	1 to 6	1/8	Co, Ni, Fe base ; WC composites
	Compositeelectrode (self shielding)	Semi-automatic Automatic	Flux-coredtube wire	15 to 25	5 to 12	1/8	Fe base alloys
Gas shielded arc	Gastungstenarc (Tig)	Manual	Bare cast ortube wire	10 to 15	1 to 8	3/32	Co, Ni and Fe base alloys; tungsten-carbide composites
		Automatic	Bare tube, wire (8 ft);bare cast rod, WC powder with cast rod or bare tube wire.	10 to 15	1 to 8	3/32	
Submerged arc	Single wire	Semi-auto. Automatic	Bare solid ortube wire	30 to 60 30 to 60	10 to 2015 to 25	1/81/8	Fe base
	Multi-wire	Automatic	Bare solid or tube wire	15 to 25	25 to 35	3/16	Fe base
	Series arcBulk	Automatic	Solid wireBare solid or	15 to 25	25 to 35	3/16	Fe base
	Process	Automatic	Tube wire with metal powder		To 150		Fe & Co base
Plasma arc	Plasma arc weld surfacing(transferred arc)	Automatic	Powder with or without tungsten-carbide granules	5 to 30	1 to 15	1/32	Fe Co and Ni base alloys; tungsten-carbide composites
Coating Processes							

Table 17-11 표면 경화법 조건 표 (Hardfacing Process Selection Chart) (2/2)

Basic Process	Process Variations	Mode of Application	Hardfacing Alloy Form	Weld Dilution%	Deposition (lbs./hr)	Minimum Practical Deposit (t), in.	Applicable Hardfacing Alloy
Combustiblegas	Flame spray	Semiautomatic	Powder	< 1	8 to 20	0.005	Fe, Co and Ni base; tungsten-carbide composites
	Detonationgun plating	Automatic	Powder	< 1	--	0.001	Tungsten carbide with selected matrices; selected oxides
Plasmaarc	Plasma spray(nontransferred arc)	Semiautomatic Automatic	Powder	< 1	8 to 20	0.002	Fe, Co, Ni base; tungsten-carbide composites

Table 17- 12 화염에 의한 강의 구분 (Identification of Metals by Flame Testing) (1/2)

Metal	Machined Surface Color	Melting Speed	Color Change During Melting	Appearance of Slag	Action of Slag	Appearance of Molten Puddle	Action ofMoltenPuddle
Aluminum & Aluminum Alloys	Light silvery alloys are darker	Faster than steel	Color remains the same	Black and grayish scum	Quiet	Color same as unmelted surface, quite fluid under slag	Quiet
Brass & Bronze	Yellow to Red	Moderate to fast	Reddens noticeably beforemelting	Little slag but heavy white fumes though bronze may not have either	Appear as fumes	Shiny golden liquid	Like drops of water with oxidizing flame will bubble
Copper	Red	Slow	May turn black and then red copper color may become more intense	Little or no slag	Quite	Shiny surface directly under flame	Puddle tends to bubble; solidifies quickly
Gray Cast Iron	Dark Gray	Moderate	Becomes dull redbefore melting	A thick film develops	Quiet, tough, but can be broken	Fluid and watery reddish white	Quiet, no sparks; depression under flame disappears when flame is removed

Table 17- 12 화염에 의한 강의 구분 (Identification of Metals by Flame Testing) (2/2)

Metal	Machined Surface Color	Melting Speed	Color Change During Melting	Appearance of Slag	Action of Slag	Appearance of Molten Puddle	Action of Molten Puddle
White Cast Iron	Silver white	Moderate	Same as above	A medium film develops	Same as above	Same as above	Same as above
Malleable Iron	Dark Gray	Moderate	Becomes red before melting	Same as above	Same as above	Fluid and watery; straw color	Boils and leaves blowholes; surfaces metal sparks.
Wrought Iron	Bright gray	Fast	Becomes bright red before melting	Oily or greasy film with white lines	Quiet, easily broken	Liquid, straw color	Generally quiet; not viscous; may exhibit some sparking
Lead	Gray to white; soft	Very fast	Color remains the same	Dull gray coating	Quiet	White, fluid under slag	Quiet; may boil if too hot
Monel	Dark gray	Slower than steel	Becomes red before melting	Heavy, thick gray scum	Quiet, hard to break	Fluid under slag	Quiet
Nickel	Almostwhite	Same as above	Same as above	Gray scum	Same as above	Same as above	Same as above
Steel; Low carbon or cast	Bright gray	Fast	Becomes bright red before melting	Similar to molten metal	Quiet	Liquid, straw color	Molten metal sparks
Steel; High carbon	Bright gray	Fast	Becomes bright red	Same as above	Quiet	Lighter in color than low carbon steel; cellular appearance	Sparks more readily than low-carbon steel

Table 17 -13 단위 환산 표 (Weights and Measures)

■ Length

1 mil = 0.001 in.

1 inch = 2.54 centimeters = 25.4 millimeters.

1 link = 7.92 inches = 20.12 centimeters.

12 inches = 1 foot = .30479 meter = 30.5 centimeters.

3 feet = 1 yard = .91437 meter = 36 inches.

5½ yards = 1 rod or pole = 16½feet = 198 inches.

22 yards = 1 chain = 4 rods = 66 feet = 100 links.

40 rods = 1 furlong = 220 yards = 660 feet = 10 chains.

8 furlongs = 1 statute or land mile = 320 rods = 1,760 yards.

5,280 feet = 1 statute or land mile = 1.609 kilometers.

1 geographical or nautical mile = 1 minute = 1/60 degree.

1 nautical mile, British standard = 6,080 feet.

1 nautical mile = 1.1515 statue or land miles.

1 statue or land mil = .869 nautical mile.

3 nautical miles = 1 league.

■ Square Measure

1 square yard = 9 square feet = .836 square meter.

1 square foot = 144 square inches = 920 square centimeters.

1 square inch = 6.4514 square centimeters.

A section of land is 1 mile square = 640 acres.

1 acre = 43,560 square feet = .40467 hectare.

1 square acre = 208,71 feet on each side.

■ Cubic Measure

1 cubic yard = 27 cubic feet = 7,645 cubic meters.

1 cubic yard = 201.97 (wine) gallons = 7.645 hectoliters.

1 cubic foot = 1.728 cubic inches = 28,315.3 cubic centimeters.

1 cubic foot = 7.4805 (wine) gallons = 28,315 liters.

1 cubic foot = 6.2355 imperial gallons.

1 cord of wood = 128 cubic feet, being 4 x 4 x 8 feet.

1 perch of stone = 24¾ cubic feet, being 16½ x 1½ x 1 feet, generally taken as 25 cubic feet.

■ Liquid Measure

1 gill = ¼ pint = 7.22 cubic inches = 4 fluid ounces.

1 pint = 28.88 cubic inches = 16 fluid ounces.

2 pints = 1 quart = 57.75 cubic inches = .9463 liter.

4 quarts = 1 gallon = 231 cubic inches = 3.7852 liters.

1 imperial gallon = 277.463 cubic inches = 4.8045 quarts.

■ Dry Measure

1 standard U.S. bushel = 2150.42 cubic inches.

1 standard U.S. bushel = 4 pecks.

1 peck = 2 gallons = 8 quarts.

1 gallon = 4 quarts = 268.8 cubic inches.

1 quart = 2 pints = 67.2 cubic inches.

100 bushels = 124.5 cubic feet (approximately).

80 bushels = 100 cubic feet (approximately).

■ Avoirdupois Weight

1 pound = 16 ounces = 7,000 grains = .45359 kilograms = 453.59 grams.

1 ton = 2,240 pounds. A short ton = 2,000 pounds.

A fluid ounce is a measure of capacity and means in the American system 1/16 pint wine measure.

1 fluid ounce = 1.042 ounces avoirdupois.

1 fluid ounce = 455.6 grains of distilled water.

1 fluid ounce = 29.52 cubic centimeters.

In England one fluid ounce means 1/20 imperial pint = 1 imperial ounce = 437.5

grains of distilled water = 38.35 cubic centimeters.

1 metric ton = 1000 kilograms = 2,205 pounds.

■ Troy Weight

* 1 pound = 12 ounces = 5,760 grains = .37324 kilograms.

1 ounce = 20 pennyweights = 1.0971 ounces avoirdupois.

1 pennyweight = 24 grains.

1 karat used in weighting diamonds = 3.168 grains = .205 gram.

■ Apothecaries Weight

* 1 pound = 1 pound troy weight = 12 ounces.

* 1 ounce = 8 drachmas.

1 drachma = 3 scruples.

1 scruple = 20 grains.

* NOTE : The pound and ounce are the same in apothe-caries; as in troy weight. One ounce aroirdupois is 437.5 grains, and 1 ounce troy is 480 grains, but 1 grain has the same ralue in troy, appothecaries and aroidupois and is equal to .0618 gram in the metrie system.

Table 17- 14 중량 환산 표 (Load Comparison Data-I)
Long Tons per sq. In. to Pounds per sq. in.

Tons per Sq in	Psi	Tons per Sq in	Psi	Tons per Sq in	Psi
10.0	22,400	27.0	60,480	44.0	98,560
10.5	23,520	27.5	61,600	44.5	99,680
11.0	24,640	28.0	62,720	45.0	100,800
11.5	25,760	28.5	63,840	45.5	101,920
12.0	26,880	29.0	64,960	46.0	103,040
12.5	28,000	29.5	66,080	46.5	104,160
13.0	29,120	30.0	67,200	47.0	105,280
13.5	30,240	30.5	68,320	47.5	106,400
14.0	31,360	31.0	69,440	48.0	107,520
14.5	32,480	31.5	70,560	48.5	108,640
15.0	33,600	32.0	71,680	49.0	109,760
15.5	34,720	32.5	72,800	49.5	110,880
16.0	35,840	33.0	73,920	50	112,000
16.5	36,960	33.5	75,040	51	114,240
17.0	38,080	34.0	76,160	52	116,480
17.5	39,200	34.5	77,280	53	118,720
18.0	40,320	35.0	78,400	54	120,960
18.5	41,440	35.5	79,520	55	123,200
19.0	42,560	36.0	80,640	56	125,440
19.5	43,680	36.5	81,760	57	127,680
20.0	44,800	37.0	82,880	58	129,920
20.5	45,920	37.5	84,000	59	132,160
21.0	47,040	38.0	85,120	60	134,400
21.5	48,160	38.5	86,240	61	136,640
22.0	49,280	39.0	87,360	62	138,880
22.5	50,400	39.5	88,480	63	141,120
23.0	51,520	40.0	89,600	64	143,360
23.5	52,640	40.5	90,720	65	145,600
24.0	53,760	41.0	91,840	66	147,840
24.5	54,880	41.5	92,960	67	150,080
25.0	56,000	42.0	94,080	68	152,320
25.5	57,120	42.5	95,200	69	154,560
26.0	58,240	43.0	96,320	70	156,800
26.5	29,360	43.5	97,440	71	159,040

Tons per Sq in	Psi	Tons per Sq in	Psi	Tons per Sq in	Psi
72	161,280	88	197,120	104	232,960
73	163,520	89	199,360	105	235,200
74	165,760	90	201,600	106	237,440
75	168,000	91	203,840	107	239,680
76	170,240	92	206,080	108	241,920
77	172,480	93	208,320	109	244,160
78	174,720	94	210,560	110	246,400
79	476,960	95	212,800	111	248,640
80	179,200	96	215,040	112	250,880
81	181,440	97	217,280	113	253,120
82	183,680	98	219,520	114	255,360
83	185,920	99	221,760	115	257,600
84	188,160	100	224,000	116	259,840
85	190,400	101	226,240	117	262,080
86	192,640	102	228,480	118	264,320
87	194,880	103	230,720	119	266,560

Table 17 -15 중량 환산 표 (Load Comparison Data-II)
Kilograms per sq. millimeter to Pounds per sq. in.

Kg per Sq mm	Psi	Kg per Sq mm	Psi	Kg per Sq mm	Psi
10	14,223	43	61,161	76	108,098
11	15,646	44	62,583	77	109,520
12	17,068	45	64,005	78	110,943
13	18,490	46	65,428	79	112,365
14	19,913	47	66,850	80	113,787
15	21,335	48	68,272	81	115,210
16	22,757	49	69,695	82	116,632
17	24,180	50	71,117	83	118,054
18	25,602	51	72,539	84	119,477
19	27,024	52	73,962	85	120,899
20	28,447	53	75,384	86	122,321
21	29,869	54	76,806	87	123,744
22	31,291	55	78,229	88	125,166
23	32,714	56	79,651	89	126,588
24	34,136	57	81,073	90	128,011
25	35,558	58	82,496	91	129,433
26	36,981	59	83,918	92	130,855
27	38,403	60	85,340	93	132,278
28	39,826	61	86,763	94	133,700
29	41,248	62	88,185	95	135,122
30	42,670	63	89,607	96	136,545
31	44,093	64	91,030	97	137,967
32	45,515	65	92,452	98	139,389
33	46,937	66	93,874	99	140,812
34	48,360	67	95,297	100	142,234
35	49,782	68	96,719	101	143,656
36	51,204	69	98,141	102	145,079
37	52,627	70	99,564	103	146,501
38	54,049	71	100,986	104	147,923
39	55,471	72	102,408	105	149,346
40	56,894	73	103,831	106	150,768
41	58,316	74	105,253	107	152,190
42	59,738	75	106,675	108	153,613

Kg per Sq mm	Psi	Kg per Sq mm	Psi	Kg per Sq mm	Psi
108	153,613	126	179,215	144	204,817
109	155,035	127	180,637	145	206,239
110	156,457	128	182,059	146	207,662
111	157,880	129	183,482	147	209,084
112	159,302	130	184,904	148	210,506
113	160,724	131	186,327	149	211,929
114	162,147	132	187,749	150	213,351
115	163,569	133	189,171	151	214,773
116	164,991	134	190,594	152	216,196
117	166,414	135	192,016	153	217,618
118	167,836	136	193,438	154	219,040
119	169,258	137	194,861	155	220,463
120	170,681	138	196,283	156	221,885
121	172,103	139	197,705	157	223,307
122	173,525	140	199,128	158	224,730
123	174,948	141	200,550	159	226,152
124	176,370	142	201,972		
125	177,732	143	203,395		

Table 17- 16 단위 환산 표 (Equivalent Values of Electrical, Mechanical, and Heat Units) (1/2)

Unit	Equivalent Value in Other Units
1 Kw-hour =	1,000 watt-hours 1.341 horsepower-hours 2,655,200 ft-lb 3,600,000 joules 3,415 heat units 367,100 kilogram-meters 0.234 lb carbon oxidized with perfect efficiency 3.52 lb water evap from and at 212 F 22.77 lb of water raised from 62 to 212 F
1 Hp-hour =	0.7457 kw-hour 1,980,000 ft-lb 2,546.5 heat units 273,740 kilogram-meters 0.174 lb carbon oxidized with perfect efficiency 2.62 lb water evap from and at 212 F 17.0 lb water raised from 62 F to 212 F
1 Kilowatt =	1,000 watts 1.3410 horsepower 2,655,200 ft-lb per hour 44,254 ft-lb per minute 737.56 ft-lb per second 3,415 heat units per hour 56.92 heat units per minute 0.9486 heat units per second 0.234 lb carbon oxidized per hour 3.52 lb water evap per hr from and at 212 F
1 Hp =	745.7 watts 0.7457 kw 33,000 ft-lb per minute 550 ft-lb per accond 2,546.5 heat units per hour 42.44 heat units per minute 0.707 heat units per second 0.174 lb carbon oxidized per hour 2.62 lb water evap per hour from and at 212 F
1 Joule =	1 watt-second 0.000000278 kw-hour 0.10197 kilogram-meter 0.0009486 heat units 0.73756 ft-lb
1 Ft-lb =	1.3558 joules 0.13826 kilogram-meter 0.0000003766 kw-hour 0.0012861 heat unit 0.0000005 hp-hour

Unit	Equivalent Value in Other Units
1 Watt =	1 joule per second 0.001341 hp 3.415 heat units per hour 0.73756 ft-lb per second 0.0035 lb water evap per hour 44.254 ft-lb per minute
1 Watt perSq In. =	8.20 heat units per sq ft per minute 6,373 ft-lb per sq ft per minute 0.1931 hp per sq ft
1 HeatUnit =	1,054.2 watt-seconds 777.54 ft-lb 107.5 kilogram-meters 0.0002928 kw-hour 0.0003927 hp-hour 0.0000685 lb carbon oxidized 0.001030 lb water evap from and at 212 F
1 Heat Unitper SqFt perMin =	0.1220 watt per sq in. 0.01757 kw per sq ft 0.02356 hp per sq ft
1 Kilogram-meter =	7.233 ft-lb 0.000003653 hp-hour 0.000002724 kw-hour 0.009302 heat unit
1 lbCarbonOxidizedwithPerfectEfficiency =	14,600 heat units 1.1 lb anthracite oxidized 2.5 lb dry wood oxidized 22 cu ft illuminating gas 4.75 kw-hour 5.733 hp-hour 11,352,000 ft-lb 15.05 lb of water evap from and at 212 F
1 LBWaterEvapfromand at212 F =	0.2841 kw-hour 0.3811 hp-hour 970.4 heat units 104,320 kilogram-meter 1,023,000 joules 754,525 ft-lb 0.066466 lb carbon oxidized

Table 17- 18 경도 환산 표 (Hardness Conversion Table) (1/3)

Brinell		Vickers or firth Hardness No.	Rockwell		Scleroscope No.	Tensile Strength 1000 psi.
			C	B		
Dia. in mm.,3000 kg. Load10 mm. ball	Hardness No.		150 kg. Load 120 Diamond Cone	100 kg. Load 1/16 in Diamond ball		
2.05	898					440
2.10	857					420
2.15	817					401
2.20	780	1150	70		106	384
2.25	745	1050	68		100	368
2.30	712	960	66		95	352
2.35	682	885	64		91	337
2.40	653	820	62		87	324
2.45	627	765	60		84	311
2.50	601	717	58		81	298
2.55	578	675	57		78	287
2.60	555	633	55	120	75	276
2.65	534	598	53	119	72	266
2.70	514	567	52	119	70	256
2.75	495	540	50	117	67	247
2.80	477	515	49	117	65	238
2.85	761	494	47	116	63	229
2.90	444	472	46	115	61	220
2.95	429	454	45	115	59	212
3.00	415	437	44	114	57	204
3.05	401	420	42	113	55	196
3.10	388	404	41	112	54	189
3.15	375	389	40	112	52	182
3.20	363	375	38	110	51	176
3.25	352	363	37	110	49	170
3.30	341	350	36	109	48	165
3.35	331	339	35	109	46	160
3.40	321	327	34	108	45	155
3.45	311	316	33	108	44	150
3.50	302	305	32	107	43	146
3.55	293	296	31	106	42	142
3.60	285	287	30	105	40	138
3.65	277	279	29	104	39	134
3.70	269	270	28	104	38	131
3.75	262	263	26	103	37	128
3.80	255	256	25	102	37	125
3.85	248	248	24	102	36	122
3.90	241	241	23	100	35	119

Table 17- 18 경도 환산 표 (Hardness Conversion Table) (2/3)

Brinell		Vickers or firth Hardness No.	Rockwell		Scleroscope No.	Tensile Strength1000 psi.
			C	B		
Dia. in mm.,3000 kg. Load10 mm. ball	HardnessNo.		150 kg. Load 120 Diamond Cone	100 kg. Load 1/16 in diamond ball		
3.95	235	235	22	99	34	116
4.00	229	229	21	98	33	113
4.05	223	223	20	97	32	110
4.10	217	217	18	96	31	107
4.15	212	212	17	96	31	104
4.20	207	207	16	95	30	101
4.25	202	202	15	94	30	99
4.30	197	197	13	93	29	97
4.35	192	192	12	92	28	95
4.40	187	187	10	91	28	93
4.45	183	183	9	90	27	91
4.50	179	179	8	89	27	89
4.55	174	174	7	88	26	87
4.60	170	170	6	87	26	85
4.65	166	166	4	86	25	83
4.70	163	163	3	85	25	82
4.75	159	159	2	84	24	80
4.80	156	156	1	83	24	78
4.85	153	153		82	23	76
4.90	149	149		81	23	75
4.95	146	146		80	22	74
5.00	143	143		79	22	72
5.05	140	140		78	21	71
5.10	137	137		77	21	70
5.15	134	134		76	21	68
5.20	131	131		74	20	66
5.25	128	128		73	20	65
5.30	126	126		72		64
5.35	124	124		71		63
5.40	121	121		70		62
5.45	118	118		69		61
5.50	116	116		68		60
5.55	114	114		67		59
5.60	112	112		66		58
5.65	109	109		65		56

Table 17- 18 경도 환산 표 (Hardness Conversion Table) (3/3)

Brinell		Vickers or firth Hardness No.	Rockwell		Scleroscope No.	Tensile Strength 1000 psi.
			C	B		
Dia. in mm.,3000 kg. Load10 mm. ball	Hardness No.		150 kg. Load 120 Diamond Cone	100 kg. Load 1/16 in Diamond ball		
5.70	107	107		64		56
5.75	105	105		62		54
5.80	103	103		61		53
5.85	101	101		60		52
5.90	99	99		59		51
5.95	97	97		57		50
6.00	95	95		56		49

제18장
용접 기술사 시험

1. 용접 기술사 시험 준비

용접에 관심을 가지고 있는 사람이라면 누구나 용접 기술사 자격에 대한 욕망이 있을 것이다. 특히, 자신의 업무와 관련하여 대외적인 신인도나 승진과 자격 수당 등에 욕심이 있는 사람이라면 반드시 취득하고 싶은 자격이 될 것이다.

본 장에서는 용접 기술사 시험을 준비하는 사람들을 위해 기본적으로 공부해야 되는 기초 지식과 실무 역량 및 수험 요령을 소개하고, 최근에 실시된 용접 기술사 시험 문제의 간략한 해설을 통해 수험 준비에 도움을 주고자 한다.

예전에는 어느 종목이던 기술사 실기 시험(면접 구술 시험) 과정에서 "당신이 생각하는 기술사의 사회적 역할과 의미는 어떤 것이요?" 라는 질문이 단골로 나왔다고 한다. 기술사는 단지 개인의 기술력을 평가하고, 사회적으로 공인하는 제도 이상의 의미를 가진다. 기술사 자격을 취득하는 그 순간부터 더 이상 개인의 자격이 아닌 공인의 자격으로 사회에 기여할 수 있는 부분에 대해 깊이 있게 고려하고 실천에 옮겨야 한다.

이 기본적인 마음 가짐 이외에 용접 기술사를 희망하는 사람은 다음과 같은 사항에 대한 폭 넓은 지식이 필요하다.

(1) 금속 재료(welding Metallurgy)

용접은 기본적으로 금속의 접합이며, 그 접합 과정에서 금속의 특성과 조직의 변화에 대해 이해하지 못한다면 반쪽의 공부만 이루어지게 된다.

용접 기술사를 준비하는 사람들에게 가장 우선적으로 해주고 싶은 말이 있다면 강의 Fe-C 상태도를 완전하게 이해하라고 주문하고 싶다.

용접은 두개의 금속이 녹아서 서로의 접합 계면에 새로운 금속 층을 형성하는 과정이므로 금속의 응고 이론에 대한 기본적인 지식이 없다면 용접을 제대로 이해하기 어렵다. 강의 상태도, 조직별 특성, 열처리의 종류와 특성, 강종별 용접성 평가에 대해 잘 알고 있어야 한다.

이를 위해서 금속 재료 책들을 살펴보는 것이 좋으며, 본인이 금속의 기초가 없어 책 만으로는 쉽게 이해하기 어렵다면 금속을 전공한 사람들에게 간단한 조직 변태와 조직별 특성에 대해 조언을 구하는 것이 좋다.

강종 별 용접성 평가에 관한 자료는 미국 용접 학회의 자료나 ASEM의 Metal Handbook의 용접편에 소개된 내용들이 충실하고 현업에 바로 적용할 수 있어서 좋다.

(2) 용접 방법(Welding Process)

다음으로 각종 용접 방법(Process)에 대한 폭넓은 이해와 지식이 있어야 한다.

직접적으로 Process의 특징과 장 단점 및 유사 Process와의 비교를 요구하는 경우도 있으나, 특정한 조건을 주고 이에 적합한 용접 방법의 해설을 요구하는 경우도 있다.

예를 들어 고속 철도 레일의 용접 방법에 대한 설명을 요구하는 문제들이 제시된다. 이런 경우 레일의 본 용접과 현장에서의 국부적인 수정 용접에 관한 사항을 구체적으로 기술할 수 있어야 한다.

그리고, 무엇 보다 가장 중요한 것은 실제로 그 작업을 해 보지는 않았더라도 기본 원리와 적용에 대한 충분한 이해를 바탕으로 자신의 의견을 정확하게 표현 할 수 있어야 한다. 때로는 문헌에 소개된 내용과 반대 되는 의견이라도 명확한 자신만의 이론을 가지고 설명할 수 있어야 한다.

새로운 용접 방법에 대해서는 미국 용접 학회(AWS)나 유럽 쪽에서 활발하게 용접 기술을 개발하고 연구하는 TWI (The Welding Institute)의 자료를 활용하면 도움이 된다. 간혹 국내 용접 학회지 등에 소개되는 내용도 접근하기 쉬운 편리성의 장점이 있어서 좋다.

(3) 용접 설계(Welding Design)

각종 용접 방법에 대한 이해 못지 않게 중요한 것은 용접 설계이다.

이는 실무가 뒷받침 되지 않으면 쉽게 답을 적을 수 없는 부분이다.

재료의 전반적인 특성과 각종 용접 방법에 대한 지식뿐만 아니라, 기기의 구조적인 특성과 용도에 대한 명확한 이해가 이루어 져야 한다.

응력 집중을 막고 가능한 용접부가 작게 만들어 경제적인 구조물을 만들어야 한다.

(4) 현장 용접 관리

마지막으로 현장 용접에 관한 사항이 필요하다.

각종 규정에 언급된 내용 뿐만 아니라, 기기의 제작 과정에 필요한 각종 사항들에 대해 충분한 기초가 있어야 한다. 현장 용접사의 관리와 능률 용접을 위한 용접 설계 방안, 파괴 및 비파괴 검사의 실무 업무 등에 관한 광범위한 지식이 필요하다.

대부분의 용접 기술사를 지원하는 사람들이 겪는 가장 큰 어려움이 바로 이 부분일 것으로 판단한다. 다른 내용은 문헌을 통해 간접 경험을 하고 그 지식을 내 것으로 만들 수 있으나, 이 실무에 관한 내용은 누가 쉽게 가르쳐 줄 수 있는 부분이 아니기 때문이다. 그러므로 이러한 내용의 답안을 보면 그 사람의 경험과 지식 수준이 쉽게 드러나게 된다.

그리고, 시험 답안을 작성할 때는 이러한 기본 지식에 자신의 이론적인 토대를 곁들여서 서론과 본론이 명확하고, 현업에 적용되는 기준에 대한 실례를 첨가하여 확실하게 자신만의 논리를 전개 하는 것이 좋다.

많이 적는 것이 좋은 것 만은 아니지만, 어느 정도의 분량을 채울 수 있는 역량이 있어야 한다. 즉, 단순하게 책에 나와 있는 이론만을 적는 것이 아니라 자신의 이론을 가지고 평가하여 논리를 전개하는 것이 좋다.

시험은 각 100분씩 총 4교시로 구성되며, 1 교시는 짧게 답할 수 있는 용접 전반에 걸친 용어 정리와 개념 정립 정도를 묻는 내용이 제시된다.

2교시와 3교시의 문제 성격을 특별하게 구분하기는 어렵고, 각종 용접 방법에 대한 이해와 강종 별 용접 특성에 대한 지식 정도를 묻는다.

마지막 4교시는 현장 용접 실무와 용접부 비파괴 검사등에 관한 내용이 제시된다. 시험 시간은 거의 모든 수험생이 1교시를 제외하고는 부족함을 느끼지 않을 정도이다. 따라서, 너무 조급한 마음으로 답안을 작성하기 보다는 차분한 자세로 문제의 출제 의도를 파악하여 서론과 본론, 결론의 기본 틀을 구성하여 작성하는 태도가 필요하다.

■용접 기술사 기출문제

용접 기술사 시험 문제 (92회)

제1교시

※ 다음문제 중 10문제를 선택하여 설명하시오. (각 10점)

1. 용접 시 갭 극복성(Gap bridgeability) 능력에 대해 설명하시오

2. 저수소계 용접봉의 대기 중 최대 노출 허용 시간과 재건조 가능한 횟수를 쓰시오.

3. GMA 용접에서 아크 점화 실패에 미치는 요인 5가지를 설명하시오.

4. 마찰교반접합(FSW) 기술의 철강재 적용 시 접합 툴(tool)의 재료는 크게 3가지로 나누 수 있다. 그 중 2가지를 설명하시오.

5. 두께 30mm와 20mm 판재를 필릿 용접하려고 할 때 허용할 수 있는 최대 필릿 용접 목두께를 설명하시오.

6. 스테인리스 321 강재와 SM490B 강재를 맞대기 용접할 때 용접 재료를 선택하는 방법을 간략히 설명하시오.

7. 길이 2000mm 폭 1500mm 높이 70mm의 육면체형 구조물을 두께 10~16mm 알루미늄 판재를 이용해서 제작코자 한다. 아크용접의 적용이 불가할 때 적용할 수 있는 용접법 2가지를 설명하시오.

8. 탄소강재의 응력제거와 열처리 시 적용하는 온도 범위를 제시하고 가열하는 이유를 설명하시오.

9. 다음 왼쪽 용접부의 용접기호를 오른쪽에 표시하시오.

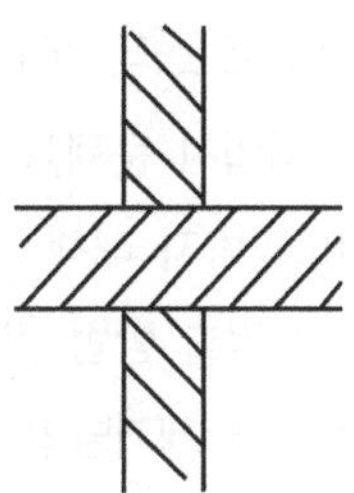

10. 와이어(Wire) 선단의 용적(droplet)에 작용하는 힘 4가지를 열거하고, 전류변화에 따라 용적에 작용하는 각 힘들의 변화를 설명하시오.

11. 압력용기(ASME Sec.Ⅷ)를 설계 할 때 맞대기 용접 이음효율(Joint Efficiency)의 정의와, 최대허용 이음효율에 따라 방사선투과시험(RT)촬영 조건을 설명하시오.

12. 단일패스(One Pass)로 완전 용입이 되는 맞대기 용접에 있어서, 용접부 최고온도를 계산식으로 설명하고, 사용목적을 3가지 쓰시오.

13. 피로파괴에서 파단수명의 정의와 파면 특징에 대해서 설명하시오.

2교시

※ 다음 문제 중 4문제를 선택하여 설명하시오. (각25점)

1. 보수 용접에서 보수 계획에 포함되어야 할 사항을 설명하시오.

2. 마모의 종류를 들고 각각을 설명하시오.

3. 용착금속과 관련된 다음 사항을 설명하시오.
   1) 재열균열 개요.
   2) 재열균열 감수성에 영향을 미치는 합금원소
   3) 발생 기수
   4) 외관 특성

4. 오스테나이트 스테인리스강의 용접시공시 아연 오염에 대한 다음 사항을 설명하시오.
   1) 아연 침입시 문제점
   2) 아연오염방지 대책
   3) 아연의 검출 방법 및 판정
   4) 아연 오염 제거방법

5. 금속재료의 강화기구(strengthening mechanism)의 기본원리 및 방법을 5가지 이상 설명하시오.

6. SMAW에서 스테인리스강의 마르텐사이트(Martensite)계, 페라이트(Ferrite)계, 오스테나이트(Austenite)계 및 이종재의 예열, 패스온도(interpass temperature) 및 용접후 열처리(PWHT)에 대하여 각각 설명하시오.

3교시

※ 다음 문제 중 4문제를 선택하여 설명하시오. (각25점)

1. 저온 분사코팅(Cold Sprayed Coating)기술에 대하여 설명하시오.

2. 용접토치의 각도에 따라 전진법, 수직법, 후진법으로 나눌 수 있다. 각각의 방법에서 용입, 아크안전성, 스패터 발생량, 비드폭, 적용모재두께 등을 비교 설명하시오.

3. 주철재료의 용접시공 시 기본원칙 5가지 들고 설명하시오.

4. 열간등압성형(HIP: Hot Isostatic Pressing)의 원리, 시공방법, 효과 및 응용분야에 대하여 기술하시오.

5. 발전설비 및 석유화학설비에서 운전 중인 고온배관 용접부 열화 상태를 관찰하는 방법으로 금속조직을 다른 물질에 복제시켜 조직의 상태를 관찰, 분석 등 수명평가 방법으로 표면복제법(replication method)이 많이 사용되고 있다.
   1) 시험의 원리 2) 사용목적 3) 시험절차 4) 수명평가방법에 대하여 기술하시오.

6. 용접부 표면결함평가 방법인 자분탐상검사(MT)와 침투탐상검사(PT)의 시험원리 및 장단점을 비교 설명하시오.

4교시

※ 다음 문제 중 4문제를 선택하여 설명하시오. (각25점)

1. 부재에 다른 부재를 그림과 같이 겹침 용접으로 연결하는 경우 겹침길이 제한이 주어진다.

   1) 정하중 구조물에서 적용되는 길이 제한 값이 범위를 제시하고, 2) 제한 이유를 응력분포도를 그려 설명하시오.

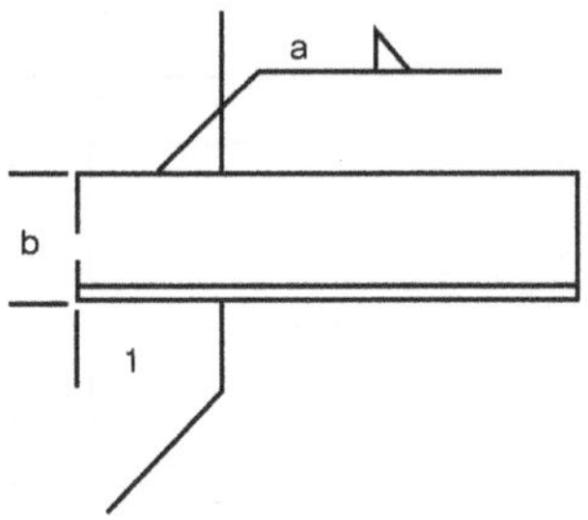

2. 허용 응력= 140MPa 인 강재를 다음과 같이 용접하여 하중 P = 500kN을 받을 수 있도록 하고자 한다. 용접부의 허용 전단응력 = 100 MPa일 때 1) 소요 판재의 치수를 제시하고, 2) 필요한 목두께를 계산하시오.

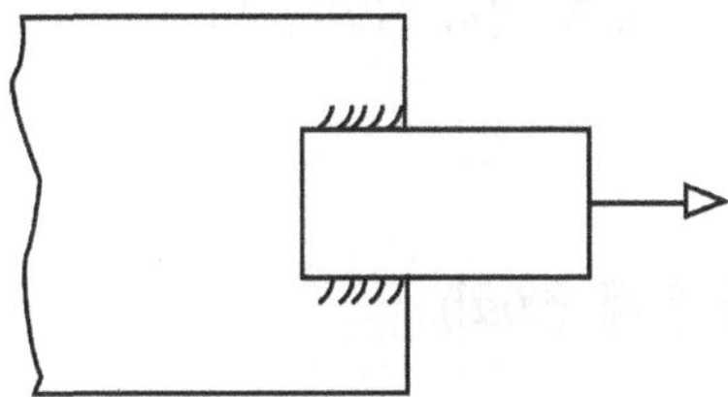

3. 용접 단면적 = 60㎠, 단면이차모멘트 = 18,000cm^4, 수직하중 Q = 400kN일 때 용접부의 최대 수직응력 $Ó_{max}$와 최대 평행 전단응력 $\tau_{//}$을 구하시오.

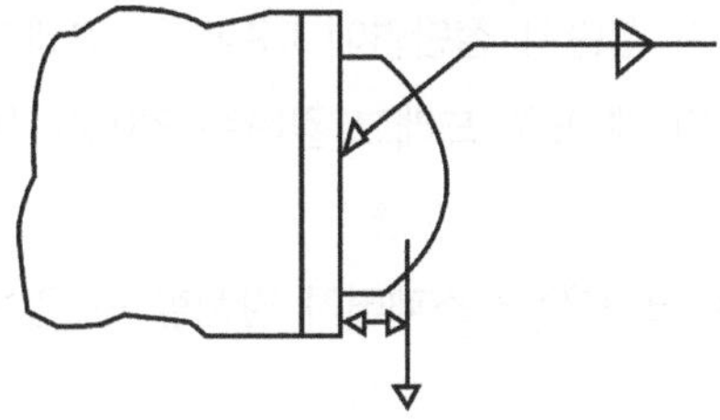

4. T-형 필릿 용접 단면의 형상은 비드 표면의 모양에 따라 볼록 비드, 오목 비드, 편평

비드등 으로 구분할 수 있다. 1) 동하중 구조물에 적합한 용접단면 형상을 그림을 그려 제시하고, 2) 비드 형상에 따른 각 이음의 평균응력과 최대응력을 응력분포도를 이용하여 비교하고 3) 동하중에 따른 적합한 개선이음을 그림으로 설명하시오.

5. 모든 필릿 용접의 목두께는 5mm, 빔 상부에서 빔에 수직으로 작용하는 응력 Q = 500kN 일 때 1) 중립축에 대한 관성모멘트를 구하고, 2) 웹과 후렌지 연결 용접부에 걸리는 응력값을 구하시오.

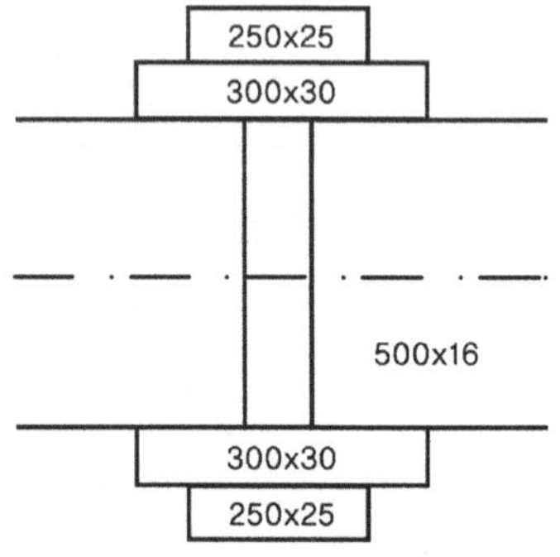

6. 소음지역에서 1) 소음지역의 표시가 필요한 경우와 2) 반드시 귀마개를 착용해야 하는 경우의 소음 정도를 설명하고, 3) 가스금속아크 용접 시와 4) 피복아크 용접 시보안경의 차광 번호를 각각 설명하시오.

용접 기술사 시험 문제 (90회)

제1교시

※ 다음 문제 중 10문제를 선택하여 설명하시오, (각10점)

1. 강판을 가스 절단시 절단면에 나타나는 드래그 선에 대하여 설명하고 강판두께가 25.4mm일 때 표준 드래그 길이는 얼마가 적당한지 설명하시오.

2. 탄산가스 아크 용접중 스패터가 발생할 수 있는 원인에 대하여 설명하시오.

3. 교류 및 직류 아크 용접기의 무부하 전압에 대하여 설명하시오.

4. 티타늄, 마그네슘, 알루미늄 재료에 대한 MIG 용접시 보호가스로 사용되는 가스 종류와 해당 가스 적용시 나타나는 특징에 대하여 설명하시오.

5. 동종재의 페라이트 스테인리스강 용접에서 예열 온도가 높을 경우 나타나는 현상과 용접시 적절한 예열 온도 범위를 제시하시오. 그리고 모재 두께와 구속도에 따른 예열 온도와의 관계에 대하여 설명하시오.

6. 가스 절단 시 사용되는 LP(Liquified Petroleum)가스의 일반적인 특성에 대하여 설명하시오.

7. 용접부를 방사선 투과 검사시 방사선이 인체에 미칠 수 있는 영향과 방사선 피폭을 최소화하기위한 3원칙에 대하여 설명하시오.

8. 피복 아크 용접에서 아크길이를 길게 유지하는 경우 어떠한 용접 결함이 발생하기 쉬운지 설명하시오.

9. 이중 펄스(Double Pulse) 또는 웨이브 펄스(Wave Pulse)형식의 MIG 용접의 특성에 대하여 설명하시오

10. 아크 용접에서 용접 입열을 계산할 수 있는 공식을 설명하시오.

11. 서브머어지드 아크 용접에 사용되는 플럭스의 염기도 지수(Basicity Index)에 대하여 설명하시오

12. TIG(GTAW) 또는 플라즈마(PAW) 자동용접에 사용되는 AVC(Arc Voltage Control) 또는 AVR(Arc Voltage Regulator) 장치 에 대하여 설명하시오.

13. 탄산가스 아크 용접법으로 작업한 용접부를 방사선 투과검사한 결과, 용착 금속에 기공을 상당수 검출하였다. 용접중 기공이 발생될 수 있는 원인 5가지를 열거고 관련 방지 대책을 기술하시오.

제2교시

※ 다음 문제 중 4문제를 선택하여 설명하시오. (각25점)

1. 연강 및 고장력강의 용접부에서 천이 온도가 가장 높은 취성화 구역에 해당하는 부위의 최고 가열 온도 및 용접부 인성의 분포를 설명하시오.

2. 피복 아크 용접법으로 20mm 두께의 연강판을 용접하는 경우, 용착 금속에 침입할 수 있는 주요 수소원을 열거하고 특히, 일미나이트계 용접봉을 예열 없이 사용하는 경우 예상되는 확산성 수소의 영향을 설명하시오.

3. 고온에서 용접 시험편에 일정한 인장 하중을 부가하는 경우 발생되는 변형도와 시간의 관계를 크리이프 곡선으로 설명하시오.

4. 피복 아크 용접법으로 30mm 두께의 고장력강을 용접하기위해 저수소계 용접봉 사용하는 경우, 피복제 중의 성분이 용착 금속에 미치는 영향을 설명하시오.

5. 교류 용접기의 역률과 효율에 대하여 다음사항을 설명하시오.
   가. 역률과 효율의 정의
   나. 무부하전압 80V, 아크전압 30V, 아크전류 300A, 내부손실 4kw일 때 역률과 효율은 각각 몇 %인가?
   다. 교류용접기의 역률을 개선하기위한 콘덴서 설치 시의 장점을 설명하시오.

6. 응고 균열이 발생될 수 있는 기본적인 요인에 대하여 설명하시오

제3교시

※ 다음 문제 중 4문제를 선택하여 설명하시오. (각25점)

1. 탄산가스 아크 용접에서
   가. 단락 이행시 용적 이행의 특징을 설려하시오.
   나. 단락 이행에서 용입 부족(Lack of penetration)을 방지하기위한 시공 기술을 설명

하시오.

2. 박판 강재에 대한 저항 용접시 너겟(Nugget)의 기공(Void)결함에 의한 강도 저하 방지 대책에 대하여 설명하시오.

3. 경납땜(Brazing) 용접시 용가재로 사용되는 은납(BAg)과 인동납(BCuP)재의 특징 및 용도를 비교 설명하시오

4. 플라즈마 키홀 용접(Key Hole Welding)에서
   가. 용융지 생성원리를 설명하시오.
   나. 키홀 용접에 적당한 재질과 두께에 대하여 설명하시오.

5. 최대 정격전류 500A, 정격사용률 40%의 용접기를 자동 용접장치에 설치하여 300A의 용접조건으로 연속 자동용접(예 10분 이상 연속)을 수행하고자 할 때, 이 용접기를 사용할 수 있는지 여부를 계산하여 설명하시오.

6. 피복 아크 용접봉 및 플럭스 건조에 대한 다음 사항을 설명하시오.
   가. 용접봉의 건조 목적을 설명하고, 건조 과정이 생략된 경우 용접부에 미치는 영향을 설명하시오.
   나. 피복 아크 용접봉의 저수소계 및 비저수소계 용접과 서브머어지드 아크 용접법에 사용되는 용융형 플럭스 및 소결형 플럭스에 대한 건조 온도와 건조 시간을 설명하시오.

제4교시

※ 다음 문제 중 4문제를 선택하여 설명하시오. (각25점)

1. 가스 용접법에서 온도, 압력 및 화합물의 영향에 의한 아세틸렌 가스의 폭발 위험을 설명하시오.

2. 용접부에 대한 방사선 투과검사시 사용되는 증감지의 사용 목적을 설명하고, 종류별 각 특성에 대하여 설명하시오.

3. 용착 금속 증에 함유된 수소에 대한 다음사항을 설명하시오.
   가. 용착 금속 중에 수소가 함유될 경우 나타나는 결함을 설명하시오,
   나. 시험편의 수소 함유량을 측정하는 방법 2가지를 설명하시오.
   다. 연강용 저수소계 용접봉에서 규정하는 용착금속중에 수소의 함유량에 대하여 설명하시오.

4. 브레이징 용접에 대한 다음사항을 설명하시오.
   가. 젖음(Wetting) 현상의 정의와 양호한 젖음이 일어나기위한 조건에 대하여 설명하시오.
   나. 젖음각과 브레이징 용접성과의 상관관계를 설명하시오.

5. 균열이 발생된 주철의 보수 용접 시공 방법을 도시하고 설명하시오.

6. 알루티늄 및 그 합금 용접에 대한 파음가 알루미늄 및 그 합금에 대한 용접이 일반 구조용 강재 용접에 비해설명 하시 오.
   가. 알루미늄 및 그 합금에 대한 용접이 일반 구조용 강재 용접에 비해 물리적 및 화학적 특성 면에서 용접성이 좋지않은 이유를 설명하시오.
   나. 산업현장에서 알루미늄 재료를 용접할 수 있는 가장 적합한 용접법을 선정하고 그 이유를 설명하시오.

용접 기술사 시험 문제 (89회)

제1교시

※ 다음 문제 중 10문제를 선택하여 설명하시오, (각10점)

1. 용접 작업시 용접부의 잔류응력을 완화시키는 방법에 대하여 열거하시오.

2. 불활성가스 GMA 용접법의 자기제어 능력에 대하여 설명하시오.

3. 고압력용기 용접 시 주의사항 및 최적 용접방법에 대하여 설명하시오.

4. T형 필렛이음에서 다음 지시내용을 용접기호로 나타내시오.
   지시내용 : 플럭스 코어드 아크용접(FCAW)에 의하여 전후 단속 필렛용접 길이 30mm, 피치 50mm 되도록 아래보기 자세로 용접한다.

5. 주강(Cast steel) 용접부의 특성을 3가지 이상 나열하여 설명하시오

6. 용접구조물의 파괴시험 후 마이로 관찰(Micrography)에 의한 취성파괴의 특징에 대하여 설명 하시오.

7 주조(Casting)와 응접(Fusion Welding)과의 차이점에 대하여 설명하시오.

8. 아크 용접작업 시 감전 사고를 방지하기 위한 대책을 설명하시오.

9. 기계설비 또는 마모된 부품에 대한 오버레이용접(Overlay welding) 시공 시 고려사항에 대하여 설명하시오.

10. 알루미늄 용접에서 산화피막을 제거하는 이유와 전처리 과정을 설명하시오.

11. GTAW에서 전극봉의 끝단 부를 가공하여 사용하는 이유에 대하여 설명하시오.

12. 알루미늄 GMA 용접부의 기포(Porosity) 발생 원인에 대하여 설명하시오.

13. 용접변형의 발생원인과 변형을 최소화하는 방법을 설명하시오.

제2교시

※다음 문제 중 4문제를 선 설명하시오 (각25점)

1. SMA 용접부에서 응접길람을 열거하고 방지법에 대하여 설명하시오.

2. Ti-Ni 합금(Nitinol)의 형상기억효과(Shape Memory Effect)에 대해서 기술하고, 용융용접 시 고려되어야 할 사항에 대하여 설명하시오.

3. 용접매연(Fume)의 발생인사를 나열하고 그 감소방안에 대해서 설명하시오.

4. 전자부품 및 정밀기기의 제조과정에서 솔더링(Soldering) 제품에 대한 품질검사 시 접합의 성능을 확인하기 위한 시험방법을 3가지 이상 설명하시오.

5. 레이저빔 용접의 발진 출력형태를 도식화하여 열거하고 그 특성을 설명하시오.

6. 항공기 제작 시 알루미늄 합금 판넬을 접합할 때 용접보다 리벳팅을 하는 이유에 대하여 설명 하시오.

제3교시

※ 다음 문제 중 4문제를 선택하여 설명하시오. (각25점)

1. 강 구조물에서 발생하는 용접 열영향부(HAZ)의 기계적 성질에 대하여 설명하시오.

2. 파이프 이음용접부에 대한 육안검사의 항목을 열거하고 설명하시오.

3. 업셋 용접(Upset welding) 및 플래시 용접(Flash welding)의 과정과 특성을 비교 설명하시오.

4. 강 용접부의 용착금속 내에 발생하는 기공(Blow hole)의 종류 3가지와 생성원인에 대 하여 설명하시오.

5. 확산 용접(Diffusion welding)의 특징에 대하여 설명하시오.

6. 일반 강 구조물 용접부의 강도 향상을 위한 후처리 방법에 대하여 설명하시오.

제4교시

※ 다음 문제 중 4문제를 선택하여 설명하시오. (각25점)

1. GTA 용접의 스타트(Start) 방식에 대하여 설명하시오.

2. 고강도 알루미늄합금 AL2024 및 AL7075의 용접방법에 대하여 설명하시오.

3. 전자빔 용접의 특징을 설명하시오.

4. 산소-아세틸렌 토치로 절단하는 경우 비철금속이나 오스테나이트계 스테인리스강 탄소강만큼 절단이 잘 되지 않는 이유에 대하여 설명하시오.

5. 프로젝션용접(Projection welding)에서 돌기 성형의 구비 조건을 나열하고 주요 공정 변수에 대하여 설명하시오.

6. 용접부의 피로강도 평가법에 대하여 설명하시오.

용접 기술사 시험 문제 (87회)

제1교시

※ 다음 문제 중 10문제를 선택하여 설명하시오. (각10점)

1. 인장강도 500MPa급 강재를 용융용접하는 경우 용접 입열량이 낮은 쪽에서 높은쪽으로 변화함에 따라 용접열영향부에 나타나는 조직을 순서대로 열거하시오. 또 이들 조직 중 가장 인성이 낮은 조직을 기술하시오.

2. 가스메탈 아크용접을 하는 경우 사용하는 보호가스를 기준하여 크게 세 종류의 방법으로 분류하시오. 또 이들 방법 중 주로 알루미늄(Al)과 같은 비철의 용접에 가장 적합한 방법을 기술하시오.

3. 스테인리스강의 델타 페라이트량을 측정하는 방법을 직접 측정하는 방법과 간접적으로 측정하는 방법으로 구분하여 설명하시오.

4. 저항용접의 원리를 간단히 기술하고, 대표적인 저항용접방법을 3가지 이상 열거하시오.

5. 모재단면에 그루브(groove) 형상을 가공하는 경우 고려사항을 4가지 이상 나열하시오.

6. CO_2 용접이나 소량의 산소를 포함하는 실드가스를 사용하는 가스메탈 아크용접 중에 발생하는 인체에 유해한 가스 3종류를 기술하시오.

7. 그림을 보고 용접기호를 도시하시오.

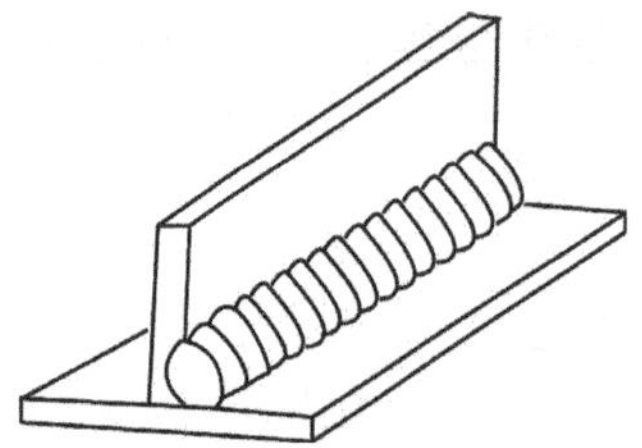

8. 용접부의 안전성을 확인할 수 있는 대표적인 비파괴검사 방법을 4가지 이상 기술 하시 오.

9. 두께가 60mm인 인장강도 500MPa급 TMCP 강재를 600A-40V-40mn/min의 조건으로 Electro Gas 용접하였다. 용접 입열량을 계산하여 단위와 함께 답하시오.

10. 전자빔 용접 및 레이저빔 용접이 일반적인 아크용접과는 달리 키홀(Key-hole)용접이 가능한 가장 큰 이유를 설명하시오.

11. 용접부의 고주기피로와 저주기피로의 차이점을 반복응력이 부가되는 강도의 관점을 포함하여 간단히 설명하시오.

12. 브레이징과 솔더링의 차이점과 특징을 설명하시오.

13. 용접시 Fume의 인체에 미치는 영향을 고려하여 미국에서는 1973년도부터 Iron Oxide(Fe2o3)의 TWA-TLV(Time Weighted Average-Threshold Limit Value)를 10mg/㎥(ppm)으로 규정하였는데 그 의미를 설명하시오.

제2교시

※다음 문제 중 4문제를 선택하여 설명하시오. (각25점)

1 일반 TMCP 강재를 EGW(Electro Gas Welding) 방법으로 대입열 용접하면, 통상 용착부에 인접란 용접 열영항부의 인성이 저하하는 문제가 발생딴다. 인성저하의 주요 윈인과 함께 개선방법을 야금학적인 측면에서 설명하시오.

2. 스데인리스강의 응접 응고조직 형태로부터 구분되고 있는 대표적인 네가지 응고모드를 열거하고, 이들 중에선 STS304의 응고모드 형태가 응고균열 감수성이 가장 낮은 이유를 설명 하시오.

3. 통상 탄소를 0.3% 이상 포함하는 고탄소강을 용융용접하는 경우, 용접부에 발생할 수 있는 대표적인 두 종류의 용접결함을 열거하구 각각의 원인 및 ′방지대책을 기술하시오.

4. 서브머지드 아크용접용 플럭스의 종류를 제조방법의 차이에 따라 분류하고 특징을 간단히 설명하시오.

5. 용접부 저온균열 감수성을 평가하는 대표적인 시험방법 중, Y-groove시험과 CTS(Controlled Termal Seventy)시험의 특징과 차이점에 대하여 기술하시오.

6. Stress Intensity Factor인 K값이 유효딴 값이 될 수 있는 기본적인 세 가지 조건을 열거하고, 현대의 구조용강에서는 소형 시험편으로 정착한 aE간을 측정할 수 없는 이유를 설명하시오.

제3교시

※ 다음 문제 중 선택하여 설명하시오. (각25점)

1 철구조물 공장에서 아래와 같은 H빔 구조물을 용접하려고 한다. 가장 적당한 용접법을 선정하고 용접시공방법과 용접순서를 기술하시오.

(단. 빔의 길이 : 12,000mm, 빔의 재질 : SM490B)

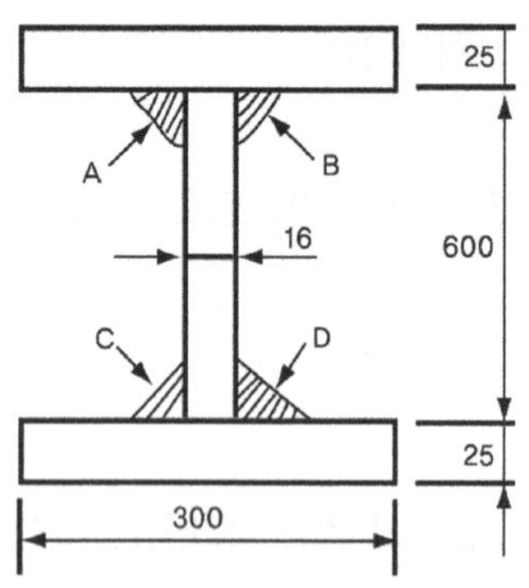

A,B,E,D 용접를 각장 16mm로 양면 필릿 용접으로 용접함

2. 소구경 스테인리스 파이프의 제조에 사용되는 대표적인 3가지 용접방법을 열거하고, 이들 방법을 용접생산성과 품질 측면에서 비교하여 설명하시오.

3. 아크용접시 로봇에 의한 자동화 목적을 나열하고 사용되는 로봇센서의 종류와 특징을 기술하시오.

4. 스테인리스강의 용접부에 나타나는 예민화 현상을 설명하고, 방지방법에 대하여 기술하시오.

5. 용접구조물의 설계시 경제성과 제작성을 고려하여 요구되는 사항을 나열하시오.

6. 지상식 LNG 저장용기의 제작에 주로 사용되는 강재와 용접재료를 열거하고, 특징을 기술하시오.

제4교시

※ 다음 문제 중 4문제를 선택하여 설명하시오. (각25점)

1. 음향방출(A·E - Acoustic Emission)법에 의한 용접부 비파괴검사에 대한 원리와 응용예에 대하여 설명하시오.

2. 용접시 발생하는 잔류응력의 영향과 측정방법에 대하여 설명하시오.

3. 마찰교반접합(FWS, Friction Stir Welding)의 원리를 기술하고, 철강소재에는 실용화가 활성화되지 못하고 있는 이유에 대하여 설명하시오.

4. Kic(Critical Stress Intensity Factor)와 CTOD(Crack Tip Opening Displacement)의 개념적인 큰 차이점을 기술하시오.

5. 용접용 레이저인 CO_2레이저와 Nd YAG레이저의 차이점을, 파장과 빔 전송방법의 관점 에서 설명 하시오.

6. 서브머지드 아크 용접시 와이어의 진행 경사각도에 따른 비드의 영향에 대하여 설명하시오.

용접 기술사 시험 문제 (86회)

제1교시

※ 다음 문제 중 10문제를 선택하여 설명하시오. (각10점)

1. 그림에 다음의 지시 내용을 기호로 나타내시오.
   지시내용 : 작업현장에서 FCAW (Flux Cored Arc Welding)에 의하여 각장 8mm로 전자세 필릿용접을 하시오.

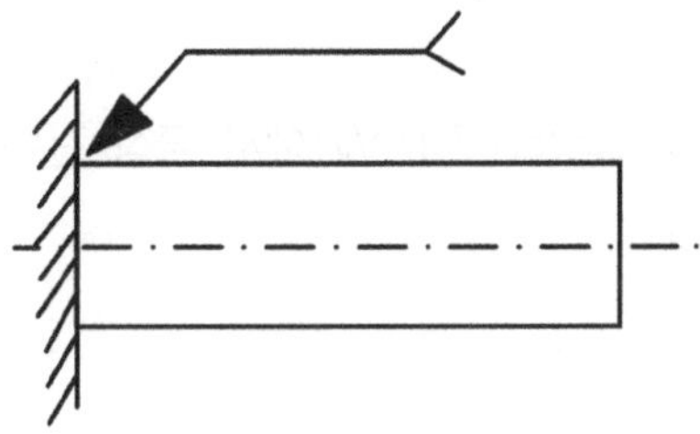

2. 보일러용 압력용기에서의 후프응력(Hoop Stress)에 대하여 설명하시오.

3. GMAW에서 아크 길이의 조절은 어떻게 하는지 설명하시오.

4. 재열균열을 방지하기 위한 대책을 설명하시오.

5. 용접구조물의 변형을 최소화하는 방안에 대하여 설명하시오.

6. 용접입열(Heat Input)에 대하여 설명하시오.

7. 재료두께에 따른 맞대기 용접부의 개선형상(Groove)을 요약하여 설명하시오.

8. 마찰용접의 원리 및 특성에 대하여 간단히 설명하시오.

9. 탄소강의 용접후열처리(PWHT) 차트(chart) 검토 시 확인해야 할 필수사항을 열거하시오.

10. Form Factor란 무엇이며, 고온균열과의 상관관계를 설명하시오.

11. 슈퍼 듀플렉스 스테인리스강(Super Duplex Stainless Steel)이란 무엇이며 용접시 입열과 냉각속도를 어떻게 관리해야하며, 권장 입열은 얼마인지 설명하시오.

12. 스테인리스강 응접부의 델타 페라이트에 관하여 아래 물음에 답하시오.
① 델타 페라이트의 함유목적 ② 델타 페라이트의 역할
③ 일반적 권장 델타페라이트 함량 ④ 델타 페라이트 측정방법

13. 가스금속아크용접(GMAW)에서 극성-전류-응입-금속이행 형태의 관계를 간략히 설명하시오.

제2교시

※ 다음 문제 중 4문제를 선택하여 설명하시오. (각25점)

1. 듀플렉스(Duplex) 스테인리스강의 (1) 장점을 기술하고, 용접시의 (2) 용접 열사이클(weld thermal cycle)의 영향검토가 중요한 이유, (3) 용접부에 충분한 오스테

나이트 상을 얻기 위한 방안, (4) 세컨드상(Secondary phase)의 석물을 피하기 위한 조치를 설명하시오.

2. 용접 열영향부의 가열온도별 영역 및 조직특성을 설명하시오.

3. 용접 잔류응력을 완화할 수 있는 용접후처리 방법에 대하여 설명하시오.

4. 웰드디케이(weld decay)에 대한 재질상의 대책을 들고, 나이프라인 어텍(knife line attack)은 왜 생기며 웰드디케이(weld decay)와 다른 특징을 설명하시오.

5. 스터드용접(stud welding)의 원리와 시공법에 대하여 설명하시오.

6. 수중 아크 용접법에 대하여 설명하시오,

제3교시

※ 다음 문제 중 4문제를 선택하여 설명하시오. (각25점)

1. 알루미늄 및 알루미늄합금 표면에 형성된 산화막은 가스텅스텐 아크 용접 시 용접결함(융합불량, 기공, 슬래그 혼입)의 원인이 된다. 이에 대한 방지 대책을 설명하시오.

2. 용접재료의 균열 감수성에 대해서 설명하시오.

3. 용접후열처리(PWHT)에서 생길수 있는 문제점 및 원인을 강종별로 대별하여 설명하시오.

4. 방사선시험 필름 상에서 작은 동그라미 흰점의 결함이 보이는 경우 2가지 예를 들고 그 원인 및 방지대책을 설명하시오.

5. 폭발용접법의 원리와 그 특성에 대해서 설명하시오.

6. 산소-아세틸렌 불꽃의 형상 및 온도 분포에 대하여 설명하시오.

제4교시

※ 다음 문제 중 4문제를 선택하여 설명하시오. (각25점)

1. 용접구조물의 품질 안정화를 위한 조건을 설명하시오.

2. 십자형 필릿접합부의 강도 향상을 위한 용접 방법에 대하여 설명하시오.

3. 레이저의 열원을 얻는 방법과 레이저 용접의 특성에 대하여 설명하시오.

4. 비파괴검사법의 종류를 분류하고 그들의 원리에 대하여 설명하시오.

5. 용접재료의 피로강도 및 안전수명 영역 평가방법에 각각 대하여 설명하시오.

6. 선박구조물의 용접자동화 방안에 대하여 설명하시오.

용접 기술사 시험 문제 (84회)

제1교시

※ 다음 문제 중 10문제를 선택하여 설명하시오. (각10점)

1. 저항용접법인 점(Spot) 용접조건을 결정하는 3가지 주요인자를 쓰시오.

2. 가스레이저인 CO_2 레이저와 고체레이저인 Nd-YAG 레이저의 빔을 전송하는 방법의 차이점에 대하여 설명하시오.

3. 두께 50mm인 조선용 강재를 500A-40V-40mm/min의 용접조건으로 Electro gas 용접하는 경우, 적용된 용접입열량의 계산값을 구하시오. (단위 표시).

4. 파괴인성 값인 KC와 KIC의 차이를 설명하시오.

5. 용접고온균열을 발생위치에 따라 크게 3종류로 분류하고, 각각의 특징을 설명하시오.

6. 용접부의 인성을 평가하는 시험법은 크게 파괴역학에 기본을 두는 방법과 그렇지 않는 방법으로 분류할 수 있다. Charpy 충격시험, DWTT시험, NRL 낙중시험, CTOD 시험의 4가지 시험방법 중 파괴역학 개념에 근거하는 시험방법을 택하고, 특징을 설명하시오.

7. 고장력강을 비드온 플레이트(Bead-on-Plate) 용접하는 경우, 용접열영향부(HAZ)를 통상 최고가열온도와 조직학적 특징에 따라 CGHAZ(Coarse-grain HAZ), SCHAZ(Subcritical HAZ), ICHAZ(Intercritical HAZ), FGHAZ(Fine-grain HAZ)의 4가지로 세분한다. 이러한 4종류의 HAZ를 최고가열온도가 높은쪽에서 낮은쪽으로 순서대로 배열하시오. 또 이들 중 가장 인성이 나쁜 HAZ를 쓰시오.

8. Charpy 충격시험에 의해 구할 수 있는 천이온도의 정의와, 천이온도를 결정하는 일반적인 2가지 방법을 설명하시오.

9. STS304L, STS409L, 9Cr-lMo강, 5% Ni강 중에서, LNG 저장탱크 소재로 가장 적합한 강재를 택하고, 그 이유를 설명하시오.

10. 주철을 용접하는 경우, 급랭으로 인해 가장 쉽게 발생할 수 있는 용접결함의 명칭을 쓰고 개선방안을 설명하시오,

11, 광안대교의 안전성 확인을 위해 용접부에 대한 비파괴시험을 실시하고자 한다. 현장에서 적용할 수 있는 비파괴시험법 4가지를 열거하시오.

12. CO_2 용접하는 경우, 발생하는 유해 가스의 종류를 3가지 쓰시오.

13. 그림에 나타낸 용접부의 희석률(%)의 계산식과 희석률의 의미를 설명하시오.

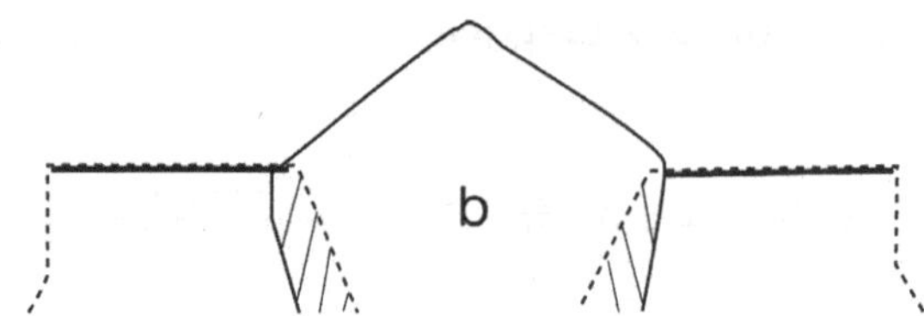

제2교시

※ 다음 문제 중 4문제를 선택하여 설명하시오. (각25점)

1. TMCP(Thermo-Mechanical Control Process)강의 제조상 특징과 용접시의 장단점을 설명하시오.

2. 표면처리강판을 저항 점용접(Spot welding)하는 경우, 전극의 연속타점 수명이 중요한 이유와 일반적인 측정방법에 대하여 설명하시오.

3. 일반적인 용접구조용 후판 강재를 입열량이 높은 대입열조건으로 용접하는 경우, 용접부에 발생하는 금속학적 현상과 문제점 및 대책을 설명하시오.

4. 오스테나이트계인 STS310S, STS304L, 이상계인 STS329, 페라이트계인 STS430을 동종끼리 Gas Tungsten 아크용접하는 경우, 용접고온균열이 가장 발생하기 어려운 강종을 선택하고 그 이유를 델타 페라이트량(δ-ferrite)과 응고모드(Solidification mode)의 관점에서 설명하시오.

5. 용접 잔류응력을 완화할 수 있는 용접 후처리방법(열적방법과 기계적 방법)에 관하여 설명하시오.

6. 용접부의 저주기피로(Low cycle fatigue)와 고주기피로(High cycle fatigue)를 피로수명의 관점에서 설명하시오.

제3교시

※ 다음 문제 중 4문제를 선택하여 설명하시오. (각25점)

1. 탄소강-스테인리스강으로 구성된 클래드 강(clad steel)의 용접에서 그림과 같이 모재의용접을 완료한 후 스테인리스 클래드 면을 용접할 때의 용접 시공 방법에 대해 설명 하시오.

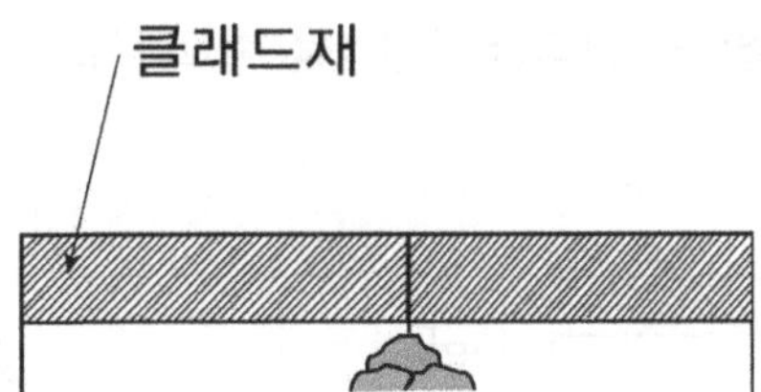

2. 용접구조용 강의 HAZ에는 통상 martensite, Lower Bainite, Ferrite+Pearlite, Upper Bainite 조직이 나타난다. 이들 조직의 현출순서를 용접 후 냉각속도의 관점에서 배열하시오. 또한 이들 조직을 인성의 관점에서 비교 설명하시오.

3. 마찰 용접, FSW(Friction Stir Welding), 확산용접(Diffusion welding), 폭발압접(Explosion welding), 초음파 용접(Ultrasonic Welding) 등은 대표적인 고상 용접(Solid State Welding)법의 예시이다 일반적인 용융 용접 (fusion welding)에 비하여 고상 용접법의 이점(장점)을 3가지 이상 열거하여 설명하시오.

4. 용접의 확산성 수소량을 정량적으로 측정할 수 있는 방법 3가지를 열거하시오. 또한 용접시공과정에서 확산성수소량을 저감시킬 수 있는 가장 효과적인 방법과, 그 이유를 설명하시오.

5. KS D ISO15607에 따른 용접절차 승인 방법 중 용접시험에 의한 승인방법에 관하여 상세 하게 설명하시오.

6. 두께 0.3mm인 무산소 동(Cu) 판재를 이용하여 40mm(가로)×40mm(세로)×5mm(높이)인밀봉형 6면체 냉각 용기를 제작하고자 한다. 월 생산량이 10만개인 경우 적용할 수 있는 용접법을 2가지 제시하고 각각의 용접부 형상을 제시하시오.

제4교시

※ 다음 문제 중 4문제를 선택하여 설명하시오. (각25점)

1. 인장하중을 받는 아래 그림(가), (나)와 같은 2가지 용접구조 단면이 있다. 이 단면들의관성모멘트(moment of inertia)를 계산하시오. 또 두 단면의 보를 제작할 때 (가) 단면의 필릿 용접부의 목 두께를 8mm, (나) 단면의 목 두께를 3mm로 설계했을 때 입열량을 고려한 생산성을 비교하시오.

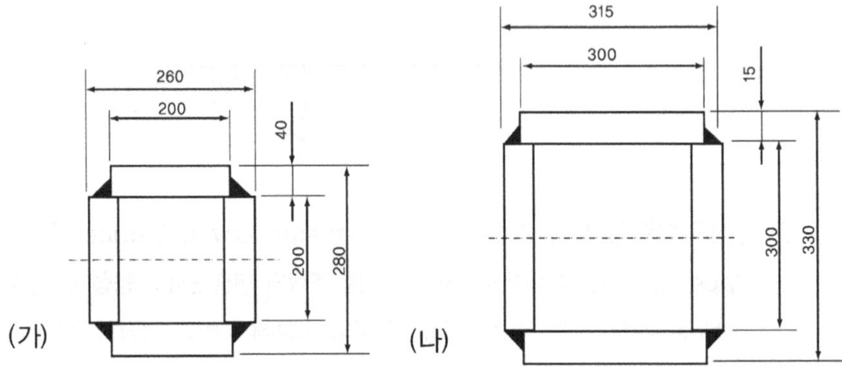

2. 아래 그림과 같이 필릿용접으로 결합된 용접 구조물에 20kN의 수직하중이 작용하고 있다. 이 용접부의 강도 설계를 위한 용접부의 응력(stress)을 계산하시오.

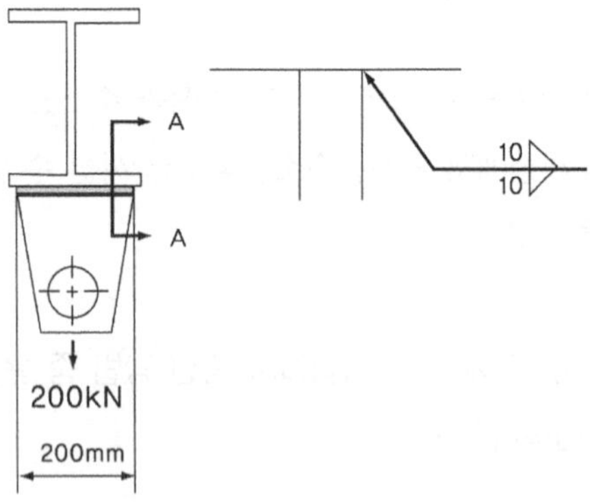

3. 그림과 같이 A, B의 두 판재를 필릿용접하여 T 형상의 조립보를 제작하게 되면 용접 후 종굽힘 변형이 발생한다

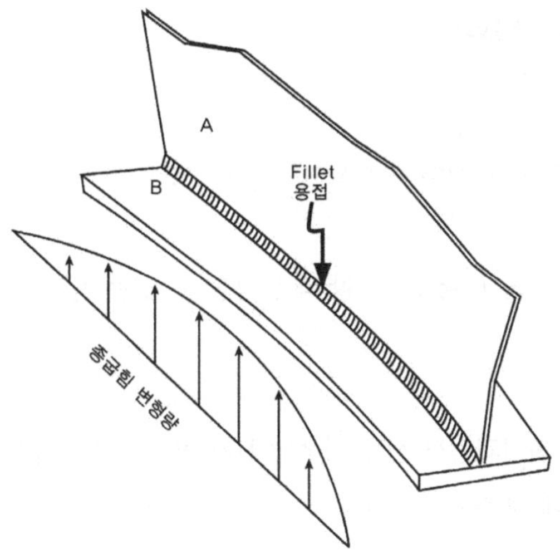

(가) 이러한 종굽힘 변형의 발생기구(mechanism)를 수축(력)과 수축 모멘트의 개념으로 설명하시오. (그림 설명 포함)

(나) 용접 후 과대 종굽힘 변형이 발생했을 때 요구되는 정도의 곧은 보로 교정하기 위한 효과적인 열간 교정방안을 제시하시오. (그림 설명 포함)

4. 연강과 고장력강의 모재 피로강도는 고장력강이 높은 반면 용접부의 피로 강도는 큰 차이를 보이지 않는 이유를 설명하시오. 그리고 용접부의 피로강도를 높일 수 있는 용접 후처리 방법(Post-weld treatment)에 대해 설명하시오.

5. 인화성 물질이 있는 지름이 4,000mm, 길이가 5,000mm, 두께가 20mm인 스테인리 강으로 만든 용기 내부에 추가 설치물 부착공사를 위한 절단과 용접작업을 하려 한다. 용접 중 화재 및 폭발을 방지하기 위한 안전조치 작업절차를 설명하시오.

6. 석유 수송용 파이프를 제작 및 설치하는 seam 용접과 girth 용접이 무엇인지 설명하시오. 또 각자의 용접에 적용하는 대표적인 상용 용접법을 두 가지씩 쓰시오.

용접 기술사 시험 문제 (83회)

제1교시

※ 다음 문제중 10문제를 선택하여 설명하시오. (각10점)

1. 용접부 표면을 피이닝(peening)할 때 발생할 수 있는 용접부의 기계적 결함에 대하여 설명하시오.

2. 용접부를 방사선 비파괴검사 시 검사 작업자가 반드시 착용하여야 하는 열형광선량계(TLD Badge)에 대하여 설명하시오.

3. 용접이음부의 허용응력을 결정하기 위한 안전율에 대하여 설명하시오.

4. 용접현장에서 용접부 잔류응력을 경감시킬 수 있는 용접시공 방법을 5가지 열거하고 설명하시오

5. 완전용입이 요구되는 맞대기 Root Pass를 피복아아크 용접 할 때 키홀(key hole)을 형성하지 않고 용접하면 어떠한 문제나 결함이 일어날 수 있는지 설명하시오.

6. 오스테나이트계 스테인리스강은 일반적으로 후열처리가 요구되지 않는 기술적 이유를 설명하시오.

7. 용접절차검증(Procedure Qualification)에서 시험쿠폰(Test Coupon)과 시험편(Test piece)의 차이점을 비친 설명하시오.

8. 용접사가 착용하는 복장(앞치마, 보호커버를 의미하는 것은 아님)의 옷감재질 중 안전상 권장되는 것과 착용해서는 안되는 재질을 구분하시오.

9. 용입불량(Lack of penetration 또는 incomplete penetration)과 융합불량(Lack of fusion)을 그림을 그리고 그 차이점을 설명하시오.

10. 인버터형 용접 전원의 장점을 설명하시오.

11. 용접부의 양호한 페인트 작업을 하기 위해 필요한 작없을 설명하시오.

12. 용접 구조물에서 뒤틀림(변형) 최소화 방안을 5가지 이상 제시하시오.

13. 9%니켈강의 용도와 이점은 무엇이며, 져용가능 용접방법을 제시하시오.

제2교시

※다음 문제중 4문제를 선택하여 설명하시오. (각25점)

1. 오스테나이트계 스테인리스강은 열전도도, 열팽창 등 물리적 성질이 일반 탄소강과 차이가 있다. 스테인리스강 용접시 더 고려해야할 사항에 대해 설명하시오.

2. 용접절차사양서(WPS)에서 Root 간격을 최소 2mm유지하게 되어 있는데 용접사가 편의상 0 ~ 2mm 이하로 해서 용접하고 있는 것이 발견되었다. 용접품질 상 문제가 없었다면 어떻게 조치하면 되는지 설명하시오.

3. 서브머지드 아크 용접 플럭스의 기능과 제조방법에 따라 두 가지이상의 종류를 들고 그 특성을 비교 설명하시오

4. 용접열향부는 종종 취성파괴를 초래하기 때문에 인성개선을 위한 많은 연구가 수행 되었다. 열영향부의 인성을 개선하는 기구 또는 방법에 대하여 설명하시오.

5. 강구조물을 용접시공한 후 용접부가 포함핀 노치시험편을 제작하여 저온에서 충격 시험을 수행할 때 나타나는 취성파괴에 대하여 설명하시오.

6. 오스테나이트계 스테인리스강 용접부에 대한 고용화 열처리 필요성을 설명하시오.

제3교시

※ 다음 문제중 4문제를 선택하여 설명하시오. (각25점)

1. 용접은 열원을 사용하여 된다. 열원을 5가지 이상 열거하고, 열이 용접부에 미치는 나쁜 영향에 대하여 설명하시오.

2. 확산성수소(diffusible hydrogen)가 용접부에 미치는 영향과 측정방법을 3가지 이상 열거하고 장단점을 비교하시오.

3. 오스테나이트계 스테인리스 배관의 Root Pass 용접을 TIG(Tungsten Inert Gas) 용접을 한다. 그런데 배관의 직경이 너무 크고, 길이가 과대하여 Back purge하기가 무척 어려운 경우 Back bead의 표면산화를 방지하면서 용접 품질을 확보할 수 있는 방안을 2가지 이상 열거하고 방법을 설명하시오.

4. 방사선투과검사(RT)에서 투과도계(상질재시계, IQI)를 사용한다.
   가. 투과도계의 사용 목적을 설명하시오.
   나. 유공형(Hole Type)을 사용할 때 2-27 Quality의 의미는 무엇인지 설명하시오.

5. 오스테나이트계 스테인리스강을 절단하려할 때 가스 전단법 보다는 분말가스절단법을 적용하여야 하는 기술적 이유를 설명하시오.

6. 탄산가스아크 용접시 탄산가스에 의한 용접결함을 방지하기 위한 전극선(와이어)의 탈산작용을 관련 반응식을 이용하여 설명하시오.

제4교시

※ 다음 문제중 4문제를 선택하여 설명하시오. (각25점)

1. 고장력강의 기계설비를 용접시공할 때 용접부에 발생될 수 있는 저온 균열을 예방하기 위한 일반적인 방법 중 최저 예열온도 관련사항에 대하여 설명하시오.

2. 모재와 용가재의 용융온도보다 높은 온도로 가열하여 용접한 결과 용접비드의 중앙 부분에서 응고 균열이 발생하였다.
   가. 탄소강 용접부에 대한 응고 균열방지 방안을 설명하시오.
   나. 오스테나이트계 스테인리스강 용접부에 대한 응고 균열 방지 방안을 설명하시오.

3. 저항 용접에 관한 다음 사항에 대하여 설명하시오
   가. 주울(joule)열
   나. 가압력의 영향
   다. 용접이음형태에 따른 저항 용접법 분류
   라. 점 용접에서 로브곡선(Lobe Curve)
   마. 점 용접에서 너겟

4. 연강의 인장시험시 얻어지는 ε(변형률) - σ(응력)곡선을 그리고 다음을 구체적으로 설명하시오.
   가. 항복강도
   나. 인장강도
   다. 연신율과 단면수축률
   라. 연신율을 구할 때 시편에 표점거리(Gage Length)를 사용한다. 표준표점거리 (예, 50mm)보다 짧게 설정하면 연신율은 어떻게 변화되는지 설명하시오.

5. 탄소강과 오스테나이트계 스테인리스강의 접합은 어렵다. 성공적인 접합을 위하여 고려할 사항들을 제시하시오.

6. 생산/현장 용접을 위해 절차검증을 하고자 한다.
   가. 용접절차 사양서(WPS) 초안을 작성할 때 고려해야할 요소는 무엇인가
   나. 일반적인 WPS/PQR 작성절차를 순서적으로 설명하시오.
   (PQR : Procedure Qualification Record)

용접 기술사 시험 문제 (81회)

제1교시

※ 다음 문제중 10문제를 선택하여 설명하시오. (각10점)

1. 플라즈마아크용접(PAW)의 전류밀도가 TIG용접보다 더 높게 되는 이유를 설명하시오.

2. 초음파 용접에서는 주로 주파수를 몇 Hz이상으로 하여 적용하는가?

3. 저항점용접용 전극팁(Cap tip)의 종류를 형상에 따라 열거하시오.

4, GMAW에서 아크길이의 조절은 어떻게 하는가?

5. GTAW 펄스용접에서 저주파 펄스용접(Low frequency pulse welding)은 주로 어떤 목적으로 적용하는가?

6. 용접구조물의 용접설계시 유의 사항을 5가지 이상 제시하고 설명하시오.

7. 용접시험편의 파괴시험 수행 후 연성(Ductility)파면의 특징을 설명하시오.

8. Al TIG AC용접에서 주로 사용되는 전극봉의 재료를 설명하시오.

9. 후판용접시 단층용접(Single layer welding)에 비해 다층용접(Multi-layer welding)에서야금학적 효과를 설명하시오.

10. 용접클래딩(Weld cladding)에서 희석률(Dilution)의 정의와 희석률 감소방안에 대하여 설명하시오.

11. 강판의 필릿(Fillet)용접자세 중 2F 및 3F에 대하여 그 형상을 도식화 하고 설명하시오.

12. 대표적인 용접결함 5가지를 나열하고 그 용접결함의 방사선투과시험(RT)의 필름상 형상에 대해 기술하시오.

13. 다음 그림의 용접이음형상에 대한 용접기호를 기입하시오.

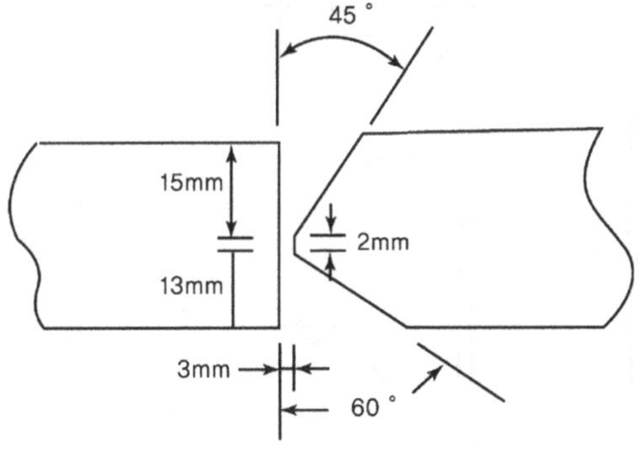

※ 용접 조건

① 기계 다듬질로 용접부 외부 Bead를 다듬질 할 것,

② 현장용접 이음부 임.

③ 전체둘레 용접할 것

제2교시

※ 다음 문제중 4문제를 선택하여 설명하시오. (25점)

1. 박판 I-홈 맞대기 용접(용가재 없는 용융주행)을 TIG나 플라즈마아크용접할 때 용접선 추적은 정확하게 되는데도 융합불량(Lack of fusion)이 자주 발생한다.
   이 문제의 원인과 해결법을 제시하시오.

2. CO_2아크용접에서 350A의 용접전류펄 작업할 때 ∅1.6와이어보다 ∅1.2와이어의 경우가 더 높은 용착속도를 나타낸다. 그 이유를 설명하시오.

3. 배관용접에서 파이프의 5G 맞대기용접을 실시한 결과 파이프 길이축소가 예상치 3mm보다 현저히 큰 5mm이었다. 그 원인을 밝히고 그 대책을 제시하시오.

4. 용접금속(Weld metal)의 인성(Toughness)을 향상시키는 방법에 대하여 설명하시오.

5. 국내 교량현장의 강구조물의 단면과 용접 상세는 다음 그림과 같다. 강의 재질은 SM520C이며, 제작도중 하부 Flange와 web가 접촉되는 부분에 용접균열이 발생되었다. 예상되는 균열 종류, 발생원인, 균열 방지책을 설명하시오.

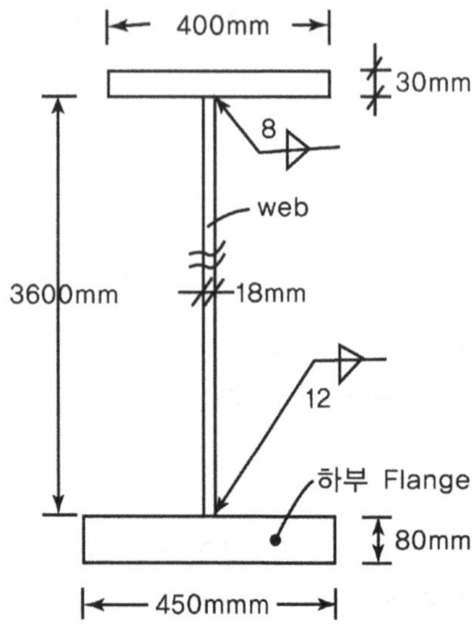

6. 방사선투과시험에서 사용되는 광원 중 X선과 γ선(감마선)에 대해 공통점과 차이점을 비교하여 설명하시오.

제3교시

※ 다음 문제중 4문제를 선택하여 설명하시오. (각25점)

1. 강구조물의 운송을 위해 부착되었던 80mm 강판의 Lug를 가스 절단으로 제거한 후 자분탐상(Magnetic Particle Test)방법으로 그 표면을 검사하였더니 절단부 표면에 균열이 발생되었다. 그 균열의 발생원인 및 방지 대책에 대하여 설명하시오.

2. 강판의 가스 절단에서 드래그 길이(Drag Line)의 정의와 드래그 길이에 미치는 인자에 대하여 설명하시오.

3. 용접부에서의 응고균열(Solidification clacking) 및 액화균열(Liquation cracking)에 대하여 설명 하시오.

4. Al GMAW(MIG) 용접에서는 단락이행을 거의 하지 않고 주로 스프레이 이행으로 용접하는데 그 이유를 설명하시오.

5. 압력용기에서 탄소강 강판(Shell)의 두께 50mm인 X형 홈의 서브머지드아크용접(SAW)이 수행되었다. 이음부에서 비파괴 검사 결과 종방향으로 300mm 길이를 가진 용입부족(Incomplete penetration)이 발생되었다. 이때 용접결함 부위를 그램으로 표시하시고, 상세한 보수절차(Repair procedure)에 대하여 설명하시오.

6. 후판의 맞대기용접을 FCAW와 GMAW로 시공하는 경우, 홈 각도가 20년전에 비해 최근에는 점차 감소되는 경향이 있다. 이와 같이 홈 각도가 감소되어도 불량이 생기지 않는 이유를 설명하시오.

제4교시

※ 다음 문제중 4문제를 선택하여 설명하시오. (각25점)

1. 아연도금강판의 저항점용접(Resistance spot welding)이 곤란한 이유를 설명하시오.

2. 두께 12mm 강판에 대하여 V-홈 맞대기용접을 실시할 때 각 변형을 감소시키는 방법에 대하여 설명하시오.

3. Flux cored wire를 써서 CO_2용접하는 현장에서 와이어를 교체한 후 용접비드에서 심한 웜홀(Worm hole)이 발생하였다. 그 원인을 와이어의 관점에서 제시하시오.

4. 파이프의 5G 맞대기 용접에서 아래보기 자세인 12시 방향과 위보기 자세인 6시 방향에서 작업할 때 용융지(Molten pool)에 작용하는 힘과 그 방향에 대하여 비교 설명하시오.

5. Mg 및 Mg 합금용접의 특징 및 유의 사항에 대하여 기술하시오.

6. 서브머지드아크 용접금속에서 침상형 페라이트(Acicular ferrite) 생성에 영향을 주는 주요 인자들을 기술하시오.

용접 기술사 시험 문제 (80회)

제1교시

※ 다음 문제중 10문제를 선택하여 설명하십시오. (각10점)

1. 레이저 하이브리드 용접의 개요와 장점을 설명하시오.

2. 오스테나이트계 스테인리스강의 용접시 용착금속에서 소량의 델타페라이트를 형성시켜야하는데 그 이유에 대하여 설명하시오

3. AWS(미국용접학회)용접재료의 표기에 있어서 다음에 대하여 설명하시오.

   1) E7016   2) ER60S

   3) E7lT   4) F7A4-EL8

4. 다음 용접기호를 설명하시오.

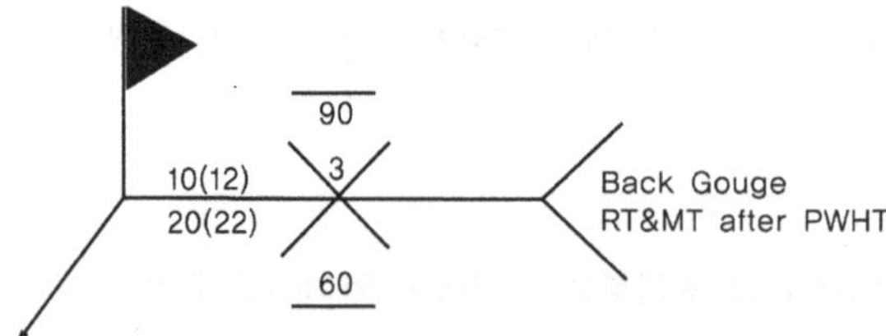

5. WPS의 필수요인(Essential variable), 추가필수요인(supplimentary Essential variable),비필수요인 (Non-Essential variable)를 설명하시오.

6. 용접로봇 구동시스템의 종류 및 장단점을 비교 설명하시오.

7, 아크용접 작업중 감전사고의 요인 및 대책을 설명하시오.

8. 용접부에 대한 비파괴검사시 체적검사와 표면검사를 분류하고 각각의 장단점을 설명하시오.

9. 브레이징에서 용제의 역할을 설명하시오.

10. 강재의 용접열영향부에서 저온균열의 발생원인을 기술하고 이를 지연균열(delayed crack) 이라고 칭하는 이유를 설명하시오.

11. CJP(Completed Joint Penetration)와 PJP(Partial Joint Penetration)를 설명 하시오.

12. 샤르피 충격시험에 대하여 기술하시고 시험 후 시편의 충격흡수에너지를 산출하는 원리 를 설명하시오.

13. 열처리로에서 열처리 할 수 없는 대형 원통형 압력용기의 잔류응력 완화 방법에 대하여 설명하시오.

제2교시

※ 다음 문제중 4문제를 선택하여 설명하십시오. (각25점)

1. 용사(Thermal Spray)의 원리와 종류 및 적용사례를 기술하시오.

2. 원유 운반용 파이프라인에 있어서 수소유기균열(HIC)가 종종 문제가 되는데 이에 대한 특성과 이를 제어하기 위한 강재 제조방법을 기술하시오.

3. Ti-clad 강의 용접에 대하여 기술하시오.

4. 일반 강재 필렛 용접부의 각변형 발생원인을 기술하고, 하나의 필렛용접부(free fillet weld)각변형량에 미치는 강재두께의 영향을 도식화하고 기술하시오.

5. 콘크리트 구조물 내벽에 오스테나이트계 스테인리스강 lining 작업시 용접방법, 비파괴검사방법, 예상되는 문제 및 그 해결책을 기술하시오.

6. 아크용접용 로봇의 센서에 대하여 기술하시오.

제3교시

※ 다음 문제중 4문제를 선택하여 설명하십시오. (각25점)

1. 용접시공 중 발생하는 용접매연(Fume)에 의한 건강장해와 그 방지대책을 기술하시오

2. 용접부 방사선 투과시험의 X-ray와 Y-ray 의 적용기준 및 특성을 비교 기술하시오

3. ASME Code sec. IX에 따른 용접사 자격시험방법을 기술하시오.

4. 열처리가 필요한 클래드 강재 {(저합금강 ASME P-5, 32mm두께) + 오스테나이트계 스테인리스강(P-8, 3mm 두께)}와 열처리가 불필요한 순수 오스테나이트계 스테인리스강 (P-8, 35mm 두께)의 용접이음부를 설계하고 그 배경에 대하여 기술하시오.

5. 표면용접의 종류와 목적 및 기능 그리고 그 방법들을 상세히 기술하시오.

6. 용접토우부에서 피로균열이 발생되는 강재 용접부의 피로특성은 무엇이며, 용접 후 용접부의 피로강토를 향상 시킬수 있는 후처리 방법에 대하여 기술하시오.

제4교시

※ 다음 문제중 4문제를 선택하여 설명하십시오. (각25점)

1. 강재용접부 미세조직에 있어 용착금속내 미세침상페라이트(acicular ferrite)형성에 미치는 산소함량의 영향을 기술하시고, 열영향부에 형성되는 마르텐사이트 조직, 상부베이나이트 조직과 하부베이나이트 조직의 특성을 탄소나 탄화물 관점에서 도식화 하

여 기술 하시 오.

2. 용접비용(cost) 분석에 대하여 기술하시오.

3. 9% Ni 강의 용접에 대하여 기술하시오.

4. 용접 열영향부에서의 액화 균열에 대한 특성과 이를 방지할 수 있는 방법에 대하여 기술하시오.

5. 강재용접부의 취성파괴 특징과 취화 인자에 대하여 기술하시오.

6. 저항용접의 원리 및 용접 공정변수와 그들의 영향에 대하여 기술하시오.

용접 기술사 시험 문제 (78회)

※ 다음 문제중 10문제를 선택하여 설명하시오. (각10점)

1. 가스 절판에서 침몰선 해체, 교량의 개조 등에 적용되는 수중 절단(Underwater cutting)에 대하여
   가. 절판토치의 형상 나. 특징 다. 시공방법 등을 기술하시오

2. 산소-아세틸렌 불꽃의 종류와 용도를 기술하시오.

3. 스테인리스강(stainless steel) 용접에서 가) weld decay 나) knife line Attacit의 원인, 발생위치, 대책을 기술하시오.

4. 예열 시공에서 가)온도선정 나)예열범위 다)온도측정땅법 라)시공시 주의점에 대해 기술하시오.

5. 저탄소강용접시 모재표면에 발생된 아크스트라이핀 현상과 동 결함을 검사할 수 있는

비파괴검사 방법에 대하여 설명하시오.

6. 용접부에 대한 방사선투과걸사 결과 방사선사진상에 나타난 슬래그 게재물 및 텅스텐 게재물 생성과 관련된 용접기법상의 문제점에 대하여 설명하시오.

7. 50mm 두께의 일반강재를 가스절단할 때 절단목도가 너무 빠르거나 너무느릴 때 절단면의 특성에 대하여 기술하시오

8. 용접부의 열영항부 최고 경도치가 용접부 건전성 평가에 중요한 이유를 설명하시오.

9. 용접응력 생성에 대하여 설명하시오.

10. 용접입열량 구성요소중 용접비드와 용입깊이에 영향을 주는 인자에 대하여 설명 하시오.

11. 응력부식균열(SCC)발생 인자에 대하여 설명하시오.

12. 접착제 접합(Adhesive Bonding)에 대하여 간단히 설명하시오.

13. 피복금속아크용접(SMAW)을 수행할 때 용접봉 홀더(holder)기능에 대하여 설명하시오.

제2교시

※ 다음 문제중 4문제를 선택하여 설명하시오. (각25점)

1. 가스텅스텐아크용접(GTAW)을 수행할 때 보호가스로 아르곤가스가 헬륨가스보다 일반적으로 더 선호되는 이유는 무엇인지 설명하시오.

2. 100mm 두께의 저합금강을 수동으로 다층 용접할 때 저온균열이 발생될 수 있는 경우 및 이를 예방 또는 저감시킬 수 있는 방안에 대하여 설명하시오.

3. Al용접 시공시 발생하기 쉬운 용접결함에 대하여
   가. 주로 발생하는 결함의 종류
   나. 발생원인과 대책
   다. 이 결함의 강도(정적강도, 피로강도)와의 관계에 대해 기술하시오.

4. GTAW에 대하여 기술하시오,
   가. 극성과 특징
   나. 청정작용(cleaning action)
   다. 용착속도를 증가시키는 방법

5. 용접구조물의 내구성을 평가하고자 하는 피로시험 평가방법에 대하여 설명하시오.

6. 용접 잔류응력의 발생 원인과 완화 방법에 대하여 설명하시오.

제3교시

※ 다음 문제중 4문제를 선택하여 설명하시오. (각25점)

1. 동일 직경의 용접 Wire와 동일전류의 조건으로 탄산가스 아크용접 및 가스금속 아크용접(GMAW)을 각각 수행할 때 일반적인 이행용적의 크기 및 스패터 발생 정도를 비교하여 설명하시오.

2. 저온용강을 용접할 때 관련 용접시방서의 규정에 따라 용접입열, 예열 및 층간온도를 준수하여야 하는 이유에 대하여 설명하시오.

3. 직사각형 단면(50×100mm)의 양단 고정보에 그림과 같이 전주용접하였을 때 견딜 수 있는 필릿용접 치수를 구하시오. 단, 허용응력은 500kg1/cm

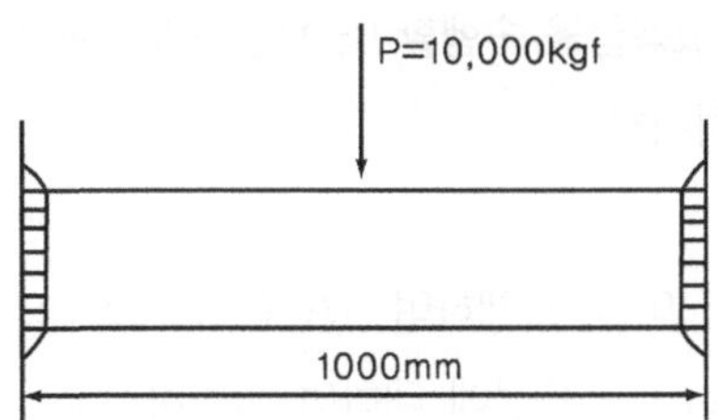

4. 교량용접구조물의 크랙발생 및 모니터링에 대하여 설명하시오.

5. P제철 공장에서 구매한 열간 압연 강재를 5조선에서 용접 시공시 용접부에서 Lamellar Tearing이 자주 발생되었을 경우
   가. 재료상의 원인과 대책
   나. 설계, 시공상의 대책을 기술하시오.

6. 산업현장에서 고장력강의 사용이 증가하는 추세이다. 고장력강에 대하여
   가 사용목적과 구비조건
   나. 비조질형과 조질형의 차이
   다. 강화기구와 조직
   라. 기계적 성질을 기술하시오.

제4교시

※ 다음 문제중 4문제를 선택하여 설명하시오. (각25점)

1. SMAW에서 가)용접봉의 피복제의 역할 5가지 나)피복제의 성분과 작용면에서 분류하여 기술하시오.

2. 스테인리스강(Stainless steel)의 용접성에 대하여
   가. 스테인리스강의 종류와 특징
   나. HAZ부의 입계부식 원인과 대책
   다. 475℃ 취성
   라. Ó(sigma)상
   마. 고용화 열처리방법을 기술하시오.

3. 탄산가스아크용접을 수행할 때 용접 Wire에 함유된 Si 및 Mn에 의한 탈산작용에 대하여 설명하시오.

4. 용접아크 길이를 짧게하여 깊은홈(Groove)의 밑부분을 용접할 때 아크드라이브(Arc Drive)의 특성에 대하여 설명하시오.

5. 연·취성재료의 파괴인성시험법에 대하여 설명하시오.

6. 용접구조물을 이용하여 교량을 제작하고자 한다. 용접비용을 계산할 때 필요한 항목 및 방법에 대하여 설명하시오.

용접 기술사 시험 문제 (77회)

제1교시

※ 다음 문제중 10문제를 선택하여 설명하십시오. (각10점)

1. 다음 용어를 설명하시오.
   ① WPS
   ② PQR

2. 압력 용기의 칠판두께를 계산할 때 부식여유두께와 그 이유를 설명하시오.

3. 피복아크 용접시 아크의 적정길이에 대하여 설명하시오.

4. 탄산가스 아핀 용접의 단점을 설명하시오.

5. 용접입열량을 계산하는 식에 대하여 설명하시오.

6. 전기 아크용접에서 모재의 용입이 길고 응접봉이 부(-)극인 극성은 무엇인가.

7. 아크 용접중 전류가 비대칭되어 아크가 한쪽으로 쏠리는 현상을 무엇이라 하는가.

8. 아크 용접기에서 전류가 증가하면 단자전압도 같이 증가하는 특성을 무엇이라 하는가.

9. 전류소자에 흡인력이 생겨 용접봉 원주 지름이 작아지는 경향을 말하는 효과를 무엇이라 하는가.

10. 유황으로 인하여 FeS가 형성되어 열간가공중 900~1200℃온도 범위에서 재효가 갈라지는 현상을 무엇이라 하는가.

11. 탄소강재의 박판(1mm이하) 용접시 일반적인 주의 사항을 설명하시오.

12. 구리합금의 용접시 필요한 예열목적과 후판 고장력강의 용접시 필요한 예열 목적의 차이를 설명하시오.

13. 초고장력강재의 용접시 일반적으로 용접열영향부치 강도가 모재 강도보다 낮아지는 현상이 발생하는 이유를 설명하시오.

제2교시

※ 다음 문제중 4문제를 선택하여 설명하십시오. (각25점)

1. 용접변형에 영향을 주는 요인을 설명하시오.

2. 중요 용전부의 결함에 대한 보수판정기준을 설명하시오.

3. 불활성가스 금속아크용접에서 용적이행에 대하여 설명하시오.

4. 용접선 자동추적 아크센서의 작동원리에 대하여 설명하시오.

5. 강의 용접균열감수성에 대하여 설명하시오.

6. 용접에서 생기는 매연(Fume)에 대하여 설명하시오.

제3교시

※ 다음 문제중 4문제를 선택하여 설명하십시오. (각25점)

1. 저수소계 용접봉의 건조에 대하여 설명하시오.

2. 압력용기에서 몸체철판(Shell)의 두께 20mm, 경판두께 24mm와의 이음설계를 그림으로 표시하시고 설명하시오.

3. 방사선 투과 검사시 방사선피폭을 줄이기 위한 조치를 설명하시오.

4. 초음파를 이용한 열가소성 수지의 접합에서 에너지 디렉터(Energy Director)에 대하여 설명 하시오.

5. 토치경납접시 토치불꽃이 직접적으로 납접합금을 향할 경우 (납접합금에 토치불꽃이 직접접촉 될 경우)불량이 발생할 위험이 있다. 그 이유를 설명하시오.

6. 각각의 두께가 12mm인 연강과 스테인레스 316L을 맞대기 용접코자 한다. 쉐플러 선도(Schaeffler Diagram)을 이용하여 용접재료를 선택하는 방법을 설명하시오.

제4교시

※ 다음 문제중 4문제를 선택하여 설명하십시오. (각25점)

1. 용접품질향상을 위한 조건을 설명하시오.

2. 다음은 X형 홈의 응접부이다 이를 용접기호로 표시하시오.
   흠의 깊이 : 화살쪽 14mm, 화살 반대쪽 8mm
   홈의 각도 : 화살쪽60° Root간격 3mm
   화살반대쪽 90° Root Face 2mm

3. 다음과 같은 설계에 사용되는 강재가 라멜라균열이 발생할 위험이 있는 강재라 가정하여
   1) 라멜라균열을 방지할 수 있도록 설계를 개선 하시오.
   2) 라멜라균열 발생기구에 관해 설명하시오.

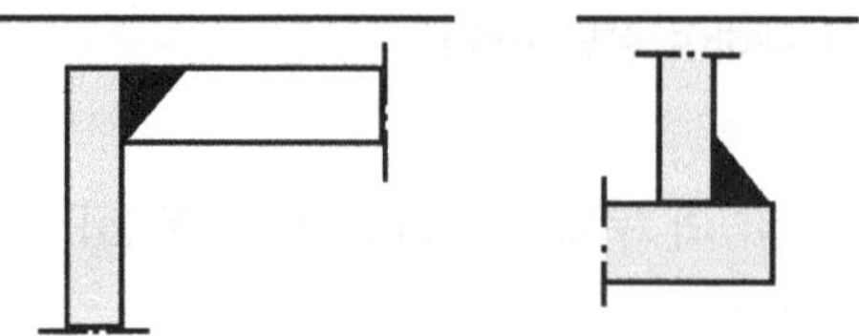

4. 다음과 같은 설계가 주어져 있다.
   시공을 용이하게 할 수 있도록 설계를 개선하시오.

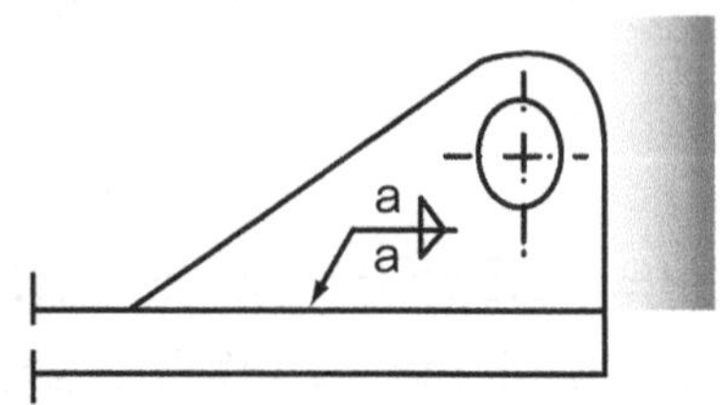

5. 그림과 같은 이음이 있을 때 앞면 이 음(가)과 측면 이 음(나)에서의 응력분포선도를 그림을 그리고 설명 하시오.

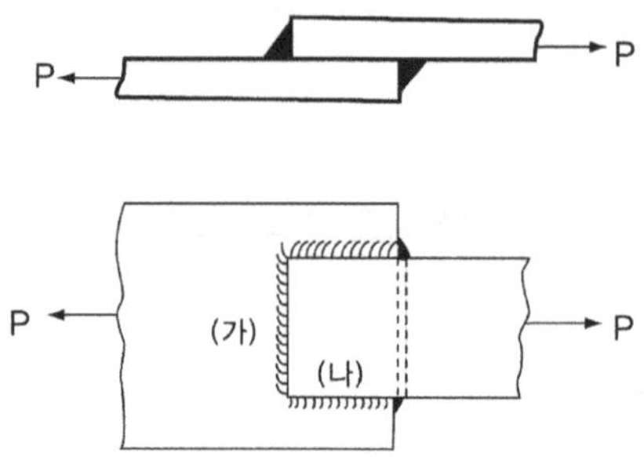

6. 다음과 같은 빔에 최대 모멘트 M=1000kN·m가 작용할 때 용접부(가)에 필요한 최소 목두께를 구하시오. 단, 용접부의 허용응력은 130MPa이다.

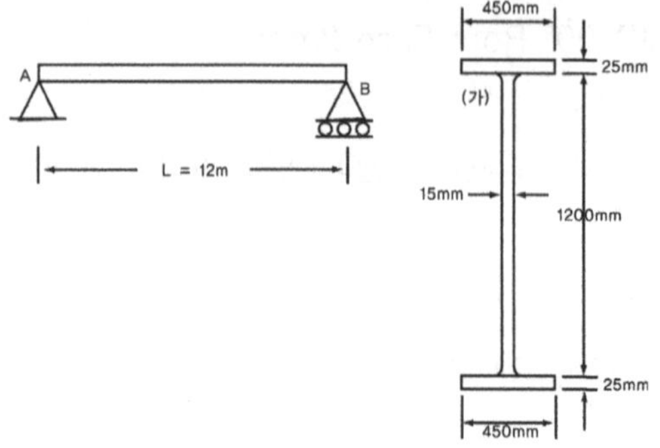

용접 기술사 시험 문제 (75회)

제1교시

※ 다음 문제중 10문제를 선택하여 설명하십시오. (각10점)

1. 가스텅스텐아크용접시 용접부에 텅스텐이 오염될 수 있는 일반적인 원인 및 관련 대책을 기술하시오.

2. 아크용접 용융부(Weld Pool)의 유동(convection)에 미치는 표면장력(surface tension)에 대하여 논하시오.

3. 웜홀(wormhole)에 대하여 설명하시오.

4. 염기지수(Basicity Index : BI), 산소함량과 인성(toughness)의 상관관계를 간단히 설명하시오.

5. TLP(Transient liquid phase) 접합(Brazing)의 단계를 설명하시오.

6. HIP(Hot Isostatic Pressing)기술의 특징에 대해 설명하시오.

7. 마찰압접 접합부의 성능평가법에 대해 설명하시오.

8. 고장력강 및 저합금강의 용접에서 발생되는 저온균열에 대해 설명하시오.

9. Al합금 용접시 용접입열이 접합품질에 미치는 영향과 관리방법에 대해 설명 하시오.

10. 다전극 서브머지드 아크용접법에 대하여 기술하시오.

11. 가스금속 아크용접시 와이어 돌출길이가 용접성에 미치는 영향을 기술하시오.

12. 저합금강의 박판을 점용접할 때 용접전류의 강약이 용접부 품질에 미치는 영향을 기

술하시오.

13. 플라스마 용접아크의 작동원리를 기술하시오.

제2교시

※ 다음 문제중 4문제를 선택하여 설명하십시오. (각25점)

1. Al 및 Al합금 표면에 형성된 산화막은 가스텅스텐 아크용접시 용접 결합(융합 불량, 기공, 스래그혼입등)의 원인이 된다. 이에 대한 방지책을 기술하시오,

2. 저합금강재 압력용기의 내면을 내식성 향상을 목적으로 육성용접하는 경우에 어떠한 방법이 사용되며 용접후 열처리시에 주의해야할 사항에 대해 설명하시오.

3. 오스테나이트계 스테인레스강 용접부(Weld metal)에서 크롬당량(Creq)/니켈당량(Nieq) 비율 변화에 따른 응고모드(mode)를 논하고 고온균열 감수성에 미치는 영향을 설명하시오.

4. 용접부(Weld metal)의 결정립 미세화 방법을 2가지 이상 나열하고 설명하시오.

5. 컴퓨터제어로봇을 이용한 자동용접의 기술적 장점을 수동용접과 비교하여 기술하시오.

6. 가스금속아크용접후 용접부를 방사선투과 검사한 결과 방사선 필름상에 "불완전한 용융결함"이 나타났다. 부적당한 용접이음설계 및 용접기법이 결함원인인 경우 각각에 대한 개선 대책을 기술하시오.

제3교시

※ 다음 문제중 4문제를 선택하여 설명하십시오. (각25점)

1. 용접부(Weld metal or fusion zone)응고에서의 Epitaxial 성장과 경쟁성장

(competitive growth) 대하여 설명하시오.

2. 부분용융부(Partially Melted Zone : PMB)의 생성기구(mechanism)을 설명하시오.

3. FSW(Friction Stir Welding)법에 의한 용접부의 형성에 대해 설명하시오.

4. 저온 균열의 생성원인과 그의 방지법에 대해 설명하시오.

5. 홈용접 및 필릿용접의 목두께를 설명하시오.

6. 용접시험편을 제작하기 위하여 후판의 저합금강을 가스 절단시 절단속도를 좌우하는 인자를 3가지 제시하고 설명하시오.

제4교시

※ 다음 문제중 4문제를 선택하여 설명하십시오. (각25점)

1. 금속의 양면 또는 한면에 다른 금속을 완전히 결합시키기 위한 클래딩 용접방법을 3가지 이상 제시하고 설명하시오.

2. 담수 또는 해수중에서 수행하는 수중아크용접방법을 기술하시오.

3. Ti 및 Ti 합금 용접시의 주의사항 및 그의 대책에 대해 기술하시오.

4. TMCP(Thermomechanical Control Process)강과 일반구조용 압연강재의 제조법의 차이점과 용접시공상 유의점에 대해 설명하시오.

5. 고밀도(Electron Beam or Laser) 용접에서 원소기화(elemental evaporation)고 용입(Penetration)에 대하여 논하시오.

6. 용융부에서 성장속도(Growth rate)와 온도구배(Temperature gradient)변화에 따른 미세조직(Subgrain Structure)변화를 논하시오.

용접 기술사 시험 문제 (74회)

제1교시

※ 다음 13문제중 10문제를 선택하여 설명하시오. (각10점)

1. 아크(Arc)란 무엇인가 설명하시오.

2. 아크용접의 극성(Polarity)에 대하여 설명하시오.

3. 플럭스코어드 와이어(Flux Cored Wire)와 솔리드 와이어(Solid Wire)를 비교 설명하시오.

4. 자기불림(Arc Blow)의 현상과 방지책을 쓰시오.

5. 탄소당량(Carbon Equivalent)에 대하여 기술하시오

6. 용접입열(Heat Input)에 대해 간략히 설명하시오.

7. 수소유기지연균열(Hydrogen Induced Delayed Cracking)이란?

8. 용접열영향부(HAZ)에 대하여 설명하시오.

9. 크립(Creep)에 대해 설명하시오.

10. 전기저항 점용접에서 션트 효과(Shunt Effect)에 대해 설명하시오

11. Hot Wire GTAW의 작동원리와 특징에 대해서 설명하시오.

12. 용접결함의 일종인 Hump와 Undercut의 생성과정과 이들이 구조물의 강도에 미치는 영향에 대해서 설명하시오.

13. 레이저-아크 하이브리드 용접공정의 원리와 그 효과에 대해서 설명하시오.

제2교시

※ 다음 6문제중 4문제를 선택하여 설명하십시오. (각25점)

1 고상용접(Solid State Welding)에 대하여 설명하시오.

2. 세라믹과 금속의 접합방법에 대하여 설명하시오.

3. 용접 잔류응력 및 변형을 경감하기 위해 용접시공시 고려할 사항을 기술하고 용접후 용접잔류응력을 경감하기 위한 방법을 설명하시오.

4. 오스테나이트계 스테인리스강의 용접금속에서 고온균열에 대하여 아래 물음에 대해 설명하시오.
   1) 영향을 주는 인자(5개)
   2) 고온균열을 조장하는 불순물(2종류 이상)
   3) 고온균열을 방지하기 위한 용접재료 선택시 주의점

5. 강판을 용접하여 강관을 제작하고자 한다.
   1) 강관의 직경이 작을 때(예를 들어 10mm 직경) 효과적인 용접방법에 대하여 설명하시오.
   2) 강관의 직경이 클 때(예를 들어 700mm 직경) 효과적인 용접방법에 대하여 설명하시오.

6. 브레이징에 관한 다음 물음에 답하시오.
   1) 공정의 원리를 용접과 비교하여 설명하시오.
   2) Flux의 기능을 설명하시오.
   3) 진공브레이징에 대하여 설명하시오.

제3교시

※ 다음 6문제중 4문제를 선택하여 설명하십시오. (각25점)

1. 강의 용접 균열감수싱에 대하띠 설명하시오.

2. 용전 후 열처리(PWHT)에 대하여 설명하시오.

3. 기공(Blow Hole)은 용접금속 응고중 CO2, H2등의 가스가 빠져나오지 못하여 발생한다. 이 기공결함을 검출하기 위한 비파괴검사 빙법과 기공곁함의 방지 대책을 기술하시오.

4. 고장력강의 비드하 균열(Under Bead Cracking)의 발tod원인과 용접시공상의 방지대책을 기술하시오.

5. GMAW(Gas Metal Arc Welding)에 관한 다음 물음에 답하시오.
   1) 정전압 전원의 특성에 대하여 설명하시오.
   2) Ar 보호가스, CO2 보호가스와 혼합(Aɣ 80% . CO2 20%)보호가스를 비교하여 실명하시오.
   3) Short- Cicuit Metal Transfer에 대하여 설명하시오.

6. 자동 아크용접에서 용접선 자동추적에 이용되는 대표적인 센서 3가지에 대하여 설명하시오.

제4교시

※ 다음 6문제중 4문제를 선택하여 설명하십시오. (각25점)

1. 용접 절차서(WPS)와 용접절차인정서(PQR)에 대하여 설명하고 예를 들어 작성하시오.

2. 용접 중 발생하는 분진(fume)에 대하여 피해와 방지책에 대하여 설명하시오.

3. 탄소강의 용접 열영향부(HAZ)의 영역을 구분하여 설명하시오.

4. 인화성 물질이 들어 있는 탱크(Tank)를 절단 또는 보수 용접시 화재, 폭발사고를 방지하기 위한 시공방법을 설명하시오.

5. (1)키홀용접(Keyhole Welding)에 대하여 실명하시오.
   (2)키홀용접이 가능한 대표적인 용접방법 2가지에 대하여 설명하시오.

6. (1) Naɣrow Gap Welding에 대하여 설명하시오.
   (2) Narrow Gap Welding이 가능한 용접방법 2가지에 대하여 설명하시오

용접 기술사 시험 문제 (72회)

제1교시

※ 다음 13문제중 10문제를 선택하여 실명하십시오. (각10점)

1. 용사(thermal spraying 또는 metallizing)의 가스식 용사법과 전기식 용사법에 이용되는 용사법 5가지 이상을 제시하시오.

2. 용접의 비파괴 검사방법 5가지 이상을 특징적 목적 한가지씩과 함께 제시하시오.

3. 소유즈 6호에 의한 우주용접 실험에 실시한 용접 3가지 이상을 쓰시오.

4. Cℓ-이온이 함유된 부식성 유체를 취급하는 유체기계에 304L 스테인리스강재를 사용하였더니 응력부식 균열 현상이 발생하였나. 응력부식 균열 현상 발생을 막기 위해서 모재 재질변경을 검토할 때에 모재에 포함되어야 하는 합금원소의 종류를 제시하시오.

5. 용접구조물 제작시 구조물의 응력상태를 알 경우 어떤 종류의 응력(인장, 압축, 전단)이 걸리는 부위를 가장 먼저 용접해야 하는가 설명하시오.

6. 용접으로 H-형강을 제작할 때에 후렌지 두께가 너무 두꺼워졌을 때, 발생할 수 있는 문제점 들을 열거 하시오.

7. 가스텅스텐 아-크 용접(GTAW 또는 TIS 용접)시 사용하는 차광 필터의 적정범위는 얼마인가요?

8. 탄소함량이 0.23% 이하인 탄소강재를 용접할 때에 입열조건(용접전류, 전압, 속도) 이외에 예열결정에 고려해야 하는 인자를 약술하시오.

9. TIG(Tungsten Inert Gas) 펄스 용전애서 전류파형을 정의하기 위해 필요한 4대 파라미터를 쓰시오.

10. Nd-YAG 레이저 용접시에 사용되는 광섬유(Fiber)의 종류를 쓰시오.

11. 저항 스폿용접에서 사용되는 전극팁의 역할에 대하여 쓰시오.

12. GMAW(Gas Metal Arc Welding)에서 와이어 송급속도를 일정하게 하면서 아-크 길이를 조절하려면 용접기에서 어떤볼륨을 조절해야 하나요?

13. 철강 아-크 용접부의 인성(Toughness)시험 종류에 대하여 열거하시오.

제2교시

※ 다음 6문제중 4문제를 선택하여 설명하십시오. (각25점)

1. 플라스마 용사(plasma thermal spraying)법에 대해서 용사 토-치 구조를 간략히 그리고그 원리와 실무적 작업기술을 설명하시오.

2. CO_2 용접시 시일드가스 노즐내에 부착한 스패터를 자주 청소하지 않을 때에 발생하는 문제점을 들고 그 이유에 대해 상세히 설명하시오.

3. GMAW(Gas Metal Arc Welding)에서 어떤 설정전류(설정 와이어 송급속도)에 대한 "최전압" 결정시 고려해야 할 사항에 대하여 설명하시오.

4. 두께 50mm의 SM490 강판(가로 1000mm, 세로 1000mm을 맞대기 용접하여 생산(10개/日)하고자 한다. 적용 가능한 용접법을 2종류 들고 그 채용 배경에 대해 설명하시오.

5. 열가소성 플라스틱 배관재(바깥지름=50~300mm)를 맞대기 이음을 하기 위한 용접방법 3가지를 선택하고 각 용접방법을 상술하시오.

6. Ti 관과 Ti, 클래드(clad)된 관판(5mmT,과 50mm SM490)연결부를 접합하기 위한 방법 설명하시오.

제3교시

※ 다음 6문제중 4문제를 선택하여 설명하십시오. (각25점)

1. 모재의 용접성(Weldability) 시험에 대해 설명하시오.

2. 용접부의 초음파검사의 원리와 이점을 설명하고 에코 높이의 신뢰성에 영향을 주는 요인을 설명 하시오.

3. 후판 고장력 강관에 대한 가접용접시는 가접길이를 30mm이상이 되도록 한다. 그 이유에 대하여 설명하시오.

4. 알루미늄합금 아~크 용접시에는 가공이 자주 발생한다. 그 이유와 방지 대책을 열거하시오.

5. 304 스테인리스 강재 용접부에 발생하기 쉬운 부식현상의 명칭과 발생기구를 설명하고 IC 선도를 이용하여 소재를 바꾸지 않고 부식현상이 생기지 않도록 할 수 있는 방법을 설명하시오.

6. 동일한 두께에 동일한 용전조건으로 용접을 하여도 용접부(용접금속, 열영향부, 모재) 경도 분포가 도재의 종류에 따라 달라진다. SM400강재와 QT강재의 용접부 경도분포를 도식적으로 표시하고 경도분포가 서로 다른 이유를 설명하시오.

제4교시

※ 다음 6문제중 4문제를 선택하여 설명하십시오. (각25점)

1. 생산시수(生産時數)와 용접능률을 나타내는 공식을 쓰고 용접 접합관리의 생산성 향상책을 설명하시오.

2. 용접위생 관리에 대해 설명하시오.

3. 인화성 물질을 담은 용기 표면에 용접을 하고자 한다. 용접안전을 위해 용접개시전에 취해야 하는 안전조치를 설명하고 용접작업중 화재방지를 위해 물을 사용할 수 없는 경우 물대신 사용할 수 있는 가스의 종류를 들고, 각 가스종류에 따른 작업방법을 그림을 그려 설명하시오.

4. 필릿용접(Fillet Welding) 시 각장(Leg Length) 이
   ① 설계도면의 각장보다 크게 되었을 때의 문제
   ② 설계도면보다 각장이 작게 되었을 때의 문제를 기술하시오

5. 성수대교는 <u>완전용입용접</u>해야 할 부위를 <u>부분용입용접</u> 하여서 문제가 생겼다.
   ① ②
   이 두 용접법에 대하여 비교 설명하시오.

6. 왼쪽 그림과 같은 리프팅러그(Lifting lug)를 용접코자 한다. 용접이음의 허용응력이 120MPa 일때에 이 러그가 견딜수 이는 최대허용 하중을 구하시오.

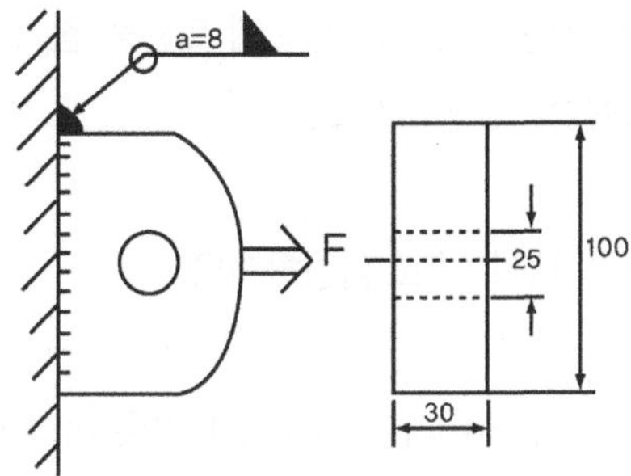

용접 기술사 시험 문제 (71회)

제1교시

※ 다음 13문제중 10문제를 선택하여 설명하십시오. (각10점)

1. 용접부에 대한 방사선 투과검사시 방사선 피폭을 줄이기 위한 주요원칙 3가지를 열거하고 설명하시오.

2. 가스 용접시 산소강기 취급상의 주의사항을 5가지 열거하고 설명하시오.

3. 가스 용접시 발생할 수 있는 역화(back fire) 현상을 설명하시오.

4. 아크 용접시 발생할 수 있는 언더컷(under cut)의 현상과 원인을 설명하시오.

5. 용접현장에서 용접봉을 불출하기 전 일반적인 용접봉 저장방법을 설명하시오.

6. 용접부의 육안조직 시험방법 중 설파 프린트(sulphur print) 방법을 설명하시오.

7. X형 홈 용접의 설계조건이 홈 깊이는 화살표 쪽 30mm, 화살표 반대쪽 15mm, 홈 각도 는 화살표 쪽 60° , 화살표 반대 쪽 90°, 루트(root)간격 3mm인 경우 용접부 형상을 그 리고, 용접 기호 및 치수로 나타내시오.

8. 수동아크 용접봉에 있어서 피복재의 역할 5가지에 대하이 설명하시오.

9. Gas Tungsten Arc(TIG) 용전에서 사용되는 전극재료에 토륨을 첨가하는 이유와 pure tungsten을 사용할 때의 차이점을 설명하시오.

10. 열변형과 잔류응력 감소방안 3가지를 제시 하고 설명하시오.

11. 일반강과 알미늄 합금의 TIG 용접 특성과 전극의 극성배치에 따른 아크 현상에 대하여 설명하고, 알미늄 합금의 TIG 용접에 교류용접을 적용하는 이유를 설명하시오.

12. TIG 용접에 있어서 pulse파형 전류(current)를 사용할 때 전류파형의 역할과 pulse전류 사용의 장점을 설명하시오.

13. 브레이징 공정에서 산화막을 제거하기 위한 방법을 2가지 이상 제시하시오.

제2교시

※ 다음 6문제중 4문제를 선택하여 설명하십시오. (각25점)

1. 30mm 두께의 강철배관 이음부를 Gas Metal Arc(MIG, MAG, CO3) 용접 후 비파괴 검사결과 기공(blow hole)이 용접부에서 발견되었다. 기총이 발생할 수 있는 원인과 대책을 설명하시오.

2. 탄산가스아크 용접(CO2)시 주의하여야 할 안전위생에 대하여 설명하시오.

3. 아크 용접에 있어서 자기불림(magnetic arc blow)에 대해서 다음을 설명하시오.
   가. 발생원인　　　　나. 발생형태 2가지
   다. 방지방법　　　　라. 직류용접과 교류용접의 자기불림의 차이

4. Gas Metal Arc 용접(MIG, MAG, CO2)에 있어서, 용접이행 현상에 대하여
   가. 발생가능한 용접이행의 종류
   나. CO_2 용접 에서는 왜 spray transfer mode가 발생되지 않는지 에 대하여 설명하시오.

5. 아크 용접시 아크 스타트를 안정적으로 하기 위한 주요 방안 2가지를 설명하시오.

6. 저 수소계 용접봉의 주요성분과 용접특징을 설명하시오.

제3교시

※ 다음 6문제중 4문제를 선택하여 설명하십시오. (각25점)

1. 연강판을 가스 절단시 모재온도 및 팁 형상이 절단속도에 미치는 영향을 설명하시오.

2. 일반 합금강의 화학성분이 오스테나이트 변태에 미치는 영향을 설명하시오.

3. 용접부의 응력부식에 대하여 설명하시오.

4. 용접부의 잔류응력을 제거하기 위한 피이닝 (peening)의 장·단점을 설명하시오.

5. 용접후 용접부에 발생할 수 있는 변형을 사전에 경감시키기 위한 방법을 설명하시오.

6. 아크 용접에 있어서, 용적에 작용하는 힘의 종류와 특징에 대하여 설명하시오.

제4교시

※ 다음 6문제중 4문제를 선택하여 설명하십시오. (각25점)

1. 용접작업 후 용접부에 응력집중을 일으킬 수 있는 노치(notch) 형태의 결함을 5가지 열거하고 설명하시오.

2. 용접부 설계시 허용응력 결정방법을 설명하시오.

3. MIG용접에 있어서 아크의 자기제어(self-regulation)에 대해서 설명하시오.

4. Gas Metal Arc(MIG, MAG, CO2) 용접에서 동일한 용전전압 및 전류, 용접 속도 하에서 보호가스로서 Ar, He, Ar+O2(CO2), CO2를 각각 사용하였을 때 다음을 설명하시오.
   가. 용입형상의 차이를 그림으로 표현　　　　나. 각각의 특징

5. 저항 점 용접 공정에서 사용되는 weldability lobe와 oscillating weldability lobe에 대해서 설명하시오.

6. 용착금속 응고결함(weld solidification cracking)에 영향을 주는 인자들을 3가지 이상 설명하고 이를 방지하기 위한 방법을 제시하시오.

용접 기술사 시험 문제 (69회)

제1교시

※ 다음 13문제중 10문제를 선택하여 설명하십시오. (각10점)

1. 고장력강의 용접시 저온 균열 발생인자 3가지를 서술하시오.

2. 용접 시공시 예열을 실시하는 목적을 설명하시오.

3. 18Cr-8Ni 스테인레스강을 용접한 경우 500-850°C에서 용접 열영향부의 내식성이 저하되는 이유를 설명 하시오.

4, Charpy 충격시험은 재료의 어떠한 특성을 평가하기 위한 시험법인가?

5. Al 합금의 GTA용접시 교류전원을 사용하는 이유를 설명하시오.

6. 고장력강의 Arc 용접(양면 1층)에서 발생하는 내부 결함 2가지를 열거하시오.

7. 용융 용접부의 편석기구에 대해 설명하시오.

8. 클래드(Clad) 밑 균열에 대해 설명하시오.

9. 고밀도 용접에서 발생하는 스파이크(spike) 결함을 설명하시오.

10. 투과도계(pentrameter)를 설명하시오.

11. 저항 점 용접의 3개 공정 변수를 나열하고 각각 설명하시오.

12. Z방향 인장 시험의 필요성과 시험 내용을 설명하시오.

13. 지연 균열(delayed cracking)의 특징에 대해 설명하시오.

제2교시

※ 다음 6문제중 4문제를 선택하여 설명하십시오. (각25점)

1. GMA 용접에 사용되는 Inverter 제어식 전원의 이점을 설명하시오.

2. GTA 용접기에 고주파 발생장치가 병용되는 이유를 설명하시오.

3. 용접 구조물 용접의 용접부 결함 검사에 사용되는 방사선 투과 시험과 초음파탐상 시험에서 검출이 가능한 결함의 종류 및 형상을 기술하시오.

4. 페라이트 스테인레스강의 고온 취성을 설명하시오.

5. 저탄소강의 노치 인성은 화학 조성, 조직 및 결정입도 3가지에 의존한다. 이 세가지의 요소와 노치 인성과의 구체적 관계를 서술하시오.

6. 스테인레스강 파이프 용접에서 Backing gas의 종류와 역할에 대해 설명하시오.

제3교시

※ 다음 6문제중 4문제를 선택하여 설명하십시오. (각25점)

1. Al 합금 후판 용접에서 보호가스로 Ar에 He을 10-75% 혼합하는 이유를 설명하시오.

2. 조질 고장력강의 용접시 패스(pass)간 온도의 기준으로 그의 상한 온도를 규정하는 이유를 설명하시오.

3. TMCP(Thermomechanical Control Process)강의 현미경 조직상 특징과 용접 시공상의 주의 사항에 대해 설명하시오.

4. 이상계 스테인레스(Duplex stainless steel)강의 용접성에 대해 기술하시오.

5. 용사법 중 고속가스용사(HVOF)법에 대해 설명하시오.

6. 경화 육성 용접(hardfacing welding)에서 나 와이어(solid wire) 보다 코어드 와이어(core wire)가 가지는 장점을 열거하고 이유를 설명하시오.

제4교시

※ 다음 6문제중 4문제를 선택하여 설명하십시오. (각25점)

1. 용접시공 관리에서 주요 관리 사항 5가지를 열거하시오.

2. 광의의 품질관리 활동(quality management)을 구성하는 3가지 요소를 기술하시오.

3. 용전 시공전에 미리 건토해야 할 사항을 4가지 열거하시오.

4. 최근 선진국의 Al 재질의 철도 차량 차체 용접에 FSW(Friction Stir Welding) 공정이 적용되고 있다. Al 용접에서 FSW 공정이 일반 GMA 용접보다 우월한 이유를 설명하시오.

5. 용접 절차서(WPS)에 공통으로 들어가는 사항 10가지 이상을 나열하시오.

6. 레이저 용접의 공정 변수 4가지를 들고 각각 설명하시오.

용접 기술사 시험 문제 (68회)

제1교시

※ 다음 13문제중 10문제를 선택하여 설명하시오. (각10점)

1. 금속의 크리프(Creep) 곡선을 변형량과 시간의 관계로 설명하시오.

2. 가스금속 아크 용접시 단락아크에 대한 필요조건을 3가지 이상 기술하시오.

3. 가스금속 아크 용접시 크레이트와 빠른 냉각으로 용접금속 균열이 발생되었다. 가능한 대책을 4가지이상 기술하시오.

4. 스터드(Stud) 아크 용접 원리를 기술하시오.

5. 용접시험편을 인장시험 할 때 나타나는 기계적 성질 중 탄성한도에 대하여 기술하시오.

6. 용접이음 설계시 맞대기 이음의 홈 종류별 용접기호를 7가지 이상 기술하시오.

7. 용접균열 발생에 관한 금속학적 요인을 열거하시오.

8. PQR 및 WPS를 설명하고 관련 주요 작성내용을 각각 3가지씩 기술하시오.

9. 용접설계시 일반적인 주의사항을 열거하시오.

10. 판재의 두께가 10mm인 맞대기 이음의 Root Gap과 Root Face를 그림으로 표시하고 적정한 치수를 기술하시오.

11. 연강용접봉의 종류별 기호에 대하여 각각 설명하시오.

12. 금속피복아크용접시 표준전류보다 클 때와 작을 때 발생하는 용접결함의 종류와 용접자세에 따른 전류조정을 설명하시오.

13. 맞대기이음, 필릿이음 및 T이음을 이론상 목두께와 실제 목두께를 각각 그림으로 명시하시오.

제2교시

※ 다음 6문제중 4문제를 선택하여 설명하십시오. (각25점)

1. 가스텅스텐아크 용접의 전극동 가공에 대하여 기술하시오.

2. 스테인리스강을 조직에 따라 크게 3종류로 분류하고 각각의 용접성을 기술하시오.

3. 가스용접시 아세틸렌의 위험성과 관련된 영향에 대하여 5가지이상 기술하시오.

4. 알루미늄의 용접성을 일반구조용 강재 용접성과 비교할 때 주요 물리적 및 화학적 특성에 관하여 설명 하시오.
5. 용접부 균열을 발생위치 및 발생시기에 따라 분류하여 설명하시오.

6. 노치가 있는 용접시험편을 저온에서 충격시험 할 때 나타나는 취성파괴에 대하여 설명하시오.

제3교시

※ 다음 6문제중 4문제를 선택하여 설명하십시오. (각25점)

1 용접부에서 발생되는 고온균열 및 저온균열의 전파특성을 기술하시오.

2. 가스절단시 예열염이 너무 강할 때와 너무 약할 때의 불꽃 현상과 절단면에 미치는 영향을 기술하시오.

3. 교류용접기에서 아크스타트를 안정적으로 하기 위한 방법을 2가지 기술하시오.

4. 용접금속에 Blow Hole과 Slag섞임이 발생하였다. 이 결함의 생성과정 및 용접부에 미치는 영향에 대하여 설명하시오.

5. 아크 용접시 산소, 질소 및 수소 등의 가스 영향에 대하여 각각 설명하시오.

6. 용접성에 영향을 주는 인자를 설명하시오.

제4교시

※ 다음 6문제중 4문제를 선택하여 설명하십시오. (각25점)

1. 용접 후의 잔류응력 경감법 종류를 열거하고 설명하시오.

2. 맞대기 V형 홈 용접을 기호로 표시하고자 한다. 다음 조건을 그림으로 표시하고 기호로 나타내시오. (판두께 12mm, 홈 깊이 9mm, 홈 각도 60도, Root Gap 2mm, Root Face 3mm, 화살쪽 용접)

3. 용접부 결함을 보수하기 위한 판정기준을 결함별로 설명하시오.

4. 중탄소강과 고탄소강의 용접특성에 대하여 설명하시오.

5. 주철의 냉간용접시공에 대하여 설명하시오.

6. 맞대기 이음 및 필릿이음 용접부에 대한 피로강도의 일반적 특성을 기술하시오.

용접 기술사 시험 문제 (66회)

제1교시

※ 다음 13문제중 10문제를 선택하여 설명하십시오. (각10점)

1. WPS의 작성방법과 그 용도에 대하여 설명하시오.

2. 용접부에서 잔류응력이 생성되는 과정과 그 크기 및 분포에 대해서 설명하시오.

3. 용착금속에서 고온균열이 발생하는 과정을 설명하시오.

4. 인버터(inverter) 용접전원의 작동원리와 그 특성에 대해서 설명하시오.

5. 스테인리스강 용전부의 입계부식(intercrystalline corrosion)에 대해서 설명하시오.

6. Narrow Gap Welding의 작동원리와 장·단점에 대해서 설명하시오.

7. 용접부의 표면균열 유무를 검사하는데 적합한 2가지 비파괴 시험방법을 설명하시오.

8. Hot wire-TIG용접방법의 작동원리 및 특성에 대해서 설명하시오.

9. GMA용접에서 단락이 행(short circuit transfer)에 대해서 설명하시오.

10. 전율고용체(continuous solid solution)에 대해서 설명하시오.

11. 금속의 회복(recovery)과 재결정(recrystallization)에 대해서 설명하시오

12. 상온가공(cold working/냉간가공)에 대해서 설명하시오.

13. 저항 점 용접용 전극재료가 갖추어야 할 성질에 대해서 설명하시오.

제2교시

※ 다음 6문제중 4문제를 선택하여 설명하십시오. (각25점)

1. Fe-C(Fe3C)계 평형상태도를 그리고 0.3%C 아공석 저탄소강의 용융냉각시의 조직변화에 대해서 기술하시오.

2. MAIB(magnetically impelled arc butt wolfing)의 작동원리와 특성에 대해서 설명하시오.

3. 저항 점(spot) 용접에서의 전류의 무효분류 현상이란 무엇이며 어떤 조건에서 분류가 발생하기 쉬운가?

4. 용접부의 취성파괴에 대한 다음 물음에 답하시오.
   (1) 취성파괴의 특성에 대해서 설명하시오.
   (2) 용접부에서 취성파괴가 자주 발생하는 이유를 설명하시오.
   (3) 용접부의 취성파괴를 예방하는데 효과적인 대비책에 대해서 설명하시오.

5. GTAW에 대한 다음 물음에 답하시오.
   (1) 아크를 발생시키는 방법에 대해서 설명하시오.
   (2) GTA공접의 AVC(automatic voltage control)의 작동원리에 대해서 설명하시오.
   (3) He과 Ar중 알루미늄 합금의 GTAW에 적합한 보호가스와 그 이유에 대해서 설명사시오.

6. Keyhole 용접에 관한 다음 물음에 답하시오.
   (1) Keyhole이 생성되어 용접이 시작되는 과정에 대해서 설명하시오.
   (2) Keyhole용접이 가능한 역원의 종류와 특성에 대해서 설멍하시오.
   (3) Keyhole용접의 장점 및 단점에 대해서 설명하시오.

제3교시

※ 다음 6문제중 4문제를 선택하여 설명하시오. (각25점)

1. 고장력 강 판재의 저항 점 용접조건의 설정방법을 연강판과 비교해서 실명하시오.

2. 경납땜(brazing)의 원리를 설명하고, 은납재(BAg), 인동납재(BCuP) 및 황동납재(BCuZn)의 특성과 용도에 대해서 설명하시오.

3. FSW(Friction Stir Welding : 마찰 교반 압점)의 작동 원리와 특징에 대해서 설명하시오.

4. 전기 저항 용접에 관한 다음 물음에 답하시오.
   (1) 중요 용접변수의 종류와 1mm 두께의 연강판에 대한 대략적인 크기에 대해서 기술하시오.
   (2) 전극을 비교적 자주 교체해 주어야 하는 이유를 설명하시오.
   (3) 돌기용접(Projection welding)의 작동원리와 그 특성에 대해서 설명하시오.

5. 탄소강의 GMAW에 대한 다음 물음에 답하시오.
   (1) Arf보호가스하에서 전류를 증가시 킬 때 용적이행(metal transfer)의 형태는 어떻게 하는가?
   (2) CO2 보호가스하에서 전류를 증가시 킬 때 용적이행(metal transfer)의 형태는 어떻게 하는가?
   (3) 용접선 추적용 아크센서(arc sensor)의 작동원리에 대해서 설명하시오.

5. 저탄소 강판을 사용해서 관을 제작하고자 한다.
   (1)직경이 10mm정도인 소형 강관의 제작에 적합한 용접 방법에 대해서 설명하시오.
   (2) 직경이 1000mm 정도인 대형 강관의 제작에 적합한 용접 방법에 대해서 설명하시오.
   (3) 외경이 30mm, 두께가 4mm이고 길이가 100mm인 알루미늄관과 탄소 강관을 접합하여 길이가 190mm정도인 관을 제작하고자 한다. 하루의 생산량이 1000개일 때 가장 적합한 용접방법의 작동원리를 설명하시오.

제4교시

※ 다음 6문제중 4문제를 선택하여 설명하십시오. (각25점)

1. 마이크로 Soldering(SMT/표면실장 납땜) 방법에 대해서 설명하시오.

2. TIG용접과 plasma용접의 차이점을 비교, 설명하고 사용되는 가스의 종류 및 강도에 대해 설명하시오.

3. 아연도금 강판을 저항 점 용접할 때의 용접조건(전류/총전시간/가압력)의 변화를 냉간 압연 강판의 저항 점 용접과 비교하여 설명하시오. 또한 아연도금 강판의 저항 점 용접 시 가장 크게 부각되는 문제사항과 대책을 설명하시오.

4. 탄소강 및 저합금강의 아용접에 대한 다음 물음에 답하시오.
   (1) 탄소강의 용접 열영향부에 나타나는 금속조직에 대해서 설명하시오.
   (2) 수소취화에 의한 지연균열(delayed fracture)에 대해서 설명하시오.
   (3) 용접부의 균열방지를 위한 대비책에 대해서 설명하시오.

5. 가스용접과 절단에 관한 다음 물음에 답하시오.
   (1) 가스용접에서 아세틸린이 연소가스로 주로 많이 이용되는 이유를 설명하시오.
   (2) 산소-연료가스 전단공정의 작동원리에 대해서 설명하시오.
   (3) 산소-연료가스 절단이 플라즈마 절단이나 레이저 절단과 비교하여 갖는 장·단점에 대해서 설명하시오.

6. SAW 용접방법과 엘렉트로 슬레그(electro slag) 용접방법의 차이점에 대해서 설명하시오.

찾아보기

[숫자·기호]

[A]

[B]

[C]

[D]

[E]

[F]

[G]

[H]

[I]

[J]

[K]

[L]

[M]

[N]

[O]

[P]

[R]

[S]

[T]

[ㅁ]

[ㅂ]

[ㅅ]

[ㅇ]

[ㅈ]

[ㅊ]

[ㅋ]

[ㅌ]

[ㅍ]

[ㅎ]

용접기술사 대비 용접기술 실무

초판 1쇄 발행 2000년 07월 15일
초판 8쇄 발행 2008년 03월 25일
개정 1판 7쇄 발행 2023년 04월 01일
저 자 이진희
발 행 인 이범만
발 행 처 **21세기사** (제406-2004-00015호)
경기도 파주시 산남로 72-16 (413-130)
Tel. 031-942-7861 Fax. 031-942-7864
E-mail : 21cbook@naver.com
Home-page : www.21cbook.co.kr
ISBN 978-89-8468-376-1

정가 50,000원